实用建筑五金手册

潘旺林　主编

时代出版传媒股份有限公司
安 徽 科 学 技 术 出 版 社

图书在版编目(CIP)数据

实用建筑五金手册 / 潘旺林主编. --合肥 : 安徽科学技术出版社,2016.8

ISBN 978-7-5337-6922-2

Ⅰ.①实…　Ⅱ.①潘…　Ⅲ.①建筑五金-技术手册　Ⅳ.①TU513-62

中国版本图书馆 CIP 数据核字(2016)第 011361 号

实用建筑五金手册　　潘旺林　主编

出 版 人:黄和平　　选题策划:叶兆恺　　责任编辑:叶兆恺
责任校对:刘　莉　　责任印制:廖小青　　封面设计:王　艳
出版发行:时代出版传媒股份有限公司　http://www.press-mart.com
安徽科学技术出版社　http://www.ahstp.net
(合肥市政务文化新区翡翠路 1118 号出版传媒广场,邮编:230071)
电话:(0551)63533323
印　　制:合肥华云印务有限责任公司　　电话:(0551)63418899
(如发现印装质量问题,影响阅读,请与印刷厂商联系调换)

开本:850×1168　1/32　　印张:25.5　　字数:920 千
版次:2016 年 8 月第 1 版　　2016 年 8 月第 1 次印刷

ISBN 978-7-5337-6922-2　　定价:59.00 元

内容提要

本手册是依据现行国家标准、行业标准编制的。编写本手册的目的是指导人们在日常应用中、特别是建筑行业技术人员在工程中选用的五金类产品是先进的、高质量的。本书主要内容有:金属材料基础知识,常用钢材,有色金属材料,塑料及其制品,玻璃及其制品,胶黏剂,涂料,耐火材料,门窗五金,金属网和钉,手工工具,钳工工具,管工工具,电工工具,木工工具,测量工具,电动工具,气动工具和液压工具,焊接器材,起重工具,切割工具,常用管材及管件,常用卫生洁具,常用电工材料。上述内容基本上涵盖了建筑工程中常用的五金类产品,对从事需要五金类产品资料的工作者来说,一册在手即可基本满足工作之需,是一本实用性较强的工具书。

前　言

建筑五金是经济建设、城乡建设不可缺少的物质材料，与人民生活密切相关。随着现代建筑水平的提高以及人民对美好生活的追求，促使我国建筑五金品种日益丰富，水平不断提高，在整个国民经济中越来越显示出它的重要性。

改革开放以来，我国建筑事业有了飞跃的发展，量大面广的旅游建筑、商业建筑、住宅建筑、办公建筑对新型建筑材料的需求尤为迫切。在科技突飞猛进、知识日新月异的今天，我国新型建材工业从质和量的方面有了前所未有的发展。为了把我国建材工业发展的最新成果汇集起来，为今后的设计、施工、教学、科研工作者在应用建材新成果方面提供方便，来自建筑设计、施工、建材教学、建材科研工作第一线的我们，决定合作编著这本手册。书中结合目前国家的相关最新标准，全面、系统地向读者介绍国内建筑市场中常见的五金材料和五金商品。

本手册是从当前社会的实际需要出发，以面广、实用、精练、方便查阅为原则编写的一本反映当代五金产品领域最新科学技术成果的中型综合性五金工具书。全书共分 4 篇 26 章，内容包括建筑金属材料、建筑非金属材料、建筑五金、建筑五金工具等，详细介绍了建筑五金产品的牌号、尺寸规格、化学成分及性能等。

本手册由潘旺林同志主编，参加编写的还有徐峰、汪云梅、张能武、徐淼、任志俊、陶伟、杨小兵、常鹤、夏红民、李树军、卢小虎、郭永清、励凌峰、王文获、陈玲玲、王亚龙、高霞、崔俊、周迎红、杨小波、余莉、汪倩倩、潘明明、程宇航、章宏、戴胡斌、陈忠民、王吉华、杨光明、杨波、邱立功、周斌兴、唐亚鸣、李春亮、袁黎、满维龙、黄芸、魏金营、楚宜民、马建民等同志。本手册在编写过程中，编者参阅了部分国内外相关资料，在此向资料作者表示深切的谢意!

由于建筑材料品种分类复杂、涉及面非常广泛，再加上我们初次编写综合性很强的工具书，缺乏经验，知识水平有限和时间仓促，在编写过程中难免有疏漏和错误之处，恳请各位读者和专家批评指正，以利今后进一步修订。

编　者

目　　录

第一篇　建筑金属材料

第一章　金属材料基础知识

第一节　金属材料的分类

金属材料是指金属元素或以金属元素为主构成的，具有金属特性的材料的统称。它在土木工程中有着广泛的用途。金属材料一般分为黑色金属（钢铁材料）和有色金属两大类，具体分类方法见表 1-1。

表 1-1　金属材料的分类

<table>
<tr><td rowspan="24">金属材料</td><td rowspan="21">钢铁材料</td><td rowspan="17">钢</td><td rowspan="2">铸钢</td><td colspan="2">铸造碳钢</td></tr>
<tr><td colspan="2">铸造合金钢</td></tr>
<tr><td rowspan="2">碳素钢</td><td colspan="2">结构钢</td></tr>
<tr><td colspan="2">工具钢</td></tr>
<tr><td rowspan="13">合金钢</td><td rowspan="4">合金结构钢</td><td>渗碳钢</td></tr>
<tr><td>调质钢</td></tr>
<tr><td>弹簧钢</td></tr>
<tr><td>滚动轴承钢</td></tr>
<tr><td rowspan="2">合金工具钢</td><td>低合金工具钢</td></tr>
<tr><td>高速钢</td></tr>
<tr><td rowspan="2">合金模具钢</td><td>冷作模具钢</td></tr>
<tr><td>热作模具钢</td></tr>
<tr><td rowspan="5">特殊性能钢</td><td>不锈钢</td></tr>
<tr><td>耐热钢</td></tr>
<tr><td>耐磨钢</td></tr>
<tr><td>磁钢</td></tr>
<tr><td>粉末冶金</td></tr>
<tr><td rowspan="4" colspan="2">铸铁</td><td colspan="2">白口铸铁</td></tr>
<tr><td colspan="2">灰口铸铁</td></tr>
<tr><td colspan="2">可锻铸铁</td></tr>
<tr><td colspan="2">球墨铸铁</td></tr>
<tr><td rowspan="3">有色金属</td><td colspan="4">铜及铝合金</td></tr>
<tr><td colspan="4">铝及铝合金</td></tr>
<tr><td colspan="4">其他合金：镁、钛、镍、铅、锌、锡合金等</td></tr>
</table>

第二节　金属材料的性能

金属材料的性能主要是指力学性能、物理性能、化学性能和工艺性能。

一、力学性能

金属材料的力学性能是指金属材料抵抗外加载荷（外力）引起变形和断裂的能力或金属的失效抗力，主要包括：强度、硬度、塑性和冲击韧性等性能。金属材料的强度、塑性一般可以通过金属拉伸试验来测定。

(1)强度。

①拉伸试样。拉伸试样的形状通常有圆柱形和板状两类。图 1-1(a)所示为圆柱形拉伸试样。在圆柱形拉伸试样中 d_0 为试样直径，l_0 为试样的标距长度，根据标距长度和直径之间的关系，试样可分为长试样($l_0=10d_0$)和短试样($l_0=5d_0$)。

②拉伸曲线。试验时，将试样两端夹装在试验机的上下夹头上，随后缓慢地增加载荷，随着载荷的增加，试样逐步变形而伸长，直到被拉断为止。在试验过程中，试验机自动记录了每一瞬间负荷 F 和变形量 Δl，并给出了它们之间的关系曲线，故称为拉伸曲线(或拉伸图)。拉伸曲线反映了材料在拉伸过程中的弹性变形、塑性变形和直到拉断时的力学特性。

图 1-1(b)为低碳钢的拉伸曲线。由图可见，低碳钢试样在拉伸过程中，可分为弹性变形、塑性变形和断裂三个阶段。

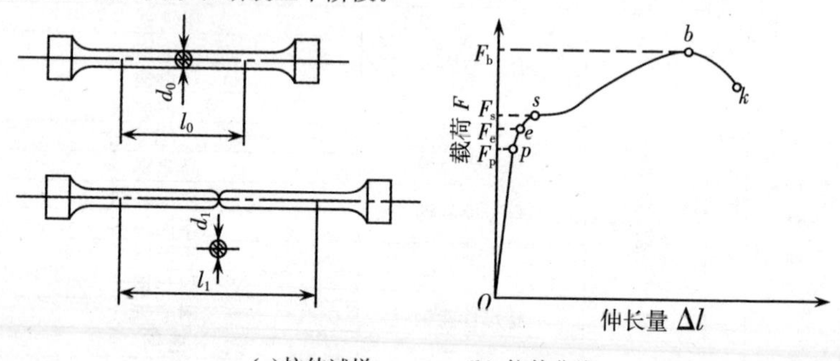

(a)拉伸试样　　(b) 拉伸曲线

图 1-1　拉伸试样与拉伸曲线

当载荷不超过 F_p 时，拉伸曲线 OP 为一直线，即试样的伸长量与载荷成正比地增加，如果卸除载荷，试样立即恢复到原来的尺寸，即试样处于弹性变形阶段。载荷在 $F_p \sim F_e$ 间，试样的伸长量与载荷已不再成正比关系，但若卸除载荷，试样仍然恢复到原来的尺寸，故仍处于弹性变形阶段。

当载荷超过 F_e 后，试样将进一步伸长，但此时若卸除载荷，弹性变形消失，而有一部分变形却不能消失，即试样不能恢复到原来的长度，称为塑性变形或永久变形。

当载荷增加到 F_s时，试样开始明显的塑性变形，在拉伸曲线上出现了水平的或锯齿形的线段，这种现象称为屈服。

当载荷继续增加到某一最大值 F_b时，试样的局部截面缩小，产生了颈缩现象。由于试样局部截面的逐渐减少，故载荷也逐渐降低，当达到拉伸曲线上的 k 点时，试样就被拉断。

③强度。强度是指金属材料在载荷作用下，抵抗塑性变形和断裂的能力。

a. 弹性极限。金属材料在载荷作用下产生弹性变形时所能承受的最大应力称为弹性极限，用符号 σ_e 表示：

$$\sigma_e = \frac{F_e}{A_e}$$

式中

F_e——试样产生弹性变形时所承受的最大载荷；

A_e——试样原始横截面积。

b. 屈服强度。金属材料开始明显塑性变形时的最低应力称为屈服强度，用符号 σ_s 表示：

$$\sigma_s = \frac{F_s}{A_o}$$

式中

F_s——试样屈服时的载荷；

A_0——试样原始横截面积。

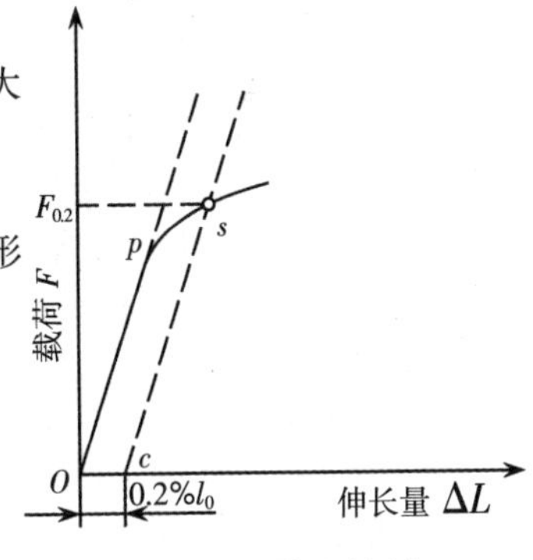

图 1-2　屈服强度测定

生产中使用的某些金属材料，在拉伸试验中不出现明显的屈服现象，无法确定其屈服点 σ_s。所以国标中规定，以试样塑性变形量为试样标距长度的 0.2%时，材料承受的应力称为“条件屈服强度”，并以符号 $\sigma_{0.2}$表示。$\sigma_{0.2}$的确定方法如图 1-2 所示：在拉伸曲线横坐标上截取 C 点，使 $OC=0.2\%l_0$，过 C 点作 OP 斜线的平行线，交曲线于 S 点，则可找出相应的载荷 $F_{0.2}$，从而计算出 $\sigma_{0.2}$。

c. 抗拉强度（又称强度极限）。金属材料在断裂前所能承受的最大应力称为抗拉强度，用符号 σ_b 表示：

$$\sigma_b - \frac{F_b}{A_o}$$

式中

F_b——试样在断裂前的最大载荷；

A_0——试样原始横截面积。

脆性材料没有屈服现象，则用 σ_b 作为设计依据。

(2)塑性。金属材料在载荷作用下，产生塑性变形而不破坏的能力称为塑性。常用的塑性指标有伸长率(δ)和断面收缩率(ψ)。

①伸长率。试样拉断后，标距长度的增加量与原标距长度的百分比称为伸长率，用δ表示：

$$\delta=\frac{l_1-l_0}{l_0}\times100\%$$

式中 l_0——试样原标距长度(mm)；

A_1——试样拉断后标距长度(mm)。

材料的伸长率随标距长度增加而减少。所以，同一材料短试样的伸长率δ_5大于长试样的伸长率δ_{10}。

②断面收缩率。试样拉断后，标距横截面积的缩减量与原始横截面积的百分比称为断面收缩率，用ψ表示：

$$\psi=\frac{A_0-A_1}{A_0}\times100\%$$

式中 A_0——试样原始横截面积(mm)；

A_1——试样拉断后最小横截面积(mm)；

δ、ψ是衡量材料塑性变形能力大小的指标，δ、ψ大，表示材料塑性好，既保证压力加工的顺利进行，又保证机件工作时的安全可靠。

金属材料的塑性好坏，对零件的加工和使用都具有重要的实际意义。塑性好的材料不仅能顺利地进行锻压、轧制等成型工艺，而且在使用时万一超载，由于塑性变形，能避免突然断裂。

(3)硬度。硬度是衡量金属材料软硬程度的指标。它是指金属表面抵抗局部塑性变形或破坏的能力，是检验毛坯或成品件、热处理件的重要性能指标。目前生产上应用最广的静负荷压入法硬度试验有布氏硬度、洛氏硬度和维氏硬度。

①布氏硬度。布氏硬度试验原理如图1-3所示。它是用一定直径的钢球或硬质合金球，以相应的实验力压入试样表面，经规定的保持时间后，卸除试验力，用读数显微镜测量试样表面的压痕直径。布氏硬度值HBS或HBW是试验力F除以压痕球形表面积所得的商，即

$$\mathrm{HBS(HBW)}=F/A=0.102\times2F/[\pi D(D-\sqrt{D^2-d^2})]$$

式中 F——压入载荷(N)；

A——压痕表面积(mm^2)；

d——压痕直径(mm)；

D——淬火钢球(或硬质合金球)直径(mm)；

布氏硬度值的单位为MPa，一般情况下可不标出。

压头为淬火钢球时，布氏硬度用符号HBS表示，适用于布氏硬度值在450以

下的材料；压头为硬质合金球时，用 HBW 表示，适用于布氏硬度值在 650 以下的材料。符号 HBS 或 HBW 之前为硬度值，符号后面按以下顺序用数值表示试验条件：

a. 球体直径；

b. 试验力；

c. 试验力保持时间（10～15 s 不标注）。

例如：125HBS10/1 000/30 表示用直径 10 mm 淬火钢球在 1 000×9.8 N 试验力作用下保持 30 s 测得的布氏硬度值为 125；500HBW5/750 表示用直径 5 mm 硬质合金球在 750×9.8 N 试验力作用下保持 10～15 s 测得的布氏硬度值为 500。

布氏硬度试验是在布氏硬度试验机上进行。当 F/D^2 的比值保持一定时，能使同一材料所得的布氏硬度值相同，不同材料的硬度值可以比较。试验后用读数显微镜在两个垂直方向测出压痕直径，根据测得的 d 值查表求出布氏硬度值。

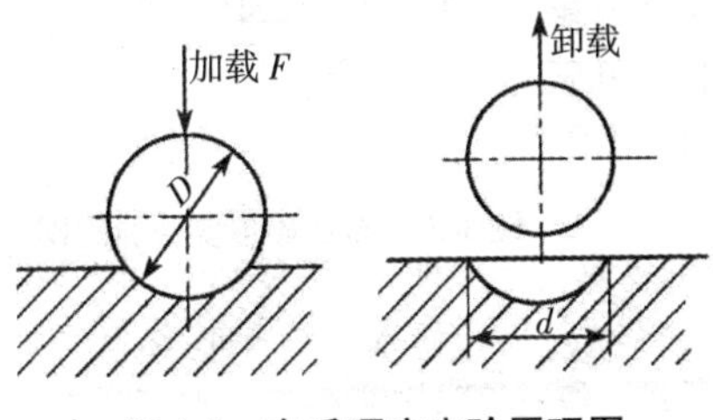

图 1-3　布氏硬度实验原理图

布氏硬度试验的优点是测出的硬度值准确可靠，因压痕面积大，能消除因组织不均匀引起的测量误差；布氏硬度值与抗拉强度之间有近似的正比关系：$\sigma_b = k \cdot$ HBS(或 HBW)（低碳钢 $k=0.36$，合金调质钢 $k=0.325$；灰铸铁 $k=0.1$）。

布氏硬度试验的缺点是：当用淬火钢球时不能用来测量大于 450HBS 的材料；用硬质合金球时，亦不宜超过 650HBW；压痕大，不适宜测量成品件硬度，也不宜测量薄件硬度；测量速度慢，测得压痕直径后还需计算或查表。

②洛氏硬度。以顶角为 120°的金刚石圆锥体或一定直径的淬火钢球作压头，以规定的试验力使其压入试样表面，根据压痕的深度确定被测金属的硬度值。如图 1-4 所示当载荷和压头一定时，所测得的压痕深度 $h(h_3-h_1)$ 愈大，表示材料硬度愈低，一般来说人们习惯数值越大硬度越高。为此，用一个常数 k（对 HRC，k 为 0.2；HRB，k 为 0.26）减去 h，并规定每 0.002 mm深为一个硬度单位，因此，洛氏硬度计算公式是：

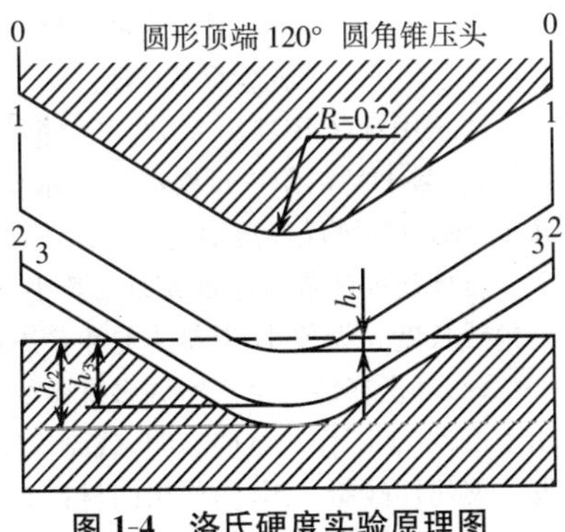

图 1-4　洛氏硬度实验原理图

$$\text{HRC(HRA)} = 0.2 - h = 100 - h/0.002$$

$$\text{HRB} = 0.26 - h = 130 - h/0.002$$

根据所加的载荷和压头不同，洛氏硬度值有三种标度：HRA、HRB、HRC，常用 HRC，其有效值范围是 20～67HRC。

洛氏硬度是在洛氏硬度试验机上进行，其硬度值可直接从表盘上读出。根据国标 GB 230-83 和 ISO 推荐标准 R80 规定，洛氏硬度符号 HR 前面的数字为硬度值，后面的字母表示级数。如 60HRC 表示 C 标尺测定的洛氏硬度值为 60。

洛氏硬度试验操作简便、迅速，效率高，可以测定软、硬金属的硬度；压痕小，可用于成品检验。但压痕小，测量组织不均匀的金属硬度时，重复性差，而且不同的硬度级别测得的硬度值无法比较。

③维氏硬度。维氏硬度试验原理与布氏硬度相同，同样是根据压痕单位面积上所受的平均载荷计量硬度值，不同的是维氏硬度的压头采用金刚石制成的锥面夹角 α 为 136°的正四棱锥体，如图 1-5 所示。

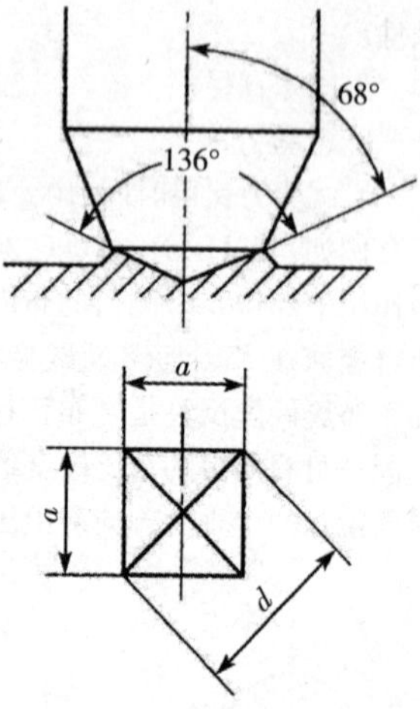

图 1-5　维氏硬度实验原理图

维氏硬度试验是在维氏硬度试验机上进行。试验时，根据试样大小、厚薄选用(5～120)×9.8 N 载荷压入试样表面，保持一定时间后去除载荷，用附在试验机上测微计测量压痕对角线长度 d，然后通过查表或根据下式计算维氏硬度值：

$$HV = F/A = (1.8544 \times 0.102 \times F/d^2)\,\text{MPa}$$

式中　A——压痕的面积(mm)；

d——压痕对角线的长度(mm)；

F——试验载荷(N)。

根据国标(GB 4340-84)和 ISO 推荐标准 R81 规定，维氏硬度符号 HV 前是硬度值，符号 HV 后附以试验载荷。如 640HV30/20 表示在 30×9.8 N 作用下保持 20 s 后测得的维氏硬度值为 640。

维氏硬度的优点是试验时加载小，压痕深度浅，可测量零件表面淬硬层，测量对角线长度 d 误差小，其缺点是生产率比洛氏硬度试验低，不宜于成批生产检验。

(4)冲击韧性。生产中许多机器零件，都是在冲击载荷(载荷以很快的速度作用于机件)下工作。试验表明，载荷速度增加，材料的塑性、韧性下降，脆性增加，易发生突然性破断。因此，使用的材料就不能用静载荷下的性能来衡量，而必须用抵抗冲击载荷的作用而不破坏的能力，即冲击韧性来衡量。

目前应用最普遍的是一次摆锤弯曲冲击试验。将标准试样放在冲击试验机的两支座上，使试样缺口背向摆锤冲击方向(图 1-6)，然后把质量为 m 的摆锤提升到

h_1 高度，摆锤由此高度下落时将试样冲断，并升到 h_2 高度。因此冲断试样所消耗的功为 $A_k = mg(h_1 - h_2)$。金属的冲击韧性 a_k 就是冲断试样时在缺口处单位面积所消耗的功，即

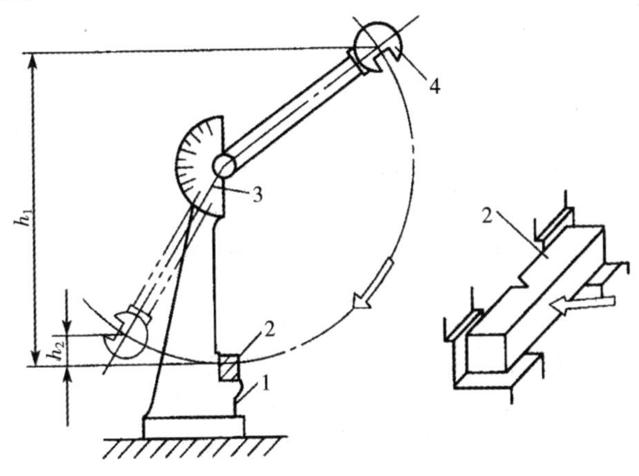

图 1-6　冲击试验原理

1. 支座　2. 试样　3. 指针　4. 摆锤

$$a_k = A_k / A(\text{J/cm}^2)$$

式中　a_k——冲击韧性(J/cm²)；

A——试样缺口处原始截面积(cm²)；

A_k——冲断试样所消耗的功(J)。

冲击吸收功 A_k 值可从试验机的刻度盘上直接读出。A_k 值的大小，代表了材料的冲击韧性高低。材料的冲击韧性值除了取决于材料本身之外，还与环境温度及缺口的状况密切相关。所以，冲击韧性除了用来表征材料的韧性大小外，还用来测量金属材料随环境温度下降由塑性状态变为脆性状态的冷脆转变温度，也用来考查材料对于缺口的敏感性。

(5)疲劳强度。许多机械零件是在交变应力作用下工作的，如轴类、弹簧、齿轮、滚动轴承等。虽然零件所承受的交变应力数值小于材料的屈服强度，但在长时间运转后也会发生断裂，这种现象叫疲劳断裂。它与静载荷下的断裂不同，断裂前无明显塑性变形，因此，具有更大的危险性。

交变应力大小和断裂循环周次之间的关系通常用疲劳曲线来描述(图 1-7)。疲劳曲线表明，当应力低于某一值时，即使循环次数无穷多也不发生断裂，此应力值称为疲劳强度或疲劳极限。光滑试样的对称弯曲疲劳极限用 σ_{-1} 表示。在疲劳强度的测定中，不可能把循环次数作到无穷大，而是规定一定的循环次数作为基

数，超过这个基数就认为不再发生疲劳破坏。常用钢材的循环基数为 10^7，有色金属和某些超高强度钢的循环基数为 10^8。

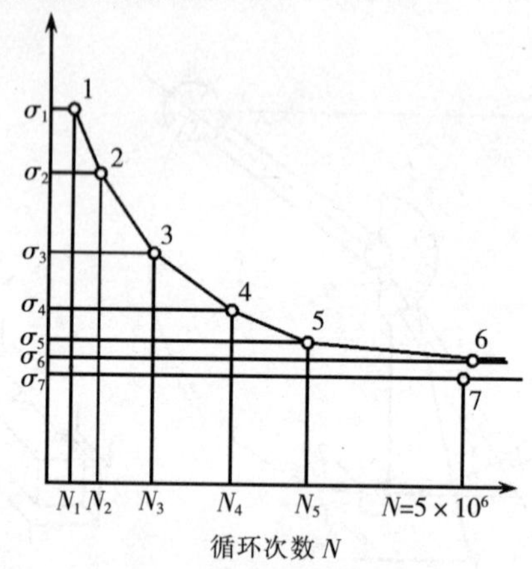

图 1-7　钢的疲劳曲线

疲劳破断常发生在金属材料最薄弱的部位，如热处理产生的氧化、脱碳、过热、裂纹；钢中的非金属夹杂物、试样表面有气孔、划痕等缺陷均会产生应力集中，使疲劳强度下降。为了提高疲劳强度，加工时要降低零件的表面粗糙度和进行表面强化处理，如表面淬火、渗碳、氮化、喷丸等，使零件表层产生残余的压应力，以抵消零件工作时的一部分拉应力，从而使零件的疲劳强度提高。

二、物理性能

金属材料的物理性能是指金属的密度、熔点、热膨胀、导热性、导电性和磁性。它们的代号和含义见表 1-2 和表 1-3。

表 1-2　金属材料的含义及代号

名　称	含　义	计量单位
密度(ρ)	单位体积金属的质量：$\rho<5$，称为轻金属；$\rho>5$，称为重金属	kg/m^3
熔点	金属或合金的熔化温度。钨、钼、铬、钒等属于难熔金属；锡、铅、锌等属于易熔金属	℃
热膨胀（线膨胀系数）α	金属或合金受热时体积增大，冷却时体积收缩。热膨胀大小用线膨胀系数表示，α 的大小见表 1-3	$℃^{-1}$
导热性（热导率）λ	金属材料在加热或冷却时能够传导热能的性质。设导热性最好的银为 1，则铜为 0.9，铝为 0.5，铁为 0.15	W/(m·K)
导电性	金属能够传导电流的性能。导电性最好的是银，其次是铜、铝	—
磁性	金属能够导磁的性能。具有导磁能力的金属能够被磁铁吸引	—

表 1-3　金属材料的物理性能

加工材料	热导率 λ[W/(m·K)]	线膨胀系数 α(℃$^{-1}$)
45 钢	0.115	12
灰铸铁	0.12	8.7～11.1
黄铜	0.14～0.58	18.2～20.6
紫铜	0.94	19.2
锡青铜	0.14～0.25	17.5～19
铝合金	0.36	24.3
不锈钢	0.039	15.5～16.5

三、化学性能

金属在常温或高温时抵抗各种化学作用的能力，称为化学性能，如耐腐蚀性和热稳定性等，它们的名称和含义见表 1-4。

表 1-4　金属材料化学性能的种类和含义

名　称	含　义
耐腐蚀性	金属材料抵抗各种介质(如大气、水蒸气、其他有害气体及酸、碱、盐等)侵蚀的能力
抗氧化性	金属材料在高温下抗氧化作用的能力
化学稳定性	金属材料耐腐蚀性和抗氧化性的总和。金属材料在高温下的化学稳定性又称为热稳定性

四、工艺性能

金属材料是否易于加工成形的性能称为工艺性，如铸造性能、锻造性能、焊接性能、可切削加工性能和热处理工艺性能等，它们的名称和含义见表 1-5。

表 1-5　金属材料工艺性能的含义

名　称	含　义
铸造性能	金属能否用铸造方法制成优良铸件的性能，包括金属的液态流动性，冷却时的收缩率等
锻造性能	金属在锻造时的抗氧化性能及氧化皮的性质，以及冷镦性，锻后冷却要求等
可切削加工性能	金属是否容易用一定的焊接方法焊成优良接缝的性能。焊接性好的材料能获得没有裂缝、气孔等缺陷的焊缝，并且焊接接头具有一定的力学性能
热处理工艺性能	金属在热处理时的淬透性、变形、开裂、脆性等

第三节　常用元素对金属材料性能的影响

一、常用元素对钢铁材料性能的影响

(1)常用元素对铸铁性能的影响见表 1-6。

表 1-6　常用元素对铸铁性能的影响

元素名称	对铸铁性能的影响
碳(C)	在铸铁中大多呈自由碳(石墨),对铸铁有良好的减磨性、较高的消振性、较低的缺口敏感性及优良的切削加工性。铸铁的力学性能除基体组织外,主要取决于石墨的形状、大小、数量和分布等因素,如石墨的形状:灰铸铁呈片状,强度低;可锻铸铁呈团絮状,强度较高;球墨铸铁呈球状,强度高
硅(Si)	是强烈促进铸铁石墨化的元素,合适的含硅量是铸铁获得所需组织和性能的重要因素
锰(Mn)	是阻碍铸铁石墨化的元素,适量的锰有利于铸铁基体获得珠光体组织和铁素体组织,并能消除硫的有害影响
硫(S)	是有害元素,它阻碍铸铁石墨化,不仅对铸造性能产生有害影响,并可使铸造件变脆
磷(P)	对铸铁石墨化不强烈的元素,并使铸铁基体中形成硬而脆的组织,使铸铁件脆性增加

(2)常用元素对钢性能的影响见表 1-7。

表 1-7　常用元素对钢性能的影响

元素名称	对钢性能的影响
碳(C)	在钢中随着含碳量增加,可提高钢的强度和硬度,但降低塑性和韧性。碳与钢中与某些合金元素化合形成各种碳化物,对钢的性能产生不同的影响
硅(Si)	提高钢的强度和耐回火性,特别是经淬火、回火后能提高钢的屈服极限和弹性极限。含硅量高的钢,其磁性和电阻均明显提高,但硅有促进石墨化的倾向,当钢中含碳量高的时候,影响更大。此外,对钢还有脱碳和存在第二类回火脆性的倾向。硅元素在钢筋钢、弹簧钢和电工钢中应用较多
锰(Mn)	提高钢的强度和显著提高钢的淬透性,能消除和减小硫对钢产生的热脆性。含锰量高的钢,经冷加工或冲击后具有高的耐磨性,但有促使钢的晶粒变大和增加第二类回火脆性的倾向。锰元素在结构钢、钢筋钢、弹簧钢中应用较多
铬(Cr)	提高钢的强度、淬透性和细化晶粒,提高韧性和耐磨性,但存在第二类回火脆性的倾向。含铬量高的钢,能增大抗腐蚀的能力,与镍元素等配合,能提高钢的抗氧化性和热强性,并进一步提高抗腐蚀性。铬是结构钢、轴承钢、不锈钢和耐热钢中应用很广的元素
钼(Mo)	与钨有相似的作用,还能提高钢的淬透性,在高速工具钢中常以钼代钨,从而减轻含钨高速钢碳化物堆集的程度,提高力学性能
钒(V)	能细化晶粒,提高钢的强度和韧性,提高钢的耐磨性和热硬性以及耐回火性。在高速工具钢中经多次回火,有二次硬化的作用
钛(Ti)	与钡有相似的作用。以钛为主要合金元素的合金钢有较小的密度,较高的高温强度,在镍铬不锈钢中有减少晶间腐蚀的作用
镍(Ni)	提高钢的强度,而对塑性和韧性影响不大,含量高时与铬配合能显著提高钢的耐腐蚀性和耐热性。它应用广泛,特别是在不锈钢和耐热钢中

续表

元素名称	对钢性能的影响
铌(Nb)	能细化晶粒,沉淀强化效果好,使钢的屈服点提高
铜(Cu)	提高钢的耐腐蚀性,同时有固熔强化作用,提高了屈服极限,但钢的塑性、韧性下降。当含铜量超过0.4%时,使钢件在热加工时表面容易产生裂纹
铝(Al)	能细化晶粒,从而提高钢的强度和韧性。用铝脱氧的镇静钢,能降低钢的时效倾向,如冷轧低碳薄钢板,经精轧后可长期存放,不产生应变时效
硼(B)	微量的硼能显著提高钢的淬透性,但当含碳量增加时,使淬透性下降。因此,硼加入含碳量<0.6%的低碳或中碳钢中作用明显
硫(S)	增加钢中非金属夹杂物,使钢的强度降低,在热加工时,容易产生脆性(热脆性),但稍高的含硫量能改善低碳钢的可加工性
磷(P)	增加钢中非金属夹杂物,使钢的强度和塑性降低,特别是在低温时更严重(低脆性),但稍高的含磷量能改善低碳钢的可加工性

二、常用元素对有色金属性能的影响

常用元素对有色金属性能的影响见表1-8。

表1-8　常用元素对有色金属材料性能的影响

有色金属名称	元素对有色金属性能的影响
铜	铜中杂质元素如氧、硫、铅、铋、砷、磷等,均不同程度降低铜的导电性、导热性和塑性变形能力。含氧的铜在与有氢气和一氧化碳等还原气体中加热时会产生裂纹(氢病),无氧铜的含氧量≤0.003%
黄铜	①锌(Zn):是黄铜的主要元素,当含锌量<32%时,黄铜的强度和塑性随含锌量的增加而提高;当含锌量>32%时,使塑性降低,脆性增加 ②铝(Al):提高黄铜的强度、硬度和屈服极限,同时改善抗蚀性和铸造性,但会使焊接性能降低,压力加工困难 ③硅(Si):提高黄铜的强度、硬度和改善铸造性能,但当含硅量过高时,使黄铜的塑性降低 ④锡(Sn):加入1%(质量分数)的锡能显著提高黄铜抗海水和海洋大气的腐蚀性能,并能改善黄铜的切削加工性 ⑤锰(Mn):提高黄铜的强度、弹性极限而不降低塑性,同时还可提高黄铜在海水和过热蒸汽中的抗腐蚀性 ⑥铁(Fe):提高黄铜的力学性能及提高耐磨性,铁与锰配合还可改善黄铜的抗蚀性 ⑦铅(Pb):改善黄铜的切削加工性,提高耐磨性 ⑧镍(Ni):提高黄铜的力学性能,又能改善黄铜的压力加工性、抗腐蚀性和热强性

续表

有色金属名称	元素对有色金属性能的影响
青铜	①锡(Sn):是青铜中主要元素，当含锡量<7%时，青铜的强度随含锡量的增加而提高；当含锡量>7%时，其强度、塑性均下降。故压力加工用青铜，含锡量应<6%。铸造用青铜，含锡量达 10%，但铸造性能也不理想。含锡的青铜在大气、海水和水蒸汽中的抗腐蚀性均优于黄铜 ②磷(P):能提高青铜的强度、弹性极限、疲劳极限和耐磨性，也能改善青铜的铸造性，故磷常与铜、锡配合制成锡磷青铜 ③铍(Be):能提高青铜的强度、硬度和弹性极限、疲劳极限和耐磨性，并有优良的抗腐蚀性和导电性。铍青铜工件受冲击时不产生火花，常用来制造防爆工具 ④铝(Al):能提高青铜的强度、硬度和弹性极限，并具有抗大气、海水腐蚀的能力，但在过热蒸汽中不稳定 ⑤硅(Si):能提高青铜的力学性能和抗腐蚀性，硅与锰配制的青铜有良好的弹性，硅与镍配制的青铜有较好的耐磨性和良好的焊接性 ⑥锰(Mn):能提高青铜的耐热强度，有良好的塑性和耐腐蚀性，如锰与铜、锡配制的锰青铜 ⑦铬(Cr):能提高青铜的导电性，并可通过热处理强化来提高强度，如铬与铜、锡配制的铬青铜
铝合金	①锰(Mn):是铝锰防锈铝中的主要元素，含锰量在 1.0%～1.6%范围内，合金具有较高的强度、塑性、焊接性和优良的抗蚀性 ②铜(Cu):它与镁配合有强烈的时效强化作用，经时效处理后的合金具有很高的强度和硬度，铜、镁含量低的硬铝(铝-铜-镁系合金)强度较低、塑性高，而铜、镁含量高的硬铝，则强度高、塑性低 ③锌(Zn):它对铝有显著强化的效果，是超硬铝合金中的主要强化元素。加入铸造铝合金中能显著提高合金的强度，但耐腐蚀性差 ④硅(Si):是铸造铝合金中的常用元素。硅加入铝中有极好的流动性，小的铸造收缩性和良好的耐腐蚀性和力学性能。在加工铝合金中，硅与镁、铜、锰配合，可以改善热加工塑性和提高热处理强化效果，如常见的锻铝，即属铝-镁-硅-铜系合金

续表

有色金属名称	元素对有色金属性能的影响
镍	镍中的杂质元素，主要是碳、硫和氧。 ①碳(C)：碳在镍中的含量＞2%，在退火后会以石墨形态从晶界析出，使镍产生冷脆性 ②氧(O)：氧在镍中的熔解度极小，超过一定含量会形成NiO而沿晶界析出，也使镍产生冷脆性。此外，含氧量较高的镍，在还原性气氛中，特别是在含氢气氛中退火时，会产生脆性(俗称氢病)，故在镍中氧被视为有害杂质。但在阳极镍的生产中，氧却是有益的添加元素，这主要是氧能得到致密的铸锭组织，提高阳极镍的工艺性能，且这种镍不需要退火，所以这种氧无害 ③硫(S)：硫含量＞0.003%，会形成低熔点共晶体，在热压力加工过程中容易引起热脆性 ④铁(Fe)、锰(Mn)、硅(Si)、铅(Pb)、铋(Bi)：都会恶化镍的热电性能 ⑤砷(As)、镉(Cd)、磷(P)：则显著降低镍的工艺性能和力学性能
镍合金	①锰(Mn)：提高镍合金的耐热性和耐腐蚀性 ②铜(Cu)：镍中加入铜及少量的铁、锰是著名的孟乃尔合金，它的强度高，塑性好，在750℃以下的大气中化学稳定性好，在500℃时还保持足够的高温强度，在大气、盐或碱的水熔液及蒸汽和有机物中，耐腐蚀性也很好 ③镁(Mg)、硅(Si)：镍中加少量的镁或硅，其性能与纯镍相似，在电气工业中多制成线材、棒材或带材得到应用 ④铬(Cr)：提高镍合金的热电热和电阻，铬与镍配制的镍铬合金常作为电热合金使用 ⑤钨(W)：钨与微量的钙等元素配合，能提高镍的高温强度和良好的电子发射性能，用这类合金制造的电子管氧化物阴极芯，在工作温度下，氧化层会有高的稳定性
锌	①铅(Pb)：铅虽能增加锌的延展性，使它容易轧制成薄板和带，但当锌用来镀敷钢材表面时，会降低锌层的强度 ②镉(Cd)和铁(Fe)：会增加锌的硬度和脆性，当含锌的锌用于镀敷钢材表面时，容易产生大量的锌渣，使镀层开裂
锌合金	锌中加入少量铝(2%～6%)和铜(1%～5%)时，可提高其力学性能，但耐腐蚀性较差。在压铸锌合金件时，常添加铝、铜元素，它具有熔点低、流动性好的优点

第四节　黑色金属

黑色金属材料乃工业上对铁、铬和锰的统称。亦包括这三种金属的合金，尤其是合金黑色金属钢及钢铁。与黑色金属相对的是有色金属。

一、黑色金属分类

(1)钢铁的分类见表1-9。

表1-9 钢铁的分类

名称	定义	用途
工业纯铁	杂质总含量<0.2%及含碳量在0.02%~0.04%的纯铁	重要的软磁材料,也是制造其他磁性合金的原材料
生铁	含碳量>2%,并含硅、锰、硫、磷等杂质的铁碳合金	通常分为炼钢用生铁和铸造用生铁两大类
铸铁	用铸造生铁为原料,在重熔后直接浇注成铸件,是含碳量>2%的铁碳合金	主要有灰铸铁、可锻铸铁、球墨铸铁、耐磨铸铁和耐热铸铁
铸钢	铸钢是指采用铸造方法产出来的一种钢铸件,其含碳量一般在0.15%~0.60%范围	一般分为铸造碳钢和铸造合金钢两大类
钢	以铁为主要元素,含碳量一般<2%,并含有其他元素的材料	炼钢生铁经炼钢炉熔炼的钢,除少量是直接浇注成钢铸件外,绝大多数是先铸成钢锭、连铸坯,再经过锻压或轧制成锻件或各种钢材。通常所讲的钢,一般是指轧制成各种型材的钢

(2)钢的分类见表1-10。

表1-10 钢的分类

分类方法	分类名称	特征说明
按化学成分	碳素钢	按含碳量不同,可分为: ①低碳钢:含碳量≤0.25% ②中碳钢:0.25%<含碳量≤0.60% ③高碳钢:含碳量>0.60%
	合金钢	在冶炼碳素钢的基础上,加入一些合金元素而炼成的钢。按其合金元素总含量,可分为: ①低合金钢:合金元素总含量≤5% ②中合金钢:5%<合金元素总含量≤10% ③高合金钢:合金元素总含量>10%
按冶炼方法分	按炉别分	①平炉钢:又分为酸性和碱性两种 ②转炉钢:又分为酸性和碱性两种 ③电炉钢:有电弧炉钢、感应炉钢和真空感应炉钢

续表

分类方法	分类名称	特征说明
按冶炼方法分	按脱氧程度分	①沸腾钢:该钢脱氧不完全,浇铸时产生沸腾现象。优点是冶炼成本低,表面质量及深冲性能好;缺点是化学成分和质量不均匀,抗腐蚀性能和机械强度较差,且晶粒粗化,有较大的时效趋向性、冷脆性。在温度0℃以下焊接时,接头内可能出现脆性裂纹。一般不宜用于重要结构 ②镇静钢:完全获得脱氧的钢,化学成分均匀,晶粒细化,不存在非金属夹杂物,其冲击韧性比晶粒粗化的钢提高1～2倍。一般优质碳素钢和合金钢均是镇静钢 ③半镇静钢:脱氧程度介于上述两种钢之间。因生产较难控制,产量较小
按钢的品质分	普通钢	P含量≤0.045%,S含量≤0.055%;或P(S)含量≤0.05%
	优质钢	P(S)含量≤0.04%
	高级优质钢	P含量≤0.030%,S含量≤0.020%,通常在钢号后面加“A”
按结构钢的强度等级分	Q235	屈服强度 σ_s=235 MPa,使用很普通
	Q345	屈服强度 σ_s=345 MPa,使用很普通
	Q390	屈服强度 σ_s=390 MPa,综合性能好,如15 MnVR,15 MnTi
	Q400	屈服强度 σ_s≥400 MPa(如30 SiTi)
	Q440	屈服强度 σ_s≥440 MPa(如15 MnVNR)
	结构钢	除专用钢外的工程结构钢,例如Q235,Q345等
	专用钢	①锅炉用钢(牌号末位用g表示) ②桥梁用钢(牌号末位用q表示),如16q,16Mnq等 ③船体用钢,一般强度钢分为A、B、C、D、E五个等级 ④压力容器用钢(牌号末位用R表示) ⑤低温压力容器用钢(牌号末位用DR表示) ⑥汽车大梁用钢(牌号末位用L表示) ⑦焊条用钢(手工电弧焊条冠以“E”,埋弧焊焊条冠以“H”)
	工具钢	如碳素工具钢、合金工具钢、高速工具钢等
	特殊钢	如不锈耐酸钢、耐热不起皮钢、耐磨钢、磁钢等

(3)钢材的分类见表1-11。

表1-11 钢材的分类

类 别	说 明
型钢	按断面形状分为圆钢、扁钢、方钢、六角钢、八角钢、角钢、工字钢、槽钢、丁字钢、乙字钢等
钢板	①按厚度分为厚钢板(厚度>4 mm)和薄钢板(厚度≤4 mm) ②按用途分为一般用钢板、锅炉用钢板、造船用钢板、汽车用钢板、一般用薄钢板、屋面薄钢板、酸洗薄钢板、镀锌薄钢板、镀锡薄钢板和其他专用钢板等
钢带	按交货状态分为热轧钢带和冷轧钢带
钢管	①按制造方法分为无缝钢管(有热轧、冷拔两种)和焊接钢管 ②按用途分为一般用钢管、水煤气用钢管、锅炉用钢管、石油用钢管和其他专用钢管等 ③按表面状况分为镀锌钢管和不镀锌钢管 ④按管端结构分为带螺纹钢管和不带螺纹钢管
钢丝	①按加工方法分为冷拉钢丝和冷轧钢丝等 ②按用途分为一般用钢丝、包扎用钢丝、架空通信用钢丝、焊接用钢丝、弹簧钢丝和其他专用钢丝等 ③按表面状况分为抛光钢丝、磨光钢丝、酸洗钢丝、光面钢丝、黑钢丝、镀锌钢丝和其他金属钢丝等
钢丝绳	①按绳股数目分为单股钢绳、6股钢绳和18股钢绳等 ②按内芯材料分为有机物芯钢绳和金属芯钢绳等 ③按表面状况分为不镀锌钢绳和镀锌钢绳

二、金属材料涂色标记

钢铁材料的涂色标记见表1-12。

表1-12 钢铁的涂色标记

材 料	种 类	端面涂色标记
碳素结构钢	Q215A	白色+黑色
	Q215B	黄色
	Q235A	红色
	Q235B	黑色
	Q255A	绿色
	Q255B	棕色
	Q275	红色+棕色
优质碳素结构钢	08～15	白色
	20～25	棕色+绿色
	30～40	白色+蓝色
	45～85	白色+棕色
	15Mn～40Mn	白色两条
	45Mn～70Mn	绿色三条

续表

材　料	种　类	端面涂色标记
合金结构钢	锰钢	黄色＋蓝色
	硅锰钢	红色＋黑色
	锰钒钢	蓝色＋绿色
	铬钢	绿色＋黄色
	铬硅钢	蓝色＋红色
	铬锰钢	蓝色＋黑色
	铬锰硅钢	红色＋紫色
	铬钒钢	绿色＋黑色
	铬锰钛钢	黄色＋黑色
	铬钨钒钢	棕色＋黑色
	钼钢	紫色
	铬钼钢	绿色＋紫色
	铬锰钼钢	紫色＋白色
	铬钼钒钢	紫色＋棕色
	铬铝钢	铝白色
	铬钼铝钢	黄色＋紫色
	铬钨钒铝钢	黄色＋红色
	硼钢	紫色＋蓝色
	铬钼钨钒钢	紫色＋黑色
高速钢	W12Cr4V4Mo	棕色一条＋黄色一条
	W18Cr4V	棕色一条＋蓝色一条
	W9Cr4V2	棕色两条
	W9Cr4V	棕色一条
滚珠轴承钢	GCr4	绿色一条＋白色一条
	GCr15	蓝色一条
	GCr15SiMn	绿色一条＋蓝色一条
	GCr15SiMo	白色一条＋黄色一条
	GCr18Mo	绿色两条
不锈钢、耐酸钢和耐热不起皮钢	铬钢	铝白色＋黑色
	铬钛钢	铝白色＋黄色
	铬锰钢	铝白色＋绿色
	铬钼钢	铝白色＋白色
	铬镍钢	铝白色＋红色
	铬锰镍钢	铝白色＋棕色
	铬镍钛钢	铝白色＋蓝色
	铬钼钛钢	铝白色＋白色＋黄色
	铬镍钼钛钢	铝白色＋红色＋黄色

续表

材料	种类	端面涂色标记
不锈钢、耐酸钢和耐热不起皮钢	铬钼钒钢	铝白色＋紫色
	铬镍钨钛钢	铝白色＋白色＋红色
	铬镍钢钛钢	铝白色＋蓝色＋白色
	铬镍钼钢钛钢	铝白色＋黄色＋绿色
	铬硅钢	红色＋白色
	铬钼钢	红色＋绿色
	铬硅钼钢	红色＋蓝色
	铬铝硅钢	红色＋黑色
	铬硅钛钢	红色＋黄色
	铬硅钼钛钢	红色＋紫色
	铬铝合金	红色＋铝白色
	铬镍钨钼钢	红色＋棕色
热轧钢筋	Ⅰ级	红色
	Ⅱ级	—
	Ⅲ级	白色
	Ⅳ级	黄色
	28/50kg 级	绿色
	50/75kg 级	蓝色

三、钢材断面积和理论重量计算公式

钢材料面积和理论重量计算公式见表 1-13 和表 1-14。

表 1-13　钢材断面积的计算公式

项目	钢材类别	计算公式	代号说明
1	方钢	$S=a^2$	a—边宽
2	圆角方钢	$S=a^2-0.8584r^2$	a—边宽，r—圆角半径
3	钢板、扁钢、带钢	$S=a\times\delta$	a—宽度，δ—厚度
4	圆角扁钢	$S=a\delta-0.8584r^2$	a—宽度，δ—厚度，r—圆角半径
5	圆钢、圆盘条、钢丝	$S=0.7854a^2$	d—外径
6	六角钢	$S=0.866a^2=2.598s^2$	a—对边距离，s—边宽
7	八角钢	$S=0.8284\ a^2=4.8284s^2$	
8	钢管	$S=3.1416\delta(D-\delta)$	D—外径，δ—壁厚
9	等边角钢	$S=\ d(2b-d)+0.2146(r^2-2{r_1}^2)$	d—边厚，b—边宽(不等边角钢为短边宽)，r—内面圆角半径，r_1—端边圆角半径，B—(不等边角钢)长边宽
10	不等边角钢	$S=d(B+b-d)+0.2146(r^2-2{r_1}^2)$	
11	工字钢	$S=hd+2t(b-d)+0.8584(r^2-2{r_1}^2)$	h—高度，b—腿宽，d—腰厚，t—平均腿厚，r—内面圆角半径，r_1—边端圆角半径
12	槽钢	$S=hd+2t\ (b-d)+0.4292(r^2-2{r_1}^2)$	

注：1. 其他型材如铜材、铝材等一般也可按上表计算。

表 1-14 钢材理论重量计算公式

序号	钢材类别	计算公式	代号说明
1	圆钢	$F=0.7854d^2$ $W=0.0061654d^2$	F—断面积/mm^2 d—直径/mm
2	方钢	$F=a^2$ $W=0.00785a^2$	a—边宽/mm
3	六角钢	$F=0.866a^2=2.598s^2$ $W=0.0067986a^2=0.0203943s^2$	a—对边距离/mm s—边宽/mm
4	八角钢	$F=0.8284a^2=4.8284s^2$ $W=0.006503a^2=0.0379s^2$	
5	钢板、扁钢、带钢	$F=a\times\delta$ $W=0.00785a\delta$	a—边宽/mm δ—厚/mm
6	等边角钢	$F=d(2b-\mathrm{d})+0.2146(r^2-2r_1{}^2)$ $W=0.00785[d(2b\text{-}\mathrm{d})+0.2146(r^2-2r_1{}^2)]$ $\approx0.00795d(2b-d)$	d—边厚/mm b—边宽/mm r—内弧半径/mm r_1—端弧半径/mm
7	不等边角钢	$F=d(\mathrm{B}+\mathrm{b}-\mathrm{d})+0.2146(r^2-2r_1{}^2)$ $W=0.00785[(dB+b-d)+0.2146(r^2-2r_1{}^2)]$ $\approx0.00795d(\mathrm{B}+b-d)$	d—边厚/mm B—长边宽/mm b—短边宽/mm r—内弧半径/mm r_1—端弧半径/mm
8	工字钢	$F=hd+2t(b-d)+0.8584(r^2-r_1{}^2)$ $W=0.00785[hd+2t(b-\mathrm{d})+0.8584(r^2-r_1{}^2)]$	h—高度/mm b—腿宽/mm d—腰厚/mm t—平均腿厚/mm
9	槽钢	$F=hd+2t(b-d)+0.4292(r^1-r_1{}^2)$ $W=0.00785[hd+2t(b-d)+0.4292(r^2-r_1{}^2)]$	r—内弧半径/mm r_1—端弧半径/mm
10	钢管	$F=3.1416(D-t)t$ $W=0.02466(D-t)t$	D—外径/mm t—壁厚/mm

注：1. $W=F\times\rho\times1/1\,000$　　W—理论单位长度质量/$kg\cdot m^{-1}$。

2. 钢材密度一般按 7.85 $g\cdot cm^{-3}$计算。

3. 有色金属材料，如铜材、铝材等亦可按上表计算，密度可查找有关部分资料。

第五节　有色金属

一、有色金属的分类

(1)有色金属的分类见表 1-15。

表 1-15　有色金属的分类

分类方法	说　明
按密度、储量和分布情况分	①有色轻金属：指密度<4.5 g/m³的有色金属，有铝、镁、钙等 ②有色重金属：指密度>4.5g/m³的有色金属，有铜、镍、铅、锌、锡等 ③贵金属：指矿源少、开采和提取比较困难、价格比一般金属贵的金属，如金、银和铂族元素及其合金 ④稀有金属：指在自然界中含量很少、分布稀散或难以提取的金属，如钛、钨、钼、铌等
按化学成分分	①铜及铜合金：包括纯铜（紫铜）、铜锌合金（黄铜）、铜锡合金（锡青铜等）、无锡青铜（铝青铜）、铜镍合金（白铜） ②轻金属及轻合金：包括铝及铝合金、镁及镁合金、钛及钛合金 ③其他有色金属及其合金：包括铅及其合金、锡及其合金、锌镉及其合金、镍钴及其合金、贵金属及其合金、稀有金属及其合金等
按生产方法及用途分	①有色冶炼合金产品：包括纯金属或合金产品，纯金属可分为工业纯度和高纯度 ②铸造有色合金：指直接以铸造方式生产的各种形状有色金属材料及机械零件 ③有色加工产品：指以压力加工方法生产的各种管、线、棒、型、板、箔、条、带等 ④硬质合金材料：指以难熔硬质合金化合物为基体，以铁、钴、镍为黏结剂，采用粉末冶金法制作而成的一种硬质工具材料 ⑤中间合金：指在熔炼过程中为使合金元素能准确而均匀地加入到合金中去而配制的一种过渡性合金 ⑥轴承合金：指制作滑动轴承轴瓦的有色金属材料 ⑦印刷合金：指印刷工业专用铅字合金，均属于铅、锑、锡系合金

（2）工业上常见的有色金属见表 1-16。

表 1-16　工业上常见的有色金属

<table>
<tr><td colspan="4">纯金属</td><td>铜(纯铜)、镍、铝、镁、钛、锌、铅、锡等</td></tr>
<tr><td rowspan="6">合金</td><td rowspan="6">铜合金</td><td rowspan="2">黄铜</td><td rowspan="4">压力加工用、铸造用</td><td>普通黄铜(铜锌合金)</td></tr>
<tr><td>特殊黄铜(含有其他合金元素的黄铜)：铝黄铜、铅黄铜、锡黄铜、硅黄铜、锰黄铜、铁黄铜、镍黄铜等</td></tr>
<tr><td rowspan="2">青铜</td><td>锡青铜(铜锡合金，一般还含有磷或锌、铅等合金元素)</td></tr>
<tr><td>特殊青铜(铜与除锌、锡、镍以外的其他合金元素的合金)：铝青铜、硅青铜、锰青铜、铍青铜、锆青铜、铬青铜、镉青铜、镁青铜等</td></tr>
<tr><td rowspan="2">白铜</td><td rowspan="2">压力加工用</td><td>普通白铜(铜镍合金)</td></tr>
<tr><td>特殊白铜(含有其他合金元素的白铜)：锰白铜、铁白铜、锌铜、铝白铜等</td></tr>
</table>

续表

纯金属			铜(纯铜)、镍、铝、镁、钛、锌、铅、锡等
合金	铝合金	压力加工用(变形用)	不可热处理强化的铝合金:防锈铝
			可热处理强化的铝合金:硬铝、锻铝、超硬铝等
		铸造用	铝硅合金、铝铜合金、铝镁合金、铝锌合金
	镍合金	压力加工用:镍硅合金、镍锰合金、镍铬合金、镍铜合金、镍钨合金	
	锌合金	压力加工用:锌铜合金、锌铝合金 铸造用:锌铝合金	
	铅合金	压力加工用:铅锑合金等	
	镁合金	压力加工用:镁铝合金、镁锰合金、镁锌合金等 铸造用:镁铝合金、镁锌合金、镁稀土合金等	
	钛合金	压力加工用:钛合金、钼等合金元素的合金 铸造用:钛与铝、钼等合金元素的合金	
	轴承合金	铅基轴承合金、锡基轴承合金、铜基轴承合金、铝基轴承合金	
	印刷合金	铅基印刷合金	

二、有色金属的牌号

(1)有色金属的牌号与表示方法见表 1-17。

表 1-17　有色金属的牌号与表示方法

产品名称	组　别	金属及合金牌号	
		代　号	牌号名称
纯铜	纯铜	T2	二号铜
	无氧铜	TU1 TUP	一号无氧铜 磷脱氧铜
黄铜	普通黄铜	H68	68 黄铜
	铅黄铜	HPb59-1	59-1 铅黄铜
	锡黄铜	HSn90-1	90-1 锡黄铜
	铝黄铜	HAl77-2	77-2 铝黄铜
	锰黄铜	HMn58-2	58-2 锰黄铜
	铁黄铜	HFe59-1-1	59-1-1 铁黄铜
	镍黄铜	HNi65-5	65-5 镍黄铜
	硅黄铜	HSi80-3	80-3 硅黄铜

续表

产品名称	组　别	金属及合金牌号	
		代　号	牌号名称
青铜	锡青铜	QSn6.5-0.1	6.5-0.1 锡青铜
	铝青铜	QAl10-3-1.5	10-3-1.5 铝青铜
	铍青铜	QBe1.9	1.9 铍青铜
	硅青铜	QSi3-1	3-1 硅青铜
	锰青铜	QMn5	5 锰青铜
	镉青铜	QCd1	1 镉青铜
	铬青铜	QCr0.5	0.5 铬青铜
白铜	普通白铜	B30	30 白铜
	锰白铜	BMn3-12	3-12 锰白铜
	铁白铜	BFe30-1-1	30-1-1 铁白铜
	锌白铜	BZn15-20	15-20 锌白铜
	铝白铜	BAl13-3	13-3 铝白铜
铝及铝合金	工业纯铝	1035(L4)	四号工业纯铝
	防锈铝	5A02(LF2)	二号防锈铝
	硬铝	2A12(LY12)	十二号硬铝
	锻铝	6A02(LD2)	二号锻铝
	超硬铝	7A04(LCA)	四号超硬铝
	特殊铝	5A66(LT66)	六十六号特殊铝
镁合金		MB8	八号镁合金
钛及钛合金	工业纯钛	TA1	一号 α 型钛
	钛合金	TA5	五号 α 型钛合金
		TC4	四号 α+β 型钛合金
镍及镍合金	纯镍	N4	四号镍
	阳极镍	NY1	一号阳极镍
	镍硅合金	NSi0.19	0.19 镍硅合金
	镍镁合金	NMg0.1	0.1 镍镁合金
	镍锰合金	NMn2-2-1	2-2-1 镍锰合金
	镍铜合金	NCu28-2.5-1.5	28-2.5-1.5 镍铜合金
	镍铬合金	NCr10	10 镍铬合金
	镍钴合金	NCo17-2-2-1	17-2-2-1 镍钴合金
	镍铝合金	NAl3-1.5-1	3-1.5-1 镍铝合金
	镍钨合金	NW4-0.2	4-0.2 镍钨合金

续表

产品名称	组　别	金属及合金牌号	
		代　号	牌号名称
铅及铅合金	纯铅 铅锑合金	Pb3 PbSb2	三号铅 2 铅锑合金
锌及锌合金	纯锌 锌铜合金	Zn2 ZnCu1.5	二号锌 1.5 锌铜合金
锡及锡合金	纯锡 锡锑合金 锡铅合金	Sn2 SnSb2.5 SnPb13.5-2.5	二号锡 2.5 锡锑合金 13.5-2.5 锡铅合金
镉	纯镉	Cd2	二号镉
硬质轴承合金	钨钴合金 钨钴钛合金 铸造碳化钨	YG6 YT5 YZ2	钨钴 6 硬质合金 钨钛钴 5 硬质合金 2 号铸造碳化钨
	锡基轴承合金	ChSnSb8-3 ChSnSb11-6	8-3 锡锑轴承合金 11-6 锡锑轴承合金
	铅基轴承合金	ChPbSb0.25 ChPbSb2-0.2-0.15	0.25 铅锑轴承合金 2-0.2-0.15 铅锑轴承合金

(2)有色金属的牌号及涂色标记见表 1-18。

表 1-18　有色金属的牌号及涂色标记

名　称	牌号或组别	标记涂色
锌锭(GB/T 470-2008)	Zn-01 Zn-1 Zn-2 Zn-3 Zn-4 Zn-5	红色二条 红色一条 黑色二条 黑色一条 绿色二条 绿色一条
铅锭(GB/T 469-2005)	Pb-1 Pb-2 Pb-3 Pb-4 Pb-5 Pb-6	红色二条 红色一条 黑色二条 黑色一条 绿色二条 绿色一条

续表

名　称	牌号或组别	标记涂色
铝锭(GB/T 1196-2002)	A199.90	三道红色横线
	A199.85	二道红色横线
	A199.70A	一道红色横线
	A199.70	一道红色竖线
	A199.60	二道红色竖线
	A199.50	三道红色竖线
	A199.00	四道红色竖线
镍板(GB/T 2057-1989)	Ni-01(特号)	红色
	Ni-1(一号)	蓝色
	Ni-2(二号)	黄色
铸造碳化钨(GB/T 2967-2008)	碳化钨管(二号)	绿色
	碳化钨管(三号)	黄色 X
	碳化钨管(四号)	白色
	碳化钨管(六号)	浅蓝色

第二章 常用钢材

第一节 型钢

一、热轧钢棒(GB/T 702—2008)

热轧钢棒的尺寸及重量见表2-1～表2-4，经供需双方协商，并在合同中注明，也可供应表中未规定的其他尺寸的钢材；钢棒一般按实际重量交货。经供需双方协商，并在合同中注明，可按理论重量交货。

热轧钢棒的标记示例：

(1)热轧圆钢、方钢、六角钢和八角钢

用40Cr钢轧制成的公称直径或边长为50 mm允许偏差组别为2组的圆钢或方钢，其标记为：XX $\frac{50\text{-}2\text{-GB/T702}-2008}{40\text{Cr}-\text{GB/T3077}-1999}$ XX——圆钢、方钢、六角钢或八角钢

(2)热轧扁钢和热轧工具钢扁钢

用45钢轧制成的22 mm热轧六角钢和热轧八角钢或10 mm×30 mm组别为2组热轧(工具钢)扁钢，其标记为：XX $\frac{22(10\times30)\text{-}2\text{-GB/T702}-2008}{45-\text{GB/T699}-1999}$

XX——扁钢、工具钢扁钢

注：工具钢扁钢没有组别。

表2-1 热轧圆钢和方钢的尺寸及理论重量

圆钢公称直径 d 方钢公称边长 a/mm	理论重量/kg·m^{-1}		圆钢公称直径 d 方钢公称边长 a/mm	理论重量/kg·m^{-1}	
	圆钢	方钢		圆钢	方钢
5.5	0.186	0.237	13	1.04	1.33
6	0.222	0.283	14	1.21	1.54
6.5	0.260	0.332	15	1.39	1.77
7	0.302	0.385	16	1.58	2.01
8	0.395	0.502	17	1.78	2.27
9	0.499	0.636	18	2.00	2.54
10	0.617	0.785	19	2.23	2.83
11	0.746	0.950	20	2.47	3.14
12	0.888	1.13	21	2.72	3.46

续表

圆钢公称直径 d 方钢公称边长 a/mm	理论重量/kg·m^{-1}		圆钢公称直径 d 方钢公称边长 a/mm	理论重量/kg·m^{-1}	
	圆钢	方钢		圆钢	方钢
22	2.98	3.80	85	44.5	56.7
23	3.26	4.15	90	49.9	63.6
24	3.55	4.52	95	55.6	70.8
25	3.85	4.91	100	61.7	78.5
26	4.17	5.31	105	68.0	86.5
27	4.49	5.72	110	74.6	95.0
28	4.83	6.15	115	81.5	104
29	5.18	6.60	120	88.8	113
30	5.55	7.06	125	96.3	123
31	5.92	7.54	130	104	133
32	6.31	8.04	135	112	143
33	6.71	8.55	140	121	154
34	7.13	9.07	145	130	165
35	7.55	9.62	150	139	177
36	7.99	10.2	155	148	189
38	8.90	11.3	160	158	201
40	9.86	12.6	165	168	214
42	10.9	13.8	170	178	227
45	12.5	15.9	180	200	254
48	14.2	18.1	190	223	283
50	15.4	19.6	200	247	314
53	17.3	22.0	210	272	
55	18.6	23.7	220	298	
56	19.3	24.6	230	326	
58	20.7	26.4	240	355	
60	22.2	28.3	250	385	
63	24.5	31.2	260	417	
65	26.0	33.2	270	449	
68	28.5	36.3	280	483	
70	30.2	38.5	290	518	
75	34.7	44.2	300	555	
80	39.5	50.2	310	592	

注:表中钢的理论重量是按密度为 7.85g/cm^{3}计算。

表 2-2　热轧扁钢的尺寸及理论重量

公称宽度/mm	厚度/mm																								
	3	4	5	6	7	8	9	10	11	12	14	16	18	20	22	25	28	30	32	36	40	45	50	56	60
	理论重量/kg·m^{-1}																								
10	0.24	0.31	0.39	0.47	0.55	0.63																			
12	0.28	0.38	0.47	0.57	0.66	0.75																			
14	0.33	0.44	0.55	0.66	0.77	0.88																			
16	0.38	0.50	0.63	0.75	0.88	1.00	1.15	1.26																	
18	0.42	0.57	0.71	0.85	0.99	1.13	1.27	1.41																	
20	0.47	0.63	0.78	0.94	1.10	1.26	1.41	1.57	1.73	1.88															
22	0.52	0.69	0.86	1.04	1.21	1.38	1.55	1.73	1.90	2.07															
25	0.59	0.78	0.98	1.18	1.37	1.57	1.77	1.96	2.16	2.36	2.75	3.14													
28	0.66	0.88	1.10	1.32	1.54	1.76	1.98	2.20	2.42	2.64	3.08	3.53													
30	0.71	0.94	1.18	1.41	1.65	1.88	2.12	2.36	2.59	2.83	3.30	3.77	4.24	4.71											
32	0.75	1.00	1.26	1.51	1.76	2.01	2.26	2.55	2.76	3.01	3.52	4.02	4.52	5.02											
35	0.82	1.10	1.37	1.65	1.92	2.20	2.47	2.75	3.02	3.30	3.85	4.40	4.95	5.50	6.04	6.87	7.69								
40	0.94	1.26	1.57	1.88	2.20	2.51	2.83	3.14	3.45	3.77	4.40	5.02	5.65	6.28	6.91	7.85	8.79								
45	1.06	1.41	1.77	2.12	2.47	2.83	3.18	3.53	3.89	4.24	4.95	5.65	6.36	7.07	7.77	8.83	9.89	10.60	11.30	12.72					
50	1.18	1.57	1.96	2.36	2.75	3.14	3.53	3.93	4.32	4.71	5.50	6.28	7.06	7.85	8.64	9.81	10.99	11.78	12.56	14.13					
55		1.73	2.16	2.59	3.02	3.45	3.89	4.32	4.75	5.18	6.04	6.91	7.77	8.64	9.50	10.79	12.09	12.95	13.82	15.54					
60		1.88	2.36	2.83	3.30	3.77	4.24	4.71	5.18	5.65	6.59	7.54	8.48	9.42	10.36	11.78	13.19	14.13	15.07	16.96	18.84	21.20			
65		2.04	2.55	3.06	3.57	4.08	4.59	5.10	5.61	6.12	7.14	8.16	9.18	10.20	11.23	12.76	14.29	15.31	16.33	18.37	20.41	22.96			
70		2.20	2.75	3.30	3.85	4.40	4.95	5.50	6.04	6.59	7.69	8.79	9.89	10.99	12.09	13.74	15.39	16.49	17.58	19.78	21.98	24.73			
75		2.36	2.94	3.53	4.12	4.71	5.30	5.89	6.48	7.07	8.24	9.42	10.60	11.78	12.95	14.72	16.48	17.66	18.84	21.20	23.55	26.49			
80		2.51	3.14	3.77	4.40	5.02	5.65	6.28	6.91	7.54	8.79	10.05	11.30	12.56	13.82	15.70	17.58	18.84	20.10	22.61	25.12	28.26	31.40	35.17	

续表

公称宽度/mm	厚度/mm																								
	3	4	5	6	7	8	9	10	11	12	14	16	18	20	22	25	28	30	32	36	40	45	50	56	60
	理论重量/kg·m^{-1}																								
85			3.34	4.00	4.67	5.34	6.01	6.67	7.34	8.01	9.34	10.68	12.01	13.34	14.68	16.68	18.68	20.02	21.35	24.02	26.69	30.03	33.36	37.37	40.04
90			3.53	4.24	4.95	5.65	6.36	7.07	7.77	8.48	9.89	11.30	12.72	14.13	15.54	17.66	19.78	21.20	22.61	25.43	28.26	31.79	35.32	39.56	42.39
95			3.73	4.47	5.22	5.97	6.71	7.46	8.20	8.95	10.44	11.93	13.42	14.92	16.41	18.64	20.88	22.37	23.86	26.85	29.83	33.56	37.29	41.76	44.74
100			3.92	4.71	5.50	6.28	7.06	7.85	8.64	9.42	10.99	12.56	14.13	15.70	17.27	19.62	21.98	23.55	25.12	28.26	31.40	35.32	39.25	43.96	47.10
105			4.12	4.95	5.77	6.59	7.42	8.24	9.07	9.89	11.54	13.19	14.84	16.48	18.13	20.61	23.08	24.73	26.38	29.67	32.97	37.09	41.21	46.16	49.46
110			4.32	5.18	6.04	6.91	7.77	8.64	9.50	10.36	12.09	13.82	15.54	17.27	19.00	21.59	24.18	25.90	27.63	31.09	34.54	38.86	43.18	48.36	51.81
120			4.71	5.65	6.59	7.54	8.48	9.42	10.36	11.30	13.19	15.07	16.96	18.84	20.72	23.55	26.38	28.26	30.14	33.91	37.68	42.39	47.10	52.75	56.52
125				5.89	6.87	7.85	8.83	9.81	10.79	11.78	13.74	15.70	17.66	19.62	21.58	24.53	27.48	29.44	31.40	35.32	39.25	44.16	49.06	54.95	58.88
130				6.12	7.14	8.16	9.18	10.20	11.23	12.25	14.29	16.33	18.37	20.41	22.45	25.51	28.57	30.62	32.66	36.74	40.82	45.92	51.02	57.15	61.23
140					7.69	8.79	9.89	10.99	12.09	13.19	15.39	17.58	19.78	21.98	24.18	27.48	30.77	32.97	35.17	39.56	43.96	49.46	54.95	61.54	65.94
150					8.24	9.42	10.60	11.78	12.95	14.13	16.48	18.84	21.20	23.55	25.90	29.44	32.97	35.32	37.68	42.39	47.10	52.99	58.88	65.94	70.65
160					8.79	10.05	11.30	12.56	13.82	15.07	17.58	20.10	22.61	25.12	27.63	31.40	35.17	37.68	40.19	45.22	50.24	56.52	62.80	70.34	75.36
180					9.89	11.30	12.72	14.13	15.54	16.96	19.78	22.61	25.43	28.26	31.09	35.32	39.56	42.39	45.22	50.87	56.52	63.58	70.65	79.13	84.78
200					10.99	12.56	14.13	15.70	17.27	18.84	21.98	25.12	28.26	31.40	34.54	39.25	43.96	47.10	50.24	56.52	62.80	70.65	78.50	87.92	94.20

注：1. 表中的粗线用以划分扁钢的组别

第1组——理论重量≤19 kg/m；

第2组——理论重量>19 kg/m。

2. 表中的理论重量按密度 7.85 g/m^3 计算。

表 2-3　热轧六角钢和热轧八角钢的尺寸及理论重量

对边距离 S/mm	截面面积 A/cm²		理论重量/kg·m⁻¹	
	六角钢	八角钢	六角钢	八角钢
8	0.5543	—	0.435	—
9	0.7015	—	0.551	—
10	0.866	—	0.680	—
11	1.048	—	0.823	—
12	1.247	—	0.979	—
13	1.464	—	1.05	—
14	1.697	—	1.33	—
15	1.949	—	1.53	—
16	2.217	2.120	1.74	1.66
17	2.503	—	1.96	—
18	2.806	2.683	2.20	2.16
19	3.126	—	2.45	—
20	3.464	3.312	2.72	2.60
21	3.819	—	3.00	—
22	4.192	4.008	3.29	3.15
23	4.581	—	3.60	—
24	4.988	—	3.92	—
25	5.413	5.175	4.25	4.06
26	5.854	—	4.60	—
27	6.314	—	4.96	—
28	6.790	6.492	5.33	5.10
30	7.794	7.452	6.12	5.85
32	8.868	8.479	6.96	6.66
34	10.011	9.572	7.86	7.51
36	11.223	10.731	8.81	8.42
38	12.505	11.956	9.82	9.39
40	13.86	13.25	10.88	10.40
42	15.28	—	11.99	—
45	17.54	—	13.77	—
48	19.95	—	15.66	—
50	21.65	—	17.00	—
53	24.33	—	19.10	—
56	27.16	—	21.32	—
58	29.13	—	22.87	—
60	31.18	—	24.50	—
63	34.37	—	26.98	—
65	36.59	—	28.72	—
68	40.04	—	31.43	—
70	42.43	—	33.30	—

注：表中的理论重量按密度 7.85g/m³计算。表中截面面积(A)计算公式 $A=\frac{1}{4}ns^2\text{tg}\frac{\varphi}{2}\times\frac{1}{100}$

六角形：$A=\frac{3}{2}s^2\text{tg}30^\circ\times\frac{1}{100}\approx0.866s^2\times\frac{1}{100}$；八角形：$A=2s^2\text{tg}22^\circ30'\times\frac{1}{100}\approx0.828s^2\times\frac{1}{100}$

式中：n——正 n 边形边数；φ——正 n 边形圆内角；$\varphi=360/n$

表 2-4　热轧工具钢扁钢的尺寸及理论重量

公称宽度/mm	扁钢公称厚度/mm																					
	4	6	8	10	13	16	18	20	23	25	28	32	36	40	45	50	56	63	71	80	90	100
	理论重量/kg·m^{-1}																					
10	0.31	0.47	0.63																			
13	0.40	0.57	0.75	0.94																		
16	0.50	0.75	1.00	1.26	1.51																	
20	0.63	0.94	1.26	1.57	1.88	2.51	2.83															
25	0.78	1.18	1.57	1.96	2.36	3.14	3.53	3.93	4.32													
32	1.00	1.51	2.01	2.55	3.01	4.02	4.52	5.02	5.53	6.28	7.03											
40	1.26	1.88	2.51	3.14	3.77	5.02	5.65	6.28	6.91	7.85	8.79	10.05	11.30									
50	1.57	2.36	3.14	3.93	4.71	6.28	7.06	7.85	8.64	9.81	10.99	12.56	14.13	15.70	17.66							
63	1.98	2.91	3.96	4.95	5.93	7.91	8.90	9.89	10.88	12.36	13.85	15.83	17.80	19.78	22.25	24.73	27.69					
71	2.23	3.34	4.46	5.57	6.69	8.92	10.03	11.15	12.26	13.93	15.61	17.84	20.06	22.29	25.08	27.87	31.21	35.11				
80	2.51	3.77	5.02	6.28	7.54	10.05	11.30	12.56	13.82	15.70	17.58	20.10	22.61	25.12	28.26	31.40	35.17	39.56	44.59			
90	2.83	4.24	5.65	7.07	8.48	11.30	12.72	14.13	15.54	17.66	19.78	22.61	25.43	28.26	31.79	35.32	39.56	44.51	50.16	56.52		
100	3.14	4.71	6.28	7.85	9.42	12.56	14.13	15.70	17.27	19.62	21.98	25.12	28.26	31.40	35.32	39.25	43.96	49.46	55.74	62.80	70.65	
112	3.52	5.28	7.03	8.79	10.55	14.07	15.83	17.58	19.34	21.98	24.62	28.13	31.65	35.17	39.56	43.96	49.24	55.39	62.42	70.34	79.13	87.92
125	3.93	5.89	7.85	9.81	11.78	15.70	17.66	19.62	21.58	24.53	27.48	31.40	35.32	39.25	44.16	49.06	54.95	61.82	69.67	78.50	88.31	98.13
140	4.40	6.59	8.79	12.69	13.19	17.58	19.78	21.98	24.18	27.48	30.77	35.17	39.56	43.96	49.46	54.95	61.54	69.24	78.03	87.92	98.81	109.90
160	5.02	7.54	10.05	12.56	15.07	20.10	22.61	25.12	27.63	31.40	35.17	40.19	45.22	50.24	56.52	62.80	70.34	79.13	89.18	100.48	113.04	125.60
180	5.65	8.48	11.30	14.13	16.96	22.61	25.43	28.26	31.09	35.33	39.56	45.22	50.87	56.52	63.59	70.65	79.13	89.02	100.32	113.04	127.17	141.30
200	6.28	9.42	12.56	15.70	18.84	25.12	28.26	31.40	34.54	39.25	43.96	50.24	56.52	62.80	70.65	78.50	87.92	98.91	111.47	125.60	141.30	157.00
224	7.03	10.55	14.07	17.58	21.10	28.13	31.65	35.17	38.68	43.96	49.24	56.27	63.30	70.34	79.12	87.92	98.47	110.78	124.85	140.67	158.26	175.84
250	7.85	11.78	15.70	19.63	23.55	31.40	35.33	39.25	43.18	49.06	54.95	62.80	70.65	78.50	88.31	98.13	109.90	123.64	139.34	157.00	176.63	196.25
280	8.79	13.19	17.58	21.98	26.38	35.17	39.56	43.96	48.36	54.95	61.54	70.34	79.13	87.92	98.91	109.90	123.09	138.47	156.06	175.84	197.82	219.80
310	9.73	14.60	19.47	24.34	29.20	38.94	43.80	48.67	53.54	60.84	68.14	77.87	87.61	97.34	109.51	121.68	136.28	153.31	172.78	194.68	219.02	243.35

注:表中的理论重量按密度 7.85 g/m^{3}计算,对于高合金钢计算理论重量时,应采用相应牌号的密度进行计算。

二、热轧型钢(GB/T 706—2008)

型钢的截面图示及标注符号如图 2-1 至图 2-5 所示。型钢的截面尺寸、截面面积、理论重量应分别符合表 2-5 至表 2-9 的规定。

角钢的通常长度为 4～19 m,其他型钢的通常长度为 5～19 m,根据需方要求也可供应其他长度的产品。

型钢应按理论重量交货(理论重量按密度为 7.85 g/cm^3 计算)。经供需双方协商并在合同中注明,亦可按实际重量交货。根据双方协议,型钢的每米重量允许偏差不得超过 $^{+3}_{-5}$ %。型钢的截面面积计算公式见表 2-10。

型钢表面不得有裂缝、折叠、结疤、分层和夹杂。型钢表面允许有局部发纹、凹坑、麻点、刮痕和氧化铁皮压入等缺陷存在,但不得超出型钢尺寸的允许偏差。型钢表面缺陷允许清除,清除处应圆滑无棱角,但不得进行横向清除。清除宽度不得小于清除深度的五倍,清除后的型钢尺寸不得超出尺寸的允许偏差。型钢端部大于 5 mm 的毛刺应予以清理。

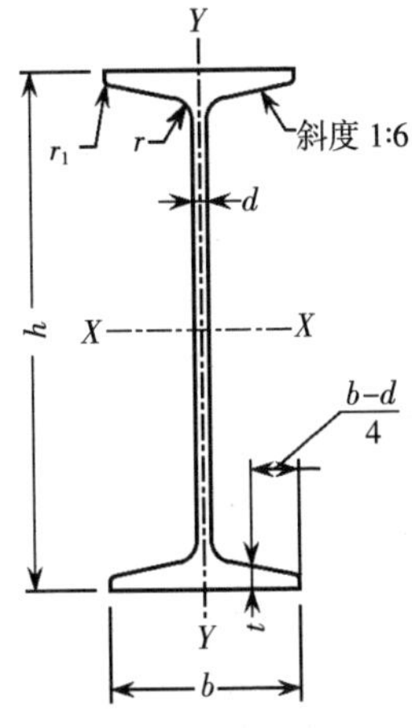

h-高度;b-腿宽度;d-腰厚度;t-平均腿厚度;r-内圆弧半径;r_1-腿端圆弧半径

图 2-1 工字钢截面图

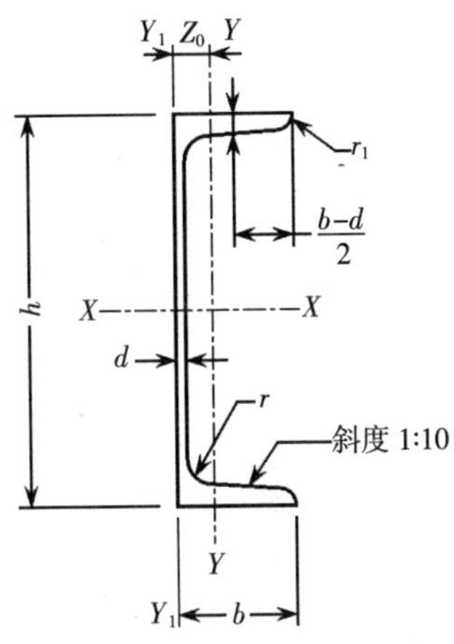

h-高度;b-腿宽度;d-腰厚度;t-平均腿厚度;r-内圆弧半径;r_1-腿端圆弧半径;Z_0-YY 轴与 Y_1Y_1 轴间距

图 2-2 槽钢截面图

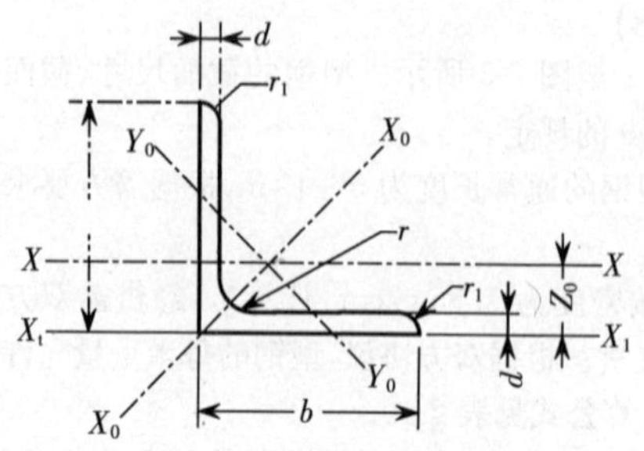

b-边宽度；d-边厚度；r-内圆弧半径；r_1-边端内圆弧半径；Z_0-重心距离

图 2-3　等边角钢截面图

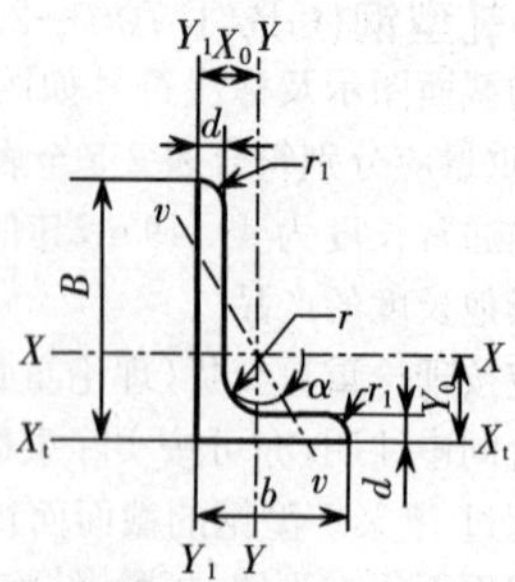

B-长边宽度；b-短边宽度；d-边厚度；r-内圆弧半径；r_1-边端圆弧半径；X_0-重心距离；Y_0-重心距离

图 2-4　不等边角钢截面图

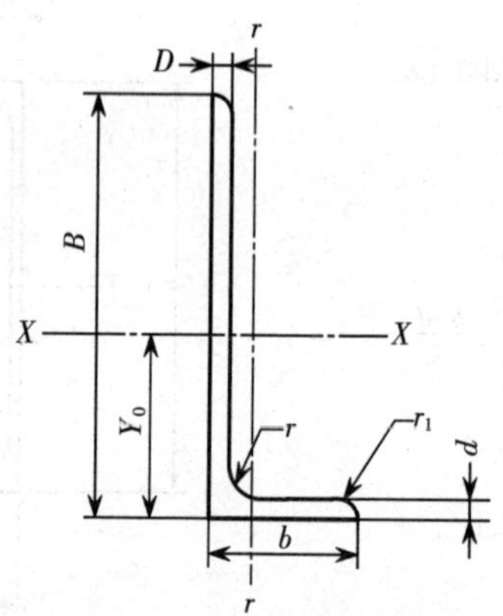

B-长边宽度；b-短边宽度；D-长边厚度；d-短边厚度；r-内圆弧半径；r_1-边端圆弧半径；Y_0-重心距离

图 2-5　L 型钢截面图

表 2-5 工字钢截面尺寸、截面面积、理论重量

型号	截面尺寸/mm						截面面积/cm²	理论重量/kg·m⁻¹
	h	b	d	t	r	r_1		
10	100	68	4.5	7.6	6.5	3.3	14.345	11.261
12	120	74	5.0	8.4	7.0	3.5	17.818	13.987
12.6	126	74	5.0	8.4	7.0	3.5	18.118	14.223
14	140	80	5.5	9.1	7.5	3.8	21.516	16.890
16	160	88	6.0	9.9	8.0	4.0	26.131	20.513
18	180	94	6.5	10.7	8.5	4.3	30.756	24.143
20a	200	100	7.0	11.4	9.0	4.5	35.578	27.929
20b		102	9.0				39.578	31.069
22a	220	110	7.5	12.3	9.5	4.8	42.128	33.070
22b		112	9.5				46.528	36.524
24a	240	116	8.0	13.0	10.0	5.0	47.741	37.477
24b		118	10.0				52.541	41.245
25a	250	116	8.0				48.541	38.105
25b		118	10.0				53.541	42.030
27a	270	122	8.5	13.7	10.5	5.3	54.554	42.825
27b		124	10.5				59.954	47.064
28a	280	122	8.5				55.404	43.492
28b		124	10.5				61.004	47.888
30a	300	126	9.0	14.4	11.0	5.5	61.254	48.084
30b		128	11.0				67.254	52.794
30c		130	13.0				73.254	57.504
32a	320	130	9.5	15.0	11.5	5.8	67.156	52.717
32b		132	11.5				73.556	57.741
32c		134	13.5				79.956	62.765
36a	360	136	10.0	15.8	12.0	6.0	76.480	60.037
36b		138	12.0				83.680	65.689
36c		140	14.0				90.880	71.341
40a	400	142	10.5	16.5	12.5	6.3	86.112	67.598
40b		144	12.5				94.112	73.878
40c		146	14.5				102.112	80.158
45a	450	150	11.5	18.0	13.5	6.8	102.446	80.420
45b		152	13.5				111.446	87.485
45c		154	15.5				120.446	94.550
50a	500	158	12.0	20.0	14.0	7.0	119.304	93.654
50b		160	14.0				129.304	101.504
50c		162	16.0				139.304	109.354

续表

型号	截面尺寸/mm						截面面积/cm^2	理论重量/$kg \cdot m^{-1}$
	h	*b*	*d*	*t*	*r*	r_1		
55a	550	166	12.5	21.0	14.5	7.3	134.185	105.335
55b		168	14.5				145.185	113.970
55c		170	16.5				156.185	122.605
56a	560	166	12.5				135.435	106.316
56b		168	14.5				146.635	115.108
56c		170	16.5				157.835	123.900
63a	630	176	13.0	22.0	15.0	7.5	154.658	121.407
63b		178	15.0				167.258	131.298
63c		180	17.0				179.858	141.189

注:表中标注的圆弧半径 r、r_1 的数据用于孔型设计,不做交货条件。

表 2-6 槽钢截面尺寸、截面面积、理论重量

型号	截面尺寸/mm						截面面积/cm^2	理论重量/$kg \cdot m^{-1}$
	h	*b*	*d*	*t*	*r*	r_1		
5	50	37	4.5	7.0	7.0	3.5	6.928	5.438
6.3	63	40	4.8	7.5	7.5	3.8	8.451	6.634
6.5	65	40	4.3	7.5	7.5	3.8	8.547	6.709
8	80	43	5.0	8.0	8.0	4.0	10.248	8.045
10	100	48	5.3	8.5	8.5	4.2	12.748	10.007
12	120	53	5.5	9.0	9.0	4.5	15.362	12.059
12.6	126	53	5.5	9.0	9.0	4.5	15.692	12.318
14a	140	58	6.0	9.5	9.5	4.8	18.516	14.535
14b		60	8.0				21.316	16.733
16a	160	63	6.5	10.0	10.0	5.0	21.962	17.24
16b		65	8.5				25.162	19.752
18a	180	68	7.0	10.5	10.5	5.2	25.699	20.174
18b		70	9.0				29.299	23
20a	200	73	7.0	11.0	11.0	5.5	28.837	22.637
20b		75	9.0				32.837	25.777
22a	220	77	7.0	11.5	11.5	5.8	31.846	24.999
22b		79	9.0				36.246	28.453
24a	240	78	7.0	12.0	12.0	6.0	34.217	26.86
24b		80	9.0				39.017	30.628
24c		82	11.0				43.817	34.396
25a	250	78	7.0				34.917	27.41
25b		80	9.0				39.917	31.335
25c		82	11.0				44.917	35.26

续表

型号	截面尺寸/mm						截面面积/cm²	理论重量/kg·m⁻¹
	h	b	d	t	r	r_1		
27a	270	82	7.5	12.5	12.5	6.2	39.284	30.838
27b		84	9.5				44.684	35.077
27c		86	11.5				50.084	39.316
28a	280	82	7.5				40.034	31.427
28b		84	9.5				45.634	35.823
28c		86	11.5				51.234	40.219
30a	300	85	7.5	13.5	13.5	6.8	43.902	34.463
30b		87	9.5				49.902	39.173
30c		89	11.5				55.902	43.883
32a	320	88	8.0	14.0	14.0	7.0	48.513	38.083
32b		90	10.0				54.913	43.107
32c		92	12.0				61.313	48.131
36a	360	96	9.0	16.0	16.0	8.0	60.910	47.814
36b		98	11.0				68.110	53.466
36c		100	13.0				75.310	59.118
40a	400	100	10.5	18.0	18.0	9.0	75.068	58.928
40b		102	12.5				83.068	65.208
40c		104	14.5				91.068	71.488

注：表中标注的圆弧半径 r、r_1 的数据用于孔型设计，不做交货条件。

表 2-7 等边角钢截面尺寸、截面面积、理论重量

型号	截面尺寸/mm			截面面积/cm²	理论重量/kg·m⁻¹	外表面积/m²·m⁻¹
	b	d	r			
2	20	3	3.5	1.132	0.889	0.078
		4		1.459	1.145	0.077
2.5	25	3		1.432	1.124	0.098
		4		1.859	1.459	0.097
3.0	30	3	4.5	1.749	1.373	0.117
		4		2.276	1.786	0.117
3.6	36	3		2.109	1.656	0.141
		4		2.756	2.163	0.141
		5		3.382	2.654	0.141
4	40	3	5	2.359	1.852	0.157
		4		3.086	2.422	0.157
		5		3.791	2.976	0.156
4.5	45	3		2.659	2.088	0.177
		4		3.486	2.736	0.177
		5		4.292	3.369	0.176
		6		5.076	3.985	0.176

续表

型号	截面尺寸/mm			截面面积/cm²	理论重量/kg·m⁻¹	外表面积/m²·m⁻¹
	b	d	r			
5	50	3	5.5	2.971	2.332	0.197
		4		3.897	3.059	0.197
		5		4.803	3.770	0.196
		6		5.688	4.465	0.196
5.6	56	3	6	3.343	2.624	0.221
		4		4.390	3.446	0.220
		5		5.415	4.251	0.220
		6		6.420	5.040	0.220
		7		7.404	5.812	0.219
		8		8.367	6.568	0.219
6	60	5	6.5	5.829	4.576	0.236
		6		6.914	5.427	0.235
		7		7.977	6.262	0.235
		8		9.020	7.081	0.235
6.3	63	4	7	4.978	3.907	0.248
		5		6.143	4.822	0.248
		6		7.288	5.721	0.247
		7		8.412	6.603	0.247
		8		9.515	7.469	0.247
		10		11.657	9.151	0.246
7	70	4	8	5.570	4.372	0.275
		5		6.875	5.397	0.275
		6		8.160	6.406	0.275
		7		9.424	7.398	0.275
		8		10.667	8.373	0.274
7.5	75	5	9	7.412	5.818	0.295
		6		8.797	6.905	0.294
		7		10.160	7.976	0.294
		8		11.503	9.030	0.294
		9		12.825	10.068	0.294
		10		14.126	11.089	0.293
8	80	5	9	7.912	6.211	0.315
		6		9.397	7.376	0.314
		7		10.860	8.525	0.314
		8		12.303	9.658	0.314
		9		13.725	10.774	0.314
		10		15.126	11.874	0.313

续表

型号	截面尺寸/mm			截面面积/cm^2	理论重量/$kg \cdot m^{-1}$	外表面积/$m^2 \cdot m^{-1}$
	b	d	r			
9	90	6	10	10.637	8.350	0.354
		7		12.301	9.656	0.354
		8		13.944	10.946	0.353
		9		15.566	12.220	0.353
		10		17.167	13.476	0.353
		12		20.306	15.940	0.352
10	100	6	12	11.932	9.366	0.393
		7		13.796	10.830	0.393
		8		15.638	12.276	0.393
		9		17.462	13.708	0.392
		10		19.261	15.120	0.392
		12		22.800	17.898	0.391
		14		26.256	20.611	0.391
		16		29.627	23.257	0.390
11	110	7	12	15.196	11.928	0.433
		8		17.238	13.535	0.433
		10		21.261	16.69	0.432
		12		25.200	19.782	0.431
		14		29.056	22.809	0.431
12.5	125	8	14	19.750	15.504	0.492
		10		24.373	19.133	0.491
		12		28.912	22.696	0.491
		14		33.367	26.193	0.490
14	140	10		27.373	21.488	0.551
		12		32.512	25.522	0.551
		14		37.567	29.490	0.550
		16		42.539	33.393	0.549
15	150	8	14	23.750	18.644	0.592
		10		29.373	23.058	0.591
		12		34.912	27.406	0.591
		14		40.367	31.688	0.590
		15		43.063	33.804	0.590
		16		45.739	35.905	0.589
16	160	10	16	31.502	24.729	0.630
		12		37.441	29.391	0.630
		14		43.296	33.987	0.629
		16		49.067	38.518	0.629

续表

型号	截面尺寸/mm			截面面积/cm²	理论重量/kg·m⁻¹	外表面积/m²·m⁻¹
	b	d	r			
18	180	12	16	42.241	33.159	0.710
		14		48.896	38.383	0.709
		16		55.467	43.542	0.709
		18		61.055	48.634	0.708
20	200	14	18	54.642	42.894	0.788
		16		62.013	48.680	0.788
		18		69.301	54.401	0.787
		20		76.505	60.056	0.787
		24		90.661	71.168	0.785

注：截面图中的 $r_1=1/3d$ 及表中标注的圆弧半径 r 的数据用于孔型设计，不做交货条件。

表 2-8　不等边角钢截面尺寸、截面面积、理论重量

型号	截面尺寸/mm				截面面积 /cm²	理论重量 /kg·m⁻¹	外表面积 /m²·m⁻¹
	B	b	d	r			
2.5/1.6	25	16	3	3.5	1.162	0.912	0.080
			4		1.499	1.176	0.079
3.2/2	32	20	3		1.492	1.171	0.102
			4		1.939	1.522	0.101
4/2.5	40	25	3	4	1.89	1.484	0.127
			4		2.467	1.936	0.127
4.5/2.8	45	28	3	5	2.149	1.687	0.143
			4		2.806	2.203	0.143
5/3.2	50	32	3	5.5	2.431	1.908	0.161
			4		3.177	2.494	0.160
5.6/3.6	56	36	3	6	2.743	2.153	0.181
			4		3.59	2.818	0.180
			5		4.415	3.466	0.180
6.3/4	63	40	4	7	4.058	3.185	0.202
			5		4.993	3.92	0.202
			6		5.908	4.638	0.201
			7		6.802	5.339	0.201
7/4.5	70	45	4	7.5	4.547	3.57	0.226
			5		5.609	4.403	0.225
			6		6.647	5.218	0.225
			7		7.657	6.011	0.225

续表

型号	截面尺寸/mm				截面面积/cm²	理论重量/kg·m⁻¹	外表面积/m²·m⁻¹
	B	b	d	r			
7.5/5	75	50	5	8	6.125	4.808	0.245
			6		7.26	5.699	0.245
			8		9.467	7.431	0.244
			10		11.59	9.098	0.244
8/5	80	50	5	8	6.375	5.005	0.255
			6		7.56	5.935	0.255
			7		8.724	6.848	0.255
			8		9.867	7.745	0.254
9/5.6	90	56	5	9	7.212	5.661	0.287
			6		8.557	6.717	0.286
			7		9.88	7.756	0.286
			8		11.183	8.779	0.286
10/6.3	100	63	6	10	9.617	7.55	0.320
			7		11.111	8.722	0.320
			8		12.534	9.878	0.319
			10		15.467	12.142	0.319
10/8	100	80	6	10	10.637	8.35	0.354
			7		12.301	9.656	0.354
			8		13.944	10.946	0.353
			10		17.167	13.476	0.353
11/7	110	70	6		10.637	8.35	0.354
			7		12.301	9.656	0.354
			8		13.944	10.946	0.353
			10		17.167	13.476	0.353
12.5/8	125	80	7	11	14.096	11.066	0.403
			8		15.989	12.551	0.403
			10		19.712	15.474	0.402
			12		23.351	18.33	0.402
14/9	140	90	8	12	18.038	14.16	0.453
			10		22.261	17.475	0.452
			12		26.4	20.724	0.451
			14		30.456	23.908	0.451
15/9	150	90	8		18.839	14.788	0.473
			10		23.261	18.260	0.472
			12		27.600	21.666	0.471
			14		31.856	25.007	0.471
			15		33.952	26.652	0.471
			16		36.027	28.281	0.470

续表

型号	截面尺寸/mm				截面面积/cm^2	理论重量/$kg\cdot m^{-1}$	外表面积/$m^2\cdot m^{-1}$
	B	b	d	r			
16/10	160	100	10	13	25.315	19.872	0.512
			12		30.054	23.592	0.511
			14		34.709	27.247	0.510
			16		29.281	30.835	0.510
18/11	180	110	10	14	28.373	22.273	0.571
			12		33.712	26.44	0.571
			14		38.967	30.589	0.570
			16		44.139	34.649	0.569
20/12.5	200	125	12		37.912	29.761	0.641
			14		43.687	34.436	0.640
			16		49.739	39.045	0.639
			18		55.526	43.588	0.639

注：截面图中的 $r_1=1/3d$ 及表中标注的圆弧半径 r 的数据用于孔型设计，不做交货条件。

表 2-9 L 型钢截面尺寸、截面面积、理论重量

型号	截面尺寸/mm						截面面积/cm^2	理论重量/$kg\cdot m^{-1}$
	B	b	D	d	r	r_1		
L250×90×9×13	250	90	9	13	15	7.5	33.4	26.2
L250×90×10.5×15			10.5	15			38.5	30.3
L250×90×11.5×16			11.5	16			41.7	32.7
L300×100×10.5×15	300	100	10.5	15			45.3	35.6
L300×100×11.5×16			11.5	16			49.0	38.5
L350×120×10.5×16	350	120	10.5	16	20	10	54.9	43.1
L350×120×11.5×18			11.5	18			60.4	47.4
L400×120×11.5×23	400	120	11.5	23			71.6	56.2
L450×120×11.5×25	450	120	11.5	25			79.5	62.4
L500×120×12.5×33	500	120	12.5	33			98.6	77.4
L500×120×13.5×35			13.5	35			105	82.8

注：表中标注的圆弧半径 r_1、r_2 的数据用于孔型设计，不做交货条件。

表 2-10 截面面积的计算方法

型钢种类	计算公式
工字钢	$hd+2t(b-d)+0.615(r^2-r_1{}^2)$
槽钢	$hd+2t(b-d)+0.349(r^2-r_1{}^2)$
等边角钢	$d(2b-d)+0.215(r^2-2r_1{}^2)$
不等边角钢	$d(B+b-d)+0.215(r^2-2r_1{}^2)$
L 型钢	$BD+d(b-D)+0.215(r^2-r_1{}^2)$

三、热轧 H 型钢和剖分 T 型钢(GB/T 11263—2005)

H 型钢和剖分 T 型钢截面尺寸、截面面积、理论重量见表 2-11 和表 2-12。

热轧 H 型钢和剖分 T 型钢标记示例:

H 型钢的规格标记采用:H 与高度 H 值×宽度 B 值×腹板厚度 t_1 值×翼缘厚度 t_2 值表示。如:H800×300×14×26

剖分 T 型钢的规格标记采用:T 与高度 h 值×宽度 B 值×腹板厚度 t_1 值×翼缘厚度 t_2 值表示。如:T200×400×13×21

表 2-11　H 型钢截面尺寸、截面面积、理论重量

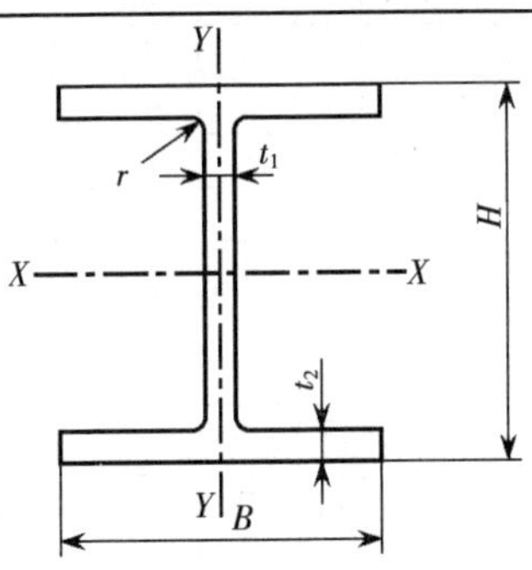

H—高度;B—宽度;t_1—腹板厚度

t_2—翼缘厚度;r—圆角半径

H 型钢截面图

类别	型号(高度×宽度)/(mm×mm)	截面尺寸/mm					截面面积/cm²	理论重量/kg·m⁻¹
		H	B	t_1	t_2	r		
HW(宽翼缘)	100×100	100	100	6	8	8	21.59	16.9
	125×125	125	125	6.5	9	8	30.00	23.6
	150×150	150	150	7	10	8	39.65	31.1
	175×175	175	175	7.5	11	13	51.43	40.4
	200×200	200	200	8	12	13	63.53	19.9
		200	204	12	12	13	71.53	56.2
	250×250	244	252	11	11	13	81.31	63.8
		250	250	9	14	13	91.43	71.8
		250	255	14	14	13	103.93	81.6
HW	300×300	294	302	12	12	13	106.33	83.5
		300	300	10	15	13	118.45	93.0
		300	305	15	15	13	133.45	104.8
	350×350	338	351	13	13	13	133.27	104.6
		334	348	10	16	13	144.01	113.0

续表

类别	型号(高度×宽度)/(mm×mm)	截面尺寸/mm					截面面积/cm²	理论重量/kg·m⁻¹
		H	B	t_1	t_2	r		
HW	350×350	334	354	16	16	13	164.65	129.3
		350	350	12	19	13	171.89	134.9
		350	357	19	19	13	196.39	154.2
	400×400	388	402	15	15	22	178.45	140.1
		394	398	11	18	22	186.81	146.6
		394	405	8	8	2	214.39	168.3
		400	400	3	1	2	218.69	171.7
		400	408	1	1	2	250.69	196.8
		414	405	8	8	2	295.39	231.9
		428	407	0	5	2	360.65	283.1
		458	417	0	0	2	528.55	414.9
		*498	432	5	0	2	770.05	604.5
	*500×500	492	465	15	20	22	257.95	202.5
		502	465	15	25	22	304.45	239.0
		502	470	20	25	22	329.55	258.7
HM(中翼缘)	150×100	148	100	6	9	8	26.35	20.7
	200×150	194	150	6	9	8	38.11	29.9
	250×175	244	175	7	11	13	55.49	43.6
	300×200	294	200	8	12	13	71.05	55.8
	350×250	340	250	9	14	13	99.53	78.1
	400×300	390	300	10	16	13	133.25	104.6
	450×300	440	300	11	18	13	153.89	120.8
	500×300	482	300	11	15	13	141.17	110.8
		488	300	11	18	13	159.17	124.9
HM	550×300	544	300	11	15	13	147.99	116.2
		550	300	11	18	13	165.99	130.3
	600×300	582	300	12	17	13	169.21	132.8
		588	300	12	20	13	187.21	147.0
		594	302	14	23	13	217.09	170.4
HN(窄翼缘)	100×50	100	50	5	7	8	11.85	9.3
	125×60	125	60	6	8	8	16.69	13.1
	150×75	150	75	5	7	8	17.85	14.0
	175×90	175	90	5	8	8	22.90	18.0
	200×100	198	99	4.5	7	8	22.69	17.8
		200	100	5.5	8	8	26.67	20.9
	250×125	248	124	5	8	8	31.99	25.1
		250	125	6	9	8	36.97	29.0

续表

类别	型号(高度×宽度)/(mm×mm)	截面尺寸/mm					截面面积/cm^2	理论重量/$kg \cdot m^{-1}$
		H	B	t_1	t_2	r		
HN(窄翼缘)	300×150	298	149	5.5	8	13	40.80	32.0
		300	150	6.5	9	13	46.78	36.7
	350×175	346	174	6	9	13	52.45	41.2
		350	175	7	11	13	62.91	49.4
	400×150	400	150	8	13	13	70.37	55.2
	400×200	396	199	8	13	13	71.41	56.1
		400	200	8	13	13	83.37	65.4
	450×200	446	199	8	12	13	82.97	65.1
		450	200	9	14	13	95.43	74.9
	500×200	496	199	9	14	13	99.29	77.9
		500	200	10	16	13	112.25	88.1
		506	201	11	19	13	129.31	101.5
	550×200	546	199	9	14	13	103.79	81.5
		550	200	10	16	13	149.25	117.2
	600×200	596	199	10	15	13	117.75	92.4
		600	200	1	7	3	131.71	103.4
		606	201	2	0	3	149.77	117.6
	650×300	646	299	10	15	13	152.75	119.9
		650	300	11	17	13	171.21	134.4
		656	301	12	20	13	195.77	153.7
	700×300	692	300	13	20	18	207.54	162.9
		700	300	13	24	18	231.54	181.8
	750×300	734	299	12	16	18	182.70	143.4
		742	300	13	20	18	214.04	168.0
		750	300	13	24	18	238.04	186.9
		758	303	16	28	18	284.72	223.6
	800×300	792	300	14	22	18	239.50	188.0
		800	300	14	26	18	263.50	206.8
	850×300	834	298	14	19	18	227.46	178.6
		842	299	15	23	18	259.72	203.9
HN	850×300	850	300	15	23	18	292.14	229.3
		858	301	17	31	18	324.72	254.9
	900×300	890	299	15	23	18	266.92	209.5
		900	300	16	28	18	305.82	240.1
		912	302	18	34	18	360.06	282.6

续表

类别	型号(高度×宽度)/(mm×mm)	截面尺寸/mm					截面面积/cm^2	理论重量/$kg \cdot m^{-1}$
		H	B	t_1	t_2	r		
HN	1000×300	970	297	16	21	18	276.00	216.7
		980	298	17	26	18	315.50	247.7
		990	298	17	31	18	345.30	271.1
		1000	300	19	36	18	395.10	310.2
		1000	302	21	40	18	439.26	344.8
HT(薄壁)	100×50	95	48	3.2	4.5	8	7.26	6.0
		97	49	4	5.5	8	9.38	7.4
	100×100	96	99	4.5	6	8	16.21	12.7
	125×60	118	58	3.2	4.5	8	9.26	7.3
		120	59	4	5.5	8	11.40	8.9
	125×125	119	123	4.5	6	8	20.12	15.8
	150×75	145	73	3.2	4.5	8	11.47	9.0
		147	74	4	5.5	8	14.13	11.1
	150×100	139	97	3.2	4.5	8	13.44	10.5
		142	99	4.5	6	8	18.28	14.3
	150×150	144	148	5	7	8	27.77	21.8
		147	149	6	8.5	8	33.68	26.4
	175×90	168	88	3.2	4.5	8	13.56	10.6
		171	89	4	6	8	17.59	13.8
	175×175	167	173	5	7	13	33.32	26.2
		172	175	6.5	9.5	13	44.65	35.0
	200×100	193	98	3.2	4.5	8	15.26	12.0
		196	99	4	6	8	19.79	15.5
	200×150	188	149	4.5	6	8	26.35	20.7
	200×200	192	198	6	8	13	43.69	34.3
	250×125	224	124	4.5	6	8	25.87	20.3
	250×175	238	173	4.5	8	13	39.12	30.7
	300×150	294	148	4.5	6	13	31.90	25.0
	300×200	286	198	6	8	13	49.33	38.7
	350×175	340	173	4.5	6	13	36.97	29.0
	400×150	390	148	6	8	13	47.57	37.3
	400×200	390	198	6	8	13	55.57	43.6

注1:同一类型的产品,其内尺寸高度一致。

2:截面面积计算公式为:“$t_1(H-2t_2)+2Bt_2+0.858r^2$”。

3:“*”所示规格表示国内暂不能生产。

表 2-12　剖分 T 型钢截面尺寸、截面面积、理论重量

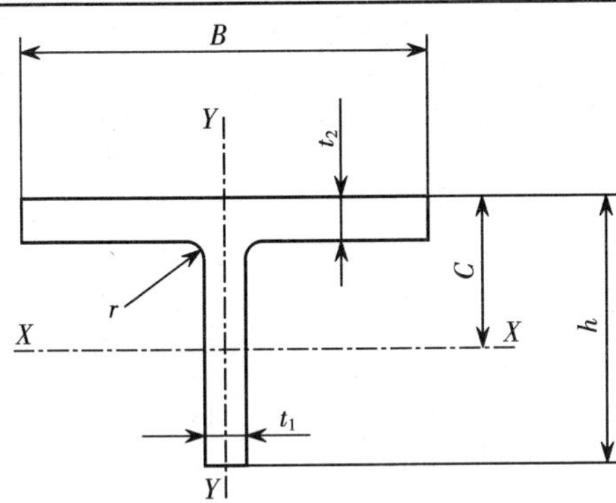

h—高度；B—宽度；t_1—腹板厚度

t_2—翼缘厚度；C—重心；r—圆角半径

剖分 T 型钢截面图

<table>
<tr><th rowspan="2">类　别</th><th rowspan="2">型号(高度×宽度)/(mm×mm)</th><th colspan="5">截面尺寸/mm</th><th rowspan="2">截面面积/cm²</th><th rowspan="2">理论重量/kg·m⁻¹</th><th rowspan="2">对应 H 型钢系列型号</th></tr>
<tr><th>h</th><th>B</th><th>t₁</th><th>t₂</th><th>r</th></tr>
<tr><td rowspan="20">TW
(宽翼缘)</td><td>50×100</td><td>50</td><td>100</td><td>6</td><td>8</td><td>8</td><td>10.79</td><td>8.47</td><td>100×100</td></tr>
<tr><td>62.5×125</td><td>62.5</td><td>125</td><td>6.5</td><td>9</td><td>8</td><td>15.00</td><td>11.8</td><td>125×125</td></tr>
<tr><td>75×150</td><td>75</td><td>150</td><td>7</td><td>10</td><td>8</td><td>19.82</td><td>15.6</td><td>150×150</td></tr>
<tr><td>87.5×175</td><td>87.5</td><td>175</td><td>7.5</td><td>11</td><td>13</td><td>25.71</td><td>20.2</td><td>175×175</td></tr>
<tr><td rowspan="2">100×200</td><td>100</td><td>200</td><td>8</td><td>12</td><td>13</td><td>31.77</td><td>24.9</td><td rowspan="2">200×200</td></tr>
<tr><td>100</td><td>204</td><td>12</td><td>12</td><td>13</td><td>35.77</td><td>28.1</td></tr>
<tr><td rowspan="2">125×250</td><td>125</td><td>250</td><td>9</td><td>14</td><td>13</td><td>45.72</td><td>35.9</td><td rowspan="2">250×250</td></tr>
<tr><td>125</td><td>255</td><td>14</td><td>14</td><td>13</td><td>51.97</td><td>40.8</td></tr>
<tr><td rowspan="3">150×300</td><td>147</td><td>302</td><td>12</td><td>12</td><td>13</td><td>53.17</td><td>41.7</td><td rowspan="3">300×300</td></tr>
<tr><td>150</td><td>300</td><td>10</td><td>15</td><td>13</td><td>59.23</td><td>46.5</td></tr>
<tr><td>150</td><td>305</td><td>15</td><td>15</td><td>13</td><td>66.73</td><td>52.4</td></tr>
<tr><td rowspan="2">175×350</td><td>172</td><td>348</td><td>10</td><td>16</td><td>13</td><td>72.01</td><td>56.5</td><td rowspan="2">350×350</td></tr>
<tr><td>175</td><td>350</td><td>12</td><td>19</td><td>13</td><td>85.95</td><td>67.5</td></tr>
<tr><td rowspan="6">200×400</td><td>194</td><td>402</td><td>15</td><td>15</td><td>22</td><td>89.23</td><td>70.0</td><td rowspan="6">400×400</td></tr>
<tr><td>197</td><td>398</td><td>11</td><td>18</td><td>22</td><td>93.41</td><td>73.3</td></tr>
<tr><td>200</td><td>400</td><td>13</td><td>21</td><td>22</td><td>109.35</td><td>85.8</td></tr>
<tr><td>200</td><td>408</td><td>21</td><td>21</td><td>22</td><td>125.35</td><td>98.4</td></tr>
<tr><td>207</td><td>405</td><td>18</td><td>28</td><td>22</td><td>147.70</td><td>115.9</td></tr>
<tr><td>214</td><td>407</td><td>20</td><td>35</td><td>22</td><td>180.33</td><td>141.6</td></tr>
</table>

续表

类别	型号(高度×宽度)/(mm×mm)	截面尺寸/mm					截面面积/cm²	理论重量/kg·m⁻¹	对应H型钢系列型号
		h	B	t_1	t_2	r			
TM（中翼缘）	75×100	74	100	6	9	8	13.17	10.3	150×100
	100×150	97	150	6	9	8	19.05	15.0	200×150
	125×175	122	175	7	11	13	27.75	21.8	250×175
	150×200	147	200	8	12	13	35.53	27.9	300×200
	175×250	170	250	9	14	13	49.77	39.1	350×250
	200×300	195	300	10	16	13	66.63	52.3	400×300
	225×300	220	300	11	18	13	76.95	60.4	450×300
	250×300	241	300	11	15	13	70.59	55.4	500×300
		244	300	11	18	13	79.59	62.5	
	275×300	272	300	11	15	13	74.00	58.1	550×300
		275	300	11	18	13	83.00	65.2	
	300×300	291	300	12	17	13	84.61	66.4	600×300
		294	300	12	20	13	93.61	73.5	
		297	302	14	23	13	108.55	85.2	
TN（窄翼缘）	50×50	50	50	5	7	8	5.92	4.7	100×50
	62.5×60	62.5	60	6	8	8	8.34	6.6	125×60
	75×75	75	75	5	7	8	8.92	7.0	150×75
	87.5×90	87.5	90	5	8	8	11.45	9.0	175×90
	100×100	99	99	4.5	7	8	11.34	8.9	200×100
	100×100	100	100	5.5	8	8	13.33	10.5	200×100
	125×125	124	124	5	8	8	15.99	12.6	250×125
		125	125	6	9	8	18.48	14.5	
	150×150	149	149	5.5	8	13	20.40	16.0	300×150
		150	150	6.5	9	13	23.39	18.4	
	175×175	173	174	6	9	13	23.39	20.6	350×175
		175	175	7	11	13	31.46	24.7	
	200×200	198	199	7	11	13	35.71	28.0	400×200
		200	200	8	13	13	41.69	32.7	
	225×200	223	199	8	12	13	41.49	32.6	450×200
		225	200	9	14	13	47.72	37.5	
	250×200	248	199	9	14	13	49.65	39.0	500×200
		250	200	10	16	13	56.13	44.1	
		253	201	11	19	13	64.66	50.8	
	275×200	273	199	9	14	13	51.90	40.7	550×200
		275	200	10	16	13	58.63	46.0	

续表

类别	型号(高度×宽度)/(mm×mm)	截面尺寸/mm					截面面积/cm²	理论重量/kg·m⁻¹	对应H型钢系列型号
		h	B	t_1	t_2	r			
TN(窄翼缘)	300×200	298	199	10	15	13	58.88	46.2	600×200
		300	200	11	17	13	65.86	51.7	
		303	201	12	20	13	74.89	58.8	
	325×300	323	299	10	15	12	76.27	59.9	650×300
		325	300	11	17	13	85.61	67.2	
		328	301	12	20	13	97.89	76.8	
	350×300	346	300	13	20	13	103.11	80.9	700×300
		350	300	13	24	13	115.11	90.4	
	400×300	396	300	14	22	18	119.75	94.0	800×300
		400	300	14	26	18	131.75	103.4	
	450×300	445	299	15	23	18	133.46	104.8	900×300
		450	300	16	28	18	152.91	120.0	
		456	302	18	34	18	180.03	141.3	

四、冷拉圆钢、方钢、六角钢(GB/T 905—1994)

冷拉圆钢、方钢、六角钢的直径系列，见表2-13。

表2-13　冷拉圆钢、方钢、六角钢的直径系列

直　径/mm
3.0、3.2、3.5、4.0、4.5、5.0、5.5、6.0、6.3、7.0、7.5、8.0、8.5、9.0、9.5、10.0、10.5、11.0、11.5、12.0、13.0、14.0、15.0、16.0、17.0、18.0、19.0、20.0、21.0、22.0、24.0、25.0、26.0、28.0、30.0、32.0、34.0、35.0、36.0、38.0、40.0、42.0、45.0、48.0、50.0、52.0、55.0、56.0、60.0、63.0、65.0、67.0

注：对圆钢表示直径；对方钢及六角钢的直径，是指其内切圆直径，即两平行边间之距离。

五、冷弯型钢(GB/T 6725—2008)

冷弯型钢的力学性能，见表2-14。

表2-14　冷弯型钢的力学性能

产品屈服强度等级	壁厚 t/mm	屈服强度 R_{eL}/MPa	抗拉强度 R_m/MPa	断后伸长率 A/%
235	≤19	≥235	≥370	≥24
345		≥345	≥470	≥20
390		≥390	≥490	≥17

注1：对于断面尺寸≤60×60(包括等周长尺寸的圆及矩形冷弯型钢)及边厚比≤14的所有冷弯型钢产品，平板部分的最小断后伸长率为17%。

2：冷弯型钢的尺寸、外形、重量及允许偏差应符合相应产品标准的规定

六、通用冷弯开口型钢（GB/T 6723—2008）

型钢截面形状及标注符号如图 2-6 至图 2-13 所示，经双方协议，可供应图 2-6 至图 2-13 所列截面形状以外的冷弯开口型钢。型钢的尺寸、截面面积、理论重量及主要参数见表 2-15 至表 2-22。经双方协议，可供应表中所列尺寸以外的冷弯开口型钢。

型钢标记示例：用钢级为 Q345 制成高度为 160 mm，中腿边长为 60 mm，小腿边长为 20 mm，壁厚为 3 mm 的冷弯内卷边槽钢其标记为：

冷弯内卷边槽钢 $\dfrac{\text{CN}160\times60\times20\times3-\text{GB/T}6732-2008}{\text{Q}345-\text{GB/T}1591-2008}$

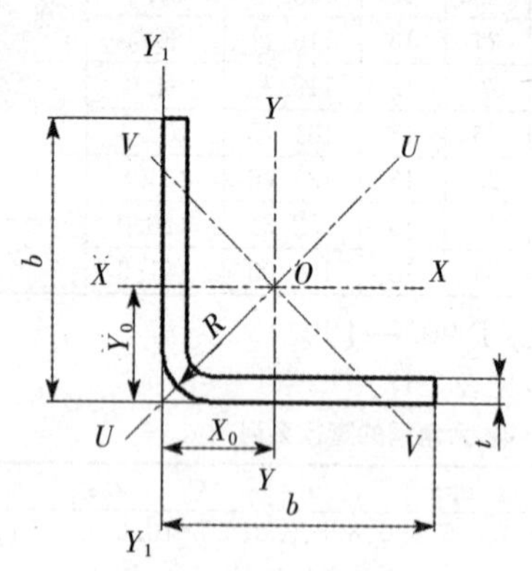

图 2-6　冷弯等边角钢

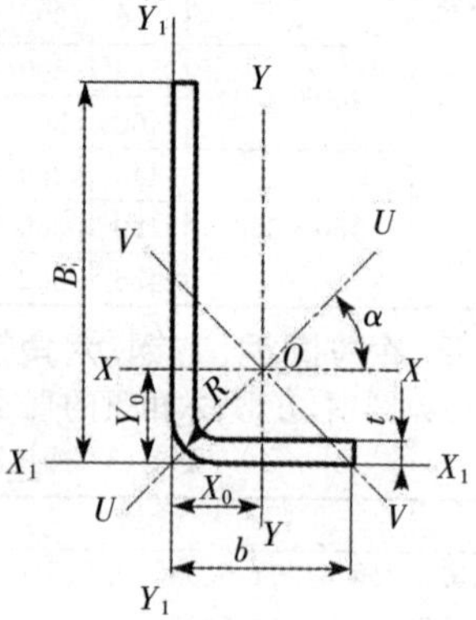

图 2-7　冷弯不等边角钢

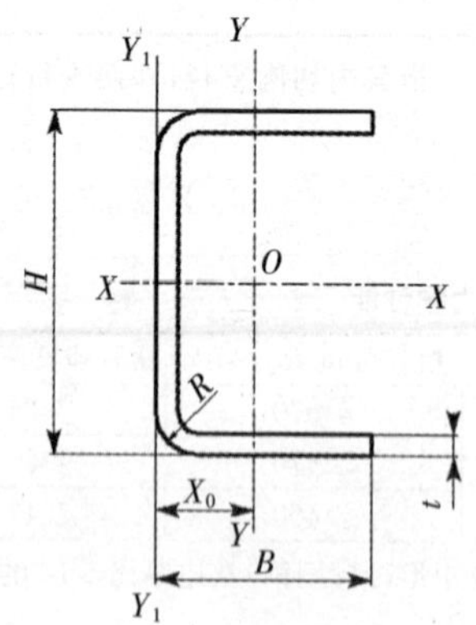

图 2-8　冷弯等边槽钢

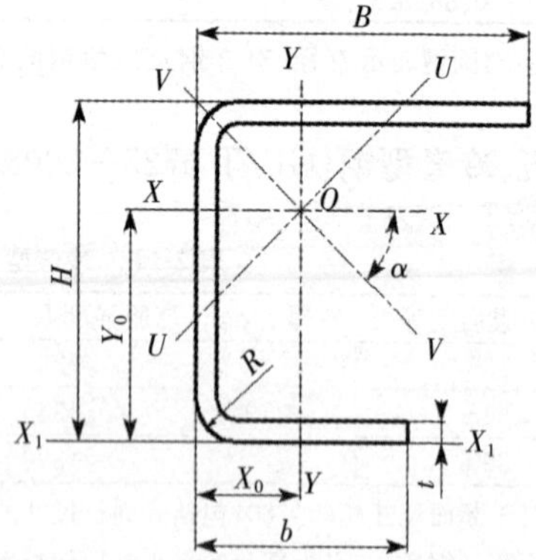

图 2-9　冷弯不等边槽钢

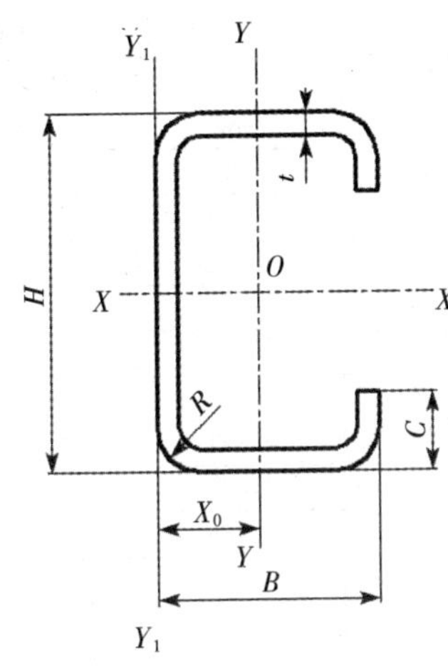

图 2-10　冷弯内卷边槽钢

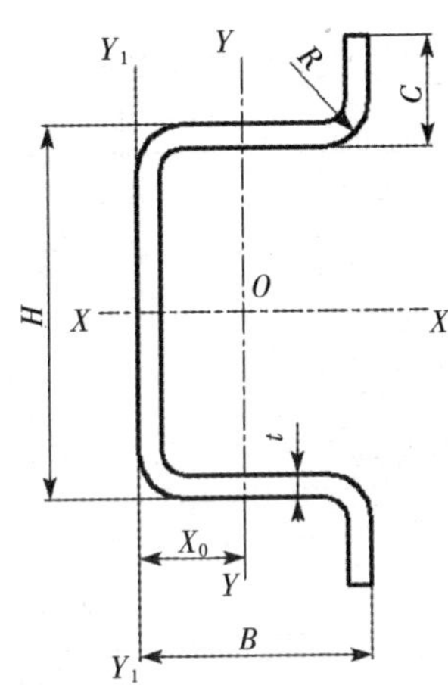

图 2-11　冷弯外卷边槽钢

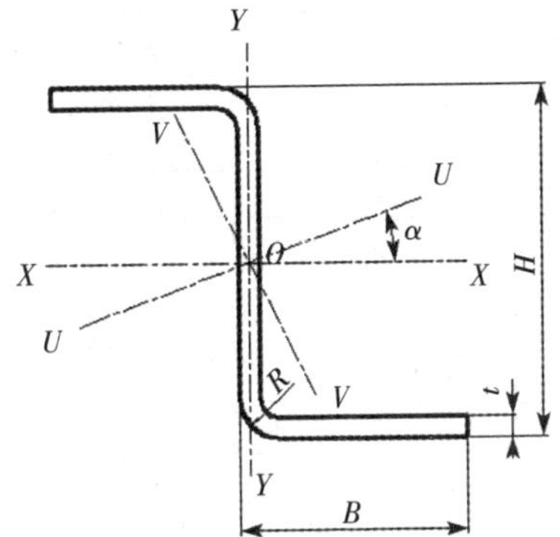

图 2-12　冷弯 Z 型钢

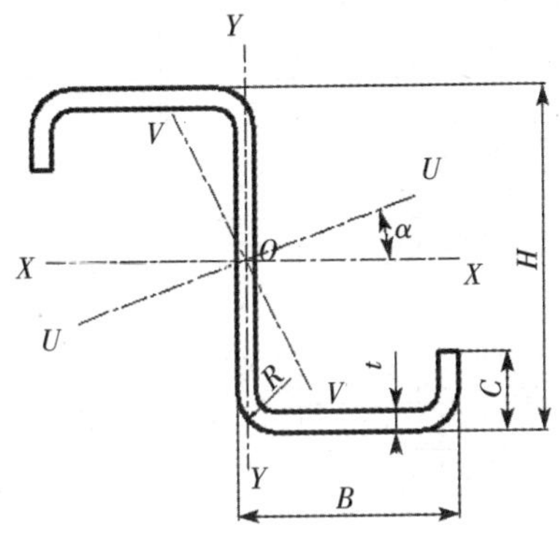

图 2-13　冷弯卷边 Z 型钢

表 2-15　冷弯等边角钢基本尺寸与主要参数

规格	尺寸/mm		理论重量	截面面积	重心
$b\times b\times t$	b	t	/kg·m⁻¹	/cm²	Y_0/cm
20×20×1.2	20	1.2	0.354	0.451	0.559
20×20×2.0		2.0	0.566	0.721	0.599
30×30×1.6	30	1.6	0.714	0.909	0.829
30×30×2.0		2.0	0.880	1.121	0.849
30×30×3.0		3.0	1.274	1.623	0.898

续表

规　格	尺寸/mm		理论重量	截面面积	重　心
$b\times b\times t$	b	t	/kg·m^{-1}	/cm^2	Y_0/cm
40×40×1.6	40	1.6	0.965	1.229	1.079
40×40×2.0		2.0	1.194	1.521	1.099
40×40×3.0		3.0	1.745	2.223	1.148
50×50×2.0	50	2.0	1.508	1.921	1.349
50×50×3.0		3.0	2.216	2.823	1.398
50×50×4.0		4.0	2.894	3.686	1.448
60×60×2.0	60	2.0	1.822	2.321	1.599
60×60×3.0		3.0	2.687	3.423	1.648
60×60×4.0		4.0	3.522	4.486	1.698
70×70×3.0	70	3.0	3.158	4.023	1.898
70×70×4.0		4.0	4.150	5.286	1.948
80×80×4.0	80	4.0	4.778	6.086	2.198
80×80×5.0		5.0	5.895	7.510	2.247
100×100×4.0	100	4.0	6.034	7.686	2.698
100×100×5.0		5.0	7.465	9.510	2.747
150×150×6.0	150	6.0	13.458	17.254	4.062
150×150×8.0		8.0	17.685	22.673	4.169
150×150×10		10	21.783	27.927	4.277
200×200×6.0	200	6.0	18.138	23.254	5.310
200×200×8.0		8.0	23.925	30.673	5.416
200×200×10		10	29.583	37.927	5.522
250×250×8.0	250	8.0	30.164	38.672	6.664
250×250×10		10	37.383	47.927	6.770
250×250×12		12	44.472	57.015	6.876
300×300×10	300	10	45.183	57.927	8.018
300×300×12		12	53.832	69.015	8.124
300×300×14		14	62.022	79.516	8.277
300×300×16		16	70.312	90.144	8.392

表 2-16　冷弯不等边角钢基本尺寸与主要参数

规　格	尺寸/mm			理论重量	截面面积	重心/cm	
$B\times b\times t$	B	b	t	/kg·m^{-1}	/cm^2	Y_0	X_0
30×20×2.0	30	20	2.0	0.723	0.921	1.011	0.490
30×20×3.0			3.0	1.039	1.323	1.068	0.536
50×30×2.5	50	30	2.5	1.473	1.877	1.706	0.674
50×30×4.0			4.0	2.266	2.886	1.794	0.741

续表

规 格	尺寸/mm			理论重量	截面面积	重心/cm	
$B\times b\times t$	B	b	t	/kg·m^{-1}	/cm^2	Y_0	X_0
60×40×2.5	60	40	2.5	1.866	2.377	1.939	0.913
60×40×4.0			4.0	2.894	3.686	2.023	0.981
70×40×3.0	70	40	3.0	2.452	3.123	2.402	0.861
70×40×4.0			4.0	3.208	4.086	2.461	0.905
80×50×3.0	80	50	3.0	2.923	3.723	2.631	1.096
80×50×4.0			4.0	3.836	4.886	2.688	1.141
100×60×3.0	100	60	3.0	3.629	4.623	3.297	1.259
100×60×4.0			4.0	4.778	6.086	3.354	1.304
100×60×5.0			5.0	5.895	7.510	3.412	1.349
150×120×6.0	150	120	6.0	12.054	15.454	4.500	2.962
150×120×8.0			8.0	15.813	20.273	4.615	3.064
150×120×10			10	19.443	24.927	4.732	3.167
200×160×8.0	200	160	8.0	21.429	27.473	6.000	3.950
200×160×10			10	24.463	33.927	6.115	4.051
200×160×12			12	31.368	40.215	6.231	4.154
250×220×10	250	220	10	35.043	44.927	7.188	5.652
250×220×12			12	41.664	53.415	7.299	5.756
250×220×14			14	47.826	61.316	7.466	5.904
300×260×12	300	260	12	50.088	64.215	8.686	6.638
300×260×14			14	57.654	73.916	8.851	6.782
300×260×16			16	65.320	83.744	8.972	6.894

表 2-17 冷弯等边槽钢基本尺寸与主要参数

规 格	尺寸/mm			理论重量	截面面积	重心/cm
$H\times B\times t$	H	B	t	/kg·m^{-1}	/cm^2	X_0
20×10×1.5	20	10	1.5	0.401	0.511	0.324
20×10×2.0			2.0	0.505	0.643	0.349
50×30×2.0	50	30	2.0	1.604	2.043	0.922
50×30×3.0			3.0	2.314	2.947	0.975
50×50×3.0		50	3.0	3.256	4.147	1.850
100×50×3.0	100		3.0	4.433	5.647	1.398
100×50×4.0			4.0	5.788	7.373	1.448
140×60×3.0	140	60	3.0	5.846	7.447	1.527
140×60×4.0			4.0	7.672	9.773	1.575
140×60×5.0			5.0	9.436	12.021	1.623

续表

规格	尺寸/mm			理论重量	截面面积	重心/cm
$H\times B\times t$	H	B	t	/kg·m^{-1}	/cm^2	X_0
200×80×4.0	200	80	4.0	10.812	13.773	1.966
200×80×5.0			5.0	13.361	17.021	2.013
200×80×6.0			6.0	15.849	20.190	2.060
250×130×6.0	250	130	6.0	22.703	29.107	3.630
250×130×8.0			8.0	29.755	38.147	3.739
300×150×6.0	300	150	6.0	26.915	34.507	4.062
300×150×8.0			8.0	35.371	45.347	4.169
300×150×10			10	43.566	55.854	4.277
350×180×8.0	350	180	8.0	42.235	54.147	4.983
350×180×10			10	52.146	66.854	5.092
350×180×12			12	61.799	79.230	5.501
400×200×10	400	200	10	59.166	75.854	5.522
400×200×12			12	70.223	90.030	5.630
400×200×14			14	80.366	103.033	5.791
450×220×10	450	220	10	66.186	84.854	5.956
450×220×12			12	78.647	100.830	6.063
450×220×14			14	90.194	115.633	6.219
500×250×12	500	250	12	88.943	114.030	6.876
500×250×14			14	102.206	131.033	7.032
550×280×12	550	280	12	99.239	127.230	7.691
550×280×14			14	114.218	146.433	7.846
600×300×14	600	300	14	124.046	159.033	8.276
600×300×16			16	140.624	180.287	8.392

表 2-18 冷弯不等边槽钢基本尺寸与主要参数

规格	尺 寸/mm				理论重量	截面面积	重心/cm	
$H\times B\times b\times t$	H	B	b	t	/kg·m^{-1}	/cm^2	X_0	Y_0
50×32×20×2.5	50	32	20	2.5	1.840	2.344	0.817	2.803
50×32×20×3.0				3.0	2.169	2.764	0.842	2.806
80×40×20×2.5	80	40	20	2.5	2.586	3.294	0.828	4.588
80×40×20×3.0				3.0	3.064	3.904	0.852	4.591
100×60×30×3.0	100	60	30	3.0	4.242	5.404	1.326	5.807
150×60×50×3.0	150		50		5.890	7.504	1.304	7.793
200×70×60×4.0	200	70	60	4.0	9.832	12.605	1.469	10.311
200×70×60×5.0				5.0	12.061	15.463	1.527	10.315

续表

规　格	尺　寸/mm				理论重量	截面面积	重心/cm	
$H\times B\times b\times t$	H	B	b	t	/kg·m^{-1}	/cm^2	X_0	Y_0
250×80×70×5.0	250	80	70	5.0	14.791	18.963	1.647	12.823
250×80×70×6.0				6.0	17.555	22.507	1.696	12.825
300×90×80×6.0	300	90	80	6.0	20.831	26.707	1.822	15.330
300×90×80×8.0				8.0	27.259	34.947	1.918	15.334
350×100×90×6.0	350	100	90	6.0	24.107	30.907	1.953	17.834
350×100×90×8.0				8.0	31.627	40.547	2.048	17.837
400×150×100×8.0	400	150	100	8.0	38.491	49.347	2.882	21.589
400×150×100×10				10	47.466	60.854	2.981	21.602
450×200×150×10	450	200	150	10	59.166	75.854	4.402	23.950
450×200×150×12				12	70.223	90.030	4.504	23.960
500×250×200×12	500	250	200	12	84.263	108.030	6.008	26.355
500×250×200×14				14	96.746	124.033	6.159	26.371
550×300×250×14	550	300	250	14	113.126	145.033	7.714	28.794
550×300×250×16				16	128.144	164.287	7.831	28.800

表 2-19　冷弯内卷边槽钢基本尺寸与主要参数

规　格	尺　寸/mm				理论重量	截面面积	重心/cm
$H\times B\times C\times t$	H	B	C	t	/kg·m^{-1}	/cm^2	X_0
60×30×10×2.5	60	30	10	2.5	2.363	3.010	1.043
60×30×10×3.0				3.0	2.743	3.495	1.036
100×50×20×2.5	100	50	20	2.5	4.325	5.510	1.853
100×50×20×3.0				3.0	5.098	6.495	1.848
140×60×20×2.5	140	60	20	2.5	5.503	7.010	1.974
140×60×20×3.0				3.0	6.511	8.295	1.969
180×60×20 x3.0	180	60	20	3.0	7.453	9.495	1.739
180×70×20×3.0		70			7.924	10.095	2.106
200×60×20×30	200	60	20	3.0	7.924	10.095	1.644
200×70×20×3.0		70			8.395	10.695	1.996
250×40×15×3.0	250	40	15	3.0	7.924	10.095	0.790
300×40×15×3.0	300	40			9.102	11.595	0.707
400×50×15×3.0	400	50			11.928	15.195	0.783
450×70×30×6.0	450	70	30	6.0	28.092	36.015	1.421
450×70×30×8.0				8.0	36.421	46.693	1.429
500×100×40×6.0	500	100	40	6.0	34.176	43.815	2.297
500×100×40×8.0				8.0	44.533	57.093	2.293
500×100×40×10				10	54.372	69.708	2.289

续表

规 格	尺 寸/mm				理论重量	截面面积	重心/cm
$H\times B\times C\times t$	H	B	C	t	/kg·m^{-1}	/cm^2	X_0
550×120×50×8.0	550	120	50	8.0	51.397	65.893	2.940
550×120×50×10				10	62.952	80.708	2.933
550×120×50×12				12	73.990	94.859	2.926
600×150×60×12	600	150	60	12	86.158	110.459	3.902
600×150×60×14				14	97.395	124.865	3.840
600×150×60×16				16	109.025	139.775	3.819

表 2-20　冷弯外卷边槽钢基本尺寸与主要参数

规 格	尺 寸/mm				理论重量	截面面积	重心/cm
$H\times B\times C\times t$	H	B	C	t	/kg·m^{-1}	/cm^2	X_0
30×30×16×2.5	30	30	16	2.5	2.009	2.560	1.526
50×20×15×3.0	50	20	15	3.0	2.272	2.895	0.823
60×25×32×2.5	60	25	32	2.5	3.030	3.860	1.279
60×25×32×3.0	60	25	32	3.0	3.544	4.515	1.279
80×40×20×4.0	80	40	20	4.0	5.296	6.746	1.573
100×30×15×3.0	100	30	15	3.0	3.921	4.995	0.932
150×40×20×4.0	150	40	20	4.0	7.497	9.611	1.176
150×40×20×5.0				5.0	8.913	11.427	1.158
200×50×30×4.0	200	50	30	4.0	10.305	13.211	1.525
200×50×30×5.0				5.0	12.423	15.927	1.511
250×60×40×5.0	250	60	40	5.0	15.933	20.427	1.856
250×60×40×6.0				6.0	18.732	24.015	1.853
300×70×50×6.0	300	70	50	6.0	22.944	29.415	2.195
300×70×50×8.0				8.0	29.557	37.893	2.191
350×80×60×6.0	350	80	60	6.0	27.156	34.815	2.533
350×80×60×8.0				8.0	35.173	45.093	2.475
400×90×70×8.0	400	90	70	8.0	40.789	52.293	2.773
400×90×70×10				10	49.692	63.708	2.868
450×100×80×8.0	450	100	80	8.0	46.405	59.493	3.206
450×100×80×10				10	56.712	72.708	3.205
500×150×90×10	500	150	90	10	69.972	89.708	5.003
500×150×90×12				12	82.414	105.659	4.992
550×200×100×12	550	200	100	12	98.326	126.059	6.564
550×200×100×14				14	111.591	143.065	6.815
600×250×150×14	600	250	150	14	138.891	178.065	9.717
600×250×150×16				16	156.449	200.575	9.700

表 2-21　冷弯 Z 形钢基本尺寸与主要参数

规　格	尺 寸/mm			理论重量	截面面积
$H\times B\times t$	H	B	t	/kg·m^{-1}	/cm^2
80×40×2.5	80	40	2.5	2.947	3.755
80×40×3.0			3.0	3.491	4.447
100×50×2.5	100	50	2.5	3.732	4.755
100×50×3.0			3.0	4.433	5.647
140×70×3.0	140	70	3.0	6.291	8.065
140×70×4.0			4.0	8.272	10.605
200×100×3.0	200	100	3.0	9.099	11.665
200×100×4.0			4.0	12.016	15.405
300×120×4.0	300	120	4.0	16.384	21.005
300×120×5.0			5.0	20.251	25.963
400×150×6.0	400	150	6.0	31.595	40.507
400×150×8.0			8.0	41.611	53.347

表 2-22　冷弯卷边 Z 形钢基本尺寸与主要参数

规　格	尺 寸/mm				理论重量	截面面积
$H\times B\times C\times t$	H	B	C	t	/kg·m^{-1}	/cm^2
100×40×20×2.0	100	40	20	2.0	3.208	4.086
100×40×20×2.5				2.5	3.933	5.010
140×50×20×2.5	140	50	20	2.5	5.110	6.510
140×50×20×3.0				3.0	6.040	7.695
180×70×20×2.5	180	70	20	2.5	6.680	8.510
180×70×20×3.0				3.0	7.924	10.095
230×75×25×3.0	230	75	25	3.0	9.573	12.195
230×75×25×4.0				4.0	12.518	15.946
250×75×25×3.0	250			3.0	10.044	12.795
250×75×25×4.0				4.0	13.146	16.746
300×100×30×4.0	300	100	30	4.0	16.545	21.211
300×100×30×6.0				6.0	23.880	30.615
400×120×40×8.0	400	120	40	8.0	40.789	52.293
400×120×40×10				10	49.692	63.708

第二节　钢板和钢带

一、钢板(钢带)理论重量

常用钢板(钢带)的理论重量,见表 2-23。

表 2-23　钢板(钢带)理论质量

厚度/mm	理论质量/kg·m^{-2}	厚度/mm	理论质量/kg·m^{-2}	厚度/mm	理论质量/kg·m^{-2}	厚度/mm	理论质量/kg·m^{-2}
0.20	1.570	1.9	14.92	13	102.1	55	431.8
0.25	1.963	2.0	1.570	14	109.9	60	471.0
0.30	2.355	2.2	17.27	15	117.8	65	510.3
0.35	2.748	2.5	19.63	16	125.6	70	549.5
0.40	3.140	2.8	21.98	17	133.5	75	588.8
0.45	3.533	3.0	23.55	18	141.3	80	628.0
0.50	3.925	3.2	25.12	19	149.2	85	667.3
0.55	4.318	3.5	27.48	20	157.0	90	706.5
0.56	4.396	3.8	29.83	21	164.9	95	745.8
0.60	4.710	3.9	30.62	24	188.4	100	785.0
0.65	5.103	4.0	31.40	25	196.3	105	824.3
0.70	5.495	4.2	32.97	26	204.1	110	863.5
0.75	5.888	4.5	35.33	28	219.8	120	942.0
0.80	6.280	4.8	37.68	30	235.5	125	981.3
0.90	7.065	5.0	39.25	32	251.2	130	1 021
1.0	7.850	5.5	43.18	34	266.9	140	1 099
1.1	8.635	6.0	47.10	36	282.6	150	1 178
1.2	9.420	6.5	51.03	38	298.3	160	1 256
1.3	10.21	7.0	54.95	40	314.0	165	1 295
1.4	10.99	8.0	62.80	42	329.7	170	1 335
1.5	11.78	9.0	70.65	45	353.3	180	1 413
1.6	12.56	10	78.50	48	376.8	185	1 452
1.7	13.35	11	86.35	50	392.5	190	1 492
1.8	14.13	12	94.20	52	408.2	195	1 531
						200	1 570

注:钢板(钢带)理论质量的密度按 7.85/g·cm^{-3}计算。高合金钢(如不锈钢)的密度不同,不能使用本表。

二、冷轧钢板和钢带的尺寸及允许偏差(GB/T 708—2006)

冷轧钢板和钢带的分类和代号,以及尺寸允许偏差,见表 2-24 至表 2-27。

表 2-24　冷轧钢板和钢带的分类和代号

分类方法	类　别	代　号
按边缘状态分	切边 不切边	EC EM
按尺寸精度分	普通厚度精度 较高厚度精度 普通宽度精度 较高宽度精度 普通长度精度 较高长度精度	PT. A PT. B PW. A PW. B PL. A PL. B
按不平度精度分	普通不平度精度 较高不平度精度	PF. A PF. B

表 2-25　产品形态、边缘状态所对应的尺寸精度的分类

产品形态	分类及代号								
	边缘状态	厚度精度		宽度精度		长度精度		不平度精度	
		普通	较高	普通	较高	普通	较高	普通	较高
钢带	不切边 EM	PT. A	PT. B	PW. A	—	—	—	—	—
	切边 EC	PT. A	PT. B	PW. A	PW. B	—	—	—	—
钢板	不切边 EM	PT. A	PT. B	PW. A	—	PL. A	PL. B	PF. A	PF. B
	切边 EC	PT. A	PT. B	PW. A	PW. B	PL. A	PL. B	PF. A	PF. B
纵切钢带	切边 EC	PT. A	PT. B	PW. A	—	—	—	—	—

表 2-26　钢板和钢带的尺寸

尺寸范围	推荐的公称尺寸	备　注
钢板和钢带(包括纵切钢带)的公称厚度 0.30 mm～4.00 mm	公称厚度小于 1 mm 的钢板和钢带按 0.05 mm 倍数的任何尺寸；公称厚度不小于 1 mm 的钢板和钢带按 0.1 mm 倍数的任何尺寸	根据需方要求，经供需双方协商，可以供应其他尺寸的钢板和钢带
钢板和钢带的公称宽度 600 mm～2 050 mm	按 10 mm 倍数的任何尺寸	
钢板的公称长度 1 000 mm～6 000 mm	按 50 mm 倍数的任何尺寸	

表 2-27 冷轧钢板和钢带的尺寸允许偏差 /mm

厚度允许偏差

①规定的最小屈服强度小于 280 MPa 的钢板和钢带的厚度允许偏差

公称厚度	普通精度 PT. A			较高精度 PT. B		
	公称宽度			公称宽度		
	≤1 200	>1 200～1 500	>1 500	≤1 200	>1 200～1 500	>1 500
<0.40	±0.04	±0.05	±0.06	±0.025	±0.035	±0.045
>0.40～0.60	±0.05	±0.06	±0.07	±0.035	±0.045	±0.050
>0.60～0.80	±0.06	±0.07	±0.08	±0.040	±0.050	±0.050
>0.80～1.00	±0.07	±0.08	±0.09	±0.045	±0.060	±0.060
>1.00～1.20	±0.08	±0.09	±0.10	±0.055	±0.070	±0.070
>1.20～1.60	±0.10	±0.11	±0.11	±0.070	±0.080	±0.080
>1.60～2.00	±0.12	±0.13	±0.13	±0.080	±0.090	±0.090
>2.00～2.50	±0.14	±0.15	±0.15	±0.100	±0.110	±0.110
>2.50～3.00	±0.16	±0.17	±0.17	±0.110	±0.120	±0.120
>3.00～4.00	±0.17	±0.19	±0.19	±0.140	±0.150	±0.150

②规定的最小屈服强度为 280 MPa～<360 MPa 的钢板和钢带的厚度允许偏差比表中规定值增加 20%；规定的最小屈服强度为不小于 360 MPa 的钢板和钢带的厚度允许偏差比表中规定值增加 40%。

③距钢带焊缝处 15 m 内的厚度允许偏差比表中规定值增加 60%；距钢带两端各 15 m 内的厚度允许偏差比表中规定值增加 60%

宽度允许偏差

①切边钢板、钢带和不切边钢板、钢带

公称宽度	切边钢板、钢带的宽度允许偏差		不切边钢板、钢带的宽度允许偏差
	普通精度 PW. A	较高精度 PW. B	
≤1 200	$^{+4}_{0}$	$^{+2}_{0}$	由供需双方商定
>1 200～1 500	$^{+5}_{0}$	$^{+2}_{0}$	
>1 500	$^{+6}_{0}$	$^{+3}_{0}$	

②纵切钢带

公称厚度	宽度允许偏差				
	公称宽度				
	≤125	>125～250	>250～400	>400～600	>600
≤0.40	$^{+0.3}_{0}$	$^{+0.6}_{0}$	$^{+1.0}_{0}$	$^{+1.5}_{0}$	$^{+2.0}_{0}$
>0.40～1.0	$^{+0.5}_{0}$	$^{+0.8}_{0}$	$^{+1.2}_{0}$	$^{+1.5}_{0}$	$^{+2.0}_{0}$
>1.0～1.8	$^{+0.7}_{0}$	$^{+1.0}_{0}$	$^{+1.5}_{0}$	$^{+2.0}_{0}$	$^{+2.5}_{0}$
>1.8～4.0	$^{+1.0}_{0}$	$^{+1.3}_{0}$	$^{+1.7}_{0}$	$^{+2.0}_{0}$	$^{+2.5}_{0}$

长度允许偏差

公称长度	钢板长度允许偏差	
	普通精度 PL. A	较高精度 PL. B
≤2 000	$^{+6}_{0}$	$^{+3}_{0}$
>2 000	$^{+0.3\%\times公称长度}_{0}$	$^{+0.15\%\times公称长度}_{0}$

三、冷轧低碳钢板及钢带(GB/T 5213—2008)

冷轧低碳钢板及钢带的分类和代号及力学性能，见表 2-28。

表 2-28 冷轧低碳钢板及钢带

<table>
<tr><td>牌号</td><td colspan="6">钢板及钢带的牌号由三部分组成，第一部分为字母“D”，代表冷成形用钢板，第二部分为字母“C”，代表轧制条件为冷轧；第三部分为两位数字序列号，即 01、03、04 等。
示例：DC01
D—表示冷成形用钢板
C—表示轧制条件为冷轧
01—表示数字序列号</td></tr>
<tr><td rowspan="6">分类及代号</td><td colspan="2">分类方法</td><td colspan="2">牌号</td><td colspan="2">用途</td></tr>
<tr><td colspan="2">按用途区分</td><td colspan="2">DC01
DC03
DC04
DC05
DC06
DC07</td><td colspan="2">一般用
冲压用
深冲用
特深冲用
超深冲用
特超深冲用</td></tr>
<tr><td colspan="2" rowspan="2">按表面质量区分</td><td colspan="2">级别</td><td colspan="2">代号</td></tr>
<tr><td colspan="2">较高级表面
高级表面
超高级表面</td><td colspan="2">FB
FC
FD</td></tr>
<tr><td colspan="2">按表面结构分</td><td colspan="2">麻面
光亮表面</td><td colspan="2">D
B</td></tr>
<tr><td colspan="6"></td></tr>
<tr><td>规　格</td><td colspan="6">尺寸、外形、重量及允许偏差应符合 GB/T 708 的规定。</td></tr>
<tr><td rowspan="8">力学性能</td><td>牌号</td><td>屈服强度①、②/MPa≥</td><td>抗拉强度 R_m/MPa</td><td>断后伸长率③、④ A/%≥ (b_0=20 mm，l_0=80 mm)</td><td>r_{90}值⑤≥</td><td>n_{90}值⑤≥</td></tr>
<tr><td>DC01</td><td>280⑥</td><td>270～410</td><td>28</td><td>—</td><td>—</td></tr>
<tr><td>DC03</td><td>240</td><td>270～370</td><td>34</td><td>1.3</td><td>—</td></tr>
<tr><td>DC04</td><td>210</td><td>270～350</td><td>38</td><td>1.6</td><td>0.18</td></tr>
<tr><td>DC05</td><td>180</td><td>270～330</td><td>40</td><td>1.9</td><td>0.20</td></tr>
<tr><td>DC06</td><td>170</td><td>270～330</td><td>41</td><td>2.1</td><td>0.22</td></tr>
<tr><td>DC07</td><td>150</td><td>250～310</td><td>44</td><td>2.5</td><td>0.23</td></tr>
<tr><td colspan="6">①无明显屈服时采用 $R_{p0.2}$，否则采用 R_{eL}。当厚度大于 0.50 mm 且不大于 0.70 mm时，屈服强度上限值可以增加 20 MPa；当厚度不大于 0.50 mm 时，屈服强度上限值可以增加 40 MPa。
②经供需双方协商同意，DC01、DC03、DC04 屈服强度的下限值可设定为 140 MPa，DC05、DC06 屈服强度的下限值可设定为 120 MPa、DC07 屈服强度的下限值可设定为 100 MPa。
③试样为 GB/T 228 中的 P6 试样，试样方向为横向。
④当厚度大于 0.50 mm 且不大于 0.70 mm 时，断后伸长率最小值可以降低 2%(绝对值)；当厚度不大于0.50 mm时，断后伸长率最小值可以降低 4%(绝对值)。
⑤r_{90}值和 n_{90}值的要求仅适用于厚度不小于0.50 mm的产品。当厚度大于2.0 mm时，r_{90}值可以降低0.2。
⑥DC01 的屈服强度上限值的有效期仅为 8 天，从生产完成之日起</td></tr>
</table>

四、碳素结构钢冷轧薄钢板及钢带(GB/T 11253—2007)

碳素结构钢冷轧薄钢板及钢带的分类和代号,以及力学性能,见表 2-29。

表 2-29 碳素结构钢冷轧薄钢板及钢带

	分类方法		类别	代号	
分类及代号	按表面质量分		较高级表面 高级表面	FB FC	
	按表面结构分		光亮表面 粗糙表面	B:其特征为轧辊经磨床精加工处理 D:其特征为轧辊磨床加工后喷丸等处理	
钢号	Q195、Q215、Q235、Q275				
力学性能	①横向拉伸试验				
	牌号	下屈服强度 R_{eL}(无明显屈服时用 $R_{p0.2}$)/MPa	抗拉强度 R_{em}/MPa	断后伸长率/%	
				A_{50mm}	A_{80mm}
	Q195	≥195	315～430	≥26	≥24
	Q215	≥215	335～450	≥24	≥22
	Q235	≥235	370～500	≥22	≥20
	Q275	≥275	410～540	≥20	≥18
	②180°弯曲试验(试样宽度 $B \geqslant 20$ mm,仲裁试验时 $B=20$ mm),弯曲处不应肉眼可见裂纹				
	牌号	试样方向		弯心直径 d	
	Q195	横		0.5a(a 为试样厚度)	
	Q215	横		0.5a	
	Q235	横		1 a	
	Q275	横		1 a	

五、合金结构钢薄钢板(YB/T 5132—2007)

合金结构钢薄钢板的力学性能及工艺性能,见表 2-30。

表 2-30 合金结构钢薄钢板

牌号	优质钢:40B,45B,50B,15Cr,20Cr,30Cr,35Cr,40Cr,50Cr,12CrMo,15CrMo,20CrMo,30CrMo,35CrMo,12Cr1MoV,12CrMoV,20CrNi,40CrNi,20CrMnTi 和 30CrMnSi 高级优质钢:12Mn2A,16Mn2A,45Mn2A,50BA,15CrA,38CrA,20CrMnSiA,25CrMnSiA,30CrMnSiA 和 35CrMnSiA		
力学性能	牌号	抗拉强度 R_m/MPa	断后伸长率 $A_{11.3}$/%≥
	12Mn2A	390～570	22
	16Mn2A	490～635	18
	45Mn2A	590～835	12
	35B	490～635	19
	40B	510～655	18

续表

	牌　号	抗拉强度 R_m/MPa	断后伸长率 $A_{11.3}$/%≥	
力学性能	45B	540～685	16	
	50B、50BA	540～715	14	
	15Cr、15CrA	390～590	19	
	20Cr	390～590	18	
	30Cr	490～685	17	
	35Cr	540～735	16	
	38CrA	540～735	16	
	40Cr	540～785	14	
	20CrMnSiA	440～685	18	
	25CrMnSiA	490～685	18	
	30CrMnSi，30CrMnSiA	490～735	16	
	35CrMnSiA	590～785	14	
工艺性能	钢板公称厚度/mm	牌　号		
		12Mn2A	16Mn2A、25CrMnSiA	35CrMnSiA
		冲压深度/mm≥		
	0.5	7.3	6.6	6.5
	0.6	7.7	7.0	6.7
	0.7	8.0	7.2	7.0
	0.8	8.5	7.5	7.2
	0.9	8.8	7.7	7.5
	1.0	9.0	8.0	7.7
	在上列厚度之间	采用相邻较小厚度的指标		

注：厚度≤0.9 mm 的钢板的伸长率仅供参考。

1. 经退火或回火供应的钢板，交货状态力学性能应符合表中的规定。表中未列牌号的力学性能仅供参考或由供需双方协议规定。

2. 正火和不热处理交货的钢板，在保证断后伸长率的情况下，抗拉强度上限允许较表中规定的数值提高 50 MPa。

3. 厚度≤0.9 mm 的钢板的伸长率仅供参考

六、不锈钢冷轧钢板和钢带(GB/T 3280—2007)

不锈钢冷轧钢板和钢带的公称尺寸范围和力学性能，见表 2-31 和表 2-32。

表 2-31　不锈钢冷轧钢板和钢带的公称尺寸范围　/mm

形　态	公称厚度	公称宽度	备　注
宽钢带、卷切钢板	≥0.10～≤8.00	≥600～<2100	具体规定按 GB/T 708，经双方协商可供其他尺寸
纵剪宽钢带、卷切钢带Ⅰ	≥0.10～≤8.00	<600	
窄钢带、卷切钢带Ⅱ	≥0.01～≤3.00	<600	

表 2-32 不锈钢冷轧钢板和钢带的力学性能

①经固溶处理的奥氏体型钢板和钢带的力学性能

GB/T 20878 中序号	新牌号	旧牌号	规定非比例延伸强度 $R_{p0.2}$/MPa	抗拉强度 R_m/MPa	断后伸长率 A/%	硬度值		
						HBW	HRB	HV
			≥			≤		
9	12Cr17Ni7	1Cr17Ni7	205	515	40	217	95	218
10	022Cr17Ni7		220	550	45	241	100	—
11	022Cr17Ni7N		240	550	45	241	100	—
13	12Cr18Ni9	1Cr18Ni9	205	515	40	201	92	210
14	12Cr18Ni9Si3	1Cr18Ni9Si3	205	515	40	217	95	220
17	06Cr19Ni10	0Cr18Ni9	205	515	40	201	92	210
18	022Cr19Ni10	00Cr19Ni10	170	485	40	201	92	210
19	07Cr19Ni10		205	515	40	201	92	210
20	05Cr19Ni10Si3NbN		290	600	40	217	95	—
23	06Cr19Ni10N	0Cr19Ni10N	240	550	30	201	92	220
24	06Cr19Ni10NbN	0Cr19Ni10NbN	345	685	35	250	100	260
25	022Cr19Ni10N	00Cr19Ni10N	205	515	40	201	92	220
26	10Cr18Ni12	1Cr18Ni12	170	485	40	183	88	200
32	06Cr23Ni13	0Cr23Ni13	205	515	40	217	95	220
35	06Cr25Ni20	0Cr25Ni20	205	515	40	217	95	220
36	022Cr25Ni22Mo2N		270	580	25	217	95	—
38	06Cr17Ni12Mo2	0Cr17Ni12Mo2	205	515	40	217	95	220
39	022Cr17Ni12Mo2	00Cr17Ni12Mo2	170	485	40	217	95	220
41	06Cr17Ni12Mo2Ti	0Cr18Ni12Mo3Ti	205	515	40	217	95	220
42	06Cr17Ni12Mo2Nb		205	515	30	217	95	—
43	06Cr17Ni12Mo2N	0Cr17Ni12Mo2N	240	550	35	217	95	220
44	022Cr17Ni12Mo2N	00Cr17Ni13Mo2N	205	515	40	217	95	220
45	06Cr18Ni12Mo2Cu2	06Cr18Ni12Mo2Cu2	205	520	40	187	90	200
48	015Cr21Ni26Mo2Cu2		220	490	35	—	00	
49	06Cr19Ni13Mo3	0Cr19Ni19Mo3	205	515	35	217	95	220
50	022Cr19Ni13Mo3	00Cr19Ni19Mo3	205	515	40	217	95	220
53	022Cr19Ni16Mo5N		240	550	40	223	96	—
54	022Cr19Ni13Mo4N		240	550	40	217	95	—
55	06Cr18Ni11Ti	0Cr18Ni10Ti	205	515	40	217	95	220
58	015Cr24Ni22Mo8Mn3CuN		430	750	40	250	—	—
61	022Cr24Ni17Mo5Mn6CuN		415	795	35	241	100	—
62	06Cr18Ni11Nb	0Cr18Ni11Nb	205	515	40	201	92	210

②不同冷作硬化状态钢板和钢带的力学性能

续表

硬化状态	GB/T 20878 中序号	新牌号	旧牌号	规定非比例延伸强度 $R_{p0.2}$/MPa	抗拉强度 R_m/MPa	断后伸长率 A/%		
						厚度<0.4 mm	厚度≥0.4～<0.8 mm	厚度≥0.8 mm
				≥				
H1/4	9	12Cr17Ni7	1Cr17Ni7	515	860	25	25	25
	10	022Cr17Ni7		515	825	25	25	25
	11	022Cr17Ni7N		515	825	25	25	25
	13	12Cr18Ni9	1Cr18Ni9	515	860	10	10	12
	17	06Cr19Ni10	0Cr18Ni9	515	860	10	10	12
	18	022Cr19Ni10	00Cr19Ni10	515	860	8	8	10
	23	06Cr19Ni10N	0Cr19Ni10N	515	860	12	12	12
	25	022Cr19Ni10N	00Cr19Ni10N	515	860	10	10	12
	38	06Cr17Ni12Mo2	0Cr17Ni12Mo2	515	860	10	10	10
	39	022Cr17Ni12Mo2	00Cr17Ni12Mo2	515	860	8	8	8
	41	06Cr17Ni12Mo2Ti	0Cr18Ni12Mo3Ti	515	860	12	12	12
H1/2	9	12Cr17Ni7	1Cr17Ni7	760	1035	15	18	18
	10	022Cr17Ni7		690	930	20	20	20
	11	022Cr17Ni7N		690	930	20	20	20
	13	12Cr18Ni9	1Cr18Ni9	760	1035	9	10	10
	17	06Cr19Ni10	0Cr18Ni9	760	1035	6	7	7
	18	022Cr19Ni10	00Cr19Ni10	760	1035	5	6	6
	23	06Cr19Ni10N	0Cr19Ni10N	760	1035	6	8	8
	25	022Cr19Ni10N	00Cr19Ni10N	760	1035	6	7	7
	38	06Cr17Ni12Mo2	0Cr17Ni12Mo2	760	1035	6	7	7
	39	022Cr17Ni12Mo2	00Cr17Ni12Mo2	760	1035	5	6	6
	43	06Cr17Ni12Mo2N	0Cr17Ni12Mo2N	760	1035	6	8	8
H	9	12Cr17Ni7	1Cr17Ni7	930	1025	10	12	12
	13	12Cr18Ni9	1Cr18Ni9	930	1025	5	6	6
H2	9	12Cr17Ni7	1Cr17Ni7	965	1275	8	9	9
	13	12Cr18Ni9	1Cr18Ni9	965	1275	3	4	4

③经固溶处理的奥氏体·铁素体型钢板和钢带的力学性能

续表

GB/T 20878 中序号	新 牌 号	旧 牌 号	规定非比例延伸强度 $R_{p0.2}$/MPa	抗拉强度 R_m/MPa	断后伸长率 A/%	硬度值 HBW	硬度值 HRC
			≥			≤	
67	14Cr18Ni11Si4AlTi	1Cr18Ni11Si4AlTi	—	715	25	—	—
68	022Cr19Ni5Mo3Si2N	00Cr18Ni5Mo3Si2	440	630	25	290	31
69	12Cr21Ni5Ti	1Cr21Ni5Ti	—	635	20	—	—
70	022Cr22Ni5Mo3N		450	620	25	293	31
71	022Cr23Ni5Mo3N		450	620	25	293	31
72	022Cr23Ni4MoCuN		400	600	25	290	31
73	022Cr25Ni6Mo2N		450	640	25	295	31
74	022Cr25Ni7Mo4WCuN		550	750	25	270	—
75	03Cr25Ni6Mo3Cu2N		550	760	15	302	32
76	022Cr25Ni7Mo4N		550	795	15	310	32

④经退火处理铁素体型钢板和钢带的力学性能

GB/T 20878 中序号	新 牌 号	旧 牌 号	规定非比例延伸强度 $R_{p0.2}$/MPa	抗拉强度 R_m/MPa	断后伸长率 A/%	冷弯 180°(d 弯心直径;a —板厚)	硬度值 HBW	硬度值 HRB	硬度值 HV
			≥				≤		
78	06Cr13Al	0Cr13Al	170	415	20	$d=2a$	179	88	200
80	022Cr11Ti		275	415	20	$d=2a$	197	92	200
81	022Cr11NbTi		275	415	20	$d=2a$	197	92	200
82	022Cr12Ni		280	450	18	—	180	88	—
83	022Cr12	00Cr12	195	360	22	$d=2a$	183	88	200
84	10Cr15	1Cr15	205	450	22	$d=2a$	183	89	200
85	10Cr17	1Cr17	205	450	22	$d=2a$	183	89	200
87	022Cr18Ti	00Cr17	175	360	22	$d=2a$	183	88	200
88	10Cr17Mo	1Cr17Mo	240	450	22	$d=2a$	183	89	200
90	019Cr18MoTi		245	410	20	$d=2a$	217	96	230
91	022Cr18NbTi		250	430	18	—	180	88	—
92	019Cr19Mo2NbTi	00Cr19Mo2	275	415	20	$d=2a$	217	96	230
94	008Cr27Mo	00Cr27Mo	245	410	22	$d=2a$	190	90	200
95	008Cr30Mo2	00Cr30Mo2	295	450	22	$d=2a$	209	95	220

⑤经退火处理马氏体型钢板和钢带的力学性能

续表

GB/T 20878 中序号	新牌号	旧牌号	规定非比例延伸强度 $R_{p0.2}$/MPa	抗拉强度 R_m/MPa	断后伸长率 A/%	冷弯180°	硬度值 HBW	HRB	HV
			≥				≤		
96	12Cr12	1Cr12	205	485	20	$d=2a$	217	96	210
97	06Cr13	0Cr13	205	415	20	$d=2a$	183	89	200
98	12Cr13	1Cr13	205	450	20	$d=2a$	217	96	210
99	04Cr13Ni5Mo		620	795	15	—	302	32HRC	—
101	20Cr13	2Cr13	225	520	18	—	223	97	234
102	30Cr13	3Cr13	225	540	18	—	235	99	247
104	40Cr13	4Cr13	225	590	15	—	—	—	—
107	17Cr16Ni2（淬、回火后）		690	880～1080	12	—	262～326	—	—
			1050	1350	10	—	388	—	—
108	68Cr17	1Cr12	245	590	15	—	255	25HRC	269

⑥经固溶处理的沉淀硬化型钢板和钢带的试样的力学性能

GB/T 20878 中序号	新牌号	旧牌号	钢材厚度/mm	规定非比例延伸强度 $R_{p0.2}$/MPa	抗拉强度 R_m/MPa	断后伸长率 A/%	硬度值 HRC	HBW
				≤		≥	≤	
134	04Cr13Ni8Mo2Al		≥0.10～<8.0	—	—	—	38	363
135	022Cr12Ni9Cu2NbTi		≥0.30～≤8.0	1105	1205	3	38	331
138	07Cr17Ni7Al	0Cr17Ni7Al	≥0.10～<0.30	450	1035	—	—	—
			≥0.30～≤8.0	380	1035	20	92HRB	—
139	07Cr15Ni7Mo2Al	0Cr15Ni7Mo2Al	≥0.10～<8.0	450	1035	25	100HRB	—
141	09Cr17Ni5Mo3N		≥0.10～<0.30	585	1380	8	30	—
			≥0.30～≤8.0	585	1380	12	30	—
142	06Cr17Ni7AlTi		≥0.10～<1.50	515	825	4	32	—
			≥1.50～≤8.0	515	825	5	32	—

⑦经沉淀硬化处理的沉淀硬化型钢板和钢带的试样的力学性能

GB/T 20878 中序号	新牌号	旧牌号	钢材厚度/mm	推荐处理温度/℃	规定非比例延伸强度	抗拉强度 R_m/MPa	断后伸长率	硬度值 HRC	HBW
					≥				
134	04Cr13Ni8Mo2Al		≥0.10～<0.50	510±6	1410	1515	6	45	—
			≥0.50～<5.0		1410	1515	8	45	—
			≥5.0～≤8.0		1410	1515	10	45	—
			≥0.10～<0.50	538±6	1310	1380	6	43	—
			≥0.50～<5.0		1310	1380	8	43	—
			≥5.0～≤8.0		1310	1380	10	43	—

续表

GB/T 20878中序号	新牌号	旧牌号	钢材厚度/mm	推荐处理温度/℃	规定非比例延伸强度	抗拉强度 R_m/MPa	断后伸长率	硬度值	
								HRC	HBW
					≥				
135	022Cr12Ni9Cu2NbTi		≥0.10~<0.50	510±6	1410	1525	—	44	—
			≥0.50~<5.0	或	1410	1525	3	44	—
			≥5.0~≤8.0	482±6	1410	1525	4	44	—
138	07Cr17Ni7Al	0Cr17Ni7Al	≥0.10~<0.30	760±15	1035	1240	3	38	—
			≥0.30~<5.0	15±3	1035	1240	5	38	—
			≥5.0~≤8.0	566±6	965	1170	7	43	352
			≥0.10~<0.30	954±8	1310	1450	1	44	—
			≥0.30~<5.0	−73±6	1310	1450	3	44	—
			≥5.0~≤8.0	510±6	1240	1380	6	43	401
139	07Cr15Ni7Mo2Al	0Cr15Ni7Mo2Al	≥0.10~<0.30	760±15	1170	1310	3	40	—
			≥0.30~<5.0	15±3	1170	1310	5	40	—
			≥5.0~≤8.0	566±6	1170	1310	4	40	375
			≥0.10~<0.30	954±8	1380	1550	2	46	—
			≥0.30~<5.0	−73±6	1380	1550	4	46	—
			≥5.0~≤8.0	510±6	1380	1550	4	45	429
			≥0.10~≤1.2	冷轧	1205	1380	1	41	—
			≥0.10~≤1.2	冷轧+482	1580	1655	1	46	—
141	09Cr17Ni5Mo3N		≥0.10~<0.30	455±8	1035	1275	6	42	—
			≥0.30~≤5.0		1035	1275	8	42	—
			≥0.10~<0.30	540±8	1000	1140	6	36	—
			≥0.30~≤5.0		1000	1140	8	36	—
142	06Cr17Ni7AlTi		≥0.10~<0.80	510±8	1170	1310	3	39	—
			≥0.80~<1.50		1170	1310	4	39	—
			≥1.50~≤8.0		1170	1310	5	39	—
			≥0.10~<0.80	538±8	1105	1240	3	37	—
			≥0.80~<1.50		1105	1240	4	37	—
			≥1.50~≤8.0		1105	1240	5	37	—
			≥0.10~<0.80	566±8	1035	1170	3	35	—
			≥0.80~<1.50		1035	1170	4	35	—
			≥1.50~≤8.0		1035	1170	5	35	—

⑧沉淀硬化型钢固溶处理状态的弯曲试验

续表

GB/T20878 中序号	新 牌 号	旧 牌 号	厚度/mm	冷弯(°)	弯心直径 d (a—板厚)
135	022Cr12Ni9Cu2NbTi		≥0.10 ≤5.0	180	$d=6a$
138	07Cr17Ni7Al	0Cr17Ni7Al	≥0.10 ≤5.0	180	$d=a$
			≥5.0 ≤7.0	180	$d=3a$
139	07Cr15Ni7Mo2Al	0Cr15Ni7Mo2Al	≥0.10 ≤5.0	180	$d=a$
			≥5.0 ≤7.0	180	$d=3a$
141	09Cr17Ni5Mo3N		≥0.10 ≤5.0	180	$d=2a$

注:各类钢板和钢带的规定非比例延伸强度及硬度试验、退火状态的铁素体型和马氏体型钢的弯曲试验,仅在当需方要求并在合同中注明时才进行检验。对于几种硬度试验,可根据钢板和钢带的不同尺寸和状态选择其中一种方法试验。

七、冷轧电镀锡钢板及钢带(GB/T 2520—2008)

冷轧电镀锡钢板及钢带的分类和代号,见表2-33。

表2-33 冷轧电镀锡钢板及钢带的分类和代号

	分类方式	类别	代号
分类及代号	原板钢种	—	MR,L,D
	调质度	一次冷轧钢板及钢带	T-1,T-1.5,T-2,T-2.5,T-3,T-3.5,T-4,T-5
		二次冷轧钢板及钢带	DR-7M,DR-8,DR-9,DR-9M,DR-10
	退火方式	连续退火	CA
		罩式退火	BA
	标识方法	差厚镀锡标识	D
	表面状态	光亮表面	B
		粗糙表面	R
		银色表面	S
		无光表面	M
	钝化方式	化学钝化	CP
		电化学钝化	CE
		低铬钝化	LCr
	边部形状	直边	SL
		花边	WL
牌号及标记	①普通用途的钢板及钢带,其牌号通常由原板钢种、调质度代号和退火方式构成 例如:MR T-2.5CA,L T-3BA ,MR DR-8BA ②用于制作二片拉拔罐(DI)的钢板及钢带,原板钢种只适用于D。其牌号由原板钢种D、调质度代号、退火方式和代号DI构成 例如:D T-2.5CA DI ③用于制作盛装酸性内容物的素面(镀锡量8.4 g/m^{2}以上)食品罐的钢板及钢		

续表

牌号及标记	带,即K板,原板钢种主要适用于L钢种。其牌号通常由原板钢种L、调质度代号、退火方式和代号K构成 例如:L T-2.5CA K ④用于制作盛装蘑菇等要求低铬钝化处理的食品罐的钢板及钢带,原板钢种适用于MR和L钢种。其牌号由原板钢种MR或L、调质度代号、退火方式和代号LCr构成 例如:MR T-2.5CA LCr
尺寸	a. 钢板及钢带的公称厚度小于0.50mm时,按0.01mm的倍数进级。大于等于0.50mm时,按0.05mm的倍数进级 b. 如要求标记轧制宽度方向,可在表示轧制宽度方向的数字后面加上字母W 例如:0.26×832W×760 c. 钢卷内径可为406mm、420mm或508mm

八、热镀铅锡合金碳素钢冷轧薄钢板及钢带(GB/T 5065—2004)

热镀铅锡合金碳素钢冷轧薄钢板及钢带的分类、代号,以及力学性能,见表2-34。

表2-34 热镀铅锡合金碳素钢冷轧薄钢板及钢带分类、代号及力学性能

牌号表示方法	钢板(带)的牌号由代表"铅"、"锡"的英文字头"LT"和代表"拉延级别顺序号"的"01、02、03、04、05"表示,牌号为LT01、LT02、LT03、LT04、LT05。		
分类及代号	分类方法	类　别	代　号
	按拉延级别分	普通拉延级	01
		深拉延级	02
		极深拉延级	03
		最深拉延级	04
		超深冲无时效级	05
	按表面质量分	普通级表面	FA
		较高级表面	FB
		高级表面	FC
标记	标记示例: 牌号LT 04,表面质量级别FC,镀层重量200g/m²,尺寸规格为1.2mm×1000mm×2 000 mm的钢板标记示例为:LT04—1.2×1000×2000-FC-200-GB/T 5065—2004		
尺寸	①钢板(带)厚度为0.5 mm～2.0 mm,牌号LT05的厚度范围为0.7 mm～1.5mm ②钢板(带)宽度为600mm～1 200mm ③钢板长度为1 500mm～3 000mm		

续表

	牌 号	屈服强度 R_{eL}/MPa	抗拉强度 R_m/MPa	断后伸长率 A/%≥ $b_0=20$ mm, $L_0=80$ mm	拉伸应变硬化指数 n	塑性应变比 r
					$b_0=20$ mm, $L_0=80$ mm	
力学性能	LT01	—	275～390	28	—	—
	LT02	—	275～410	30	—	—
	LT03	—	275～410	32	—	—
	LT04	≤230	275～350	36	—	—
	LT05	≤180	270～330	40	n_{90} ≥0.20	r_{90} ≥1.9
	注1:拉伸试验取横向试样。 2:b_0为试样宽度,L_0为试样标距。					

九、冷轧取向和无取向电工钢带(片)(GB/T 2521—2008)

冷轧取向钢带(片)、无取向钢带(片)的磁特性和工艺特性,以及电工钢带(片)的几何特性和无取向钢带(片)的力学性能,见表 2-35 至表 2-39。

表 2-35 普通级取向钢带(片)的磁特性和工艺特性

牌号	公称厚度/mm	最大比总损耗/W·kg^{-1} $P1.5$		最大比总损耗/W·kg^{-1} $P1.7$		最小磁极化强度/T H=800A/m	最小叠装系数
		50Hz	60Hz	50Hz	60Hz	50Hz	
23Q110	0.23	0.73	0.96	1.10	1.45	1.78	0.950
23Q120		0.77	1.01	1.20	1.57	1.78	
23Q130		0.80	1.06	1.30	1.65	1.75	
27Q110	0.27	0.73	0.97	1.10	1.45	1.78	0.950
27Q120		0.80	1.07	1.20	1.58	1.78	
27Q130		0.85	1.12	1.30	1.68	1.78	
27Q140		0.89	1.17	1.40	1.85	1.75	
30Q120	0.30	0.79	1.06	1.20	1.58	1.78	0.960
30Q130		0.85	1.15	1.30	1.71	1.78	
30Q140		0.92	1.21	1.40	1.83	1.78	
30Q150		0.97	1.28	1.50	1.98	1.75	
35Q135	0.35	1.00	1.32	1.35	1.80	1.78	0.960
35Q145		1.03	1.36	1.45	1.91	1.78	
35Q155		1.07	1.41	1.55	2.04	1.78	

表 2-36　高磁导率级取向钢带(片)的磁特性和工艺特性

牌　号	公称厚度/mm	最大比总损耗/W·kg^{-1} P1.7		最小磁极化强度/T H=800A/m	最小叠装系数
		50Hz	60Hz	50Hz	
23QG085	0.23	0.85	1.12	1.85	0.950
23QG090		0.90	1.19	1.85	0.950
23QG095		0.95	1.25	1.85	0.950
27QG090	0.27	0.90	1.19	1.85	0.950
27QG095		0.95	1.25	1.85	0.950
27QG100		1.00	1.32	1.88	0.950
27QG105		1.05	1.36	1.88	0.950
27QG110		1.10	1.45	1.88	0.950
30QG105	0.30	1.05	1.38	1.88	0.960
30QG110		1.10	1.46	1.88	0.960
30QG120		1.20	1.58	1.88	0.960
35QG115	0.35	1.15	1.51	1.88	0.960
35QG125		1.25	1.64	1.88	0.960
35QG135		1.35	1.77	1.88	0.960

表 2-37　无取向钢带(片)磁特性和工艺特性

牌　号	公称厚度/mm	最大比总损耗/W·kg^{-1} P1.5		最小磁极化强度/T			最小弯曲次数	最小叠装系数	理论密度/kg·dm^{-3}
				50Hz					
		50Hz	60Hz	H=2500A/m	H=5000A/m	H=10000A/m			
35W230	0.35	2.30	2.90	1.49	1.60	1.70	2	0.950	7.60
35W250		2.50	3.14	1.49	1.60	1.70	2		7.60
35W270		2.70	3.36	1.49	1.60	1.70	2		7.65
35W300		3.00	3.74	1.49	1.60	1.70	3		7.65
35W330		3.30	4.12	1.50	1.61	1.71	3		7.65
35W360		3.60	4.55	1.51	1.62	1.72	5		7.65
35W400		4.00	5.10	1.53	1.64	1.74	5		7.65
35W440		4.40	5.60	1.53	1.64	1.74	5		7.70
50W230	0.50	2.30	3.00	1.49	1.60	1.70	2	0.970	7.60
50W250		2.50	3.21	1.49	1.60	1.70	2		7.60
50W270		2.70	3.47	1.49	1.60	1.70	2		7.60
50W290		2.90	3.71	1.49	1.60	1.70	2		7.60
50W310		3.10	3.95	1.49	1.60	1.70	3		7.65
50W330		3.30	4.20	1.49	1.60	1.70	3		7.65

续表

牌　号	公称厚度/mm	最大比总损耗/W·kg^{-1} P1.5		最小磁极化强度/T			最小弯曲次数	最小叠装系数	理论密度/kg·dm^{-3}
				50Hz					
		50Hz	60Hz	H=2500 A/m	H=5000 A/m	H=10000 A/m			
50W350	0.50	3.50	4.45	1.50	1.60	1.70	5	0.970	7.65
50W400		4.00	5.10	1.53	1.63	1.73	5		7.65
50W470		4.70	5.90	1.54	1.64	1.74	10		7.70
50W530		5.30	6.66	1.56	1.65	1.75	10		7.70
50W600		6.00	7.55	1.57	1.66	1.76	10		7.75
50W700		7.00	8.80	1.60	1.69	1.77	10		7.80
50W800		8.00	10.10	1.60	1.70	1.78	10		7.80
50W1000		10.00	12.60	1.62	1.72	1.81	10		7.85
50W1300		13.00	16.40	1.62	1.74	1.81	10		7.85
65W600	0.65	6.00	7.71	1.56	1.66	1.76	10	0.970	7.75
65W700		7.00	8.98	1.57	1.67	1.76	10		7.75
65W800		8.00	10.26	1.60	1.70	1.78	10		7.80
65W1000		10.00	12.77	1.61	1.71	1.80	10		7.80
65W1300		13.00	16.60	1.61	1.71	1.80	10		7.85
65W1600		16.00	20.40	1.61	1.71	1.80	10		7.85

表 2-38　电工钢带(片)的几何特性

项目	内容
公称厚度/mm	取向电工钢:0.23、0.27,0.30、0.35
	无取向电工钢:0.35、0.50、0.65
公称宽度	取向电工钢的公称宽度一般不大于1000 mm
	无取向电工钢的公称宽度一般不大于1300 mm

表 2-39　无取向钢带(片)的力学性能

牌号	抗拉强度 R_m/MPa≥	伸长率 A/%≥	牌号	抗拉强度 R_m/MPa≥	伸长率 A/%≥
35W230	450	10	50W400	400	14
35W250	440	10	50W470	380	16
35W270	430	11	50W530	360	16
35W300	420	11	50W600	340	21
35W330	410	14	50W700	320	22
35W360	400	14	50W800	300	22
35W400	390	16	50W1000	290	22
35W440	380	16	50W1300	290	22
50W230	450	10	65W600	340	22
50W250	450	10	65W700	320	22

续表

牌　号	抗拉强度 R_m/MPa≥	伸长率 A/%≥	牌　号	抗拉强度 R_m/MPa≥	伸长率 A/%≥
50W270	450	10	65W800	300	22
50W290	440	10	65W1000	290	22
50W310	430	11	65W1300	290	22
50W330	425	11	65W1600	290	22
50W350	420	11			

注：1. 磁性钢带(片)按晶粒取向程度分取向和无取向两类。每类又按最大比总损耗和材料的公称厚度分成不同牌号。

2. 各牌号钢带(片)均应涂敷绝缘涂层，绝缘涂层应能耐绝缘漆、变压器油、机器油等的侵蚀，附着性良好。取向钢的绝缘涂层应能承受住消除应力退火，消除应力退火前后所测得钢带的绝缘涂层电阻最小值尽可能符合供需双方所订协议。

十、搪瓷用冷轧低碳钢板及钢带（GB/T 13790—2008）

搪瓷用冷轧低碳钢板及钢带的牌号、分类和代号，以及力学性能，见表 2-40。

表 2-40　搪瓷用冷轧低碳钢板及钢的牌号、分类、代号和力学性能

<table>
<tr><td>牌号</td><td colspan="3">钢板及钢带的牌号由四部分组成，第一部分为字母“D”，代表冷成形用钢板及钢带，第二部分为字母“C”，代表轧制条件为冷轧；第三部分为两位数字序列号，即01、03、05 等代表冲压成型级别；第四部分为搪瓷加工类型代号。</td></tr>
<tr><td rowspan="12">分类和代号</td><td>分类方法</td><td>类别</td><td>代号</td></tr>
<tr><td rowspan="2">按搪瓷加工用途分</td><td>普通搪瓷用途：钢板及钢带按其后续搪瓷加工用途，采用湿粉一层或多层以及干粉搪瓷加工工艺</td><td>EK</td></tr>
<tr><td>当用于直接面釉搪瓷加工工艺时，由于对搪瓷钢板有特殊的预处理要求，需供需双方另行协商确定</td><td></td></tr>
<tr><td rowspan="3">按冲压成型级别区分</td><td>一般用</td><td>DC01</td></tr>
<tr><td>深冲压用</td><td>DC03</td></tr>
<tr><td>超深冲压用</td><td>DC05</td></tr>
<tr><td rowspan="2">按表面质量区分</td><td>较高级的精整表面</td><td>FB</td></tr>
<tr><td>高级的精整表面</td><td>FC</td></tr>
<tr><td rowspan="2">按表面结构区分</td><td>一般表面</td><td>M</td></tr>
<tr><td>粗糙表面</td><td>R</td></tr>
<tr><td colspan="3" style="display:none"></td></tr>
<tr><td colspan="3" style="display:none"></td></tr>
<tr><td>标记</td><td colspan="3">示例：DC01EK
D—表示冷成形用钢板及钢带
C—表示轧制条件为冷轧
01—数字表示冲压成型级别序列号
EK—普通搪瓷</td></tr>
<tr><td>规格</td><td colspan="3">尺寸、外形、重量及允许偏差应符合 GB/T 708 的规定</td></tr>
</table>

续表

力学性能

牌号	屈服强度[①,②] / MPa≥	抗拉强度/MPa	断后伸长率[③,④] A_{80mm}/%≥	r_{90}[⑤]≥	n_{90}[⑤]≥
DC01EK	280	270～410	30	—	—
DC03EK	240	270～370	34	1.3	—
DC05EK	200	270～350	38	1.6	0.18

①无明显屈服时采用 $R_{P0.2}$，否则采用 R_{eL}。当厚度大于 0.50 mm，且不大于 0.70 mm时，屈服强度上限值可以增加 20 MPa；当厚度不大于 0.50 mm 时，屈服强度上限值可以增加 40MPa

②经供需双方协商同意，DC01EK、DC03EK 和 DC05EK 屈服强度下限值可设定为 140MPa，DC05EK 可设定为 120MPa

③试样采用 GB/T 228 中的 P6 试样，试样方向为横向

④当厚度大于 0.50 mm 且不大于 0.70 mm 时，断后伸长率最小值可以降低 2%（绝对值）；当厚度不大于 0.50 mm 时，断后伸长率最小值可以降低 4%（绝对值）

⑤r_{90}值和 n_{90}值的要求仅适用于厚度不小于 0.50 mm 的产品。当厚度大于 2.0 mm时，r_{90}值可以降低 0.2

十一、热轧钢板和钢带的尺寸及允许偏差（GB/T 709—2006）

热轧钢板和钢带和分类、代号和尺寸及允许偏差，见表 2-41 至表 2-43。

表 2-41　热轧钢板和钢带的分类和代号

分类方法	类　别	代　号
按边缘状态分	切边 不切边	EC EM
按厚度偏差种类分	N 类偏差：正偏差和负偏差相等 A 类偏差：按公差厚度规定负偏差 B 类偏差：固定负偏差为 0.3 mm C 类偏差：固定负偏差为 0，按公差厚度规定正偏差	—
按厚度精度分	普通厚度精度 较高厚度精度	PT. A PT. B

表 2-42　热轧钢板和钢带的尺寸

尺寸范围	推荐的公称尺寸	备注
单轧钢板公称厚度 3～400 mm	厚度小于 30 mm 的钢板按 0.5 mm 倍数的任何尺寸；厚度不小于 30 mm的钢板按 1 mm 倍数的任何尺寸	根据需方要求，经供需双方协商，可以供应其他尺寸的钢板和钢带
单轧钢板公称宽度 600～4 800 mm	按 10 mm 或 50 mm 倍数的任何尺寸	
钢板公称长度 2 000～20 000 mm	按 50 mm 或 100 mm 倍数的任何尺寸	
钢带(包括连轧钢板)公称厚度 0.8～25.4 mm	按 0.1 mm 倍数的任何尺寸	
钢带(包括连轧钢板)公称宽度 600～2 200 mm	按 10 mm 倍数的任何尺寸	
纵切钢带公称宽度 120～900 mm		

表 2-43　热轧钢板和钢带的尺寸允许偏差　/mm

1. 厚度允许偏差

①单轧钢板的厚度允许偏差(N 类)

公称厚度	下列公称宽度的厚度允许偏差			
	≤1 500	>1 500～2 500	>2 500～4 000	>4 000～4 800
3.00～5.00	±0.45	±0.55	±0.65	—
>5.00～8.00	±0.50	±0.60	±0.75	—
>8.00～15.00	±0.55	±0.65	±0.80	±0.90
>15.00～25.00	±0.65	±0.75	±0.90	±1.10
>25.00～40.00	±0.70	±0.80	±1.00	±1.20
>40.00～60.00	±0.80	±0.90	±1.10	±1.30
>60.00～100	±0.90	±1.10	±1.30	±1.50
>100～150	±1.20	±1.40	±1.60	±1.80
>150～200	±1.40	±1.60	±1.80	±2.00
>200～250	±1.60	±1.80	±2.00	±2.20
>250～300	±1.80	±2.00	±2.20	±2.40
>300～400	±2.00	±2.20	±2.40	±2.60

②单轧钢板的厚度允许偏差(A 类)

公称厚度	下列公称宽度的厚度允许偏差			
	≤1500	>1500～2500	>2500～4000	>4000～4800
3.00～5.00	$^{+0.55}_{-0.35}$	$^{+0.70}_{-0.40}$	$^{+0.85}_{-0.45}$	—
>5.00～8.00	$^{+0.65}_{-0.35}$	$^{+0.75}_{-0.45}$	$^{+0.95}_{-0.55}$	—
>8.00～15.00	$^{+0.70}_{-0.40}$	$^{+0.85}_{-0.45}$	$^{+1.05}_{-0.55}$	$^{+1.20}_{-0.60}$
>15.00～25.00	$^{+0.85}_{-0.45}$	$^{+1.00}_{-0.50}$	$^{+1.15}_{-0.65}$	$^{+1.50}_{-0.70}$

	公称厚度	下列公称宽度的厚度允许偏差			
		≤1500	>1500～2500	>2500～4000	>4000～4800
1. 厚度允许偏差	>25.00～40.00	+0.90 −0.50	+1.05 −0.55	+1.30 −0.70	+1.60 −0.80
	>40.00～60.00	+1.05 −0.55	+1.20 −0.60	+1.45 −0.75	+1.70 −0.90
	>60.00～100	+1.20 −0.60	+1.50 −0.70	+1.75 −0.85	+2.00 −1.00
	>100～150	+1.60 −0.80	+1.90 −0.90	+2.15 −1.05	+2.40 −1.20
	>150～200	+1.90 −0.90	+2.20 −1.00	+2.45 −1.15	+2.50 −1.30
	>200～250	+2.20 −1.00	+2.40 −1.20	+2.70 −1.30	+3.00 −1.40
	>250～300	+2.40 −1.20	+2.70 −1.30	+2.95 −1.45	+3.20 −1.60
	>300～400	+2.70 −1.30	+3.00 −1.40	+3.25 −1.55	+3.50 −1.70

③单轧钢板的厚度允许偏差(B类)

公称厚度	下列公称宽度的厚度允许偏差							
	≤1500		>1500～2500		>2500～4000		>4000～4800	
3.00～5.00	−0.30	+0.60	−0.30	+0.80	−0.30	+1.00	—	
>5.00～8.00		+0.70		+0.90		+1.20	—	
>8.00～15.00		+0.80		+1.00		+1.30	−0.30	+1.50
>15.00～25.00		+1.00		+1.20		+1.50		+1.90
>25.00～40.00		+1.10		+1.30		+1.70		+2.10
>40.00～60.00		+1.30		+1.50		+1.90		+2.30
>60.00～100		+1.50		+1.80		+2.30		+2.70
>100～150		+2.10		+2.50		+2.90		+3.30
>150～200		+2.50		+2.90		+3.30		+3.50
>200～250		+2.90		+3.30		+3.70		+4.10
>250～300		+3.30		+3.70		+4.10		+4.50
>300～400		+3.70		+4.10		+4.50		+4.90

④单轧钢板的厚度允许偏差(C类)

公称厚度	下列公称宽度的厚度允许偏差							
	≤1500		>1500～2500		>2500～4000		>4000～4800	
3.00～5.00	0	+0.90	0	+1.10	0	+1.30	0	—
>5.00～8.00		+1.00		+1.20		+1.50		—
>8.00～15.00		+1.10		+1.30		+1.60		+1.80
>15.00～25.00		+1.30		+1.50		+1.80		+2.20
>25.00～40.00		+1.40		+1.60		+2.00		+2.40
>40.00～60.00		+1.60		+1.80		+2.20		+2.60
>60.00～100		+1.80		+2.20		+2.60		+3.00
>100～150		+2.40		+2.80		+3.20		+3.60
>150～200		+2.80		+3.20		+3.60		+4.00
>200～250		+3.20		+3.60		+4.00		+4.40
>250～300		+3.60		+4.00		+4.40		+4.80
>300～400		+4.00		+4.40		+4.80		+5.20

续表

1. 厚度允许偏差

⑤钢带(包括连轧钢板)的厚度偏差

公称厚度	厚度允许偏差							
	普通精度 PT.A				较高精度 PT.B			
	公称宽度				公称宽度			
	600～1200	＞1200～1500	＞1500～1800	＞1800	600～1200	＞1200～1500	＞1500～1800	＞1800
0.8～1.5	±0.15	±0.17	—	—	±0.10	±0.12	—	—
＞1.5～2.0	±0.17	±0.19	±0.21	—	±0.13	±0.14	±0.14	—
＞2.0～2.5	±0.18	±0.21	±0.23	±0.25	±0.14	±0.15	±0.17	±0.20
＞2.5～3.0	±0.20	±0.22	±0.24	±0.26	±0.15	±0.17	±0.19	±0.21
＞3.0～4.0	±0.22	±0.24	±0.26	±0.27	±0.17	±0.18	±0.21	±0.22
＞4.0～5.0	±0.24	±0.26	±0.28	±0.29	±0.19	±0.21	±0.22	±0.23
＞5.0～6.0	±0.26	±0.28	±0.29	±0.31	±0.21	±0.22	±0.23	±0.25
＞6.0～8.0	±0.29	±0.30	±0.31	±0.35	±0.23	±0.24	±0.25	±0.28
＞8.0～10.0	±0.32	±0.33	±0.34	±0.40	±0.26	±0.26	±0.27	±0.32
＞10.0～12.5	±0.35	±0.36	±0.37	±0.43	±0.28	±0.29	±0.30	±0.36
＞12.5～15.0	±0.37	±0.38	±0.40	±0.46	±0.30	±0.31	±0.33	±0.39
＞15.0～25.4	±0.40	±0.42	±0.45	±0.50	±0.32	±0.34	±0.37	±0.42

2. 宽度允许偏差

①切边单轧钢板

公称厚度	公称宽度	允许偏差
3～16	≤1 500	$^{+10}_{0}$
	＞1 500	$^{+15}_{0}$
＞16	≤2 000	$^{+20}_{0}$
	＞2 000～3 000	$^{+25}_{0}$
	＞3 000	$^{+30}_{0}$

②不切边单轧钢板:宽度允许偏差由供需双方协商

③不切边钢带(包括连轧钢板)

公称宽度	允许偏差
≤1 500	$^{+20}_{0}$
＞1 500	$^{+25}_{0}$

④切边钢带(包括连轧钢板)

公称宽度	允许偏差	
≤2 000	$^{+3}_{0}$	由供需双方协商,可供应较高宽度精度的钢带
＞2 000～1 500	$^{+5}_{0}$	
＞1 500	$^{+6}_{0}$	

续表

	⑤纵切钢带			
	公称宽度	公称厚度		
		≤4.0	>4.0～8.0	>8.0
2. 宽度允许偏差	120～160	$^{+1}_{0}$	$^{+2}_{0}$	$^{+2.5}_{0}$
	>160～250	$^{+1}_{0}$	$^{+2}_{0}$	$^{+2.5}_{0}$
	>250～600	$^{+2}_{0}$	$^{+2.5}_{0}$	$^{+3}_{0}$
	>600～900	$^{+2}_{0}$	$^{+2.5}_{0}$	$^{+3}_{0}$
3. 长度允许偏差	①单轧钢板			
	公称长度	允许偏差		
	2000～4000	$^{+20}_{0}$		
	>4000～6000	$^{+30}_{0}$		
	>6000～8000	$^{+40}_{0}$		
	>8000～10000	$^{+50}_{0}$		
	>10000～15000	$^{+75}_{0}$		
	>15000～20000	$^{+100}_{0}$		
	>20000	由供需双方协商		
	②连轧钢板			
	公称长度	允许偏差		
	2000～8000	+5%×公称长度		
	>8000	$^{+40}_{0}$		

注：1. 对不切头尾的不切边钢带检查厚度、宽度时，两端不考核的总长度 L 为：L(m)＝90/公称厚度(mm)，但两端最大总长度不得大于 20 m。后表检查镰刀弯同此。

2. 规定最小屈服强度 R_e≥345 MPa 的钢带，厚度偏差应增加 10%。

十二、优质碳素结构钢热轧薄钢板和钢带(GB/T 710—2008)

优质碳素结构钢热轧薄钢板和钢带的分类与代号，以及力学性能，见表 2-44。

表 2-44 优质碳素结构钢热轧薄钢板和钢带

	分类方法	类 别	代 号
分类与代号	按表面质量分	较高级精整表面	Ⅰ
		普通级精整表面	Ⅱ
	按拉延级别分	最深拉延级	Z
		深拉延级	S
		普通拉延级	P
	按边缘状态分	切边	EC
		不切边	EM

续表

尺寸	尺寸、外形及允许偏差应符合 GB/T 709 的规定					
力学性能	牌号	拉延级别				
		Z	S和P	Z	S	P
		抗拉强度 R_m/ MPa		断后伸长率 A/% ≥		
	08	275～400	≥325	36	34	33
	08Al	275～410	≥300	36	35	34
	10	280～410	≥335	36	34	32
	15	300～430	≥370	34	32	30
	20	340～480	≥410	30	28	26
	25	—	≥450	—	26	24
	30	—	≥490	—	24	22
	35	—	≥530	—	22	20
	40	—	≥570	—	—	19
	45	—	≥600	—	—	17
	50	—	≥610	—	—	16

注：1. 各牌号的化学成分应符合“GB 699”中的规定，在保证性能的前提下，08、08Al 牌号的热轧钢板和钢带的碳、锰含量下限不限，酸溶铝含量为 0.010%～0.060%，其他残余元素含量：Cu、Ni、Cr 各不大于 0.35%。

十三、碳素结构钢和低合金结构钢热轧钢带(GB/T 3524—2005)

碳素结构钢和低合金结构钢热轧钢带和尺寸和允许偏差，以及力学性能，见表 2-45。

表 2-45　碳素结构钢和低合金结构钢热轧钢带

尺寸、外形、重量及允许偏差	①钢带宽度允许偏差/mm								
	钢带宽度	允许偏差(不适用于卷带两端 7m 之内没有切头尾的钢带)							
		≤1.5	>1.5～2.0	>2.0～4.0	>4.0～5.0	>5.0～6.0	>6.0～8.0	>8.0～10.0	>10.0～12.0
	<50～100	0.13	0.15	0.17	0.18	0.19	0.20	0.21	—
	≥100～600	0.15	0.18	0.19	0.20	0.21	0.22	0.24	0.30

尺寸、外形、重量及允许偏差	②钢带宽度允许偏差/mm			
	钢带宽度	允许偏差(不适用于卷带两端 7m 之内没有切头尾的钢带)		
		不切边	切边	
			厚度≤3	厚度>3
	≤200	$^{+2.00}_{-1.00}$	±0.5	±0.6
	>200～300	$^{+2.50}_{-1.00}$	±0.7	±0.8
	>300～350	$^{+3.00}_{-2.00}$		
	>350～450	±4.00		

<table>
<tr><td rowspan="4">尺寸、外形、重量及允许偏差</td><td>>450～600</td><td>±5.00</td><td>±0.9</td><td>±1.1</td></tr>
<tr><td colspan="4">注：经协商，可只按正偏差订货，此时，表中正偏差数值应增加1倍。</td></tr>
<tr><td colspan="4">③钢带长度：≥50 m。允许交付长度30～50 m的钢带，其重量不得大于该批交货总重量的3%。</td></tr>
<tr><td colspan="4">④标记示例
用Q235B钢轧制厚度3 mm、宽度350 mm、不切边热轧钢带，其标记为：
Q235B-3×350-EM-GB/T 3524—2005</td></tr>
</table>

<table>
<tr><td rowspan="10">力学性能</td><td colspan="5">①钢带纵向试样的拉伸和冷弯试验</td></tr>
<tr><td>牌号</td><td>屈服强度
R_{eL}/MPa
≥</td><td>抗拉强度
R_m/ MPa</td><td>断后伸长率
A(%)
≥</td><td>180°冷弯试验
d—弯心直径；
a—试样厚度</td></tr>
<tr><td>Q195</td><td>195(仅供参考)</td><td>315～430</td><td>33</td><td>$d=0$</td></tr>
<tr><td>Q215</td><td>215</td><td>335～450</td><td>31</td><td>$d=0.5a$</td></tr>
<tr><td>Q235</td><td>235</td><td>375～500</td><td>26</td><td>$d=a$</td></tr>
<tr><td>Q255</td><td>255</td><td>410～550</td><td>24</td><td>—</td></tr>
<tr><td>Q275</td><td>275</td><td>490～630</td><td>20</td><td>—</td></tr>
<tr><td>Q295</td><td>295</td><td>390～570</td><td>23</td><td>$d=2a$</td></tr>
<tr><td>Q345</td><td>345</td><td>470～630</td><td>21</td><td>$d=2a$</td></tr>
<tr><td colspan="5">②钢带采用碳素结构钢和低合金结构钢的A级钢轧制时，冷弯试验合格，抗拉强度上限可不作交货条件；采用B级钢轧制的钢带抗拉强度可以超过表中规定的上限50MPa。</td></tr>
</table>

十四、热轧花纹钢板和钢带(YB/T 4159—2007)

热轧花纹钢板和钢带的分类、代号、尺寸、重量和允许偏差，见表2-46。

表2-46 热轧花纹钢板和钢带

<table>
<tr><td rowspan="7">分类和代号</td><td>分 类</td><td>方法类别</td><td>代 号</td></tr>
<tr><td rowspan="2">按边缘状态分</td><td>切 边</td><td>EC</td></tr>
<tr><td>不切边</td><td>EM</td></tr>
<tr><td rowspan="4">按花纹形状分</td><td>菱 形</td><td>LX</td></tr>
<tr><td>扁豆形</td><td>BD</td></tr>
<tr><td>圆豆形</td><td>YD</td></tr>
<tr><td>组合形</td><td>ZH</td></tr>
<tr><td>标记示例</td><td colspan="3">按标准YB/T4159—2007交货的，牌号为Q215B，厚度为3.0 mm，宽度为1250 mm，长度为2 500 mm的不切边扁豆形花纹钢板，其标记为：YB/T 4159—2007，BD，Q215B—3.0×1250(EM)×2500</td></tr>
</table>

续表

<table>
<tr><td rowspan="16">尺寸、外形、重量及允许偏差</td><td rowspan="4">钢板和钢带的尺寸/mm</td><td>基本厚度</td><td>宽　度</td><td colspan="2">长　度</td></tr>
<tr><td rowspan="2">2.0～10.0</td><td rowspan="2">600～1500</td><td>钢　板</td><td>2000～12000</td></tr>
<tr><td>钢　带</td><td>—</td></tr>
<tr><td colspan="4">经供需双方协议，可供应本标准规定尺寸以外的钢板和钢带。</td></tr>
<tr><td>外形</td><td colspan="4"> 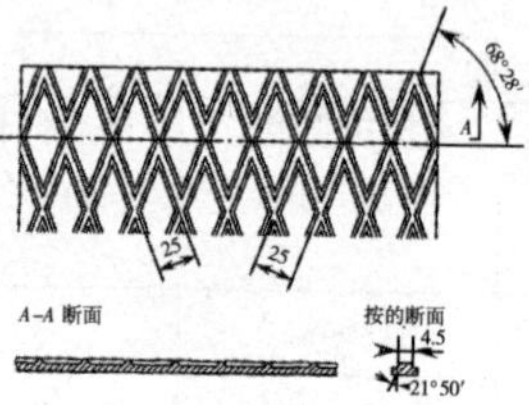菱形花纹 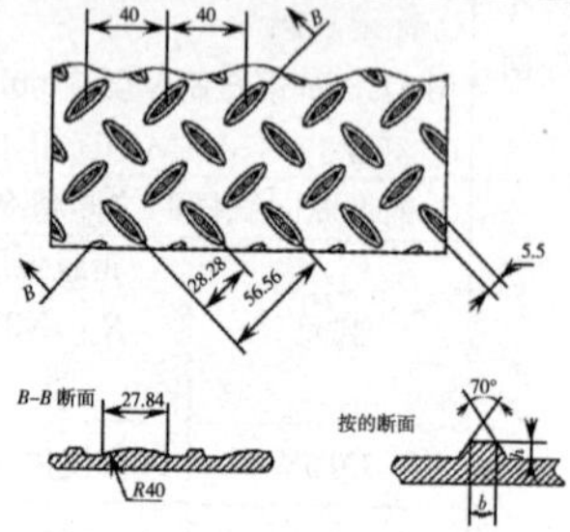
扁豆形花纹 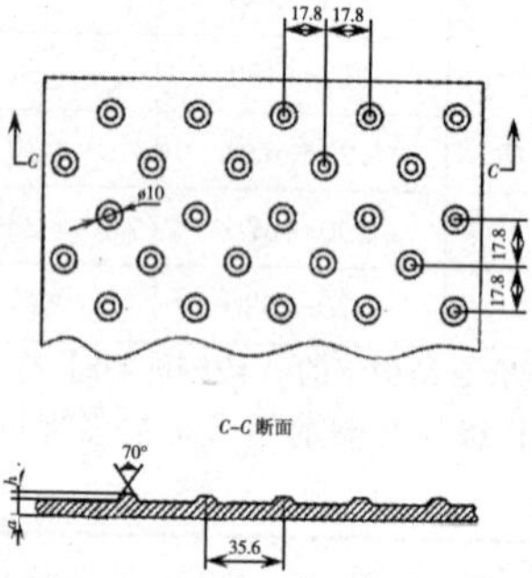
圆豆形花纹 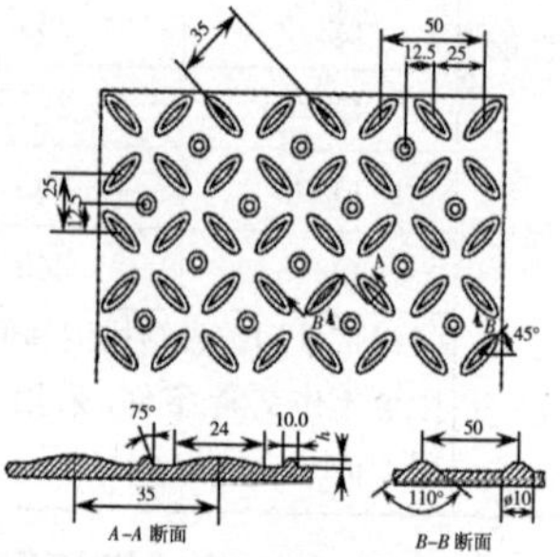
组合形花纹
图中各项尺寸为生产厂加工轧辊时控制用，不作为成品钢板和钢带检查的依据
经供需双方协商，可提供其他形状的钢板和钢带</td></tr>
<tr><td rowspan="11">基本厚度允许偏差和纹高/mm</td><td>基本厚度</td><td>允许偏差</td><td colspan="2">纹高</td></tr>
<tr><td>2.0</td><td>±0.25</td><td colspan="2">≥0.4</td></tr>
<tr><td>2.5</td><td>±0.25</td><td colspan="2">≥0.4</td></tr>
<tr><td>3.0</td><td>±0.30</td><td colspan="2">≥0.5</td></tr>
<tr><td>3.5</td><td>±0.30</td><td colspan="2">≥0.5</td></tr>
<tr><td>4.0</td><td>±0.40</td><td colspan="2">≥0.6</td></tr>
<tr><td>4.5</td><td>±0.40</td><td colspan="2">≥0.6</td></tr>
<tr><td>5.0</td><td>+0.40
−0.50</td><td colspan="2">≥0.6</td></tr>
</table>

续表

尺寸、外形、重量及允许偏差	基本厚度允许偏差和纹高/mm	5.5	+0.40 −0.50	≥0.7
		6.0	+0.40 −0.50	≥0.7
		7.0	+0.40 −0.50	≥0.7
		8.0	+0.50 −0.70	≥0.9
		10.0	+0.50 −0.70	≥1.0
		中间尺寸的允许偏差按相邻的较大尺寸的允许偏差规定，中间尺寸的纹高按相邻的较小尺寸的允许偏差规定		

尺寸、外形、重量及允许偏差	理论重量以计算方法	基本厚度	钢板理论重量/kg·m^{-2}			
			菱　形	圆豆形	扁豆形	组合形
		2.0	17.7	16.1	16.8	16.5
		2.5	21.6	20.4	20.7	20.4
		3.0	25.9	24.0	24.8	24.5
		3.5	29.9	27.9	28.8	28.4
		4.0	34.4	31.9	32.8	32.4
		4.5	38.3	35.9	36.7	36.4
		5.0	42.2	39.8	40.1	40.3
		5.5	46.6	43.8	44.9	44.4
		6.0	50.5	47.7	48.8	48.4
		7.0	58.4	55.6	56.7	56.2
		8.0	67.1	63.6	64.9	64.4
		10.0	83.2	79.3	80.8	80.27

十五、锅炉和压力容器用钢板(GB 713—2008)

锅炉和压力容器用钢板的力学性能和工艺性能，见表 2-47。

表 2-47　锅炉和压力容器用钢板的力学性能和工艺性能

牌　号	交货状态	钢板厚度/mm	拉伸试验			冲击试验		弯曲试验
			抗拉强度 R_m/MPa	屈服强度 R_{eL}/MPa ≥	伸长率 A/% ≥	温度/℃	V 型冲击功 A_{kv}/J≥	180° $b=2a$
Q245R	热轧控轧或正火	3～16	400～520	245	25	0	31	$d=1.5a$
		>16～36	400～520	235	25			$d=1.5a$
		>36～60	400～520	225	25			$d=1.5a$
		>60～100	390～510	205	24			$d=2a$
		>100～150	380～500	185	24			$d=2a$

续表

牌　号	交货状态	钢板厚度/mm	拉伸试验			冲击试验		弯曲试验
			抗拉强度 R_m/MPa	屈服强度 R_{eL}/MPa ≥	伸长率 A/% ≥	温度 /℃	V型冲击功 A_{kv}/J ≥	180° $b=2a$
Q345R	热轧控轧或正火	3～16	510～640	345	21	0	34	$d=2a$
		>16～36	500～630	325	21			$d=3a$
		>36～60	490～620	315	21			$d=3a$
		>60～100	490～620	305	20			$d=3a$
		>100～150	480～610	285	20			$d=3a$
		>150～200	470～600	265	20			$d=3a$
Q370R	正火	10～16	530～630	370	20	−20	34	$d=2a$
		>16～36	530～630	360				$d=3a$
		>36～60	520～620	340				$d=3a$
18MnMoNbR	正火+回火	30～60	570～720	400	17	0	41	$d=3a$
		>60～100	570～720	390				
13MnNiMoR		30～100	570～720	390	18	0	41	$d=3a$
		>100～150	570～720	380				
15CrMoR		6～60	450～590	295	19	20	31	$d=3a$
		>60～100	450～590	275				
		>100～150	440～580	255				
14Cr1MoR		6～100	520～680	310	19	20	34	$d=3a$
		>100～150	510～670	300				
12Cr2Mo1R		6～150	520～680	310	19	20	34	$d=3a$
12Cr1MoVR		6～60	440～590	245	19	20	34	$d=3a$
		>60～100	430～580	235				

注：1. 对于厚度<12 mm 钢板的夏比（V 形）缺口冲击试验应采用辅助试样。厚度 8～12 mm，试样尺寸 7.5×10×55 mm，试验结果应不小于规定值的 75%；厚度 6～8 mm，试样尺寸 5×10×55 mm，试验结果应不小于规定值的 50%；厚度<6 mm 的不做冲击试验。

2. 钢板的尺寸、外形及允许偏差应符合 GB/T 709 的规定。厚度允许偏差按 GB/T 709 的 B 类偏差。

十六、耐热钢钢板和钢带（GB/T 4238—2007）

耐热钢冷轧钢板和钢带的力学性能，见表 2-48。

表 2-48　耐热钢冷轧钢板和钢带的力学性能

①经固溶处理的奥氏体型耐热钢板和钢带的力学性能

GB/T 20878 中序号	新牌号	旧牌号	规定非比例延伸强度 $R_{p0.2}$/MPa	抗拉强度 R_m/MPa	断后伸长率 A/%	硬度值 HBW	HRB	HV
			≥			≤		
13	12Cr18Ni9	1Cr18Ni9	205	515	40	201	92	210
14	12Cr18Ni9Si3	1Cr18Ni9Si3	205	515	40	217	95	220
17	06Cr19Ni10	0Cr18Ni9	205	515	40	201	92	210
19	07Cr19Ni10		205	515	40	201	92	210
29	06Cr20Ni11		205	515	40	183	88	—
31	16Cr23Ni13	2Cr23Ni13	205	515	40	217	95	220
32	06Cr23Ni13	0Cr23Ni13	205	515	40	217	95	220
34	20Cr25Ni20	2Cr25Ni20	205	515	40	217	95	220
35	06Cr25Ni20	0Cr25Ni20	205	515	40	217	95	220
38	06Cr17Ni12Mo2	0Cr17Ni12Mo2	205	515	40	217	95	220
49	06Cr19Ni13Mo3	0Cr19Ni19Mo3	205	515	35	217	95	220
55	06Cr18Ni11Ti	0Cr18Ni10Ti	205	515	40	217	95	220
60	12Cr16Ni35	1Cr16Ni35	205	560	—	201	95	210
62	06Cr18Ni11Nb	0Cr18Ni11Nb	205	515	40	201	92	210
66	16Cr25Ni20Si2	1Cr25Ni20Si2	—	540	35	—	—	—

②经退火处理铁素体型耐热钢板和钢带的力学性能

GB/T 20878 中序号	新牌号	旧牌号	规定非比例延伸强度 $R_{p0.2}$/MPa	抗拉强度 R_m/MPa	断后伸长率 A/%	冷弯 180°（d 弯心直径；a—板厚）	硬度值 HBW	HRB	HV
			≥				≤		
78	06Cr13Al	0Cr13Al	170	415	20	$d=2a$	179	88	200
80	022Cr11Ti		275	415	20	$d=2a$	197	92	200
81	022Cr11NbTi		275	415	20	$d=2a$	197	92	200
85	10Cr17	1Cr17	205	450	22	$d=2a$	183	89	200
93	16Cr25N	2Cr25N	275	510	20	冷弯 135°	201	65	210

③经退火处理马氏体型耐热钢板和钢带的力学性能

GB/T 20878 中序号	新牌号	旧牌号	规定非比例延伸强度 $R_{p0.2}$/MPa	抗拉强度 R_m/MPa	断后伸长率 A/%	冷弯	硬度值 HBW	HRB	HV
			≥				≤		
96	12Cr12	1Cr12	205	485	25	180°，$d=2a$	217	88	210
98	12Cr13	1Cr13	—	690	15	—	217	96	210
124	22Cr12。NiMoWV	2Cr12NiMoWV	275	510	20	$a\geqslant3$mm，$d=a$	200	95	210

续表

④经固溶处理的沉淀硬化型耐热钢板和钢带的试样的力学性能

GB/T 20878 中序号	新牌号	旧牌号	钢材厚度 /mm	规定非比例延伸强度 $R_{p0.2}$/MPa	抗拉强度 R_m/MPa	断后伸长率 A/%	硬度值	
							HRC	HBW
				≤		≥	≤	
135	022Cr12Ni9Cu2NbTi		≥0.30～≤100	1105	1205	3	36	331
137	05Cr17Ni4Cu4Nb	05Cr17Ni4Cu4Nb	≥0.4～<100	1105	1255	3	38	363
138	07Cr17Ni7Al	0Cr17Ni7Al	≥0.10～<0.30	450	1035	—	—	—
			≥0.30～≤100	380	1035	20	92HRB	—
139	07Cr15Ni7Mo2Al	0Cr15Ni7Mo2Al	≥0.10～≤100	450	1035	25	100HRB	—
142	06Cr17Ni7AlTi		≥0.10～<0.80	515	825	3	32	—
			≥0.80～≤1.50	515	825	4	32	—
			≥1.50～≤100	515	825	5	32	—
143	06Cr15Ni25Ti2MoAlVB(时效后)	0Cr15Ni25Ti2MoAlVB	≥2	—	725	25	91HRB	192
			≥2	590	900	15	101HRB	248

⑤经沉淀硬化处理的沉淀硬化型耐热钢板和钢带的试样的力学性能

GB/T 20878 中序号	牌号	钢材厚度 /mm	推荐处理温度/℃	规定非比例延伸强度 $R_{p0.2}$/MPa	抗拉强度 R_m/MPa	断后伸长率 A/%	硬度值	
							HRC	HBW
				≥				
135	022Cr12Ni9Cu2NbTi	≥0.10～<0.75	510±6 或 480±6	1410	1525	—	≥44	—
		≥0.75～<1.50		1410	1525	3	≥44	—
		≥1.50～≤16		1410	1525	4	≥44	—
137	05Cr17Ni4Cu4Nb	≥0.10～<5.0	482±10	1170	1310	5	40～48	—
		≥5.0～<16		1170	1310	8	40～48	388～477
		≥16～<100		1170	1310	10	40～48	388～477
		≥0.10～<5.0	496±10	1070	1170	5	38～46	—
		≥5.0～<16		1070	1170	8	38～47	375～477
		≥16～<100		1070	1170	10	38～47	375～477

续表

GB/T 20878 中序号	牌号	钢材厚度 /mm	推荐处理温度/℃	规定非比例延伸强度 $R_{p0.2}$/MPa	抗拉强度 R_m/MPa	断后伸长率 A/%	硬度值	
				≥			HRC	HBW
137	05Cr17Ni4Cu4Nb	≥0.10～<5.0	552±10	1 000	1 070	5	35～43	—
		≥5.0～<16		1 000	1 070	8	33～42	321～415
		≥16～<100		1 000	1 070	12	33～42	321～415
		≥0.10～<5.0	579±10	860	1 000	5	31～40	—
		≥5.0～<16		860	1 000	9	29～38	293～375
		≥16～<100		860	1 000	13	29～38	293～375
		≥0.10～<5.0	593±10	790	965	5	31～40	—
		≥5.0～<16		790	965	10	29～38	293～375
		≥16～<100		790	965	14	29～38	293～375
		≥0.10～<5.0	621±10	725	930	8	28～38	—
		≥5.0～<16		725	930	10	26～36	269～352
		≥16～<100		725	930	16	26～36	269～352
		≥0.10～<5.0	760±10 621±10	515	790	9	26～36	255～331
		≥5.0～<16		515	790	11	24～34	248～321
		≥16～<100		515	790	18	24～34	248～321
138	07Cr17Ni7Al	≥0.05～<0.30	760±15	1 035	1 240	3	≥38	—
		≥0.30～<5.0	15±3	1 035	1 240	5	≥38	—
		≥5.0～≤16	566±6	965	1 170	7	≥38	≥352
		≥0.05～<0.30	954±8	1 310	1 450	1	≥44	—
		≥0.30～<5.0	−73±6	1 310	1 450	3	≥44	—
		≥5.0～≤16	510±6	1 240	1 380	6	≥43	≥401
139	07Cr15Ni7Mo2Al	≥0.05～<0.30	760±15	1 170	1 310	3	≥40	—
		≥0.30～<5.0	15±3	1 170	1 310	5	≥40	—
		≥5.0～≤16	566±10	1 170	1 310	4	≥40	≥375
		≥0.05～<0.30	954±8	1 380	1 550	2	≥46	—
		≥0.30～<5.0	−73±6	1 380	1 550	4	≥46	—
		≥5.0～≤16	510±6	1 380	1 550	4	≥45	≥429
142	06Cr17Ni7AlTi	≥0.10～<0.80	510±8	1 170	1 310	3	≥39	—
		≥0.80～<1.50		1 170	1 310	4	≥39	—
		≥1.50～≤16		1 170	1 310	5	≥39	—

续表

GB/T 20878中序号	牌号	钢材厚度/mm	推荐处理温度/℃	规定非比例延伸强度 $R_{p0.2}$/MPa	抗拉强度 R_m/MPa	断后伸长率 A/%	硬度值 HRC	硬度值 HBW
				≥	≥	≥		
142	06Cr17Ni7AlTi	≥0.10～<0.75	538±8	1105	1240	3	≥37	—
		≥0.75～<1.50		1105	1240	4	≥37	—
		≥1.50～≤16		1105	1240	5	≥37	—
		≥0.10～<0.75	566±8	1035	1170	3	≥35	—
		≥0.75～<1.50		1035	1170	4	≥35	—
		≥1.50～≤16		1035	1170	5	≥35	—
143	06Cr15Ni25Ti2MoAlVB	≥2.0～<8.0	700～760	590	900	15	≥101HRB	≥248

⑥经固溶处理的沉淀硬化型耐热钢的弯曲试验

GB/T 20878中序号	新牌号	旧牌号	厚度/mm	冷弯180° d—弯心直径 a—钢板厚度
135	022Cr12Ni9Cu2NbTi		≥2.0～≤5.0	$d=6a$
138	07Cr17Ni7Al	0Cr17Ni7Al	≥2.0～≤5.0	$d=a$
			≥5.0～≤7.0	$d=3a$
139	07Cr15Ni7Mo2Al	0Cr15Ni7Mo2Al	≥2.0～≤5.0	$d=a$
			≥5.0～≤7.0	$d=3a$

注：1. 钢板和钢带的规定非比例延伸强度和硬度试验、经退火处理的铁素体型耐热钢和马氏体型耐热钢的弯曲试验，仅当需方要求并在合同中注明时才进行检验。对于几种不同硬度的试验可根据钢板和钢带的不同尺寸和状态按其中一种方法检验。经退火处理的铁素体型耐热钢和马氏体型耐热钢的钢板和钢带进行弯曲试验时，其外表面不允许有目视可见的裂纹产生。

2. 用作冷轧原料的钢板和钢带的力学性能仅当需方要求并在合同中注明时方进行检验。

3. 经固溶处理的奥氏体型耐热钢16Cr25Ni20Si2钢板厚度大于25mm时力学性能仅供参考。

十七、连续热镀锌薄钢板和钢带(GB/T 2518—2008)

连续热镀锌薄钢板和钢带的公称尺寸范围，见表2-49。

表2-49 连续热镀锌薄钢板和钢带的公称尺寸范围

项目		公称尺寸/mm
公称厚度		0.30～0.50
公称宽度	钢板及钢带	600～2050
	纵切钢带	<600
公称长度	钢板	1000～8000
公称内径	钢板及纵切钢带	610或508

十八、连续电镀锌、锌镍合金镀层钢板及钢带(GB/T 15675—2008)

连续电镀锌、锌镍合金镀层钢板及钢带的分类和代号、力学和工艺性能，以及镀层重量，见表 2-50。

表 2-50 连续电镀锌、锌镍合金镀层钢板及钢带

<table>
<tr><td>牌号</td><td colspan="2">钢板及钢带的牌号由基板牌号和镀层种类两部分组成，中间用“＋”连接。
示例 1：DC01＋ZE，DC01＋ZN
DC01— 基板牌号
ZE，ZN — 镀层种类：纯锌镀层，锌镍合金镀层
示例 2：CR180BH＋ZE ，CR180BH＋ZN
CR180BH— 基板牌号
ZE，ZN — 镀层种类：纯锌镀层，锌镍合金镀层</td></tr>
<tr><td rowspan="30">分类和代号</td><td colspan="2">①按表面质量区分</td></tr>
<tr><td>级别</td><td>代号</td></tr>
<tr><td>较高级表面</td><td>FA</td></tr>
<tr><td>高级表面</td><td>FB</td></tr>
<tr><td>超高级表面</td><td>FC</td></tr>
<tr><td colspan="2">②按镀层种类分</td></tr>
<tr><td>镀层种类</td><td>代号</td></tr>
<tr><td>纯锌镀层</td><td>ZE</td></tr>
<tr><td>锌镍合金镀层</td><td>ZN</td></tr>
<tr><td colspan="2">③按镀层形式区分：等厚镀层、差厚镀层及单面镀层</td></tr>
<tr><td colspan="2">④镀层重量的表示方法
示例：
钢板：上表面镀层重量(g/m²)/下表面镀层重量(g/m²)，例如：40/40、10/20、0/30。
钢带：外表面镀层重量(g/m²)/内表面镀层重量(g/m²)，例如：50/50、30/40、0/40。</td></tr>
<tr><td colspan="2">⑤表面处理的种类和代号</td></tr>
<tr><td>表面处理种类</td><td>代 号</td></tr>
<tr><td>铬酸钝化处理</td><td>C</td></tr>
<tr><td>铬酸钝化处理＋涂油</td><td>CO</td></tr>
<tr><td>磷化处理(含铬封闭处理)</td><td>PC</td></tr>
<tr><td>磷化处理(含铬封闭处理)＋涂油</td><td>PCO</td></tr>
<tr><td>无铬酸钝化处理</td><td>C5</td></tr>
<tr><td>无铬酸钝化处理＋涂油</td><td>CO5</td></tr>
<tr><td>磷化处理(含无铬封闭处理)</td><td>PC5</td></tr>
<tr><td>磷化处理(含无铬封闭处理)＋涂油</td><td>PCO5</td></tr>
<tr><td>磷化处理(不含封闭处理)</td><td>P</td></tr>
<tr><td>磷化处理(不含封闭处理)＋涂油</td><td>PO</td></tr>
<tr><td>涂油</td><td>O</td></tr>
<tr><td>不处理</td><td>U</td></tr>
<tr><td>无铬耐指纹处理</td><td>UF5</td></tr>
</table>

<table>
<tr><td>力学和工艺性能</td><td colspan="5">①对于采用GB/T 5213,GB/T 20564.1,GB/T 20564.2,GB/T 20564.3等国家标准中产品作为基板的纯锌镀层钢板及钢带的力学性能及工艺性能应符合相应基板的规定
②对于采用GB/T 5213,GB/T 20564.1,GB/T 20564.2,GB/T 20564.3等国家标准中产品作为基板的锌镍合金镀层钢板及钢带力学性能,若双面镀层重量之和小于50 g/m²,其断后伸长率,允许比相应基板的规定值下降2个单位,r值允许比相应基板的规定值下降0.2;若双面镀层重量之和不小于50 g/m²其断后伸长率,允许比相应基板的规定值下降3个单位,r值允许比相应基板的规定值下降0.3;其他力学性能及工艺性能应符合相应基板的规定
③对于其他基板的电镀锌/锌镍合金镀层钢板及钢带,其力学和工艺性能的要求,应在订货时协商确定</td></tr>
<tr><td rowspan="7">镀层重量</td><td rowspan="3">镀层形式</td><td colspan="2">可供重量范围/g·m⁻²</td><td colspan="2">推荐的公称镀层重量/g·m⁻²</td></tr>
<tr><td colspan="4">镀层种类</td></tr>
<tr><td>纯锌镀层(单面)</td><td>锌镍合金镀层(单面)</td><td>纯锌镀层</td><td>锌镍合金镀层</td></tr>
<tr><td>等　厚</td><td>3～90</td><td>10～40</td><td>3/3, 10/10, 15/15, 20/20,30/30,40/40, 50/50, 60/60, 70/70,80/80,90/90</td><td>10/10, 15/15, 20/20, 25/25, 30/30, 35/35, 40/40</td></tr>
<tr><td>差　厚</td><td>3～90,两面差值最大值为40</td><td>10～40,两面差值最大值为20</td><td>3,10,15,20,30,40,50,60,70,80,90</td><td>10,15,20,25,30,35,40</td></tr>
<tr><td>单　面</td><td>10～110</td><td>10～40</td><td>10,20,30,40,50,60,70,80,90,100,110</td><td>10,15,20,25,30,35,40</td></tr>
<tr><td colspan="5">注:1. 50 g/m²纯锌镀层重量约等于7.1 μm,50 g/m²锌镍合金镀层重量约等于6.8 μm
2. 对等厚镀层,镀层重量每面三点试验平均值应不小于相应面公称镀层重量,单点试验值不小于相应面公称镀层重量的85%;对差厚及单面镀层,镀层重量每面三点试验平均值应不小于相应面公称镀层重量,单点试验值不小于相应面公称镀层重量的80%。</td></tr>
</table>

十九、彩色涂层钢板及钢带(GB/T 12754—2006)

彩色涂层钢板是以冷轧钢板或镀锌钢板的卷板为基板,经刷磨、除油、磷化、钝化等表面处理后,在基板表面形成一层极薄的磷化钝化膜,在通过辊涂机时,基板两面被涂覆以各种色彩涂料,再经烘烤后成为彩色涂层钢板。可用有机、无机涂料和复合涂料作表面涂层。彩色涂层钢板及钢带牌号、分类及规格见表2-51,力学性能见表2-52和表2-53。

表 2-51　彩色涂层钢板及钢带牌号、分类及规格

<table>
<tr><td>牌号命名方法</td><td colspan="6">彩涂板的牌号由彩涂代号、基板特性代号和基板类型代号三个部分组成，其中基板特性代号和基板类型代号之间用加号“＋”连接
①彩涂代号：用“涂”字汉语拼音的第一个字母“T”表示
②基板特性代号
a)冷成形用钢
电镀基板时由三个部分组成，其中第一部分为字母“D”，代表冷成形用钢板；第二部分为字母“C”，代表轧制条件为冷轧；第三部分为两位数字序号，即 01、03 和 04
热镀基板时由四个部分组成，其中第一和第二部分与电镀基板相同，第三部分为两位数字序号，即 51、52、53 和 54；第四部分为字母“D”，代表热镀
b)结构钢
由四个部分组成，其中第一部分为字母“S”，代表结构钢；第二部分为 3 位数字，代表规定的最小屈服强度(单位为 MPa)，即 250、280、300、320、350、550；第三部分为字母“G”，代表热处理；第四部分为字母“D”，代表热镀
③基板类型代号
“Z”代表热镀锌基板、“ZF”代表热镀锌铁合金基板、“AZ”代表热镀铝锌合金基板、“ZA”代表热镀锌铝合金基板，“ZE”代表电镀锌基板</td></tr>
<tr><td rowspan="13">彩涂板的牌号及用途</td><td colspan="5">彩涂板的牌号</td><td rowspan="2">用途</td></tr>
<tr><td>热镀锌基板</td><td>热镀锌铁合金基板</td><td>热镀铝锌合金基板</td><td>热镀锌铝合金基板</td><td>电镀锌基板</td></tr>
<tr><td>TDC51D+Z</td><td>TDC51D+ZF</td><td>TDC51D+ AZ</td><td>TDC51D+ZA</td><td>TDC01+ZE</td><td>一般用</td></tr>
<tr><td>TDC52D+Z</td><td>TDC52D+ZF</td><td>TDC52D+AZ</td><td>TDC52D+ZA</td><td>TDC03+ZE</td><td>冲压用</td></tr>
<tr><td>TDC53D+Z</td><td>TDC53D+ZF</td><td>TDC53D+AZ</td><td>TDC53D+ZA</td><td>TDC04+ZE</td><td>深冲压用</td></tr>
<tr><td>TDC54D+Z</td><td>TDC54D+ZF</td><td>TDC54D+AZ</td><td>TDC54D+ZA</td><td>—</td><td>特深冲压用</td></tr>
<tr><td>TS250GD+Z</td><td>TS250GD+ZF</td><td>TS250GDY+AZ</td><td>TS250GD+ZA</td><td>—</td><td rowspan="6">结构用</td></tr>
<tr><td>TS280GD+Z</td><td>TS280GD+ZF</td><td>TS280GD+AZ</td><td>TS280GD+ZA</td><td>—</td></tr>
<tr><td>—</td><td>—</td><td>TS3000D+AZ</td><td>—</td><td>—</td></tr>
<tr><td>TS320GD+Z</td><td>TS320GD+ZF</td><td>TS320GD+AZ</td><td>TS320GD+ZA</td><td>—</td></tr>
<tr><td>TS350GD+Z</td><td>TS350GD+ZF</td><td>TS350GD+AZ</td><td>TS350GD+ZA</td><td>—</td></tr>
<tr><td>TS550GD+Z</td><td>TS550GD+ZF</td><td>TS550GD+AZ</td><td>TS550GD+ZA</td><td>—</td></tr>
</table>

续表

	分类方法	类别	代号	分类方法	类别	代号
分类和代号	按用途分	建筑外用	JW	按面漆种类分	聚酯	PE
		建筑内用	JN		硅改性聚酯	SMP
		家电	JD		高耐久性聚酯	HDP
		其他	QT		聚偏氟乙烯	PVDF
	按基板类别分	热镀锌基板	Z	按涂层结构分	正面二层，反面一层	2/1
		热镀锌铁合金基板	ZF		正面二层，反面二层	2/2
		热镀铝锌合金基板	AZ			
		热镀锌铝合金基板	ZA			
		电镀锌基板	ZE			
	按涂层表面状态分	涂层板	TC	按热镀锌基板表面结构分	光整小锌花	MS
		压花板	YA		光整无锌花	FS
		印花板	YI			
	如需表中以外用途、基板类型、涂层表面状态、面漆种类、涂层结构和热镀锌基板表面结构的彩涂板应在订货时协商					
规格	项目			公称尺寸/mm		
	公称厚度			0.20～2.0		
	公称宽度			600～1600		
	钢板公称长度			1000～6000		
	钢带卷内径			450、508或610		
	注：彩涂板的厚度为基板的厚度，不包含涂层厚度。					
表面质量	钢板和钢带不允许有气泡、划伤、漏涂、颜色不均等有害于使用的缺陷。钢带如有上述缺陷不能切除时，允许作出标志带缺陷交货，但不得超过每卷总长度的5%					

表 2-52 热镀基板彩涂板的力学性能

牌号	屈服强度①/MPa	抗拉强度/MPa	断后伸长率(L_0=80 mm，b=20 mm)/%≥ 公称厚度/mm ≤0.7	> 0.70	拉伸试验试样的方向
TDC51D+Z、TDC51D+ZF、TDC51D+AZ、TDC51D+ZA	—	270～500	20	22	横向（垂直轧制方向）
TDC52D+Z、TDC52D+ZF、TDC52D+Z、TDC52D+ZA	140～300	270～420	24	26	
TDC53D+Z、T DC53D+ZF、TDC53D+AZ、TDC53D+ZA	140～260	270～380	28	30	
TDC54D+Z、TDC54D+AZ、TDC54D+ZA	140～220	270～350	34	36	
TDC54D+ZF	140～220	270～350	32	34	

续表

牌号	屈服强度①/MPa	抗拉强度/MPa	断后伸长率(L_0=80 mm,b=20 mm)/%≥		拉伸试验试样的方向
			公称厚度/mm		
			≤0.7	>0.70	
TS250GD+Z、TS250GD+ZF、TS250GD+AZ、TS250GD+ZA	≥250	≥330	17	19	纵向(沿轧制方向)
TS280GD+Z、TS280GD+ZF、TS280GD+AZ、TS280GD+ZA	≥280	≥360	16	18	
TS300GD+AZ	≥300	≥380	16	18	
TS320GD+Z、TS320GD+ZF、TS320GD+AZ、TS320GD+ZA	≥320	≥390	15	17	
TS350GD+Z、TS350GD+ZF、TS350GD+AZ、TS350GD+ZA	≥350	≥420	14	16	
TS550GD+Z、TS550GD+ZF、TS550GD+AZ、TS550GD+ZA	≥550	≥560	—	—	

① 当屈服现象不明显时采用 $R_{p0.2}$，否则采用 R_{eH}。

表 2-53 电镀锌基板彩涂板的力学性能

牌号	屈服强度①、②/MPa	抗拉强度/MPa≥	断后伸长率(L_0=80 mm,b=20 mm)/% ≥			拉伸试验试样的方向
			公称厚度/mm			
			≤0.50	0.50～≤0.7	>0.70	
TDC01+ZE	140～280	270	24	26	28	横向(垂直轧制方向)
TDC03+ZE	140～240	270	30	32	34	
TDC04+ZE	140～220	270	33	35	37	

①当屈服现象不明显时采用 $R_{p0.2}$，否则采用 R_{eL}。

②公称厚度 0.50～0.7 mm 时，屈服强度允许增加 20 MPa；公称厚度≤0.50 mm 时，屈服强度允许增加 40 MPa。

二十、冷弯波形钢板(YB/T 5327—2006)

冷弯波形钢板的截面尺寸及重量，见表 2-54。

表 2-54　冷弯波形钢板截面尺寸及重量

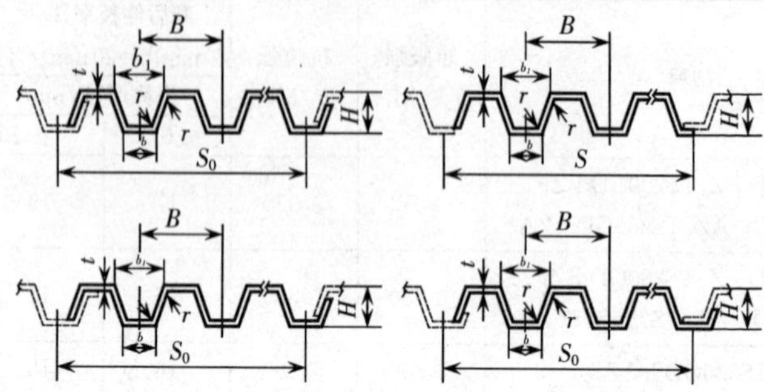

截面形状与截面边缘形状组合的标注符号

代号	尺寸/mm								断面积/cm²	重量/kg·m⁻¹
	高度 H	宽度 B	宽度 B_0	槽距 S	槽底尺寸 b	槽口尺寸 b_1	厚度 t	内弯曲半径 r		
AKA15	12	370	—	110	36	50	1.5	1t	6.00	4.71
AKB12	14	488		120	50	70	1.2		6.30	4.95
AKC12	15	378							5.02	3.94
AKD12		488		100	41.9	58.1			6.58	5.17
AKD15		488					1.5		8.20	6.44
AKE05	25	830		90	40	50	0.5		5.87	4.61
AKE08							0.8		9.32	7.32
AKE10							1.0		11.57	9.08
AKE12							1.2		13.79	10.83
AKF05		650					0.5		4.58	3.60
AKF08							0.8		7.29	5.72
AKF10							1.0		9.05	7.10
AKF12							1.2		10.78	8.46
AKG10	30	690		96	38	58	1.0		9.60	7.54
AKG16							1.6		16.01	11.81
AKG20							2.0		18.60	14.60
ALA08	50	—	800	200	60	74	0.8		9.28	7.28
ALA10							1.0		11.56	9.07
ALA12							1.2		13.82	10.85
ALA16							1.6		18.30	14.37
ALB12			614	204.7	38.6	58.6	1.2		10.46	8.21
ALB16							1.6		13.86	10.88
ALC08							0.8		7.04	5.53

续表

代号	尺寸/mm 高度 H	宽度 B	宽度 B_0	槽距 S	槽底尺寸 b	槽口尺寸 b_1	厚度 t	内弯曲半径 r	断面积 /cm^2	重量 /$kg\cdot m^{-1}$
ALC10	50	—	614	205	40	60	1.0	1t	8.76	6.88
ALC12							1.2		10.47	8.22
ALC16							1.6		13.87	10.89
ALD08					50	70	0.8		7.04	5.53
ALD10							1.0		8.76	6.88
ALD12							1.2		10.47	8.22
ALD16							1.6		13.87	10.89
ALE08					92.5	112.5	0.8		7.04	5.53
ALE10							1.0		8.76	6.88
ALE12							1.2		10.47	8.22
ALE16							1.6		13.87	10.89
ALF12				204.7	90	110	1.2		10.46	8.21
ALF16							1.6		13.86	10.88
ALG08	60		600	200	80	100	0.8		7.49	5.88
ALG10							1.0		9.33	7.32
ALG12							1.2		11.17	8.77
ALG16							1.6		14.79	11.61
ALH08	75				58	65	0.8		8.42	6.61
ALH10							1.0		10.49	8.23
ALH12							1.2		12.55	9.85
ALH16							1.6		16.62	13.05
ALI08						73	0.8		8.38	6.58
ALI10							1.0		10.45	8.20
ALI12							1.2		12.52	9.83
ALI16							1.6		16.60	13.03
ALJ08						80	0.8		8.13	6.38
ALJ10							1.0		10.12	7.94
ALJ12							1.2		12.11	9.51
ALJ16							1.6		16.05	12.60
ALJ23							2.3		22.81	17.91
ALK08						88	0.8		8.06	6.33
ALK10							1.0		10.02	7.87
ALK12							1.2		11.95	9.38
ALK16							1.6		15.84	12.43
ALK23							2.3		22.53	17.69

续表

代号	尺寸/mm 高度 H	宽度 B	宽度 B_0	槽距 S	槽底尺寸 b	槽口尺寸 b_1	厚度 t	内弯曲半径 r	断面积 /cm²	重量 /kg·m⁻¹
ALL08	75	—	690	230	88	95	0.8	1t	9.18	7.21
ALL10							1.0		10.44	8.20
ALL12							1.2		13.69	10.75
ALL16							1.6		18.14	14.24
ALM08						110	0.8		8.93	7.01
ALM10							1.0		11.12	8.73
ALM12							1.2		13.31	10.45
ALM16							1.6		17.65	13.86
ALM23							2.3		25.09	19.70
ALN08						118	0.8		8.74	6.86
ALN10							1.0		10.89	8.55
ALN12							1.2		13.03	10.23
ALN16							1.6		17.28	13.56
ALN23							2.3		24.60	19.31
ALO10	80		600	200	40	72	1.0		10.18	7.99
ALO12							1.2		12.19	9.57
ALO16							1.6		16.15	12.68
ANA05	25		360	90		50	0.8		2.64	2.07
ANA08							0.8		4.21	3.30
ANA10							1.0		5.23	4.11
ANA12							1.2		6.26	4.91
ANA16							1.6		8.29	6.51
ANB08	40		600	150	15	18	0.8		7.22	5.67
ANB10							1.0		8.99	7.06
ANB12							1.2		10.70	8.40
ANB16							1.6		14.17	11.12
ANB23							2.3		20.03	15.72
ARA08	50		614	205	40	60	0.8		7.04	5.53
ARA10							1.0		8.76	6.88
ARA12							1.2		10.47	8.22
ARA16							1.6		13.87	10.89
BLA05				204.7	50	70	0.5	1t	4.69	3.68
BLA08							0.8		7.46	5.86
BLA10							1.0		9.29	7.29
BLA12							1.2		11.10	8.71

续表

代号	尺寸/mm 高度 H	宽度 B	B_0	槽距 S	槽底尺寸 b	槽口尺寸 b_1	厚度 t	内弯曲半径 r	断面积 /cm²	重量 /kg·m⁻¹
BLA15	50	—	614		50	70	1.5	1t	13.78	10.82
BLB05	75		690	230	88	103	0.5		5.73	4.50
BLB08							0.8		9.13	7.17
BLB10							1.0		11.37	8.93
BLB12							1.2		13.61	10.68
BLB16							1.6		18.04	14.16
BLC05			600	200	58	88	0.5		5.05	3.96
BLC08							0.8		8.04	6.31
BLC10							1.0		10.02	7.87
BLC12							1.2		11.99	9.41
BLC16							1.6		15.89	12.47
BLC23							2.3		22.60	17.74
BLD05			690	230	88	118	0.5		5.50	4.32
BLD08							0.8		8.76	6.88
BLD10							1.0		10.92	8.57
BLD12							1.2		13.07	10.26
BLD16							1.6		17.33	13.60
BLD23							2.3		24.67	19.37

注：1. 代号中第三个英文字母表示截面形状及截面边缘形状相同，而其他各部尺寸不同的区别。

2. 弯曲部位的内弯曲半径按 1t 计算。

3. 镀锌波形钢板按锌层牌号为 275 计算。

4. 经双方协议，可供应表中所列截面尺寸以外的波形钢板。

第三节　钢管

一、无缝钢管的尺寸、外形、重量及允许偏差(GB/T 17395—2008)

普通钢管的外径、壁厚及单位长度理论重量见表 2-55，不锈钢钢管的外径和壁厚见表 2-56。

钢管的通常长度 3 000～12 500 mm。

定尺长度和倍尺长度应在通常长度范围内。

钢管按实际重量交货，也可按理论重量交货。实际重量交货可分为单根重量或每批重量两种。按理论质量交货的钢管，每批≥10 t 钢管的理论重量与实际重量允许偏差为±7.5%或±5%。

表 2-55　普通钢管的外径、壁厚及单位长度理论重量

外径（系列 1）/mm	壁厚/mm															
	0. 25	0. 30	0. 40	0. 50	0. 60	0. 80	1. 0	1. 2	1. 4	1. 5	1. 6	1. 8	2. 0	2. 2(2. 3)	2. 5(2. 6)	2. 8
	单位长度理论重量/kg・m⁻¹															
10(10. 2)	0. 060	0. 072	0. 095	0. 117	0. 139	0. 182	0. 222	0. 260	0. 297	0. 314	0. 331	0. 364	0. 395	0. 423	0. 462	0. 497
13. 5	0. 082	0. 098	0. 129	0. 160	0. 191	0. 251	0. 308	0. 364	0. 418	0. 444	0. 470	0. 519	0. 567	0. 613	0. 678	0. 739
17(17. 2)	0. 103	0. 124	0. 164	0. 203	0. 243	0. 320	0. 395	0. 468	0. 539	0. 573	0. 608	0. 675	0. 740	0. 803	0. 894	0. 981
21(21. 3)			0. 203	0. 253	0. 302	0. 399	0. 493	0. 586	0. 677	0. 721	0. 765	0. 852	0. 937	1. 02	1. 14	1. 26
27(26. 9)			0. 262	0. 327	0. 391	0. 517	0. 641	0. 764	0. 884	0. 943	1. 00	1. 12	1. 23	1. 35	1. 51	1. 67
34(33. 7)			0. 331	0. 413	0. 494	0. 655	0. 814	0. 971	1. 13	1. 20	1. 28	1. 43	1. 58	1. 73	1. 94	2. 15
42(42. 4)							1. 01	1. 21	1. 40	1. 50	1. 59	1. 78	1. 97	2. 16	2. 44	2. 71
48(48. 3)							1. 16	1. 38	1. 61	1. 72	1. 83	2. 05	2. 27	2. 48	2. 81	3. 12
60(60. 3)							1. 46	1. 74	2. 02	2. 16	2. 30	2. 58	2. 86	3. 14	3. 55	3. 95
76(76. 1)							1. 85	2. 21	2. 58	2. 76	2. 94	3. 29	3. 65	4. 00	4. 53	5. 05
89(88. 9)									3. 02	3. 24	3. 45	3. 87	4. 29	4. 71	5. 33	5. 95
114(114. 3)										4. 16	4. 44	4. 98	5. 52	6. 07	6. 87	7. 68

外径（系列 1）/mm	壁厚/mm															
	(2. 9) 3. 0	3. 2	3. 5 (3. 6)	4. 0	4. 5	5. 0	(5. 4) 5. 5	6. 0	(6. 3) 6. 5	7. 0 (7. 1)	7. 5	8. 0	8. 5	(8. 8)9. 0	9. 5	10
	单位长度理论重量/kg・m⁻¹															
10(10. 2)	0. 518	0. 537	0. 561													
13. 5	0. 777	0. 813	0. 863	0. 937												
17(17. 2)	1. 04	1. 09	1. 17	1. 28	1. 39	1. 48										
21(21. 3)	1. 33	1. 40	1. 51	1. 68	1. 83	1. 97	2. 10	2. 22								
27(26. 9)	1. 78	1. 88	2. 03	2. 27	2. 50	2. 71	2. 92	3. 11	3. 29	3. 45						

续表

外径(系列1)/mm	壁厚/mm														
	(2.9) 3.0	3.2	3.5 (3.6)	4.0	4.5	5.0	(5.4) 5.5	6.0	(6.3) 6.5	7.0 (7.1)	7.5	8.0	8.5	(8.8) 9.0	9.5	10
	单位长度理论重量/kg·m^{-1}															
34(33.7)	2.29	2.43	2.63	2.96	3.27	3.58	3.87	4.14	4.41	4.66	4.90	5.13				
42(42.4)	2.89	3.06	3.32	3.75	4.16	4.56	4.95	5.33	5.69	6.04	6.38	6.71	7.02	7.32	7.61	7.89
48(48.3)	3.33	3.54	3.84	4.34	4.83	5.30	5.76	6.21	6.65	7.08	7.49	7.89	8.28	8.66	9.02	9.37
60(60.3)	4.22	4.48	4.88	5.52	6.16	6.78	7.39	7.99	8.58	9.15	9.71	10.26	10.80	11.32	11.83	12.33
76(76.1)	5.40	5.75	6.26	7.10	7.93	8.75	9.56	10.36	11.14	11.91	12.67	13.42	14.15	14.87	15.58	16.28
89(88.9)	6.36	6.77	7.38	8.38	9.38	10.36	11.33	12.28	13.22	14.16	15.07	15.98	16.87	17.76	18.63	19.48
114(114.3)	8.21	8.74	9.54	10.85	12.15	13.44	14.72	15.98	17.23	18.47	19.70	20.91	22.12	23.31	24.48	25.65
140(139.7)	10.14	10.80	11.78	13.42	15.04	16.65	18.24	19.83	21.40	22.96	24.51	26.04	27.57	29.08	30.57	32.06
168(168.8)			14.20	16.18	18.14	20.10	22.04	23.97	25.89	27.79	29.69	31.57	33.43	35.29	37.13	38.97
219(219.1)								31.52	34.06	36.60	39.12	41.63	44.13	46.61	49.08	51.54
273									42.72	45.92	49.11	50.28	55.45	58.60	61.73	64.86
325(323.9)											58.73	62.54	66.35	70.14	73.92	77.68
356(355.6)														77.02	81.18	85.33
406(406.4)														88.12	92.89	97.66
457														99.44	104.84	110.24
508														110.75	115.79	122.81
610														133.39	140.69	147.97

续表

外径（系列1）/mm	壁厚/mm														
	11	12 (12.5)	13	14 (14.2)	15	16	17 (17.5)	18	19	20	22 (22.2)	24	25	26	28
	单位长度理论重量/kg·m^{-1}														
48(48.3)	10.04	10.65													
60(60.3)	13.29	14.21	15.07	15.88	16.65	17.36									
76(76.1)	17.63	18.94	20.20	21.41	22.57	23.68	24.74	25.75	26.71	27.62					
89(88.9)	21.16	22.79	24.37	25.89	27.37	28.80	30.19	31.52	32.80	34.03	36.35	38.47			
114(114.3)	27.94	30.19	32.38	34.53	36.62	38.67	40.67	42.62	44.51	46.36	49.91	53.27	54.87	56.43	59.36
140(139.7)	34.99	37.88	40.72	43.50	46.24	48.93	51.57	54.16	56.70	59.19	64.02	68.66	70.90	73.10	77.34
168(168.3)	42.59	46.17	49.69	53.17	56.60	59.98	63.31	66.59	69.82	73.00	79.21	85.23	88.17	91.05	96.67
219(219.1)	56.43	61.26	66.04	70.78	75.46	80.10	84.69	89.23	93.71	98.15	106.88	115.42	119.61	123.75	131.89
273	71.07	77.24	83.36	89.42	95.44	101.41	107.33	113.20	119.02	124.79	136.18	147.38	152.90	158.38	169.18
325(323.9)	85.18	92.63	100.03	107.38	114.68	121.93	129.13	136.28	143.38	150.44	164.39	178.16	184.96	191.72	205.09
356(355.6)	93.59	101.80	109.97	118.08	126.14	134.16	142.12	150.04	157.91	165.73	181.21	196.50	204.07	211.60	226.49
406(406.4)	107.15	116.60	126.00	135.34	144.64	153.89	163.09	172.24	181.34	190.39	208.34	226.10	234.90	243.66	261.02
457	120.99	131.69	142.35	152.95	163.51	174.01	184.47	194.88	205.23	215.54	236.01	256.28	266.34	276.36	296.23
508	134.82	146.79	158.70	170.56	182.37	194.14	205.85	217.51	229.13	240.70	263.68	286.47	297.79	309.06	331.45
610	162.50	176.97	191.40	205.78	220.10	234.38	248.61	262.79	276.92	291.01	319.02	346.84	360.68	374.46	401.88
711		206.86	223.78	240.65	257.47	274.24	290.96	307.63	324.25	340.82	373.82	406.62	422.95	439.22	471.63
813										391.13	429.16	466.99	485.83	504.62	542.06
914													548.10	569.39	611.80
1016													610.99	634.79	682.24

续表

外径（系列 1）/mm	壁厚/mm												
	30	32	34	36	38	40	42	45	48	50	55	60	65
	单位长度理论重量/kg · m^{-1}												
114(114.3)	62.15												
140(139.7)	81.38	85.22	88.88	92.33									
168(168.8)	102.10	107.33	112.36	117.19	121.83	126.27	130.51	136.50					
219(219.1)	139.83	147.57	155.12	162.47	169.62	176.58	183.33	193.10	202.42	208.39	222.45		
273	179.78	190.19	200.40	210.41	220.23	229.85	239.27	253.03	266.34	274.98	295.69	315.17	333.42
325(323.9)	218.25	231.23	244.00	256.58	268.96	281.14	293.13	310.74	327.90	339.10	366.22	392.12	416.78
356(355.6)	241.19	255.69	269.99	284.10	298.01	311.72	325.24	345.14	364.60	377.32	408.27	437.99	466.47
406(406.4)	278.18	295.15	311.92	328.49	344.87	361.05	377.03	400.63	423.78	438.98	476.09	511.97	546.62
457	315.91	335.40	354.68	373.77	392.66	411.35	429.85	457.23	484.16	501.86	545.27	587.44	628.38
508	353.65	375.64	397.45	419.05	440.46	451.66	482.68	513.82	544.52	564.75	614.44	662.90	710.13
610	429.11	456.14	482.97	509.61	536.04	562.28	588.33	627.02	665.27	690.52	752.79	813.83	873.64
711	503.84	535.85	567.66	599.28	630.69	661.92	692.94	739.11	784.83	815.06	889.79	963.28	1035.54
813	579.30	656.59	695.95	735.11	774.08	812.85	851.42	908.90	965.94	940.84	1028.14	1114.21	1199.65
914	654.02	696.05	737.87	779.50	820.93	862.17	903.20	964.39	1025.13	1065.38	1165.14	1263.66	1360.95
1016	729.49	776.54	823.40	870.06	916.52	962.79	1008.86	1077.59	1145.87	1191.15	1303.49	1414.59	1524.45

续表

外径（系列 1）/mm	壁　厚/mm								
	70	75	80	85	90	95	100	110	120
	单位长度理论重量/kg·m^{-1}								
273	350.44	366.22	380.77	394.09					
325(323.9)	440.21	462.40	483.37	503.10	521.59	538.86	554.89		
356(355.6)	493.72	519.74	544.53	568.08	590.40	611.48	631.34		
406(406.4)	580.04	612.22	643.17	672.89	701.37	728.63	754.64		
457	668.08	706.55	743.79	779.80	814.57	848.11	880.42		
508	756.12	800.88	844.41	886.71	927.77	967.60	1006.19	1079.68	
610	932.21	989.55	1045.65	1100.52	1154.16	1206.57	1257.74	1236.39	1450.10
711	1106.56	1176.36	1244.92	1312.24	1378.33	1443.19	1506.82	1630.38	1749.00
813	1282.65	1365.02	1446.15	1526.06	1604.73	1682.17	1758.37	1907.08	2050.86
914	1457.00	1551.83	1645.42	1737.78	1828.90	1918.79	2007.45	2181.07	2349.75
1016	1633.09	1740.49	1846.66	1951.59	2055.29	2157.76	2259.00	2457.77	2651.61

注：括号内尺寸为相应的 ISO4200 规格。

表 2-56　不锈钢钢管的外径和壁厚

外径（系列 1）/mm	壁厚/mm													
	0.5	0.6	0.7	0.8	0.9	1.0	1.2	1.4	1.5	1.6	2.0	2.2（2.3）	2.5（2.6）	2.8（2.9）
10（10.2）	●	●	●	●	●	●	●							
13（13.5）	●	●	●	●	●	●	●	●	●	●	●	●	●	●
17（17.2）	●	●	●	●	●	●	●	●	●	●	●	●	●	●
21（21.3）	●	●	●	●	●	●	●	●	●	●	●	●	●	●
27（26.9）						●	●	●	●	●	●	●	●	●
34（33.7）						●	●	●	●	●	●	●	●	●
42（42.4）						●	●	●	●	●	●	●	●	●
48（48.3）						●	●	●	●	●	●	●	●	●
60（60.3）										●	●	●	●	●
76（76.1）										●	●	●	●	●
89（88.9）										●	●	●	●	●
114（114.3）										●	●	●	●	●
140（139.7）										●	●	●	●	●
168（168.8）										●	●	●	●	●
219（219.1）											●	●	●	●
273											●	●	●	●
325（323.9）													●	●
356（355.6）													●	●
406（406.4）													●	●

外径（系列 1）/mm	壁厚/mm													
	3.0	3.2	3.5（3.6）	4.0	4.5	5.0	5.5（5.6）	6.0	6.3（6.5）	7.0（7.1）	7.5	8.0	8.5	8.8（9.0）
10（10.2）														
13（13.5）	●	●												
17（17.2）	●	●	●	●										
21（21.3）	●	●	●	●	●	●								
27（26.9）	●	●	●	●	●	●	●	●						
34（33.7）	●	●	●	●	●	●	●	●	●					
42（42.4）	●	●	●	●	●	●	●	●	●	●	●			
48（48.3）	●	●	●	●	●	●	●	●	●	●	●	●	●	
60（60.3）	●	●	●	●	●	●	●	●	●	●	●	●	●	●
76（76.1）	●	●	●	●	●	●	●	●	●	●	●	●	●	●
89（88.9）	●	●	●	●	●	●	●	●	●	●	●	●	●	●
114（114.3）	●	●	●	●	●	●	●	●	●	●	●	●	●	●

续表

外径(系列1)/mm	壁厚/mm													
	3.0	3.2	3.5(3.6)	4.0	4.5	5.0	5.5(5.6)	6.0	6.3(6.5)	7.0(7.1)	7.5	8.0	8.5	8.8(9.0)
140(139.7)	●	●	●	●	●	●	●	●	●	●	●	●	●	●
168(168.8)	●	●	●	●	●	●	●	●	●	●	●	●	●	●
219(219.1)	●	●	●	●	●	●	●		●	●	●	●	●	●
273	●	●	●	●	●	●	●		●	●	●	●	●	●
325(323.9)	●	●	●	●	●	●	●		●	●	●	●	●	●
356(355.6)	●	●	●	●	●	●	●		●	●	●	●	●	●
406(406.4)	●	●	●	●	●	●	●	●	●	●	●	●	●	●

外径(系列1)/mm	壁厚/mm														
	9.5	10	11	12(12.5)	14(14.2)	15	16	17(17.5)	18	20	22(22.2)	24	25	26	28
60(60.3)	●														
76(76.1)	●	●	●	●											
89(88.9)	●	●	●	●	●										
114(114.3)	●	●	●	●	●										
140(139.7)	●	●	●	●	●	●	●								
168(168.8)	●	●	●	●	●	●	●	●	●						
219(219.1)	●	●	●	●	●	●	●	●	●						
273	●	●	●	●	●	●	●	●	●	●	●	●	●	●	●
325(323.9)	●	●	●	●	●	●	●	●	●	●	●	●	●	●	●
356(355.6)	●	●	●	●	●	●	●	●	●	●	●	●	●	●	●
406(406.4)	●	●	●	●	●	●	●	●	●	●	●	●	●	●	●

注:1.括号内为相应的英制单位。2.“●”表示常用规格。

二、结构用无缝钢管(GB/T 8162—2008)

结构用无缝钢管的尺寸、外形和重量见表2-57,钢管的力学性能见表2-58至表2-60。

表2-57 结构用无缝钢管的尺寸、外形和重量

<table>
<tr><th>项目</th><th colspan="2">要求</th></tr>
<tr><td>外径和壁厚</td><td colspan="2">钢管的外径(D)和壁厚(S)应符合GB/T 17395的规定
根据需方要求,经供需双方协商,可供应其他外径和壁厚的钢管</td></tr>
<tr><td rowspan="5">外径和壁厚的允许偏差/mm</td><td colspan="2">①钢管的外径允许偏差</td></tr>
<tr><td>钢管种类</td><td>允许偏差</td></tr>
<tr><td>热轧(挤压、扩)钢管</td><td>±1%D或±0.50,取其中较大者</td></tr>
<tr><td>冷拔(轧)钢管</td><td>±1%D或±0.30,取其中较大者</td></tr>
<tr><td colspan="2">②热轧(挤压、扩)钢管壁厚允许偏差</td></tr>
</table>

续表

<table>
<tr><th>项目</th><th colspan="4">要求</th></tr>
<tr><td rowspan="11">外径和壁厚的允许偏差/mm</td><td>钢管种类</td><td>钢管公称外径</td><td>S/D</td><td>允许偏差</td></tr>
<tr><td rowspan="4">热轧(挤压)钢管</td><td>≤102</td><td>—</td><td>±12.5%S或±0.40,取其中较大者</td></tr>
<tr><td rowspan="3">>102</td><td>≤0.05</td><td>±15%S或±0.40,取其中较大者</td></tr>
<tr><td>>0.05～0.10</td><td>±12.5%S或±0.40,取其中较大者</td></tr>
<tr><td>>0.10</td><td>$^{+12.5\%S}_{-10\%S}$</td></tr>
<tr><td>热扩钢管</td><td colspan="2">—</td><td>±15%S</td></tr>
<tr><td colspan="4">③冷拔(轧)钢管壁厚允许偏差</td></tr>
<tr><td>钢管种类</td><td colspan="2">钢管公称壁厚</td><td>允许偏差</td></tr>
<tr><td rowspan="2">冷拔(轧)</td><td colspan="2">≤3</td><td>$^{+15\%S}_{-10\%S}$或±0.15,取其中较大者</td></tr>
<tr><td colspan="2">>3</td><td>$^{+12.5\%S}_{-10\%S}$</td></tr>
<tr><td colspan="4">④根据需方要求,经供需双方协商,并在合同中注明,可生产表中规定以外尺寸允许偏差的钢管</td></tr>
<tr><td>长度</td><td colspan="4">①通常长度:3 000 mm～12 500 mm
②范围长度:根据需方要求,经供需双方协商,并在合同中注明,钢管可按范围长度交货。范围长度应在通常长度范围内
③定尺和倍尺长度
a. 根据需方要求,经供需双方协商,并在合同中注明,钢管可按定尺长度或倍尺长度交货
b. 钢管的定尺长度应在通常长度范围内,其定尺长度允许偏差应符合如下规定:
(a)定尺长度不大于 6 000 mm,$^{+10}_{0}$mm
(b)定尺长度大于 6 000 mm,$^{+15}_{0}$mm
c. 钢管的倍尺总长度应在通常长度范围内,全长允许偏差为:$^{+20}_{0}$mm,每个倍尺长度应按下述规定留出切口余量:
(a)外径不大于 159 mm,5 mm～10 mm
(b)外径大于 159 mm,10 mm～15 mm</td></tr>
<tr><td>重量</td><td colspan="4">①钢管按实际重量交货,亦可按理论重量交货。钢管理论重量的计算按 GB/T 17395 的规定,钢的密度取 7.85 kg/dm^3
②根据需方要求,经供需双方协商,并在合同中注明,交货钢管的理论重量与实际重量的偏差应符合如下规定:
(a)单支钢管:±10%
(b)每批最小为 10t 的钢管:±7.5%</td></tr>
</table>

表 2-58　优质碳素结构钢、低合金高强度结构钢和牌号为 Q235、Q275 的钢管的力学性能

牌号	质量等级	抗拉强度 R_m/MPa	下屈服强度 R_{eL}/MPa			断后伸长率 A/%	冲击试验	
			壁厚/mm				温度/℃	吸收能量 KV_2/J
			≤16	>16～30	>30			
			≥					≥
10	—	≥335	205	195	185	24	—	—
15	—	≥375	225	215	205	22	—	—
20	—	≥410	245	235	225	20	—	—
25	—	≥450	275	265	255	18	—	—
35	—	≥510	305	295	285	17	—	—
45	—	≥590	335	325	315	14	—	—
20Mn	—	≥450	275	265	255	20	—	—
25Mn	—	≥490	295	285	275	18	—	—
Q235	A	375～500	235	225	215	25	—	—
	B						+20	27
	C						0	
	D						−20	
Q275	A	415～540	275	265	255	22	—	—
	B						+20	27
	C						0	
	D						−20	
Q295	A	390～570	295	275	255	22	—	—
	B						+20	34
Q345	A	470～630	345	325	295	20	—	—
	B						+20	34
	C					21	0	
	D						−20	
	E						−40	27
Q390	A	490～650	390	370	350	18	—	—
	B						+20	34
	C					19	0	
	D						−20	
	E						−40	27
Q420	A	520～680	420	400	380	18	—	—
	B						+20	34
	C					19	0	
	D						−20	
	E						−40	27

续表

牌号	质量等级	抗拉强度 R_m/MPa	下屈服强度 R_{eL}/MPa			断后伸长率 A/%	冲击试验	
			壁厚/mm				温度/℃	吸收能量 KV_2/J
			≤16	>16～30	>30			
			≥					≥
Q460	C	550～720	460	440	420	17	0	34
	D						−20	
	E						−40	27

注：1. 拉伸试验时，如不能测定屈服强度，可测定规定非比例延伸强度 $R_{p0.2}$ 代替 R_{eL}。

2. 冲击试验

①低合金高强度结构钢和牌号为 Q235、Q275 的钢管，当外径不小于 70 mm，且壁厚不小于 6.5 mm 时，应进行冲击试验，其夏比 V 型缺口冲击试验的冲击吸收能量和试验温度应符合表中的规定。冲击吸收能量按一组 3 个试样的算术平均值计算，允许其中一个试样的单个值低于规定值，但应不低于规定值的 70%。

②表中的冲击吸收能量为标准尺寸试样夏比 V 型缺口冲击吸收能量要求值。当钢管尺寸不能制备标准尺寸试样时，可制备小尺寸试样。当采用小尺寸冲击试样时，其最小夏比 V 型缺口冲击吸收能量要求值应为标准尺寸试样冲击吸收能量要求值乘以表 2-59 中的递减系数。冲击试样尺寸应优先选择尽可能的较大尺寸。

④根据需方要求，经供需双方协商，并在合同中注明，其他牌号、质量等级也可进行夏比 V 型缺口冲击试验，其试验温度、试验尺寸、冲击吸收能量由供需双方协商确定。

表 2-59　小尺寸试样冲击吸收能量递减系数

试样规格	试样尺寸(高度×宽度)/(mm×mm)	递减系数
标准试样	10×10	1.00
小试样	10×7.5	0.75
小试样	10×5	0.50

表 2-60　合金钢钢管的力学性能

序号	牌号	推荐的热处理制度①					拉伸性能			钢管退火或高温回火交货状态布氏硬度
		淬火(正火)			回火		抗拉强度 R_m/MPa	下屈服强度⑥ R_{eL}/MPa	断后伸长率 A/%	
		温度/℃		冷却剂	温度/℃	冷却剂				
		第一次	第二次				≥			≤
1	40Mn2	840	—	水、油	540	水、油	885	735	12	217
2	45Mn2	840	—	水、油	550	水、油	885	735	10	217
3	27SiMn	920	—	水	450	水、油	980	835	12	217
4	40MnB②	850	—	油	500	水、油	980	785	10	207
5	45MnB②	840	—	油	500	水、油	1030	835	9	217

续表

序号	牌号	推荐的热处理制度①					拉伸性能			钢管退火或高温回火交货状态布氏硬度
		淬火(正火)			回火		抗拉强度 R_m/MPa	下屈服强度⑥ R_{eL}/MPa	断后伸长率 A/%	
		温度/℃		冷却剂	温度/℃	冷却剂				
		第一次	第二次				≥			≤
6	20Mn2B②、⑤	880	—	油	200	水、空	980	785	10	187
7	20Cr③、⑤	880	880	水、油	200	水、空	835	540	10	179
							785	490	10	179
8	30Cr	860	—	油	500	水、油	885	685	11	187
9	35Cr	860	—	油	500	水、油	930	735	11	207
10	40Cr	850	—	油	520	水、油	980	785	9	207
11	45Cr	840	—	油	520	水、油	1030	835	9	217
12	50Cr	830	—	油	520	水、油	1080	930	9	229
13	30CrSi	900	—	油	600	水、油	980	835	12	255
14	38CrSi	900	—	油	600	水、油	980	835	12	255
15	12CrMo	900	—	空	650	空	410	265	24	179
15	15CrMo	900	—	空	650	空	440	295	22	179
16	20CrMo③、⑤	880	—	水、油	500	水、油	885	685	11	197
			—				845	635	12	197
17	35CrMo	850	—	油	550	水、油	980	835	12	229
18	42CrMo	850	—	油	560	水、油	1080	930	12	217
19	12CrMoV	970	—	空	750	空	440	225	22	241
20	12Cr1MoV	970	—	空	750	空	490	245	22	179
21	38CrMoAl③	940	—	水、油	640	水、油	980	835	12	229
							930	785	14	229
22	50CrVA	860	—	油	500	水、油	1275	1130	10	255
23	20CrMn	850	—	油	200	水、空	930	735	10	187
24	20CrMnSi⑤	880	—	油	480	水、油	785	635	12	207
25	30CrMnSi③、⑤	880	—	油	520	水、油	1080	885	8	229
							980	835	10	229
26	35CrMnSiA⑤	880	—	油	230	水、空	1620	—	9	229
27	20CrMnTi④、⑤	890	870	油	200	水、空	1080	835	10	217
28	30CrMnTi④、⑤	880	850	油	200	水、空	1470	—	9	229
29	12CrNi2	860	780	水、油	200	水、空	785	590	12	207
30	12CrNi3	860	780	油	200	水、空	930	685	11	217
31	12CrNi4	860	780	油	200	水、空	1080	835	10	269
32	40CrNiMoA	850	—	油	600	水、油	980	835	12	269
33	45CrNiMoVA	860	—	油	460	油	1470	1325	7	269

续表

序号	牌号	推荐的热处理制度[a]					拉伸性能			钢管退火或高温回火交货状态布氏硬度
		淬火(正火)			回火		抗拉强度⑥ R_m/MPa	下屈服强度[f] R_{eL}/MPa	断后伸长率 A/%	
		温度/℃		冷却剂	温度/℃	冷却剂				
		第一次	第二次				≥			≤

注:①表中所列热处理温度允许调整范围:淬火±20℃,低温回火±30℃,高温回火±50℃。

②含硼钢在淬火前可先正火,正火温度应不高于其淬火温度。

③按需方指定的一组数据交货,当需方未指定时,可按其中任一组数据交货。

④含铬锰钛钢第一次淬火可用正火代替。

⑤于290℃~320℃等温淬火。

⑥拉伸试验时,如不能测定屈服强度,可测定规定非比例延伸强度 $R_{p0.2}$ 代替 R_{eL}。

三、输送流体用无缝钢管(GB/T 8163—2008)

输送流体用无缝钢管的尺寸、外形和重量见表2-57,钢管的力学性能见表2-61。

表 2-61　钢管的力学性能

牌号	质量等级	抗拉强度 R_m/MPa	拉伸性能				冲击试验	
			下屈服强度 R_{eL}/MPa			断后伸长率 A/%	温度/℃	吸收能量 KV_2/J
			壁厚/mm					
			≤16	>16~30	>30			
			≥					≥
10	—	335~475	205	195	185	24	—	—
20	—	410~530	245	235	225	20	—	—
Q295	A	390~570	295	275	255	22	—	—
	B						+20	34
Q345	A	470~630	345	325	295	20	—	—
	B						+20	34
	C					21	0	
	D						-20	
	E						-40	27
Q390	A	490~650	390	370	350	18	—	—
	B						+20	34
	C					19	0	
	D						-20	
	E						-40	27

续表

<table>
<tr><th rowspan="4">牌号</th><th rowspan="4">质量等级</th><th rowspan="4">抗拉强度 R_m/MPa</th><th colspan="4">拉伸性能</th><th colspan="2">冲击试验</th></tr>
<tr><th colspan="3">下屈服强度 R_{eL}/MPa</th><th rowspan="3">断后伸长率 A/%</th><th rowspan="3">温度/℃</th><th rowspan="3">吸收能量 KV_2/J ≥</th></tr>
<tr><th colspan="3">壁厚/mm</th></tr>
<tr><th>≤16</th><th>>16～30</th><th>>30</th></tr>
<tr><td></td><td></td><td></td><td colspan="4">≥</td><td></td><td></td></tr>
<tr><td rowspan="5">Q420</td><td>A</td><td rowspan="5">520～680</td><td rowspan="5">420</td><td rowspan="5">400</td><td rowspan="5">380</td><td rowspan="2">18</td><td>—</td><td>—</td></tr>
<tr><td>B</td><td>+20</td><td rowspan="3">34</td></tr>
<tr><td>C</td><td rowspan="3">19</td><td>0</td></tr>
<tr><td>D</td><td>−20</td></tr>
<tr><td>E</td><td>−40</td><td>27</td></tr>
<tr><td rowspan="3">Q460</td><td>C</td><td rowspan="3">550～720</td><td rowspan="3">460</td><td rowspan="3">440</td><td rowspan="3">420</td><td rowspan="3">17</td><td>0</td><td rowspan="2">34</td></tr>
<tr><td>D</td><td>−20</td></tr>
<tr><td>E</td><td>−40</td><td>27</td></tr>
</table>

注：1. 拉伸试验时，如不能测定屈服强度，可测定规定非比例延伸强度 $R_{p0.2}$代替 R_{eL}。

2. 冲击试验

①牌号为 Q295、Q345、Q390、Q420、Q460，质量等级为 B、C、D、E 的钢管，当外径不小于 70 mm，且壁厚不小于 6.5 mm 时，应进行冲击试验，其夏比 V 型缺口冲击试验的冲击吸收能量和试验温度应符合表中的规定。冲击吸收能量按一组 3 个试样的算术平均值计算，允许其中一个试样的单个值低于规定值，但应不低于规定值的 70%。

②表中的冲击吸收能量为标准尺寸试样夏比 V 型缺口冲击吸收能量要求值。当钢管尺寸不能制备标准尺寸试样时，可制备小尺寸试样。当采用小尺寸冲击试样时，其最小夏比 V 型缺口冲击吸收能量要求值应为标准尺寸试样冲击吸收能量要求值乘以表 2-59 中的递减系数。冲击试样尺寸应优先选择尽可能较大的尺寸。

④根据需方要求，经供需双方协商，并在合同中注明，其他牌号、质量等级也可进行夏比 V 型缺口冲击试验，其试验温度、试验尺寸、冲击吸收能量由供需双方协商确定。

四、焊接钢管尺寸及单位长度重量(GB/T 21835—2008)

普通焊接钢管尺寸及单位长度理论重量见表 2-62，不锈钢焊接钢管尺寸见表 2-63。

表 2-62　普通焊接钢管尺寸及单位长度理论重量

<table>
<tr><th rowspan="3">外径（系列 1）/mm</th><th colspan="12">壁　厚（系列 1）/mm</th></tr>
<tr><th>0.5</th><th>0.6</th><th>0.8</th><th>1.0</th><th>1.2</th><th>1.4</th><th>1.6</th><th>1.8</th><th>2.0</th><th>2.3</th><th>2.6</th><th>2.9</th></tr>
<tr><th colspan="12">单位长度理论重量/kg・m⁻¹</th></tr>
<tr><td>10.2</td><td>0.120</td><td>0.142</td><td>0.185</td><td>0.227</td><td>0.266</td><td>0.304</td><td>0.339</td><td>0.373</td><td>0.404</td><td>0.448</td><td>0.487</td><td>0.522</td></tr>
<tr><td>13.5</td><td>0.160</td><td>0.191</td><td>0.251</td><td>0.308</td><td>0.364</td><td>0.418</td><td>0.470</td><td>0.519</td><td>0.567</td><td>0.635</td><td>0.699</td><td>0.758</td></tr>
<tr><td>17.2</td><td>0.206</td><td>0.246</td><td>0.324</td><td>0.400</td><td>0.474</td><td>0.546</td><td>0.616</td><td>0.684</td><td>0.750</td><td>0.845</td><td>0.936</td><td>1.02</td></tr>
<tr><td>21.3</td><td>0.256</td><td>0.306</td><td>0.404</td><td>0.501</td><td>0.595</td><td>0.687</td><td>0.777</td><td>0.866</td><td>0.952</td><td>1.08</td><td>1.20</td><td>1.32</td></tr>
</table>

续表

外径(系列1)/mm	壁厚(系列1)/mm											
	0.5	0.6	0.8	1.0	1.2	1.4	1.6	1.8	2.0	2.3	2.6	2.9
	单位长度理论重量/kg·m^{-1}											
26.9	0.326	0.389	0.515	0.639	0.761	0.880	0.998	1.11	1.23	1.40	1.56	1.72
33.7	0.409	0.490	0.649	0.806	0.962	1.12	1.27	1.36	1.45	1.74	1.99	2.20
42.4	0.517	0.619	0.821	1.02	1.22	1.42	1.61	1.80	1.99	2.27	2.55	2.82
48.3		0.706	0.937	1.17	1.39	1.62	1.84	2.06	2.28	2.61	2.93	3.25
60.3		0.883	1.17	1.46	1.75	2.03	2.32	2.60	2.88	3.29	3.70	4.11
76.1			1.49	1.85	2.22	2.58	2.94	3.30	3.65	4.19	4.71	5.24
88.9			1.74	2.17	2.60	3.02	3.44	3.87	4.29	4.91	5.53	6.15
114.3					3.35	3.90	4.45	4.99	5.54	6.35	7.16	7.97
139.7							5.45	6.12	6.79	7.79	8.79	9.78
168.3							6.58	7.39	8.20	9.42	10.62	11.83
219.1								9.65	10.71	12.30	13.88	15.46
273									13.37	15.35	17.34	19.32
323.9											20.60	22.96
355.6											22.63	25.22
406.4											25.89	28.86

外径(系列1)/mm	壁厚(系列1)/mm											
	3.2	3.6	4.0	4.5	5.0	5.4	5.6	6.3	7.1	8.0	8.8	10
	单位长度理论重量/kg·m^{-1}											
10.2												
13.5												
17.2	1.10	1.21										
21.3	1.43	1.57	1.71	1.86								
26.9	1.87	2.07	2.26	2.49	2.70							
33.7	2.41	2.67	2.93	3.24	3.54							
42.4	3.09	3.44	3.79	4.21	4.61	4.93	5.08					
48.3	3.56	3.97	4.37	4.86	5.34	5.71	5.90					
60.3	4.51	5.03	5.55	6.19	6.82	7.31	7.55					
76.1	5.75	6.44	7.11	7.95	8.77	9.42	9.74	10.84				
88.9	6.76	7.57	8.38	9.37	10.35	11.12	11.50	12.83				
114.3	8.77	9.83	10.88	12.19	13.48	14.50	15.01	16.78	18.77			
139.7	10.77	12.08	13.39	15.00	16.61	17.89	18.52	20.73	23.22			
168.3	13.03	14.62	16.21	18.18	20.14	21.69	22.47	25.17	28.23	31.63		
219.1	17.04	19.13	21.22	23.82	26.40	28.46	29.49	33.06	37.12	41.65	45.64	51.57
273	21.29	23.92	26.54	29.80	33.05	35.64	36.93	41.44	46.56	52.28	57.34	64.85

续表

外径(系列1)/mm	壁厚(系列1)/mm											
	3.2	3.6	4.0	4.5	5.0	5.4	5.6	6.3	7.1	8.0	8.8	10
	单位长度理论重量/kg·m^{-1}											
323.9	25.31	28.44	31.56	35.45	39.32	42.42	43.96	49.34	55.47	62.34	68.38	77.41
355.6	27.81	31.25	34.68	38.96	43.23	46.64	48.34	54.27	61.02	68.58	75.26	85.23
406.4	31.82	35.76	39.70	44.60	49.50	53.40	55.35	62.16	69.92	78.60	86.29	97.76
457	35.81	40.25	44.69	50.23	55.73	60.14	62.34	70.02	78.78	88.58	97.27	110.24
508	39.84	44.78	49.72	55.88	62.02	66.93	69.38	77.95	87.71	98.65	108.34	122.81
610	47.89	53.84	59.78	67.20	74.60	80.52	83.47	93.80	105.57	118.77	130.47	147.97
711			69.74	78.41	87.06	93.97	97.42	109.49	123.25	138.70	152.39	172.88
813			79.80	89.72	99.63	107.55	111.51	125.33	141.11	158.82	174.53	198.03
914			89.76	100.93	112.09	121.00	125.45	141.03	158.80	178.75	196.45	222.94
1016			99.83	112.25	124.66	134.58	139.54	156.87	176.66	198.87	218.58	248.09
1067					130.95	141.38	146.58	164.80	185.58	208.93	229.65	260.67
1118					137.24	148.17	153.63	172.72	194.51	218.99	240.72	273.25
1219					149.70	161.62	167.58	188.41	212.20	238.92	262.64	298.16
1422							195.61	219.95	247.74	278.97	306.69	348.22
1626								251.65	283.46	319.22	350.97	398.53
1829									319.01	359.27	395.02	448.59
2032										399.32	439.08	498.66
2235											483.13	548.72
2540												623.94

外径(系列1)/mm	壁厚(系列1)/mm									
	11	12.5	14.2	16	17.5	20	22.2	25	28	30
	单位长度理论重量/kg·m^{-1}									
219.1	56.45	63.69	71.75							
273	71.07	80.30	90.63							
323.9	84.88	95.99	108.45	121.49	132.23					
355.6	93.48	105.77	119.56	134.00	145.92					
406.4	107.26	121.43	137.35	154.05	167.84	190.58	210.34	235.15	261.29	278.48
457	120.99	137.03	155.07	174.01	189.68	215.54	238.05	266.34	296.23	315.91
508	134.82	152.75	172.93	194.14	211.69	240.70	265.97	297.79	331.45	353.65
610	162.49	184.19	208.65	234.38	255.71	291.01	321.81	360.67	401.88	429.11
711	189.89	215.33	244.01	274.24	299.30	340.82	377.11	422.94	471.63	503.83
813	217.56	246.77	279.73	314.48	343.32	391.13	432.95	485.83	542.06	579.30
914	244.96	277.90	315.10	354.34	386.91	440.95	488.25	548.10	611.80	654.02
1016	272.63	309.35	350.82	394.58	430.93	491.26	544.09	610.99	682.24	729.49

续表

外径（系列1）/mm	壁厚（系列1）/mm									
	11	12.5	14.2	16	17.5	20	22.2	25	28	30
	单位长度理论重量/kg·m^{-1}									
1 067	286.47	325.07	368.68	414.71	452.94	516.41	572.01	642.43	717.45	767.22
1 118	300.30	340.79	386.54	434.83	474.95	541.57	599.93	673.88	752.67	804.95
1 219	327.70	371.93	421.91	474.68	518.54	591.38	655.23	736.15	822.41	879.68
1 422	382.77	434.50	493.00	554.79	606.15	691.51	766.37	861.30	962.59	1 029.86
1 626	438.11	497.39	564.44	635.28	694.19		878.06	987.08	1 103.45	1 180.79
1 829	493.18	559.97	635.53	715.38	781.80		989.20	1 112.23	1 243.63	1 330.98
2 032	548.25	622.55	706.62	795.48	869.41	992.38	1 100.34	1 237.39	1 383.81	1 481.17
2 235	603.32	685.13	777.71	875.58	957.02	1 092.50	1 211.48	1 362.55	1 523.98	1 631.36
2 540	643.20	742.55	791.55	939.63	1 036.74	1 184.35	1 378.46	1 550.59	1 734.59	1 857.01

外径（系列1）/mm	壁厚（系列1）/mm							
	32	36	40	45	50	55	60	65
	单位长度理论重量/kg·m^{-1}							
508	375.64	419.05	461.66	513.82	564.75	614.44	662.90	710.12
610	456.14	509.61	562.28	627.02	690.52	752.79	813.83	873.63
711	535.85	599.27	661.91	739.11	815.06	889.79	963.28	1 035.54
813	616.34	689.83	762.53	852.30	940.84	1 028.14	1 114.21	1 199.04
914	696.05	779.50	862.17	964.39	1 065.38	1 165.13	1 263.66	1 360.94
1 016	776.54	870.06	962.78	1 077.58	1 191.15	1 303.48	1 414.58	1 524.45
1 067	816.79	915.34	1 013.09	1 134.18	1 254.04	1 372.66	1 490.05	1 606.20
1 118	857.04	960.61	1 063.40	1 190.78	1 316.92	1 441.83	1 565.51	1 687.96
1 219	936.74	1 050.28	1 163.04	1 302.87	1 441.46	1 578.83	1 714.96	1 849.86
1 422	1 096.94	1 230.51	1 363.29	1 528.15	1 691.78	1 854.17	2 015.34	2 175.27
1 626	1 257.93	1 411.62	1 564.53	1 754.54	1 943.33	2 130.88	2 317.19	2 502.28
1 829	1 418.13	1 591.85	1 764.78	1 979.83	2 193.64	2 406.22	2 617.57	2 827.69
2 032	1 578.34	1 772.08	1 965.03	2 205.11	2 443.95	2 681.57	2 917.95	3 153.10
2 235	1 738.54	1 952.30	2 165.28	2 430.39	2 694.27	2 956.91	3 218.33	3 478.50
2 540	1 979.23	2 223.09	2 466.15	2 768.87	3 070.36	3 370.61	3 669.63	3 967.42

表 2-63 不锈钢焊接钢管尺寸

外径/mm	壁厚(系列 1)/mm																	
	0.3	0.4	0.5	0.6	0.7	0.8	0.9	1.0	1.2	1.4	1.5	1.6	1.8	2.0	2.2 (2.3)	2.5 (2.6)	2.8 (2.9)	3.0
10.2	●	●	●	●	●	●	●	●	●	●	●	●	●	●				
13.5			●	●	●	●	●	●	●	●	●	●	●	●	●	●	●	●
17.2				●	●	●	●	●	●	●	●	●	●	●	●	●	●	●
21.3				●	●	●	●	●	●	●	●	●	●	●	●	●	●	●
26.9				●	●	●	●	●	●	●	●	●	●	●	●	●	●	●
33.7						●	●	●	●	●	●	●	●	●	●	●	●	●
42.4						●	●	●	●	●	●	●	●	●	●	●	●	●
48.3						●	●	●	●	●	●	●	●	●	●	●	●	●
60.3						●	●	●	●	●	●	●	●	●	●	●	●	●
76.1						●	●	●	●	●	●	●	●	●	●	●	●	●
88.9									●	●	●	●	●	●	●	●	●	●
114.3												●	●	●	●	●	●	●
139.7												●	●	●	●	●	●	●
168.3												●	●	●	●	●	●	●
219.1												●	●	●	●	●	●	●
273														●	●	●	●	●
323.9																●	●	●
355.6																●	●	●
406.4																●	●	●
457																	●	●
508																	●	●

外径/mm	壁厚(系列 1)/mm														
	3.2	3.5 (3.6)	4.0	4.2	4.5 (4.6)	4.8	5.0	5 (5.6)	6.0	6.5 (6.3)	7.0 (7.1)	7.5	8.0	8.5	9.0 (8.8)
13.5	●														
17.2	●	●													
21.3	●	●	●	●											
26.9	●	●	●	●	●										
33.7	●	●	●	●	●	●	●								
42.4	●	●	●	●	●	●	●	●	●						
48.3	●	●	●	●	●	●	●	●	●						
60.3	●	●	●	●	●	●	●	●	●						
76.1	●	●	●	●	●	●	●	●	●						
88.9	●	●	●	●	●	●	●	●	●	●	●	●	●		

续表

外径/mm	壁厚(系列 1)/mm														
	3.2	3.5 (3.6)	4.0	4.2	4.5 (4.6)	4.8	5.0	5 (5.6)	6.0	6.5 (6.3)	7.0 (7.1)	7.5	8.0	8.5	9.0 (8.8)
114.3	●	●	●	●	●	●	●	●	●	●	●	●	●		
139.7	●	●	●	●	●	●	●	●	●	●	●	●	●	●	●
168.3	●	●	●	●	●	●	●	●	●	●	●	●	●	●	●
219.1	●	●	●	●	●	●	●	●	●	●	●	●	●	●	●
273	●	●	●	●	●	●	●	●	●	●	●	●	●	●	●
323.9	●	●	●	●	●	●	●	●	●	●	●	●	●	●	●
355.6	●	●	●	●	●	●	●	●	●	●	●	●	●	●	●
406.4	●	●	●	●	●	●	●	●	●	●	●	●	●	●	●
457	●	●	●	●	●	●	●	●	●	●	●	●	●	●	●
508	●	●	●	●	●	●	●	●	●	●	●	●	●	●	●
610	●	●	●	●	●	●	●	●	●	●	●	●	●	●	●
711	●	●	●	●	●	●	●	●	●	●	●	●	●	●	●
813	●	●	●	●	●	●	●	●	●	●	●	●	●	●	●
914	●	●	●	●	●	●	●	●	●	●	●	●	●	●	●
1016	●	●	●	●	●	●	●	●	●	●	●	●	●	●	●
1067	●	●	●	●	●	●	●	●	●	●	●	●	●	●	●
1118	●	●	●	●	●	●	●	●	●	●	●	●	●	●	●
1219										●	●	●	●	●	●
1422										●	●	●	●	●	●
1626										●	●	●	●	●	●
1829										●	●	●	●	●	●

外径/mm	壁厚(系列 1)/mm														
	9.5	10	11	12 (12.5)	14 (14.2)	15	16	17 (17.5)	18	20	22 (22.2)	24	25	26	28
139.7	●	●	●												
168.3	●	●	●	●											
219.1	●	●	●	●	●										
273	●	●	●	●	●	●	●								
323.9	●	●	●	●	●	●	●								
355.6	●	●	●	●	●	●	●								
406.4	●	●	●	●	●	●	●	●	●	●					
457	●	●	●	●	●	●	●	●	●	●	●	●	●		
508	●	●	●	●	●	●	●	●	●	●	●	●	●	●	●
610	●	●	●	●	●	●	●	●	●	●	●	●	●	●	●

续表

外径/mm	壁厚(系列1)/mm														
	9.5	10	11	12 (12.5)	14 (14.2)	15	16	17 (17.5)	18	20	22 (22.2)	24	25	26	28
711	●	●	●	●	●	●	●	●	●	●	●	●	●	●	●
813	●	●	●	●	●	●	●	●	●	●	●	●	●	●	●
914	●	●	●	●	●	●	●	●	●	●	●	●	●	●	●
1016	●	●	●	●	●	●	●	●	●	●	●	●	●	●	●
1067	●	●	●	●	●	●	●	●	●	●	●	●	●	●	●
1118	●	●	●	●	●	●	●	●	●	●	●	●	●	●	●
1219	●	●	●	●	●	●	●	●	●	●	●	●	●	●	●
1422	●	●	●	●	●	●	●	●	●	●	●	●	●	●	●
1626	●	●	●	●	●	●	●	●	●	●	●	●	●	●	●
1829	●	●	●	●	●	●	●	●	●	●	●	●	●	●	●

注：1. 括号内为相应的英制规格换算成的公制规格。2."●"表示常用规格。

五、流体输送用不锈钢焊接钢管(GB/T 12771—2008)

流体输送用不锈钢焊接钢管的分类及代号见表 2-64，钢管的尺寸及单位长度重量见表 1-65，钢管的热处理制度及力学性能见表 2-67。

表 2-64　流体输送用不锈钢焊接钢管的分类及代号

分类方法	类别	代号	说　明
按制造类别分	Ⅰ类	—	钢管采用双面自动焊接方法制造，且焊缝 100%全长射线探伤
	Ⅱ类		钢管采用单面自动焊接方法制造，且焊缝 100%全长射线探伤
	Ⅲ类		钢管采用双面自动焊接方法制造，且焊缝局部射线探伤
	Ⅳ类		钢管采用单面自动焊接方法制造，且焊缝局部射线探伤
	Ⅴ类		钢管采用双面自动焊接方法制造，且焊缝不做射线探伤
	Ⅵ类		钢管采用单面自动焊接方法制造，且焊缝不做射线探伤
按供货状态分	焊接状态	H	—
	热处理状态	T	
	冷拔(轧)状态	WC	
	磨(抛)光状态	SP	

表 2-65　钢管的尺寸及单位长度重量

项目	要求
外径和壁厚	钢管的外径(D)和壁厚(S)应符合 GB/T 21835 的规定。根据需方要求，经供需双方协商，可供应其他外径和壁厚的钢管

续表

<table>
<tr><th>项目</th><th colspan="4">要　求</th></tr>
<tr><td rowspan="26">外径和壁厚的允许偏差/mm</td><td colspan="4">①钢管外径的允许偏差</td></tr>
<tr><td rowspan="2">类别</td><td>外径</td><td colspan="2">允许偏差</td></tr>
<tr><td>D</td><td>较高级(A)</td><td>普通级(B)</td></tr>
<tr><td>焊接状态</td><td>全部尺寸</td><td>±0.5%D或±0.20，两者取较大值</td><td>±0.75%D或±0.30，两者取较大值</td></tr>
<tr><td rowspan="7">热处理状态</td><td><40</td><td>±0.20</td><td>±0.30</td></tr>
<tr><td>≥40～<65</td><td>±0.30</td><td>±0.40</td></tr>
<tr><td>≥65～<90</td><td>±0.40</td><td>±0.50</td></tr>
<tr><td>≥90～<168.3</td><td>±0.80</td><td>±1.00</td></tr>
<tr><td>≥168.3～<325</td><td>±0.75%D</td><td>±1.0%D</td></tr>
<tr><td>≥325～<610</td><td>±0.6%D</td><td>±1.0%D</td></tr>
<tr><td>≥610</td><td>±0.6%D</td><td>±0.7%D或±10，两者取较小值</td></tr>
<tr><td rowspan="5">冷拔(轧)状态、磨(抛)光状态</td><td><40</td><td>±0.15</td><td>±0.20</td></tr>
<tr><td>≥40～<60</td><td>±0.20</td><td>±0.30</td></tr>
<tr><td>≥60～<100</td><td>±0.30</td><td>±0.40</td></tr>
<tr><td>≥100～<200</td><td>±0.4%D</td><td>±0.5%D</td></tr>
<tr><td>≥200</td><td>±0.5%D</td><td>±0.75%D</td></tr>
<tr><td colspan="4">②壁厚的允许偏差</td></tr>
<tr><td colspan="2">壁厚S</td><td colspan="2">壁厚允许偏差</td></tr>
<tr><td colspan="2">≤0.5</td><td colspan="2">±0.10</td></tr>
<tr><td colspan="2">>0.5～1.0</td><td colspan="2">±0.15</td></tr>
<tr><td colspan="2">>1.0～2.0</td><td colspan="2">±0.20</td></tr>
<tr><td colspan="2">>2.0～4.0</td><td colspan="2">±0.30</td></tr>
<tr><td colspan="2">>4.0</td><td colspan="2">±10%S</td></tr>
<tr><td colspan="4">③根据需方的要求，经供需双方协商，并在合同中注明，可供应表中规定以外尺寸允许偏差的钢管
当合同未注明钢管尺寸允许偏差级别时，钢管外径和壁厚的允许偏差按普通级交货</td></tr>
<tr><td colspan="4"></td></tr>
<tr><td colspan="4"></td></tr>
<tr><td>长度</td><td colspan="4">①钢管的通常长度为3 000～9 000 mm
②根据需方要求，经供需双方协商，并在合同中注明，钢管可按定尺长度或倍尺长度交货。钢管的定尺长度或倍尺总长度应在通常范围内，其全长允许偏差为$^{+20}_{0}$mm。每个倍尺长度应留5～10 mm的切口余量
③经供需双方协商，并在合同中注明，外径不小于508 mm的钢管允许有双纵缝或与纵向焊缝相同质量的环缝接头</td></tr>
<tr><td>重量</td><td colspan="4">钢管按理论重量交货，亦可按实际重量交货。按理论重量交货时，理论重量的计算按公式(1)
$W=\frac{\pi}{1000}S(D-S)\rho$ ……………………………(1)</td></tr>
</table>

续表

项目	要求
重量	式中： W——钢管的理论重量，单位为 kg/m π——圆周率，取 3.1416 S——钢管的公称壁厚，单位为 mm D——钢管的公称外径，单位为 mm ρ——钢的密度，单位为 kg/dm^3，各牌号钢的密度见表 2-66

表 2-66 钢的密度和理论重量计算公式

序号	新牌号	旧牌号	密度/$kg \cdot dm^{-3}$	换算后的公式(1)
1	12Cr18Ni9	1Cr18Ni9	7.93	$W=0.02491S(D-S)$
2	06Cr19Ni10	0Cr18Ni9		
3	022Cr19Ni10	00Cr19Ni10	7.90	$W=0.02482S(D-S)$
4	06Cr18Ni11Ti	0Cr18Ni10Ti	8.03	$W=0.02523S(D-S)$
5	06Cr25Ni20	0Cr25Ni20	7.98	$W=0.02507S(D-S)$
6	06Cr17Ni2Mo2	0Cr17Ni12Mo2	8.00	$W=0.02513S(D-S)$
7	022Cr17Ni12Mo2	00Cr17Ni14Mo2		
8	06Cr18Ni11Nb	0Cr18Ni11Nb	8.03	$W=0.02523S(D-S)$
9	022Cr18Ti	00Cr17	7.70	$W=0.02419S(D-S)$
10	022Cr11Ti	—	7.75	$W=0.02435S(D-S)$
11	06Cr13Al	0Cr13Al		
12	019Cr19Mo2NbTi	00Cr18Mo2		
13	022Cr12Ni	—		
14	06Cr13	0Cr13		

表 2-67 钢管的热处理制度及力学性能

序号	类型	牌号	推荐的热处理制度①		力学性能			
					规定非比例延伸强度② $R_{p0.2}$/MPa	抗拉强度 R_m/MPa	断后伸长率 A/%	
							热处理状态	非热处理状态
					≥			
1	奥氏体型	12Cr18Ni9	固溶处理	1010～1150℃快冷	210	520	35	25
2		06Cr19Ni10		1010～1150℃快冷	210	520		
3		022Cr19Ni10		1010～1150℃快冷	180	480		
4		06Cr18Ni11Ti		1030～1180℃快冷	210	520		
5		06Cr25Ni20		1010～1150℃快冷	210	520		
6		06Cr17Ni2Mo2		1010～1150℃快冷	180	480		
7		022Cr17Ni12Mo2		920～1150℃快冷	210	520		
8		06Cr18Ni11Nb		980～1150℃快冷	210	520		

续表

<table>
<tr><th rowspan="3">序号</th><th rowspan="3">类型</th><th rowspan="3">牌号</th><th rowspan="3" colspan="2">推荐的热处理制度①</th><th colspan="4">力学性能</th></tr>
<tr><th rowspan="2">规定非比例延伸强度② $R_{p0.2}$/MPa</th><th rowspan="2">抗拉强度 R_m/MPa</th><th colspan="2">断后伸长率 A/%</th></tr>
<tr><th>热处理状态</th><th>非热处理状态</th></tr>
<tr><th colspan="5"></th><th colspan="4">≥</th></tr>
<tr><td>9</td><td rowspan="5">马氏体型</td><td>022Cr18Ti</td><td rowspan="6">退火处理</td><td>780～950 ℃快冷或缓冷</td><td>180</td><td>360</td><td rowspan="3">20</td><td rowspan="3">—</td></tr>
<tr><td>10</td><td>022Cr11Ti</td><td>800～1 050℃快冷</td><td>240</td><td>410</td></tr>
<tr><td>11</td><td>06Cr13Al</td><td>780～830 ℃快冷或缓冷</td><td>177</td><td>410</td></tr>
<tr><td>12</td><td>019Cr19Mo2NbTi</td><td>830～950 ℃快冷</td><td>275</td><td>400</td><td>18</td><td>—</td></tr>
<tr><td>13</td><td>022Cr12Ni</td><td>830～950 ℃快冷</td><td>275</td><td>400</td><td>18</td><td>—</td></tr>
<tr><td>14</td><td>铁素体型</td><td>06Cr13</td><td>750℃快冷或800～900 ℃缓冷</td><td>210</td><td>410</td><td>20</td><td>—</td></tr>
<tr><td colspan="9">①对 06Cr18Ni11Ti、06Cr18Ni11Nb，需方规定在固溶热处理后需进行稳定化热处理时，稳定化热处理制度为 850～950 ℃快冷
②非比例延伸强度 $R_{p0.2}$仅在需方要求，合同中注明时才给予保证</td></tr>
</table>

六、低压流体输送用焊接钢管(GB/T 3091—2008)

低压流体输送用焊接钢管的尺寸、外形和重量见表 2-68，钢管的力学性能见表 2-70。

表 2-68 低压流体输送用焊接钢管的尺寸、外形和重量

<table>
<tr><th colspan="2">项 目</th><th colspan="4">要 求</th></tr>
<tr><td rowspan="8">尺寸</td><td>外径和壁厚</td><td colspan="4">钢管的外径(D)和壁厚(t)应符合 GB/T 21835 的规定，其中管端用螺纹和沟槽连接的钢管尺寸参见 GB/T 3091—2008 附录 A
根据需方要求，经供需双方协商，并在合同中注明，可供应 GB/T 21835 规定以外尺寸的钢管</td></tr>
<tr><td rowspan="7">外径和壁厚的允许偏差/mm</td><td rowspan="2">外径 D</td><td colspan="2">外径允许偏差</td><td rowspan="2">壁厚允许偏差</td></tr>
<tr><td>管体</td><td>管端
（距管端 100 mm 范围内）</td></tr>
<tr><td>D≤48.3</td><td>±0.5</td><td>—</td><td rowspan="4">±10%t</td></tr>
<tr><td>48.3<D≤273.1</td><td>±1%D</td><td>—</td></tr>
<tr><td>273.1<D≤508</td><td>±0.75%D</td><td>$^{+2.4}_{-0.8}$</td></tr>
<tr><td>D >508</td><td>±1%D 或±10.0，两者取较小值</td><td>$^{+3.2}_{-0.8}$</td></tr>
<tr><td colspan="4">根据需方要求，经供需双方协商，并在合同中注明，可供应表中规定以外允许偏差的钢管</td></tr>
</table>

续表

<table>
<tr><th colspan="2">项　目</th><th>要　求</th></tr>
<tr><td rowspan="4">长度</td><td>通常长度</td><td>3 000～12 000 mm</td></tr>
<tr><td>定尺长度</td><td>钢管的定尺长度应在通常长度范围内，直缝高频电阻焊钢管的定尺长度允许偏差为$^{+20}_{0}$ mm；螺旋缝埋弧焊钢管的定尺长度允许偏差为$^{+50}_{0}$ mm</td></tr>
<tr><td>倍尺长度</td><td>钢管的倍尺总长度应在通常长度范围内，直缝高频电阻焊钢管的总长度允许偏差为$^{+20}_{0}$ mm；螺旋缝埋弧焊钢管的总长度允许偏差为$^{+50}_{0}$ mm，每个倍尺长度应留 5～15 mm 的切口余量</td></tr>
<tr><td>其他</td><td>根据需方要求，经供需双方协商，并在合同中注明，可供应通常长度范围以外的定尺长度和倍尺长度的钢管</td></tr>
<tr><td colspan="2">重量</td><td>①钢管按理论重量交货，也可按实际重量交货
②钢管的理论重量按公式(1)计算(钢的密度按 7.85 kg/dm³)
$W=0.0246615(D-t)t$ ……………………(1)
式中：
W——钢管的单位长度理论重量，单位为 kg/m
D——钢管的外径，单位为 mm
t——钢管的壁厚，单位为 mm
③钢管镀锌后单位长度理论重量按公式(2)计算
$W'=cW$ ……………………(2)
式中：
W'——钢管镀锌后的单位长度理论重量，单位为 kg/m
W——钢管镀锌前的单位长度理论重量，单位为 kg/m
c——镀锌层的重量系数，见表 2-69
④以理论重量交货的钢管，每批或单根钢管的理论重量与实际重量的允许偏差应为±7.5%</td></tr>
</table>

表 2-69　镀锌层的重量系数

壁厚/mm	0.5	0.6	0.8	1.0	1.2	1.4	1.6	1.8	2.0	2.3
系数 c	1.255	1.112	1.159	1.127	1.106	1.091	1.080	1.071	1.064	1.055
壁厚/mm	2.6	2.9	3.2	3.6	4.0	4.5	5.0	5.4	5.6	6.3
系数 c	1.049	1.044	1.040	1.035	1.032	1.028	1.025	0.024	1.023	1.020
壁厚/mm	7.1	8.0	8.8	10	11	12.5	14.2	16	17.5	20
系数 c	1.018	1.016	1.014	1.013	1.012	1.010	1.009	1.008	1.009	1.006

表 2-70 钢管的力学性能

牌号	下屈服强度 R_{eL}/MPa≥		抗拉强度 R_m/MPa	断后伸长率 A/%≥	
	t≤16mm	t>16mm	≥	D≤168.3mm	D>168.3mm
Q195	195	185	315	15	20
Q215A,Q215B	215	205	335		
Q235A,Q235B	235	225	370		
Q295A,Q295B	295	275	390	13	18
Q345A、Q345B	345	325	470		

注:1. 其他钢牌号的力学性能要求由供需双方协商确定。

2. 拉伸试验

外径小于 219.1mm 的钢管拉伸试验应截取母材纵向试样。直缝钢管拉伸试样应在钢管上平行于轴线方向距焊缝约 90°的位置截取,也可在制管用钢板或钢带上平行于轧制方向约位于钢板或钢带边缘与钢板或钢带中心线之间的中间位置截取;螺旋缝钢管拉伸试样应在钢管上平行于轴线距焊缝约 1/4 螺距的位置截取。其中,外径不大于 60.3mm 的钢管可截取全截面拉伸试样。

外径不小于 219.1mm 的钢管拉伸试验应截取母材横向试样和焊缝试样。直缝钢管母材拉伸试样应在钢管上垂直于轴线距焊缝约 180°的位置截取,螺旋缝钢管母材拉伸试样应在钢管上垂直于轴线距焊缝约 1/2 螺距的位置截取。焊缝(包括直缝钢管的焊缝、螺旋缝钢管的螺旋焊缝和钢带对接焊缝)拉伸试样应在钢管上垂直于焊缝截取,且焊缝位于试样的中间,焊缝试样只测定抗拉强度。

拉伸试验结果应符合本表的规定。但外径不大于 60.3mm 钢管全截面拉伸时,断后伸长率仅供参考,不做交货条件。

七、双焊缝冷弯方形及矩形钢管(YB/T 4181—2008)

双焊缝冷弯方形及矩形钢管的分类与代号见表 2-71,钢管的推荐规格见表 2-72 和表 2-73,其他规格由供需双方协商确定。钢管的截面面积等物理特性参考值见表 2-74 和表 2-75。

表 2-71 双焊缝冷弯方形及矩形钢管的分类与代号

分类方法	类别	代号
按外形分	方形钢管	SHF
	矩形钢管	SHJ

表 2-72 双焊缝方形钢管边长与壁厚的推荐规格

公称边长 B	公称壁厚 t/mm
300、320	8、10、12、14、16
350、380	8、10、12、14、16、19
400	8、10、12、14、16、19、22
450、500	8、10、12、14、16、19、22、25
550、600	9、10、12、14、16、19、22、25、32

续表

公称边长 B	公称壁厚 t/mm
650	12、16、19、25、32、36
700、750、800、850、900	16、19、25、32、36
950、1000	19、25、32、36、40

表 2-73　矩形钢管边长与壁厚的推荐规格

公称边长		公称壁厚 t/mm
H	B	
350	250	8、10、12、14、16
350	300	
400	200	
400	250	
400	300	
450	250	
450	300	
450	350	
450	400	9、10、12、14、16
500	300	10、12、14、16
500	400	9、10、12、14、16
500	450	
550	400	
550	500	10、12、14、16、20
600	400	9、10、12、14、16
600	450	
600	500	9、10、12、14、16、19、22
600	550	9、10、12、14、16、19、22、25
700	600	16、19、22、25、32、36
800	600	19、25、32、36、40
800	700	
900	700	
900	800	
1000	850	
1000	900	

表 2-74　方形钢管理论计重量及截面面积

公称边长 B /mm	公称壁厚 t /mm	理论重量 M /kg·m^{-1}	截面面积 A /cm^2
300	8.0	71	91
	10	88	113
	12	104	132
	14	119	152
	16	135	171
	19	156	198

续表

公称边长 B /mm	公称壁厚 t /mm	理论重量 M /kg·m^{-1}	截面面积 A /cm^2
320	8.0	76	97
	10	94	120
	12	111	141
	14	127	162
	16	144	183
	19	167	213
350	8.0	84	107
	10	104	133
	12	123	156
	14	141	180
	16	159	203
	19	185	236
	22	209	266
380	8.0	92	117
	10	113	145
	12	133	170
	14	154	197
	16	174	222
	19	203	259
	22	231	294
400	8.0	96	123
	9.0	108	138
	10	120	153
	12	141	180
	14	163	208
	16	184	235
	19	215	274
	22	243	310
	25	271	346
	28	293	373
450	9.0	122	156
	10	135	173
	12	160	204
	14	185	236
	16	209	267
	19	245	312
	22	279	355
	25	311	396
	28	337	429
	32	375	478

续表

公称边长 B /mm	公称壁厚 t /mm	理论重量 M /kg·m^{-1}	截面面积 A /cm^2
500	9.0	137	174
	10	151	193
	12	179	228
	14	207	264
	16	235	299
	19	275	350
	22	310	395
	25	347	442
	32	428	546
550	9.0	150	191
	10	166	211
	12	197	251
	14	228	290
	16	258	329
	19	302	385
	25	387	492
	32	479	610
	36	529	673
	40	576	733
600	9.0	164	209
	10	182	232
	12	216	275
	14	250	318
	16	283	361
	19	332	423
	25	426	543
	32	529	674
	36	585	745
	40	639	814
650	12	235	299
	16	308	393
	19	362	461
	25	465	593
	32	580	738
	36	642	817
	40	702	894

续表

公称边长 B /mm	公称壁厚 t /mm	理论重量 M /kg·m^{-1}	截面面积 A /cm^2
700	16	333	425
	19	392	499
	25	505	643
	32	630	802
	36	698	889
	40	764	974
750	16	358	457
	19	422	537
	25	544	693
	32	680	688
	36	755	961
	40	827	1054
800	16	348	489
	19	451	575
	25	583	743
	32	730	930
	36	811	1033
	40	890	1134
850	16	409	521
	19	481	613
	25	622	793
	32	781	994
	36	868	1105
	40	953	1214
900	16	434	553
	19	511	651
	25	662	843
	32	831	1058
	36	924	1177
	40	1016	1294
950	19	541	689
	25	701	893
	32	881	1122
	36	981	1249
	40	1078	1374

续表

公称边长 B /mm	公称壁厚 t /mm	理论重量 M /kg·m^{-1}	截面面积 A /cm^2
1000	19	571	727
	25	740	943
	32	931	1186
	36	1037	1320
	40	1141	1454

表 2-75 矩形钢管理论计重量及截面面积

公称边长/mm		公称壁厚/mm	理论重量/kg·m^{-1}	截面面积/cm^2
H	B	t	M	A
350	250	8.0	72	91.2
		10	88	113
		12	104	132
		14	119	152
		16	134	171
350	300	8.0	78	99
		10	96	123
		12	113	144
		14	130	166
		16	147	187
400	200	8.0	72	91
		10	88	113
		12	104	132
		14	119	152
		16	134	171
400	250	8.0	78	99
		10	96	122
		12	113	144
		14	130	166
		16	146	187
400	300	8.0	84	107
		10	104	133
		12	123	156
		14	141	180
		16	159	203

续表

公称边长/mm		公称壁厚/mm	理论重量/kg·m^{-1}	截面面积/cm^2
H	B	t	M	A
450	250	8.0	84	107
		10	104	133
		12	123	156
		14	141	180
		16	159	203
450	300	8.0	91	115
		10	112	142
		12	131	167
		14	151	193
		16	171	217
450	350	8.0	97	123
		10	120	153
		12	141	180
		14	163	208
		16	184	235
450	400	9.0	115	147
		10	128	163
		12	151	192
		14	174	222
		16	197	251
500	300	10	120	153
		12	141	180
		14	163	208
		16	184	235
500	400	9.0	122	156
		10	135	173
		12	160	204
		14	185	236
		16	209	267
500	450	9.0	129	165
		10	143	183
		12	170	216
		14	196	250
		16	222	283

续表

公称边长/mm		公称壁厚/mm	理论重量/kg·m^{-1}	截面面积/cm^2
H	B	t	M	A
550	400	9.0	129	164
		10	143	182
		12	170	216
		14	217	277
		16	221	281
550	500	10	158	202
		12	188	239
		14	217	277
		16	246	313
600	400	9.0	136	173
		10	151	192
		12	178	227
		14	206	263
		16	233	297
600	450	9.0	143	182
		10	158	202
		12	188	239
		14	217	277
		16	246	313
600	500	9.0	150	191
		10	166	212
		12	197	251
		14	228	291
		16	258	329
		19	305	388
		22	348	444
600	550	9.0	157	200
		10	174	222
		12	207	263
		14	239	305
		16	271	345
		19	320	407
		22	366	466
		25	411	523

续表

公称边长/mm		公称壁厚/mm	理论重量/kg·m^{-1}	截面面积/cm^2
H	B	t	M	A
700	600	16	310	395
		19	362	461
		25	465	593
		32	580	738
		36	642	817
		40	702	894
800	600	19	392	499
		25	505	643
		32	630	802
		36	698	889
		40	764	974
800	700	19	422	537
		25	544	693
		32	680	866
		36	755	961
		40	827	1054
900	700	19	451	575
		25	583	743
		32	730	930
		36	811	1033
		40	890	1134
900	800	19	481	613
		25	622	793
		32	781	994
		36	868	1105
		40	953	1214
1000	850	19	526	670
		25	681	868
		32	856	1090
		36	953	1213
		40	1047	1334
1000	900	19	541	689
		25	701	893
		32	881	1122
		36	981	1249
		40	1078	1347

八、直缝电焊钢管(GB/T 13793—2008)

直缝电焊钢管的分类，代号、尺寸、外形、重量及允许偏差见表 2-76，钢管的力学性能见表 2-78。

表 2-76　直缝电焊钢管的分类，代号、尺寸、外形、重量及允许偏差

	分类方法	类别	代号
分类及代号	按制造精度分	(a) 外径普通精度的钢管	PD. A
		(b) 外径较高精度的钢管	PD. B
		(c) 外径高精度的钢管	PD. C
		(d) 壁厚普通精度的钢管	PT. A
		(e) 壁厚较高精度的钢管	PT. B
		(f) 壁厚高精度的钢管	PT. C
		(g) 弯曲度为普通精度的钢管	PS. A
		(h) 弯曲度为较高精度的钢管	PS. B
		(i) 弯曲度为高精度的钢管	PS. C
外径和壁厚	钢管的外径(D)和壁厚(t)应符合 GB/T 21835 的规定。根据需方要求，经供需双方协商，可供应 GB/T 21835 规定以外尺寸的钢管。		
长度	通常长度	钢管的通常长度应符合如下规定： (a) 外径≤30 mm，4 000～6 000 mm； (b) 外径>30～70 mm，4 000～8 000 mm； (c) 外径>70 mm，4 000 ～12 000 mm。 经供需双方协商，并在合同中注明，可提供通常长度以外长度的钢管。 按通常长度交货时，每批钢管可交付数量不超过该批钢管交货总数量 5% 的，长度不小于 2 000 mm 的短尺钢管。	
	定尺长度和倍尺长度	根据需方要求，经供需双方协商，并在合同中注明，钢管可按定尺长度或倍尺长度交货。定尺长度和倍尺总长度应在通常长度范围内。倍尺长度每个倍尺长度应留 5～10 mm 的切口余量。定尺长度、倍尺总长度允许偏差应符合以下规定： (a) $D \leqslant 30$mm，$^{+15}_{0}$mm； (b) $D > 30 \sim 219.1$mm，$^{+20}_{0}$mm； (c) $D > 219.1$ mm，$^{+50}_{0}$ mm	
钢管重量	①钢管按理论重量交货，也可按实际重量交货。 ②非镀锌钢管的理论重量按公式(1)计算(钢的密度为 7.85g/cm³)。 $W=0.0246615(D-t)t$ ………………………… (1) 式中： W——钢管的每米理论重量，单位为 kg/m； D——钢管公称外径，单位为 mm； t ——钢管公称壁厚，单位为 mm。		

续表

钢管重量	③镀锌钢管的理论重量按公式(2)计算。 $W'=cW$ ……………………………………(2) 式中： W'——镀锌钢管的每米理论重量，单位为 kg/m； c——镀锌钢管比原来增加的重量系数，见表 2-77； W——钢管镀锌的每米理论重量，单位为 kg/m。

表 2-77 镀锌钢管的重量系数

壁厚 t/mm		1.2	1.4	1.5	1.6	1.8	2.0	2.2	2.5	2.8	3.0	3.2	3.5	3.8	4.0	4.2
系数 C	A	1.111	1.096	1.089	1.084	1.074	1.067	1.061	1.054	1.048	1.044	1.042	1.038	1.035	1.033	1.032
	B	1.082	1.070	1.065	1.061	1.054	1.049	1.044	1.039	1.035	1.033	1.031	1.028	1.026	1.024	1.023
	C	1.067	1.057	1.054	1.050	1.044	1.040	1.036	1.032	1.029	1.027	1.025	1.023	1.021	1.020	1.019
壁厚 t/mm		4.5	4.8	5.0	5.4	5.6	6.0	6.5	7.0	8.0	9.0	10.0	11.0	12.0	12.7	13.0
系数 C	A	1.030	1.028	1.027	1.025	1.024	1.022	1.020	1.019	1.017	1.015	1.013	1.012	1.011	1.008	1.010
	B	1.022	1.020	1.020	1.018	1.018	1.016	1.015	1.014	1.012	1.011	1.010	1.009	1.008	1.006	1.008
	C	1.018	1.017	1.016	1.015	1.014	1.013	1.012	1.011	1.010	1.009	1.008	1.007	1.007	1.004	1.006

注：本表规定壁厚之外的钢管需要镀锌时，镀锌钢管的重量系数由供需双方协商确定。

表 2-78 钢管的力学性能

牌号	无特殊要求钢管			特殊要求钢管			焊缝抗拉强度 R_m/MPa
	下屈服强度 R_{eL}/MPa	抗拉强度 R_m/MPa	断后伸长率 A/%	下屈服强度 R_{eL}/MPa	抗拉强度 R_m/MPa	断后伸长率 A/%	
	≥						
08、10	195	315	22	205	375	13	315
15	215	355	20	225	400	11	355
20	235	390	19	245	440	9	390
Q195	195	315	22	205	335	14	315
Q215A、Q215B	215	335	22	225	355	13	335
Q235A、Q235B、Q235C	235	375	20	245	390	9	375
Q295A、Q295B	295	390	18	—	—	—	390
Q345A、Q345B、Q345C	345	470	18	—	—	—	470

注：1. 拉伸试验时，外径不大于 219.1mm 的钢管取纵横向试样；外径大于 219.1mm 的钢管取横向试样。

2. 根据需方要求，经供需双方协商，并在合同中注明，外径不小于 219.1mm 的钢管可进行焊缝横向拉伸试验。焊缝横向拉伸试验取样部位应垂直焊缝，焊缝位于试样的中心，抗拉强度值应符合表中规定。

3. 根据需方要求，经供需双方协商，并在合同中注明，B、C 级钢可作冲击试验，冲击吸收能量值由供需双方协商确定。

4. 钢管力学性能试验的试样可从钢管上制取，也可从用于制管的同一钢带上取样。扩径管、减径管的力学性能试样应在扩径或减径后取样。

九、装饰用焊接不锈钢管(YB/T 5363—2006)

装饰用焊接不锈钢管的分类、代号见表 2-79，钢管的尺寸规格见表 2-78 和表 2-79 的规定。经供需双方协商，可生产表 2-80 和表 2-81 尺寸规格以外的钢管。

表 2-79　装饰用焊接不锈钢管的分类、代号

分类方法	类别	代号
按表面交货状态分	表面未抛光状态	SNB
	表面抛光状态	SB
	表面磨光状态	SP
	表面喷砂状态	SA
按截面形状分	圆管	R
	方管	S
	矩形管	Q

表 2-80　圆管规格　　/mm

外径	总壁厚																		
	0.4	0.5	0.6	0.7	0.8	0.9	1.0	1.2	1.4	1.5	1.6	1.8	2.0	2.2	2.5	2.8	3.0	3.2	3.5
6	×	×	×																
8	×	×	×																
9	×	×	×	×	×														
10	×	×	×	×	×	×	×	×											
12		×	×	×	×	×	×	×	×	×	×								
(12.7)			×	×	×	×	×	×	×	×	×								
15			×	×	×	×	×	×	×	×	×								
16			×	×	×	×	×	×	×	×	×								
18			×	×	×	×	×	×	×	×	×								
19			×	×	×	×	×	×	×	×	×								
20			×	×	×	×	×	×	×	×	×	×	○						
22					×	×	×	×	×	×	×	×	○	○					
25					×	×	×	×	×	×	×	×	○	○	○				
28					×	×	×	×	×	×	×	×	○	○	○	○			
30					×	×	×	×	×	×	×	×	○	○	○	○	○		
(31.8)					×	×	×	×	×	×	×	×	○	○	○	○	○		
32					×	×	×	×	×	×	×	×	○	○	○	○	○		
38					×	×	×	×	×	×	×	×	○	○	○	○	○	○	○
40					×	×	×	×	×	×	×	×	○	○	○	○	○	○	○
45					×	×	×	×	×	×	×	×	○	○	○	○	○	○	○
48						×	×	×	×	×	×	×	○	○	○	○	○	○	○
51						×	×	×	×	×	×	×	○	○	○	○	○	○	○
57						×	×	×	×	×	×	×	○	○	○	○	○	○	○

外径	总壁厚																		
	0.4	0.5	0.6	0.7	0.8	0.9	1.0	1.2	1.4	1.5	1.6	1.8	2.0	2.2	2.5	2.8	3.0	3.2	3.5
(63.5)						×	×	×	×	×	×	×	○	○	○	○	○	○	○
65						×	×	×	×	×	×	×	○	○	○	○	○	○	○
70						×	×	×	×	×	×	×	○	○	○	○	○	○	○
76.2						×	×	×	×	×	×	×	○	○	○	○	○	○	○
80						×	×	×	×	×	×	×	○	○	○	○	○	○	○
83							×	×	×	×	×	×	○	○	○	○	○	○	○
89							×	×	×	×	×	×	○	○	○	○	○	○	○
95							×	×	×	×	×	×	○	○	○	○	○	○	○
(101.6)							×	×	×	×	×	×	○	○	○	○	○	○	○
102								×	×	×	×	×	○	○	○	○	○	○	○
108									×	×	×	×	○	○	○	○	○	○	○
114										×	×	×	○	○	○	○	○	○	○
127										×	×	×	○	○	○	○	○	○	○
133													○	○	○	○	○	○	○
140														○	○	○	○	○	○
159															○	○	○	○	○
168.3																○	○	○	○
180																		○	○
193.7																			○
219																			○

注：(　)——不推荐使用；×——采用冷轧板(带)制造；○——采用冷轧板(带)或热轧板(带)制造。

表 2-81 方管、矩形管规格　　/mm

边长×边长		总壁厚																
		0.4	0.5	0.6	0.7	0.8	0.9	1.0	1.2	1.4	1.5	1.6	1.8	2.0	2.2	2.5	2.8	3.0
方管	15×15	×	×	×	×	×	×	×	×									
	20×20		×	×	×	×	×	×	×	×	×	×	×	○				
	25×25			×	×	×	×	×	×	×	×	×	×	○	○	○		
	30×30					×	×	×	×	×	×	×	×	○	○	○		
	40×40						×	×	×	×	×	×	×	○	○	○		
	50×50							×	×	×	×	×	×	○	○	○		
	60×60								×	×	×	×	×	○	○	○		
	70×70									×	×	×	×	○	○	○		
	80×80										×	×	×	○	○	○	○	
	85×85										×	×	×	○	○	○	○	

边长×边长		总壁厚																
		0.4	0.5	0.6	0.7	0.8	0.9	1.0	1.2	1.4	1.5	1.6	1.8	2.0	2.2	2.5	2.8	3.0
方管	90×90											×	×	○	○	○	○	○
	100×100											×	×	○	○	○	○	○
	110×110												×	○	○	○	○	○
	125×125												×	○	○	○	○	○
	130×130													○	○	○	○	○
	140×140													○	○	○	○	○
	170×170														○	○	○	○
矩形管	20×10		×	×	×	×	×	×	×	×	×							
	25×15			×	×	×	×	×	×	×	×	×						
	40×20					×	×	×	×	×	×	×	×					
	50×30						×	×	×	×	×	×	×					
	70×30							×	×	×	×	×	×	○				
	80×40							×	×	×	×	×	×	○				
	90×30							×	×	×	×	×	×	○	○			
	100×40								×	×	×	×	×	○	○			
	110×50									×	×	×	×	○	○			
	120×40									×	×	×	×	○	○			
	120×60										×	×	×	○	○	○		
	130×50										×	×	×	○	○	○		
	130×70											×	×	○	○	○		
	140×60											×	×	○	○	○		
	140×80												×	○	○	○		
	150×50												×	○	○	○	○	
	150×70												×	○	○	○	○	
	160×40												×	○	○	○	○	
	160×90													○	○	○	○	
	170×50													○	○	○	○	
	170×80													○	○	○	○	
	180×70													○	○	○	○	
	180×80													○	○	○	○	○
	180×100													○	○	○	○	○
	190×60													○	○	○	○	○
	190×70														○	○	○	○
	190×90														○	○	○	○
	200×60														○	○	○	○
	200×80														○	○	○	○
	200×140															○	○	○

注：×——采用冷轧板(带)制造；○——采用冷轧板(带)或热轧板(带)制造。

第四节　钢丝、钢筋

一、冷拉圆钢丝、方钢丝、六角钢丝(GB/T 342—1997)

圆钢丝直径为 0.05～16.0 mm；方钢丝边长为 0.50～10.0 mm；六角钢丝对边距离为 1.60～10.0 mm。钢丝公称尺寸、截面面积及理论质量见表 2-82。

表 2-82　钢丝公称尺寸、截面面积及理论质量

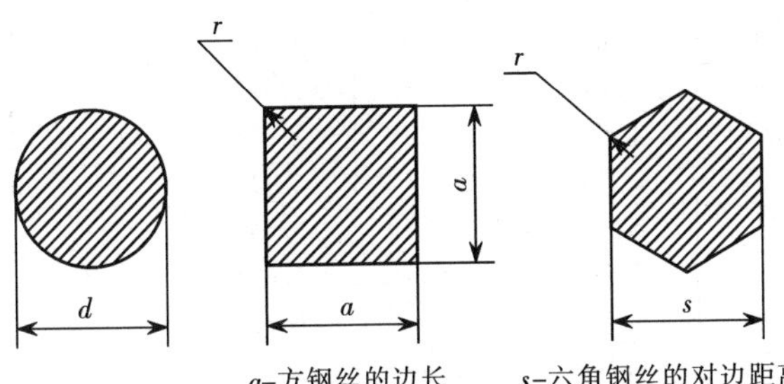

d–圆钢丝直径　a–方钢丝的边长　r–角部圆弧半径　s–六角钢丝的对边距离　r–角部圆弧半径

公称尺寸/mm	圆形		方形		六角形	
	截面面积/mm^2	理论质量/$kg\cdot km^{-1}$	截面面积/mm^2	理论质量/$kg\cdot km^{-1}$	截面面积/mm^2	理论质量/$kg\cdot km^{-1}$
0.050	0.0020	0.016	—	—	—	—
0.055	0.0024	0.019	—	—	—	—
0.063	0.0031	0.024	—	—	—	—
0.070	0.0038	0.030	—	—	—	—
0.080	0.0050	0.039	—	—	—	—
0.090	0.0064	0.050	—	—	—	—
0.10	0.0079	0.062	—	—	—	—
0.11	0.0095	0.075	—	—	—	—
0.12	0.0113	0.089	—	—	—	—
0.14	0.0154	0.121	—	—	—	—
0.16	0.0201	0.158	—	—	—	—
0.18	0.0254	0.199	—	—	—	—
0.20	0.0314	0.246	—	—	—	—
0.22	0.0380	0.298	—	—	—	—
0.25	0.0491	0.385	—	—	—	—
0.28	0.0616	0.484	—	—	—	—
0.30	0.0707	0.555	—	—	—	—
0.32	0.0804	0.631	—	—	—	—

续表

公称尺寸/mm	圆形		方形		六角形	
	截面面积/mm²	理论质量/kg·km⁻¹	截面面积/mm²	理论质量/kg·km⁻¹	截面面积/mm²	理论质量/kg·km⁻¹
0.35	0.096	0.754	—	—	—	—
0.40	0.126	0.989	—	—	—	—
0.45	0.159	1.248	—	—	—	—
0.50	0.196	1.539	0.250	1.962	—	—
0.55	0.238	1.868	0.302	2.371	—	—
0.60	0.283	2.220	0.360	2.826	—	—
0.63	0.312	2.447	0.397	3.116	—	—
0.70	0.385	3.021	0.490	3.846	—	—
0.80	0.503	3.948	0.640	5.024	—	—
0.90	0.636	4.993	0.810	6.358	—	—
1.00	0.785	6.162	1.000	7.850	—	—
1.10	0.950	7.458	1.210	9.498	—	—
1.20	1.131	8.878	1.440	11.30	—	—
1.40	1.539	12.08	1.960	15.39	—	—
1.60	2.011	15.79	2.560	20.10	2.217	17.40
1.80	2.545	19.98	3.240	25.43	2.806	22.03
2.00	3.142	24.66	4.000	31.40	3.464	27.20
2.20	3.801	29.84	4.840	37.99	4.192	32.91
2.50	4.909	38.54	6.250	49.06	5.413	42.49
2.80	6.158	48.34	7.840	61.54	6.790	53.30
3.00	7.069	55.49	9.000	70.65	7.795	61.19
3.20	8.042	63.13	10.24	80.38	8.869	69.62
3.50	9.621	75.52	12.25	96.16	10.61	83.29
4.00	12.57	98.67	16.00	125.6	13.86	108.8
4.50	15.90	124.8	20.25	159.0	17.54	137.7
5.00	19.63	154.2	25.00	196.2	21.65	170.0
5.50	23.76	186.5	30.25	237.5	26.20	205.7
6.00	28.27	221.9	36.00	282.6	31.18	244.8
6.30	31.17	244.7	39.69	311.6	34.38	269.9
7.00	38.48	302.1	49.00	384.6	42.44	333.2
8.00	50.27	394.6	64.00	502.4	55.43	435.1
9.00	63.62	499.4	81.00	635.8	70.15	550.7
10.0	78.54	616.5	100.00	785.0	86.61	679.9

续表

公称尺寸/mm	圆形		方形		六角形	
	截面面积/mm^2	理论质量/$kg\cdot km^{-1}$	截面面积/mm^2	理论质量/$kg\cdot km^{-1}$	截面面积/mm^2	理论质量/$kg\cdot km^{-1}$
11.0	95.03	746.0	—	—	—	—
12.0	113.1	887.8	—	—	—	—
14.0	153.9	1208.1	—	—	—	—
16.0	201.1	1578.6	—	—	—	—

注：1. 表中的理论质量按密度为 7.85g/cm^3 计算，对特殊合金钢丝，在计算理论质量时应采用相应牌号的密度。

2. 表内尺寸一栏，对于圆钢丝表示直径；对于方钢丝表示边长；对于六角钢丝表示对边距离，以下各表相同。

二、一般用途低碳钢丝(YB/T 5294—2006)

低碳钢丝的分类、尺寸与捆内径，以及它的力学性能见表 2-83、表 2-84 和表 2-85。

表 2-83　钢丝的分类和代号

分　类	按交货状态			按用途			按镀锌层重量/$g\cdot m^{-2}$		
	冷拉	退火	镀锌	普通用	制钉用	建筑用	D 级	E 级	F 级
代　号	WCD	TA	SZ	Ⅰ类	Ⅱ类	Ⅲ类	D	E	F

表 2-84 钢丝的尺寸、重量和捆内径

钢丝直径/mm		≤0.3	>0.3～0.5	>0.5～1.0	>1.0～1.2	>1.2～3.0	>3.0～4.5	>4.5～6.0	>6.0
捆重/kg	标准捆	5	10	25	25	50	50	50	—
	非标准捆	0.5	1	2	2.5	3.5	6	8	—
钢丝捆内径/mm		100～300			250～560		400～700		供需双方协议

表 2-85　钢丝的力学性能

直径/mm	抗拉强度 R_m/MPa			180°弯曲试验/次≥			伸长率 $A_{11.3}$/%≥
	冷拉普通用≤	制钉用	建筑用≥	冷拉普通用	建筑用	建筑用	镀锌钢丝
0.3～0.8	980	—	—	—	—	—	10
>0.8～1.2	980	880～1320	—	—			
>1.2～1.8	1060	785～1220	—	6			
>1.8～2.5	1010	735～1170	—	—			
>2.5～3.5	960	685～1120	550	4	4	2	12
>3.5～5.0	890	590～1030	550				
>5.0～6.0	790	540～930	550				
>6.0	690	—	—	—	—	—	

三、预应力混凝土用钢丝(GB/T 5223—2002)

预应力混凝土用钢丝的分类、代号及标记见表 2-86，光圆钢丝的尺寸、允许偏差及每米质量见表 2-87、螺旋肋钢丝的尺寸及允许偏差见表 2-88、三面刻痕钢丝的尺寸及允许偏差见表 2-89。光圆及螺旋肋钢丝的不圆度不得超出其直径公差的 1/20。

表 2-86　分类、代号及标记

<table>
<tr><td rowspan="8">分类、代号</td><td>分类方法</td><td colspan="2">类别</td><td>代号</td></tr>
<tr><td rowspan="3">按加工状态分</td><td colspan="2">冷拉钢丝</td><td>WCD</td></tr>
<tr><td rowspan="2">消除应力钢丝(按松弛性能分)</td><td>低松弛级钢丝</td><td>WLR</td></tr>
<tr><td>普通松弛级钢丝</td><td>WNR</td></tr>
<tr><td rowspan="3">按外形分</td><td colspan="2">光圆钢丝</td><td>P</td></tr>
<tr><td colspan="2">螺旋肋钢丝</td><td>H</td></tr>
<tr><td colspan="2">刻痕钢丝</td><td>I</td></tr>
<tr><td colspan="4"></td></tr>
<tr><td rowspan="2">标记</td><td colspan="4">标记内容：
预应力钢丝；公称直径；抗拉强度等级；加工状态代号；外形代号；标准号</td></tr>
<tr><td colspan="4">标记示例
示例 1：直径为 4. 00 mm，抗拉强度为 1 670 MPa 的冷拉光圆钢丝，其标记为：
预应力钢丝 4 . 00-1670-WCD-P-GB /T 5223—2002
示例 2：直径为 7. 00 mm，抗拉强度为 1 570 MPa 低松弛的螺旋肋钢丝，其标记为：
预应力钢丝 7. 00-1570-WI . R-H-GB/T 5223—2002</td></tr>
<tr><td>盘重</td><td colspan="4">每盘钢丝由一根组成，其盘重不小于 500 kg，允许有 10%的盘数小于 500 kg 但不小于 100 kg</td></tr>
<tr><td>盘径</td><td colspan="4">冷拉钢丝的盘内径应不小于钢丝公称直径的 100 倍。消除应力钢丝的盘内径不小于 1 700 mm</td></tr>
</table>

表 2-87 光圆钢丝尺寸及允许偏差、每米参考质量

公称直径 d_n/mm	直径允许偏差/mm	公称横截面积 S_n/mm^2	每米参考质量/$g \cdot m^{-1}$
3. 00	±0. 04	7. 07	55. 5
4. 00		12. 57	98. 6
5. 00	±0. 05	19. 63	154
6. 00		28. 27	222
6. 25		30. 68	241
7. 00		38. 48	302
8. 00	±0. 06	50. 26	394
9. 00		63. 62	499
10. 00		78. 54	616
12. 00		113. 1	888

注：计算钢丝每米参考质量时钢的密度为 7. 85g /cm^3，后表同此。

表 2-88 螺旋肋钢丝的尺寸及允许偏差

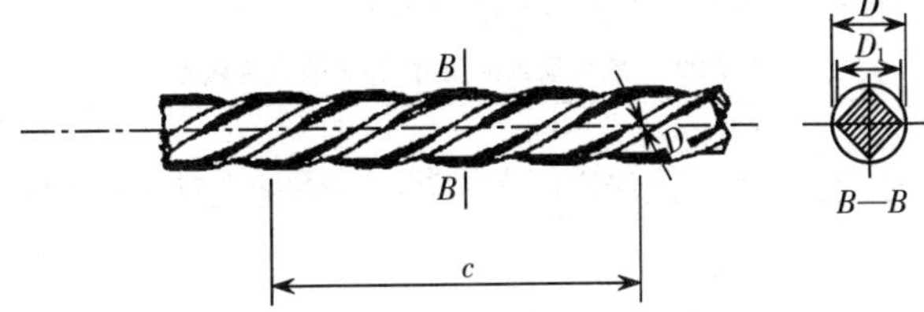

螺旋肋预应力混凝土用钢丝外形示意图

<table>
<tr><th rowspan="2">公称直径 d_n/mm</th><th rowspan="2">螺旋肋数量/条</th><th colspan="2">基圆尺寸</th><th colspan="2">外轮廓尺寸</th><th>单肋尺寸</th><th rowspan="2">螺旋肋导程 C/mm</th></tr>
<tr><th>基圆直径 D_1/mm</th><th>允许偏差/mm</th><th>外轮廓直径 D/mm</th><th>允许偏差/mm</th><th>宽度 a/mm</th></tr>
<tr><td>4.00</td><td rowspan="9">4</td><td>3.85</td><td rowspan="9">±0.05</td><td>4.25</td><td rowspan="5">±0.05</td><td>0.90～1.30</td><td>24～30</td></tr>
<tr><td>4.80</td><td>4.60</td><td>5.10</td><td rowspan="2">1.30～1.70</td><td rowspan="2">28～36</td></tr>
<tr><td>5.00</td><td>4.80</td><td>5.30</td></tr>
<tr><td>6.00</td><td>5.80</td><td>6.30</td><td rowspan="2">1.60～2.00</td><td>30～38</td></tr>
<tr><td>6.25</td><td>6.00</td><td>6.70</td><td>30～40</td></tr>
<tr><td>7.00</td><td>6.73</td><td>7.46</td><td rowspan="4">±0.10</td><td>1.80～2.20</td><td>35～45</td></tr>
<tr><td>8.00</td><td>7.75</td><td>8.45</td><td>2.00～2.40</td><td>40～50</td></tr>
<tr><td>9.00</td><td>8.75</td><td>9.45</td><td>2.10～2.70</td><td>42～52</td></tr>
<tr><td>10.00</td><td>9.75</td><td>10.45</td><td>2.50～3.00</td><td>45～58</td></tr>
</table>

表 2-89 三面刻痕钢丝尺寸及允许偏差

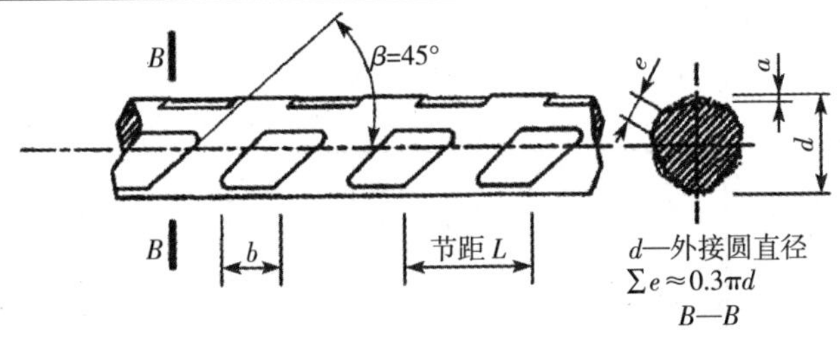

三面刻痕预应力混凝土用钢丝外形示意图

<table>
<tr><th rowspan="2">公称直径 d_n/mm</th><th colspan="2">刻痕深度</th><th colspan="2">刻痕长度</th><th colspan="2">节距</th></tr>
<tr><th>公称深度 a/mm</th><th>允许偏差/mm</th><th>公称长度 b/mm</th><th>允许偏差/mm</th><th>公称节距 L/mm</th><th>允许偏差/mm</th></tr>
<tr><td>≤5.00</td><td>0.12</td><td rowspan="2">±0.05</td><td>3.5</td><td rowspan="2">±0.05</td><td>5.5</td><td rowspan="2">±0.05</td></tr>
<tr><td>>5.00</td><td>0.15</td><td>5.0</td><td>8.0</td></tr>
</table>

注：1. 指公称直径横截面积等同于光圆钢丝时所对应的直径。

2. 三面刻痕钢丝三条刻痕中的其中一条倾斜方向与其他两条相反。

四、热轧盘条的尺寸、外形、重量及允许偏差(GB/T 14981—2009)

热轧盘条的尺寸、形状及允许偏差见表 2-90。

表 2-90　热轧盘条的尺寸、外形及允许偏差

公称直径/mm	允许偏差/mm			不圆度/mm			横截面积/mm²	理论重量/kg·m⁻¹
	A级精度	B级精度	C级精度	A级精度	B级精度	C级精度		
5	±0.30	±0.25	±0.15	≤0.48	≤0.40	≤0.24	19.63	0.154
5.5							23.76	0.187
6							28.27	0.222
6.5							33.18	0.260
7							38.48	0.302
7.5							44.18	0.347
8							50.26	0.395
8.5							56.74	0.445
9							63.62	0.499
9.5							70.88	0.556
10							78.54	0.617
10.5	±0.40	±0.30	±0.20	≤0.64	≤0.48	≤0.32	86.59	0.680
11							95.03	0.746
11.5							103.9	0.816
12							113.1	0.888
12.5							122.7	0.963
13							132.7	1.04
13.5							143.1	1.12
14							153.9	1.21
14.5							165.1	1.30
15							176.7	1.39
15.5	±0.50	±0.35	±0.25	≤0.80	≤0.56	≤0.40	188.7	1.48
16							201.1	1.58
17							227.0	1.78
18							254.5	2.00
19							283.5	2.23
20							314.2	2.47
21							346.3	2.72
22							380.1	2.98
23							415.5	3.26
24							452.4	3.55
25							490.9	3.85

续表

公称直径/mm	允许偏差/mm			不圆度/mm			横截面积/mm²	理论重量/kg·m⁻¹
	A级精度	B级精度	C级精度	A级精度	B级精度	C级精度		
26	±0.60	±0.40	±0.30	≤0.96	≤0.64	≤0.48	530.9	4.17
27							572.6	4.49
28							615.7	4.83
29							660.5	5.18
30							706.9	5.55
31							754.8	5.92
32							804.2	6.31
33							855.3	6.71
34							907.9	7.13
35							962.1	7.55
36							1018	7.99
37							1075	8.44
38							1134	8.90
39							1195	9.38
40							1257	9.87
41	±0.80	±0.50	—	≤1.28	≤0.80	—	1320	1036
42							1385	10.88
43							1452	11.40
44							1521	11.94
45							1590	12.48
46							1662	13.05
47							1735	13.62
48							1810	14.21
49							1886	14.80
50							1964	15.41
51	±1.00	±0.60	—	≤1.60	≤0.96	—	2042	16.03
52							2123	16.66
53							2205	17.31
54							2289	17.97
55							2375	18.64
56							2462	19.32
57							2550	20.02
58							2641	20.73
59							2733	21.45
60							2826	22.18

注:1.盘条的理论重量按密度7.85g/cm³计算。

2. 不圆度≤相应级别直径公差的 80%。

3. 精度级别应在相应的产品标准或合同中注明，未注明者按 A 级精度执行。

4. 根据需方要求，经供需双方协议可采用其他尺寸偏差要求，但公差不允许超过表中相应规格的规定值。

5. 每卷盘条由一根组成，盘条重量应≥1 000 kg。下列两种情况允许交货，但其盘卷总数应≤每批盘数的 5%(不足 2 盘的允许有 2 盘)。①由一根组成的盘重<1 000 kg 但>800 kg；②由两根组成的盘卷，但盘重≥1 000 kg，每根盘条的重量≥300 kg，并且有明显标识。

五、低碳钢热轧圆盘条(GB/T 701—2008)

低碳钢热轧圆盘条的技术要求，见表 2-91。

表 2-91 低碳钢热轧盘条的技术要求

<table>
<tr><td>项目</td><td colspan="7">要求</td></tr>
<tr><td>尺寸、外形及允许偏差</td><td colspan="7">应符合 GB/T 14981 的规定，盘卷应规整</td></tr>
<tr><td>重量</td><td colspan="7">每卷盘条的重量不应小于 1 000 kg。每批允许有 5%的盘数(不足 2 盘的允许有 2 盘)由两根组成，但每根盘条的重量不少于 300 kg，并且有明显标识</td></tr>
<tr><td rowspan="9">牌号和化学成分</td><td rowspan="3">牌号</td><td colspan="6">化学成分(质量分数)/%</td></tr>
<tr><td rowspan="2">C</td><td rowspan="2">Mn</td><td>Si</td><td>S</td><td>P</td><td rowspan="2">Cr、Ni、Cu、As</td></tr>
<tr><td colspan="3">≤</td></tr>
<tr><td>Q195</td><td>≤0.12</td><td>0.25～0.50</td><td rowspan="4">0.30</td><td>0.040</td><td>0.035</td><td rowspan="4">残余含量应符合 GB/T 700 的有关规定</td></tr>
<tr><td>Q215</td><td>0.09～0.15</td><td>0.25～0.60</td><td rowspan="3">0.045</td><td rowspan="3">0.045</td></tr>
<tr><td>Q235</td><td>0.12～0.20</td><td>0.30～0.70</td></tr>
<tr><td>Q275</td><td>0.14～0.22</td><td>0.40～1.00</td></tr>
<tr><td colspan="7">经供需双方协议并在合同中注明，可供应其他成分或牌号的盘条</td></tr>
<tr><td colspan="7"></td></tr>
<tr><td rowspan="7">力学性能和工艺性能</td><td rowspan="2">牌号</td><td colspan="5">力 学 性 能</td><td rowspan="2">冷弯试验 180°
d=弯心直径
a=试样直径</td></tr>
<tr><td colspan="2">抗拉强度 R_m/MPa
≤</td><td colspan="3">断后伸长率 $A_{11.3}$/%
≥</td></tr>
<tr><td>Q195</td><td colspan="2">410</td><td colspan="3">30</td><td>$d=0$</td></tr>
<tr><td>Q215</td><td colspan="2">435</td><td colspan="3">28</td><td>$d=0$</td></tr>
<tr><td>Q235</td><td colspan="2">500</td><td colspan="3">23</td><td>$d=0.5a$</td></tr>
<tr><td>Q275</td><td colspan="2">540</td><td colspan="3">21</td><td>$d=1.5a$</td></tr>
<tr><td colspan="7">经供需双方协商并在合同中注明，可做冷弯性能试验。直径大于 12 mm的盘条，冷弯性能指标由供需双方协商确定</td></tr>
</table>

六、预应力混凝土用螺纹钢筋(GB/T 20065—2006)

预应力混凝土用螺纹钢筋以屈服强度划分级别，其代号为"PSB"加上规定屈服强度最小值表示。例如：PSBS30 表示屈服强度最小值为 830 MPa 的钢筋。钢筋的公称截面面积与理论重量见表 2-92，钢筋外形尺寸及允许偏差见表 2-93。

表 2-92　钢筋的公称截面面积与理论重量

公称直径/mm	公称截面面积/mm²	有效截面系数	理论截面面积/mm²	理论重量/kg·m⁻¹
18	254.5	0.95	267.9	2.11
25	490.9	0.94	522.2	4.10
32	804.2	0.95	846.5	6.65
40	1256.6	0.95	1322.7	10.34
50	1963.5	0.95	2066.8	16.28

注：1. 推荐的钢筋公称直径为 25 mm、32 mm。可根据用户要求提供其他规格的钢筋。

2. 钢筋按实际重量或理论重量交货。钢筋实际重量与理论重量的允许偏差应不大于表中规定的理论重量的±4%。

3. 钢筋通常按定尺长度交货，具体交货长度应在合同中注明。可按需方要求长度进行锯切再加工。钢筋按定尺或倍尺长度交货时，长度允许偏差为 0～20 mm。

表 2-93　钢筋外形尺寸及允许偏差

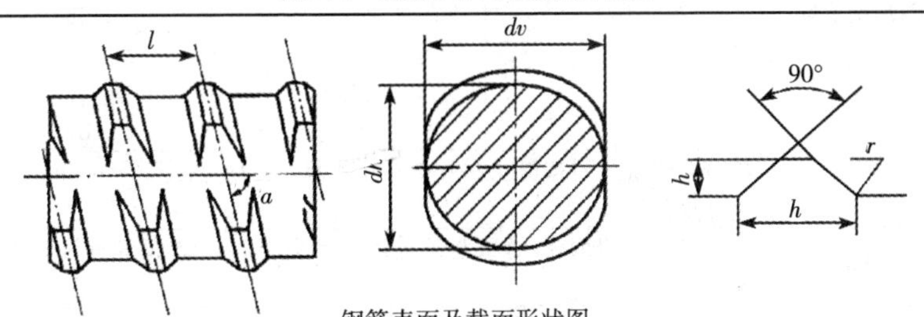

钢筋表面及截面形状图

<table>
<tr><th rowspan="3">公称直径/mm</th><th colspan="4">基圆直径/mm</th><th colspan="2">螺纹高/mm</th><th colspan="2">螺纹底宽/mm</th><th colspan="2">螺距/mm</th><th rowspan="3">螺纹根弧 r/mm</th><th rowspan="3">导角 α</th></tr>
<tr><th colspan="2">dh</th><th colspan="2">dv</th><th colspan="2">h</th><th colspan="2">b</th><th colspan="2">l</th></tr>
<tr><th>公称尺寸</th><th>允许偏差</th><th>公称尺寸</th><th>允许偏差</th><th>公称尺寸</th><th>允许偏差</th><th>公称尺寸</th><th>允许偏差</th><th>公称尺寸</th><th>允许偏差</th></tr>
<tr><td>18</td><td>18.0</td><td rowspan="2">±0.4</td><td>18.0</td><td>+0.4
−0.8</td><td>1.2</td><td rowspan="2">±0.3</td><td>4.0</td><td rowspan="5">±0.5</td><td>9.0</td><td>±0.2</td><td>1.0</td><td>80°42′</td></tr>
<tr><td>25</td><td>25.0</td><td>25.0</td><td>+0.4
−0.8</td><td>1.6</td><td>6.0</td><td>12.0</td><td rowspan="2">±0.3</td><td>1.5</td><td>81°19′</td></tr>
<tr><td>32</td><td>32.0</td><td>±0.5</td><td>32.0</td><td>+0.4
−1.2</td><td>2.0</td><td>±0.4</td><td>7.0</td><td>16.0</td><td>2.0</td><td>80°40′</td></tr>
<tr><td>40</td><td>40.0</td><td rowspan="2">±0.6</td><td>40.0</td><td>+0.5
−1.2</td><td>2.5</td><td>±0.5</td><td>8.0</td><td>20.0</td><td rowspan="2">±0.4</td><td>2.5</td><td>80°29′</td></tr>
<tr><td>50</td><td>50.0</td><td>50.0</td><td>+0.5
−1.2</td><td>3.0</td><td>+0.5
−1.0</td><td>9.0</td><td>24.0</td><td>2.5</td><td>81°19′</td></tr>
</table>

注：1. 螺纹底宽允许偏差属于轧辊设计数。

2. 钢筋的弯曲度不得影响正常使用，钢筋弯曲度不应大于 4mm/m，总弯曲度不大于钢筋总长度的 0.1%。

3. 钢筋的端部应平齐，不影响连接器通过。

七、热轧光圆钢筋(GB 1499.1—2008)

热轧光圆钢筋按屈服强度特征值分为 235、300 级。牌号由 HPB+屈服强度特征值构成，即 HPB235 和 HPB300。热轧光圆钢筋的技术指标见表 2-94。

表 2-94　热轧光圆钢筋

<table>
<tr><td>公称直径范围及推荐直径</td><td colspan="6">钢筋的公称直径范围为 6 mm～22 mm，本部分推荐的钢筋公称直径为 6 mm、8 mm、10 mm、12 mm、16 mm、20 mm</td></tr>
<tr><td rowspan="12">公称横截面面积与理论重量</td><td colspan="2">公称直径/mm</td><td colspan="2">公称横截面面积/mm²</td><td colspan="2">理论重量/kg·m⁻¹</td></tr>
<tr><td colspan="2">6(6.5)</td><td colspan="2">28.27(33.18)</td><td colspan="2">0.222(0.260)</td></tr>
<tr><td colspan="2">8</td><td colspan="2">50.27</td><td colspan="2">0.395</td></tr>
<tr><td colspan="2">10</td><td colspan="2">78.54</td><td colspan="2">0.617</td></tr>
<tr><td colspan="2">12</td><td colspan="2">113.1</td><td colspan="2">0.888</td></tr>
<tr><td colspan="2">14</td><td colspan="2">153.9</td><td colspan="2">1.21</td></tr>
<tr><td colspan="2">16</td><td colspan="2">201.1</td><td colspan="2">1.58</td></tr>
<tr><td colspan="2">18</td><td colspan="2">254.5</td><td colspan="2">2.00</td></tr>
<tr><td colspan="2">20</td><td colspan="2">314.2</td><td colspan="2">2.47</td></tr>
<tr><td colspan="2">22</td><td colspan="2">380.1</td><td colspan="2">2.98</td></tr>
<tr><td colspan="6">注：表中理论重量按密度为 7.85/cm³ 计算。公称直径 6.5mm 的产品为过渡性产品。</td></tr>
<tr><td colspan="6"></td></tr>
<tr><td>盘重</td><td colspan="6">按盘卷交货的钢筋，每根盘条重量应不小于 500 kg，每盘重量应不小于1 000 kg。</td></tr>
<tr><td rowspan="4">力学性能和工艺性能</td><td rowspan="2">牌号</td><td>R_{eL}/ MPa</td><td>R_m/ MPa</td><td>A/%</td><td>A_{gt}/%</td><td rowspan="2">冷弯曲试验 180°
d—弯芯直径
a—钢筋公称直径</td></tr>
<tr><td colspan="4">⩽</td></tr>
<tr><td>HPB235</td><td>235</td><td>370</td><td rowspan="2">25.0</td><td rowspan="2">10.0</td><td rowspan="2">$d=a$
(弯曲后，钢筋壁弯曲部位表面不得产生裂纹)</td></tr>
<tr><td>HPB300</td><td>300</td><td>420</td></tr>
</table>

注：1. 表中所列各力学性能特征值，可作为交货检验的最小保证值。

2. 根据供需双方协议，伸长率类型可从 A 或 A_{gt} 中选定。如伸长率类型未经协议确定，则伸长率采用 A，仲裁检验时采用 A_{gt}。

八、热轧带肋钢筋(GB 1499.2—2007)

热轧带肋钢筋按屈服强度特征值分为 335、400、500 级。普通热轧带肋钢筋牌号由 HRB+屈服强度特征值构成，即 HRB335、HRB400 和 HRB500；细晶粒热轧带肋钢筋牌号由 HRBF+屈服强度特征值构成，即 HRBF335、HRBF400 和 HRBF500。热轧带肋钢筋的尺寸、外形，重量及允许偏差见表 2-95 和表 2-96，钢筋的力学性能见表 2-97，钢筋的工艺性能见表 2-98。

表 2-95 热轧带肋钢筋的尺寸、外形，重量及允许偏差

公称直径范围及推荐直径	钢筋的公称直径范围为 6 mm～50 mm，本部分推荐的钢筋公称直径为 6 mm、8 mm、10 mm、12 mm、16 mm、20 mm、25 mm、32 mm、40 mm、50 mm		
公称横截面面积与理论重量	公称直径/mm	公称横截面面积/mm^2	理论重量/$kg \cdot m^{-1}$
	6	28.27	0.222
	8	50.27	0.395
	10	78.54	0.617
	12	113.1	0.888
	14	153.9	1.21
	16	201.1	1.58
	18	254.5	2.00
	20	314.2	2.47
	22	380.1	2.98
	25	490.9	3.85
	28	615.8	4.83
	32	804.2	6.31
	36	1018	7.99
	40	1257	9.87
	50	1964	15.42
	注：表中理论重量按密度为 7.85g/cm^3 计算。		
交货形式	通常按直条交货。直径≤12 mm 的钢筋也可按盘卷交货		

表 2-96 带肋钢筋的外形尺寸及允许偏差/mm

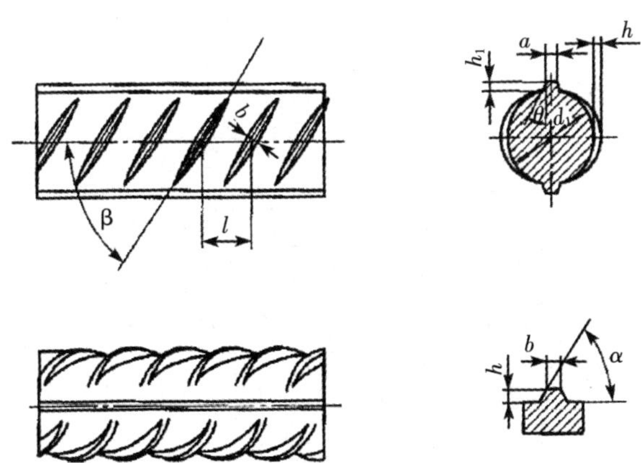

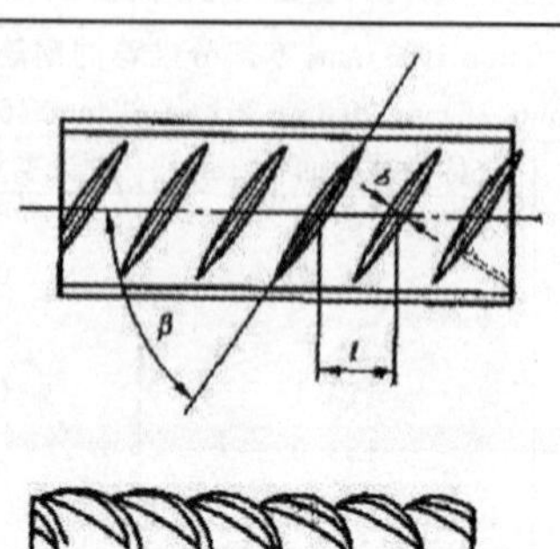

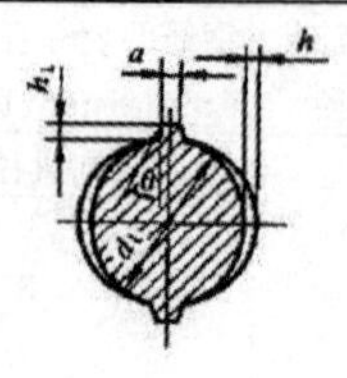

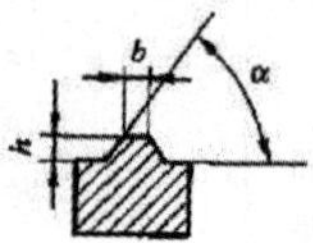

d_1——钢筋内径；α——横肋斜角；h——横肋高度；β——横肋与轴线夹角；h_1——纵肋高度；θ——纵肋斜角；a——纵肋顶宽；l——横肋间距；b——横肋顶宽

月牙肋钢筋（带纵肋）表面及截面形状

公称直径 d	内径 d_1		横肋高 h		纵肋高 $h_1 \leqslant$	横肋宽 b	纵肋宽 a	间距 l		横肋末端最大间隙（公称周长的 10%弦长）
	公称尺寸	允许偏差	公称尺寸	允许偏差				公称尺寸	允许偏差	
6	5.8	±0.3	0.6	±0.3	0.8	0.4	1.0	4.0	±0.5	1.8
8	7.7	±0.4	0.8	+0.4 −0.3	1.1	0.5	1.5	5.5		1.5
10	9.6		1.0	±0.4	1.3	0.6	1.5	7.0		3.1
12	11.5		1.2	+0.4 −0.5	1.6	0.7	1.5	8.0		3.7
14	13.4		1.4		1.8	0.8	1.8	9.0		4.3
16	15.4		1.5		1.9	0.9	1.8	10.0		5.0
18	17.3		1.6	±0.5	2.0	1.0	2.0	10.0		5.6
20	19.3	±0.5	1.7		2.1	1.2	2.0	10.0	±0.8	6.2
22	21.3		1.9	±0.6	2.4	1.3	2.5	10.5		6.8
25	24.2		2.1		2.6	1.5	2.5	12.5		7.7
28	27.2	±0.6	2.2		2.7	1.7	3.0	12.5	±1.0	8.6
32	31.0		2.4	+0.8 −0.7	3.0	1.9	3.0	14.0		9.9
36	35.0		2.6	+1.0 −0.8	3.2	2.1	3.5	15.0		11.1
40	38.7	±0.7	2.9	±1.1	3.5	2.2	3.5	15.0		12.4
50	48.5	±0.8	3.2	±1.2	3.8	2.5	4.0	16.0		15.5

注：1. 纵肋斜角 θ 为 0°～30°。

2. 尺寸 a、b 为参考数据。

表 2-97　钢筋的力学性能

<table>
<tr><td rowspan="5">拉伸试验</td><td rowspan="2">牌号</td><td>R_{eL}/MPa</td><td>R_m/MPa</td><td>A/%</td><td>A_{gt}/%</td></tr>
<tr><td colspan="4">≤</td></tr>
<tr><td>HRB335
HRBF335</td><td>335</td><td>455</td><td>17</td><td rowspan="3">7.5</td></tr>
<tr><td>HRB400
HRBF400</td><td>400</td><td>540</td><td>16</td></tr>
<tr><td>HRB500
HRBF500</td><td>500</td><td>630</td><td>15</td></tr>
<tr><td></td><td colspan="5">注：1. 直径 28～40 mm 各牌号钢筋的断后伸长率 A 可降低 1%；直径大于 40 mm 各牌号钢筋的断后伸长率 A 可降低 2%。
2. 有较高要求的抗震结构适用牌号为：在表中已有牌号后加 E（例如：HRB400E、HRBF400E）的钢筋。该类钢筋除应满足以下①、②、③的要求外，其他要求与相对应的已有牌号钢筋相同。
①钢筋实测抗拉强度与实测屈服强度之比 $R^0_m/R^0_{eL}\geq 1.25$。
②钢筋实测屈服强度与表中规定的屈服强度特征值之比 $R^0_{eL}/R_{eL}\leq 1.30$。
③钢筋的最大力总伸长率 $A_{gt}\geq 9\%$。
3. 对于没有明显屈服强度的钢，屈服强度特征值 R_{eL} 采用规定非比例延伸强度 $R_{p0.2}$。
4. 根据供需双方协议，伸长率类型可从 A 或 A_{gt} 中选定。如伸长率类型未经协议确定，则伸长率采用 A，仲裁检验时采用 A_{gt}</td></tr>
<tr><td>疲劳性能</td><td colspan="5">如需方要求，经供需双方协议，可进行疲劳性能试验，疲劳试验的技术要求和试验方法由供需双方协商确定</td></tr>
</table>

表 2-98　钢筋的工艺性能

<table>
<tr><td rowspan="10">弯曲性能/mm</td><td>牌号</td><td>公称直径 d</td><td>弯芯直径</td><td>要求</td></tr>
<tr><td rowspan="3">HRB335
HRBF335</td><td>6～25</td><td>$3d$</td><td rowspan="9">弯曲 180°后钢筋受弯曲部位表面不得产生裂纹</td></tr>
<tr><td>28～40</td><td>$4d$</td></tr>
<tr><td>>40～50</td><td>$5d$</td></tr>
<tr><td rowspan="3">HRB400
HRBF400</td><td>6～25</td><td>$4d$</td></tr>
<tr><td>28～40</td><td>$5d$</td></tr>
<tr><td>>40～50</td><td>$6d$</td></tr>
<tr><td rowspan="3">HRB500
HRBF500</td><td>6～25</td><td>$6d$</td></tr>
<tr><td>28～40</td><td>$7d$</td></tr>
<tr><td>>40～50</td><td>$8d$</td></tr>
<tr><td>反向弯曲性能
（根据需方要求进行）</td><td colspan="4">反向弯曲试验的弯芯直径比弯曲试验相应增加一个钢筋公称直径。
反向弯曲试验：先正向弯曲 90°后再反向弯曲 20°。两个弯曲角度均应在去载之前测量。经反向弯曲试验后，钢筋受弯曲部位表面不得产生裂纹</td></tr>
</table>

焊接性能	1. 钢筋的焊接工艺及接头的质量检验与验收应符合相关行业标准的规定。 2. 普通热轧钢筋在生产工艺、设备有重大变化及新产品生产时进行型式检验。 3. 细晶粒热轧钢筋的焊接工艺应经试验确定
晶粒度	细晶粒热轧钢筋应做晶粒度检验，其晶粒度不粗于9级，如供方能保证可不做晶粒度检验

九、预应力混凝土用钢棒(GB/T 5223.3—2005)

预应力混凝土用钢棒的分类、代号、标记及有关技术要求见表2-99，钢棒的公称直径、横截面积、重量及性能见表2-100～表2-102，钢棒的外形、尺寸及偏差见表2-103～表2-106。

表2-99 预应力混凝土用钢棒的分类、代号、标记及有关技术要求

	分类方法	类　别	代号	备注
分类与代号	按钢棒表面形状分	光圆钢棒	P	表面形状、类型按用户要求选定
		螺旋槽钢棒	HG	
		螺旋肋钢棒	HR	
		带肋钢棒	R	
	松弛程度	普通松弛	N	—
		低松弛	L	—
标记	标记内容	预应力钢棒(PCB)、公称直径、公称抗拉强度、代号、延性级别(延性35或延性25)、松弛(N或L)、标准号。		
	标记示例	示例：公称直径为9 mm，公称抗拉强度为1 420MPa，35级延性，低松弛预应力混凝土用螺旋槽钢棒，其标记为：PCB 9－1420－35－L－HG－GB/T 5223.3		
盘径		产品可以盘卷或直条交货。 内圈盘径应不小于2 000 mm。直条长度及允许偏差按供需双方协议要求。		
盘重		每盘钢棒由一根组成，盘重一般应不小于500 kg，每批允许有10%的盘数小于500 kg但不小于200 kg		

表2-100 钢棒的公称直径、横截面积、重量及性能

表面形状类型	公称直径 D_n/mm	公称横截面积 S_0/mm²	横截面积 S/mm² 最小	横截面积 S/mm² 最大	每米参考重量 /g·m⁻¹	抗拉强度 R_m/MPa ≥	规定非比例延伸强度 $R_{p0.2}$/MPa≥	弯曲性能 性能要求	弯曲性能 弯曲半径/mm
光圆	6	28.3	26.8	29.0	222	对所有规格钢棒 1080 1230 1420 1570	对所有规格钢棒 930 1080 1230 1420	反复弯曲≥4次/180°	15
	7	38.5	36.3	39.5	302				20
	8	50.3	47.5	51.5	394				20
	10	78.5	74.1	80.4	616				25

续表

表面形状类型	公称直径 D_n/mm	公称横截面积 S_0/mm^2	横截面积 S/mm^2		每米参考重量 /g·m⁻¹	抗拉强度 R_m/MPa ≥	规定非比例延伸强度 $R_{p0.2}$/MPa≥	弯曲性能	
			最小	最大				性能要求	弯曲半径/mm
光圆	11	95.0	93.1	97.4	746	对所有规格钢棒 1080 1230 1420 1570	对所有规格钢棒 930 1080 1230 1420	弯曲160°～180°后弯曲处无裂纹	弯芯直径为钢棒公称直径的10倍
	12	113	106.8	115.8	887				
	13	133	130.3	136.3	1044				
	14	154	145.6	157.8	1209				
	16	201	190.2	206.0	1578				
螺旋槽	7.1	40	39.0	41.7	314			—	—
	9	64	62.4	66.5	502				
	10.7	90	87.5	93.6	707				
	12.6	125	121.5	129.9	981				
螺旋肋	6	28.3	26.8	29.0	222			反复弯曲≥4次/180°	15
	7	38.5	36.3	39.5	302				20
	8	50.3	47.5	51.5	394				20
	10	78.5	74.1	80.4	616				25
	12	113	106.8	115.8	887			弯曲160°～180°后弯曲处无裂纹	弯芯直径为钢棒公称直径的10倍
	14	154	145.6	157.8	1209				
带肋	6	28.3	26.8	29.0	222			—	—
	8	50.3	47.5	51.5	394				
	10	78.5	74.1	80.4	616				
	12	113	106.8	115.8	887				
	14	154	145.6	157.8	1209				
	16	201	190.2	206.0	1578				

注：1. 经拉伸试验后，目视观察，钢棒应显出缩颈韧性断口。

2. 钢棒应进行初始应力为70%公称抗拉强度时1 000 h的松弛试验。假如需方有要求，也应测定初始应力为60%和80%公称抗拉强度时1 000 h的松弛值，其松弛值符合表2-102的规定。

3. 经供需双方协商，合同中注明，可对钢棒进行疲劳试验，数值遵照GBT 5223.3—2005附录A的规定。

4. 除非生产厂家另有规定，弹性模量为200GPa±10GPa，但不做为交货条件。

表2-101 伸长特性要求

延性级别	最大力总伸长率(L_0=200 mm)A_{gt}/%	断后伸长率($L_0=8d_n$)A/%≥
延性35	3.5	7.0
延性25	2.5	5.0

注1：日常检验可用断后伸长率，仲裁试验以最大力总伸长率为准。

表 2-102 最大松弛值

初始应力为公称抗拉强度的百分数/%	1 000 h 松弛值/%	
	普通松弛(N)	低松弛(L)
70	4.0	2.0
60	2.0	1.0
80	9.0	4.5

表 2-103 螺旋槽钢棒的外形、尺寸及偏差

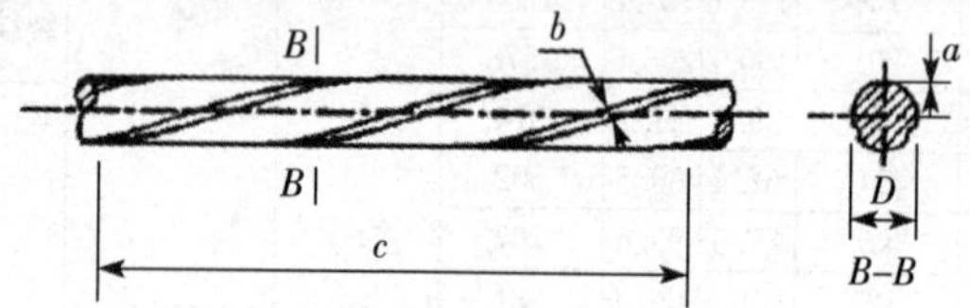

① 3 条螺旋槽钢棒外形示意图

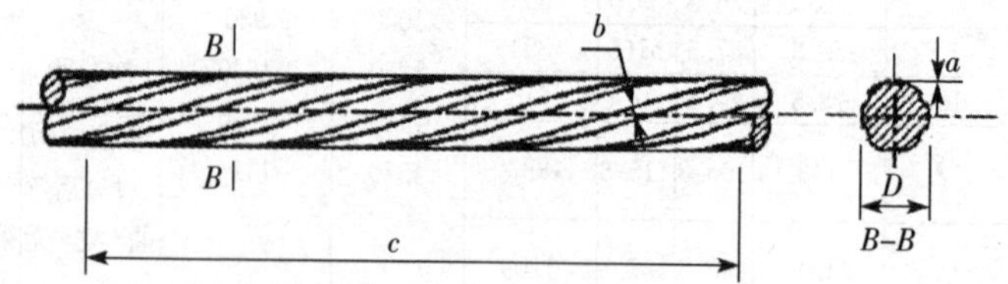

② 6 条螺旋槽钢棒外形示意图

螺旋槽钢棒外形示意图

公称直径 D_n/mm	螺旋槽数量/条	外轮廓直径及偏差		螺旋槽尺寸				导程及偏差	
		直径 D/mm	偏差 /mm	深度 a/mm	偏差 /mm	宽度 b/mm	偏差 /mm	导程 /mm	偏差 /mm
7.1	3	7.25	±0.15	0.20	±0.10	1.70	±0.10	公称直径的10倍	±10
9	6	9.15	±0.20	0.20		1.50			
10.7	6	11.10		0.30		2.00			
12.6	6	13.10		0.45	±0.15	2.20			

表 2-104 螺旋肋钢棒的外形、尺寸及偏差

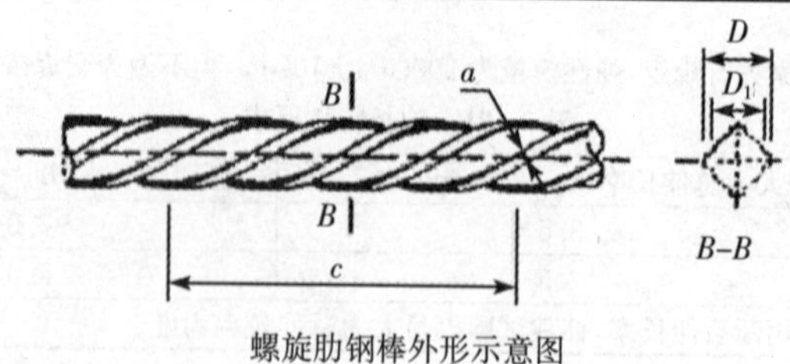

螺旋肋钢棒外形示意图

续表

<table>
<tr><th rowspan="2">公称直径 D_n/mm</th><th rowspan="2">螺旋肋数量/条</th><th colspan="2">基圆尺寸</th><th colspan="2">外轮廓尺寸</th><th>单肋尺寸</th><th rowspan="2">螺旋肋导程 c/mm</th></tr>
<tr><th>基圆直径 D_1/mm</th><th>偏差/mm</th><th>外轮廓直径 D/mm</th><th>偏差/mm</th><th>宽度 a/mm</th></tr>
<tr><td>6</td><td rowspan="6">4</td><td>5.80</td><td rowspan="4">±0.10</td><td>6.30</td><td rowspan="3">±0.15</td><td>2.20～2.60</td><td>40～50</td></tr>
<tr><td>7</td><td>6.73</td><td>7.46</td><td>2.60～3.00</td><td>50～60</td></tr>
<tr><td>8</td><td>7.75</td><td>8.45</td><td>3.00～3.40</td><td>60～70</td></tr>
<tr><td>10</td><td>9.75</td><td>10.45</td><td rowspan="3">±0.20</td><td>3.60～4.20</td><td>70～85</td></tr>
<tr><td>12</td><td>11.70</td><td rowspan="2">±0.15</td><td>12.50</td><td>4.20～5.00</td><td>85～100</td></tr>
<tr><td>14</td><td>13.75</td><td>14.40</td><td>5.00～5.80</td><td>100～115</td></tr>
</table>

表 2-105　有纵肋带肋钢棒的外形、尺寸及允许偏差

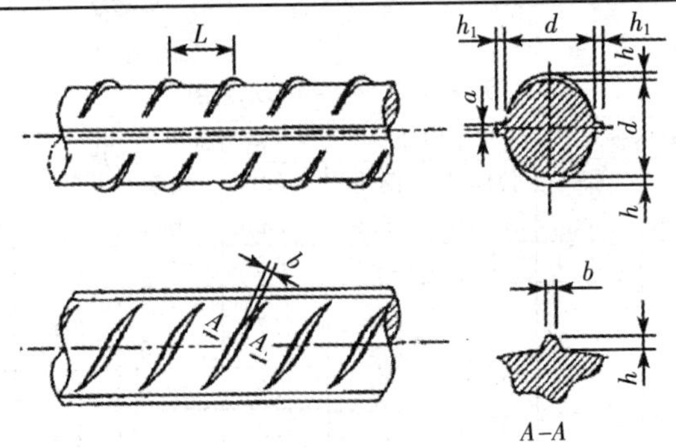

有纵肋带肋钢棒外形示意图

<table>
<tr><th rowspan="2">公称直径 D_n/mm</th><th colspan="2">内径 d</th><th colspan="2">横肋高 h</th><th colspan="2">纵肋高 h_1</th><th rowspan="2">横肋宽 b/mm</th><th rowspan="2">纵肋宽 a/mm</th><th colspan="2">间距 L</th><th rowspan="2">横肋末端最大间隙(公称周长的 10%弦长) /mm</th></tr>
<tr><th>公称尺寸 /mm</th><th>偏差 /mm</th><th>公称尺寸 /mm</th><th>偏差 /mm</th><th>公称尺寸 /mm</th><th>偏差 /mm</th><th>公称尺寸 /mm</th><th>偏差 /mm</th></tr>
<tr><td>6</td><td>5.8</td><td>±0.4</td><td>0.5</td><td>±0.3</td><td>0.6</td><td>±0.3</td><td>0.4</td><td>1.0</td><td>4</td><td rowspan="6">±0.5</td><td>1.8</td></tr>
<tr><td>8</td><td>7.7</td><td rowspan="5">±0.5</td><td>0.7</td><td>+0.4
−0.3</td><td>0.8</td><td>±0.5</td><td>0.6</td><td>1.2</td><td>5.5</td><td>2.5</td></tr>
<tr><td>10</td><td>9.6</td><td>1.0</td><td>±0.4</td><td>1</td><td>±0.6</td><td>1.0</td><td>1.5</td><td>7</td><td>3.1</td></tr>
<tr><td>12</td><td>11.5</td><td>1.2</td><td rowspan="3">+0.4
−0.5</td><td>1.2</td><td rowspan="3">±0.8</td><td>1.2</td><td>1.5</td><td>8</td><td>3.7</td></tr>
<tr><td>14</td><td>13.4</td><td>1.4</td><td>1.4</td><td>1.2</td><td>1.8</td><td>9</td><td>4.3</td></tr>
<tr><td>16</td><td>15.4</td><td>1.5</td><td>1.5</td><td>1.2</td><td>1.8</td><td>10</td><td>5.0</td></tr>
</table>

注1:钢棒的横截面积、每米参考质量应参照表 2-100 中相应规格对应的数值。

2:公称直径是指横截面积等同于光圆钢棒横截面积时所对应的直径。

3:纵肋斜角 θ 为 0°～30°。

4:尺寸 a、b 为参考数据。

表 2-106　无纵肋带肋钢棒的外形、尺寸及允许偏差

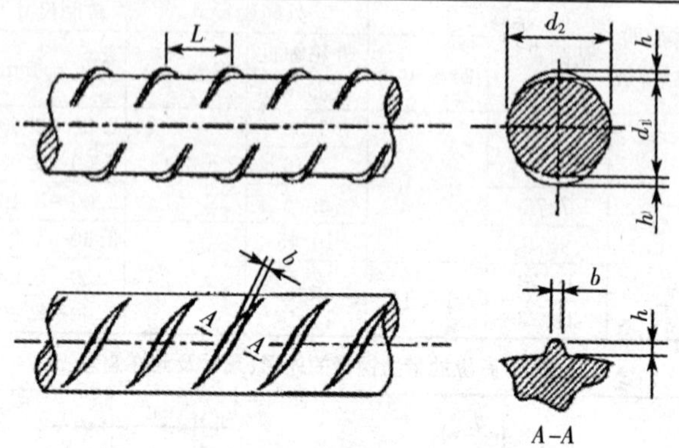

无纵肋带肋钢棒外形示意图

公称直径 D_n/mm	垂直内径 d_1		水平内径 d_2		横肋高 h		横肋宽 b/mm	间距 L	
	公称尺寸/mm	偏差/mm	公称尺寸/mm	偏差/mm	公称尺寸/mm	偏差/mm		公称尺寸/mm	偏差/mm
6	5.5	±0.4	6.2	±0.4	0.5	±0.3	0.4	4	±0.5
8	7.5	±0.5	8.3	±0.5	0.7	+0.4 −0.3	0.6	5.5	
10	9.4		10.3		1.0	±0.4	1.0	7	
12	11.3		12.3		1.2	+0.4 −0.5	1.2	8	
14	13		14.3		1.4		1.2	9	
16	15		16.3		1.5		1.2	10	

注1:钢棒的横截面积、每米参考质量应参照表 2-100 中相应规格对应的数值。

2:公称直径是指横截面积等同于光圆钢棒横截面积时所对应的直径。

3:尺寸 b 为参考数据。

十、冷轧带肋钢筋(GB 13788—2008)

冷轧带肋钢筋的牌号由 CRB 和钢筋的抗拉强度最小值构成,分为 CRB550、CRB650、CRB800、CRB970 四个牌号。CRB550 为普通钢筋混凝土用钢筋,其他牌号为预应力混凝土用钢筋。

CRB550 钢筋的公称直径为 4～12 mm,CRB650 及以上牌号的公称直径为 4 mm、5 mm、6 mm。三面肋和二面肋钢筋的尺寸、重量和允许偏差见表 2-107,钢筋的性能见表 2-108 和表 2-109。

表 2-107 三面肋和二面肋钢筋的尺寸、重量和允许偏差

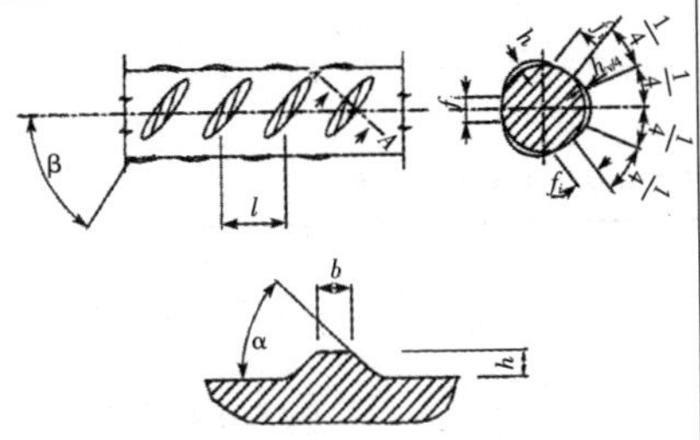

截面放大 A—A

α——横肋斜角；β——横肋与钢筋轴线夹角；h——横肋中点高；l——横肋间距；b——横肋顶宽；f_i——横肋间隙。

三面肋钢筋截面形状

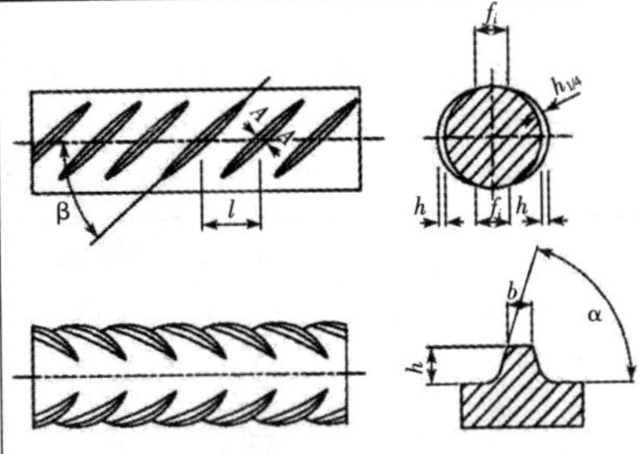

A—A 截面放大

α——横肋斜角；β——横肋与钢筋轴线夹角；h——横肋中点高；l——横肋间距；b——横肋顶宽；f_i——横肋间隙。

二面肋钢筋截面形状

公称直径 d/mm	公称横截面积 /mm²	重量：理论重量 /kg·m⁻¹	重量：允许偏差/%	横肋中点高：h/mm	横肋中点高：允许偏差/mm	横肋 1/4 处高 $h_{1/4}$/mm	横肋顶宽 b/mm	横肋间距：l/mm	横肋间距：允许偏差/%	相对肋面积 f_r≥
4	12.6	0.099	±4	0.30	+0.10 −0.05	0.24	−0.2d	4.0	±15	0.036
4.5	15.9	0.125		0.32		0.26		4.0		0.039
5	19.6	0.154		0.32		0.26		4.0		0.039
5.5	23.7	0.186		0.40		0.32		5.0		0.039
6	28.3	0.222		0.40		0.32		5.0		0.039
6.5	33.2	0.261		0.46		0.37		5.0		0.045
7	38.5	0.302		0.46		0.37		5.0		0.045
7.5	44.2	0.347		0.55		0.44		6.0		0.045
8	50.3	0.395		0.55		0.44		6.0		0.045
8.5	56.7	0.445		0.55	±0.10	0.44		7.0		0.045
9	63.6	0.499		0.75		0.60		7.0		0.052
9.5	70.8	0.556		0.75		0.60		7.0		0.052
10	78.5	0.617		0.75		0.60		7.0		0.052
10.5	86.5	0.679		0.75		0.60		7.4		0.052
11	95.0	0.746		0.85		0.68		7.4		0.056
11.5	103.8	0.815		0.95		0.76		8.4		0.056
12	113.1	0.888		0.95		0.76		8.4		0.056

注：1. 横肋 1/4 处高、横肋顶宽供孔型设计用；二面肋钢筋允许有不大于 0.5h 的纵肋。

2. 钢筋为冷加工状态交货，允许冷轧后进行低温回火处理。

3. 钢筋一般为盘卷，CRB550 钢筋也可直条交货。直条钢筋弯曲度≤4 mm，总弯曲度≤钢筋全长的 0.4%。

4. 盘卷钢筋的重量≥100 kg。每盘应由一根钢筋组成；CRB650 及以上牌号不得有焊接接头。

表 2-108 冷轧带肋钢筋的力学性能和工艺性能

级别代号	屈服强度 $R_{p0.2}$/MPa ≥	抗拉强度 R_m/MPa ≥	伸长率/% ≥		冷弯 180° D—弯心直径 d—钢筋公称直径	反复弯曲试验	应力松弛初始应力相当于公称抗拉强度的 70%
			$A_{11.3}$	A_{100}			1000 h 松弛率/%≤
CRB550	500	550	8.0	—	$D=3d$	—	—
CRB650	585	650	—	4.0	—	3	8
CRB800	720	800	—	4.0	—	3	8
CRB970	875	970	—	4.0	—	3	8

注：1. 钢筋的强屈比 $R_m/R_{p0.2}$ 比值应不小于 1.03。经供需双方协议可用 A_{gt}≥2.0%代替 A。

2. 供方在保证 1000 h 松弛率合格基础上，允许使用推算法确定 1000 h 松弛。

表 2-109 反复弯曲试验的弯曲半径 /mm

钢筋公称直径	4	5	6
弯曲半径	10	15	15

十一、钢筋混凝土用钢筋焊接网(GB/T 1499.3—2002)

钢筋混凝土用钢筋焊接网型号，见表 2-110。

表 2-110 定型钢筋焊接网型号

钢筋焊接网型号	纵向钢筋			横向钢筋			重量 /kg·m^{-2}
	公称直径 /mm	间距/mm	每延米面积 /mm^2·m^{-1}	公称直径 /mm	间距/mm	每延米面积 /mm^2·m^{-1}	
A16	16	200	1006	12	200	566	12.34
A14	14		770	12		566	10.49
A12	12		566	12		566	8.88
A11	11		475	11		475	7.46
A10	10		393	10		393	6.16
A9	9		318	9		318	4.99
A8	8		252	8		252	3.95
A7	7		193	7		193	3.02
A6	6		112	6		112	2.22
A5	5		98	5		98	1.54

续表

钢筋焊接网型号	纵向钢筋			横向钢筋			重量 /kg·m^{-2}
	公称直径 /mm	间距/mm	每延米面积 /mm^2·m^{-1}	公称直径 /mm	间距/mm	每延米面积 /mm^2·m^{-1}	
B16	16	100	2011	10	200	393	18.89
B14	14		1539	10		393	15.19
B12	12		1131	8		252	10.90
B11	11		950	8		252	9.43
B10	10		785	8		252	8.14
B9	9		635	8		252	6.97
B8	8		503	8		252	5.93
B7	7		385	7		193	4.53
B6	6		283	7		193	3.73
B5	5		196	7		193	3.05
C16	16	150	1341	12	200	566	14.98
C14	14		1027	12		566	12.51
C12	12		754	12		566	10.36
C11	11		634	11		475	8.70
C10	10		523	10		393	7.19
C9	9		423	9		318	5.82
C8	8		335	8		252	4.61
C7	7		257	7		193	3.53
C6	6		189	6		112	2.60
C5	5		131	5		98	1.80
D16	16	100	2011	12	100	1131	24.68
D14	14		1539	12		1131	20.98
D12	12		1131	12		1131	17.75
D11	11		950	11		950	14.92
D10	10		785	10		785	12.33
D9	9		635	9		635	9.98
D8	8		503	8		503	7.90
D7	7		385	7		385	6.04
D6	6		283	6		283	4.44
D5	5		196	5		196	3.08
E16	16	150	1341	12	150	754	16.46
E14	14		1027	12		754	13.99
E12	12		754	12		754	11.84
E11	11		634	11		634	9.95
E10	10		523	10		523	8.22

续表

钢筋焊接网型号	纵向钢筋			横向钢筋			重量 /kg·m^{-2}
	公称直径 /mm	间距/mm	每延米面积 /mm^2·m^{-1}	公称直径 /mm	间距/mm	每延米面积 /mm^2·m^{-1}	
E9	9	150	423	9	150	423	6.66
E8	8		335	8		335	5.26
E7	7		257	7		257	4.03
E6	6		189	6		189	2.96
E5	5		131	5		131	2.05

第五节　钢丝绳(GB/T 20118—2006)

钢丝绳按其股数和股外层钢丝的数目分类,见表2-111。如果需方没有明确要求某种结构的钢丝绳时在同一组别内结构的选择由供方自行确定。

表2-111　钢丝绳分类

组别	类别	分类原则	典型结构		直径范围/mm
			钢丝绳	股	
1	单股钢丝绳	1个圆股,每股外层丝可到18根,中心丝外捻制1～3层钢丝	1×7 1×19 1×37	(1+6) (1+6+12) (1+6+12+18)	0.6～12 1～16 1.4～22.5
2	6×7	6个圆股,每股外层丝可到7根,中心丝(或无)外捻制1～2层钢丝,钢丝等捻距	6×7 6×9W	(1+ 6) (3+3/3)	1.8～36 14～36
3	6×19(a)	6个圆股,每股外层丝8～12根,中心丝外捻制2～3层钢丝,钢丝等捻距	6×19S 6×19W 6×25Fi 6×26WS 6×31WS	(1+9+9) (1+6+6/6) (1+6+6F+12) (1+5+5/5+10) (1+6+6/6+12)	6～36 6～40 8～44 13～40 12～46
	6×19(b)	6个圆股,每股外层丝12根,中心丝外捻制2层钢丝	6×19	(1+6+12)	3～46
4	6×37(a)	6个圆股,每股外层丝14～18根,中心丝外捻制3～4层钢丝,钢丝等捻距	6×29Fi 6×36WS 6×37S(点线接触) 6×41WS 6×49SWS 6×55SWS	(1+7+7F+14) (1+7+7/7+14) (1+6+15+15) (1+8+8/8+16) (1+8+8+8/8+16) (1+9+9+9/9+18)	10～44 12～60 10～60 32～60 36～60 36～60
	6×37(b)	6个圆股,每股外层丝18根,中心丝外捻制3层钢丝	6×37	(1+6+12+18)	5～60

续表

组别	类别	分类原则	典型结构		直径范围/mm
			钢丝绳	股	
5	6×61	6个圆股，每股外层丝24根，中心丝外捻制4层钢丝	6×61	(1+6+12+18+24)	40～60
6	8×19	8个圆股，每股外层丝8～12根，中心丝外捻制2～3层钢丝，钢丝等捻距	8×19S 8×19W 8×25Fi 8×26WS 8×31WS	(1+9+9) (1+6+6/6) (1+6+6F+12) (1+5+5/5+10) (1+6+6/6+12)	11～44 10～48 18～52 16～48 14～56
7	8×37	8个圆股，每股外层丝14～18根，中心丝外捻制3～4层钢丝，钢丝等捻距	8×36WS 8×41WS 8×49SWS 8×55SWS	(1+7+7/7+14) (1+8+8/8+16) (1+8+8+8/8+16) (1+9+9+9/9+18)	14～60 40～60 44～60 44～60
8	18×7	钢丝绳中有17或18个圆股，在纤维芯或钢芯外捻制2层股，外层10～12个股，每股外层丝4～7根，中心丝外捻制一层钢丝	17×7 18×7	(1+6) (1+6)	6～44 6～44
9	18×19	钢丝绳中有17或18个圆股，在纤维芯或钢芯外捻制2层股，外层10～12个股，每股外层丝8～12根，中心丝外捻制2～3层钢丝	18×19W 18×19S 18×19	(1+6+6/6) (1+9+9) (1+6+12)	14～44 14～44 10～44
10	34×7	钢丝绳中有34～36个圆股，在纤维芯或钢芯外捻制3层股，外层17～18个股，每股外层丝4～8根，中心丝外捻制一层钢丝	34×7 36×7	(1+6) (1+6)	16～44 16～44
11	35W×7	钢丝绳中有24～40个圆股，在钢芯外捻制2～3层股，外层12～18个股，每股外层丝4～8根，中心丝外捻制一层钢丝	35W×7 24W×7	(1+6) (1+6)	12～50 12～50
12	6×12	6个圆股，每股外层丝12根，股纤维芯外捻制一层钢丝	6×12	(FC+12)	8～32

续表

组别	类别	分类原则	典型结构		直径范围/mm
			钢丝绳	股	
13	6×24	6个圆股，每股外层丝12～16根，股纤维芯外捻制2层钢丝	6×24 6×24S 6×24W	(FC+9+15) (FC+12+12) (FC+8+8/8)	8～40 10～44 10～44
14	6×15	6个圆股，每股外层丝15根，股纤维芯外捻制一层钢丝	6×15	(FC+15)	10～32
15	4×19	4个圆股，每股外层丝8～12根，中心丝外捻制2～3层钢丝，钢丝等捻距	4×19S 4×25Fi 4×26WS 4×31WS	(1+9+9) (1+6+6F+12) (1 +5+5/5+10) (1+6+6/6+12)	8～28 12～34 12～31 12～36
16	4×37	4个圆股，每股外层丝14～18根，中心丝外捻制3～4层钢丝，钢丝等捻距	4×36WS 4×41WS	(1+7+7/7+14) (1+8+8/8+16)	14～22 26～46

注1：3组和4组内推荐用(a)类钢丝绳。

2：12组～14组仅为纤维芯，其余组别的钢丝绳可由需方指定纤维芯或钢芯。

3：(a)为线接触，(b)为点接触。

钢丝绳按捻法分为右交互捻、左交互捻、右同向捻和左同向捻四种。

1组中1×19和1×37单股钢丝绳外层钢丝与内部各层钢丝的捻向相反。

2～4组、6～11组钢丝绳可为交互捻和同向捻，其中8组、9组、10组和11组多层股钢丝绳的内层绳捻法，由供方确定。

3组中6×19(b)类、6×19W结构，6组中8×19W结构和9组中18×19W、18×19结构钢丝绳推荐使用交互捻。

4组中6×37(b)类、5组、12组、13组、14组、15组、16组钢丝绳仅为交互捻。

钢丝绳的力学性能见表2-112～表2-130。

表2-112　第1组单股钢丝绳1×7的力学性能

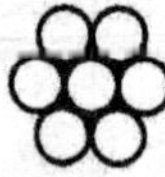

钢丝绳结构1×7截面示意图

钢丝绳公称直径/mm	钢丝绳参考重量/kg·(100m)$^{-1}$	钢丝绳公称抗拉强度/MPa			
		1570	1670	1770	1870
		钢丝绳最小破断拉力/kN			
0.6	0.19	0.31	0.32	0.34	0.34
1.2	0.75	1.22	1.30	1.38	1.38
1.5	1.17	1.91	2.03	2.15	2.15

续表

钢丝绳公称直径/mm	钢丝绳参考重量/kg·(100m)$^{-1}$	钢丝绳公称抗拉强度/MPa			
		1570	1670	1770	1870
		钢丝绳最小破断拉力/kN			
1.8	1.69	2.75	2.92	3.10	3.27
2.1	2.30	3.74	3.98	4.22	4.45
2.4	3.01	4.88	5.19	5.51	5.82
2.7	3.80	6.18	6.97	6.97	7.36
3	4.70	7.63	8.60	8.60	9.82
3.3	5.68	9.23	9.82	10.4	11.0
3.6	6.77	11.0	11.7	12.4	13.1
3.9	7.94	12.9	13.7	14.5	15.4
4.2	9.21	15.0	15.9	16.9	17.8
4.5	10.6	17.2	18.3	29.4	20.4
4.8	12.0	19.5	20.8	22.0	23.3
5.1	13.6	22.1	23.5	24.9	26.3
5.4	15.2	24.7	26.3	27.9	29.4
6	18.8	30.5	32.5	34.4	36.4
6.6	22.7	36.9	39.3	41.6	44.0
7.2	27.1	43.9	46.7	49.5	52.3
7.8	31.8	51.6	54.9	58.2	61.4
8.4	36.8	59.8	63.6	67.4	71.3
9	42.3	68.7	73.0	77.4	81.8
9.6	48.1	78.1	83.1	88.1	93.1
10.5	57.6	93.5	99.4	105	111
11.5	69.0	112	119	126	134
12	75.2	122	130	138	145

注：最小钢丝破断拉力总和＝钢丝绳最小破断拉力×1.111。

表 2-113　第 1 组单股钢丝绳 1×19 的力学性能

单股钢丝绳 1×19 截面示意图

钢丝绳公称直径/mm	钢丝绳参考重量/kg·(100m)$^{-1}$	钢丝绳公称抗拉强度/MPa			
		1570	1670	1770	1870
		钢丝绳最小破断拉力/kN			
1	0.51	0.83	0.89	0.94	0.99

续表

钢丝绳公称直径/mm	钢丝绳参考重量/kg·(100m)$^{-1}$	钢丝绳公称抗拉强度/MPa			
		1570	1670	1770	1870
		钢丝绳最小破断拉力/kN			
1.5	1.14	1.87	1.99	2.11	2.23
2	2.03	3.33	3.54	3.75	3.96
2.5	3.17	5.20	5.53	5.86	6.19
3	4.56	7.49	7.97	8.44	8.92
3.5	6.21	10.2	10.8	11.5	12.1
4	8.11	13.3	14.2	15.0	15.9
4.5	10.3	16.9	17.9	19.0	20.1
5	12.7	20.8	22.1	23.5	24.8
5.5	15.3	25.2	26.8	28.4	30.0
6	18.3	30.0	31.9	33.8	35.7
6.5	21.4	35.2	37.4	39.6	41.9
7	24.8	40.8	43.4	46.0	48.6
7.5	28.5	46.8	49.8	52.8	55.7
8	32.4	56.6	56.6	60.0	63.4
8.5	36.6	60.1	63.9	67.8	71.6
9	41.1	67.4	71.7	76.0	80.3
10	50.7	83.2	88.6	93.8	99.1
11	61.3	101	107	114	120
12	73.0	120	1270	135	143
13	85.7	141	150	159	167
14	99.4	163	173	184	94
15	114	187	199	211	223
16	120	213	227	240	254

表 2-114　第 1 组单股钢丝绳 1×37 的力学性能

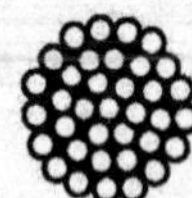

单股钢丝绳 1×37 截面示意图

钢丝绳公称直径/mm	钢丝绳参考重量/kg·(100m)$^{-1}$	钢丝绳公称抗拉强度/MPa			
		1570	1670	1770	1870
		钢丝绳最小破断拉力/kN			
1.4	0.98	1.51	1.60	1.70	1.80
2.1	2.21	3.39	3.61	3.82	4.04
2.8	3.93	6.03	6.42	6.80	7.18

续表

钢丝绳公称直径/mm	钢丝绳参考重量/kg·(100m)$^{-1}$	钢丝绳公称抗拉强度/MPa			
		1570	1670	1770	1870
		钢丝绳最小破断拉力/kN			
3.5	6.14	9.42	10.0	10.6	11.2
4.2	8.84	13.6	14.4	15.3	16.2
4.9	12.0	18.5	19.6	20.8	22.0
5.6	15.7	24.1	25.7	27.2	28.7
6.3	19.9	30.5	32.5	34.4	36.4
7	24.5	37.7	40.1	42.5	44.9
7.7	29.7	45.6	48.5	51.4	54.3
8.4	35.4	54.3	57.7	61.2	64.7
9.1	41.5	63.7	67.8	71.8	75.9
9.8	48.1	73.9	78.6	83.3	88.0
10.5	55.2	84.8	90.2	95.6	101
11	60.6	93.1	99.0	105	111
12	72.1	111	118	125	132
12.5	78.3	120	128	136	143
14	98.2	151	160	170	180
15.5	120	185	1.47	208	220
17	145	222	236	251	265
18	162	249	265	281	297
19.5	191	292	311	330	348
21	221	339	361	382	404
22.5	254	389	414	439	464

表 2-115　第 2 组 6×7 类钢丝绳的力学性能

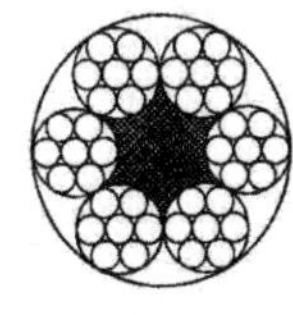

6×7+FC

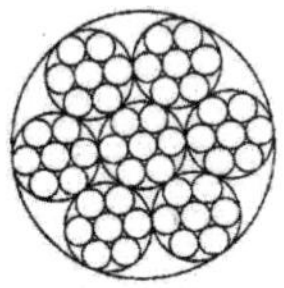

6×7+IWS

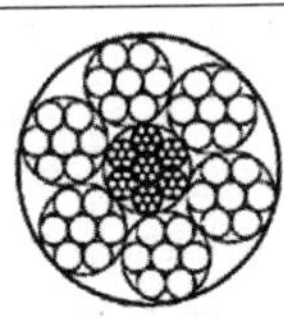

6×7+IWR

直径 1.8～36 mm

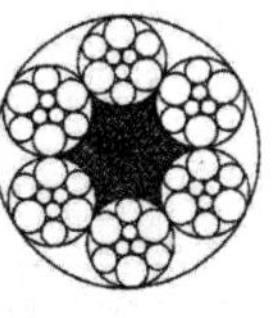

6×9W+FC

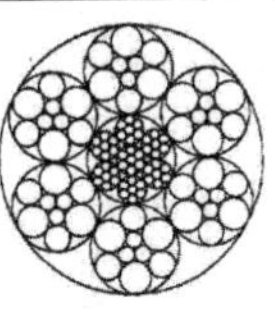

6×9W+IWS

直径 14～36 mm

截面示意图

续表

钢丝绳公称直径/mm	钢丝绳参考重量/kg·(100m)$^{-1}$			钢丝绳公称抗拉强度/MPa							
				1570		1670		1770		1870	
				钢丝绳最小破断拉力/kN							
	天然纤维芯钢丝绳	合成纤维芯钢丝绳	钢芯钢丝绳	纤维芯钢丝绳	钢芯钢丝绳	纤维芯钢丝绳	钢芯钢丝绳	纤维芯钢丝绳	钢芯钢丝绳	纤维芯钢丝绳	钢芯钢丝绳
1.8	1.14	1.11	1.25	1.69	1.83	1.80	1.94	1.90	2.06	2.01	2.18
2	1.40	1.38	1.55	2.08	2.25	2.22	2.40	2.35	2.54	2.48	2.69
3	3.16	3.10	3.48	4.69	5.07	4.99	5.40	5.29	5.72	5.59	6.04
4	5.62	5.50	6.19	8.34	9.02	8.87	9.59	9.40	10.2	9.93	10.7
5	8.78	8.60	9.68	13.0	14.1	13.9	15.0	14.7	15.9	15.5	16.8
6	12.6	12.4	13.9	18.8	20.3	20.0	21.6	21.2	22.9	22.4	24.2
7	17.2	16.9	19.0	25.5	27.6	27.2	29.4	28.8	31.1	30.4	32.9
8	22.5	22.0	24.8	33.4	36.1	35.5	38.4	37.6	40.7	39.7	43.0
9	28.4	27.9	31.3	42.2	45.7	44.9	48.6	47.6	51.5	50.3	54.4
10	35.1	34.4	38.7	52.1	56.4	55.4	60.0	58.8	63.5	62.1	67.1
11	42.5	41.6	46.8	63.1	68.2	67.1	72.5	71.1	76.9	75.1	81.2
12	50.5	49.5	55.7	75.1	81.2	79.8	86.3	84.6	91.5	89.4	96.7
13	59.3	58.1	65.4	88.1	95.3	93.7	101	99.3	107	105	113
14	68.8	67.4	75.9	102	110	109	118	115	125	122	132
16	89.9	88.1	99.1	133	144	142	153	150	163	159	172
18	114	111	125	169	183	180	194	190	206	201	218
20	140	138	155	208	225	222	240	235	254	248	269
22	170	166	187	252	273	268	290	284	308	300	325
24	202	198	223	300	325	319	345	338	366	358	387
26	237	233	262	352	381	375	405	397	430	420	454
28	275	270	303	409	442	435	470	461	498	487	526
30	316	310	348	469	507	499	540	529	572	559	604
32	359	352	396	534	577	568	614	602	651	636	687
34	406	398	447	603	652	641	693	679	735	718	776
36	455	446	502	676	730	719	777	762	824	805	870

注:最小钢丝破断拉力总和=钢丝绳最小破断拉力×1.134(纤维芯)或1.214(钢芯)。

表 2-116　第 3 组 6×19(a)类钢丝绳的力学性能

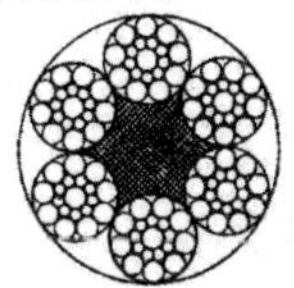

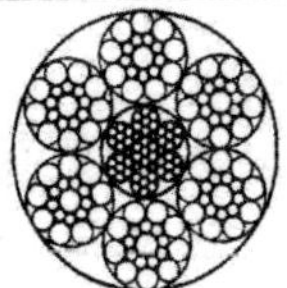

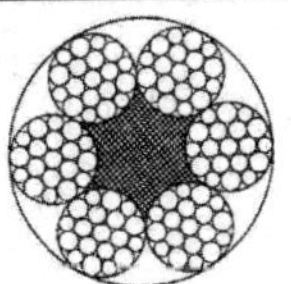

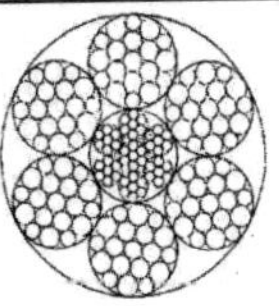

6×19S+FC　　6×19S+IWR　　6×19W+FC　　6×19W +IWR

直径 6～36 mm　　直径 6～40 mm

截面示意图

钢丝绳公称直径/mm	钢丝绳参考重量/kg·(100m)$^{-1}$			钢丝绳公称抗拉强度/MPa											
				1570		1670		1770		1870		1960		2160	
				钢丝绳最小破断拉力/kN											
	天然纤维芯钢丝绳	合成纤维芯钢丝绳	钢芯钢丝绳	纤维芯钢丝绳	钢芯钢丝绳	纤维芯钢丝绳	钢芯钢丝绳	纤维芯钢丝绳	钢芯钢丝绳	纤维芯钢丝绳	钢芯钢丝绳	纤维芯钢丝绳	钢芯钢丝绳	纤维芯钢丝绳	钢芯钢丝绳
6	13.3	13.0	14.6	18.7	20.1	19.8	21.4	21.0	22.7	22.2	24.0	23.3	25.1	25.7	27.7
7	18.1	17.6	19.9	25.4	27.4	27.0	29.1	28.6	30.9	30.2	32.6	31.7	34.2	34.9	37.7
8	23.6	23.0	25.9	33.2	35.8	35.3	38.0	37.4	40.3	39.5	42.5	41.4	44.6	45.6	49.2
9	29.9	29.1	32.8	42.0	45.3	44.6	48.2	47.3	51.0	50.0	53.9	52.4	56.5	57.7	62.3
10	36.9	36.0	40.6	51.8	55.9	55.1	59.5	58.4	63.0	61.7	66.6	64.7	69.8	71.3	76.9
11	44.6	43.5	49.1	62.7	67.6	66.7	71.9	70.7	76.2	74.7	80.6	78.3	84.4	86.2	93.0
12	53.1	51.8	58.4	74.6	80.5	79.4	85.6	84.1	90.7	88.9	95.6	93.1	100	103	111
13	62.3	60.8	65.8	87.6	94.5	93.1	100	98.7	106	104	113	109	118	120	130
14	72.2	70.5	79.5	10.2	110	108	117	114	124	121	130	127	137	140	151
16	94.4	92.1	104	133	143	141	152	150	161	158	170	166	179	182	197
18	119	117	131	168	181	179	193	189	204	200	216	210	226	231	249
20	147	144	162	207	224	220	238	234	252	247	266	259	279	285	308
22	178	174	196	251	271	267	288	283	305	299	322	313	338	345	372
24	212	207	234	298	322	317	342	336	363	355	383	373	402	411	443
26	249	243	274	350	378	373	402	395	426	417	450	437	472	482	520
28	289	282	318	406	438	432	466	458	494	484	522	507	547	559	603
30	332	324	365	466	503	496	535	526	567	555	599	582	628	642	692
32	377	369	415	531	572	564	609	598	645	632	682	662	715	730	787
34	426	416	469	599	646	637	687	675	728	713	770	748	807	824	889
36	478	466	525	671	724	714	770	757	817	800	863	838	904	924	997
38	532	520	585	748	807	796	858	843	910	891	961	934	1010	1030	1110
40	590	576	649	829	894	882	951	935	1010	987	1070	1030	1120	1140	1230

注：最小钢丝破断拉力总和＝钢丝绳最小破断拉力×1.214(纤维芯)或 1.308(钢芯)。

表 2-117　第 3 组 6×19(b)类钢丝绳的力学性能

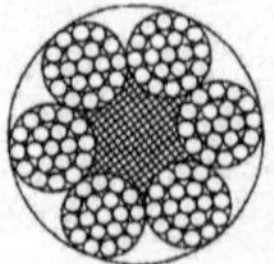
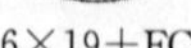
6×19+FC

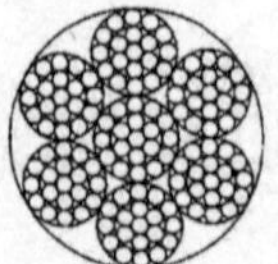
6×19+IWS

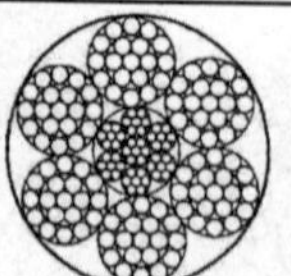
6×19+IWR

直径 3 ～46 mm

截面示意图

钢丝绳公称直径/mm	钢丝绳参考重量/kg・(100m)$^{-1}$			钢丝绳公称抗拉强度/MPa							
				1 570		1 670		1 770		1 870	
				钢丝绳最小破断拉力/kN							
	天然纤维芯钢丝绳	合成纤维芯钢丝绳	钢芯钢丝绳	纤维芯钢丝绳	钢芯钢丝绳	纤维芯钢丝绳	钢芯钢丝绳	纤维芯钢丝绳	钢芯钢丝绳	纤维芯钢丝绳	钢芯钢丝绳
3	3.16	3.10	3.60	4.34	4.69	4.61	4.99	4.89	5.29	5.17	5.59
4	5.82	5.50	6.40	7.71	8.34	8.20	8.87	8.69	9.40	9.19	9.93
5	8.78	8.60	10.0	12.0	13.0	12.8	13.9	13.6	14.7	14.4	15.5
6	12.6	12.4	14.4	17.4	18.8	18.5	20.0	19.6	21.2	20.7	22.4
7	17.2	16.9	19.6	23.6	25.5	25.1	27.2	26.6	28.8	28.1	30.4
8	22.5	22.0	25.6	30.8	33.4	32.8	35.5	34.8	37.6	36.7	39.7
9	28.4	27.9	32.4	39.0	42.2	41.6	44.9	44.0	47.6	46.5	50.3
10	35.1	34.4	40.0	48.2	52.1	51.3	55.4	54.4	58.8	57.4	62.1
11	42.5	41.6	48.4	58.3	63.1	62.0	67.1	65.8	71.1	69.5	75.1
12	50.5	50.0	57.6	69.4	75.1	73.8	79.8	78.2	84.6	82.7	89.4
13	59.3	58.1	67.6	81.5	88.1	86.6	93.7	91.8	99.3	97.0	105
14	68.8	67.4	78.4	94.5	102	100	109	107	115	113	122
16	89.9	88.1	102	123	133	131	142	139	150	147	159
18	114	111	130	156	169	166	180	176	190	186	201
20	140	138	160	193	208	205	222	217	235	230	248
22	170	166	194	233	252	248	268	263	284	278	300
24	202	198	230	278	300	295	319	313	338	331	358
26	237	233	270	326	352	346	375	367	397	388	420
28	275	270	314	378	409	402	435	426	461	450	487
30	316	310	360	434	469	461	499	489	529	517	559
32	359	352	410	494	534	525	568	557	602	588	636
34	406	398	462	557	603	593	641	628	679	664	718
36	455	446	518	625	676	664	719	704	762	744	805
38	507	497	578	696	753	740	801	785	849	829	896
40	562	550	640	771	834	820	887	869	940	919	993
42	619	607	706	850	919	904	978	959	1 040	1 010	1 100
44	680	666	774	933	1 010	993	1 070	1 050	1 140	1 110	1 200
46	743	728	846	1 020	1 100	1 080	1 170	1 150	1 240	1 210	1 310

注：最小钢丝破断拉力总和＝钢丝绳最小破断拉力×1.226(纤维芯)或 1.321(钢芯)。

表 2-118　第 3 组和第 4 组 6×19(a)和 6×37(a)类钢丝绳的力学性能

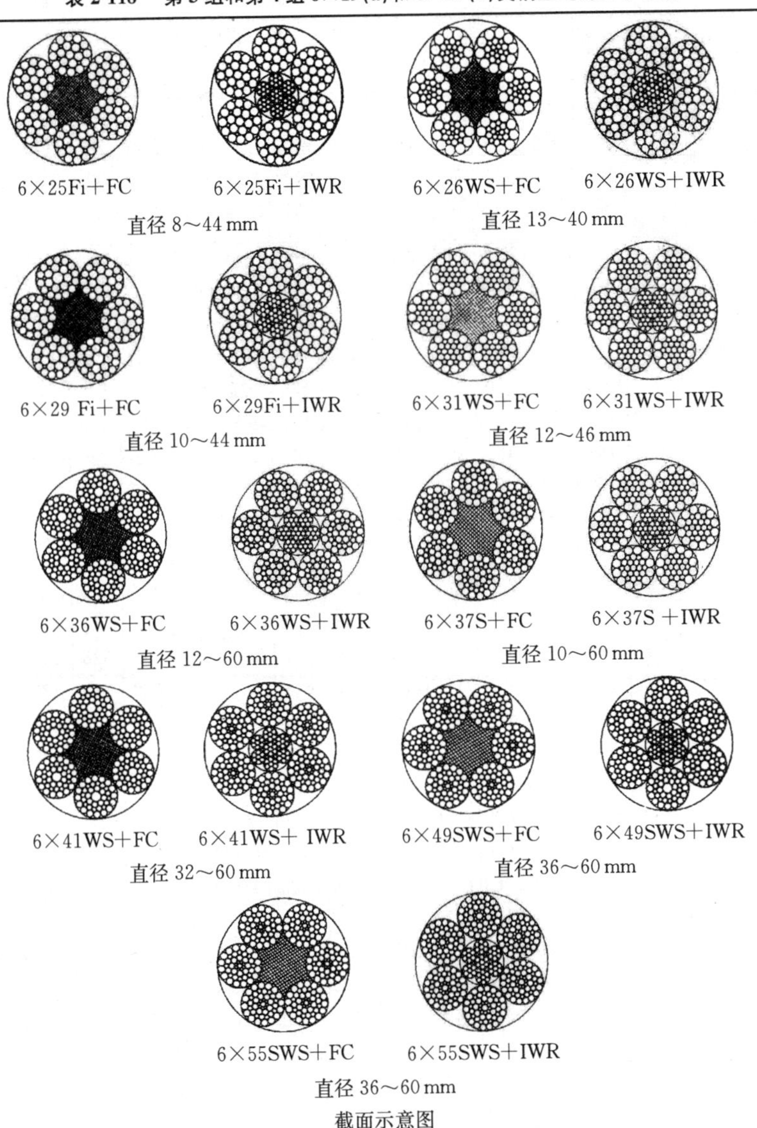

截面示意图

续表

钢丝绳公称直径/mm	钢丝绳参考重量/kg·(100m)$^{-1}$			钢丝绳公称抗拉强度/MPa											
				1 570		1 670		1 770		1 870		1 960		2 160	
				钢丝绳最小破断拉力/kN											
	天然纤维芯钢丝绳	合成纤维芯钢丝绳	钢芯钢丝绳	纤维芯钢丝绳	钢芯钢丝绳	纤维芯钢丝绳	钢芯钢丝绳	纤维芯钢丝绳	钢芯钢丝绳	纤维芯钢丝绳	钢芯钢丝绳	纤维芯钢丝绳	钢芯钢丝绳	纤维芯钢丝绳	钢芯钢丝绳
8	24.3	23.7	26.8	33.2	35.8	35.3	38.0	37.4	40.3	39.5	42.6	41.4	44.7	45.6	49.2
10	38.0	37.1	41.8	51.8	55.9	55.1	59.5	58.4	63.0	61.7	66.6	64.7	69.8	71.3	76.9
12	54.7	53.4	60.2	74.6	80.5	79.4	85.6	84.1	90.7	88.9	95.9	93.1	100	103	111
13	64.2	62.7	70.6	87.6	94.5	93.1	100	98.7	106	104	113	109	118	120	130
14	74.5	72.7	81.9	102	110	108	117	114	124	121	130	127	137	140	151
16	97.3	95.0	107	133	143	141	152	150	161	158	170	166	179	182	197
18	123	120	135	168	181	179	193	189	204	200	216	210	226	231	249
20	152	148	167	207	224	220	238	234	252	247	266	259	279	285	308
22	184	180	202	251	271	267	288	283	305	299	322	313	338	345	372
24	219	214	241	298	322	317	342	336	363	355	383	373	402	411	443
26	257	251	283	350	378	373	402	395	426	417	450	437	472	482	520
28	298	291	328	406	438	432	466	458	494	484	522	507	547	559	603
30	342	334	376	466	503	496	535	526	567	555	599	582	628	642	692
32	389	380	428	531	572	564	609	598	645	632	682	662	715	730	787
34	439	429	483	599	646	637	687	675	728	713	770	748	807	824	889
36	492	481	542	671	724	714	770	757	817	800	863	838	904	924	997
38	549	536	604	748	807	796	858	843	910	891	961	934	1 010	1 030	1 110
40	608	594	669	829	894	882	951	935	1 010	987	1 070	1 030	1 120	1 140	1 230
42	670	654	737	914	986	972	1 050	1 030	1 110	1 090	1 170	1 140	1 230	1 260	1 360
44	736	718	809	1 000	1 080	1 070	1 150	1 130	1 220	1 190	1 290	1 250	1 350	1 380	1 490
46	804	785	884	1 100	1 180	1 170	1 260	1 240	1 330	1 310	1 410	1 370	1 480	1 510	1 630
48	876	855	963	1 190	1 290	1 270	1 370	1 350	1 450	1 420	1 530	1 490	1 610	1 640	1 770
50	950	928	1 040	1 300	1 400	1 380	1 490	1 460	1 580	1 540	1 660	1 620	1 740	1 780	1 920
52	1 030	1 000	1 130	1 400	1 510	1 490	1 610	1 580	1 700	1 670	1 800	1 750	1 890	1 930	2 080
54	1 110	1 080	1 220	1 510	1 630	1 610	1 730	1 700	1 840	1 800	1 940	1 890	2 030	2 080	2 240
56	1 190	1 160	1 310	1 620	1 750	1 730	1 860	1 830	1 980	1 940	2 090	2 030	2 190	2 240	2 410
58	1 280	1 250	1 410	1 740	1 880	1 850	2 000	1 960	2 120	2 080	2 240	2 180	2 350	2 400	2 590
60	1 370	1 340	1 500	1 870	2 010	1 980	2 140	2 100	2 270	2 220	2 400	2 330	2 510	2 570	2 770

注：最小钢丝破断拉力总和＝钢丝绳最小破断拉力×1.226（纤维芯）或 1.321（钢芯），其中 6×37S纤维芯为 1.191，钢芯为 1.283。

表 2-119　第 4 组 6×37(b)类钢丝绳的力学性能

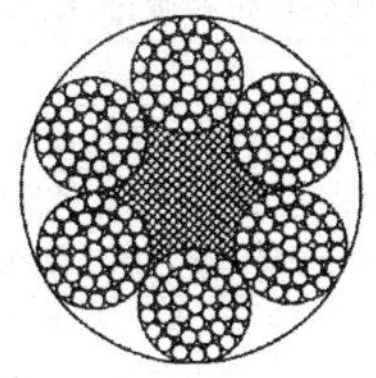

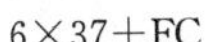

6×37+FC

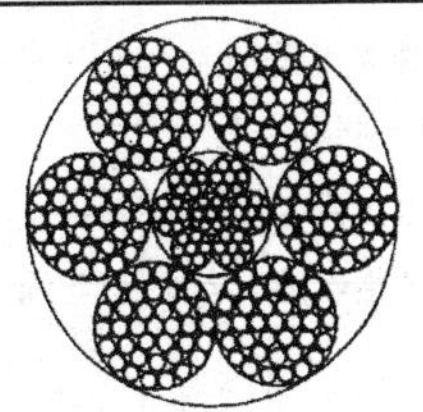

6×37+IWR

直径 5～60 mm

截面示意图

钢丝绳公称直径/mm	钢丝绳参考重量/kg·(100m)$^{-1}$			钢丝绳公称抗拉强度/MPa							
				1570		1670		1770		1870	
				钢丝绳最小破断拉力/kN							
	天然纤维芯钢丝绳	合成纤维芯钢丝绳	钢芯钢丝绳	纤维芯钢丝绳	钢芯钢丝绳	纤维芯钢丝绳	钢芯钢丝绳	纤维芯钢丝绳	钢芯钢丝绳	纤维芯钢丝绳	钢芯钢丝绳
5	8.65	8.43	10.0	11.6	12.5	12.3	13.3	13.1	14.1	13.8	14.9
6	12.5	12.1	14.4	16.7	18.0	17.7	19.2	18.8	20.3	19.9	21.5
7	17.0	16.5	19.6	22.7	24.5	24.1	26.1	25.6	27.7	27.0	29.2
8	22.1	21.6	25.6	29.6	32.1	31.5	34.1	33.4	36.1	35.3	38.2
9	28.0	27.3	32.4	37.5	40.6	39.9	43.2	42.3	45.7	44.7	48.3
10	34.6	33.7	40.0	46.3	50.1	49.3	53.3	52.2	56.5	55.2	59.7
11	41.9	40.8	48.4	56.0	60.6	59.6	64.5	63.2	68.3	66.7	72.2
12	49.8	48.5	57.6	66.7	72.1	70.9	76.7	75.2	81.3	79.4	85.9
13	58.5	57.0	67.6	78.3	84.6	83.3	90.0	88.2	95.4	93.2	101
14	67.8	66.1	78.4	90.8	98.2	96.6	104	102	111	108	117
16	88.6	86.3	102	119	128	126	136	134	145	141	153
18	112	109	130	150	162	160	173	169	183	179	193
20	138	135	160	185	200	197	213	209	226	221	239
22	167	163	194	224	242	238	258	253	273	267	289
24	199	194	230	267	288	284	307	301	325	318	344
26	234	228	270	313	339	333	360	353	382	373	403
28	271	264	314	363	393	386	418	409	443	432	468
30	311	303	360	417	451	443	479	470	508	496	537
32	354	345	410	474	513	504	546	535	578	565	611
34	400	390	462	535	579	570	616	604	653	638	690
36	448	437	518	600	649	638	690	677	732	715	773
38	500	487	578	669	723	711	769	754	815	797	861
40	554	539	640	741	801	788	852	835	903	883	954

续表

钢丝绳公称直径/mm	钢丝绳参考重量/kg·(100m)$^{-1}$			钢丝绳公称抗拉强度/MPa							
				1570		1670		1770		1870	
				钢丝绳最小破断拉力/kN							
	天然纤维芯钢丝绳	合成纤维芯钢丝绳	钢芯钢丝绳	纤维芯钢丝绳	钢芯钢丝绳	纤维芯钢丝绳	钢芯钢丝绳	纤维芯钢丝绳	钢芯钢丝绳	纤维芯钢丝绳	钢芯钢丝绳
42	610	594	706	817	883	869	940	921	996	973	1050
44	670	652	774	897	970	954	1030	1010	1090	1070	1150
46	732	713	846	980	1060	1040	1130	1100	1190	1170	1260
48	797	776	922	1070	1150	1140	1230	1200	1300	1270	1370
50	865	843	1000	1160	1250	1230	1330	1300	1410	1380	1490
52	936	911	1080	1250	1350	1330	1440	1410	1530	1490	1610
54	1010	983	1170	1350	1460	1440	1550	1520	1650	1610	1740
56	1090	1060	1250	1450	1570	1540	1670	1640	1770	1730	1870
58	1160	1130	1350	1560	1680	1660	1790	1760	1900	1860	2010
60	1250	1210	1440	1670	1800	1770	1920	1880	2030	1990	2150

注：最小钢丝破断拉力总和＝钢丝绳最小破断拉力×1.249(纤维芯)或1.336(钢芯)。

表 2-120 第5组6×61类钢丝绳的力学性能

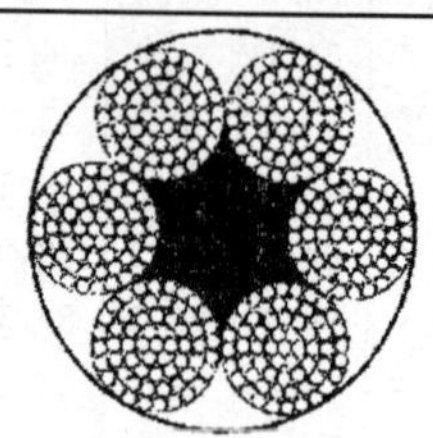

6×61＋FC

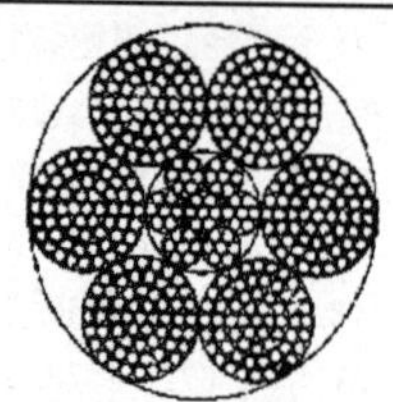

6×61＋IWR

截面示意图

钢丝绳公称直径/mm	钢丝绳参考重量/kg·(100m)$^{-1}$			钢丝绳公称抗拉强度/MPa							
				1570		1670		1770		1870	
				钢丝绳最小破断拉力/kN							
	天然纤维芯钢丝绳	合成纤维芯钢丝绳	钢芯钢丝绳	纤维芯钢丝绳	钢芯钢丝绳	纤维芯钢丝绳	钢芯钢丝绳	纤维芯钢丝绳	钢芯钢丝绳	纤维芯钢丝绳	钢芯钢丝绳
40	578	566	637	711	769	756	818	801	867	847	916
42	637	624	702	784	847	834	901	884	955	934	1010
44	699	685	771	860	930	915	989	970	1050	1020	1110
46	764	749	842	940	1020	1000	1080	1060	1150	1120	1210
48	832	816	917	1020	1110	1090	1180	1150	1250	1220	1320
50	903	885	995	1110	1200	1180	1280	1250	1350	1320	1430

续表

钢丝绳公称直径/mm	钢丝绳参考重量/kg·(100m)$^{-1}$			钢丝绳公称抗拉强度/MPa							
				1570		1670		1770		1870	
				钢丝绳最小破断拉力/kN							
	天然纤维芯钢丝绳	合成纤维芯钢丝绳	钢芯钢丝绳	纤维芯钢丝绳	钢芯钢丝绳	纤维芯钢丝绳	钢芯钢丝绳	纤维芯钢丝绳	钢芯钢丝绳	纤维芯钢丝绳	钢芯钢丝绳
52	976	957	1080	1200	1300	1280	1380	1350	1460	1430	1550
54	1050	1030	1160	1300	1400	1380	1490	1460	1580	1540	1670
56	1130	1110	1250	1390	1510	1480	1600	1570	1700	1660	1790
58	1210	1190	1340	1490	1620	1590	1720	1690	1820	1780	1920
60	1300	1270	1430	1600	1730	1700	1840	1800	1950	1910	2060

注：最小钢丝破断拉力总和＝钢丝绳最小破断拉力×1.301(纤维芯)或1.392(钢芯)。

表 2-121　第 6 组 8×19 类钢丝绳的力学性能

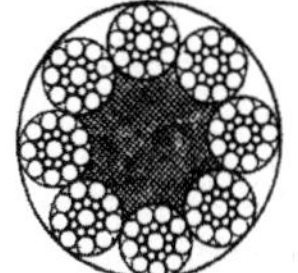

8×19S+FC

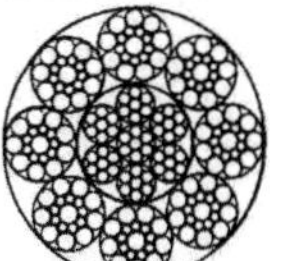

8×19S+IWR

直径 11～44 mm

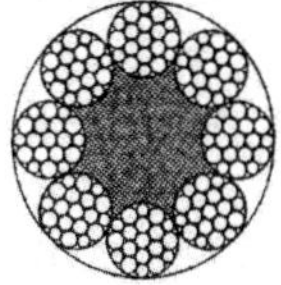

8×19W+FC

8×19W +IWR

直径 10～48 mm

截面示意图

钢丝绳公称直径/mm	钢丝绳参考重量/kg·(100m)$^{-1}$			钢丝绳公称抗拉强度/MPa											
				1570		1670		1770		1870		1960		2160	
				钢丝绳最小破断拉力/kN											
	天然纤维芯钢丝绳	合成纤维芯钢丝绳	钢芯钢丝绳	纤维芯钢丝绳	钢芯钢丝绳	纤维芯钢丝绳	钢芯钢丝绳	纤维芯钢丝绳	钢芯钢丝绳	纤维芯钢丝绳	钢芯钢丝绳	纤维芯钢丝绳	钢芯钢丝绳	纤维芯钢丝绳	钢芯钢丝绳
10	34.6	33.4	42.2	46.0	54.3	48.9	57.8	51.9	61.2	54.8	64.7	57.4	67.8	63.3	74.7
11	41.9	40.4	51.1	55.7	65.7	59.2	69.9	62.8	74.1	66.3	78.3	69.5	82.1	76.6	90.4
12	49.9	48.0	60.8	66.2	78.2	70.5	83.2	74.7	88.2	78.9	93.2	82.7	97.7	91.1	108
13	58.5	56.4	71.3	77.7	91.8	82.7	97.7	87.6	103	92.6	109	97.1	115	107	126
14	67.9	65.4	82.7	90.2	106	95.9	113	102	120	107	127	113	133	124	146
16	88.7	85.4	108	118	139	125	148	133	157	140	166	147	174	162	191
18	112	108	137	149	176	159	187	168	198	178	210	186	220	205	242
20	139	133	169	184	217	196	231	207	245	219	259	230	271	253	299
22	168	162	204	223	263	237	280	251	296	265	313	278	328	306	362
24	199	192	243	265	313	282	333	299	353	316	373	331	391	365	430

续表

钢丝绳公称直径/mm	钢丝绳参考重量/kg·(100m)$^{-1}$ 天然纤维芯钢丝绳	合成纤维芯钢丝绳	钢芯钢丝绳	钢丝绳公称抗拉强度/MPa 1570 钢丝绳最小破断拉力/kN 纤维芯钢丝绳	1570 钢芯钢丝绳	1670 纤维芯钢丝绳	1670 钢芯钢丝绳	1770 纤维芯钢丝绳	1770 钢芯钢丝绳	1870 纤维芯钢丝绳	1870 钢芯钢丝绳	1960 纤维芯钢丝绳	1960 钢芯钢丝绳	2160 纤维芯钢丝绳	2160 钢芯钢丝绳
26	234	226	285	311	367	331	391	351	414	370	437	388	458	428	505
28	271	262	331	361	426	384	453	407	480	430	507	450	532	496	586
30	312	300	380	414	489	440	520	467	551	493	582	517	610	570	673
32	355	342	432	471	556	501	592	531	627	561	663	588	694	648	765
34	400	386	488	532	628	566	668	600	708	633	748	664	784	732	864
36	449	432	547	596	704	634	749	672	794	710	839	744	879	820	969
38	500	482	609	664	784	707	834	749	884	791	934	829	979	914	1080
40	554	534	675	736	869	783	925	830	980	877	1040	919	1090	1010	1200
42	611	589	744	811	958	863	1020	915	1080	967	1140	1010	1200	1120	1320
44	670	646	817	891	1050	947	1120	1000	1190	1060	1250	1110	1310	1230	1450
46	733	706	893	973	1150	1040	1220	1100	1300	1160	1370	1220	1430	1340	1580
48	798	769	972	1060	1250	1130	1330	1190	1410	1260	1490	1320	1560	1460	1720

注:最小钢丝破断拉力总和=钢丝绳最小破断拉力×1.214(纤维芯)或 1.360(钢芯)。

表 2-122　第 6 组和第 7 组 8×19 和 8×37 类钢丝绳的力学性能

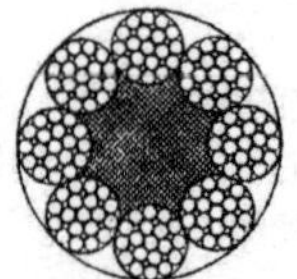

8×25Fi+FC

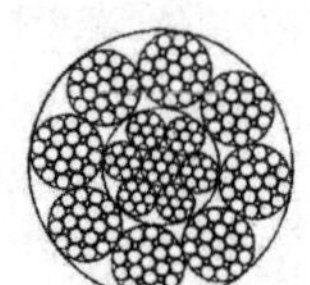
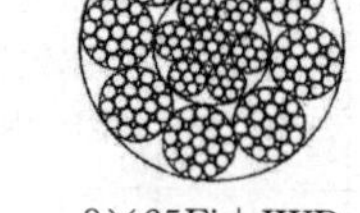
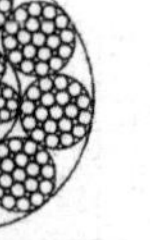

8×25Fi+IWR

直径 18~52 mm

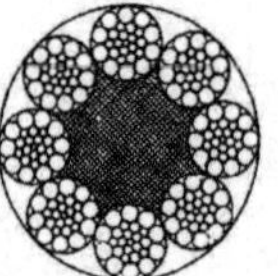

8×26WS+FC

8×26WS+IWR

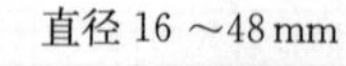

直径 16 ~48 mm

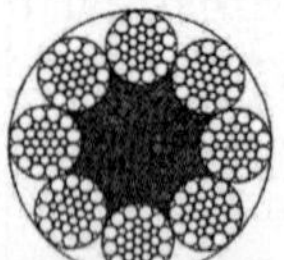

8×31WS +FC

8×31WS +IWR

直径 14~56 mm

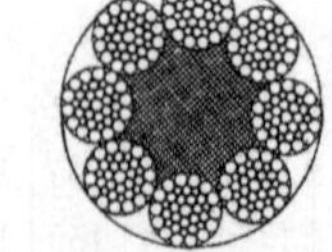

8×36WS+FC

8×36WS+IWR

直径 14~60 mm

8×41WS+FC

8×416WS+IWR

直径 40～60 mm

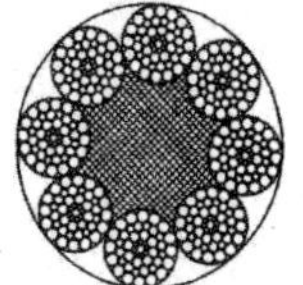

8×49SWS+FC

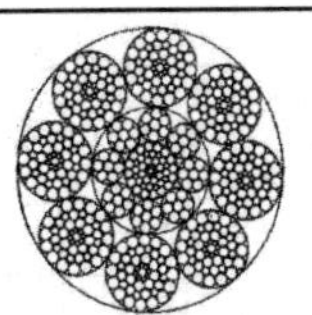

8×49SWS+IWR

直径 44～60 mm

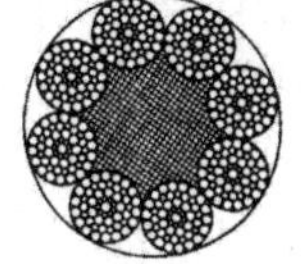

8×55SWS+FC

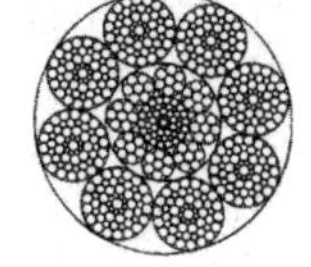

8×55SWS+IWR

直径 44～60 mm

截面示意图

钢丝绳公称直径/mm	钢丝绳参考重量/kg·(100m)$^{-1}$			钢丝绳公称抗拉强度/MPa											
				1 570		1 670		1 770		1 870		1 960		2 160	
				钢丝绳最小破断拉力/kN											
	天然纤维芯钢丝绳	合成纤维芯钢丝绳	钢芯钢丝绳	纤维芯钢丝绳	钢芯钢丝绳	纤维芯钢丝绳	钢芯钢丝绳	纤维芯钢丝绳	钢芯钢丝绳	纤维芯钢丝绳	钢芯钢丝绳	纤维芯钢丝绳	钢芯钢丝绳	纤维芯钢丝绳	钢芯钢丝绳
14	70.0	67.4	85.3	90.2	106	95.9	113	102	120	107	127	113	133	124	146
16	91.4	88.1	111	118	139	125	148	133	157	140	166	147	174	162	191
18	116	111	141	149	176	159	187	168	198	178	210	186	220	205	242
20	143	138	174	184	217	196	231	207	245	219	259	230	271	253	299
22	173	166	211	223	263	237	280	251	296	265	313	278	328	306	362
24	206	198	251	265	313	282	333	299	353	316	373	331	391	365	430
26	241	233	294	311	367	331	391	351	414	370	437	388	458	428	505
28	280	270	341	361	426	384	453	407	480	430	507	450	532	496	586
30	321	310	392	414	489	440	520	467	551	493	582	517	610	570	673
32	366	352	445	471	556	501	592	531	627	561	663	588	694	648	765
34	413	398	503	532	628	566	668	600	708	633	710	664	784	732	864
36	463	446	564	596	704	634	749	672	794	710	791	744	879	820	969
38	516	497	628	664	784	707	834	749	884	791	934	829	979	914	1 080
40	571	550	696	736	869	783	925	830	980	877	1 040	919	1 090	1 010	1 230
42	630	607	767	811	958	863	1 020	915	1 080	967	1 140	1 010	1 200	1 120	1 320
44	691	666	842	890	1 050	947	1 120	1 000	1 190	1 060	1 250	1 110	1 310	1 230	1 450

续表

钢丝绳公称直径/mm	钢丝绳参考重量/kg·(100m)$^{-1}$			钢丝绳公称抗拉强度/MPa											
				1570		1670		1770		1870		1960		2160	
				钢丝绳最小破断拉力/kN											
	天然纤维芯钢丝绳	合成纤维芯钢丝绳	钢芯钢丝绳	纤维芯钢丝绳	钢芯钢丝绳	纤维芯钢丝绳	钢芯钢丝绳	纤维芯钢丝绳	钢芯钢丝绳	纤维芯钢丝绳	钢芯钢丝绳	纤维芯钢丝绳	钢芯钢丝绳	纤维芯钢丝绳	钢芯钢丝绳
46	755	728	920	973	1150	1040	1220	1100	1300	1160	1370	1220	1430	1340	1580
48	823	793	1000	1060	1250	1130	1330	1190	1410	1260	1490	1320	1560	1460	1720
50	892	860	1090	1150	1360	1220	1440	1300	1530	1370	1620	1440	1700	1580	1870
52	965	930	1180	1240	1470	1320	1560	1400	1660	1480	1750	1550	1830	1710	2020
54	1040	1000	1270	1340	1580	1430	1680	1510	1790	1600	1890	1670	1980	1850	2180
56	1120	1080	1360	1440	1700	1530	1810	1630	1920	1720	2030	1800	2130	1980	2340
58	1200	1160	1460	1550	1830	1650	1940	1740	2060	1840	2180	1930	2280	2130	2510
60	1290	1240	1570	1660	1960	1760	2080	1870	2200	1970	2330	2070	2440	2280	2690

注：最小钢丝破断拉力总和＝钢丝绳最小破断拉力×1.225(纤维芯)或 1.374(钢芯)。

表 2-123　第 8 组和第 9 组 18×7 和 18×19 类钢丝绳的力学性能

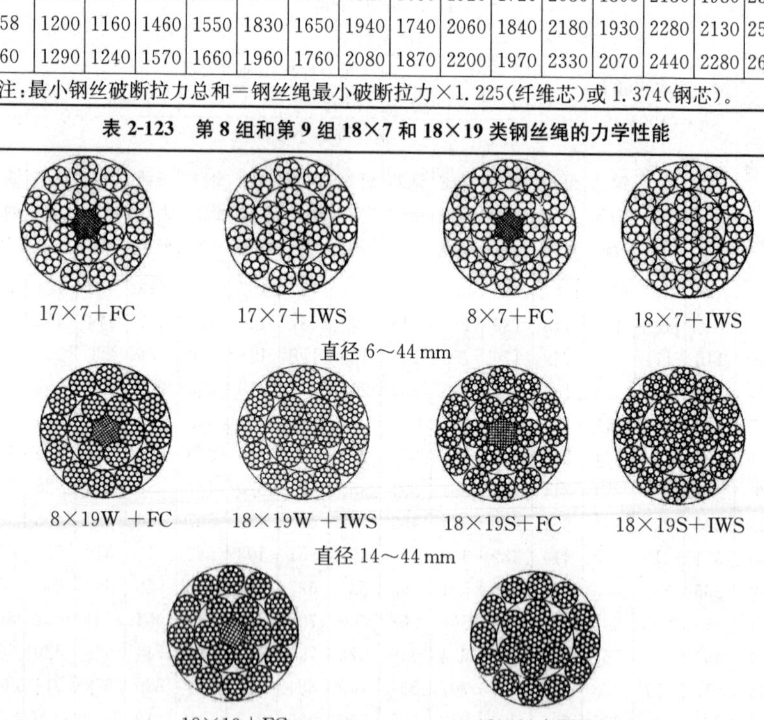

截面示意图

续表

钢丝绳公称直径/mm	钢丝绳参考重量/kg·(100m)$^{-1}$		钢丝绳公称抗拉强度/MPa											
			1570		1670		1770		1870		1960		2160	
			钢丝绳最小破断拉力/kN											
	纤维芯钢丝绳	钢芯钢丝绳	纤维芯钢丝绳	钢芯钢丝绳	纤维芯钢丝绳	钢芯钢丝绳	纤维芯钢丝绳	钢芯钢丝绳	纤维芯钢丝绳	钢芯钢丝绳	纤维芯钢丝绳	钢芯钢丝绳	纤维芯钢丝绳	钢芯钢丝绳
6	14.0	15.5	17.5	18.5	18.6	19.7	19.8	20.9	20.9	22.1	21.9	23.1	24.1	25.5
7	19.1	21.1	23.8	25.2	25.4	26.8	26.9	28.4	28.4	30.1	29.8	31.5	32.8	34.7
8	25.0	27.5	31.1	33.0	33.1	35.1	35.1	37.2	37.1	39.3	38.9	41.1	42.9	45.3
9	31.6	34.8	39.4	41.7	41.9	44.4	44.4	47.0	47.0	49.7	49.2	52.1	54.2	57.4
10	39.0	43.0	48.7	51.5	51.8	54.8	54.9	58.1	58.0	61.3	60.8	64.3	67.0	70.8
11	47.2	52.0	58.9	62.3	62.6	66.3	66.4	70.2	70.1	74.2	73.5	77.8	81.0	85.7
12	56.2	61.9	70.1	74.2	74.5	78.9	79.0	83.6	83.5	88.3	87.5	92.6	96.4	102
13	65.9	72.7	82.3	87.0	87.5	92.6	92.7	98.1	98.0	104	103	109	113	120
14	76.4	84.3	95.4	101	101	107	108	114	114	120	119	126	131	139
16	99.8	110	125	132	133	140	140	149	148	157	156	165	171	181
18	126	139	158	167	168	177	178	188	188	199	197	208	217	230
20	156	172	195	206	207	219	219	232	232	245	243	257	268	283
22	189	208	236	249	251	265	266	281	281	297	294	311	324	343
24	225	248	280	297	298	316	316	334	334	353	350	370	386	408
26	264	291	329	348	350	370	371	392	392	415	411	435	453	479
28	306	337	382	404	406	429	430	455	454	481	476	504	525	555
30	351	387	438	463	466	493	494	523	522	552	547	579	603	638
32	399	440	498	527	530	561	562	594	594	628	622	658	686	725
34	451	497	563	595	598	633	634	671	670	709	702	743	774	819
36	505	557	631	667	671	710	711	752	751	795	787	833	868	918
38	563	621	703	744	748	791	792	838	837	886	877	928	967	1020
40	624	688	779	824	828	876	878	929	928	981	972	1030	1070	1130
42	688	759	859	908	913	966	968	1020	1020	1080	1070	1130	1180	1250
44	755	832	942	997	1000	1060	1060	1120	1120	1190	1180	1240	1300	1370

注:最小钢丝破断拉力总和=钢丝绳最小破断拉力×1.283,其中 17×7 为 1.250。

表 2-124　第 10 组 34×7 类钢丝绳的力学性能

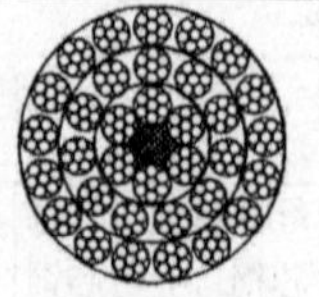
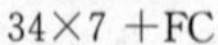
34×7 +FC

34×7+IWS

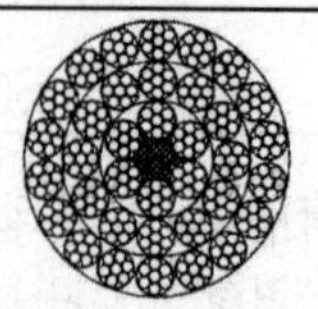
36×7+FC

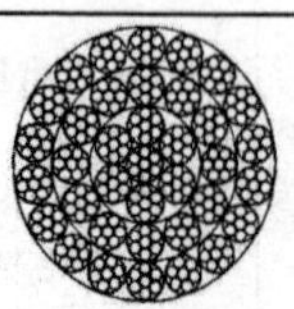
36×7+IWS

直径 16～44 mm

截面示意图

钢丝绳公称直径/mm	钢丝绳参考重量/kg·(100m)$^{-1}$		钢丝绳公称抗拉强度/MPa							
			1570		1670		1770		1870	
			钢丝绳最小破断拉力/kN							
	纤维芯钢丝绳	钢芯钢丝绳	纤维芯钢丝绳	钢芯钢丝绳	纤维芯钢丝绳	钢芯钢丝绳	纤维芯钢丝绳	钢芯钢丝绳	纤维芯钢丝绳	钢芯钢丝绳
16	99.8	110	124	128	132	136	140	144	147	152
18	126	139	157	162	167	172	177	182	187	193
20	156	172	193	200	206	212	218	225	230	238
22	189	208	234	242	249	257	264	272	279	288
24	225	248	279	288	296	306	314	324	332	343
26	264	291	327	337	348	359	369	380	389	402
28	306	337	379	391	403	416	427	441	452	466
30	351	387	435	449	463	478	491	507	518	535
32	399	440	495	511	527	544	558	576	590	609
34	451	497	559	577	595	614	630	651	666	687
36	505	557	627	647	667	688	707	729	746	771
38	563	621	698	721	743	767	787	813	832	859
40	624	688	774	799	823	850	872	901	922	951
42	688	759	853	881	907	937	962	993	1020	1050
44	755	832	936	967	996	1030	1060	1090	1120	1150

注:最小钢丝破断拉力总和＝钢丝绳最小破断拉力×1.334,其中 34×7 为 1.300。

表 2-125　第 11 组 35W×7 类钢丝绳的力学性能

35W×7

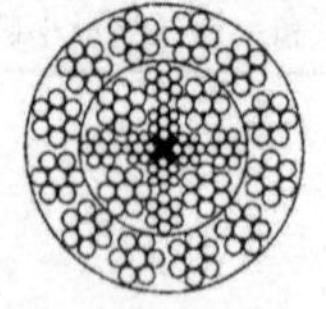
24W×7 截面示意图

续表

钢丝绳公称直径/mm	钢丝绳参考重量/kg·(100m)$^{-1}$	钢丝绳公称抗拉强度/MPa					
		1570	1670	1770	1870	1960	2160
		钢丝绳最小破断拉力/kN					
12	66.2	81.4	86.6	91.8	96.9	102	112
14	90.2	111	118	125	132	138	152
16	118	145	154	163	172	181	199
18	149	183	195	206	218	229	252
20	184	226	240	255	269	282	311
22	223	274	291	308	326	342	376
24	265	326	346	367	388	406	448
26	311	382	406	431	455	477	526
28	361	443	471	500	528	553	610
30	414	509	541	573	606	635	700
32	471	579	616	652	689	723	796
34	532	653	695	737	778	816	899
36	596	732	779	826	872	914	1010
38	664	816	868	920	972	1020	1120
40	736	904	962	1020	1080	1130	1240
42	811	997	1060	1120	1190	1240	1370
44	891	1090	1160	1230	1300	1370	1510
46	973	1200	1270	1350	1420	1490	1650
48	1060	1300	1390	1470	1550	1630	1790
50	1150	1410	1500	1590	1680	1760	1940

注:最小钢丝破断拉力总和=钢丝绳最小破断拉力×1.287。

表 2-126 第 12 组 6×12 类钢丝绳的力学性能

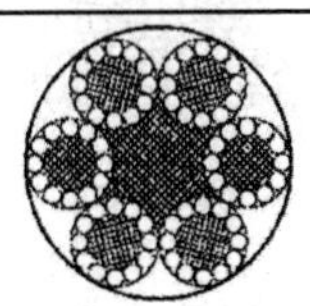

6×12+7FC 截面示意图

钢丝绳公称直径/mm	钢丝绳参考重量/kg·(100m)$^{-1}$		钢丝绳公称抗拉强度/MPa			
			1570	1670	1770	1870
	天然纤维芯钢丝绳	合成纤维芯钢丝绳	钢丝绳最小破断拉力/kN			
8	16.1	14.8	19.7	21.0	22.3	23.7
9	20.3	18.7	24.9	26.6	28.3	30.0
9.3	21.7	20.0	26.6	28.4	30.2	32.0

续表

钢丝绳公称直径/mm	钢丝绳参考重量/kg·(100m)$^{-1}$		钢丝绳公称抗拉强度/MPa			
			1570	1670	1770	1870
	天然纤维芯钢丝绳	合成纤维芯钢丝绳	钢丝绳最小破断拉力/kN			
10	25.1	23.1	30.7	32.8	34.9	37.0
11	30.4	28.0	37.2	39.7	42.2	44.8
12	36.1	33.3	44.2	47.3	50.3	53.3
12.5	39.2	36.1	48.0	51.3	54.5	57.8
13	42.4	39.0	51.9	55.5	59.0	62.5
14	49.2	45.3	60.2	64.3	68.4	72.5
15.5	60.3	55.5	73.8	78.8	83.9	88.9
16	64.3	59.1	78.7	84.0	89.4	94.7
17	72.5	66.8	88.8	94.8	101	107
18	81.3	74.8	99.5	106	113	120
18.5	85.9	79.1	105	112	119	127
20	100	92.4	123	131	140	148
21.5	116	107	142	152	161	171
22	121	112	149	159	169	179
24	145	133	177	189	201	213
24.5	151	139	184	197	210	222
26	170	156	208	222	236	250
28	197	181	241	257	274	290
32	257	237	315	336	357	379

注：最小钢丝破断拉力总和＝钢丝绳最小破断拉力×1.136。

表 2-127　第 13 组 6×24 类钢丝绳的力学性能

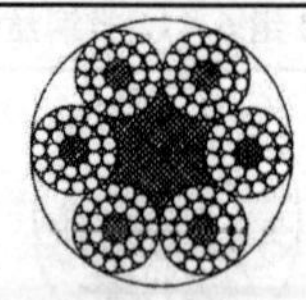

6×24＋7FC 截面示意图

钢丝绳公称直径/mm	钢丝绳参考重量/kg·(100m)$^{-1}$		钢丝绳公称抗拉强度/MPa			
			1470	1570	1670	1770
	天然纤维芯钢丝绳	合成纤维芯钢丝绳	钢丝绳最小破断拉力/kN			
8	20.4	19.5	26.3	28.1	29.9	31.7
9	25.8	24.6	33.3	35.6	37.9	40.1
10	31.8	30.4	41.2	44.0	46.8	49.6
11	38.5	36.8	49.8	53.2	56.6	60.0

续表

钢丝绳公称直径/mm	钢丝绳参考重量/kg·(100m)$^{-1}$		钢丝绳公称抗拉强度/MPa			
			1 470	1 570	1 670	1 770
	天然纤维芯钢丝绳	合成纤维芯钢丝绳	钢丝绳最小破断拉力/kN			
12	45.8	43.8	59.3	63.3	67.3	71.4
13	53.7	51.4	69.6	74.3	79.0	83.8
14	62.3	59.6	80.7	86.2	91.6	97.1
16	81.4	77.8	105	113	120	127
18	103	98.5	133	142	152	161
20	127	122	165	176	187	198
22	154	147	199	213	226	240
24	183	175	237	253	269	285
26	215	206	278	297	316	335
28	249	238	323	345	367	389
30	286	274	370	396	421	446
32	326	311	421	450	479	507
34	368	351	476	508	541	573
36	412	394	533	570	606	642
38	459	439	594	635	675	716
40	509	486	659	703	748	793

注:最小钢丝破断拉力总和=钢丝绳最小破断拉力×1.150。

表 2-128　第 13 组 6×24 类钢丝绳的力学性能

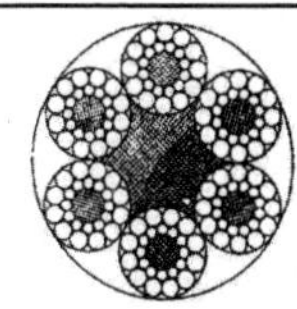

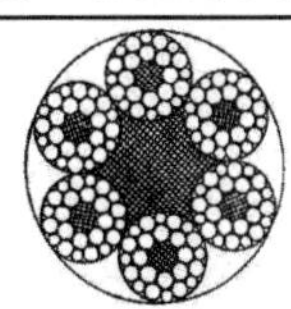

6×24S+7FC　　6×24SW+7FC 截面示意图

钢丝绳公称直径/mm	钢丝绳参考重量/kg·(100m)$^{-1}$		钢丝绳公称抗拉强度/MPa			
			1 470	1 570	1 670	1 770
	天然纤维芯钢丝绳	合成纤维芯钢丝绳	钢丝绳最小破断拉力/kN			
10	33.1	31.6	42.8	45.7	48.6	51.5
11	40.0	38.2	51.8	55.3	58.8	62.3
12	47.7	45.5	61.6	65.8	70.0	74.2
13	55.9	53.4	72.3	77.2	82.1	87.0
14	64.9	61.9	83.8	90.0	95.3	101
16	84.7	80.9	110	117	124	132
18	107	102	139	148	157	167

续表

钢丝绳公称直径/mm	钢丝绳参考重量/kg·(100m)$^{-1}$		钢丝绳公称抗拉强度/MPa			
			1470	1570	1670	1770
	天然纤维芯钢丝绳	合成纤维芯钢丝绳	钢丝绳最小破断拉力/kN			
20	132	126	171	183	194	206
22	160	153	207	221	235	249
24	191	182	246	263	280	297
26	224	214	289	309	329	348
28	260	248	335	358	381	404
30	298	284	385	411	437	464
32	339	324	438	468	498	527
34	383	365	495	528	562	595
36	429	410	554	592	630	668
38	478	456	618	660	702	744
40	530	506	684	731	778	824
42	584	557	755	806	857	909
44	641	612	828	885	941	997

注:最小钢丝破断拉力总和=钢丝绳最小破断拉力×1.150。

表 2-129 第 14 组 6×15 类钢丝绳的力学性能

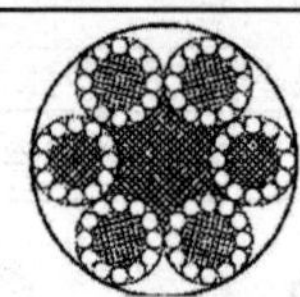

6×15+7FC 截面示意图

钢丝绳公称直径/mm	钢丝绳参考重量/kg·(100m)$^{-1}$		钢丝绳公称抗拉强度/MPa			
			1470	1570	1670	1770
	天然纤维芯钢丝绳	合成纤维芯钢丝绳	钢丝绳最小破断拉力/kN			
10	20.0	18.5	26.5	28.3	30.1	31.9
12	28.8	26.6	38.1	40.7	43.3	45.9
14	39.2	36.3	51.9	55.4	58.9	62.4
16	51.2	47.4	67.7	72.3	77.0	81.6
18	64.8	59.9	85.7	91.6	97.4	103
20	80.0	74.0	106	113	120	127
22	96.8	89.5	128	137	145	154
24	115	107	152	163	173	184
26	135	125	179	191	203	215
28	157	145	207	222	236	250

续表

钢丝绳公称直径/mm	钢丝绳参考重量/kg·(100m)$^{-1}$		钢丝绳公称抗拉强度/MPa			
			1 470	1 570	1 670	1 770
	天然纤维芯钢丝绳	合成纤维芯钢丝绳	钢丝绳最小破断拉力/kN			
30	180	166	238	254	271	287
32	205	189	271	289	308	326

注:最小钢丝破断拉力总和=钢丝绳最小破断拉力×1.136。

表 2-130　第 15 组和第 16 组 4×19 和 4×37 类钢丝绳的力学性能

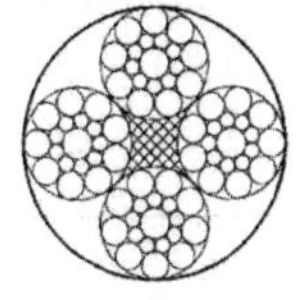

4×19S+FC

直径 8～28 mm

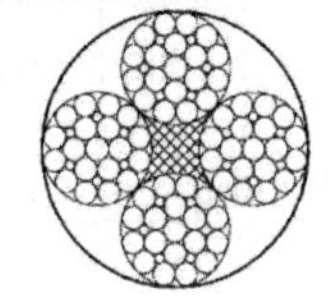

4×25Fi+FC

直径 12～34 mm

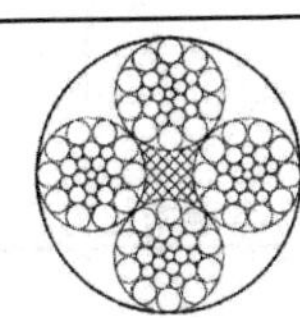

4×26WS+FC

直径 12～31 mm

4×31WS+FC

直径 12～36 mm

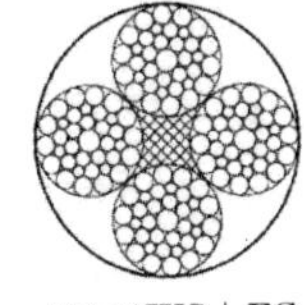

4×36WS+FC

直径 14～42 mm

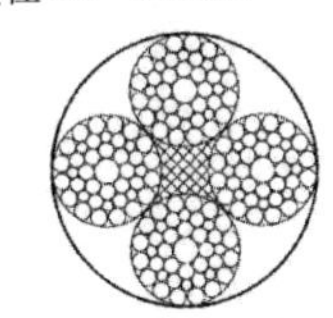

4×41WS+FC

直径 26～46 mm

钢丝绳公称直径/mm	钢丝绳参考重量/kg·(100m)$^{-1}$	钢丝绳公称抗拉强度/MPa					
		1 570	1 670	1 770	1 870	1 960	2 160
		钢丝绳最小破断拉力/kN					
8	26.2	36.2	38.5	40.8	43.1	45.2	49.8
10	41.0	56.5	60.1	63.7	67.3	70.6	77.8
12	59.0	81.4	86.6	91.8	96.9	102	112
14	80.4	111	118	125	132	138	152
16	105	145	154	163	172	181	199
18	133	183	195	206	218	229	252
20	164	226	240	255	269	282	311
22	198	274	291	308	326	342	376
24	236	326	346	367	388	406	448
26	277	382	406	431	455	477	526
28	321	443	471	500	528	558	610
30	369	509	541	573	606	635	700
32	420	579	616	652	689	723	796

续表

钢丝绳公称直径/mm	钢丝绳参考重量/kg·(100m)$^{-1}$	钢丝绳公称抗拉强度/MPa					
		1570	1670	1770	1870	1960	2160
		钢丝绳最小破断拉力/kN					
34	474	653	695	737	778	816	899
36	531	732	779	826	872	914	1010
38	592	816	868	920	972	1020	1120
40	656	904	962	1020	1080	1130	1240
42	723	997	1060	1120	1190	1240	1370
44	794	1090	1160	1230	1300	1370	1510
46	868	1200	1270	1350	1420	1490	1650

注：最小钢丝破断拉力总和＝钢丝绳最小破断拉力×1.1191。

第三章　常用有色金属材料

第一节　型材

一、一般工业用铝及铝合金挤压型材(GB/T 6892—2006)

一般工业用铝及铝合金挤压型材的室温纵向拉伸力学性能，见表 3-1。

表 3-1　一般工业用铝及铝合金挤压型材的室温纵向拉伸力学性能

牌号	状态	壁厚/mm	抗拉强度 R_m/MPa	规定非比例延伸强度 $R_{p0.2}$/MPa	断后伸长率/%	
					$A_{5.65}$	$A_{50\ mm}$①
			≥			
1050A	H112	—	60	20	25	23
1060	O	—	60～95	15	22	20
	H112	—	60	15	22	20
1100	O	—	75～105	20	22	20
	H112	—	75	20	22	20
1200	H112	—	75	25	20	18
1350	H112	—	60	—	25	23
2A11	O	—	≤245	—	12	10
	T4	≤10	335	190	12	10
		>10～20	335	200	10	8
		>20	365	210	10	—
	O	—	≤245	—	12	10
	T4	≤5	390	295	—	8
		>5～10	410	295	—	8
		>10～20	420	305	10	8
		>20	440	315	10	—
2017	O	≤3.2	≤220	≤140	13	11
		>3.2～12	≤225	≤145	13	11
	T4	—	390	245	15	13
2017A	T4、T4510、T4511	≤30	380	260	10	8
2014 2014A	O	—	≤250	≤135	12	10
	T4、T4510、T4511	≤25	370	230	11	10
		>25～75	410	270	10	—
	T6、T6510、T6511	≤25	415	370	7	5
		>25～75	460	415	7	—

续表

牌号	状态	壁厚/mm	抗拉强度 R_m/MPa	规定非比例延伸强度 $R_{p0.2}$/MPa	断后伸长率/% $A_{5.65}$	断后伸长率/% $A_{50\ mm}$①
			≥	≥	≥	≥
2024	O	—	≤250	≤150	12	10
2024	T3、T3510、T3511	≤15	390	290	5	6
2024	T3、T3510、T3511	>15～30	420	290	8	—
2024	T8、T8510、T8511	≤50	455	320	5	4
3A21	O、H112	—	≤185	—	16	14
3003 3103	H112	—	95	30	25	20
5A02	O、H112	—	≤245	—	12	10
5A03	O、H112	—	180	80	12	10
5A05	O、H112	—	255	130	15	13
5A06	O、H112	—	315	160	15	13
5005 5005A	H112	—	100	40	18	16
5051A	H112	—	150	60	16	14
5251	H112	—	160	60	16	14
5052	H112	—	170	70	15	13
5154A 5454	H112	≤25	200	85	16	14
5754	H112	≤25	180	80	14	12
5019	H112	≤30	250	110	14	12
5083	H112	—	270	125	12	10
5086	H112	—	240	95	12	10
6A02	T4	—	180	—	12	10
6A02	T6	—	295	230	10	8
6A01	T6	≤50	200	170	10	8
6A01A	T6	≤15	215	160	8	6
6005 6005A	T5	≤6.3	260	215	—	7
6005 6005A	T4	≤25	180	90	15	13
6005 6005A	T6 实心型材	≤5	270	225	—	6
6005 6005A	T6 实心型材	>5～10	260	215	—	6
6005 6005A	T6 实心型材	>10～25	250	200	8	6
6005 6005A	T6 空心型材	≤5	255	215	—	6
6005 6005A	T6 空心型材	>5～15	250	200	8	6
6106	T6	≤10	250	200	—	6

续表

牌号	状态		壁厚/mm	抗拉强度 R_m/MPa	规定非比例延伸强度 $R_{p0.2}$/MPa	断后伸长率/% $A_{5.65}$	断后伸长率/% $A_{50\ mm}$①
				≥			
6351	O		—	≤160	≤110	14	12
	T4		≤25	205	110	14	12
	T5		≤5	270	230	—	6
	T6		≤5	290	250	—	6
			>5～25	300	255	10	8
6060	T4		≤25	120	60	16	14
	T5		≤5	160	120	—	6
			>5～25	140	100	8	6
	T6		≤3	190	150	—	6
			>3～25	170	140	8	6
6061	T4		≤25	180	110	15	13
	T5		≤16	240	205	9	7
	T6		≤5	260	240	—	7
			>5～25	260	240	10	8
6261	O		—	≤170	≤120	14	12
	T4		≤25	180	100	14	12
	T5		≤5	270	230	—	7
			>5～25	260	220	9	8
			>25	250	210	9	—
	T6	实心型材	≤5	290	245	—	7
			>5～10	280	235	—	7
		空心型材	≤5	290	245	—	7
			>5～10	270	230	—	8
6063	T4		≤25	130	65	14	12
	T5		≤3	175	130	—	6
			>3～25	160	110	7	5
	T6		≤10	215	170	—	6
			>10～25	195	160	8	6
6063A	T4		≤25	150	90	12	10
	T5		≤10	200	160	—	5
			>10～25	190	150	6	4
	T6		≤10	230	190	—	5
			>10～25	220	180	5	4

续表

牌号	状态	壁厚/mm	抗拉强度 R_m/MPa	规定非比例延伸强度 $R_{p0.2}$/MPa	断后伸长率/%	
					$A_{5.65}$	$A_{50\,mm}$ ①
			≥			
6463	T4	≤50	125	75	14	12
	T5	≤50	150	110	8	6
	T6	≤50	195	160	10	8
6463A	T1	≤12	115	60	—	10
	T5	≤12	150	110	—	6
	T6	≤3	205	170	—	6
		>3～12	205	170	—	8
6081	T6	≤25	275	240	8	6
6082	0	—	≤160	≤110	14	12
	T4	≤25	205	110	14	12
	T5	≤5	270	230	—	6
	T6	≤5	290	250	—	6
		>5～25	310	260	10	6
7A04	O	—	≤245	—	10	8
	T6	≤10	500	430	—	4
		>10～20	530	440	6	4
		>20	560	460	6	—
7003	T5	—	310	260	10	8
	T6	≤10	350	290	—	8
		>10～25	340	280	10	8
7005	T5	≤25	345	305	10	8
	T6	≤40	350	290	10	8
7020	T6	≤40	350	290	10	8
7022	T6、T6510、T6511	≤30	490	420	7	5
7049A	T6	≤30	610	530	5	4
7075	T6、T6510、T6511	≤25	530	460	6	4
		>25～60	540	470	6	—
	T73、T73510、T73511	≤25	480	420	7	5
	T76、T76510、T76511	≤6	510	440	—	5
		>6～50	515	450	6	5
7178	T6、T6510、T6511	≤1.6	565	525	—	—
		>1.6～6	580	525	—	3
		>6～35	600	540	4	3
		>35～60	595	530	4	—
	T76、T76510、T76511	>3～6	525	455	—	5
		>6～25	530	460	4	5

①壁厚≤1.6mm 的型材不要求伸长率，如需方要求，则供需双方商定。

二、铝合金建筑型材(GB 5237.1～5—2008、GB 5237.6—2004)

铝合金建筑型材包括基材，阳极氧化、着色型材，电泳涂漆型材，粉末喷涂型材和氟碳漆喷涂型材。铝合金建筑型材的表面处理方式见表 3-2，力学性能见表 3-3。

表 3-2 铝合金建筑型材的表面处理方式

阳极氧化型材	电泳涂漆型材	粉末喷涂型材	氟碳漆喷涂型材
阳极氧化 阳极氧化加电解着色 阳极氧化加有机着色	阳极氧化加电泳涂漆 阳极氧化、电解着色加电泳涂漆	热固性饱和聚酯粉末涂层	二涂层：底漆加面漆； 三涂层：底漆、面漆加清漆； 四涂层：底漆、阻挡漆、面漆加清漆

表 3-3 室温力学性能

合金牌号	供应状态		壁厚/mm	拉伸试验结果				硬度①		
				抗拉强度 R_m/MPa	规定非比例延伸强度 $R_{p0.2}$/MPa	断后伸长率②/%		试样厚度/mm	维氏硬度 HV	韦氏硬度 HW
						A	A_{50mm}			
				≥						
6005	T5		≤6.3	260	240	—	8	—	—	—
	T6	实心型材	≤5	270	225	—	—	—	—	—
			＞5～10	260	215	—	—	—	—	—
			＞10～25	250	200	8	6	—	—	—
		空心型材	≤5	255	215	—	6	—	—	—
			＞5～15	250	200	8	6	—	—	—
6060	T5		≤5	160	120	—	6	—	—	—
			＞5～25	140	100	8	6	—	—	—
	T6		≤3	190	150	—	6	—	—	—
			＞3～25	170	140	8	6	—	—	—
6061	T4		所有	180	110	16	16	—	—	—
	T5		所有	265	245	8	8	—	—	—
6063	T5		所有	160	110	8	8	0.8	58	8
	T6		所有	205	180	8	8	—	—	—
6063A	T5		≤10	200	160	—	5	0.8	65	10
			＞10	190	150	5	5	0.8	65	10
	T6		≤10	230	190	—	5	—	—	—
			＞10	220	180	4	4	—	—	—
6463	T5		≤50	150	110	8	6	—	—	—
	T6		≤50	195	160	10	8	—	—	—
6463A	T5		≤12	150	110	—	6	—	—	—
	T6		≤3	205	170	—	6	—	—	—
			＞3～12	205	170	—	8	—	—	—

①表中硬度指标仅供参考。

②取样部位的公称壁厚小于 1.20mm 时，不测定伸长率。

第二节 板材和带材

一、一般用途加工铜及铜合金板带材(GB/T 17793—1999)

一般用途加工铜及铜合金板材、带材的牌号和规格，见表 3-4、表 3-5。

表 3-4 板材的牌号和规格

品种	牌号	制造方法	厚度/mm	宽度/mm	长度/mm
纯铜板	T2、T3、TP1、TP2、TU1、TU2	热轧	4～60	≤3000	≤6000
		冷轧	0.2～12	≤3000	≤6000
黄铜板	H59、H62、H65、H68、H70、H80、H90、H96、HPb59-1、HSn62-1、HMn58-2	热轧	4～60	≤3000	≤6000
		冷轧	0.2～10	≤3000	
	HMn57-3-1、HMn55-3-1、HAl60-1-1、HAl67-2.5、HAl66-6-3-2、HNi65-5	热轧	4～40	≤1000	≤2000
青铜板	QAl5、QAl7、QAl9-2、QAl9-4	冷轧	0.4～12	≤1000	≤2000
	QSn6.5-0.1、QSn6.5-0.4、QSn4-3、QSn4-0.3、QSn7-0.2	热轧	9～50	≤600	≤2000
		冷轧	0.2～12		
白铜板	BAl6-1.5、BAl13-3	冷轧	0.5～12	≤600	≤1500
	BZn15-20	冷轧	0.5～10	≤600	≤1500
	B5、B19、BFe10-1-1、BFe30-1-1	热轧	7～60	≤2000	≤4000
		冷轧	0.5～10	≤600	≤1500

表 3-5 带材的牌号和规格

品 种	牌 号	厚度/mm	宽度/mm
纯铜带	T2、T3、TP1、TP2、TU1、TU2	0.05～3.00	≤1000
黄铜带	H59、H62、H65、H68、H70、H80、H90、H96、HPb59-1、HSn62-1、HMn58-2	0.05～3.00	≤600
青铜带	QAl5、QAl7、QAl9-2、QAl9-4	0.05～1.20	≤300
	QSn6.5-0.1、QSn6.5-0.4、QSn7-0.2、QSn4-3、QSn4-0.3	0.05～3.00	≤600
	QCd-1	0.05～1.20	≤300
	QMn1.5、QMn5	0.10～1.20	≤300
	QSi3-1	0.05～1.20	≤300
	QSn4-4-2.5、QSn4-4-4	0.8～1.20	≤200
白铜带	BZn15-20	0.05～1.20	≤300
	B5、B19、BFe10-1-1、BFe30-1-1、BMn3-12、BMn40-1.5	0.05～1.20	≤300

二、铜及铜合金板材(GB/T 2040—2008)

表 3-6　铜及铜合金板材的牌号、状态、规格

牌　号	状　态	规　格/mm		
		厚度	宽度	长度
T2、T3、TP1 TP2、TU1、TU2	R	4～60	≤3 000	≤6 000
	M、Y_4、Y_2、Y、T	0.2～12	≤3 000	≤6 000
H96、H80	M、Y	0.2～10	≤3 000	≤6 000
H90、H85	M、Y_2、Y			
H65	M、Y_4、Y_2、Y、T、TY			
H70、H68	R	4～60		
	M、Y_4、Y_2、Y、T、TY	0.2～10		
H63、H62	R	4～60		
	M、Y_2、Y、T	0.2～10		
H59	R	4～60		
	M、Y	0.2～10		
HPb59-1	R	4～60		
	M、Y_2、Y	0.2～10		
HPb60-2	Y、T	0.5～10		
HMn58-2	M、Y_2、Y	0.2～10		
HSn62-1	R	4～60		
	M、Y_2、Y	0.2～10		
HMn55-3-1、HMn57-3-1 HAl60-1-1、HAl67-2.5 HAl66-6-3-2、HNi65-5	R	4～40	≤1 000	≤2 000
QSn6.5-0.1	R	9～50	≤600	≤2 000
	M、Y_4、Y_2、Y、T、TY	0.2～12		
QSn6.5-0.4、QSn4-3 QSn4-0.3、QSn7-0.2	M、Y、T	0.2～12	≤600	≤2 000
QSn8-0.3	M、Y_4、Y_2、Y、T	0.2～5	≤600	≤2 000
BAl6-1.5	Y	0.5～12	≤600	≤1 500
BAl13-3	CYS			
BZn15-20	M、Y_2、Y、T	0.5～10	≤600	≤1 500
BZn18-17	M、Y_2、Y	0.5～5	≤600	≤1 500
B5、B19 BFe10-1-1、BFe30-1-1	R	7～60	≤2 000	≤4 000
	M、Y	0.5～10	≤600	≤1 500
QAl5	M、Y	0.4～12	≤1 000	≤2 000
QAl7	Y_2、Y			
QAl9-2	M、Y			
QAl9-4	Y			

续表

牌　号	状　态	规　格/mm		
		厚度	宽度	长度
QCd1	Y	0.5～10	200～300	800～1 500
QCr0.5、QCr0.5-0.2-0.1	Y	0.5～15	100～600	≥300
QMn1.5	M	0.5～5	100～600	≤1 500
QMn5	M、Y			
QSi3-1	M、Y、T	0.5～10	100～1000	≥500
QSn4-4-2.5、QSn4-4-4	M、Y_3、Y_2、Y	0.8～5	200～600	800～2 000
BMn40-1.5	M、Y	0.5～10	100～600	800～1 500
BMn3-12	M			

注：1. 经供需双方协商，可供应其他规格的板材。

2. 板材的外形尺寸及允许偏差应符合 GB/T 17793 中相应的规定，未作特别说明时按普通级供货。

3. 标记示例

产品标记按产品名称、牌号、状态、规格和标准编号的顺序表示。标记示例如下：

用 H62 制造的、供应状态为 Y_2、厚度为 0.8 mm、宽度为 600 mm、长度为 1 500 mm 的定尺板材，标记为：铜板 H62Y_2 0.8×600×1 500 GB/T 2040—2008。

4. 表面质量要求：热轧板材的表面应清洁；热轧板材的表面不允许有分层、裂纹、起皮、夹杂和绿锈，但允许修理，修理后不应使板材厚度超出允许偏差；热轧板材的表面允许有轻微的、局部的，不使板材厚度超出其允许偏差的划伤、斑点、凹坑、压入物、辊印、皱纹等缺陷；长度大于 4 000 mm 热轧板材和软态板材，可不经酸洗供货；冷轧板材的表面质量应光滑、清洁，不允许有影响使用的缺陷。

表 3-7　铜及铜合金板材的力学性能

牌号	状态	拉伸试验			硬度试验		
		厚度 /mm	抗拉强度 R_m/MPa	断后伸长率 $A_{11.3}$/%	厚度 /mm	维氏硬度 HV	洛氏硬度 HRB
T2、T3 TP1、TP2 TU1、TU2	R	4～14	≥195	≥30	—	—	—
	M	0.3～10	≥205	≥30	≥0.3	≤70	—
	Y_4		215～275	≥25		60～90	
	Y_2		245～345	≥8		80～110	
	Y		295～380	—		90～120	
	T		≥350	—		≥110	
H96	M	0.3～10	≥215	≥30	—	—	—
	Y		≥320	≥3			
H90	M	0.3～10	≥245	≥35	—	—	—
	Y_2		330～440	≥5			
	Y		≥390	≥3			

续表

牌号	状态	拉伸试验			硬度试验		
		厚度/mm	抗拉强度 R_m/MPa	断后伸长率 $A_{11.3}$/%	厚度/mm	维氏硬度 HV	洛氏硬度 HRB
H85	M	0.3～10	≥260	≥35	≥0.3	≤85	
	Y_2		305～380	≥15		80～115	
	Y		≥350	≥3		≥105	
H80	M	0.3～10	≥265	≥50	—	—	—
	Y		≥390	≥3			
H70、H68	R	4～14	≥290	≥40	—	—	—
H70 H68 H65	M	0.3～10	≥290	≥40	≥0.3	≤90	—
	Y_4		325～410	≥35		85～115	
	Y_2		355～440	≥25		100～130	
	Y		410～540	≥10		120～160	
	T		520～620	≥3		150～190	
	TY		≥570	—		≥180	
H63、H62	R	4～14	≥290	≥30	—	—	—
	M	0.3～10	≥290	≥35	≥0.3	≤95	—
	Y_2		350～470	≥20		90～130	
	Y		410～630	≥10		125～165	
	T		≥585	≥2.5		≥155	
H59	R	4～14	≥290	≥25	—	—	—
	M	0.3～10	≥290	≥10	≥0.3	≥130	—
	Y		≥410	≥5			
HPb59-1	R	4～14	≥370	≥18	—	—	—
	M	0.3～10	≥340	≥25	—	—	—
	Y_2		390～490	≥12			
	Y		≥440	≥5			
HPb60-2	Y	—	—	—	0.5～2.5	165～190	—
					2.6～10	—	75～92
	T	—	—	—	0.5～1.0	≥180	—
HMn58-2	M	0.3～10	≥380	≥30	—	—	—
	Y_2		440～610	≥25			
	Y		≥585	≥3			
HSn62-1	R	4～14	≥340	≥20	—	—	—
	M	0.3～10	≥295	≥35	—	—	—
	Y_2		350～400	≥15			
	Y		≥390	≥5			

续表

牌号	状态	拉伸试验			硬度试验		
		厚度/mm	抗拉强度 R_m/MPa	断后伸长率 $A_{11.3}$/%	厚度/mm	维氏硬度 HV	洛氏硬度 HRB
HMn57-3-1	R	4～8	≥440	≥10	—	—	—
HMn55-3-1	R	4～15	≥490	≥15	—	—	—
HAl60-1-1	R	4～15	≥440	≥15	—	—	—
HAl67-2.5	R	4～15	≥390	≥15	—	—	—
HAl66-6-3-2	R	4～8	≥685	≥3	—	—	—
HNi65-5	R	4～15	≥290	≥35	—	—	—
QAl5	M	0.4～12	≥275	≥33	—	—	—
	Y		≥585	≥2.5			
QAl7	Y_2	0.4～12	585～740	≥10	—	—	—
	Y		≥635	≥5			
QAl9-2	M	0.4～12	≥440	≥18	—	—	—
	Y		≥585	≥5			
QAl9-4	Y	0.4～12	≥585	—	—	—	—
QSn6.5-0.1	R	9～14	≥200	≥38	—	—	—
	M	0.2～12	≥315	≥40	≥0.2	≤120	
	Y_4	0.2～12	390～510	≥35		110～155	
	Y_2	0.2～12	490～610	≥8	≥0.2	150～190	
	Y	0.2～3	590～690	≥5		180～230	
		>3～12	540～690	≥5		180～230	
	T	0.2～5	635～720	≥1		200～240	
	TY		≥690	—		≥210	
QSn6.5-0.4 QSn7-0.2	M	0.2～12	≥295	≥40	—	—	—
	Y		540～690	≥8			
	T		≥665	≥2			
QSn4-0.2	M	0.2～12	≥290	≥40	—	—	—
	Y		540～690	≥3			
	T		≥635	≥2			
QSn8-0.3	M	0.2～5	≥345	≥40	≥0.2	≤120	—
	Y_4		390～610	≥35		100～160	
	Y_2		490～610	≥20		150～205	
	Y		590～705	≥5		180～235	
	T		≥685	—		≥210	
QCd1	Y	0.5～10	≥390	—	—	—	—
QCr0.5 QCr0.5-0.2-0.1	Y	—	—	—	0.5～15	≥110	—

续表

牌号	状态	拉伸试验			硬度试验		
		厚度/mm	抗拉强度 R_m/MPa	断后伸长率 $A_{11.3}$/%	厚度/mm	维氏硬度 HV	洛氏硬度 HRB
QMn1.5	M	0.5～5	≥205	≥30	—	—	—
QMn5	M Y	0.5～5	≥290 ≥440	≥30 ≥3	—	—	—
QSi3-1	M Y T	0.5～10	≥340 585～735 ≥685	≥40 ≥3 ≥1	—	—	—
QSn4-4-2.5 QSn4-4-4	M Y_3 Y_2 Y	0.8～5	≥290 390～490 420～510 ≥510	≥35 ≥10 ≥9 ≥5	≥0.8	—	— 65～85 70～90 —
BZn15-20	M Y_2 Y T	0.5～10	≥340 440～570 540～690 ≥640	≥35 ≥5 ≥1.5 ≥1	—	—	—
BZn18-17	M Y_2 Y	0.5～5	≥375 440～570 ≥540	≥20 ≥5 ≥3	≥0.5	— 120～180 ≥150	—
B5	R	7～14	≥215	≥20	—	—	—
	M Y	0.5～10	≥215 ≥370	≥30 ≥10	—	—	—
B19	R	7～14	≥295	≥20	—	—	—
	M Y	0.5～10	≥290 ≥390	≥25 ≥3	—	—	—
BFe10-1-1	R	7～14	≥275	≥20	—	—	—
	M Y	0.5～10	≥275 ≥370	≥28 ≥3	—	—	—
BFe30-1-1	R	7～14	≥345	≥15	—	—	—
	M Y	0.5～10	≥370 ≥530	≥20 ≥3	—	—	—
BAl6-1.5	Y	0.5～12	≥535	≥3	—	—	—
Bal13-3	CYS		≥635	≥5	—	—	—
BMn40-1.5	M Y	0.5～10	390～590 ≥590	实测 实测	—	—	—
BMn3-12	M	0.5～10	≥350	≥25	—	—	—

注：1.表中为板材的横向室温力学性能。除铅黄铜板（HPb60-2）和铬青铜板（QCr 0.5、

QCr0.5-0.2-0.1)外，其他牌号板材在拉伸试验、硬度试验之间任选其一，未作特别说明时，仅提供拉伸试验。

2.厚度超出规定范围的板材，其性能由供需双方商定。

三、铜及铜合金带材(GB/T 2059—2008)

铜及铜合金带材的牌号、状态、规格，以及它们的力学性能见表3-8和表3-9。

表3-8 铜及铜合金带材的牌号、状态、规格

牌　号	状　态	厚度/mm	宽度/mm
T2、T3、TU1、TU2	软(M)、1/4硬(Y_4) 半硬(Y_2)、硬(Y)、特硬(T)	>0.15～<0.50	≤600
		0.50～3.0	≤1 200
H96、H80、H59	软(M)、硬(Y)	>0.15～<0.50	≤600
		0.50～3.0	≤1 200
H85、H90	软(M)、半硬(Y_2)、硬(Y)	>0.15～<0.50	≤600
		0.50～3.0	≤1 200
H70、H68、H65	软(M)、1/4硬(Y_4)、半硬(Y_2) 硬(Y)、特硬(T)、弹硬(TY)	>0.15～<0.50	≤600
		0.50～3.0	≤1 200
H63、H62	软(M)、半硬(Y_2) 硬(Y)、特硬(T)	>0.15～<0.50	≤600
		0.50～3.0	≤1 200
HPb59-1、HMn58-2	软(M)、半硬(Y_2)、硬(Y)	>0.15～0.20	≤300
		>0.20～2.0	≤550
HPb59-1	特硬(T)	0.32～1.5	≤200
HSn62-1	硬(Y)	>0.15～0.20	≤300
		>0.20～2.0	≤550
QAl5	软(M)、硬(Y)	>0.15～1.2	≤300
QAl7	半硬(Y_2)、硬(Y)		
QAl9-2	软(M)、硬(Y)、特硬(T)		
QAl9-4	硬(Y)		
QSn6.5-0.1	软(M)、1/4硬(Y_4)、半硬(Y_2) 硬(Y)、特硬(T)、弹硬(TY)	>0.15～2.0	≤610
QSn7-0.2、QSn6.5-0.4、QSn4-3、QSn4-0.3	软(M)、硬(Y)，特硬(T)	>0.15～2.0	≤610
QSn8-0.3	软(M)、1/4硬(Y_4)、半硬(Y_2)、 硬(Y)、特硬(T)	>0.15～2.6	≤610
QSn4-4-3、QSn4-4-2.5	软(M)、1/3硬(Y_3)、半硬(Y_2)、硬(Y)	0.8～1.2	≤200
QCd1	硬(Y)	>0.15～1.2	≤300
QMn1.5	软(M)	>0.15～1.2	
QMn5	软(M)、硬(Y)		
QSi3-1	软(M)、硬(Y)、特硬(T)	>0.15～1.2	≤300
BZn18-17	软(M)、半硬(Y_2)、硬(Y)	>0.15～1.2	≤610

续表

牌　号	状　　态	厚度/mm	宽度/mm
BZn15-20	软(M)、半硬(Y_2)、硬(Y)、特硬(T)	>0.15～1.2	≤400
B5、B19、BFe10-1-1、BFe30-1-1 BMn40-1.5、BMn3-12	软(M)、硬(Y)		
BAl13-3	淬火+冷加工+人工时效(CYS)	>0.15～1.2	≤300
BAl6-1.5	硬(Y)		

注:1. 经供需双方协商,也可供应其他规格的带材。

2. 带材的外形尺寸及允许偏差应符合 GB/T 17793 中相应的规定,未作特别说明时按普通级供货。

3. 标记示例

产品标记按产品名称、牌号、状态、规格和标准编号的顺序表示。标记示例如下:

用 H62 制造的、半硬(Y_2)状态,厚度为 0.8 mm、宽度为 200 mm 的带材标记为:

带 H62Y_2　0.8×200　GB/T 2059—2008。

4. 表面质量要求:带材的表面应光滑、清洁,不允许有分层、裂纹、起皮、起刺、气泡、压折、夹杂和绿锈。允许有轻微的、局部的、不使带材厚度超出其允许偏差的划伤、斑点、凹坑、压入物、辊印、氧化色、油迹和水迹等缺陷。

表 3-9　铜及铜合金带材的力学性能

牌号	状态	拉伸试验			硬度试验	
		厚度/mm	抗拉强度 R_m/MPa	断后伸长率 $A_{11.3}$/%	维氏硬度	洛氏硬度
T2、T3 TU1、TU2 TP1、TP2	M	≥0.2	≥195	≥30	≤70	—
	Y_4		215～275	≥25	60～90	
	Y_2		245～345	≥8	80～110	
	Y		295～380	≥3	90～120	
	T		≥350	—	≥110	
H96	M	≥0.2	≥215	≥30	—	—
	Y		≥320	≥3		
H90	M	≥0.2	≥245	≥35	—	—
	Y_2		330～440	≥5		
	Y		≥390	≥3		
H85	M	≥0.2	≥260	≥40	≤85	—
	Y_2		305～380	≥15	80～115	
	Y		≥350	—	≥105	
H80	M	≥0.2	≥265	≥50	—	—
	Y		≥390	≥2		

续表

牌号	状态	拉伸试验			硬度试验	
		厚度/mm	抗拉强度 R_m/MPa	断后伸长率 $A_{11.3}$/%	维氏硬度	洛氏硬度
H70 H68 H65	M	≥0.2	≥290	≥40	≤90	—
	Y_4		325～410	≥35	80～115	
	Y_2		355～460	≥25	100～130	
	Y		410～540	≥13	120～160	
	T		520～620	≥4	150～190	
	TY		≥570	—	≥180	
H63、H62	M	≥0.2	≥290	≥35	≤95	—
	Y_2		350～470	≥20	90～130	
	Y		410～630	≥10	125～165	
	T		≥585	≥2.5	≥155	
H59	M	≥0.2	≥290	≥10	—	—
	Y		≥410	≥5	≥130	
HPb59-1	M	≥0.2	≥340	≥25	—	—
	Y_2		390～490	≥12		
	Y		≥440	≥5		
	T	≥0.32	≥590	≥3		
HMn58-2	M	≥0.2	≥380	≥30	—	—
	Y_2		440～610	≥25		
	Y		≥585	≥3		
HSn62-1	Y	≥0.2	390	≥5	—	—
QAl5	M	≥0.2	≥275	≥33	—	—
	Y		≥585	≥2.5		
QAl7	Y_2	≥0.2	585～740	≥10	—	—
	Y		≥635	≥5		
QAl9-2	M	≥0.2	≥440	≥18	—	—
	Y		≥585	≥5		
	T		≥880	—		
QAl9-4	Y	≥0.2	≥635	—	—	—
QSn4-3 QSn4-0.3	M	>0.15	≥290	≥40	—	—
	Y		540～690	≥3		
	T		≥635	≥2		

续表

牌号	状态	拉伸试验			硬度试验	
		厚度/mm	抗拉强度 R_m/MPa	断后伸长率 $A_{11.3}$/%	维氏硬度	洛氏硬度
QSn6.5-0.1	M	>0.15	≥315	≥40	≤120	—
	Y_4		390～510	≥35	110～155	
	Y_2		490～610	≥10	150～190	
	Y		590～690	≥8	180～230	
	T		630～720	≥5	200～240	
	TY		≥690	—	≥210	
QSn7-0.2 QSn6.5-0.4	M	>0.15	≥295	≥40	—	—
	Y		540～690	≥8		
	T		≥665	≥2		
QSn8-0.3	M	≥0.2	≥355	≥45	≤120	—
	Y_4		390～510	≥40	100～160	
	Y_2		490～610	≥30	150～205	
	Y		590～705	≥12	180～235	
	T		≥685	≥5	≥210	
QSn4-4-4 QSn4-4-2.5	M	≥0.8	≥290	≥35	—	—
	Y_3		390～490	≥10	—	65～85
	Y_2		420～510	≥9	—	70～90
	Y		≥490	≥5	—	—
QCd1	Y	≥0.2	≥390	—	—	—
QMn1.5	M	≥0.2	≥205	≥30	—	—
QMn5	M	≥0.2	≥290	≥30	—	—
	Y		≥440	≥2	—	—
QSi3-1	M	≥0.15	≥370	≥45	—	—
	Y		635～785	≥5		
	T		735	≥2		
BZn15-20	M	≥0.2	≥340	≥35	—	—
	Y_2		440～570	≥5		
	Y		540～690	≥1.5		
	T		≥640	≥1		
BZn18-17	M	≥0.2	≥375	≥20	—	—
	Y_2		440～570	≥5	120～180	
	Y		≥540	≥3	≥150	
B5	M	≥0.2	≥215	≥32	—	—
	Y		≥370	≥10		
B19	M	≥0.2	≥290	≥25	—	—
	Y		≥390	≥3		

续表

牌号	状态	拉伸试验			硬度试验	
		厚度/mm	抗拉强度 R_m/MPa	断后伸长率 $A_{11.3}$/%	维氏硬度	洛氏硬度
BFe10-1-1	M	≥0.2	≥275	≥28	—	—
	Y		≥370	≥3		
BFe30-1-1	M	≥0.2	≥370	≥23	—	—
	Y		≥540	≥3		
BMn3-12	M	≥0.2	≥350	≥25	—	—
BMn40-1.5	M	≥0.2	390～590	实测数据	—	—
	Y		≥635			
BAl13-3	CYS	≥0.2	供实测值		—	—
BAl6-1.5	Y		≥600	≥5	—	—

注：厚度超出规定范围的带材，其性能由供需双方商定。

四、一般工业用铝及铝合金板、带材(GB/T 3880—2006)

一般工业用铝及铝合金板、带材产品分类及标记，以及它们的牌号、类别、状态及厚度规格，见表3-10和表3-11。板、带材和宽度和长度，以及它们的力学性能见表3-12和表3-13。

表3-10 产品分类及标记

	牌号系列	铝或铝合金的类别	
		A	B
铝或铝合金的分类	1×××	所有	
	2×××		所有
	3×××	Mn的最大规定值≤1.8%，Mg的最大规定值≤1.8%，Mn的最大规定值和Mg的最大规定值之和≤2.3%	A类外的其他合金
	4×××	Si的最大规定值≤2%	A类外的其他合金
	5×××	Mg的最大规定值≤1.8%，Mn的最大规定值≤1.8%，Mg的最大规定值和Mn的最大规定值之和≤2.3%	A类外的其他合金
	6×××	—	所有
	7×××	—	所有
	8×××	不可热处理强化的合金	可热处理强化的合金
	尺寸偏差	偏差等级	
		板材	带材
板、带材的尺寸偏差等级划分	厚度偏差	冷轧板材：高精级、普通级 热轧板材：不分级	冷轧带材：高精级、普通级 热轧带材：不分级
	宽度偏差	剪切板材：高精级、普通级 其他板材：不分级	高精级、普通级
	长度偏差	不分级	不分级
	不平度	高精级、普通级	不分级
	侧边弯曲度	高精级、普通级	高精级、普通级
	对角线	高精级、普通级	不分级

标记	标记示例 产品标记按产品名称、牌号、状态、规格及标准编号的顺序表示。标记示例如下： 示例 1： 用 3003 合金制造的、状态为 H22、厚度为 20.00 mm，宽度为 1 200 mm，长度为 2 000 mm 的板材，标记为： 板 3003-H22　2.0×1 200×2 000　GB/T 3880.1—2006 示例 2： 用 5052 合金制造的、供应状态为 O、厚度为 1.00 mm、宽度为 1 050 mm 的带材，标记为： 带 5052-O　1.0×1050　GB/T 3880.1—2006

表 3-11　板、带材的牌号、相应的铝及铝合金类别、状态及厚度规格

牌　号	类别	状　态	板材厚度/mm	带材厚度/mm
1A97,1A93,1A90,1A85	A	F	>4.50～150.00	—
		H112	>4.50～80.00	—
1235	A	H12、H22	>0.20～4.50	>0.20～4.50
		H14、H24	>0.20～3.00	>0.20～3.00
		H16、H26	>0.20～4.50	>0.20～4.50
		H18	>0.20～3.00	>0.20～3.00
1070	A	F	>4.50～150.00	>2.50～8.00
		H112	>4.50～75.00	—
		O	>0.20～50.00	>0.20～6.00
		H12、H22、H14、H24	>0.20～6.00	>0.20～6.00
		H16、H26	>0.20～4.00	>0.20～4.00
		H18	>0.20～3.00	>0.20～3.00
1060	A	F	>4.50～150.00	>0.20～8.00
		H112	>4.50～80.00	—
		O	>0.20～80.00	>0.20～6.00
		H12、H22	>0.50～6.00	>0.50～6.00
		H14、H24	>0.20～6.00	>0.20～6.00
		H16、H26	>0.20～4.00	>0.20～4.00
		H18	>0.20～3.00	>0.20～3.00
1050、1050A	A	F	>4.50～150.00	>2.50～8.00
		H112	>4.50～75.00	—
		O	>0.20～50.00	>0.20～6.00
		H12、H22、H14、H24	>0.20～6.00	>0.20～6.00
		H16、H26	>0.20～4.00	>0.20～4.00
		H18	>0.20～3.00	>0.20～3.00

续表

牌　号	类别	状　态	板材厚度/mm	带材厚度/mm
1145	A	F	>4.50～150.00	>2.50～8.00
		H112	>4.50～25.00	—
		O	>0.20～10.00	>0.20～6.00
		H12、H22、H14、H24、H16、H26、H18	>0.20～4.50	>0.20～4.50
1100	A	F	>4.50～150.00	>2.50～8.00
		H112	>6.00～80.00	—
		O	>0.20～80.00	>0.20～6.00
		H12、H22、H14、H24	>0.20～6.00	>0.20～6.00
		H16、H26	>0.20～4.00	>0.20～4.00
		H18	>0.20～3.00	>0.20～3.00
1200	A	F	>4.50～150.00	>2.50～8.00
		H112	>6.00～80.00	—
		O	>0.20～50.00	>0.20～6.00
		H112	>0.20～50.00	—
		H12、H22、H14、H24	>0.20～6.00	>0.20～6.00
		H16、H26	>0.20～4.00	>0.20～4.00
		H18	>0.20～3.00	>0.20～3.00
2017	B	F	>4.50～150.00	—
		H112	>4.50～80.00	—
		O	>0.50～25.00	>0.50～6.00
		T3、T4	>0.50～6.00	—
2A11	B	F	>4.50～150.00	—
		H112	>4.50～80.00	—
		O	>0.50～10.00	>0.50～6.00
		T3、T4	>0.50～10.00	—
2014	B	F	>4.50～150.00	—
		O	>0.50～25.00	—
		T6、T4	>0.50～12.50	—
		T3	>0.50～6.00	—
2024	B	F	>4.50～150.00	—
		O	>0.50～45.00	>0.50～6.00
		T3	>0.50～12.50	—
		T3(工艺包铝)	>4.00～12.50	—
		T4	>0.50～6.00	—

续表

牌　号	类别	状　态	板材厚度/mm	带材厚度/mm
3003	A	F	>4.50～150.00	>2.50～8.00
		H112	>6.00～80.00	—
		O	>0.20～50.00	>0.20～6.00
		H12、H22、H14、H24	>0.20～6.00	>0.20～6.00
		H16、H26、H18	>0.20～4.00	>0.20～4.00
		H28	>0.20～3.00	>0.20～3.00
3004、3104	A	F	>6.30～80.00	>2.50～8.00
		H112	>6.30～80.00	—
		O	>0.20～50.00	>0.20～6.00
		H111	>0.20～50.00	—
		H12、H22、H32、H14	>0.20～6.00	>0.20～6.00
		H24、H34、H16、H26、H36、H18	>0.20～3.00	>0.20～3.00
		H28、H38	>0.20～1.50	>0.20～1.50
3005	A	O、H111、H12、H22、H14	>0.20～6.00	>0.20～6.00
		H111	>0.20～6.00	—
		H16	>0.20～4.00	>0.20～4.00
		H24、H26、H18、H28	>0.20～3.00	>0.20～3.00
3105	A	O、H12、H22、H14、H24、H16、H26、H18	>0.20～3.00	>0.20～3.00
		H111	>0.20～3.00	—
		H28	>0.20～1.50	>0.20～1.50
3102	A	H18	>0.20～3.00	>0.20～3.00
5182	B	O	>0.20～3.00	>0.20～3.00
		H111	>0.20～3.00	—
		H19	>0.20～1.50	>0.20～1.50
5A03	B	F	>4.50～150.00	—
		H112	>4.50～50.00	—
		O、H14、H24、H34	>0.50～4.50	>0.50～4.50
5082	B	F	>4.50～150.00	—
		H18、H38、H19、H39	>0.20～0.50	>0.20～0.50
5005	A	F	>4.50～150.00	>2.50～8.00
		H112	>6.00～80.00	—
		O	>0.20～50.00	>0.20～6.00
		H111	>0.20～50.00	—
		H12、H22、H32、H14、H24、H34	>0.20～6.00	>0.20～6.00
		H16、H26、H36	>0.20～4.00	>0.20～4.00
		H18、H28、H38	>0.20～3.00	>0.20～3.00

续表

牌　号	类别	状　态	板材厚度/mm	带材厚度/mm
5052	B	F	>4.50～150.00	>2.50～8.00
		H112	>6.00～80.00	—
		O	>0.20～50.00	>0.20～6.00
		H111	>0.20～50.00	—
		H12、H22、H32、H14、H24、H34	>0.20～6.00	>0.20～6.00
		H16、H26、H36	>0.20～4.00	>0.20～4.00
		H18、H38	>0.20～3.00	>0.20～3.00
5086	B	F	>4.50～150.00	—
		H112	>6.00～50.00	—
		O/ H111	>0.20～80.00	—
		H12、H22、H32、H14、H24、H34	>0.20～6.00	—
		H16、H26、H36	>0.20～4.00	—
		H18	>0.20～3.00	—
5083	B	F	>4.50～150.00	—
		H112	>6.00～50.00	—
		O	>0.20～80.00	>0.50～4.00
		H111	>0.20～80.00	—
		H12、H14、H24、H34	>0.20～6.00	—
		H22、H32	>0.20～6.00	>0.50～4.00
		H16、H26、H36	>0.20～4.00	—
6061	B	F	>4.50～150.00	>2.50～8.00
		O	>0.40～40.00	>0.40～6.00
		T4、T6	>0.40～12.50	—
6063	B	O	>0.50～20.00	—
		T4、T6	0.50～10.00	—
6A02	B	F	>4.50～150.00	—
		H112	>4.50～80.00	—
		O、T4、T6	>0.50～10.00	—
6082	B	F	>4.50～150.00	—
		O	0.40～25.00	—
		T4、T6	0.40～12.50	—
7075	B	F	>6.00～100.00	—
		O(正常包铝)	>0.50～25.00	—
		O(不包铝或工艺包铝)	>0.50～50.00	—
		T6	>0.50～6.00	—

续表

牌　号	类别	状　态	板材厚度/mm	带材厚度/mm
8A06	A	F	>4.50～150.00	>2.50～8.00
		H112	>4.50～80.00	—
		O	0.20～10.00	—
		H14、H24、H18	>0.20～4.50	—
8011A	A	O	>0.20～3.00	>0.20～3.00
		H111	>0.20～3.00	—
		H14、H24、H18	>0.20～3.00	>0.20～3.00

表 3-12　板、带材的宽度和长度/mm

板、带材的厚度	板材的宽度和长度		带材的宽度和内径	
	板材的宽度	板材的长度	带材的宽度	带材的内径
>0.20～0.50	500～1 660	1 000～4 000	1 660	φ75、φ150、φ200、φ300、φ405、φ505、φ610、φ650、φ750
>0.50～0.80	500～2 000	1 000～10 000	2 000	
>0.80～1.20	500～2 200	1 000～10 000	2 200	
>1.20～8.00	500～2400	1 000～10 000	2 400	
>1.20～150.00	500～2400	1000～10000		

注:带材是否带套筒以及套筒材质,由供需双方商定。

表 3-13　板、带材的力学性能

牌号	包铝分类	供应状态	试样状态	厚度[①]/mm	抗拉强度[②] R_m/MPa	规定非比例延伸强度[②] $R_{p0.2}$/MPa	断后伸长率/% A_{50mm}	断后伸长率/% $A_{5.65}$[③]	弯曲半径[④]
					≥				
1A97 1A93	—	H112	H112	>4.50～80.00	附实测值				—
		F	—	>4.50～150.00	—				—
1A90 1A85	—	H112	H112	>4.50～12.50	50	—	21	—	—
				>12.50～20.00			—	19	—
				>20.00～80.00	附实测值				—
		F	—	>4.50～150.00	—				—
1235	—	H12 H22	H12 H22	>0.20～0.30	95～130	—	2	—	—
				>0.30～0.50			3	—	—
				>0.50～1.50			6	—	—
				>1.50～3.00			8	—	—
				>3.00～4.50			9	—	—
		H14 H24	H14 H24	>0.20～0.30	115～150	—	1	—	—
				>0.30～0.50			2	—	—
				>0.50～1.50			3	—	—
				>1.50～3.00			4	—	—

续表

牌号	包铝分类	供应状态	试样状态	厚度[①]/mm	抗拉强度[②] R_m/MPa	规定非比例延伸强度[②] $R_{p0.2}$/MPa	断后伸长率/%		弯曲半径[④]
							A_{50mm}	$A_{5.65}$[③]	
					≥				
1235	—	H16 H26	H16 H26	>0.20～0.50	130～165	—	1	—	—
				>0.50～1.50			2	—	—
				>1.50～4.00			3	—	—
		H18	H18	>0.20～0.50	145	—	1	—	—
				>0.50～1.50			2	—	—
				>1.50～3.00			3	—	—
1070	—	O	O	>0.20～0.30	55～95	—	15	—	0t
				>0.30～0.50			20	—	0t
				>0.50～0.80			25	—	0t
				>0.80～1.50		15	30	—	0t
				>1.50～6.00			35	—	0t
				>6.00～12.50			35	—	—
				>12.50～50.00			—	30	—
		H12 H22	H12 H22	>0.20～0.30	70～100	—	2	—	0t
				>0.30～0.50			3	—	0t
				>0.50～0.80			4	—	0t
				>0.80～1.50		55	6	—	0t
				>1.50～3.00			8	—	0t
				>3.00～6.00			9	—	0t
		H14 H24	H14 H24	>0.20～0.30	85～120	—	1	—	0.5t
				>0.30～0.50			2	—	0.5t
				>0.50～0.80			3	—	0.5t
				>0.80～1.50		65	4	—	1.0t
				>1.50～3.00			5	—	1.0t
				>3.00～6.00			6	—	1.0t
		H16 H26	H16 H26	>0.20～0.50	100～135	—	1	—	1.0t
				>0.50～0.80			2	—	1.0t
				>0.80～1.50		75	3	—	1.5t
				>1.50～4.00			4	—	1.5t
		H18	H18	>0.20～0.50	120	—	1	—	—
				>0.50～0.80			2	—	—
				>0.80～1.50			3	—	—
				>1.50～4.00			4	—	—

续表

牌号	包铝分类	供应状态	试样状态	厚度①/mm	抗拉强度② R_m/MPa	规定非比例延伸强度② $R_{p0.2}$/MPa	断后伸长率/% A_{50mm}	断后伸长率/% $A_{5.65}$③	弯曲半径④
					≥				
1070	—	H112	H112	>4.50～6.00	75	35	13	—	—
				>6.00～12.50	70	35	15	—	—
				>12.50～25.00	60	25	—	20	—
				>25.00～75.00	55	15	—	25	—
		F	—	>2.50～150.00	—				—
1060	—	O	O	>0.20～0.30	60～100	15	15	—	—
				>0.30～0.50			18	—	—
				>0.50～1.50			23	—	—
				>1.50～6.00			25	—	—
				>6.00～80.00			25	22	—
		H12 H22	H12 H22	>0.50～1.50	80～120	60	6	—	—
				>1.50～6.00			12	—	—
		H14 H24	H14 H24	>0.20～0.30	95～135	70	1	—	—
				>0.30～0.50			2	—	—
				>0.50～0.80			2	—	—
				>0.80～1.50			4	—	—
				>1.50～3.00			6	—	—
				>3.00～6.00			10	—	—
		H16 H26	H16 H26	>0.20～0.30	110～155	75	1	—	—
				>0.30～0.50			2	—	—
				>0.50～0.80			2	—	—
				>0.80～1.50			3	—	—
				>1.50～4.00			5	—	—
		H18	H18	>0.20～0.30	125	85	1	—	—
				>0.30～0.50			2	—	—
				>0.50～1.50			3	—	—
				>1.50～3.00			4	—	—
		H112	H112	>4.50～6.00	75	—	10	—	—
				>6.00～12.50	75		10	—	—
				>12.50～40.00	60		—	18	—
				>40.00～80.00	60		—	22	—
		F	—	>2.50～150.00	—				—

续表

牌号	包铝分类	供应状态	试样状态	厚度[①]/mm	抗拉强度[②] R_m/MPa	规定非比例延伸强度[②] $R_{p0.2}$/MPa	断后伸长率/% A_{50mm}	断后伸长率/% $A_{5.65}$[③]	弯曲半径[④]
					≥				
1050	—	O	O	>0.20～0.30	60～100	—	15	—	0*t*
				>0.30～0.50			20	—	0*t*
				>0.50～1.50		20	25	—	0*t*
				>1.50～6.00			30	—	0*t*
				>6.00～50.00			28	28	—
		H12 H22	H12 H22	>0.20～0.30	80～120	—	2	—	0*t*
				>0.30～0.50			3	—	0*t*
				>0.50～0.80			4	—	0*t*
				>0.80～1.50		65	6	—	0.5*t*
				>1.50～3.00			8	—	0.5*t*
				>3.00～6.00			9	—	0.5*t*
		H14 H24	H14 H24	>0.20～0.30	95～130	—	1	—	0.5*t*
				>0.30～0.50			2	—	0.5*t*
				>0.50～0.80			3	—	0.5*t*
				>0.80～1.50		75	4	—	1.0*t*
				>1.50～3.00			5	—	1.0*t*
				>3.00～6.00			6	—	1.0*t*
		H16 H26	H16 H26	>0.20～0.50	120～150	—	1	—	2.0*t*
				>0.50～0.80			2	—	2.0*t*
				>0.80～1.50		85	3	—	2.0*t*
				>1.50～4.00			4	—	2.0*t*
		H18	H18	>0.20～0.50	130	—	1	—	—
				>0.50～0.80			2	—	—
				>0.80～1.50			3	—	—
				>1.50～3.00			4	—	—
		H112	H112	>4.50～6.00	85	45	10	—	—
				>6.00～12.50	80	45	10	—	—
				>12.50～40.00	70	35	—	16	—
				>25.00～50.00	65	30	—	22	—
				>50.00～75.00	65	30	—	22	—
		F	—	>2.50～150.00	—				—
1050A	—	O	O	>0.20～0.50	>65～95	20	20	—	0*t*
				>0.50～1.50			22	—	0*t*
				>1.50～3.00			26	—	0*t*

续表

牌号	包铝分类	供应状态	试样状态	厚度①/mm	抗拉强度② R_m/MPa	规定非比例延伸强度② $R_{p0.2}$/MPa	断后伸长率/%		弯曲半径④
							A_{50mm}	$A_{5.65}$③	
					≥				
1050A	—	O	O	>3.00~6.00	>65~95	20	29	—	0.5t
				>6.00~25.00			35	—	—
				>25.00~50.00				32	
		H12	H12	>0.20~0.50	>85~125	65	2	—	0t
				>0.50~1.50			4	—	0t
				>1.50~3.00			5	—	0.5t
				>3.00~6.00			7	—	1.0t
		H22	H22	>0.20~0.50	>85~125	55	4	—	0t
				>0.50~1.50			5	—	0t
				>1.50~3.00			6	—	0.5t
				>3.00~6.00			11	—	1.0t
		H14	H14	>0.20~0.50	>105~145	85	2	—	0t
				>0.50~1.50			3	—	0.5t
				>1.50~3.00			4	—	1.0t
				>3.00~6.00			5	—	1.5t
		H24	H24	>0.20~0.50	>105~145	75	3	—	0t
				>0.50~1.50			4	—	0.5t
				>1.50~3.00			5	—	1.0t
				>3.00~6.00			8	—	1.5t
		H16	H16	>0.20~0.50	>120~160	100	1	—	0.5t
				>0.50~1.50			2	—	1.0t
				>1.50~4.00			3	—	1.5t
		H26	H26	>0.20~0.50	>120~160	90	2	—	0.5t
				>0.50~1.50			3	—	1.0t
				>1.50~4.00			4	—	1.5t
		H18	H18	>0.20~0.50	140	120	1	—	1.0t
				>0.50~1.50			2	—	2.0t
				>1.50~3.00			2	—	2.0t
		H112	H112	>4.50~12.50	75	30	20	—	—
				>12.50~75.00	70	25	—	20	—
		F	—	>2.50~150.00	—				—
1145	—	O	O	>0.20~0.50	60~10	—	15	—	—
				>0.50~0.80			20	—	—
				>0.80~1.50		20	25	—	—

续表

牌号	包铝分类	供应状态	试样状态	厚度①/mm	抗拉强度② R_m/MPa	规定非比例延伸强度② $R_{p0.2}$/MPa	断后伸长率/% A_{50mm}	断后伸长率/% $A_{5.65}$③	弯曲半径④
					≥				
1145	—	O	O	>1.50～6.00	60～100	20	30	—	—
				>6.00～10.00			28	—	—
		H12 H22	H12 H22	>0.20～0.30	80～120	—	2	—	—
				>0.30～0.50			3	—	—
				>0.50～0.80			4	—	—
				>0.80～1.50		65	6	—	—
				>1.50～3.00			8	—	—
				>3.00～4.50			9	—	—
		H14 H24	H14 H24	>0.20～0.30	95～125	—	1	—	—
				>0.30～0.50			2	—	—
				>0.50～0.80			3	—	—
				>0.80～1.50		75	4	—	—
				>1.50～3.00			5	—	—
				>3.00～4.50			6	—	—
		H16 H26	H16 H26	>0.20～0.50	120～145	—	1	—	—
				>0.50～0.80			2	—	—
				>0.80～1.50		85	3	—	—
				>1.50～4.50			4	—	—
		H18	H18	>0.20～0.50	125	—	1	—	—
				>0.50～0.80			2	—	—
				>0.80～1.50			3	—	—
				>1.50～4.50			4	—	—
		H112	H112	>4.50～6.50	85	45	10	—	—
				>6.50～12.50	85	45	10	—	—
				>12.50～25.00	70	35	—	16	—
		F	—	>2.50～150.00	—				—
1100	—	O	O	>0.20～0.30	75～105	25	15	—	0t
				>0.30～0.50			17	—	0t
				>0.50～1.50			22	—	0t
				>1.50～6.00			30	—	0t
				>6.00～80.00			28	25	0t
		H12 H22	H12 H22	>0.20～0.50	95～130	75	3	—	0t
				>0.50～1.50			5	—	0t
				>1.50～6.00			8	—	0t

续表

牌号	包铝分类	供应状态	试样状态	厚度①/mm	抗拉强度② R_m/MPa	规定非比例延伸强度② $R_{p0.2}$/MPa	断后伸长率/%		弯曲半径④
							A_{50mm}	$A_{5.65}$③	
					≥				
1100	—	H14 H24	H14 H24	>0.20～0.30	110～145	95	1	—	0*t*
				>0.30～0.50			2	—	0*t*
				>0.50～1.50			3	—	0*t*
				>1.50～4.00			5	—	0*t*
		H16 H26	H16 H26	>0.20～0.30	130～165	115	1	—	2*t*
				>0.30～0.50			2	—	2*t*
				>0.50～1.50			3	—	2*t*
				>1.50～4.00			4	—	2*t*
		H18	H18	>0.20～0.50	150	—	1	—	—
				>0.50～1.50			2	—	—
				>1.50～3.00			4	—	—
		H112	H112	>6.00～12.50	90	50	9	—	—
				>12.50～40.00	85	40	—	12	—
				>40.00～80.00	80	30	—	18	—
		F	—	>2.50～150.00	—				—
1200	—	O H111	O H111	>0.20～0.50	75～105	25	19	—	0*t*
				>0.50～1.50			21	—	0*t*
				>1.50～3.00			24	—	0*t*
				>3.00～6.00			28	—	0.5*t*
				>6.00～12.50			33	—	1.0*t*
				>12.50～50.00			—	30	—
		H12	H12	>0.20～0.50	95～135	75	2	—	0*t*
				>0.50～1.50			4	—	0*t*
				>1.50～3.00			5	—	0.5*t*
				>3.00～6.00			6	—	1.0*t*
		H14	H14	>0.20～0.50	115～155	95	2	—	0*t*
				>0.50～1.50			3	—	0.5*t*
				>1.50～3.00			4	—	1.0*t*
				>3.00～6.00			5	—	1.5*t*
		H16	H16	>0.20～0.50	130～170	115	1	—	0.5*t*
				>0.50～1.50			2	—	1.0*t*
				>1.50～4.00			3	—	1.5*t*

续表

牌号	包铝分类	供应状态	试样状态	厚度①/mm	抗拉强度② R_m/MPa	规定非比例延伸强度② $R_{p0.2}$/MPa	断后伸长率/% A_{50mm}	$A_{5.65}$③	弯曲半径④
					≥				
1200	—	H18	H18	>0.20～0.50	150	130	1	—	1.0t
				>0.50～1.50			2	—	2.0t
				>1.50～3.00			2	—	3.0t
		H22	H22	>0.20～0.50	95～135	65	4	—	0t
				>0.50～1.50			5	—	0t
				>1.50～3.00			6	—	0.5t
				>3.00～6.00			10	—	1.0t
		H24	H24	>0.20～0.50	115～155	90	3	—	0t
				>0.50～1.50			4	—	0.5t
				>1.50～3.00			5	—	1.0t
				>3.00～6.00			7	—	1.5t
		H26	H26	>0.20～0.50	130～170	105	2	—	0.5t
				>0.50～1.50			3	—	1.0t
				>1.50～4.00			4	—	1.5t
		H112	H112	>6.00～12.50	85	35	16	—	—
				>12.50～80.00	80	30	—	16	—
		F	—	>2.50～150.00	—				—
2017	正常包铝或工艺包铝	O	O	>0.50～1.50	≤215	≤110	12	—	0.5t
				>1.50～3.00					1.0t
				>3.00～6.00					1.5t
				>12.50～25.00			—	12	—
			T42*	>0.50～1.50	355	195	15	—	—
				>1.50～3.00			17	—	—
				>3.00～6.00			15	—	—
				>6.00～12.50	335	185	12	—	—
				>12.50～25.00		185	—	12	—
		T3	T3	>0.50～1.50	375	215	15	—	2.5t
				>1.50～3.00			17	—	3t
				>3.00～6.00			15	—	3.5t
		T4	T4	>0.50～1.50	355	195	15	—	2.5t
				>1.50～3.00			17	—	3t
				>3.00～6.00			15	—	3.5t

续表

牌号	包铝分类	供应状态	试样状态	厚度①/mm	抗拉强度② R_m/MPa	规定非比例延伸强度② $R_{p0.2}$/MPa	断后伸长率/%		弯曲半径④
							A_{50mm}	$A_{5.65}$③	
					≥				
2017	正常包铝或工艺包铝	H112	T42	>4.50～6.50	355	195	15	—	
				>6.50～12.50		185	12	—	—
				>12.50～25.00		185	—	12	—
				>25.00～40.00	330	195	—	8	—
				>40.00～70.00	310	195	—	6	—
				>70.00～80.00	285	195	—	4	—
		F	—	>4.50～150.00	—				—
2A11	正常包铝或工艺包铝	O	O	>0.50～3.00	≤225	—	12	—	—
				>3.00～10.00	≤235	—	12	—	—
			T42e	>0.50～3.00	350	185	15	—	—
				>3.00～10.00	355	195	15	—	—
		T3	T3	>0.50～1.50	375	215	15	—	—
				>1.50～3.00			17	—	—
				>3.00～10.00			15	—	—
		T4	T4	>0.50～3.00	360	185	15	—	—
				>3.00～10.00	370	195	15	—	—
		H112	T42	>4.50～10.00	355	195	15	—	—
				>10.00～12.50	370	215	11	—	—
				>12.50～25.00	370	215	—	11	—
				>25.00～40.00	330	195	—	8	—
				>40.00～70.00	310	195	—	6	—
				>70.00～80.00	285	195	—	4	—
		F	—	>4.50～150.00	—				—
2014	工艺包铝或不包铝	O	O	>0.50～12.50	≤220	≤110	16	—	—
				>12.50～25.00	≤220	—	—	9	—
			T62e	>0.50～1.00	440	395	6	—	—
				1.00～6.00	455	400	7	—	—
				6.00～12.50	460	405	7	—	—
				>12.50～25.00	460	405	—	5	—
			T42e	>0.50～12.50	400	235	14	—	—
				>12.50～25.00	400	235	—	12	—
		T6	T6	>0.50～1.00	440	395	6	—	—
				>1.00～6.00	455	400	7	—	—
				>6.00～12.50	460	405	7	—	—

续表

牌号	包铝分类	供应状态	试样状态	厚度①/mm	抗拉强度② R_m/MPa	规定非比例延伸强度② $R_{p0.2}$/MPa	断后伸长率/%		弯曲半径④
					≥		A_{50mm}	$A_{5.65}$③	
2014	工艺包铝或不包铝	T4	T4	＞0.50～6.00	405	240	14	—	—
				＞6.00～12.50	400	250	14	—	—
		T3	T3	＞0.50～1.00	405	240	14	—	—
				＞1.00～6.00	405	250	14	—	—
		F	—	＞4.50～150.00	—	—	—	—	—
	正常包铝	O	O	＞0.50～12.50	≤205	≤95	16	—	—
				＞12.50～25.00	≤220	—	—	9	—
			T62[e]	＞0.50～1.00	425	370	7	—	—
				＞1.00～12.50	440	395	8	—	—
				＞12.50～25.00	460	405	—	3	—
			T42[e]	＞0.50～1.00	370	215	14	—	—
				＞1.00～12.50	395	235	15	—	—
				＞12.50～25.00	400	235	—	12	—
		T6	T6	＞0.50～12.50	425	370	7	—	—
				＞12.50～25.00	440	395	8	—	—
		T4	T4	＞0.50～1.00	370	215	14	—	—
				＞1.00～6.00	395	235	15	—	—
				＞6.00～12.50	395	255	15	—	—
		T3	T3	＞0.50～1.00	380	235	14	—	—
				＞1.00～6.00	395	240	15	—	—
		F	—	＞4.50～150.00	—				—
2024	不包铝	O	O	＞0.50～12.50	≤220	≤95	12	—	—
				＞12.50～45.00	≤220	—	—	10	—
			T42[e]	＞0.50～6.00	425	260	15	—	—
				＞6.00～12.50	425	260	12	—	—
				＞12.50～25.00	420	260	—	7	—
			T62[e]	＞0.50～12.50	440	345	5	—	—
				＞12.50～25.00	435	345	—	4	—
		T3	T3	＞0.50～6.00	435	290	15	—	—
				＞6.00～12.50	440	290	12	—	—
		T4	T4	＞0.50～6.00	425	275	15	—	—
		F	—	＞4.50～150.00	—				—

续表

牌号	包铝分类	供应状态	试样状态	厚度①/mm	抗拉强度② R_m/MPa	规定非比例延伸强度② $R_{p0.2}$/MPa	断后伸长率/% A_{50mm}	断后伸长率/% $A_{5.65}$③	弯曲半径④
					≥				
2024	正常包铝或工艺包铝	O	O	>0.50~1.50	≤205	≤95	12	—	—
				>1.50~12.50	≤220	≤95	12	—	—
				>12.50~40.00	220	—	—	10	—
			T42[e]	>0.50~1.50	395	235	15	—	—
				>1.50~6.00	415	250	15	—	—
				>6.00~12.50	415	250	12	—	—
				>12.50~25.00	420	260	—	7	—
				>25.00~40.00	415	260	—	6	—
			T62[e]	>0.50~1.50	415	325	5	—	—
				>1.50~12.50	425	335	5	—	—
		T3	T3	>0.50~1.50	405	270	15	—	—
				>1.50~6.00	420	275	15	—	—
				>6.00~12.50	425	275	12	—	—
		T4	T4	>0.50~1.50	400	245	15	—	—
				>1.50~6.00	420	275	15	—	—
		F	—	>4.50~150.00	—				—
3003	—	O	O	>0.20~0.50	95~140	35	15	—	0t
				>0.50~1.50			17	—	0t
				>1.50~3.00			20	—	0t
				>3.00~6.00			23	—	0.5t
				>6.00~12.50			24	—	1.0t
				>12.50~50.00			—	23	—
		H12	H12	>0.20~0.50	120~160	90	3	—	0t
				>0.50~1.50			4	—	0.5t
				>1.50~3.00			5	—	1.0t
				>3.00~6.00			6	—	1.0t
		H14	H14	>0.20~0.50	145~195	125	2	—	0.5t
				>0.50~1.50			2	—	1.0t
				>1.50~3.00			3	—	1.0t
				>3.00~6.00			4	—	2.0t
		H16	H16	>0.20~0.50	170~210	150	1	—	1.0t
				>0.50~1.50			2	—	1.5t
				>1.50~4.00			2	—	2.0t

续表

牌号	包铝分类	供应状态	试样状态	厚度[①]/mm	抗拉强度[②] R_m/MPa	规定非比例延伸强度[②] $R_{p0.2}$/MPa	断后伸长率/% A_{50mm}	$A_{5.65}$[③]	弯曲半径[④]
					≥				
3003	—	H18	H18	>0.20～0.50	190	170	1	—	1.5t
				>0.50～1.50			2	—	2.5t
				>1.50～4.00			2	—	3.0t
		H22	H22	>0.20～0.50	120～160	80	6	—	0t
				>0.50～1.50			7	—	0.5t
				>1.50～3.00			8	—	1.0t
				>3.00～6.00			9	—	1.0t
		H24	H24	>0.20～0.50	145～195	115	4	—	0t
				>0.50～1.50			4	—	0.5t
				>1.50～3.00			5	—	1.0t
				>3.00～6.00			6	—	2.0t
		H26	H26	>0.20～0.50	170～210	140	2	—	1.0t
				>0.50～1.50			3	—	1.5t
				>1.50～4.00			3	—	2.0t
		H28	H28	>0.20～0.50	190	160	2	—	1.5t
				>0.50～1.50			2	—	2.0t
				>1.50～3.00			3	—	3.0t
		H112	H112	>6.00～12.50	115	70	10	—	—
				>12.50～80.00	100	40	—	18	—
		F	—	>2.50～150.00	—				—
3004 3104	—	O H111	O H111	>0.20～0.50	155～200	60	13	—	0t
				>0.50～1.50			14	—	0t
				>1.50～3.00			15	—	0t
				>3.00～6.00			16	—	1.0t
				>6.00～12.50			16	—	2.0t
				>12.50～50.00			—	14	—
		H12	H12	>0.20～0.50	190～240	155	2	—	0t
				>0.50～1.50			3	—	0.5t
				>1.50～3.00			4	—	1.0t
				>3.00～6.00			5	—	1.5t
		H14	H14	>0.20～0.50	200～260	180	1	—	0.5t
				>0.50～1.50			2	—	1.0t
				>1.50～3.00			2	—	1.5t
				>3.00～6.00			3	—	2.0t

续表

牌号	包铝分类	供应状态	试样状态	厚度[①]/mm	抗拉强度[②] R_m/MPa	规定非比例延伸强度[②] $R_{p0.2}$/MPa	断后伸长率/% A_{50mm}	断后伸长率/% $A_{5.65}$[③]	弯曲半径[④]
					≥				
3004 3104	—	H16	H16	>0.20～0.50	240～285	200	1	—	1.0t
				>0.50～1.50			1	—	1.5t
				>1.50～3.00			2	—	2.5t
		H18	H18	>0.20～0.50	260	230	1	—	1.5t
				>0.50～1.50			1	—	2.5t
				>1.50～3.00			2	—	—
		H22 H32	H22 H32	>0.20～0.50	190～240	145	4	—	0t
				>0.50～1.50			5	—	0.5t
				>1.50～3.00			6	—	1.0t
				>3.00～6.00			7	—	1.5t
		H24 H34	H24 H34	>0.20～0.50	220～265	170	3	—	0.5t
				>0.50～1.50			4	—	1.0t
				>1.50～3.00			4	—	1.5t
		H26 H36	H26 H36	>0.20～0.50	240～285	190	3	—	1.0t
				>0.50～1.50			3	—	1.5t
				>1.50～3.00			3	—	2.5t
		H28 H38	H28 H38	>0.20～0.50	260	220	2	—	1.5t
				>0.50～1.50			3	—	2.5t
		H112	H112	>6.00～12.50	160	60	7	—	—
				>12.50～40.00			—	6	—
				>40.00～80.00			—	6	—
		F	—	>2.50～80.00	—				—
3005	—	O H111	O H111	>0.20～0.50	115～165	45	12	—	0t
				>0.50～1.50			14	—	0t
				>1.50～3.00			16	—	0.5t
				>3.00～6.00			19	—	1.0t
		H12	H12	>0.20～0.50	145～195	125	3	—	0t
				>0.50～1.50			4	—	0.5t
				>1.50～3.00			4	—	1.0t
				>3.00～6.00			5	—	1.5t
		H14	H14	>0.20～0.50	170～215	150	1	—	0.5t
				>0.50～1.50			2	—	1.0t
				>1.50～3.00			2	—	1.5t
				>3.00～6.00			3	—	2.0t

续表

牌号	包铝分类	供应状态	试样状态	厚度①/mm	抗拉强度② R_m/MPa	规定非比例延伸强度② $R_{p0.2}$/MPa	断后伸长率/%		弯曲半径④
							A_{50mm}	$A_{5.65}$③	
					≥				
3005	—	H16	H16	>0.20～0.50	195～240	175	1	—	1.0t
				>0.50～1.50			2	—	1.5t
				>1.50～4.00			2	—	2.5t
		H18	H18	>0.20～0.50	220	200	1	—	1.5t
				>0.50～1.50			2	—	2.5t
				>1.50～3.00			2	—	—
		H22	H22	>0.20～0.50	145～195	110	5	—	0t
				>0.50～1.50			5	—	0.5t
				>1.50～3.00			6	—	1.0t
				>3.00～6.00			7	—	1.5t
		H24	H24	>0.20～0.50	170～215	130	4	—	0.5t
				>0.50～1.50			4	—	1.0t
				>1.50～3.00			4	—	1.5t
		H26	H26	>0.20～0.50	195～240	160	3	—	1.0t
				>0.50～1.50			3	—	1.5t
				>1.50～3.00			3	—	2.5t
		H28	H28	>0.20～0.50	220	190	2	—	1.5t
				>0.50～1.50			2	—	2.5t
				>1.50～3.00			3	—	—
3105	—	O H111	O H111	>0.20～0.50	100～155	40	14	—	0t
				>0.50～1.50			15	—	0t
				>1.50～3.00			17	—	0.5t
		H12	H12	>0.20～0.50	130～180	105	3	—	1.5t
				>0.50～1.50			4	—	1.5t
				>1.50～3.00			4	—	1.5t
		H14	H14	>0.20～0.50	150～200	130	2	—	2.5t
				>0.50～1.50			2	—	2.5t
				>1.50～3.00			2	—	2.5t
		H16	H16	>0.20～0.50	175～225	160	1	—	—
				>0.50～1.50			2	—	—
				>1.50～3.00			2	—	—
		H18	H18	>0.20～3.00	195	180	1	—	—
		H22	H22	>0.20～0.50	130～160	105	6	—	—
				>0.50～1.50			6	—	—
				>1.50～3.00			7	—	—

续表

牌号	包铝分类	供应状态	试样状态	厚度①/mm	抗拉强度② R_m/MPa	规定非比例延伸强度② $R_{p0.2}$/MPa	断后伸长率/% A_{50mm}	$A_{5.65}$③	弯曲半径④
					≥				
3005	—	H24	H24	>0.20～0.50	150～200	120	4	—	2.5t
				>0.50～1.50			4	—	2.5t
				>1.50～3.00			5	—	2.5t
		H26	H26	>0.20～0.50	175～225	150	3	—	—
				>0.50～1.50			3	—	—
				>1.50～3.00			3	—	—
		H28	H28	>0.20～1.50	195	170	2	—	—
3102	—	H18	H18	>0.20～0.50	160	—	3	—	—
				>0.50～3.00			2	—	—
5182	—	O H111	O H111	>0.20～0.50	255～315	110	11	—	1.0t
				>0.50～1.50			12	—	1.0t
				>1.50～3.00			13	—	1.0t
		H19	H19	>0.20～0.50	380	320	1	—	—
				>0.50～1.50			1	—	—
5A03	—	O	O	>0.50～4.50	195	100	16	—	—
		H14、H24、H34	H14、H24、H34	>0.50～4.50	225	195	8		
		H112	H112	>4.50～10.00	185	80	16	—	—
				>10.00～12.50	175	70	13	—	—
				>12.50～25.00	175	70	—	13	—
				>25.00～50.00	165	60	—	12	—
		F	—	>4.50～150.00	—	—	—	—	—
5A05	—	O	O	0.50～4.50	275	145	16	—	—
		H112	H112	>4.50～10.00	275	125	16	—	—
				>10.00～12.50	265	125	14	—	—
				>12.50～25.00	265	115	—	14	—
				>25.00～50.00	255	105	—	13	—
		F	—	>4.50～150.00	—	—	—	—	—
5A06	工艺包铝	O	O	0.50～4.50	315	155	16	—	
		H112	H112	>4.50～10.00	315	155	16	—	
				>10.00～12.50	305	145	12	—	
				>12.50～25.00	305	145	—	12	
				>25.00～50.00	295	135	—	6	
		F	—	>4.50～150.00	—	—	—	—	—

续表

牌号	包铝分类	供应状态	试样状态	厚度①/mm	抗拉强度② R_m/MPa	规定非比例延伸强度② $R_{p0.2}$/MPa	断后伸长率/% A_{50mm}	断后伸长率/% $A_{5.65}$③	弯曲半径④
					≥				
5082	—	H18 H38	H18 H38	>0.20～0.50	335	—	1	—	
		H19 H39	H19 H39	>0.20～0.50	355	—	1	—	
		F	—	>4.50～150.00	—	—	—	—	—
5005	—	O H111	O H111	>0.20～0.50	100～145	35	15	—	0t
				>0.50～1.50			19	—	0t
				>1.50～3.00			20	—	0t
				>3.00～6.00			22	—	1.0t
				>6.00～12.50			24	—	1.5t
				>12.50～50.00			—	20	—
		H12	H12	>0.20～0.50	125～165	95	2	—	0t
				>0.50～1.50			2	—	0.5t
				>1.50～3.00			4	—	1.0t
				>3.00～6.00			5	—	1.0t
		H14	H14	>0.20～0.50	145～185	120	2	—	0.5t
				>0.50～1.50			2	—	1.0t
				>1.50～3.00			3	—	1.0t
				>3.00～6.00			4	—	2.0t
		H16	H16	>0.20～0.50	165～205	145	1	—	1.0t
				>0.50～1.50			2	—	1.5t
				>1.50～3.00			3	—	2.0t
				>3.00～4.00			3	—	2.5t
		H18	H18	>0.20～0.50	185	165	1	—	1.5t
				>0.50～1.50			2	—	2.5t
				>1.50～3.00			2	—	3.0t
		H22 H32	H22 H32	>0.20～0.50	125～165	80	4	—	0t
				>0.50～1.50			5	—	0.5t
				>1.50～3.00			6	—	1.0t
				>3.00～6.00			8	—	1.0t
		H24 H34	H24 H34	>0.20～0.50	145～185	110	3	—	0.5t
				>0.50～1.50			4	—	1.0t
				>1.50～3.00			5	—	1.0t
				>3.00～6.00			6	—	2.0t

续表

牌号	包铝分类	供应状态	试样状态	厚度①/mm	抗拉强度② R_m/MPa	规定非比例延伸强度② $R_{p0.2}$/MPa	断后伸长率/% A_{50mm}	断后伸长率/% $A_{5.65}$③	弯曲半径④
					≥				
5005	—	H26 H36	H26 H36	>0.20～0.50	165～205	135	2	—	1.0t
				>0.50～1.50			3	—	1.5t
				>1.50～3.00			4	—	2.0t
				>3.00～4.00			4	—	2.5t
		H28 H38	H28 H38	>0.20～0.50	185	160	1	—	1.5t
				>0.50～1.50			2	—	2.5t
				>1.50～3.00			3	—	3.0t
		H112	H112	>6.00～12.50	115	—	8	—	—
				>12.50～40.00	105		—	10	—
				>40.00～80.00	100		—	16	—
		F	—	>2.50～150.00	—	—	—	—	—
5052	—	O H111	O H111	>0.20～0.50	170～215	65	12	—	0t
				>0.50～1.50			14	—	0t
				>1.50～3.00			16	—	0.5t
				>3.00～6.00			18	—	1.0t
				>6.00～12.50			19	—	2.0t
				>12.50～50.00			—	18	—
		H12	H12	>0.20～0.50	210～260	160	4	—	—
				>0.50～1.50			5	—	—
				>1.50～3.00			6	—	—
				>3.00～6.00			8	—	—
		H14	H14	>0.20～0.50	230～280	180	3	—	—
				>0.50～1.50			3	—	—
				>1.50～3.00			4	—	—
				>3.00～6.00			4	—	—
		H16	H16	>0.20～0.50	250～300	210	2	—	—
				>0.50～1.50			3	—	—
				>1.50～3.00			3	—	—
				>3.00～4.00			3	—	—
		H18	H18	>0.20～0.50	270	240	1	—	—
				>0.50～1.50			2	—	—
				>1.50～3.00			2	—	—

续表

牌号	包铝分类	供应状态	试样状态	厚度①/mm	抗拉强度② R_m/MPa	规定非比例延伸强度② $R_{p0.2}$/MPa	断后伸长率/%		弯曲半径④
							A_{50mm}	$A_{5.65}$③	
					≥				
5052	—	H22 H32	H22 H32	>0.20~0.50	210~260	130	5	—	0.5t
				>0.50~1.50			6	—	1.0t
				>1.50~3.00			7	—	1.5t
				>3.00~6.00			10	—	1.5t
		H24 H34	H24 H34	>0.20~0.50	230~280	150	4	—	0.5t
				>0.50~1.50			5	—	1.5t
				>1.50~3.00			6	—	2.0t
				>3.00~6.00			7	—	2.5t
		H26 H36	H26 H36	>0.20~0.50	250~300	180	3	—	1.0 t
				>0.50~1.50			4	—	2.0t
				>1.50~3.00			5	—	3.0t
				>3.00~4.00			6	—	3.5t
		H28 H38	H28 H38	>0.20~0.50	270	210	3	—	—
				>0.50~1.50			3	—	—
				>1.50~3.00			4	—	—
		H112	H112	>6.00~12.50	190	80	7	—	—
				>12.50~40.00	170	70	—	10	—
				>40.00~80.00	170	70	—	14	—
		F	—	>2.50~150.00	—				—
5083	—	O H111	O H111	>0.20~0.50	275~350	125	11	—	0.5t
				>0.50~1.50			12	—	1.0t
				>1.50~3.00			13	—	1.0t
				>3.00~6.00			15	—	1.5t
				>6.00~12.50			15	—	2.5t
				>12.50~50.00			—	15	—
				>50.00~80.00	270~345	115	—	14	—
		H12	H12	>0.20~0.50	315~375	250	3	—	—
				>0.50~1.50			4	—	—
				>1.50~3.00			5	—	—
				>3.00~6.00			6	—	—
		H14	H14	>0.20~0.50	340~400	280	2	—	—
				>0.50~1.50			3	—	—
				>1.50~3.00			3	—	—
				>3.00~6.00			3	—	—

续表

牌号	包铝分类	供应状态	试样状态	厚度①/mm	抗拉强度② R_m/MPa	规定非比例延伸强度② $R_{p0.2}$/MPa	断后伸长率/% A_{50mm}	断后伸长率/% $A_{5.65}$③	弯曲半径④
					≥	≥	≥	≥	
5083	—	H16	H16	>0.20~0.50	360~420	300	1	—	—
				>0.50~1.50			2	—	—
				>1.50~3.00			2	—	—
				>3.00~4.00			2	—	—
		H22 H32	H22 H32	>0.20~0.50	305~380	215	5	—	0.5t
				>0.50~1.50			6	—	1.5t
				>1.50~3.00			7	—	2.0t
				>3.00~6.00			8	—	2.5t
		H24 H34	H24 H34	>0.20~0.50	340~400	250	4	—	1.0t
				>0.50~1.50			5	—	2.0t
				>1.50~3.00			6	—	2.5t
				>3.00~6.00			7	—	3.5t
		H26 H36	H26 H36	>0.20~0.50	360~420	280	2	—	—
				>0.50~1.50			3	—	—
				>1.50~3.00			3	—	—
				>3.00~4.00			3	—	—
		H112	H112	>6.00~12.50	275	125	12	—	—
				>12.50~40.00	275	125	—	10	—
				>40.00~50.00	270	115	—	10	—
		F	—	>4.50~150.00	—	—	—	—	—
5085	—	O H111	O H111	>0.20~0.50	240~310	100	11	—	0.5t
				>0.50~1.50			12	—	1.0t
				>1.50~3.00			13	—	1.0t
				>3.00~6.00			15	—	1.5t
				>6.00~12.50			17	—	2.5t
				>12.50~80.00			—	16	—
		H12	H12	>0.20~0.50	275~335	200	3	—	—
				>0.50~1.50			4	—	—
				>1.50~3.00			5	—	—
				>3.00~6.00			6	—	—
		H14	H14	>0.20~0.50	300~360	240	2	—	—
				>0.50~1.50			3	—	—
				>1.50~3.00			3	—	—
				>3.00~6.00			3	—	—

续表

牌号	包铝分类	供应状态	试样状态	厚度①/mm	抗拉强度② R_m/MPa	规定非比例延伸强度② $R_{p0.2}$/MPa	断后伸长率/%		弯曲半径④
							A_{50mm}	$A_{5.65}$③	
					≥				
5085	—	H16	H16	>0.20～0.50	325～385	270	1	—	—
				>0.50～1.50			2	—	—
				>1.50～3.00			2	—	—
				>3.00～4.00			2	—	—
		H18	H18	>0.20～0.50	345	290	1	—	—
				>0.50～1.50			1	—	—
				>1.50～3.00			1	—	—
		H22 H32	H22 H32	>0.20～0.50	27535	185	5	—	0.5t
				>0.50～1.50			6	—	1.5t
				>1.50～3.00			7	—	2.0t
				>3.00～6.00			8	—	2.5t
		H24 H34	H24 H34	>0.20～0.50	300～360	220	4	—	1.0t
				>0.50～1.50			5	—	2.0t
				>1.50～3.00			6	—	2.5t
				>3.00～6.00			7	—	3.5t
		H26 H36	H26 H36	>0.20～0.50	325～385	250	2	—	—
				>0.50～1.50			3	—	—
				>1.50～3.00			3	—	—
				>3.00～4.00			3	—	—
		H112	H112	>6.00～12.50	250	105	8	—	—
				>12.50～40.00	240	105	—	9	—
				>40.00～50.00	240	100	—	12	—
		F	—	>4.50～150.00	—	—	—	—	—
6061	—	O	O	0.40～1.50	≤150	≤85	14	—	0.5t
				>1.50～3.00			16	—	1.0t
				>3.00～6.00			19	—	1.0t
				>6.00～12.50			16	—	2.0t
				>12.50～25.00			—	16	—
			T42⑤	0.40～1.50	205	95	12	—	1.0t
				>1.50～3.00			14	—	1.5t
				>3.00～6.00			16	—	3.0t
				>6.00～12.50			18	—	4.0t
				>12.50～40.00			—	15	—

续表

牌号	包铝分类	供应状态	试样状态	厚度[①]/mm	抗拉强度[②] R_m/MPa	规定非比例延伸强度[②] $R_{p0.2}$/MPa	断后伸长率/% A_{50mm}	断后伸长率/% $A_{5.65}$[③]	弯曲半径[④]
					≥				
6061	—	O	T62[⑤]	0.40～1.50	280	240	6	—	2.5t
6061	—	O	T62[⑤]	>1.50～3.00	280	240	7	—	3.5t
6061	—	O	T62[⑤]	>3.00～6.00	280	240	10	—	4.0t
6061	—	O	T62[⑤]	>6.00～12.50	280	240	9	—	5.0t
6061	—	O	T62[⑤]	>12.50～40.00	280	240	—	8	—
6061	—	T4	T4	0.40～1.50	205	110	12	—	1.0t
6061	—	T4	T4	>1.50～3.00	205	110	14	—	1.5t
6061	—	T4	T4	>3.00～6.00	205	110	16	—	3.0t
6061	—	T4	T4	>6.00～12.50	205	110	18	—	4.0t
6061	—	T6	T6	0.40～1.50	290	240	6	—	2.5t
6061	—	T6	T6	>1.50～3.00	290	240	7	—	3.5t
6061	—	T6	T6	>3.00～6.00	290	240	10	—	4.0t
6061	—	T6	T6	>6.00～12.50	290	240	9	—	5.0t
6061	—	F	F	>2.50～150.00	—	—	—	—	—
6063	—	O	O	>0.50～5.00	≤130	—	20	—	—
6063	—	O	O	>5.00～12.50	≤130	—	15	—	—
6063	—	O	O	>12.50～20.00	≤130	—	—	15	—
6063	—	O	T62[⑤]	>0.50～5.00	280	180	—	8	—
6063	—	O	T62[⑤]	>5.00～12.50	220	170	—	6	—
6063	—	O	T62[⑤]	>12.50～20.00	220	170	6	—	—
6063	—	T4	T4	0.50～5.00	150		10	—	—
6063	—	T4	T4	5.00～10.00	130		10	—	—
6063	—	T6	T6	0.50～5.00	240	190	8	—	—
6063	—	T6	T6	>5.00～10.00	230	180	8	—	—
6A02	—	O	O	>0.50～4.50	≤145	—	21	—	—
6A02	—	O	O	>4.50～10.00	≤145	—	16	—	—
6A02	—	O	T62[⑤]	>0.50～4.50	295	—	11	—	—
6A02	—	O	T62[⑤]	>4.50～10.00	295	—	8	—	—
6A02	—	T4	T4	>0.50～0.80	195	—	19	—	—
6A02	—	T4	T4	>0.80～3.00	195	—	21	—	—
6A02	—	T4	T4	>3.00～4.50	195	—	19	—	—
6A02	—	T4	T4	>4.50～10.00	175	—	17	—	—
6A02	—	T6	T6	>0.50～4.50	295	—	11	—	—
6A02	—	T6	T6	>4.50～10.00	295	—	8	—	—

续表

牌号	包铝分类	供应状态	试样状态	厚度①/mm	抗拉强度② R_m/MPa	规定非比例延伸强度② $R_{p0.2}$/MPa	断后伸长率/% A_{50mm}	$A_{5.65}$③	弯曲半径④
					≥				
6A02	—	H112	T62⑤	>4.50～12.50	295	—	8	—	—
				>12.50～25.00	295		—	7	—
				>25.00～40.00	285		—	6	—
				>40.00～80.00	275		—	6	—
			T42⑤	>4.50～12.50	175	—	17	—	—
				>12.50～25.00	175		—	14	—
				>25.00～40.00	165		—	12	—
				>40.00～80.00	165		—	10	—
		F	—	>4.50～150.00	—	—	—	—	—
6082	—	O	O	0.40～1.50	≤150	≤85	14	—	0.5*t*
				>1.50～3.00			16	—	1.0*t*
				>3.00～6.00			18	—	1.0*t*
				>6.00～12.50			17	—	2.0*t*
				>12.50～25.00	≤155	—	—	16	—
			T42⑤	0.40～1.50	205	95	12	—	1.5*t*
				>1.50～3.00			14	—	2.0*t*
				>3.00～6.00			15	—	3.0*t*
				>6.00～12.50			14	—	4.0*t*
				>12.50～25.00			—	13	—
			T62e	0.40～1.50	310	260	6	—	2.5*t*
				>1.50～3.00			7	—	3.5*t*
				>3.00～6.00			10	—	4.5*t*
				>6.00～12.50	300	255	9	—	6.0*t*
				>12.50～25.00	295	240	—	8	—
		T4	T4	0.40～1.50	205	110	12	—	1.5*t*
				>1.50～3.00			14	—	2.0*t*
				>3.00～6.00			15	—	3.0*t*
				>6.00～12.50			14	—	4.0*t*
		T6	T6	0.40～1.50	310	260	6	—	2.5*t*
				>1.50～3.00			7	—	3.5*t*
				>3.00～6.00			10	—	4.5*t*
				>6.00～12.50	300	255	9	—	6.0*t*
		F	F	>4.50～150.00	—	—	—	—	—

续表

牌号	包铝分类	供应状态	试样状态	厚度①/mm	抗拉强度② R_m/MPa	规定非比例延伸强度② $R_{p0.2}$/MPa	断后伸长率/% A_{50mm}	断后伸长率/% $A_{5.65}$③	弯曲半径④
					≥				
7075	正常包铝	O	O	>0.50～1.50	≤250	≤140	10	—	—
				>1.50～4.00	≤260	≤140	10	—	—
				>4.00～12.50	≤270	≤145	10	—	—
				>12.50～25.00	≤275	—	—	9	—
			T62⑤	>0.50～1.00	485	415	7	—	—
				>1.00～1.50	495	425	8	—	—
				>1.50～4.00	505	435	8	—	—
				>4.00～6.00	515	440	8	—	—
				>6.00～12.50	515	445	9	—	—
				>12.50～25.00	540	470	—	6	
		T6	T6	>0.50～1.00	485	415	7	—	—
				>1.00～1.50	495	425	8	—	—
				>1.50～4.00	505	435	8	—	—
				>4.00～6.00	515	440	8	—	—
		F	—	>6.00～100.00	—	—	—	—	—
	不包铝或工艺包铝	O	O	>0.50～12.50	≤275	≤145	10	—	—
				>12.50～25.00	≤275	—	—	9	—
			T62⑤	>0.50～1.00	525	460	7	—	—
				>1.00～3.00	540	470	8	—	—
				>3.00～6.00	540	475	8	—	—
				>6.00～12.50	540	460	9	—	—
				>12.50～25.00	540	470	—	6	—
				>25.50～50.00	530	460	—	5	—
		T6	T6	>0.50～1.00	525	460	7	—	—
				>1.00～3.00	540	470	8	—	—
				>3.00～6.00	540	470	8	—	—
		F	—	>6.00～100.00	—	—	—	—	—
8A06	—	O	O	>0.20～0.30	≤110	—	16	—	—
				>0.30～0.50			21	—	—
				>0.50～0.80			26	—	—
				>0.80～10.00			30	—	—
		H14 H24	H14 H24	>0.20～0.30	100	—	1	—	—
				>0.30～0.50			3	—	—
				>0.50～0.80			4	—	—

续表

牌号	包铝分类	供应状态	试样状态	厚度①/mm	抗拉强度② R_m/MPa	规定非比例延伸强度② $R_{p0.2}$/MPa	断后伸长率/% A_{50mm}	$A_{5.65}$③	弯曲半径④
					≥				
8A06	—	H14	H14	>0.80～1.00	100	—	5	—	—
		H24	H24	>1.00～4.50			6	—	—
		H18	H18	>0.20～0.30	135	—	1	—	—
				>0.30～0.80			2	—	—
				>0.80～4.50			3	—	—
		H112	H112	>4.50～10.00	70	—	19	—	—
				>10.00～12.50	80		19	—	—
				>12.50～25.00	80		—	19	—
				>25.00～80.00	65		—	16	—
		F	—	>2.50～150.00	—	—	—	—	—
8011	—	O H111	O H111	>0.20～0.50	80～130	30	19	—	—
				>0.50～1.50			21	—	—
				>1.50～3.00			24	—	—
		H14	H14	>0.20～0.50	125～165	110	2	—	—
				>0.50～3.00			3	—	—
		H24	H24	>0.20～0.50	125～165	100	3	—	—
				>0.50～1.50			4	—	—
				>1.50～3.00			5	—	—
		H18	H18	>0.20～0.50	165	145	1	—	—
				>0.50--3.00			2	—	—

①厚度大于40 mm的板材，表中数值仅供参考。当需方要求时，供方提供中心层试样的实测结果。

②1050、1060、1070、1035、1235、1145、1100、8A06合金的抗拉强度上限值及规定非比例伸长应力极限值对H22、H24、H26状态的材料不适用。

③$A_{5.65}$表示原始标距(L_0)为5.65 $\sqrt{S_0}$的断后伸长率。

④3105、3102、5182板、带材弯曲180°，其他板、带材弯曲90°。t为板或带材的厚度。

⑤2×××、6×××、7×××系合金以O状态供货时，其T42,162状态性能仅供参考。

五、铝及铝合金波纹板(GB/T 4438—2006)

铝及铝合金波纹板的技术指标，见表3-14。

表 3-14　铝及铝合金波纹板的技术指标

牌号、状态、波型代号及规格	牌号	状态	波型代号	规格/mm				
				坯料厚度	长度	宽度	波高	波距
	1050A、1050、1060、1070A、1100、1200、3003	H18	波 20-106	0.60～1.00	2000～10000	1115	20	106
			波 33-131			1008	33	131
	注：需方需要其他波型时，可供需双方协商并在合同中注明。							
标记示例	用 3003 合金制造的、供应状态为 H18、波型代号为波 20-106，坯料厚度为 0.08 mm，长度为 300 mm 的波纹板，标记为：波 20-106 3003-H18 0.8×1115×3000 GB/T 4438—2006							

六、铝及铝合金压型板(GB/T 6891—2006)

压型板的型号、板型、牌号、状态及规格，见表 3－15。

表 3-15　压型板的型号、板型、牌号、状态、规格

型　号	牌　号	状　态	规格/mm				
			波 高	波 距	坯料厚度	宽 度	长度
V25-150 Ⅰ	1050A、1050、1060、1070A、1100、1200、3003、5005	H18	25	150	0.6～1.0	635	1 700～6 200
V25-150 Ⅱ						935	
V25-150 Ⅲ						970	
V25-150 Ⅳ						1170	
V60-187.5		H16、H18	60	187.5	0.9～1.2	826	1 700～6 200
V25-300		H16	25	300	0.6～1.0	985	1 700～5 000
V35-115 Ⅰ		H16、H18	35	115	0.7～1.2	720	≥1 700
V35-115 Ⅱ						710	
V35-125		H16、H18	35	125	0.7～1.2	807	≥1 700
V130-550		H16、H18	130	550	1.0～1.2	625	≥6 000
V173		H16、H18	173	—	0.9～1.2	387	≥1 700
Z295		H18	—	—	0.6～1.0	295	1 200～2 500

注：1. 需方需要其他规格或板型的压型板时，供需双方协商。

2. 标记示例

用 3003 合金制造的、供应状态为 H18、型号为 V60-187.5、坯料厚度为 1.00 mm、宽度为 826 mm、长度为 3 000 mm 的压型板，标记为：V60-187.5　3003 H18　1.0×826×3 000 GB/T 689—2006。

3. 压型板的化学成分应符合 GB/T 3190 的规定。

七、镁及镁合金板、带(GB/T 5154—2003)

镁及镁合金板、带材的牌号、状态和规格，以及板材室温力学性能，见表 3－16 和表 3－17。

表 3-16　板、带材的牌号、状态和规格

牌号	供应状态	规格/mm			备注
		厚度	宽度	长度	
Mg99.00	H18	0.20	3.0～6.0	≥100.0	带材
M2M	O	0.80～10.00	800.0～1 200.0	1 000.0～3 500.0	板材
AZ40M	H112、F	>10.00～32.00	800.0～1 200.0	1 000.0～3 500.0	
AZ41M	H18	0.50～0.80	≤1 000.0	≤2 000.0	
	O	>0.80～10.00	800.0～1 200.0	1 000.0～3 500.0	
	H112、F	>10.00～32.00	800.0～1 200.0	1 000.0～3 500.0	
ME20M	H18	0.50～0.80	≤1 000.0	≤2 000.0	
	H24	>0.80～10.00	800.0～1 200.0	1 000.0～3 500.0	
	H112、F	>10.00～32.00	800.0～1 200.0	1 000.0～3 500.0	
	H112、F	>32.00～70.00	800.0～1 200.0	1 000.0～2 000.0	

注：标记示例

产品标记按产品名称、牌号、状态、规格和标准编号的顺序表示。标记示例如下：

用 AZ41M 合金制造的、供应状态为 H112、厚度为 30.00 mm、宽度为 1 000.0 mm、长度为 2 500 mm的定尺板材，标记为：镁板 AZ41M—H112 30×1000×2500 GB/T 5154—2003。

表 3-17　板材室温力学性能

牌号	供应状态	板材厚度/mm	抗拉强度 R_m/MPa	规定非比例强度/ MPa		断后伸长率 A/%	
				延伸 $R_{p0.2}$	压缩 $R_{p-0.2}$	5D	50 mm
			≥				
M2M	O	0.80～3.00	190	110	—	—	6.0
		>3.00～5.00	180	100	—	—	5.0
		> 5.00～10.00	170	90	—	—	5.0
	H112	10.00～12.50	200	90	—	—	4.0
		>12.50～20.00	190	100	—	4.0	—
		>20.00～32.00	180	110	—	4.0	—
AZ40M	O	0.80～3.00	240	130	—	—	12.0
		>3.00～10.00	230	120	—	—	12.0
	H112	10.00～12.50	230	140	—	—	10.0
		> 12.50～20.00	230	140	—	8.0	—
		>20.00～32.00	230	140	70	8.0	—
AZ41M	H18	0.50～0.80	290	—	—	—	2.0
	O	0.50～3.00	250	150	—	—	12.0
		> 3.00～5.00	240	140	—	—	12.0
		>5.00～10.00	240	140	—	—	10.0
	H112	10.00～12.50	240	140	—	—	10.0
		> 12.50～20.00	250	150	—	6.0	—
		>20.00～32.00	250	140	80	10.0	—

续表

牌号	供应状态	板材厚度/mm	抗拉强度 R_m/MPa	规定非比例强度/MPa		断后伸长率 A/%	
				延伸 $R_{p0.2}$	压缩 $R_{p-0.2}$	5D	50 mm
			≥				
ME20M	H18	0.50～0.80	260	—	—	—	2.0
	H24	0.80～3.00	250	160	—	—	8.0
		>3.00～5.00	240	140	—	—	7.0
		>5.00～10.00	240	140	—	—	6.0
	O	3.00～5.00	230	120	—	—	12.0
		>3.0～5.0	220	110	—	—	10.0
		>5.0～10.0	220	110	—	—	10.0
	H112	10.00～12.50	220	110	—	—	10.0
		>12.50～20.00	210	110	—	10.0	—
		>20.00～32.00	210	110	70	7.0	—
		>32.0～70.0	200	90	50	6.0	—

注1:板材厚度>12.5～14.0 mm时，规定非比例延伸强度圆形试样平行部分的直径取10.0 mm。

2:板材厚度>14.5 mm～70.0 mm时，规定非比例延伸强度圆形试样平行部分的直径取12.5 mm。

3: F状态为自由加工状态，无力学性能指标要求。

八、镍及镍合金板(GB/T 2054—2005)

镍及镍合金板的牌号、状态、规格及制造方法，以及它们的力学性能，见表3-18和表3-19。

表3-18 镍及镍合金板的牌号、状态、规格及制造方法

牌号	制造方法	状态	规格(厚度×宽度×长度)/mm
N4、N5(NW2201，UNS N02201) N6、N7(NW2200，UNS N02200)	热轧	热加工态(R) 软 态(M)	(4.1～50.0)×(300～3000)×(500～4500)
NSi0.19、NMg0.1、NW4-0.15 NW4-0.1、NW4-0.07、DN NCu28-2.5-1.5 NCu30(NW4400，UNS N04400)	冷轧	冷加工(硬)态(Y) 半硬状态(Y_2) 软状态(M)	(0.3～4.0)×(300～1000)×(500～4000)

注:1.需要其他牌号、状态、规格的产品时，由供需双方协商。

2.标记示例

产品标记按产品名称、牌号、供应状态、规格和标准编号的顺序表示。标记示例如下:

用N6制成的厚度为3.0 mm、宽度500 mm、长度2 000 mm的软态板材，标记为:

板 N6M 3.0×500×2 000 GB/T 2054—2005。

表 3-19　镍及镍合金板的力学性能

牌号	交货状态	厚度/mm	厚度≤15mm板材的横向室温力学性能 ≥			硬度	
			抗拉强度 R_m/MPa	规定非比例延伸强度① $R_{p0.2}$/MPa	断后伸长率 A_{50mm} 或 $A_{11.3}$/%	HV	HRB
N4、N 5 NW4-0.15 NW4-0.1 NW4-0.07	M	≤1.5②	350	85	35	—	—
		＞1.5	350	85	40	—	—
	R③	＞4	350	85	30	—	—
	Y	≤2.5	490	—	2	—	—
N6、N7、DN NSi0.19、 NMg0.1	M	≤1.5②	380	105	35	—	—
		＞1.5	380	105	40	—	—
	R	＞4	380	130	30	—	—
	Y④	＞1.5	620	480	2	188～215	90～95
		≤1.5②	540	—	2	—	—
	$Y_2$④	＞1.5	490	290	20	147～170	79～85
NCu28- 2.5-1.5	M	—	440	160	25	—	—
	R	＞4	440	—	25	—	—
	$Y_2$④	—	570	—	6.5	157～188	82～90
NCu30	M	—	480	195	30	—	—
	R③	＞4	510	275	25	—	—
	$Y_2$④	—	550	300	25	157～188	82～90

①厚度≤0.5 mm 的板材不提供规定非比例延伸强度。
②厚度＜1.0 mm 用于成型换热器的 N4 和 N6 薄板力学性能报实测数据。
③热轧板材可在最终热轧前做一次热处理。
④硬态及半硬态供货的板材性能，以硬度作为验收依据，需方要求时，可提供拉伸性能。提供拉伸性能时，不再进行硬度测试。
⑤仅适用于电真空器件用板。

九、钛及钛合金板材(GB/T 3621—2007)

钛及钛合金板材的产品牌号、制造方法、供应状态及规格分类，以及它们的力学性能，见表 3-20 和表 3-21。

表 3-20　钛及钛合金板材的产品牌号、制造方法、供应状态及规格分类

牌号	制造方法	供应状态	规格		
			厚度/mm	宽度/mm	长度/mm
TA1、TA2、TA3、TA4、TA5、TA6、TA7、TA8、TA8-1、TA9、TA9-1、TA10、TA11、TA15、TA17、TA18、TC1、TC2、TC3、TC4、TC4ELI	热轧	热加工状态(R) 退火状态(M)	＞4.75～60.0	400～3000	1000～4000
	冷轧	冷加工状态(Y) 退火状态(M) 固溶状态(ST)	0.30～6	400～1000	1000～3000
TB2	热轧	固溶状态(ST)	＞4.0～10.0	400～3000	1000～4000
	冷轧	固溶状态(ST)	1.0～4.0	400～1000	1000～3000
TB5、TB6、TB8	冷轧	固溶状态(ST)	0.30～4.75	400～1000	1000～3000

注1. 工业纯钛板材供货的最小厚度为 0.3 mm，其他牌号的最小厚度见表 3-21。如对供货

厚度和尺寸规格有特殊要求，可由供需双方协商。

2. 当需方在合同中注明时，可供应消应力状态(m)的板材。

3. 标记示例

产品标记按产品名称、牌号、供应状态、规格和标准编号的顺序表示，标记示例如下：

用 TA2 制成的厚度为 3.0 mm，宽度 500 mm、长度 2 000 的退火态板材，标记为：

板 TA2 M 3.0×500×2000 GB/T 3621—2007。

表 3-21 力学性能

①板材横向室温力学性能

牌号		状态	板材厚度	抗拉强度 R_m/MPa	规定非比例延伸强度 $R_{p0.2}$/MPa	断后伸长率 A/%≥
TA1		M	0.3～25	≥240	140～310	30
TA2		M	0.3～25	≥400	275～450	25
TA3		M	0.3～25	≥500	380～550	20
TA4		M	0.3～25	≥580	485～600	20
TA5		M	0.5～1.0	≥685	≥585	20
			>1.0～2.0			15
			>2.0～5.0			12
			>5.0～10.0			12
TA6		M	0.8～1.5	≥685	—	20
			>1.5～2.0			15
			>2.0～5.0			12
			>5.0～10.0			12
TA7		M	0.8～1.5	735～930	≥685	20
			>1.5～2.0			15
			>2.0～5.0			12
			>5.0～10.0			12
TA8		M	0.8～10	≥400	275～450	20
TA8-1		M	0.8～10	≥240	140～310	24
TA9		M	0.8～10	≥400	275～450	20
TA9-1		M	0.8～10	≥240	140～310	24
TA10	A类	M	0.8～10.0	≥485	≥345	18
	B类	M	0.8～10.0	≥345	≥275	25
TA11		M	5.0～12.0	≥895	≥825	10
TA13		M	0.5～2.0	540～770	460～570	18
TA15		M	0.8～1.8	930～1130	≥855	12
			>1.8～4.0			10
			>4.0～10.0			8

续表

①板材横向室温力学性能

牌号	状态	板材厚度	抗拉强度 R_m/MPa	规定非比例延伸强度 $R_{p0.2}$/MPa	断后伸长率 A/%≥
TA17	M	0.5～1.0	685～835	—	25
		>1.1～2.0			15
		>2.1～4.0			12
		>4.1～10.0			10
TA18	M	0.5～2.0	590～730	—	25
		>2.0～4.0			20
		>4.0～10.0			15
TB2	ST	1.0～3.5	≤980	—	20
	STA		1320		8
TB5	ST	0.8～1.75	705～945	690～835	12
		>1.75～3.18			10
TB6	ST	1.0～5.0	≥1000	—	6
TB8	ST	0.3～0.6	825～1000	795～965	6
					8
TC1	M	0.5～1.0	590～735	—	25
		>1.0～2.0			25
		>2.0～5.0			20
		>5.0～10.0			20
TC2	M	0.5～1.0	≥685	—	25
		>1.0～2.0			15
		>2.0～5.0			12
		>5.0～10.0			12
TC3	M	0.8～2.0	≥880	—	12
		>2.0～5.0			10
		>5.0～10.0			10
TC4	M	0.8～2.0	≥895	≥830	12
		>2.0～5.0			10
		>5.0～10.0			10
		10.0～25.0			8
TC4ELI	M	0.8～25.0	≥860	≥795	10

②板材高温力学性能

合金牌号	板材厚度/mm	试验温度/℃	抗拉强度 R_m/MPa≥	持久强度 σ_{100h}/MPa≥
TA6	0.8～10	350	420	390
		500	340	195

续表

②板材高温力学性能				
合金牌号	板材厚度/mm	试验温度/℃	抗拉强度 R_m/MPa≥	持久强度 σ_{100h}/MPa≥
TA7	0.8～10	350	490	440
		500	440	195
TA11	0.5～12	425	620	—
TA15	0.8～10	500	635	440
		550	570	440
TA17	0.5～10	350	420	390
		400	390	360
TA18	0.5～10	350	340	320
		400	310	280
TC1	0.5～10	350	340	320
		400	310	295
TC2	0.5～10	350	420	390
		400	390	360
TC3、TC4	0.8～10	400	590	540
		500	440	195

第三节　管材

一、铝及铝合金拉(轧)制无缝管(GB/T 6893—2000)

铝及铝合金拉(轧)制无缝管的牌号和状态，以及它们的力学性能，见表 3－22 和表 3－23。

表 3-22　牌号和状态

牌　　号	状　　态
1035 1050 1050A 1060 1070 1070A 1100 1200 8A06	O、H14
2017 2024 2A11 2A12	O、T4
3003 3A21	O、H14
5052 5A02	O、H14
5A03	O、H34
5A05 5056 5083	O、H32
5A06	O
6061 6A02	O、T4、T6
6063	O、T6

注：1. 表中未列入的合金、状态可由供需双方协商后在合同中注明。

2. 管材的外形尺寸及允许偏差应符合 GB/T 4436 中普通级的规定。需要高精级时，应在合同中注明。

表 3-23　力学性能

牌号	状态	壁厚/mm		抗拉强度 σ_b/MPa	规定非比例伸长应力 $\sigma_{p0.2}$/MPa	伸长率(%)		
						全截面试样	其他试样	
						标距 50mm	50mm 定标距	δ_5
						≥		
1035、1050A、1050	O	所有		60～95	—	—		
	H14	所有		95	—	—		
1060、1070A、1070	O	所有		60～95	—	—		
	H14	所有		85	—	—		
1100、1200	O	所有		75～110	—	—		
	H14	所有		110	—	—		
2A11	O	所有		≤245	—	10		
	T4	外径≤22	≤1.5	375	195	13		
			>1.5～2.0			14		
			>2.0～5.0			—		
		外径>22～50	≤1.5	390	225	12		
			>1.5～5.0			13		
		>50	所有	—	—	11		
2017	O	所有		≤245	≤125	17	16	16
	T4	所有		375	215	13	12	12
2A12	O	所有		≤245	—	10		
	T4	外径≤22	≤2.0	410	255	13		
			>2.0～5.0			—		
		外径>22～50	所有	420	275	12		
		>50	所有	420	275	10		
2024	O	所有		≤220	≤100	—		
	T4	0.63～1.2		440	290	12	10	—
		>1.2～5.0		440	290	14	10	—
3003	O	0.63～1.2		95～130	—	30	20	—
		>1.2～5.0		95～130	—	35	25	—
	H14	0.63～1.2		140	115	5	3	—
		>1.2～5.0		140	115	8	4	—
3A21	O	所有		≤135	—	—		
	H14	所有		135	—	—		

牌号	状态	壁厚/mm	抗拉强度 σ_b/MPa	规定非比例伸长应力 $\sigma_{p0.2}$/MPa	伸长率(%)		
					全截面试样	其他试样	
					标距 50mm	50mm 定标距	δ_5
			≥				
5A02	O	所有	≤225	—	—		
	H14	外径≤55,壁厚≤2.5	225	—	—		
		其他所有	195	—	—		
5A03	O	所有	175	80	15		
	H34	所有	215	125	8		
5A05	O	所有	215	90	15		
	H32	所有	245	145	8		
5A06	O	所有	315	145	15		
5052	O	所有	170～240	70	—		
	H14	所有	235	180	—		
5056	O	所有	≤315	100	—		
5056	H32	所有	305	—	—		
5083	O	所有	270～355	110	14	12	12
	H32	所有	315	235	5	5	5
6A02	O	所有	≤155	—	14		
	T4	所有	205	—	14		
	T6	所有	305	—	8		
6061	O	所有	≤150	≤95	15	15	13
	T4	0.63～1.20	205	100	16	14	—
		>1.20～5.0	205	110	18	16	—
	T6	0.63～1.20	290	240	10	8	—
		>1.20～5.0	290	240	12	10	—
6063	O	所有	≤130	—	—	—	—
	T6	0.63～1.20	230	195	12	8	—
		>1.2～5.0	230	195	14	10	—
8A06	O	所有	≤120	—	20		
	H14	所有	100	—	5		

注:1.表中未列入的合金、状态、规格、力学性能由供需双方协商或附抗拉强度、伸长率的试验结果,但该结果不能作为验收依据。

2.管材力学性能应符合表中的规定。但表中5A03、5A05、5A06规定非比例伸长应力仅供参考,不作为验收依据。矩形管的Tx和Hx状态的伸长率低于上表2个百分点。

二、铝及铝合金热挤压无缝圆管(GB/T 4437.1—2000)

铝及铝合金热挤压无缝圆管的牌号和状态,以及它们的力学性能,见表3-24

和表 3-25。

表 3-24　牌号和状态

合金牌号	状　态
1070A 1060 1100 1200 2A11 2017 2A12 2024 3003 3A21 5A02 5052 5A03 5A05 5A06 5083 5086 5454 6A02 6061 6063 7A09 7075 7A15 8A06	H112、F
1070A 1060 1050A 1035 1100 1200 2A11 2017 2A12 2024 5A06 5083 5454 5086 6A02	O
2A11 2017 2A12 6A02 6061 6063	T4
6A02 6061 6063 7A04 7A09 7075 7A15	T6

注：1. 用户如果需要其他合金状态，可经双方协商确定。

2. 管材的外形尺寸及允许偏差应符合 GB/T 4436 中普通级的规定，需要高精级时，应在合同中注明。

表 3-25　力学性能

合金牌号	供应状态	试样状态	壁厚/mm	抗拉强度 σ_b/MPa	规定非比例伸长应力 $\sigma_{p0.2}$/MPa	伸长率(%) 50mm	δ
				≥			
1070A、1060	O	O	所有	60～95	—	25	22
	H112	H112	所有	60	—	25	22
1050A、1035	O	O	所有	60～100	—	25	23
1100、1200	O	O	所有	75～105	—	25	22
	H112	H112	所有	75	—	25	22
2A11	O	O	所有	≤245	—	—	10
	H112	H112	所有	350	195	—	10
2017	O	O	所有	≤245	≤125	—	16
	H112、T4	T4	所有	345	215	—	12
2A12	O	O	所有	≤245	—	—	10
	H112、T4	T4	所有	390	255	—	10
2017	O	O	所有	≤245	≤130	12	10
	H112	T4	≤18	395	260	12	10
			>18	395	260	—	9
3A21	H112	H112	所有	≤165	—	—	
3003	O	O	所有	95～130	—	25	22
	H112	H112	所有	95	—	25	22
5A02	H112	H112	所有	≤225	—	—	—
5052	O	O	所有	170～240	70	—	—
5A03	H112	H112	所有	175	70	—	15
5A05	H112	H112	所有	225	110	—	15

续表

合金牌号	供应状态	试样状态	壁厚/mm	抗拉强度 σ_b/MPa	规定非比例伸长应力 $\sigma_{p0.2}$/MPa	伸长率(%)	
						50mm	δ
				≥			
5A06	O、H112	O、H112	所有	315	145	—	15
5083	O	O	所有	270～350	110	14	12
	H112	H112	所有	270	110	12	20
5454	O	O	所有	215～285	85	14	12
	H112	H112	所有	215	85	12	10
5086	O	O	所有	240～315	95	14	12
	H112	H112	所有	240	95	12	10
6A02	O	O	所有	≤145	—	—	17
	T4	T4	所有	205	—	—	14
	H112、T6	T6	所有	295	—	—	8
6061	T4	T4	所有	180	110	16	14
6061	T6	T6	≤6.3	260	240	8	—
			>6.3	260	240	10	9
6063	T4	T4	≤12.5	130	70	14	12
			>12.5～25	125	60	—	12
	T6	T6	所有	205	170	10	9
7A04、7A09	H112、T6	T6	所有	530	400	—	5
7075	H112、T6	T6	≤6.3	540	485	7	—
			>6.3 ≤12.5	560	505	7	6
			>12.5	560	495	—	6
7A15	H112、T6	T6	所有	470	420	—	6
8A06	H112	H112	所有	≤120	—	—	20

注：管材的室温纵向力学性能应符合表中的规定。但表中5A05合金规定非比例伸长应力仅供参考，不作为验收依据。外径185～300 mm，其壁厚大于32.5 mm的管材，室温纵向力学性能由供需双方另行协商或附试验结果。

三、铜及铜合金无缝管材外形尺寸及允许偏差(GB/T 16866—2006)

挤制铜及铜合金圆形管的外形尺寸，见表3-26；拉制铜及铜合金圆形管的外形尺寸，见表3-27。

表3-26 挤制铜及铜合金圆形管

公称外径/mm	公称壁厚/mm
20，21，22	1.5～3.0，4.0
23，24，25，26	1.5～4.0

续表

公称外径/mm	公称壁厚/mm
27,28,29,30,32,34,35,36	2.5～6.0
38,40,42,44,45,46,48	2.5～10.0
50,52,54,55	2.5～17.5
56,58,60	4.0～17.5
62,64,65,68,70	4.0～20.0
72,74,75,78,80	4.0～25.0
85,90,95,100	7.5,10.0～30.0
105,110	10.0～30.0
115,120	10.0～37.5
125,130	10.0～35.0
135,140	10.0～37.5
145,150	10.0～35.0
155,160,165,170,175,180	10.0～42.5
185,190,195,200,210,220	10.0～45.0
230,240,250	10.0～15.0,20.0,25.0～50.0
260,280	10.0～15.0,20.0,25.0,30.0
290,300	20.0,25.0,30.0

壁厚系列/mm:1.5,2.0,2.5,3.0,3.5,4.0,4.5,5.0,6.0,7.5,9.0,10.0,12.5,15.0,17.5,20.0,22.5,25.0,27.5,30.0,32.5,35.0,37.5,40.0,42.5,45.0,50.0

供应长度:500～6 000 mm

表 3-27　拉制铜及铜合金圆形管

公称外径/mm	公称壁厚/mm
3,4	0.2～1.25
5,6,7	0.2～1.5
8,9,10,11,12,13,14,15	0.2～3.0
16,17,18,19,20	0.3～4.5
21,22,23,24,25,26,27,28,29,30,31,32,33,34,35,36,37,38,39,40	0.4～5.0
42,44,45,46,48,49,50	0.75～6.0
52,54,55,56,58,60	0.75～8.0
62,64,65,66,68,70	1.0～11.0
72,74,75,76,78,80	2.0～13.0
82,84,85,86,88,90,92,94,96,98,100	2.0～15.0
105,110,115,120,125,130,135,140,145,150	2.0～15.0
155,160,165,170,175,180,185,190,195,200,210,220,230,240,250	3.0～15.0
260,270,280,290,300,310,320,330,340,350,360	4.0～5.0

壁厚系列/mm:0.2,0.3,0.4,0.5,0.6,0.75,1.0,1.25,1.5,2.0,2.5,3.0,3.5,4.0,4.5,5.0,6.0,7.0,8.0,9.0,10.0,11.0,12.0,13.0,14.0,15.0

供应长度:外径≤100 mm 的拉制管材,供应长度为 1 000～7 000 mm,其他管材供应长度为 500～6 000 mm

四、铜及铜合金拉制管(GB/T 1527—2006)

铜及铜合金拉制管的牌号、状态和规格，见表 3－28。

表 3-28　牌号、状态和规格

<table>
<tr><th rowspan="3">牌　号</th><th rowspan="3">状　态</th><th colspan="4">规格/mm</th></tr>
<tr><th colspan="2">圆形</th><th colspan="2">矩(方)形</th></tr>
<tr><th>外径</th><th>壁厚</th><th>对边距</th><th>壁厚</th></tr>
<tr><td rowspan="2">T2、T3、TU1、TU2、TP1、TP2</td><td>软(M)、轻软(M_1)、硬(Y)、特硬(T)</td><td>3～360</td><td rowspan="2">0.5～15</td><td rowspan="6">3～100</td><td rowspan="2">1～10</td></tr>
<tr><td>半硬(Y_2)</td><td>3～100</td></tr>
<tr><td>H96、H90</td><td rowspan="4">软(M)、轻软(M_1)、硬(Y)、特硬(T)</td><td rowspan="2">3～200</td><td rowspan="4">0.2～10</td><td rowspan="4">0.2～7</td></tr>
<tr><td>H85、H80、H85A</td></tr>
<tr><td>H70、H68、H59、HPb59-1、HSn62-1、HSn70-1、H70A、H68A</td><td>3～100</td></tr>
<tr><td>H65、H63、H62、HPb66-0.5、H65A</td><td>3～200</td></tr>
<tr><td rowspan="2">HPb63-0.1</td><td>半硬(Y_2)</td><td>18～31</td><td>6.5～13</td><td rowspan="5">—</td><td rowspan="5">—</td></tr>
<tr><td>1/3 硬(Y_3)</td><td>8～31</td><td>3.0～13</td></tr>
<tr><td>BZn15-20</td><td>硬(Y)、半硬(Y_2)、软(M)</td><td>4～40</td><td rowspan="3">0.5～8</td></tr>
<tr><td>BFe10-1-1</td><td>硬(Y)、半硬(Y_2)、软(M)</td><td>8～160</td></tr>
<tr><td>BFe30-1-1</td><td>半硬(Y_2)、软(M)</td><td>8～30</td></tr>
</table>

注1：外径≤100 mm 的圆形直管，供应长度为 1 000～7 000 mm，其他规格的圆形直管供应长度为 500～6 000 mm。

2：矩(方)形管的供应长度为 1 000～5 000 mm。

3：外径≤30 mm、壁厚＜3 mm 的圆形直管材和圆周长≤100 mm 或圆周长与壁厚之比≤15 的矩(方)形管材，可供应长度＞6 000 mm 的盘管。

五、铜及铜合金挤制管(YS/T 662—2007)

铜及铜合金挤制管的牌号、状态和规格，见表 3－29。

表 3-29　牌号、状态和规格

<table>
<tr><th rowspan="2">牌号</th><th rowspan="2">状态</th><th colspan="3">规格/mm</th></tr>
<tr><th>外径</th><th>壁厚</th><th>长度</th></tr>
<tr><td>TU1、TU2、T2、T3、TP1、TP2</td><td rowspan="8">挤制
(R)</td><td>20～300</td><td>5～65</td><td rowspan="3">300～6 000</td></tr>
<tr><td>H96、H62、HPb59-1、HFe59-1-1</td><td>20～300</td><td>1.5～42.5</td></tr>
<tr><td>H80、H65、H68、HSn62-1、HSi80-3、HMn58-2、HMn57-3-1</td><td>60～220</td><td>7.5～30</td></tr>
<tr><td>QAl9-2、QAl9-4、QAl10-3-1.5、QAl10-4-4</td><td>20～250</td><td>3～50</td><td rowspan="2">500～6 000</td></tr>
<tr><td>QSi3.5-3-1.5</td><td>80～200</td><td>10～30</td></tr>
<tr><td>QCr0.5</td><td>100～220</td><td>17.5～37.5</td><td>500～3 000</td></tr>
<tr><td>BFe10-1-1</td><td>70～250</td><td>10～25</td><td rowspan="2">300～3 000</td></tr>
<tr><td>BFe30-1-1</td><td>80～120</td><td>10～25</td></tr>
</table>

六、热交换器用铜合金无缝管(GB/T 8890—2007)

热交换器用铜合金无缝管的牌号、状态和规格,见表 3-30。

表 3-30 牌号、状态和规格

牌号	种类	供应状态	规格/mm		
			外径	壁厚	长度
BFe10-1-1	盘管	软(M)、半硬(Y_2)、硬(Y)	3～20	0.3～1.5	—
	直管	软(M)	4～160	0.5～4.5	<6000
		半硬(Y_2)、硬(Y)	6～76	0.5～4.5	<18000
BFe30-1-1	直管	软(M)、半硬(Y_2)	6～76	0.5～4.5	<18000
HAl77-2,HSn70-1,HSn70-1B、HSn70-1ABH68A,H70A、H85A	直管	软(M) 半硬(Y_2)	6～76	0.5～4.5	<18000

七、铜及铜合金毛细管(GB/T 1531—2009)

铜及铜合金毛细管的用途、牌号、状态和规格,见表 3-31。

表 3-31 铜及铜合金毛细管规格

类别和用途

类别	用途
高精级	适用于家用电冰箱、空调、电冰柜、高精度仪表、高精密医疗仪器等工业部门
普通级	适用于一般精度的仪器、仪表和电子等工业部门

牌号、状态和规格

牌号	供应状态	规格(外径×内径)/mm	直条供应管材长度/mm
T2、TP1、TP2、H90、H85、H80、H70、H68、H65、H63,H62	硬(Y)、半硬(Y_2)、软(M)	φ0.5×0.3～φ6.10×4.45	50～6000
H96、QSn4-0.3、QSn6.5-0.1	硬(Y)、软(M)		

八、铜及铜合金散热扁管(GB/T 8891—2000)

铜及铜合金散热扁管的牌和规格,以及它们的尺寸规格,见表 3-32 和表3-33。

表 3-32 牌号和规格

牌号	供应状态	宽度×高度×壁厚/mm	长度/mm
T2、H96	硬(Y)	(16～25)×(1.9～6.0)×(0.2～0.7)	250～1500
H85	半硬(Y_2)		
HSn70-1	软(M)		

注:1.经双方协商,可以供应其他牌号、规格的管材。

表 3-33　尺寸规格/mm

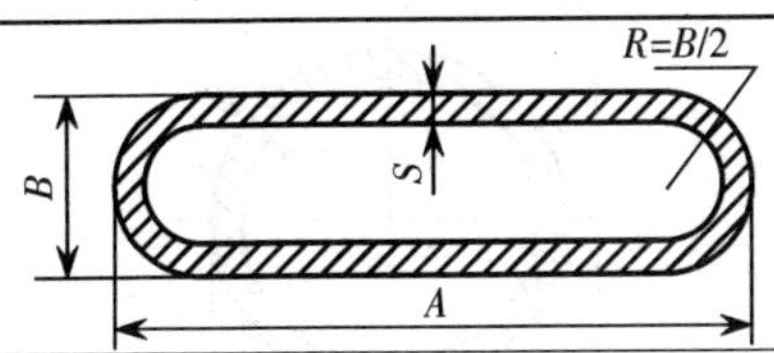

宽度 A	高度 B	壁厚 S						
		0.20	0.25	0.30	0.40	0.50	0.60	0.70
16	3.7	0	0	0	0	0	0	0
17	3.5	0	0	0	0	0	0	0
17	5.0	—	0	0	0	0	0	0
18	1.9	0	0	—	—	—	—	—
18.5	2.5	0	0	0	0	—	—	—
18.5	3.5	0	0	0	0	0	0	0
19	2.0	0	0	—	—	—	—	—
19	2.2	0	0	0	—	—	—	—
19	2.4	0	0	0	—	—	—	—
19	4.5	0	0	0	0	0	0	0
21	3.0	0	0	0	0	0	—	—
21	4.0	0	0	0	0	0	0	0
21	5.0	—	—	0	0	0	0	0
22	3.0	0	0	0	0	0	—	—
22	6.0	—	—	0	0	0	0	0
25	4.0	0	0	0	0	0	0	0
25	6.0	—	—	—	—	0	0	0

注:“0”表示有产品,“—”表示无产品。

九、铜及铜合金波导管(GB/T 8894—2007)

一般铜合金波导管的牌号、状态和规格,见表 3－34;圆形、矩形、中等扁矩形、扁矩形和方形铜合金波导管尺寸规格,分别见表 3－35、表 3－36、表 3－37、表 3－38 和表 3－39。

表 3-34　牌号、状态和规格

牌　号	供应状态	规　格/mm				
		圆形(内径 d)	矩(方)形			
			矩形 $a/b\approx2$	中等扁矩形 $a/b\approx4$	扁矩形 $a/b\approx8$	方形 $a/b=1$
T2 TU1 H62 H96	硬(Y)	3.581～149	4.775×2.388、165.1×82.55	22.85×5、165.1×41.3	22.86×5～109.2×13.1	15×15～48×48

注:经双方协商,可供其他规格的管材,具体要求应在合同中注明。

表 3-35　圆形铜合金波导管尺寸规格　/mm

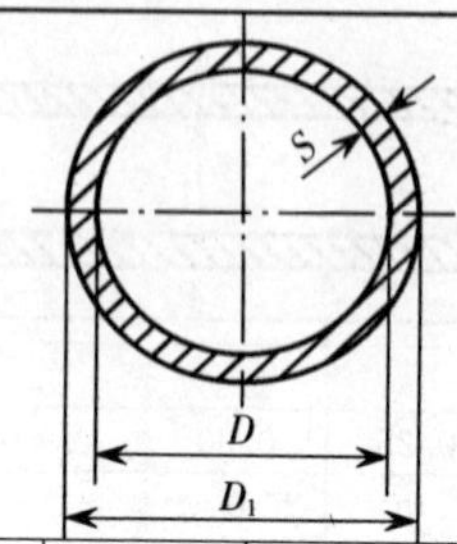

型号名称	内孔尺寸 D	壁厚 S	外缘尺寸 D_1	型号名称	内孔尺寸 D	壁厚 S	外缘尺寸 D_1
C580	3.581	0.510	4.601	C89	23.83	1.65	27.13
C495	4.369	0.510	5.389	C76	23.79	1.65	31.09
C430	4.775	0.510	5.795	C65	32.54	2.03	36.60
C380	5.563	0.510	6.579	C56	38.10	2.03	42.16
C330	6.350	0.510	7.366	C48	44.45	2.54	49.53
C290	7.137	0.760	8.661	C40	51.99	2.54	47.07
C255	8.331	0.760	9.855	C35	61.04	3.30	67.64
C220	9.525	0.760	11.05	C30	71.42	3.30	78.03
C190	11.13	1.015	13.16	C25	83.62	3.30	90.02
C165	12.70	1.015	14.73	C22	97.87	3.30	104.50
C140	15.09	1.015	17.12	C18	114.58	3.30	121.20
C120	17.48	1.270	20.02	C16	134.11	3.30	140.11
C104	20.24	1.270	22.78				

表 3-36　矩形波导管尺寸规格　/mm

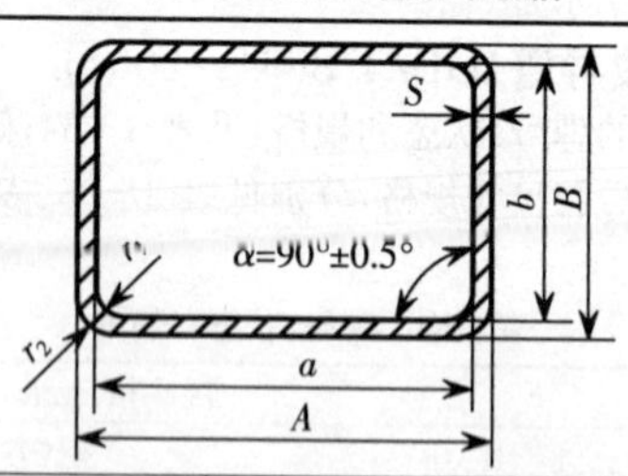

型号	内孔尺寸			壁厚 S	外缘尺寸			
	基本尺寸		r_1		基本尺寸		r_2	
	a	b	≤		A	B	≥	≤
R500	4.775	2.388	0.3	1.015	6.81	4.42	0.5	1.0
R400	5.690	2.845	0.3	1.015	7.72	4.88	0.5	1.0

续表

型号	内孔尺寸			壁厚 S	外缘尺寸			
	基本尺寸		r_1		基本尺寸		r_2	
	a	b	≤		A	B	≥	≤
R320	7.112	3.556	0.4	1.015	9.14	5.59	0.5	1.0
R260	8.636	4.318	0.4	1.015	10.67	6.35	0.5	1.0
R220	10.67	4.318	0.4	1.015	12.70	6.35	0.5	1.0
R180	12.95	6.477	0.4	1.015	14.99	8.51	0.5	1.0
R140	15.80	7.899	0.4	1.015	17.83	9.93	0.5	1.0
R120	19.05	9.525	0.8	1.270	21.59	12.06	0.65	1.15
R100	22.86	10.16	0.8	1.270	25.40	12.70	0.65	1.15
R84	28.50	12.62	0.8	1.625	31.75	15.88	0.8	1.3
R70	34.85	15.80	0.8	1.625	38.10	19.05	0.8	1.3
R58	40.39	20.19	0.8	1.625	43.64	23.44	0.8	1.3
R48	47.55	22.15	0.8	1.625	50.80	25.40	0.8	1.3
R40	58.17	29.08	1.2	1.625	61.42	32.33	0.8	1.3
P52	72.14	34.04	1.2	2.030	76.20	38.10	1.0	1.5
R26	86.36	43.18	1.2	2.030	90.42	47.24	1.0	1.5
R22	109.22	54.61	1.2.	2.030	113.28	58.67	1.0	1.5
R16	129.54	64.77	1.2	2.030	133.60	68.83	1.0	1.5
R14	165.10	82.55	1.2	2.030	169.16	86.61	1.0	1.5
—	58.00	25.00	0.8	2	62	29	1.0	1.5

表 3-37　中等扁矩形波导管尺寸规格　　/mm

型号	内孔尺寸			壁厚 S	外缘尺寸			
	基本尺寸		r_1		基本尺寸		r_2	
	a	b	≤		A	B	≥	≤
M100	22.86	5.00	0.8	1.270	25.40	7.54	0.65	1.15
M84	28.50	5.00	0.8	1.625	31.75	8.25	0.8	1.3
M70	34.85	8.70	0.8	1.625	38.10	11.95	0.8	1.3
M58	40.39	10.10	0.8	1.625	43.64	13.35	0.8	1.3
M48	47.55	11.90	0.8	1.625	50.80	15.15	0.8	1.3
M40	58.17	14.50	1.2	1.625	61.42	17.75	0.8	1.3
M32	72.14	18.00	1.2	2.030	76.20	22.06	1.0	1.5
M26	86.36	21.60	1.2	2.030	90.42	25.66	1.0	1.5
M22	109.22	27.30	1.2	2.030	113.28	31.36	1.0	1.5
M18	129.54	32.40	1.2	2.030	133.60	36.46	1.0	1.5
M14	165.10	41.30	1.2	2.030	169.16	45.36	1.0	1.5

表 3-38　扁矩形波导管尺寸规格　　/mm

型号	内孔尺寸			壁厚 S	外缘尺寸			
	基本尺寸		r_1		基本尺寸		r_2	
	a	b	≤		A	B	≥	≤
F100	22.86	5.00	0.8	1	24.86	7.00	0.65	1.15
F84	28.50	5.00	0.8	1.5	31.50	8.00	0.8	1.3
F70	34.85	5.00	0.8	1.625	38.10	8.25	0.8	1.3
F58	40.39	5.00	0.8	1.625	43.64	8.25	0.8	1.3
F48	47.55	5.70	0.8	1.625	50.80	8.90	0.8	1.3
F40	58.17	7.00	1.2	1.625	61.42	10.25	0.8	1.3
F32	72.14	8.60	1.2	2.030	76.20	12.66	1	1.5
F26	86.36	10.40	1.2	2.030	90.42	14.46	1	1.5
F22	109.22	13.10	1.2	2.030	113.28	17.16	1	1.5
—	58.00	10.00	1.2	2	62	14	10	1.5

表 3-39　方形波导管尺寸规格　　/mm

型号	内孔尺寸		壁厚 S	外缘尺寸			最小长度
	基本尺寸	r_1		基本尺寸	r_2		
	$a=b$	≤		$A=B$	≥	≤	
Q130	15.00	0.4	1.270	17.54	0.5	1.0	1000
Q115	17.00	0.4	1.270	19.54	0.65	1.15	
Q100	19.50	0.8	1.625	22.75	0.8	1.3	
Q23	23.00	0.8	1.625	26.25	0.8	1.3	
Q70	26.00	0.8	1.625	29.25	0.8	1.3	
Q70	28.00	0.8	1.625	31.25	0.8	1.3	
Q65	30.00	0.8	2.03	34.06	1.0	1.5	
Q61	32.00	0.8	2.03	36.06	1.0	1.5	
Q54	36.00	0.8	2.03	40.06	1.0	1.5	
Q49	40.00	0.8	2.03	44.06	1.0	1.5	
Q41	48.00	0.8	2.03	52.06	1.0	1.5	
—	50.00	0.8	2.03	54.06	1.0	1.5	

第四节　棒材

一、铜及铜合金拉制棒(GB/T 4423—2007)

铜及铜合金拉制棒牌号、状态和规格，见表 3-40；矩形棒截面的高宽比，见表 3-41。

表 3-40　拉制棒牌号、状态和规格

牌号	状态	直径（或对边距离）/mm	
		圆形棒、方形棒、六角形棒	矩形棒
T2、T3、TP2、H96、TU1、TU2	Y（硬） M（软）	3～80	3～80
H90	Y（硬）	3～40	—
H80、H65	Y（硬） M（软）	3～40	—
H68	Y_2（半硬） M（软）	3～80 13～35	—
H62	Y_2（半硬）	3～80	3～80
HPb59-1	Y_2（半硬）	3～80	3～80
H63、HPb63-0.1	Y_2（半硬）	3～40	—
HPb63-3	Y（硬） Y_2（半硬）	3～30 3～60	3～80
HPb61-1	Y_2（半硬）	3～20	—
HFe59-1-1、HFe58-l-1、HSn62-1、HMn58-2	Y（硬）	4～60	—
QSn6.5-0.1、QSn6.5-0.4、QSn4-3、QSn4-0.3、QSi3-1、QAl9-2，QAl9-4，QAl10-3-1.5、QZr0.2、QZr0.4	Y（硬）	4～40	—
QSn7-0.2	Y（硬） T（特硬）	4～40	—
QCd1	Y（硬） M（软）	4～60	—
QCr0.5	Y（硬） M（软）	4～40	—
QSi1.8	Y（硬）	4～15	—
BZn15-20	Y（硬） M（软）	4～40	—
BZn15-24-1.5	T（特硬） Y（硬） M（软）	3～18	—
BFe30-1-1	Y（硬） M（软）	16～50	—
BMn40-1.5	Y（硬）	7～40	—

注：经双方协商，可供其他规格棒材，具体要求应在合同中注明。

表 3-41　矩形棒截面的宽高比

高度/mm	宽度/高度，≤
≤10	2.0
>10～≤20	3.0
>20	2.5

注：经双方协商，可供其他规格棒材，具体要求应在合同中注明。

二、铜及铜合金挤制棒（YS/T 649—2007）

铜及铜合金挤制棒牌号、状态和规格、见表 3-42。

表 3-42　挤制棒牌号、状态和规格

牌　　号	状态	直径或长边对边距/mm		
		圆形棒	矩形棒①	方形、六角形棒
T2、T3	挤制（R）	30～300	20～120	20～120
TU1、TU2、TP2		16S～300	—	16～120
H96、HFe58-1-1、HAl60-1-1		10～160	—	10～120
HSn62-1、HMn58-2，HFe59-1-1		10～220	—	10～120
H80、H68、H59		16～120	—	16～120
H62、HPb59-1		10～220	5～50	10～120
HSn70-1、HAl77-2		10～160	—	10～120
HMn55-3-1、HMn57-3-1，HAl66-6-2-2、HAl67-2.5		10～160	—	10～120
QAl9-2		10～200	—	30～60
QAl9-4、QAl10-3-1.5、QAl10-4-4、QAl10-5-5		10～200	—	—
QAl11-6-6、HSi80-3、HNi56-3		10～160	—	—
QSn-3		20～100	—	—
QSi-1		20～160	—	—
QSi3.5-3-1.5、BFe10-1-1、BFe30-1-1、BAl13-3、BMn40-1.5		40～120	—	—
QCd1		20～120	—	—
QSn4-0.3		60～180	—	—
QSn4-3、QSn7-0.2		40～180	—	40～120
QSn6.5-0.1、QSn6.5-0.4		40～180	—	30～120
QCr0.5		18～160	—	—
BZn15-20		25～120	—	—

注：直径（或对边距）为 10～50 mm 的棒材，供应长度为 1 000～5 000 mm；直径（或对边距）大于 50～75 mm 的棒材，供应长度为 500～5 000 mm；直径（或对边距）大于 75～120 mm 的棒材，供应长度为 500～4 000 mm；直径（或对边距）大于 120 mm 的棒材，供应长度为 300～4 000 mm。

①矩形棒的对边距指两短边的距离。

三、铝及铝合金挤压棒材(GB/T 3191—1998)

铝及铝合金挤压棒牌号、状态和规格,见表 3-43。

表 3-43 挤压棒牌号、状态和规格

<table>
<tr><th rowspan="3">牌号</th><th rowspan="3">供应状态</th><th colspan="4">规格/mm</th></tr>
<tr><th colspan="2">圆棒直径</th><th colspan="2">方棒、六角棒内切圆直径</th></tr>
<tr><th>普通棒材</th><th>高强度棒材</th><th>普通棒材</th><th>高强度棒材</th></tr>
<tr><td>1070A,1060,1050A,1035,1200,8A06,5A02,5A03,5A05,5A06,5A12,3A21,5052,5083,3003</td><td>H112
F
O</td><td>5～600</td><td>—</td><td>5～200</td><td>—</td></tr>
<tr><td rowspan="2">2A70,2A80,2A90,4A11,2A02,2A06,2A16</td><td>H112,F</td><td>5～600</td><td>—</td><td>5～200</td><td>—</td></tr>
<tr><td>T6</td><td>5～150</td><td>—</td><td>5～120</td><td>—</td></tr>
<tr><td rowspan="2">7A04,7A09,6A02,2A50,2A14</td><td>H112,F</td><td>5～600</td><td>20～160</td><td>5～200</td><td>20～100</td></tr>
<tr><td>T6</td><td>5～150</td><td>20～120</td><td>5～120</td><td>20～100</td></tr>
<tr><td rowspan="2">2A11,2A12</td><td>H112,F</td><td>5～600</td><td>20～160</td><td>5～200</td><td>20～100</td></tr>
<tr><td>T4</td><td>5～150</td><td>20～120</td><td>5～120</td><td>20～100</td></tr>
<tr><td rowspan="2">2A13</td><td>H112,F</td><td>5～600</td><td>—</td><td>5～200</td><td>—</td></tr>
<tr><td>T4</td><td>5～150</td><td>—</td><td>5～120</td><td>—</td></tr>
<tr><td rowspan="2">6063</td><td>T5,T6</td><td>5～25</td><td>—</td><td>5～25</td><td>—</td></tr>
<tr><td>F</td><td>5～600</td><td>—</td><td>5～200</td><td>—</td></tr>
<tr><td rowspan="2">6061</td><td>H112,F</td><td>5～600</td><td>—</td><td>5～200</td><td>—</td></tr>
<tr><td>T6,T4</td><td>5～150</td><td>—</td><td>5～120</td><td>—</td></tr>
</table>

第五节　线材

一、铝及铝合金拉制圆线材(GB/T 3195—2008)

铝及铝合金拉制圆线材牌号、状态和规格,见表 3-44。

表 3-44 牌号、状态和规格

<table>
<tr><th>牌号①</th><th>状态①</th><th>直径①/mm</th><th>典型用途</th></tr>
<tr><td rowspan="5">1035</td><td>O</td><td>0.8～20.0</td><td rowspan="2">焊条用线材</td></tr>
<tr><td rowspan="3">H18</td><td>0.8～1.6</td></tr>
<tr><td>>1.6～3.0</td><td>焊条用线材、铆钉用线材</td></tr>
<tr><td>>3.0～20.0</td><td>焊条用线材</td></tr>
<tr><td>H14</td><td>3.0～20.0</td><td>焊条用线材、铆钉用线材</td></tr>
<tr><td rowspan="5">1350</td><td>O</td><td rowspan="4">9.5～25.0</td><td rowspan="6">导体用线材</td></tr>
<tr><td>H12②、H22②</td></tr>
<tr><td>H14、H24</td></tr>
<tr><td>H16、H26</td></tr>
<tr><td>H19</td><td>1.2～6.5</td></tr>
<tr><td>1A50</td><td>O、H19</td><td>0.8～20.0</td></tr>
</table>

续表

牌号[①]	状态[①]	直径[①]/mm	典型用途
1050A、1060、1070A、1200	O、H18	0.8～20.0	焊条用线材
	H14	3.0～20.0	
1100	O	0.8～1.6	焊条用线材
		>1.6～20.0	焊条用线材、铆钉用铝线
		>20.0～25.0	铆钉用铝线
	H18	0.8～20.0	焊条用线材
	H14	3.0～20.0	
2A01、2A04、2B11、2B12、2A10	H14、T4	1.6～20.0	铆钉用线材
2A14、2A16、2A20	O、H18	0.8～20.0	焊条用线材
	H14		
	H12	7.0～20.0	
3003	O、H14	1.6～25.0	铆钉用线材
3A21	O、H18	0.8～20.0	焊条用线材
	H14	0.8～1.6	
		>1.6～20.0	焊条用线材、铆钉用线材
	H12	7.0～20.0	焊条用线材
4A01、4043、4047	O、H18	0.8～20.0	
	H14		
	H12	7.0～20.0	
5A02	O、H18	0.8～20.0	
	H14	0.8～1.6	
		>1.6～20.0	焊条用线材、铆钉用线材
5A03	H12	7.0～20.0	焊条用线材
	O、H18	0.8～20.0	
	H14		
	H12	7.0～20.0	
5A05	H18	0.8～7.0	焊条用线材、铆钉用线材
	O、H14	0.8～1.6	焊条用线材
		>1.6～7.0	焊条用线材，铆钉用线材
		>7.0～20.0	铆钉用线材
	H12	>7.0～20.0	焊条用线材
5B05、5A06	O	0.8～20.0	
	H18	0.8～7.0	
	H14	0.8～7.0	
	H12	1.6～7.0	铆钉用线材
		>7.0～20.0	焊条用线材、铆钉用线材

续表

牌号①	状态①	直径①/mm	典型用途
5005、5052、5056	O	1.6～25.0	铆钉用线材
5B06、5A33、5183、5356、5554、5A56	O	0.8～20.0	焊条用线材
	H18	0.8～7.0	
	H14		
	H12	＞7.0～20.0	
6061	O	0.8～1.6	
		＞1.6～20.0	焊条用线材、铆钉用线材
		＞20.0～25.0	铆钉用线材
	H18	0.8～1.6	焊条用线材
		＞1.6～20.0	焊条用线材、铆钉用线材
	H14	3.0～20.0	焊条用线材
	T6	1.6～20.0	焊条用线材、铆钉用线材
6A02	O、H18	0.8～20.0	焊条用线材
	H14	3.0～20.0	
7A03	H14、T6	1.6～20.0	铆钉用线材
8A05	O、H18	0.8～20.0	焊条用线材
	H14	3.0～20.0	

①需要其他合金、规格、状态的线材时，供需双方协商并在合同中注明。

②供方可以 1350-H22 线材替代需方订购的 1350-H12 线材；或以 1350-H12 线材替代需方订购的 1350-H22 线材，但同一份合同，只能供应同一个状态的线材。

二、电工圆铝线(GB/T 3955—2009)

电工圆铝线型号、规格及电性能，见表 3－45。

表 3-45　圆铝线型号、规格及电性能

型号	状态代号	名　　称	直径范围/mm	20℃时最大直流电阻率/$\Omega \cdot mm^2 \cdot m^{-1}$
LR	O	软圆铝线	0.30～10.00	0.02759
LY4	H4	H4 状态硬圆铝线	0.30～6.00	0.028264
LY6	H6	H6 状态硬圆铝线	0.30～10.00	
LY8	H8	H8 状态硬圆铝线	0.30～5.00	
LY9	H9	H9 状态硬圆铝线	1.25～5.00	

三、电工圆铜线(GB/T 3953—2009)

电工圆铜线型号、规格及电性能，见表 3－46。

表 3-46　圆铜线型号、规格及电性能

型号	名称	规格范围/mm	电阻率 ρ20/$\Omega \cdot mm^2 \cdot m^{-1}$ ≤	
			＜2.00mm	≥2.00mm
TR	软圆铜线	0.020～14.00	0.017241	0.017241
TY	硬圆铜线	0.020～14.00	0.01796	0.01777
TYT	特硬圆铜线	1.50～5.00	0.01796	0.01777

四、铜及铜合金线材(GB/T 21652—2008)

铜及铜合金线材产品的牌号、状态、规格,见表 3-47。

表 3-47　产品的牌号、状态、规格

类别	牌号	状态	直径(对边距)/mm
纯铜线	T2、T3	软(M),半硬(Y_2),硬(Y)	0.05~8.0
	TU1、TU2	软(M),硬(Y)	0.05~8.0
黄铜线	H62、H63、H65	软(M),1/8 硬(Y_8),1/4 硬(Y_4),半硬(Y_2),3/4 硬(Y_1),硬(Y)	0.05~13.0
		特硬(T)	0.05~4.0
	H68、H70	软(M),1/8 硬(Y_8),1/4 硬(Y_4),半硬(Y_2),3/4 硬(Y_1),硬(Y)	0.05~8.5
		特硬(T)	0.1~6.0
黄铜线	H80、H85、H90、H96	软(M),半硬(Y_2),硬(Y)	0.05~12.0
	HSn60-1、HSn62-1	软(M),硬(Y)	0.5~6.0
	HPb63-3、HPn59-1	软(M),半硬(Y_2),硬(Y)	
	Hb59-3	半硬(Y_2),硬(Y)	1.0~8.5
	HPb61-1	半硬(Y_2),硬(Y_1)	0.5~8.5
	HPb62-0.8	半硬(Y_2),硬(Y)	0.5~6.0
	HSb60-0.9、HBi60-1.3、HSb61-0.8-0.5	半硬(Y_2),硬(Y)	0.8~12.0
	HMn62-13	软(M),1/4 硬(Y_4),半硬(Y_2),3/4 硬(Y_1),硬(Y)	0.5~6.0
青铜线	QSn6.5-0.1、QSn6.5-0.4 QSn7-0.2、QSn5-0.2、QSi3-1	软(M),1/4 硬(Y_4),半硬(Y_2),3/4 硬(Y_1),硬(Y)	0.1~8.5
	QSn4-3	软(M),1/4 硬(Y_4),半硬(Y_2),3/4 硬(Y_1)	0.1~8.5
		硬(Y)	0.1~6.0
	QSn4-4-4	半硬(Y_2),硬(Y)	0.1~8.5
	QSn15-1-1	软(M),1/4 硬(Y_4),半硬(Y_2),3/4 硬(Y_1),硬(Y)	0.5~6.0
	QAl7	半硬(Y_2),硬(Y)	1.0~6.0
	QAl9-2	硬(Y)	0.6~6.0
	QCr1、QCr1-0.18	固溶处理+冷加工+时效(CYS),固溶处理+时效+冷加工(CSY)	1.0~12.0
	QCr4.5-2.5-0.6	软(M),固溶处理+冷加工+时效(CYS),固溶处理+时效+冷加工(CSY)	0.5~6.0
	QCd1	软(M),硬(Y)	0.1~6.0

续表

类别	牌号	状态	直径(对边距)/mm
白铜线	B19	软(M),硬(Y)	0.1～6.0
	BFe10-1-1、BFe30-1-1		
	BMn3-2	软(M),硬(Y)	0.05～6.0
	BMn40-1.5		
	BZn9-29、BZn12-26、BZn15-20、BZn18-20	软(M),1/8 硬(Y_8),1/4 硬(Y_4),半硬(Y_2),3/4 硬(Y_1),硬(Y)	0.1～8.0
		特硬(T)	0.5～4.0
	BZn22-16、BZn25-18	软(M),1/8 硬(Y_8),1/4 硬(Y_4),半硬(Y_2),3/4 硬(Y_1),硬(Y)	0.1～8.0
		特硬(T)	0.1～4.0
	BZn40-20	软(M), 1/4 硬(Y_4),半硬(Y_2),3/4 硬(Y_1),硬(Y)	1.0～6.0

第二篇　建筑非金属材料

第四章　塑料及其制品

第一节　塑料及其制品基本知识

一、塑料的分类

塑料是以合成树脂为主要成分，加入适量的添加剂，在一定的温度和压力下塑制成型的有机高分子材料。塑料的分类见表 4-1。

表 4-1　塑料的分类

<table>
<tr><th>分类方法</th><th colspan="2">类别</th><th>特点</th><th>产品举例</th></tr>
<tr><td rowspan="2">按受热时的特征分</td><td colspan="2">热固性塑料</td><td>受热受压后变为不溶(熔)性固体，成型后不能再度受热软化</td><td>酚醛、脲醛、聚酯、环氧树脂等</td></tr>
<tr><td colspan="2">热塑性塑料</td><td>受热熔融，冷后固结成形，再热又可重新塑制</td><td>聚氯乙烯、聚苯乙烯、聚甲醛、聚碳酸酯、聚丙烯、聚砜、ABS 等</td></tr>
<tr><td rowspan="4">按用途和特性分</td><td colspan="2">通用塑料</td><td>产量大，用途广、价格低、通用性强。是常用塑料品种，占塑料总产量的 3/4 以上</td><td>聚乙烯、聚氯乙烯、聚苯乙烯、聚丙烯、酚醛、氨基</td></tr>
<tr><td rowspan="2">工程塑料</td><td>通用工程塑料</td><td rowspan="2">在高温、低温、腐蚀、应力等各种条件下，均能保持优良的性能。具有良好的强度、韧性和刚性。可以代替金属作为结构材料。多属于热塑性塑料</td><td>聚酰胺(尼龙)、聚甲醛、聚碳酸酯、ABS、聚苯醚、线型聚酯等</td></tr>
<tr><td>特种工程塑料</td><td>聚砜、聚酰亚胺、聚苯硫醚、聚芳酯、聚苯酯、聚醚酮、氟塑料等</td></tr>
<tr><td colspan="2">耐高温塑料</td><td>耐热性好。可在 150℃以上工作，有的可在 200～250℃下长期工作。适于特殊用途。但价格高、产量小，应用范围小</td><td>有机硅、氟塑料、聚酰亚胺、聚苯硫醚、聚苯并咪唑、聚二苯醚、芳香尼龙、聚芳砜</td></tr>
</table>

二、塑料及树脂名称与代号

塑料及树脂名称与代号(GB/T 1844.1—1995，见表 4-2)

表 4-2　塑料及树脂名称与代号

缩写代号	均聚物和天然聚合物的全称	缩写代号	均聚物和天然聚合物的全称
CA	乙酸纤维素	PB	聚丁烯
CAB	乙酸-丁酸纤维素	PBAK	聚丙烯酸丁酯
CAP	乙酸-丙酸纤维素	PBT	聚对苯二甲酸丁二酯
CF	甲酚-甲醛树脂	PC	聚碳酸酯
CMC	羧甲基纤维素	PCTFE	聚三氟氯乙烯
CN	硝酸纤维素	PDAP	聚邻苯二甲酸二烯丙酯
CP	丙酸纤维素	PDAIP	聚间苯二甲酸二烯丙酯
CS	酪素塑料	PDCPD	聚二环戊二烯
CSF	酪素甲醛树脂	PE	聚乙烯
CTA	三乙酸纤维素	PE—C	氯化聚乙烯
EC	乙基纤维素	PEEK	聚醚醚酮
EP	环氧树脂	PEEKK	聚醚醚酮酮
FF	呋喃甲醛树脂	PEES	聚醚酯
GPS	通用聚苯乙烯	PEI	聚醚(酰)亚胺
HDPE	高密度聚乙烯	PEK	聚醚酮
HIPS	高抗冲聚苯乙烯	PEKEKK	聚醚酮醚酮酮
LCP	液晶聚合物	PEKK	聚醚酮酮
LDPE	低密度聚乙烯	PEOX	聚氧化乙烯
LLDPE	线性低密度聚乙烯	PESU	聚醚砜
MC	甲基纤维素	PES	聚酯
MDPE	中密度聚乙烯	PET	聚对苯二甲酸乙二酯
MF	三聚氰胺-甲醛树脂	PESUR	聚酯型聚氨酯
MPF	三聚氰胺-酚甲醛树脂	PEUR	聚醚型聚氨酯
PA	聚酰胺	PF	苯酚-甲醛树脂
PAA	聚丙烯酸	PFA	全氟烷氧基链烷
PAEK	聚芳醚酮	PI	聚酰亚胺
PAI	聚酰胺(酰)亚胺	PIB	聚异丁烯
PAK	聚丙烯酸酯	PIR	聚异氰脲酸酯
PAN	聚丙烯腈	PMCA	聚 α-氯代丙烯酸甲酯
PMI	聚甲基丙烯(酰)亚胺	PVAL	聚乙烯醇
PMMA	聚甲基丙烯酸甲酯	PVB	聚乙烯醇缩丁醛
PMMI	聚 N-甲基甲基丙烯(酰)亚胺	PVC	聚氯乙烯
PMP	聚-4-甲基戊烯-1	PVC-C	氯化聚氯乙烯
PMS	聚 α-甲基苯乙烯	PVDC	聚偏氯乙烯
POM	聚(氧亚甲基);聚甲醛	PVDF	聚偏二氟乙烯
PP	聚丙烯	PVF	聚氟乙烯
PP-C	氯化聚丙烯	PVFM	聚乙烯醇缩甲醛
PPO	聚苯醚;聚亚苯醚	PVK	聚乙烯基咔唑
PPS	聚苯硫醚;聚对亚苯硫醚	PVP	聚乙烯基吡咯烷酮
PPSU	聚苯砜	RF	间苯二酚-甲醛树脂
PS	聚苯乙烯	SI	(聚)硅氧烷

续表

缩写代号	均聚物和天然聚合物的全称	缩写代号	均聚物和天然聚合物的全称
PSU	聚砜	SP	饱和聚酯
FTFE	聚四氟乙烯	UF	脲-甲醛树脂
PUR	聚氨酯;聚氨基甲酸酯	UHMWPE	超高分子量聚乙烯
PUR—T	热塑性聚氨酯	UP	不饱和聚酯
PVAC	聚乙酸乙烯酯		
A/B/AK	(丙烯腈/丁二烯/丙烯酸酯)共聚物	MBS	(甲基丙烯酸酯/丁二烯/苯乙烯)共聚物
ABS	(丙烯腈/丁二烯/苯乙烯)共聚物	MPF	(三聚氰胺/苯酚-甲醛)共聚物
ACS	(丙烯腈/氯化聚乙烯/苯乙烯)共聚物	PEBA	聚醚嵌段酰胺
AES	(丙烯腈/乙烯-丙烯-二烯/苯乙烯)共聚物	PFEP	全氟(乙烯/丙烯)共聚物;(四氟乙烯-六氟丙烯)共聚物
A/MMA	(丙烯腈/甲基丙烯酸甲酯)共聚物	PVCA	聚氯乙烯/乙酸乙烯酯
AS	(丙烯腈/苯乙烯)共聚物	SAN	(苯乙烯/丙烯腈)共聚物
ASA	(丙烯腈/苯乙烯丙烯酸酯)共聚物	S/B	(苯乙烯/丁二烯)共聚物
E/AK	(乙烯/丙烯酸酯)共聚物	SMAH	(苯乙烯/顺丁烯二酸酐)共聚物
E/EAK	(乙烯/丙烯酸乙酯)共聚物	S/MS	(苯乙烯/α-甲基苯乙烯)共聚物
E/MA	(乙烯/甲基丙烯酸)共聚物	VC/E	(氯乙烯/乙烯)共聚物
E/P	(乙烯/丙烯)共聚物	VC/E/MAK	(氯乙烯/乙烯/丙烯酸甲酯)共聚物
E/P/D	(乙烯/丙烯/二烯三元)共聚物	VC/MAK	(氯乙烯/丙烯酸甲酯)共聚物
EPDM	(乙烯/丙烯/二烯)共聚物	VC/MMA	(氯乙烯/甲基丙烯酸甲酯)共聚物
E/TFE	(乙烯/四氟乙烯)共聚物	VC/OAK	(氯乙烯/丙烯酸辛酯)共聚物
E/VAC	(乙烯/乙酸乙烯酯)共聚物	VC/VAC	(氯乙烯/乙酸乙烯酯)共聚物
E/VAL	(乙烯/乙烯醇)共聚物	VC/VDC	(氯乙烯/偏二氯乙烯)共聚物
MABS	(甲基丙烯酸甲酯/丙烯腈/丁二烯/苯乙烯)共聚物		
缩写代号	特征性能	缩写代号	特征性能
C	氯化的	T	热塑性
D	密度	U	超;未增塑的
E	可发泡的或发泡的	V	极,很
F	柔性的或流体(液态)	W	重量
H	高(的)	CL	交联(的)或可交联(的)
I	抗冲		
L	线性(的)或低(的)		
M	中或分子		
N	正(链)的;线型酚醛树脂		
P	增塑的		
R	甲阶树脂		

缩写代号使用举例;

例 1

基础聚合物缩写代号 PVC	增塑的缩写代号 P

=PVC—P

例 2　氯化聚乙烯=PE-C

三、塑料的组成

塑料的组成,见表 4-3。

表 4-3　塑料的组成

<table>
<tr><th colspan="2">组分名称</th><th>作用说明</th><th colspan="2">主要原料</th></tr>
<tr><td colspan="2" rowspan="2">合成树脂</td><td rowspan="2">树脂是塑料中最主要的组分，占塑料重量的 40%～100%。其作用是黏结各组分，而且决定塑料的基本性能。合成树脂是用人工合成方法，从石油、天然气、煤或农副产品中提炼出低分子量的各种单体原料，再通过化学反应（聚合反应或缩聚反应）而获得的一种高分子量的有机聚合物，一般在常温常压下是固体，也有的为黏稠状液体</td><td>热塑性树脂</td><td>聚氯乙烯树脂、聚乙烯树脂、聚苯乙烯树脂、聚丙烯树脂、聚甲基丙烯酸甲酯树脂、聚酰胺树脂、聚碳酸酯树脂、聚氟类树脂、聚苯醚树脂等</td></tr>
<tr><td>热固性树脂</td><td>酚醛树脂、氨基树脂、环氧树脂、聚酯树脂、硅树脂、聚氨酯树脂、呋喃树脂等</td></tr>
<tr><td rowspan="7">添加剂</td><td rowspan="2">填充剂</td><td rowspan="2">又称填料，是一种化学性质比较稳定的粉状惰性材料，其作用主要是提高塑料的硬度、冲击韧度和耐热、导热、耐磨性能，减少收缩、开裂现象；也可改善成型加工性能，降低产品成本</td><td>有机填充剂</td><td>木粉、核桃壳粉、棉籽壳粉、木质素、棉纤维、麻丝、碎布、纸屑等</td></tr>
<tr><td>无机填充剂</td><td>高岭土、硅藻土、滑石粉、石膏、石英、氧化铝、云母、石棉、玻璃纤维等</td></tr>
<tr><td>增塑剂</td><td>用于增加塑料的可塑性和柔软性。它与树脂混合时并不发生化学反应，而只能减小其熔融黏度，改善塑料的加工性能，同时降低塑料脆化温度，提高其柔韧性。增塑剂应与树脂有较好的相溶性，无色、无味、无毒、挥发性小，对光、热稳定</td><td colspan="2">常用的增塑剂是具有低蒸气压液体或低熔点固体有机物，主要是酯类，例如邻苯二甲酸酯类、癸二酸酯类、磷酸酯类和氯化石蜡等</td></tr>
<tr><td>固化剂</td><td>又称硬化剂，是在热固性塑料成型时，使线型结构转变成体型结构而加入的一种添加剂。其主要作用是在高聚物分子间生成横跨键，使大分子交联</td><td colspan="2">用作酚醛树脂的固化剂有六次甲基四胺，用作环氧树脂的固化剂有胺类和酸酐类化合物，用作聚酯树脂的固化剂有过氧化物等</td></tr>
<tr><td>稳定剂</td><td>防止在热、光、氧或其他因素的作用下塑料制品的过早老化，延长使用寿命。通常要求稳定剂要能与树脂互溶，且成型时不会分解，不与其他添加剂发生化学反应，在使用环境中稳定</td><td colspan="2">硬脂酸盐、铅白、环氧化物等</td></tr>
<tr><td>着色剂</td><td>使塑料具有一定的色泽和美观鲜艳。一般要求着色剂性质稳定、耐温耐光、不易变色、着色力强、色泽鲜艳、与塑料结合牢靠</td><td colspan="2">有机染料和无机染料</td></tr>
<tr><td>润滑剂</td><td>又称脱模剂，防止塑料在成型过程中黏附模具或设备，以使制品易于脱模且表面光洁</td><td colspan="2">硬脂酸及其盐类，其用量为 0.5%～1.5%</td></tr>
</table>

续表

组分名称		作用说明	主要原料
添加剂	阻燃剂	增加塑料的耐燃性，或能使之自熄	氧化锑、各种磷酸酯类和含溴化合物等
	发泡剂	主要用于制备泡沫塑料，产生泡沫结构	偶氮二甲酰胺、偶氮苯胺、碳酸钠、碳酸铵、氨气等
	抗静电剂	消除塑料在加工、使用中，因摩擦而产生的静电，保证生产操作安全，并使塑料表面不易沾尘	如长链脂族胺类和酰胺类、磷酸酯类、季铵盐类和各种聚乙二醇及其酯类等

四、塑料的性能

(1)塑料常用性能术语(GB/T 2035—1996)见表4-4。

表4-4　塑料常用性能术语

性能名称/单位	含　义
耐热性/℃	塑料能够耐受较高的温度而仍保持其优良的物理力学性能的能力称为耐热性。衡量塑料耐热性的指标，通常有马丁耐热温度、热变形温度和维卡软化点三种。前两种适用于热固性塑料和硬质热塑性塑料，后者适用于均一的热塑性塑料
脆化温度/℃	按照标准方法试验时，试样中有50%脆化破裂时的温度
耐燃烧性	这是衡量塑料在火焰中燃烧难易程度和离开火焰后熄灭快慢程度的一个性能指标，一般用不燃、燃烧及自熄等字样来表示
熔体流动速率/g·min^{-1}	又称熔融指数，指在规定的试验条件下，在一定时间内挤出的热塑性物料的量
表面电阻率/Ω	又称表面电阻系数，是指加在与试样表面相接触的两电极之间的直流电场强度与试样表层线性电流密度之比
体积电阻率/Ω·cm	又称体积电阻系数，为与试样接触或嵌入试样两边的两个电极之间的电位梯度与流过试样体积的电流密度之比
介电常数/ε_r	两电极间和其周围空间全部只用受试绝缘材料填充的电容器的电容，与结构相同的电极在真空中的电容之比
介质损耗因数/tanδ	又称介质损耗，指置于交流电场中的电介质，以内部发热(温度升高)形式表现出的能量损耗
击穿电压/kV·mm^{-1}	又称介电击穿电压，指两个导体之间产生击穿放电所需的电压
耐电弧性/s	塑料抵抗由电弧作用引起变质的能力。通常，用标准电弧焰在材料表面引起炭化到表面导电电弧消失的时间表示
成型收缩率(%)	是指塑料制品从热模中取出冷却后，制品尺寸缩减的百分比
流动性	塑料受一定的温度及压力作用能流入并充满整个压模型腔的能力

(2)常用工程塑料的特性与用途，表4-5。

表 4-5　常用工程塑料的特性与用途

名　称	特　　性	用　　途
硬质聚氯乙烯（硬 PVC）	机械强度较高，化学稳定性及介电性能优良，耐油性和抗老化性也较好，易熔接及黏合，价格较低，缺点是使用温度低（<60℃），线膨胀系数大，成型加工性不良	制品有管、棒、板、焊条及管件，除作日常生活用品外，主要用作耐磨蚀的结构材料或设备衬里材料（代有色合金、不锈钢和橡胶）及电气绝缘材料
软质聚氯乙烯（软 PVC）	抗拉强度、抗弯强度及冲击韧性均较硬质聚氯乙烯低，但破裂延伸率较高。质柔软、耐摩擦、挠曲，弹性良好，吸水性低，易加工成型，有良好的耐寒性和电气性能，化学稳定性强，可制各种鲜艳而透明的制品。缺点是使用温度低，在－15℃～55℃	通常制成管、棒、薄板、薄膜、耐寒管、耐酸碱软管等半成品，供作绝缘包皮、套管，耐腐蚀材料、包装材料和日常生活用品
聚乙烯（PE）	加工性能优良，耐腐蚀性及高频电性能好，力学性能较低，热变形温度较低	用作小载荷齿轮、轴承和一般电缆包皮、电器、通用机械零件
低压聚乙烯（HDPE）	具有优良的介电性能、耐冲击、耐水性好，化学稳定性高，使用温度可达 80℃～100℃，摩擦性能和耐寒性好。缺点是机械强度不高，质较软，成型收缩率大	用作一般电缆的包皮以及耐腐蚀的管道、阀、泵的结构零件，亦可喷涂于金属表面，作为耐磨、减磨及防腐蚀涂层
高压聚乙烯（LDPE）	柔软性、伸长率、冲击强度和透明性较好，其他性能同 HDPE，抗拉强度19.8 MPa	用作日用制品、薄膜、软质包装材料、层压纸、层压板、电线电缆包覆等
聚四氟乙烯（PTFE，F-4）	具有优异的化学稳定性，与强酸、强碱或强氧化剂均不起作用，有很高的耐热性、耐寒性，使用温度自－180℃至 250℃，摩擦因数很低，是极好的自润滑材料。缺点是力学性能较低，刚性差，有冷流动性，热导率低，热膨胀系数大，耐磨性不高（可加入填充剂，适当改善）。需采用预压烧结的方法，成型加工费用较高	主要用作耐化学腐蚀，耐高温的密封元件，如填料、衬垫、涨圈、阀座、阀片；也用作输送腐蚀介质的高温管道、耐腐蚀衬里，容器以及轴承、导轨、无油润滑活塞环、密封圈等。其分散液可以作涂层及浸渍多孔制品
聚丙烯（PP）	耐腐蚀性及电性能优良，抗曲挠疲劳和应力开裂性较好，低温性脆，对铜敏感，易老化，可在－30℃～100℃下工作	用作电器、机械零件、防腐包装材料
聚苯乙烯（PS）	价廉，易加工，着色透明，性脆，高频电性能优异	用作光学电讯零件及生活用品等
丙烯腈-丁二烯-苯乙烯共聚物（ABS）	具有较好的抗冲击性能、尺寸稳定性和耐磨性，成型性好，耐腐蚀性好，吸湿性小，易镀层，耐候性差	用作汽车、电器、仪表、机械工业中零件，电镀装饰板和装饰件等

续表

名　称	特　　性	用　　途
聚甲基丙烯酸甲酯(有机玻璃)(PMMA)	具有较高的强度和韧性。具有优良的光学性能,透光率99%。优良的电绝缘性,是良好的高频绝缘材料。耐化学腐蚀性好,但溶于芳烃、氯代烃等有机溶剂。耐候性好,热导率低,但硬度低,表面易擦伤,耐磨性差,耐热性不高。	用于飞机、汽车的窗玻璃和罩盖,光学镜片,仪表外壳,装饰品,广告牌,灯罩,光学纤维,透明模型,标本,医疗器械等。
酚醛塑料(PF)	力学性能很高,刚性大,冷流性小,耐热性很高(>100℃),在水润滑下摩擦因数极低(0.01～0.03),PV值很高,有良好的电性能和低抗酸碱侵蚀的能力,不易因温度和湿度的变化而变形,成型简便,价格低廉,缺点是性质较脆,色调有限,耐光性差,耐电弧性较小,不耐强氧化性酸的腐蚀	常用的为层压酚醛塑料和粉末状塑料,有板材、管材及棒材等。可用作农用潜水电泵的密封件和轴承、轴瓦、皮带轮、齿轮、制动装置和离合装置的零件、摩擦轮及电器绝缘零件等
聚酰亚胺(PI)	能耐高温、高强度,可在260℃温度下长期使用,耐磨性能好,且在高温和真空下稳定、挥发物少,电性能、耐辐射性能好,不溶于有机溶剂和不受酸的侵蚀,但在强碱、沸水、蒸汽持续作用下会破坏,主要缺点是质脆,对缺口敏感,不宜在室外长期使用	适用于高温、高真空条件下作减磨、自润滑零件,高温电机,电器零件
环氧树脂塑料(EP)	具有较高的强度,良好的化学稳定性和电绝缘性能,成型收缩率小,成型简单	制造金属拉延模、压形模、铸造模、各种结构零件以及用来修补金属零件及铸件
聚甲醛(POM)	抗拉强度、冲击韧性、刚度、疲劳强度、抗蠕变性能都很高。尺寸稳定性好,吸水性小,摩擦因数小,有良好的耐化学药品能力,性能不亚于尼龙,但价格较低,缺点是加热易分解,成型比尼龙困难	可用作轴承,齿轮、凸轮、阀门、管道螺母、泵叶轮、车身底盘的小部件,汽车仪表板,汽化器,箱体、容器、杆件以及喷雾器的各种代铜零件
聚碳酸酯(PC)	具有突出的冲击韧性和抗蠕变性能,有很高的耐热性,耐寒性也好,脆化温度达-100℃。抗弯抗拉强度与尼龙等相当,并有较高的延伸率和弹性模数,但疲劳强度小于尼龙60,吸水性较低,收缩率小,尺寸稳定性好,耐磨性与尼龙相当,并有一定的抗腐蚀能力。缺点是成型条件要求较高	用于制造轴承、齿轮、蜗轮、蜗杆、凸轮、透镜、挡风玻璃、防弹玻璃、防护罩、仪表零件、设备外壳、绝缘零件、医疗器械等

续表

名　称	特　　性	用　　途
聚对苯二甲酸乙二酯(PET)	电绝缘性能优良,吸湿性小,摩擦因数较小	适于作结构件、高强度绝缘材料及耐焊接部件
聚对苯二甲酸丁二酯(PBTB)	吸湿性小,成形性良好,耐油性能优异,热变形温度较低,力学性能优异,刚性好,摩擦因数低,对有机溶剂有很好的耐应力开裂性	适于作阻燃耐热、电绝缘,耐化学品零部件、电子和电器仪表各种变压器骨架,接线板等
有机硅塑料	使用温度可达200℃～250℃,憎水,电绝缘性良好,耐电弧,但力学性能较差,成形工艺性较差	适于作高温下工作的各种耐电弧开关、接插件和接线盒等
聚苯醚(PPO)	在高温下有良好的力学性能,特别是抗张强度和蠕变性极好,有较高的耐热性(长期使用温度为－127℃～120℃),成型收缩率低,尺寸稳定性强,耐高浓度的无机酸、有机酸、盐的水溶液、碱及水蒸汽。但溶于氯化烃和芳香烃中,在丙酮、苯甲醇、石油中龟裂和膨胀	适于高温下工作的耐磨受力传动零件,以及耐腐蚀的化工设备与零件,如泵叶轮、阀片、管道等,可以代替不锈钢作外科医疗器械
聚砜(PSF)	有很高的力学性能,绝缘性能及化学稳定性,在－100℃～150℃以下能长期使用;在高温下能保持常温下所具有的各种力学性能和硬度,蠕变值很小;用F—4填充后,可作摩擦零件	适于高温下工作的耐磨受力传动零件,如汽车变速器盖,齿轮以及电绝缘零件等
尼龙1010	强度、刚性、耐热性均与尼龙6和610相似,吸湿性低于尼龙610。成型工艺性较好,耐磨性亦好	轻载荷、温度不高、湿度变化较大而无润滑或少润滑的情况下工作的零件
单体浇铸尼龙(MC尼龙)	强度、耐疲劳性、耐热性、刚性均优于尼龙6及尼龙66,吸湿性低于尼龙6及尼龙66,耐磨性好,能直接在模型中聚合成型,宜浇铸大型零件	较高的载荷和使用温度(最高使用温度＜120℃),无润滑或少润滑条件下工作的零件

第二节　塑料管材

一、流体输送用热塑性塑料管材的尺寸规格

流体输送用热塑性塑料管材的通用壁厚见表4-6,流体输送用热塑性塑料管材的公称外径和公称压力见表4-7。

最大允许工作压力(p_{PMS})为0.25 MPa;0.315 MPa;0.4 MPa;0.5 MPa;0.63 MPa;0.8 MPa;1.0 MPa;1.25 MPa;1.6 MPa;2.0 MPa和2.5 MPa的公称壁厚e_n(GB/T 10798—2001)。

表 4-6　流体输送用热塑性塑料管材的通用壁厚/mm

公称外径 d_n	管系列 S(标准尺寸比 SDR)																	
	2 (5)	2.5 (6)	3.2 (7.4)	4 (9)	5 (11)	6.3 (13.6)	8 (17)	10 (21)	11.2 (23.4)	12.5 (26)	14 (29)	16 (33)	20 (41)	25 (51)	32 (65)	40 (81)	50 (101)	63 (127)
	公称壁厚 e_n																	
2.5	0.5																	
3	0.6	0.5	0.5															
4	0.8	0.7	0.6	0.5														
5	1.0	0.9	0.7	0.6	0.5													
6	1.2	1.0	0.9	0.7	0.6	0.5												
8	1.6	1.4	1.1	0.9	0.8	0.6	0.5											
10	2.0	1.7	1.4	1.2	1.0	0.8	0.6	0.5	0.5									
12	2.4	2.0	1.7	1.4	1.1	0.9	0.8	0.6	0.6	0.5	0.5							
16	3.3	2.7	2.2	1.8	1.5	1.2	1.0	0.8	0.7	0.7	0.5	0.5						
20	4.1	3.4	2.8	2.3	1.9	1.5	1.2	1.0	0.9	0.8	0.7	0.7	0.5					
25	5.1	4.2	3.5	2.8	2.3	1.9	1.5	1.2	1.1	1.0	0.9	0.8	0.7	0.5				
32	6.5	5.4	4.4	3.6	2.9	2.4	1.9	1.6	1.4	1.3	1.1	1.0	0.8	0.7	0.5			
40	8.1	6.7	5.5	4.5	3.7	3.0	2.4	1.9	1.8	1.6	1.4	1.3	1.0	0.8	0.7	0.5		
50	10.1	8.3	6.9	5.6	4.6	3.7	3.0	2.4	2.2	2.0	1.8	1.6	1.3	1.0	0.8	0.7	0.5	
63	12.7	10.5	8.6	7.1	5.8	4.7	3.8	3.0	2.7	2.4	2.2	2.0	1.6	1.3	1.0	0.8	0.7	0.5
75	15.1	12.5	10.3	8.4	6.8	5.5	4.5	3.6	3.2	2.9	2.6	2.3	1.9	1.5	1.2	1.0	0.8	0.6
90	18.1	15.0	12.3	10.1	8.2	6.6	5.4	4.3	3.9	3.5	3.1	2.8	2.2	1.8	1.4	1.2	0.9	0.8
110	22.1	18.3	15.1	12.3	10.0	8.1	6.6	5.3	4.7	4.2	3.8	3.4	2.7	2.2	1.8	1.4	1.1	0.9
125	25.1	20.8	17.1	14.0	11.4	9.2	7.4	6.0	5.4	4.8	4.3	3.9	3.1	2.5	2.0	1.6	1.3	1.0
140	28.1	23.3	19.2	15.7	12.7	10.3	8.7	6.7	6.0	5.4	4.8	4.3	3.5	2.8	2.2	1.8	1.4	1.1
160	32.1	26.6	21.5	17.9	14.6	11.8	9.5	7.7	6.9	6.2	5.5	4.9	4.0	3.2	2.5	2.0	1.6	1.3

公称外径 d_n	管系列 S(标准尺寸比 SDR)																	
	2 (5)	2.5 (6)	3.2 (7.4)	4 (9)	5 (11)	6.3 (13.6)	8 (17)	10 (21)	11.2 (23.4)	12.5 (26)	14 (29)	16 (33)	20 (41)	25 (51)	32 (65)	40 (81)	50 (101)	63 (127)
	公称壁厚 e_n																	
180	36.1	29.9	24.6	20.1	16.4	13.3	10.7	8.6	7.7	6.9	6.2	5.5	4.4	3.6	2.8	2.3	1.8	1.5
200	40.1	33.2	27.4	22.4	18.2	14.7	11.9	9.6	8.6	7.7	6.9	6.2	4.9	3.9	3.2	2.5	2.0	1.6
225	45.1	37.4	30.8	25.1	20.5	16.6	13.4	10.8	9.6	8.6	7.7	6.9	5.5	4.4	3.5	2.8	2.3	1.8
250	50.1	41.5	34.2	27.9	22.7	18.4	14.8	11.9	10.7	9.6	8.6	7.7	6.2	4.9	3.9	3.1	2.5	2.0
280	56.2	46.5	38.3	31.3	25.4	20.6	16.6	13.4	12.0	10.7	9.6	8.6	6.9	5.5	4.4	3.5	2.8	2.2
315		52.3	43.1	35.2	28.6	23.2	18.7	15.0	13.5	12.1	10.8	9.7	7.7	6.2	4.9	3.9	3.5	2.5
355		59.0	48.5	39.7	32.2	26.1	21.1	16.9	15.2	13.6	12.2	10.9	8.7	7.0	5.6	4.4	3.5	2.8
400			54.7	44.7	36.3	29.4	23.7	19.1	17.1	15.3	13.7	12.3	9.8	7.8	6.3	5.0	4.0	3.2
450			61.5	50.3	40.9	33.1	26.7	21.5	19.2	17.2	15.4	13.8	11.0	8.8	7.0	5.6	4.5	3.6
500				55.8	45.4	36.8	29.7	23.9	21.4	19.1	17.1	15.3	12.1	9.8	7.8	6.2	5.0	4.0
560					50.8	41.2	33.2	26.7	23.9	21.4	19.2	17.2	13.7	11.0	8.8	7.0	5.6	4.4
630					57.2	46.3	37.4	30.0	26.9	24.1	21.6	19.3	15.4	12.3	9.8	7.9	6.3	5.0
710						52.2	42.1	33.9	30.3	27.2	24.3	21.8	17.4	13.9	11.1	8.8	7.1	5.6
800						58.8	47.4	38.1	34.2	30.6	27.4	24.5	19.6	15.7	12.5	10.0	7.9	6.3
900							53.3	42.9	38.4	34.4	30.8	27.6	22.0	17.6	14.0	11.2	8.9	7.1
1000							59.3	47.7	42.7	38.2	34.2	30.6	24.5	19.6	15.6	12.4	9.9	7.9
1200								57.2	51.2	45.9	41.1	36.7	29.4	23.5	18.7	14.9	11.9	9.5
1400										53.5	47.9	42.9	34.3	27.4	21.8	17.4	13.9	11.1
1600										61.2	54.7	49.0	39.2	31.3	24.9	19.9	15.8	12.6
1800											61.6	55.1	44.0	35.2	28.1	22.4	17.8	14.2
2000											68.4	61.2	48.9	39.1	31.2	24.9	19.8	15.8

表 4-7 流体输送用热塑性塑料管材的公称外径和公称压力(GB/T 4217—2001)

公称外径/mm	2.5,3,4,5,6,8,10,12,16,20,25,32,40,50,63,75,90,110,125,140,160,180,200,225,250,280,315,355,400,450,500,560,630,710,800,900,1000,1200,1400,1600,1800,2000
公称压力级别 PN	1,2.5,3.2,4,5,6,6.3,8,10,12.5,16,20
最大允许工作压力/MPa	0.1,0.25,0.32,0.4,0.5,0.6,0.63,0.8,1,1.25,1.6,2

二、给水用硬聚氯乙烯管材(GB/T 10002.1—2006)

给水用硬聚氯乙烯管材适用于建筑物内外(架空或埋地)给水用。该管材适用于压力下输送温度不超过45℃的水,包括一般用途和饮用水的输送。给水用硬聚氯乙烯管材按连接方式不同分为弹性密封圈式和溶剂粘接式。产品的公称压力和规格尺寸见表 4-8 和表 4-9。给水用硬聚氯乙烯管材的尺寸要求和技术指标见表 4-10 和表 4-11。

表 4-8 给水用硬聚氯乙烯管材的公称压力和规格尺寸 /mm

公称外径 d_n	管材 S 系列 SDR 系列和公称压力						
	S16 SDR33 PN0.63	S12.5 SDR26 PN0.8	S10 SDR21 PN1.0	S8 SDR17 PN1.25	S6.3 SDR13.6 PN1.6	S5 SDR11 PN2.0	S4 SDR9 PN2.5
	公称壁厚 e_n						
20	—	—	—	—	—	2.0	2.3
25	—	—	—	—	2.0	2.3	2.8
32	—	—	—	2.0	2.4	2.9	3.6
40	—	—	2.0	2.4	3.0	3.7	4.5
50	—	2.0	2.4	3.0	3.7	4.6	5.6
63	2.0	2.5	3.0	3.8	4.7	5.8	7.1
75	2.3	2.9	3.6	4.5	5.6	6.9	8.4
90	2.8	3.5	4.3	5.4	6.7	8.2	10.1

注:公称壁厚(e_n)根据设计应力(σ_s) 10 MPa 确定,最小壁厚不小于 2.0mm。

表 4-9 给水用硬聚氯乙烯管材的公称压力和规格尺寸 /mm

公称外径 d_n	管材 S 系列 SDR 系列和公称压力						
	S20 SDR41 PN0.63	S16 SDR33 PN0.8	S12.5 SDR26 PN1.0	S10 SDR21 PN1.25	S8 SDR17 PN1.6	S6.3 SDR13.6 PN2.0	S5 SDR11 PN2.5
	公称壁厚 e_n						
110	2.7	3.4	4.2	5.3	6.6	8.1	10.0
125	3.1	3.9	4.8	6.0	7.4	9.2	11.4
140	3.5	4.3	5.4	6.7	8.3	10.3	12.7
160	4.0	4.9	6.2	7.7	9.5	11.8	14.6

续表

公称外径 d_n	管材 S 系列 SDR 系列和公称压力						
	S20 SDR41 PN0.63	S16 SDR33 PN0.8	S12.5 SDR26 PN1.0	S10 SDR21 PN1.25	S8 SDR17 PN1.6	S6.3 SDR13.6 PN2.0	S5 SDR11 PN2.5
	公称壁厚 e_n						
180	4.4	5.5	6.9	8.6	10.7	13.3	16.4
200	4.9	6.2	7.7	9.6	11.9	14.7	18.2
225	5.5	6.9	8.6	10.8	13.4	16.6	—
250	6.2	7.7	9.6	11.9	14.8	18.4	—
280	6.9	8.6	10.7	13.4	16.6	20.6	—
315	7.7	9.7	12.1	15.0	18.7	23.2	—
355	8.7	10.9	13.6	16.9	21.1	26.1	—
400	9.8	12.3	15.3	19.1	23.7	29.4	—
450	11.0	13.8	17.2	21.5	26.7	33.1	—
500	12.3	15.3	19.1	23.9	29.7	36.8	—
560	13.7	17.2	21.4	26.7	—	—	—
630	15.4	19.3	24.1	30.0	—	—	—
710	17.4	21.8	27.2	—	—	—	—
800	19.6	24.5	30.6	—	—	—	—
900	22.0	27.6	—	—	—	—	—
1 000	24.5	30.6	—	—	—	—	—

注：公称壁厚(e_n)根据设计应力(σ_s) 12.5 MPa 确定。

表 4-10　给水用硬聚氯乙烯管材的尺寸要求　　/mm

1. 长度

管材长度一般为 4m、6m，也可由供需双方协商确定。管材长度(L)、有效长度(L_1)如图 4-1所示。长度不允许负偏差。

2. 弯曲度

公称外径 d_n/mm	≤32	40～200	≥225
弯曲度/%	不规定	≤1.0	≤0.5

3. 平均外径及偏差和不圆度/mm

平均外径 d_{en}		不圆度	平均外径 d_{en}		不圆度
公称外径 d_n	允许偏差		公称外径 d_n	允许偏差	
20	$^{+0.3}_{0}$	1.2	225	$^{+0.7}_{0}$	4.5
25	$^{+0.3}_{0}$	1.2	250	$^{+0.8}_{0}$	5.0

续表

3. 平均外径及偏差和不圆度/mm

平均外径 d_{en}		不圆度	平均外径 d_{en}		不圆度
公称外径 d_n	允许偏差		公称外径 d_n	允许偏差	
32	+0.3 0	1.3	280	+0.9 0	6.8
40	+0.3 0	1.4	315	+1.0 0	7.6
50	+0.3 0	1.4	355	+1.1 0	8.6
63	+0.3 0	1.5	400	+1.2 0	9.6
75	+0.3 0	1.6	450	+1.4 0	10.8
90	+0.3 0	1.8	500	+1.5 0	12.0
110	+0.4 0	2.2	560	+1.7 0	13.5
125	+0.4 0	2.5	630	+1.9 0	15.2
140	+0.5 0	2.8	710	+2.0 0	17.1
160	+0.5 0	3.2	800	+2.0 0	19.2
180	+0.6 0	3.6	900	+2.0 0	21.6
200	+0.6 0	4.0	1000	+2.0 0	24.0

4. 壁厚/mm

	壁厚 e_y	允许偏差	壁厚 e_y	允许偏差
管材任意点壁厚及偏差	$e \leqslant 2.0$	+0.4 0	$20.6 < e \leqslant 21.3$	+3.2 0
	$2.0 < e \leqslant 3.0$	+0.5 0	$21.3 < e \leqslant 22.0$	+3.3 0
	$3.0 < e \leqslant 4.0$	+0.6 0	$22.0 < e \leqslant 22.6$	+3.4 0
	$4.0 < e \leqslant 4.6$	+0.7 0	$22.6 < e \leqslant 23.3$	+3.5 0

4.壁厚/mm				
	壁厚 e_y	允许偏差	壁厚 e_y	允许偏差
管材任意点壁厚及偏差	$4.6<e\leqslant5.3$	$^{+0.8}_{0}$	$23.3<e\leqslant24.0$	$^{+3.6}_{0}$
	$5.3<e\leqslant6.0$	$^{+0.9}_{0}$	$24.0<e\leqslant24.6$	$^{+3.7}_{0}$
	$6.0<e\leqslant6.6$	$^{+1.0}_{0}$	$24.6<e\leqslant25.3$	$^{+3.8}_{0}$
	$6.6<e\leqslant7.3$	$^{+1.1}_{0}$	$25.3<e\leqslant26.0$	$^{+3.9}_{0}$
	$7.3<e\leqslant8.0$	$^{+1.2}_{0}$	$26.0<e\leqslant26.6$	$^{+4.0}_{0}$
	$8.0<e\leqslant8.6$	$^{+1.3}_{0}$	$26.6<e\leqslant27.3$	$^{+4.1}_{0}$
	$8.6<e\leqslant9.3$	$^{+1.4}_{0}$	$27.3<e\leqslant28.0$	$^{+4.2}_{0}$
	$9.3<e\leqslant10.0$	$^{+1.5}_{0}$	$28.0<e\leqslant28.6$	$^{+4.3}_{0}$
	$10.0<e\leqslant10.6$	$^{+1.6}_{0}$	$28.6<e\leqslant29.3$	$^{+4.4}_{0}$
	$10.6<e\leqslant11.3$	$^{+1.7}_{0}$	$29.3<e\leqslant30.0$	$^{+4.5}_{0}$
	$11.3<e\leqslant12.0$	$^{+1.8}_{0}$	$30.0<e\leqslant30.6$	$^{+4.6}_{0}$
	$12.0<e\leqslant12.6$	$^{+1.9}_{0}$	$30.6<e\leqslant31.3$	$^{+4.7}_{0}$
	$12.6<e\leqslant13.3$	$^{+2.0}_{0}$	$31.3<e\leqslant32.0$	$^{+4.8}_{0}$
	$13.3<e\leqslant14.0$	$^{+2.1}_{0}$	$32.0<e\leqslant32.6$	$^{+4.9}_{0}$
	$14.0<e\leqslant14.6$	$^{+2.2}_{0}$	$32.6<e\leqslant33.3$	$^{+5.0}_{0}$
	$14.6<e\leqslant15.3$	$^{+2.3}_{0}$	$33.3<e\leqslant34.0$	$^{+5.1}_{0}$
	$15.3<e\leqslant16.0$	$^{+2.4}_{0}$	$34.0<e\leqslant34.6$	$^{+5.2}_{0}$
	$16.0<e\leqslant16.6$	$^{+2.5}_{0}$	$34.6<e\leqslant35.3$	$^{+5.3}_{0}$
	$16.6<e\leqslant17.3$	$^{+2.6}_{0}$	$35.3<e\leqslant36.0$	$^{+5.4}_{0}$
	$17.3<e\leqslant18.0$	$^{+2.7}_{0}$	$36.0<e\leqslant36.6$	$^{+5.5}_{0}$

续表

4. 壁厚/mm				
	壁厚 e_y	允许偏差	壁厚 e_y	允许偏差
管材任意点壁厚及偏差	18.0<e≤18.6	+2.8 0	36.6<e≤37.3	+5.6 0
	18.6<e≤19.3	+2.9 0	37.3<e≤38.0	+5.7 0
	19.3<e≤20.0	+3.0 0	38.0<e≤38.6	+5.8 0
	20.0<e≤20.6	+3.1 0	—	—
管材平均壁厚及允许偏差	平均壁厚 e_m	允许偏差	平均壁厚 e_m	允许偏差
	e≤2.0	+0.4 0	20.0<e≤21.0	+2.3 0
	2.0<e≤3.0	+0.5 0	21.0<e≤22.0	+2.4 0
	3.0<e≤4.0	+0.6 0	22.0<e≤23.0	+2.5 0
	4.0<e≤5.0	+0.7 0	23.0<e≤24.0	+2.6 0
	5.0<e≤6.0	+0.8 0	24.0<e≤25.0	+2.7 0
	6.0<e≤7.0	+0.9 0	25.0<e≤26.0	+2.8 0
	7.0<e≤8.0	+1.0 0	26.0<e≤27.0	+2.9 0
	8.0<e≤9.0	+1.1 0	27.0<e≤28.0	+3.0 0
	9.0<e≤10.0	+1.2 0	28.0<e≤29.0	+3.1 0
	10.0<e≤11.0	+1.3 0	29.0<e≤30.0	+3.2 0
	11.0<e≤12.0	+1.4 0	30.0<e≤31.0	+3.3 0
	12.0<e≤13.0	+1.5 0	31.0<e≤32.0	+3.4 0
	13.0<e≤14.0	+1.6 0	32.0<e≤33.0	+3.5 0
	14.0<e≤15.0	+1.7 0	33.0<e≤34.0	+3.6 0
	15.0<e≤16.0	+1.8 0	34.0<e≤35.0	+3.7 0
	16.0<e≤17.0	+1.9 0	35.0<e≤36.0	+3.8 0

4. 壁厚/mm				
	平均壁厚 e_m	允许偏差	平均壁厚 e_m	允许偏差
管材平均壁厚及允许偏差	17.0<e≤18.0	+2.0 0	36.0<e≤37.0	+3.9 0
	18.0<e≤19.0	+2.1 0	37.0<e≤38.0	+4.0 0
	19.0<e≤20.0	+2.2 0	38.0<e≤39.0	+4.1 0

5. 承口					
弹性密封圈式承口的密封环槽处的壁厚			≥相连管材公称壁厚的 0.8 倍		
溶剂黏结式承口壁厚			≥相连管材公称壁厚的 0.75 倍		
	公称外径 d_n	弹性密封圈承口最小配合深度 m_{min}	溶剂黏结承口最小深度 m_{min}	溶剂黏结承口中部平均内径 d_{sm}	
				$d_{sm,min}$	$d_{sm,max}$
承口尺寸(见图 4-2 和图 4-3)/mm	20	—	16.0	20.1	20.3
	25	—	18.5	25.1	25.3
	32	—	22.0	32.1	32.3
	40	—	26.0	40.1	40.3
	50	—	31.0	50.1	50.3
	63	64	37.5	63.1	63.3
	75	67	43.5	75.1	75.3
	90	70	51.0	90.1	90.3
	110	75	61.0	110.1	110.4
	125	78	68.5	125.1	125.4
	140	81	76.0	140.2	140.5
	160	86	86.0	160.2	160.5
	180	90	96.0	180.3	180.6
	200	94	106.0	200.3	220.6
	225	100	118.5	225.3	225.6
	250	105	—	—	—
	280	112	—	—	—
	315	118	—	—	—
	355	124	—	—	—
	400	130	—	—	—
	450	138	—	—	—
	500	145	—	—	—
	560	154	—	—	—
	630	165	—	—	—
	710	177	—	—	—
	800	190	—	—	—
	1000	220	—	—	—

6. 插口
弹性密封圈式管材的插口端应按图 4-2 加工倒角

注：1. 承口中部的平均内径是指在承口深度二分之一处所测定的相互垂直的两直径的算术平均值。承口的最大锥度（α）不超过 0°30′。

2. 当管材长度大于 12m 时，密封圈式承口深度 m_{min} 需另行设计。

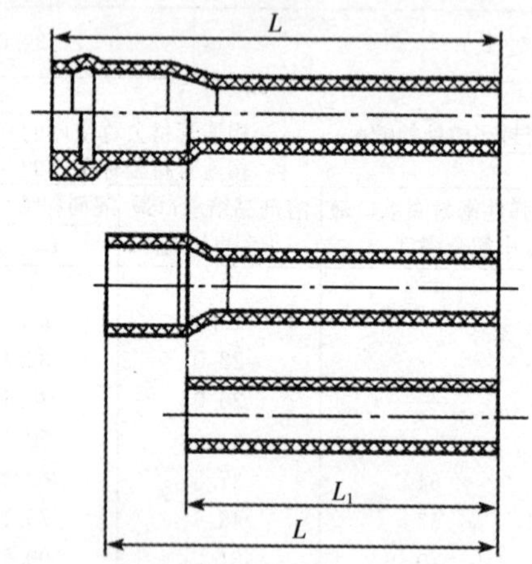

图 4-1　管材长度示意图

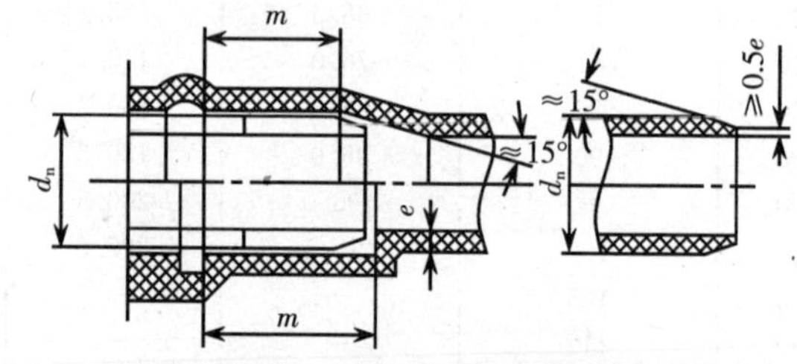

图 4-2　弹性密封圈式承插口

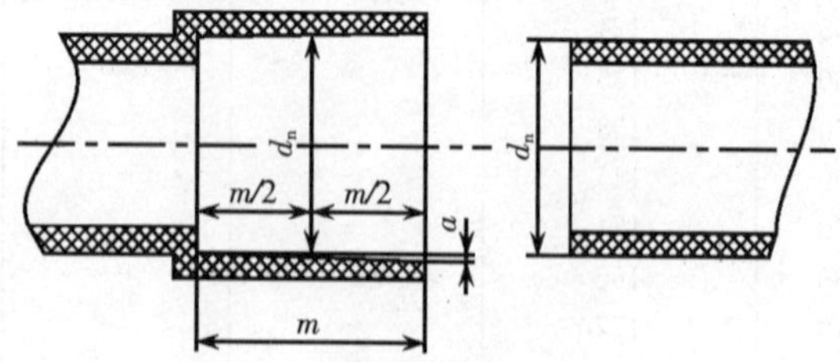

图 4-3　溶剂黏结式承插口

表 4-11 给水用硬聚氯乙烯管材的技术性能

<table>
<tr><th colspan="2">项目</th><th>技术指标</th></tr>
<tr><td colspan="2">外观</td><td>管材内外表面应光滑，无明显划痕、凹陷、可见杂质和其他影响达到本部分要求的表面缺陷。管材端面应切割平整并与轴线垂直</td></tr>
<tr><td colspan="2">颜色</td><td>管材颜色由供需双方协商确定，色泽应均匀一致</td></tr>
<tr><td colspan="2">不透光性</td><td>管材应不透光</td></tr>
<tr><td rowspan="4">E 物理性能</td><td>密度/kg·m^{-3}</td><td>1350～1460</td></tr>
<tr><td>维卡软化温度/℃</td><td>≥ 80</td></tr>
<tr><td>纵向回缩率/%</td><td>≤5</td></tr>
<tr><td>二氯甲烷浸渍试验(150℃，15min)</td><td>表面变化不劣于 4N</td></tr>
<tr><td rowspan="2">力学性能</td><td>落锤冲击试验(0℃)TIR/%</td><td>≤5</td></tr>
<tr><td>液压试验</td><td>无破裂，无渗漏</td></tr>
<tr><td rowspan="3">系统适用性试验</td><td>连接密封试验</td><td>无破裂，无渗漏</td></tr>
<tr><td>偏角试验*</td><td>无破裂，无渗漏</td></tr>
<tr><td>负压试验*</td><td>无破裂，无渗漏</td></tr>
<tr><td>卫生性能</td><td colspan="2">输送饮用水的管材的卫生性能应符合 GB/T 17219-1998；
输送饮用水的管材的氯乙烯单体含量应不大于 1.0 mg/kg。</td></tr>
</table>

注：* 仅适用于弹性密封圈连接方式。

①管材与管材，管材与管件连接后应进行系统适用性试验，连接用胶黏剂应符合 QB/T 2568—2002，弹性密封圈应符合 HG/T 3091—2000。

三、埋地给水用聚丙烯(PP)管材(QB 1929—2006)

埋地给水用聚丙烯(PP)管材按公称压力分为 0.4 MPa、0.6 MPa、0.8 MPa、1.0 MPa四个等级，分别对应 S16、S10、S8、S6.3 四个管系列。管材按用途分为给水用和灌溉用。

压力折减系数见表 4-12，管材的规格尺寸与公称压力的关系见表 4-13，壁厚的偏差见表 4-14，管材的性能要求见表 4-15。

表 4-12 压力折减系数

<table>
<tr><th rowspan="2">项 目</th><th colspan="3">使用温度/℃</th></tr>
<tr><th>20</th><th>30</th><th>40</th></tr>
<tr><td>压力折减系数</td><td>1.0</td><td>0.88</td><td>0.64</td></tr>
</table>

表 4-13　管材的规格尺寸与公称压力

<table>
<tr><td rowspan="5">公称外径
d_n/mm</td><td colspan="2" rowspan="2">平均外径/mm</td><td colspan="4">公称压力/MPa</td><td rowspan="5">长度/mm</td></tr>
<tr><td>PN0.4</td><td>PN0.8</td><td>PN1.0</td><td>PN1.6</td></tr>
<tr><td rowspan="3">$d_{em,min}$</td><td rowspan="3">$d_{em,max}$</td><td colspan="4">管系列</td></tr>
<tr><td>S16</td><td>S10</td><td>S8</td><td>S6.3</td></tr>
<tr><td colspan="4">公称壁厚 e_n/mm</td></tr>
<tr><td>50</td><td>50.0</td><td>50.5</td><td>2.0</td><td>2.4</td><td>3.0</td><td>3.7</td><td rowspan="12">4000、6000</td></tr>
<tr><td>63</td><td>63.0</td><td>63.6</td><td>2.0</td><td>3.0</td><td>3.8</td><td>4.7</td></tr>
<tr><td>75</td><td>75.0</td><td>75.7</td><td>2.3</td><td>3.6</td><td>4.5</td><td>5.6</td></tr>
<tr><td>90</td><td>90.0</td><td>90.9</td><td>2.8</td><td>4.3</td><td>5.4</td><td>6.7</td></tr>
<tr><td>110</td><td>110.0</td><td>111.0</td><td>3.4</td><td>5.3</td><td>6.6</td><td>8.1</td></tr>
<tr><td>125</td><td>125.0</td><td>126.2</td><td>3.9</td><td>6.0</td><td>7.4</td><td>9.2</td></tr>
<tr><td>140</td><td>140.0</td><td>141.3</td><td>4.3</td><td>6.7</td><td>8.3</td><td>10.3</td></tr>
<tr><td>160</td><td>160.0</td><td>161.5</td><td>4.9</td><td>7.7</td><td>9.5</td><td>11.8</td></tr>
<tr><td>180</td><td>180.0</td><td>181.7</td><td>5.5</td><td>8.6</td><td>10.7</td><td>13.3</td></tr>
<tr><td>200</td><td>200.0</td><td>201.8</td><td>6.2</td><td>9.6</td><td>11.9</td><td>14.7</td></tr>
<tr><td>225</td><td>225.0</td><td>227.1</td><td>6.9</td><td>10.8</td><td>13.4</td><td>16.6</td></tr>
<tr><td>250</td><td>250.0</td><td>252.3</td><td>7.7</td><td>11.9</td><td>14.8</td><td>18.4</td></tr>
</table>

注：1. 公称压力(PN)为管材在20℃时的工作压力。

2. 管材系列(S)由设计应力和公称压力之比值得出。

3. 管材长度也可由供需双方商定。管材长度不允许有负偏差。

表 4-14　管材的壁厚偏差　/mm

公称壁厚 e_n	允许偏差	公称壁厚 e_n	允许偏差
>2.0～3.0	+0.5 0	10.6～12.0	+1.4 0
>3.0～4.0	+0.6 0	12.0～12.6	+1.5 0
>4.0～4.6	+0.7 0	12.6～14.0	+1.6 0
>4.6～6.0	+0.8 0	14.0～14.6	+1.7 0
>6.0～6.6	+0.9 0	14.6～16.0	+1.8 0
>6.6～8.0	+1.0 0	16.0～17.0	+1.9 0
>8.0～8.6	+1.1 0	17.0～18.0	+2.0 0
>8.6～10.0	+1.2 0	18.0～18.5	+2.1 0
>10.0～10.6	+1.3 0	—	—

表 4-15　给水用聚丙烯管材的性能指标

1. 颜色	一般为本色，其他颜色由供需双方商定。			
2. 外观	管材的色泽应基本一致。管材的内外表面应光滑、平整、无凹陷、气泡、杂质和其他影响性能的表面缺陷。管材端面应切割平整并与管轴线垂直。			
3. 物理力学性能				
项　目	试验参数			指　标
	试验温度/℃	试验时间/h	环向静液压应力/ MPa	
纵向回缩率	PP-H、PP-B：150±2 PP-R：135±2	$e_n \leqslant 8$mm：1 $8 < e_n \leqslant 16$ mm：2 $e_n > 16$ mm：4	—	≤2.0%
静液压试验	20	1	16.0	无破裂、无渗漏
	80	22	4.8	
		165	4.2	
熔体质量流动速率 MFR(230℃/2.16kg)/g·$(10\text{min})^{-1}$				变化率≤原料 MFR 的 30%
落锤冲击试验				通过
4. 卫生性能	用于饮用水的管材应符合 GB/T 17219—1998 的规定。			

四、冷热水用聚丙烯(PP)管材(GB/T 18742.2—2002)

冷热水用聚丙烯(PP)管材的规格和性能见表 4-16 和表 4-17。

表 4-16　冷热水用 PP 管材管系列和规格尺寸　　/mm

公称外径 d_n	平均外径		管系列				
			S5	S4	S3.2	S2.5	S2
	$d_{em,min}$	$d_{em,max}$	公称壁厚 e_n				
12	12.0	12.3	—	—	—	2.0	2.4
16	16.0	16.3	—	2.0	2.2	2.7	3.3
20	20.0	20.3	2.0	2.3	2.8	3.4	4.1
25	25.0	25.3	2.3	2.8	3.5	4.2	5.1
32	32.0	32.3	2.9	3.6	4.4	5.4	6.5
40	40.0	40.4	3.7	4.5	5.5	6.7	8.1
50	50.0	50.5	4.6	5.6	6.9	8.3	10.1
63	63.0	63.6	5.8	7.1	8.6	10.5	12.7
75	75.0	75.7	6.8	8.4	10.3	12.5	15.1
90	90.0	90.9	8.2	10.1	12.3	15.0	18.1
110	110.0	111.0	10.0	12.3	15.1	18.3	22.1
125	125.0	126.2	11.4	14.0	17.1	20.8	25.1
140	140.0	141.3	12.7	15.7	19.2	23.3	28.1
160	160.0	161.5	14.6	17.9	21.9	26.6	32.1

表 4-17　冷热水用 PP 管材的性能

项　目	材料	试验参数			试样数量	指　标
		试验温度/℃	试验时间/h	静液压应力/MPa		
纵向回缩率	PP-H	150±2	e_n≤8mm：1	—	3	≤2%
	PP-B	150±2	8mm<e_n≤16mm：2	—		
	PP-R	135±2	e_n>16mm：4	—		
简支梁冲击试验	PP-H	23±2	—		10	破损率<试样的 10%
	PP-B	0±2				
	PP-R	0±2				
静液压试验	PP-H	20	1	21.0	3	无破裂 无渗漏
		95	22	5.0		
		95	165	4.2		
		95	1000	3.5		
	PP-B	20	1	16.0	3	
		95	22	3.4		
		95	165	3.0		
		95	1000	2.6		
	PP-R	20	1	16.0	3	
		95	22	4.2		
		95	165	3.8		
		95	1000	3.5		
熔体流动速率 MFR(230℃/2.16kg)/g·(10min)$^{-1}$					3	变化率≤原料的 30%
静液压状态下热稳定性试验	PP-H	110	8760	1.9	1	无破裂 无渗漏
	PP-B			1.4		
	PP-R			1.9		

五、给水用聚乙烯管材(GB/T 13663—2000)

给水用聚氯乙烯管材适用于温度不超过 40℃，一般用途的压力输水以及饮用的输水。管材的公称压力和规格尺寸见表 4-18～表 4-20，管材的技术指标见表 4-21 和表 4-22。

表 4-18　PE63 级聚乙烯管材的公称压力和规格尺寸

公称外径 d_n /mm	公称壁厚 e_n/mm				
	标准尺寸比				
	SDR33	SDR26	SDR17.6	SDR13.6	SDR11
	公称压力/MPa				
	0.32	0.4	0.6	0.8	1.0
16	—	—	—	—	2.3
20	—	—	—	2.3	2.3
25	—	—	2.3	2.3	2.3
32	—	—	2.3	2.4	2.9
40	—	2.3	2.3	3.0	3.7
50	—	2.3	2.9	3.7	4.6
63	2.3	2.5	3.6	4.7	5.8
75	2.3	2.9	4.3	5.6	6.8
90	2.8	3.5	5.1	6.7	8.2
110	3.4	4.2	6.3	8.1	10.0
125	3.9	4.8	7.1	9.2	11.4
140	4.3	5.4	8.0	10.3	12.7
160	4.9	6.2	9.1	11.8	14.6
180	5.5	6.9	10.2	13.3	16.4
200	6.2	7.7	11.4	14.7	18.2
225	6.9	8.6	12.8	16.6	20.5
250	7.7	9.6	14.2	18.4	22.7
280	8.6	10.7	15.9	20.6	25.4
315	9.7	12.1	17.9	23.2	28.6
355	10.9	13.6	20.1	26.1	32.2
400	12.3	15.3	22.7	29.4	36.3
450	13.8	17.2	25.5	33.1	40.9
500	15.3	19.1	28.3	36.8	45.4
560	17.2	21.4	31.7	41.2	50.8
630	19.3	24.1	35.7	46.3	57.2
710	21.8	27.2	40.2	52.2	—
800	24.5	30.6	45.3	58.8	—
900	27.6	34.4	51.0	—	—
1000	30.6	38.2	56.6	—	—

表 4-19　PE80 级聚乙烯管材的公称压力和规格尺寸

公称外径 d_n /mm	公称壁厚 e_n/mm				
	标准尺寸比				
	SDR33	SDR21	SDR17	SDR13.6	SDR11
	公称压力/MPa				
	0.4	0.6	0.8	1.0	1.25
16	—	—	—	—	—
20	—	—	—	—	—
25	—	—	—	—	2.3
32	—	—	—	—	3.0
40	—	—	—	—	3.7
50	—	—	—	—	4.6
63	—	—	—	4.7	5.8
75	—	—	4.5	5.6	6.8
90	—	4.3	5.4	6.7	8.2
110	—	5.3	6.6	8.1	10.0
125	—	6.0	7.4	9.2	11.4
140	4.3	6.7	8.3	10.3	12.7
160	4.9	7.7	9.5	11.8	14.6
180	5.5	8.6	10.7	13.3	16.4
200	6.2	9.6	11.9	14.7	18.2
225	6.9	10.8	13.4	16.6	20.5
250	7.7	11.9	14.8	18.4	22.7
280	8.6	13.4	16.6	20.6	25.4
315	9.7	15.0	18.7	23.2	28.6
355	10.9	16.9	21.1	26.1	32.2
400	12.3	19.1	23.7	29.4	36.3
450	13.8	21.5	26.7	33.1	40.9
500	15.3	23.9	29.7	36.8	45.4
560	17.2	26.7	33.2	41.2	50.8
630	19.3	30.0	37.4	46.3	57.2
710	21.8	33.9	42.1	52.2	—
800	24.5	38.1	47.4	58.8	—
900	27.6	42.9	53.3	—	—
1000	30.6	47.7	59.3	—	—

表 4-20　PE100 级聚乙烯管材的公称压力和规格尺寸

公称外径 d_n /mm	公称壁厚 e_n/mm				
	标准尺寸比				
	SDR26	SDR21	SDR17	SDR13.6	SDR11
	公称压力/MPa				
	0.6	0.8	1.0	1.25	1.6
32	—	—	—	—	3.0
40	—	—	—	—	3.7
50	—	—	—	—	4.6
63	—	—	—	4.7	5.8
75	—	—	4.5	5.6	6.8
90	—	4.3	5.4	6.7	8.2
110	4.2	5.3	6.6	8.1	10.0
125	4.8	6.0	7.4	9.2	11.4
140	5.4	6.7	8.3	10.3	12.7
160	6.2	7.7	9.5	11.8	14.6
180	6.9	8.6	10.7	13.3	16.4
200	7.7	9.6	11.9	14.7	18.2
225	8.6	10.8	13.4	16.6	20.5
250	9.6	11.9	14.8	18.4	22.7
280	10.7	13.4	16.6	20.6	25.4
315	12.1	15.0	18.7	23.2	28.6
355	13.6	16.9	21.1	26.1	32.2
400	15.3	19.1	23.7	29.4	36.3
450	17.2	21.5	26.7	33.1	40.9
500	19.1	23.9	29.7	36.8	45.4
560	21.4	26.7	33.2	41.2	50.8
630	24.1	30.0	37.4	46.3	57.2
710	27.2	33.9	42.1	52.2	—
800	30.6	38.1	47.4	58.8	—
900	34.4	42.9	53.3	—	—
1000	38.2	47.7	59.3	—	—

表 4-21　给水用高密度聚乙烯管材输送 20℃ 的水不同等级材料设计应力的最大允许值

材料的等级	设计应力的最大允许值/MPa
PE63	5
PE80	6.3
PE100	8

表 4-22　给水用高密度聚乙烯管材的技术指标

<table>
<tr><th colspan="4">项　目</th><th>要　求</th></tr>
<tr><td colspan="4">断裂伸长率(%)</td><td>≥350</td></tr>
<tr><td colspan="4">纵向回缩率(110℃)(%)</td><td>≤3</td></tr>
<tr><td colspan="4">氧化诱导时间(220℃)/min</td><td>≥20</td></tr>
<tr><td rowspan="5">耐候性(管材累计接受≥老化能量后)(仅适用于蓝色管材)</td><td colspan="3">80℃静液压强度(1000h),环向应力/MPa</td><td rowspan="3">不破裂,不渗漏</td></tr>
<tr><td>PE63</td><td>PE80</td><td>PE100</td></tr>
<tr><td>3.2</td><td>4.0</td><td>5.0</td></tr>
<tr><td colspan="3">断裂伸长率(%)</td><td>≥350</td></tr>
<tr><td colspan="3">氧化诱导时间(200℃)/min</td><td>≥10</td></tr>
<tr><td colspan="5">直管长度一般为 6m、9m、12m,也可由供需双方商定。长度的极限偏差为长度的+0.4%,−0.2%</td></tr>
<tr><td colspan="5">外观:管材的内外表面应清洁、光滑,不允许有气泡、明显的划伤、凹陷、杂质、颜色不均等缺陷。管端头应切割平整,并与管轴线垂直</td></tr>
</table>

六、冷热水系统用热塑性塑料管材和管件(GB/T 18991—2003)

冷热水系统用热塑性塑料管材和管件适用于工作压力为 0.4 MPa、0.6 MPa 和 1.0 MPa 的建筑物内用于输送冷热水,包括饮用水的管道系统;热水采暖的管道系统。不适用于消防系统和不使用水作加热介质的供暖系统。

冷热水系统用热塑性塑料管材和管件的使用条件分为 5 个级别(表 4-23),每个级别均对应一个 50 年的设计寿命下的使用条件。在一些地区因特殊的气候条件,也可以使用其他分级。当未选用表 4-32 中规定的级别时,应征得设计、生产、使用方的同意。

表 4-23　使用条件级别

<table>
<tr><th>级别</th><th>工作温度 T_0/℃</th><th>时间①/年</th><th>最高工作温度 T_{max}/℃</th><th>时间/年</th><th>故障温度 T_m/℃</th><th>时间/年</th><th>应用举例</th></tr>
<tr><td>1</td><td>60</td><td>49</td><td>80</td><td>1</td><td>95</td><td>100</td><td>供热水(60℃)</td></tr>
<tr><td>2</td><td>70</td><td>49</td><td>80</td><td>1</td><td>95</td><td>100</td><td>供热水(70℃)</td></tr>
<tr><td rowspan="2">3②</td><td>30</td><td>20</td><td rowspan="2">50</td><td rowspan="2">4.5</td><td rowspan="2">65</td><td rowspan="2">100</td><td rowspan="2">地板下的低温供热</td></tr>
<tr><td>40</td><td>25</td></tr>
<tr><td rowspan="2">4</td><td>40</td><td>20</td><td rowspan="2">70</td><td rowspan="2">2.5</td><td rowspan="2">100</td><td rowspan="2">100</td><td rowspan="2">地板下的供热和低温暖气</td></tr>
<tr><td>60</td><td>25</td></tr>
<tr><td rowspan="2">5③</td><td>60</td><td>25</td><td rowspan="2">90</td><td rowspan="2">1</td><td rowspan="2">100</td><td rowspan="2">100</td><td rowspan="2">较高温暖气</td></tr>
<tr><td>80</td><td>10</td></tr>
</table>

注:①当时间和相关温度不止一个时,应当叠加处理。由于系统在设计时间内不总是连续运行,所以对于 50 年使用寿命来讲,实际操作时间并未累计达到 50 年,其他时间按 20℃考虑。

②仅在故障温度不超过 65℃适用。

③本标准仅适用于 T_0、T_{max}和 T_m的值都不超过表中第 5 级的闭式系统。

当温度升至 80℃时，所有与饮用水接触的材料都不应对人体健康有影响，还必须符合 GB/T 17219—1998 要求。

表 4-23 中所列的使用条件级别的管道系统同时应满足在 20℃、1.0 MPa 下输送冷水具有 50 年使用寿命的要求，并应用 GB/T 18252-2000 的方法证实。当要求的使用寿命小于 50 年时，使用时间可依表 4-23 规定按比例减少，而故障温度时间仍按 100 h 计。管道系统的供热装置应只输送水或经处理的水。当需考虑如氧的渗透性等要求时，生产厂应提出有关注意事项。用于管材或管件的材料的热稳定性应符合相应使用级别的产品标准。当对管材有遮光性要求时，应符合 ISO 7686:1992 的规定。

对于每种应用，首先要确定一个对应的使用条件级别，并用 GB/T 18252—2000 等方法得到 50 年使用时的最大允许应力，再按要求选用合适的系数①，按 Miner's 规则进行计算。

计算下列式(1)和式(2)，取其中最低值。

$$\sigma/p_0 \qquad (1)$$

式中：

σ——某应用条件级别的设计应力，单位为 MPa；

p_0——工作压力，为 0.4、0.6 或 1.0 MPa。

$$\sigma_1/p_1 \qquad (2)$$

式中：

σ_1——20℃下 50 年考虑了使用系数后的设计应力，单位为 MPa；

p_1——1.0 MPa 的设计压力。

式(1)和式(2)中取较低值，按式(3)确定设计最小壁厚：

$$\frac{\sigma}{p}=\frac{d_n-e_n}{e_n} \qquad (3)$$

式中：

σ/p 选自式(1)或式(2)；

d_n——公称外径，单位为 mm；

e_n——公称壁厚，单位为 mm。

注：①当计算最大允许环应力时，所用温度分布中的 T_0、T_{max}、T_m 和(冷水温度)T_c 的使用系数均在相应产品标准中规定。

生产管件的材料应当制成管状试样，按 GB/T 18252 进行试验。材料应达到产品标准规定的控制点。并需经材料性能试验所验证。试验要求应考虑到最终的使用条件级别和管件的类型。

系统适用性试验的要求见表 4-24。

表 4-24 系统适用性试验

试验项目	试验条件	指标
组装件的静液压试验	将管材和管件连接成组装件进行试验： (a)试验温度为20℃±2℃,试验压力为p_0的1.5倍,保持1h； (b)试验温度为95℃±2℃,用管材材料1000h95℃的预测应力值除以$(d-e)/2e$计算出95℃±2℃的试验压力值,保持1000h	管材和管件及连接处不应发生渗漏
热循环试验	5000次循环,每次循环30min±2min,恒定在操作压力p_0(0.4,0.6或1.0MPa)。每次循环应有一个15min的冷水(温度为20℃±2℃)流动时间及一个15min的热水(T_{max}+10℃,但不超过90℃)流动时间	管材、管件及连接处不应发生渗漏
压力循环试验	23℃±20℃,10000次交替变换压力(0.1MPa±0.05MPa和1.5MPa±0.05MPa)的循环试验、变换频率为每分钟至少30次	管材、管件及连接处不应发生渗漏
耐拉拨试验	(a) 1h,23℃±2℃,拉拨力由公称外径确定的管材整个断面面积及1.5 MPa内压计算； (b) 1h，T_{max}+10℃,拉拨力由公称外径确定的管材整个断面面积及0.4,0.6或1.0MPa的内压计算	试验完成后管件的承口应与管材完好连接
组装件的耐弯曲试验	将管材、管件连接成组装件进行试验,试验温度23℃±20℃,试验压力1.5MPa,保持1h	组装件不应发生渗漏

注:1.组装件的耐弯曲试验仅在管材材料弯曲弹性模量小于或等于2000MPa时进行本项试验。

2.质量控制试验的要求按产品标准规定执行。

3.管材和管件外观应符合相关产品标准的要求。

七、冷热水用氯化聚氯乙烯(PVC-C)管材(GB/T 18993.2—2003)

冷热水用氯化聚氯乙烯(PVC-C)管材适用于工业及民用的冷热水管道系统。

管材按尺寸分为S6.3，S5，S4三个管系列。管材规格用管系列S、公称外径(d_n)公称壁厚(e_n)表示。例:管系列S5,公称外径为32mm,公称壁厚为2.9mm,表示为S5 32×2。

管材按不同的材料及使用条件级别(见GB/T 18993.1)和设计压力选择对应的S值,见表4-25。管材的规格与尺寸见表4-26,管材的技术性能见表4-27。

表 4-25　PVC-C 管材管系列 S 的选择

设计压力 P_D	管系列 S	
	级别 1 σ_D=4.38 MPa	级别 2 σ_D=4.16 MPa
0.6	6.3	6.3
0.8	5	5
1.0	4	4

表 4-26　PVC-C 管材的规格与尺寸　/mm

	公称外径 d_n	平均外径		管系列		
				S6.3	S5	S4
		$d_{em,min}$	$d_{em,max}$	公称壁厚 e_n		
管材系列和规格尺寸	20	20.0	20.2	2.0* (1.5)	2.0* (1.9)	2.3
	25	25.0	25.2	2.0* (1.9)	2.3	2.8
	32	32.0	32.2	2.4	2.9	3.6
	40	40.0	40.2	3.0	3.7	4.5
	50	50.0	50.2	3.7	4.6	5.6
	63	63.0	63.3	4.7	5.8	7.1
	75	75.0	75.3	5.6	6.8	8.4
	90	90.0	90.3	6.7	8.2	10.1
	110	110.0	110.4	8.1	10.0	12.3
	125	125.0	125.4	9.2	11.4	14.0
	140	140.0	140.5	10.3	12.7	15.7
	160	160.0	160.5	11.8	14.6	17.9
管材的长度	一般为 4m，也可根据用户的要求由供需双方协商决定，允许偏差为长度 $^{+0.4}_{0}$ %。					

	公称外径 d_n	不圆度的最大值	公称外径 d_n	不圆度的最大值
管材不圆度的最大值	20	1.2	75	1.6
	25	1.2	90	1.8
	32	1.3	110	2.2
	40	1.4	125	2.5
	50	1.4	140	2.8
	63	1.5	160	3.2

	公称壁厚 e_n	允许偏差	公称壁厚 e_n	允许偏差
壁厚的偏差	1.0<e_n≤2.0	+0.4 0	10.0<e_n≤11.0	+1.3 0
	2.0<e_n≤3.0	+0.5 0	11.0<e_n≤12.0	+1.4 0
	3.0<e_n≤4.0	+0.6 0	12.0<e_n≤13.0	+1.5 0

续表

	公称壁厚 e_n	允许偏差	公称壁厚 e_n	允许偏差
壁厚的偏差	$4.0<e_n\leqslant5.0$	$^{+0.7}_{0}$	$13.0<e_n\leqslant14.0$	$^{+1.6}_{0}$
	$5.0<e_n\leqslant6.0$	$^{+0.8}_{0}$	$14.0<e_n\leqslant15.0$	$^{+1.7}_{0}$
	$6.0<e_n\leqslant7.0$	$^{+0.9}_{0}$	$15.0<e_n\leqslant16.0$	$^{+1.8}_{0}$
	$7.0<e_n\leqslant8.0$	$^{+1.0}_{0}$	$16.0<e_n\leqslant17.0$	$^{+1.9}_{0}$
	$8.0<e_n\leqslant9.0$	$^{+1.1}_{0}$	$17.0<e_n\leqslant18.0$	$^{+2.0}_{0}$
	$9.0<e_n\leqslant10.0$	$^{+1.2}_{0}$	—	—

注：1. 考虑到刚度要求，带"*"的最小壁厚为 2.0 mm，计算液压试验压力时使用括号中的壁厚。

2. 同一截面的壁厚偏差应≤14%

表 4-27　PVC-C 管材的技术性能

项目		技术指标			
外观		管材内外表面应光滑、平整、色泽均匀、无凹陷、气泡及其他影响性能的表面缺陷。管材不应含有明显杂质。管材端面应切割平整并与轴线垂直			
颜色		由供需双方协商确定			
不透光性		管材应不透光			
物理性能	密度/kg·m^{-3}	1450～1650			
	维卡软化温度/℃	≥ 110			
	纵向回缩率/%	≤5			
力学性能		试验参数			要求
		试验温度/℃	试验时间/h	静液压压力/MPa	
	静液压试验	20 95 95	1 165 1000	43.0 5.6 4.6	无破裂 无渗漏
	静液压状态下的热稳定试验	95	8760	3.6	无破裂 无渗漏
	落锤冲击试验(0℃)TIR/%	≤10			
	拉伸屈服强度/MPa	≥50			
卫生性能	输送饮用水的管材的卫生性能应符合 GB/T 17219-1998；				

续表

项目		技术指标				
系统适用性试验	内压试验	管系列 S	试验温度/℃	试验压力/MPa	试验时间/h	要求
		S6.3	80	1.2	3000	无破裂无渗漏
		S5	80	1.59	3000	
		S4	80	1.99	3000	
	热循环试验	最高试验温度/℃	最低试验温度/℃	试验压力/MPa	循环次数	要求
		90	20	P_D	5000	无破裂无渗漏

注：热循环试验一次循环的时间为 30^{+2}_{0} min，包括 15^{+1}_{0} min 最高试验温度和 15^{+1}_{0} min 最低试验温度。P_D值按表 4-34 规定。

八、冷热水用聚丁烯(PB)管材(GB/T 19473.2—2004)

冷热水用聚丁烯(PB)管材适用于建筑冷热水管道系统，包括工业及民用冷热水、饮用水和采暖系统等。不适用于灭火系统和非水介质的流体输送系统。

冷热水用聚丁烯管材按尺寸分为 S3.2、S4、S5、S6.3、S8 和 S10 六个管系列。管材的使用条件级别分为级别 1、级别 2、级别 4、级别 5 四个级别。管材按使用条件级别和设计压力选择对应的管系列 S 值，见表 4-28。冷热水用聚丁烯管材的规格尺寸见表 4-29，技术性能见表 4-30。

表 4-28 管系列 S 的选择

设计压力 p_0/MPa	级别 1	级别 2	级别 4	级别 5
0.4	10	10	10	10
0.6	8	8	8	6.3
0.8	6.3	6.3	6.3	5
1.0	5	5	5	4

表 4-29 冷热水用聚丁烯管材规格尺寸 /mm

1. 管材规格(类别 A)

公称外径 d_n	平均外径		公称壁厚 e_n					
	$d_{em,min}$	$d_{em,max}$	S10	S8	S6.3	S5	S4	S3.2
12	12.0	12.3	1.3	1.3	1.3	1.3	1.4	1.7
16	16.0	16.3	1.3	1.3	1.3	1.5	1.8	2.2
20	20.0	20.3	1.3	1.3	1.5	1.9	2.3	2.8
25	25.0	25.3	1.3	1.5	1.9	2.3	2.8	3.5
32	32.0	32.3	1.6	1.9	2.4	2.9	3.6	4.4
40	40.0	40.4	2.0	2.4	3.0	3.7	4.5	5.5
50	50.0	50.5	2.4	3.0	3.7	4.6	5.6	6.9

续表

1. 管材规格(类别 A)

公称外径	平均外径		公称壁厚 e_n					
d_n	$d_{em,min}$	$d_{em,max}$	S10	S8	S6.3	S5	S4	S3.2
63	63.0	63.6	3.0	3.8	4.7	5.8	7.1	8.6
75	75.0	75.7	3.6	4.5	5.6	6.8	8.4	10.3
90	90.0	90.9	4.3	5.4	6.7	8.2	10.1	12.3
110	110.0	111.0	5.3	6.6	8.1	10.0	12.3	15.1
125	125.0	126.2	6.0	7.4	9.2	11.4	14.0	17.1
140	140.0	141.3	6.7	8.3	10.3	12.7	15.7	19.2
160	160.0	161.5	7.7	9.5	11.8	14.6	17.9	21.9

2. 任一点壁厚的偏差

公称壁厚 e_n $>e_{min}\leqslant$		允许偏差	公称壁厚 e_n $>e_{min}\leqslant$		允许偏差
1.0	2.0	0.3 0	12.0	13.0	1.4 0
2.0	3.0	0.4 0	13.0	14.0	1.5 0
3.0	4.0	0.5 0	14.0	15.0	1.6 0
4.0	5.0	0.6 0	15.0	16.0	1.7 0
5.0	6.0	0.7 0	16.0	17.0	1.8 0
6.0	7.0	0.8 0	17.0	18.0	1.9 0
7.0	8.0	0.9 0	18.0	19.0	2.0 0
8.0	9.0	1.0 0	19.0	20.0	2.1 0
9.0	10.0	1.1 0	20.0	21.0	2.2 0
10.0	11.0	1.2 0	21.0	22.0	2.3 0
11.0	12.0	1.3 0			

注:对于熔接连接的管材,最小壁厚为 1.9 mm。聚丁烯管材的壁厚值不包括阻隔层的厚度。

表 4-30 冷热水用聚丁烯管材的技术性能

项目	技术指标
1. 颜色	由供需双方协商确定
2. 外观	管材的内外表面应光滑、平整、清洁，不应有可能影响产品性能的明显划痕、凹陷、气泡等缺陷。管材表面颜色应均匀一致，不允许有明显色差。管材端面应切割平整
3. 不透光性	管材应不透光

项目		试验参数			要求
		静液压压力/MPa	试验温度/℃	试验时间/h	
4. 力学性能	静液压试验	15.5	20	1	无破裂 无渗漏
		6.5	95	22	
		6.2	95	165	
		6.0	95	1000	

项目		试验参数		要求
5. 物理和化学性能	纵向回缩率	温度	110℃	≤2%
		试验时间		
		$e_n \leqslant 8$ mm	1 h	
		$8 < e_n \leqslant 16$ mm	2 h	
		$e_n > 16$ mm	4 h	
	静液压状态下的热稳定试验	静液压压力	2.4 MPa	无破裂 无渗漏
		试验温度	110℃	
		试验时间	8760 h	
		试样数量	1	
	熔体质量流动速率 MFR	质量	5 kg	与对原料测定值之差 0.3 g/10 min
		试验温度	190℃	
6. 卫生性能	给水用管材的卫生性能应符合 GB/T 17219-1998			

项目			热熔承插连接 SW	电熔焊连接 EF	机械连接 M
7. 系统适用性试验	试验项目	耐内压试验	Y(需要试验)	Y	Y
		弯曲试验	N(不需要试验)	N	Y
		耐拉拔试验	N	N	Y
		热循环试验	Y	Y	Y
		循环压力冲击试验	N	N	Y
		真空试验	N	N	Y

项目		管系列	试验温度/℃	试验压力/MPa	试验时间/h	试样数量	要求
7. 系统适用性试验	耐内压试验	S10	95	0.55	1000	3	无破裂 无渗漏
		S8		0.71			
		S6.3		0.95			
		S5		1.19			
		S4、S3.2		1.39			

续表

项目		技术指标					
7. 系统适用性试验	弯曲试验[①]	管系列	试验温度/℃	试验压力/MPa	试验时间/h	试样数量	要求
		S10	20	1.42	1	3	无破裂 无渗漏
		S8		1.85			
		S6.3		2.46			
		S5		3.08			
		S4、S3.2		3.60			
	耐拉拔试验[②]	温度/℃	系统设计压力/MPa	纵向拉力/N	试验时间/h	试样数量	要求
		23±2	所有压力等级	$1.178d_n^2$	1	3	无破裂 无渗漏
		95	0.4	$0.314d_n^2$			
		95	0.6	$0.471d_n^2$			
		95	0.8	$0.628d_n^2$			
		95	1.0	$0.785d_n^2$			

项目		项目	级别 1	级别 2	级别 4	级别 5
7. 系统适用性试验	热循环试验	最高试验温度/℃	90	90	80	95
		最低试验温度/℃	20			
		试验压力/MPa	p_D			
		循环次数	5000			
		每次循环的时间/min	30^{+2}_{0}(冷热水各 15^{+1}_{0})			
		试样数量	1			
		要求	无破裂、无渗漏			

项目		试验压力/MPa			试验温度/℃	循环次数	循环频次	试样数量	要求
		设计压力	最高试验压力	最低试验压力					
7. 系统适用性试验	循环压力冲击试验	0.4	0.6	0.05	23±2	10000	30±5	1	无破裂 无渗漏
		0.6	0.9						
		0.8	1.2						
		1.0	1.5						

项目		试验参数		要求
7. 系统适用性试验	真空密封性	试验温度/℃	23	真空压力变化≤0.005 MPa
		试验时间/h	1	
		试验压力/MPa	−0.08	
		试样数量	3	

注:①仅当管材公称直径大于等于 32 mm 时做此试验。

②对各种设计压力的管道系统均应进行 23±2℃ 的拉拔试验,同时根据管道系统的设计压力选取对应的轴向拉力,进行拉拔试验。级别 1、2、4 也可以按 T_{max} +10℃进

行试验。仲裁试验时，级别 5 按表 4-39 进行，级别 1、2、4 按 T_{max} + 10℃进行试验。较高压力下的试验结果也可适用于较低压力下的应用级别。

九、低密度聚乙烯与线性低密度聚乙烯给水管材(QB 1930—2006)

低密度聚乙烯与线性低密度聚乙烯给水管材的规格见表 4-31，管材的压力折减系数见表 4-32，技术要求见表 4-33。

表 4-31 管材规格尺寸及其偏差 /mm

公称外径 d_n	平均外径极限偏差	公称压力/MPa					
		*PN*0.25		*PN*0.4		*PN*0.6	
		公称壁厚	极限偏差	公称壁厚	极限偏差	公称壁厚	极限偏差
16	+0.3 0	0.8	+0.3 0	1.2	+0.4 0	1.8	+0.4 0
20	+0.3 0	1.0	+0.3 0	1.5	+0.4 0	2.2	+0.5 0
25	+0.3 0	1.2	+0.4 0	1.9	+0.4 0	2.7	+0.5 0
32	+0.3 0	1.6	+0.4 0	2.4	+0.5 0	3.5	+0.6 0
40	+0.4 0	1.9	+0.4 0	3.0	+0.5 0	4.3	+0.7 0
50	+0.5 0	2.4	+0.5 0	3.7	+0.6 0	5.4	+0.9 0
63	+0.6 0	3.0	+0.5 0	4.7	+0.8 0	6.8	+1.1 0
75	+0.7 0	3.6	+0.6 0	5.6	+0.9 0	8.1	+1.3 0
90	+0.9 0	4.3	+0.7 0	6.7	+1.1 0	9.7	+1.5 0
110	+1.0 0	5.3	+0.8 0	8.1	+1.3 0	11.8	+1.8 0

表 4-32 管材的压力折减系数

当管材在 20℃以上 40℃以下连续使用时，最大工作压力 *MOP* 为：$MOP = PN \times f_t$

式中：*MOP*——管材的最大工作压力；

PN——管材的公称压力；

f_t——压力折减系数，见本表

压力折减系数 f_t	温度/℃				
	20	25	30	35	40
	1.0	0.82	0.65	0.48	0.30

表 4-33 管材技术要求

<table>
<tr><th colspan="4">项 目</th><th>指 标</th></tr>
<tr><td colspan="4">颜色</td><td>一般为黑色,其他颜色由供需双方协商确定</td></tr>
<tr><td colspan="4">外观</td><td>管材的内外表面应光滑平整,不允许有气泡、裂纹、分解变色线及明显的沟槽、杂质等。管材切口应平整且与轴线垂直</td></tr>
<tr><td rowspan="7">物理力学性能</td><td colspan="3">密度/g·cm⁻³ <</td><td>0.940</td></tr>
<tr><td colspan="3">氧化诱导时间(190℃)/min</td><td>20</td></tr>
<tr><td colspan="3">断裂伸长率(%) ≥</td><td>350</td></tr>
<tr><td colspan="3">纵向回缩率(%) ≤</td><td>3.0</td></tr>
<tr><td colspan="3">耐环境应力开裂*</td><td>折弯处不合格数≤10%</td></tr>
<tr><td rowspan="2">液压试验</td><td>短期</td><td>温度 20℃,时间 1h,环应力 6.9MPa</td><td rowspan="2">不破裂、不渗漏</td></tr>
<tr><td>长期</td><td>温度 70℃,时间 100h,环应力 2.5MPa</td></tr>
<tr><td colspan="4">卫生性能</td><td>给水用管材的卫生性能应符合 GB/T 17219-1998</td></tr>
</table>

注:* d_n≤32mm 的灌溉用管材有此项要求。

十、冷热水用交联聚乙烯(PE-X)管材(GB/T 18992.2—2003)

冷热水用交联聚乙烯(PE-X)管材的规格和性能见表 4-34~表 4-35。

表 4-34 冷热水用交联聚乙烯管材规格 /mm

公称外径 d_n	平均外径		最小壁厚 e_{min}(数值等于 e_n)			
			管系列			
	$d_{em,min}$	$d_{em,max}$	S6.3	S5	S4	S3.2
16	16.0	16.3	1.8①	1.8①	1.8	2.2
20	20.0	20.3	1.9①	1.9	2.3	2.8
25	25.0	25.3	1.9	2.3	2.8	3.5
32	32.0	32.3	2.4	2.9	3.6	4.4
40	40.0	40.4	3.0	3.7	4.5	5.5
50	50.0	50.5	3.7	4.6	5.6	6.9
63	63.0	63.6	4.7	5.8	7.1	8.6
75	75.0	75.7	5.6	6.8	8.4	10.3
90	90.0	90.9	6.7	8.2	10.1	12.3
110	110.0	111.0	8.1	10.0	12.3	15.1
125	125.0	126.2	9.2	11.4	14.0	17.1
140	140.0	141.3	10.3	12.7	15.7	19.2
160	160.0	161.5	11.8	14.6	17.9	21.9

注:考虑到刚性与连接的要求,该厚度不按管系列计算。

表 4-35 冷热水用交联聚乙烯管材的技术性能

1. 力学性能

项目	要求	试验参数		
		静液压应力/MPa	试验温度/℃	试验时间/h
耐静液压	无渗漏、无破裂	12.0	20	1
		4.8	95	1
		4.7	95	22
		4.6	95	165
		4.4	95	1000

2. 物理和化学性能

项目		要求	试验参数	
			参数	数值
纵向回缩率		≤3%	温度	120℃
			试验时间	
			$e_n \leqslant 8mm$	1h
			$8mm < e_n \leqslant 16mm$	2h
			$e_n > 16mm$	4h
			试样数量	3
静液压状态下的热稳定性		无破裂 无渗漏	静液压应力	2.5MPa
			试验温度	110℃
			试验时间	8760h
			试样数量	1
交联度	过氧化物交联	≥70%		
	硅烷交联	≥65%		
	电子束交联	≥60%		
	偶氮交联	≥60%		

十一、埋地排水用硬聚氯乙烯(PVC-U)双壁波纹管材(GB/T 18477—2001)

埋地排水用硬聚氯乙烯(PVC-U)双壁波纹管材按环刚度分级,见表 4-36。管材形状见图 4-4,其规格尺寸见表 4-37。管材承插口尺寸(用于密封圈连接)见图 4-5 和表 4-38。管材技术性能见表 4-39。

表 4-36 环刚度分级

级别	S0	S1	S2	S3
环刚度/$kN \cdot m^{-2}$	2	4	8	16

注:1. 仅在 $d_e > 500$ mm 的管材中允许有 S0 级。

2. 标记示例:公称外径为 110 mm、环刚度等级为 S1 的管材标记为:

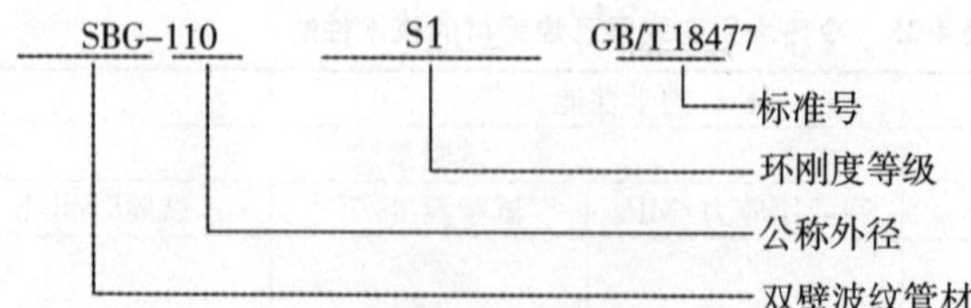

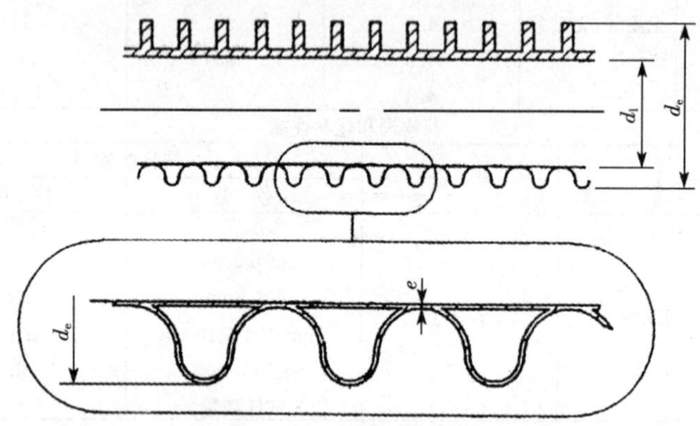

图 4-4 管材形状示例

表 4-37 管材规格尺寸 /mm

公称外径	最小平均外径 $d_{e,min}$	最大平均外径 $d_{e,max}$	最小平均内径 $d_{i,min}$
110	109.4	110.4	97
125	124.3	125.4	107
140	139.2	140.5	118
160	159.1	160.5	135
180	179.0	180.6	155
200	198.8	200.6	172
225	223.7	225.7	194
250	248.5	250.8	216
280	278.4	280.9	243
315	313.2	316.0	270
355	352.9	356.1	310
400	397.6	401.2	340
450	447.3	451.4	383
500	497.0	501.5	432
560	556.7	561.7	486
630	626.3	631.9	540

续表

公称外径	最小平均外径 $d_{e,min}$	最大平均外径 $d_{e,max}$	最小平均内径 $d_{i,min}$
710	705.8	712.1	614
800	795.2	802.4	680
900	894.6	902.7	766
1000	994.0	1003.0	864
1100	1093.4	1103.3	951
1200	1192.8	1203.6	1037

注:管材有效长度由供需双方协商确定,一般为4 m、6 m、8 m。

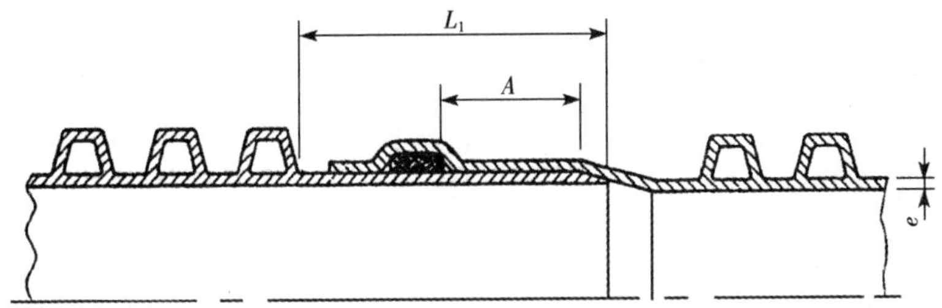

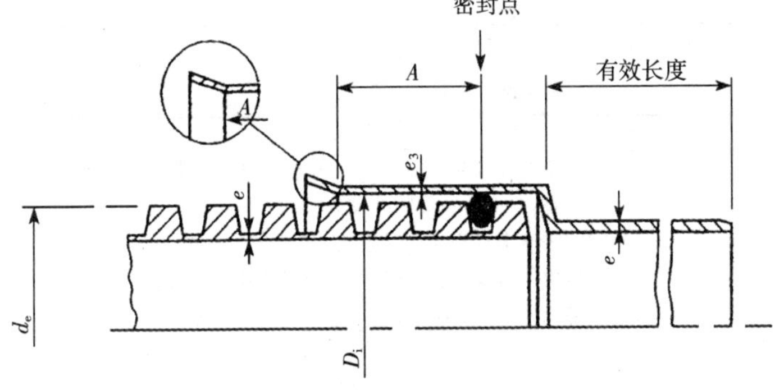

图 4-5 管材承插口示例

表 4-38 管材承插口尺寸

公称外径	最小承口平均内径 $D_{i,min}$	最小承口深度 A_{min}	最小插口长度 L_{1min}	最小承口壁厚 e_{3min}
110	110.4	32	60	2.2
125	125.1	35	67	2.2
140	140.5	39	73	2.4
160	160.5	42	81	2.4
180	180.6	46	93	2.7
200	200.6	50	99	3.0

续表

公称外径	最小承口平均内径 $D_{i,min}$	最小承口深度 A_{min}	最小插口长度 $L_{1\,min}$	最小承口壁厚 $e_{3\,min}$
225	225.7	53	112	3.4
250	250.8	55	125	3.7
280	280.9	58	128	4.2
315	316.0	62	132	4.7
355	356.1	66	136	5.2
400	401.2	70	150	5.9
450	451.4	75	155	6.7
500	501.5	80	—	7.4
560	561.7	86	—	8.3
630	631.9	93	—	9.3
710	712.1	101	—	10.5
800	802.4	110	—	11.7
900	902.7	120	—	13.3
1000	1003.0	130	—	14.8
1100	1103.3	140	—	16.2
1200	1203.6	150	—	17.7

注：插口长度 L_1 仅适用于图 4-5 中所示连接方式的管材。

表 4-39 管材技术性能

项目		技术指标
外观		管材内外壁不允许有气泡、砂眼、明显的杂质和不规则波纹。内壁应光滑平整，不应有明显的波纹。 管材的两端应平整并与轴线垂直。 管材颜色由供需双方协商确定，但色泽应均匀一致。 管材凹部内外壁应紧密熔接，不应出现脱开现象
物理性能	环刚度 S0	≥2 kN/m²
	S1	≥4 kN/m²
	S2	≥8 kN/m²
	S3	≥16 kN/m²
	冲击强度	TIR≤10%
	环柔性	试样圆滑，无反向弯曲，无破裂，两壁无脱开
	二氯甲烷浸泡	内、外壁无分离，内、外表面变化不劣于 4L
	烘箱试验	无分层，无开裂
	蠕变率	≤2.5

十二、聚乙烯双壁波纹管材(GB/T 19472.1—2004)

聚乙烯双壁波纹管材适用于长期温度不超过 45℃的埋地排水管和通讯套管。

亦可用于工业排水、排污管。管材按环刚度分类，见表 4-40。典型的管材结构如图 4-6 所示。管材可使用弹性密封圈连接方式，也可使用其他连接形式。典型的弹性密封圈连接方式如图 4-7 所示。管材规格尺寸见表 4-41，管材的技术性能见表 4-42。

表 4-40 公称环刚度等级

级别	SN2	SN4	(SN6.3)	SN8	(SN12.5)	SN16
环刚度/kN・m^{-2}	2	4	(6.3)	8	(12.5)	16

注：1. 仅在 $d_e \geqslant 500$ mm 的管材中允许有 SN2 级，括号内数值为非首选等级。

2. 标记示例：公称内径为 500 mm，环刚度等级为 SN8 的 PE 双壁波纹管材的标记为：

PE DN/ID500 SN8 GB/T 19472.1-2004

标准号

环刚度等级

公称尺寸

材料代号

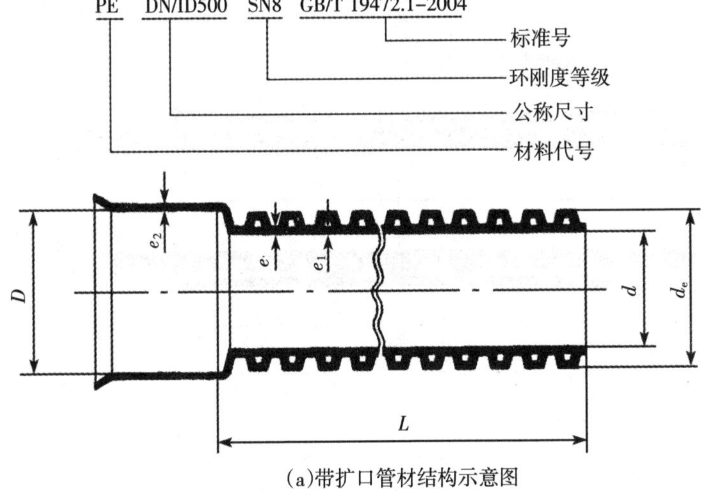

(a)带扩口管材结构示意图

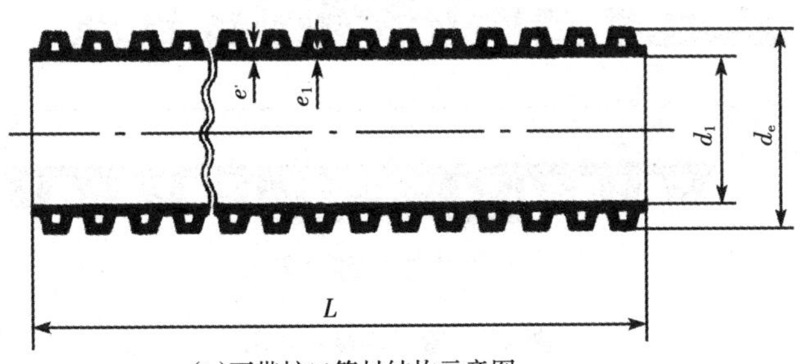

(b)不带扩口管材结构示意图

图 4-6 管材结构示意图

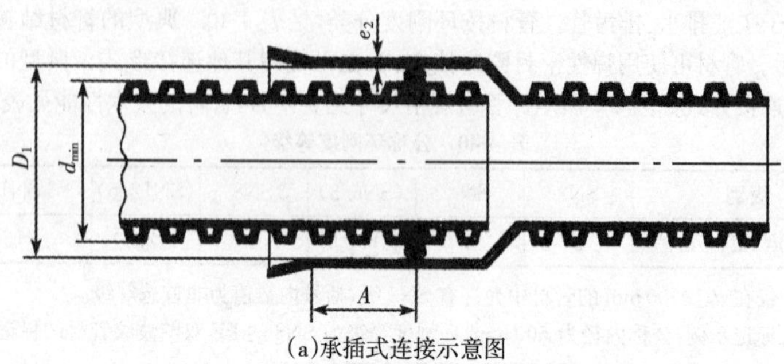

(a)承插式连接示意图

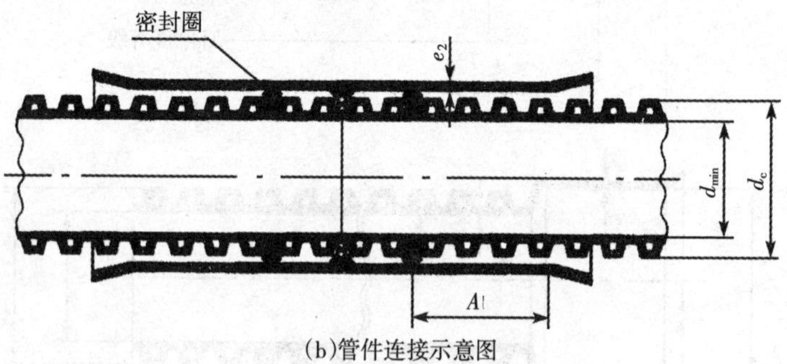

(b)管件连接示意图

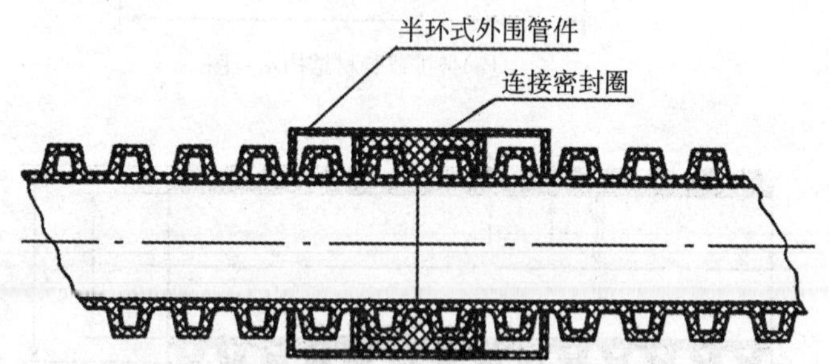

(c)哈夫外固连接示意图

图 4-7　管材连接示意图

表 4-41　管材的尺寸　/mm

1. 外径系列管材

公称外径 DN/OD	最小平均外径 $d_{em,min}$	最大平均外径 $d_{em,max}$	最小平均内径 $d_{im,min}$	最小层压壁厚 e_{min}	最小内层壁厚 $e_{1,min}$	接合长度 A_{min}
110	109.4	110.4	90	1.0	0.8	32
125	124.3	125.4	105	1.1	1.0	35
160	159.1	160.5	134	1.2	1.0	42
200	198.8	200.6	167	1.4	1.1	50
250	248.5	250.8	209	1.7	1.4	55
315	313.2	316.5	263	1.9	1.6	62
400	397.6	401.2	335	2.3	2.0	70
500	497.0	501.5	418	2.8	2.8	80
630	626.3	631.9	527	3.3	3.3	93
800	795.2	802.4	669	4.1	4.1	110
1000	994.0	1003.0	837	5.0	5.0	130
1200	1192.8	1203.6	1005	5.0	5.0	150

2. 内径系列管材

公称内径 DN/ID	最小平均内径 $d_{im,min}$	最小层压壁厚 e_{min}	最小内层壁厚 $e_{1,min}$	接合长度 A_{min}
110	95	1.0	0.8	32
125	120	1.2	1.0	38
160	145	1.3	1.0	43
200	195	1.5	1.1	54
225	220	1.7	1.4	55
250	245	1.8	1.5	59
300	294	2.0	1.7	64
400	392	2.5	2.3	74
500	490	3.0	3.0	85
630	588	3.5	3.5	96
800	785	4.5	4.5	118
1000	985	5.0	5.0	140
1200	1185	5.0	5.0	162

项目	要求
3. 管材长度	有效长度 L 一般为 6m，其他长度由供需双方协商确定
4. 管材外径的公差	应符合下列公式计算的数值： $d_{em,min} \geqslant 0.994 d_e$ $d_{em,max} \leqslant 1.003\, d_e$ 其中 d_e 为管材生产商规定的外径，计算结果保留一位小数

5. 管材和连接件的承口最小壁厚

管材外径	$e_{2,min}$
$d_e \leqslant 500$	$(d_e/33) \times 0.75$
$d_e > 500$	11.4

注：1. 管材用公称外径（DN/OD 外径系列）表示尺寸，也可用公称内径（DN/ID 内径系列）

表示尺寸。

2. 承口的最小平均内径应不小于管材的最大平均外径。

表 4-42 管材的技术性能

	项目	技术指标	
	颜色	管材内外层各自的颜色应均匀一致，外层一般为黑色，其他颜色可由供需双方商定	
	外观	管材内外壁不允许有气泡、凹陷、明显的杂质和不规则波纹。管材的两端应平整、与轴线垂直并位于波谷区。管材波谷区内外壁应紧密熔接，不应出现脱开现象	
物理性能	环刚度/$kN \cdot m^{-2}$		
	SN2	≥2	
	SN4	≥4	
	(SN6.3)	≥6.3	
	SN8	≥8	
	(SN12.5)	≥12.5	
	SN16	≥16	
	冲击强度(TIR)/ %	≤10	
	环柔性	试样圆滑，无反向弯曲，无破裂，两壁无脱开	
	烘箱试验	无气泡，无分层，无开裂	
	蠕变率	≤4	
系统的适用性	项目	试验条件	要求
	较低的内部静液压(15min) 0.005 MPa	条件 B：径向变形 连接密封处变形：5% 管材变形：10% 温度：(23±2)℃	不渗漏
	较高的内部静液压(15min) 0.05 MPa		不渗漏
	内部气压(15min) −0.03 MPa		≤−0.027MPa
	较低的内部静液压(15min) 0.005 MPa	条件 C：角度偏差 d_e≤315：2° 315< d_e≤630：1.5° d_e>630：1° 温度：(23±2)℃	不渗漏
	较高的内部静液压(15min) 0.05 MPa		不渗漏
	内部气压(15min) −0.03 MPa		≤−0.027MPa

注：1. 括号内数值为非首选环刚度等级。

2. 管材采用弹性密封圈连接时，应按本表要求进行系统适用性的测试。

十三、聚乙烯缠绕结构壁管材(GB/T 19472.2—2004)

缠绕结构壁管材是以聚乙烯(PE)为主要原料，以相同或不同材料作为辅助支撑结构，采用缠绕成型工艺，经加工制成的结构壁管材，适用于长期温度在 45℃以下的埋地排水、埋地农田排水等工程。管材按环刚度分类，见表 4-43，管材按结构型式分为 A 型和 B 型，见表 4-44。管材规格尺寸见表 4-45。

表 4-43　环刚度等级

级别	SN2	SN4	(SN6.3)	SN8	(SN12.5)	SN16
环刚度/kN·m^{-2}	2	4	(6.3)	8	(12.5)	16

注：1. 括号内数值为非首选等级。

2. 管材 DN/IN≥500 mm 时允许有 SN2 级；管材 DN/IN≥1 200 mm 时，可按工程条件选用环刚度低于 SN2 等级的产品。

3. 标记示例：公称尺寸为 800 mm，环刚度等级为 SN4 的 B 型聚乙烯缠绕结构壁管材的标记为：

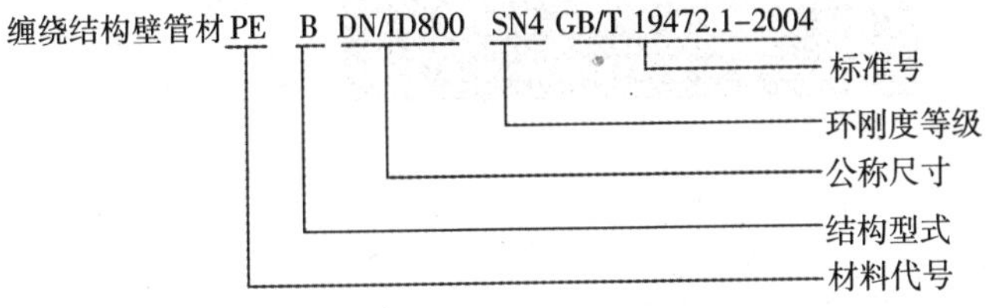

表 4-44　管材按结构型式分类

类型	结构特点
A 型结构	壁管具有平整的内外表面，在内外壁之间由内部的螺旋形肋连接的管材(图 4-8 示例 1)；或内表面光滑，外表面平整，管壁中埋螺旋型中空管的管材(图 4-8 示例 2)
B 型结构	壁管内表面光滑，外表面为中空螺旋形肋的管材(图 4-9)

注：管材、管件可采用弹性密封件连接方式(图 4-10)、承插口电熔焊接连接方式(图 4-11)，也可采用其他连接方式。

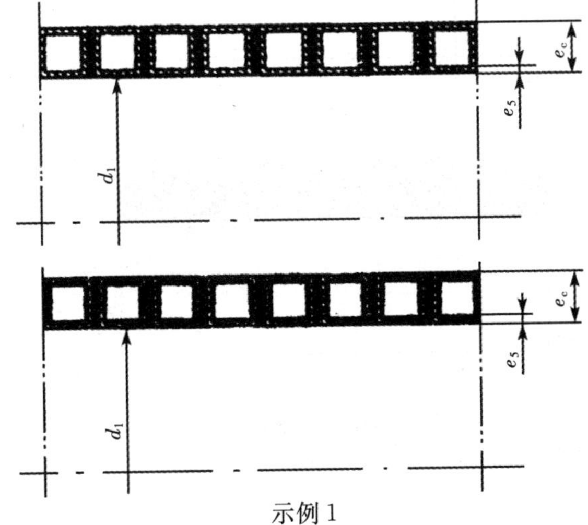

示例 1

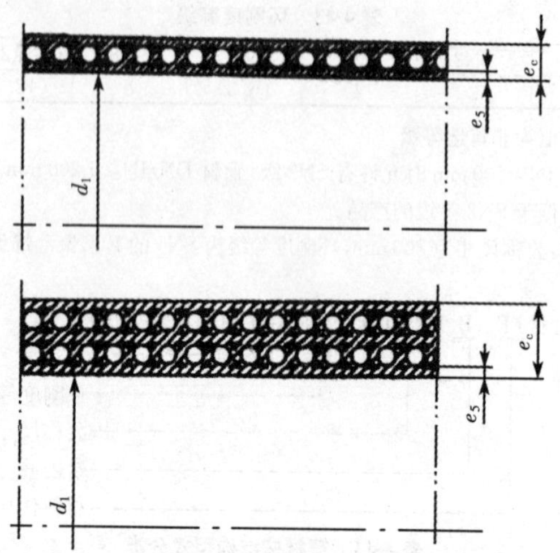

示例 2(此类型结构壁管的中空管可为多层)

图 4-8　A 型结构壁管的典型示例

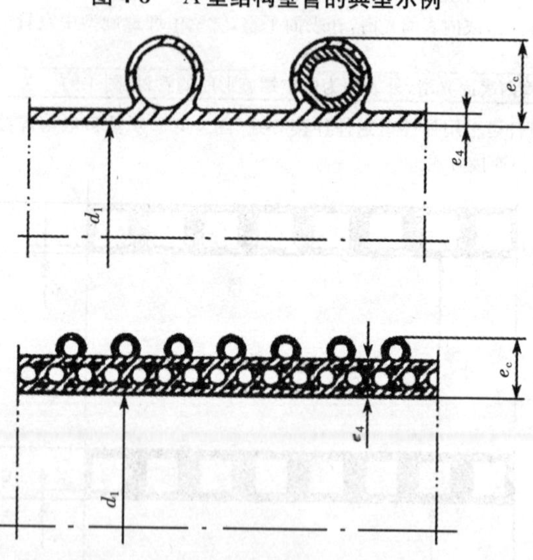

图 4-9　B 型结构壁管的典型示例

注:此类型结构壁管 e_4 部分的中空管可为多层。

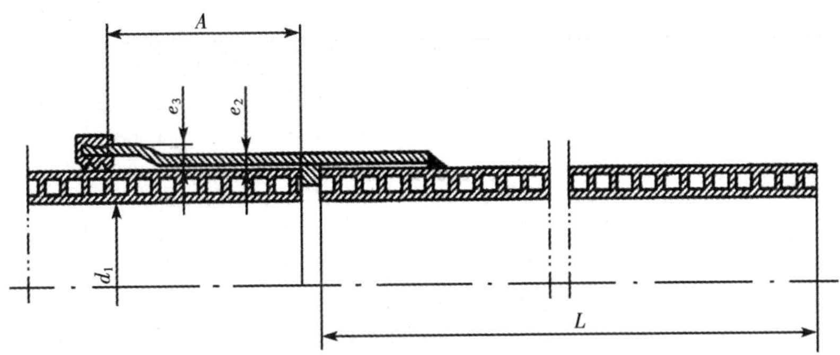

图 4-10　典型弹性密封件连接示意图

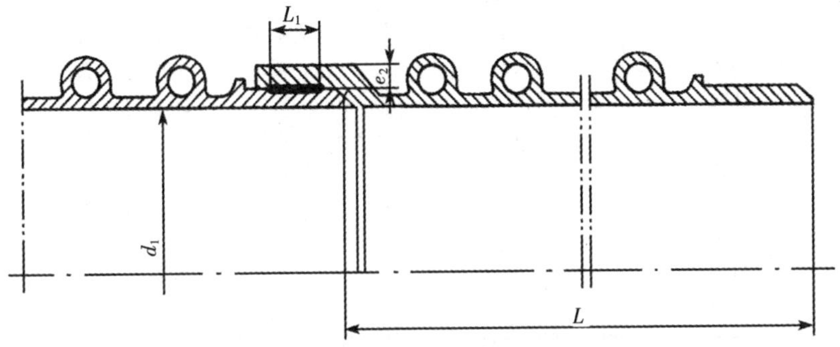

图 4-11　典型承插口电熔焊接连接示意图

表 4-45　管材规格尺寸　/mm

1. 长度			
管材有效长度 L 一般为 6 m，其他长度由供需双方商定。管材的有效长度不允许有负偏差。管件长度由供需双方商定。			
2. 内径和壁厚			
公称尺寸 DN/ID	最小平均内径 $d_{im,min}$	最小壁厚 e_{min}	
		A 型 $e_{5,min}$	B 型 $e_{4,min}$
150	145	1.0	1.3
200	195	1.1	1.5
(250)	245	1.5	1.8
300	294	1.7	2.0
400	392	2.3	2.5
(450)	441	2.8	2.8
500	490	3.0	3.0
600	588	3.5	3.5
700	673	4.1	4.0

续表

公称尺寸 DN/ID	最小平均内径 $d_{im,min}$	最小壁厚 e_{min}	
		A 型 $e_{5,min}$	B 型 $e_{4,min}$
800	785	4.5	4.5
900	885	5.0	5.0
1000	985	5.0	5.0
1100	1085	6.0	5.0
1200	1185	6.0	5.0
1300	1285	6.0	5.0
1400	1385	6.0	5.0
1500	1485	6.0	5.0
1600	1585	6.0	5.0
1700	1685	6.0	5.0
1800	1785	6.0	5.0
1900	1885	6.0	5.0
2000	1985	6.0	6.0
2100	2085	6.0	6.0
2200	2185	7.0	7.0
2300	2285	8.0	8.0
2400	2385	9.0	9.0
2500	2485	10.0	10.0
2600	2585	10.0	10.0
2700	2685	12.0	12.0
2800	2785	12.0	12.0
2900	2885	14.0	14.0
3000	2985	14.0	14.0

3.承口和插口尺寸

公称尺寸 DN/ID	弹性密封件连接最小接合长度 A_{min}	电熔焊接连接最小熔接件长度 $L_{1,min}$
150	51	59
200	66	
(250)	76	
300	84	
400	106	
(450)	118	
500	128	
600	146	
700	157	

续表

公称尺寸 DN/ID	弹性密封件连接最小接合长度 A_{min}	电熔焊接连接最小熔接件长度 $L_{1,min}$
800	168	59
900	174	
1000	180	
1100	196	
1200	212	
≥1300	238	

4. 实壁平承口和插口最小壁厚

公称尺寸 DN/ID	最小插口壁厚 e_{min}	最小承口壁厚 $e_{2,min}$	密封件部位最小壁厚 $e_{3,min}$
DN/ID≤500	$d_e/33$	$(d_e/33)\times0.9$	$(d_e/33)\times0.75$
DN/ID>500	15.2	13.7	11.4

注：1. 加（　）者为非首选尺寸。

2. 管材、管件的平均外径 d_{em} 和结构高度 e_c 由生产商确定。

3. 承插口最小壁厚计算到小数点后两位，再向上圆整到 0.1mm。

表 4-46　管材的技术性能

项目		技术指标
颜色		管材、管件的颜色应为黑色； 管材、管件的颜色应色泽均匀
外观		管材、管件的内表面应平整，外部肋应规整；管材、管件内外壁应无气泡和可见杂质，熔缝无脱开； 管材、件在切割后的断面应修整，无毛刺
管材的物理性能	A 型管材纵向回缩率	≤3%，管材应无分层、无开裂
	B 型管材烘箱试验	管材熔接处应无分层、无开裂
管材的力学性能	环刚度/ $kN\cdot m^{-2}$	
	SN2	≥2
	SN4	≥4
	(SN6.3)	≥6.3
	SN8	≥8
	(SN12.5)	≥12.5
	SN16	≥16
	冲击强度(TIR)	≤10%
	环柔性	符合本标准要求
	蠕变比率	≤4
	缝的拉伸强度/N	管材承受的最小拉伸力
	DN/ID≤300	380
	400≤DN/ID≤500	510
	600≤DN/ID≤700	760
	DN/ID≥800	1020

续表

<table>
<tr><th colspan="2">项目</th><th colspan="3">技术指标</th></tr>
<tr><th></th><th>项目</th><th>试验参数</th><th colspan="2">要求</th></tr>
<tr><td rowspan="6">系统的适用性</td><td rowspan="6">弹性密封连接的密封性</td><td rowspan="3">条件 B:径向变形
管材变形:10%
承口变形:5%
温度:(23±2)℃</td><td>较低的内部静液压(15min) 0.005 MPa</td><td>不渗漏</td></tr>
<tr><td>较高的内部静液压(15min) 0.05 MPa</td><td>不渗漏</td></tr>
<tr><td>内部气压(15 min)
−0.03 MPa</td><td>≤−0.027MPa</td></tr>
<tr><td rowspan="3">条件 C:角度偏转
DN/ID≤300:2°
400≤DN/ID≤500:1.5°
DN/ID >600:1°
温度:(23±2)℃</td><td>较低的内部静液压(15min) 0.005 MPa</td><td>不渗漏</td></tr>
<tr><td>较高的内部静液压(15min) 0.05 MPa</td><td>不渗漏</td></tr>
<tr><td>内部气压(15 min)
−0.03 MPa</td><td>≤−0.027 MPa</td></tr>
<tr><td>焊接或熔接连接的拉伸强度</td><td>最小拉伸力应符合本表中缝的拉伸强度要求</td><td colspan="3">连接不破坏</td></tr>
</table>

十四、无压埋地排污、排水用硬聚氯乙烯(PVC-U)管材(GB/T 20221—2006)

无压埋地排污、排水用硬聚氯乙烯(PVC-U)管材按连接形式分为弹性密封圈连接管材和胶黏剂粘接连接管材。管材按公称环刚度分为 3 级:SN2、SN4 和 SN8。

管材规格尺寸见表 4-47,承口和插口尺寸见表 4-48 至表 4-50,管材技术指标见表 4-51。

表 4-47　管材规格尺寸　/mm

1. 长度	管材长度一般为 4 m,6 m,或由供需双方协商确定,长度不允许有负偏差。带承口的管材长度以有效长度表示(见图 4-12)							
2. 平均外径与壁厚								
公称外径 d_n	平均外径 d_{em}		壁厚					
			SN2 SDR51		SN4 SDR41		SN8 SDR34	
	min	max	e min	e_m max	e min	e_m max	e min	e_m max
110	110.0	110.3	—	—	3.2	3.8	3.2	3.8
125	125.0	125.3	—	—	3.2	3.8	3.7	4.3
160	160.0	160.4	3.2	3.8	4.0	4.6	4.7	5.4
200	200.0	200.5	3.9	4.5	4.9	5.6	5.9	6.7
250	250.0	250.5	4.9	5.6	6.2	7.1	7.3	8.3

续表

公称外径 d_n	平均外径 d_{em}		壁厚					
			SN2 SDR51		SN4 SDR41		SN8 SDR34	
	min	max	e min	e_m max	e min	e_m max	e min	e_m max
315	315.0	315.6	6.2	7.1	7.7	8.7	9.2	10.4
(355)	355.0	355.7	7.0	7.9	8.7	9.8	10.4	11.7
400	400.0	400.7	7.9	8.9	9.8	11.0	11.7	13.1
(450)	450.0	450.8	8.8	9.9	11.1	12.3	13.2	14.8
500	500.0	500.9	9.8	11.0	12.3	13.8	14.6	16.3
630	630.0	631.1	12.3	13.8	15.4	17.2	18.4	20.5
(710)	710.0	711.2	13.9	15.5	17.4	19.4	—	—
800	800.0	801.3	15.7	17.5	19.6	21.8	—	—
(900)	900.0	901.5	17.6	19.6	22.0	24.4	—	—
1000	1000.0	1001.6	19.6	21.8	24.5	27.2	—	—
3.不圆度	不圆度在生产后立即测量，应不大于 $0.024d_n$							
4.倒角	若有倒角，倒角应与管材轴线呈15°～45°之间的夹角(见图4-13，表4-57或图4-16、表4-59)； 管材端部剩余壁厚应至少为 e_{min} 的三分之一							

注：1.括号内为非优选尺寸。

2.壁厚 e 应符合本表的规定，任意点最大壁厚允许达到 $1.2e_{min}$，但应使平均壁厚 e_m 小于或等于 $e_{m,max}$ 的规定。

表 4-48 弹性密封圈连接承口和插口的基本尺寸 /mm

公称外径[①] d_n	承口			插口
	d_{sm} min	A min	C max	H[②]
110	110.4	32	26	6
125	125.4	35	26	6
160	160.5	42	32	7
200	200.6	50	40	9
250	250.8	55	70	9
315	316.0	62	70	12
(355)	356.1	66	70	13
400	401.2	70	80	15
(450)	451.4	75	80	17
500	501.5	80	80[③]	18

续表

公称外径① d_n	承口			插口
	d_{sm} min	A min	C max	H②
630	631.9	93	95③	23
(710)	712.1	101	109③	28
800	802.4	110	110③	32
(900)	902.7	120	125③	36
1000	1003.0	130	140③	41

注:①括号内为非优选尺寸。

②倒角角度约为 15°。

③允许高于 C 值,生产商提供实际的 $L_{1,min}$,并使 $L_{1,min}=A_{min}+C$。

1. 当密封圈被紧密固定时,A 的最小值和 C 的最大值应通过有效密封点(见图 4-14)测量,有效密封点由生产商规定以确保足够的密封区域。

表 4-49 承口壁厚 /mm

公称外径 d_n	壁厚					
	SN2 SDR51		SN4 SDR41		SN8 SDR34	
	e_2 min	e_3 max	e_2 min	e_3 max	e_2 min	e_3 max
110	—	—	2.9	2.4	2.9	2.4
125	—	—	2.9	2.4	3.4	2.8
160	2.9	2.4	3.6	3.0	4.3	3.6
200	3.6	3.0	4.4	3.7	5.4	4.5
250	4.5	3.7	5.5	4.7	6.6	5.5
315	5.6	4.7	6.9	5.8	8.3	6.9
(355)	6.3	5.3	7.8	6.6	9.4	7.8
400	7.1	6.0	8.8	7.4	10.6	8.8
(450)	8.0	6.6	9.9	8.3	11.9	9.9
500	8.9	7.4	11.1	9.3	13.2	11.0
630	11.1	9.3	13.9	11.6	16.6	13.8
(710)	12.6	10.5	15.7	13.1	—	—
800	14.1	11.8	17.7	14.7	—	—
(900)	16.0	13.2	19.8	16.5	—	—
1000	17.8	14.7	22.0	18.4	—	—

注:1. 括号内为非优选尺寸。

2. 由于型芯偏移,允许壁厚 e_2 和 e_3 减少 5%。在这种情况下,垂直相对两点壁厚的平均值应等于或大于本表的规定。

表 4-50　胶黏剂黏结型承口和插口的基本尺寸　　/mm

公称外径① d_n	承口①			插口
	d_{sm}		L_2	H②
	min	max	min	
110	110.2	110.6	48	6
125	125.2	125.7	51	6
160	160.3	160.8	58	7
200	200.4	200.9	66	9

注:①承口长度测量到承口根部。

②倒角角度约为 15°。

1. 制造商应声明承口是锥形的还是平行的。若为平行或近似平行的,承口平均内径 d_{sm} 应适用于承口全长,若承口为锥形的,d_{sm}的值应为承口中径处测量,相对于管材轴线的最大锥角应为 20′。

2. 承口壁厚 e_2 见图 4-16 和表 4-49。

表 4-51　无压埋地排污、排水用硬聚氯乙烯(PVC-U)管材的技术指标

项　目			技术指标
颜色			管材颜色应均匀一致。颜色由供需双方商定
外观			管材内外壁应光滑,不允许有气泡、裂纹、凹陷及分解变色线。管材端部应切割平整并应与轴线垂直
物理力学性能	密度/g・cm^{-3}		≤1.55
	环刚度/kN・m^{-2}	S2	≥2
		S4	≥4
		S8	≥8
	落锤冲击/TLR%		≤10
	维卡软化温度/℃		≥79
	纵向回缩率		≤5%,管材表面应无气泡和裂纹
	二氯甲烷浸渍		表面无变化
弹性密封圈连接密封性			弹性密封圈连接管材应进行连接密封性试验,试验后试样应不破裂,不渗漏

(a)溶剂黏结管材

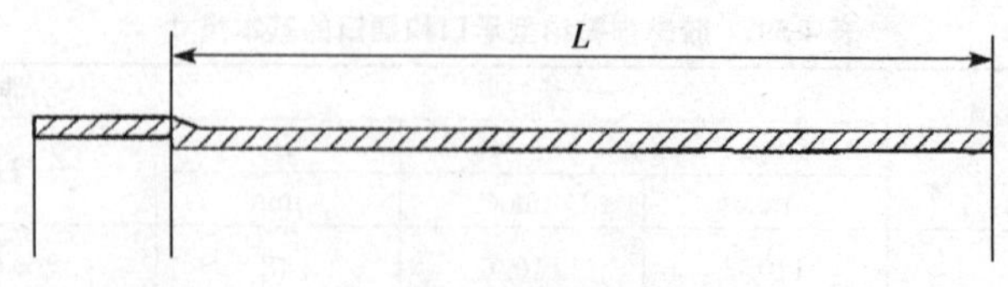

(b)弹性密封圈连接管材

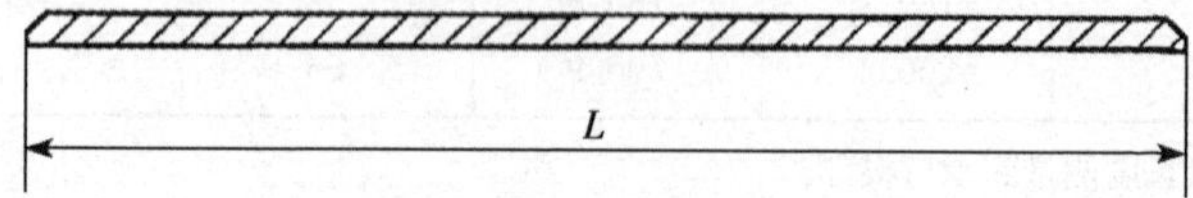

(c)带倒角直管

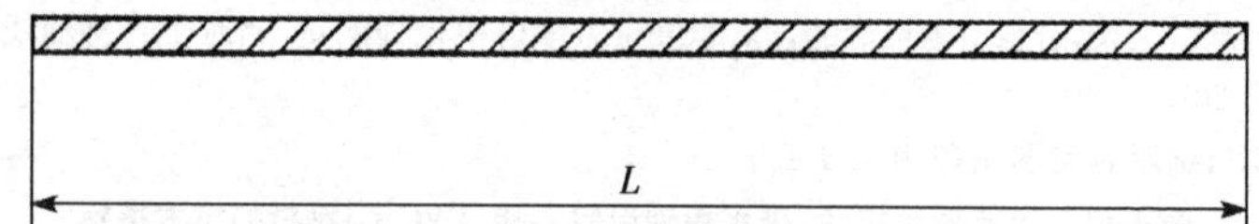

(d)不带倒角直管

图 4-12　管材的有效长度

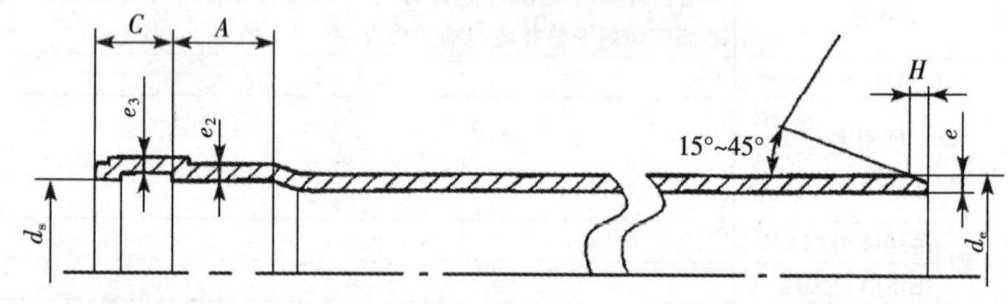

d_s——管材承口内径；

d_e——管材外径；

e——管材壁厚；

e_2——承口外壁厚；

e_3——密封槽处壁厚

A——承插长度；

C——密封区长度；

H——倒角宽度。

图 4-13　弹性密封圈连接承口和插口示意图

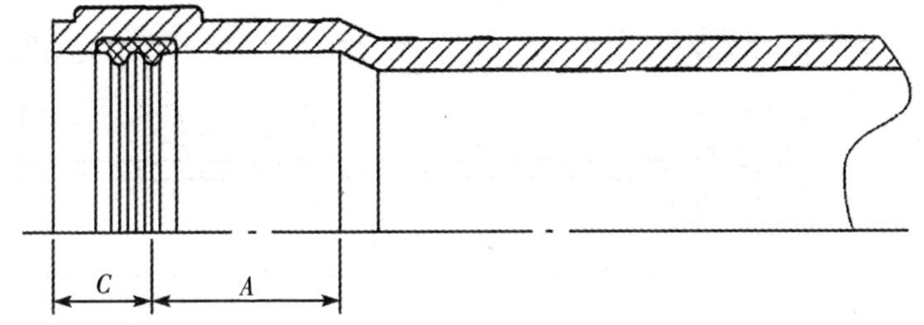

A——承插长度；

C——密封区长度。

图 4-14　有效密封点测量示意图

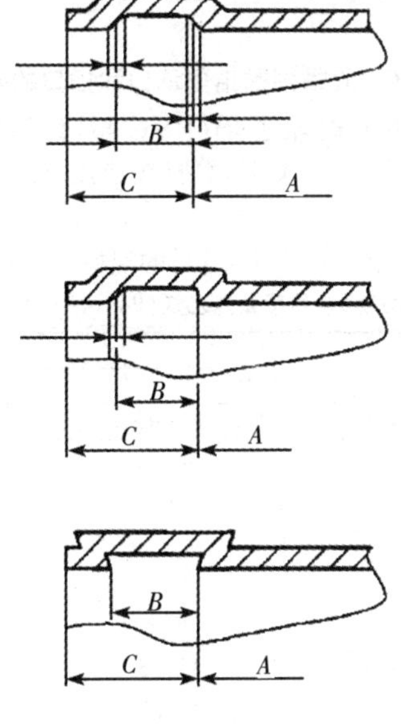

A——承插长度；

B——密封槽宽度；

C——密封区长度。

图 4-15　弹性密封圈承口密封槽设计类型示意图

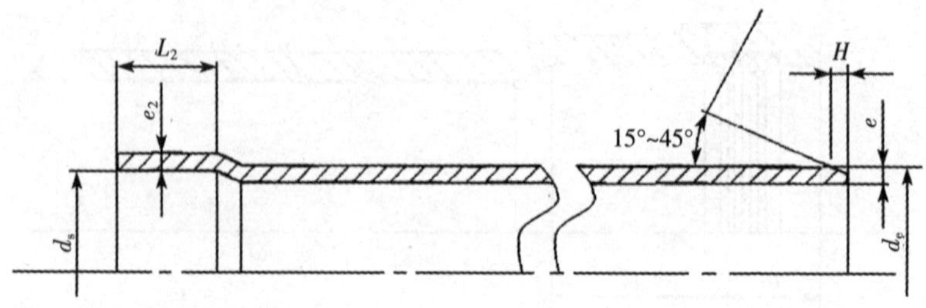

d_s——管材承口内径；

d_e——管材外径；

e——管材壁厚；

e_2——承口处壁厚；

L_2——胶粘剂黏结型承口长度；

H——倒角宽度。

图 4-16　胶黏剂黏结型承口和插口的基本尺寸

十五、建筑排水用硬聚氯乙烯(PVC-U)管材(GB/T 5836.1—2006)

建筑排水用硬聚氯乙烯(PVC-U)管材按连接形式不同分为胶黏剂黏结型管材和弹性密封圈连接型管材。

建筑排水用硬聚氯乙烯(PVC-U)管材的规格和性能见表 4-52 和表 4-53。

表 4-52 建筑排水用硬聚氯乙烯(PVC-U)管材的规格、尺寸　　/mm

1. 管材平均外径、壁厚				
公称外径 d_n	平均外径		壁厚	
	最小平均外径 $d_{em,min}$	最大平均外径 $d_{em,max}$	最小壁厚 e_{min}	最大壁厚 e_{max}
32	32.0	32.2	2.0	2.4
40	40.0	40.2	2.0	2.4
50	50.0	50.2	2.0	2.4
75	75.0	75.3	2.3	2.7
90	90.0	90.3	3.0	3.5
110	110.0	110.3	3.2	3.8
125	125.0	125.3	3.2	3.8
160	160.0	160.4	4.0	4.6
200	200.0	200.5	4.9	5.6
250	250.0	250.5	6.2	7.0
315	315.0	315.6	7.8	8.6
2. 管材长度	L 一般为 4000 或 6000。其他长度由供需双方协商确定，管材长度不允许有负偏差。管材长度 L 和有效长度 L_1 见图 4-17			
3. 不圆度　≤	$0.024d_n$			
4. 弯曲度　≤	0.50%			

5.管材承口尺寸				
	公称外径 d_n	承口中部平均内径		承口深度 $L_{0,min}$
		$d_{sm,min}$	$d_{sm,max}$	
胶黏剂连接型管材承口尺寸(示意图见图 4-17)	32	32.1	32.4	22
	40	40.1	40.4	25
	50	50.1	50.4	25
	75	75.2	75.5	40
	90	90.2	90.5	46
	110	110.2	110.6	48
	125	125.2	125.7	51
	160	160.3	160.8	58
	200	200.4	200.9	60
	250	250.4	250.9	60
	315	315.5	316.0	60
	公称外径 d_n	承口端部平均内径 $d_{sm,min}$		承口配合深度 A_{min}
弹性密封圈连接型承口尺寸(示意图见图 4-18)	32	32.3		16
	40	40.3		18
	50	50.3		20
	75	75.4		25
	90	90.4		28
	110	110.4		32
	125	125.4		35
	160	160.5		42
	200	200.6		50
	250	250.8		55
	315	316.0		62

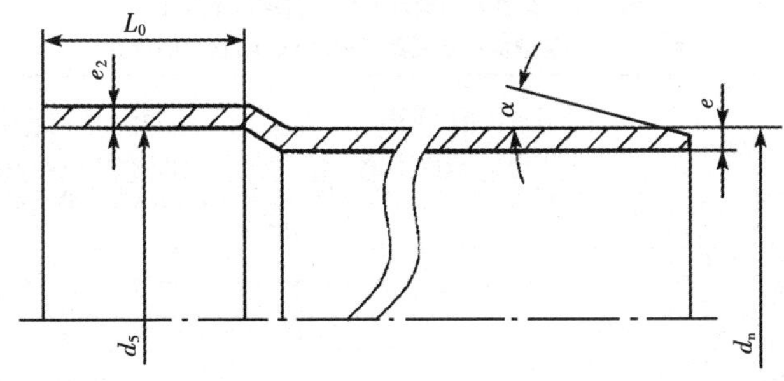

d_n——公称外径;

d_s——承口中部内径；

e——管材壁厚；

e_2——承口壁厚；

L_0——承口深度；

α——倒角

注1：倒角 α，当管材需要进行倒角时，倒角方向与管材轴线夹角 α 应在 15°～45°之间（见图 4-4 和图 4-5）倒角后管端所保留的壁厚应不小于最小壁厚 e_{min} 的三分之一。

2：管材承口壁厚 e_2 不宜小于同规格管材壁厚的 0.75 倍。

图 4-17　胶黏剂黏结型管材承口示意图

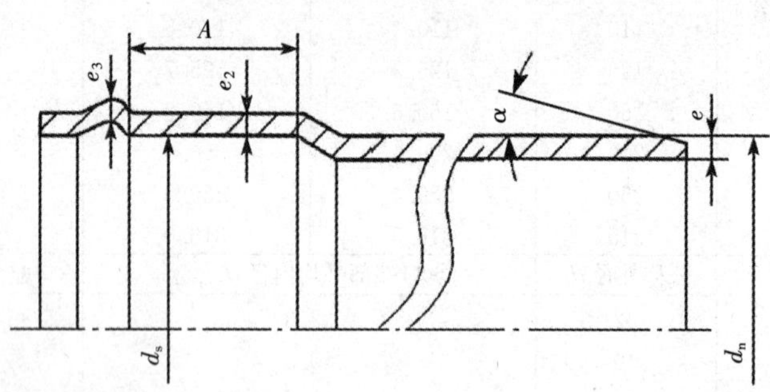

d_n——公称外径；

d_s——承口中部内径；

e——管材壁厚；

e_2——承口壁厚；

e_3——密封圈槽壁厚；

A——承口配合深度；

α——倒角

注：管材承口壁 e_2 不宜小于同规格管材壁厚的 0.9 倍，密封圈槽壁厚 e_3 不宜小于同规格管材壁厚 0.75 倍。

图 4-18　弹性密封圈连接型管材承口示意图

表 4-53　建筑排水用硬聚氯乙烯(PVC-U)管材的性能

项　目		要　求
外观		管材内外壁应光滑，不允许有气泡、裂口和明显的痕纹、凹陷、色泽不均及分解变色线。管材两端面应切割平整并与轴线垂直
颜色		一般为灰色或白色，其他颜色可由供需双方协商确定
物理力学性能	密度/kg・m^{-3}	1035～1550
	维卡软化温度/℃	≥79
	纵向回缩率(%)	≤5
	二氯甲烷浸渍试验	表面变化不劣于 4L
	拉伸屈服强度/MPa	≥40
	落锤冲击试验 *TIR*	*TIR*≤10%

续表

系统适用性*	水密性试验	无渗漏
	气密性试验	无渗漏

注：* 弹性密封圈连接型接头，管材与管材和/或管件连接后应进行水密性、气密性的系统适用性试验，并应符合表中的规定。

十六、化工用硬聚氯乙烯管材（GB/T 4219—1996）

化工用硬聚氯乙烯管材是用于输送温度在45℃以下某些腐蚀性化学流体的管材，不宜输送的某些流体见表4-54。也可用于输送非饮用水等压力流体。管材的规格尺寸及其偏差见表4-55。管材的技术指标见表4-56。

表 4-54　硬聚氯乙烯管材不宜输送的流体

化学药物名称	浓　度	化学药物名称	浓　度
乙醛	40%	戊乙酸	100%
乙醛	100%	苯胺	100%
乙酸	冰	苯胺	Sat. sol
乙酸酐	100%	盐酸化苯胺	Sat. sol
丙酮	100%	苯甲醛	0.1%
丙烯醇	96%	苯	100%
氨水	100%	苯甲酸	Sat. sol
溴水	100%	巴豆醛	100%
乙酸丁酯	100%	环己醇	100%
丁基苯酚	100%	环己酮	100%
丁酸	98%	二氧乙烷	100%
氢氟酸(气)	100%	二氯甲烷	100%
乳酸	10%～90%	乙醚	100%
甲基丙烯酸甲酯	100%	乙酸乙酯	100%
硝酸	50%～98%	丙烯酸乙酯	100%
发烟硫酸	10%SO_3	糖醇树脂	100%
高氯酸	70%	氢氟酸	40%
汽油(链烃/苯)	80/20	氢氟酸	60%
苯酚	90%	盐酸苯肼	97%
苯肼	100%	氯化磷(三价)	100%
二硫化碳	100%	吡啶	100%
四氯化碳	100%	二氧化硫	100%
氯气(干)	100%	硫酸	96%
液氯	Sat. sol	甲苯	100%
氯磺酸	100%	二氯乙烯	100%
甲酚	Sat. sol	乙酸乙烯	100%
甲苯基甲酸	Sat. sol	混合二甲苯	100%

注：Sat. sol 为在20℃制备的饱和水溶液。

表 4—55　化工用硬聚氯乙烯管材的规格尺寸及其偏差　　/mm

公称外径 d_e	平均外径极限偏差	任何部位外径极限偏差	公称压力/MPa									
			PN0.4		PN0.6		PN0.8		PN1.0		PN1.6	
			管系列									
			S—16.0		S—10.5		S—8.0		S—6.3		S—4.0	
			壁厚									
			公称值	极限偏差	公称值	极限偏差	公称值	极限偏差	公称值	极限偏差	公称值	极限偏差
20	+0.3 0	0.5	—	—	—	—	—	—	2.0	+0.4 0	2.3	+0.5 0
25	0.3 0	0.5	—	—	—	—	—	—	2.0	+0.4 0	2.8	+0.5 0
32	+0.3 0	0.5	—	—	—	—	2.0	+0.4 0	2.4	+0.5 0	3.6	+0.6 0
40	+0.3 0	0.5	2.0	+0.4 0	2.0	+0.4 0	2.4	+0.5 0	3.0	+0.5 0	4.5	+0.7 0
50	+0.3 0	0.6	2.0	+0.4 0	2.4	+0.5 0	3.0	+0.5 0	3.7	+0.5 0	5.6	+0.8 0
63	+0.3 0	0.8	2.0	+0.4 0	3.0	+0.5 0	3.8	+0.6 0	4.7	+0.7 0	7.1	+1.0 0
75	+0.3 0	0.9	2.3	+0.5 0	3.6	+0.6 0	4.5	+0.7 0	5.5	+0.8 0	8.4	+1.1 0
90	+0.3 0	1.1	2.8	+0.5 0	4.3	+0.7 0	5.4	+0.8 0	6.6	+0.9 0	10.1	+1.3 0
110	+0.4 0	1.4	3.4	+0.6 0	5.3	+0.8 0	6.6	+0.9 0	8.1	+1.1 0	12.3	+1.5 0
125	+0.4 0	1.5	3.9	+0.6 0	6.0	+0.8 0	7.4	+1.0 0	9.2	+1.2 0	14.0	+1.6 0
140	+0.5 0	1.7	4.3	+0.7 0	6.7	+0.9 0	8.3	+1.1 0	10.2	+1.3 0	15.7	+1.8 0
160	+0.5 0	2.0	4.9	+0.7 0	7.7	+1.0 0	9.5	+1.2 0	11.8	+1.4 0	17.9	+2.0 0
180	+0.6 0	2.2	5.5	+0.8 0	8.6	+1.1 0	10.7	+1.3 0	13.3	+1.6 0	20.1	+2.3 0
200	+0.6 0	2.4	6.2	+0.9 0	9.6	+1.2 0	11.5	+1.4 0	14.7	+1.7 0	22.4	+2.5 0
225	+0.7 0	2.7	6.9	+0.9 0	10.8	+1.3 0	13.4	+1.6 0	16.6	+1.9 0	25.1	+2.8 0

续表

公称外径 d_e	平均外径极限偏差	任何部位外径极限偏差	公称压力/MPa									
			PN0.4		PN0.6		PN0.8		PN1.0		PN1.6	
			管系列									
			S—16.0		S—10.5		S—8.0		S—6.3		S—4.0	
			壁厚									
			公称值	极限偏差	公称值	极限偏差	公称值	极限偏差	公称值	极限偏差	公称值	极限偏差
250	+0.8 0	3.0	7.7	+1.0 0	11.9	+1.4 0	14.8	+1.7 0	18.4	+2.1 0	27.9	+3.0 0
280	+0.9 0	3.4	8.6	+1.1 0	13.4	+1.6 0	16.6	+1.9 0	20.6	+2.3 0	—	—
315	+1.0 0	3.8	9.7	+1.2 0	15.0	+1.7 0	18.7	+2.1 0	23.2	+2.6 0	—	—
355	+1.1 0	4.3	10.9	+1.3 0	16.9	+1.9 0	21.1	+2.4 0	26.1	+2.9 0	—	—
400	+1.2 0	4.8	12.3	+1.5 0	19.1	+2.2 0	23.7	+2.6 0	29.4	+3.2 0	—	—
450	+1.4 0	5.4	13.8	+1.6 0	21.5	+2.4 0	26.7	+2.9 0	—	—	—	—
500	+1.5 0	6.0	15.3	+1.8 0	23.9	+2.6 0	29.6	+3.2 0	—	—	—	—
560	+1.7 0	6.8	17.2	+2.0 0	26.7	+2.9 0	—	—	—	—	—	—
630	+1.9 0	7.6	19.3	+2.2 0	30.0	+3.2 0	—	—	—	—	—	—
710	+2.2 0	8.6	21.8	+2.4 0	—	—	—	—	—	—	—	—

注：①壁厚是以20℃环(诱导)应力 σ_b 为6.3MPa确定的，管系列(S)由 σ_b/P 得出。

②如需其他规格和壁厚的管材，可按GB 10798选取，其外径与壁厚偏差按GB 13020选定。

③对 e/d_e 的比值小于0.035的管材，不考核任何部位外径极限偏差。

④壁厚偏差率：管材同一截面的壁厚偏差率不得超过14%。

⑤管材规格尺寸及偏差应符合表4-55的规定。长度为4±0.02m，6±0.02m或根据用户要求确定。

⑥颜色：一般为灰色，也可根据供需双方协商确定。外观：管材内外壁应光滑、平整、无凹陷、分解变色线和其他影响性能的表面缺陷。管材不应含有可见杂质。管端头应切割平整，并与管的轴线垂直。

表 4-56 化工用硬聚氯乙烯管材的技术指标

项　目	指　标
密度/g·cm^{-3}	≤1.55
腐蚀度(盐酸、硝酸、硫酸、氢氧化钠) /g·m^{-1}	≤1.50
维卡软化温度/℃	≥80
液压试验	不破裂,不渗漏
纵向回缩率/%	≤5
丙酮浸泡	无脱层、无碎裂
扁平	无裂纹、无破裂
拉伸屈服应力/MPa	≥45

十七、埋地式高压电力电缆用氯化聚氯乙烯(PVC-C)套管(QB/T 2479—2005)

套管规格用式(公称外径) $d_n \times e_n$(公称壁厚)表示。套管规格尺寸及偏差见表 4-57。套管承口尺寸见表 4-58,套管的技术性能见表 4-59。

表 4-57 规格尺寸及偏差 /mm

规格 $d_n \times e_n$	平均外径 d_e		公称壁厚 e_n	
	基本尺寸	极限偏差	基本尺寸	极限偏差
110×5.0	110	+0.8 −0.4	5.0	+0.5 0
139×6.0	139	+0.8 −0.4	6.0	+0.5 0
167×6.0	167	+0.8 −0.4	6.0	+0.5 0
167×8.0	167	+1.0 −0.5	8.0	+0.6 0
192×6.5	192	+1.0 −0.5	6.5	+0.5 0
192×8.5	192	+1.0 −0.5	8.5	+0.6 0
219×7.0	219	+1.0 −0.5	7.0	+0.5 0
219×9.5	219	+1.0 −0.5	9.5	+0.8 0

注:1. 其他规格可按用户要求生产。

2. 套管长度一般为 6 m,也可以由供需双方商定。套管长度应包括承口部分的长度,长度极限偏差为长度的±0.5%。

3. 弯曲度应不大于 1.0%。

4. 套管采用弹性密封圈连接,管材插入端应做出明显的插入深度标记。弹性密封圈性能应符合 HG/T 3091—2000。承插口示意图见图 4-19,套管承口尺寸见表 4-58。

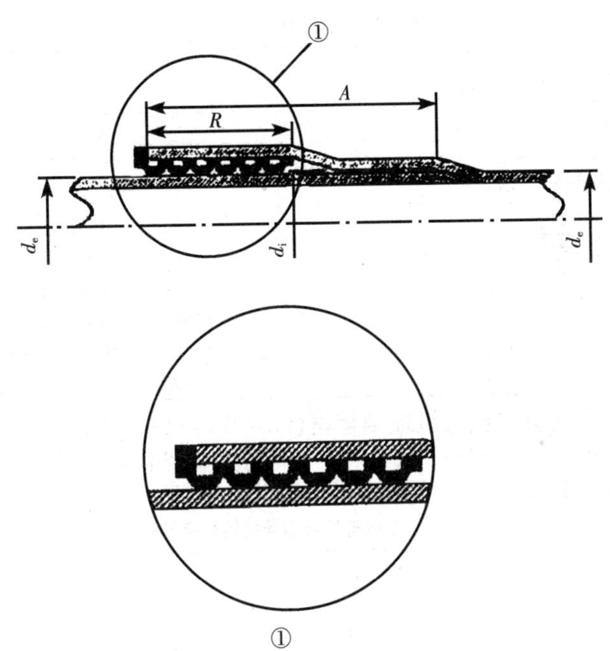

A—承口长度;B—承口第一阶内径;d_i—承口第二阶内径;d_e—平均外径

图 4-19　承插口示意图

表 4-58　套管承口尺寸　　/ mm

规格 $d_n \times e_n$	最小承口长度 A_{min}	承口第一阶最小长度 B_{min}	承口第二阶最小内径 d_{imin}
110×5.0	100	60	111.0
139×6.0	120		140.2
167×6.0	140		168.5
167×8.0			
192×6.5	160		193.8
192×8.5			
219×7.0	180		221.0
219×9.5			

表 4-59 套管的技术性能

项 目				指 标
物理力学性能	维卡软化温度/℃≥			93
	环段热压缩力/kN ≥	公称壁厚 e_n/ mm	5.0～<8.0	0.45
			≥8.0	1.26
	体积电阻率/$\Omega\cdot m^{-1}$			10×10^{11}
	落锤冲击试验			9/10 通过
	纵向回缩率(%) ≤			5
颜色				一般为橘红色
外观				套管内外壁应光滑、平整，不允许有气泡、裂口和明显的痕纹、凹陷及分解变色线。套管端面应切割平整并与轴线垂直

十八、浇注型工业有机玻璃管材(GB/T 7134—1996)

工业有机玻璃管材的规格尺寸见表 4-60。管材的技术指标见表 4-61。管材的外观质量见表 4-62。

表 4-60 工业有机玻璃管材的规格尺寸 /mm

外 径	壁 厚	长 度
20.0	2～5	300～1300
25.0～60.0	3～5	300～1300
65.0～100.0	4～10	300～1300
110.0～200.0	5～15	300～1300
250.0～500.0	8～15	500～2000

表 4-61 工业有机玻璃管材的技术指标

项 目		指 标	
		一等品	合格品
拉伸强度/MPa(外径≥200mm)		≥53	≥53
抗溶剂银纹性		浸泡 1h 无银纹出现	浸泡 1h 无银纹出现
透光率(%)(凸面入射)	外径不大于 200mm	≥90	≥89
	外径大于 200mm	≥89	≥88

表 4-62 工业有机玻璃管材的外观质量

项 目		指 标	
		一等品	合格品
银纹		不允许	不允许
气泡(直径小于 2mm)	管外径≤200mm	不超过 2 个	不超过 3 个
	管外径>200mm	不超过 3 个	不超过 6 个

续表

项目		指标	
		一等品	合格品
外来杂质	管外径≤200mm	直径0.5mm～3mm,不超过3个;直径小于0.5mm,呈分散状	直径0.5mm～3mm,不超过6个;直径小于0.5mm,呈分散状
	管外径>200mm	直径0.5mm～3mm,不超过5个;直径小于0.5mm,呈分散状	直径0.5mm～3mm,不超过12个;直径小于0.5mm,呈分散状
收缩痕		不允许	不允许
严重擦伤		不允许	不允许
内壁波纹		允许轻微存在	允许,但不得影响视线

注:1. 表面缺陷的允许范围是指板材每平方米、棒材长500 mm、管材长1 000 mm而言。若大于或小于上述尺寸,其缺陷指标可按比例增加或减少。大于0.25 m^2的板材,在距原板边缘20 mm内,棒材、管材在距两端20 mm内缺陷不计。

2. 不透明有机玻璃板材的表面缺陷,以检验其一面为主,如用户有特殊要求时可检验双面。

十九、燃气用埋地聚乙烯管材(GB 15558.1—2003)

燃气用埋地聚乙烯(PE)管材任一点壁厚 e_y 和最小壁厚 $e_{y,min}$ 之间的最大允许偏差见表4-63。

燃气用埋地聚乙烯(PE)管材常用管材系列SDR17.6和SDR11的最小壁厚见表4-64。允许使用根据GB/T 10798—2001和GB/T 4217—2001中规定的管材系列推算出的其他标准尺寸比。

直径<40 mm,SDR17.6和直径<32 mm,SDR11的管材以壁厚表征。

直径≥40 mm,SDR17.6和直径≥32 mm,SDR11的管材以SDR表征。

燃气用埋地聚乙烯(PE)管材的平均外径 d_{em}、不圆度及其公差应符合表4-65的规定。对于标准管材采用等级A,精公差采用等级B。采用等级A或等级B由供需双方商定。无明确要求时,应视为采用等级A。这些公差等级符合ISO11922—1:1997。允许管材端口处的平均外径小于表4-65中的规定,但不应小于距管材末端大于1.5d_n或300 mm(取两者之中较小者)处测量值的98.5%。

燃气用埋地聚乙烯管材的物理力学技术指标见表4-75。

表4-63 燃气用埋地聚乙烯(PE)管材任一点壁厚公差 /mm

最小壁厚 $e_{y,min}$		允许正偏差	最小壁厚 $e_{y,min}$		允许正偏差
>	≤		>	≤	
2.0	3.0	0.4	30.0	31.0	3.2
3.0	4.0	0.5	31.0	32.0	3.3
4.0	5.0	0.6	32.0	33.0	3.4
5.0	6.0	0.7	33.0	34.0	3.5

续表

最小壁厚 $e_{y,min}$		允许正偏差	最小壁厚 $e_{y,min}$		允许正偏差
>	≤		>	≤	
6.0	7.0	0.8	34.0	35.0	3.6
7.0	8.0	0.9	35.0	36.0	3.7
8.0	9.0	1.0	36.0	37.0	3.8
9.0	10.0	1.1	37.0	38.0	3.9
10.0	11.0	1.2	38.0	39.0	4.0
11.0	12.0	1.3	39.0	40.0	4.1
12.0	13.0	1.4	40.0	41.0	4.2
13.0	14.0	1.5	41.0	42.0	4.3
14.0	15.0	1.6	42.0	43.0	4.4
15.0	16.0	1.7	43.0	44.0	4.5
16.0	17.0	1.8	44.0	45.0	4.6
17.0	18.0	1.9	45.0	46.0	4.7
18.0	19.0	2.0	46.0	47.0	4.8
19.0	20.0	2.1	47.0	48.0	4.9
20.0	21.0	2.2	48.0	49.0	5.0
21.0	22.0	2.3	49.0	50.0	5.1
22.0	23.0	2.4	50.0	51.0	5.2
23.0	24.0	2.5	51.0	52.0	5.3
24.0	25.0	2.6	52.0	53.0	5.4
25.0	26.0	2.7	53.0	54.0	5.5
26.0	27.0	2.8	54.0	55.0	5.6
27.0	28.0	2.9	55.0	56.0	5.7
28.0	29.0	3.0	56.0	57.0	5.8
29.0	30.0	3.1	57.0	58.0	5.9

表 4-64　燃气用埋地聚乙烯(PIE)管材的最小壁厚　/mm

公称外径 d_n	最小壁厚 $e_{y,min}$	
	SDR17.6	SDR11
16	2.3	3.0
20	2.3	3.0
25	2.3	3.0
32	2.3	3.0
40	2.3	3.7
50	2.9	4.6
63	3.6	5.8
75	4.3	6.8

续表

公称外径 d_n	最小壁厚 $e_{y,min}$	
	SDR17.6	SDR11
90	5.2	8.2
110	6.3	10.0
125	7.1	11.4
140	8.0	12.7
160	9.1	14.6
180	10.3	16.4
200	11.4	18.2
225	12.8	20.5
250	14.2	22.7
280	15.9	25.4
315	17.9	28.6
355	20.2	32.3
400	22.8	36.4
450	25.6	40.9
500	28.4	45.5
560	31.9	50.9
630	35.8	57.3

表 4-65　燃气用埋地聚乙烯(PE)管材平均外径和不圆度　　　/mm

公称外径 d_n	最小平均外径 $d_{em,min}$	最大平均外径 $d_{em,max}$		最大不圆度[①]	
		等级 A	等级 B	等级 K[②]	等级 N
16	16.0	—	16.3	1.2	1.2
20	20.0	—	20.3	1.2	1.2
25	25.0	—	25.3	1.5	1.2
32	32.0	—	32.3	2.0	1.3
40	40.0	—	40.4	2.4	1.4
50	50.0	—	50.4	3.0	1.4
63	63.0	—	63.4	3.8	1.5
75	75.0	—	75.5	—	1.6
90	90.0	—	90.6	—	1.8
110	110.0	—	110.7	—	2.2
125	125.0	—	125.8	—	2.5
140	140.0	—	140.9	—	2.8
160	160.0	—	161.0	—	3.2
180	180.0	—	181.1	—	3.6

续表

公称外径 d_n	最小平均外径 $d_{em,min}$	最大平均外径 $d_{em,max}$		最大不圆度①	
		等级 A	等级 B	等级 K②	等级 N
200	200.0	—	201.2	—	4.0
225	225.0	—	226.4	—	4.5
250	250.0	—	251.5	—	5.0
280	280.0	282.6	281.7	—	9.8
315	315.0	317.9	316.9	—	11.1
355	355.0	358.2	357.2	—	12.5
400	400.0	403.6	402.4	—	14.0
450	450.0	454.1	452.7	—	15.6
500	500.0	504.5	503.0	—	17.5
560	560.0	565.0	563.4	—	19.6
630	630.0	635.7	633.8	—	22.1

注:①应按 GB/T 8806—1988 在生产地点测量不圆度。

②对于盘卷管,d_n<63 时适用等级 K,d_n≥75 时最大不圆度应由供需双方协商确定。

表 4-66 燃气用埋地聚乙烯管材的技术指标

性能		要求	试验参数
静液压强度(HS)/h		破坏时间≥100	20℃(环应力) PE80 PE100 9.0 MPa 12.4 MPa
		破坏时间≥165	80℃(环应力) PE80 PE100 4.5 MPa 5.4 MPa
		破坏时间≥1 000	80℃(环应力) PE80 PE100 4.0 MPa 5.0 MPa
断裂伸长率(%)		≥350	
耐候性 (仅适用于非黑色管材)		气候老化后,以下性能应满足要求: 热稳定性; HS(165 h/80℃); 断裂伸长率	E≥3.5 GJ/m²
耐快速裂纹扩展(RCP)	全尺寸(FS)试验:d_n≥250 mm 或 S4 试验:适用于所有直径	全尺寸试验的临界压力 $p_{c,FS}$≥1.5×MOP MPa	0℃
		S4 试验的临界压力 $p_{c,S4}$≥MOP/2.4−0.072 MPa	0℃

续表

性　　能	要　　求	试验参数
耐慢速裂纹增长 e_n>5mm	165h	80℃,0.8MPa(试验压力) 80℃,0.92MPa(试验压力)
热稳定性(氧化诱导时间)/min	>20	200℃
熔体质量流动速率(MFR)/g·$(10min)^{-1}$	加工前后 MFR 变化<20%	190℃,5kg
纵向回缩率(%)	≤3	110℃

二十、织物增强液压型热塑性塑料软管(GB/T 15908—1995)

织物增强液压型热塑性塑料软管适用于在－40℃～100℃温度范围内工作的石油基、水基和合成基液压流体。织物增强液压型热塑性塑料软管的规格和性能见表 4-67。

表 4-67　织物增强液压型热塑性塑料软管的规格和性能

公称内径/mm	内径范围/mm				最大外径/mm		设计工作压力/MPa		试验压力/MPa		最小爆破压力/MPa	
	1 型		2 型		1 型	2 型	1 型	2 型	1 型	2 型	1 型	2 型
	最小	最大	最小	最大								
5	4.6	5.4	4.6	5.4	11.4	14.6	20.5	34.5	41.0	69.0	82.0	138.0
6.3	6.2	7.0	6.2	7.0	13.7	16.8	19.0	34.5	38.0	69.0	76.0	138.0
8	7.7	8.5	—	—	15.6	—	17.0	—	34.0	—	68.0	—
10	9.3	10.1	9.3	10.3	18.4	20.3	15.5	27.5	31.0	55.0	62.0	110.0
12.5	12.3	13.5	12.3	13.5	22.5	24.6	13.5	24.0	27.0	48.0	54.0	96.0
16	15.6	16.7	15.5	16.7	25.2	29.8	10.0	19.0	20.0	38.0	40.0	76.0
19	18.6	19.8	18.6	19.8	28.6	33.0	8.6	15.5	17.2	31.0	34.4	62.0
25	25.0	26.4	25.0	26.4	36.7	38.6	6.9	13.8	13.8	27.5	27.6	55.0

注:1.软管按买方规定的长度供货。

2.1 型——设计工作压力较低;2 型—设计工作压力较高。

二十一、压缩空气用织物增强热塑性塑料软管(HG/T 2301—1992)

压缩空气用织物增强热塑性塑料软管用于工作温度为－10℃～55℃范围内的压缩空气。压缩空气用织物增强热塑性塑料软管的规格和性能见表 4-68。

表 4-68　压缩空气用织物增强热塑性塑料软管的规格和性能

尺寸规格(公称内径)/mm		性　　能		
A 型	C 型	项　　目	指标	
			A 型	C 型
5,6.3,8,10,12.5,16,20,25,31.5,40,50	12.5,16,20,25,31.5,40,50	工作压力/MPa≥	1.0	1.6
		试验压力/MPa≥	2.0	4.0
		试验压力下直径变化(%)	±10	
		试验压力下长度变化/%	±8	
		爆破压力/MPa≥	4.0	8.0

注:1.A 型——最大工作压力为 1.0MPa 的工业用空气软管;

C 型——最大工作压力为 1.6MPa 的采矿和建筑用空气软管。

2.在试验压力下,软管应无泄漏、龟裂或其他损坏现象。

二十二、尼龙管材(JB/ZQ 4196—1998)

尼龙管主要用做机床输油管(代替铜管),也可输送弱酸、弱碱及一般腐蚀介质,但不宜与酚类、强酸、强碱及低分子有机酸接触,可用管件连接,也可用黏结剂粘接,可用弯卡弯成 90°,也可用热空气或热油加热至 120℃弯成任意弧度,使用温度为 60~80℃,使用压力为 9.8~14.7MPa。尼龙 1010 管材的尺寸规格见表 4-69。

表 4-69　尼龙 1010 管材的尺寸规格/mm

外径×壁厚	偏差		长度	外径×壁厚	偏差		长度
	外径	壁厚			外径	壁厚	
4×1	±0.10	+0.10	协议	12×1	±0.10	±0.10	±0.10
6×1				12×2	±0.15	±0.15	协议
8×1				14×2			
8×2	±0.5	±0.15		16×2			
9×2				18×2			
10×1	±0.10	±0.10		20×2			

注:尼龙管材性能指标参见尼龙棒材内容。

二十三、聚四氟乙烯管材(QB/T 3624—1999)

聚四氟乙烯管材可作为绝缘及输送流体等导管。聚四氟乙烯管材的外形尺寸及允许公差应符合表 4-70 的规定,且管长应不小于 200mm。聚四氟乙烯管材的性能和外观质量见表 4-71。

表 4-70 聚四氟乙烯管材的外形尺寸及允许公差　　　/mm

规格	内径		壁厚	
	基本尺寸	允许公差	基本尺寸	允许公差
0.5×0.2	0.5	±0.1	0.2	±0.06
0.5×0.3			0.3	±0.08
0.6×0.2	0.6		0.2	±0.06
0.6×0.3			0.3	±0.08
0.7×0.2	0.7		0.2	±0.06
0.7×0.3			0.3	±0.08
0.8×0.2	0.8		0.2	±0.06
0.8×0.3			0.3	±0.08
0.9×0.2	0.9		0.2	±0.06
0.9×0.3			0.3	±0.08
1.0×0.2	1.0		0.2	±0.06
1.0×0.3			0.3	±0.08

续表

规格	内径		壁厚	
	基本尺寸	允许公差	基本尺寸	允许公差
1.2×0.2	1.2	±0.2	0.2	±0.06
1.2×0.3			0.3	±0.08
1.2×0.4			0.4	±0.10
1.4×0.2	1.4		0.2	±0.06
1.4×0.3			0.3	±0.08
1.4×0.4			0.4	±0.10
1.6×0.2	1.6		0.2	±0.06
1.6×0.3			0.3	±0.08
1.6×0.4			0.4	±0.10
1.8×0.2	1.8	±0.2	0.2	±0.06
1.8×0.3			0.3	±0.08
1.8×0.4			0.4	±0.10
2.0×0.2	2.0		0.2	±0.06
2.0×0.3			0.3	±0.08
2.0×0.4			0.4	±0.10
2.0×1.0			1.0	±0.30
2.2×0.2	2.2		0.2	±0.06
2.2×0.3			0.3	±0.08
2.2×0.4			0.4	±0.10
2.4×0.2	2.4		0.2	±0.06
2.4×0.3			0.3	±0.08
2.4×0.4			0.4	±0.10
2.6×0.2	2.6		0.2	±0.06
2.6×0.3			0.3	±0.08
2.6×0.4			0.4	±0.10
2.8×0.2	2.8		0.2	±0.06
2.8×0.3			0.3	±0.08
2.8×0.4			0.4	±0.10
3.0×0.2	3.0	±0.3	0.2	±0.06
3.0×0.3			0.3	±0.08
3.0×0.4			0.4	±0.10
3.0×0.5			0.5	±0.16
3.0×1.0			1.0	±0.30
3.2×0.2	3.2		0.2	±0.06
3.2×0.3			0.3	±0.08
3.2×0.4			0.4	±0.10

续表

规　格	内　径		壁　厚	
	基本尺寸	允许公差	基本尺寸	允许公差
3.2×0.5	3.2	±0.3	0.5	±0.16
3.4×0.2	3.4		0.2	±0.06
3.4×0.3			0.3	±0.08
3.4×0.4			0.4	±0.10
3.4×0.5			0.5	±0.16
3.6×0.2	3.6		0.2	±0.06
3.6×0.3			0.3	±0.08
3.6×0.4			0.4	±0.10
3.6×0.5			0.5	±0.16
3.8×0.2	3.8		0.2	±0.06
3.8×0.3			0.3	±0.08
3.8×0.4			0.4	±0.10
3.8×0.5			0.5	±0.16
4.0×0.2	4.0	±0.3	0.2	±0.06
4.0×0.3			0.3	±0.08
4.0×0.4			0.4	±0.10
4.0×0.5			0.5	±0.16
4.0×1.0			1.0	±0.30
5.0×0.5	5.0	±0.5	0.5	±0.30
5.0×1.0			1.0	
5.0×1.5			1.5	
5.0×2.0			2.0	
6.0×0.5	6.0		0.5	
6.0×1.0			1.0	
6.0×1.5			1.5	
6.0×1.0			2.0	
7.0×0.5	7.0		0.5	
7.0×1.0			1.0	
7.0×1.5			1.5	
7.0×2.0			2.0	
8.0×0.5	8.0		0.5	
8.0×1.0			1.0	
8.0×1.5			1.5	
8.0×2.0			2.0	
9.0×1.0	9.0		1.0	
9.0×1.5			1.5	
9.0×2.0			2.0	

续表

规　　格	内　　径		壁　　厚	
	基本尺寸	允许公差	基本尺寸	允许公差
10.0×1.0	10.0	±0.5	1.0	±0.30
10.0×1.5			1.5	
10.0×2.0			2.0	
11.0×1.0	11.0		1.0	
11.0×1.5			1.5	
11.0×2.0			2.0	
12.0×1.0	12.0		1.0	
12.0×1.5			1.5	
12.0×2.0			2.0	
13.0×1.5	13.0	±1.0	1.5	
13.0×2.0			2.0	
14.0×1.5	14.0		1.5	
14.0×2.0			2.0	
15.0×1.5	15.0		1.5	
15.0×2.0			2.0	
16.0×1.5	16.0		1.5	
16.0×2.0			2.0	
17.0×1.5	17.0	±1.0	1.5	±0.30
17.0×2.0			2.0	
18.0×1.5	18.0		1.5	
18.0×2.0			2.0	
19.0×1.5	19.0		1.5	
19.0×2.0			2.0	
25.0×1.5	20.0		1.5	
20.0×2.0			2.0	
25.0×1.5	25.0		1.5	
25.0×2.0			2.0	
25.0×2.5		±1.5	2.5	
30.0×1.5	30.0	±1.0	1.5	
30.0×2.0			2.0	
30.0×2.5		±1.5	2.5	

注:特殊规格经供需双方协商确定。

表 4-71　聚四氟乙烯管材的性能和外观质量

项目		指标	
		SFG-1	SFG-2
密度/g·cm^{-3}		—	2.10～2.30
拉伸强度/MPa		≥25	≥25
断裂伸长率(%)		≥100	≥150
交流击穿电压/kV	壁厚 0.2mm	≥6	—
	0.3mm	≥8	—
	0.4mm	≥10	—
	0.5mm	≥12	—
	1.0mm	≥18	—
外观质量		颜色呈乳白色或略带微黄色,外表面应光滑,不允许有拉毛、裂纹、气泡及机械杂质存在	

二十四、硬聚氯乙烯双壁波纹管材(QB/T 1916—2004)

硬聚氯乙烯双壁波纹管材的规格和性能见表 4-72～表 4-74。

表 4-72　内径系列管材的尺寸　/mm

公称内径 DN/ID	最小平均内径 $d_{im,min}$	最小层压壁厚 e_{min}	最小内层壁厚 $e_{1,min}$	最小承口接合长度 A_{min}
100	95	1.0	—	32
125	120	1.2	1.0	38
150	145	1.3	1.0	43
200	195	1.5	1.1	54
225	220	1.7	1.4	55
250	245	1.8	1.5	59
300	294	2.0	1.7	64
400	392	2.5	2.3	74
500	490	3.0	3.0	85
600	588	3.5	3.5	96
800	785	4.5	4.5	118
1000	985	5.0	5.0	140

表 4-73　外径系列管材的尺寸　/mm

公称外径 DN/OD	最小平均外径 $d_{em,min}$	最大平均外径 $d_{em,max}$	最小平均内径 $d_{im,min}$	最小层压壁厚 e_{min}	最小内层壁厚 $e_{1,min}$	最小承口接合长度 A_{min}
63	62.6	63.3	54	0.5	—	32
75	74.5	75.3	65	0.6	—	32
90	89.4	90.3	77	0.8	—	32
(100)	99.4	100.4	93	0.8	—	32

续表

公称外径 DN/OD	最小平均外径 $d_{em,min}$	最大平均外径 $d_{em,max}$	最小平均内径 $d_{im,min}$	最小层压壁厚 e_{min}	最小内层壁厚 $e_{1,min}$	最小承口接合长度 A_{min}
110	109.4	110.4	97	1.0	—	32
125	124.3	125.4	107	1.1	1.0	35
160	159.1	160.5	135	1.2	1.0	42
200	198.8	200.6	172	1.4	1.1	50
250	248.5	250.8	216	1.7	1.4	55
280	278.3	280.9	243	1.8	1.5	58
315	313.2	316.0	270	1.9	1.6	62
400	397.6	401.2	340	2.3	2.0	70
450	447.3	451.4	383	2.5	2.4	75
500	497.0	501.5	432	2.8	2.8	80
630	626.3	631.9	540	3.3	3.3	93
710	705.7	712.2	614	3.8	3.8	101
800	795.2	802.4	680	4.1	4.1	110
1000	994.0	1003.0	854	5.0	5.0	130

注:1. *DN/OD* 与外径相关的公称尺寸,*DN/ID* 与内径相关的公称尺寸。

2. 表中管材外径的极限偏差应符合公式 $d_{em,min} \geqslant 0.994 d_e$ 计算的数值。

表 4-74　硬聚氯乙烯双壁波纹管材的性能

项　　目		指　　标
环刚度/kN·m^{-2}	SN2	≥2
	SN4	≥4
	SN8	≥8
	SN16	≥16
冲击性能		TIR≤10%
环柔性		试样圆滑,无反向弯曲,无破裂,两壁无脱开
烘箱试验		无分层,无开裂
蠕变比率		≤2.5
连接密封性试验		无破裂,无渗漏
静液压试验①		三个试样均无破裂、无渗漏

注:①当用于低压输水灌溉时应进行此项试验。

二十五、软聚氯乙烯医用管材(GB 10010—1988)

软聚氯乙烯医用管材的规格和性能见表 4-75~表 4-78。

表 4-75　软聚氯乙烯医用管材规格　/mm

内　径	极限偏差	壁　厚	极限偏差
1.00	±0.10	0.50	±0.05
2.00	±0.20	0.60	±0.06
2.50	±0.25	0.60	±0.06
3.00	±0.25	0.60	±0.06
3.50	±0.25	0.60	±0.06
4.00	±0.30	1.20	±0.12
4.50	±0.40	1.20	±0.12
5.00	±0.40	1.20	±0.12
6.00	±0.40	1.40	±0.14
7.00	±0.40	1.60	±0.16
8.00	±0.40	1.70	±0.17
9.00	±0.40	1.80	±0.18
10.00	±0.45	1.80	±0.18
11.00	±0.45	1.80	±0.18
12.00	±0.45	1.80	±0.18

注:其他规格的管材可按供需双方协议生产。

表 4-76　软聚氯乙烯医用管材物理性能指标

项　目	指　标
抗蒸气性(0.098MPa,1h,管材长度尺寸收缩率)(%)	<9.0
抗干热性(100℃±2℃,1h,管材长度尺寸收缩率)(%)	<5.0
低温性能(-15℃±2℃)试样断裂/个	≤5
密度/ g·cm^{-3}	1.18～1.30
吸水率(%)	≤0.3
拉伸强度/ MPa	≥12.4
断裂伸长率(%)	≥300
水压试验(8 号以上管材)	无破裂
硬度(邵氏)	63～73
永久变形(%)	≤72
压缩永久变形(%)	≤40

表 4-77　软聚氯乙烯医用管材化学性能指标

项　目		指　标
重金属		≤1.0×10^{-6}
氯乙烯单体		≤1.0×10^{-6}
溶出物	性状	用肉眼平视观察,试验液应澄明无色
	pH 值差	<1.0
	重金属	试验液与同批注射用水比较,不得更深
	易氧化物差	<0.3mL(消耗 100mol 1/5 $KMnO_4$量)
	醚溶性提取物/μg·mL^{-1}	<15
	锌/μg·mL^{-1}	<2

表 4-78 软聚氯乙烯医用管材生物性能

项 目	指 标
异常毒性试验	无异常反应
皮内试验	无刺激反应

二十六、工业用氯化聚氯乙烯管道管材(GB/T 18998.2—2003)

工业用氯化聚氯乙烯管道管材的规格和性能见表 4-79～表 4-81。

表 4-79 工业用氯化聚氯乙烯管道管材规格尺寸 /mm

公称外径 d_n	公称壁厚 e_n			
	管系列 S			
	S10	S6.3	S5	S4
	标准尺寸比 SDR			
	SDR21	SDR13.6	SDR11	SDR9
20	2.0(0.96) *	2.0(1.5) *	2.0(1.9) *	2.3
25	2.0(1.2) *	2.0(1.9) *	2.3	2.8
32	2.0(1.6) *	2.4	2.9	3.6
40	2.0(1.9) *	3.0	3.7	4.5
50	2.4	3.7	4.6	5.6
63	3.0	4.7	5.8	7.1
75	3.6	5.6	6.8	8.4
90	4.3	6.7	8.2	10.1
110	5.3	8.1	10.0	12.3
12.5	6.0	9.2	11.4	14.0
140	6.7	10.3	12.7	15.7
160	7.7	11.8	14.6	17.9
180	8.6	13.3	—	—
200	9.6	14.7	—	—
225	10.8	16.6	—	—

注：考虑到刚度的要求，带“ * ”号规格的管材壁厚增加到 2.0mm，进行液压试验时用括号内的壁厚计算试验压力。

表 4-80 工业用氯化聚氯乙烯管道管材物理性能

项 目	要 求
密度/g·cm^{-3}	1450～1650
维卡软化温度/℃	≥110
纵向回缩率/%	≤5
氯含量/%(质量分数)	≥60

表 4-81 工业用氯化聚氯乙烯管道管材力学性能

项 目	试验参数			要 求
	温度/℃	静液压应力/MPa	时间/h	
静液压试验	20	43	≥1	无破裂，无渗漏
	95	5.6	≥165	
	95	4.6	≥1000	
静液压状态下热稳定性试验	95	3.6	≥8760	

二十七、通信用聚乙烯多孔一体管材(QB/T 2667.2—2004)

通信用聚乙烯多孔一体管材断面结构如图 4-20 和图 4-21，通信用聚乙烯多孔一体管材的规格、性能见表 4-82 至表 4-84。

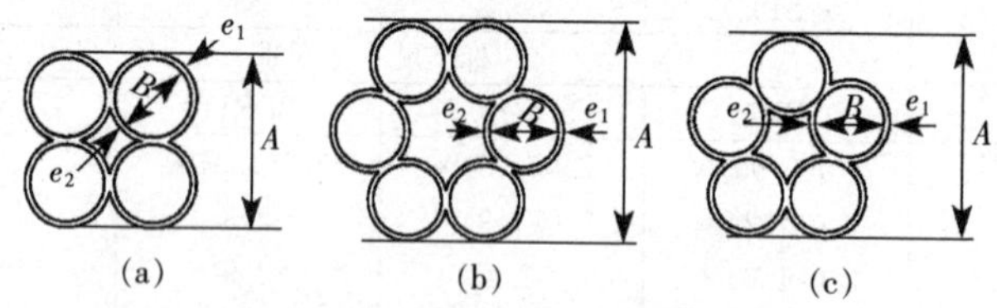

图 4-20 典型的梅花状多孔管材断面结构示意图

A—管材耐外负荷性能试验时的压缩初始高度；

B—子孔尺寸；e_1—最小外壁厚；e_2—最小内壁厚

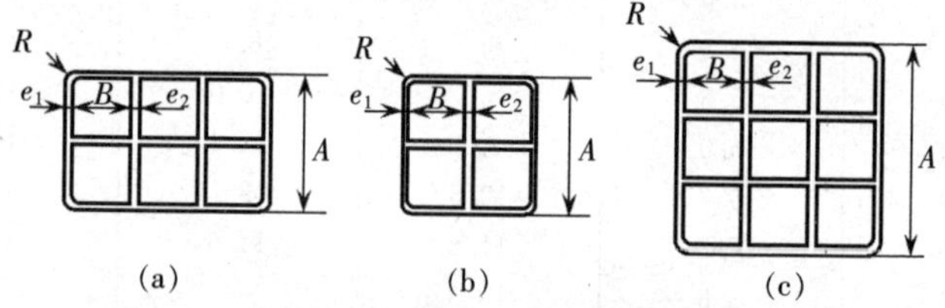

图 4-21 典型的格栅状多孔管材断面结构示意图

A—管材耐外负荷性能试验时的压缩初始高度；

B—子孔尺寸；e_1—最小外壁厚；e_2—最小内壁厚

表 4-82 梅花状多孔管材的结构尺寸 /mm

有效孔数	子孔尺寸 B	允许偏差	最小内壁厚 e_2	最小外壁厚 e_1
五孔	24(26)	±0.5	1.6	1.8
四孔、五孔	28	±0.5	1.8	2.0
四孔、五孔、七孔	32(33)	±0.5	2.0	2.2

表 4-83 格栅状多孔管材的结构尺寸 /mm

有效孔数	子孔尺寸 B	允许偏差	最小内壁厚 e_2	最小外壁厚 e_1
四孔、六孔	32(33)	±0.5	2.2	2.6
九孔			2.5	3.0
四孔	48(50)	±0.6	2.8	3.2

表 4-84　通信用聚乙烯多孔一体管材性能

项　目	要　求	
拉伸强度/ MPa	≥12	
断裂伸长率(%)	≥120	
纵向回缩率(%)	≤3.0	
耐外负荷性能/ kN·$(200mm)^{-1}$	梅花状多孔管材	格栅状多孔管材
	≥1.0	≥6.0
静摩擦因数	≤0.35	

二十八、硬聚氯乙烯多孔一体管材(QB/T 2667.1—2004)

硬聚氯乙烯多孔一体管材的规格和性能见表 4-85 至表 4-89。

表 4-85　梅花状多孔管材的结构尺寸　　/mm

有效孔数	子孔尺寸 B	允许偏差	最小内壁厚 e_2	最小外壁厚 e_1
四孔、五孔	28	±0.5	1.8	2.2
四孔、五孔	32(33)	±0.5	1.8	2.2
五孔、七孔			2.0	2.5

表 4-86　格栅状多孔管材的结构尺寸　　/mm

有效孔数	子孔尺寸 B	允许偏差	最小内壁厚 e_2	最小外壁厚 e_1
四孔、六孔、九孔	28	±0.5	1.6	2.0
四孔、六孔、九孔	33(32)	±0.5	1.8	2.2
四孔	42	±0.5	2.0	2.8
四孔	50(48)	±0.6	2.6	3.2

表 4-87　蜂窝状多孔管材的结构尺寸　　/mm

有效孔数	子孔尺寸 B	允许偏差	最小内壁厚 e_2	最小外壁厚 e_1
三孔、四孔、五孔、七孔	32(33)	±0.5	1.6	2.0

表 4-88　硬聚氯乙烯多孔一体管材壁厚偏差　　/mm

公称壁厚 e_n	壁厚偏差	公称壁厚 e_n	壁厚偏差
1.1～2.0	$^{+0.4}_{0}$	3.1～4.0	$^{+0.6}_{0}$
2.1～3.0	$^{+0.5}_{0}$		

表 4-89　硬聚氯乙烯多孔一体管材的性能

项　目	要　求		
拉伸屈服强度/ MPa	≥30		
纵向回缩率(%)	≤5.0		
维卡软化温度/℃	≥75		
落锤冲击试验(0℃)/个	9/10 不破裂		
耐外负荷性能/ kN·$(200mm)^{-1}$	梅花状多孔管材	格栅状多孔管材	蜂窝状多孔管材
	≥1.0	≥9.5	≥1.0
静摩擦因数	≤0.35		

二十九、聚乙烯塔接焊式铝塑管(GB/T 18997.1—2003)

聚乙烯塔接焊式铝塑管的品种分类、结构尺寸、性能见表 4-90 至表 4-94。

表 4-90　铝塑管品种分类

流体类别		用途代号	铝塑管代号	长期工作温度 T_0/℃	允许工作压力 p_0/MPa
水	冷水	L	PAP	40	1.25
	冷热水	R	PAP	60	1.00
				75①	0.82
				82①	0.69
			XPAP	75	1.00
				82	0.86
燃气②	天然气	Q	PAP	35	0.40
	液化石油气				0.40
	人工煤气③				0.20
特种流体④		T		40	0.50

注:①系指采用中密度聚乙烯(乙烯与辛烯共聚物)材料生产的复合管。

②输送燃气时应符合燃气安装的安全规定。

③在输送人工煤气时应注意到冷凝剂中芳香烃对管材的不利影响,工程中应考虑这一因素。

④系指和 HDPE 的抗化学药品性能相一致的特种流体。

在输送易在管内产生相变的流体时,在管道系统中因相变产生的膨胀力不应超过最大允许工作压力或者在管道系统中采取防止相变的措施。

表 4-91　铝塑管用聚乙烯树脂的基本性能要求

项　　目		要求	材料类别
密度/g·cm^{-3}		0.926～0.940	MDPE
		0.941～0.959	HDPE
熔体质量流动速率(190℃、2.16kg)/g·(10min)$^{-1}$		0.1～10	MDPE、HDPE
拉伸屈服强度/MPa		≥15	MDPE
		≥21	HDPE
长期静液压强度/MPa	(80℃、50 年,预测概率 97.5%)	≥3.5	MDPE(乙烯与辛烯的共聚物)
	(20℃、50 年,预测概率 97.5%)	≥8.0	
		≥6.3	MDPE、HDPE
		≥8.0	
热应力开裂(设计应力 5MPa、80℃、持久 100h)		不开裂	MDPE、HDPE
耐慢性裂纹增长(165h)		不破坏	MDPE、HDPE
热稳定性(200℃)		氧化诱导时间不小于 20min	Q类管材用 PE
耐气体组分(80℃、环应力 2MPa)/h		≥30	

表 4-92　铝塑管结构尺寸要求　　/mm

公称外径 d_n	公称外径公差	参考内径 d_i	圆度		管壁厚 e_m		内层塑料最小壁厚	外层塑料最小壁厚	铝管层最小壁厚
			盘管	直管	最小值	公差	e_n	e_w	e_a
12	+0.3 0	8.3	≤0.8	≤0.4	1.6	+0.5 0	0.7	0.4	0.18
16		12.1	≤1.0	≤0.5	1.7		0.9		
20		15.7	≤1.2	≤0.6	1.9		1.0		0.23
25		19.9	≤1.5	≤0.8	2.3		1.1		
32		25.7	≤2.0	≤1.0	2.9		1.2		0.28
40		31.6	≤2.4	≤1.2	3.9	+0.6 0	1.7		0.33
50		40.5	≤3.0	≤1.5	4.4	+0.7 0	1.7		0.47
63	+0.4 0	50.5	≤3.8	≤1.9	5.8	+0.9 0	2.1		0.57
75	+0.6 0	59.3	≤4.5	≤2.3	7.3	+1.1 0	2.8		0.67

表 4-93　特种流体用铝塑管耐化学性能

化学介质	质量变化平均值/mg·cm^{-2}	外观要求
10%氯化钠溶液	±0.2	试样内层应无龟裂、变黏等现象
30%硫酸	±0.1	
40%硝酸	±0.3	
40%氢氧化钠溶液	±0.1	
体积分数为95%的乙醇	±1.1	

表 4-94　燃气用铝塑管耐气体组分性能

试验介质	最大平均质量变化率/%	最大平均管环径向拉伸力的变化率/%
矿物油	+0.5	+12
叔丁基硫醇	+0.5	
防冻剂:甲醇或乙烯甘醇	+1.0	
甲苯	+1.0	

三十、聚乙烯对接焊式铝塑管(GB/T 18997.2—2003)

生产管材所用材料为中密度聚乙烯树脂(MDPE)或高密度聚乙烯树脂(HDPE),其性能应符合表 4-95 要求。铝塑管的结构尺寸、性能见表 4-96 至表 4-99。

表 4-95　铝塑管用聚乙烯树脂的基本性能要求

项　目		要求	材料类别
密度/g·cm^{-3}		≥0.926	HDPE、MDPE
		≥0.941	PEX
熔体质量流动速率/g·(10min)$^{-1}$	190℃,2.16kg	≤0.4(±20%)	HDPE、MDPE
	190℃,21.6kg	≤4	PEX
拉伸屈服强度/MPa		≥15	HDPE、MDPE
		≥21	PEX
长期静液压强度(20℃、50 年、预测概率 97.5%)/MPa		≥6.3	HDPE、MDPE①
		≥8.0	Q 类管材用 PE
耐慢性裂纹增长(165h)		不破坏	HDPE、MDPE①
热稳定性(200℃)		氧化诱导时间≥20min	Q 类管材用 PE
耐气体组分(80℃、环应力 2MPa)/h		≥30	

注:①对 PEX 材料可不作要求。

表 4-96　铝塑管结构尺寸要求　　/mm

公称外径 d_n	公称外径公差	参考内径 d_i	圆度		管壁厚 e_m		内层塑料壁厚 e_n		外层塑料最小壁厚 e_w	铝管层壁厚 e_a	
			盘管	直管	公称值	公差	公称值	公差		公称值	公差
16	+0.3 0	10.9	≤1.0	≤0.5	2.3	+0.5 0	1.4	+0.1	0.3	0.28	+0.04
20		14.5	≤1.2	≤0.6	2.5		1.5			0.36	
25(26)		18.5(19.5)	≤1.5	≤0.8	3.0		1.7			0.44	
32		25.5	≤2.0	≤1.0			1.6			0.60	
40	+0.4 0	32.4	≤2.4	≤1.2	3.5	+0.6 0	1.9		0.4	0.75	
50	+0.5 0	41.4	≤3.0	≤1.5	4.0		2.0			1.00	

表 4-97　铝塑管管环径向拉力及爆破强度

公称外径 d_n/mm	管环径向拉力/N		爆破压力/MPa
	MDPE	HDPE、PEX	
16	2300	2400	8.00
20	2500	2600	7.00
25(26)	2890	2990	6.00
32	3270	3320	5.50
40	4200	4300	5.00
50	4800	4900	4.50

表 4-98　特种流体用铝塑管耐化学性能

化学介质	质量变化平均值 /mg·cm^{-2}	外观要求
10%氯化钠溶液	±0.2	试样内层应无龟裂、变黏等现象
30%硫酸	±0.1	
40%硝酸	±0.3	
40%氢氧化钠溶液	±0.1	
体积分数为95%的乙醇	±1.1	

表 4-99　燃气用铝塑管耐气体组分性能

试验介质	最大平均质量变化率(%)	最大平均管环径向拉伸力的变化率(%)
矿物油	+0.5	+12
叔丁基硫醇	+0.5	
防冻剂:甲醇或乙烯甘醇	+1.0	
甲苯	+1.0	

第五章　玻璃及其制品

第一节　玻璃的基本知识

一、玻璃的分类

玻璃是指由熔融物采用一定的冷却方法而获得的一种非晶型无机非金属固体材料。玻璃的分类见表 5-1。

表 5-1　玻璃的分类

分类方法	种类
按化学成分	钠玻璃、钾玻璃、铅玻璃、硼玻璃、石英玻璃及铝镁玻璃
按用途和性能	日用玻璃
	建筑玻璃：平板玻璃、控制声光热玻璃、安全玻璃、装饰玻璃及特种玻璃
	技术玻璃：光学玻璃、仪器和医疗玻璃、电真空玻璃、照明器具玻璃及特种技术玻璃
	玻璃纤维：玻璃棉、玻璃毡、玻璃棉板、玻璃纤维纱、玻璃纤维带、玻璃纤维布

二、玻璃制品的特性与应用

常用玻璃制品的特性与应用，见表 5-2。

表 5-2　常用玻璃制品的特性与应用

名称	说明	适用范围
普通平板玻璃（又名净片玻璃、白片玻璃）	用砂、岩粉、硅砂、纯碱等配合，经熔化、成型、切裁而成。有较好的透明度，表面平整	门窗、温室、暖房、家具、柜台等
浮法平板玻璃（又名浮法玻璃）	熔化的玻璃液流入锡液面上，自由摊开，然后逐渐降温退火而成。具有表面平整、无玻筋，厚度公差少等特点	高级建筑门窗、镜面、夹层玻璃等
吸热玻璃	在玻璃原料中，加入微量金属氟化物加工而成。具有吸热及滤色性能	各种建筑的吸热门窗及大型玻璃窗，制造吸热中空玻璃
磨砂玻璃	以平板玻璃研磨而成，具有透光不透明的特性	会议室、餐厅、走廊、书店、卫生间、浴室、黑板、装修及各种建筑物门窗玻璃需透光不透明处
压花玻璃（又称滚花玻璃、花纹玻璃）	以双辊压延机连续压制的一面平整，一面有凹凸花纹的半透明玻璃	玻璃隔断、卫生间、浴室装修及各种建筑物门窗玻璃需透光不透明处

续表

名称	说明	适用范围
夹丝玻璃	以双辊压延机连续压制，中间夹有一层金属丝网的玻璃。具有裂而不碎、碎而不落的特点	大窗及各种建筑的防震门窗
平面钢化玻璃	用平板玻璃或磨光平板玻璃或吸热玻璃等经处理加工而成。具有强度大，不破裂等防爆、安全性能	高级建筑物门窗、高级天窗、防爆门窗、高级柜台特殊装修等。
双层中空玻璃	以双片玻璃四周用黏结剂密封，玻璃中间充以清洁干燥空气而成。具有优良的保温、隔热、控光、隔声性能	严寒地区门窗，隔声窗，风窗，保温、隔热窗
离子交换增强玻璃	以离子交换法，对普通玻璃进行表面处理而成。机械强度高，冲击强度为普通玻璃的4～5倍	对强度要求较高的建筑门窗，制夹层玻璃或中空玻璃
饰面玻璃	在平板玻璃基体上冷敷一层色素彩釉，加热，退火或钢化成	墙体饰面，建筑装修，防腐防污处装修
夹层玻璃	两片或两片以上玻璃之间夹以聚乙烯醇缩丁醛塑料衬片，经热压黏合而成(称胶片法工艺)。或由两片玻璃，中间灌以甲基丙烯酸脂类透明塑料，聚合黏结而成(称聚合法工艺)。具有碎后只产生辐射状裂纹，而不落碎片等特点	高层建筑门窗、工业厂房天窗，防震门窗，装修
特厚玻璃(又名玻璃砖)	厚度＞10mm的普通平板玻璃	玻璃墙幕，高级门窗
折射玻璃(又名控光玻璃)	在制造平板玻璃时，将玻璃表面按一定角度加工成锯齿形而成	学校教室、博物馆、展览厅及有控光要求的其他建筑物的门窗

第二节　玻璃制品

一、普通平板玻璃(GB/T 4871—1995)

普通平板玻璃是由石英砂、纯碱、长石及石灰石等在1 550～1 600℃高温下熔融后，经拉制或压制而成。具有透光、透视、隔音、隔热等性能，用于建筑物采光，柜台、橱窗、交通工具、制镜、仪表、温室、暖房以及加工其他产品等。

普通平板玻璃的尺寸范围见表5-3。生产较多的普通平板玻璃的规格尺寸见表5-4。普通平板玻璃的技术指标见表5-5。普通平板玻璃的外观质量见表5-6。

表 5-3　普通平板玻璃的尺寸范围　/mm

厚度	长度		宽度	
	最小	最大	最小	最大
2	400	1300	300	900
3	500	1800	300	1200
4	600	2000	400	1200
5	600	2600	400	1800
6	600	2600	400	1800

注：长、宽尺寸比不超过 2.5；长、宽尺寸的进位基数均为 50mm。

表 5-4　经常生产的普通平板玻璃的规格尺寸

尺寸		厚度/mm	尺寸		厚度/mm
mm	in		mm	in	
900×600	36×24	2,3	1300×1000	52×40	3,4,5
1000×600	40×24	2,3	1300×1200	52×48	4,5
1000×900	40×32	3,4	1350×900	54×36	5,6
1000×900	40×36	2,3,4	1400×1000	56×40	3,5
1100×600	44×24	2,3	1500×750	60×30	3,4,5
1100×900	44×36	3	1500×900	60×36	3,4,5,6
1100×1000	44×40	3	1500×1000	60×40	3,4,5,6
1150×950	46×38	3	1500×1200	60×48	4,5,6
1200×500	48×20	2,3	1800×900	72×36	4,5,6
1200×600	48×24	2,3,5	1800×1000	72×40	4,5,6
1200×700	48×28	2,3	1800×1200	72×48	4,5,6
1200×800	48×32	2,3,4	1800×1350	72×54	5,6
1200×900	48×36	2,3,4,5	2000×1200	80×48	5,6
1200×1000	48×40	3,4,5,6	2000×1300	80×52	5,6
1250×1000	50×40	3,4,5	2000×1500	80×60	5,6
1300×900	52×36	3,4,5	2400×1200	96×48	5,6

表 5-5　普通平板玻璃的技术指标

项　目		质量指标			
厚度/mm	基本尺寸	2	3	4	5
	允许偏差	±0.20	±0.20	±0.20	±0.25
长度/mm	≤1500	允许偏差为±3			
	>1500	允许偏差为±4			
尺寸偏斜		长 1000mm，不得超过±2mm			
弯曲度/%　≤		0.3			
可见光总透过率/%　≥		88	87	86	84
其他		玻璃表面不许有擦不掉的白雾状或棕黄色的附着物；边部凸出或残缺部分不得超过 3mm，一片玻璃只许有一个缺角，沿原角等分线测量不得超过 5mm			

表 5-6　普通平板玻璃的外观质量

缺陷种类	说　　明	质量指标		
		优等品	一等品	合格品
波筋(不包括波纹辊子花)	不产生变形的最大入射角	60°	45°50mm 边部,30°	30°100mm 边部,0°
气泡	长度 1mm 以下的	集中的不许有	集中的不许有	不限
	长度大于 1mm 的 每平方米允许个数	≤6mm,6	≤8mm,8 >8～10mm,2	≤10mm,12 >10～20 mm,2 >20～25 mm,1
划伤	宽≤0.1mm 每平方米允许条数	长≤50mm 3	长≤100mm 5	不限
	宽>0.1mm 每平方米允许条数	不许有	宽≤0.4mm 长<100mm 1	宽≤0.8mm 长<100mm 3
砂粒	非破坏性的,直径 0.5～2mm,每平方米允许个数	不许有	3	8
疙瘩	非破坏性的疙瘩及范围直径不大于 3mm,每平方米允许个数	不许有	1	3
线道	正面可以看到的每片玻璃允许条数	不许有	30mm 边部 宽≤0.5mm 1	宽≤0.5mm 2
麻点	表面呈现的集中麻点	不许有	不许有	每平方米不超过 3 处
	稀疏的麻点,每平方米允许个数	10	15	30

二、浮法玻璃(GB 11614—1999)

浮法玻璃是平板玻璃的一种。由于生产这种玻璃的方法与生产普通平板玻璃的垂直引上法或平拉法或压延法都不相同,而是由玻璃液浮在金属液上成型的"浮法"制成,所以称为浮法玻璃。适用做高级建筑门窗、橱窗、指挥塔窗、夹层玻璃原片、中空玻璃原片、制镜玻璃、有机玻璃模具等。

浮法玻璃的技术指标见表 5-7,外观质量见表 5-8。

表 5-7　浮法玻璃的技术指标

项　　目		质量指标									
厚　度/mm	基本尺寸	2	3	4	5	6	8	10	12	15	19
	允许偏差	±0.2					±0.3		±0.4	±0.6	±1.0
长度、宽度尺寸允许偏差/mm	尺寸小于 3000	±2					+2，−3		±3		±5
	尺寸 3000～5000	—			±3		+3，−4		±4		±5
可见光透射比/%≥		89	88	87	86	84	82	81	78	76	72
对角线差　≤		对角线平均长度的 2%									
弯曲度/%　≤		0.2									

注：同一片玻璃厚薄差，厚度 2，3 mm 的为 0.2 mm；厚度 4 mm，5 mm，6 mm，8 mm，10 mm 的为 0.3 mm。

表 5-8　建筑级浮法玻璃的外观质量

缺陷种类	质量指标			
气泡/个	长度及个数允许范围			
	长度，L 0.5 mm≤L≤1.5 mm	长度，L 1.5 mm<L≤3.0 mm	长度，L 3.0 mm<L≤5.0 mm	长度，L L>5.0 mm
	5.5×S	1.1×S	0.44×S	0
夹杂物/个	长度及个数允许范围			
	长度，L 0.5 mm≤L≤1.0 mm	长度，L 1.0 mm<L≤2.0 mm	长度，L 2.0 mm<L≤3.0 mm	长度，L L>3.0 mm
	2.2×S	0.44×S	0.22×S	0
点状缺陷密集度	长度大于 1.5 mm 的气泡和长度大于 1.0 mm 的夹杂物；气泡与气泡、夹杂物与夹杂物或气泡与夹杂物的间距应大于 300 mm			
线道	肉眼不应看见			
划伤/条	长度和宽度允许范围及条数			
	宽 0.5 mm，长 60 mm，3×S			
光学变形	入射角：2 mm 40°；3 mm 45°；4 mm 以上　50°			
表面裂纹	肉眼不应看见			
断面缺陷	爆边、凹凸、缺角等不应超过玻璃板的厚度			

注：S 为以平方米为单位的玻璃板面积，保留小数点后两位。气泡、夹杂物的个数及划伤条数允许范围为各系数与 S 相乘所得的数值，应按 GB/T 8170 修约至整数。

三、夹层玻璃(GB/T 9962—1999)

夹层玻璃是安全玻璃的一种，是以两片或两片以上的普通平板、磨光、浮法、钢化、吸热或其他玻璃作为原片，中间夹以透明塑料衬片，经热压黏合而成。使夹层玻璃具有抗冲击、阳光控制、隔音等性能。适用于高层建筑门窗、工业厂房门窗、高压设备观察窗、飞机和汽车风窗及防弹车辆、水下工程、动物园猛兽展览窗、银行等处。

夹层玻璃的分类见表 5-9，夹层玻璃的尺寸偏差见表 5-10 至表 5-12。夹层玻璃的外观质量见表 5-13。

表 5-9　夹层玻璃的分类

分类方法	类　型
按形状分	平面夹层玻璃；曲面夹层玻璃
按性能分	Ⅰ类夹层玻璃；Ⅱ—1 夹层玻璃；Ⅱ—2 夹层玻璃；Ⅲ类夹层玻璃

表 5-10　平面夹层玻璃的边长允许偏差　/mm

总厚度 D		$4\leqslant D<6$	$6\leqslant D<11$	$11\leqslant D<17$	$17\leqslant D<24$
长度或宽度 L	$L\leqslant 1\,200$	+2 −1	+2 −1	+3 −2	+4 −3
	$1\,200<L\leqslant 2\,400$	—	+3 −1	+4 −2	+5 −3

注：一边长度超过 2 400 mm 的制品、多层制品、原片玻璃总厚度超过 24 mm 的制品、使用钢化玻璃做原片玻璃的制品及其他特殊形状的制品，其尺寸允许偏差由供需双方商定。

表 5-11　夹层玻璃的最大允许叠差　/mm

长度或宽度 L	$L<1\,000$	$1\,000\leqslant L<2\,000$	$2\,000\leqslant L<4\,000$	$L\geqslant 4\,000$
最大允许叠差 δ	2.0	3.0	4.0	6.0

表 5-12　湿法夹层玻璃中间层的允许偏差　/mm

中间层厚度 d	$d<1$	$1\leqslant d<2$	$2\leqslant d<3$	$d\geqslant 3$
允许偏差 δ	±0.4	±0.5	±0.6	±0.7

注：1. 湿法夹层玻璃的厚度偏差不能超过构成夹层玻璃的原片允许偏差与中间层的允许偏差之和。中间层的允许偏差见表中。

2. 干法夹层玻璃的厚度偏差不能超过构成夹层玻璃的原片允许偏差和中间层允许偏差之和。中间层总厚度<2 mm 时，其允许偏差不予考虑。中间层总厚度>2 mm 时，其允许偏差为±0.2 mm。

表 5-13　夹层玻璃的外观质量

缺陷名称	质量指标
裂纹	不允许存在
爆边	长度或宽度不得超过玻璃的厚度
划伤和磨伤	不得影响使用
脱胶	不允许存在
气泡、中间层杂质及其他可观察到的不透明物等缺陷	允许个数须符合表 5-14 的规定

表 5-14　夹层玻璃的点缺陷允许个数

缺陷尺寸 λ/mm			$0.5<\lambda\leqslant 1.0$	$1.0<\lambda\leqslant 3.0$			
板面面积 S/m²			S 不限	$S\leqslant 1$	$1<S\leqslant 2$	$2<S\leqslant 8$	$S>8$
允许的缺陷数/个	玻璃层数	2 层	不得密集存在	1	2	1/m²	1.2/m²
		3 层		2	3	1.5/m²	1.8/m²
		4 层		3	4	2/m²	2.4/m²
		≥5 层		4	5	2.5/m²	3/m²

注：①小于 0.5 mm 的缺陷不予以考虑，不允许出现大于 3 mm 的缺陷。

②当出现下列情况之一时，视为密集存在：

a. 两层玻璃时，出现 4 个或 4 个以上的缺陷，且彼此相距不到 200 mm。

b. 三层玻璃时，出现 4 个或 4 个以上的缺陷，且彼此相距不到 180 mm。

c. 四层玻璃时，出现 4 个或 4 个以上的缺陷，且彼此相距不到 150 mm。

d. 五层以上玻璃时，出现 4 个或 4 个以上的缺陷，且彼此相距不到 100 mm。

四、夹丝玻璃(JC 433—1991)

夹丝玻璃主要用于高层建筑、公共建筑、天窗、震动较大的厂房及其他要求安全、防震、防盗、防火之处。

夹丝玻璃的分类见表 5-15；夹丝玻璃的尺寸允许偏差见表 5-16；夹丝玻璃的技术指标见表 5-17；夹丝玻璃的外观质量见表 5-18。

表 5-15　夹丝玻璃的分类

分类方法	类型
按生产工艺分	夹丝压花玻璃、夹丝磨光玻璃
按外观质量分	优等品、一等品、合格品
按产品厚度分	6 mm、7 mm、10 mm

表 5-16　夹丝玻璃的尺寸允许偏差　　/mm

玻璃厚度	厚度允许偏差		长度或宽度允许偏差
	优等品	一等品、合格品	
6	±0.5	±0.6	±4.0
7	±0.6	±0.7	
10	±0.9	±1.0	

注：产品尺寸一般不小于 600 mm×400 mm，不大于 2 000 mm×1 200 mm。

表 5-17　夹丝玻璃的技术指标

项　目	质量指标
丝网	夹丝玻璃所用的金属丝网和金属丝线分为普通钢丝和特殊钢丝两种，普通钢丝直径为 0.4 mm 以上，特殊钢丝直径为 0.3 mm 以上。夹丝网玻璃应采用经过处理的点焊金属丝网
弯曲度	夹丝压花玻璃应在 1.0%以内，夹丝磨光玻璃应在 0.5%以内
玻璃边部凸出、缺口、缺角和偏斜	玻璃边部凸出、缺口的尺寸不得超过 6 mm，偏斜的尺寸不得超过 4 mm。一片玻璃只允许有一个缺角，缺角的深度不得超过 6 mm
防火性能	夹丝玻璃用做防火门、窗等镶嵌材料时，其防火性能应达到 GBJ 45 规定的耐火极限要求

表 5-18　夹丝玻璃的外观质量

<table>
<tr><th rowspan="2">项 目</th><th rowspan="2">说　　明</th><th colspan="3">质量指标</th></tr>
<tr><th>优等品</th><th>一等品</th><th>合格品</th></tr>
<tr><td rowspan="2">气泡</td><td>直径 3～6mm 的圆泡，每平方米面积内允许个数</td><td>5</td><td colspan="2">数量不限，但不允许密集</td></tr>
<tr><td>长泡，每平方米面积内允许个数</td><td>长 6～8mm
2</td><td>长 6～10mm
10</td><td>长 6～10mm
10
长 10～20mm
4</td></tr>
<tr><td>花纹变形</td><td>花纹变形程度</td><td colspan="2">不许有明显的花纹变形</td><td>不规定</td></tr>
<tr><td rowspan="2">异物</td><td>破坏性的</td><td colspan="3">不允许</td></tr>
<tr><td>直径 0.5～2mm 非破坏性的，每平方米面积内允许个数</td><td>3</td><td>5</td><td>10</td></tr>
<tr><td>裂纹</td><td>—</td><td colspan="2">目测不能识别</td><td>不影响使用</td></tr>
<tr><td>磨伤</td><td>—</td><td>轻微</td><td colspan="2">不影响使用</td></tr>
<tr><td rowspan="4">金属丝</td><td>金属丝夹入玻璃内状态</td><td colspan="3">应完全夹入玻璃内，不得露出表面</td></tr>
<tr><td>脱焊</td><td>不允许</td><td>距边部 30 mm 内不限</td><td>距边部 100 mm 内不限</td></tr>
<tr><td>断线</td><td colspan="3">不允许</td></tr>
<tr><td>接头</td><td>不允许</td><td colspan="2">目测看不见</td></tr>
</table>

注：密集气泡是指直径 100 mm 圆面积内超过 6 个。

五、中空玻璃(GB/ T 11944—2002)

中空玻璃是两片或多片玻璃以有效支撑均匀隔开并粘接密封使玻璃层间形成有干燥气体空间的制品。用于隔热、隔湿、保温等特殊用途。

常用中空玻璃的形状和最大尺寸见表 5-19。中空玻璃的尺寸偏差见表 5-20。中空玻璃的技术指标见表 5-21。

表 5-19　常用中空玻璃的形状和最大尺寸　　/mm

玻璃厚度	间隔厚度	长边最大尺寸	短边最大尺寸（正方形除外）	最大面积/m^2	正方形边长最大尺寸
3	6	2110	1270	2.4	1270
	9～12	2110	1270	2.4	1270
4	6	2420	1300	2.86	1300
	9～10	2440	1300	3.17	1300
	12～20	2440	1300	3.17	1300
5	6	3000	1750	4.00	1750
	9～10	3000	1750	4.80	2100
	12～20	3000	1815	5.10	2100

续表

玻璃厚度	间隔厚度	长边最大尺寸	短边最大尺寸（正方形除外）	最大面积/m²	正方形边长最大尺寸
6	6	4550	1980	5.88	2000
	9～10	4550	2280	8.54	2440
	12～20	4550	2440	9.00	2440
10	6	4270	2000	8.54	2440
	9～10	5000	3000	15.00	3000
	12～20	5000	3180	15.90	3250
12	12～20	5000	3180	15.90	3250

表 5-20　中空玻璃的尺寸偏差　　/mm

长度及宽度		厚　度		两对角线之差	胶层厚度
基本尺寸 L	允许偏差	公称厚度 t	允许偏差	正方形和矩形中空玻璃对角线之差应不大于对角线平均长度的0.2%	单道密封胶层厚度为(10±2)mm;双道密封外层密封胶层厚度为5～7mm。胶条密封胶层厚度为(8±2)mm,特殊规格或有特殊要求的产品由供需双方商定
$L<1000$	±2	$t<17$	±1.0		
$1000\leqslant L<2000$	+2、−3	$17\leqslant t<22$	±1.5		
$\geqslant2000$	±3	$t\geqslant22$	±2.0		

注:中空玻璃的公称厚度为玻璃原片的公称厚度与间隔层厚度之和。

表 5-21　中空玻璃的技术指标

项目	质量指标
外观	中空玻璃不得有妨碍透视的污迹、夹杂物及密封胶飞溅现象
密封性能	20块4mm×12mm×4mm试样全部满足以下两条规定为合格:①在试验压力低于环境气压(10±0.5)kPa下,初始偏差必须≥0.8mm;②在该气压下保持2.5h后,厚度偏差的减少应不超过初始偏差的15 20块5mm×9mm×5mm试样全部满足以下两条规定为合格:①在试验压力低于环境气压(10±0.5)kPa下初始偏差必须≥0.5mm ②在该气压下保持2.5h后厚度偏差的减少应不超过初始偏差的15%;其他厚度的样品供需双方商定
露点	20块试样露点均≤−40℃为合格
耐紫外线辐射性能	2块试样紫外线照射168h,试样内表面上均无结雾或污染的痕迹、玻璃原片无明显错位和产生胶条蠕变为合格。如果有1块或2块试样不合格可另取2块备用试样重新试验,2块试样均满足要求为合格
气候循环耐久性能	试样经循环试验后进行露点测试。4块试样露点≤−40℃为合格

六、钢化玻璃——建筑用安全玻璃(GB 15763.2—2005)

钢化玻璃是指经热处理工艺之后的玻璃。其特点是在玻璃表面形成压应力层,机械强度和耐热冲击强度得到提高,并具有特殊的碎片状态。

钢化玻璃的分类见表5-22,钢化玻璃的尺寸及偏差见表5-23至表5-26,钢化玻璃的外观质量见表 5-27，钢化玻璃的技术指标见表 5-28。

表 5-22　钢化玻璃的分类

分类方法	类型
按生产工艺分	垂直法钢化玻璃：在钢化过程中采取夹钳吊挂的方式生产出来的钢化玻璃
	水平法钢化玻璃：在钢化过程中采取水平辊支撑的方式生产出来的钢化玻璃
按形状分	平面钢化玻璃
	曲面钢化玻璃

表 5-23　长方形平面钢化玻璃边长允许偏差　/mm

<table>
<tr><th rowspan="2">厚度</th><th colspan="4">边　长　L</th></tr>
<tr><th>L≤1000</th><th>1000<L≤2000</th><th>2000<L≤3000</th><th>>3000</th></tr>
<tr><td>3
4
5
6</td><td>+1
−2</td><td rowspan="2">±3</td><td rowspan="3">±4</td><td rowspan="3">±5</td></tr>
<tr><td>8
10
12</td><td>+2
−3</td></tr>
<tr><td>15</td><td>±4</td><td>±4</td></tr>
<tr><td>19</td><td>±5</td><td>±5</td><td>±6</td><td>±7</td></tr>
<tr><td>>19</td><td colspan="4">供需双方商定</td></tr>
</table>

注：其他形状的钢化玻璃的尺寸及其允许偏差由供需双方商定。

表 5-24　长方形平面钢化玻璃对角线允许差值　/mm

玻璃公称厚度 d	边的长度 L		
	L≤2 000	2000<L≤3 000	L>3 000
3、4、5、6	±3.0	±4.0	±5.0
8、10、12	±4.0	±5.0	±6.0
15、19	±5.0	±6.0	±5.0
>19	供需双方商定		

表 5-25　边部及圆孔加工质量

<table>
<tr><td>边部加工质量</td><td colspan="2">由供需双方商定</td></tr>
<tr><td>圆孔的边部加工质量</td><td colspan="2">由供需双方商定</td></tr>
<tr><td rowspan="5">孔径及其允许偏差/mm</td><td>公称孔径(D)</td><td>允许偏差</td></tr>
<tr><td>D<4</td><td>供需双方商定</td></tr>
<tr><td>4≤D≤50</td><td>±1.0</td></tr>
<tr><td>50<D≤100</td><td>±2.0</td></tr>
<tr><td>D >100</td><td>供需双方商定</td></tr>
</table>

续表

孔的位置①	孔的边部距玻璃边部的距离 a	$\geqslant 2d$（d 为玻璃公称厚度）
	两孔孔边之间的距离 b	$\geqslant 2d$
	孔的边部距玻璃角部的距离 c	$\geqslant 6d$
	圆孔圆心的位置② x, y 的允许偏差	同玻璃的边长允许偏差相同（见表 5-23）

注：①如果孔的边部距玻璃角部的距离小于 35 mm，那么这个孔不应处在相对于角部对称的位置上。具体位置由供需双方商定。

②圆孔圆心的位置的表达方法如图 5-1 建立坐标系，用圆心的位置坐标（x, y）表达圆心的位置。

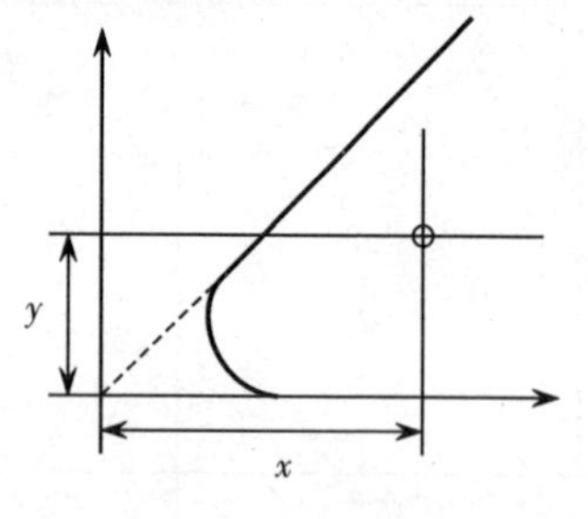

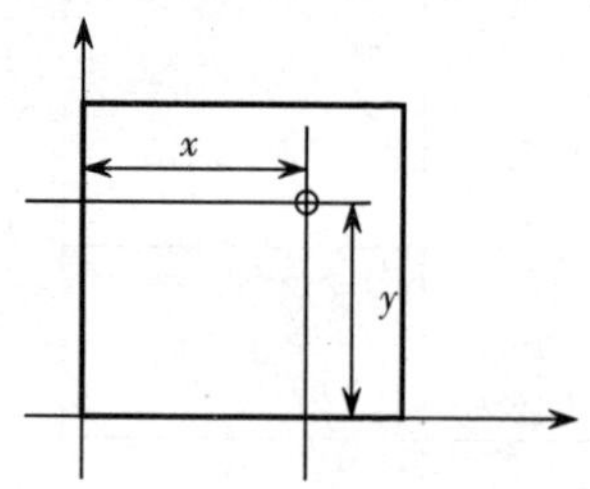

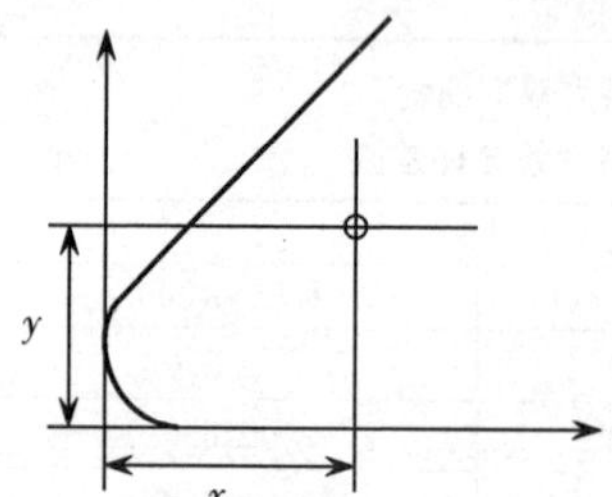

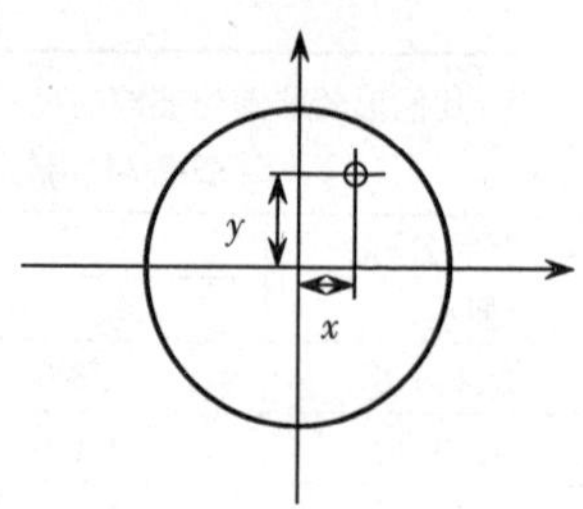

图 5-1 圆孔圆心位置的表示方法

表 5-26 钢化玻璃的厚度允许偏差 /mm

厚 度	3,4,5,6	8,10	12	15	19	>19
允许偏差	±0.2	±0.3	±0.4	±0.6	±1.0	供需双方商定

注：对于表中未作规定的公称厚度的玻璃，其厚度允许偏差可采用表中与其邻近的较薄厚度的玻璃的规定，或由供需双方商定。

表 5-27　钢化玻璃的外观质量

缺陷名称	说　　明	允许缺陷数
爆边	每片玻璃每米边长上允许有长度不超过 10 mm，自玻璃边部向玻璃板表面延伸深度不超过 2 mm，自板面向玻璃厚度延伸深度不超过厚度 1/3 的爆边	1 处
划伤	宽度在 0.1 mm 以下的轻微划伤，每平方米面积内允许存在条数	长≤100 mm 时 4 条
	宽度大于 0.1 mm 的划伤，每平方米面积内允许存在条数	宽 0.1～1 mm，长≤100 mm 时 4 条
夹钳印	夹钳印中心与玻璃边缘的距离	≤20 mm
	边部变形量	≤2 mm
裂纹、缺角	不允许存在	

表 5-28　钢化玻璃的技术指标

<table>
<tr><th>项目</th><th colspan="4">质量指标</th></tr>
<tr><td>弯曲度</td><td colspan="4">平型钢化玻璃的弯曲度，弓形时应不超过 0.5%，波形时应不超过 0.3%</td></tr>
<tr><td>抗冲击性</td><td colspan="4">取 6 块钢化玻璃试样进行试验，试样破坏数不超过 1 块为合格，多于或等于 3 块为不合格。破坏数为 2 块时，再另取 6 块进行试验，6 块必须全部不被破坏为合格</td></tr>
<tr><td rowspan="6">碎片状态</td><td colspan="4">取 4 块钢化玻璃试样进行试验，每块试样在 50 mm×50 mm 区域内的最少碎片数</td></tr>
<tr><td>玻璃品种</td><td>公称厚度/mm</td><td>最少碎片数/片</td><td>备注</td></tr>
<tr><td rowspan="3">平面钢化玻璃</td><td>3</td><td>30</td><td rowspan="4">允许有少量长条形碎片，其长度不超过 75 mm</td></tr>
<tr><td>4～12</td><td>40</td></tr>
<tr><td>≥15</td><td>30</td></tr>
<tr><td>曲面钢化玻璃</td><td>≥4</td><td>30</td></tr>
<tr><td>霰弹袋冲击性能</td><td colspan="4">取 4 块平型钢化玻璃试样进行试验，必须符合下列①或②中任意一条的规定。
①玻璃破碎时，每块试样的最大 10 块碎片质量的总和不得超过相当于试样 65 cm² 面积的质量，保留在框内的任何无贯穿裂纹的玻璃碎片的长度不能超过 120 mm
②霰弹袋下落高度为 1 200 mm 时，试样不破坏</td></tr>
<tr><td>表面应力</td><td colspan="4">钢化玻璃的表面应力不应小于 90MPa。
以制品为试样，取 3 块试样进行试验，当全部符合规定为合格，2 块试样不符合则为不合格，当 2 块试样符合时，再追加 3 块试样，如果 3 块全部符合规定则为合格</td></tr>
<tr><td>耐热冲击性能</td><td colspan="4">钢化玻璃应耐 200℃温差不破坏。
取 4 块试样进行试验，当 4 块试样全部符合规定时认为该项性能合格。当有 2 块以上不符合时，则认为不合格。当有 1 块不符合时，重新追加 1 块试样，如果它符合规定，则认为该项性能合格。当有 2 块不符合时，则重新追加 4 块试样，全部符合规定时则为合格</td></tr>
</table>

七、化学钢化玻璃(JC/T 977—2005)

化学钢化玻璃指的是通过离子交换，玻璃表层碱金属离子被熔盐中的其他碱金属离子置换，使机械强度提高的玻璃。

化学钢化玻璃的分类见表 5-29，化学钢化玻璃的技术要求见表 5-30 至表 5-34。

表 5－29　化学钢化玻璃的分类

分类方法	类型
按用途分	建筑用化学钢化玻璃：建筑物或室内作隔断使用的化学钢化玻璃，标记为 CSB
	建筑以外用化学钢化玻璃：仪表、光学仪器、复印机、家电面板等用化学钢化玻璃，标记为 CSOB
按表面应力值	Ⅰ类、Ⅱ类及Ⅲ类
按压应力层厚度	A类、B类及C类

注：标记示例

①表面应力为Ⅱ类、压应力层为 B类的建筑用化学钢化玻璃标记为：CSB-Ⅱ-B

②压应力层为 A 类的建筑以外用化学钢化玻璃标记为：CSOB-A

表 5－30　化学钢化玻璃允许厚度偏差　　/mm

厚度	允许偏差
2、3、4、5、6	±0.2
8、10	±0.3
12	±0.4

注：厚度小于 2 mm 及大于 12 mm 的化学钢化玻璃的厚度及厚度偏差由供需双方商定。

表 5－31　尺寸允许偏差　　/mm

厚度	边的长度 L			
	$L\leqslant 1\,000$	$1\,000<L\leqslant 2\,000$	$2\,000<L\leqslant 3\,000$	$L>3\,000$
<8	+1.0 -2.0	±3.0	±3.0	±4.0
$\geqslant 8$	+2.0 -3.0			

注：对于建筑用矩形化学钢化玻璃，其长度和宽度尺寸的允许偏差应符合表中的规定。对于其他形状及建筑以外用化学钢化玻璃，其尺寸偏差由供需双方商定。

对于矩形化学钢化玻璃制品，其对角线差值不应超过表 5-32 的规定。

表 5－32　矩形化学钢化玻璃对角线差值　　/mm

玻璃公称厚度 d	边的长度 L		
	$L\leqslant 2\,000$	$2\,000<L\leqslant 3\,000$	$L>3\,000$
3、4、5、6	3 0	4.0	5.0
8、10、12	4.0	5.0	6.0

注：厚度≤2 mm 及＞12 mm 的矩形化学钢化玻璃对角线差由供需双方商定。

表 5-33　化学钢化玻璃的外观质量

缺陷名称	说明	允许缺陷数
爆边	每片玻璃每米边长上允许有长度不超过 10 mm，自玻璃边部向玻璃板表面延伸深度不超过 2 mm，自板面向玻璃厚度延伸深度不超过厚度 1/3 的爆边个数	1 处
划伤	宽度在 0.1 mm 以下的轻微划伤，每平方米面积内允许存在条数	长度≤60 mm 时，4 条
裂纹、缺角	不允许存在	
渍迹、污雾	化学钢化玻璃表面不应有明显渍迹及污雾	

注：建筑用化学钢化玻璃外观质量应满足表中的规定，建筑以外用化学钢化玻璃外观质量由供需双方商定。

表 5-34　边部及圆孔加工质量

边部加工质量	建筑用化学钢化玻璃边部应进行倒角及细磨处理。建筑以外用化学钢化玻璃边部质量由供需双方商定	
圆孔的边部加工质量	由供需双方商定	
孔径及其允许偏差/mm	公称孔径(D)	允许偏差①
	$D<4$	供需双方商定
	$4\leqslant D\leqslant 20$	±1.0
	$20<D\leqslant 100$	±2.0
	>100	供需双方商定
孔的位置②	建筑用化学钢化玻璃制品孔的边部距玻璃边部的距离 a	$\geqslant 2d$ (d 为玻璃公称厚度)
	两孔孔边之间的距离 b	$\geqslant 2d$
	孔的边部距玻璃角部的距离 c	$\geqslant 6d$
	圆孔圆心的位置③ x，y 的允许偏差	同玻璃的边长允许偏差相同(见表 5-30)

注：①适用于公称厚度不小于 4 mm 的建筑用化学钢化玻璃。建筑以外用化学钢化玻璃孔径的允许偏差由供需双方商定。

②适用于公称厚度不小于 4 mm 且整板玻璃的孔不多于四个的玻璃制品。建筑以外用化学钢化玻璃孔的位置要求由供需双方商定。

③圆孔圆心的位置的表达方法如图 5-1 建立坐标系，用圆心的位置坐标(x，y)表达圆心的位置。

表 5-35　化学钢化玻璃的物理及力学性能

弯曲度	玻璃厚度 d/mm	弯曲度
	$d\geqslant 2$	0.3%
	$d<2$	供需双方商定
弯曲强度①(四点弯法)/MPa≥	150(以 95%的置信区间，5%的破损概率)	

续表

表面应力 P/MPa	Ⅰ类	$300<P\leqslant400$	
	Ⅱ类	$400<P\leqslant600$	
	Ⅲ类	$P>600$	
压应力层厚度 $d/\mu m$	A类	$12<d\leqslant25$	
	B类	$25<d\leqslant50$	
	C类	$d>50$	
抗冲击性	玻璃厚度 d/mm	冲击高度/m	冲击后状态
	$d<2$	1.0	试样不得破坏
	$d\geqslant2$	2.0	

注:①适用于 2 mm 以上建筑用化学钢化玻璃。

八、压花玻璃(JC/T 511—2002)

压花玻璃是用压延法生产玻璃时,在压延机的下压辊面上刻以花纹,当熔融玻璃流经压辊时即被压延而成。用于各种建筑物和构筑物的采光门窗、装饰以及家居用品等方面。如办公室、会议室、浴室、厕所、厨房、卫生间以及公共场所分隔室的门窗和隔断等处。

压花玻璃的技术指标见表 5-36,压花玻璃的外观质量见表 5-37。

表 5-36 压花玻璃的技术指标

项 目		质量指标				
厚度/mm	基本尺寸	3	4	5	6	8
	允许偏差	±0.3	±0.4	±0.4	±0.5	±0.6
长度和宽度尺寸允许偏差/mm		±2				±3
弯曲度/% ≤		0.3				
对角线差		小于两对角线平均长度的 0.2%				

表 5-37 压花玻璃的外观质量

缺陷类型	说 明	一等品			合格品		
图案不消	目测可见	不允许					
气泡	长度范围/mm	$2\leqslant L<5$	$5\leqslant L<10$	$L\geqslant10$	$2\leqslant L<5$	$5\leqslant L<15$	$L\geqslant15$
	允许个数	6.0×S	3.0×S	0	9.0×S	4.0×S	0
杂物	长度范围/mm	$2\leqslant L<3$		$L\geqslant3$	$2\leqslant L<3$		$L\geqslant3$
	允许个数	1.0×S		0	2.0×S		0
线条	长宽范围/mm	不允许			长度 $100\leqslant L<200$,宽度 $W<0.5$		
	允许条数				3.0×S		
皱纹	目测可见	不允许			边部 50mm 以内轻微的允许存在		
压痕	长度范围/mm	允许			$2\leqslant L<5$		$L\geqslant5$
	允许个数				2.0×S		0
划伤	长宽范围/mm	不允许			长度 $L\leqslant60$,宽度 $W<0.5$		
	允许条数				3.0×S		
裂纹	目测可见	不允许					
断面缺陷	爆边、凹凸、缺角等	不应超过玻璃板的厚度					

注:①表中 L 表示相应缺陷的长度,W 表示其宽度,S 是以平方米为单位的玻璃板的面积,气

泡、杂物、压痕和划伤的数量允许上限值是以 S 乘以相应系数所得的数值，此数值应按 GB/T 8170 修约至整数。

②对于 2 mm 以下的气泡，在直径为 100 mm 的圆内不允许超过 8 个。

③破坏性的杂物不允许存在。

九、着色玻璃(GB/T 18701—2002)

着色玻璃的分类见表 5-38，技术指标见表 5-39。

表 5-38　着色玻璃的分类

分类方法	类型及说明
按生产工艺分	着色浮法玻璃和着色普通平板玻璃
按用途分	着色浮法玻璃分为制镜级、汽车级、建筑级。着色普通平板玻璃按 GB 4871 划分等级
按色调分	茶色系列、金色系列、绿色系列、蓝色系列、紫色系列、灰色系列和红色系列等
按厚度分	着色浮法玻璃有 2 mm、3 mm、4 mm、5 mm、6 mm、8 mm、10 mm、12 mm、15 mm、19 mm；着色普通平板玻璃有 2mm、3mm、4mm、5mm

表 5-39　着色玻璃的技术指标

项　目			质量指标	
			着色浮法玻璃	着色普通平板玻璃
尺寸允许偏差、厚度允许偏差、对角线差、弯曲度			应符合 GB 11614 相应级别的规定	应符合 GB 4871 相应级别的规定
外观质量			光学变形入射角各级别均降低 5°，其余各项指标均应符合 GB 11614 相应级别的规定	应符合 GB 4871 相应级别的规定
光学性能	可见光透射比		厚度为 2 mm、3 mm、4 mm、5 mm、6 mm 的不低于 25% 厚度为 8 mm、10 mm、12 mm、15 mm～19 mm 的不低于 18%	不低于 25%
	允许偏差	可见光(350～780 nm)透射比/%	±2.0	±2.5
		太阳光(340～1 800 nm)直接透射比/%	±3.0	±3.5
		太阳能(340～1 800 nm)总透射比/%	±4.0	±4.5
颜色均匀性			采用 CIELAB 均匀色空间的色差 ΔE^*_{ab} 来表示。同一片和同一批产品的色差应符合着色浮法玻璃≤2.5，着色普通平板玻璃≤3.0	

十、镶嵌玻璃(JC/T 979—2005)

镶嵌玻璃是指将嵌条、玻璃片或其他装饰物组成图案形成具有装饰效果的玻璃制品，适用于建筑、装饰等用途。中空镶嵌玻璃是将嵌条、玻璃片组成图案置于两片玻璃内，周边用密封胶粘接密封，形成内部是干燥气体具有保温隔热性能的装饰玻璃制品。镶嵌玻璃按性能可分为：安全中空镶嵌玻璃和普通中空镶嵌玻璃。

镶嵌玻璃的技术要求见表 5-40。

表 5-40　镶嵌玻璃的技术要求

<table>
<tr><td rowspan="3">材料</td><td>玻璃</td><td colspan="2">安全中空镶嵌玻璃两侧应采用夹层玻璃、钢化玻璃。夹层玻璃应符合 GB 9962 的规定，钢化玻璃应符合 GB 9963 的规定。
普通中空镶嵌玻璃两侧可采用浮法玻璃、着色玻璃、镀膜玻璃、压花玻璃等。浮法玻璃应符合 GB 11614 的规定，着色玻璃应符合 GB/T 18701 的规定，镀膜玻璃应符合 GB/T 18915.1～18915.2 的规定，压花玻璃应符合 JC/T511 的规定。其他品种的玻璃应符合相应标准或由供需双方商定</td></tr>
<tr><td>嵌条</td><td colspan="2">可以是金属条等各种材料，其质量应符合相应标准、技术条件或订货文件的要求</td></tr>
<tr><td>密封胶</td><td colspan="2">可采用弹性密封材料或塑性密封材料作周边密封，其质量应符合相应标准、技术条件或订货文件的要求</td></tr>
<tr><td colspan="2">外观质量</td><td colspan="2">①嵌条应光滑、均匀，无明显色差，不得有焊液、氧化斑、污点及手印；
②焊点或接头平滑，厚度不超过 1.5 mm，不得有漏焊；
③焊点的涂色应符合双方规定的颜色要求。涂色的表面不得有起皮脱落；
④玻璃拼块与嵌条或边条之间不得有透光的露缝；
⑤玻璃拼块的结石、裂纹、缺角、爆边不允许存在，中空镶嵌玻璃外侧玻璃的裂纹、缺角和爆边不得超过玻璃厚度。玻璃拼块的磨边应平滑、均匀；
⑥宽度≤0.1 mm、长度≤30 mm 的划伤每平方米允许存在两条，宽度>0.1 mm 或长度>30 mm 的划伤不允许存在；
⑦中空镶嵌玻璃内不得有污迹、夹杂物的存在；
⑧有贴膜的镶嵌玻璃不得有大于 0.5 mm 的明显气泡存在</td></tr>
<tr><td rowspan="14">尺寸允许偏差/mm</td><td rowspan="5">矩形中空镶嵌玻璃的长度及宽度允许偏差</td><td>长(宽)度 L</td><td>允许偏差</td></tr>
<tr><td>$L<1000$</td><td>±2</td></tr>
<tr><td>$1000\leqslant L<2000$</td><td>+2、−3</td></tr>
<tr><td>$2000\leqslant L<3000$</td><td>±3</td></tr>
<tr><td>其他形状或 $L\geqslant 3000$</td><td>由供需双方商定</td></tr>
<tr><td rowspan="3">厚度允许偏差</td><td>公称厚度① t</td><td>允许偏差</td></tr>
<tr><td>$t\leqslant 22$</td><td>±1.5</td></tr>
<tr><td>$t>22$</td><td>±2.0</td></tr>
<tr><td rowspan="5">矩形镶嵌玻璃的最大允许叠差</td><td>长(宽)度 L</td><td>最大允许叠差</td></tr>
<tr><td>$L<1000$</td><td>2.0</td></tr>
<tr><td>$1000\leqslant L<2000$</td><td>3.0</td></tr>
<tr><td>$2000\leqslant L<3000$</td><td>4.0</td></tr>
<tr><td>其他形状或 $L\geqslant 3000$</td><td>由供需双方商定</td></tr>
</table>

耐紫外线辐照性能	两块中空镶嵌玻璃试样经紫外线照射试验，试样内表面无结雾或污染痕迹、玻璃无明显错位、无胶条蠕变、嵌条无明显变色为合格
露点	三块中空镶嵌玻璃试样的露点均≤－30 ℃为合格
高温高湿耐久性能	三块中空镶嵌玻璃试样经高温高湿循环耐久试验，试验后进行露点测试，露点均≤－30℃为合格
气候循环耐久性能	两块中空镶嵌玻璃试样经气候循环耐久试验，试验后进行露点测试，露点均≤－30℃为合格。是否进行该项性能试验，可由供需双方根据使用条件加以商定

注：①中空镶嵌玻璃的公称厚度为玻璃原片的公称厚度与间隔层厚度之和。

十一、阳光控制镀膜玻璃(GB/T 18915.1—2002)

阳光控制镀膜玻璃是对波长范围 350 nm～1 800 nm 的太阳光具有一定控制作用的镀膜玻璃。

阳光控制镀膜玻璃的分类见表 5-41。阳光控制镀膜玻璃的外观质量见表 5-42。阳光控制镀膜玻璃的技术指标见表 5-43。

表 5-41　阳光控制镀膜玻璃的分类

分类方法	类　型
按外观质量、光学性能差值、颜色均匀性分	优等品和合格品
按热处理加工性能分	非钢化阳光控制镀膜玻璃、钢化阳光控制镀膜玻璃和半钢化阳光控制镀膜玻璃

表 5-42　阳光控制镀膜玻璃的外观质量

缺陷名称	说　明	优等品	合格品
针孔/个	直径＜0.8 mm	不允许集中	—
	0.8 mm≤直径＜1.2 mm	中部：3.0×S 个且任意两针孔间距离大于 300 mm； 75 mm 边部：不允许集中	不允许集中
	1.2 mm≤直径＜1.6 mm	中部：不允许 75 mm 边部：3×S	中部：3.0×S 75 mm 边部：8.0×S
	1.6 mm≤直径≤2.5 mm	不允许	中部：2.0×S 75 mm 边部：5.0×S
	直径＞2.5 mm	不允许	不允许
斑点/个	1.0 mm≤直径≤2.5 mm	中部：不允许 75 mm 边部：2.0×S	中部：5.0×S 75 mm 边部：6.0×S
	2.5 mm＜直径≤5.0 mm	不允许	中部：1.0×S 75 mm 边部：4.0×S
	直径＞5.0 mm	不允许	不允许

续表

缺陷名称	说　明	优等品	合格品
斑纹	目视可见	不允许	不允许
暗道	目视可见	不允许	不允许
膜面划伤	0.1 mm≤宽度≤0.3 mm、长度≤60mm	不允许	不限 划伤间距离不得小于 100 mm
	宽度>0.3 mm 或长度>60 mm	不允许	不允许
玻璃面划伤/条	宽度≤0.5 mm、长度≤60 mm	3.0×*S*	—
	宽度>0.5 mm 或长度>60 mm	不允许	不允许

注：1. 针孔集中是指直径在 100 mm 圆面积内超过 20 个；

2. *S* 是以平方米为单位的玻璃板面积，保留小数点后两位；

3. 允许个数及允许条数为各系数与 *S* 相乘所得的数值，按 GB/T 8170 修约至整数；

4. 玻璃板的中部是指距玻璃板边缘 75 mm 以内的区域，其他部分为边部；

5. 阳光控制镀膜玻璃原片的外观质量应符合 GB 11614 中汽车级的技术要求。作为幕墙用的钢化、半钢化阳光控制镀膜玻璃原片进行边部精磨边处理。

表 5-43　阳光控制镀膜玻璃的技术指标

项　目		质量指标			
厚度偏差、尺寸偏差、弯曲度、对角线差		应符合 GB 11614 的规定。钢化阳光控制镀膜玻璃与半钢化阳光控制镀膜玻璃尺寸允许偏差、厚度允许偏差、弯曲度、对角线差应符合 GB 17841—1999 的规定			
光学性能①	可见光透射比>30%	允许偏差最大值(明示标称值)		允许最大差值(未明示标称值)	
		优等品	合格品	优等品	合格品
		±1.5%	±2.5%	≤3.0%	≤5.0%
	可见光透射比≤30%	±1.0%	±2.0%	≤2.0%	≤4.0%
颜色均匀性		采用CIELAB均匀色空间的色差 ΔE_{ab}^{*} 来表示。反射色色差优等品不得大于 2.5CIELAB,合格品不得大于 3.0CIELAB			
耐磨性		试验前后可见光透射比平均值的差值的绝对值不应大于 4%			
耐酸性		试验前后可见光透射比平均值的差值的绝对值不应大于 4%；并且膜层不能有明显的变化			
耐碱性		试验前后可见光透射比平均值的差值的绝对值不应大于 4%；并且膜层不能有明显的变化			
其他要求		供需双方协商解决			

注：①光学性能包括：紫外线透射比、可见光透射比、可见光反射比、太阳光直接透射比、太阳光直接反射比和太阳能总透射比，其差值应符合表中规定。对于明示标称值(系列

值)的产品,以标称值作为偏差的基准,偏差的最大值应符合本表的规定;对于未明示标称值的产品,则取三块试样进行测试,三块试样之间差值的最大值应符合本表的规定。

十二、低辐射镀膜玻璃(GB/T 18915.2—2002)

低辐射镀膜玻璃又称低辐射玻璃、"Low-E"玻璃,是一种对波长范围 4.5 μm～25 μm 的远红外线有较高反射比的镀膜玻璃。低辐射镀膜玻璃还可以复合阳光控制功能,称为阳光控制低辐射玻璃。

低辐射镀膜玻璃的分类见表 5-44,低辐射镀膜玻璃的外观质量见表 5-45,低辐射镀膜玻璃的技术指标见表 5-46。

表 5-44 低辐射镀膜玻璃的分类

分类方法	类 型
按外观质量分	优等品和合格品
按生产工艺分	离线低辐射镀膜玻璃和在线低辐射镀膜玻璃
按加工的工艺分	钢化低辐射镀膜玻璃、半钢化低辐射镀膜玻璃、夹层低辐射镀膜玻璃等

表 5-45 低辐射镀膜玻璃的外观质量

缺陷名称	说 明	优等品	合格品
针孔/个	直径<0.8 mm	不允许集中	—
	0.8 mm≤直径<1.2 mm	中部:3.0×S 个且任意两针孔间距离大于 300 mm; 75 mm 边部:不允许集中	不允许集中
	1.2 mm≤直径<1.6 mm	中部:不允许 75 mm 边部:3×S	中部:3.0×S 75 mm 边部:8.0×S
	1.6 mm≤直径≤2.5 mm	不允许	中部:2.0×S 75 mm 边部:5.0×S
	直径>2.5 mm	不允许	不允许
斑点/个	1.0 mm≤直径≤2.5 mm	中部:不允许 75 mm 边部:2.0×S	中部:5.0×S 75 mm 边部:6.0×S
	2.5 mm<直径≤5.0 mm	不允许	中部:1.0×S 75 mm 边部:4.0×S
	直径>5.0 mm	不允许	不允许
斑纹	目视可见	不允许	不允许
暗道	目视可见	不允许	不允许
膜面划伤	0.1 mm≤宽度≤0.3 mm、长度≤60 mm	不允许	不限 划伤间距离不得小于 100 mm
	宽度>0.3 mm 或长度>60 mm	不允许	不允许
玻璃面划伤/条	宽度≤0.5 mm、长度≤60 mm	3.0×S	—
	宽度>0.5 mm 或长度>60 mm	不允许	不允许

注:1.针孔集中是指直径在 100 mm 圆面积内超过 20 个。

2. S 是以平方米为单位的玻璃板面积，保留小数点后两位。

3. 允许个数及允许条数为各系数与 S 相乘所得的数值，按 GB/T 8170 修约至整数。

4. 玻璃板的中部是指距玻璃板边缘 75 mm 以内的区域，其他部分为边部。

表 5-46 低辐射镀膜玻璃的技术指标

项 目	质量指标	
厚度偏差	应符合 GB 11614 标准的有关规定	
尺寸偏差	应符合 GB 11614 标准的有关规定，不规则形状的尺寸偏差由供需双方商定。钢化、半钢化低辐射镀膜玻璃的尺寸偏差应符合 GB 17841—1999 标准的有关规定	
弯曲度	不应超过 0.2%。钢化、半钢化低辐射镀膜玻璃的弓形弯曲度不得超过 0.3%，波形弯曲度(mm/300mm)不得超过 0.2%	
对角线差	应符合 GB 11614 标准的有关规定。钢化、半钢化玻璃低辐射镀膜玻璃的对角线差应符合 GB 17841—1999 标准的有关规定	
光学性能①	允许偏差最大值(明示标称值)	允许最大差值(未明示标称值)
	±1.5%	≤3.0%
颜色均匀性	采用 CIELAB 均匀色空间的色差 ΔE^* 来表示。测量低辐射镀膜玻璃在使用时朝向室外的表面，该表面的反射色差 ΔE^* 不应大于 2.5CIELAB 色差单位	
辐射率	离线低辐射镀膜玻璃应低于 0.15%；在线低辐射镀膜玻璃应低于 0.25%	
耐磨性	试验前后试样的可见光透射比差值的绝对值不应大于 4%	
耐酸性	试验前后试样的可见光透射比差值的绝对值不应大于 4%	
耐碱性	试验前后试样的可见光透射比差值的绝对值不应大于 4%	
其他要求	供需双方协商解决	

注：①低辐射镀膜玻璃的光学性能包括：紫外线透射比、可见光透射比、可见光反射比、太阳光直接透射比、太阳光直接反射比和太阳能总透射比。这些性能的差值应符合表中规定。对于明示标称值(系列值)的产品，以标称值作为偏差的基准，偏差的最大值应符合本表的规定；对于未明示标称值的产品，则取三块试样进行测试，三块试样之间差值的最大值应符合本表的规定。

十三、防火玻璃——建筑用安全玻璃(GB 15763.1—2001)

防火玻璃是指在规定的耐火试验中能够保持其完整性和隔热性的特种玻璃。

防火玻璃的分类见表 5-47，防火玻璃的尺寸允许偏差见表 5-48 和表 5-49，防火玻璃的技术指标见表 5-50，防火玻璃的外观质量见表 5-51，防火玻璃的技术性能见表 5-52。

表 5-47　防火玻璃的分类

<table>
<tr><th>分类方法</th><th colspan="2">种类及说明</th></tr>
<tr><td rowspan="2">按结构分</td><td colspan="2">复合防火玻璃(FFB):由两层或两层以上玻璃复合而成或由一层玻璃和有机材料复合而成,并满足相应耐火等级要求的特种玻璃</td></tr>
<tr><td colspan="2">单片防火玻璃(DFB):由单层玻璃构成,并满足相应耐火等级要求的特种玻璃</td></tr>
<tr><td rowspan="3">按耐火性能分</td><td>A类防火玻璃:同时满足耐火完整性、耐火隔热性要求的防火玻璃</td><td rowspan="3">A、B、C 三类防火玻璃按耐火等级可分别分为Ⅰ级、Ⅱ级、Ⅲ级、Ⅳ级</td></tr>
<tr><td>B类防火玻璃:同时满足耐火完整性、热辐射强度要求的防火玻璃</td></tr>
<tr><td>C类防火玻璃:满足耐火完整性要求的防火玻璃</td></tr>
</table>

注:防火玻璃的标记示例

一块公称厚度为 15 mm、耐火性能为 A 类、耐火等级为Ⅰ级的复合防火玻璃的标记如下:FFB—15—AⅠ

一块公称厚度为 12 mm、耐火性能为 C 类、耐火等级为Ⅱ级的单片防火玻璃的标记如下:DFB—12—CⅡ

表 5-48　复合防火玻璃的尺寸允许偏差　/mm

<table>
<tr><th rowspan="2">玻璃的总厚度 d</th><th rowspan="2">厚度允许偏差</th><th colspan="2">长度或宽度(L)允许偏差</th></tr>
<tr><th>$L\leqslant 1200$</th><th>$1200<L\leqslant 2400$</th></tr>
<tr><td>$5\leqslant d<11$</td><td>±1.0</td><td>±2</td><td>±3</td></tr>
<tr><td>$11\leqslant d<17$</td><td>±1.0</td><td>±3</td><td>±4</td></tr>
<tr><td>$17\leqslant d\leqslant 24$</td><td>±1.3</td><td>±4</td><td>±5</td></tr>
<tr><td>$d>24$</td><td>±1.5</td><td>±5</td><td>±6</td></tr>
</table>

注:当长度 $L>2400$ mm 时,尺寸允许偏差由供需双方商定。

表 5-49　单片防火玻璃的尺寸允许偏差　/mm

<table>
<tr><th rowspan="2">玻璃厚度</th><th rowspan="2">厚度允许偏差</th><th colspan="3">长度或宽度(L)允许偏差</th></tr>
<tr><th>$L\leqslant 1000$</th><th>$1000<L\leqslant 2000$</th><th>$L>2000$</th></tr>
<tr><td>5
6</td><td>±0.2</td><td>+1
−2</td><td rowspan="3">±3</td><td rowspan="4">±4</td></tr>
<tr><td>8
10</td><td>±0.3</td><td rowspan="2">+2
−3</td></tr>
<tr><td>12</td><td>±0.4</td></tr>
<tr><td>15</td><td>±0.6</td><td>±4</td><td>±4</td></tr>
<tr><td>19</td><td>±1.0</td><td>±5</td><td>±6</td><td>±6</td></tr>
</table>

表 5-50　防火玻璃的技术指标

<table>
<tr><td colspan="2">项　目</td><td colspan="4">质量指标</td></tr>
<tr><td rowspan="2">耐火性能</td><td>耐火等级</td><td>Ⅰ</td><td>Ⅱ</td><td>Ⅲ</td><td>Ⅳ</td></tr>
<tr><td>耐火时间/mm≥</td><td>90</td><td>60</td><td>45</td><td>30</td></tr>
<tr><td rowspan="3">透光度</td><td>玻璃的总厚度 d</td><td>$5 \leqslant d < 11$</td><td>$11 \leqslant d < 17$</td><td>$17 \leqslant d \leqslant 24$</td><td>$d > 24$</td></tr>
<tr><td>透光度(%)　≥</td><td>75</td><td>70</td><td>65</td><td>60</td></tr>
<tr><td>单片防火玻璃</td><td colspan="4">由供需双方商定</td></tr>
<tr><td colspan="2">弯曲度</td><td colspan="4">弓形和波形时均不应超过 0.3%</td></tr>
</table>

表 5-51　防火玻璃的外观质量

<table>
<tr><td>类别</td><td>缺陷名称</td><td>质量指标</td></tr>
<tr><td rowspan="7">复合防火玻璃</td><td>气泡</td><td>直径 300 mm 圆内允许长 0.5～1.0 mm 的气泡 1 个</td></tr>
<tr><td>胶合层杂质</td><td>直径 500 mm 圆内允许长 2.0 mm 以下的杂质 2 个</td></tr>
<tr><td>裂痕</td><td>不允许存在</td></tr>
<tr><td>爆边</td><td>每米边长允许有长度不超过 20 mm、自边部向玻璃表面延伸深度不超过厚度一半的爆边 4 个</td></tr>
<tr><td>叠差</td><td rowspan="3">由供需双方商定</td></tr>
<tr><td>磨伤</td></tr>
<tr><td>脱胶</td></tr>
<tr><td rowspan="5">单片防火玻璃</td><td>爆边</td><td>不允许存在</td></tr>
<tr><td rowspan="2">划伤</td><td>宽度≤0.1 mm，长度≤50 mm 的轻微划伤，每平方米面积内不超过 4 条</td></tr>
<tr><td>0.1 mm<宽度<0.5 mm，长度≤50 mm 的轻微划伤，每平方米面积内不超过 1 条</td></tr>
<tr><td>结石、裂纹、缺角</td><td>不允许存在</td></tr>
<tr><td>波筋、气泡</td><td>不低于 GB 11614 建筑级的规定</td></tr>
</table>

注：复合防火玻璃周边 15mm 范围内的气泡、胶合层杂质不做规定。

表 5-52　防火玻璃的技术性能

<table>
<tr><td colspan="6">1. 耐火性能</td></tr>
<tr><td>防火玻璃类别</td><td>耐火等级</td><td>Ⅰ级</td><td>Ⅱ级</td><td>Ⅲ级</td><td>Ⅳ级</td></tr>
<tr><td>A 类(耐火完整性、耐火隔热性)</td><td rowspan="3">耐火时间/min ≥</td><td rowspan="3">90</td><td rowspan="3">60</td><td rowspan="3">45</td><td rowspan="3">30</td></tr>
<tr><td>B 类(耐火完整性、热辐射强度)</td></tr>
<tr><td>C 类(耐火完整性)</td></tr>
<tr><td colspan="6">2. 弯曲度
复合防火玻璃和单片防火玻璃的弯曲度，弓形和波形时均不应超过 0.3%</td></tr>
<tr><td colspan="6">3. 透光度</td></tr>
</table>

续表

	玻璃总厚度(d)	透光度/%
复合防火玻璃	$5 \leqslant d < 11$	$\geqslant 75$
	$11 \leqslant d < 17$	$\geqslant 70$
	$17 \leqslant d < 24$	$\geqslant 65$
	$d > 24$	$\geqslant 60$
单片防火玻璃	由供需双方商定	

4. 耐热性能

按 GB 15763.1—2001 第 6.6 条进行试验，试验后试样的外观质量应符合表 5-51、透光度应符合本表的规定

5. 耐寒性能

按 GB 15763.1—2001 第 6.7 条进行试验，试验后试样的外观质量应符合表 5-51、透光度应符合本表的规定

6. 耐紫外线辐照性能

当复合防火玻璃使用在有建筑采光要求的场合时，应考虑其耐紫外线辐照性能。

按 GB/T 5135.3 进行试验，试验后试样均不应产生显著变色、气泡及浑浊现象，同时防火玻璃的透光度的相对减少率应不大于 1000，见下式：

$$\frac{a-b}{a} \times 100\% \leqslant 10\%$$

式中：a——紫外线辐照前的透光度；

b——紫外线辐照后的透光度。

5. 力学性能

复合防火玻璃的抗冲击性能	按 GB 15763.1—2001 第 6.9 条进行试验，试验后玻璃应满足下述 a)、b)中的任意一条。 a)玻璃没有破坏。 b) 如果玻璃破坏，钢球不得穿透试样
单片防火玻璃的抗冲击性能	按 GB 15763.1—2001 第 6.9 条进行试验，试验后玻璃不得破碎
单片防火玻璃碎片状态	按 GB 15763.1—2001 第 6.10 条进行试验，每块样品在 50 mm×50 mm 区域内的碎片数应超过 40 块，横跨区域边界的碎片以半块计。允许有少量长条形碎片存在，但其长度不得超过 75 mm，且端部不是刀刃状；延伸至玻璃边缘的长条形碎片与玻璃边缘形成的夹角不得大于 45°

十四、光栅玻璃(JC/T 510—1993)

光栅玻璃主要用于建筑装饰及家具等场合。

光栅玻璃的分类见表 5-53；尺寸允许偏差见表 5-54；技术指标见表 5-55；外观质量见表5-56。

表 5-53 光栅玻璃的分类

分类方法	类　型
按结构分	普通夹层光栅玻璃、钢化夹层光栅玻璃和单层光栅玻璃
按品种分	透明光栅玻璃、印刷图案光栅玻璃、半透明半反射光栅玻璃和金属质感光栅玻璃
按耐化学稳定性分	A 类光栅玻璃、B 类光栅玻璃

表 5-54 光栅玻璃的尺寸允许偏差　/mm

厚　度		允许偏差	长度或宽度 L	允许偏差
单层		±0.4	L≤500	+4 −2
夹层	≤8	+0.8 −0.5	500<L≤1 000	±2
	>8	+1.0 −0.5	L>1 000	±3

注：光栅玻璃的形状、长度、宽度和厚度由供需双方商定。

表 5-55 光栅玻璃的技术指标

项　目	质量指标
平面光栅玻璃弯曲度/%≤	0.3
曲面光栅玻璃吻合度	由供需双方商定
太阳光直接反射比/%　≥	4
老化性能	试验后试样不应产生气泡、开裂、渗水和显著变色，且衍射效果不变
耐热性	试验后试样不应产生气泡、开裂和明显变色，且衍射效果不变
冻融性	试验后试样不应产生气泡、开裂和明显变色，且衍射效果不变
耐化学稳定性	试验后试样不应产生腐蚀和明显变色，且衍射效果不变
弯曲强度	平均值不应低于 25 MPa
抗冲击性	只对铺地的钢化夹层光栅玻璃进行冲击试验，取 6 块 610 mm×610 mm 的试样，试样破坏数不超过 1 块为合格，多于或等于 3 块为不合格，破坏数为 2 块时，再抽取 6 块进行试验，但 6 块必须全部不被破坏才为合格
耐磨性	只对铺地的钢化夹层光栅玻璃进行耐磨试验。取 3 块 100 mm×100 mm的试样，试验后，目测观察，试样表面不应出现明显可见磨损

表 5-56　光栅玻璃的外观质量

缺陷种类	说　明	允许数量
光栅层气泡	长 0.5～1 mm，每 0.1 m^2 面积内允许个数	3
	长>1～3 mm	2
	距离边部 10 mm 范围内允许个数	
	其他部位	不允许
划伤	宽度在 0.1 mm 以下的轻划伤	不限
	宽度在 0.1～0.5 mm 之间，每 0.1 m^2 面积内允许条数	4
爆边	每片玻璃每米长度上允许有长度不超过 20 mm，自玻璃边部向玻璃板表面延伸长度不超过 6 mm，自板面向玻璃厚度延伸深度不超过厚度一半，允许个数	6
	小于 1 m 的，允许个数	2
缺角	玻璃的角残缺以等分角线计算，长度不超过 5 mm，允许个数	1
图案	图案清晰，色泽均匀，不允许有明显漏缺	—
折皱	不允许有明显折皱	—
叠差	由供需双方商定	—

十五、热弯玻璃(JC/T 915－2003)

热弯玻璃按形状分为单弯热弯玻璃、折弯热弯玻璃、多曲面弯热弯玻璃等。

热弯玻璃的规格尺寸和外观要求见表 5-57 和表 5-58。

表 5-57　热弯玻璃的规格尺寸　/mm

1. 规格			
厚度范围	3～19		
最大尺寸	(弧长＋高度)/2<4 000，拱高<600		
其他厚度和规格	其他厚度和规格的制品由供需双方商定		
2. 尺寸偏差			
高度偏差	高度 C	高度允许偏差	
		玻璃厚度≤12	玻璃厚度>12
	C≤2 000	±3.0	±5.0
	C> 2 000	±5.0	±5.0
弧长偏差	弧长 D	弧长允许偏差	
		玻璃厚度≤12	玻璃厚度>12
	D≤1 520	±3.0	±5.0
	D>1 520	±5.0	±6.0
吻合度	弧长 D	弧长≤1/3 圆周的热弯玻璃的吻合度允许偏差	
		玻璃厚度≤12	玻璃厚度>12
	D≤2 440	±3.0	± 3.0
	2 440<D≤3 350	±5.0	±5.0
	D>3 350	±5.0	±6.0
	弧长>1/3 圆周的热弯玻璃的吻合度由供需双方商定		

续表

	高度 C	弧面允许弯曲偏差			
		玻璃厚度<6	玻璃厚度 6～8	玻璃厚度 10～12	玻璃厚度>12
弧面弯曲偏差	C≤1 220	2.0	3.0	3.0	3.0
	1 220<C≤2 440	3.0	3.0	5.0	5.0
	2 440<C≤3 350	5.0	5.0	5.0	5.0
	C> 3 350	5.0	5.0	5.0	6.0
扭曲	高度 C	曲率半径>460 mm、厚度为 3 mm～12 mm 的矩形热弯玻璃的允许扭曲值			
		弧长<2 440	弧长>2 440～3 050	弧长>3 050～3 660	弧长>3 660
	C≤1 830	3.0	5.0	5.0	5.0
	1 830<C≤2 440	5.0	5.0	5.0	8.0
	2 440<C≤3 050	5.0	5.0	6.0	8.0
	C>3 050	5.0	6.0	6.0	9.0
	其他厚度和曲率半径的热弯玻璃的扭曲由供需双方商定				

表 5-58 热弯玻璃的外观质量

缺陷	要求
气泡、夹杂物、表面裂纹	符合 GB 11614—1999 建筑级的要求
麻点	麻点在玻璃的中央区①，不能大于 1.6 mm，在周边区不能大于 2.4 mm
爆边、缺角、划伤	符合 GB/T 9963—1998《钢化玻璃》表 5 中合格品的规定
光学变形	垂直于玻璃表面观察时，透过玻璃观察到的物体无明显变形

注：①中央区是位于试样中央的，其轴线坐标或直径不大于整体尺寸的 80%的圆形或椭圆形区域。余下的部分为周边区。

十六、贴膜玻璃(JC 846—1999)

贴膜玻璃分为Ⅰ类、Ⅱ类、Ⅲ类。贴膜玻璃的外观质量见表 5-59，贴膜玻璃技术指标见表 5-60。

表 5-59 贴膜玻璃的外观质量

缺陷名称	贴膜玻璃
贴膜层气泡	不允许存在
贴膜层杂质	直径 500 mm 圆内允许长 2 mm 以下的贴膜层杂质 2 个
裂纹	不允许存在
爆边	每平方米玻璃允许有 4 个，其长度不超过 20 mm，自玻璃边部沿玻璃表面延伸深度不超过 4 mm，自板面向玻璃厚度延伸深度不超过厚度一半
磨伤、划伤	不得影响使用，可由供需双方商定
边部脱胶	
箔膜接缝	

表 5-60　贴膜玻璃技术指标

项目	指标
尺寸用偏差	贴膜玻璃长度、宽度及厚度的允许偏差必须符合与所使用的玻璃相对应的国家标准中有关长度、宽度及厚度的允许偏差的规定
可见光透射比	由供需双方商定。 取三块试样进行试验。当三块试样全部符合上述规定时为合格
可见光反射比	由供需双方商定。 取三块试样进行试验。当三块试样全部符合上述规定时为合格
紫外线透射比	由供需双方商定。 取三块试样进行试验。当三块试样全部符合上述规定时为合格
耐辐照	试验后试样不可产生显著变色、气泡及浑浊现象。同时，试样的可见光透射比相对变化率应不大于 10%，见下式： $$\Delta T=\frac{T_1-T_2}{T_1}\times 100\%$$ 式中：ΔT——可见光透射比相对变化率； T_1——为紫外线照射前的可见光透射比； T_2——为紫外线照射后的可见光透射比。 取三块试样进行试验。当三块试样全部符合上述规定为合格，一块试样符合时为不合格。当两块试样符合时，再追加三块新试样，当三块试样全部符合上述规定时则为合格
耐磨性	试样试验前后的雾度差值不得大于 10%。 取三块试验进行试验，当三块试样全部符合上述规定时为合格
抗性	1 200 mm 高度冲击后试样破坏，贴膜不得断裂，不得因玻璃剥落而暴露。 取六块试样进行试验。当五块或五块以上述规定时为合格。当三块或三块以下符合规定时为不合格。当四块符合时，则需追加六块新试样，六块均符合规定时为合格
霰弹袋冲击试验	Ⅰ类贴膜玻璃 a）试样破碎时，在试验后 5 min 内称量 10 块最大碎片，其质量的总和不得超过相当于试样 65 cm^2 面积的质量，且试样不得产生断裂，其破坏部分不可产生使直径为 75 mm 的球自由通过的开口 。 b）冲击后，试样不一定保留在框架内，但应保持完整。 取四块试样进行试验。四块试样必须全部符合上述规定
	Ⅱ类贴膜玻璃 a）试样破碎时，在试验后 5 min 称量 10 块最大碎片，其质量的总和不得超过相当于试样 65 cm^2 面积的质量，且试样不得产生断裂，其破坏部分不可产生使直径为 75 mm 的球自由通过的开口。 b）1 200 mm 冲击时，试样不破坏。 取四块试样进行试验。四块试样必须全部符合上述规定

续表

项目	指标
抗风载性	由供需双方商定进行该项试验，以便确定在给定风载条件下贴膜玻璃的适宜厚度
耐酸性	试样试验后不得出现任何软化、胶黏、龟裂或明显失透，试验前后的可见光透射比差值不应大于4%。 取三块试样进行试验。当三块试样全部符合上述规定时为合格
耐碱性	试样试验后不得出现任何软化、胶粘、龟裂或明显失透，试验前后的可见光透射比差值不应大于4%。 取三块试样进行试验。当三块试样全部符合上述规定时为合格
耐温度变化性	试样试验后不得出现任何裂纹、发雾、脱胶或其他显著的缺陷。 取三块试样进行试验。当三块试样全部符合上述规定时为合格
耐燃烧性	试验时，试样应符合下列 a)、b)或 c)中任意 1 条的规定。 a) 不燃烧； b) 可以燃烧，但燃烧速度不大于 250 mm/min； c) 如果从试验计时开始，火焰在 60 s 内自行熄灭，且燃烧距离不大于 50 mm，也被认为满足 b)条的燃烧速度要求。 取五块试样进行试验，五块试样必须全部符合上述规定

十七、玻璃马赛克(GB/T 7697—1996)

玻璃马赛克主要用做建筑装饰及艺术装饰材料。玻璃马赛克分为熔融玻璃马赛克、烧结玻璃马赛克和金星玻璃马赛克。

玻璃马赛克一般为正方形如 20 mm×20 mm，25 mm×25 mm，30 mm×30 mm，其他规格尺寸由供需双方协商。

玻璃马赛克的技术指标见表 5-61。

表 5-61　玻璃马赛克的技术指标

项　目			质量指标
尺寸及允许偏差/mm	边长	20,25	±0.5
		30	±0.6
	厚度	4.0,4.2	±0.4
		4.3	±0.5
	边长	327或其他尺寸的边长	±2
	线路	2.0,3.0或其他尺寸	±0.6
	周边距		1~8(允许偏差)

续表

项目				质量指标
外观质量/mm	变形	凹陷深度 ≤		0.3
		弯曲度 ≤		0.5
	缺边	长度 ≤		4.0(允许一处)
		宽度 ≤		2.0(允许一处)
	缺角	损伤长度 ≤		4.0(允许一处)
	开口气泡	长度 ≤		2.0
		宽度 ≤		0.1
	裂纹			不允许
	疵点			不明显
	皱纹			不密集
理化性能	玻璃马赛克与铺贴纸黏合牢固度			均无脱落
	脱纸时间	5 min 时		无脱落
		40 min 时		≥70%
	热稳定性	90° 18～25℃ 30 min 10 min 循环 3 次		全部试样均无裂纹和破损
	化学稳定性	盐酸溶液	1 mol/L,100℃,4 L	K≥99.90
		硫酸溶液	1 mol,100℃,4 h	K≥99.93
		氢氧化钠溶液	1 mol/L,100℃,4 h	K≥99.88
		蒸馏水	100℃,4 h	K≥99.96
色泽				目测同一批产品应基本一致

注:①K 为质量变化率。

②金星玻璃马赛克的金星分布闪烁面积应占总面积 20%以上,且星部分分布均匀。

③单块玻璃马赛克的背面应有锯齿状或阶梯状的沟纹。

十八、光学石英玻璃(JC/T 185—1996)

光学石英玻璃的牌号与名称见表 5-62。光学石英玻璃按下列各项质量指标分类和定级。①光谱特性:分三类;②光学均匀性:分五类;③双折射:分五类;④条纹:分三类和三级;⑤颗粒不均匀性:分三类;⑥气泡:分七类;⑦荧光特性:分二类。光学石英玻璃的分类见表 5-63～表 5-69,光学石英玻璃的技术指标见表 5-70。

表 5-62 光学石英玻璃的牌号与名称

牌号	名称	应用光谱波段/nm
JGS1	远紫外光学石英玻璃	185～2 500
JGS2	紫外光学石英玻璃	220～2 500
JGS3	红外光学石英玻璃	260～3 500

表 5-63　光学石英玻璃按光谱特性的分类

牌号	厚度 10 mm 毛坯的透过率/%					
	类别	185 nm	200 nm	220 nm	240 nm	300 nm	185～1 200 nm
JGS1	1	>85	>85	>85	>87	>90	无吸收峰
	2	>70	>80	>80	>80	>85	无吸收峰
	3	>70	>70	>70	>80	允许有吸收峰	允许有吸收峰
JGS2	厚度 10 mm 毛坯的透过率/%						
	类别	200 nm		240 nm		300 nm	
	1	>80		>75		>80	
	2	>75		>70		>75	
	3	>65		>65		—	
JGS3	厚度 10mm 毛坯的透过率/%						
	类别	2 000 nm	2 500 nm	2 700 nm	2 800 nm	2 600～2 800 nm	
	1	>90	>90	>90	>85	无吸收峰	
	2	>85	>-85	>85	>80	无吸收峰	
	3	>80	>80	>75	>75	允许有吸收峰	

注：JGS1、JGS2、JGS3 厚度 10 mm 毛坯可见光部分平均透过率均应大于 90%。

表 5-64　光学石英玻璃光学均匀性按最小鉴别角(φ)与理论鉴别角(φ_0)之比的分类

类别	φ/φ_0 最大比值	类别	φ/φ_0 最大比值
1	1.0	4	1.2
2	1.0	5	1.5
3	1.1		

注：1. 理论鉴别角(φ_0)等于 $120'/D$(圆孔)或 $115'/D$(长方孔)，D 为平行光管的光栏尺寸，并与毛坯的直径(圆形毛坯)或边长(长方形毛坯用以计算 φ_0 的边)相等。

2. 一类均匀性还需进行星点检查。星点衍射应是明亮的圆点，外面有些同心的圆环，但不应出现断裂、尾翅、畸角及扁圆变形等现象。

表 5-65　光学石英玻璃按双折射的分类

类别	最大光程差/nm·cm^{-1}	类别	最大光程差/nm·cm^{-1}
1	2	3	10
1a	4	4	20
2	6		

注：异形产品按协议协商解决。

表 5-66　光学石英玻璃按条纹分类和分级

	类别	观察投影现象
在条纹仪上，按规定方向观察毛坯时，条纹度等级划分	1	在屏上不应出现任何条纹影像；
	2	在屏上可发现条纹影像，每平方厘米不多于 3 条，宽度不超过1 mm，平行条纹所产生的双折射，不超过规定值的 0.5 倍；
	3	在屏上可发现条纹影像，其双折射不超过规定值的 1 倍

续表

根据规定观察毛坯的方向数，条纹等线划分	级别	观察毛坯的方向数
	A	3
	B	2
	C	1

表 5-67　光学石英玻璃按颗粒不均匀性分级

类别	观察投影屏影像
1	不出现任何不均匀颗粒影像
2	允许出现不均匀颗粒影像，见标样
3	出现不均匀颗粒影像

表 5-68　光学石英玻璃按气泡大小及数量的分类

类别	100g 毛坯中气泡总数/个	允许毛坯中气泡的个数				1.1～3 mm 透明杂质及不透明杂质(100 g 毛坯中允许个数)	3.1～5mm 透明及不透明杂质(1kg 毛坯中允许个数)
		0.03～0.30 mm	0.31～0.70 mm	0.71～1.00 mm	1.01～2.00 mm		
0	不允许	不允许	不允许	不允许	不允许	不允许	不允许
1	5	总数以内	不允许	不允许	不允许	不允许	不允许
2	30	总数以内	≤2 *	1 *	不允许	1	不允许
3	100	总数以内	≤5	2 *	不允许	1	1
4	300	总数以内	≤15	≤3	不允许	≤3	≤2
5	700	总数以内	≤50	≤3	≤2	≤4	≤3
6	1000	总数以内	≤100	≤15	≤4	≤5	≤4

注：1. 带“ * ”者只允许透明、不透明杂质。

2. 扁长气泡或杂质，取最长轴和最短轴的算术平均值为直径。

3. 气泡密集处以每平方厘米不得超过平均总数的三倍。

4. 尺寸小于 1 mm 的透明与不透明杂质按气泡计算。

5. 透明与不透明杂质包括：薄膜、蓝斑、气泡夹杂物、气泡群、晶体颗粒、灰白点、透明斑、褐色斑、黑点。

6. 群集状杂质或气群的计算方法，按外围杂质或气泡总外径计算(密集杂点或小气泡中，点间距离不得大于 2 mm)。

7. 对于 1 和 2 类玻璃不允许有带双折射区域的杂质。

表 5-69　光学石英玻璃按荧光特性的分类

类　别	荧　光　特　性
1	不允许发生荧光
2	允许发生荧光

表 5-70　光学石英玻璃的技术条件

<table>
<tr><td rowspan="5">技术条件
(1)</td><td rowspan="2">牌号</td><td colspan="6">1 kg 毛坯可达到的最高级别</td></tr>
<tr><td>光谱特性</td><td>光学均匀性</td><td>双折射</td><td>条纹</td><td>颗粒不均匀性</td><td>气泡</td></tr>
<tr><td>JGS1</td><td>1</td><td>1</td><td>1a</td><td>1C 或 2B</td><td>1</td><td>0</td></tr>
<tr><td>JGS2</td><td>3</td><td>2</td><td>1a</td><td>1C</td><td>2</td><td>2</td></tr>
<tr><td>JGS3</td><td>1</td><td>1</td><td>2</td><td>2A</td><td>2</td><td>2</td></tr>
<tr><td rowspan="4">技术条件
(2)</td><td rowspan="2">名称</td><td colspan="6">下列质量的毛坯尺寸</td></tr>
<tr><td>0.1～1 kg</td><td>1.01～3 kg</td><td>3.01～5 kg</td><td colspan="3">5.01～10 kg</td></tr>
<tr><td>最大长度/mm</td><td>200</td><td>250</td><td>300</td><td colspan="3">400</td></tr>
<tr><td>厚度/mm</td><td>3～30</td><td>10～50</td><td>20～50</td><td colspan="3">30～50</td></tr>
<tr><td rowspan="5">毛坯尺寸和订货要求</td><td rowspan="2">名称</td><td colspan="6">允许公差/mm</td></tr>
<tr><td><100g</td><td>101～200 g</td><td>201～500 g</td><td>501～1000 g</td><td>1001～2000 g</td><td>>2000 g</td></tr>
<tr><td>直径或边长
厚度</td><td>±0.5</td><td>±0.7</td><td>±1.0</td><td>±1.5</td><td>±2.0</td><td>±2.5</td></tr>
<tr><td>边缘厚度差
(楔形差)</td><td colspan="6">在厚度公差范围内</td></tr>
<tr><td>其他</td><td colspan="6">毛坯的工作面或欲进行性能测试的面,应当细磨或抛光。
订货方应在图纸上标明工作区、非工作区。在非工作区内不进行技术条件的测试。允许有不影响毛坯力学强度的疵病和粗条纹层,薄膜杂质等。加工时需去掉的区域允许有任何疵病</td></tr>
<tr><td rowspan="4">毛坯表面的疵病的厚度允许的范围</td><td rowspan="2">名　　称</td><td colspan="6">允许疵病层深度/mm　　≤</td></tr>
<tr><td><100 g</td><td>101～200 g</td><td>201～500 g</td><td>501～2 000 g</td><td colspan="2">>2000g</td></tr>
<tr><td>工作表面</td><td>0.3</td><td>0.5</td><td>1.5</td><td>1.7</td><td colspan="2">2.0</td></tr>
<tr><td>侧面或圆柱面</td><td>0.5</td><td>1.0</td><td>1.5</td><td>2.0</td><td colspan="2">2.5</td></tr>
<tr><td>热变色性</td><td colspan="7">生产厂必须保证在使用温度下,不出现高温变色</td></tr>
</table>

十九、居室用玻璃台盆、台面(JC 981—2005)

居室用玻璃台盆、台面的产品分类见表 5-71。居室用玻璃台盆、台面的技术要求见表 5-72 至表 5-75。

表 5-71　居室用玻璃台盆、台面的产品分类

分类方法	类　　型	
按加工工艺分	Ⅰ类	钢化玻璃台盆、台面、连体台盆
	Ⅱ类	半钢化玻璃台盆、连体台盆
	Ⅲ类	夹层玻璃台面
	Ⅳ类	普通玻璃台盆及连体台盆
按表面涂层分	A类	有涂层的玻璃台盆、台面
	B类	表面无涂层的玻璃台盆、台面

注:产品标记由产品名称、种类、厚度及标准代号组成。

标记示例 :一块公称厚度为 15 mm 的涂层钢化玻璃台盆标记如下:Ⅰ—15 A—JC 981

表 5-72　居室用玻璃台盆、台面的外观质量

缺陷名称		要　求	
		Ⅰ类、Ⅱ类	Ⅳ类
爆边	裸露边	不允许存在	供需商定
	非裸露边	600 mm 边长上允许有一个长度不超过 2 mm、自玻璃边部向玻璃板表面延伸深度不超过 0.5 mm、自板面向玻璃厚度延伸深度不超过 1/3 的爆边。	
	孔的爆边	不允许有大于 0.5 mm 的爆边存在	
划伤		宽度<0.1 mm、长度<50 mm 的轻微划伤，每平方米面积内允许存在四条； 宽度 0.1 mm～0.5 mm，长度<50 mm 的划伤，每平方米面积内允许两条； 宽度>0.5 mm 的划伤不允许存在	
裂纹		不允许存在	
结石		不允许存在	供需商定
气泡及其他外观缺陷		供需双方商定	

注：Ⅲ类玻璃台面的外观质量应符合 GB 9962—1999 中 5.2 的规定，涂层产品的色泽必须均匀，无明显色差。

表 5-73　居室用玻璃台盆、台面的尺寸和偏差　　/mm

	玻璃厚度	厚度允许偏差	长度或宽度 L 允许偏差		
			$L\leqslant$1 000	1 000<$L\leqslant$2 000	2 000<$L\leqslant$3 000
Ⅰ类、Ⅱ类、Ⅳ类玻璃台面的允许偏差	4	±0.3	+1 −2	±3	±4
	5				
	6				
	8	±0.6	+2 −3		
	10				
	12	±0.8			
	15		±4	±4	
	19	±1.2	±5	±5	±5
Ⅲ类玻璃台面的允许偏差	应符合 GB 9962—1999 中 5.3.1、5.3.2 和 5.3.3 的规定(包括长度及宽度的允许偏差，叠差、厚度偏差)				
台盆的外形尺寸及允许偏差	供需双方商定				

表 5-74　居室用玻璃台盆、台面的孔的配置、孔间距及孔径

<table>
<tr><td rowspan="8">孔的配置及孔间距/mm</td><td colspan="4">Ⅰ类、Ⅱ类、Ⅳ类台面靠近角的开孔：从角顶到孔边缘的最近距离应≥玻璃厚度的 6.5 倍</td></tr>
<tr><td rowspan="5">玻璃任一边到孔边缘上最近一点的距离或一个孔边缘到另一个孔边缘最近一点的距离</td><td>孔径 Φ①</td><td>玻璃厚度 t</td><td rowspan="2">孔到边部的距离或孔之间的距离 d</td></tr>
<tr><td rowspan="2">Φ<50</td><td>t≤12</td></tr>
<tr><td>t >12</td><td>d>2 t</td></tr>
<tr><td rowspan="2">Φ≥50</td><td>t≤12</td><td>d>2.5 t</td></tr>
<tr><td>t>12</td><td></td></tr>
<tr><td>Ⅰ类、Ⅱ类、Ⅳ类台面玻璃除圆孔外的任何角</td><td colspan="3">供需商定
必须进行倒圆角处理</td></tr>
<tr><td>Ⅲ类台面的孔配置及间距</td><td colspan="3">由供需双方商定</td></tr>
<tr><td rowspan="4">孔径及其允许偏差/mm</td><td colspan="2">孔径 Φ</td><td colspan="2">允许偏差</td></tr>
<tr><td rowspan="3">比玻璃厚度大 1.6 mm</td><td colspan="2">Φ≤50</td><td>±1.0</td></tr>
<tr><td colspan="2">50<Φ≤100</td><td>±1.5</td></tr>
<tr><td colspan="2">Φ>100</td><td>供需商定</td></tr>
</table>

注：①当孔为非圆形时，Φ 为最大孔径。

表 5-75　居室用玻璃台盆、台面的理化性能

<table>
<tr><td>项目</td><td colspan="2">指标</td></tr>
<tr><td>弯曲度</td><td colspan="2">玻璃台面的弯曲度弓形和波形≤0.3%</td></tr>
<tr><td rowspan="3">抗冲击性</td><td>Ⅰ、Ⅲ类玻璃台面</td><td>Ⅰ类玻璃台面试验后试样不得破碎；Ⅲ类玻璃台面试验后中间层不得断裂或不得因碎片的剥落而暴露</td></tr>
<tr><td>Ⅰ类、Ⅱ类玻璃台盆及各类连体台盆</td><td>试验后试样不得破碎</td></tr>
<tr><td>Ⅳ类普通白盆及连体台盆</td><td>Ⅳ类连体玻璃台盆冲击后应保持形状完整，无碎片散落、普通台盆的抗冲击性试验由供需双方商定</td></tr>
<tr><td>碎片状态</td><td colspan="2">Ⅰ类玻璃台盆、台面试验后允许有长条形碎片存在，但其长度不得超过 75 mm，且端部不是刀刃状；台盆玻璃在任一 50 mm×50 mm 的正方形内允许的碎片数应大于 20 片，台面玻璃在任一 50 mm×50 mm 的正方形内允许的碎片数应大于 30 片，当台盆与台面为一体时，其碎片状态应满足台盆玻璃的碎片状态要求</td></tr>
<tr><td rowspan="2">耐热冲击性</td><td>Ⅰ、Ⅱ类玻璃台盆、连体台盆</td><td>应能承受 100℃的温差</td></tr>
<tr><td>Ⅳ类玻璃台盆</td><td>应能承受 70℃的温差</td></tr>
<tr><td>耐酸性</td><td colspan="2">按本标准试验，A 类玻璃台盆、台面的涂层面不得有显著变化或脱落</td></tr>
<tr><td>耐碱性</td><td colspan="2">按本标准试验，A 类玻璃台盆、台面的涂层面不得有显著变化或脱落</td></tr>
</table>

第六章　陶瓷及其制品

第一节　陶瓷的基本知识

一、陶瓷的分类

陶瓷是由金属和非金属的无机化合物所构成的多晶多相固态物质。

陶瓷可分为普通陶瓷和特种陶瓷两类。普通陶瓷又称为传统瓷，是以天然的硅酸盐矿物（例如黏土、长石、石英等）为原料而制成的，也称为硅酸盐陶瓷。特种陶瓷又称为新型陶瓷或现代陶瓷，是以纯度较高的人工化合物为基本原料，沿用普通陶瓷的制造工艺而制成的。特种陶瓷按照采用的原料，可以分为：氧化物陶瓷、氮化物陶瓷、碳化物陶瓷、复合陶瓷、金属陶瓷及纤维增强陶瓷等。此外，陶瓷也可以按照使用性能及用途进行分类。例如，高温陶瓷、高强度陶瓷、高韧性陶瓷、耐磨陶瓷、耐酸陶瓷（化工陶瓷）、压电陶瓷、电介质陶瓷、光学陶瓷、磁性陶瓷、过滤陶瓷（多孔陶瓷）、日用陶瓷、艺术陶瓷、建筑陶瓷、电子陶瓷等。

常用陶瓷材料的分类及应用见表 6-1。

表 6-1　常用陶瓷材料的分类

名　称		原　料	主要特性	用　途
普通陶瓷	日用陶瓷	黏土、石英、长石、滑石等	强度、硬度、致密性和热稳定性优良	日常生活器皿
	建筑陶瓷	黏土、长石、石英等	吸水性、耐磨性、耐酸碱腐蚀性优良	铺设地面、输水管道及装置卫生间等
	电瓷	一般采用黏土、长石、石英等配制	介电强度高、耐冷热急变性能较好，抗拉、抗弯强度也较好	绝缘器件、输电及配电线路中的元器件等
	化工陶瓷（耐酸陶瓷）	黏土、焦宝石（熟料）、滑石、长石等	不易氧化、不污染介质、耐腐蚀及耐磨性能优良	石油化工、化纤、造纸等工业的防腐设备
	多孔陶瓷（过滤陶瓷）	原料品种多，如刚玉、碳化硅、石英质等均可做骨料	耐高温、耐腐蚀、具有微孔结构，能过滤、净化流体	液体过滤、气体过滤、隔热保温、催化剂载体等
特种陶瓷	磁性陶瓷（铁氧体）	各种氧化物	比金属磁性材料的涡流损失小、介质损耗低、高频导磁率高	高频磁芯、电声器件、超高频器件、电子计算机中的磁性存储器等
	电解质瓷	氧化铝、氧化锆、氧化钸、氧化钍等	常温下对电子有良好绝缘性，在一定温度和电场下对某些离子有良好的离子导电性	钠硫电池的隔膜材料、电子手表和高温燃料的电池材料等

续表

名称		原料	主要特性	用途
特种陶瓷	电容器陶瓷	如二氧化钛、钛酸盐、氟化钙等	介电常数大，高频损耗小，介电强度高	电容器的介质
	半导体陶瓷	主要采用氧化物再掺入各种金属元素或金属氧化物	具有半导体的特性，并对声、光、热、磁等有特殊的敏感性	热敏电阻、光敏电阻、压敏电阻、力敏电阻等各种敏感元件以及半导体电容器等
	导电陶瓷	氧化锶、氧化铬、氧化镧等复合而成	导电率高，热稳定性好	磁流体发电的电极材料
	压电陶瓷	钛酸钡、钛酸钙、钛酸铅、锆酸铅等	有良好的压电性能，能将电能和机械能互相转换	电声器件、换能器、滤波器等
	透明铁电陶瓷(光电陶瓷)	主要成分为掺镧的锆钛酸铅或铪钛酸铅	具有电控光散射和双折射效应以及光色散效应	光阀、光闸或电控多色滤色器以及光存储和显示材料
	装置瓷	高铝原料或滑石、菱镁矿、尖晶石等	强度较高，介质损耗小	高频绝缘子、插座、瓷轴等
	透明陶瓷	氧化铝、氧化钇、氧化镁以及氟化镁、硫化锌等	具有较好的透明度，可以通过一定波长范围光线或红外光	高温透镜、高温观察窗、防弹窗、红外检测窗、高压钠光灯灯管和其他高温碱金属蒸气灯灯管
	高温、高强度，耐磨、耐蚀陶瓷	氧化铝或氧化铍、氧化锆以及氮化硅、氮化硼、碳化硅、碳化硼等	热稳定性好、荷重软化温度高、导热性好、高温强度大，化学稳定性高、抗热冲击性好，硬度高、耐磨性好，高频绝缘性佳。有的并具有良好的高温导电性、耐辐照、吸收热中子截面大等特性	电炉，发热体、高温模具、特殊冶金坩埚、高温器皿、高温轴承、火花塞、燃气轮机叶片、浇注金属用喉嘴、火箭喷嘴、热电偶套管、金属切削刀具及其他耐磨、耐蚀零件、原子能反应堆吸收热中子控制棒等
	玻璃陶瓷(微晶玻璃)	氧化铝、氧化镁、氧化硅，外加晶核剂	力学强度高、耐热、耐磨、耐蚀、膨胀系数为零，并有良好的电特性	望远镜镜头、精密滚珠轴承、耐磨耐高温零件、微波天线、印制电路板等

二、陶瓷的性能

陶瓷的性能，见表 6-2。

表 6-2　陶瓷的性能

名称	说明
力学性能	由于晶界的存在，陶瓷的实际强度比理论值要低得多，其强度和应力状态有密切关系。陶瓷的抗拉强度很低，抗弯强度稍高，抗压强度很高，一般比抗拉强度高 10 倍。陶瓷材料具有极高的硬度，其硬度一般为 1 000～5 000 HV，而淬火钢一般为 500～800 HV，因而具有优良的耐磨性。 陶瓷的弹性模量高，刚度大，是各种材料中最高的。陶瓷材料在室温静拉伸载荷作用下，一般都不出现塑性变形阶段，在极微小弹性变形后即发生脆性断裂。陶瓷的弹性模量随陶瓷内的气孔率和温度的增高而降低。各类陶瓷材料弹性模量由大到小的排列顺序为：碳化物、氮化物、硼化物、氧化物。 陶瓷的塑性、韧性低，在室温下几乎没有塑性，伸长率和断面收缩率几乎为零。陶瓷的脆性很大，冲击韧度很低，对裂纹、冲击、表面损伤持别敏感。
物理性能	陶瓷材料的熔点高，大多在 2 000 ℃以上，有的可达 3 000 ℃以上。并且具有优良的高温强度。多数陶瓷的高温抗蠕变能力较强，陶瓷是常用的耐高温工程材料。陶瓷材料线胀系数一般都比较小。不同的陶瓷材料，其导热性能相差悬殊，有的是良导热体，有的则是绝热材料。热导率极低的陶瓷材料具有热稳定性好、耐高温、耐热冲击、红外线透过率高等许多特性，因此，可用于特殊冶金、高温模具、航天工业等各工业领域。 大多数陶瓷是良好的绝缘体。常用于制作隔电的瓷质绝缘器件，从低压瓷（1 kV 以下）直到超高压瓷（110 kV 以上）。由于陶瓷具有优异的介电特性，常用它制作电容器的介质，此外，还广泛应用于制造在高频、高温下工作的器件。 新型的陶瓷材料具有特殊的光学性能，如固体激光器材料（红宝石）、光导纤维、光储存材料等，对于摄影、通信、激光技术的发展有着重要的意义
化学性能	陶瓷的组织结构非常稳定，不但在室温下不会氧化，即使在 1 000 ℃以上的高温下也不会氧化。由于陶瓷具有稳定的化学结构，因而对酸、碱、盐类以及熔融的有色金属均有较强的抵抗能力，所以在工业中得到广泛应用

第二节　建筑陶瓷

一、陶瓷砖和卫生陶瓷分类（GB/T 9195—1999）

陶瓷砖是由黏土或其他非金属原料，以成型、烧结等工艺处理，用于装饰与保护建筑物、构筑物墙面及地面的板状或块状陶瓷制品。也可称为陶瓷饰面砖。陶瓷砖的分类见表 6-3。

卫生陶瓷：用做卫生设施的有釉陶瓷制品。卫生陶瓷的分类见表 6-4。

表 6-3　陶瓷砖的分类

种　类	说　　明
瓷质砖	吸水率不超过 0.5%的陶瓷砖
炻瓷砖	吸水率大于 0.5%，不超过 3%的陶瓷砖
细炻砖	吸水率大于 3%，不超过 6%的陶瓷砖
炻质砖	吸水率大于 6%，不超过 10%的陶瓷砖
陶质砖	吸水率大于 10%的陶瓷砖，正面施釉的也可称为釉面砖
挤出砖	将可塑性坯料经过挤压机挤出，再切割成型的陶瓷砖
干压陶瓷砖	将坯粉置于模具中高压下压制成型的陶瓷砖
其他成型方式陶瓷砖	通常生产的干压陶瓷砖和挤压陶瓷砖以外的陶瓷砖
内墙砖	用于装饰与保护建筑物内墙的陶瓷砖
外墙砖	用于装饰与保护建筑物外墙的陶瓷砖
室内地砖	用于装饰与保护建筑物内部地面的陶瓷砖
室外地砖	用于装饰与保护室外构筑物地面的陶瓷砖
有釉砖	正面施釉的陶瓷砖
无釉砖	不施釉的陶瓷砖
平面装饰砖瓦	正面为平面的陶瓷砖
立体装饰砖	正面呈凹凸纹样的陶瓷砖。
陶瓷锦砖	用于装饰与保护建筑物地面及墙面的由多块小砖拼贴成联的陶瓷砖（也称马赛克）
配件砖	用于铺砌建筑物墙脚、拐角等特殊装修部位的陶瓷砖
广场砖	用于铺砌广场及道路的陶瓷砖
抛光砖	经过机械研磨、抛光，表面呈镜面光泽的陶瓷砖
渗花砖	将可溶性色料溶液渗入坯体内，烧成后呈现色彩或花纹的陶瓷砖
劈离砖	由挤出法成型为两块背面相连的砖坯，经烧成后敲击分离成的陶瓷砖

表 6-4　卫生陶瓷的分类

种　类	形　　式
便器	蹲便器：有返水弯、无返水弯 坐便器：冲落式、虹吸式、喷射虹吸式、连体式、壁挂式、挂箱式
水箱	低水箱（带盖）、壁挂式、坐装式高水箱
小便器	壁挂式、落地式
洗面器	器壁挂式、立柱式、台式
浴盆	
净身器	直喷式、斜喷式、前后交叉喷洗
洗手盆	
洗涤槽	
存水弯	S 型、P 型
小件卫生陶瓷	衣帽钩、手纸盒、皂盒、门杯托、毛巾架（托）、手巾杆、化妆台板等

二、陶瓷砖(GB/T 4100—2006)

陶瓷砖是由黏土和其他无机非金属原料制造的用于覆盖墙面和地面的薄板制品。陶瓷砖是在室温下通过挤压或干压或其他方法成型，干燥后，在满足性能要求的温度下烧制而成。砖是有釉(GL)或无釉(UGL)的，而且是不可燃、不怕光的。

陶瓷砖的分类见表 6-5。陶瓷砖的技术要求见表 6-6 至表 6-18。

表 6-5　陶瓷砖按成型方法和吸水率分类表

吸水率 成型方法	低吸水率	中吸水率		高吸水率
	Ⅰ类 $E \leq 3\%$	Ⅱa 类 $3\% < E \leq 6\%$	Ⅱ b类 $6\% < E \leq 10\%$	Ⅲ 类 $E > 10\%$
A(挤压)	AⅠ类	AⅡa1 类①	AⅡb1 类①	AⅢ类
		AⅡa2 类①	AⅡb2 类①	
B(干压)	BⅠa 类 瓷质砖 $E < 0.5\%$	BⅡa 类 细炻砖	BⅡb 类 炻质砖	BⅢ类② 陶质砖
	BⅠb 类 炻瓷砖 0.5% $E \leq 3\%$			
C(其他)③	CⅠa	CⅡa	CⅡb	CⅢ

注：① AⅡa 类和 AⅡb 类按照产品不同性能分为两个部分。

② BⅢ类仅包括有釉砖，此类不包括吸水率大于 10%的干压成型无釉砖。

③ 本标准中不包括这类砖。

表 6-6　挤压陶瓷砖技术要求 ($E \leq 3\%$，AⅠ类)

尺寸和表面质量		精细	普通
长度和宽度	每块砖(2 条或 4 条边)的平均尺寸相对于工作尺寸(W)的允许偏差/%	±1.0%，最大±2 mm	±2.0%，最大±4 mm
	每块砖(2 条或 4 条边)的平均尺寸相对于 10 块砖(20 条或 40 条边)平均尺寸的允许偏差/%	±1.0%	±1.5%
	制造商选择工作尺寸应满足以下要求 a. 模数砖名义尺寸连接宽度允许在(3～11)mm 之间①。 b. 非模数砖工作尺寸与名义尺寸之间的偏差不大于±3 mm		
厚度 a. 厚度由制造商确定。 b. 每块砖厚度的平均值相对于工作尺寸厚度的允许偏差/%		±10%	±10%
边直度②(正面) 相对于工作尺寸的最大允许偏差/%		±0.5%	±0.6%
直角度② 相对于工作尺寸的最大允许偏差/%		±1.0%	±1.0%

尺寸和表面质量		精细	普通
表面平整度最大允许偏差/%	a. 相对于由工作尺寸计算的对角线的中心弯曲度	±0.5%	±1.5%
	b. 相对于工作尺寸的边弯曲度	±0.5%	±1.5%
	c. 相对于由工作尺寸计算的对角线的翘曲度	±0.8%	±1.5%
表面质量		至少95%的砖主要区域无明显缺陷	
物理性能		精细	普通
吸水率②,质量分数		平均值≤3.0%,单值≤3.3%	平均值≤3.0%,单值≤3.3%
破坏强度/N	a. 厚度≥7.5 mm	≥1 100	≥1 100
	b. 厚度<7.5 mm	≥600	≥600
断裂模数/ N·mm^{-2} 不适用于破坏强度≥3 000 N 的砖		平均值≥23,单值≥18	平均值≥23,单值≥18
耐磨性	a. 无釉地砖耐磨损体积/mm^3	≤275	≤275
	b. 有釉地砖表面耐磨性④	报告陶瓷砖耐磨性级别和转数	
线性热膨胀系数⑤	从环境温度到100℃	见表6-8	
抗热震性⑤		见表6-8	
有釉砖抗釉裂性⑥		经试验应无釉裂	
抗冻性⑤		见表6-8	
地砖摩擦因数		制造商应报告陶瓷地砖的摩擦因数和试验方法	
湿膨胀/mm·m^{-1}		见表6-8	
小色差⑤		见表6-8	
抗冲击性⑤		见表6-8	
化学性能		精细	普通
耐污染性	a. 有釉砖	最低3级	最低3级
	b. 无釉砖⑤	见表6-8	
抗化学腐蚀性	耐低浓度酸和碱 a 有釉砖 b. 无釉砖⑦	制造商应报告耐化学腐蚀性等级	制造商应报告耐化学腐蚀性等级
	耐高浓度酸和碱⑤	见表6-8	
	耐家庭化学试剂和游泳池盐类 a. 有釉砖 b. 无釉砖⑦	不低于GB级 不低于UB级	不低于GB级 不低于UB级
铅和镉的溶出量⑤		见表6-8	

注:① 以非公制尺寸为基础的习惯用法也可用在同类型砖的连接宽度上。

② 不适用于有弯曲形状的砖。

③ 在烧成过程中，产品与标准板之间的微小色差是难免的。本条款不适用于在砖的表面有意制造的色差（表面可能是有釉的、无釉的或部分有釉的）或在砖的部分区域内为了突出产品的特点而希望的色差。用于装饰目的的斑点或色斑不能看作为缺陷。

④有釉地砖耐磨性分级可参照表 6-7 规定。

⑤ 表中所列“见表 6-8”涉及项目不是所有产品都必检的，是否有必要对这些项目进行检验应按表 6-8 的规定确定。

⑥ 制造商对于为装饰效果而产生的裂纹应加以说明，这种情况下，标准规定的釉裂试验不适用。

⑦ 如果色泽有微小变化，不应算是化学腐蚀。

⑧ 吸水率最大单个值为 0.5%的砖是全玻化砖（常被认为是不吸水的）。

表 6-7　有釉地砖耐磨性分级

级别	说明
0	该级有釉砖不适用于铺贴地面
1	该级有釉砖适用于柔软的鞋袜或不带有划痕灰尘的光脚使用的地面（例如：没有直接通向室外通道的卫生间或卧室使用的地面）
2	该级有釉砖适用于柔软的鞋袜或普通鞋袜使用的地面。大多数情况下，偶尔有少量划痕灰尘（例如：家中起居室，但不包括厨房、入口处和其他有较多来往的房间），该等级的砖不能用特殊的鞋，例如带平头钉的鞋
3	该级有釉砖适用于平常的鞋袜，带有少量划痕灰尘的地面（例如：家庭的厨房、客厅、走廊、阳台、凉廊和平台）。该等级的砖不能用特殊的鞋，例如带平头钉的鞋
4	该级有釉砖适用于有划痕灰尘，来往行人频繁的地面，使用条件比 3 类地砖恶劣（例如：入口处、饭店的厨房、旅店、展览馆和商店等）
5	该级有釉砖适用于行人来往非常频繁并能经受划痕灰尘的地面，甚至于在使用环境较恶劣的场所（例如：公共场所如商务中心、机场大厅、旅馆门厅、公共过道和工业应用场所等）

表 6-8　部分非强制性试验项目的说明

试验项目	说明
用恢复系数确定砖的抗冲击性	该试验使用在抗冲击性有特别要求的场所。一般轻负荷场所要求的恢复系数是 0.55，重负荷场所则要求更高的恢复系数
线性热膨胀的测定	大多数陶瓷砖都有微小的线性热膨胀，若陶瓷砖安装在有高热变性的情况下应进行该项试验
抗热震性的测定	所有陶瓷砖都具有耐高温性，凡是有可能经受热震应力的陶瓷砖都应进行该项试验
湿膨胀的测定	大多数有釉砖和无釉砖都有微小的自然湿膨胀，当正确铺贴（或安装）时，不会引起铺贴问题。但在不规范安装和一定的湿度条件下，当湿膨胀大于 0.06%时（0.66 mm/m）就有可能出问题
抗冻性的测定	对于明示并准备用在受冻环境中的产品必须通过该项试验，一般对明示不用于受冻环境中的产品不要求该项试验

续表

试验项目	说明
耐化学腐蚀性的测定	陶瓷砖通常都具有抗普通化学药品的性能。若准备将陶瓷砖在有可能受腐蚀的环境下使用时，应按进行高浓度酸和碱的耐化学腐蚀性试验
耐污染性的测定	该标准要求对有釉砖是强制的。对于无釉砖，若在有污染的环境下使用，建议制造商考虑耐污染性的问题。对于某些有釉砖因釉层下的坯体吸水而引起的暂时色差，本标准不适用
有釉砖铅和镉溶出量的测定	当有釉砖是用于加工食品的工作台或墙面且砖的釉面与食品有可能接触的场所时，则要求进行该项试验
小色差的测定	本标准只适用于在特定环境下的单色有釉砖，而且仅在认为单色有釉砖之间的小色差是重要的特定情况下采用本标准方法

表 6-9　挤压陶瓷砖技术要求($3\%<E\leqslant6\%$，AⅡa类——第1部分)

尺寸和表面质量		精细	普通
长度和宽度	每块砖(2条或4条边)的平均尺寸相对于工作尺寸(*W*)的允许偏差/%	±1.25%，最大±2mm	±2.0%，最大±4mm
	每块砖(2条或4条边)的平均尺寸相对于10块砖(20条或40条边)平均尺寸的允许偏差/%	±1.0%	±1.5%
	制造商选择工作尺寸应满足以下要求 a.模数砖名义尺寸连接宽度允许在(3～11) mm之间①。 b.非模数砖工作尺寸与名义尺寸之间的偏差不大于±3 mm		
厚度 a.厚度由制造商确定。 b.每块砖厚度的平均值相对于工作尺寸厚度的允许偏差/%		±10%	±10%
边直度②(正面) 相对于工作尺寸的最大允许偏差/%		±0.5%	±0.6%
直角度② 相对于工作尺寸的最大允许偏差/%		±1.0%	±1.0%
表面平整度最大允许偏差/%	a.相对于由工作尺寸计算的对角线的中心弯曲度	±0.5%	±1.5%
	b.相对于工作尺寸的边弯曲度	±0.5%	±1.5%
	c.相对于由工作尺寸计算的对角线的翘曲度	±0.8%	±1.5%
表面质量③		至少95%的砖主要区域无明显缺陷	
物理性能		精细	普通
吸水率②(质量分数)		3.0%<平均值≤6.0%，单值≤6.5%	3.0%<平均值≤6.0%，单值≤6.5%
破坏强度/N	a.厚度≥7.5 mm	≥950	≥950
	b.厚度<7.5 mm	≥600	≥600

续表

尺寸和表面质量		精细	普通
断裂模数/ N·mm^{-2} 不适用于破坏强度≥3 000 N 的砖		平均值≥20， 单值≥18	平均值≥20， 单值≥18
耐磨性	a. 无釉地砖耐磨损体积/mm^3	≤393	≤393
	b. 有釉地砖表面耐磨性④	报告陶瓷砖耐磨性级别和转数	
线性热膨胀系数⑤	从环境温度到 100℃	见表 6-8	
抗热震性⑤		见表 6-8	
有釉砖抗釉裂性⑥		经试验应无釉裂	
抗冻性⑤		见表 6-8	
地砖摩擦因数		制造商应报告陶瓷地砖的摩擦因数和试验方法	
湿膨胀/mm·m^{-1}		见表 6-8	
小色差⑤		见表 6-8	
抗冲击性⑤		见表 6-8	
化学性能		精细	普通
耐污染性	a. 有釉砖	最低 3 级	最低 3 级
	b. 无釉砖⑤	见表 6-8	
抗化学腐蚀性	耐低浓度酸和碱 a. 有釉砖 b. 无釉砖⑦	制造商应报告耐化学腐蚀性等级	制造商应报告耐化学腐蚀性等级
	耐高浓度酸和碱⑤	见表 6-8	
	耐家庭化学试剂和游泳池盐类 a. 有釉砖 b. 无釉砖⑦	不低于 GB 级 不低于 UB 级	不低于 GB 级 不低于 UB 级
铅和镉的溶出量⑤		见表 6-8	

注：表注①～⑧同表 6-6。

表 6-10　挤压陶瓷砖技术要求(3%<E≤6%，AⅡa 类——第 2 部分)

尺寸和表面质量		精细	普通
长度和宽度	每块砖(2 条或 4 条边)的平均尺寸相对于工作尺寸(W)的允许偏差(%)	±1.5%， 最大±2 mm	±2.0%， 最大±4 mm
	每块砖(2 条或 4 条边)的平均尺寸相对于 10 块砖(20 条或 40 条边)平均尺寸的允许偏差(%)	±1.5%	±1.5%
	制造商选择工作尺寸应满足以下要求 a. 模数砖名义尺寸连接宽度允许在(3～11) mm 之间①。 b. 非模数砖工作尺寸与名义尺寸之间的偏差不大于±3 mm		

续表

尺寸和表面质量		精细	普通
厚度 a. 厚度由制造商确定。 b. 每块砖厚度的平均值相对于工作尺寸厚度的允许偏差(%)		±10%	±10%
边直度②(正面) 相对于工作尺寸的最大允许偏差(%)		±1.0%	±1.0%
直角度② 相对于工作尺寸的最大允许偏差(%)		±1.0(%)	±1.0(%)
表面平整度最大允许偏差(%)	a. 相对于由工作尺寸计算的对角线的中心弯曲度	±1.0%	±1.5%
	b. 相对于工作尺寸的边弯曲度	±1.0%	±1.5%
	c. 相对于由工作尺寸计算的对角线的翘曲度	±1.5%	±1.5%
表面质量③		至少95%的砖主要区域无明显缺陷	
物理性能		精细	普通
吸水率②(质量分数)		3.0%＜平均值≤6.0%,单值≤6.5%	3.0%＜平均值≤6.0%,单值≤6.5%
破坏强度/N	a. 厚度≥7.5 mm	≥800	≥800
	b. 厚度＜7.5 mm	≥600	≥600
断裂模数/ $N\cdot mm^{-2}$ 不适用于破坏强度≥3 000 N的砖		平均值≥13,单值≥11	平均值≥13,单值≥11
耐磨性	a. 无釉地砖耐磨损体积/mm^3	≤541	≤541
	b. 有釉地砖表面耐磨性④	报告陶瓷砖耐磨性级别和转数	
线性热膨胀系数⑤	从环境温度到100℃	见表6-8	
抗热震性⑤		见表6-8	
有釉砖抗釉裂性⑥		经试验应无釉裂	
抗冻性⑤		见表6-8	
地砖摩擦因数		制造商应报告陶瓷地砖的摩擦因数和试验方法	
湿膨胀/$mm\cdot m^{-1}$		见表6-8	
小色差⑤		见表6-8	
抗冲击性⑤		见表6-8	
化学性能		精细	普通
耐污染性	a. 有釉砖	最低3级	最低3级
	b. 无釉砖⑤	见表6-8	

续表

尺寸和表面质量		精细	普通
抗化学腐蚀性	耐低浓度酸和碱 a. 有釉砖 b. 无釉砖[7]	制造商应报告耐化学腐蚀性等级	制造商应报告耐化学腐蚀性等级
	耐高浓度酸和碱[5]	见表 6-8	
	耐家庭化学试剂和游泳池盐类 a. 有釉砖 b. 无釉砖[7]	不低于 GB 级 不低于 UB 级	不低于 GB 级 不低于 UB 级
铅和镉的溶出量[5]		见表 6-8	

注:表注①～⑧同表 6-6。

表 6-11　挤压陶瓷砖技术要求(6%<E≤10% AⅡb 类——第 1 部分)

尺寸和表面质量		精细	普通
长度和宽度	每块砖(2 条或 4 条边)的平均尺寸相对于工作尺寸(W)的允许偏差(%)	±2.0%，最大±2 mm	±2.0%，最大±4 mm
	每块砖(2 条或 4 条边)的平均尺寸相对于 10 块砖(20 条或 40 条边)平均尺寸的允许偏差(%)	±1.5%	±1.5%
	制造商选择工作尺寸应满足以下要求 a. 模数砖名义尺寸连接宽度允许在(3～11) mm 之间[1]。 b. 非模数砖工作尺寸与名义尺寸之间的偏差不大于±3 mm		
厚度 a. 厚度由制造商确定。 b. 每块砖厚度的平均值相对于工作尺寸厚度的允许偏差(%)		±10%	±10%
边直度[2](正面) 相对于工作尺寸的最大允许偏差(%)		±1.0%	±1.0%
直角度[2] 相对于工作尺寸的最大允许偏差(%)		±1.0%	±1.0%
表面平整度最大允许偏差(%)	a. 相对于由工作尺寸计算的对角线的中心弯曲度	±1.0%	±1.5%
	b. 相对于工作尺寸的边弯曲度	±1.0%	±1.5%
	c. 相对于由工作尺寸计算的对角线的翘曲度	±1.5%	±1.5%
表面质量[3]		至少 95%的砖主要区域无明显缺陷	
物理性能		精细	普通
吸水率[2](质量分数)		6%＜平均值≤10%，单值≤11%	6%＜平均值≤10%，单值≤11%
破坏强度/N		≥900	≥900

续表

尺寸和表面质量		精细	普通
断裂模数/N·mm^{-2} 不适用于破坏强度≥3 000 N的砖		平均值≥17.5，单值≥15	平均值≥17.5，单值≥15
耐磨性	a. 无釉地砖耐磨损体积/mm^3	≤649	≤649
	b. 有釉地砖表面耐磨性④	报告陶瓷砖耐磨性级别和转数	
线性热膨胀系数⑤	从环境温度到100℃	见表6-8	
抗热震性⑤		见表6-8	
有釉砖抗釉裂性⑥		经试验应无釉裂	
抗冻性⑤		见表6-8	
地砖摩擦因数		制造商应报告陶瓷地砖的摩擦因数和试验方法	
湿膨胀/mm·m^{-1}		见表6-8	
小色差⑤		见表6-8	
抗冲击性⑤		见表6-8	
化学性能		精细	普通
耐污染性	a. 有釉砖	最低3级	最低3级
	b. 无釉砖⑤	见表6-8	
抗化学腐蚀性	耐低浓度酸和碱 a. 有釉砖 b. 无釉砖⑦	制造商应报告耐化学腐蚀性等级	制造商应报告耐化学腐蚀性等级
	耐高浓度酸和碱⑤	见表6-8	
	耐家庭化学试剂和游泳池盐类 a. 有釉砖 b. 无釉砖⑦	不低于GB级 不低于UB级	不低于GB级 不低于UB级
铅和镉的溶出量⑤		见表6-8	

注：表注①～⑧同表6-6。

表6-12　挤压陶瓷砖技术要求(6%<*E*≤10%，AⅡb类——第2部分)

尺寸和表面质量		精细	普通
长度和宽度	每块砖(2条或4条边)的平均尺寸相对于工作尺寸(W)的允许偏差(%)	±2.0%，最大±2 mm	±2.0%，最大±4 mm
	每块砖(2条或4条边)的平均尺寸相对于10块砖(20条或40条边)平均尺寸的允许偏差(%)	±1.5%	±1.5%
	制造商选择工作尺寸应满足以下要求 a. 模数砖名义尺寸连接宽度允许在3～11 mm之间①。 b. 非模数砖工作尺寸与名义尺寸之间的偏差不大于±3 mm		

续表

尺寸和表面质量		精细	普通
厚度 a. 厚度由制造商确定。 b. 每块砖厚度的平均值相对于工作尺寸厚度的允许偏差(%)		±10%	±10%
边直度②(正面) 相对于工作尺寸的最大允许偏差(%)		±1.0%	±1.0%
直角度② 相对于工作尺寸的最大允许偏差(%)		±1.0%	±1.0%
表面平整度最大允许偏差(%)	a. 相对于由工作尺寸计算的对角线的中心弯曲度	±1.0%	±1.5%
	b. 相对于工作尺寸的边弯曲度	±1.0%	±1.5%
	c. 相对于由工作尺寸计算的对角线的翘曲度	±1.5%	±1.5%
表面质量③		至少95%的砖主要区域无明显缺陷	
物理性能		精细	普通
吸水率②(质量分数)		6%<平均值≤10%,单值≤11%	6%<平均值≤10%,单值≤11%
破坏强度/N		≥750	≥750
断裂模数/ $N \cdot mm^{-2}$ 不适用于破坏强度≥3 000 N的砖		平均值≥9,单值≥8	平均值≥9,单值≥8
耐磨性	a. 无釉地砖耐磨损体积/mm^3	≤1062	≤1062
	b. 有釉地砖表面耐磨性④	报告陶瓷砖耐磨性级别和转数	
线性热膨胀系数⑤	从环境温度到100℃	见表6-8	
抗热震性⑤		见表6-8	
有釉砖抗釉裂性⑥		经试验应无釉裂	
抗冻性⑤		见表6-8	
地砖摩擦因数		制造商应报告陶瓷地砖的摩擦因数和试验方法	
湿膨胀/$mm \cdot m^{-1}$		见表6-8	
小色差⑤		见表6-8	
抗冲击性⑤		见表6-8	
化学性能		精细	普通
耐污染性	a. 有釉砖	最低3级	最低3级
	b. 无釉砖⑤	见表6-8	

续表

化学性能		精细	普通
抗化学腐蚀性	耐低浓度酸和碱 a. 有釉砖 b. 无釉砖⑦	制造商应报告耐化学腐蚀性等级	制造商应报告耐化学腐蚀性等级
	耐高浓度酸和碱⑤	见表 6-8	
	耐家庭化学试剂和游泳池盐类 a. 有釉砖 b. 无釉砖⑦	 不低于 GB 级 不低于 UB 级	 不低于 GB 级 不低于 UB 级
铅和镉的溶出量⑤		见表 6-8	

注：表注①～⑧同表 6-6。

表 6-13　挤压陶瓷砖技术要求（*E*＞ 10 %。A Ⅲ类）

尺寸和表面质量		精细	普通
长度和宽度	每块砖(2 条或 4 条边)的平均尺寸相对于工作尺寸(*W*)的允许偏差(%)	±2.0%，最大±2 mm	±2.0%，最大±4 mm
	每块砖(2 条或 4 条边)的平均尺寸相对于 10 块砖(20 条或 40 条边)平均尺寸的允许偏差(%)	±1.5%	±1.5%
	制造商选择工作尺寸应满足以下要求 a. 模数砖名义尺寸连接宽度允许在 3～11 mm 之间①。 b. 非模数砖工作尺寸与名义尺寸之间的偏差不大于±3 mm		
厚度 a. 厚度由制造商确定。 b. 每块砖厚度的平均值相对于工作尺寸厚度的允许偏差(%)		±10%	±10%
边直度②(正面) 相对于工作尺寸的最大允许偏差(%)		±1.0%	±1.0%
直角度② 相对于工作尺寸的最大允许偏差(%)		±1.0%	±1.0%
表面平整度最大允许偏差(%)	a. 相对于由工作尺寸计算的对角线的中心弯曲度	±1.0%	±1.5%
	b. 相对于工作尺寸的边弯曲度	±1.0%	±1.5%
	c. 相对于由工作尺寸计算的对角线的翘曲度	±1.5%	±1.5%
表面质量③		至少 95%的砖主要区域无明显缺陷	
物理性能		精细	普通
吸水率②(质量分数)		平均值＞10%	平均值＞10%
破坏强度/N		≥600	≥600
断裂模数/ N · mm^{-2} 不适用于破坏强度≥3 000 N 的砖		平均值≥8，单值≥7	平均值≥8，单值≥7

续表

尺寸和表面质量		精细	普通
耐磨性	a. 无釉地砖耐磨损体积/mm^3	≤2 365	≤2 365
	b. 有釉地砖表面耐磨性④	报告陶瓷砖耐磨性级别和转数	
线性热膨胀系数⑤	从环境温度到 100℃	见表 6-8	
抗热震性⑤		见表 6-8	
有釉砖抗釉裂性⑥		经试验应无釉裂	
抗冻性⑤		见表 6-8	
地砖摩擦因数		制造商应报告陶瓷地砖的摩擦因数和试验方法	
湿膨胀/$mm \cdot m^{-1}$		见表 6-8	
小色差⑤		见表 6-8	
抗冲击性⑤		见表 6-8	
化学性能		精细	普通
耐污染性	a. 有釉砖	最低 3 级	最低 3 级
	b. 无釉砖⑤	见表 6-8	
抗化学腐蚀性	耐低浓度酸和碱 a. 有釉砖 b. 无釉砖⑦	制造商应报告耐化学腐蚀性等级	制造商应报告耐化学腐蚀性等级
	耐高浓度酸和碱⑤	见表 6-8	
	耐家庭化学试剂和游泳池盐类 a. 有釉砖 b. 无釉砖⑦	不低于 GB 级 不低于 UB 级	不低于 GB 级 不低于 UB 级
铅和镉的溶出量⑤		见表 6-8	

注：表注①～⑧同表 6-6。

表 6-14　干压陶瓷砖：瓷质砖技术要求(E<0.5%，BⅠa 类)

尺寸和表面质量		产品表面积 S/cm^2				
		$S \leq 90$	$90<S \leq 190$	$190<S \leq 410$	$410<S \leq 1600$	$S>1600$
长度和宽度	每块砖(2 条或 4 条边)的平均尺寸相对于工作尺寸(W)的允许偏差(%)	±1.2	±1.0	±0.75	±0.6	±0.5
		每块抛光砖(2 条或 4 条边)的平均尺寸相对于工作尺寸的允许偏差为±1.0 mm				
	每块砖(2 条或 4 条边)的平均尺寸相对于 10 块砖(20 条或 40 条边)平均尺寸的允许偏差/%	±0.75	±0.5	±0.5	±0.5	±0.4
	制造商选择工作尺寸应满足以下要求 a. 模数砖名义尺寸连接宽度允许在 2～5 mm 之间①。 b. 非模数砖工作尺寸与名义尺寸之间的偏差不大于±2%，最大 5 mm					

续表

<table>
<tr><th colspan="2" rowspan="2">尺寸和表面质量</th><th colspan="5">产品表面积 S/cm²</th></tr>
<tr><th>$S\leqslant 90$</th><th>$90<S\leqslant 190$</th><th>$190<S\leqslant 410$</th><th>$410<S\leqslant 1600$</th><th>$S>1600$</th></tr>
<tr><td colspan="2">厚度
a. 厚度由制造商确定。
b. 每块砖厚度的平均值相对于工作尺寸厚度的允许偏差(%)</td><td>±10</td><td>±10</td><td>±5</td><td>±5</td><td>±5</td></tr>
<tr><td colspan="2" rowspan="2">边直度[2](正面)
相对于工作尺寸的最大允许偏差(%)</td><td>±0.75</td><td>±0.5</td><td>±0.5</td><td>±0.5</td><td>±0.3</td></tr>
<tr><td colspan="5">抛光砖的边直度允许偏差为±0.2%,且最大偏差≤2.0 mm</td></tr>
<tr><td colspan="2" rowspan="2">直角度[2]
相对于工作尺寸的最大允许偏差(%)</td><td>±1.0</td><td>±0.6</td><td>±0.6</td><td>±0.6</td><td>±0.5</td></tr>
<tr><td colspan="5">抛光砖的直角度允许偏差为±0.2%,且最大偏差≤2.0 mm,边长>600 mm 的砖,直角度用对边长度差和对角线长度差表示,最大偏差≤2.0 mm</td></tr>
<tr><td rowspan="4">表面平整度最大允许偏差(%)</td><td>a. 相对于由工作尺寸计算的对角线的中心弯曲度</td><td>±1.0</td><td>±0.5</td><td>±0.5</td><td>±0.5</td><td>±0.4</td></tr>
<tr><td>b. 相对于工作尺寸的边弯曲度</td><td>±1.0</td><td>±0.5</td><td>±0.5</td><td>±0.5</td><td>±0.4</td></tr>
<tr><td>c. 相对于由工作尺寸计算的对角线的翘曲度</td><td>±1.0</td><td>±0.5</td><td>±0.5</td><td>±0.5</td><td>±0.4</td></tr>
<tr><td colspan="6">抛光砖的表面平整度允许偏差为±0.2%,且最大偏差≤2.0 mm
边长>600 mm 的砖,表面平整度用上凸和下凹表示,其最大偏差≤2.0 mm</td></tr>
<tr><td colspan="2">表面质量[3]</td><td colspan="5">至少 95%的砖主要区域无明显缺陷</td></tr>
<tr><td colspan="2">物理性能</td><td colspan="5">要求</td></tr>
<tr><td colspan="2">吸水率[8],质量分数</td><td colspan="5">平均值≤0.5%,单值≤0.6%</td></tr>
<tr><td rowspan="2">破坏强度/N</td><td>a. 厚度≥7.5 mm</td><td colspan="5">≥1 300</td></tr>
<tr><td>b. 厚度<7.5 mm</td><td colspan="5">≥700</td></tr>
<tr><td colspan="2">断裂模数/ $N\cdot mm^{-2}$
不适用于破坏强度≥3 000 N 的砖</td><td colspan="5">平均值≥35,
单值≥32</td></tr>
<tr><td rowspan="2">耐磨性</td><td>a. 无釉地砖耐磨损体积/mm^3</td><td colspan="5">≤175</td></tr>
<tr><td>b. 有釉地砖表面耐磨性[4]</td><td colspan="5">报告陶瓷砖耐磨性级别和转数</td></tr>
<tr><td colspan="2">线性热膨胀系数[5]
从环境温度到 100℃</td><td colspan="5">见表 6-8</td></tr>
<tr><td colspan="2">抗热震性[5]</td><td colspan="5">见表 6-8</td></tr>
<tr><td colspan="2">有釉砖抗釉裂性[6]</td><td colspan="5">经试验应无釉裂</td></tr>
<tr><td colspan="2">抗冻性</td><td colspan="5">经试验应无裂纹或剥落</td></tr>
<tr><td colspan="2">地砖摩擦因数</td><td colspan="5">制造商应报告陶瓷地砖的摩擦因数和试验方法</td></tr>
</table>

续表

尺寸和表面质量		产品表面积 S/cm^2				
		$S\leqslant 90$	$90<S\leqslant 190$	$190<S\leqslant 410$	$410<S\leqslant 1\,600$	$S>1\,600$
湿膨胀⑤/mm·m^{-1}		见表 6-8				
小色差⑤		见表 6-8				
抗冲击性⑤		见表 6-8				
抛光砖光泽度⑨		≥55				
化学性能		要求				
耐污染性	a. 有釉砖	最低 3 级				
	b. 无釉砖⑤	见表 6-8				
抗化学腐蚀性	耐低浓度酸和碱 a. 有釉砖 b. 无釉砖⑦	制造商应报告耐化学腐蚀性等级				
	耐高浓度酸和碱⑤	见表 6-8				
	耐家庭化学试剂和游泳池盐类 a. 有釉砖 b. 无釉砖⑦	不低于 GB 级 不低于 UB 级				
铅和镉的溶出量⑤		见表 6-8				

注:①以非公制尺寸为基础的习惯用法也可用在同类型砖的连接宽度上。

②不适用于有弯曲形状的砖。

③在烧成过程中,产品与标准板之间的微小色差是难免的。本条款不适用于在砖的表面有意制造的色差(表面可能是有釉的、无釉的或部分有釉的)或在砖的部分区域内为了突出产品的特点而希望的色差。用于装饰目的的斑点或色斑不能看作为缺陷。

④有釉地砖耐磨性分级可参照表 6-7 规定。

⑤表中所列"见表 6-8"涉及项目不是所有产品都必检的,是否有必要对这些项目进行检验应按表 6-8 的规定确定。

⑥制造商对于为装饰效果而产生的裂纹应加以说明,这种情况下,标准规定的釉裂试验不适用。

⑦如果色泽有微小变化,不应算是化学腐蚀。

⑧吸水率最大单个值为 0.5%的砖是全玻化砖(常被认为是不吸水的)。

⑨适用于有镜面效果的抛光砖,不包括半抛光和局部抛光的砖。

表 6-15　干压陶瓷砖:炻瓷砖技术要求(0.5%<E≤3%,BⅠb 类)

尺寸和表面质量		产品表面积 S/cm²			
		S≤90	90<S≤190	190<S≤410	S>410
长度和宽度	每块砖(2 条或 4 条边)的平均尺寸相对于工作尺寸(W)的允许偏差(%)	±1.2	±1.0	±0.75	±0.6
	每块砖(2 条或 4 条边)的平均尺寸相对于 10 块砖(20 条或 40 条边)平均尺寸的允许偏差(%)	±0.75	±0.5	±0.5	±0.5
	制造商选择工作尺寸应满足以下要求 a. 模数砖名义尺寸连接宽度允许在 2～5 mm 之间[①]。 b. 非模数砖工作尺寸与名义尺寸之间的偏差不大于±2%,最大 5 mm				
厚度 a. 厚度由制造商确定。 b. 每块砖厚度的平均值相对于工作尺寸厚度的允许偏差(%)		±10	±10	±5	±5
边直度[②](正面) 相对于工作尺寸的最大允许偏差(%)		±0.75	±0.5	±0.5	±0.5
直角度[②] 相对于工作尺寸的最大允许偏差/%		±1.0	±0.6	±0.6	±0.6
表面平整度最大允许偏差(%)	a. 相对于由工作尺寸计算的对角线的中心弯曲度	±1.0	±0.5	±0.5	±0.5
	b. 相对于工作尺寸的边弯曲度	±1.0	±0.5	±0.5	±0.5
	c. 相对于由工作尺寸计算的对角线的翘曲度	±1.0	±0.5	±0.5	±0.5

表面质量[③]		至少 95%的砖主要区域无明显缺陷
物理性能		要求
吸水率[⑧](质量分数)		0.5%<E≤3%,单个最大值≤3.3%
破坏强度/N	a. 厚度≥7.5 mm	≥1 100
	b. 厚度<7.5 mm	≥700
断裂模数/ N·mm⁻² 不适用于破坏强度≥3 000 N 的砖		平均值≥30, 单个最小值≥27
耐磨性	a. 无釉地砖耐磨损体积/mm³	≤175
	b. 有釉地砖表面耐磨性[④]	报告陶瓷砖耐磨性级别和转数
线性热膨胀系数[⑤] 从环境温度到 100℃		见表 6-8
抗热震性[⑤]		见表 6-8
有釉砖抗釉裂性[⑥]		

续表

尺寸和表面质量		产品表面积 S/cm²			
		S≤90	90<S≤190	190<S≤410	S>410
经试验应无釉裂					
抗冻性		经试验应无裂纹或剥落			
地砖摩擦因数		制造商应报告陶瓷地砖的摩擦因数和试验方法			
湿膨胀⑤/mm·m⁻¹		见表 6-8			
小色差⑤		见表 6-8			
抗冲击性⑤		见表 6-8			
化学性能		要求			
耐污染性	a. 有釉砖	最低 3 级			
	b. 无釉砖⑤	见表 6-8			
抗化学腐蚀性	耐低浓度酸和碱 a. 有釉砖 b. 无釉砖⑦	制造商应报告耐化学腐蚀性等级			
	耐高浓度酸和碱⑤	见表 6-8			
	耐家庭化学试剂和游泳池盐类 a. 有釉砖 b. 无釉砖⑦	 不低于 GB 级 不低于 UB 级			
铅和镉的溶出量⑤		见表 6-8			

注:表注①～⑧同表 6-14。

表 6-16 干压陶瓷砖:细炻砖技术要求(3%<E≤6%,BⅡa 类)

尺寸和表面质量		产品表面积 S/cm²			
		S≤90	90<S≤190	190<S≤410	S>410
长度和宽度	每块砖(2 条或 4 条边)的平均尺寸相对于工作尺寸(W)的允许偏差(%)	±1.2	±1.0	±0.75	±0.6
	每块砖(2 条或 4 条边)的平均尺寸相对于 10 块砖(20 条或 40 条边)平均尺寸的允许偏差(%)	±0.75	±0.5	±0.5	±0.5
	制造商选择工作尺寸应满足以下要求 a. 模数砖名义尺寸连接宽度允许在(2～5)mm 之间①。 b. 非模数砖工作尺寸与名义尺寸之间的偏差不大于±2%,最大 5 mm				
厚度 a. 厚度由制造商确定。 b. 每块砖厚度的平均值相对于工作尺寸厚度的允许偏差(%)		±10	±10	±5	±5
边直度②(正面) 相对于工作尺寸的最大允许偏差(%)		±0.75	±0.5	±0.5	±0.5
直角度② 相对于工作尺寸的最大允许偏差(%)		±1.0	±0.6	±0.6	±0.6

续表

<table>
<tr><th colspan="2" rowspan="2">尺寸和表面质量</th><th colspan="4">产品表面积 S/cm^2</th></tr>
<tr><th>$S \leqslant 90$</th><th>$90 < S \leqslant 190$</th><th>$190 < S \leqslant 410$</th><th>$S > 410$</th></tr>
<tr><td rowspan="3">表面平整度最大允许偏差(%)</td><td>a. 相对于由工作尺寸计算的对角线的中心弯曲度</td><td>±1.0</td><td>±0.5</td><td>±0.5</td><td>±0.5</td></tr>
<tr><td>b. 相对于工作尺寸的边弯曲度</td><td>±1.0</td><td>±0.5</td><td>±0.5</td><td>±0.5</td></tr>
<tr><td>c. 相对于由工作尺寸计算的对角线的翘曲度</td><td>±1.0</td><td>±0.5</td><td>±0.5</td><td>±0.5</td></tr>
<tr><td colspan="2">表面质量③</td><td colspan="4">至少95%的砖主要区域无明显缺陷</td></tr>
<tr><td colspan="2">物理性能</td><td colspan="4">要求</td></tr>
<tr><td colspan="2">吸水率⑧(质量分数)</td><td colspan="4">$0.5\% < E \leqslant 6\%$,单个最大值$\leqslant 6.5\%$</td></tr>
<tr><td rowspan="2">破坏强度/N</td><td>a. 厚度≥7.5 mm</td><td colspan="4">≥1 000</td></tr>
<tr><td>b. 厚度<7.5 mm</td><td colspan="4">≥600</td></tr>
<tr><td colspan="2">断裂模数/ $N \cdot mm^{-2}$
不适用于破坏强度≥3 000 N 的砖</td><td colspan="4">平均值≥22,
单个最小值≥20</td></tr>
<tr><td rowspan="2">耐磨性</td><td>a. 无釉地砖耐磨损体积/mm^3</td><td colspan="4">≤345</td></tr>
<tr><td>b. 有釉地砖表面耐磨性④</td><td colspan="4">报告陶瓷砖耐磨性级别和转数</td></tr>
<tr><td colspan="2">线性热膨胀系数⑤
从环境温度到 100 ℃</td><td colspan="4">见表 6-8</td></tr>
<tr><td colspan="2">抗热震性⑤</td><td colspan="4">见表 6-8</td></tr>
<tr><td colspan="2">有釉砖抗釉裂性⑥</td><td colspan="4">经试验应无釉裂</td></tr>
<tr><td colspan="2">抗冻性</td><td colspan="4">经试验应无裂纹或剥落</td></tr>
<tr><td colspan="2">地砖摩擦因数</td><td colspan="4">制造商应报告陶瓷地砖的摩擦因数和试验方法</td></tr>
<tr><td colspan="2">湿膨胀⑤/$mm \cdot m^{-1}$</td><td colspan="4">见表 6-8</td></tr>
<tr><td colspan="2">小色差⑤</td><td colspan="4">见表 6-8</td></tr>
<tr><td colspan="2">抗冲击性⑤</td><td colspan="4">见表 6-8</td></tr>
<tr><td colspan="2">化学性能</td><td colspan="4">要求</td></tr>
<tr><td rowspan="2">耐污染性</td><td>a. 有釉砖</td><td colspan="4">最低 3 级</td></tr>
<tr><td>b. 无釉砖⑤</td><td colspan="4">见表 6-8</td></tr>
<tr><td rowspan="3">抗化学腐蚀性</td><td>耐低浓度酸和碱
a. 有釉砖
b. 无釉砖⑦</td><td colspan="4">制造商应报告耐化学腐蚀性等级</td></tr>
<tr><td>耐高浓度酸和碱⑤</td><td colspan="4">见表 6-8</td></tr>
<tr><td>耐家庭化学试剂和游泳池盐类
a. 有釉砖
b. 无釉砖⑦</td><td colspan="4">不低于 GB 级
不低于 UB 级</td></tr>
<tr><td colspan="2">铅和镉的溶出量⑤</td><td colspan="4">见表 6-8</td></tr>
</table>

注:表注①~⑧同表 6-14。

表 6-17　干压陶瓷砖：拓质砖技术要求（6%<E≤10%，BⅠb 类）

尺寸和表面质量		产品表面积 S/cm²			
		S≤90	90<S≤190	190<S≤410	S>410
长度和宽度	每块砖（2 条或 4 条边）的平均尺寸相对丁工作尺寸（W）的允许偏差（%）	±1.2	±1.0	±0.75	±0.6
长度和宽度	每块砖（2 条或 4 条边）的平均尺寸相对于 10 块砖（20 条或 40 条边）平均尺寸的允许偏差（%）	±0.75	±0.5	±0.5	±0.5
长度和宽度	制造商选择工作尺寸应满足以下要求： a. 模数砖名义尺寸连接宽度允许在（2～5）mm 之间[1]。 b. 非模数砖工作尺寸与名义尺寸之间的偏差不大于±2%，最大 5 mm				
厚度 a. 厚度由制造商确定。 b. 每块砖厚度的平均值相对于工作尺寸厚度的允许偏差（%）		±10	±10	±5	±5
边直度[2]（正面） 相对于工作尺寸的最大允许偏差（%）		±0.75	±0.5	±0.5	±0.5
直角度[2] 相对于工作尺寸的最大允许偏差（%）		±1.0	±0.6	±0.6	±0.6
表面平整度最大允许偏差（%）	a. 相对于由工作尺寸计算的对角线的中心弯曲度	±1.0	±0.5	±0.5	±0.5
表面平整度最大允许偏差（%）	b. 相对于工作尺寸的边弯曲度	±1.0	±0.5	±0.5	±0.5
表面平整度最大允许偏差（%）	c. 相对于由工作尺寸计算的对角线的翘曲度	±1.0	±0.5	±0.5	±0.5
表面质量[3]		至少 95%的砖主要区域无明显缺陷			
物理性能		要求			
吸水率[8]，质量分数		6%<E≤10%，单个最大值≤11%			
破坏强度/N	a. 厚度≥7.5 mm	≥800			
破坏强度/N	b. 厚度<7.5 mm	≥600			
断裂模数/ N·mm⁻² 不适用于破坏强度≥3 000 N 的砖		平均值≥18， 单个最小值≥16			
耐磨性	a. 无釉地砖耐磨损体积/mm³	≤540			
耐磨性	b. 有釉地砖表面耐磨性[4]	报告陶瓷砖耐磨性级别和转数			
线性热膨胀系数[5] 从环境温度到 100℃		见表 6-8			
抗热震性[5]		见表 6-8			
有釉砖抗釉裂性[6]		经试验应无釉裂			
抗冻性		经试验应无裂纹或剥落			

续表

尺寸和表面质量		产品表面积 S/cm²			
		$S\leqslant 90$	$90<S\leqslant 190$	$190<S\leqslant 410$	$S>410$
地砖摩擦因数		制造商应报告陶瓷地砖的摩擦因数和试验方法			
湿膨胀⑤/mm·m^{-1}		见表 6-8			
小色差⑤		见表 6-8			
抗冲击性⑤		见表 6-8			
化学性能		要求			
耐污染性	a. 有釉砖	最低 3 级			
	b. 无釉砖⑤	见表 6-8			
抗化学腐蚀性	耐低浓度酸和碱 a. 有釉砖 b. 无釉砖⑦	制造商应报告耐化学腐蚀性等级			
	耐高浓度酸和碱⑤	见表 6-8			
	耐家庭化学试剂和游泳池盐类 a. 有釉砖 b. 无釉砖⑦	不低于 GB 级 不低于 UB 级			
铅和镉的溶出量⑤		见表 6-8			

注：表注①～⑧同表 6-14。

表 6-18　干压陶瓷砖：陶质砖技术要求($E>10\%$，BⅢ类)

尺寸和表面质量		无间隔凸缘	有间隔凸缘
长度(l)和宽度(w)	每块砖(2 条或 4 条边)的平均尺寸相对于工作尺寸(W)的允许偏差⑦/%	$l\leqslant 12$cm，±0.75 $l>12$cm，±0.50	+0.6 −0.3
	每块砖(2 条或 4 条边)的平均尺寸相对于 10 块砖(20 条或 40 条边)平均尺寸的允许偏差⑦/%	$l\leqslant 12$ cm，±0.5 $l>12$ cm，±0.3	±0.25
	制造商选择工作尺寸应满足以下要求： a. 模数砖名义尺寸连接宽度允许在(1.5～5) mm 之间①。 b. 非模数砖工作尺寸与名义尺寸之间的偏差不大于 2mm		
厚度 a. 厚度由制造商确定。 b. 每块砖厚度的平均值相对于工作尺寸厚度的允许偏差/%		±10	±10
边直度②(正面) 相对于工作尺寸的最大允许偏差/%		±0.3	±0.3
直角度② 相对于工作尺寸的最大允许偏差/%		±0.5	±0.3

尺寸和表面质量		无间隔凸缘	有间隔凸缘
表面平整度最大允许偏差/%	a. 相对于由工作尺寸计算的对角线的中心弯曲度	+0.5 −0.3	+0.5 −0.3
	b. 相对于工作尺寸的边弯曲度	+0.5 −0.3	+0.5 −0.3
	c. 相对于由工作尺寸计算的对角线的翘曲度	±0.5	±0.5
表面质量③		至少95%的砖主要区域无明显缺陷	
物理性能		要求	
吸水率(质量分数)		平均值>10%,单个最大值>9%;当平均值>20%时,制造商应说明	
破坏强度⑧/N	a. 厚度≥7.5 mm	≥600	
	b. 厚度<7.5 mm	≥350	
断裂模数/ N·mm^{-2} 不适用于破坏强度≥3 000 N的砖		平均值≥15, 单个最小值≥12	
耐磨性 有釉地砖表面耐磨性④		经试验后报告陶瓷砖耐磨性级别和转数	
线性热膨胀系数⑤ 从环境温度到100℃		见表6-8	
抗热震性⑤		见表6-8	
有釉砖抗釉裂性⑥		经试验应无釉裂	
抗冻性⑤		见表6-8	
地砖摩擦因数		制造商应报告陶瓷地砖的摩擦因数和试验方法	
湿膨胀⑤/mm·m^{-1}		见表6-8	
小色差⑤		见表6-8	
抗冲击性⑤		见表6-8	
化学性能		要求	
耐污染性	a. 有釉砖	最低3级	
	b. 无釉砖⑤	见表6-8	
抗化学腐蚀性	耐低浓度酸和碱	制造商应报告耐化学腐蚀性等级	
	耐高浓度酸和碱⑤	见表6-8	
	耐家庭化学试剂和游泳池盐类	不低于GB级	
铅和镉的溶出量⑤		见表6-8	

注:①以非公制尺寸为基础的习惯用法也可用在同类型砖的连接宽度上。

②不适用于有弯曲形状的砖。

③在烧成过程中,产品与标准板之间的微小色差是难免的。本条款不适用于在砖的表面有意制造的色差(表面可能是有釉的、无釉的或部分有釉的)或在砖的部分区域内为了突出产品的特点而希望的色差。用于装饰目的的斑点或色斑不能看作为缺陷。

④有釉地砖耐磨性分级可参照表 6-7 规定。

⑤表中所列“见表 6-8”涉及项目不是所有产品都必检的，是否有必要对这些项目进行检验应按表 6-8 的规定确定。

⑥制造商对于为装饰效果而产生的裂纹应加以说明，这种情况下，标准规定的釉裂试验不适用。

⑦砖可以有一条或几条上釉边。

⑧制造商必需说明对于破坏强度小于 400 N 的砖只能用于贴墙。

三、卫生陶瓷(GB/T 6952—2005)

卫生陶瓷按吸水率分为瓷质卫生陶瓷和陶质卫生陶瓷。瓷质卫生陶瓷产品分类见表 6-19。陶质卫生陶瓷产品分类见表 6-20。

表 6-19 瓷质卫生陶瓷产品分类

种类	类型	结构	安装方式	排污方向	按用水量分	按用途分
坐便器	挂箱式 坐箱式 连体式 冲洗阀式	冲落式 虹吸式 喷射虹吸式 旋涡虹吸式	落地式 壁挂式	下排式 后排式	普通型 节水型	成人型 幼儿型 残疾人/老年人专用型
洗面器	—	—	台 式 立柱式 壁挂式	—	—	—
小便器	—	冲落式 虹吸式	落地式 壁挂式	—	普通型 节水型	—
蹲便器	挂箱式 冲洗阀式	—	—	—	普通型 节水型	成人型 幼儿型
净身器	—	—	落地式 壁挂式	—	—	—
洗涤槽	—	—	台式 壁挂式	—	—	住宅用 公共场所用
水箱	高水箱 低水箱	—	壁挂式 坐箱式 隐藏式	—	—	—
小件卫生陶瓷	皂 盒、手纸盒等	—	—	—	—	—

表 6-20 陶质卫生陶瓷产品分类表

种类	类型	安装方式
洗面器	—	台式、立柱式、壁挂式
不带存水弯小便器	—	落地式、壁挂式
净身器	—	落地式、壁挂式
洗涤槽	家庭用、公共场所用	台式、壁挂式

续表

种类	类型	安装方式
水箱	高水箱、低水箱	壁挂式、坐箱式、隐藏式
浴缸、淋浴盆	—	—
小件卫生陶瓷	皂盒等	—

注：产品分类代码组成形式为：

GB 6952 □□ – □□□□□□ ×××

- ××× —— 安装距
- □□□□□□ —— 编码(见表 6–22)
- □□ —— 类别码(见表 6–21)
- GB 6952 —— 标准号

示例

例 1　成人用落地式后排连体加长节水型坐便器，排污口中心距地面高度为 185 mm。产品分类代码应为：GB 6952 CZ-3122AJ-185

例 2　壁挂感应式高水箱为陶质，与蹲便器配套使用的安装高度为 1.3 m，产品分类代码应为：GB 6952 TS-223-1300

例 3　洗面器为瓷质单孔台上盆，产品分类代码应为：GB 6952 CM－A11

表 6-21　类别码

第一个字母	C					T			
产品类别	瓷质					陶质			
第二个字母	Z	M	X	D	J	C	S	Y	L
产品类型	坐便器	洗面器	小便器	蹲便器	净身器	洗涤槽	水箱	浴缸	淋浴盆

表 6-22 各类产品编码

类别	第 1 个编码		第 2 个编码		第 3 个编码		第 4 个编码		第 5 个编码		第 6 个编码	
坐便器	类型	编码	安装	编码	排污	编码	规格	编码	用途	编码	用水	编码
	挂箱式	1	落地式	1	下排式	1	普通型	1	成人	A	普通型	P
	坐箱式	2	壁挂式	2	后排式	2	加长型	2	幼儿	B	节水型	J
	连体	3							残疾人/老年人	C		
	冲洗阀式	4										
洗面器	类型	编码	安装	编码	龙头孔	编码						
	台式	A	台上	1	单孔	1						
	立柱式	B	台下	2	双孔	2						
	壁挂式	C	平板	3	三孔	3						
			陶瓷柱	4								
			金属架	5								
			明挂	6								
			暗挂	7								

续表

类别	第1个编码		第2个编码		第3个编码		第4个编码		第5个编码		第6个编码	
小便器	安装	编码	排污	编码	用水	编码						
	落地式	1	带存水弯	1	普通型	P						
	壁挂式	2	不带存水弯	2	节水型	1						
蹲便器	类型	编码	排污	编码	挡板	编码	用途	编码	用水	编码		
	挂箱式	1	带存水弯	1	有挡板	1	成人	A	普通型	P		
	冲洗阀	2	不带存水弯	2	无挡板	2	幼儿	B	节水型	J		
净身器	安装	编码	龙头孔	编码								
	落地式	1	单孔	1								
	壁挂式	2	双孔	2								
			三孔	3								
			四孔	4								
			无孔	5								
洗涤槽	类型	编码	安装	编码	挡板	编码	用途	编码				
	单联	1	台式	1	后挡板	1	家庭用	A				
	双联	2	壁挂式	2	无挡板	2	公共场所用	B				
水箱	类型	编码	安装	编码	用途	编码	用法	编码				
	低水箱	1	坐箱式	1	重力式	1	顶单按式	1				
	高水箱	2	壁挂式	2	压力式	2	顶双按式	2				
					感应式	3	侧按式	3				

陶质卫生陶瓷产品技术要求见表6-23至表6-28。

表6-23 外观质量要求

项目	质量指标
釉面	除安装面及下列所述外，所有裸露表面和坐便器的排污管道内壁都应有釉层覆盖；釉面应与陶瓷坯体完全结合。 坐便器和蹲便器：便器水箱背部和底部；水箱盖底部和后部；瓷质水箱的内部；蹲便器安装后排污水道隐蔽面部分。 洗面器：洗面器后部靠墙部位；溢流孔后部；台上盆底部；洗面器角位和立柱的后部。 净身器：正常位非可见区域及隐蔽面。 其他在窑炉内支撑烧成时非可见面区域也可以无釉覆盖

<table>
<tr><td>项目</td><td colspan="5">质量指标</td></tr>
<tr><td rowspan="12">外观缺陷最大允许范围[按图 6-1 的规定对产品的洗净面、可见面、其他区域(安装面和隐蔽面)进行划分]</td><td rowspan="2">缺陷名称</td><td rowspan="2">洗净面</td><td colspan="2">可见面</td><td rowspan="2">其他区域</td></tr>
<tr><td>A 面</td><td>B 面</td></tr>
<tr><td>开裂、坯裂/mm</td><td colspan="3">不允许</td><td>不影响使用的允许修补</td></tr>
<tr><td>釉裂、熔洞/mm</td><td colspan="3">不允许</td><td>—</td></tr>
<tr><td>大包、大花斑、色斑、坑包/个</td><td colspan="3">不允许</td><td>—</td></tr>
<tr><td>棕眼/个</td><td>总数 2</td><td>总数 2</td><td>2;总数 5</td><td>—</td></tr>
<tr><td>小包、小花斑/个</td><td>总数 2</td><td>总数 2</td><td>2;总数 6</td><td>—</td></tr>
<tr><td>釉泡、斑点/个</td><td>1;总数 2</td><td>2;总数 4</td><td>2;总数 4</td><td>—</td></tr>
<tr><td>波纹/mm²</td><td colspan="3">≤2600</td><td>—</td></tr>
<tr><td>缩釉、缺釉/ mm²</td><td colspan="2">不允许</td><td><4mm²;1</td><td>—</td></tr>
<tr><td>磕碰/ mm²</td><td colspan="3">不允许</td><td><20mm²;2</td></tr>
<tr><td>釉缕、桔釉、釉粘、坯粉、落脏、剥边、烟熏、麻面</td><td colspan="3">不允许</td><td>—</td></tr>
<tr><td>色差</td><td colspan="5">一件产品或配套产品之间应无明显色差</td></tr>
</table>

注1:数字前无文字或符号时,表示一个标准面允许的缺陷数。

2:其他面,除表中注明外,允许有不影响使用的缺陷。

3:0.5 mm 以下的不密集棕眼可不计。

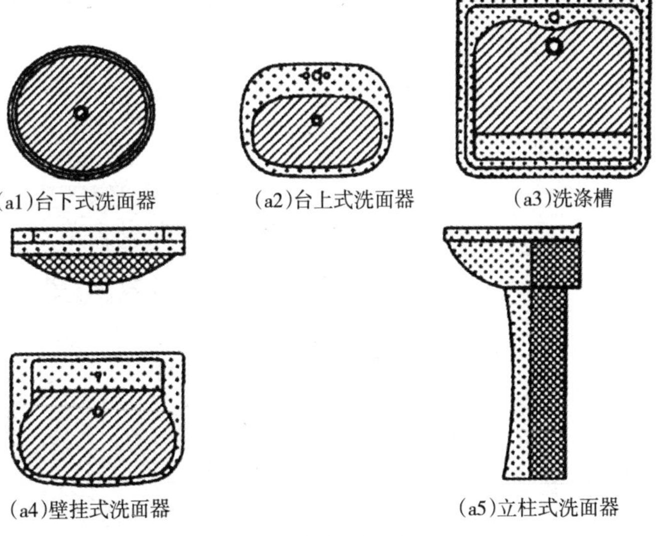

(a1)台下式洗面器　(a2)台上式洗面器　(a3)洗涤槽

(a4)壁挂式洗面器　(a5)立柱式洗面器

a. 洗面器及洗涤槽

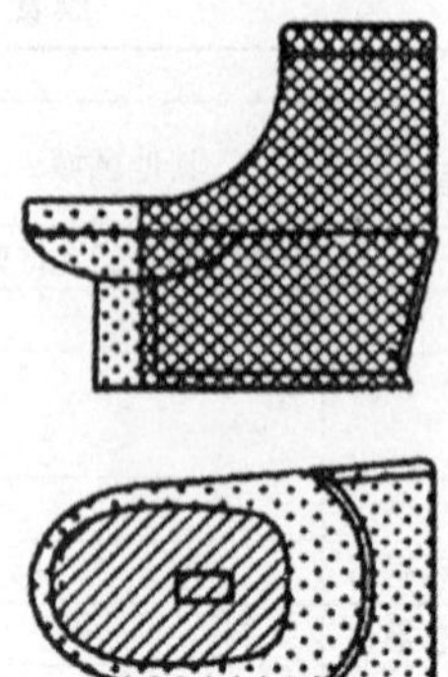
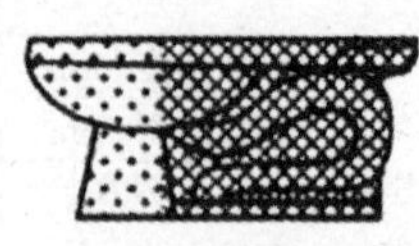
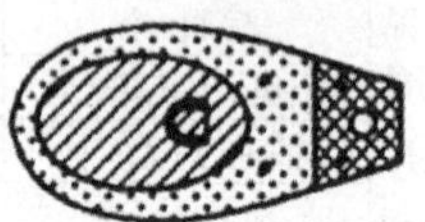

(b1)连体坐便器

(b2)分体坐便器

b. 坐便器

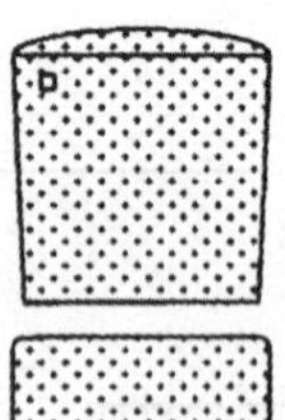
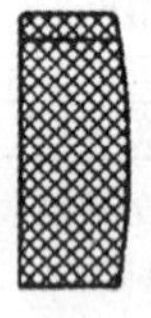

c. 3 水箱

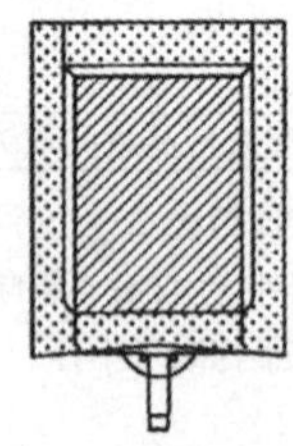
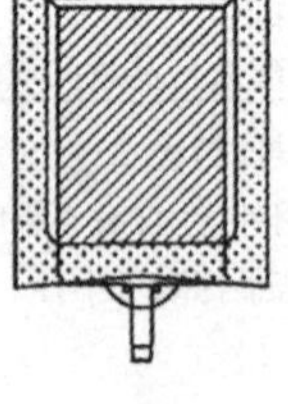
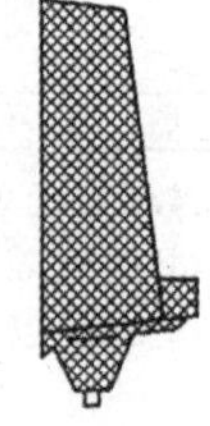
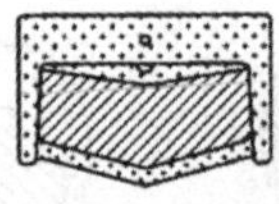
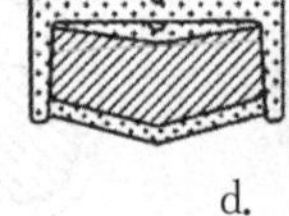

d. 小便器

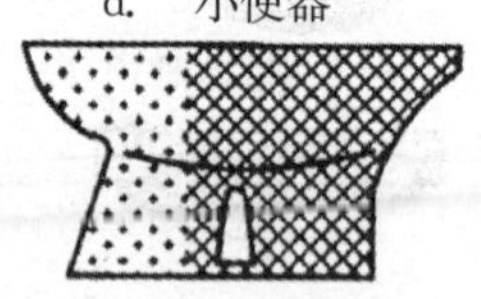
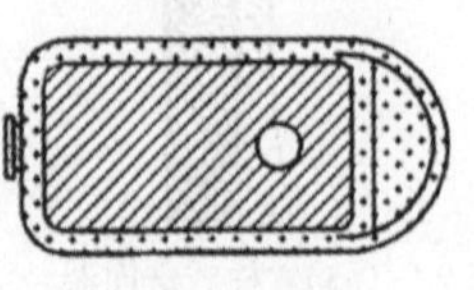

e. 蹲便器

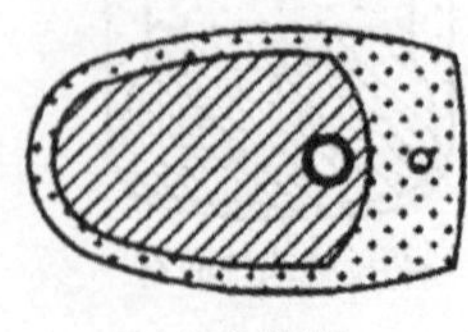

f. 净身器

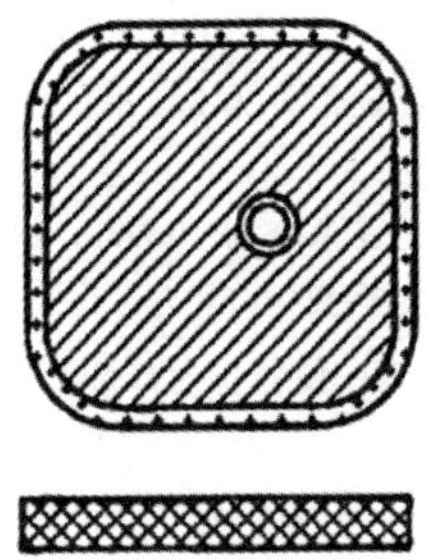

g. 淋浴盆

图 6-1　卫生陶瓷产品表面区域划分示意图

表 6-24　卫生陶瓷产品的最大允许变形量　/mm

产品名称	安装面	表面	整体	边缘
坐便器	3	4	6	—
洗面器	3	6	20 mm/m 最大 12	4
小便器	5	20 mm/m 最大 12	20 mm/m 最大 12	—
蹲便器	6	5	8	4
净身器	3	4	6	—
洗涤槽	4	20 mm/m 最大 12	20 mm/m,最大 12	5
水箱	底 3 墙 8	4	5	4
浴缸	—	220 mm/m 最大 16	20 mm/m 最大 16	—
淋浴盆	—	20 mm/m 最大 12	20 mm/m 最大 12	—

注:形状为圆形或艺术造型的产品,边缘变形不作要求。

表 6-25　卫生陶瓷的尺寸及尺寸允许偏差

	尺寸类型	尺寸范围	允许偏差
尺寸允许偏差/mm	外形尺寸	—	规格尺寸×±3%
	孔眼直径	$\varphi<15$ $15\leqslant\varphi\leqslant30$ $30<\varphi\leqslant80$ $\varphi>80$	+2 ±2 ±3 ±5
	孔眼圆度	$\varphi\leqslant70$ $70<\varphi\leqslant100$ $\varphi>100$	2 4 5
	孔眼中心距	≤100 >100	±3 规格尺寸×±3%
	孔眼距产品中心线偏移	≤100 >100	±3 规格尺寸×3%
	孔眼距边	≤300 >300	±9 规格尺寸×±3%
	安装孔平面度	—	2
	排污口安装距	—	+5 −20

续表

<table>
<tr><td rowspan="13">重要尺寸（部分尺寸示意如图6-2）</td><td>坐便器排污口安装距</td><td>下排式坐便器排污口安装距分为 305 mm，400 mm 和 200 mm 三种；
后排式坐便器排污口安装距分为 100 mm，180 mm 两种；特殊情况可按合同要求。</td></tr>
<tr><td>坐便器和蹲便器排污口最大外径</td><td>下排式坐便器和带存水弯蹲便器排污口最大外径为 100 mm；
后排式坐便器和不带存水弯蹲便器排污口最大外径为 107 mm。</td></tr>
<tr><td>水封深度</td><td>所有带整体存水弯卫生陶瓷的水封深度不得小于 50 mm</td></tr>
<tr><td>坐便器水封表面面积</td><td>安装在水平面的坐便器水封表面面积不得小于 100 mm×85 mm</td></tr>
<tr><td>冲洗阀式坐便器和小便器进水口距墙</td><td>用冲洗阀的坐便器进水口中心至完成墙的距离应不小于的 60 mm；
用冲洗阀的小便器进水口中心至完成墙的距离应不小于 60 mm</td></tr>
<tr><td>大便器和小便器水道最小过球直径</td><td>大便器水道至少能通过直径为 41 mm 的固体球；
小便器水道至少能通过直径为 19 mm 的固体球</td></tr>
<tr><td>坐便器坐圈和盖装配尺寸</td><td>坐便器与坐圈和盖的装配尺寸见图 6-2（不包括生产厂提供的专用产品）</td></tr>
<tr><td>洗面器和净身器的供水孔和排水口尺寸</td><td>洗面器和净身器供水孔表面安装平面直径应不小于(供水孔直径＋9)mm；排水口尺寸见图 6-2。特殊情况可按合同要求</td></tr>
<tr><td>水箱进水孔和排水孔尺寸</td><td>低水箱进水孔直径为 25 mm 或 29 mm，排水孔直径为 65 mm 或 81 mm。特殊情况可按合同要求</td></tr>
<tr><td>淋浴盆和浴缸排水口尺寸</td><td>淋浴盆、浴缸排水口直径为 60 mm；特殊情况可按合同要求</td></tr>
<tr><td>壁挂式坐便器安装螺栓孔尺寸</td><td>壁挂式坐便器安装螺栓孔间距见图 6-2；
壁挂式坐便器的所有安装螺栓孔直径应为(20～26)mm，或为加长型螺栓孔</td></tr>
<tr><td>坯体厚度</td><td>任何部位的坯体厚度应不小于 6 mm</td></tr>
<tr><td>推荐尺寸</td><td>产品的其他尺寸作为推荐尺寸，部分推荐尺寸参见见图 6-3。应符合生产企业自行设计的要求</td></tr>
</table>

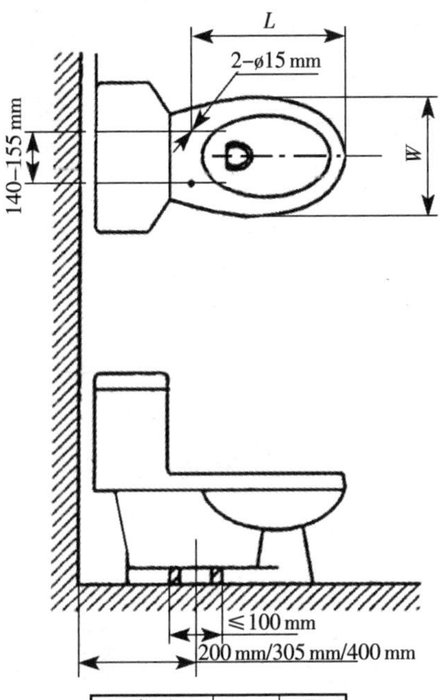

类型	L	W
成人普通型	420	355
成人加长型	470	355
幼儿型	380	280

(a)坐便器(一)

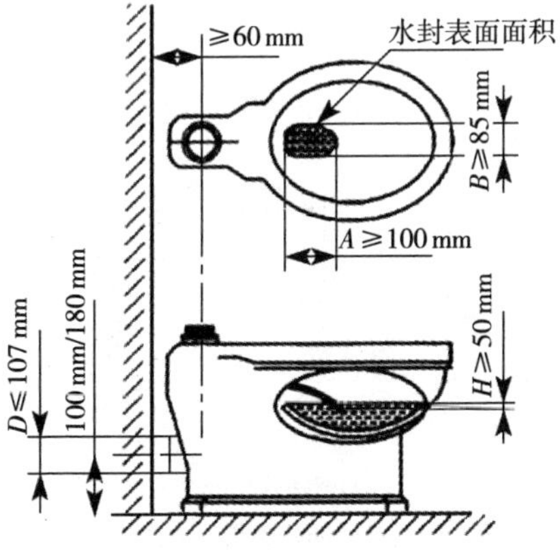

(b)坐便器(二)

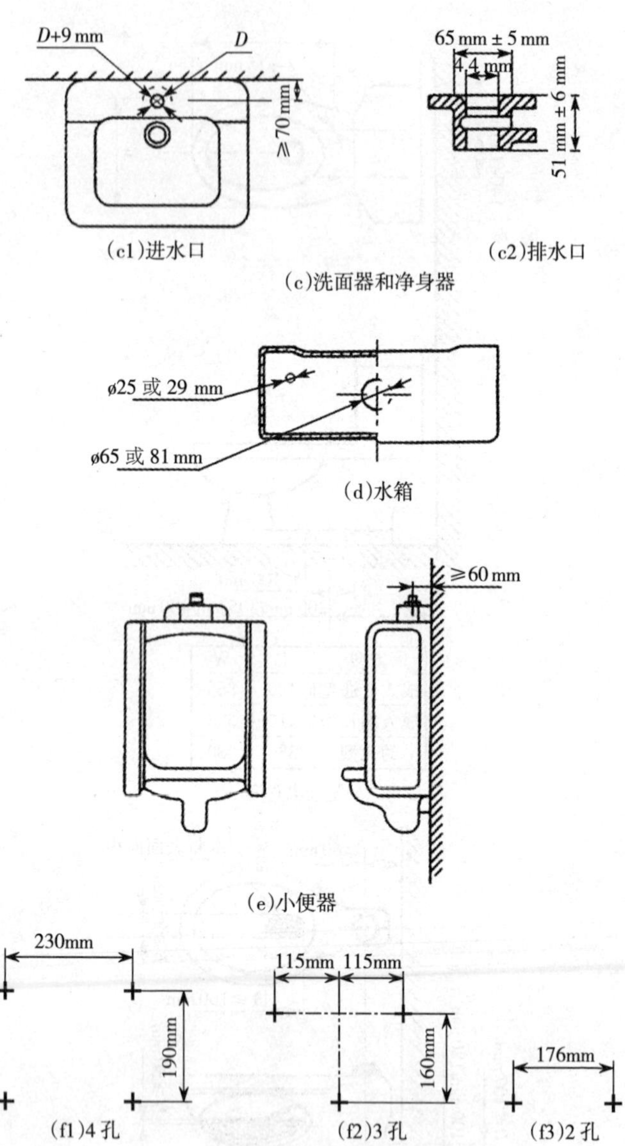

(c1)进水口

(c2)排水口

(c)洗面器和净身器

(d)水箱

(e)小便器

(f1)4 孔

(f2)3 孔

(f3)2 孔

(f)壁挂式坐便器安装螺栓孔间距

图 6-2　卫生陶瓷产品部分重要尺寸(单位 mm)示意图

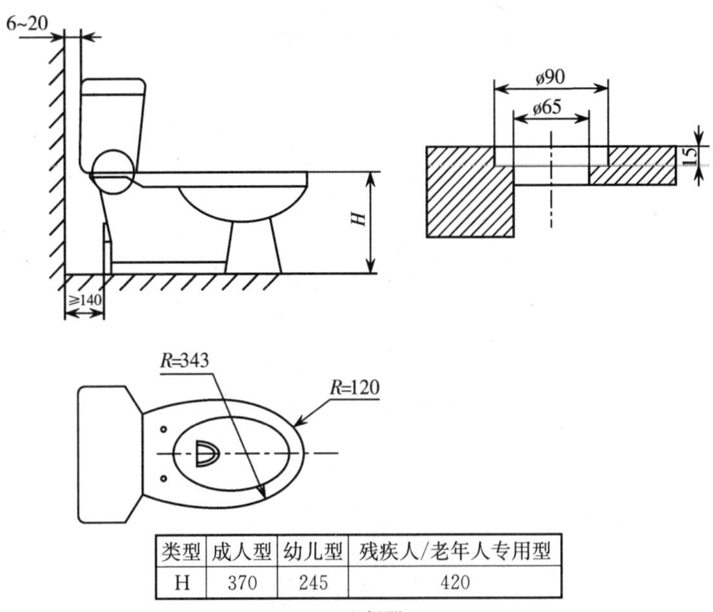

类型	成人型	幼儿型	残疾人/老年人专用型
H	370	245	420

(a)坐便器

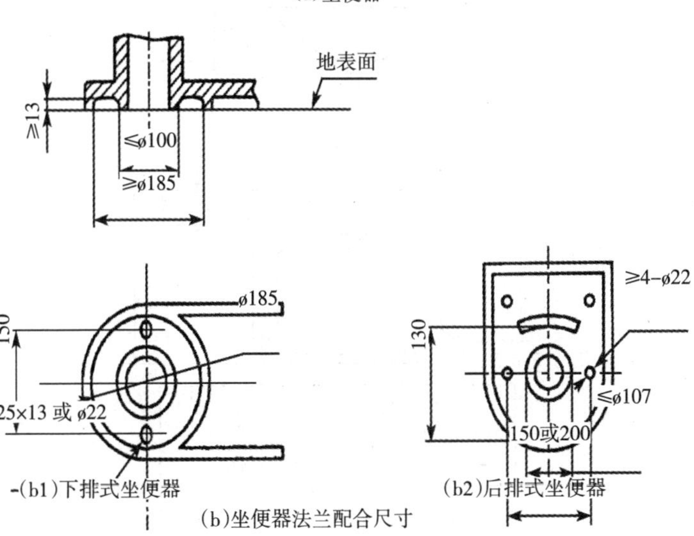

(b1)下排式坐便器　(b2)后排式坐便器

(b)坐便器法兰配合尺寸

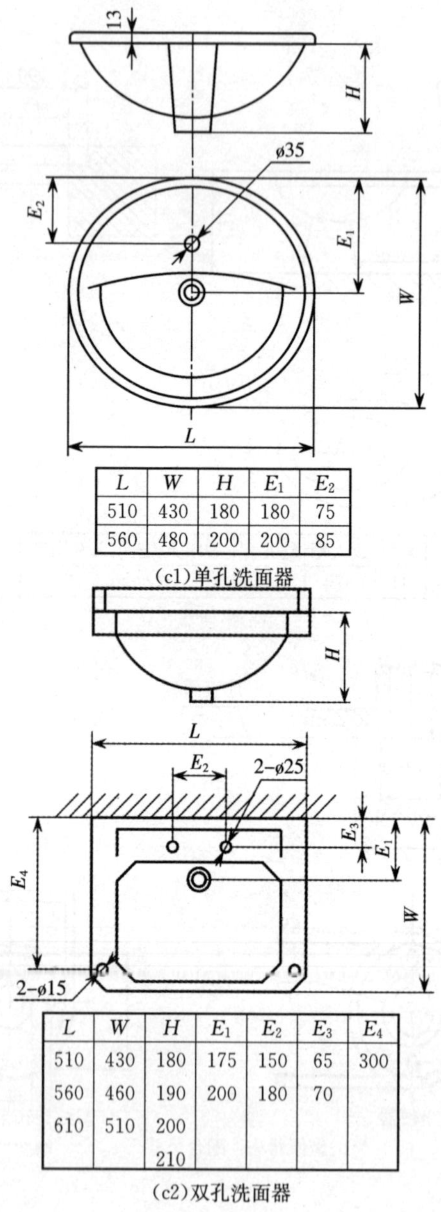

L	W	H	E_1	E_2
510	430	180	180	75
560	480	200	200	85

(c1)单孔洗面器

L	W	H	E_1	E_2	E_3	E_4
510	430	180	175	150	65	300
560	460	190	200	180	70	
610	510	200				
		210				

(c2)双孔洗面器

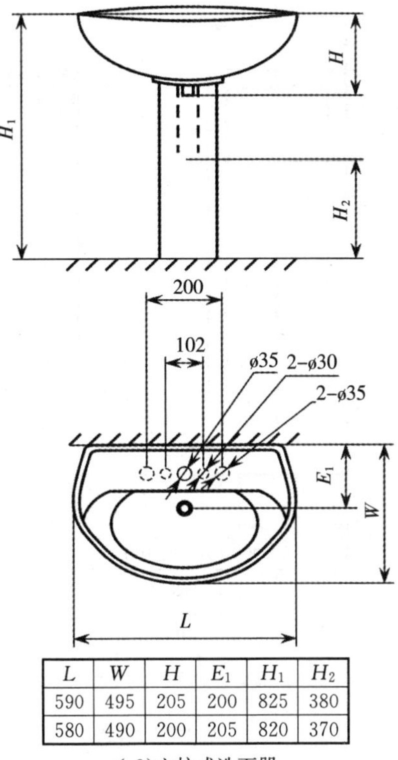

L	W	H	E_1	H_1	H_2
590	495	205	200	825	380
580	490	200	205	820	370

（c3）立柱式洗面器

（c）洗面器

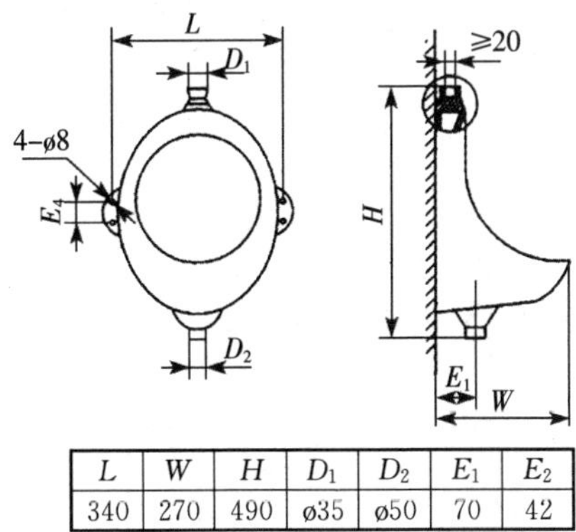

L	W	H	D_1	D_2	E_1	E_2
340	270	490	ø35	ø50	70	42

（d1）小便器 1

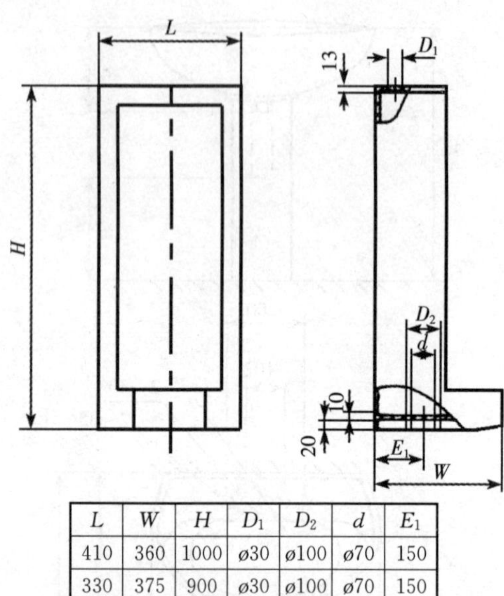

L	W	H	D_1	D_2	d	E_1
410	360	1000	ø30	ø100	ø70	150
330	375	900	ø30	ø100	ø70	150

（d2）小便器 2

（d）小便器

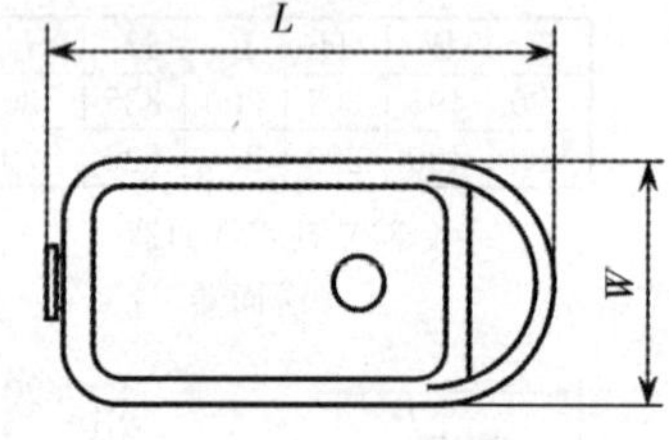

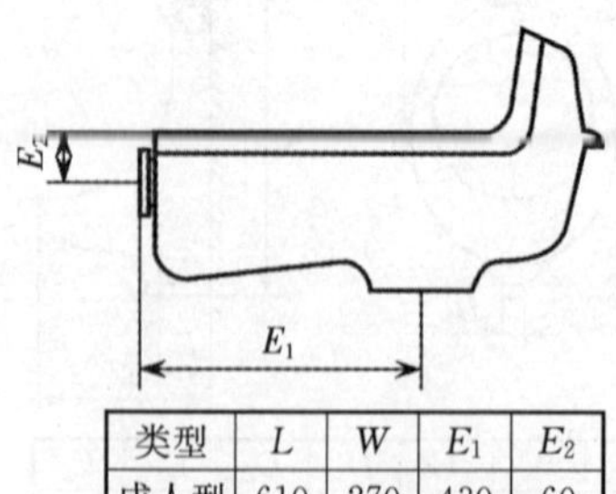

类型	L	W	E_1	E_2
成人型	610	270	430	60
幼儿型	480	220	340	60

（e）蹲便器

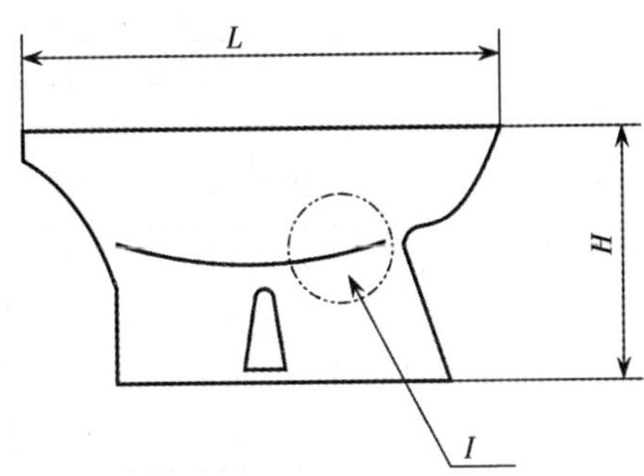

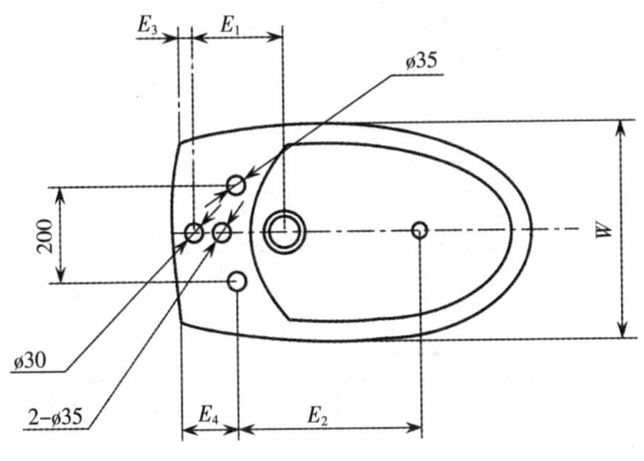

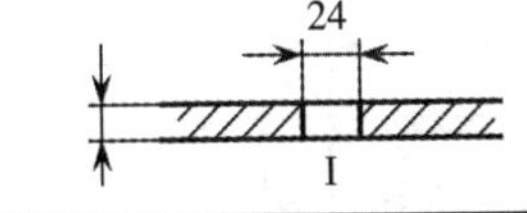

L	W	H	E_1	E_2	E_3	E_4
645	350	380	170	320	40	110
590	370	360	155	310	20	60

(f) 净身器

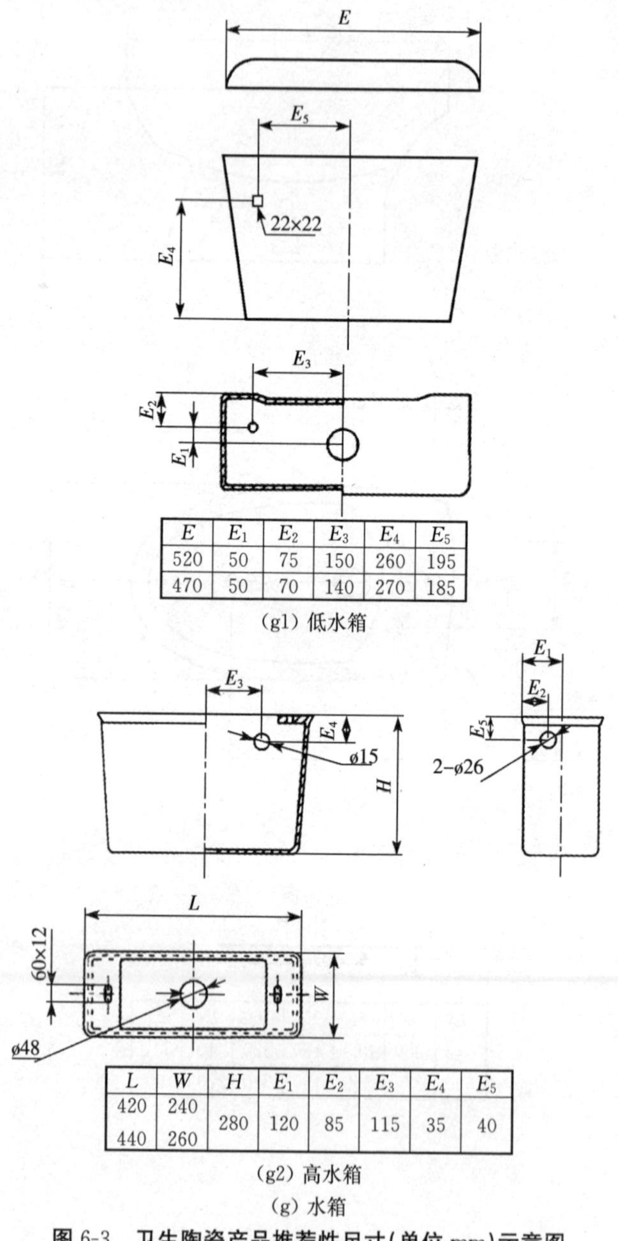

E	E_1	E_2	E_3	E_4	E_5
520	50	75	150	260	195
470	50	70	140	270	185

（g1）低水箱

L	W	H	E_1	E_2	E_3	E_4	E_5
420	240	280	120	85	115	35	40
440	260						

（g2）高水箱

（g）水箱

图 6-3　卫生陶瓷产品推荐性尺寸(单位 mm)示意图

表 6-26　卫生陶瓷产品的吸水率和抗裂性要求

项目		
吸水率	瓷质	E≤0.5%
	陶质	8.0%≤E<15.0 %
抗裂性	经抗裂试验应无釉裂、无坯裂	

表 6-27　卫生陶瓷产品的功能要求

项目			
便器用水量/L	坐便器	普通型(单/双档)	9
		节水型(单/双档)	6
	蹲便器	普通型	11
		节水型	8
	小便器	普通型	5
		节水型	3
冲洗功能	坐便器	单档坐便器和双档坐便器的全冲水应在规定用水量下满足以下冲洗功能的要求;双档坐便器小档冲水应在规定用水量下满足洗净功能,污水置换功能和水封回复功能的要求。	
		洗净功能	按本标准 8.6.3.1 条规定进行墨线试验,每次冲洗后累积残留墨线的总长度不大于 50 mm,且每一段残留墨线长度不大于 13 mm;
		固体物排放功能	球排放:按本标准 8.6.3.2 条进行球排放试验,三次试验平均数应不少于 85 个;颗粒排放:按本标准 8.6.3.3 条进行颗粒排放试验,连续三次试验,坐便器存水弯中存留的可见聚乙烯颗粒三次平均数不多于 125 个(5%),可见尼龙球三次平均数不多于 5 个
		污水置换功能	按本标准 8.6.3.4 条进行污水置换试验,稀释率应不低于 100。对于双档式冲水坐便器,还应进行小档冲水的污水置换试验,稀释率应不低于 17
		水封回复功能	每次冲水后的水封回复都不得小于 50mm
		排水管道输送特性	节水型坐便器按本标准 8.6.3.5 条进行管道输送特性试验,球的平均传输距离应不小于 12 m
		防溅污性	按本标准 8.6.3.6 条进行防溅污性试验,不得有水溅到模板上,直径小于 5 mm 的溅射水滴或水雾不计
	小便器	洗净功能	按本标准 8.6.4.1 条规定进行墨线试验,每次冲洗后累积残留墨线的总长度不大于 25 mm,且每一段残留墨线长度不大于 13 mm
		污水置换功能	带存水弯的小便器按本标准 8.6.4.2 条进行污水置换试验,稀释率应不低于 100
	蹲便器	洗净功能	按本标准 8.6.5.1 条规定进行墨线试验,每次冲洗后不得有残留墨线痕迹
		排放功能	按本标准 8.6.5.2 条规定进行试验,测定三次,试体排出排污口总数应不少于 9 个
		防溅污性	按本标准 8.6.5.3 条进行防溅污性试验,不得有水溅到模板上,直径小于 5 mm 的溅射水滴或水雾不计

续表

溢流功能	设有溢流孔的洗面器、洗涤槽和净身器按本标准 8.6.6 条进行溢流试验，应保持 5 min 不溢流	
耐荷重性 /kN	坐便器	壁挂式坐便器和落地式 2.2
	洗面器	1.1
	小便器	0.22
	洗涤槽	0.44
	浴缸	底面 1.47；侧面 0.22
	淋浴盆	1.47
坐便器冲洗噪声	按本标准 8.6.8 条规定测定坐便器冲洗噪声，冲洗噪声的累计百分数声级 L_{50} 应不超过 55 dB，累计百分数声级 L_{10} 应不超过 65 dB	

注：1. 便器平均用水量应符合本表规定。坐便器和蹲便器在任一试验压力下，最大用水量不得超过规定值 1.5 L，双档坐便器的小档排水量不得大于大档排水量的 70%。

2. 洁具应按本标准规定进行耐荷重性测试后应无变形或任何可见破损。

表 6-28　便器配套性技术要求

冲水装置配套性	配套要求	必须配备与该便器配套使用且满足本标准规定的定量冲水装置，并应保证其整体的密封性
	冲水装置技术要求	所配套的冲水装置包括水箱（重力）冲水装置、压力冲水装置在内的各种机械式或非接触式冲水装置。其中： 非接触式冲水装置应符合 CJ/T 3081 的要求。 便器用冲洗阀应符合 JC/T 931 的要求。 便器用水箱配件应符合 JC 987 的要求
	防虹吸功能	所配套的冲水装置应具有防虹吸功能
	安全水位技术要求	配套水箱的有效工作水位至溢流口的垂直距离应不大于 38 mm；进水阀临界水位应高于溢流口水位，其垂直距离应不小于 25 mm；水箱（重力）冲水装置的非密封口最低位应高于盈溢水位，其垂直距离应不小于 5 mm
坐便器坐圈和盖配套性	应配备与该坐便器配套使用的坐圈和盖	
	所配套的塑料坐圈和盖应符合 JC/T 764 的要求	
连接密封性要求	产品与给水和排水系统之间的连接安装，应按生产厂的安装说明进行，且能在不小于 0.10 MPa 的静水压下保持 15 min 无渗漏	
	各类产品用卫生设备软管应符合 JC 886 的要求	

第三节　普通工业陶瓷

一、耐酸砖(GB/T 8488—2001)

耐酸砖按理化指标分为 Z-1、Z-2、Z-3、Z-4 四种。

耐酸砖的结构形状及规格尺寸见表 6-29，技术指标见表 6-30 和表 6-32。

表 6-29　耐酸砖的规格尺寸　　/mm

砖的形状及名称	规格			
	长(a)	宽(b)	厚(h)	厚(h_1)
标形砖	230	113	65	—
			40	
			30	
平板形砖	150	150	15～30	—
	150	75	15～30	
	100	100	10～20	
	100	50	10～20	
	125	125	15	
侧面楔形砖	230	113	65	55
			65	45
			55	45
			65	35
端面楔形砖	230	113	65	55
			65	45
			55	45
			65	35

注：1. 其他规格形状的产品由供需双方协商。

2. 耐酸砖产品标记由产品名称、牌号、规格和标准代号组成。

标记示例：

①长 230 mm，宽 113 mm，厚 65/55 mm 的 Z-1 侧面楔形耐酸砖：耐酸砖侧楔 Z-1

230×113×65/55　GB/T 8488—2001

②长 150 mm，宽 75 mm，厚 30 mm 的 Z-3 釉面平板形耐酸砖：

耐酸砖　釉板 Z-3　150×75×30　GB/T 8488-2001

表 6-30　耐酸砖的外观质量　/mm

<table>
<tr><th rowspan="2">缺陷类别</th><th colspan="2">质量要求</th></tr>
<tr><th>优等品</th><th>合格品</th></tr>
<tr><td>裂纹</td><td>工作面：不允许
非工作面：宽不大于 0.25，长[①] 5～15，允许 2 条</td><td>工作面：宽不大于 0.25，长 5～15，允许 1 条
非工作面：宽不大于 0.5，长 5～20 允许 2 条</td></tr>
<tr><td>磕碰</td><td>工作面：伸入工作面 1～2；砖厚小于 20 时，深不大于 3；砖厚 20～30，深不大于 5；砖厚大于 30 时，深不大于 10 的磕碰允许 2 处，总长不大于 35
非工作面：深 2～4，长不大于 35，允许 3 处</td><td>工作面：伸入工作面 1～4，砖厚小于 20 时，深不大于 5；砖厚 20～30 时，深不大于 8；砖厚大于 30 时，深不大于 10 磕碰允许 2 处，总长不大于 40
非工作面：深 2～5，长不大于 40，允许 4 处</td></tr>
<tr><td>疵点</td><td>工作面：最大尺寸 1～2，允许 3 个
非工作面：最大尺寸 1～3，每面允许 3 个</td><td>工作面：最大尺寸 2～4，允许 3 个
非工作面：最大尺寸 3～6，每面允许 4 个</td></tr>
<tr><td>开裂</td><td>不允许</td><td>不允许</td></tr>
<tr><td>缺釉</td><td>总面积不大于 100 mm²，每处不大于 30 mm²</td><td>总面积不大于 200 mm²，每处不大于 50 mm²</td></tr>
<tr><td>釉裂</td><td>不允许</td><td>不允许</td></tr>
<tr><td>桔釉</td><td>不允许</td><td>不超过釉面面积的 1/4</td></tr>
<tr><td>干釉</td><td>不允许</td><td>不严重</td></tr>
<tr><td>分层</td><td colspan="2">用质量适当的金属锤轻轻敲击砖体，应发出清音</td></tr>
<tr><td>背纹</td><td colspan="2">平板砖的背面应有深度不小于 1 mm 的背纹</td></tr>
</table>

注：标形砖应有一个大面(230 mm×113 mm)达到本表对于工作面的要求。如订货时需方指定工作面，则该面应符合本表的要求。

① 5 以下不考核。表中其他同样的表达方式，含义相同。

表 6-31　耐酸砖的尺寸偏差及变形尺寸　/mm

<table>
<tr><th colspan="2" rowspan="2">项　目</th><th colspan="2">允许偏差</th></tr>
<tr><th>优等品</th><th>合格品</th></tr>
<tr><td rowspan="4">尺寸偏差</td><td>尺寸≤30</td><td>±1</td><td>±2</td></tr>
<tr><td>30<尺寸≤150</td><td>±2</td><td>±3</td></tr>
<tr><td>150<尺寸≤230</td><td>±3</td><td>±4</td></tr>
<tr><td>尺寸>230</td><td colspan="2">供需双方协商</td></tr>
</table>

续表

项 目		允许偏差	
		优等品	合格品
变形：翘曲 大小头	尺寸≤150	≤2	≤2.5
	150<尺寸≤230	≤2.5	≤3
	尺寸>230	供需双方协商	
异型产品的变形		供需双方协商	

表 6-32　耐酸砖的理化性能指标

项 目	质量指标			
	Z-1	Z-2	Z-3	Z-4
吸水率(A)/%	0.2≤A<0.5	0.5≤A<2.0	2.0≤A<4.0	4.0≤A<5.0
弯曲强度/MPa ≥	58.8	≥39.2	≥29.4	≥19.6
耐酸度/%≥	≥99.8	≥99.8	≥99.8	≥99.7
耐急冷急热性	温差 100℃	温差 100℃	温差 130℃	温差 150℃
	试验一次后，试样不得有裂纹、剥落等破损现象			

二、耐酸耐温砖(JC 424—2005)

耐酸耐温砖是由黏土或其他无机非金属原料，经加工成型、烧结等工艺处理，适用于一定温度要求的耐酸腐蚀内衬及地面的砖或板状的耐酸制品。砖按理化指标分为 NSW-1 和 NSW-2 两种牌号。

耐酸耐温砖的规格、形状见表 6-33。砖的外观质量要求见表 6-34。砖的尺寸偏差及变形要求见表 6-35，物理化学性能要求见表 6-36。

表 6-33　耐酸耐温砖的规格、形状　　　　/mm

砖的形状及名称	规格			
	长(a)	宽(b)	厚(h)	厚(h_1)
标型砖（图示尺寸：a、b、h）	230	113	65 45 30	— — —
侧面楔（图示尺寸：a、b、h、h_1）	230	113	65 65 55 65	55 45 45 35

砖的形状及名称	规格			
	长(a)	宽(b)	厚(h)	厚(h_1)
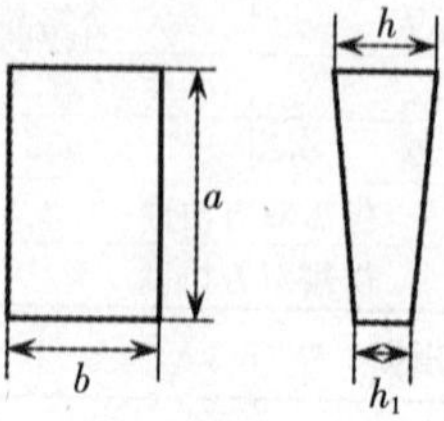 端面楔型砖	230	113	65 65 55 65	55 45 45 35
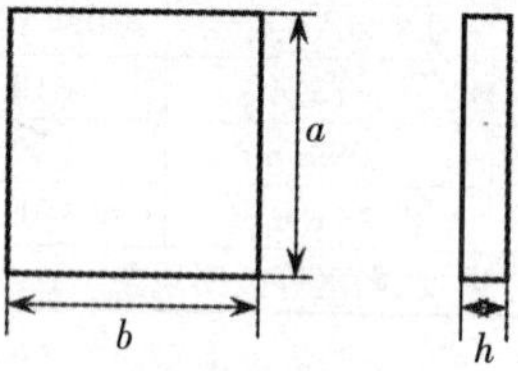 平板型砖	150 150 100 100 125	150 75 100 50 125	15～30 15～30 10～20 10～20 15	— — — — —

注:1. 其他规格形状的产品由供需双方协商。

2. 产品标记由产品名称、牌号、规格和标准代号组成。

示例 :长 230 mm,宽 113 mm,厚 65 mm/55 mm 牌号为 NSW-1 的侧面楔形耐酸耐温砖:耐酸耐温砖侧楔 NSW- 1 230×113×65/55 JC 424-2005

表 6-34　砖的外观质量要求　/mm

缺陷类别		要求	
		优等品	合格品
裂纹	工作面	长 3～5,允许 3 条	长 5～10,允许 3 条
	非工作面	长 5～10,允许 3 条	长 5～10,允许 3 条
磕碰	工作面	伸入工作面 1～3,深不大于 5,总长不大于 30	伸入工作面 1～4,深不大于 8,总长不大于 40
	非工作面	长 5～20,允许 5 处	长 10～20,允许 5 处
开裂		不允许	
疵点	工作面	最大尺寸 1～3,允许 3 个	最大尺寸 2～3,允许 3 个
	非工作面	最大尺寸 2～3,每面允许 3 个	最大尺寸 2～4,每面允许 4 个

注:1. 缺陷不允许集中,10 cm^2 正方形内不得多于五处。

2. 标形砖应有一个大面(230 mm×113 mm)达到本表对于工作面的要求。如订货时需方指定工作面,则该面应符合本表的要求 。

表 6-35　砖的尺寸偏差及变形要求　　　　/mm

项目		允许偏差	
		优等品	合格品
尺寸偏差	尺寸≤30	±1	±2
	30＜尺寸≤150	±2	±3
	150＜尺寸≤230	±3	±4
	尺寸＞230	供需双方协商	
变形:翘曲、大小头	尺寸≤50	≤2	≤2.5
	150＜尺寸≤230	≤2.5	≤3
	尺寸＞230	供需双方协商	

注：异型产品的变形由供需双方协商确定。

表 6-36　砖的物理化学性能要求

项目	要求	
	NSW 1	NSW 2
吸水率/%　≤	5.0	8.0
压缩强度/MPa ≥	80	60
耐酸度/% ≥	99.7	99.7
耐急冷急热性/℃	试验温差 200℃	试验温差 250℃
	试验一次后，试样不得有新生裂纹、剥落等破损现象	

第七章　胶　黏　剂

第一节　胶黏剂基本知识

胶黏剂是能把两个固体表面黏合在一起，并且在胶接面处具有足够强度的物质。胶黏剂是以各种树脂、橡胶、淀粉等为基体材料，添加各种辅料而制成的。

胶接，也称粘接，是利用胶黏剂将两种或两种以上的材料（同种或异种），借助胶黏剂的物理特性、化学特性所形成的分子间力或化学键，形成永久性接头的加工工艺。近年来胶接在许多领域都得到了广泛的应用。与机械连接和焊接方法相比，其主要特点是：

（1）对材料的适应性强，能连接材质、形状、厚度、大小等相同或不同的材料，特别适用于连接异型、异质、薄壁、复杂、微小、硬脆或热敏制件。

（2）用胶黏剂代替螺钉、螺栓或焊缝金属，可以使结构自重减轻 25%～30%，可以获得刚性好、重量轻的结构，而且表面光滑，外表美观。

（3）胶接接头避免了因焊接热影响区相变、焊接残余应力和变形等对接头的不良影响，应力分布均匀，疲劳强度较高。

（4）具有连接、密封、绝缘、防腐、防潮、减振、隔热、衰减消声等多重功能，连接不同金属时，不产生电化学腐蚀。

（5）工艺操作容易，效率高、设备简单，成本低廉，节约能源。

胶接的局限性主要是胶接接头的强度不够高，例如，对金属材料的粘接强度仅能达母材强度的 10%～50%；大多数胶黏剂耐热性不高，一般长期工作温度只能在 150℃以下；易老化，且对胶接接头的质量尚无可靠的检测方法，因此，它并不能完全代替其他连接方式。

一、胶黏剂的分类（GB/T 13553—1996）

胶黏剂产品用三段式的代号来表示。第一段用三位数字分别代表胶黏剂主要黏料的大类、小类和组别；第二段的左边部分用一位阿拉伯数字代表胶黏剂的物理形态，右边部分用小写英文字母代表胶黏剂的硬化方法；第三段用不多于三个大写的英文字母代表被黏物。

胶黏剂按主要黏料属性分类见表 7-1，共分为八大类。胶黏剂的主要黏料用三位数字表示。左边第一位数字是主要黏料的大类；中间一位数字是大类中的小类；右边第一位数字是小类中的组别。如：动物胶编号为 100，骨胶为动物胶（大类）下骨胶朊（小类）中的第一组，则编号为 121。胶黏剂按物理形态、硬化方法和被黏物的分类见表 7-2。

表 7-1　胶黏剂按主要黏料属性的分类

大类	小类	组　别
动物胶	血液胶	
	骨胶朊	骨胶、皮(腱)胶、鱼胶
	酪朊	
	紫胶	
植物胶	纤维素衍生物	羚甲基纤维素、硝酸纤维素、乙酸纤维素、甲基或乙基纤维素、其他
	多糖及其衍生物	淀粉、改性淀粉、糊精、海藻酸钠、树胶、其他
	天然树脂	木质素及其衍生物、单宁及其衍生物、松香及其衍生物、萜烯树脂、阿拉伯树脂、其他
	植物蛋白	大豆蛋白
	天然橡胶类	天然橡胶、天然乳胶、天然橡胶接枝共聚物、其他
无机物及矿物	硅酸盐类及其他无机物	硅酸钠、硅酸钠改性物、磷酸盐、硫酸盐、金属氧化物、玻璃、陶瓷、其他
	矿物蒸馏物及残渣	石油树脂、石油沥青、焦油沥青、其他
合成弹性体	聚丁二烯类	聚丁二烯、丁苯橡胶、丁腈橡胶、其他
	聚烯烃类	异戊二烯橡胶、苯乙烯-异戊二烯共聚物、聚异丁烯橡胶、丁基橡胶、乙丙橡胶、其他
	卤化烃类	氯丁橡胶、接枝氯丁橡胶氯磺化聚乙烯、卤化丁基橡胶、其他
	硅和氟橡胶类	硅橡胶、改性硅橡胶、氟橡胶
	聚氨酯橡胶类	聚酯型聚氨酯橡胶、聚醚型聚氨酯橡胶、其他
	聚硫橡胶类	聚硫橡胶、改性聚硫橡胶
	遥爪型液体聚合物类	丁二烯、氯丁、丁腈、聚硫
	其他合成弹性体	丙烯酸酯橡胶、氯醚橡胶、其他
合成热塑性材料	乙烯基树脂类	聚乙酸乙烯酯、乙烯/乙酸乙烯共聚物及其他化合物、乙酸乙烯与其他单体共聚物、聚乙烯醇、聚乙烯醇缩醛、聚氯代乙烯、聚乙烯砒咯烷酮
	聚苯乙烯类	聚苯乙烯、改性聚苯乙烯、丙烯腈-丁二烯-苯乙烯共聚物
	丙烯酸酯聚合物类	丙烯酸酯聚合物、丙烯酸酯与苯乙烯共聚物、丙烯酸酯与(除 502 外)其他单体共聚物、氰基丙烯酸酯、其他
	聚酯类	饱和聚酯、改性聚酯
	聚氨酯类	聚酯型聚氨酯、聚醚型聚氨酯
	聚醚类	聚苯醚、氯化聚醚、聚羟醚(含硫酚氧)、聚硫醚
	聚酸胺类	聚酰胺、低分子聚酰胺、其他
	其他热塑性材料	聚 4-甲基戊烯、聚砜、聚碳酸酯、氟树脂、硅树脂、聚醚酮

续表

大类	小类	组　别
合成热固性材料	不饱和聚酯及其改性物	
	环氧树脂类	
	氨基树脂类	脲醛树脂、二聚氰胺甲醛树脂
	有机硅树脂类	
	聚氨酯类	聚酯型聚氨酯、聚醚型聚氨酯、其他
	酚醛树脂类	酚醛树脂、间苯二酚甲醛树脂
	双马来西亚胺	
	呋喃树脂类	糠醇树脂、糠醛树脂、糠酮树脂
	杂环聚合物	聚亚酰胺、聚苯并咪唑、聚苯并噻唑、其他
热固性材料与弹性体复合	酚醛复合型结构胶黏剂	酚醛-丁腈型、酚醛-氯丁型、酚醛-环氧型、酚醛-缩醛型、其他
	环氧复合型结构胶黏剂	环氧-丁腈型、环氧-聚酚氧型、环氧-聚砜型、环氧-聚酰氨型、环氧-聚氨酯型、其他
	其他复合型结构胶黏剂	

表 7-2　　胶黏剂按物理形态、硬化方法和被黏物的分类

分类方法	种类	代号
按胶黏剂物理形态分类	无溶剂液体	1
	有机溶剂液体	2
	水基液体	3
	膏状、糊状	4
	粉状、粒状、块状	5
	片状、膜状、网状、带状	6
	丝状、条状、棒状	7
按胶黏剂硬化方法分类	低温硬化	a
	常温硬化	b
	加温硬化	c
	适合多种温度区域硬化	d
	与水反应固化	e
	厌氧固化	f
	辐射(光、电子束、放射线)固化	g
	热熔冷硬化	h
	压敏粘接	i
	混凝或凝聚	j
	其他	k

续表

分类方法	种类	代号
按胶黏剂被黏物分类	多类材料	A
	木材	B
	纸	C
	天然纤维	D
	合成纤维	E
	聚烯烃纤维(不含 E 类)	F
	金属及合金	G
	难黏金属(金、银、铜等)	H
	金属纤维	I
	无机纤维	J
	透明无机材料(玻璃,宝石等)	K
	不透明无机材料	L
	天然橡胶	M
	合成橡胶	N
	难黏橡胶(硅橡胶、氟橡胶、丁基橡胶)	O
	硬质塑料	P
	塑料薄膜	Q
	皮革、合成革	R
	泡沫塑料	S
	难黏塑料及薄膜(氟塑料、聚乙烯、聚丙烯等)	T
	生物体组织骨骼及齿质材料	U
	其他	V

二、胶黏剂的性能

(1)胶黏剂的性能术语

胶黏剂性能术语(GB/T 2943-1994),见表 7-3。

表 7-3 胶黏剂的性能术语

性 能	含 义
贮存期	指在规定条件下胶黏剂仍能保持其操作性能和规定强度的最长存放时间
适用期/h	也称使用期,指配制后的胶黏剂能维持其可用性能的时间
固体含量/%	也称不挥发物含量,指胶黏剂在规定的测试条件下,测得的胶黏剂中不挥发性物质的质量百分数
耐溶剂性	胶接试样经溶剂作用后仍能保持其胶接性能的能力
耐水性	胶接试样经水分或湿气作用后仍能保持其胶接性能的能力
耐烧蚀性	胶层抵抗高温火焰及高速气流冲刷的能力
耐久性	在使用条件下,胶接件长期保持其性能的能力

性　能	含　　义
耐候性	胶接抵抗日光、冷热、风雨盐雾等气候条件的能力。也是黏结件在自然条件长期作用的情况下，黏结层耐老化和表面品质耐老化的性能。
胶接强度/MPa	也称胶合强度，指使胶接件中胶黏剂与被黏物界面或其邻近处发生破坏所需的应力
湿强度/MPa	在规定的条件下，胶接试样在液体中浸泡后测得的胶接强度
干强度/MPa	在规定的条件下，胶接试样干燥后测得的胶接强度
剪切强度/MPa	在平行于胶层的载荷作用下，胶接试样破坏时，单位胶接面所承受的剪切力
拉伸剪切强度/MPa	在平行于胶接界面层的轴向的拉伸载荷的作用下，使胶黏剂胶接接头破坏的应力
拉伸强度/MPa	在垂直于胶层的载荷作用下，胶接试样破坏时，单位胶接面所承受的拉伸力
剥离强度/$kN \cdot m^{-1}$	在规定的剥离条件下，使胶接试样分离时单位宽度所能承受的载荷
弯曲强度/MPa	指胶接试样在弯曲负荷作用下破坏或达到规定挠度时，单位胶接面所承受的最大载荷
持久强度/MPa	在一定条件下，在规定时间内，单位胶接面所能承受的最大静载荷
扭转剪切强度/MPa	在扭转力矩作用下，胶接试样破坏时，单位胶接面所能承受的量大切向剪切力
套接压剪强度/MPa	在轴向力的作用下。套接接头破坏时单位胶接面所能承受的压剪力
冲击强度/J	胶接试样承受冲击负荷而破坏时，单位胶接面所消耗的最大功
疲劳寿命	在规定的载荷、频率等条件下，胶接试样破坏时的交变应力或应变循环次数

(2)常用胶黏剂的特性和应用，见表 7-4。

表 7-4　常用胶黏剂的特性和应用

名称	主要特性	应用举例
酚醛树脂胶黏剂	容易制造，价格便宜，对极性被黏物具有良好的黏合力，胶黏强度高，电绝缘性好，耐高温、耐油、耐水、耐大气老化。其主要缺点是脆性较大，收缩率大	用于胶黏金属、玻璃钢、陶瓷、玻璃、织物、纸板、木材、石棉等
环氧树脂胶黏剂	黏合性好，胶黏强度高、收缩率低、尺寸稳定、电性能优良、耐化学介质、配制容易、工艺简单、毒性低、危害小、不污染环境等，对多种材料都具有良好的胶黏能力，还有密封、绝缘、防滑、紧固、防腐、装饰等多种功用	广泛用于航空、航天、军工、机械、造船、电子、电器、建筑、汽车、铁路、轻工、农机、医疗等领域
脲醛树脂胶黏剂	合成简单、价格低廉、易溶于水、黏结性较好、固化物无色、耐光照性好、使用方便、室温和加热均能固化等特点。其缺点是耐水性差、固化时放出刺激性的甲醛，储存稳定性不佳	主要用作木材的胶黏剂，大量用于生产胶合板、贴面板、纤维板、刨花板、包装板等

续表

名称	主要特性	应用举例
三聚氰胺树脂胶黏剂	具有高耐磨、耐热、耐水、耐化学介质、耐稀酸、耐稀碱、表面光亮、易清洗等优良性能。由于三聚氰胺树脂分子柔性小,致使固化产物脆性比较大,容易开裂	用于制造人造板、胶合板、装饰板
聚氨酯胶黏剂	耐受冲击振动和弯曲疲劳,剥离强度很高,特别是耐低温性能极其优异。聚氨酯胶黏剂工艺简单,室温和高温均能固化,不同材料胶黏时热应力影响小。但其耐水性和耐热性较差	广泛用于胶黏金属、橡胶、玻璃、陶瓷、塑料、木材、织物、皮革等多种塑料
不饱和聚酯胶黏剂	黏度小、易润湿、工艺性好、固化后的胶层硬度大、透明性好、光亮度高,配制容易、操作方便、可室温加压快速固化,耐热性较好、电性能优良、成本低廉、来源丰富。不饱和聚酯树脂固化后收缩率大,胶黏强度不高,只能用作非结构胶黏剂。由于含有大量酯键,易被酸、碱水解,因此,耐化学介质性和耐水性较差	用于胶黏玻璃钢、硬质塑料、木材、竹材、玻璃、混凝土等。还可用于电器灌封和家具装饰罩壳
呋喃树脂胶黏剂	耐腐蚀性好、耐热性高、耐强酸强碱、耐水、只是脆性较大	用于胶黏木材、陶瓷、玻璃、金属、橡胶、石墨等材料
α-氰基丙烯酸酯胶黏剂	具有很高的胶黏强度,α-氰基丙烯甲酯(即501胶)的黏接强度高达22MPa。固化速度极快,胶黏后10～30s就有足够的强度。胶黏剂为单液型,黏度低,便于涂布。耐油性和气密性好。其缺点是:脆性较大,剥高强度低,不耐冲击和振动。耐热、耐水、耐溶剂、耐老化等性能都比较差。相对其他胶黏剂而言,价格较贵	用于黏结金属、橡胶、塑料、玻璃、陶瓷、石料等作为工业上的暂时黏合是非常好的
厌氧胶	单液型、渗透性好、室温固化、使用方便。收缩率小、密封性小,耐冲击振动。耐酸、碱、盐、水等介质。不挥发、无污染与毒害。适用期长,储存稳定。与空气接触的部分不固化发黏,需要清除。对于钢铁、铜等活泼金属固化快、强度高;对于铬、锡、不锈钢等惰性金属和玻璃、陶瓷、塑料等非金属固化速度慢,胶黏强度低。不宜大缝隙和多孔材料的胶黏与密封	用于机械螺栓紧固、管路耐压密封、铸件浸渗堵漏、圆柱零件黏结等
有机硅树脂胶黏剂	其突出特点是耐高温,可在400℃长期工作,瞬时可承受1000℃。此外,它的耐低温性、耐水性、电绝缘性、耐老化性、耐腐蚀性都很好。胶黏时需要加压高温固化,胶黏强度较低	用于胶黏金属、陶瓷、玻璃、玻璃钢等,可用于高温场合

续表

名称	主要特性	应用举例
氯丁橡胶胶黏剂	极好的初始黏合力，极快的定位能力。初期胶黏强度和最终胶黏强度均高，并且强度建立的速度在橡胶型胶黏剂中首屈一指。能够胶黏多种材料，因此也有“万能胶”之称。胶层韧性较好，能够耐受冲击和振动。具有良好的耐油、耐水、耐燃、耐酸、耐碱、耐臭氧和耐老化性能。但胶黏剂的耐热和耐寒性都不够好。储存稳定性较差，容易出现分层、沉淀或絮凝	应用面很广，可以进行橡胶、皮革、织物、纸板、人造板、木材、泡沫塑料、陶瓷、混凝土、金属等自黏或互黏，尤其是用于橡胶与金属的胶黏效果更好。广泛用于制鞋、汽车、家具、建筑、机械、电器、电子等工业部门
丁腈橡胶胶黏剂	具有良好的黏附性能、优异的耐油性和较好的耐热性，韧性较好，能够抗冲击振动。其缺点是耐寒性差，胶黏强度不高	用于丁腈橡胶或其与金属、织物、皮革等要求耐油性的胶黏
聚硅橡胶胶黏剂	具有突出的耐油性、耐溶剂性、密封性，良好的耐低温性、耐老化性，但其黏附性差，胶黏强度低	用于飞机、建筑、汽车、化工、电器等行业
丁苯橡胶胶黏剂	耐磨、耐热和耐老化性能比较好，储存稳定，价格便宜，但其黏附性较差、收缩率大、胶黏强度低、耐寒性不够好	用于胶黏橡胶、织物、塑料、木材、纸板、金属等
硅橡胶胶黏剂	具有优异的耐热性、耐寒性、耐温度交变性，良好的耐水性、电绝缘性、耐介质性、耐老化性，具有生理惰性、无毒，能够密封减振。其缺点：黏耐性差、胶黏强度低、价格比较高	可以胶黏金属、橡胶、陶瓷、玻璃、塑料等，广泛用于航空、电器、电子、建筑、医疗等行业
氯磺化聚乙烯胶黏剂	具有优异的耐热性、耐臭氧性、耐腐蚀性、耐候性、较好的耐燃性、耐低温性、耐介质性。不足之处是耐油性不如丁腈橡胶胶黏剂，胶黏强度也比较低	用于胶黏塑料、玻璃钢、金属等
聚醋酸乙烯乳胶	俗称白乳胶，其润湿性好，无毒无臭，胶层无色透明，使用简便，胶黏牢固，但是耐水性不好	用于胶黏多孔材料，如木材、纸张、织物、泡沫塑料等
聚丙烯酸酯乳液	它比聚醋酸乙烯乳液有更强的胶黏性、更高的耐水性、更快的干燥性、更好的耐候性、更广的适用性	用于胶黏塑料、金属、木材、皮革、纸张、陶瓷、织物等
热熔胶黏剂	热熔胶为固体状态，不含溶剂，无毒害，不污染，生产安全，运输储存方便。热熔胶能快速胶黏，适合机械化流水线生产，节省场地，带来高产量、高效率、高效益。热熔胶可反复使用，基本无废料，装配和拆卸都很容易。热熔胶对许多材料都有胶黏能力，包括一些难黏塑料。但热熔胶使用时需要加热熔化，需专门设备，多数胶黏强度较低，耐热性较差	用于黏结、固定、封边、密封、绝缘、充填、捆扎、嵌缝、装订、贴面、复合、缝合等。广泛应用于制鞋、包装、家具、标线、服装、美术、建筑、电子、电器、交通等领域

续表

名称	主要特性	应用举例
密封胶黏剂	密封胶黏剂简称为密封胶，使用的目的主要是对密封部位起有效的密封作用，能防止内部介质泄漏和外部介质的侵入，大多数场合下，还要求方便拆卸，并不一定要求界面上有多高的黏结强度	用于各种管道接头或法兰密封、包装容器、焊缝、航空燃油箱、电器、真空泵、螺纹、电机、门窗玻璃、建筑顶棚、绝缘板、贮罐等都用密封胶进行密封
磷酸—氧化铜无机胶黏剂	耐高温 700～900℃，耐油、耐水、黏结固化速度快，耐久性强。其缺点是不耐酸、碱，脆性较大	可代替铜焊胶黏刀具，接长麻花钻杆，胶黏珩磨条、金刚石，固定量具，胶黏模具，密封补漏等
硅酸盐无机胶黏剂	其特点是能耐 800～1350℃的高温，耐油、耐碱、耐有机溶剂，胶黏强度高，但不耐酸，脆性较大	用于胶黏金属、陶瓷、玻璃、石料等，还可用于铸件砂眼堵漏、铸件浸渗

三、胶黏剂的选用

胶黏剂的作用是将经过处理的被胶接物牢固地连接起来。选用胶黏剂的一般原则是：

(1)根据被胶接物的材料种类、性质和受力情况进行选择。大多数胶黏剂对金属材料间的胶接有较好的适应性，对不同材料间的胶接应考虑它们的热膨胀系数和固化温度，应选择两种材料都适用的胶黏剂。对受力大的零部件，应选择胶接强度高的胶黏剂，如环氧结构胶、聚氨酯等。

(2)根据被胶接物的形状、结构和施工条件等情况进行选择。热塑性塑料、橡胶制品和电器零件等不能经受高温；大型零件移动搬运困难，加热不便，应避免选用高温固化胶。一些薄而脆的零件，一般不能施加压力，不应选用加压固化胶。在流水生产线上应选用室温快干胶。在多道不同温度的加工过程中，前道胶接工序应采用耐温性高的胶黏剂，后道胶接工序采用耐温性低的胶剂。绝对不能在前道工序采用耐温性低于后道工序加热温度的胶黏剂。

(3)选用胶黏剂时还应考虑经济性和安全性。在其他条件许可的前提下，应尽量选择成本低、施工方便、低毒或无毒性的胶黏剂。

黏结常用材料推荐的胶黏剂，见表 7-5；黏结各类塑料适宜的胶黏剂类型，见表 7-6。

表 7-5　黏结常用材料推荐的胶黏剂

被黏结材料	泡沫塑料	皮革和织物	纸张和木材	陶瓷和玻璃	橡胶	热塑性塑料	热固性塑料	金属
金属	7、9	2、5、7、9、8、13	1、5、7、13	1、2、3、5	9、10、8、7	2、3、7、8、12	1、2、3、5、7、8	1 ～ 8、3、14
热固性塑料	2、3、7	2、3、7、9	1、2、9	1、2、3	2、7、8、9	8、2、7	2、3、5、8	
热塑性塑料	7、9、2	2、3、7、9、13	2、7、9	2、8、7	9、7、10、8	2、7、8、12、13		
橡胶	9、10、7	9、7、2、10	9、10、2	2、8、9	9、10、7			
陶瓷和玻璃	2、7、9	2、3、7	1、2、3	2、3、7、8、12				
纸张和木材	1、5、2、9、11	2、7、9、11、13	11、2、9、13					
皮革和织物	5、7、9	9、10、12、13						
泡沫塑料	7、9、11、2							

注：表中数字所代表的胶黏剂名称为：1—环氧/脂肪胺胶；2—环氧/聚酰胺胶；3—环氧/聚硫胶；4—环氧/丁腈胶；5—酚醛/缩醛胶；6—酚醛/丁腈胶；7—聚氨酯胶；8—丙烯酸脂胶；9—氯丁胶；10—丁腈胶；11—乳白胶；12—溶液胶；13—热溶胶；14—无机胶。

表 7-6　黏结各类塑料适宜的胶黏剂类型

胶黏剂类型		酚醛缩醛胶	酚醛-丁腈胶	环氧胶	聚氨酯胶	α-氰基丙烯酸酯胶	反应性丙烯酸酯胶	氯丁-酚醛胶	EVA 热熔胶	聚酯热熔胶	不饱和聚酯胶	溶液胶
黏结塑料名称	硬聚氯乙烯				√	√	√	√		√		√
	软聚氯乙烯				√			√				√
	聚苯乙烯					√	√	√			√	√
	聚苯乙烯泡沫	√		√	√							
	聚乙烯、聚丙烯(未处理)								√			
	聚乙烯、聚丙烯(经处理)		√	√	√		√	√				
	丙烯腈-丁二烯-苯乙烯(ABS)		√		√	√	√			√		√

续表

胶黏剂类型		酚醛缩醛胶	酚醛-丁腈胶	环氧胶	聚氨酯胶	α-氰基丙烯酸酯胶	反应性丙烯酸酯胶	氯丁-酚醛胶	EVA 热熔胶	聚酯热熔胶	不饱和聚酯胶	溶液胶
黏结塑料名称	聚甲基丙烯酸甲酯(有机玻璃)				√	√	√				√	√
	尼龙(聚酰胺)			√	√							√
	聚四氟乙烯(经处理)		√	√	√			√				
	聚甲醛			√	√	√	√	√				
	聚碳酸酯		√	√	√		√	√				√
	聚砜			√	√	√	√	√				√
	酚醛	√	√	√	√	√	√	√			√	
	环氧		√	√	√	√	√	√			√	
	聚氨酯泡沫	√			√			√				
	不饱和聚酯			√	√	√	√	√			√	
	聚酯				√					√		
	纤维素			√	√	√		√				√

注:√表示适宜黏结。

第二节 常用胶黏剂

一、硅酮建筑密封胶(GB/T 14683—2003)

硅酮建筑密封胶是指以聚硅氧烷为主要成分、室温固化的单组分密封胶。硅酮建筑密封胶的分类与级别见表 7-7,理化性能指标见表 7-8。硅酮建筑密封胶产品外观质量应为细腻、均匀膏状物,不应有气泡、结皮和凝胶;产品的颜色与供需双方商定的样品相比,不得有明显差异。

表 7-7 硅酮建筑密封胶的分类与级别

<table>
<tr><td rowspan="4">分类</td><td rowspan="2">按固化机理分类</td><td colspan="2">A 型—脱酸(酸性)</td></tr>
<tr><td colspan="2">B 型—脱醇(中性)</td></tr>
<tr><td rowspan="2">按用途分类</td><td>G 类—镶装玻璃用</td><td rowspan="2">不适用建筑幕墙和中空玻璃</td></tr>
<tr><td>F 类—建筑接缝用</td></tr>
<tr><td rowspan="3">级别</td><td>按位移能力分</td><td>试验拉压幅度/%</td><td>位移能力/%</td></tr>
<tr><td>25</td><td>±25</td><td>25</td></tr>
<tr><td>20</td><td>±20</td><td>20</td></tr>
<tr><td>次级别</td><td>按拉伸模量分</td><td>高模量(HM)</td><td>低模量(LM)</td></tr>
</table>

注:1. 产品按下列顺序标记:名称、类型、类别、级别、次级别、标准号。

示例:镶装玻璃用 25 级高模量硅酮建筑密封胶的标记为:硅酮建筑密封胶 AG25HM GB/T 14683—2003

表 7-8　硅酮建筑密封胶理化性能指标

项　目		技术指标			
		25HM	20HM	25LM	20LM
密度/g·cm^{-3}		规定值±0.1			
下垂度/mm	垂直	≤3			
	水平	无变形			
表干时间/h		≤3①			
挤出性/ml·min^{-1}		≥80			
弹性恢复率/%		80			
拉伸模量/MPa	23℃	>0.4 或>0.6		≤0.4 和≤0.6	
	−20℃				
定伸黏结性		无破坏			
紫外线辐照后黏结性②		无破坏			
冷拉—热压后黏结性		无破坏			
浸水后定伸黏结性		无破坏			
质量损失率/%		≤10			

注:①允许采用供需双方商定的其他指标值。

②此项仅适用于 G 类产品。

二、建筑用硅酮结构密封胶(GB 16776—2005)

建筑用硅酮结构密封胶为用于建筑玻璃幕墙及其他结构的黏结、密封用结构胶。

建筑用硅酮结构密封胶产品分单组分型和双组分型,分别用数字 1 和 2 表示。

建筑用硅酮结构密封胶产品适用基材类别与代号见表 7-9。建筑用硅酮结构密封胶产品物理力学性能见表 7-10。

建筑用硅酮结构密封胶产品按型别、适用基材类别、本标准号顺序标记。适用于金属、玻璃的双组分硅酮结构胶标记示例为:2MG GB 16776—2003。

建筑用硅酮结构密封胶外观要求:产品应为细腻、均匀膏状物、无结块、凝胶、结皮及不易迅速分散的析出物;双组分结构胶的两组分颜色应有明显区别。

表 7-9　建筑用硅酮结构密封胶适用基材与代号

类别代号	适用基材
M	金属
G	玻璃
Q	其他

表 7-10　建筑用硅酮结构密封胶产品物理力学性能

项　目			技术指标
下垂度	垂直放置/mm		≤3
	水平放置		不变形
挤出性[①]/s			≤10
适用期[②]/min			≥20
表干时间/h			≤3
硬度/Shore A			30～60
拉伸黏结性	拉伸黏结强度/MPa≥	23℃	≥0.60
		90℃	0.45
		−30℃	0.45
		浸水后	0.45
		水—紫外光照后	0.45
	黏结破坏面积/%		≤5
	23℃时最大拉伸强度时伸长率/%		≥100
热老化	热失重/%		≤10
	龟裂		无
	粉化		无

注:①仅适用于单组分产品。

②仅适用于双组分产品。

三、建筑用防霉密封胶(JC/T 885—2001)

建筑用防霉密封胶适应厨房、厕浴间、整体盥洗室、无菌操作间、手术室及微生物实验室等内部接缝和卫生洁具的装配密封等装修。主要为建筑用单组分硅酮类防霉密封胶。

建筑用防霉密封胶产品按密封胶基础聚合物分类,如硅酮密封胶代号为 SR。

建筑用防霉密封胶产品按位移能力、模量分三个等级:位移能力±20%低模量级,代号 20LM;位移能力 20%高模量级,代号 20HM;位移能力±12.5%弹性级,代号 12.5E。

建筑用防霉密封胶耐霉等级分为:0 级,1 级。建筑用防霉密封胶不应有未分散颗粒、结块、结皮和液体物析出。建筑用防霉密封胶物理性能见表 7-11。

建筑用防霉密封胶产品按下列顺序标记:类别、等级、标准号。标记示例如下:

表 7-11 建筑用防霉密封胶物理性能指标

项目		技术指标		
		20LM	20HM	12.5E
密度/g·cm^{-3}		规定值±0.1		
挤出性/s ≤		10		
表干时间/h ≤		3		
下垂度/mm ≤	垂直放置	3		
	水平放置	不变形		
弹性恢复率/% ≥		60		
拉伸模量/MPa	23℃ −20℃	≤0.4 和≤0.6	>0.4 或>0.6	—
热压,冷拉后黏结性	位移/%	±20	±20	±12.5
	破坏性质	不破坏		
定伸黏结性		不破坏		
浸水后定伸黏结性		不破坏		

四、聚氨酯建筑密封胶(JC/T 482—2003)

聚氨酯建筑密封胶是指以氨基甲酸酯聚合物为主要成分的单组分和多组分建筑密封胶,适于建筑接缝用。

聚氨酯建筑密封胶产品按包装形式分为单组分(Ⅰ)和多组分(Ⅱ)两个品种,按流动性分为非下垂型(N)和自流平型(L)两个类型。按位移能力分为 25 和 20 两个级别,见表 7-12。按拉伸模量分为低模量(LM)和高模量(HM)两个次级别。

表 7-12 聚氨酯建筑密封胶级别

级别	试验拉压幅度/%	位移能力/%
25	±25	25
20	±20	20

聚氨酯建筑密封胶产品按下列顺序标记:名称、品种、类型、级别、次级别、标准号。

标记示例:25 级低模量单组分非下垂型聚氨酯建筑密封胶的标记为:

聚氨酯建筑密封胶 IN 25LM JC/T 482—2003

产品应为细腻、均匀膏状物或黏稠液,不应有气泡。产品的颜色与供需双方商定的样品相比,不得有明显差异。多组分产品各组分的颜色间应有明显差异。

聚氨酯建筑密封胶的物理力学性能见表 7-13。

表 7-13 聚氨酯建筑密封胶的物理力学性能

<table>
<tr><td colspan="3" rowspan="2">项　目</td><td colspan="3">技术指标</td></tr>
<tr><td>20HM</td><td>25LM</td><td>20LM</td></tr>
<tr><td colspan="3">密度/g・cm^{-3}</td><td colspan="3">规定值±0.1</td></tr>
<tr><td rowspan="2">流动性</td><td colspan="2">下垂度(N)/mm　≤</td><td colspan="3">3</td></tr>
<tr><td colspan="2">流平性(L型)</td><td colspan="3">光滑平整</td></tr>
<tr><td colspan="3">表干时间/h　≤</td><td colspan="3">24</td></tr>
<tr><td colspan="3">挤出性[1]/mL・min^{-1}　≥</td><td colspan="3">80</td></tr>
<tr><td colspan="3">适用期[2]/h　≥</td><td colspan="3">1</td></tr>
<tr><td colspan="3">弹性恢复率/%　≥</td><td colspan="3">70</td></tr>
<tr><td rowspan="2">拉伸黏结性</td><td rowspan="2">拉伸模量/MPa</td><td>23℃</td><td colspan="2">>0.4</td><td>≤0.4</td></tr>
<tr><td>−20℃</td><td colspan="2">或>0.6</td><td>或≤0.6</td></tr>
<tr><td colspan="3">定伸黏结性</td><td colspan="3">无破坏</td></tr>
<tr><td colspan="3">浸水后定伸黏结性</td><td colspan="3">无破坏</td></tr>
<tr><td colspan="3">冷拉—热压后的黏结性</td><td colspan="3">无破坏</td></tr>
<tr><td colspan="3">质量损失率[1]/%　≤</td><td colspan="3">7</td></tr>
</table>

注:①此项仅适用于单组分产品。

②此项仅适用于多组分产品,允许采用供需双方商定的其他指标值。

五、混凝土建筑接缝用密封胶(JC/T 881—2001)

混凝土建筑接缝用密封胶适用于混凝土建筑弹性和塑性接缝。

混凝土建筑接缝用密封胶分为单组分(Ⅰ)和多组分(Ⅱ)两个品种。密封胶按流动性分为非下垂型(N)和自流平型(S)两个类型。

混凝土建筑接缝用密封胶按位移能力分为25、20、12.5和7.5四个级别,见表7-14。

表 7-14 混凝土建筑接缝用密封胶级别

级　　别	试验拉压幅度/%	位移能力/%
25	±25	25
20	±20	20
12.5	±12.5	12.5
7.5	±7.5	7.5

混凝土建筑接缝用密封胶25级和20级按拉伸模量分为低模量(LM)和高模量(HM)两个次级别。12.5级密封胶按弹性恢复率又分为弹性和塑性两个次级别。

恢复率不小于40%的密封胶为弹性密封胶(E);恢复率小于40%的密封胶为塑性密封胶(P)。25级、20级和12.5E级密封胶称为弹性密封胶;12.5P级和7.5P级密封胶称为塑性密封胶。

混凝土建筑接缝用密封胶按下列顺序标记：名称、品种、类型、级别、次级别、标准号。

混凝土建筑接缝用密封胶外观应为细腻、均匀膏状物或黏稠液体，不应有气泡、结皮或凝胶。密封胶的颜色与供需双方商定的样品相比不得有明显差异，多组分密封胶各组分的颜色应有明显差异。密封胶适用期和表干时间指标由供需双方商定。

混凝土建筑接缝用密封胶物理力学性能见表 7-15。

表 7-15　混凝土建筑接缝用密封胶物理力学性能

<table>
<tr><th colspan="3" rowspan="2">项　目</th><th colspan="7">技术指标</th></tr>
<tr><th>25LM</th><th>25HM</th><th>20LM</th><th>20HM</th><th>12.5E</th><th>12.5P</th><th>7.5P</th></tr>
<tr><td colspan="3">挤出性/mL·min⁻¹≥</td><td colspan="7">80</td></tr>
<tr><td rowspan="3">流动性</td><td rowspan="2">下垂度/mm≤</td><td>垂直放置</td><td colspan="7">3</td></tr>
<tr><td>水平放置</td><td colspan="7">3</td></tr>
<tr><td colspan="2">流平性(S 型)</td><td colspan="7">光滑平整</td></tr>
<tr><td colspan="3">弹性恢复率/%≥</td><td colspan="2">≥80</td><td colspan="2">≥60</td><td>≥40</td><td><40</td><td><40</td></tr>
<tr><td rowspan="2">拉伸黏结性</td><td>拉伸模量/MPa</td><td>23℃
−20℃</td><td>≤0.4
和≤0.6</td><td>>0.4
或>0.6</td><td>≤0.4
和≤0.6</td><td>>0.4
或>0.6</td><td colspan="3">—</td></tr>
<tr><td colspan="2">断裂伸长率/%</td><td colspan="5">—</td><td>≥100</td><td>≥20</td></tr>
<tr><td colspan="3">热压/冷拉后黏结性</td><td colspan="5">无破坏</td><td colspan="2">—</td></tr>
<tr><td colspan="3">定伸黏结性</td><td colspan="5">无破坏</td><td colspan="2">—</td></tr>
<tr><td colspan="3">浸水后定伸黏结性</td><td colspan="5">无破坏</td><td colspan="2">—</td></tr>
<tr><td colspan="3">拉伸—压缩后黏结性</td><td colspan="5">—</td><td colspan="2">无破坏</td></tr>
<tr><td colspan="3">浸水后断裂伸长率/%</td><td colspan="5">—</td><td>≥100</td><td>≥20</td></tr>
<tr><td colspan="3">质量损失率①/%</td><td colspan="5">≤10</td><td colspan="2">—</td></tr>
<tr><td colspan="3">体积收缩率/%</td><td colspan="5">≤25②</td><td colspan="2">≤25</td></tr>
</table>

注：①乳胶型和溶剂型产品不测质量损失率。

②仅适应于乳胶型和溶剂型产品。

六、幕墙玻璃接缝用密封胶(JC/T 882—2001)

幕墙玻璃接缝用密封胶适用于玻璃幕墙工程中嵌填玻璃与玻璃接缝的硅酮耐候密封胶；玻璃与铝等金属材料接缝的耐候密封胶也可参照采用，但不适用于玻璃幕墙工程中结构性装配用密封胶。

幕墙玻璃接缝用密封胶分为单组分(Ⅰ)和多组分(Ⅱ)两个品种，密封胶位移能力分为 25、20 两个级别，见表 7-16。幕墙玻璃接缝用密封胶次级别按拉伸模量分为低模量(LM)和高模量(HM)两个级别，25、20 级密封胶为弹性密封胶。

表 7-16　幕墙玻璃接缝用密封胶级别

级别	试验拉压幅度/%	位移能力/%
25	±25.0	25
20	±20.0	20

密封胶按下列顺序标记：名称、品种、级别、次级别、标准号。

标记示例：

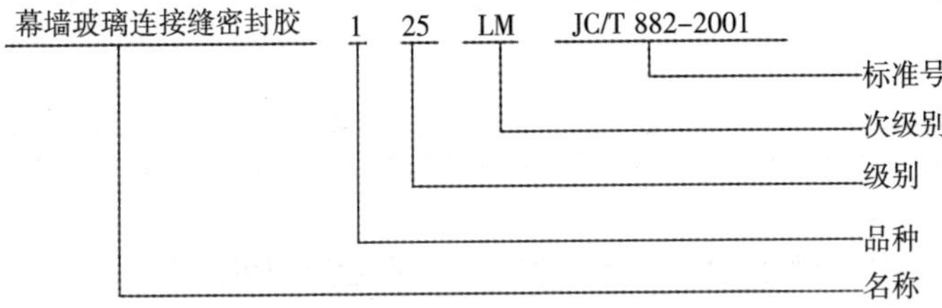

幕墙玻璃接缝用密封胶产品外观应为细腻、均匀膏状物，不应有气泡、结皮或凝胶。产品的颜色与供需双方商定的样品相比，不得有明显差异。多组分产品各组分的颜色应有明显差异。密封胶适用期指标由供需双方商定。幕墙玻璃接缝用密封胶物理力学性能见表 7-17。

表 7-17　幕墙玻璃接缝用密封胶的物理力学性能

项　目		技术指标			
		25LM	25HM	20LM	20HM
挤出性/mL·min^{-1}　≥		80			
表干时间/h　≤		3			
下垂度/mm　≤	垂直放置	3			
	水平放置	不变形			
弹性恢复率/%　≥		80			
拉伸模量/MPa	标准条件 −20℃	≤0.4 和≤0.6	>0.4 或>0.6	≤0.4 和≤0.6	>0.4 或>0.6
热压/冷拉后黏结性		无破坏			
定伸黏结性		无破坏			
浸水光照后定伸黏结性		无破坏			
质量损失率/%≤		10			

七、石材用建筑密封胶(JC/T 883—2001)

石材用建筑密封胶适用于建筑工程中天然石材接缝嵌填用，不适用于建筑工程中承受荷载的结构。

石材用建筑密封胶按聚合物区分，如：硅酮类—代号 SR、聚氨酯类—代号 PU、聚硫类—代号 PS、硅酮改性类—代号 MS 等。石材用建筑密封胶按组分分为单组分(Ⅰ)和多组分(Ⅱ)。石材用建筑密封胶按位移能力分为 25、20、12.5 三个级别，见表 7-18。石材用建筑密封胶 25、20 级密封胶按拉伸模量分为低模量(LM)和高模量(HM)两个次级别。弹性恢复率不小于 40%的 12.5 级密封胶为弹性密封胶(E)。25、20、12.5E 级密封胶称为弹性密封胶。

表 7-18　石材用建筑密封胶级别

级　别	试验拉压幅度/%	位移能力/%
25	±25	25
20	±20	20
12.5	±12.5	12.5

石材用建筑密封胶产品按下列顺序标记：名称、品种、级别、次级别、标准号。

标记示例：

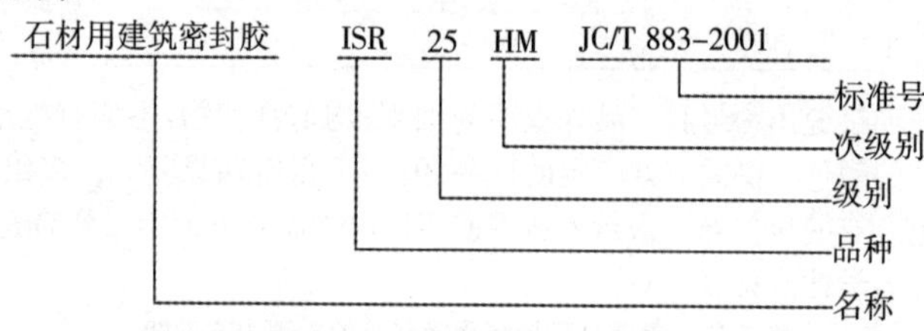

石材用建筑密封胶产品外观应为细腻、均匀膏状物，不应有气泡、结皮或凝胶。产品的颜色与供需双方商定的样品相比，不得有明显差异。多组分产品各组分的颜色应有明显差异。密封胶适用期指标由供需双方商定(仅适用于多组分)。石材用建筑密封胶物理力学性能见表 7-19。

表 7-19　石材用密封胶物理力学性能

项　目		技术指标				
		25LM	25HM	20LM	20HM	12.5E
挤出性/mL·min^{-1} ≥		80				
表干时间/h ≤		3				
下垂度/mm≤	垂直放置	3				
	水平放置	不变形				
弹性恢复率/% ≥		80		80		40
拉伸模量/MPa	23℃ -20℃	≤0.4 和≤0.6	>0.4 或>0.6	≤0.4 和≤0.6	>0.4 或>0.6	—
热压/冷拉后黏结性		无破坏				
定伸黏结性		无破坏				
浸水后定伸黏结性		无破坏				
污染性/mm ≤	污染深度	1.0				
	污染宽度					
紫外线处理		表面无粉化、龟裂，-25℃无裂纹				

八、彩色涂层钢板用建筑密封胶(JC/T 884—2001)

彩色涂层钢板用建筑密封胶按聚合物区分，如：硅酮类—代号为 SR、聚氨酯类—代号为 PU、聚硫类—代号为 PS、硅酮改性类—代号为 MS 等。

彩色涂层钢板用建筑密封胶按组分分为单组分(Ⅰ)和多组分(Ⅱ)。彩色涂层钢板用建筑密封胶按密封胶位移能力分为 25、20、12.5 三个级别，见表 7-20。彩色涂层钢板用建筑密封胶 25、20 级密封胶按拉伸模量分为低模量(LM)和高模量(HM)两个次级别。弹性恢复率不小于 40%的 12.5 级密封胶为弹性密封胶(E)。25、20、12.5E 级密封胶称为弹性密封胶。

表 7-20 彩色涂层钢板用建筑密封胶级别

级 别	试验拉压幅度/%	位移能力/%
25	±25	25
20	±20	20
12.5	±12.5	12.5

彩色涂层钢板用建筑密封胶产品按下列顺序标记:名称、品种、级别、次级别、标准号。

标记示例:

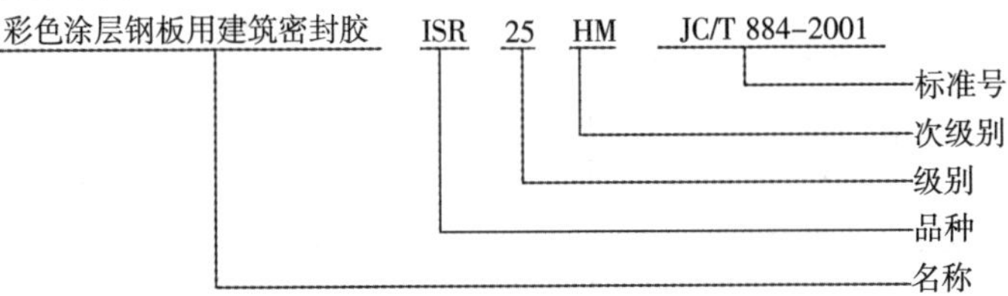

彩色涂层钢板用建筑密封胶产品外观应为细腻、均匀膏状物,不应有气泡、结皮或凝胶。产品的颜色与供需双方商定的样品相比,不得有明显差异。多组分产品各组分的颜色应有明显差异。密封胶适用期指标由供需双方商定(仅适用于多组分)。彩色涂层钢板用建筑密封胶物理力学性能见表 7-21。

表 7-21 钢板用密封胶物理力学性能

项 目		技术指标				
		25LM	25HM	20LM	20HM	12.5E
挤出性/mL·min $^{-1}$≥		80				
表干时间/h ≤		3				
下垂度/mm ≤	垂直放置	3				
	水平放置	不变形				
弹性恢复率/% ≥		80		80		40
拉伸模量/MPa	23℃ -20℃	≤0.4 和≤0.6	>0.4 或>0.6	≤0.4 和≤0.6	>0.4 或>0.6	—
热压/冷拉后黏结性		无破坏				
定伸黏结性		无破坏				
浸水后定伸黏结性		无破坏				
剥离黏结性	剥离强度/MPa≥	1.0				
	黏结表面破坏面积/%≤	25				
紫外线处理		表面无粉化、龟裂,-25℃无裂纹				

九、中空玻璃用弹性密封胶(JC/T 486—2001)

中空玻璃用弹性密封胶为适用于中空玻璃单道或第二道密封用双组分聚硫类密封胶和第二道密封用硅酮类密封胶。

中空玻璃用弹性密封胶按基础聚合物分类，聚硫类代号为 PS，硅酮类代号为 SR。产品分级按位移能力和模量分级。位移能力±25%高模量级，代号为 25HM；位移能力±20%为高模量级，代号为 20HM；位移能力±12.5%为弹性级，代号为 12.5E。

中空玻璃用弹性密封胶产品按以下顺序标记：类型、等级、标准号。

中空玻璃用弹性密封胶外观不应有粗粒、结块和结皮，无不易迅速均匀分散的析出物。双组分产品，两组分颜色应有明显的差别。

中空玻璃用弹性密封胶的物理性能见表 7-22。

表 7-22　中空玻璃用弹性密封胶的物理性能指标

项　目		技术指标				
		PS 类		SR 类		
		20HM	12.5E	25HM	20HM	12.5E
密度/g·cm^{-3}	A 组分 B 组分	规定值±0.1				
黏度/Pa·s	A 组分 B 组分	规定值±10%				
挤出性(仅单组分)/s　≤		10				
适用期/min　≥		30				
表干时间/h　≤		2				
下垂度/mm	垂直放置≤	3				
	水平放置	不变形				
弹性恢复率/%　≥		60	40	80	60	40
拉伸模量/MPa	23℃ −20℃	>0.4 或>0.6	—	>0.6 或>0.4		—
热压—冷拉后黏结性	位移/%	±20	±12.5	±25	±20	±12.5
	破坏性质	无破坏				
热空气—水循环后定伸黏结性	伸长率/%	60	10	100	60	60
	破坏性质	无破坏				
紫外线辐照—水浸后定伸黏结性	伸长率/%	60	10	100	60	60
	破坏性质	无破坏				
水蒸气渗透率/g·m^{-2}·d^{-1}		15		—		
紫外线辐照发雾性(仅用于单道密封时)		无		—		

十、中空玻璃用丁基热熔密封胶(JC/T 914—2003)

丁基热熔密封胶适用于中空玻璃第一道密封。产品外观应为细腻、无可见颗粒的均质胶泥。产品颜色为黑色或供需双方商定的颜色。

中空玻璃用丁基热熔密封胶的物理性能见表 7-23。

表 7-23 中空玻璃用丁基热熔密封胶的物理性能

项 目		指标
密度/g・cm^{-3}		规定值±0.05
针入度/10^{-1}mm	25℃	30～50
	130℃	230～330
剪切强度/MPa ≥		0.10
紫外线照射发雾性		无雾
水蒸气透过率/g・m^{-2}・d^{-1} ≤		1.1
热失重/% ≤		0.5

十一、液态密封胶(JB/T 4254—1999)

液态密封胶的作用是在机械产品各结合面防止气体、液体泄漏。

液态密封胶的种类按照使用时胶层的最终形态可以分为两大类:一为非干性:其最终形态为不干性黏性:二为半干性或干性:其最终形态其有一定的黏性及弹性。

液态密封胶的技术要求见表 7-24。

表 7-24 液态密封胶的技术要求

项 目		非干性	半干性或干性
黏度/mPa・s		>5000	>1000
相对密度		>0.8	>0.8
不挥发物/%		>65.00	>20.00
耐压性/MPa	室温	8.83	7.85
	80±5℃	6.86	6.86
	150±5℃	3.92	6.86
冷热交换耐压性/MPa		3.90	
耐介质性/%	蒸馏水	−5～+5	−5～+5
	32 号机械油	−5～+5	−5～+5
	90 号无铅汽油	−5～+5	−5～+5
腐蚀性	45 钢	无	无
	HT200	无	无
	H62 黄铜	无	无

十二、干挂石材幕墙用环氧胶黏剂(JC 887—2001)

干挂石材幕墙用环氧胶黏剂用于干挂石材幕墙挂件与石材间黏结固定。干挂石材幕墙用环氧胶黏剂为双组分环氧型,按固化速度分为快固型(K)和普通型(P)两类。

胶黏剂按下列顺序标记:名称、品种、标准号。

标记示例:干挂石材篇幕墙用环氧胶黏剂 KJC 887—2001

干挂石材幕墙用环氧胶黏剂外观要求：胶黏剂各组分分别搅拌后应为细腻、均匀黏稠液体或膏状物，不应有离析、颗粒和凝胶，各组分颜色应有明显差异。

干挂石材幕墙用环氧胶黏剂物理力学性能指标见表 7-25。

表 7-25　干挂石材幕墙用环氧胶黏剂物理力学性能指标

<table>
<tr><th colspan="3" rowspan="2">项　目</th><th colspan="2">技术指标</th></tr>
<tr><th>快固</th><th>普通</th></tr>
<tr><td colspan="3">适用期/min</td><td>5～30</td><td>＞30～90</td></tr>
<tr><td colspan="3">弯曲弹性模量/MPa≥</td><td colspan="2">2 000</td></tr>
<tr><td colspan="3">冲击强度/kJ·m^{-2}　≥</td><td colspan="2">3.0</td></tr>
<tr><td colspan="2">拉剪强度/MPa　≥</td><td>不锈钢—不锈钢</td><td colspan="2">8.0</td></tr>
<tr><td rowspan="5">压剪强度/MPa≥</td><td rowspan="2">石材—石材</td><td>标准条件 48h</td><td colspan="2">10.0</td></tr>
<tr><td>浸水 168h</td><td colspan="2">7.0</td></tr>
<tr><td rowspan="3">石材—不锈钢</td><td>热处理 80℃，168h</td><td colspan="2">7.0</td></tr>
<tr><td>冻融循环 50 次</td><td colspan="2">7.0</td></tr>
<tr><td>标准条件 48h</td><td colspan="2">10.0</td></tr>
</table>

注：适用期指标也可由供需双方商定。

十三、陶瓷墙地砖胶黏剂(JC/T 547—2005)

陶瓷墙地砖胶黏剂按组成分为三类：水泥基胶黏剂(C)、膏状乳液胶黏剂(D)、反应型树脂胶黏剂(R)。

陶瓷墙地砖胶黏剂按基本性能和可选性能划分的产品型号见表 7-26。

根据表 7-27、表 7-28 和表 7-29，胶黏剂依据不同可选性能都可能有不同型号，这些型号用以下代号标识：普通型胶黏剂—(1)；增强型胶黏剂—(2)；快速硬化胶黏剂—(F)；抗滑移胶黏剂—(T)；加长晾置时间胶黏剂—(E)；仅用于增强型水泥基胶黏剂和增强型膏状乳液胶黏剂。

表 7-26　陶瓷墙地砖胶黏剂的型号和代号

标记		说明
分类	代号	
C	1	普通型—水泥基胶黏剂
C	1F	快速硬化—普通型—水泥基胶黏剂
C	1T	抗滑移—普通型—水泥基胶黏剂
C	1FT	抗滑移—快速硬化—普通型—水泥基胶黏剂
C	2	增强型—水泥基胶黏剂
C	2E	加长晾置时间—增强型—水泥基胶黏剂
C	2F	增强型—快速硬化—水泥基胶黏剂
C	2T	抗滑移—增强型—水泥基胶黏剂
C	2TE	加长晾置时间—抗滑移—增强型—水泥基胶黏剂
C	2FT	抗滑移—增强型—快速硬化—水泥基胶黏剂

续表

标记		说明
分类	代号	
D	1	普通型—膏状乳液胶黏剂
D	1T	抗滑移—普通型—膏状乳液胶黏剂
D	2	增强型—膏状乳液胶黏剂
D	2T	抗滑移—增强型—膏状乳液胶黏剂
D	2TE	加长晾置时间—抗滑移—增强型—膏状乳液胶黏剂
R	1	普通型—反应型树脂胶黏剂
R	1T	抗滑移—普通型—反应型树脂胶黏剂
R	2	增强型—反应型树脂胶黏剂
R	2T	抗滑移—增强型—反应型树脂胶黏剂

注：1. 根据与其他不同性能符号的结合可以插入另外的标记符号。

2. 产品按下列顺序标记：产品类型、代号和标准号。

标记示例：抗滑移普通型水泥基胶黏剂标记为：C1T JC/T 547—2005

普通型水泥基胶黏剂(C)的技术要求见表 7-27 中 I 所列的要求，快速硬化的水泥基胶黏剂应符合表 7-27 中Ⅱ所列的要求；表 7-27 中Ⅲ、Ⅳ和 V 列出了在特殊使用环境下应符合的性能。胶黏剂润湿能力和横向变形由供需双方协商确定，并在订货合同中明示。

表 7-27　水泥基胶黏剂(C)的技术要求

基本性能		
I	普通型胶黏剂(C1)	
项目		指标
拉伸胶黏原强度/MPa　≥		0.5
浸水后的拉伸胶黏强度/MPa　≥		
热老化后的拉伸胶黏强度/MPa　≥		
冻融循环后的拉伸胶黏强度/MPa　≥		
晾置时间，20min 拉伸胶黏强度/MPa　≥		
Ⅱ	快速硬化胶黏剂(CF)	
项目		指标
早期拉伸胶黏强度，24h/MPa　≥		0.5
晾置时间，10min 拉伸胶黏强度/MPa　≥		
其他所有要求如本表 I 所列		
可选性能		
Ⅲ	特殊性能(CT)	
项目		指标
滑移/mm　≤		0.5
Ⅳ	附加性能(C2)	

续表

基本性能		
项目		指标
拉伸胶黏原强度/MPa ≥		1.0
浸水后的拉伸胶黏强度/MPa ≥		
热老化后的拉伸胶黏强度/MPa ≥		
冻融循环后的拉伸胶黏强度/MPa ≥		
V	附加性能(CE)	
项目		指标
加长的晾置时间,30 min 拉伸胶黏强度/MPa ≥		0.5

膏状乳液胶黏剂(D)的技术要求见表 7-28 中Ⅰ的要求。表 7-28 中Ⅱ、Ⅲ和Ⅳ列出了在特殊使用环境下应符合的性能。

表 7-28 膏状乳液胶黏剂(D)的技术要求

基本性能		
Ⅰ	普通型胶黏剂(D1)	
项目		指标
压缩剪切胶黏原强度/MPa ≥		1.0
热老化后的压缩剪切胶黏强度/MPa ≥		
晾置时间,20 min 拉伸胶黏强度/MPa ≥		0.5
可选性能		
Ⅱ	特殊性能(DT)	
项目		指标
滑移/mm ≤		0.5
Ⅲ	附加性能(D2)	
项目		指标
浸水后的剪切胶黏强度/MPa ≥		0.5
高温下的剪切胶黏强度/MPa ≥		1.0
Ⅳ	附加性能(DE)	
项目		指标
加长的晾置时间,30min 拉伸胶黏强度/MPa ≥		0.5

反应型树脂胶黏剂(R)的技术要求见表 7-29 中Ⅰ的要求。表 7-29 中Ⅱ和Ⅲ列出了在特殊使用环境下应符合的性能。

表 7-29 反应型树脂胶黏剂(R)的技术要求

基本性能		
Ⅰ	普通型胶黏剂(R1)	
项目		指标
压缩剪切胶黏原强度/MPa ≥		2.0
浸水后的压缩剪切胶黏强度/MPa ≥		
晾置时间,20min 拉伸胶黏强度/MPa ≥		0.5
可选性能		
Ⅱ	特殊性能(RT)	
项目		指标
滑移/mm ≤		0.5
Ⅲ	附加性能(R2)	
项目		指标
高低温交变循环后的压缩剪切胶黏强度/MPa ≥		2.0

十四、壁纸胶黏剂(JC/T 548—1994)

壁纸胶黏剂按其材性和应用分为两大类。第 1 类:适用于一般纸基壁纸粘贴的胶黏剂。第 2 类:具有高湿黏性、高干强度适用于各种基底壁纸粘贴的胶黏剂。

壁纸胶黏剂每类按其物理形态又分为粉型、调制型、成品型三种形态。第一类三种形态代号依次为 1F,1H,1Y;第 2 类三种形态代号依次为 2F,2H,2Y。

产品标记由产品名称、种类、湿黏性质量等级和标准号构成。

标记示例:湿黏性优等品第 1 类粉型壁纸胶黏剂标记为:壁纸胶黏剂 1F—200—JC/T548

壁纸胶黏剂技术要求见表 7-30。

表 7-30 壁纸胶黏剂技术要求

项 目		技术指标			
		第 1 类		第 2 类	
		优等品	合格品	优等品	合格品
成品胶外观		均匀无团块胶液			
pH		6~8			
适用期		不变质(不腐败、不变稀、不长霉)			
晾置时间/min ≥		15		10	
湿黏性	标记线距离/min	200	150	300	250
	30s 移动距离/mm<	5			
干粘性	纸破率/%	100			
滑动性/N ≤		2		5	
防霉性* 等级		1		0	1

注:* 仅测防霉性产品。

十五、天花板胶黏剂(JC/T 549—1994)

天花板胶黏剂主要用于各类天花板材料与基材的粘贴。天花板胶黏剂分为四类,乙酸乙烯系以乙酸乙烯树脂及其乳液为黏料,加入添加剂;乙烯共聚系以乙酸乙烯和乙烯共聚物为黏料,加入添加剂;合成胶乳系以合成胶乳为黏料,加入添加剂;环氧树脂系以环氧树脂为黏料,加入添加剂。

天花板胶黏剂的基材和材料代号,见表 7-31。

表 7-31　天花板胶黏剂的基材与材料代号

胶黏剂	代号	材料	代　号					
乙酸乙烯系	VA	基材	石膏板		石棉水泥板		木板	
乙烯共聚系	EC		GY		AS		WO	
合成胶乳系	SL	天花板材料	胶合板	纤维板	石膏板	石棉水泥板	硅酸钙板	矿棉板
环氧树脂系	ER		GL	FI	GY	AS	SI	MI

产品按下列顺序标记:产品名称、基材—天花板组合形式、类型和标准号。

标记示例如下:乙酸乙烯天花板(石膏板—矿棉板)胶黏剂标记为:

天花板胶黏剂 VA(GY－MI)　JC/T 549

天花板胶黏剂的质量要求见表 7-32。

表 7-32　天花板胶黏剂的质量要求

试验项目		技术指标														
外观		胶液均匀、无块状颗粒														
涂布性		容易均匀、梳齿不零乱														
流挂①/mm＜		3														
拉伸胶接强度 MPa/≥	基材	石膏板						石棉水泥板②			木板					
	天花板材料 / 试验条件	胶合板	纤维板	石膏板	石棉水泥板②	硅酸钙板	矿棉板	石膏板	硅酸钙板	矿板板	胶合板	纤维板	石膏板	石棉水泥板②	硅酸钙板	矿棉板
	23±2℃,96h	0.2						0.2	0.2		1	0.5	0.2	0.5		0.2
	23±2℃,96h 浸水 24h	—						—	0.1		0.5	0.2	—	0.2		0.1

注:①仅对实际施工时不需要临时固定的腻子状胶黏剂进行流挂试验。

②此处石棉水泥板为混凝土、水泥砂浆、TK 板、FC 板等的代替品。

十六、木地板胶黏剂(JC/T 636—1996)

木地板胶黏剂产品主要用于木地板与混凝土、水泥砂浆基材的粘贴。

木地板胶黏剂产品的分类与代号见表 7-33。木地板胶黏剂的质量指标见表 7-34。

表 7-33　木地板胶黏剂产品的分类与代号

胶黏剂类型	聚乙烯醇系	乙酸乙烯系	乙烯共聚系	丙烯酸系
代号	PV	VA	EC	AC

木地板胶黏剂产品按下列顺序标记：产品名称、类型和标准号。

标记示例：木地板胶黏剂 VA—JC/T 636

表 7-34　木地板胶黏剂的质量指标

试验项目	技术指标
涂布性	容易涂布、胶层均匀
拉伸劈裂胶接强度，23C±2℃，96h，再浸水 24h/N·cm^{-1}	200

十七、高分子防水卷材胶黏剂(JC 863—2000)

高分子防水卷材胶黏剂按固化机理分为单组分(Ⅰ)和双组分(Ⅱ)两个类型，按施工部位分为基底胶(J)、搭接胶(D)和通用胶(T)三个品种。基底胶用于卷材与防水基层黏结。搭接胶用于卷材与卷材黏结。通用胶兼有基底胶和搭接胶功能。

高分子防水卷材胶黏剂产品按下列顺序标记：名称、类型品种、标准号。名称中应包含配套卷材的名称。氯化聚乙烯防水卷材用单组分基底胶黏剂标记为：氯化聚乙烯防水卷材胶黏剂 I J JC863—2000

高分子防水卷材胶黏剂外观要求：经搅拌应为均匀液体，无杂质，无分散颗粒或凝胶。

高分子防水卷材胶黏剂物理力学性能指标见表 7-35。

表 7-35　高分子防水卷材胶黏剂物理力学性能指标

项目			技术指标		
			基底胶 J	搭接胶 D	通用胶 T
黏度/Pa·s			规定值①±20%		
不挥发物含量/%			规定值±2		
适用期②/min			180		
剪切状态下的黏合性	卷材—卷材	标准试验条件/N·mm^{-1}	—	2.0	2.0
		热处理后保持率/% ≥ 80℃ 168 h	—	70	70
		碱处理后保持率/% ≥ 10%$Ca(OH)_2$ 168 h	—	70	70
	卷材—基底	标准试验条件/ N·mm^{-1}	1.8	—	1.8
		热处理后保持率/% ≥ 80℃ 168 h	70	—	70
		碱处理后保持率/%≥ 10%$Ca(OH)_2$ 168 h	70	—	70
剥离强度③		标准试验条件/N·mm^{-1}≥	—	1.5	1.5
		浸水后保持率/%≥ 168 h	—	70	70

注：①规定值是指企业标准、产品说明书或供需双方商定的指标量值。

②仅适用于双组分产品，指标也可由供需双方协商确定。

③剥离强度为强制性指标。

十八、通用型聚酯聚氨酯胶黏剂(HG/T 2814—1996)

通用型聚酯聚氨酯胶黏剂技术要求见表7-36

表7-36　通用型聚酯聚氨酯胶黏剂技术要求

项目		技术指标	
		甲组分	乙组分
外观		无色或浅黄色半透明黏稠液体	无色或浅黄色透明黏稠液体
不挥发物含量/%		28～32	58～62
黏度	A法/Pa·s	0.15～0.35	—
	B法/s	40～90	—
异氰酸根含量/%		—	11～13
剪切强度/MPa ≥		90	

十九、水溶性聚乙烯醇缩甲醛胶黏剂(JC 438—1991)

水溶性聚乙烯醇缩甲醛胶黏剂产品主要用于水泥增强、内墙涂料的配制和壁纸胶黏剂制造等。水溶性聚乙烯醇缩甲醛胶黏剂技术要求见表7-37。

表7-37　水溶性聚乙烯醇缩甲醛胶黏剂的技术要求

试验项目	技术指标	
	一等品	合格品
外观	无色或浅黄色透明液体	
固体含量/%	≥8.0	
黏度(23℃±2℃)/Pa·s	≥2.0	≥1.0
游离甲醛/%	≤0.5	
剥离强度/N·$(25mm)^{-1}$	≥15	≥10
pH	—	7～8
低温稳定性(0℃,24h)	呈流动状态	部分凝胶化,室温下恢复到流动状态

二十、木工用氯丁橡胶胶黏剂(LY/T 1206—1997)

木工用氯丁橡胶胶黏剂为普通木工用胶黏剂,其技术要求见表7-38。

表7-38　木工用氯丁橡胶胶黏剂技术要求及指标

项目		指标要求
外观		黄色或棕褐色均匀黏稠液体,无悬浮物,无可见机械杂质,无相分离现象
不挥发物含量/%		≥20
黏度/Pa·s(25℃±0.5℃)		2～8
拉伸剪切强度/MPa	胶合板/胶合板	≥1.56
	胶合板/热固性装饰层压板	≥1.56
初黏性能*/MPa		≥0.7
耐干热性能		120℃无鼓泡,无开胶现象

注:*黏度指标也可由供需双方自行商定。

第八章　涂　　料

第一节　涂料基本知识

涂料是一种特殊的液态物质，它可涂覆到物体的表面上，固化后形成一层连续致密的保护膜或特殊功能膜。涂料可以使被防护的材料表面避免外力碰伤、摩擦，水分、酸碱性气体等的侵蚀；涂料对于制品还起装饰或标志的作用，使制品表面美观；涂料还具有某些特殊功能，如电绝缘、导电、防微生物的附着、抗紫外线、抗红外线、吸收雷达波、杀菌等。

一、涂料的分类(GB/T 2705—2003)

分类方法1：主要是以涂料产品的用途为主线，并辅以主要成膜物的分类方法将涂料产品划分为三个主要类别：建筑涂料、工业涂料和通用涂料及辅助材料。详见表8-1。

表8-1　涂料的分类方法1

<table>
<tr><th colspan="3">主要产品类型</th><th>主要成膜物类型</th></tr>
<tr><td rowspan="4">建筑涂料</td><td>墙面涂料</td><td>合成树脂乳液内墙涂料
合成树脂乳液外墙涂料
溶剂型外墙涂料
其他墙面涂料</td><td>丙烯酸酯类及其改性共聚乳液；醋酸乙烯及其改性共聚乳液；聚氨酯、氟碳等树脂；无机黏结剂等</td></tr>
<tr><td>防水涂料</td><td>溶剂型树脂防水涂料
聚合物乳液防水涂料
其他防水涂料</td><td>EVA、丙烯酸酯类乳液；聚氨酯、沥青、PVC胶泥或油膏、聚丁二烯等树脂等</td></tr>
<tr><td>地坪涂料</td><td>水泥基等非木质地面用涂料</td><td>聚氨酯、环氧等树脂等</td></tr>
<tr><td>功能性建筑涂料</td><td>防火涂料
防霉(藻)涂料
保温隔热涂料
其他功能性建筑涂料</td><td>聚氨酯、环氧、丙烯酸酯类、乙烯类、氟碳树脂等</td></tr>
<tr><td>工业涂料</td><td>汽车涂料(含摩托车涂料)</td><td>汽车底漆(电泳漆)
汽车中涂漆
汽车面漆
汽车罩光漆
汽车修补漆
其他汽车专用漆</td><td>丙烯酸酯类、聚酯、聚氨酯、醇酸、环氧、氨基、硝基、PVC树脂等</td></tr>
</table>

续表

主要产品类型			主要成膜物类型
工业涂料	木器涂料	溶剂型木器涂料 水性木器涂料 光固化木器涂料 其他木器涂料	聚酯、聚氨酯、丙烯酸酯类、醇酸、硝基、氨基、酚醛、虫胶树脂等
	铁路、公路涂料	铁路车辆涂料 道路标志涂料 其他铁路、公路设施用涂料	丙烯酸酯类、聚氨酯、环氧、醇酸、乙烯类树脂等
	轻工涂料	自行车涂料 家用电器涂料 仪器、仪表涂料 塑料涂料 纸张涂料 其他轻工专用涂料	聚氨酯、聚酯、醇酸、丙烯酸酯类、环氧、酚醛、氨基、乙烯类树脂等
	船舶涂料	船壳及上层建筑物漆 船底防锈漆 船底防污漆 水线漆 甲板漆 其他船舶漆	聚氨酯、醇酸、丙烯酸酯类、环氧、乙烯类、酚醛、氯化橡胶、沥青树脂等
	防腐涂料	桥梁涂料 集装箱涂料 专用埋地管道及设施涂料 耐高温涂料 其他防腐涂料	聚氨酯、丙烯酸酯类、环氧、醇酸、酚醛、氯化橡胶、乙烯类、沥青、有机硅、氟碳树脂等
	其他专用涂料	卷材涂料 绝缘涂料 机床、农机、工程机械等涂料 航空、航天涂料 军用器械涂料 电子元器件涂料 以上未涵盖的其他专用涂料	聚酯、聚氨酯、环氧、丙烯酸酯类、醇酸、乙烯类、氨基、有机硅、氟碳、酚醛、硝基树脂等
通用涂料及辅助材料	调和漆 清漆 磁漆 底漆 腻子 稀释剂 防潮剂 催干剂 脱漆剂 固化剂 其他通用涂料及辅助材料	以上未涵盖的无明确应用领域的涂料产品	改性油脂；天然树脂；酚醛、沥青、醇酸树脂等

注：主要成膜物类型中树脂类型包括水性、溶剂型、无溶剂型、固体粉末等。

分类方法 2:除建筑涂料外,主要以涂料产品的主要成膜物为主线,并适当辅以产品主要用途的分类方法。将涂料产品划分为两个主要类别:建筑涂料、其他涂料及辅助材料。建筑涂料见表 8-1。其他涂料详见表 8-2。

表 8-2　其他涂料

主要成膜物类型		主要产品类型
油脂漆类	天然植物油、动物油(脂)、合成油等	清油、厚漆、调和漆、防锈漆、其他油脂漆等
天然树脂*漆类	松香、虫胶、乳酪素、动物胶及其衍生物等	清漆、调和漆、磁漆、底漆、绝缘漆、生漆、其他天然树脂漆等
酚醛树脂漆类	酚醛树脂、改性酚醛树脂等	清漆、调和漆、磁漆、底漆、绝缘漆、船舶漆、防锈漆、耐热漆、黑板漆、防腐漆、其他酚醛树脂漆等
沥青漆类	天然沥青、(煤)焦油沥青、石油沥青等	清漆、磁漆、底漆、绝缘漆、防污漆、船舶漆、耐酸漆、防腐漆、锅炉漆、其他沥青漆等
醇酸树脂漆类	甘油醇酸树脂、季戊四醇酸树脂、其他醇类的醇酸树脂、改性醇酸树脂等	清漆、调和漆、磁漆、底漆、绝缘漆、船舶漆、防锈漆、汽车漆、木器漆、其他醇酸树脂漆等
氨基树脂漆类	三聚氰胺甲醛树脂、脲(甲)醛树脂及其改性树脂等	清漆、磁漆、绝缘漆、美术漆、闪光漆、汽车漆、其他氨基树脂漆等
硝基漆类	硝基纤维素(酯)等	清漆、磁漆、铅笔漆、木器漆、汽车修补漆、其他硝基漆等
过氯乙烯树脂漆类	过氯乙烯树脂等	清漆、磁漆、机床漆、防腐漆、可剥漆、胶液、其他过氯乙烯树脂漆等
烯类树脂漆类	聚二乙烯乙炔树脂、聚多烯树脂、氯乙烯醋酸乙烯共聚物、聚乙烯醇缩醛树脂、聚苯乙烯树脂、含氟树脂、氯化聚丙烯树脂、石油树脂等	聚乙烯醇缩醛树脂漆、氯化聚烯烃树脂漆、其他烯类树脂漆等
丙烯酸酯类树脂漆类	热塑性丙烯酸酯类树脂、热固性丙烯酸酯类树脂等	清漆、透明漆、磁漆、汽车漆、工程机械漆、摩托车漆、家电漆、塑料漆、标志漆、电泳漆、乳胶漆、木器漆、汽车修补漆、粉末涂料、船舶漆、绝缘漆、其他丙烯酸酯类树脂漆等
聚酯树脂漆类	饱和聚酯树脂、不饱和聚酯树脂等	粉末涂料、卷材涂料、木器漆、防锈漆、绝缘漆、其他聚酯树脂漆等
环氧树脂漆类	环氧树脂、环氧酯、改性环氧树脂等	底漆、电泳漆、光固化漆、船舶漆、绝缘漆、划线漆、罐头漆、粉末涂料、其他环氧树脂漆等

主要成膜物类型		主要产品类型
聚氨酯树脂漆类	聚氨(基甲酸)酯树脂等	清漆、磁漆、木器漆、汽车漆、防腐漆、飞机蒙皮漆、车皮漆、船舶漆、绝缘漆、其他聚氨酯树脂漆等
元素有机漆类	有机硅、氟碳树脂等	耐热漆、绝缘漆、电阻漆、防腐漆、其他元素有机漆等
橡胶漆类	氯化橡胶、环化橡胶、氯丁橡胶、氯化氯丁橡胶、丁苯橡胶、氯磺化聚乙烯橡胶等	清漆、磁漆、底漆、船舶漆、防腐漆、防火漆、划线漆、可剥漆、其他橡胶漆等
其他成膜物类涂料	无机高分子材料、聚酰亚胺树脂、二甲苯树脂等以上未包括的主要成膜材料	

注:主要成膜物类型中树脂类型包括水性、溶剂型、无溶剂型、固体粉末等。

*包括直接来自天然资源的物质及其经过加工处理后的物质。

辅助材料主要品种有:稀释剂、防潮剂、催干剂、脱漆剂、固化剂、其他辅助材料。

二、涂料的命名(GB/T 2705—2003)

命名原则:涂料全名一般是由颜色或颜料名称加上成膜物质名称,再加上基本名称(特性或专业用途)而组成。对于不含颜料的清漆,其全名一般是由成膜物质名称加上基本名称而组成。

颜色名称通常由红、黄、蓝、白、黑、绿、紫、棕、灰等颜色,有时再加上深、中、浅(淡)等词构成。若颜料对漆膜性能起显著作用,则可用颜料的名称代替颜色的名称,例如铁红、锌黄、红丹等。

成膜物质名称可做适当简化,例如聚氨基甲酸酯简化成聚氨酯;环氧树脂简化成环氧;硝酸纤维素(酯)简化为硝基等。漆基中含有多种成膜物质时,选取起主要作用的一种成膜物质命名。必要时也可选取两或三种成膜物质命名,主要成膜物质名称在前,次要成膜物质名称在后,例如红环氧硝基磁漆。成膜物名称可参见表8-2。

基本名称表示涂料的基本品种、特性和专业用途,例如清漆、磁漆、底漆、锤纹漆、罐头漆、甲板漆、汽车修补漆等,涂料基本名称见表8-3。

在成膜物质名称和基本名称之间,必要时可插入适当词语来标明专业用途和特性等,例如白硝基球台磁漆、绿硝基外用磁漆、红过氯乙烯静电磁漆等。

需烘烤干燥的漆,名称中(成膜物质名称和基本名称之间)应有"烘干"字样,例如银灰氨基烘干磁漆、铁红环氧聚酯酚醛烘干绝缘漆。如名称中无"烘干"词,则表明该漆是自然干燥,或自然干燥、烘烤干燥均可。

凡双(多)组分的涂料,在名称后应增加“(双组分)”或“(三组分)”等字样,例如聚氨酯木器漆(双组分)。

除稀释剂外,混合后产生化学反应或不产生化学反应的独立包装的产品,都可认为是涂料组分之一。

表 8-3　涂料基本名称

基本名称	基本名称	基本名称	基本名称
清油	船壳漆	罐头漆	机床漆
清漆	船底防锈漆	木器漆	工程机械用漆
厚漆	饮水舱漆	家用电器涂料	农机用漆
调和漆	油舱漆	自行车涂料	发电、输配电设备用漆
磁漆	压载舱漆	玩具涂料	内墙涂料
粉末涂料	化学品舱漆	塑料涂料	外墙涂料
底漆	车间(预涂)底漆	(浸渍)绝缘漆	防水涂料
腻子	耐酸漆、耐碱漆	(覆盖)绝缘漆	地板漆、地坪漆
大漆	防腐漆	抗弧(磁)漆、互感器漆	锅炉漆
电泳漆	防锈漆	绝缘漆	烟囱漆
乳胶漆	耐油漆	漆包线漆	黑板漆
水溶(性)漆	耐水漆	硅钢片漆	标志漆、路标漆、马路划线漆
透明漆	防火涂料	电容器漆	汽车底漆、汽车中涂漆、汽车面漆、汽车罩光漆
斑纹漆、裂纹漆、桔纹漆	防霉(藻)涂料	电阻漆、电位器漆	汽车修补漆
锤纹漆	耐热(高温)涂料	半导体漆	集装箱涂料
皱纹漆	示温涂料	电缆漆	铁路车辆涂料
金属漆、闪光漆	涂布漆	可剥漆	胶液
防污漆	桥梁漆、输电塔漆及其他(大型露天)钢结构漆	卷材涂料	其他未列出的基本名称
水线漆	航空、航天用漆	光固化涂料	
甲板漆、甲板防滑漆	铅笔漆	保温隔热涂料	

三、常用涂料的特性及应用范围

常用涂料的特性及应用范围,见表 8-4。

表 8-4　常用涂料的特性及其应用范围

涂料类别	特　性	应用范围
油脂漆	耐大气性、涂刷性、渗透性好，价廉；缺点是干燥较慢，膜软，机械性能差，水膨胀性大，不耐碱，不能打磨抛光	可作房屋建筑用漆。清油可涂装油布、雨伞。调配厚漆亦可直接或以麻丝嵌填金属水管接头、制作帆布防水涂层。油性调和漆可涂装大面积建筑物、门窗以及室外铁、木器材之用
天然树脂漆	涂膜干燥较油脂漆快，光泽好，短油度的涂膜坚硬好打磨，长油度的漆膜柔韧，耐大气性较好。但短油度的耐大气性差，长油度不能打磨抛光	可作各种一般内用底漆、二道浆、腻子和面漆。短油度的适宜做室内物件的涂层，长油度的适宜室外使用
酚醛树脂漆	涂膜坚硬，耐水性良好，耐化学腐蚀性良好，有一定的绝缘强度，附着力好。缺点是涂膜较脆，颜色易变深，易粉化，不能制白漆或浅色漆	可涂装铁桶容器外壁、室内家具、地板、食品罐头内壁、通风机外壳、耐化工防腐蚀设备内壁、绝缘材料。聚酰胺改性酚醛涂料可代替虫胶漆用于木材、纸张涂装
沥青漆	耐潮、耐水性良好，价廉，耐化学腐蚀性较好，有一定的绝缘强度，黑度好。缺点是色黑，不能制白漆或浅色漆，对日光不稳定，有渗透性，干燥性不好	可涂装化工防腐蚀的机械设备、管道、车辆底盘、船底、蓄电池槽等。油性沥青烘干漆可涂装自行车车架、缝纫机机头、绝缘材料。此外还可做防声、密封材料
醇酸树脂漆	光泽较亮，耐候性优良，施工性好，可刷、烘、喷，附着力较好。缺点是涂膜较软，耐水、耐碱性差，干燥较慢，不能打磨	可涂装室内外建筑物、门窗、家具、办公室用具、各种交通车辆、桥梁、高架铁塔、建筑机械、农业机械、绝缘器材等
氨基树脂漆	涂膜坚硬、丰满、光泽亮，可以打磨抛光，色浅，不易泛黄，附着力较好，有一定的耐热性，耐水性、耐气候性较好。缺点是须高温烘烤才能固化，烘烤过度漆膜变脆	公共汽车、中级轿车、自行车用的烘干涂料，缝纫机、热水瓶、计算机、仪器仪表、医疗设备、电机设备、罐头涂层、空气调节器、电视机、小型金属零件等涂装
硝基漆（硝基纤维漆）	干燥迅速，涂膜耐油、坚韧，可以打磨抛光。缺点是易燃，清漆不耐紫外线，不能在 60℃以上使用	可涂装航空翼布、汽车、皮革、木器、铅笔、工艺美术品，以及需要迅速干燥的机械设备。调制金粉、铝粉涂料、美术复色漆、裂纹漆、闪光漆等
纤维素漆（如乙基纤维漆、醋酸丁酸纤维漆）	耐大气性和保色性好，可打磨抛光，个别品种耐热、耐碱、绝缘性也较好。缺点是附着力和耐潮性较差，价格高	应用不如硝基纤维漆广，且品种不多。一般多制成可剥性涂料，可作为钢铁和有色金属制成的精密机械零件的临时防锈保护用漆，不需要涂层时可以剥离

续表

涂料类别	特　　性	应用范围
过氯乙烯漆	耐候性和耐化学腐蚀性优良，耐水、耐油、三防性能、防延燃性均好。缺点是附着力较差，打磨抛光性差，不能在70℃以上使用，固体分低	可涂装各种机床、电动机外壳和混凝土、砖石、水泥设备表面，航空、化工设备防腐蚀，木材防延烧，金属及非金属防潮、防霉，可供湿热带地区做三防涂料
乙烯树脂漆	有一定的柔韧性，色淡，耐化学腐蚀性较好，耐水性好。缺点是耐溶剂性差，固体分低，高温时碳化，清漆不耐紫外线	织物防水、储罐防油、化工设备防腐、玻璃、纸张、电缆、船底防锈、防污、防延烧用的涂层以及涂装放射性污染物的可剥性涂料
丙烯酸脂漆	色浅，保光性良好，耐候性优良，耐热性较好，有一定的耐化学腐蚀性。缺点是耐溶剂性差，固体分低	织物处理、人造皮革、金属防腐、纸张上光、高级木器、仪表、表盘、医疗器械、小轿车、轻工产品、砖石、水泥、黄铜、铝、银器等罩光，湿热带工业机械设备涂装
聚酯漆	固体分高，能耐一定的温度，耐磨，能抛光，绝缘性较好。缺点是施工较复杂，干燥性不易掌握，对金属附着力差	用于木器、竹器、高级家具、防化学腐蚀设备以及金属、砖石、水泥、电气绝缘件的涂装，又可制成不易收缩的聚酯腻子
环氧树脂漆	涂膜坚韧，耐碱、耐溶剂，绝缘性良好，附着力强。缺点是保光性差，色泽较深，外观较差，室外曝晒易粉化	主要用于各种化工石油的设备保护，容器内壁，家用机具、电工绝缘、汽车、农机等的底漆、腻子，食品罐头内壁、船舶油罐衬里，环氧煤焦沥青涂料，可用于海洋构筑物的防腐蚀涂层
聚氨酯漆	耐潮、耐水、耐热、耐溶剂性好，耐化学和石油腐蚀，耐磨性好，附着力强，绝缘性良好。缺点是涂膜易粉化泛黄，对酸、碱、盐、水等物敏感，施工要求高，有一定毒性	广泛用于石油、化工设备、海洋船舶、机电设备等作为金属防腐蚀漆。也适用于木器、水泥、皮革、塑料、橡胶、织物等非金属材料的涂装
有机硅树脂漆	耐候性极好，耐高温，耐水性、耐潮性好，绝缘性能良好。缺点是耐汽油性差，涂膜坚硬较脆，需要烘烤干燥，附着力较差	主要用于涂装耐高温机械设备，H级绝缘材料、大理石防风蚀、长期维护的室外涂料、耐化学腐蚀材料等
橡胶漆	耐磨，耐化学腐蚀性良好，耐水性好。缺点是易变色，个别品种施工复杂，清漆不耐紫外线，耐溶剂性差	主要用于涂装化工设备、橡胶制品、水泥、砖石、船壳及水线部位、道路标志、耐大气暴晒机械设备等

四、漆膜颜色的表示方法

漆膜颜色的表示方法，见表8-5。

表 8-5　漆膜颜色表示方法

颜色	红	黄红	黄	绿黄	绿	蓝绿	蓝	紫蓝	紫	红紫	无颜色
符号	R	YR	Y	GY	G	BG	B	PB	P	RP	N

五、涂料的选用

涂料的选用，见表 8-6～表 8-11。

表 8-6　根据涂敷目的选用涂料

涂料类型	产品使用的环境及涂敷目的					
	在一般大气下使用，对防蚀和装饰性要求不高	在一般大气下使用，但要求耐候性好，装饰性好	在一般大气下使用，要求防潮耐水性好	在湿热条件下使用	在化工大气条件下使用	要求耐高温
油性漆	√					
酚醛漆	√		√	√	√	
沥青漆			√		√	
醇酸漆		√				
氨基漆		√		√		
硝基漆		√				
过氯乙烯漆			√	√	√	
丙烯酸漆		√		√		
聚氨酯漆			√	√	√	
环氧漆			√	√	√	
有机硅漆						√

表 8-7　根据环境条件选用涂料

涂料种类	涂料性能				环境适应性							
	耐候性	耐水性	酸性	耐碱性	干燥室内	农村大气	工业大气	沿海大气	浸渍水	浸渍海水	干湿交替	浸渍化学药品
油性涂料	良	差	差	差	良	良	差	中	差	差	差	差
醇酸树脂涂料	优	中	中	差	优	优	中	中	差	差	差	差
酚醛树脂涂料	中	良	中～良	差	优	中	中	中	良	中	中	中～差
氯化橡胶涂料	优	优	良	良	优	优	优	优	优	优	优	中
氯乙烯涂料	良	优	优	良	优	良	优	良	优	优	优	差
环氧酯涂料	中	良	良	中	优	中	中	中	良	良	中	中
环氧树脂涂料	中	优	优	优	优	中	中	中	优	优	优	优
聚氨酯涂料	优	优	优	优	优	优	优	优	优	优	优	良
焦油环氧涂料	差	优	优	优	优	差	差	差	优	优	优	优
沥青涂料	差	良	良	良	优	差	差	差	良	良	良	良

表 8-8　根据被涂物件材质选用涂料

被涂材质＼涂料品种	油脂漆	醇酸漆	氨基漆	硝基漆	酚醛漆	环氧漆	氯化橡胶漆	丙烯酸酯漆	氯醋共聚漆	偏氯乙烯漆	有机硅漆	聚氨酯漆	呋喃树脂漆	聚醋酸乙烯漆	醋丁纤维漆	乙基纤维漆
钢铁金属	优	优	优	优	优	优	优	良	优	良	优	优	优	良	良	良
轻金属(铝)	良	良	良	良	优	优	中	优	良	良	优	优	中	中	良	良
金属丝	良	良	优	—	良	优	良	可	优	良	优	优	可	—	良	优
纸张	中	良	良	优	优	良	良	良	优	优	优	优	优	优	良	优
织物纤维	中	优	良	优	良	—	良	良	优	优	优	优	中	优	中	优
塑料	中	良	良	良	良	良	中	良	良	优	良	优	优	优	良	优
木材	良	优	良	优	良	良	优	良	良	良	中	优	优	优	良	中
皮革	中	优	可	优	可	中	良	良	优	优	中	优	中	良	劣	优
砖石、泥灰	可	中	中	—	优	优	良	良	良	—	优	优	优	良	劣	中
混凝土	中	可	—	劣	可	优	优	良	优	良	—	优	优	优	可	良
玻璃	可	良	良	良	良	优	劣	劣	良	—	优	优	中	良	可	中

表 8-9　根据不同金属选用底漆品种

金属种类	推荐选用的底漆品种
黑色金属(铸铁、钢)	铁红醇酸底漆、铁红纯酚醛底漆、铁红酚醛底漆、铁红酯胶底漆、铁红过氯乙烯底漆、沥青底漆、磷化底漆、各种树脂的红丹防锈漆、铁红环氧底漆、铁红硝基底漆、富锌底漆、氨基底漆、铁红油性防锈漆、铁红缩醛底漆
铜及其合金	氨基底漆、磷化底漆、铁红环氧底漆或醇酸底漆
铝及铝镁合金	锌黄酚醛底漆、锶黄丙烯酸底漆、锌黄环氧底漆、锌黄过氯乙烯底漆
镁及其合金	锌黄或锶黄纯酚醛底漆或丙烯酸底漆或环氧底漆、锌黄过氯乙烯底漆
钛及钍合金	锶黄氯醋—氯化橡胶底漆
镉铜合金	铁红纯酚醛底漆或酚醛底漆、铁红环氧底漆、磷化底漆
锌	锌黄纯酚醛底漆、磷化底漆、锌黄环氧底漆、环氧富锌底漆
镉	锌黄纯酚醛或环氧底漆
铬	铁红环氧底漆或醇酸底漆
铅	铁红环氧底漆或醇酸底漆
锡	铁红醇酸底漆或环氧底漆、磷化底漆

表 8-10 根据施工方法选用涂料

施工方法 / 涂料类别	刷涂	浸涂	滚涂	浇涂	喷涂	热喷涂	高压无气喷涂	静电(湿)	静电(干)	电泳
油性调合漆	优	差	差	差	中	差	中	差	劣	劣
醇酸调合漆	优	中	中	中	良	中	良	良	劣	劣
酯胶漆	优	中	良	中	良	中	良	差	劣	劣
酚醛漆	优	良	中	中	良	中	良	差	劣	劣
沥青漆	良	中	中	优	良	良	中	良	劣	劣
醇酸漆	良	良	良	良	优	良	优	良	劣	劣
氨基漆	差	良	良	优	优	优	优	优	劣	劣
硝基漆	差	中	劣	差	优	优	优	中	劣	劣
过氯乙烯漆	差	中	劣	差	优	优	优	中	劣	劣
氯乙烯醋酸乙烯漆	良	中	差	差	良	差	优	劣	劣	劣
乙烯乳胶漆	优	中	中	差	良	劣	良	劣	劣	劣
环氧漆	中	中	中	差	良	良	良	良	劣	劣
丙烯酸漆	差	中	中	中	优	优	优	良	劣	劣
水溶性烘漆	中	中	中	中	良	差	良	劣	劣	优
聚酯漆	良	优	良	差	良	差	良	良	劣	劣
聚氨酯漆	中	中	中	差	优	差	优	中	劣	劣
粉末涂料	劣	劣	劣	劣	劣	劣	劣	劣	优	劣

表 8-11 根据不同用途推荐选用的涂料(面漆)品种

用途 / 面漆品种	机械、车辆					船舶		建 筑			轻 工 产 品		
	金属切削机床	载货汽车、火车	轿车、摩托车	起重机、拖拉机、柴油机	仪器仪表	船壳、甲板、桅杆、船舱	船底、防锈、防污	木壁、门窗、地板、楼梯	钢架、铁柱、水管、水塔	泥墙、砖墙、水泥墙	自行车、缝纫机	洗衣机、冰箱	收音机、乐器、高级家具
1. 油性漆				√		√		√	√	√			
2. 酯胶漆				√				√		√			
3. 酚醛漆	√			√	√	√	√	√	√	√			
4. 沥青漆						√	√		√		√		
5. 醇酸漆	√	√		√	√			√	√				
6. 氨基漆	√	√	√		√						√	√	√
7. 硝基漆	√	√	√	√	√							√	√
8. 过氯乙烯漆	√	√	√	√	√				√	√			
9. 乙烯漆							√						

续表

用途 面漆品种	机械、车辆					船舶		建筑			轻工产品		
	金属切削机床	载货汽车、火车	轿车、摩托车	起重机、拖拉机、柴油机	仪器仪表	船壳、甲板、桅杆、船舱	船底、防锈、防污	木壁、门窗、地板、楼梯	钢架、铁柱、水管、水塔	泥墙、砖墙、水泥墙	自行车、缝纫机	洗衣机、冰箱	收音机、乐器、高级家具
10. 丙烯酸漆			√										
11. 环氧漆	√		√		√		√				√	√	
12. 虫胶漆								√					√
13. 有机硅漆													
14. 聚醋酸乙烯漆						√				√			
15. 聚氨酯漆	√							√					√
16. 氯乙烯醋酸乙烯漆													
17. 聚酰胺漆													√
18. 橡胶漆(氯丁橡胶)													
19. 乙基纤维漆													
20. 苄基纤维漆													
21. 氯化橡胶漆							√			√			
22. 氯磺化聚乙烯漆													
23. 聚酯漆								√					√
24. 聚乙烯醇缩醛漆													

用途 面漆品种	轻工产品				电绝缘		耐化学腐蚀		防火高温		标志		
											夜光	变色	荧光
	罐头内、外壁	玩具	橡胶、塑料、皮革	油布、油毡	漆包线、浸渍绕组、覆盖	电线、电缆	大型化工设备及建筑物	小型管道、蓄电池、仪表	木质墙壁及易燃物	烟囱、锅炉、管道	仪表、坐标、钟表	电机、轴承、锅炉	标志、路牌、广告牌
1. 油性漆				√									
2. 酯胶漆													
3. 酚醛漆	√	√			√			√	√	√			

续表

用途 / 面漆品种	轻工产品				电绝缘		耐化学腐蚀		防火高温		标志		
	罐头内、外壁	玩具	橡胶、塑料、皮革	油布、油毡	漆包线、浸渍绕组、覆盖	电线、电缆	大型化工设备及建筑物	小型管道、蓄电池、仪表	木质墙壁及易燃物	烟囱、锅炉、管道	夜光 仪表、坐标、钟表	变色 电机、轴承、锅炉	荧光 标志、路牌、广告牌
4. 沥青漆				√	√	√	√	√		√			
5. 醇酸漆					√				√			√	
6. 氨基漆	√				√			√			√	√	
7. 硝基漆		√	√			√						√	
8. 过氯乙烯漆							√		√				
9. 乙烯漆							√						
10. 丙烯酸漆			√								√		√
11. 环氧漆	√				√	√	√	√					
12. 虫胶漆													
13. 有机硅漆					√			√		√			
14. 聚醋酸乙烯漆					√								
15. 聚氨酯漆			√		√	√	√						
16. 氯乙烯醋酸乙烯漆							√						
17. 聚酰胺漆	√												√
18. 橡胶漆(氯丁橡胶)													
19. 乙基纤维漆							√						
20. 苄基纤维漆			√			√							
21. 氯化橡胶漆							√						
22. 氯磺化聚乙烯漆							√						
23. 聚酯漆					√								
24. 聚乙烯醇缩醛漆	√				√								

第二节　防锈漆

一、云铁酚醛防锈漆(HG/T 13369—2003)

云铁酚醛防锈漆具有防锈性能好、干燥快，遮盖力、附着力强，无铅毒的特性。云铁酚醛防锈漆主要用于钢铁桥梁、铁塔、车辆、船舶、油罐等户外钢铁结构上做防锈打底之用。

云铁酚醛防锈漆的技术要求见表 8-12。

表 8-12　云铁酚醛防锈漆的技术要求

项　　目		指　　标
漆膜颜色和外观		红褐色、色调不定，允许略有刷痕
黏度(涂－4)/s		70～100
细度/μm　≤		75
遮盖力/g・m⁻²　≤		65
干燥时间/h　≤	表干	3
	实干	20
硬度　≥		0.30
柔韧性/mm		1
耐冲击性/cm		50
附着力/级　≤		1
耐盐水性/(浸入 3%NaCl 溶液 120h)		不起泡，不生锈

二、各色酚醛防锈漆(HG/T 13345—1999)

各色酚醛防锈漆的技术要求见表 8-13。

表 8-13　各色酚醛防锈漆的技术要求

项　　目		指　　标			
		红丹	铁红	灰	锌黄
漆膜颜色和外观		色调不定、漆膜平整、允许略有刷痕			
细度/μm　≤		60	50	40	40
流出时间/s　≥		35	45	45	55
遮盖力/g・m⁻²　≤		200	55	80	180
干燥时间/h　≤	表干	5	5	4	5
	实干	24	24	24	24
硬度　≥		0.25	0.25	0.25	0.15
耐冲击性/cm		50			
耐盐水性		浸 120 h 不起泡、不生锈、允许轻微变色失光	浸 48 h 不起泡、不生锈、允许轻微变色失光	浸 72 h 不起泡、不生锈、允许轻微变色失光	浸 168 h 不起泡、不生锈、允许轻微变色失光
闪点/℃　≥		34			

三、红丹醇酸防锈漆(HG/T 3346—1999)

红丹醇酸防锈漆主要用于钢结构表面的防锈涂装。

红丹醇酸防锈漆的技术要求见表 8-14。

表 8-14 红丹醇酸防锈漆的技术要求

项　目	指　标
容器中状态	搅拌后无硬块,呈均匀状态
细度/μm　≤	50
施工性	刷涂无障碍
干燥时间/h　实干　≤	24
漆膜的外观	漆膜外观正常
对面漆的适应性	对面漆无不良影响
耐弯曲性/mm　≤	6
耐盐水性/96h	漆膜无异常
不挥发物含量/%　≥	75.0
防锈性(经 2 年自然暴晒后测定)	漆膜表面无锈,将涂膜除掉进行观察,底材生锈等级不超过 3(S4)

第三节　防腐漆

一、G52-31 各色过氯乙烯防腐漆(HG/T 3358—1987)

G52-31 各色过氯乙烯防腐漆漆膜具有优良的耐腐蚀性和耐潮性。用于各种化工机械、管道、设备、建筑等金属或木材表面上,可防止酸、碱及其他化学药品的腐蚀。

G52-31 各色过氯乙烯防腐漆的技术要求见表 8-15。

表 8-15 G52-31 各色过氯乙烯防腐漆的技术要求

项　目		指　标
漆膜颜色和外观		符合标准样板用项色差范围,平整光亮
黏度(涂—4)/s		30～75
固体含量/% ≥	铝色、红、蓝、黑色	20
	其他色	28
遮盖力(以干膜计) $/10^{-2}$ $N \cdot m^{-2}$ ≤	黑色	30
	深灰色	50
	浅灰色	65
	白色	70
	红色、黄色	90
	深蓝色	110
干燥时间/min　实干　≤		60
硬度　≥		0.40

续表

项　　目	指　　标
柔韧性/mm	1
冲击强度/10N·m	50
附着力/级　　≤	3
复合涂层耐酸性(浸 30d)*	不起泡,不脱落
复合涂层耐碱性(浸 20d)*	不起泡,不脱落(铝色不测)

注:*生产厂保证项目,不作出厂检验项目

二、环氧沥青防腐涂料(HG/T 12884—1997)

环氧沥青防腐涂料是以环氧树脂、煤焦沥青为漆基,加入颜料、体质颜料、溶剂、助剂及固化剂而制成的双组分环氧沥青底、面漆配套的防腐涂料(包括普通型和厚膜型两类)。该涂料主要用于水下及地下钢结构的重防腐涂装。

环氧沥青防腐涂料的技术要求见表 8-16。

表 8-16　环氧沥青防腐涂料的技术要求

项　　目	指　　标			
	普通型		厚膜型	
	底漆	面漆	底漆	面漆
在容器中的状态	搅拌混合后,无硬块、呈均匀状态			
混合性	能均匀混合			
施工性	喷涂无障碍		对无空气喷涂施工无障碍	
干燥时间/h　　≤	24			
漆膜外观	漆膜外观正常			
适用期/h　　≥	3			
耐弯曲性/mm　　≤	10			
耐冲击性/cm　　≥	30			
不挥发物含量/%　　≥	60		65	
环氧树脂的检验	存在环氧树脂			
冷热交替试验(经受－20℃与 80℃冷热交替三个循环)	漆膜无异常			
耐碱性[浸于 NaOH 溶液 5(W/V)%],168h				
耐酸性[浸于 H_2SO_4 溶液 5(W/V)%],168h				
耐挥发油性(浸于石油醚/甲苯＝8/2),48h				
耐油性(浸于煤油),168 h				
耐湿热性[温度(47±1)℃,相对湿度(96±2)],120h	不起泡、不剥落、不生锈			
耐盐雾性,120 h				

三、氯化橡胶防腐涂料(HG/T 2798—1996)

氯化橡胶防腐涂料是以氯化橡胶为漆基,加入其他合成树脂、颜料、溶剂等而制成的氯化橡胶底漆、中间层漆、面漆防腐涂料。氯化橡胶防腐涂料的技术性能见表 8-17。

表 8-17　氯化橡胶防腐涂料的技术性能

项　目	指　标		
	底漆	中间层漆	面漆
在容器中的状态	搅拌混合后,无硬块、呈均匀状态		
细度/μm　≤	60		40
施工性	刷涂无障碍		
干燥时间/h　实干　≤	6		
漆膜外观	漆膜外观正常		
与下道漆的配套性	对下道漆无不良影响		—
遮盖力/$10^{-2}N \cdot m^{-2}$　≤	—		185
层间附着力	无异常		
耐弯曲性/mm　≤	6		10
耐盐水性/168h	无异常	—	
耐碱性/48h	—	无异常	
60°镜面光泽　≥	—		70
固体含量/%　≥	50		45
溶剂不溶物/%	>35	<45	<35
溶剂可溶物中氯的定性	存在氯		
加速老化试验,300h	—		不起泡、不剥落、不开裂,颜色和光泽允许有轻微变化,白色和浅色漆粉化程度不大
耐候性,24 个月			

四、氯磺化聚乙烯防腐涂料(双组分)(HG/T 2661—1995)

氯磺化聚乙烯防腐涂料(双组分)涂料的技术要求见表 8-18～表 8-20。

表 8-18　氯磺化聚乙烯防腐涂料(双组分)底漆的技术要求

项　目		指　标	
		云铁底漆	铁红底漆
容器中的状态(组分 A、B)		无硬块、搅拌后呈均匀状态	
流出时间(组分 A)/s　≥		80	
细度(A、B 组分混合后)/μm　≤		65	
固体含量(组分 A)/%　≥		35	30
漆膜颜色及外观		云铁红色、漆膜平整	铁红色、漆膜平整
干燥时间/h　≤	表干	0.5	
	实干	24	

续表

项目		指标	
		云铁底漆	铁红底漆
附着力(划圈法)/级 ≤		2	
柔韧性/mm		1	
耐冲击性/cm		50	
闪点/℃≥	(组分 A)	20	
	(组分 B)	10	
贮存稳定性(组分 A),50℃,15d ≥	沉降程度/级	4	
	黏度变化/级	2	
适用期(A、B组分混合后)/h ≥		8	

表 8-19 氯磺化聚乙烯防腐涂料(双组分)面漆的技术要求

项目		指标
容器中的状态(组分 A、B)		无硬块、搅拌后呈均匀状态
流出时间(组分 A)/s ≥		60
细度(A、B组分混合后)/μm ≤		55
固体含量(组分 A)/% ≥		23
遮盖力/g·m^{-2} ≤	天蓝色	160
	中灰色	110
	中绿色	110
	白色	210
漆膜颜色及外观		符合色板及允差范围,漆膜平整光滑
干燥时间/h ≤	表干	0.5
	实干	24
附着力(划圈法)/级 ≤		0
柔韧性/mm		1
耐冲击性/cm		50
闪点/℃≥	(组分 A)	15
	(组分 B)	10
贮存稳定性(组分 A),50℃,15d /级≥	沉降程度/级	6
	黏度变化/级	2
耐湿热性,7d		不起泡、不脱落、不生锈
适用期(A、B组分混合后)/h ≥		8
耐候性(经广州地区12个月天然暴晒)/级 ≤	失光	3
	变色	3
	粉化	2
	裂纹	1

表 8-20　底面漆复合涂层的耐化学介质性

项　　目	指　　标
30%硫酸水溶液,30d	不起泡、不脱落、不生锈
30%氢氧化钠水溶液,30d	
30%氯化钠水溶液,30d	

第四节　建筑涂料

一、合成树脂乳液外墙涂料(GB/T 9755—2001)

合成树脂乳液外墙涂料的技术指标见表 8-21。

表 8-21　合成树脂乳液外墙涂料技术要求

项目		指标		
		优等品	一等品	合格品
容器中状态		无硬块,搅拌后呈均匀状态		
施工性		刷涂二道无障碍		
低温稳定性		不变质		
干燥时间(表干)/h　≤		2		
涂膜外观		正常		
对比率(白色和浅色)　≥		0.93	0.90	0.87
耐水性		96 h 无异常		
耐碱性		48 h 无异常		
耐洗刷性/次　≥		2 000	1000	500
耐人工气候老化性	白色和浅色	600 h 不起泡、不剥落、无裂纹	400 h 不起泡、不剥落、无裂纹	250 h 不起泡、不剥落、无裂纹
	粉化/级　≤	1		
	变色/级　≤	2		
	其他色	商定		
耐沾污性(白色和浅色)/%　≤		15	15	20
涂层耐温变性(5 次循环)		无异常		

二、合成树脂乳液内墙涂料(GB/T 9756—2001)

合成树脂乳液内墙涂料的技术指标见表 8-22。

表 8-22　合成树脂乳液内墙涂料技术要求

项目	指标		
	优等品	一等品	合格品
容器中状态	无硬块,搅拌后呈均匀状态		
施工性	刷涂二道无障碍		
低温稳定性	不变质		
干燥时间(表干)/h　≤	2		

续表

项目	指标		
	优等品	一等品	合格品
涂膜外观	正常		
对比率(白色和浅色)　≥	0.95	0.93	0.90
耐碱性	24 h 无异常		
耐洗刷性/次　≥	1 000	500	200

三、溶剂型外墙涂料(GB/T 9757—2001)

溶剂型外墙涂料的技术指标见表 8-23。

表 8-23　溶剂型外墙涂料技术要求

项目		指标		
		优等品	一等品	合格品
容器中状态		无硬块,搅拌后呈均匀状态		
施工性		刷涂二道无障碍		
低温稳定性		不变质		
干燥时间(表干)/h　≤		2		
涂膜外观		正常		
对比率(白色和浅色)　≥		0.93	0.90	0.87
耐水性		168 h 无异常		
耐碱性		48 h 无异常		
耐洗刷性/次　≥		5 000	3 000	2 000
耐人工气候老化性	白色和浅色	1 000 h 不起泡、不剥落、无裂纹	500 h 不起泡、不剥落、无裂纹	300 h 不起泡、不剥落、无裂纹
	粉化/级　≤	1		
	变色/级　≤	2		
	其他色	商定		
耐沾污性(白色和浅色)/%　≤		10	10	15
涂层耐温变性(5 次循环)		无异常		

四、复层建筑涂料(GB/T 9779—2005)

复层涂料一般由底涂层、主涂层,面涂层组成。底涂层:用于封闭基层和增强主涂料的附着能力的涂层;主涂层;用于形成立体或平状装饰面的涂层,厚度至少 1 mm 以上(如为立体状,指凸部厚度);面涂层:用于增加装饰效果、提高涂膜性能的涂层。其中溶剂型面涂层为 A 型,水性面涂层为 B 型。

复层涂料根据主涂层中粘结材料主要成分分为四类。①聚合物水泥系复层涂料:用混有聚合物分散剂或可再乳化粉状树脂的水泥作为粘结料,代号为 CE;②硅酸盐系复层涂料:用混有合成树脂乳液的硅溶腔等作为黏结料,代号为 Si;③合成树脂乳液系复层涂料,用合成树脂乳液作为黏结料,代号为 E;④反应固化型合成树脂乳液系复层涂料;用环氧树脂或类似系统通过反应固化的合成树脂乳液等作为黏结料,代号为RE。产品按耐沾污性和耐候性分为三个等级:优等品、一等品和合格品。

复层涂料的理化性能指标见表8-24。

表8-24　复层涂料理化性能要求

项目			指标		
			优等品	一等品	合格品
容器中状态			无硬块,呈均匀状态		
涂膜外观			无开裂、无明显针孔、无气泡		
低温稳定性			不结块、无组成物分离、无凝聚		
初期干燥抗裂性			无裂纹		
黏结强度/MPa	标准状态 ≥	RE	1.0		
		E、Si	0.7		
		CE	0.5		
	浸水后 ≥	RE	0.7		
		E、Si、CE	0.5		
涂层耐温变性(5次循环)			不剥落、不起泡、无裂纹、无明显变色		
透水性/mL	A型 <		0.5		
	B型 <		2.0		
耐冲击性			无裂纹、剥落及明显变形		
耐沾污性(白色和浅色)/% ≤	平状/% ≤		15	15	20
	立体状/级 ≤		2	2	3
耐候性(白色和浅色)	老化时间/h		600	400	250
	外观		不起泡、不剥落、无裂纹		
	粉化/级 ≤		1		
	变色/级 ≤		2		

五、饰面型防火涂料(GB 12441—2005)

饰面型防火涂料的技术指标见表8-25。

表8-25　饰面型防火涂料技术要求

项　目		技术指标	缺陷类别
一般要求	原料	不宜用有害人体健康的原料和溶剂	
	颜色	可根据GB/T 3181的规定,也可由制造者与用户协商确定	
	施工	可用刷涂、喷涂、辊涂和刮涂中任何一种或多种方法方便地施工,能在通常自然环境条件下干燥、固化。成膜后表面无明显凹凸或条痕,没有脱粉、气泡、龟裂、斑点等现象,能形成平整的饰面	
在容器中的状态		无结块,搅拌后呈均匀状态	C
细度/μm		≤90	C

续表

项目		技术指标	缺陷类别
干燥时间	表干/h	≤5	C
	实干/h	≤24	
附着力/级		≤3	A
柔韧性/mm		≤3	B
耐冲击性/cm		≥20	B
耐水性/h		经 24 h 试验，不起皱，不剥落，起泡在标准状态下 24 h 能基本恢复，允许轻微失光和变色	B
耐湿热性/h		经 48 h 试验，涂膜无起泡、无脱落，允许轻微失光和变色	B
耐燃时间/min		≥15	A
火焰传播比值		≤25	A
质量损失/g		≤5.0	A
炭化体积/cm^3		≤25	A

六、钢结构防火涂料(GB 14907—2002)

钢结构防火涂料是施涂于建筑物及构筑物的钢结构表面，能形成耐火隔热保护层以提高钢结构耐火极限的涂料。

钢结构防火涂料分类见表 8-26。

表 8-26　钢结构防火涂料产品分类

分类方法	类型	说明
按使用场所分	室内钢结构防火涂料	用于建筑物室内或隐蔽工程的钢结构表面
	室外钢结构防火涂料	用于建筑物室外或露天工程的钢结构表面
按使用厚度分	超薄型钢结构防火涂料	涂层厚度小于或等于 3 mm
	薄型钢结构防火涂料	涂层厚度大于 3 mm 且小于或等于 7 mm
	厚型钢结构防火涂料	涂层厚度大于 7 mm 且小于或等于 45 mm

钢结构防火涂料产品命名以汉语拼音字母的缩写作为代号，N 和 W 分别代表室内和室外，CB、B 和 H 分别代表超薄型、薄型和厚型三类，各类涂料名称与代号对应关系如下：

室内超薄型钢结构防火涂料……NCB

室外超薄型钢结构防火涂料……WCB

室内薄型钢结构防火涂料……NB

室外薄型钢结构防火涂料……WB

室内厚型钢结构防火涂料……NH

室外厚型钢结构防火涂料……WH

钢结构防火涂料的一般要求见表 8-27。室内钢结构防火涂料的技术性能指标见表 8-28，室外钢结构防火涂料的技术性能指标见表 8-29。

表 8-27　钢结构防火涂料的一般要求

项　目	技术指标
原料	应不含石棉和甲醛,不宜采用苯类溶剂
施工	涂料可用喷涂、抹涂、刷涂、辊涂、刮涂等方法中的任何一种或多种方法方便地施工,并能在通常的自然环境条件下干燥固化
复层涂料的配套性	复层涂料应相互配套,底层涂料应能同普通的防锈漆配合使用,或者底层涂料自身具有防锈性能
涂层气味	涂层实干后不应有刺激性气味

表 8-28　室内钢结构防火涂料技术性能

检验项目		技术指标			缺陷分类
		NCB	NB	NH	
在容器中的状态		经搅拌后呈均匀细腻状态,无结块	经搅拌后呈均匀液态或稠厚流体状态,无结块	经搅拌后呈均匀稠厚流体状态,无结块	C
干燥时间(表干)/h		≤8	≤12	≤24	C
外观与颜色		涂层干燥后,外观与颜色同样品相比应无明显差别		—	C
初期干燥抗裂性		不应出现裂纹	允许出现1~3条裂纹,其宽度应≤0.5 mm	允许出现1~3条裂纹,其宽度应≤1 mm	B
黏结强度/MPa		≥0.20	≥0.15	≥0.04	
抗压强度/MPa		—	—	≥0.3	C
干密度/kg·m⁻³		—	—	≤0.05	C
耐水性/h		≥24 涂层应无起层、发泡、脱落现象			B
耐冷热循环性/次		≥15 涂层应无开裂、剥落、起泡现象			B
耐火性能	涂层厚度/mm ≤	2.00±0.20	5.0±0.5	25±2	A
	耐火极限/h(以136b或140b标准工字钢梁作基材) ≥	1.0	1.0	2.0	

注:裸露钢梁耐火极限为15 min(136b、140b验证数据),作为表中0 mm涂层厚度耐火极限基础数据。

表 8-29　室外钢结构防火涂料技术性能

检验项目	技术指标			缺陷分类
	WCB	WB	WH	
在容器中的状态	轻搅拌后呈细腻状态，无结块	经搅拌后呈均匀液态或稠厚流体状态，无结块	经搅拌后呈均匀稠厚流体状态，无结块	C
干燥时间(表干)/h	≤8	≤12	≤24	C
外观与颜色	涂层干燥后，外观与颜色同样品相比应无明显差别		—	C
初期干燥抗裂性	不应出现裂纹	允许出现 1～3 条裂纹，其宽度应≤0.5mm	允许出现 1～3 条裂纹。其宽度应≤1mm	C
黏结强度/MPa	≥0.20	≥0.15	≥0.04	B
抗压强度/MPa	—	—	≥0.5	C
干密度/kg·m^{-3}	—	—	≤650	C
耐曝热性/h	≥720 涂层应无起层、脱落，空鼓，开裂现象			B
耐湿热性/h	≥504 涂层应无起层、脱落现象			B
耐冻融循环性/次	≥15 涂层应无开裂、脱落、起泡现象			B
耐酸性/h	≥360 涂层应无起层、脱落、开裂现象			B
耐碱性/h	≥360 涂层应无起层、脱落、开裂现象			B
耐盐雾腐蚀性/次	≥30 涂层应无起泡，明显的变质，软化现象			B
耐火性能　涂层厚度/mm ≤	2.00±0.20	5.0±0.5	25±2	A
耐火性能　耐火极限/h(以 I36b 或 I40b 标准工字钢梁作基材) ≥	1.0	1.0	2.0	

注：裸露钢梁耐火极限为 15min(136b、140b 验证数据)，作为表中 0mm 涂层厚度耐火极限基础数据。耐久性项目(耐曝热性、耐湿热性，耐冻融循环性、耐酸性、耐碱性，耐盐雾腐蚀性)的技术要求除表中规定外，还应满足附加耐火性能的要求，方能判定该对应项性能合格。耐酸性和耐碱性可仅进行其中一项测试。

七、聚氨酯防水涂料(GB/T 19250—2003)

聚氨酯防水涂料按组分分为单组分(S)、多组分(M)两种。按拉伸性能分为Ⅰ、Ⅱ两类。产品按名称、组分、类和标准号顺序标记。示例 :Ⅰ类单组分聚氨酯防水涂料标记为:PU 防水涂料 SⅠ GB/T 19250—2003。

聚氨酯防水涂料的一般及外观要求见表 8-30，单组分聚氨酯防水涂料物理力学性能指标见表 8-31，多组分聚氨酯防水涂料物理力学性能指标见表 8-32。

表 8-30 一般及外观要求

项目	指标
一般要求	产品不应对人体、生物与环境造成有害的影响,所涉及与使用有关的安全与环保要求,应符合我国相关国家标准和规范的规定
外观	产品为均匀黏稠体,无凝胶、结块

表 8-31 单组分聚氨酯防水涂料物理力学性能

项目		Ⅰ	Ⅱ
拉伸强度/MPa ≥		1.9	2.45
断裂伸长率/% ≥		550	450
撕裂强度/$N \cdot mm^{-1}$ ≥		12	14
低温弯折性/℃ ≤		−40	
不透水性 0.3 MPa 30min		不透水	
固体含量/% ≥		80	
表干时间/h ≤		12	
实干时间/ h ≤		24	
加热伸缩率/%	≤	1.0	
	≥	−4.0	
潮湿基础黏结强度[①] / MPa ≥		0.50	
定伸时老化	加热老化	无裂纹及变形	
	人工气候老化	无裂纹及变形	
热处理	拉伸强度保持率/%	80～150	
	断裂伸长率/% ≥	500	400
	低温弯折性/℃ ≤	−35	
碱处理	拉伸强度保持率/%	60～150	
	断裂伸长率/% ≥	500	400
	低温弯折性/℃ ≤	−35	
酸处理	拉伸强度保持率/%	80～150	
	断裂伸长率/% ≥	500	400
	低温弯折性/℃ ≤	−35	
人工气候老化[②]	拉伸强度保持率/%	80～150	
	断裂伸长率/% ≥	500	400
	低温弯折性/℃ ≤	−35	

注:①仅用于地下工程潮湿基面时要求。

②仅用于外露使用的产品。

表 8-32 多组分聚氨酯防水涂料物理力学性能

项目	Ⅰ	Ⅱ
拉伸强度/MPa ≥	1.9	2.45
断裂伸长率/% ≥	450	

续表

<table>
<tr><th colspan="2">项目</th><th>Ⅰ</th><th>Ⅱ</th></tr>
<tr><td colspan="2">撕裂强度/N·mm^{-1} ≥</td><td>12</td><td>14</td></tr>
<tr><td colspan="2">低温弯折性/℃ ≤</td><td colspan="2">−35</td></tr>
<tr><td colspan="2">不透水性 0.3 MPa 30 min</td><td colspan="2">不透水</td></tr>
<tr><td colspan="2">固体含量/% ≥</td><td>92</td><td></td></tr>
<tr><td colspan="2">表干时间/h ≤</td><td>8</td><td></td></tr>
<tr><td colspan="2">实干时间/ h ≤</td><td>24</td><td></td></tr>
<tr><td rowspan="2">加热伸缩率/%</td><td>≤</td><td colspan="2">1.0</td></tr>
<tr><td>≥</td><td colspan="2">−4.0</td></tr>
<tr><td colspan="2">潮湿基础黏结强度①/ MPa ≥</td><td colspan="2">0.50</td></tr>
<tr><td rowspan="2">定伸时老化</td><td>加热老化</td><td colspan="2">无裂纹及变形</td></tr>
<tr><td>人工气候老化</td><td colspan="2">无裂纹及变形</td></tr>
<tr><td rowspan="3">热处理</td><td>拉伸强度保持率/%</td><td colspan="2">80～150</td></tr>
<tr><td>断裂伸长率/% ≥</td><td colspan="2">400</td></tr>
<tr><td>低温弯折性/℃ ≤</td><td colspan="2">−30</td></tr>
<tr><td rowspan="3">碱处理</td><td>拉伸强度保持率/%</td><td colspan="2">60～150</td></tr>
<tr><td>断裂伸长率/% ≥</td><td colspan="2">400</td></tr>
<tr><td>低温弯折性/℃ ≤</td><td colspan="2">−30</td></tr>
<tr><td rowspan="3">酸处理</td><td>拉伸强度保持率/%</td><td colspan="2">80～150</td></tr>
<tr><td>断裂伸长率/% ≥</td><td colspan="2">400</td></tr>
<tr><td>低温弯折性/℃ ≤</td><td colspan="2">−30</td></tr>
<tr><td rowspan="3">人工气候老化②</td><td>拉伸强度保持率/%</td><td colspan="2">80～150</td></tr>
<tr><td>断裂伸长率/% ≥</td><td colspan="2">400</td></tr>
<tr><td>低温弯折性/℃ ≤</td><td colspan="2">−30</td></tr>
</table>

注:①仅用于地下工程潮湿基面时要求。

②仅用于外露使用的产品。

八、水性涂料(HJ/T 201—2005)

水性涂料产品中有害物限量应满足表 8-33 要求。生产企业污染物排放必须符合国家或地方规定的污染物排放标准。产品质量应符合相应产品的质量标准要求。产品中不得人为添加邻苯二甲酸酯类、乙二醇醚类、卤代烃、苯、甲苯、二甲苯、乙苯等对人体有害的物质。

表 8-33 水性涂料中有害物限量要求

产品种类	内墙涂料	外墙涂料	墙体用底漆	水性木器漆、水性防腐涂料、水性防水涂料等产品	腻子（粉状、膏状）
挥发性有机化合物的含量(VOC)限值	≤80 g/L	≤150 g/L	≤80 g/L	≤250 g/L	≤10 g/kg
卤代烃(以二氯甲烷计)/mg·kg^{-1}	≤500				
苯、甲苯、二甲苯、乙苯的总量/mg·kg^{-1}	≤500				
甲醛/mg·kg^{-1}	≤100				
铅/mg·kg^{-1}	≤90				
镉/mg·kg^{-1}	≤75				
铬/mg·kg^{-1}	≤60				
汞/mg·kg^{-1}	≤60				

九、弹性建筑涂料(JG/T 172—2005)

根据使用部位不同，弹性建筑涂料分为内墙弹性建筑涂料和外墙弹性建筑涂料。弹性建筑涂料的技术要求见表 8-34。

表 8-34 弹性建筑涂料技术要求

项目		技术指标	
		外墙	内墙
容器中的状态		搅拌混合后无硬块，呈均匀状态	
施工性		施工无障碍	
涂膜外观		正常	
干燥时间(表干)/h ≤		2	
对比率(白色和浅色) ≥		0.90	0.93
低温稳定性		不变质	
耐碱性		48h 无异常	
耐水性		96h 无异常	—
耐洗刷性/次 ≥		2 000	1000
耐人工老化性(白色或浅色)		400 h 不起泡、不剥落、无裂纹，粉化≤1 级；变色≤2 级	—
涂层耐温变性(5 次循环)		无异常	—
耐沾污性(白色和浅色)/% <		30	—
拉伸强度/MPa ≥	标准状态下	1.0	1.0
断裂伸长率/% ≥	标准状态下	200	150
	−10℃	40	—
	热处理	100	80

注：根据 JGJ 75 的划分，在夏热冬暖地区使用，指标为 0℃时的断裂伸长率≥40%。

十、外墙无机建筑涂料(JG/T 26—2002)

外墙无机建筑涂料主要黏结剂种类可分为:Ⅰ类:碱金属硅酸盐类——以硅酸钾、硅酸钠等碱金属硅酸盐为主要黏结剂,加入颜料、填料和助剂配制而成;Ⅱ类:硅溶胶类——以硅溶胶为主要黏结剂加入适量的合成树脂乳液、涂料、填料和助剂配制而成。

外墙无机建筑涂料型号由名称代号、特性代号、主参数代号及改型序号组成:

标记示例:

外墙无机建筑涂料Ⅰ型,耐人工老化性800 h。标注为:WJT S 800

外墙无机建筑涂料Ⅱ型,耐人工老化性500 h。标注为:WJT R 500

外墙无机建筑涂料的技术指标见表8-35。

表8-35　户外墙无机建筑涂料的技术指标

项目		技术指标
容器中的状态		搅拌混合后无结块,呈均匀状态
施工性		刷涂二道无障碍
涂膜外观		正常
对比率(白色和浅色)　≥		0.95
热贮存稳定性(30d)		无结块、凝聚、霉变现象
低温贮存稳定性(3次)		无结块、凝聚现象
干燥时间(表干)/h　≤		2
耐洗刷性/次　≥		1 000
耐水性(168h)		无起泡、裂纹、剥落,允许轻微掉粉
耐碱性(168h)		无起泡、裂纹、剥落,允许轻微掉粉
耐温变性(10次)		无起泡、裂纹、剥落,允许轻微掉粉
耐沾污性/%　≤	Ⅰ	20
	Ⅱ	15
耐人工老化性(白色或浅色)	Ⅰ 800 h	无起泡、裂纹、剥落,粉化≤1级;变色≤2级
	Ⅱ 500 h	无起泡、裂纹、剥落,粉化≤1级;变色≤2级

十一、水乳型沥青防水涂料(JC/T 408—2005)

水乳型沥青防水涂料按性能分为H型和L型。产品按类型和标准号顺序标记。

示例 :H型水乳型沥青防水涂料标记为:水乳型沥青防水涂料 H JC/ T 408—2005。

水乳型沥青防水涂料的物理力学性能指标见表8-36。样品搅拌后就均匀无色差、无凝胶、无结块,无明显沥青丝。

表 8-36　水乳型沥青防水涂料物理力学性能

项目		L	H
固体含量/% ≥		45	
耐热度/℃		80±2	110±2
		无流淌、滑动、滴落	
不透水性		0.10 MPa，30 min 无渗水	
黏结强度/MPa ≥		0.30	
表干时间/h ≤		8	
实干时间/h ≤		24	
低温柔度/℃	标准条件	−15	0
	碱处理	−10	5
	热处理		
	紫外线处理		
断裂伸长率/%	标准条件	600	
	碱处理		
	热处理		
	紫外线处理		

注：供需双方可以商定温度更低的低温柔度指标。

十二、聚合物乳液建筑防水涂料(JC/T 864—2000)

聚合物乳液建筑防水涂料按物理力学性能分为Ⅰ类和Ⅱ类。产品按下列顺序标记：产品代号、类型、标准号。标记示例：Ⅰ类聚合物乳液建筑防水涂料标记为：PE W—Ⅰ—JC/T 864—2000。

聚合物乳液建筑防水涂料的物理力学性能见表 8-37。产品经搅拌后无结块，呈均匀状态。

表 8-37　物理力学性能

项目		指标	
		Ⅰ类	Ⅱ类
拉伸强度/MPa ≥		1.0	1.5
断裂延伸率/% ≥		300	
低温柔性/绕 ø10 mm 棒		−10 ℃，无裂纹	−20 ℃，无裂纹
不透水性(0.3 MPa，0.5 h)		不透水	
固体含量/% ≥		65	
干燥时间/h ≤	表干时间	4	
	实干时间	8	
老化处理后的拉伸强度保持率/% ≥	加热处理	80	
	紫外线处理	80	
	碱处理	60	
	酸处理	40	

续表

项目		指标	
		Ⅰ类	Ⅱ类
老化处理后的断裂伸率/% ≥	加热处理	200	
	紫外线处理	200	
	碱处理	200	
	酸处理	200	
加热伸长率/% ≤	伸长	1.0	
	缩短	1.0	

十三、聚合物水泥防水涂料(JC/T 894—2001)

聚合物水泥防水涂料的分类及用途见表 8-38。

表 8-38 聚合物水泥防水涂料的分类及用途

类型	说明	用途
Ⅰ型	以聚合物为主的防水涂料	主要用于非长期浸水环境下的建筑防水工程
Ⅱ型	以水泥为主的防水涂料	适用于长期浸水环境下的建筑防水工程

涂料按下列顺序标记:名称、类型、标准号。标记示例:Ⅰ型聚合物水泥防水涂料标记为:JS JC/T 864-2001。

聚合物水泥防水涂料的物理力学性能见表 8-39。两组分经分别搅拌后,其液体组分应为无杂质、无凝胶的均匀乳液;固体组分应为无杂质、无结块的粉末。

表 8-39 物理力学性能

项目		指标	
		Ⅰ型	Ⅱ型
固体含量/% ≥		65	
干燥时间/h ≤	表干时间	4	
	实干时间	8	
拉伸强度 ≥	无处理/MPa	1.2	1.8
	加热处理后保持率/%	80	80
	碱处理后保持率/%	70	80
	紫外线处理后保持率/%	80	80①
断裂伸率/% ≥	无处理	200	80
	加热处理	150	65
	碱处理	140	65
	紫外线处理	150	65①
低温柔性/绕 ø10 mm 棒		−10℃,无裂纹	—
不透水性(0.3 MPa,0.5 h)		不透水	不透水①
潮湿基础黏结强度① / MPa ≥		0.5	1.0
抗渗性(背水面)② / MPa ≥		—	0.6

注:①如产品用于地下工程,该项目可不测试。

②如产品用于地下防水工程,该项目必须测试。

第三篇　建　筑　五　金

第九章　门 窗 五 金

第一节　门窗五金

一、建筑门窗五金件通用要求

建筑门窗五金件通用要求(JG/T 212—2007),见表 12-1。

表 9-1　　建筑门窗五金件通用要求

五金件安装位置	窗门	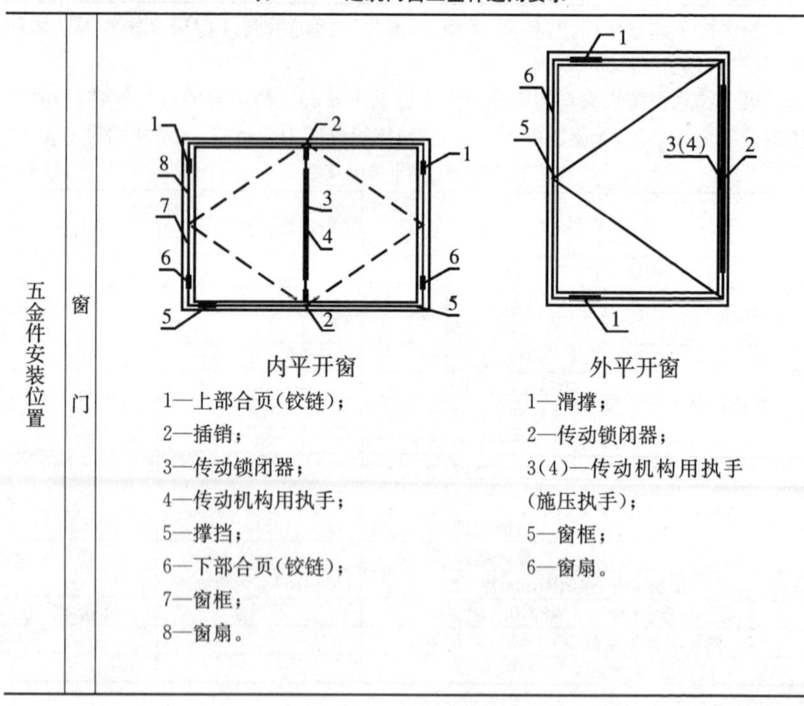 内平开窗 1—上部合页(铰链); 2—插销; 3—传动锁闭器; 4—传动机构用执手; 5—撑挡; 6—下部合页(铰链); 7—窗框; 8—窗扇。 外平开窗 1—滑撑; 2—传动锁闭器; 3(4)—传动机构用执手(施压执手); 5—窗框; 6—窗扇。

五金件安装位置	窗 门	外开上悬窗 1—撑挡； 2—滑撑； 3(4)—传动机构用执手（施压执手）； 5—传动锁闭器； 6—窗框； 7—窗扇。 内开下悬窗 1—合页（铰链）； 2—撑挡； 3—传动机构用执手； 4—传动锁闭器； 5—窗框； 6—窗扇。 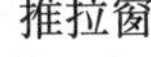 推拉窗 1—滑轮； 2—单点锁闭器； 3—窗框； 4—窗扇； 5—传动机构用执手； 6—多点锁闭器。

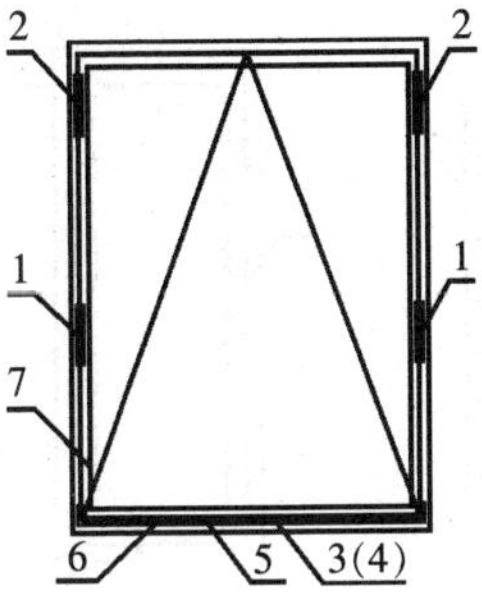

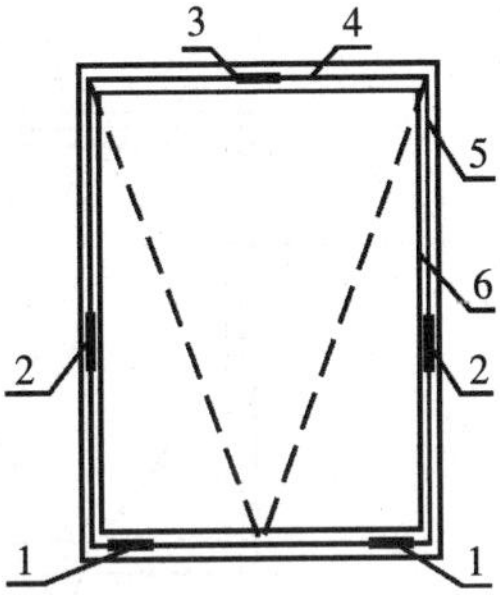

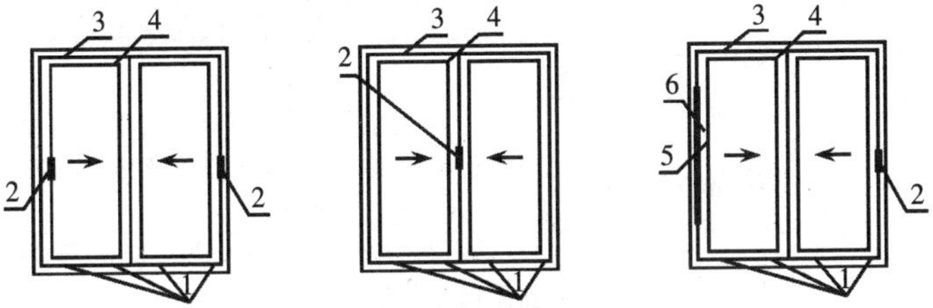

续表

五金件安装位置	窗门	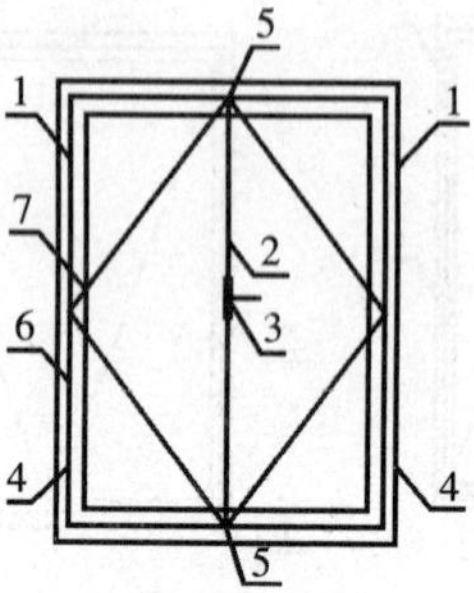 平开门 1—上部合页(铰链)； 2—传动锁闭器； 3—传动机构用执手； 4—下部合页(铰链)； 5—插销； 6—门框； 7—门扇。 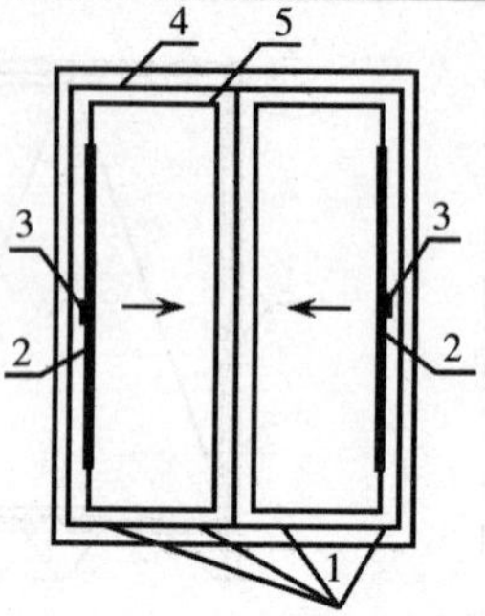	推拉门 1—滑轮； 2—多点锁闭器； 3—传动机构用执手； 4—窗框； 5—门扇。
材料	建筑门窗五金件中各类产品所用原材料性能应符合 JG/T 212—2007 附录 A 的规定		
	传动机构用执手	传动机构用执手主体常用材料应为压铸锌合金、压铸铝合金等	
	旋压执手	旋压执手主体常用材料应为压铸锌合金、压铸铝合金等	
	合页(铰链)	合页(铰链)主体常用材料应为碳素钢、压铸锌合金、压铸铝合金、挤压铝合金、不锈钢等	
	传动锁闭器	传动锁闭器主体常用材料应为不锈钢、碳素钢、压铸锌合金、挤压铝合金等	
	滑撑	滑撑主体常用材料应为不锈钢等	
	撑挡	撑挡主体常用材料应为不锈钢、挤压铝合金等	
	插销	插销主体材料应为压铸锌合金、挤压铝合金、聚甲醛内部加钢销等	
	多点锁闭器	多点锁闭器主体常用材料应为不锈钢、碳素钢、压铸锌合金、挤压铝合金等	
	滑轮	滑轮主体常用材料应为不锈钢、黄铜、轴承钢、聚甲醛等，轮架主体常用材料应为碳素钢、不锈钢、压铸铝合金、压铸锌合金、挤压铝合金、聚甲醛等	
	单点锁闭器	单点锁闭器主体常用材料应为不锈钢、压铸锌合金、挤压铝合金等	

续表

<table>
<tr><td rowspan="17">外观及表面覆盖层要求</td><td rowspan="4">外观</td><td colspan="2">外表面</td><td colspan="3">产品外露表面应无明显疵点、划痕、气孔、凹坑、飞边、锋棱、毛刺等缺陷。连接处应牢固、圆整、光滑、不应有裂纹</td></tr>
<tr><td colspan="2">涂层</td><td colspan="3">涂层色泽均匀一致,无气泡、流挂、脱落、堆漆、橘皮等缺陷</td></tr>
<tr><td colspan="2">镀层</td><td colspan="3">镀层致密、均匀,无露底、泛黄、烧焦等缺陷</td></tr>
<tr><td colspan="2">阳极氧化表面</td><td colspan="3">阳极氧化膜应致密、表面色泽一致、均匀、无烧焦等缺陷</td></tr>
<tr><td rowspan="13">表面覆盖层的耐蚀性、膜厚度及附着力</td><td colspan="2" rowspan="2">常用覆盖层</td><td colspan="3">各类基材应达到指标</td></tr>
<tr><td>碳素钢基材</td><td>铝合金基材</td><td>锌合金基材</td></tr>
<tr><td rowspan="3">金属层</td><td rowspan="2">镀锌层</td><td>中性盐雾(NSS)试验,72h不出现白色腐蚀点(保护等级≥0级),240h不出现红锈点(保护等级≥8级)</td><td>—</td><td>中性盐雾(NSS)试验,72h不出现白色腐蚀点(保护等级≥8级)</td></tr>
<tr><td>平均膜厚≥12μm</td><td rowspan="2">—</td><td>平均膜厚≥12μm</td></tr>
<tr><td>Gu+Ni+Cr或Ni+Cr</td><td>铜加速乙酸盐雾(CASS)试验16h、腐蚀膏腐蚀(CORR)试验16h、乙酸盐霉(AASS)试验96h试验,外观不允许有针孔、鼓泡以及金属腐蚀等缺陷</td><td>铜加速乙酸盐雾(CASS)试验16h、腐蚀膏腐蚀(CORR)试验16h、乙酸盐霉(AASS)试验96h试验,外观不允许有针孔、鼓泡以及金属腐蚀等缺陷</td></tr>
<tr><td rowspan="7">非金属层</td><td>表面阳极氧化膜</td><td>—</td><td>平均膜厚度15μm</td><td>—</td></tr>
<tr><td rowspan="2">电泳涂漆</td><td rowspan="2">—</td><td>复合膜平均厚度≥21μm,其中漆膜平均膜厚≥12μm</td><td>漆膜平均膜厚≥12μm</td></tr>
<tr><td>干式附着力应达到0级</td><td>干式附着力应达到0级</td></tr>
<tr><td rowspan="2">聚酯粉末喷涂①</td><td>涂层厚度45μm~100μm</td><td>涂层厚度45μm~100μm</td><td>涂层厚度45μm~100μm</td></tr>
<tr><td>干式附着力应达到0级</td><td>干式附着力应达到0级</td><td>干式附着力应达到0级</td></tr>
<tr><td rowspan="2">氟碳喷涂①</td><td>平均膜厚≥20μm</td><td>平均膜厚≥30μm</td><td>平均膜厚≥30μm</td></tr>
<tr><td>干式、湿式附着力应达到0级</td><td>干式、湿式附着力应达到0级</td><td>干式、湿式附着力应达到0级</td></tr>
<tr><td colspan="5">①碳素钢基材聚酯粉末喷涂、氟碳喷涂表面处理工艺前需对基材进行防腐预处理</td></tr>
</table>

二、执手

(1)传动机构用执手的技术指标传(JG/T 124—2007),见表 9-2。

表 9-2 传动机构用执手的技术指标

<table>
<tr><td rowspan="6">分类和标记</td><td colspan="2">分类</td><td>传动机构用执手分为方轴插入式执手、拨叉插入式执手</td></tr>
<tr><td rowspan="3">代号</td><td>名称代号</td><td>方轴插入式执手 FZ,拨叉插入式执手 BZ</td></tr>
<tr><td rowspan="2">主参数代号</td><td>执手基座宽度:以实际尺寸(mm)标记。</td></tr>
<tr><td>方轴(或拨叉)长度,以实际尺寸(mm)标记</td></tr>
<tr><td rowspan="2">标记</td><td>标记方法</td><td>用名称代号和主参数代号(基座宽度、方轴或拨叉长度)表示</td></tr>
<tr><td>标记示例</td><td>传动机构用方轴插入式执手,基座宽度 28 mm,方轴长度 31 mm,标记为:FZ28-31</td></tr>
<tr><td rowspan="5">要求</td><td colspan="2">外观</td><td>应满足 JG/T 212 的要求</td></tr>
<tr><td colspan="2">耐蚀性、膜厚度及附着力</td><td>应满足 JG/T 212 的要求</td></tr>
<tr><td rowspan="3">力学性能</td><td>操作力和力矩</td><td>应同时满足空载操作力不大于 40 N,操作力矩不大于 2 N·m</td></tr>
<tr><td>反复启闭</td><td>反复启闭 25 000 个循环试验后,应满足 JG/T 124—2007 第 4.3.1 条操作力矩的要求,开启、关闭自定位位置与原设计位置偏差应小于 5°</td></tr>
<tr><td>强度</td><td>①抗扭曲:传动机构用执手在 25 N·m～26 N·m 力矩的作用下,各部件应不损坏,执手手柄轴线位置偏移应小于 5°。
②抗拉性能:传动机构用执手在承受 600 N 拉力作用后,执手柄最外端最大永久变形量应小于 5mm</td></tr>
</table>

(2)旋压执手的技术指标(JG/T213—2007),见表 9-3。

表 12-3 旋压执手的技术指标

<table>
<tr><td rowspan="4">分类和标记</td><td rowspan="2">代号</td><td>名称代号</td><td>旋压执手 XZ</td></tr>
<tr><td>主参数代号</td><td>旋压执手高度:旋压执手工作面与在型材上安装面的位置(mm)</td></tr>
<tr><td rowspan="2">标记</td><td>标记方法</td><td>用名称代号和主参数代号表示</td></tr>
<tr><td>标记示例</td><td>旋压执手高度为 8 mm,标记为:XZ8</td></tr>
<tr><td rowspan="5">要求</td><td colspan="2">外观</td><td>应满足 JG/T 212 的要求</td></tr>
<tr><td colspan="2">耐蚀性、膜厚度及附着力</td><td>应满足 JG/T 212 的要求</td></tr>
<tr><td rowspan="3">性能</td><td>操作力和力矩</td><td>空载操作力矩不应大于 1.5 N·m,操作力矩不大于 4 N·m</td></tr>
<tr><td>强度</td><td>旋压执手手柄承受 700 N 力作用后,任何部件不能断裂</td></tr>
<tr><td>反复启闭</td><td>反复启闭 15 000 次后,旋压位置的变化不应超过 0.5 mm</td></tr>
</table>

(3)铝合金门窗执手。平开铝合金窗执手(代号 PLE)分四类:单动旋压型(DY);单动板扣型(DK);单头双向板扣型(DSK);双头联动板扣型(SLK)。用于平开铝合金窗上开启、关闭窗扇。平开铝合金窗执手规格(QB/T 3886-1999)见表 9-4。

表 9-4 平开铝合金窗执手规格

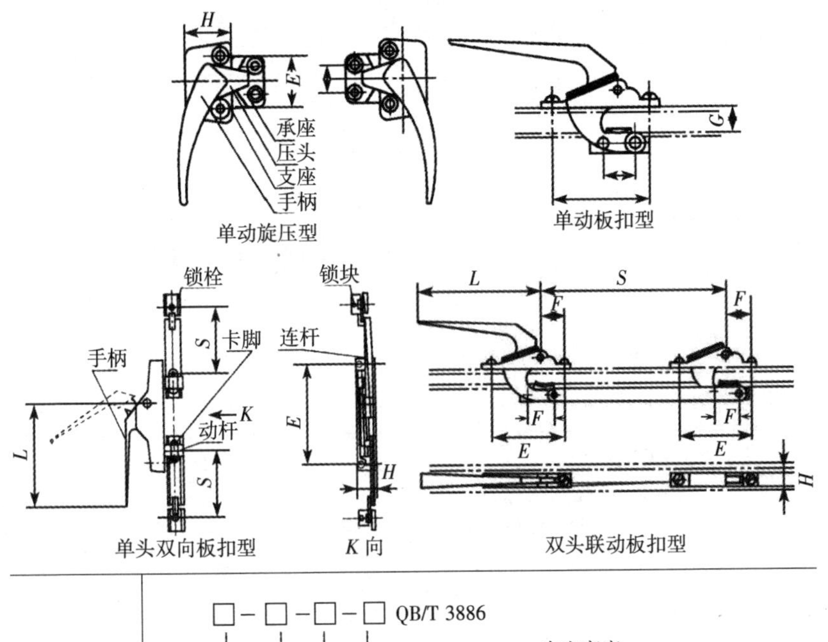

产品标记代号：

□-□-□-□ QB/T 3886

- 第一个□：平开铝合金窗执手代号
- 第二个□：结构型式
- 第三个□：安装孔距
- 第四个□：支座宽度

型式	执手安装孔距 E/mm	执手支座宽度 H/mm	承座安装孔距 F/mm	执手底面至锁紧面距离 G/mm	执手柄长度 L/mm
DY 型	35	29	16	—	≥70
		24	19		
DK 型	60	12	23	12	
	70	13	25		
DSK 型	128	22	—	—	
SLK 型	60	12	23	12	
	70	13	25		

注：联动杆长度 S 由供需双方协商确定。

(4)铝合金门窗拉手。

铝合金门窗拉手安装在铝合金门窗上，作推拉门扇、窗扇用。铝合金门窗拉手规格见表 9-5。

表 9-5　铝合金门窗拉手规格

<table>
<tr><td colspan="5">拉手形式及代号</td></tr>
<tr><td rowspan="2">门用拉手</td><td>形式名称</td><td>杆　式</td><td>板　式</td><td>其　他</td></tr>
<tr><td>代　　号</td><td>MG</td><td>MB</td><td>MQ</td></tr>
<tr><td rowspan="2">窗用拉手</td><td>形式名称</td><td>板　式</td><td>盒　式</td><td>其　他</td></tr>
<tr><td>代　　号</td><td>CB</td><td>CH</td><td>CCI</td></tr>
<tr><td>产品标记代号</td><td colspan="4">□-□-□　QB/T 3887
外形长度
尺寸杆数(板式拉手无代号)
形式代号</td></tr>
<tr><td colspan="5">拉手外形长度尺寸/mm</td></tr>
<tr><td>名　称</td><td colspan="4">外　形　长　度</td></tr>
<tr><td>门用拉手</td><td colspan="4">200、250、300、350、400、450、500、550、600、650、700、750、800、850、900、950、1000</td></tr>
<tr><td>窗用拉手</td><td colspan="4">50、60、70、80、90、100、120、150</td></tr>
</table>

三、合页(铰链)

(1)合页(铰链)的技术指标。

表 9-6　合页(铰链)的技术指标

<table>
<tr><td rowspan="6">分类和标记</td><td colspan="2">分类</td><td>合页(铰链)分为门用合页(铰链),窗用合页(铰链)。</td></tr>
<tr><td rowspan="2">代号</td><td>名称代号</td><td>门用合页(铰链)MJ;窗用合页(铰链)CJ。</td></tr>
<tr><td>主参数代号</td><td>承载质量:以单扇门窗用一组(2 个)合页(铰链)实际承载质量(kg)表示。
注:门最小承载质量为 50kg,每 10kg 为一级,窗最小承载质量为 30kg,每 10kg 为一级。</td></tr>
<tr><td rowspan="2">标记</td><td>标记方法</td><td>用名称代号、主参数代号(承载质量)表示。</td></tr>
<tr><td>标记示例</td><td>一组承载质量为 120 kg 的窗用合页(铰链),标记为:CJ 120。</td></tr>
<tr></tr>
<tr><td rowspan="6">要求</td><td colspan="2">外观</td><td>应满足 JG/T 212 的要求。</td></tr>
<tr><td colspan="2">耐蚀性、膜厚度及附着力</td><td>应满足 JG/T 212 的要求。</td></tr>
<tr><td rowspan="4">力学性能</td><td>上部合页(铰链)承受静态荷载</td><td>a)门上部合页(铰链),承受静态荷载(拉力)应满足表 12-7 的规定,试验后均不能断裂。
b)窗上部合页(铰链),承受静态荷载(拉力)应满足表 12-8 的规定,试验后均不能断裂。</td></tr>
<tr><td>承载力矩</td><td>一组合页(铰链)承受实际承载质量,并附加悬端外力作用后,门(窗)扇自由端竖直方向位置的变化值不应大于 1.5mm,试件无变形或损坏,能正常启闭。
注:实际选用时,按门(窗)用实际质量选择相应承载质量级别的铰链(合页),且需同时满足不大于试验模拟门窗扇尺寸、宽高比。</td></tr>
<tr><td>转动力</td><td>合页(铰链)转动力不应大于 40N。</td></tr>
<tr><td>反复启闭</td><td>按实际承载质量,门合页(铰链)反复启闭 100 000 次后,窗合页(铰链)反复启闭 25 000 次后,门窗扇自由端竖直方向位置的变化值不应大于 2 mm,试件无严重变形或损坏。</td></tr>
</table>

表 9-7　门上部合页(铰链)承受静态荷载

承载质量代号	门扇质量 M/kg	拉力 F/N (允许误差+2%)	承载质量代号	门扇质量 M/kg	拉力 F/N (允许误差+2%)
50	50	500	130	130	1250
60	60	600	140	140	1350
70	70	700	150	150	1450
80	80	800	160	160	1550
90	90	900	170	170	1650
100	100	1000	180	180	1750
110	110	1100	190	190	1850
120	120	1150	200	200	1950

表 9-8　窗上部合页(铰链)承受静态荷载

承载质量代号	门扇质量 M/kg	拉力 F/N (允许误差+2%)	承载质量代号	门扇质量 M/kg	拉力 F/N (允许误差+2%)
30	30	1250	120	120	3250
40	40	1300	130	130	3500
50	50	1400	140	140	3900
60	60	1650	150	150	4200
70	70	1900	160	160	4400
80	80	2200	170	170	4700
90	90	2450	180	180	5000
100	100	2700	190	190	5300
110	110	3000	200	200	5500

(2)普通型合页。普通型合页有三管四孔、五管六孔、五管八孔三种结构形式。用于一般门窗、家具及箱盖等需要转动启合处。普通型合页规格(QB/T 3874-1999)见表 9-9。

表 9-9　普通型合页规格

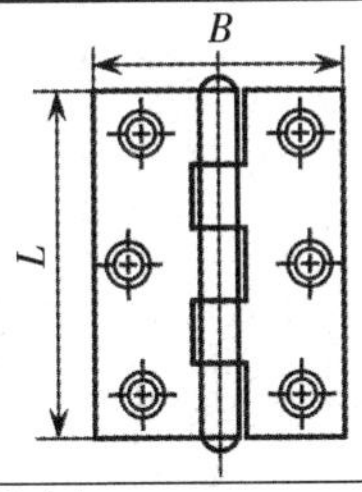

规格/mm	基本尺寸/mm				配用木螺钉	
	长度 L		宽度 B	厚度 t	直径×长度/mm	数目
	Ⅰ组	Ⅱ组				
25	25	25	24	1.05	2.5×12	4
38	38	38	31	1.20	3×16	4
50	50	51	38	1.25	3×20	4

续表

规格/mm	基本尺寸/mm				配用木螺钉	
	长度 L		宽度 B	厚度 t	直径×长度/mm	数目
	Ⅰ组	Ⅱ组				
65	65	64	42	1.35	3×25	6
75	75	76	50	1.60	6×30	6
90	90	89	55	1.60	6×35	6
100	100	102	71	1.80	6×40	8
125	125	127	82	2.10	5×45	8
150	150	152	104	2.50	5×50	8

注：表中Ⅱ组为出口型尺寸。

(3)轻型合页。轻型合页有镀铜、镀锌和全铜等类型。与普通型合页相似，但页片窄而薄，用于轻便门窗、家具及箱盖上。轻型合页规格(QB/T 3875—1999)见表 9-10。

表 9-10　轻型合页规格

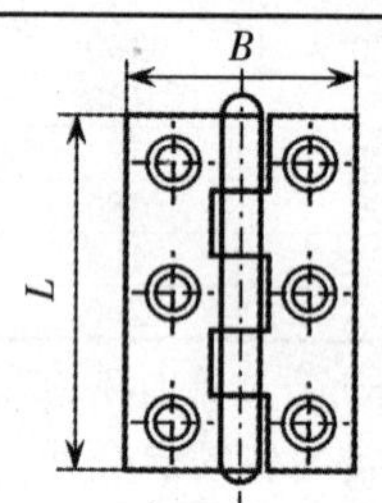

规格/mm	基本尺寸/mm				配用木螺钉	
	长度 L		宽度 B	厚度 t	直径×长度/mm	数目
	Ⅰ组	Ⅱ组				
20	20	19	16	0.60	1.6×10	4
25	25	25	18	0.70	2×10	4
32	32	32	22	0.75	2.5×10	4
38	38	38	26	0.80	2.5×10	4
50	50	51	33	1.00	3×12	4
65	65	64	33	1.05	3×16	6
75	75	76	40	1.05	3×18	6
90	90	89	48	1.15	3×20	6
100	100	102	52	1.25	3×25	8

(4)抽芯型合页。抽芯型合页与普通型合页相似，只是合页的芯轴可以自由抽出，适用于需要经常拆卸的门窗上。抽芯型合页规格(QB/T 3876—1999)见表 9-11。

表 9-11　抽芯型合页规格

规格/mm	基本尺寸/mm				配用木螺钉	
	长度 L		宽度 B	厚度 t	直径×长度/mm	数目
	Ⅰ组	Ⅱ组				
38	38	38	31	1.20	3×16	4
50	50	51	38	1.25	3×20	4
65	65	64	42	1.35	3×25	6
75	75	76	50	1.60	4×30	6
90	90	89	55	1.60	4×35	6
100	100	102	71	1.80	4×40	8

(5)H 型合页。H 型合页也是一种抽芯合页，其中松配页板片可取下。适用于经常拆卸而厚度较薄的门窗上。有右合页和左合页两种，前者适用于右内开门(或左外开门)，后者适用于左内开门(或右外开门)。H 型合页规格(QB/T 3877—1999)见表 9-12。

表 9-12　H 型合页规格

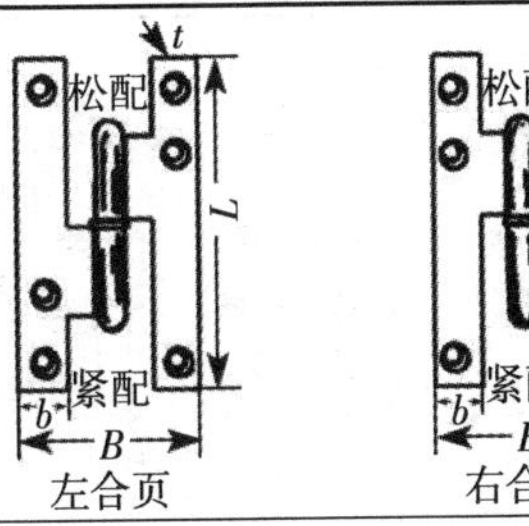

规格/mm	页板基本尺寸/mm				配用木螺钉	
	长度 L	宽度 B	单页阔 b	厚度 t	直径×长度/mm	数目
80×50	80	50	14	2	4×25	6
95×55	95	55	14	2	4×25	6
110×55	110	55	15	2	4×30	6
140×60	140	60	15	2.5	4×40	8

(6)T 型合页。T 型合页用于较宽的大门、较重的箱盖、帐篷架及人字形折梯

上。T 型合页规格(QB/T 3878-1999)见表 9-13。

表 9-13　T 型合页规格

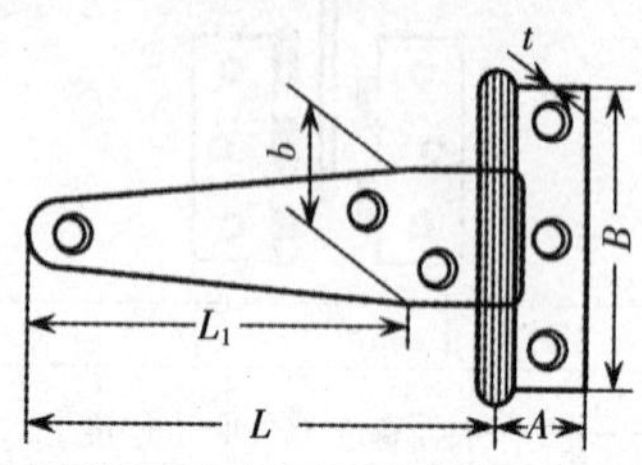

规格/mm	基本尺寸/mm							配用木螺钉	
	长页长 L		斜部长	长页	短页	短页	厚度 t	直径×长度/mm	数目
	Ⅰ组	Ⅱ组	L_1	宽 b	长 B	宽 A			
75	75	76	66	26	63.5	20	1.31	3×25	6
100	100	102	91.5	26	63.5	20	1.35	3×25	6
125	125	127	117	28	70	22	1.52	4×30	7
150	150	152	142.5	28	70	22	1.52	4×30	7
200	200	203	193	32	73	24	1.80	4×35	8

(7)双袖型合页。双袖型合页分为双袖Ⅰ型、双袖Ⅱ型和双袖Ⅲ型。用于一般门窗上,分为左右合页两种。能使门窗自由开启、关闭和拆卸。双袖型合页规格(QB/T 3879-1999)见表 9-14。

表 9-14　双袖型合页规格

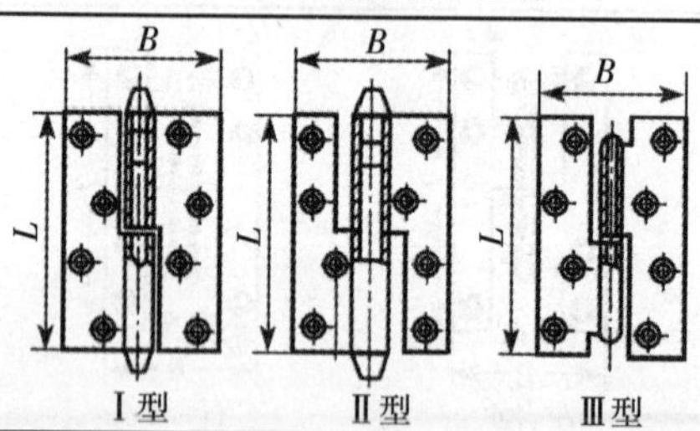

页板基本尺寸/mm			配用木螺钉	
长度 L	宽度 B	厚度 t	直径×长度/mm	数目
双袖Ⅰ型合页				
75	60	1.5	3×20	6
100	70	1.5	3×25	8
125	85	1.8	4×30	8
150	95	2.0	4×40	8

续表

页板基本尺寸/mm			配用木螺钉	
长度 L	宽度 B	厚度 t	直径×长度/mm	数目
双袖Ⅱ型合页				
65	55	1.6	3×18	6
75	60	1.6	3×20	6
90	65	2.0	3×25	8
100	70	2.0	3×25	8
125	85	2.2	3×20	8
150	95	2.2	3×40	8
双袖Ⅲ型合页				
75	50	1.5	3×20	6
100	67	1.5	3×25	8
125	83	1.8	4×30	8
150	100	2.0	4×40	8

(8)弹簧合页。弹簧合页用于公共场所及进出频繁的大门上，它能使门扇开启后自动关闭。单弹簧合页只能单向开启，双弹簧合页能内外双向开启。弹簧合页规格(QB/T 1738—1993)见表9-15。

表9-15　弹簧合页规格

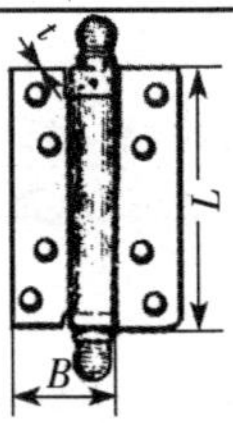

单弹簧合页 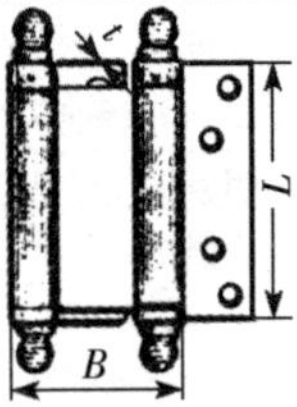　　双弹簧合页

规格/mm	页板基本尺寸/mm			配用木螺钉	
	长度 L	宽度 B	厚度 t	直径×长度/mm	数目
单弹簧合页					
75	76	46	1.8	3.5×25	8
100	101.5	49	1.8	3.5×25	8
125	127	57	2.0	4×30	8
150	152	64	2.0	4×30	10
200	203	71	2.4	4×40	10
双弹簧合页					
75	75	68	1.8	3.5×25	8
100	101.5	76	1.8	3.5×25	8
125	127	87	2.0	4×30	8
150	152	93.5	2.0	4×30	10
200	203	132	2.4	4×30	10
250	250	132	2.4	6×50	10

四、锁闭器

(1)传动锁闭器的技术指标(JG/T 126—2007),见表 9-16。

表 9-16 传动锁闭器的技术指标

分类和标记	分类		传动锁闭器分为齿轮驱动式传动锁闭器,连杆驱动式传动锁闭器
	代号	名称代号	建筑门(窗)用齿轮驱动式传动锁闭器 M(C)CQ,建筑门(窗)用连杆驱动式传动锁闭器 M(C)LQ
		特性代号	整体式传动锁闭器 ZT,组合式传动锁闭器 ZH
		主参数代号	锁点数:以门窗传动锁闭器上的实际锁点数量进行标记
	标记	标记方法	用名称代号、特性代号、主参数代号表示
		标记示例	3 个锁点的门用齿轮驱动组合式带锁传动锁闭器标记为:MCQ · ZH-3
要求	外观		应满足 JG/T 212 的要求
	耐蚀性、膜厚度及附着力		应满足 JG/T 212 的要求
	力学性能	强度	①驱动部件 a)齿轮驱动式传动锁闭器承受 25 N · m～26 N · m 力矩的作用后,各零部件应不断裂、无损坏; b)连杆驱动式传动锁闭器承受 $1\,000^{+50}_{0}$ N 静拉力作用后,各零部件应不断裂、脱落。 ②锁闭部件 锁点、锁座承受 $1\,800^{+50}_{0}$ N 破坏力后,各部件应无损坏。
		反复启闭	传动锁闭器经 25 000 个启闭循环,各构件无扭曲,无变形,不影响正常使用。且应满足: ①操作力 a)齿轮驱动式传动锁闭器空载转动力矩不应大于 3 N · m,反复启闭后转动力矩不应大于 10 N · m; b)连杆驱动式传动锁闭器空载滑动驱动力不应大于 50 N,反复启闭后驱动力不应大于 100 N。 ② 框、扇间间距变化量 在扇开启方向上框,扇间的间距变化值应小于 1 mm

(2)单点锁闭器的技术指标(JG/T 130—2007),见表 9-17。

表 9-17 单点锁闭器的技术指标

分类和标记	名称代号		单点锁闭器 TYB
	标记	标记方法	用名称代号表示
		标记示例	单点锁闭器 TYB
要求	外观		应满足 JG/T 212 的要求
	耐蚀性、膜厚度及附着力		应满足 JG/T 212 的要求

续表

要求	性能	操作力矩（或操作力）	操作力矩应小于 2N·m(或操作力应小于 20N)
		强度	①锁闭部件的强度 锁闭部件在 400N 静压(拉)力作用后，不应损坏；操作力矩(或操作力)应满足要求。 ②驱动部件的强度 对由带手柄操作的单点锁闭器，在关闭位置时，在手柄上施加 9 N·m 力矩作用后，操作力矩(或操作力)应满足要求
		反复启闭	单点锁闭器 15 000 次反复启闭试验后，开启、关闭自定位位置正常，操作力矩(或操作力)应满足要求

(3)多点锁闭器的技术指标(JG/T 215—2007)，见表 9-18。

表 9-18　多点锁闭器的技术指标

分类和标记	分类		多点锁闭器分为齿轮驱动式多点锁闭器，连杆驱动式多点锁闭器
	代号	名称代号	齿轮驱动式多点锁闭器 CDB，连杆驱动式多点锁闭器 LDB
		主参数代号	锁点数：实际锁点数量
	标记	标记方法	用名称代号、主参数代号表示
		标记示例	2 点锁闭的齿轮驱动式多点锁闭器，标记为 CDB2
要求	外观		应满足 JG/T 212 的要求
	耐蚀性、膜厚度及附着力		应满足 JG/T 212 的要求
	力学性能	强度	①驱动部件 a)齿轮驱动式多点锁闭器承受 25 N·m～26 N·m 力矩的作用后，各零部件应不断裂、无损坏； b)连杆驱动式多点锁闭器承受 1 000$^{+50}_{0}$N 静拉力作用后，各零部件应不断裂、不脱落。 ②锁闭部件 单个锁点、锁座承受 1 000$^{+50}_{0}$N 静拉力后，所有零部件不应损坏
		反复启闭	反复启闭 25 000 次后，操作正常，不影响正常使用。且操作力应满足： a)齿轮驱动式多点锁闭器操作力矩不应大于 1 N·m；连杆驱动式多点锁闭器滑动力不应大于 50 N。 b)锁点、锁座工作面磨损量不大于 1 mm

(4)闭门器。由金属弹簧、液压阻尼组合作用的各种闭门器安装在平开门扇上部，单向开门；使用温度在－15℃～40℃。

由金属弹簧、液压阻尼组合作用的各种地弹簧(落地闭门器)安装在平开门扇下可单、双向开门、使用温度在－15℃～40℃。

闭门器规格见表9-19。

表 9-19　闭门器规格

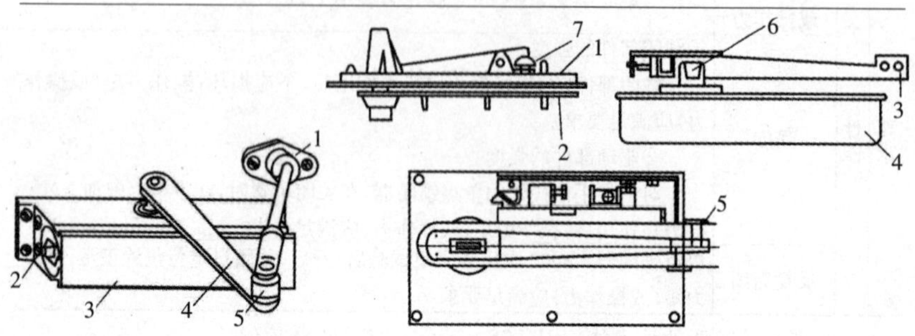

1—连杆座；2—调节螺钉；3—壳体；4—摇臂；5—连杆

闭门器(QB/T 2698—2005)

1—顶轴；2—顶轴套板；3—回转插杆；4—底座；5—可调螺钉；6—地轴；7—升降螺钉

地弹簧(QB/T 2697—2005)

系列编号	最大开启力矩/N·m≤		最小关闭力矩/N·m≥		效　率/%≥		适用门质量/kg	门扇最大宽度/mm
	A类	B类	A类	B类	A类	B类		
1	20	16	9	5	45	30	15～30	800
2	26	33	13	10	50	30	25～45	900
3	31	42	18	15	55	35	40～65	950
4	43	62	26	25	60	40	60～85	1 050
5	61	77	37	35	60	45	80～120	1 200
6	69	100	54	45	65	45	100～150	1 500

五、滑撑

(1)滑撑的技术指标(JG/T 127—2007)，见表9-20。

表 9-20　滑撑的技术指标

分类和标记	分类		滑撑分为外平开窗用滑撑，外开上悬窗用滑撑
	代号	名称代号	外平开窗用滑撑PCH，外开上悬窗用滑撑SCH
		主参数代号	a)承载质量：允许使用的最大承载质量(kg) b)滑槽长度：滑槽实际长度(mm)
	标记	标记方法	用名称代号、主参数代号(承载质量，滑槽长度)表示
		标记示例	滑槽长度为305 mm，承载质量为30 kg的外平开窗用滑撑，标记为：PCH 30-305
要求	外观		应满足JG/T 212的要求
	力学性能	自定位力	外平开窗用滑撑，一组滑撑的自定位力应可调整到不小于40 N
		启闭力	a)外平开窗用滑撑的启闭力不应大于40 N b)在0～300 mm的开启范围内，外开上悬窗用滑撑的启闭力不应大于40 N

续表

<table>
<tr><td rowspan="6">要求</td><td rowspan="6">力学性能</td><td>间隙</td><td>窗扇锁闭状态，在力的作用下，安装滑撑的窗角部扇、框间密封间隙变化值不应大于 0.5 mm</td></tr>
<tr><td>刚性</td><td>a)窗扇关闭受 300 N 阻力试验后，应仍满足自定位力、启闭力和间隙的要求
b)窗扇开启到最大位置受 300 N 力试验后，应仍满足自定位力、启闭力和间隙的要求
c)有定位装置的滑撑，开启到定位装置起作用的情况下，承受 300 N 外力的作用后，应仍满足自定位力、启闭力和间隙的要求</td></tr>
<tr><td>反复启闭</td><td>反复启闭 25 000 次后，窗扇的启闭力不应大于 80 N</td></tr>
<tr><td>强度</td><td>滑撑开启到最大开启位置时，承受 1 000 N 的外力的作用后，窗扇不得脱落</td></tr>
<tr><td>悬端吊重</td><td>外平开窗用滑撑在承受 1 000 N 的作用力 5 min 后，滑撑所有部件不得脱落</td></tr>
</table>

(2)铝合金窗不锈钢滑撑。铝合金窗不锈钢滑撑用于铝合金上悬窗、平开窗上启闭、定位作用的装置。铝合金窗不锈钢滑撑规格(QB/T 3888—1999)见表 9-21。

表 9-21 铝合金窗不锈钢滑撑规格

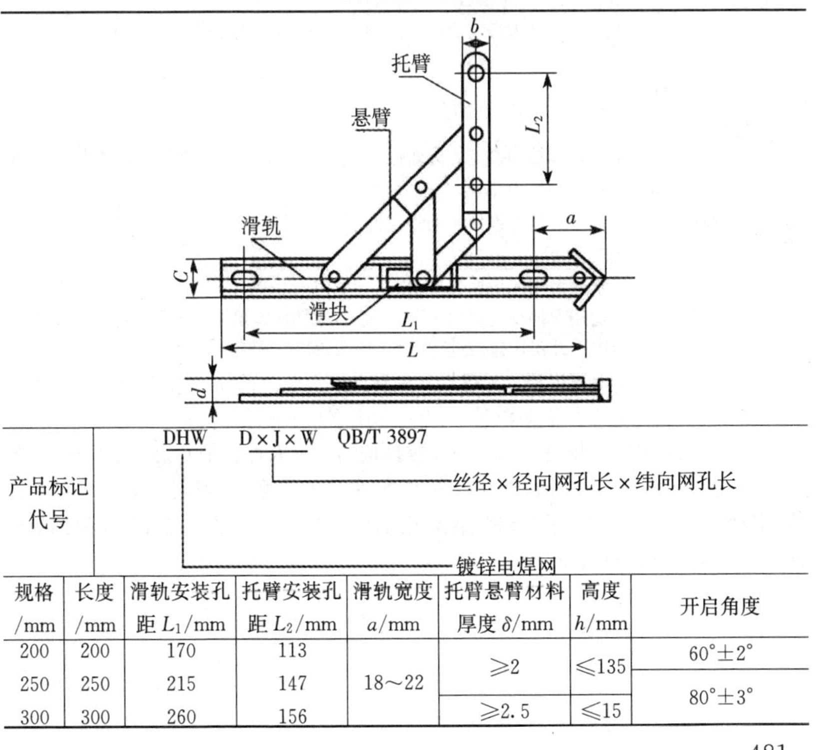

产品标记代号：DHW D×J×W QB/T 3897

DHW——镀锌电焊网

D×J×W——丝径×径向网孔长×纬向网孔长

<table>
<tr><th>规格/mm</th><th>长度/mm</th><th>滑轨安装孔距 L_1/mm</th><th>托臂安装孔距 L_2/mm</th><th>滑轨宽度 a/mm</th><th>托臂悬臂材料厚度 δ/mm</th><th>高度 h/mm</th><th>开启角度</th></tr>
<tr><td>200</td><td>200</td><td>170</td><td>113</td><td rowspan="3">18～22</td><td rowspan="2">≥2</td><td rowspan="2">≤135</td><td>60°±2°</td></tr>
<tr><td>250</td><td>250</td><td>215</td><td>147</td><td rowspan="2">80°±3°</td></tr>
<tr><td>300</td><td>300</td><td>260</td><td>156</td><td>≥2.5</td><td>≤15</td></tr>
</table>

续表

规格/mm	长度/mm	滑轨安装孔距 L_1/mm	托臂安装孔距 L_2/mm	滑轨宽度 a/mm	托臂悬臂材料厚度 δ/mm	高度 h/mm	开启角度
350	350	300	195	18～22	≥2.5	≤165	80°±3°
400	400	360	205		≥3		
450	450	410	205				

六、撑挡

(1)撑挡的技术指标(JG/T 128—2007),见表 9-22。

表 9-22 撑挡的技术指标

<table>
<tr><td rowspan="5">分类和标记</td><td colspan="2">分类</td><td>分内平开窗摩擦式撑挡、内平开窗锁定式撑挡,悬窗摩擦式撑挡、悬窗锁定式撑挡</td></tr>
<tr><td rowspan="2">代号</td><td>名称代号</td><td>内平开窗摩擦式撑挡 PMCD,内平开窗锁定式撑挡 PSCD,悬窗摩擦式撑档 XMCD,悬窗锁定式撑挡 XSCD</td></tr>
<tr><td>主参数代号</td><td>按支撑部件最大长度实际尺寸(mm)表示</td></tr>
<tr><td rowspan="2">标记</td><td>标记方法</td><td>用名称代号、主参数代号表示</td></tr>
<tr><td>标记示例</td><td>支撑部件最大长度 200 mm 的内平开窗用摩擦式撑挡 PMCD200</td></tr>
<tr><td rowspan="5">要求</td><td colspan="2">外观</td><td>应满足 JG/T 212 的要求</td></tr>
<tr><td colspan="2">耐蚀性、膜厚度及附着力</td><td>应满足 JG/T 212 的要求</td></tr>
<tr><td rowspan="3">力学性能</td><td>锁定力和摩擦力</td><td>锁定式撑挡的锁定力失效值不应小于 200 N,摩擦式撑挡的摩擦力失效值不应小于 40 N。
注:选用时,允许使用的锁定力不应大于 200 N,允许使用的摩擦力不应大于 40N</td></tr>
<tr><td>反复启闭</td><td>内平开窗用撑挡反复启闭 10 000 次后,应满足锁定力和摩擦力的要求;悬窗用撑挡反复启闭 15 000 次后,撑挡应满足锁定力和摩擦力的要求</td></tr>
<tr><td>强度</td><td>a)内平开窗用撑挡进行五次冲击试验后,撑挡不脱落
b)悬窗用锁定式撑挡开启到设计预设位置后,承受在窗扇开启方向 1 000 N力、关闭方向 600 N 力后,撑挡所有部件不应损坏</td></tr>
</table>

(2)铝合金窗撑挡规格。铝合金窗撑挡按形式分五种。平开铝合金窗撑挡:外开启上撑挡,内开启下撑挡,外开启下撑挡;平开铝合金带纱窗撑挡:带纱窗上撑挡,带纱窗下撑挡。用于平开铝合金窗扇启闭、定位用的装置。铝合金窗撑挡规格(QB/T 3887—1999)见表 9-23。

表 9-23　铝合金窗撑挡规格

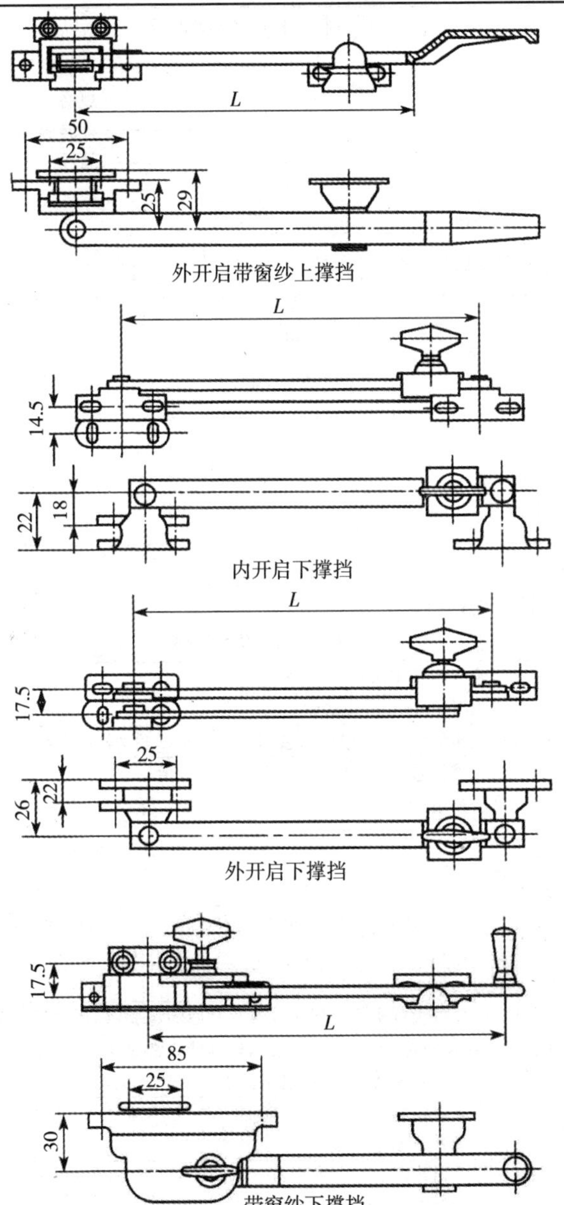

续表

<table>
<tr><td>产品标记代号</td><td colspan="11">□-□-□-□ QB/T 3887
材料代号
规格
开启形式
品种</td></tr>
<tr><td colspan="12">形式及材料标记代号</td></tr>
<tr><td rowspan="3">名称</td><td colspan="3">平开窗</td><td colspan="3">带纱窗</td><td rowspan="3">铜</td><td rowspan="3" colspan="4">不锈钢</td></tr>
<tr><td rowspan="2">内开启</td><td rowspan="2">外开启</td><td rowspan="2">上撑挡</td><td rowspan="2">上撑挡</td><td colspan="2">下撑挡</td></tr>
<tr><td>左开启</td><td>右开启</td></tr>
<tr><td>代号</td><td>N</td><td>W</td><td>C</td><td>SC I</td><td>Z</td><td>Y</td><td>T</td><td colspan="4">G</td></tr>
<tr><td colspan="12">规格</td></tr>
<tr><td colspan="2" rowspan="2">品　种</td><td colspan="6" rowspan="2">基本尺寸 L/mm</td><td colspan="2">安装孔距/mm</td></tr>
<tr><td>壳体</td><td>拉搁脚</td></tr>
<tr><td rowspan="2">平开窗</td><td>上</td><td>—</td><td>260</td><td>—</td><td>300</td><td>—</td><td>—</td><td>50</td><td rowspan="4">25</td></tr>
<tr><td>下</td><td>240</td><td>260</td><td>280</td><td>—</td><td>310</td><td>—</td><td>—</td></tr>
<tr><td rowspan="2">带纱窗</td><td>下撑挡</td><td>—</td><td>260</td><td>—</td><td>300</td><td>—</td><td>320</td><td>50</td></tr>
<tr><td>下撑挡</td><td>240</td><td>—</td><td>280</td><td>—</td><td>—</td><td>320</td><td>85</td></tr>
</table>

七、滑轮

(1)滑轮的技术指标(JG/T 129—2007),见表 9-24。

表 9-24　滑轮的技术指标

<table>
<tr><td rowspan="5">分类和标记</td><td colspan="2">分类</td><td>滑轮分为门用滑轮、窗用滑轮</td></tr>
<tr><td rowspan="2">代号</td><td>名称代号</td><td>门用滑轮 ML、窗用滑轮 CL</td></tr>
<tr><td>主参数代号</td><td>承载质量代号:以单扇门窗用一套滑轮(2 件)实际承载质量(kg)表示</td></tr>
<tr><td rowspan="2">标记</td><td>标记方法</td><td>用名称代号、主参数代号(承载质量)表示</td></tr>
<tr><td>标记示例</td><td>单扇窗用一套承载质量为 60kg 的滑轮　标记为:CL 60</td></tr>
<tr><td rowspan="7">要求</td><td colspan="2">外观</td><td>应满足 JG/T 212 的要求</td></tr>
<tr><td colspan="2">耐蚀性、膜厚度及附着力</td><td>应满足 JG/T 212 的要求</td></tr>
<tr><td rowspan="3">力学性能</td><td>滑轮运转平稳性</td><td>轮体外表面径向跳动量不应大于 0.3 mm,轮体轴向窜动量不应大于0.4 mm</td></tr>
<tr><td>启闭力</td><td>不应大于 40 N</td></tr>
<tr><td>反复启闭</td><td>一套滑轮按实际承载质量做反复启闭试验,门用滑轮达到 100 000 次后,窗用滑轮达到 25 000 次后,轮体能正常滚动。达到试验次数后,在承受 1.5 倍的承载质量时,启闭力不应大于 100 N</td></tr>
<tr><td rowspan="2">耐温性</td><td>耐高温性</td><td>非金属轮体的一套滑轮,在 50℃环境中,承受 1.5 倍承载质量后,启闭力不应大于 60 N</td></tr>
<tr><td>耐低温性</td><td>非金属轮体的一套滑轮,在－20℃环境中,承受 1.5 倍承载质量后,滑轮体不破裂,启闭力不应大于 60 N</td></tr>
</table>

(2)推拉铝合金门窗用滑轮规格。推拉铝合金门窗用滑轮按用途分为:推拉铝合金门滑轮(代号 TML)和推拉铝合金窗滑轮(代号 TCL);按结构形式分为:可调型(代号 K)和固定型(代号 G)。安装在铝合金门窗下端两侧,使门窗在滑槽推拉灵活轻便。推拉铝合金门窗用滑轮规格(QB/T 3892—1999)见表 9-25。

表 9-25　推拉铝合金门窗用滑轮规格

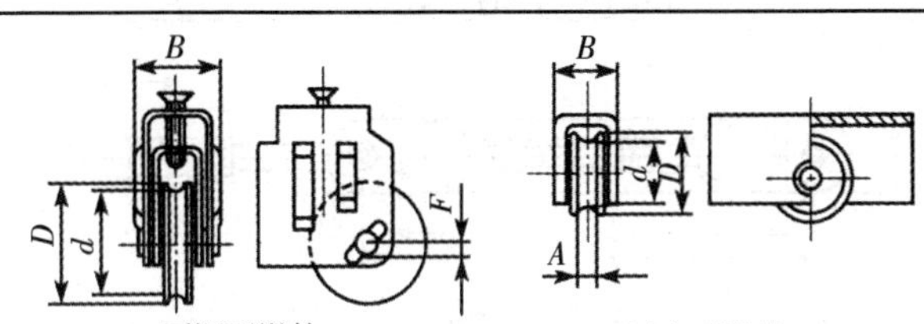

可调型滑轮　　固定型滑轮

规格 D	底径 d	滚轮槽宽 A		外支架宽度 B		调节高度 F
		Ⅰ系列	Ⅱ系列	Ⅰ系列	Ⅱ系列	
20	16	8	—	16	6～16	—
24	20	6.5	3～9	—	12～16	—
30	26	4		13	12～20	≥5
36	31	7		17		
42	36	6	6～13	24		
45	38					

注:Ⅱ系列尺寸选用整数。

八、插销

(1)插销的技术指标(JG/T 214—2007),见表 9-26。

表 9-26　插销的技术指标

分类和标记	分类		分为单动插销,联动插销
	代号	名称代号	单动插销 DCX,联动插销 LCX
		主参数代号	以插销实际行程(mm)表示
	标记	标记方法	用名称代号、主参数代号(插销实际行程)表示
		标记示例	单动插销,行程 22 mm,标记为:DCX22
要求	外观		应满足 JG/T 212 的要求
	耐蚀性及膜厚度		应满足 JG/T 212 的要求
	力学性能	操作力	①单动插销 空载时,操作力矩不应超过 2 N·m,或操作力不超过 50 N,负载时,操作力矩不应超过 4 N·m,或操作力不超过 100 N。 ②联动插销 空载时,操作力矩不应超过 4 N·m,负载时,操作力矩不应超过 8 N·m
		反复启闭	按实际使用情况进行反复启闭运动 5 000 次后,插销应能正常工作,并满足操作力的要求
		强度	插销杆承受 1 000 N 压力作用后,应满足操作力的要求

(2)铝合金门插销规格。铝合金门插销安装在铝合金平开门、弹簧门上，作关闭后固定用。铝合金门插销规格(QB/T 3885—1999)见表 9-27。

表 9-27 铝合金门插销规格

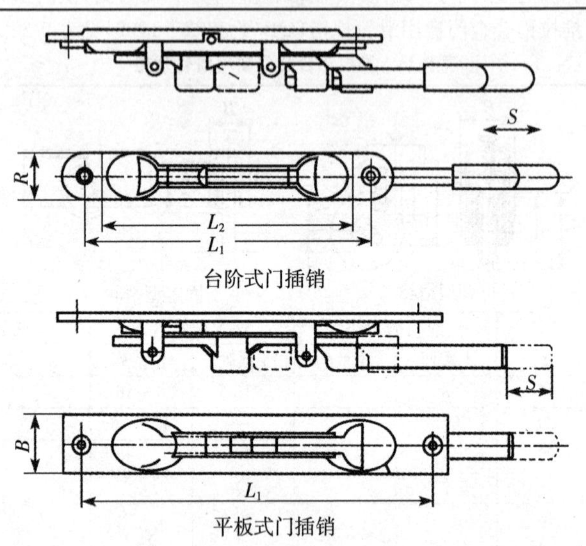

台阶式门插销

平板式门插销

产品标记代号	□－□－□×□ QB/T 3885 孔距 /mm（第四个□） 宽度/mm（第三个□） 材料代号（第二个□） 产品形式代号（第一个□）

产品形式及材料代号		
产品形式	台阶式插销	平板式插销
代号	T	P
材料名称	锌合金	铜
代号	ZZn	ZH

产品规格尺寸/mm					
行程	宽度	孔距 L_1		台阶 L_2	
S	B	基本尺寸	极限偏差	基本尺寸	极限偏差
＞16	22	130	±0.20	110	±0.25
	25	150			

九、门锁

(1)外装门锁。外装门锁锁体安装在门梃表面上锁门用。单头锁，室内用执手,室外用钥匙启闭;双头锁,室内外均用钥匙启闭。外装门锁规格(QB/T 2473—2000)见表 9-28。

表 9-28 外装门锁规格

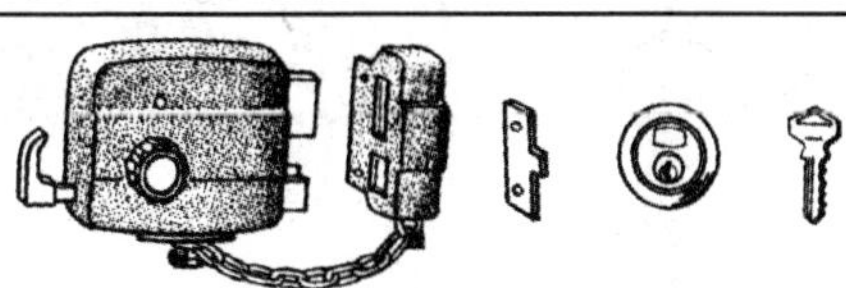

<table>
<tr><td>钥匙不同牙花数</td><td colspan="13">单排弹子≥6 000 种;多排弹子≥40 000 种</td></tr>
<tr><td rowspan="3">互开率/%</td><td rowspan="2">锁头结构</td><td colspan="6">单排弹子</td><td colspan="6">多排弹子</td></tr>
<tr><td colspan="3">A 级(安全型)</td><td colspan="3">B 级(普通型)</td><td colspan="3">A 级(安全型)</td><td colspan="3">B 级(普通型)</td></tr>
<tr><td>数值</td><td colspan="3">≤0.082</td><td colspan="3">≤0.204</td><td colspan="3">≤0.030</td><td colspan="3">≤0.050</td></tr>
<tr><td>锁头防拨措施</td><td colspan="13">A 级不少于 3 项;B 级不少于 1 项</td></tr>
<tr><td rowspan="3">锁舌伸出长度/mm</td><td rowspan="2">产品型式</td><td colspan="4">单舌门锁</td><td colspan="4">双舌门锁</td><td colspan="4">双扣门锁</td></tr>
<tr><td colspan="2">斜舌</td><td colspan="2">呆舌</td><td colspan="2">斜舌</td><td colspan="2">呆舌</td><td colspan="2">斜舌</td><td colspan="2">呆舌</td></tr>
<tr><td>数值</td><td colspan="2">≥12</td><td colspan="2">≥14.5</td><td colspan="2">≥12</td><td colspan="2">≥18</td><td colspan="2">≥4.5</td><td colspan="2">≥8</td></tr>
</table>

(2)弹子插芯门锁。弹子插芯门锁锁体插嵌安装在门梃中,其附件组装在门上锁门用。单锁头,室外用钥匙,室内用旋扭开启,多用于走廊门上;双锁头,室内外均用钥匙开启,多用于外大门上。一般门选用平口锁,企口门选用企口锁,圆口门及弹簧门选用圆口锁。弹子插芯门锁规格(QB/T 2474—2000)见表 9-29。

表 9-29 弹子插芯门锁规格

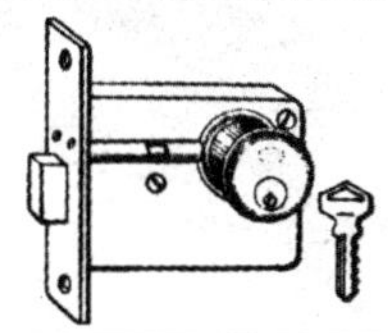

<table>
<tr><td>钥匙不同牙花数/种</td><td colspan="4">单排弹子≥6 000、多排弹子≥50 000</td></tr>
<tr><td>互开率/%</td><td colspan="4">单排弹子≤0.204、多排弹子≤0.051</td></tr>
<tr><td rowspan="3">锁舌伸出长度/mm</td><td colspan="2">双舌</td><td>双舌(钢门)</td><td>单舌</td></tr>
<tr><td>斜舌≥</td><td>11</td><td rowspan="2">9</td><td rowspan="2">12</td></tr>
<tr><td>方、钩舌≥</td><td>12.5</td></tr>
</table>

(3)球形门锁。球形门锁安装在门上锁门用。锁的品种多,可以适应不同用途门的需要。锁的造型美观,用料考究,多用于较高级建筑物。球形门锁规格(QB/T 2476—2000)见表 9-30。

表 9-30 球形门锁规格

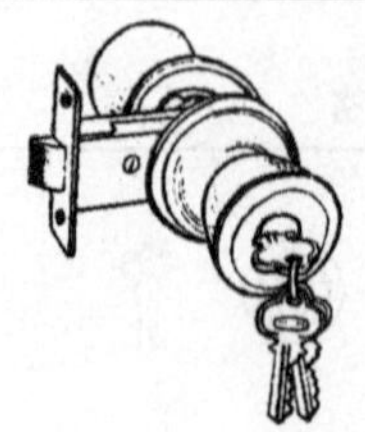
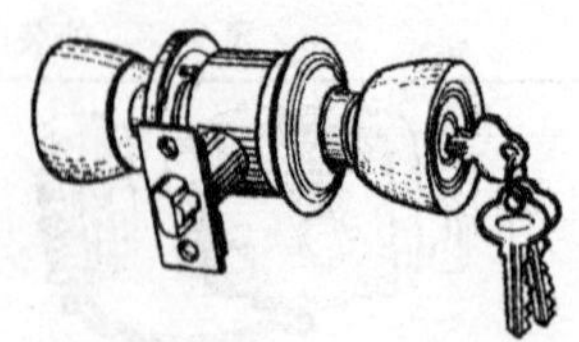

<table>
<tr><td colspan="2" rowspan="2">锁头结构</td><td colspan="2">弹子球锁</td><td colspan="2">叶片球锁</td></tr>
<tr><td>单排弹子</td><td>多排弹子</td><td>无级差</td><td>有级差</td></tr>
<tr><td colspan="2">钥匙不同牙花数/种</td><td>≥6 000</td><td>≥100 000</td><td>≥500</td><td>≥600</td></tr>
<tr><td rowspan="2">互开率/%</td><td>A级</td><td>≤0.082</td><td>≤0.010</td><td>—</td><td>≤0.082</td></tr>
<tr><td>B级</td><td>≤0.204</td><td>≤0.020</td><td>≤0.326</td><td>≤0.204</td></tr>
<tr><td rowspan="4">锁舌伸出长度/mm</td><td rowspan="2">级别</td><td rowspan="2">球形锁</td><td rowspan="2">固定锁</td><td colspan="2">拉手</td></tr>
<tr><td>方舌</td><td>斜舌</td></tr>
<tr><td>A级</td><td>≥12</td><td rowspan="2">≥25</td><td rowspan="2">≥25</td><td rowspan="2">≥11</td></tr>
<tr><td>B级</td><td>≥11</td></tr>
</table>

(4)叶片插芯门锁规格(QB/T 2475—2000)见表 9-31。

表 9-31 叶片插芯门锁规格

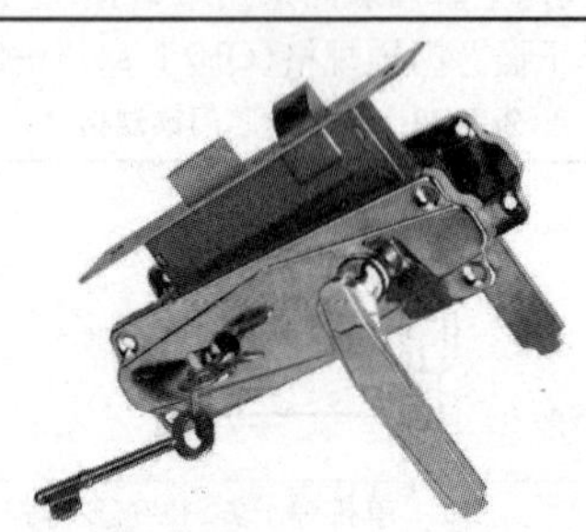

<table>
<tr><td>每组锁的钥匙牙花数/种</td><td colspan="3">≥72(含不同槽形)</td></tr>
<tr><td>互开率/%</td><td colspan="3">≤0.051</td></tr>
<tr><td rowspan="4">锁舌伸出长度/mm</td><td colspan="2">一档开启</td><td>二档开启</td></tr>
<tr><td rowspan="2">方舌</td><td rowspan="2">≥11</td><td>第一档≥8</td></tr>
<tr><td>第二档≥16</td></tr>
<tr><td>斜舌</td><td colspan="2">≥10</td></tr>
</table>

(5)铝合金门锁规格(QB/T 3891—1999),见表 9-32。

表 9-32　铝合金门锁规格

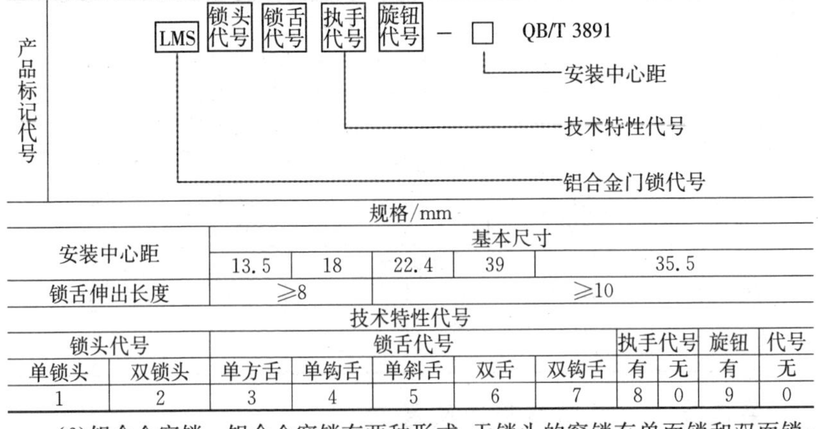

规格/mm										
安装中心距		基本尺寸								
		13.5	18	22.4	39	35.5				
锁舌伸出长度		≥8		≥10						
技术特性代号										
锁头代号		锁舌代号					执手代号		旋钮代号	
单锁头	双锁头	单方舌	单钩舌	单斜舌	双舌	双钩舌	有	无	有	无
1	2	3	4	5	6	7	8	0	9	0

(6)铝合金窗锁。铝合金窗锁有两种形式：无锁头的窗锁有单面锁和双面锁；有锁头的窗锁有单开锁和双开锁。安装在铝合金窗上作锁窗用。铝合金窗锁规格(QB/T 3890—1999)，见表 9-33。

表 9-33　铝合金窗锁规格

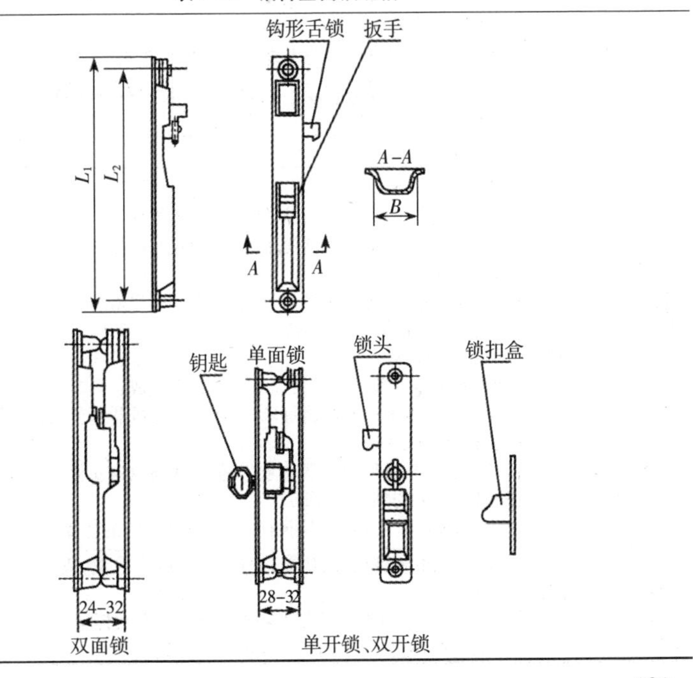

续表

<table>
<tr><td>产品标记代号</td><td colspan="4">LCS — □ — □ QB/T 3890
规格尺寸
技术特性代号
铝合金窗锁代号</td></tr>
<tr><td colspan="5">技术特性代号</td></tr>
<tr><td>型式</td><td>无锁头</td><td>有锁头</td><td>单面(开)</td><td>双面(开)</td></tr>
<tr><td>代号</td><td>W</td><td>Y</td><td>D</td><td>S</td></tr>
</table>

<table>
<tr><td colspan="6">规格/mm</td></tr>
<tr><td>规格尺寸</td><td>B</td><td>12</td><td>15</td><td>17</td><td>19</td></tr>
<tr><td rowspan="2">安装尺寸</td><td>L_1</td><td>77</td><td>87</td><td>125</td><td>180</td></tr>
<tr><td>L_2</td><td>80</td><td>87</td><td>112</td><td>168</td></tr>
</table>

第二节　建筑门窗用通风器

建筑门窗用通风器的技术指标(JG/T 233—2008),见表 9-34。

表 9-34　建筑门窗用通风器的技术指标

<table>
<tr><td rowspan="5">分类和标记</td><td rowspan="4">分类</td><td rowspan="2">名称代号</td><td colspan="5">自然通风器 ZQ;
动力通风器名称代号按如下规定:</td></tr>
<tr><td>动力工作方式</td><td>进气功力通风器</td><td>排气功力通风器</td><td>进、排气可转换动力通风器</td><td>双向送风动力通风器</td></tr>
<tr><td></td><td>名称代号</td><td>JDQ</td><td>PDQ</td><td>ZDQ</td><td>SDQ</td></tr>
<tr><td>功能代号</td><td colspan="5">有隔声功能 G</td></tr>
<tr><td>主参数代号</td><td colspan="5">①自然通风器
自然通风器主参数代号由以下两个参数组成:
a)通风量:条形通风器每米(其他型式通风器每件)开启状态下最大的通风量(m^3/h);
b)隔声量:条形通风器每米(其他型式通风器每件)在达到最大通风量开启状态下的隔声量(dB)。
②动力通风器
动力通风器主参数代号由以下三个参数组成:
a)通风量:条形通风器每米(其他型式通风器每件)开启状态下最大的通风量(m^3/h);
b)隔声量:条形通风器每米(其他型式通风器每件)在达到最大通风量开启状态下的隔声量(dB);
c)自噪声量:通风器不小于 30 m^3/h 状态时的自噪声量</td></tr>
<tr><td></td><td>标记</td><td>标记方法</td><td colspan="5">产品标记由名称代号、功能代号、主参数(通风量、隔声量、自噪声量)代号组成。
注 1:隔声量:自然通风器无隔声功能无此参数标记;
注 2:自噪声量:自然通风器无此参数标记</td></tr>
</table>

续表

<table>
<tr><td>分类和标记</td><td>标记</td><td>标记示例</td><td>示例 1：自然通风器，无隔声功能、条形，每米通风器最大通风量为 40 m^3/h，标记为：ZQ－40。
示例 2：进气动力通风器，有隔声功能，每件通风器最大通风量为 75 m^3/h时的隔声量为 44 dB，自噪声量为 35 dB(A)，标记为：JDQ－G－75・44・35</td></tr>
<tr><td rowspan="11">要求</td><td colspan="2">一般要求</td><td>①通风器的构造设计应便于清洁和更换隔声过滤材料；应易于与门窗、幕墙构件(或墙体)安装连接，且保证可靠连接。
②当工程有特殊要求时，通风器应满足与所需门窗、幕墙性能相匹配的要求</td></tr>
<tr><td colspan="2">外观</td><td>产品外表面平整，表面光泽一致，色度均匀，无明显色差；可视面无明显的麻点、划伤、压痕、凹凸不平、锐角、毛刺等缺陷</td></tr>
<tr><td colspan="2">尺寸允许偏差/mm</td><td><table><tr><td rowspan="2">项　目</td><td colspan="2">高度、宽度、长度</td><td rowspan="2">对角线尺寸之差</td><td rowspan="2">相邻构件同一平面度</td><td rowspan="2">相邻构件装配间隙</td></tr><tr><td>≤2 000</td><td>>2 000</td></tr><tr><td>偏差值</td><td>±2.0</td><td>≤2.5</td><td>≤0.3</td><td>≤0.2</td><td>≤0.2</td></tr></table></td></tr>
<tr><td colspan="2">操作性能</td><td>①手动操作控制的通风器操作手柄、操作杆应灵活可靠，无卡滞现象；旋压手柄、旋压钮转动力矩不应大于 3.5 N・m。
②电动控制的通风器，风机在任何档位应能自由启动</td></tr>
<tr><td colspan="2">通风量
$/m^3 \cdot h^{-1}$</td><td>自然通风器在 10 Pa 压差下、动力通风器在 0 Pa 压差下，条形通风器每米(其他型式通风器每件)开启状态下的通风量(V)应符合以下规定：<table><tr><td>分组</td><td>1</td><td>2</td><td>3</td><td>4</td><td>5</td><td>6</td><td>7</td><td>8</td></tr><tr><td>分组指标值 V</td><td>$30\leqslant V<40$</td><td>$40\leqslant V<50$</td><td>$50\leqslant V<60$</td><td>$60\leqslant V<70$</td><td>$70\leqslant V<80$</td><td>$80\leqslant V<90$</td><td>$90\leqslant V<100$</td><td>$V\geqslant100$</td></tr></table>注：第 8 级应在分级后注明≥100 m^3/h 的具体值</td></tr>
<tr><td colspan="2">自噪声量</td><td>动力通风器通风量不小于 30 m^3/h 状态时，自噪声量 A 计权声功率级不应大于 38 dB(A)</td></tr>
<tr><td colspan="2">隔声性能</td><td>无隔声功能的通风器：
a)关闭状态下，通风器小构件的计权规范化声压级差不应小于 25 dB；
b)开启状态下，通风器小构件的计权规范化声压级差不应小于 20 dB。
有隔声功能的通风器：开启、关闭状态下，通风器小构件的计权规范化声压级差不应小于 33 dB</td></tr>
<tr><td colspan="2">保温性能</td><td>通风器的传热系数(K)不应大于 4.0 $W/(m^2 \cdot K)$</td></tr>
<tr><td colspan="2">气密性能</td><td>关闭状态下，通风器的单位缝长空气渗透量(q_1)不应大于 2.5 $m^3/(m \cdot h)$，或单位面积空气渗透量(q_2)不应大于 7.5 $m^3/(m^3 \cdot h)$</td></tr>
<tr><td colspan="2">水密性能</td><td>关闭状态下，通风器的水密性能(ΔP)不应小于 100 Pa；开启状态下，室内没有明显可视水珠</td></tr>
<tr><td colspan="2">抗风压性能</td><td>通风器的抗风压性能(P_3)应大于 1.0 kPa</td></tr>
<tr><td></td><td colspan="2">反复启闭</td><td>手动控制开关反复开关 4 000 次后，开关控制系统操作正常，各部件不应松动脱扣；电动控制开关动作 5 000 次控制系统工作正常。
注：当动力通风器具有手动、电动两种控制装置时，应分别满足要求</td></tr>
</table>

第十章　金属网和钉

第一节　金属网

一、窗纱

窗纱品种有金属编织的窗纱[一般为低碳钢涂(镀)层窗纱]和铝窗纱，其形式有Ⅰ型和Ⅱ型两种。用于制作纱窗、纱门、菜橱、菜罩、蝇拍等。窗纱规格(QB/T 3882、QB/T 3883—1999)见表10-1。

表10-1　窗纱规格

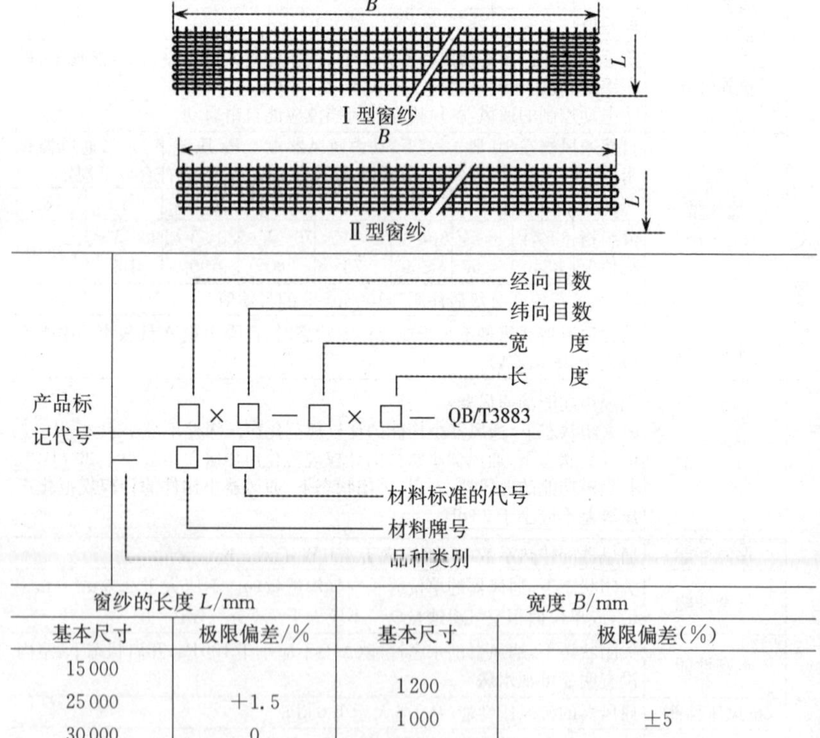

窗纱的长度 L/mm		宽度 B/mm	
基本尺寸	极限偏差/%	基本尺寸	极限偏差(%)
15 000 25 000 30 000 30 480	$^{+1.5}_{0}$	1 200 1 000 914	±5
窗纱的基本目数		金属丝直径 /mm	

续表

经向每英寸目数	极限偏差/%	纬向每英寸目数	极限偏差/%	直径		极限偏差	
				钢	铝	钢	铝
14		14					
16	±5	16	±3	0.25	0.28	0 −0.03	
18		18					

二、百叶窗

百叶窗是室内窗门常用的一种遮阳设施，同时还可以代替屏风作室内隔断，既美观文雅，且不占面积。百叶窗规格(05J624－1)，见表 10-2。

表 10-2　百叶窗规格

图示	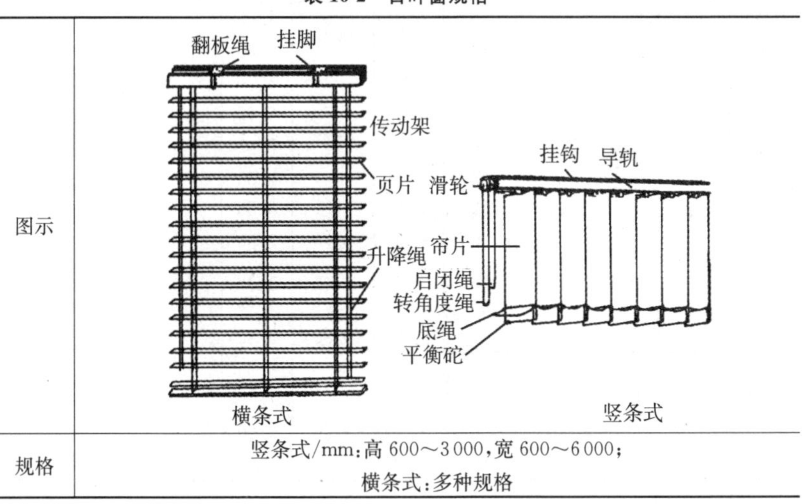 横条式　　竖条式
规格	竖条式/mm:高 600～3 000,宽 600～6 000; 横条式:多种规格

三、钢丝方孔网

钢丝方孔网按材料分两类:电镀锌网(代号 D),热镀锌网(代号 R)。用于筛选干的颗粒物质,如粮食、食用粉、石子、沙子、矿砂等,也用于建筑、围栏等。钢丝方孔网规格(QB/T 1925.1—1993)见表 10-3。

表 10-3　钢丝方孔网规格 /mm

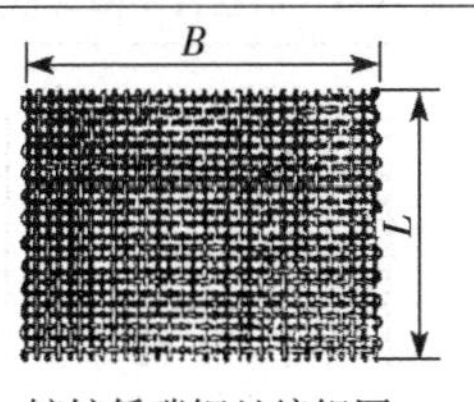

镀锌低碳钢丝编织网

续表

产品标记代号	FW □ □—□ QB/T 1925.1 方孔网 —— FW 镀锌方式 —— 第一个□ 网孔×网径(以 mm 为单位) —— 第二个□ 网长×网宽(以 m 为单位) —— 第三个□

网孔尺寸 W	钢丝直径 d	净孔尺寸	网的宽度 B	相当英制目数	网孔尺寸 W	钢丝直径 d	净孔尺寸	网的宽度 B	相当英制目数
0.50	0.20	0.30	914	50	1.80	0.35	1.45	1000	14
0.55		0.35		46	2.10	0.45	1.65		12
0.60		0.40		42	2.55		2.05		10
0.64		0.44		40	2.80	0.55	2.25		9
0.66		0.46		38	3.20		2.65		8
0.70		0.50		36	3.60		3.05		7
0.75	0.25	0.50		34	3.90		3.35		6.5
0.80		0.55		32	4.25	0.70	3.55		6
0.85		0.60		30	4.60		3.90		5.5
0.90		0.65		28	5.10		4.40		5
0.95		0.70		26	5.65	0.90	4.75		4.5
1.05		0.80		24	6.35		5.45		4
1.15	0.30	0.85		22	7.25		6.35		3.5
1.30		1.00		20	8.46	1.20	7.26	1200	3
1.40		1.10		18	10.20		9.00		2.5
1.60	0.30	1.25	1000	16	12.70		11.50		2

注:每匹长度为 30m。

四、钢丝六角网

钢丝六角网一般用镀锌低碳钢丝编织。用于建筑物门窗上的防护栏、园林的隔离围栏及石油、化工等设备、管道和锅炉上的保温包扎材料。钢丝六角网规格(QB/T 1925.2—1993)见表 10-4。

表 10-4 钢丝六角网规格 /mm

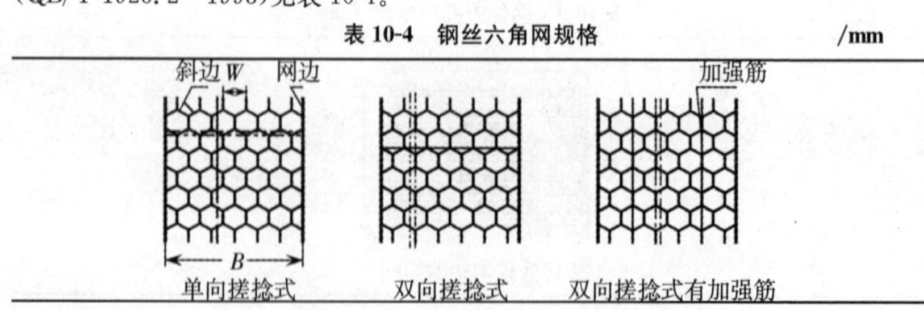

<table>
<tr><td>产品标记代号</td><td colspan="10">LW □ □ □ □ QB/T 1925.2
□ —— 网长×网宽/m
□ —— 网孔×网径
□ —— 编织型式
□ —— 镀锌方式
LW —— 六角网</td></tr>
<tr><td rowspan="2">分类</td><td colspan="5">按镀锌方式分</td><td colspan="5">按编织形式分</td></tr>
<tr><td>先编网后镀锌</td><td colspan="2">先电镀锌后织网</td><td colspan="2">先热镀锌后织网</td><td>单向搓捻式</td><td colspan="2">双向搓捻式</td><td colspan="2">双向搓捻式有加强筋</td></tr>
<tr><td>代号</td><td>B</td><td colspan="2">D</td><td colspan="2">R</td><td>Q</td><td colspan="2">S</td><td colspan="2">J</td></tr>
<tr><td colspan="2">网孔尺寸 W</td><td>10</td><td>13</td><td>16</td><td>20</td><td>25</td><td>30</td><td>40</td><td>50</td><td>75</td></tr>
<tr><td rowspan="2">钢丝直径 d</td><td>自</td><td>0.40</td><td>0.40</td><td>0.40</td><td>0.40</td><td>0.40</td><td>0.45</td><td>0.50</td><td>0.50</td><td>0.50</td></tr>
<tr><td>至</td><td>0.60</td><td>0.90</td><td>0.90</td><td>1.00</td><td>1.30</td><td>1.30</td><td>1.30</td><td>1.30</td><td>1.30</td></tr>
</table>

注：1. 钢丝直径系列 d(m)：0.40，0.45，0.50，0.55，0.60，0.70，0.80，0.90，1.00，1.10，1.20，1.30。

2. 钢丝镀锌后直径应≥d+0.02mm。

3. 网的宽度/m：0.5，1，1.5，2；网的长度/m：25，30，50。

五、钢丝波纹方孔网

钢丝波纹方孔网一般用镀锌低碳钢丝编织。用于矿山、冶金、建筑及农业生产中固体颗粒的筛选，液体和泥浆的过滤，以及用作加强物或防护网等。钢丝波纹方孔网规格（QB/T 1925.3—1993/mm）见表 10-5。

表 10-5 钢丝波纹方孔网规格

A 型网　　B 型网

产品标记代号

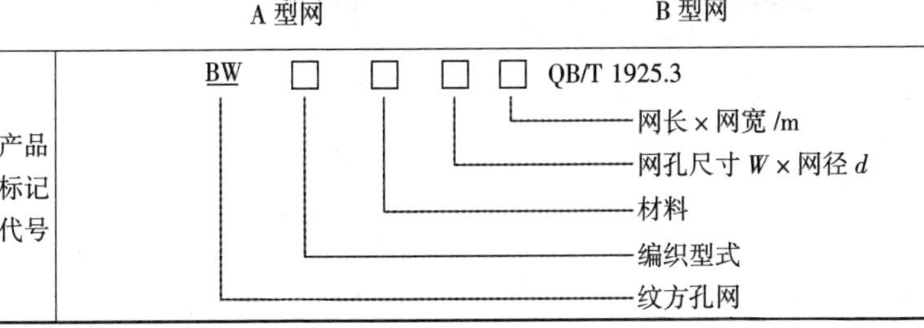

续表

分类	按编织型式分								按编织网的钢丝镀锌方式分					
	A型				B型				热镀锌钢丝		电镀锌钢丝			
代号	A				B				R		D			
钢丝直径 d	网孔尺寸				钢丝直径 d	网孔尺寸				钢丝直径 d	网孔尺寸			
	A型		B型			A型		B型			A型		B型	
	Ⅰ系	Ⅱ系	Ⅰ系	Ⅱ系		Ⅰ系	Ⅱ系	Ⅰ系	Ⅱ系		Ⅰ系	Ⅱ系	Ⅰ系	Ⅱ系
0.70			1.1 2.0		2.8	15 20	25	6	10 12	6.0	30 40 50	28 35 45	20 25	18 22
0.90			2.5		3.5	20 25	30	6	8 10 15					
1.2	6 8	8								8.0	40 50	45	30	35
1.6	10	12	3	5	4.0	20 25	30	6 8	12 16					
2.2	12	15 20	4	6	5.0	25 30	28 36	20	22	10.0	80 100 125	70 90 110	—	—
网的宽度/m					片网	0.9	1		1.5	卷网		9		
网的长度/m						<1	1~5		>5~10			10~30		

注：网孔尺寸系列：Ⅰ系为优先选用规格，Ⅱ系为一般规格。

六、铜丝编织方孔网

铜丝编织方孔网产品类型有：按编织形式分：平纹编织（代号 P），斜纹编织（代号 E），珠丽纹编织（代号 Z）；按材料分：铜（代号 T），黄铜（代号 H），锡青铜（代号 Q）。用于筛选食用粉、粮食种子、颗粒原料、化工原料、淀粉、药粉、过滤溶液、油脂等，还用作精密机械、仪表、电讯器材的防护设备等。铜丝编织方孔网规格（QB/T 2031—1994）见表 10-6。

表 10-6 铜丝编织方孔网规格 /mm

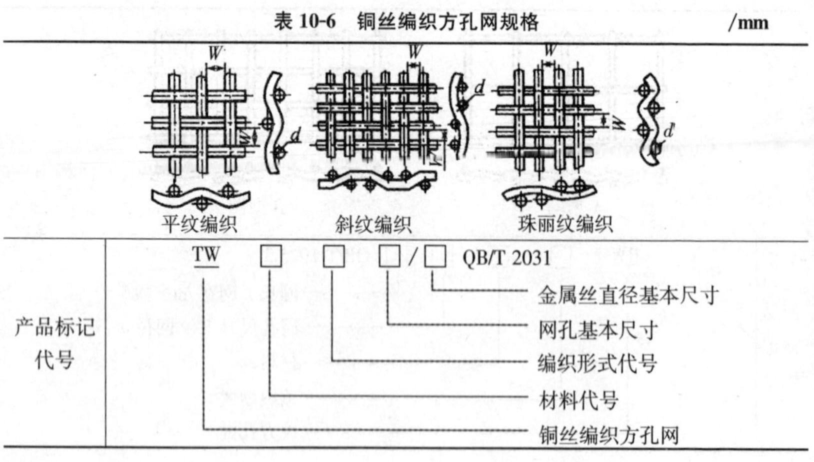

续表

网孔基本尺寸 W			金属丝直径基本尺寸 d	网孔基本尺寸 W			金属丝直径基本尺寸 d
主要尺寸	补充尺寸			主要尺寸	补充尺寸		
R10 系列	R20 系列	R40/3 系列		R10 系列	R20 系列	R40/3 系列	
5.00	5.00	—	1.60 1.25 1.12 1.00 0.90	—	—	3.55	1.25 0.900 0.800 0.710 0.630 0.560
—	—	4.75	1.60 1.25 1.12 1.00 0.90	3.15	3.15	—	1.25 1.12 0.800 0.710 0.630 0.560 0.500
—	4.5	—	1.40 1.12 1.00 0.90 0.80 0.71	—	2.8	2.8	1.12 0.800 0.710 0.630 0.560
4.00	4.00	4.00	1.40 1.25 1.12 1.00 0.900 0.710	2.50	2.50	—	1.00 0.710 0.630 0.560 0.500
—	3.55	—	1.25 1.00 0.900 0.800 0.710 0.630 0.560	—	1.40	1.40	0.710 0.560 0.500 0.450 0.400 0.355

续表

网孔基本尺寸 W			金属丝直径基本尺寸 d	网孔基本尺寸 W			金属丝直径基本尺寸 d
主要尺寸	补充尺寸			主要尺寸	补充尺寸		
R10 系列	R20 系列	R40/3 系列		R10 系列	R20 系列	R40/3 系列	
—	—	2. 36	1. 00 0. 800 0. 630 0. 560 0. 500 0. 450	1. 25	1. 25	—	0. 630 0. 560 0. 500 0. 400 0. 355 0. 315
—	2. 24	—	0. 900 0. 630 0. 560 0. 500 0. 450	—	—	1. 18	0. 630 0. 500 0. 450 0. 400 0. 355 0. 315
2. 00	2. 00	2. 00	0. 900 0. 630 0. 560 0. 500 0. 450 0. 400	—	1. 12	—	0. 560 0. 450 0. 400 0. 355 0. 315 0. 280
—	1. 80	—	0. 800 0. 560 0. 500 0. 450 0. 400	1. 00	1. 00	1. 00	0. 560 0. 500 0. 400 0. 355 0. 315 0. 280 0. 250
—	—	1. 70	0. 800 0. 630 0. 500 0. 450 0. 400	—	0. 90	—	0. 500 0. 450 0. 355 0. 315 0. 250 0. 224
1. 60	1. 60	—	0. 800 0. 560 0. 500 0. 450 0. 400	—	—	0. 850	0. 500 0. 450 0. 355 0. 315 0. 280 0. 250 0. 224

续表

网孔基本尺寸 W			金属丝直径基本尺寸 d	网孔基本尺寸 W			金属丝直径基本尺寸 d
主要尺寸	补充尺寸			主要尺寸	补充尺寸		
R10 系列	R20 系列	R40/3 系列		R10 系列	R20 系列	R40/3 系列	
0.800	0.800	—	0.450 0.355 0.315 0.280 0.250 0.200	—	0.450	—	0.280 0.250 0.200 0.180 0.160 0.140
—	0.710	0.710	0.450 0.355 0.315 0.280 0.250 0.200	—	—	0.425	0.280 0.224 0.200 0.180 0.160 0.140
0.630	0.630	—	0.400 0.315 0.280 0.250 0.224 0.220	0.400	0.400	—	0.250 0.224 0.200 0.180 0.160 0.140
—	—	0.600	0.400 0.315 0.280 0.250 0.200 0.180	—	0.355	0.355	0.224 0.200 0.180 0.140 0.125
—	0.560	—	0.315 0.280 0.250 0.224 0.180	0.315	0.315	—	0.200 0.180 0.160 0.140 0.125
0.500	0.500	0.500	0.315 0.250 0.224 0.200 0.160		—	0.300	0.200 0.180 0.160 0.140 0.125 0.112

续表

网孔基本尺寸 W			金属丝直径基本尺寸 d
主要尺寸	补充尺寸		
R10 系列	R20 系列	R40/3 系列	
—	0.280	—	0.180
			0.160
			0.140
			0.112
0.250	0.250	0.250	0.160
			0.140
			0.125
			0.112
			0.100
—	0.224	—	0.160
			0.125
			0.100
			0.090
—	—	0.212	0.140
			0.125
			0.112
			0.100
			0.090
0.200	0.200	—	0.140
			0.125
			0.112
			0.090
			0.080
0.180	0.180	—	0.125
			0.112
			0.100
			0.090
			0.080
			0.071
0.160	0.160	—	0.112
			0.100
			0.090
			0.080
			0.071
			0.063
—	—	0.150	0.100
			0.090
			0.080
			0.071
			0.063
—	0.140	—	0.100
			0.090
			0.071
			0.063
			0.056
0.125	0.125	0.125	0.090
			0.080
			0.071
			0.063
			0.056
			0.050
—	—	0.106	0.080
			0.071
			0.063
			0.056
			0.050
0.100	0.100	—	0.080
			0.071
			0.063
			0.056
			0.050
—	0.090	0.090	0.071
			0.063
			0.056
			0.050
			0.045

续表

网孔基本尺寸 *W*			金属丝直径基本尺寸 *d*
主要尺寸	补充尺寸		
R10 系列	R20 系列	R40/3 系列	
0.080	0.080	—	0.063 0.056 0.050 0.045 0.040
—	—	0.075	0.063 0.056 0.050 0.045 0.040
—	0.071	—	0.056 0.050 0.045 0.040
0.063	0.063	0.063	0.050 0.045 0.040 0.036
—	0.056	—	0.045 0.040 0.036 0.032

网孔基本尺寸 *W*			金属丝直径基本尺寸 *d*
主要尺寸	补充尺寸		
R10 系列	R20 系列	R40/3 系列	
—	—	0.053	0.040 0.036 0.032
0.050	0.050	—	0.040 0.036 0.032 0.030
—	0.045	0.045	0.036 0.032 0.028
0.040	0.040	—	0.032 0.030 0.025
—	—	0.038	0.032 0.030 0.025
—	0.036	—	0.030 0.028 0.022

方孔网每卷网长、网宽

网孔基本尺寸 W/mm	网长 L/m	网宽 B/m
0.036～5.00	30000	914,1000

第二节　金属板网

一、钢板网

钢板网用于粉刷、拖泥板、防护棚、防护罩、隔离网、隔断、通风等。钢板网规格(QB/T 2959—2008),见表 10-7。

表 10-7　钢板网规格/mm

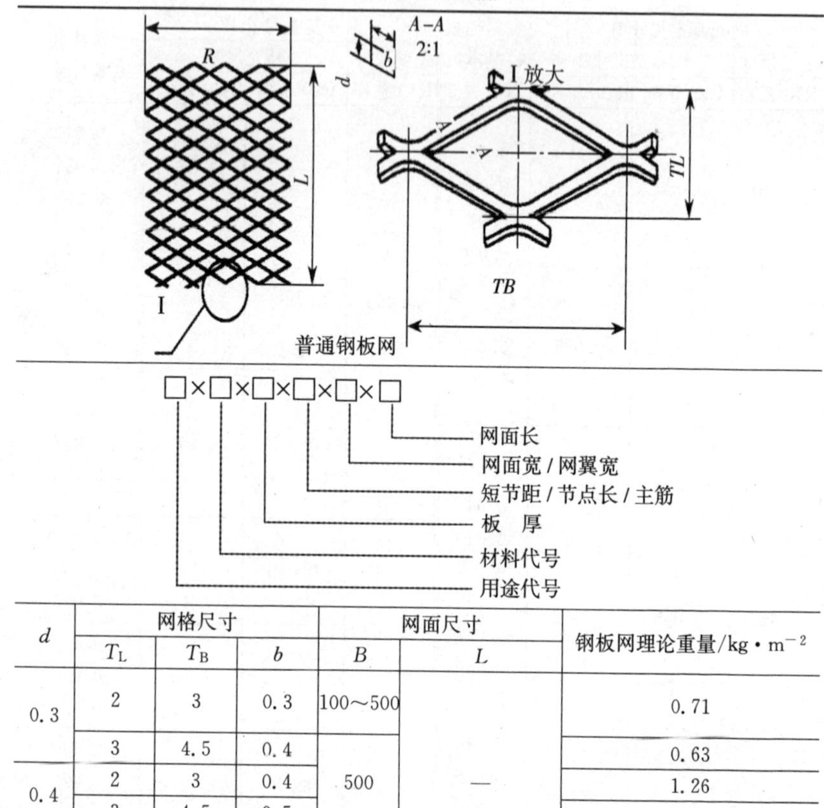

d	网格尺寸			网面尺寸		钢板网理论重量/kg·m^{-2}
	T_L	T_B	b	B	L	
0.3	2	3	0.3	100～500	—	0.71
	3	4.5	0.4	500		0.63
0.4	2	3	0.4			1.26
	3	4.5	0.5			1.05
0.5	2.5	4.5	0.5	500		1.57
	5	12.5	1.11	1 000		1.74
	10	25	0.96	2 000	600～1 000	0.75
0.8	8	16	0.8	1 000	600～5 000	1.26
	10	20	1.0	1 000		1.26
	10	25	0.96	2 000		1.21
1.0	10	25	1.10		4 000～5 000	1.73
	15	40	1.68			1.76
1.2	10	25	1.69			2.65
	15	30	2.03			2.66
	15	40	2.47			2.42

续表

1.5	15	40	1.69	2 000	4 000～5 000	2.65
	18	50	2.03			2.66
	24	60	2.47			2.42
2.0	12	25	2			5.23
	18	50	2.03			3.54
	24	60	2.47			3.23
3.0	24	60	3.0	2000	4 800～5 000	5.89
	40	100	4.05		3 000～3 500	4.77
	46	120	4.95		5 600～6 000	5.07
	55	150	4.99		3 300～3 500	4.27
4.0	24	60	4.5		3 200～3 500	11.77
	32	80	5.0		3 850～4 000	9.81
	40	100	6.0		4 000～4 500	9.42
5.0	24	60	6.0		2 400～3 000	19.62
	32	80	6.0		3 200～3 500	14.72
	40	100	6.0		4 000～4 500	11.78
	56	150	6.0		5 600～6 000	8.41
6.0	24	60	6.0		2 900～3 500	23.55
	32	80	7.0		3 300～3 500	20.60
	40	100	7.0		4 150～4 500	16.49
	56	150	7.0		4 850～5 000	25.128
8.0	40	100	8.0		3 650～4 000	25.12
			9.0		3 250～3 500	28.26
	60	150			4 850～5 000	18.84
10.0	45	100	10.0	1 000	4 000	34.89

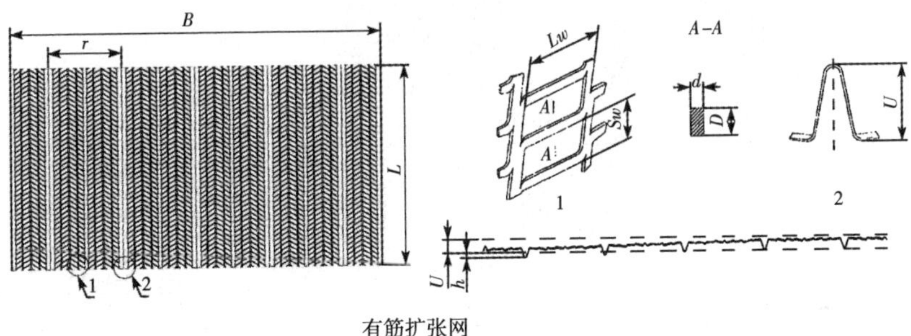

有筋扩张网

续表

网格尺寸			网面尺寸				材料镀锌层双面重量/g·m^{-2}	钢板网理论重量/kg·m^{-2}					
								d					
S_w	L_w	P	U	T	B	L		0.25	0.3	0.39	0.4	0.45	0.1
5.5	8	1.28	9.5	97	686	2440	≥120	1.16	1.40	1.63	1.86	2.09	2.33
11	16	1.22	8	150	600	2440	≥120	0.66	0.79	0.92	1.09	1.17	1.31
8	12	1.20	8	100	600	2440	≥120	0.97	1.17	1.36	1.55	1.75	1.94
5	8	1.42	12	100	600	2440	≥120	1.45	1.76	2.05	2.34	2.64	2.93
4	7.5	1.20	5	75	600	2440	≥120	1.01	1.22	1.42	1.63	1.82	2.03
3.5	13	1.05	6	75	750	2440	≥120	1.17	1.42	1.69	1.89	2.12	2.36
8	10.5	1.10	8	50	600	2440	≥120	1.18	1.42	1.66	1.89	2.13	2.37

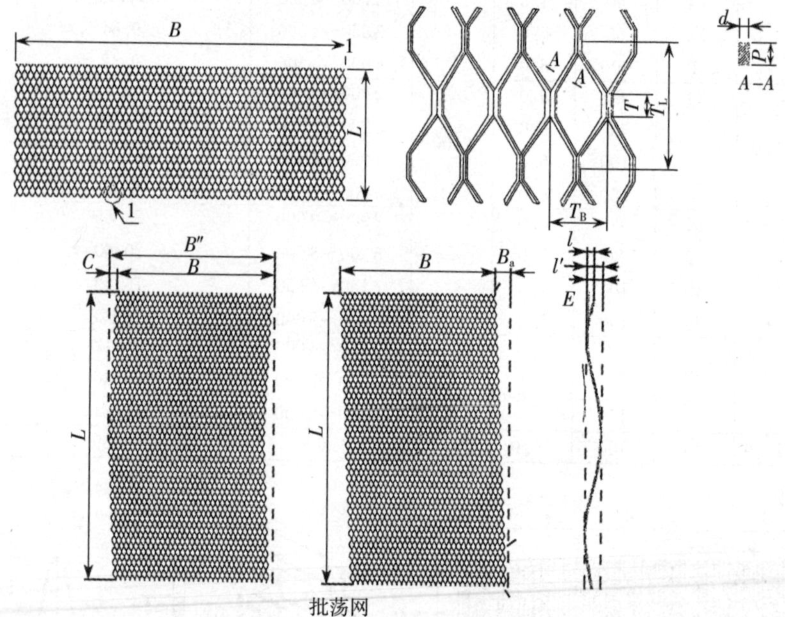

批荡网

d	P	网格尺寸			网面尺寸		材料镀锌层双面重量/g·m^{-2}	钢板网理论重量/kg·m^{-2}
		T_L	T_B	T	L	B		
0.4	1.5	17	8.7	4	2440	690	≥120	0.95
0.5	1.5	20	9.5					1.36
0.6	1.5	17	8					1.84

二、镀锌电焊网

镀锌电焊网用于建筑、种植、养殖等行业的围栏。镀锌电焊网规格(QB/T 3897—1999),见表 10-8。

表 10-8 镀锌电焊网规格

产品标记代号	DHW D×J×W QB/T 3897 D×J×W——丝径×径向网孔长×纬向网孔长 DHW——镀锌电焊网				
网号	网孔尺寸经×纬/mm	钢丝直径 d/mm	网边露头长 C/mm	网宽 B/mm	网长 L/mm
20×20	50.80×50.80	1.80~2.50	≤2.5	914	30 000 30 480 *
10×20	25.40×50.80				
10×10	25.40×25.40				
04×10	12.70×25.40	1.00~1.80	≤2		
06×06	19.05×19.05				
04×04	12.70×12.70	0.50~0.90	≤1.5		
03×03	9.53×9.53				
02×02	6.35×6.35				

钢丝直径	2.50	2.20	2.00	1.80	1.60	1.40	1.20
焊点抗拉力/N>	500	400	330	270	210	160	120
钢丝直径	1.00	0.90	0.80	0.70	0.60	0.55	0.50
焊点抗拉力/N>	80	65	50	40	30	25	20

注:* 外销品种

第三节 一般用途圆钢钉

一般用途圆钢钉规格(YB/T 5002—1993),见表 10-9。

表 10-9 一般用途圆钢钉规格

钉长/mm	钉杆直径/mm			1 000 个圆钉重/kg		
	重型	标准型	轻型	重型	标准型	轻型
10	1.10	1.00	0.90	0.079	0.062	0.045

续表

钉长/mm	钉杆直径/mm			1 000个圆钉重/kg		
	重型	标准型	轻型	重型	标准型	轻型
13	1.20	1.10	1.00	0.120	0.097	0.080
16	1.40	1.20	1.10	0.207	0.142	0.119
20	1.60	1.40	1.20	0.324	0.242	0.177
25	1.80	1.60	1.40	0.511	0.359	0.302
30	2.00	1.80	1.60	0.758	0.600	0.473
35	2.20	2.00	1.80	1.060	0.86	0.70
40	2.50	2.20	2.00	1.560	1.19	0.99
45	2.80	2.50	2.20	2.220	1.73	1.34
50	3.10	2.80	2.50	3.020	2.42	1.92
60	3.40	3.10	2.80	4.350	3.56	2.90
70	3.70	3.40	3.10	5.936	5.00	4.15
80	4.10	3.70	3.40	8.298	6.75	5.71
90	4.50	4.10	3.70	11.20	9.35	7.63
100	5.00	4.50	4.10	15.50	12.5	10.4
110	5.50	5.00	4.50	20.87	17.0	13.7
130	6.00	5.50	5.00	29.07	24.3	20.0
150	6.50	6.00	5.50	39.42	33.3	28.0
175	—	6.50	6.00	—	45.7	38.9
200	—	—	6.50	—	—	52.1

第四节　射钉

一、射钉(GB/T 18981—2008)

射钉是射钉紧固技术的关键部分,不但要承受住射击时的极大压力,而且还需经得起各种使用条件和环境的长期考验。射钉一般分为仅由钉体构成、由钉体和定位件构成,以及由钉体、定位件和附件构成等三种形式。射钉钉体的类型、名称、形状参数及钉体代号见表10-10,射钉定位件的类型代号、名称、形状、主要参数及代号见表10-11,射钉附件的类型代号、名称、形状、参数及附件代号见表10-12。

表10-10　射钉钉体的类型、名称、形状参数及钉体代号

类型代号	名称	形状	主要参数/mm	钉体代号
YD	圆头钉	d　D　L	D=8.4 d=3.7 L=19,22,27,32,37,42,47,52,56,62,72	类型代号加钉长L。钉长为32 mm的圆头钉示例为:YD32

续表

类型代号	名称	形状	主要参数/mm	钉体代号
DD	大圆头钉	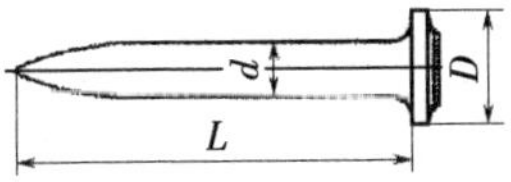 d D L	$D=10$ $d=4.5$ $L=27,32,37,42,47,52,56,62,72,82,97,117$	类型代号加钉长 L。钉长为 37 mm 的大圆头钉示例为:DD37
HYD	压花圆头钉	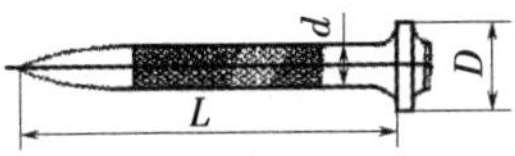 d D L	$D=8.4$ $d=3.7$ $L=13,16,19,22$	类型代号加钉长 L。钉长为 22 mm 的压花圆头钉示例为:HYD22
HDD	压花大圆头钉	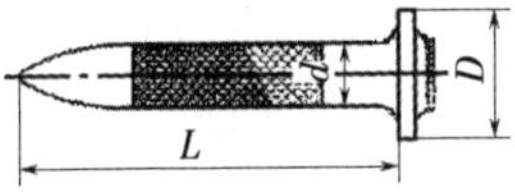 d D L	$D=10$ $d=3.7$ $L=19,22$	类型代号加钉长 L。钉长为 22 mm 的压花大圆头钉示例为:HDD22
PD	平头钉	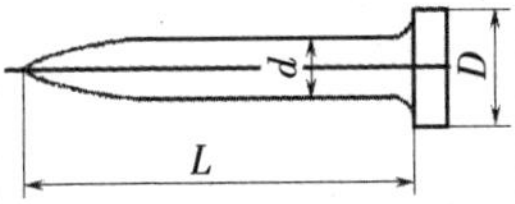 d D L	$D=7.5$ $d=3.7$ $L=19,25,32,38,51,63,76$	类型代号加钉长 L。钉长为 32 mm 的平头钉示例为:PD32
PS	小平头钉	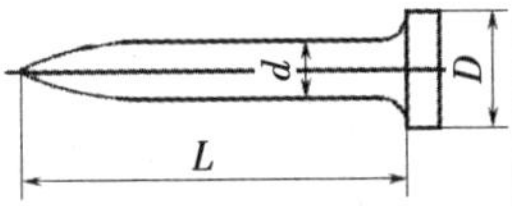 d D L	$D=7.6$ $d=3.5$ $L=22,27,32,37,42,47,52,62,72$	类型代号加钉长 L。钉长为 27 mm 的小平头钉示例为:PS27
DPD	大平头钉	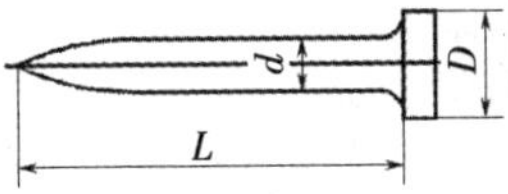 d D L	$D=10$ $d=4.5$ $L=27,32,37,42,47,52,62,72,82,97,117$	类型代号加钉长 L。钉长为 22 mm 的大平头钉示例为:DPD22
HPD	压花平头钉	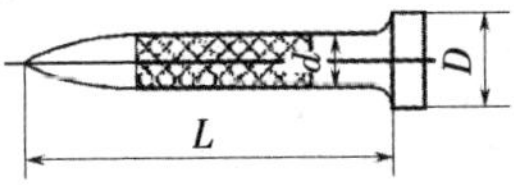 d D L	$D=7.6$ $d=3.7$ $L=13,16,19$	类型代号加钉长 L。钉长为 13 mm 的压花平头钉示例为:HPD13

续表

类型代号	名称	形状	主要参数/mm	钉体代号
QD	球头钉	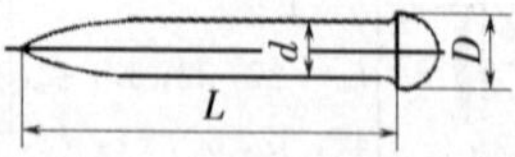	D=5.6 d=3.7 L=22, 27, 32, 37, 42, 47, 52, 62, 72, 82, 97	类型代号加钉长 L。钉长为 37 mm 的球头钉示例为:QD37
HQD	压花球头钉	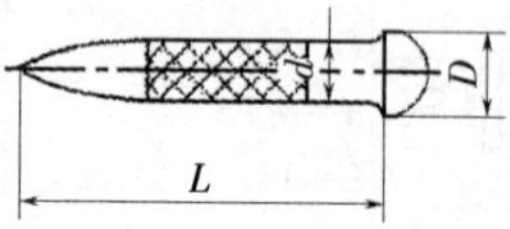	D=5.6 d=3.7 L=16, 19, 32	类型代号加钉长 L。钉长为 19 mm 的压花球头钉示例为:HQD19
ZP	6 mm 平头钉	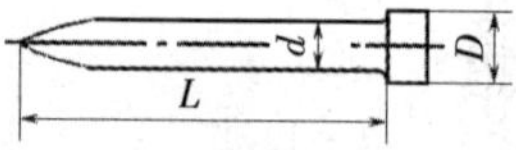	D=6 d=3.7 L=25, 30, 35, 40, 50, 60, 75	类型代号加钉长 L。钉长为 40 mm 的平头钉示例为:ZP40
DZP	6.3 mm 平头钉	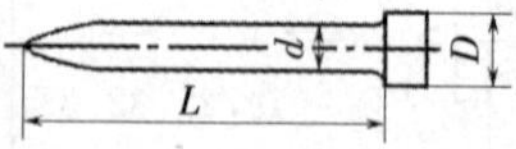	D=6.3 d=3.7 L=25, 30, 35, 40, 50, 60, 75	类型代号加钉长 L。钉长为 50 mm 的平头钉示例为:DZP50
ZD	专用钉	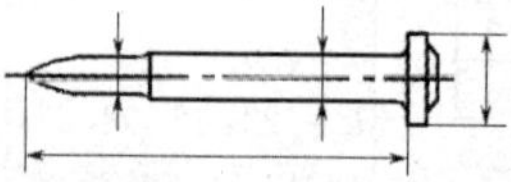	D=8 d=3.7 d_1=2.7 L=42, 47, 52, 57, 62	类型代号加钉长 L。钉长为 52 mm 的专用钉示例为:ZD52
GD	GD 钉	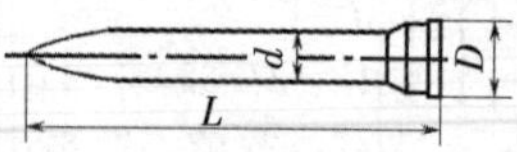	D=8 d=5.5 L=45, 50	类型代号加钉长 L。钉长为 45 mm 的 GD 钉示例为:GD45
KD6	6 mm 眼孔钉	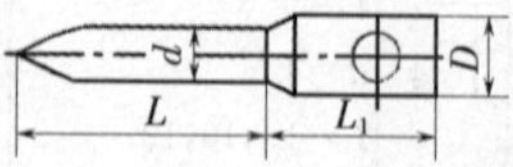	D=6 d=3.7 L_1=11 L=25, 30, 35, 40, 50, 60	类型代号-钉头长 L_1-钉长 L。钉头长为 11 mm，钉长为 40 mm 的眼孔钉示例为:KD6-11-40

续表

类型代号	名称	形状	主要参数/mm	钉体代号
KD6.3	6.3 mm眼孔钉	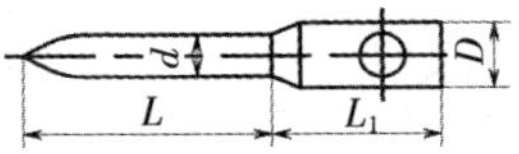	$D=6.3$ $d=4.2$ $L_1=13$ $L=25,30,35,40,50,60$	类型代号-钉头长L_1-钉长L。钉头长为13 mm,钉长为50 mm的眼孔钉示例为:KD6.3-13-50
KD8	8 mm眼孔钉	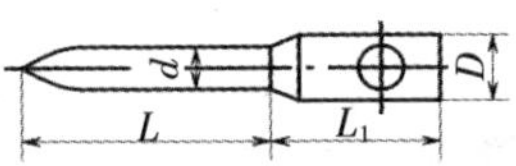	$D=8$ $d=4.5$ $L_1=20,25,30,35$ $L=22,32,42,52$	类型代号-钉头长L_1-钉长L。钉头长为20 mm,钉长为32 mm的眼孔钉示例为:KD8-20-32
KD10	10 mm眼孔钉	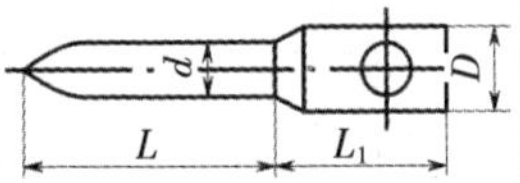	$D=10$ $d=5.2$ $L_1=24,30$ $L=32,42,52$	类型代号-钉头长L_1-钉长L。钉头长为24 mm,钉长为52 mm的眼孔钉示例为:KD10-24-52
M6	M6螺纹钉	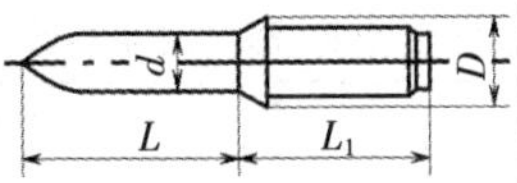	$D=$ M6 $d=3.7$ $L_1=11,20,25,32,38$ $L=22,27,32,42,52$	类型代号-螺纹长度L_1-钉长L。螺纹长度为20 mm,钉长为32 mm的螺纹钉示例为:M6-20-32
M8	M8螺纹钉	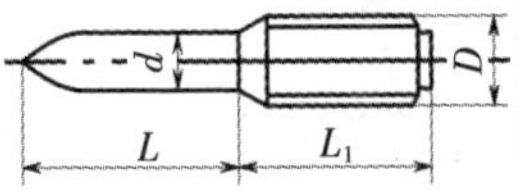	$D=$ M8 $d=4.5$ $L_1=15,20,25,30,35$ $L=27,32,42,52$	类型代号-螺纹长度L_1-钉长L。螺纹长度为15 mm,钉长为32 mm的螺纹钉示例为:M8-15-32
M10	M10螺纹钉	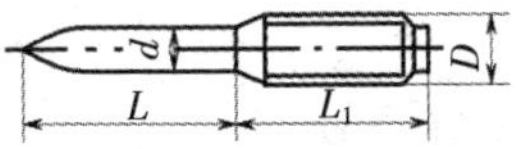	$D=$ M10 $d=5.2$ $L_1=24,30$ $L=27,32,42$	类型代号-螺纹长度L_1-钉长L。螺纹长度为30 mm,钉长为42 mm的螺纹钉示例为:M10-30-42
HM6	M6压花螺纹钉	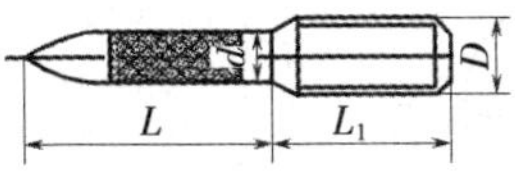	$D=$ M6 $d=3.7$ $L_1=11,20,25,32$ $L=9,12$	类型代号-螺纹长度L_1-钉长L。螺纹长度为11 mm,钉长为12 mm的压花螺纹钉示例为:HM6-11-12

续表

类型代号	名称	形状	主要参数/mm	钉体代号
HM8	M8 压花螺纹钉	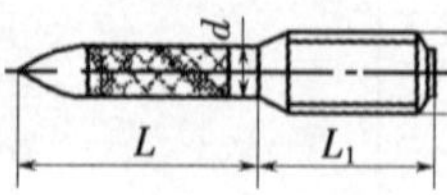	D= M8 d=4.5 L_1 = 15，20，25，30,35 L=15	类型代号-螺纹长度 L_1-钉长 L。螺纹长度为 20 mm,钉长为 15 mm 的压花螺纹钉示例为：HM8-20-15
HM10	M10 压花螺纹钉	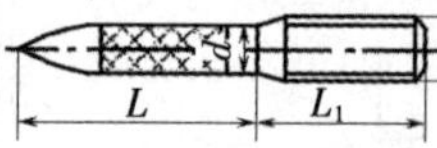	D= M10 d=5.2 L_1=24,30 L=15	类型代号-螺纹长度 L_1-钉长 L。螺纹长度为 30 mm,钉长为 15 mm 的压花螺纹钉示例为：HM10-30-15
HDT	压花特种钉	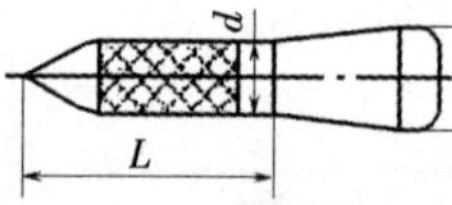	D= 5.6 d=4.5 L=21	类型代号加钉长 L。钉长为 21 mm 的压花特种钉示例为:HDT21

表 10-11　射钉定位件的类型代号、名称、形状、主要参数及代号

类型代号	名称	形状	主要参数/mm	定位件代号
S	塑料圈	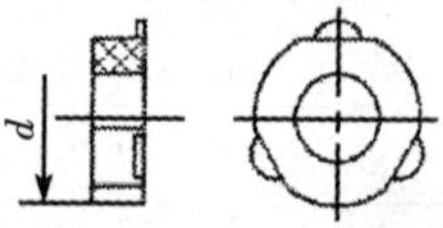	d=8	S8
			d=10	S10
		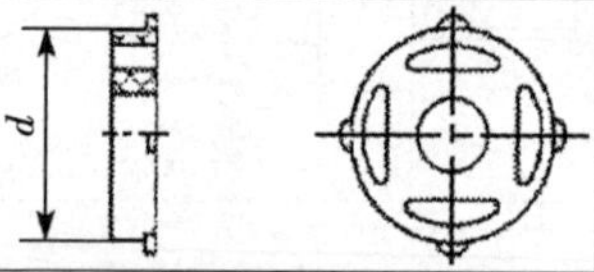	d=12	S12
C	齿形圈	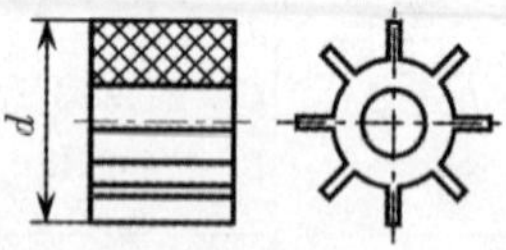	d=6	C6
			d=6.3	C6.3
			d=8	C8
			d=10	C10
			d=12	C12
J	金属圈	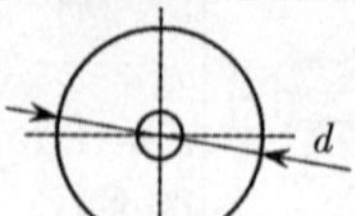	d=8	J8
			d=10	J10
			d=12	J12

续表

类型代号	名称	形状	主要参数/mm	定位件代号
M	钉尖帽	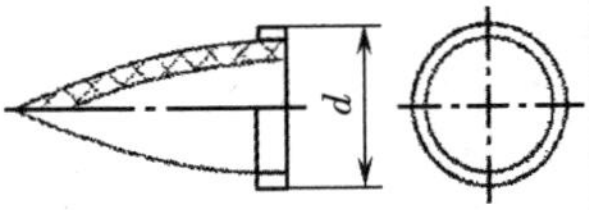	$d=6$	M6
			$d=6.3$	M6.3
			$d=8$	M8
			$d=10$	M10
T	钉头帽	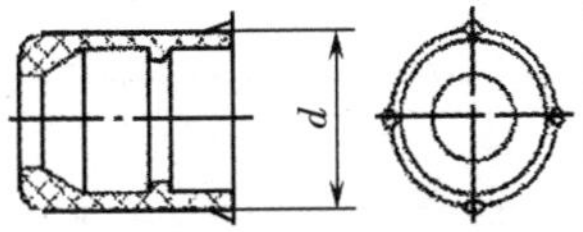	$d=6$	T6
			$d=6.3$	T6.3
			$d=8$	T8
			$d=10$	T10
G	钢套	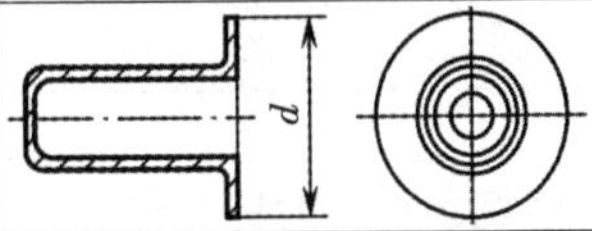	$d=10$	G10
LS	连发塑料圈	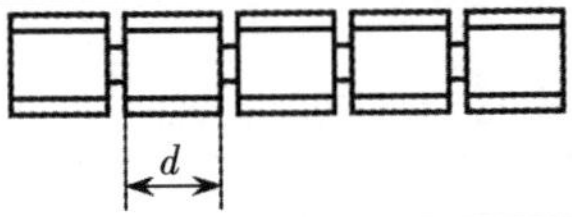	$d=6$	LS6

表 10-12　射钉附件的类型代号、名称、形状、参数及附件代号

类型代号	名称	形状	主要参数/mm	附件代号
D	圆垫片	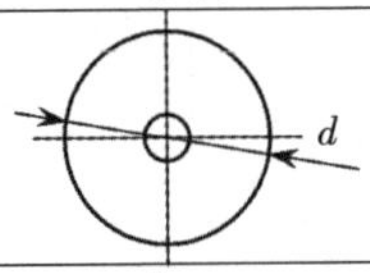	$d=20$	D20
			$d=25$	D25
			$d=28$	D28
			$d=35$	D35
FD	方垫片	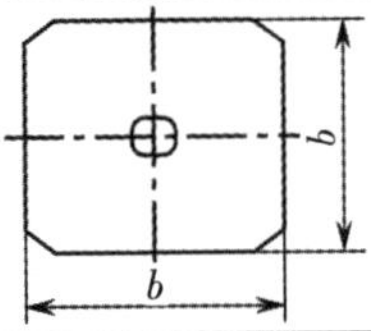	$b=20$	FD20
			$b=25$	FD25
P	直角片	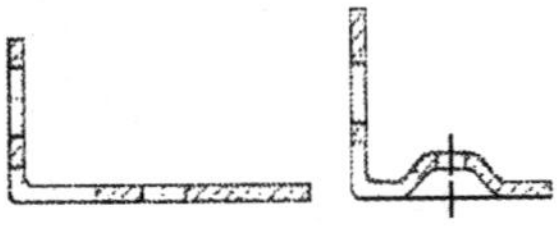	—	P
XP	斜角片	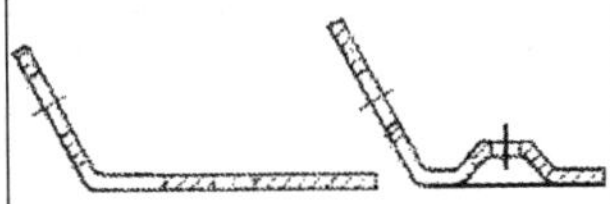	—	XP

续表

类型代号	名称	形状	主要参数/mm	附件代号
K	管卡	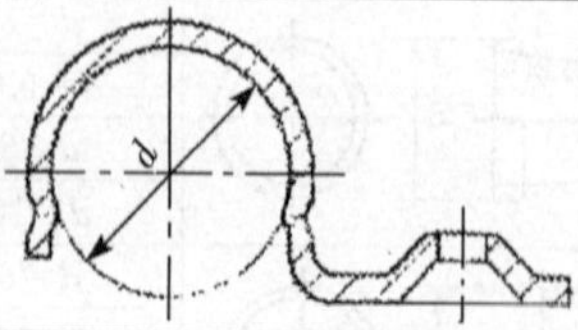	d=18	K18
			d=25	K25
			d=30	K30
T	钉筒	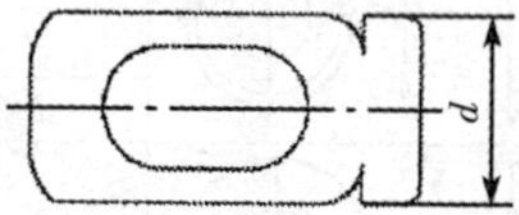	d=12	T12

二、射钉弹

射钉弹是射钉紧固技术的能源部分。射钉弹规格(GB 19914—2005)见表10-13。

表 10-13　射钉弹规格/mm

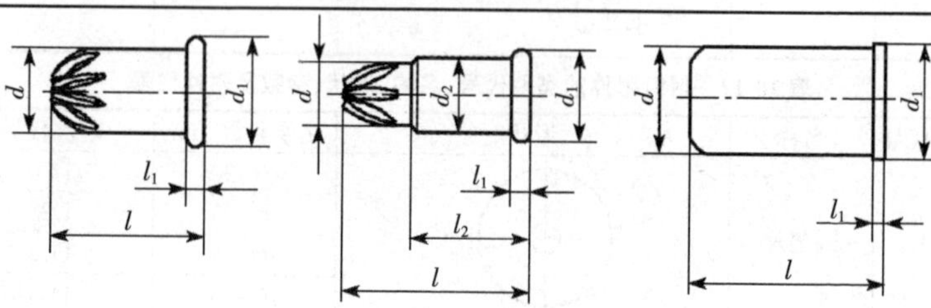

(a)　(b)　(c)

d—体部或缩颈部直径;d_1—底缘直径;d_2—大体部直径;l—全长;l_1—底缘高度;l_2—大体部长度

射钉弹类别	d_{max}	d_{min}	d_{2max}	l_{max}	l_{1max}	l_{2max}
5.5×16S	5.28	7.06	5.74	15.50	1.12	9.00
5.6×16	5.74	7.06	—	15.50	1.12	—
5.6×25	5.74	7.06	—	25.30	1.12	—
K5.6×25	5.74	7.06	—	25.30	1.12	—
6.3×10	6.30	7.60	—	10.30	1.30	—
6.3×12	6.30	7.60	—	12.00	1.30	—
6.3×16	6.30	7.60	—	15.80	1.30	—
6.8×11	6.86	8.50	—	11.00	1.50	—
6.8×18	6.86	8.50	—	18.00	1.50	—
ZK10×18	10.00	10.85	—	17.70	1.20	—

续表

部分射钉弹威力、色标和速度/m·s^{-1}																
威力变化		小 ⟵								⟶ 大						
威力等级		1		2	3	4	4.5	5	6		7	8	9	10	11	12
色标		灰	白	棕	绿	黄	蓝	红	紫	黑	灰	—	红	黑	—	—
口径×全长	5.5×16	91.4	—	118.9	146.3	173.7	—	201.2	—	—	—	—	—	—	—	—
	5.6×16	—	—	—	146.3	173.7	—	201.2	228.6	—	—	—	—	—	—	—
	6.3×10	—	—	97.5	118.9	152.4	—	173.7	185.9	—	—	—	—	—	—	—
	6.3×12	—	—	100.6	131.1	152.4	173.7	201.2	—	—	—	—	—	—	—	—
	6.3×16	—	—	—	149.4	179.8	204.2	237.7	259.1	—	—	—	—	—	—	—
	6.8×11	—	112.8	128.0	146.3	170.7	—	185.9	—	201.2	—	—	—	—	—	—
	6.8×18	—	—	—	167.6	192.0	221.0	234.7	—	265.2	—	—	—	—	—	—
	10×18	—	—	—	—	—	—	—	—	—	—	283.5	310.9	338.3	365.8	393.2

第十一章　水暖器材、卫生洁具配件

第一节　阀门

一、铁制和铜制螺纹连接阀门(GB/T 8464—2008)

铁制和铜制螺纹连接阀门的结构型式与参数(GB/T 8464—2008),见表 11-1。

表 11-1　铁制和铜制螺纹连接阀门的结构型式与参数

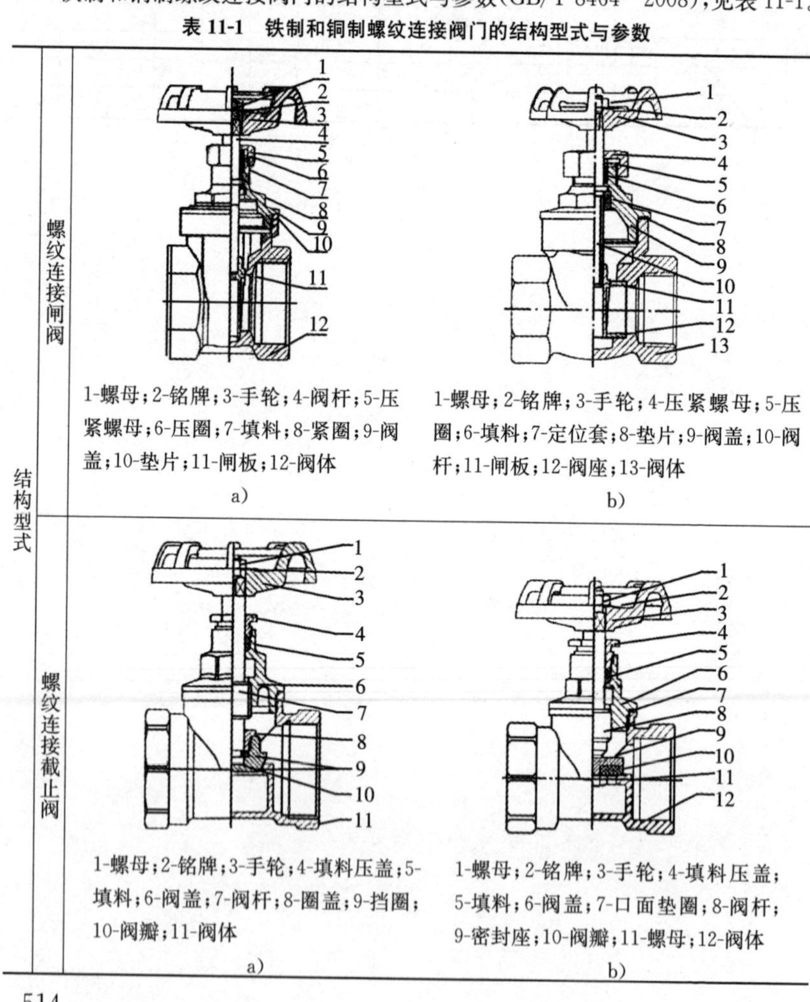

结构型式	螺纹连接闸阀	1-螺母;2-铭牌;3-手轮;4-阀杆;5-压紧螺母;6-压圈;7-填料;8-紧圈;9-阀盖;10-垫片;11-闸板;12-阀体 a)	1-螺母;2-铭牌;3-手轮;4-压紧螺母;5-压圈;6-填料;7-定位套;8-垫片;9-阀盖;10-阀杆;11-闸板;12-阀座;13-阀体 b)
	螺纹连接截止阀	1-螺母;2-铭牌;3-手轮;4-填料压盖;5-填料;6-阀盖;7-阀杆;8-圈盖;9-挡圈;10-阀瓣;11-阀体 a)	1-螺母;2-铭牌;3-手轮;4-填料压盖;5-填料;6-阀盖;7-口面垫圈;8-阀杆;9-密封座;10-阀瓣;11-螺母;12-阀体 b)

续表

结构型式

螺纹连接球阀

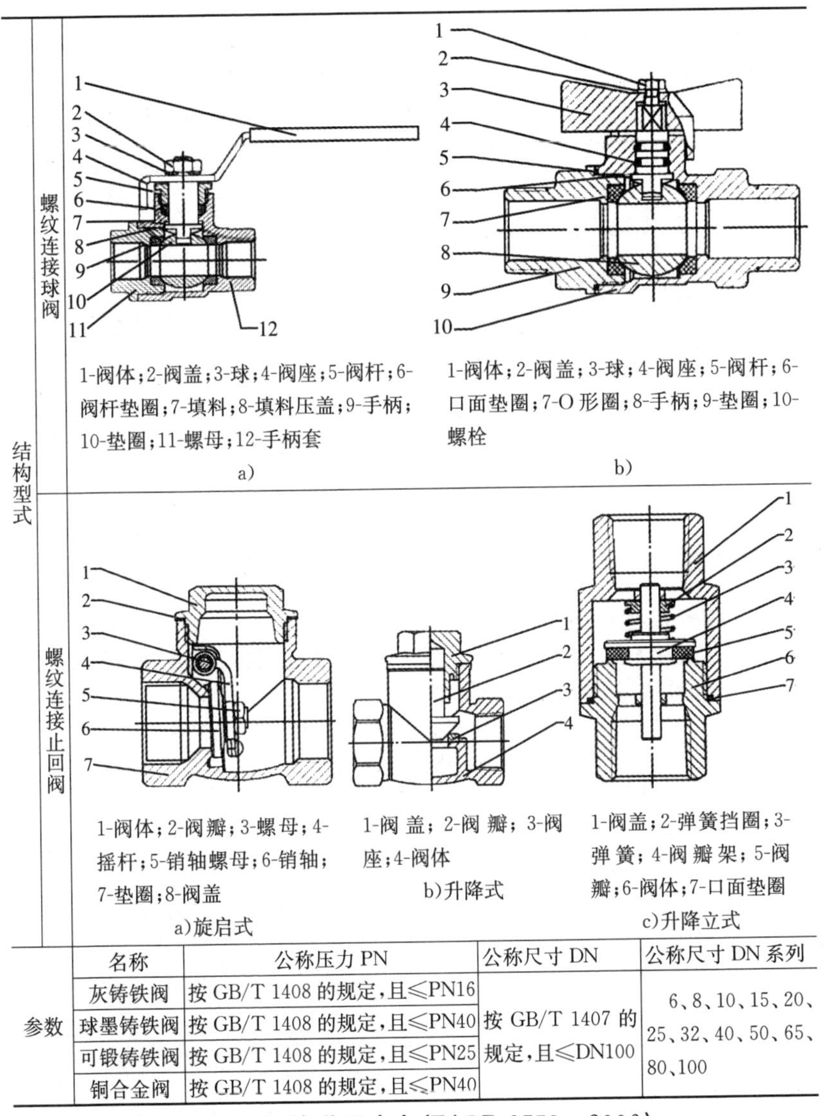

1-阀体；2-阀盖；3-球；4-阀座；5-阀杆；6-阀杆垫圈；7-填料；8-填料压盖；9-手柄；10-垫圈；11-螺母；12-手柄套

a)

1-阀体；2-阀盖；3-球；4-阀座；5-阀杆；6-口面垫圈；7-O 形圈；8-手柄；9-垫圈；10-螺栓

b)

螺纹连接止回阀

1-阀体；2-阀瓣；3-螺母；4-摇杆；5-销轴螺母；6-销轴；7-垫圈；8-阀盖

a)旋启式

1-阀盖；2-阀瓣；3-阀座；4-阀体

b)升降式

1-阀盖；2-弹簧挡圈；3-弹簧；4-阀瓣架；5-阀瓣；6-阀体；7-口面垫圈

c)升降立式

	名称	公称压力 PN	公称尺寸 DN	公称尺寸 DN 系列
参数	灰铸铁阀	按 GB/T 1408 的规定，且≤PN16	按 GB/T 1407 的规定，且≤DN100	6、8、10、15、20、25、32、40、50、65、80、100
	球墨铸铁阀	按 GB/T 1408 的规定，且≤PN40		
	可锻铸铁阀	按 GB/T 1408 的规定，且≤PN25		
	铜合金阀	按 GB/T 1408 的规定，且≤PN40		

二、卫生洁具及暖气管道用直角阀(QB 2759—2006)

卫生洁具及暖气管道用直角阀(QB 2759—2006)的产品型式尺寸及使用条件，见表 11-2。

表 11-2　卫生洁具及暖气管道用直角阀的产品型式尺寸及使用条件

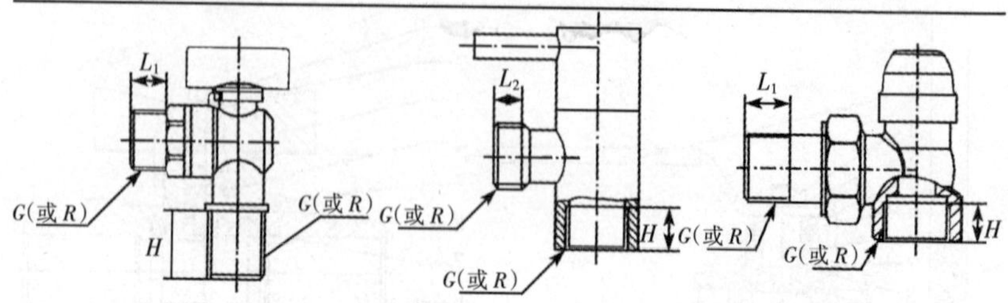

<table>
<tr><td rowspan="2">产品名称</td><td colspan="5">尺寸</td><td colspan="3">使用条件</td></tr>
<tr><td>公称通径DN/mm</td><td>螺纹尺寸代号</td><td>H/mm</td><td>L1/mm</td><td>L2/mm</td><td>公称压力/MPa</td><td>介质</td><td>介质温度/℃</td></tr>
<tr><td>卫生洁具直角阀</td><td>15</td><td>G1/2</td><td>≥12</td><td>≥8</td><td>≥6</td><td>1.0</td><td>冷、热水</td><td>≤90</td></tr>
<tr><td rowspan="3">暖气直角阀</td><td>15</td><td>G1/2</td><td>≥10</td><td>≥16</td><td>—</td><td rowspan="3">1.6</td><td rowspan="3">暖气</td><td rowspan="3">≤150</td></tr>
<tr><td>20</td><td>G3/4</td><td>≥14</td><td>≥16</td><td>—</td></tr>
<tr><td>25</td><td>G1</td><td>≥14.5</td><td>≥18</td><td>—</td></tr>
</table>

第二节　水嘴

一、陶瓷片密封水嘴(GB 18145—2003)

陶瓷片密封水嘴的分类、代号、标记及技术要求，见表 11-3；水嘴的密封性能，见表 11-4；陶瓷片密封水嘴的规格尺寸，见表 11-5。

表 11-3　陶瓷片密封水嘴的分类、代号、标记及技术要求

<table>
<tr><td rowspan="6">分类、代号及标记</td><td rowspan="4">分类、代号</td><td>分类方法</td><td>类别及代号</td></tr>
<tr><td>按启闭控制部件数量分</td><td>分为单柄 D 和双柄 S</td></tr>
<tr><td>按控制供水管路的数量分</td><td>分为单控 D 和双控 S</td></tr>
<tr><td>按用途分为</td><td>普通 P、面盆 M、浴盆 Y、洗涤 X、净身 J、淋浴 L 和洗衣机 XY 水嘴</td></tr>
<tr><td rowspan="2">标记</td><td colspan="2">标记方法：按启闭控制部件数量、控制供水管路数量、用途、公称通径、标准号顺序表示。</td></tr>
<tr><td colspan="2">标记示例：公称通径为 15 mm 的单柄双控面盆水嘴，标记为：DSM15—GB 18145—2003</td></tr>
<tr><td>技术要求</td><td>加工与装配</td><td colspan="2">①铸件不得有缩孔、裂纹和气孔等缺陷，内腔所附有的芯砂应清除干净。
②管螺纹精度应符合 GB/T 7306.1—2000 或 GB/T 7306.2—2000 或 GB/T 7307—2001 的规定，其中按 GB/T 7307—2001 的外螺纹应不低于 B 级精度。
③螺纹表面不应有凹痕、断牙等明显缺陷，表面粗糙度 R_a 不大于 3.2 μm。
④塑料件表面不应有明显的填料斑、波纹、溢料、缩痕、翘曲和熔接痕。也不应有明显的擦伤、划伤、修饰损伤和污垢。</td></tr>
</table>

续表

<table>
<tr><td rowspan="9">技术要求</td><td>加工与装配</td><td colspan="6">⑤冷热水标志应清晰，兰色（或 C 或冷字）表示冷水，红色（或 H 或热字）表示热水。双控水嘴冷水标志在右，热水标志在左。连接牢固。轮式手柄逆时针方向转动为开启，顺时针方向转动为关闭。
⑥装配好的手柄应平稳，轻便、无卡阻。手柄与阀杆连接牢固，不得松动。单柄双控混合水嘴手柄扭力矩应≥6 Nm±0.6 Nm，在冷水、热水位置的开、关两个状态扭力矩应≥2.5 Nm±0.5 Nm；单柄单控和双柄双控水嘴手柄扭力矩应≥4 Nm ±0.5 Nm。试验后，任何部件应无可见变形；阀芯密封、上密封、流量应达到要求。
⑦陶瓷片硬度≥1 000 HV5。
⑧与水嘴配接的软管应符合 JC 886 的规定。
⑨水嘴连接螺纹应能承受扭力矩为公称通径 DN15：扭力矩 61Nm；公称通径 DN20：扭力矩 88 Nm 经扭力矩试验后，应无裂纹、损坏</td></tr>
<tr><td>外观质量</td><td colspan="6">①水嘴外表面涂、镀层应结合良好，组织应细密，光滑均匀，色泽均匀，抛光外表面应光亮，不应有起泡、烧焦、脱离、划伤等外观缺陷。
②涂、镀层按 GB/T 10125 进行 24 h 酸性盐雾试验后，达到 GB/T 6461—1986 标准中 10 级的要求。
③涂、镀层经附着力试验后，不允许出现起皮或脱落现象。附着力试验专用工具见 GB 18145—2003 附录 C</td></tr>
<tr><td rowspan="7">使用性能</td><td rowspan="4">水嘴阀体的强度性能</td><td rowspan="2">检测部位</td><td rowspan="2">出水口状态</td><td colspan="2">试验条件（冷水）</td><td rowspan="2">要求</td></tr>
<tr><td>压力/MPa</td><td>时间/s</td></tr>
<tr><td>进水部位（阀座下方）</td><td>打开</td><td>2.5±0.05</td><td>60±5</td><td>无变形、无渗漏</td></tr>
<tr><td>出水部位（阀座上方）</td><td>打开</td><td>0.4±0.02</td><td>60±5</td><td>无变形、无渗漏</td></tr>
<tr><td>密封性能</td><td colspan="5">应符合表 11-4 的规定</td></tr>
<tr><td>流量</td><td colspan="5">①在动态压力为 0.3 MPa±0.02 MPa 水压下，浴盆水嘴（不带附件）流量不小于 0.33 L/s，面盆、洗涤等其他水嘴（不带附件）流量不小于 0.20 L/s。
②面盆、洗涤及厨房水嘴（带附件）在动态压力为 0.1 MPa±0.01 MPa 水压下，流量不大于 0.15 L/s</td></tr>
<tr><td>水嘴寿命</td><td colspan="5">①单柄双控水嘴开关寿命试验达到 7×10^4 周期，单柄单控和双柄双控水嘴开关寿命试验达到 2×10^5 次后，应符合密封性能的要求。
②转换开关寿命试验达到 3×10^4 次后，应符合密封性能的要求。
③旋转式出水管寿命试验达到 8×10^4 次后，应符合密封性能的要求。
④水嘴多冷热疲劳试验后，应符合密封性能的要求</td></tr>
</table>

表 11-4 水嘴的密封性能

检测部位		阀芯及转换开关位置	出水口状态	用冷水进行实验			用空气在水中进行试验		
				试验条件		技术要求	试验条件		技术要求
				压力/MPa	时间/s		压力/MPa	时间/s	
连接件		用1.5N·m关闭	开	1.6±0.05	60±5	无渗漏	0.6±0.02	20±2	无气泡
阀芯			开	1.6±0.05	60±5		0.6±0.02	20±2	
				0.05±0.01	60±5		0.02±0.001	20±2	
冷、热水隔墙			开	0.4±0.02	60±5		0.2±0.01	20±2	
上密封		开	闭	0.4±0.02	60±5		0.2±0.01	20±2	
手动转换开关	转换开关在淋浴位	浴盆位关闭	人工堵住淋浴出水口打开浴盆出水口	0.4±0.02	60±5	浴盆出水口无渗漏	0.2±0.01	20±2	浴盆出水口无气泡
	转换开关在浴盆位	淋浴位关闭	人工堵住浴盆出水口打开淋浴出水口	0.4±0.02	60±5	淋浴出水口无渗漏	0.2±0.01	20±2	淋浴出水口无气泡
自动复位转换开关	转换开关在浴盆位 1	淋浴位关闭	两出水口打开	0.4±0.02（动压）	60±5	淋浴出水口无渗漏	—	—	—
	转换开关在淋浴位 2	浴盆位关闭			60±5	浴盆出水口无渗漏	—	—	—
	转换开关在淋浴位 3	浴盆位关闭		0.05±0.01（动压）	60±5	浴盆出水口无渗漏	—	—	—
	转换开关在浴盆位 4	淋浴位关闭			60±5	淋浴出水口无渗漏	—	—	—

表 11-5 陶瓷片密封水嘴的规格尺寸 /mm

1. 单柄单控陶瓷片密封普通水嘴

DN	15	20	25
d	G1/2″	G3/4″	G1″
A	≥14	≥15	≥18

2. 单柄单控陶瓷片密封面盆水嘴

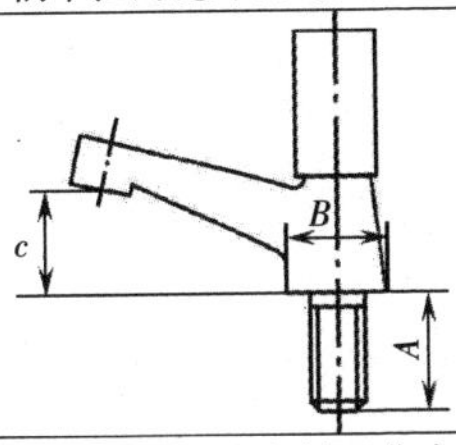

DN15	G1/2″
A	⩾48
B	⩾ø 30
C	⩾25

3. 单柄双控陶瓷片密封面盆水嘴

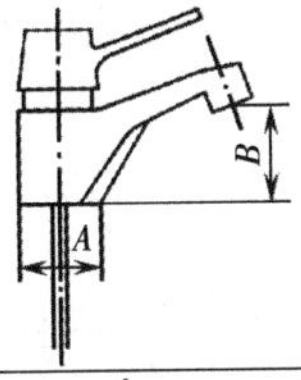

A	⩾ø 40
B	⩾25

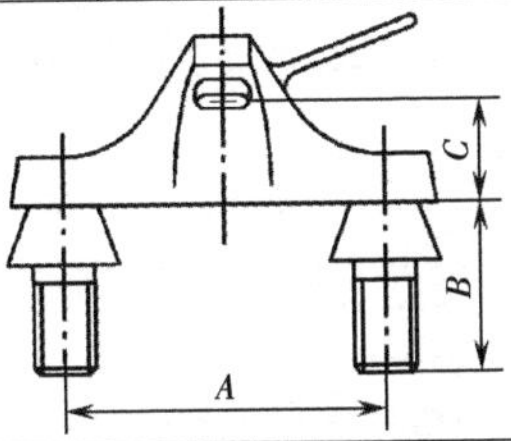

A	102
B	⩾48
C	⩾25

4. 单柄双控陶瓷片密封浴盆水嘴

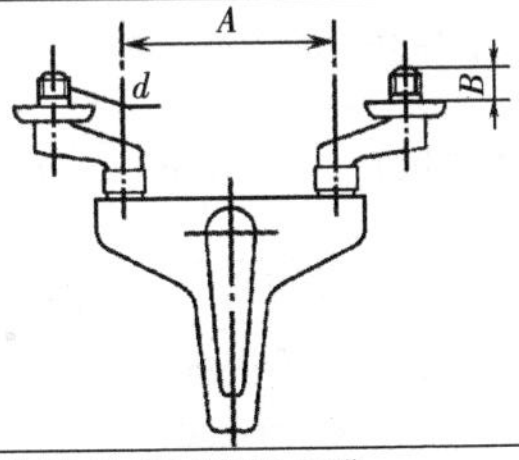

DN	15	20
d	G1/2″	G3/4″
A	150 偏心管调节尺寸范围 120～180	
B	⩾16	⩾20

5. 陶瓷片密封洗涤水嘴

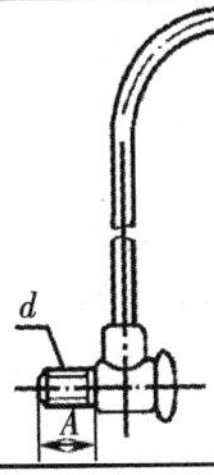

DN	15	20
d	G1/2″	G3/4″
A	⩾14	⩾15

续表

6. 单柄双控陶瓷片密封净身器水嘴		
	A	≥ø 40
	B	≥25

二、面盆水嘴(JC/T 758—2008)

面盆水嘴的技术指标(JC/T 758—2008),见表 11-6。

表 11-6　面盆水嘴的技术指标

		分类方法	类别及代号
分类、代号及标记	分类、代号	按启闭控制方式分	机械式 J,按启闭控制部件数量分为单柄 D 和双柄 S
			非接触式 F,按传感器控制方式分为反射红外式 F、遮挡红外式 Z、热释电式 R、微波反射式 W、超声波反射式 C 和其他类型 Q
		按控制供水管路的数量分	分为单控 D 和双控 S
		按密封材料分	分为陶瓷 C 和非陶瓷 F
	标记	标记方法:按启闭控制方式、启闭控制部件数量、传感器控制方式、控制供水管路数量、密封材料、公称通径、标准号顺序表示。 标记示例:公称通径为 15 mm 的机械式单柄双控陶瓷密封面盆水嘴,标记为:JDSC 15—JC/T 758—2008。 公称通径为 15 mm 的非机械式反射红外式单控非陶瓷密封面盆水嘴,标记为:FFDF15—JC/T 758—2008	
技术要求	材料	产品所使用的与饮用水直接接触的铜材质铅析出限量,应符合 JC/T 1043 的规定	
	加工与装配	①管螺纹精度应符合 GB/T 7306.1 或 GB/T 7306.2 或 GB/T 7307 的规定。 ②螺纹表面不应有凹痕、断牙等明显缺陷,表面粗糙度 R_a 不大于 3.2 μm。 ③机械式双控面盆水嘴冷热水标志应清晰,蓝色(或 C 或冷字)表示冷水,红色(或 H 或热字)表示热水。双控水嘴冷水标志在右,热水标志在左。连接牢固。轮式手柄逆时针方向转动为开启,顺时针方向转动为关闭。 ④机械式面盆水嘴操作手柄开启、关闭,应平稳,轻便、无卡阻。 ⑤与面盆水嘴配接的软管应符合 JC 886 的规定	
	外观质量	①产品外表面涂、镀层色泽均匀,光滑,不应有起泡、烧焦、露底、划伤等缺陷。 ②产品表面涂、镀层按 GB/T 10125 进行 24h 乙酸盐雾试验后,达到 GB/T 6461 标准中 10 级的要求。 ③产品表面涂、镀层经附着力试验后,不允许出现起皮或脱落现象	

续表

<table>
<tr><td rowspan="18">技术要求</td><td rowspan="18">使用性能</td><td rowspan="4">机械式水嘴阀体的强度性能</td><td colspan="3">试验条件</td><td rowspan="2">要求</td></tr>
<tr><td colspan="2">试验压力/MPa</td><td>试验稳压时间/s</td></tr>
<tr><td>进水部位(阀座下方)</td><td>2.5±0.05(静水压)</td><td rowspan="2">60±5</td><td>无变形、无渗漏</td></tr>
<tr><td>出水部位(阀座上方)</td><td>0.4±0.02(动水压)</td><td>无渗漏</td></tr>
<tr><td rowspan="6">机械式水嘴的密封性能</td><td rowspan="2">阀芯密封</td><td>1.6±0.05(静水压)</td><td>60±5</td><td rowspan="2">无渗漏</td></tr>
<tr><td>0.6±0.02(气压)</td><td>20±2</td></tr>
<tr><td rowspan="2">上密封</td><td>0.4±0.02(静水压)
0.02±0.005(静水压)</td><td>60±5</td><td rowspan="2">无渗漏</td></tr>
<tr><td>0.2±0.01(气压)
0.01±0.005(气压)</td><td>20±2</td></tr>
<tr><td rowspan="2">冷热水隔墙密封</td><td>0.4±0.02(静水压)</td><td>60±5</td><td rowspan="2">无渗漏</td></tr>
<tr><td>0.2±0.01(气压)</td><td>20±2</td></tr>
<tr><td>流量</td><td colspan="4">①在动态压力为0.3 MPa±0.02 MPa水压下,面盆水嘴(不带附件)流量不小于0.20 L/s。
②在动态压力为0.1 MPa±0.01 MPa水压下,面盆水嘴(带附件)流量不大于0.15 L/s</td></tr>
<tr><td>扭力矩试验</td><td colspan="4">①机械式面盆水嘴在流量调节方向手柄扭力矩应不小于6 N·m±0.6 N·m,在温度调节方向手柄扭力矩应不小于$3_{-0.5}^{\ 0}$N·m。试验后,产品应无可见变形,并满足对水嘴密封和流量的要求。
②机械式面盆水嘴沿阀杆轴线方向应能承受67 N的拉力。试验后,产品应无可见变形,并满足对水嘴密封的要求。
③面盆水嘴连接螺纹承受的扭力矩应符合:公称通径DN15,扭力矩≥61 N·m;公称通径DN20,扭力矩≥88 N·m。试验后水嘴应无裂纹、损坏</td></tr>
<tr><td rowspan="5">寿命</td><td colspan="4">①机械式面盆水嘴开关寿命试验按下表规定进行,开关寿命试验后应符合密封性能的要求</td></tr>
<tr><td colspan="2">产品类别</td><td colspan="2">开关寿命</td></tr>
<tr><td colspan="2">机械式单柄单控、双柄双控面盆水嘴</td><td colspan="2">2×10^5次</td></tr>
<tr><td colspan="2">机械式单柄双控面盆水嘴</td><td colspan="2">7×10^4循环</td></tr>
<tr><td colspan="4">②机械式面盆水嘴经冷热疲劳试验后,应符合密封性能的要求</td></tr>
<tr><td colspan="5">非接触式面盆水嘴性能要求应符合CJ/T 194—2004中第6章的规定</td></tr>
</table>

三、浴盆及淋浴水嘴(JC/T 760—2008)

浴盆及淋浴水嘴的技术指标(JC/T 760—2008),见表11-7;浴盆及淋浴水嘴的密封性能,见表11-8。

表 11-7　浴盆及淋浴水嘴的技术指标

<table>
<tr><td rowspan="6">分类、代号及标记</td><td rowspan="5">分类、代号</td><td>分类方法</td><td>类别及代号</td></tr>
<tr><td>按启闭控制部件数量分</td><td>分为单柄 D 和双柄 S</td></tr>
<tr><td>按控制供水管路的数量分</td><td>分为单控 D 和双控 S</td></tr>
<tr><td>按密封材料分</td><td>分为陶瓷 C 和非陶瓷 F</td></tr>
<tr><td>按使用功能分</td><td>浴盆 Y 和淋浴 L 水嘴</td></tr>
<tr><td>标记</td><td colspan="2">标记方法：按启闭控制部件数量、控制供水管路数量、密封材料、使用功能、公称通径、标准号顺序表示。
标记示例：公称通径为 20 mm 的单柄双控陶瓷密封浴盆水嘴，标记为：DSCY20—JC/T760—2008。
公称通径为 20 mm 的双柄双控非陶瓷密封淋浴水嘴，标记为：SSFL20—JC/T760—2008</td></tr>
<tr><td rowspan="2">技术要求</td><td>加工与装配</td><td colspan="2">①铸件不得有缩孔、裂纹和气孔等缺陷，内腔所附有的芯砂应清除干净。
②管螺纹精度应符合 GB/T 7306.1 或 GB/T 7306.2 或 GB/T 7307 的规定，其中按 GB/T 7307 的外螺纹应不低于 B 级精度。
③螺纹表面不应有凹痕、断牙等明显缺陷，表面粗糙度 Ra 不大于 3.2μm。
④允许水嘴所带附件(如：偏心管)为锯齿或滚花螺纹。
⑤塑料件表面不应有明显的填料斑、波纹、溢料、缩痕、翘曲和熔接痕。也不应有明显的擦伤、划伤、修饰损伤和污垢。
⑥冷、热水标志应清晰，兰色(或 C 或 COLD 或“冷”字)表示冷水，红色(或 H 或 HOT 或“热”字)表示热水。双控水嘴冷水标志在右，热水标志在左。连接牢固。轮式手柄逆时针方向转动为开启，顺时针方向转动为关闭。
⑦装配好的手柄应平稳，轻便、无卡阻。手柄与阀杆连接牢固，不得松动。流量调节方向手柄扭力矩应不小于 6 N·m±0.6 N·m，在温度调节方向手柄扭力矩应不小于 $3_{-0.5}^{0}$ N·m。试验后，产品应无可见变形，并满足对水嘴密封和流量的要求。
⑧水嘴所安装的转换开关提拉应平稳、轻便、无卡阻。转换开关手轮与提拉阀阀杆连接牢固，不得松动。手动转换开关在使用状态时，动压 0.4 MPa±0.02 MPa 下，能用手完成转换功能，提拉平稳、轻便、无卡阻，无滞留现象。
⑨与水嘴配接的软管应符合 JC886 的规定。
⑩水嘴连接螺纹应能承受扭力矩应符合下列要求：公称通径 DN15：扭力矩 61Nm；公称通径 DN20：扭力矩 88Nm。经扭力矩试验后，应无裂纹、损坏。
⑪水嘴安装及规格尺寸见 GB 18145—2003 附录 B 的规定</td></tr>
<tr><td>外观质量</td><td colspan="2">①水嘴外表面涂、镀层应结合良好，组织应细密，光滑均匀，色泽均匀，抛光外表面应光亮，不应有起泡、烧焦、脱离、划伤等外观缺陷。
②涂、镀层按 GB/T10125 进行 24h 酸性盐雾试验后，水嘴应达到 GB/T6461 标准中 10 级的要求。
③涂、镀层经附着力试验后，不允许出现起皮或脱落现象</td></tr>
</table>

续表

			检测部位	阀芯位置	出水口状态	试验条件(冷水)		要求
						压力/MPa	时间/s	
技术要求	使用性能	阀体的强度性能	进水部位(阀座下方)	关闭	打开	2.5±0.05	60±5	阀体无变形、无渗漏
			出水部位(阀座上方)	打开	打开	0.4±0.02	60±5	阀体无变形、无渗漏
		密封性能	应符合表 11-8 的规定					
		流量	①在动态压力为 0.1 MPa±0.01 MPa 水压下,淋浴水嘴(带附件)流量≤0.15 L/s(9 L/min),在动态压力为 0.3 MPa±0.02 MPa 水压下,淋浴水嘴(不带附件)混合流量≥0.20 L/s(12 L/min)。 ②在动态压力为 0.3 MPa±0.02 MPa 水压下,浴盆水嘴(不带附件)混合流量≥0.33 L/s(20 L/min),全冷水和全热水位置下流量≥0.32 L/s(19 L/min)					
		水嘴寿命	①单柄双控水嘴开关寿命试验达到 7×10^4 循环,单柄单控和双柄双控水嘴开关寿命试验达到 2×10^5 次后,应符合密封性能的要求。 ② 转换开关寿命试验达到 3×10^4 次后,应符合密封性能的要求。 ③水嘴经冷热疲劳试验后,应符合密封性能的要求					

表 11-8　浴盆及淋浴水嘴的密封性能

检测部位		阀芯及转换开关位置	出水口状态	用冷水进行实验			用空气在水中进行试验		
				试验条件		技术要求	试验条件		技术要求
				压力/MPa	时间/s		压力/MPa	时间/s	
连接件		用 1.5N·m 关闭	开	1.6±0.05	60±5	无渗漏	0.6±0.02	20±2	无气泡
阀芯			开	1.6±0.05	60±5		0.6±0.02	20±2	
冷、热水隔墙			开	0.4±0.02	60±5		0.2±0.01	20±2	
上密封		开	闭	0.4±0.02	60±5		0.2±0.01	20±2	
				0.02±0.005	60±5		0.01±0.005	20±2	
手动转换开关	转换开关在淋浴位	浴盆位关闭	人工堵住淋浴出水口打开浴盆出水口	0.4±0.02	60±5	浴盆出水口无渗漏	0.2±0.01	20±2	浴盆出水口无气泡
	转换开关在浴盆位	淋浴位关闭	人工堵住浴盆出水口打开淋浴出水口	0.4±0.02	60±5	淋浴出水口无渗漏	0.2±0.01	20±2	淋浴出水口无气泡
自动复位转换开关	转换开关在浴盆位 1	淋浴位关闭	两出水口打开	0.4±0.02(动压)	60±5	淋浴出水口无渗漏	—	—	—

续表

自动复位转换开关	转换开关在淋浴位 2	浴盆位关闭		0.4±0.02（动压）	60±5	浴盆出水口无渗漏	—	—	—
	转换开关在淋浴位 3	浴盆位关闭	两出水口打开	0.05±0.01（动压）	60±5	浴盆出水口无渗漏	—	—	—
	转换开关在浴盆位 4	淋浴位关闭			60±5	淋浴出水口无渗漏	—	—	—

第三节　温控水嘴（QB 2806—2006）

温控水嘴是当进水（冷、热水）压力或温度在一定范围内变化，其出水温度自动受预选温度控制仍保持某种程度的稳定性的冷热水混合水嘴，属一种新颖、节能、安全、环保型产品。适用于公称压力不大于 0.5MPa，热水温度不大于 85℃的条件下使用，安装在盥洗室（洗手间、浴室等）、厨房等卫生设施上。温控水嘴的规格尺寸，见表 11-9。

表 11-9　温控水嘴的规格尺寸/mm

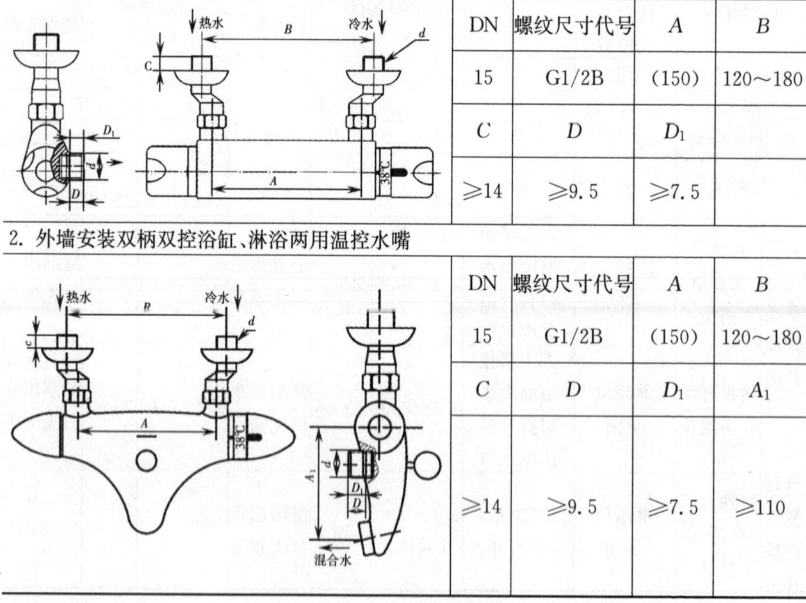

1. 外墙安装双柄双控淋浴温控（衡压或恒温衡压）水嘴

DN	螺纹尺寸代号	A	B
15	G1/2B	(150)	120～180
C	D	D_1	
≥14	≥9.5	≥7.5	

2. 外墙安装双柄双控浴缸、淋浴两用温控水嘴

DN	螺纹尺寸代号	A	B
15	G1/2B	(150)	120～180
C	D	D_1	A_1
≥14	≥9.5	≥7.5	≥110

3. 双柄双控温控洗涤水嘴

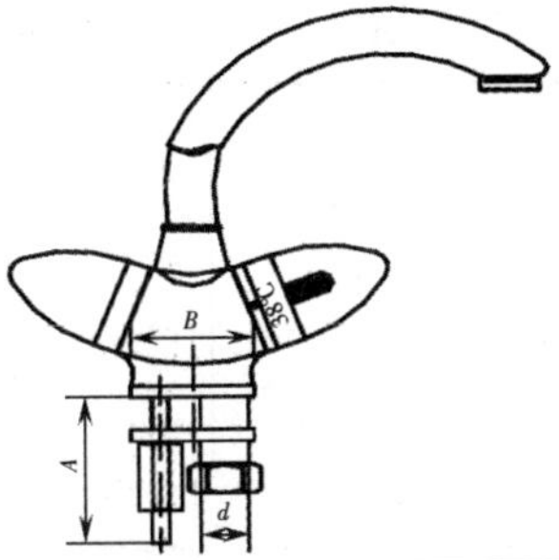

DN	d	A	B
15	G1/2B	≥45	≥ø 50

4. 单柄双控温控面盆水嘴

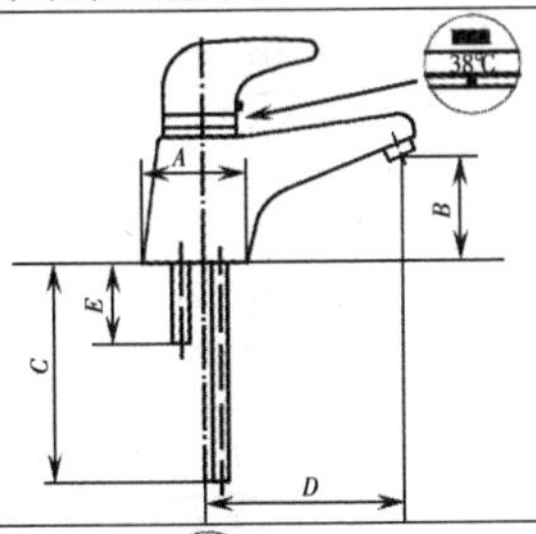

D	B	C	A	E
≥ø45	≥25	≥350	≥100	≥18

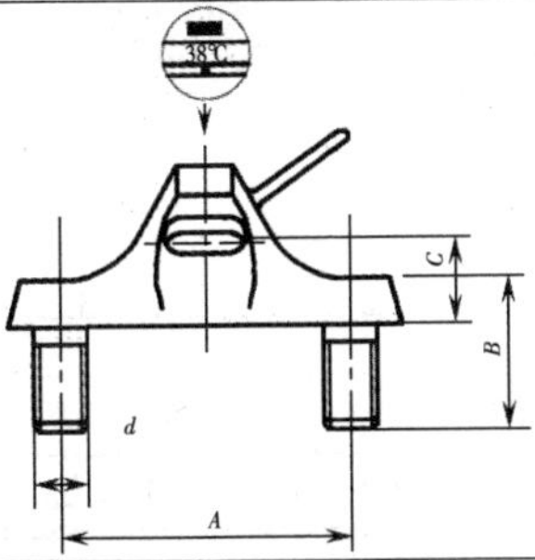

螺纹尺寸代号	A	B	C
G1/2B	102	≥48	≥25

5. 单柄双控温控浴盆水嘴

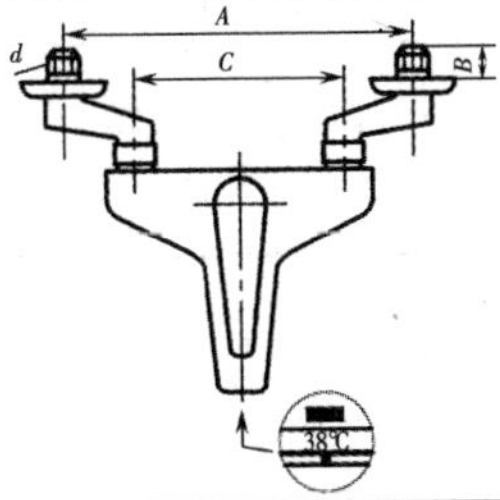

DN	螺纹尺寸代号	A	B	C
15	G1/2B	150±30	≥16	(150)
20	G3/4B		≥20	

6. 单柄双控温控洁身器水嘴

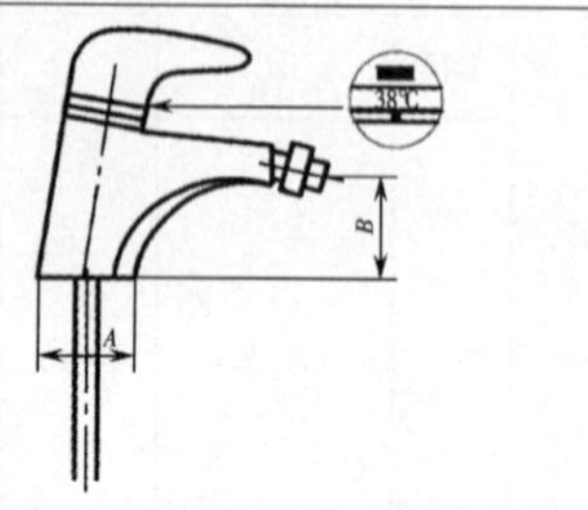

A	B
≥ø 45	≥25

7. 连接末端尺寸

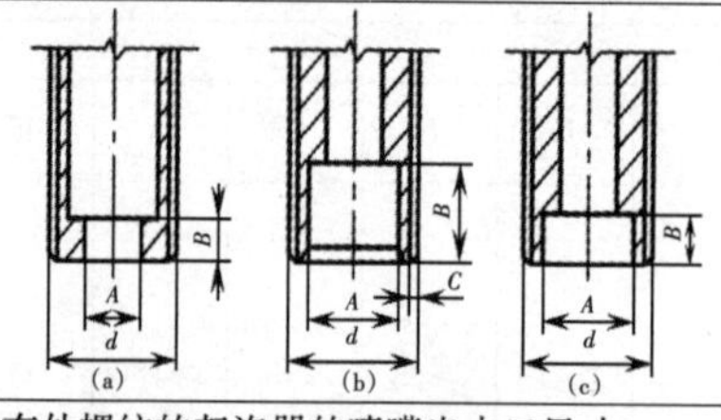

图序号	螺纹尺寸代号	A	B	C
(a)	G1/2B	ø 12.3	≥5	
(b)	G1/2B	ø 15.2	≥13	≥0.3
(c)	G1/2B	ø 14.7	≥6.4	
	G3/4B	ø 19.9	≥6.4	

8. 有外螺纹的起泡器的喷嘴出水口尺寸

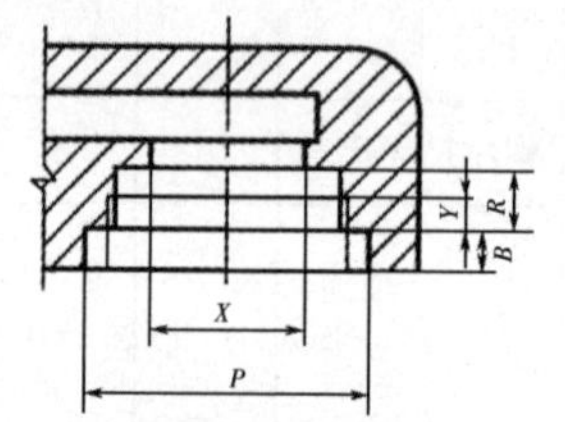

螺纹尺寸代号	P	X	Y	S	R
G1/2	≥ø 24.2	ø 17	3	4.5	4.5
G3/4	≥ø 24.3	ø 19	4.5	9.5	6

9. 带有喷洒附件的温控水嘴

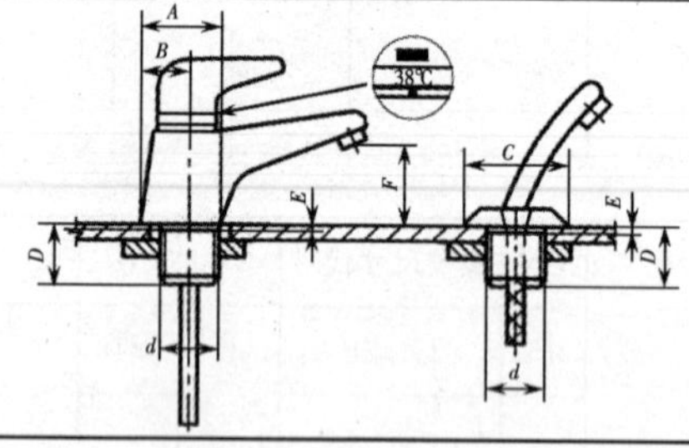

DN	螺纹尺寸代号	A	B	C
15	G1/2B	≥ø 45	25	≥ø 42
D	E	F	K	H
18	6	≥25	50	≥100

10. 带有整体喷洒附件的温控水嘴

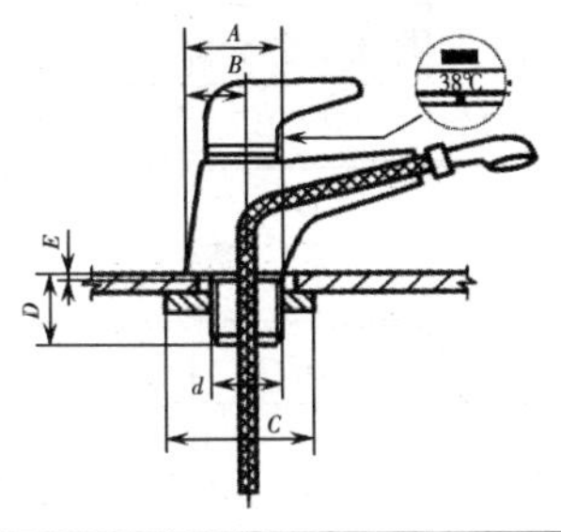

DN	螺纹尺寸代号	*A*	*B*
15	G1/2B	≥ø 45	25
C	*D*	*E*	
≥ø 50	18	6	

11. 带喷枪附件长距离出水口的温控水嘴

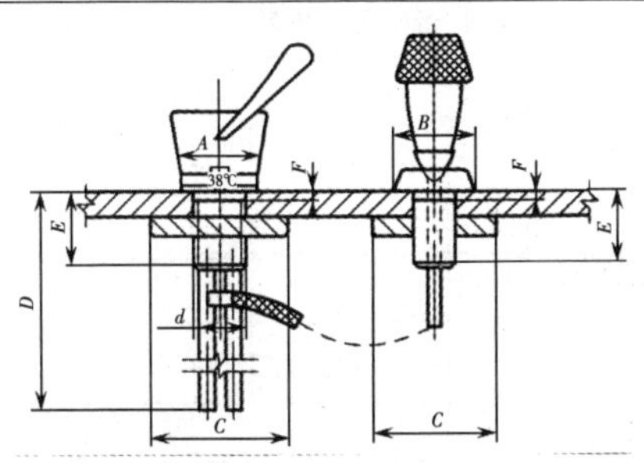

DN	螺纹尺寸代号	*A*	*B*
15	G1/2B	≥ø 45	≥ø 42
C	D	E	F
≥ø 50	350	18	6

12. 分离式长距离出水口的温控水嘴

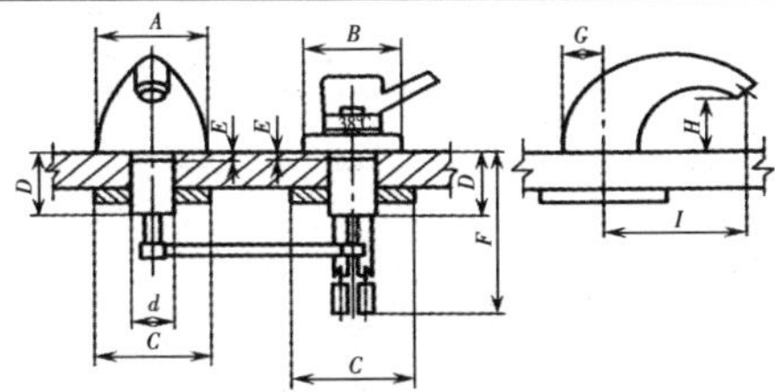

DN	螺纹尺寸代号	*A*	*B*
15	G1/2B	≥ø 45	≥ø 45
C	*D*	*E*	*F*
≥ø 50	18	6	350
G	H	I	
32	≥25	33	

13. 没有流量控制装置的管路安装温控阀

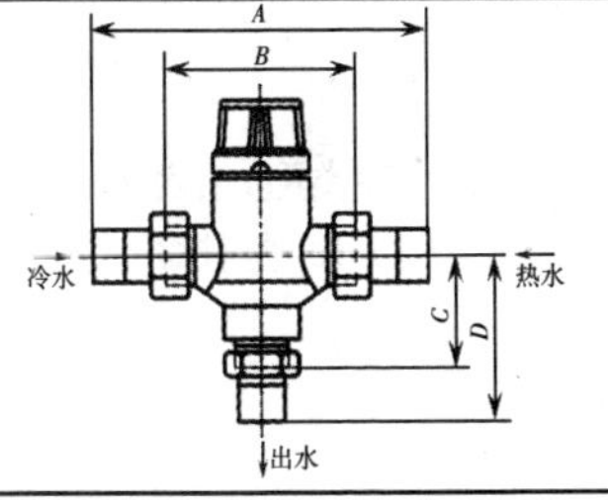

DN	*A*	*B*	*C*	*D*
15	160	77	51	69
20	180	77	51	80

续表

14. 墙内安装淋浴温控水嘴				
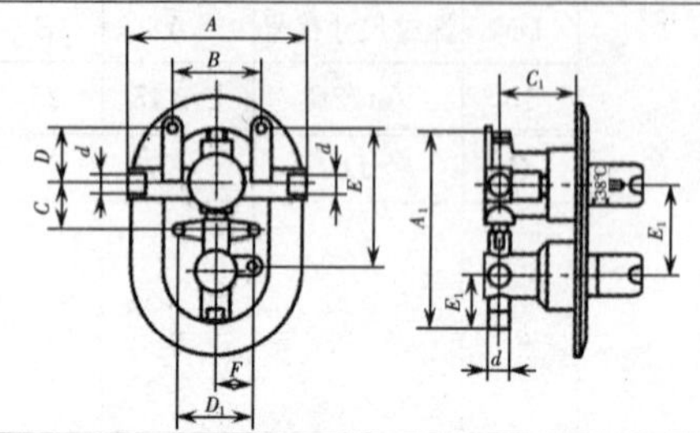	DN	螺纹尺寸代号	A	B
	15	G1/2B	150	70
	C	D	E	F
	40	32	100	25
	A_1	B_1	C_1	D_1、E_1
	165	76	75	50

15. 墙内安装温控水嘴(浴缸、淋浴两用)				
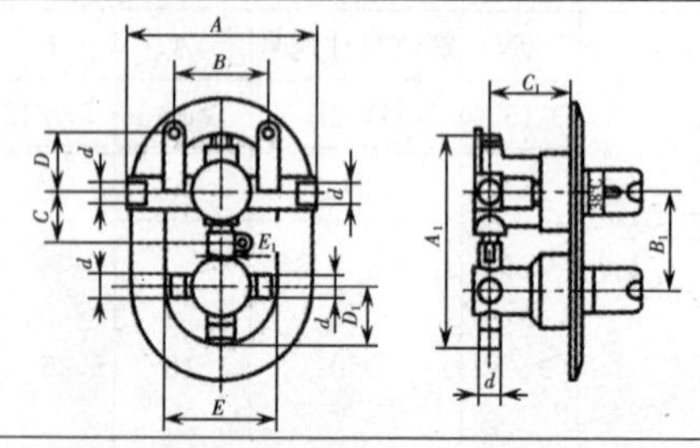	DN	螺纹尺寸代号	A	B
	15	G1/2B	156	70
	C	D	E	A_1
	50	32	88	158
	B_1	C_1	D_1	E_1
	76	75	44	19

16. 暗装集温控和流量调节于一体的温控水嘴			
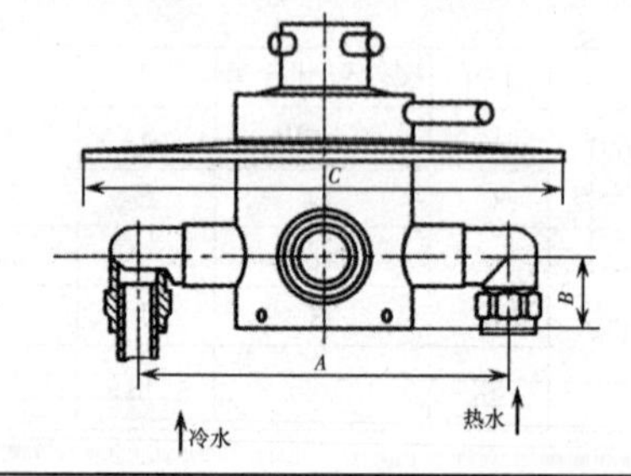	DN	螺纹尺寸代号	A
	15	G1/2B	150
	B	C	D
	29	ø150	ø15

第四节　整体浴室(GB/T 13095—2008)

整体浴室根据不同功能之间的任意组合，分为12种类型，见表11-10。整体浴室的尺寸系列及平面组合尺寸系列见表11-11和表11-12，整体浴室的内空间尺寸、最大外形尺寸及最小安装尺寸见表11-13。

表 11-10　整体浴室的类型

型式	整体浴室类型(参见 GB/T 13095—2008 附录 A)	类型代号	功　能
单一式	便溺类型	01	供排便用
	盆浴类型	02	供泡浴用
	洗漱类型	03	供洗漱用
	淋浴类型	04	供淋浴用
组合式	便溺、盆浴类型	05	供排便、泡浴用
	便溺、洗漱类型	06	供排便、洗漱用
	便溺、淋浴类型	07	供排便、淋浴用
	盆浴、洗漱类型	08	供泡浴、洗漱用
	淋浴、洗漱类型	09	供淋浴、洗漱用
	便溺、盆浴、洗漱类型	10	供排便、泡浴、洗漱用
	便溺、淋浴、洗漱类型	11	供排便、淋浴、洗漱用
	便溺、盆浴/洗漱组合类型	12	供排便、泡浴与洗漱分为两单元组合

表 11-11　整体浴室的尺寸系列　　/mm

方　向		尺寸系列(整体浴室三维空间)
水平	长边	1 200,1 300,1 400,1 500,1 600,1 700,1 800,1 900,2 000,2 100,2 400,2 600,2 700,3 000
方向	短边	1 000,1 100,1 200,1 300,1 400,1 500,1 600,1 700,1 800,1 900,2 000,2 100,2 400
垂直方向	高度	1 900,2 000,2 100,2 200,2 300,2 400

注1:所列尺寸为整体浴室内空间尺寸。

2:除规定的组合尺寸系列外,其他类型、尺寸可根据供需双方要求商定。

表 11-12　整体浴室平面组合尺寸系列　　/mm

短边	长边													
	1 200	1 300	1 400	1 500	1 600	1 700	1 800	1 900	2 000	2 100	2 400	2 600	2 700	3 000
1 000			★											
1 100					★									
1 200					★									
1 300					★	★		★	★					
1 400								★						
1 500														
1 600	★	★							★		★			★
1 700		★												
1 800														
1 900		★	★											

续表

短边	长边													
	1 200	1 300	1 400	1 500	1 600	1 700	1 800	1 900	2 000	2 100	2 400	2 600	2 700	3 000
2 000		★			★				★	★	★			
2 100									★					
2 400					★				★					

注1:所列尺寸为整体浴室内空间尺寸。

2:★表示优选的组合尺寸,其他表示推荐的组合尺寸。

3:除规定的组合尺寸系列外,其他类型、尺寸可根据供需双方要求商定。

表 11-13　整体浴室的内空间尺寸、最大外形尺寸及最小安装尺寸

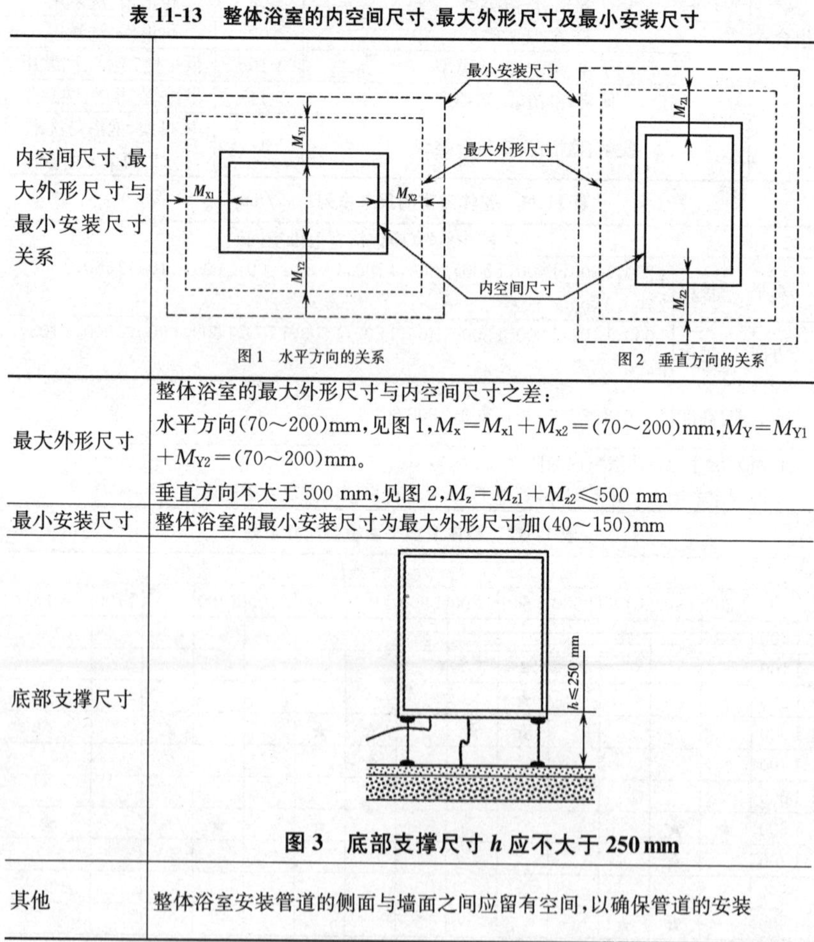

项目	内容
内空间尺寸、最大外形尺寸与最小安装尺寸关系	图 1　水平方向的关系 图 2　垂直方向的关系
最大外形尺寸	整体浴室的最大外形尺寸与内空间尺寸之差: 水平方向(70～200)mm,见图 1,$M_x=M_{x1}+M_{x2}=(70\sim200)$mm,$M_Y=M_{Y1}+M_{Y2}=(70\sim200)$mm。 垂直方向不大于 500 mm,见图 2,$M_z=M_{z1}+M_{z2}\leqslant500$ mm
最小安装尺寸	整体浴室的最小安装尺寸为最大外形尺寸加(40～150)mm
底部支撑尺寸	**图 3　底部支撑尺寸 *h* 应不大于 250 mm**
其他	整体浴室安装管道的侧面与墙面之间应留有空间,以确保管道的安装

第五节　卫生洁具排水配件(JC/T 932—2003)

卫生洁具排水配件按材质分为铜材质、塑料材质和不锈钢材质(代号分别为T、S、B)三类;按用途分为洗面器排水配件、普通洗涤槽排水配件、浴盆排水配件、小便器排水配件和净身器排水配件(代号分别为M、P、Y、X、J);存水弯管的结构分为P型和S型(代号分别为P、S)。卫生洁具排水配件的结构型式不做统一规定,其连接尺寸见表11-14。

表 11-14　卫生洁具排水配件的连接尺寸　　/mm

1. 面盆排水配件

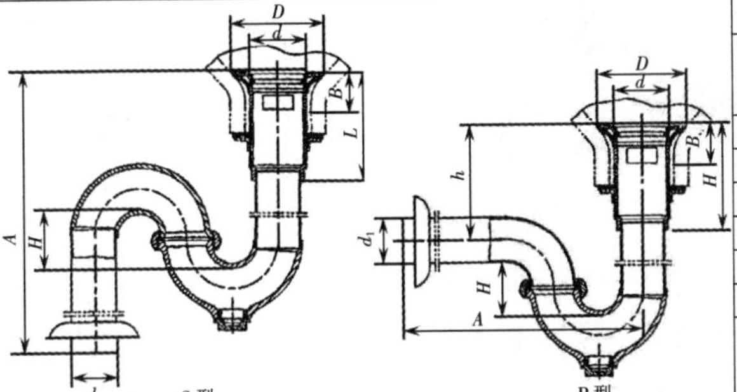

代号	尺寸
A	150～250 (P型) ≥550 (S型)
B	≤35
D	ø 58～65
d	ø 32～45
L	≥65
H	≥50
d_1	ø 30～33
h	120～200

2. 浴盆排水配件

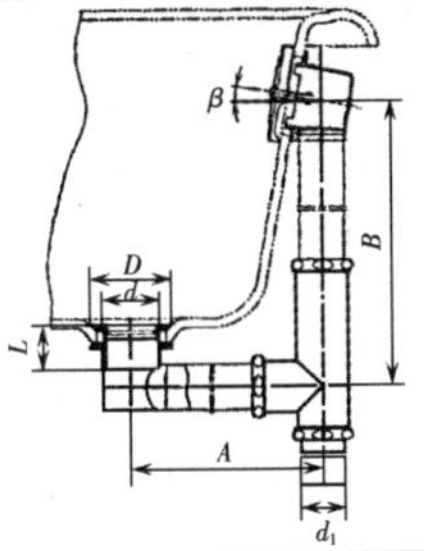

代号	尺寸
A	150～350
B	250～400
D	ø 60～70
d	≤50
d_1	ø 30～38
L	≥30
β	10°

3. 小便器排水配件

斗式配件

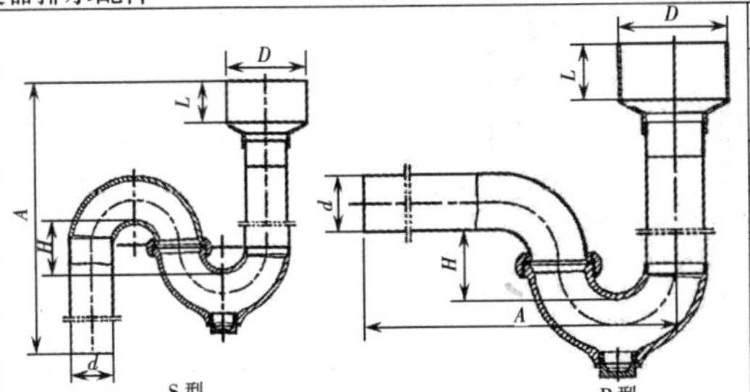

代号	尺寸
A	≥120 (P型)、 ≥500 (S型)
D	≥ø 55
d	ø 30～33
L	28～45
B	≥120
H	≥50

续表

3. 小便器排水配件

	代号	尺寸
落地式配件	D	G2
	d	≤ø 100
壁挂式配件	A	≥100
	B	≥435
	C	G2

4. 洗涤槽排水配件

代号	尺寸
A	≥180
B	≤35
C	≥55
L	≥70
D	ø 80～95
d	ø 52～64
d_1	ø 30～38

5. 净身器排水配件

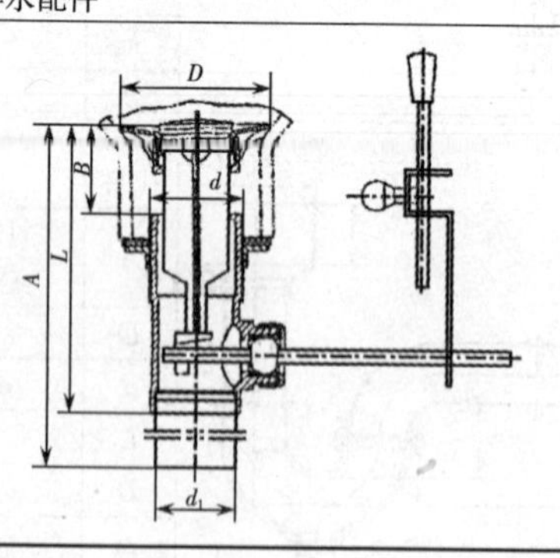

代号	尺寸
A	≥200
B	≤35
L	≥90
D	ø 58～65
d	ø 32～45
d_1	ø 30～33

第六节　便器水箱配件(JC 987—2005)

便器水箱配件技术要求(JC 987—2005),见表 11-15。

表 11-15　便器水箱配件技术要求

进水阀	进水流量	在动压力 0.05 MPa 下,进水流量应不小于 0.05 L/s
	密封性	①静压力密封性:按 JC 987—2005 第 7.2.3.1 条进行试验时,水箱中的水位上升高度应不大于 8 mm。 ②动压力密封性:按 JC 987—2005 第 7.2.3.2 条进行试验时,水箱中的水位上升高度应不大于 8 mm
	耐压性	进水阀在承受 1.6 MPa 静压力时不应有渗漏、变形、冒汗和任何其他损坏现象
	抗热变性	按 JC 987—2005 第 7.2.5 条进行试验时,进水阀不应有渗漏、变形、冒汗和任何其他损坏现象
	防虹吸	按 JC 987—2005 附录 B 进行试验时,进水阀不应有虹吸产生
	水击	进水阀关闭时不应产生使动压增加 0.2MPa 以上的水击现象
	噪声	进水过程产生的噪声应不大于 55 dB(A)
	寿命	进行 100 000 次循环试验后,进水阀应能满足 JC 987—2005 第 6.3.1.2 条的要求并不应有任何其他故障
排水阀	排水量	排放一次,排水量应不小于 3 L
	排水流量	应不小于 1.7 L/s
	密封性	水箱内的水位在高于剩余水位 50 mm 处和低于排水阀溢流口 5 mm 处,排水阀关闭后不应有渗漏现象
	寿命	进行 100 000 次循环试验后,排水阀应能满足 JC 987—2005 第 6.3.2.3 条的要求并不应有任何其他故障

第四篇　建筑五金工具

第十二章　手 工 工 具

第一节　钳类

一、钢丝钳

钢丝钳主要用于夹持或弯折薄片形、圆柱形金属零件及切断金属丝，其旁刃口也可用于切断细金属丝。钢丝钳的规格见表 12-1。

表 12-1　钢丝钳的规格(QB/T 2442.1—2007)

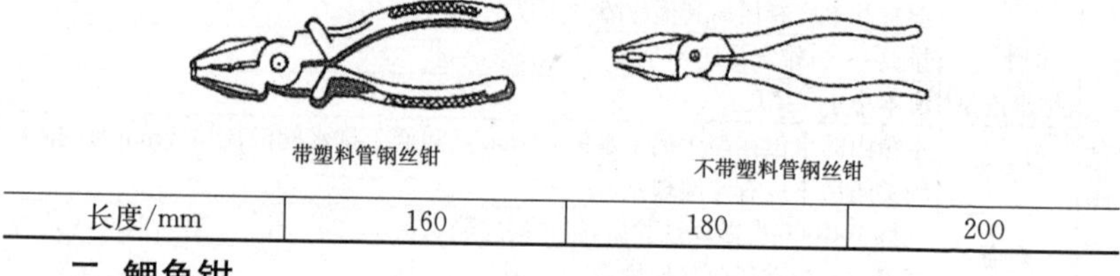

带塑料管钢丝钳　　不带塑料管钢丝钳

长度/mm	160	180	200

二、鲤鱼钳

鲤鱼钳用于夹持扁形或圆柱形金属零件，其钳口的开口宽度有两档调节位置，可以夹持尺寸较大的零件，刃口可切断金属丝，亦可代替扳手装拆螺栓、螺母。鲤鱼钳的规格见表 12-2。

表 12-2　鲤鱼钳的规格(QB/T 2442.4—2007)

长度/mm	125	150	165	200	250

三、尖嘴钳

尖嘴钳适合于在比较狭小的工作空间夹持小零件，带刃尖嘴钳还可切断细金属丝。主要用于仪表、电讯器材、电器等的安装及其他维修工作。尖嘴钳的规格见表 12-3。

表 12-3　尖嘴钳的规格(QB/T 2440.1—2007)

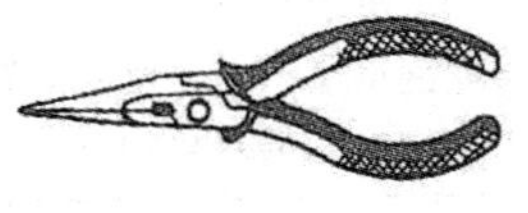

公称长度/mm	140	160	180	200	280

四、弯嘴钳(弯头钳)

弯嘴钳主要用于在狭窄或凹下的工作空间夹持零件。弯嘴钳的规格见表12-4。

表 12-4　弯嘴钳的规格

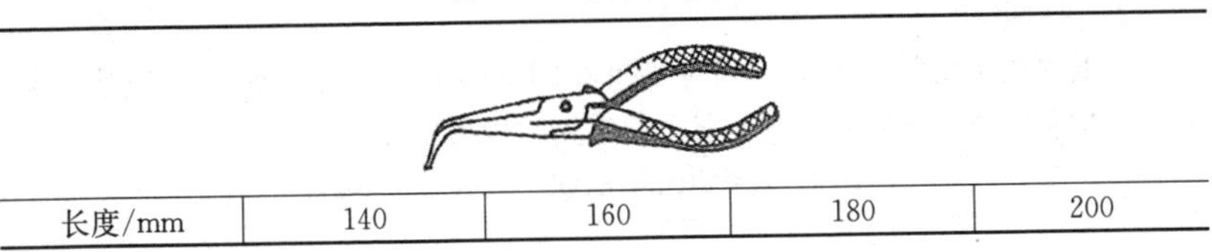

长度/mm	140	160	180	200

五、扁嘴钳

扁嘴钳主要用于装拔销子、弹簧等小零件及弯曲金属薄片及细金属丝。适于在狭窄或凹下的工作空间使用。扁嘴钳的规格见表 12-5。

表 12-5　扁嘴钳的规格(QB/T 2440.2—2007)

公称长度/mm		125	140	160	180
钳头长度/mm	短嘴(S)	25	32	40	—
	长嘴(L)	—	40	50	63

注:柄部分不带塑料管和带塑料管两种。

六、圆嘴钳

圆嘴钳用于将金属薄片或细丝弯曲成圆形,为仪表、电信器材、家用电器等的装配、维修工作中常用的工具。圆嘴钳的规格见表 12-6。

表 12-6　圆嘴钳的规格(QB/T 2440.3—2007)

公称长度/mm		125	140	160	180
钳头长度/mm	短嘴(S)	25	32	40	—
	长嘴(L)	—	40	50	63

七、鸭嘴钳

鸭嘴钳的用途与扁嘴钳相似，由于其钳口部分通常不制出齿纹，不会损伤被夹持零件表面，多用于纺织厂修理钢筘工作中。鸭嘴钳的规格见表 12-7。

表 12-7　鸭嘴钳的规格

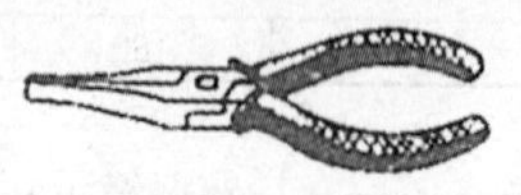

长度/mm	125	140	160	180	200

注：柄部分不带塑料管和带塑料管两种。

八、斜嘴钳

斜嘴钳用于切断金属丝，斜嘴钳适宜在凹下的工作空间中使用，为电线安装、电器装配和维修工作中常用的工具。斜嘴钳的规格见表 12-8。

表 12-8　斜嘴钳的规格(QB/T 2441.1—2007)

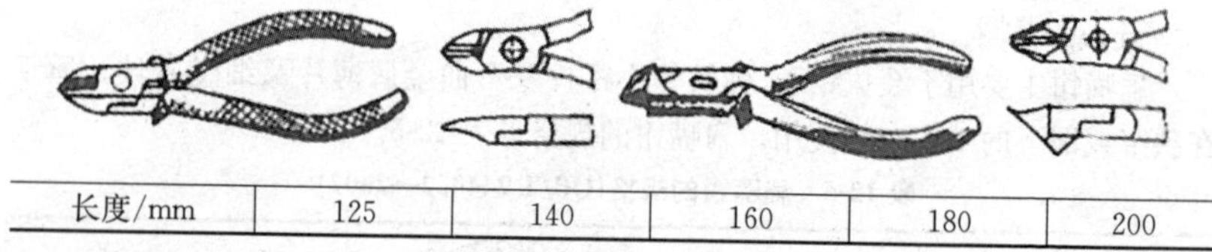

长度/mm	125	140	160	180	200

九、挡圈钳

挡圈钳专用于拆装弹簧挡圈，分轴用挡圈钳和孔用挡圈钳。为适应安装在各种位置中挡圈的拆装，这两种挡圈钳又有直嘴式和弯嘴式两种结构。弯嘴式一般是 90°的角度，也有 45°和 30°的。挡圈钳的规格见表 12-9。

表 12-9　挡圈钳的规格(JB/T 3411.47、JB/T 3411.48—1999)

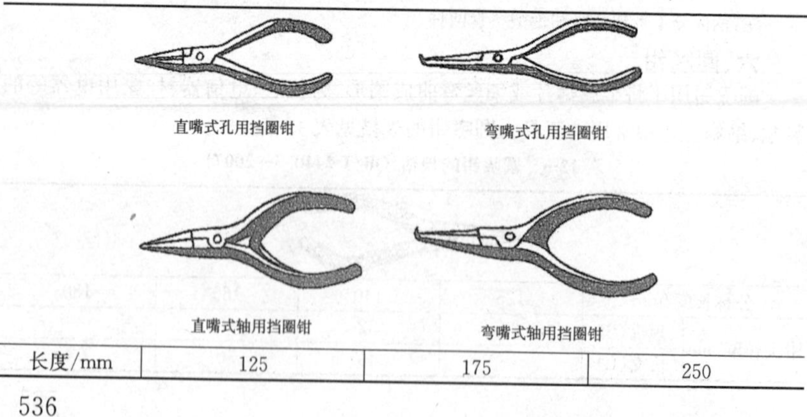

长度/mm	125	175	250

十、大力钳

大力钳用于夹紧零件进行铆接、焊接、磨削等加工。大力钳的规格见表 12-10。

表 12-10　大力钳的规格

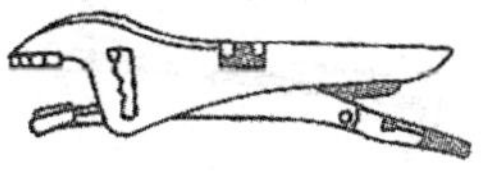

长度×钳口最大开口/mm	220×50

十一、胡桃钳

胡桃钳主要用于木工拔起钉，也可剪切钉子及其他金属丝。胡桃钳的规格见表 12-11。

表 12-11　胡桃钳的规格(QB/T 1737—1993)

长度/mm	125	150	175	200	225	250

十二、断线钳

断线钳用于切断较粗的、硬度不大于 30HRC 的金属线材、刺铁丝及电线等。断线钳的规格见表 15-12。

表 12-12　断线钳的规格(QB/T 2206—1996)

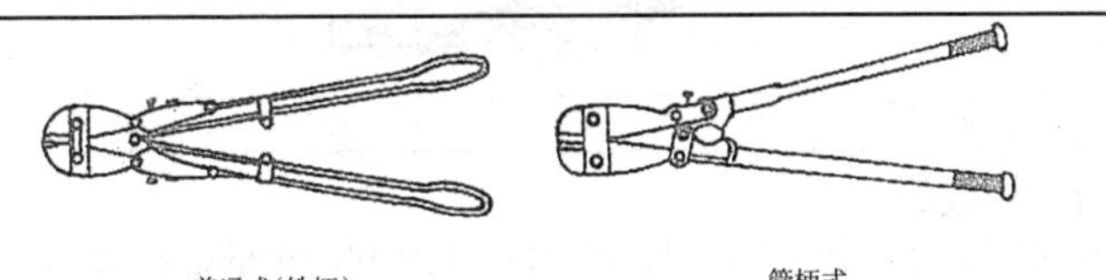

普通式(铁柄)　　管柄式

长度/mm	300	350	450	600	750	900	1050

十三、鹰嘴断线钳

鹰嘴断线钳用于切断较粗的，硬度不大于 30HRC 的金属线材等，特别适用于高空等露天作业。鹰嘴断线钳的规格见表 12-13。

表 12-13　鹰嘴断线钳的规格

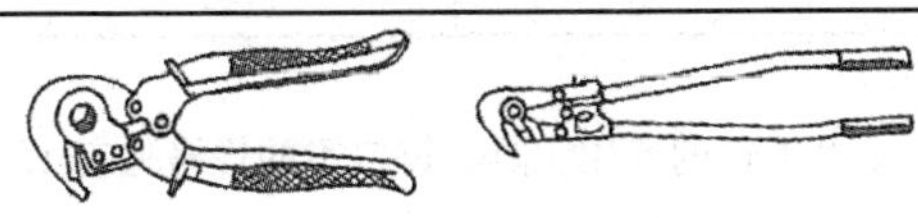

230mm　　450~900mm

长度/mm	230	450	600	750	900

十四、羊角启钉钳

羊角启钉钳用于开、拆木结构时起拔钢钉。羊角启钉钳的规格见表 12-14。

表 12-14　羊角启钉钳的规格

长度×直径 /mm	250×16

十五、开箱钳

开箱钳用于开、拆木结构时起拔钢钉。开箱钳的规格见表 12-15。

表 12-15　开箱钳的规格

长度/mm	450

十六、多用钳

多用钳用于切割、剪、轧金属薄板或丝材。多用钳的规格见表 12-16。

表 12-16　多用钳的规格

长度/mm	200

十七、扎线钳

扎线钳用于剪断中等直径的金属丝材。扎线钳的规格见表 12-17。

表 12-17　扎线钳的规格

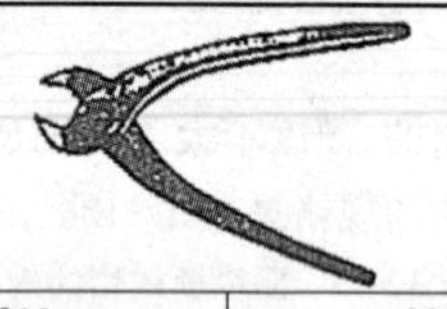

长度/mm	200	225	250

十八、铆钉钳

铆钉钳为安装小型铆钉的专用工具。铆钉钳的规格见表 12-18。

表 12-18　铆钉钳规格

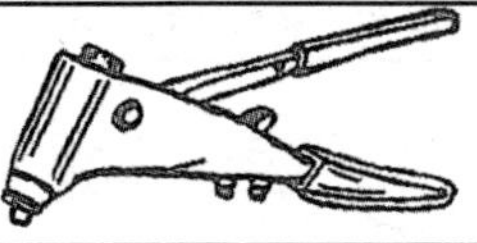

长度/mm	225(带有¢2 mm,¢2.3 mm,¢2.8 mm 3 个冲头)

十九、旋转式打孔钳

旋转式打孔钳适宜于较薄的板件穿孔之用。旋转式打孔钳的规格见表 12-19。

表 12-19　旋转式打孔钳的规格

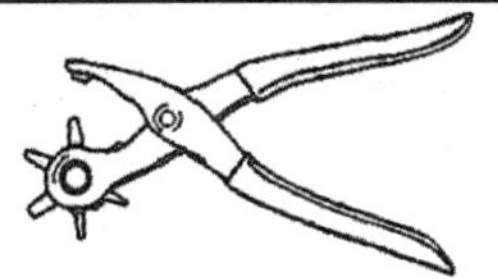

长度/mm	225(穿孔规格为¢2 mm,¢2.5 mm,¢3 mm,¢3.5 mm,¢4 mm,¢4.5 mm)

第二节　扳手类

一、双头扳手

双头扳手用以紧固或拆卸六角头或方头螺栓(螺母)。由于两端开口宽度不同,每把扳手可适用两种规格的六角头或方头螺栓。双头扳手的规格以适用的螺栓的六角头或方头对边宽度表示,见表 12-20。

表 12-20　双头扳手的规格(GB/T 4388—2008、GB/T 4389—1995、GB/T 4391—2008) /mm

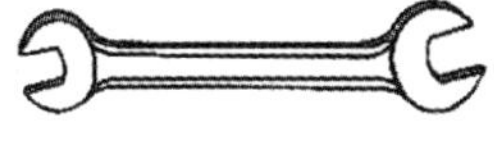

3.2×4	4×5	5×5.5	5.5×7	6×7	7×8
8×9	8×10	9×11	10×11	10×12	10×13
11×13	12×13	12×14	13×14	13×15	13×16
13×17	14×15	14×16	14×17	15×16	15×18
16×17	16×18	17×19	18×19	18×21	19×22
20×22	21×22	21×23	21×24	22×24	24×27
24×30	25×28	27×30	27×32	30×32	30×34
32×34	32×36	34×36	36×41	41×46	46×50
50×55	55×60	60×65	65×70	70×75	75×80

二、单头扳手

单头扳手用于紧固或拆卸一种规格的六角头或方头螺栓（螺母)。单头扳手的规格见表 12-21。

表 12-21 单头扳手规格(GB/T4388—2008)/mm

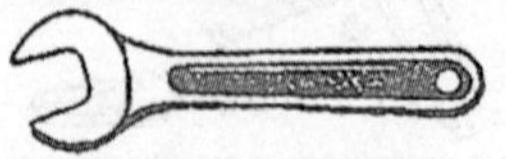

规格	头部厚度	头部宽度	全长	规格	头部厚度	头部宽度	全长
5.5	4.5	19	80	25	11.5	60	205
6	4.5	20	85	26	12	62	215
7	5	22	90	27	12.5	64	225
8	5	24	95	28	12.5	66	235
9	5.5	26	100	29	13	68	245
10	6	28	105	30	13.5	70	255
11	6.5	30	110	31	14	72	265
12	7	32	115	32	14.5	74	275
13	7	34	120	34	15	78	285
14	7.5	36	125	36	15.5	83	300
15	8	39	130	41	17.5	93	330
16	8	41	135	46	19.5	104	350
17	8.5	43	140	50	21	112	370
18	8.5	45	150	55	22	123	390
19	9	47	155	60	24	133	420
20	9.5	49	160	65	26	144	450
21	10	51	170	70	28	154	480
22	10.5	53	180	75	30	165	510
23	10.5	55	190	80	32	175	540
24	11	57	200				

三、双头梅花扳手

双头梅花扳手用途与呆头双扳手相似,但只适用于六角头螺栓、螺母。特别适用于狭小、凹处等不能容纳双头扳手的场合。双头梅花扳手分为 A 型(矮颈型)、G 型(高颈型)、Z 型(直颈型)及 W 型 15°(弯颈型)等 4 种。单件梅花扳手的规格/mm 6×7～55×60,其系列与单件双头呆扳手相同。成套梅花扳手规格系列见表 12-22。

表 12-22　成套梅花扳手规格系列(GB/T 4388—2008) /mm

6 件组	5.5×8,10×12,12×14,14×17,17×19(或 19×22),22×24
8 件组	5.5×7,8×10(或 9×11),10×12,12×14,14×17,17×19(或 19×22),22×24,24×27
10 件组	5.5×7,8×10(或 9×11),10×12,12×14,14×17,17×19,19×22,22×24(或 24×27),27×30,30×32
新 5 件组	5.5×7,8×10,13×16,18×21,24×17
新 6 件组	5.5×7,8×10,13×16,18×21,24×27,30×34

四、单头梅花扳手

单头梅花扳手的用途与单头呆扳手相似,但只适用于紧固或拆卸一种规格的六角螺栓、螺母。特点是:承受扭矩大,特别适用于地方狭小或凹处或不能容纳单头扳手的场合。单头梅花扳手分 A 型(矮颈型)和 G 型(高颈型)两种,其规格见表 12-23。

表 12-23　单头梅花扳手规格(GB/T 4388—2008)

六角对边距离/mm	10、11、12、13、14、15、16、17、18、19、20、21、22、23、24、25、26、27、28、29、30、31、32、34、36、38、41、46、50、55、60、65、70、75、80

五、敲击呆扳手

敲击呆扳手用途与单头呆扳手相同。此外,其柄端还可以作锤子敲击用。敲击呆扳手的规格见表 15-24。

表 12-24　敲击呆扳手规格(GB/T4392—1995) /mm

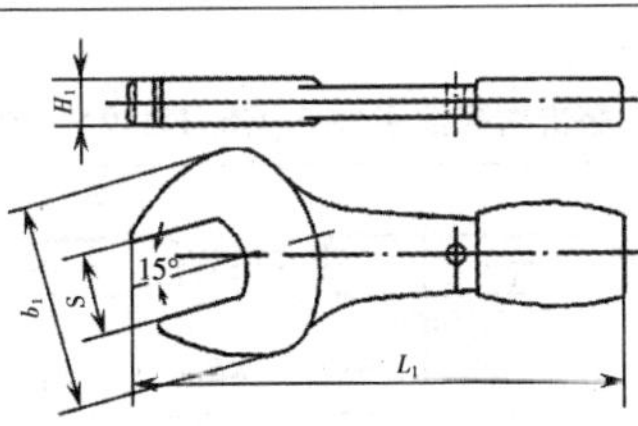

S	b_1(max)	H_1(max)	L_1(min)
50	110.0	20	300
55	120.5	22	

续表

60 65	131.0 141.5	24 26	350
70 75	152.0 162.5	28 30	375
80 85	173.0 183.5	32 34	400
90 95	188.0 198.0	36 38	450
100 105 110 115	208.0 218.0 228.0 238.0	40 42 44 46	500
120 130 135 145	248.0 268.0 278.0 298.0	48 52 54 58	600
150 155 165 170	308.0 318.0 338.0 345.0	60 62 66 68	700
180 185 190 200 210	368.0 378.0 388.0 408.0 425.0	72 74 76 80 84	800

六、敲击梅花扳手

敲击梅花扳手用途与单头梅花扳手相同。此外，其柄端还可以作锤子敲击用。敲击梅花扳手规格见表 12-25。

表 12-25 敲击梅花扳手规格(GB/T 4392—1995)/mm

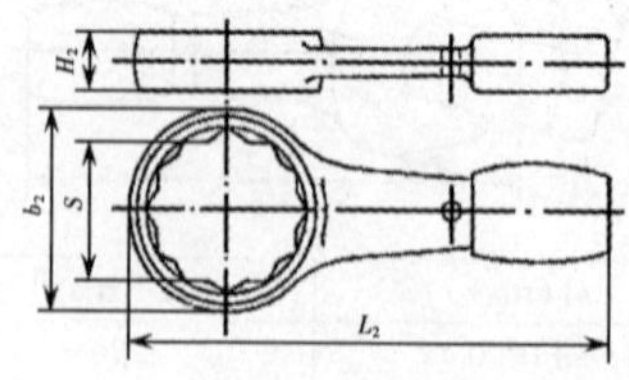

续表

S	b_2(max)	H_2(max)	L_2(min)
50	83.5	25.0	300
55	91.0	27.0	
60	98.5	29.0	350
65	106.0	30.6	
70	113.5	32.5	375
75	121.0	34.0	
80	128.5	36.5	400
85	136.0	38	
90	143.5	40.0	450
95	151.0	42.0	
100	158.5	44.0	500
105	166.0	45.6	
110	173.5	47.5	
115	181.0	49.0	
120	188.5	51.0	600
130	203.5	55.0	
135	211.0	57.0	
145	226.0	60.0	
150	233.5	62.5	700
155	241.0	64.5	
165	256.0	68.0	
170	263.5	70.0	
180	278.5	74.0	800
185	286.0	75.6	
190	293.5	77.5	
200	308.5	81.0	
210	323.5	85.0	

七、两用扳手

两用扳手一端与单头呆扳手相同，另一端与梅花扳手相同，两端适用相同规格的螺栓、螺母。两用扳手规格用开口宽度或对边距离表示，见表 12-26。

表 12-26　两用扳手规格(GB/T 4388—1995)/mm

单件扳手规格系列	5.5,6,7,8,9,10,11,12,13,14,15,16,17,18,19,20,21,22,23,24,25,26,27,28,29,30,31,32,33,34,36

续表

成套扳手规格系列	6 件组	10,12,14,17,19,22
	8 件组	8,9,10,12,14,17,19,22
	10 件组	8,9,10,12,14,17,19,22,24,27
	新 6 件组	10,13,16,18,21,24
	新 8 件组	8,10,13,16,18,21,24,27

八、套筒扳手

套筒扳手除具有一般扳手的功能外，还特别适合于位置特殊、空间狭窄、深凹、活扳手或呆扳手均不能使用的场合。有单件和成套(盒)两种形式。套筒扳手传动方孔(方榫)尺寸见表 12-27，成套套筒扳手规格见表 12-28。

表 12-27　套筒板手传动方孔(方榫)尺寸(GB/T 3390.2—2004)/mm

系列	方榫			方孔		
	型式	对边尺寸 s_1		型式	对边尺寸 s_2	
		max	min		max	min
6.3	A(B)	6.35	6.26	C、D	6.63	6.41
10	A(B)	9.53	9.44	C(D)	9.80	9.58
12.5	A(B)	12.70	12.59	C(D)	13.03	12.76
20	B(A)	19.05	18.92	D(C)	19.44	19.11
25	B(A)	25.40	25.27	D(C)	25.79	25.46

表 12-28　成套套筒扳手规格

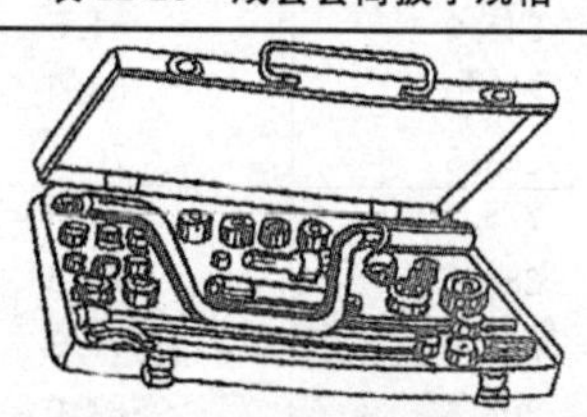

品种	传动方孔或方榫尺寸/mm	每盒配套件具体规格/mm	
		套筒	套筒
小型套筒扳手			
20 件	6.3×10	4,4.5,5,5.5,6,7,8(以上 6.3 方孔),10,11,12,13,14,17,19,20.6 火花塞套筒(以上 10 方孔)	200 棘轮扳手,75 旋柄,75、150 接杆(以上 10 方孔、方榫),10×6.3 接头
10 件	10	10,11,12,13,14,17,19,20.6 火花塞套筒	200 棘轮扳手,75 接杆
普通套筒扳手			
9 件	12.5	10,11,12,14,17,19,22,24	230 弯柄
13 件	12.5	10,11,12,14,17,19,22,24,27	250 棘轮扳手,直接头,250 转向手柄,250 通用手柄

续表

品种	传动方孔或方榫尺寸/mm	每盒配套件具体规格/mm	
		套筒	套筒
普通套筒扳手			
17 件	12.5	10, 11, 12, 14, 17, 19, 22, 24, 27, 30,32	250 棘轮扳手,直接头,250 滑行头手柄,420 快速摇柄,125、250 接杆
24 件	12.5	10,11,12,13,14,15,16,17,18,19, 20,21,22,23,24,27,30,32	250 棘轮扳手,250 滑行头手柄,420 快速摇柄,125、250 接杆、75 万向接头
28 件	12.5	10,11,12,13,14,15,16,17,18,19, 20,21,22,23,24,26,27,28,30,32	250 棘轮扳手,直接头,250 滑行头手柄,420 快速摇柄,125、250 接杆,75 万向接头,52 旋具接头
32 件	12.5	8,9,10,11,12,13,14,15,16,17,18, 19,20,21,22,23,24,26,27,28,30, 32,20.6 火花塞套筒	250 棘轮扳手,250 滑行头手柄,420 快速摇柄,230、300 弯柄,75 万向接头,52 旋具接头,125、250 接杆

九、套筒扳手套筒

套筒扳手套筒用于紧固或拆卸螺栓、螺母。套筒扳手套筒规格见表 12-29。

表 12-29 套筒扳手套筒规格(GB/T 3390.1—2004)/mm

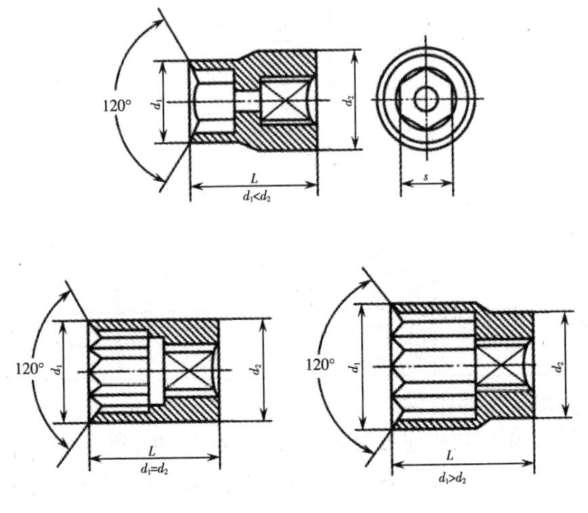

续表

<table>
<tr><th>s</th><th>d_1(max)</th><th>d_2(max)</th><th>L(A 型 max)</th><th>s</th><th>d_1(max)</th><th>d_2(max)</th><th>L(A 型 max)</th><th>s</th><th>d_1(max)</th><th>d_2(max)</th><th>L(A 型 max)</th></tr>
<tr><td colspan="4">6.3 系列</td><td colspan="4">12.5 系列</td><td colspan="4">20 系列</td></tr>
<tr><td>3.2</td><td>5.9</td><td rowspan="7">12.5</td><td rowspan="13">25</td><td>8</td><td>13.0</td><td rowspan="7">24</td><td rowspan="10">40</td><td>50</td><td>68.3</td><td>68.3</td><td>80</td></tr>
<tr><td>4</td><td>6.9</td><td>9</td><td>14.4</td><td>55</td><td>74.6</td><td>74.6</td><td>85</td></tr>
<tr><td>5</td><td>8.2</td><td>10</td><td>15.5</td><td colspan="4">25 系列</td></tr>
<tr><td>5.5</td><td>8.8</td><td>11</td><td>16.7</td><td>27</td><td>42.7</td><td rowspan="2">50</td><td rowspan="3">65</td></tr>
<tr><td>6</td><td>9.6</td><td>12</td><td>18</td><td>30</td><td>47</td></tr>
<tr><td>7</td><td>11</td><td>13</td><td>19.2</td><td>32</td><td>49.4</td><td rowspan="4">52</td></tr>
<tr><td>8</td><td>12.2</td><td>14</td><td>20.5</td><td>34</td><td>51.9</td><td rowspan="2">70</td></tr>
<tr><td>9</td><td>13.6</td><td>13.5</td><td>15</td><td>21.7</td><td rowspan="4">25.5</td><td>36</td><td>54.2</td></tr>
<tr><td>10</td><td>14.7</td><td>14.7</td><td>16</td><td>23</td><td>41</td><td>60.3</td><td>75</td></tr>
<tr><td>11</td><td>16</td><td>16</td><td>17</td><td>24.2</td><td>46</td><td>66.4</td><td rowspan="2">55</td><td>80</td></tr>
<tr><td>12</td><td>17.2</td><td>17.2</td><td>18</td><td>25.5</td><td rowspan="2">42</td><td>50</td><td>71.4</td><td>85</td></tr>
<tr><td>13</td><td>18.5</td><td>18.5</td><td>19</td><td>26.7</td><td>26.7</td><td>55</td><td>77.6</td><td>57</td><td>90</td></tr>
<tr><td>14</td><td>19.7</td><td>19.7</td><td>21</td><td>29.2</td><td>29.2</td><td rowspan="2">44</td><td>60</td><td>83.9</td><td>61</td><td>95</td></tr>
<tr><td colspan="4">10 系列</td><td>22</td><td>30.5</td><td>30.5</td><td>65</td><td>90.3</td><td>65</td><td>100</td></tr>
<tr><td>6</td><td>9.6</td><td rowspan="10">20</td><td rowspan="10">32</td><td>24</td><td>33</td><td>33</td><td>46</td><td>70</td><td>96.9</td><td>68</td><td>105</td></tr>
<tr><td>7</td><td>11</td><td>27</td><td>36.7</td><td>36.7</td><td>48</td><td>75</td><td>104</td><td>72</td><td>110</td></tr>
<tr><td>8</td><td>12.2</td><td>30</td><td>40.5</td><td>40.5</td><td rowspan="2">50</td><td>80</td><td>111.4</td><td>75</td><td>115</td></tr>
<tr><td>9</td><td>13.6</td><td>32</td><td>43</td><td>43</td><td></td><td></td><td></td><td></td></tr>
<tr><td>10</td><td>14.7</td><td colspan="4">20 系列</td><td></td><td></td><td></td><td></td></tr>
<tr><td>11</td><td>16</td><td>19</td><td>30</td><td>38</td><td>50</td><td></td><td></td><td></td><td></td></tr>
<tr><td>12</td><td>17.2</td><td>21</td><td>32.1</td><td rowspan="4">40</td><td rowspan="3">55</td><td></td><td></td><td></td><td></td></tr>
<tr><td>13</td><td>18.5</td><td>22</td><td>33.3</td><td></td><td></td><td></td><td></td></tr>
<tr><td>14</td><td>19.7</td><td>24</td><td>35.8</td><td></td><td></td><td></td><td></td></tr>
<tr><td>15</td><td>21</td><td>27</td><td>39.6</td><td rowspan="3">60</td><td></td><td></td><td></td><td></td></tr>
<tr><td>16</td><td>22.2</td><td rowspan="2">24</td><td rowspan="4">35</td><td>30</td><td>43.3</td><td>43.3</td><td></td><td></td><td></td><td></td></tr>
<tr><td>17</td><td>23.5</td><td>32</td><td>45.8</td><td>45.8</td><td></td><td></td><td></td><td></td></tr>
<tr><td>18</td><td>24.7</td><td>24.7</td><td>34</td><td>48.3</td><td>48.3</td><td rowspan="2">65</td><td></td><td></td><td></td><td></td></tr>
<tr><td>19</td><td>26</td><td>26</td><td>36</td><td>50.8</td><td>50.8</td><td></td><td></td><td></td><td></td></tr>
<tr><td>21</td><td>28.4</td><td>28.4</td><td rowspan="2">38</td><td>41</td><td>57.1</td><td>57.1</td><td>70</td><td></td><td></td><td></td><td></td></tr>
<tr><td>22</td><td>29.7</td><td>29.7</td><td>46</td><td>63.3</td><td>63.3</td><td>75</td><td></td><td></td><td></td><td></td></tr>
</table>

十、手动套筒扳手附件

手动套筒扳手附件按用途分有传动附件(表 12-30)和连接附件(表 12-31)两类。根据传动方榫对边尺寸分为 6.3,10,12.5,20,25 五个系列。

表 12-30 传动附件(GB/T 3390.3—2004)

编号	名称	示意图	规格(方榫系列)/mm	特点及用途
253	滑动头手柄		6.3、10、12.5、20、25	滑行头的位置可以移动,以便根据需要调整旋动时力臂的大小。特别适用于180°范围内的操作场合
255	快速摇柄		6.3、10、12.5	操作时利用弓形柄部可以快速、连续旋转
256	棘轮扳手		6.3、10、12.5、20、25	利用棘轮机构可在旋转角度较小的工作场合进行操作。普通式须与方榫尺寸相应的直接头配合使用
257	可逆式棘轮扳手		6.3、10、12.5、20、25	利用棘轮机构可在旋转角度较小的工作场合进行操作。旋转方向可正向或反向
251	旋柄		6.3、10	适用于旋动位于深凹部位的螺栓、螺母
252	转向手柄		6.3、10、12.5、20、25	手柄可围绕方榫轴线旋转,以便在不同角度范围内旋动螺栓、螺母
254	弯柄		6.3、10、12.5、20、25	配用于件数较少的套筒扳手

表 12-31 连接附件(GB/T 3390.4—2004)/mm

编号	名称	示意图	规格(方榫系列)/mm		特点及用途
			方孔	方榫	
203	接头		10、12.5、20、25	6.3、10、12.5、20	用作传动附件、接杆、套筒之间的一种连接附件
	接头		6.3、10、12.5、20	10、12.5、20、25	
204	接杆		6.3、10、12.5、20、25		用作传动附件与套筒之间的一种连接附件,以便旋动位于深凹部位的螺栓、螺母

续表

205	万向接头		6.3、10、12.5、20	用作传动附件与套筒之间的一种连接附件，其作用与转向手柄相似
206	方榫传动杆		6.3、10	用于螺旋棘轮驱动

十一、十字柄套筒扳手

十字柄套筒扳手用于装配汽车等车辆轮胎上的六角头螺栓（螺母）。每一型号套筒扳手上有 4 个不同规格套筒，也可用一个传动方榫代替其中一个套筒。十字柄套筒扳手规格见表 12-32，规格 s 指适用螺栓六角头对边尺寸。

表 12-32　十字柄套筒扳手规格（GB/T 14765—2008）/mm

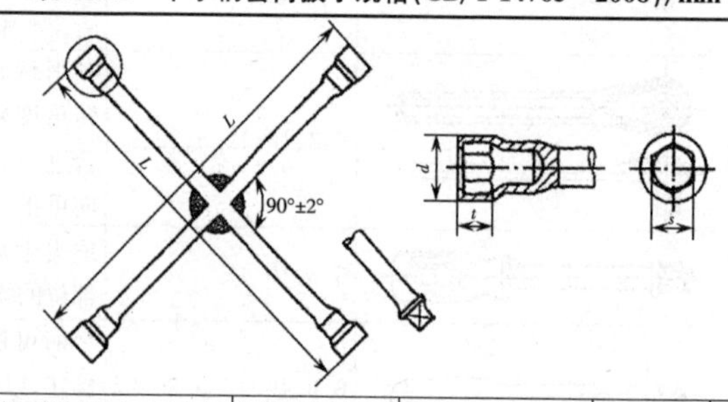

型号	最大套筒的对边尺寸 s（最大）	方榫对边尺寸	套筒最大外径 d	最小柄长	套筒的最小深度 t
1	24	12.5	38	355	0.8s
2	27	12.5	42.5	450	
3	34	20	55	630	
4	41	20	63	700	

十二、活扳手

活扳手开口宽度可以调节，用于扳拧一定尺寸范围的六角头或方头螺栓、螺母。活扳手规格见表 12-33。

表 12-33 活扳手规格（GB/T 4440—2008）/mm

长度	100	150	200	250	300	375	450	600
开口宽度	13	19	24	28	34	43	52	62

十三、调节扳手

调节扳手功用与活扳手相似，但其开口宽度在扳动时可自动适应相应尺寸的六角头或方头螺栓、螺钉和螺母。调节扳手规格见表 12-34。

表 12-34 调节扳手规格/mm

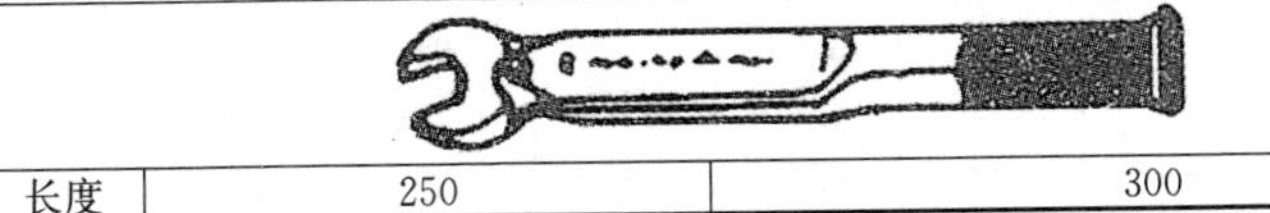

长度	250	300

十四、内六角扳手

内六角扳手用于紧固或拆卸内六角螺钉。内六角扳手规格见表 12-35。

表 12-35 内六角扳手规格(GB/T 5356—2008)/mm

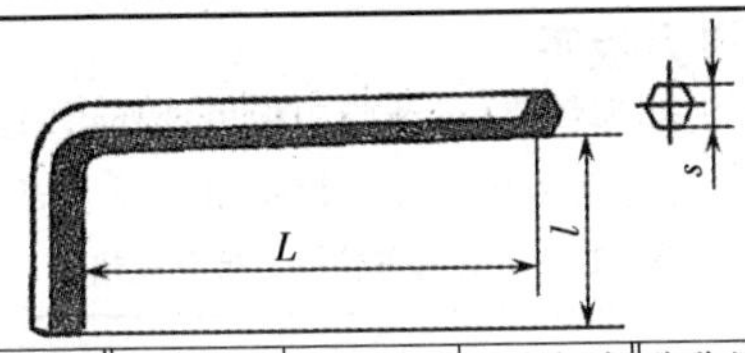

公称尺寸 s	长脚长度 L	短脚长度 l	公称尺寸 s	长脚长度 L	短脚长度 l	公称尺寸 s	长脚长度 L	短脚长度 l
2	50	16	7	95	34	19	130	70
2.5	56	18	8	100	36	22	200	80
3	63	20	10	112	40	24	224	90
4	70	25	12	125	45	27	250	100
5	80	28	14	140	56	32	315	125
6	90	32	17	160	63	36	355	140

注:公称尺寸相当于内六角螺钉的内六角孔对边尺寸。

十五、内六角花形扳手

内六角花形扳手用途与内六角扳手相似。内六角花形扳手规格见表 12-36。

表 12-36 内六角花形扳手规格(GB/T 5357—1998)/mm

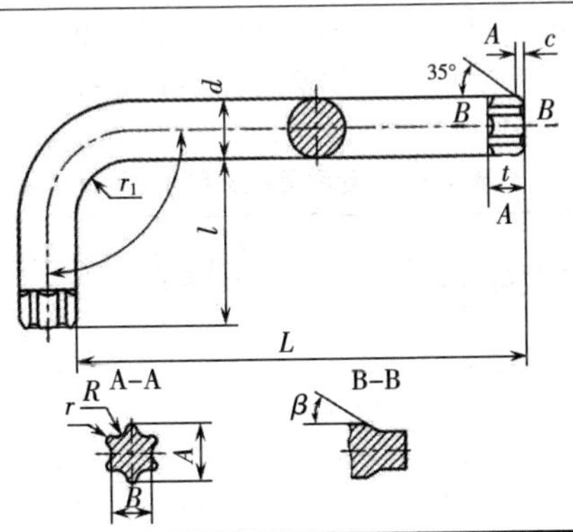

续表

代号	适应的螺钉	L	l	t	A	B	R	r
T30	M6	70	24	3.30	5.575	3.990	1.181	0.463
T40	M8	76	26	4.57	6.705	4.798	1.416	0.558
T50	M10	96	32	6.05	8.890	6.398	1.805	0.787
T55	M12～14	108	35	7.65	11.277	7.962	2.656	0.799
T60	M16	120	38	9.07	12.360	9.547	2.859	1.092
T80	M20	145	46	10.62	17.678	12.075	3.605	1.549

十六、双向棘轮扭力扳手

双向棘轮扭力扳手头部为棘轮，拨动旋向板可选择正向或反向操作，力矩值由指针指示，用于检测紧固件拧紧力矩。双向棘轮扭力扳手规格见表 12-37。

表 12-37　双向棘轮扭力扳手规格

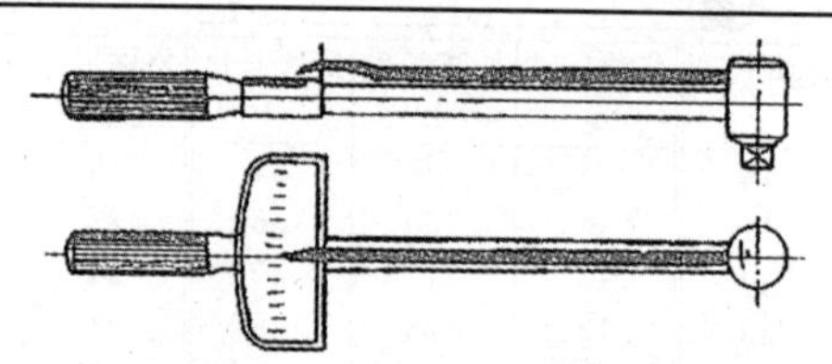

力矩/N.m	精度/%	方榫/mm	总长/mm
0～300	±5%	12.7×2.7，14×14	400～478

十七、管活两用扳手

管活两用扳手的结构特点是固定钳口制成带有细齿的平钳口；活动钳口一端制成平钳口，另一端制成带有细齿的凹钳口。向下按动蜗杆，活动钳口可迅速取下，调换钳口位置。如利用活动钳口的平钳口，即当活扳手使用，装拆六角头或方头螺栓、螺母；利用凹钳口，可当管子钳使用，装拆管子或圆柱形零件。管活两用扳手规格见表 12-38。

表 12-38　管活两用扳手规格/mm

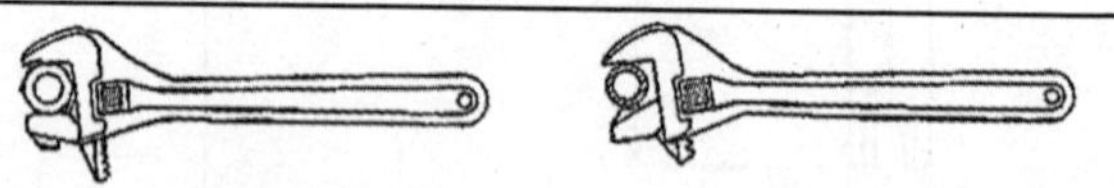

当活扳手使用　　当管子钳使用

类　型	Ⅰ型		Ⅱ型			
长度	250	300	200	250	300	375
夹持六角对边宽度≤	30	36	24	30	36	46
夹持管子外径≤	30	36	25	32	40	50

第三节 旋具类

一、一字形螺钉旋具

一字形螺钉旋具用于紧固或拆卸一字槽螺钉。木柄和塑柄螺钉旋具分普通式和穿心式两种。穿心式能承受较大的扭矩，并可在尾部用手锤敲击。方形旋杆螺钉旋具能用相应的扳手夹住旋杆扳动，以增大扭矩。一字形螺钉旋具规格见表 12-39。

表 12-39 一字形螺钉旋具规格(QB/T 2564.4—2002)/mm

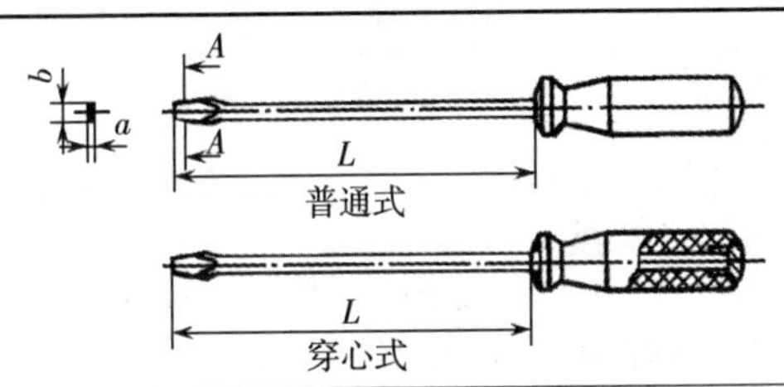

规格 $a\times b$	旋杆长度 $L^{+0.5}_{0}$			
	A系列	B系列	C系列	D系列
0.4×2	—	40	—	—
0.4×2.5	—	50	75	100
0.5×3	—	50	75	100
0.6×3	25(35)	75	75	125
0.6×3.5	25(35)	75	100	125
0.8×4	25(35)	75	100	125
1×4.5	25(35)	100	100	150
1×5.5	25(35)	100	125	150
1.2×6.5	25(35)	100	125	150
1.2×8	25(35)	125	125	175
1.6×8	—	125	150	175
1.6×10	—	150	150	200
2×12	—	150	200	250
2.5×14	—	200	200	300

二、十字形螺钉旋具

十字形螺钉旋具用于紧固或拆卸十字槽螺钉。木柄和塑柄螺钉旋具分普通式和穿心式两种。穿心式能承受较大的扭矩，可在尾部用手锤敲击。方形旋杆能用相应的扳手夹住旋杆扳动，以增大扭矩。十字形螺钉旋具规格见表 12-40。

表 12-40　十字形螺钉旋具规格(QB/T 2564.5—2002) /mm

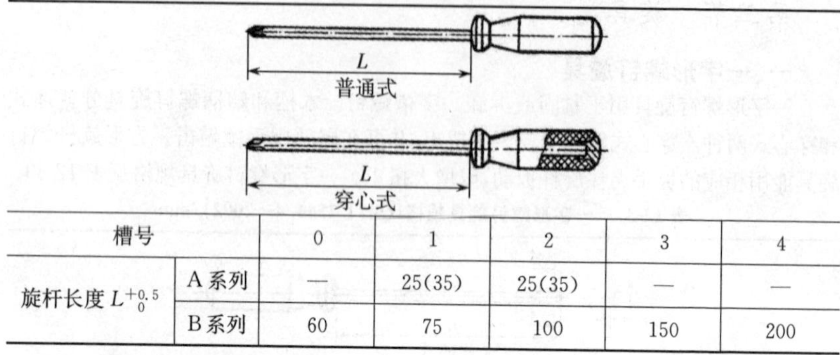

槽号		0	1	2	3	4
旋杆长度 $L^{+0.5}_{0}$	A 系列	—	25(35)	25(35)	—	—
	B 系列	60	75	100	150	200

三、螺旋棘轮螺钉旋具

螺旋棘轮螺钉旋具用于旋动头部带槽的螺钉、木螺钉和自攻螺钉。有三种动作:将开关拨到同旋位置时,作用与一般螺钉旋具相同;将开关拨到顺旋或倒旋位置时,压迫柄的顶部,旋杆可连续顺旋或倒旋,操作强度轻,效率高。螺旋棘轮螺钉旋具规格见表 12-41。

表 12-41　螺旋棘轮螺钉旋具规格(QB/T 2564.6—2002)

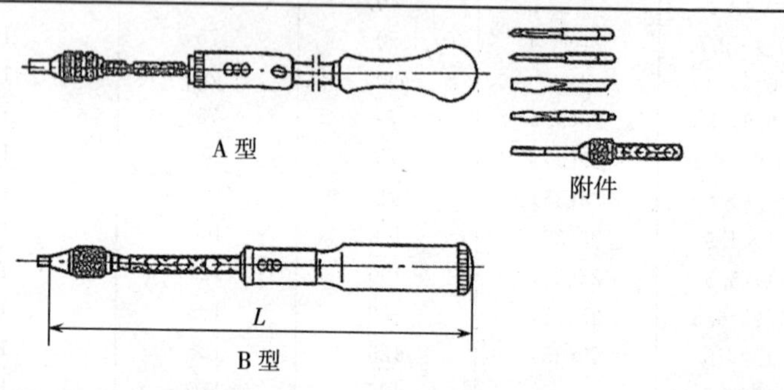

类型	规格/mm	L/mm	工作行程(min)/mm	夹头行程旋转圈数(min)	扭矩/N·m
A 型	220	220	50	1.25	3.5
	300	300	70	1.5	6.0
B 型	300	300	140	1.5	6.0
	450	450	140	2.5	8.0

四、夹柄螺钉旋具

夹柄螺钉旋具用于紧固或拆卸一字槽螺钉,并可在尾部敲击,但禁止用于有电的场合。夹柄螺钉旋具规格见表 12-42。

表 12-42　夹柄螺钉旋具规格

长度/mm	150	200	250	300

五、多用螺钉旋具

多用螺钉旋具用于紧固或拆卸带槽螺钉、木螺钉，钻木螺钉孔眼，可作测电笔用。多用螺钉旋具规格见表 12-43。

表 12-43　多用螺钉旋具规格

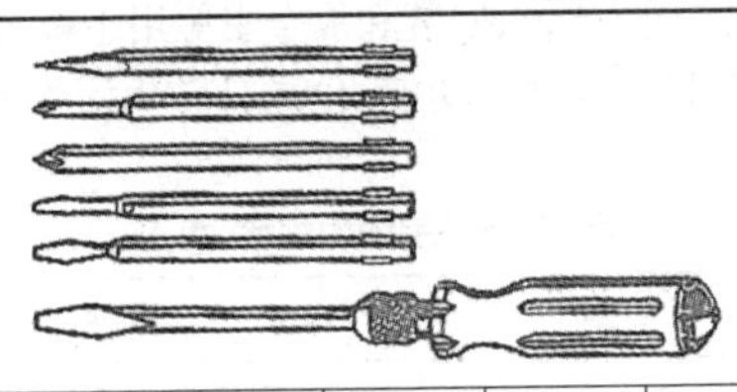

件数	一字形旋杆头宽/mm	十字形旋杆（十字槽号）	钢锥（把）	刀片（片）	小锤（只）	木工钻/mm	套筒/mm <
6	3,4,6	1,2	1	—	—	—	—
8	3,4,5,6	1,2	1	1	—	—	—
12	3,4,5,6	1,2	1	1	1	6	6

注：全长(手柄加旋杆) /mm:230,并分 6,8,12 件三种。

六、快速多用途螺钉旋具

快速多用途螺钉旋具有棘轮装置，旋杆可单向相对转动并有转向调整开关，配有多种不同规格的螺钉刀头和尖锥，放置于尾部后盖内。使用时选出适用的刀头放入头部磁性套筒内，并调整好转向开关，即可快速旋动螺钉。快速多用途螺钉旋具规格见表 12-44。

表 12-44　快速多用途螺钉旋具规格

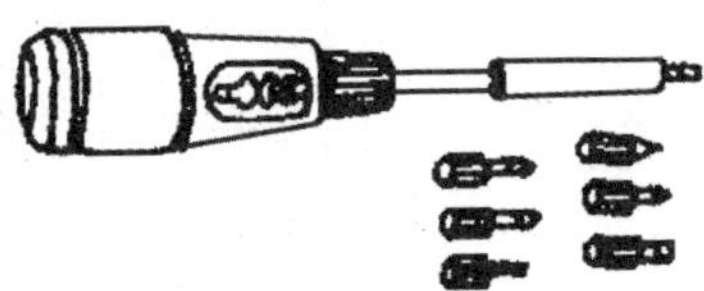

类型	件数	直径/mm
一字螺钉刀头	3	3,4,5
十字螺钉刀头	3	3(一号),4,5(二号)

续表

类型	件数	直径/mm
尖锥	1	—

注：配有 3 只一字螺钉刀头，直径/mm 为：₵3，₵4，₵5；配有 3 只十字螺钉刀头，直径/mm 为：₵3(1 号)，₵4，₵5(2 号)；另配有一只尖锥。

第四节 手锤、斧子、冲子类

一、手锤类

手锤是钳工、锻工、冷作、建筑、安装和钣金工等用于敲击工件和整形用的手工具，多用锤、羊角锤还有起钉或其他功能，也是日常生活中不可缺少的家用工具。手锤的规格、用途见表 12-45。

表 12-45 手锤的规格、用途

<table>
<tr><th>名称</th><th>简图</th><th colspan="3">规格</th><th>特点及用途</th></tr>
<tr><td>八角锤
(QB/T1290.1—1991)</td><td></td><td colspan="3">锤重/kg：0.9，1.4，1.8，2.7，3.6，4.5，5.4，6.3，7.2，8.1，9.0，10.0，11.0
锤高/mm：105，115，130，152，165，180，190，198，208，216，224，230，236</td><td>用于锤锻钢件，敲击工件，安装机器以及开山、筑路时凿岩、碎石等敲击力较大的场合</td></tr>
<tr><td rowspan="2">圆头锤
(QB/T1290.2—1991)</td><td rowspan="2"></td><td>锤重/kg</td><td>锤高/mm</td><td>全长/mm</td><td rowspan="2">用于钳工、冷作、装配、维修等工种(市场供应分连柄和不连柄两种)</td></tr>
<tr><td>0.11
0.22
0.34
0.45
0.68
0.91
1.13
1.36</td><td>66
80
90
101
116
127
137
147</td><td>260
285
315
335
355
375
400
400</td></tr>
<tr><td>钳工锤
(QB/T1290.3—1991)</td><td></td><td colspan="3">锤重/kg：0.1，0.2，0.3，0.4，0.5，0.6，0.8，1.0，1.5，2.0</td><td>供钳工、锻工、安装工、冷作工、维修装配工作敲击或整形用</td></tr>
</table>

续表

<table>
<tr><th>名称</th><th colspan="2">简图</th><th colspan="3">规格</th><th>特点及用途</th></tr>
<tr><td>检查锤
(QB/T 1290.5—1991)</td><td colspan="2"></td><td colspan="3">锤重(不连柄/kg):0.25
锤全高/mm:120
锤端直径/mm:Φ18</td><td>用于避免因操作中产生机械火花而引爆爆炸性气体的场所(分有尖头锤和扁头锤两种)</td></tr>
<tr><td rowspan="5">敲锈锤
(QB/T 1290.8—1991)</td><td colspan="2" rowspan="5"></td><td>锤重/kg</td><td>锤高/mm</td><td>全长/mm</td><td rowspan="5">用于加工中除锈、除焊渣</td></tr>
<tr><td>0.2</td><td>115</td><td>285</td></tr>
<tr><td>0.3</td><td>126</td><td>300</td></tr>
<tr><td>0.4</td><td>134</td><td>310</td></tr>
<tr><td>0.5</td><td>40</td><td>320</td></tr>
<tr><td>焊工锤
(QB/T 1290.7—1991)</td><td colspan="2"></td><td colspan="3">锤重/kg:0.25,0.3,0.5,0.75</td><td>用于电焊加工中除锈、除焊渣(分有A型、B型和C型3种)</td></tr>
<tr><td rowspan="10">羊角锤
(QB/T 1290.8—1991)</td><td colspan="2"></td><td>锤重/kg</td><td>锤高/mm</td><td>全长/mm</td><td>按锤击端的截面形状分为A、B、C、D、E型五种。</td></tr>
<tr><td rowspan="3">圆柱型</td><td rowspan="3">A型 B型</td><td>0.25</td><td>105</td><td>305</td><td rowspan="3">锤头部为圆柱形</td></tr>
<tr><td>0.35</td><td>120</td><td>320</td></tr>
<tr><td>0.45</td><td>130</td><td>340</td></tr>
<tr><td>正棱型</td><td>C型 D型</td><td>0.75</td><td>140</td><td>350</td><td>锤头部有正四棱柱形和正六棱形</td></tr>
<tr><td rowspan="3">圆锥型</td><td rowspan="3">E型</td><td>0.50</td><td>130</td><td>340</td><td rowspan="3">锤头部为圆锥形有钢柄、玻璃钢柄</td></tr>
<tr><td>0.55</td><td>135</td><td>340</td></tr>
<tr><td>0.65</td><td>140</td><td>350</td></tr>
<tr><td colspan="5"></td></tr>
<tr><td colspan="5"></td></tr>
<tr><td rowspan="6">木工锤
(QB/T 1290.9—1991)</td><td colspan="2" rowspan="6"></td><td>锤重/kg</td><td>锤高/mm</td><td>全长/mm</td><td rowspan="6">木工使用之锤,有钢柄及木柄</td></tr>
<tr><td>0.2</td><td>90</td><td>280</td></tr>
<tr><td>0.25</td><td>97</td><td>285</td></tr>
<tr><td>0.33</td><td>104</td><td>295</td></tr>
<tr><td>0.42</td><td>111</td><td>308</td></tr>
<tr><td>0.50</td><td>118</td><td>320</td></tr>
</table>

续表

名称	简图	规格			特点及用途
		锤重/kg	锤高/mm	全长/mm	
石工锤（QB/T 1290.10—1991）		0.8	90	240	石工使用之锤，用于采石、敲碎小石块
		1.0	95	260	
		1.25	100	260	
		1.50	110	280	
		2.0	120	300	
安装锤		锤直径/mm：20,25,30,35,40,45,50	锤重/kg：0.11,0.19,0.31,0.45,0.65,0.80,1.05		锤头两端用塑料或橡胶制成，桩敲击面不留痕迹、伤疤，适用于薄板的敲击、整形
橡胶锤		锤重/kg：0.22,0.45,0.67,0.9			用于精密零件的装配作业
电工锤		锤重（不连柄，/kg）：0.5			供电工安装和维修线路时用
什锦锤（QB/T 2209—1996）		全长/mm：162 附件： 螺钉旋具 螺钉旋具	木凿 锥子 三角锉		除作锤击或起钉使用外，如将锤头取下，换上装在手柄内的一项附件即可分别作三角锉、锥子、木凿或螺钉旋具使用。主要用于仪器、仪表、量具等检修工作中，也可供实验室或家庭使用

二、斧子类

斧刃用于砍剁，斧背用于敲击，多用斧还具有起钉、开箱、旋具等功能。斧子规格见表 12-46。

表 12-46 斧子规格

名称	简　图	用途	斧头重量/kg	全长/mm
采伐斧（QB/T 2565.2—2002）		采伐树木 木材加工	0.7,0.9,1.1,1.3,1.6,1.8,2.0,2.2,2.4	380,430,510,710～910
劈柴斧（QB/T 2565.3—2002）		劈木材	2.5,3.2	810～910
厨房斧（QB/T 2565.4—2002）		厨房砍、剁	0.6,0.8,1.0,1.2,1.4,1.6,1.8,2 0	360,380,400,610～810,710～901
木工斧（QB/T 2565.5—2002）		木工作业，敲击，砍劈木材。分有偏刃（单刃）和中刃（双刃）两种	1.0,1.25,1.5	（斧体长）120,135,160
多用斧（QB/T 2565.6—2002）		锤击、砍削、起钉、开箱		260,280,300,340
消防斧（GA 138-1996）		消防破拆作业用（斧把绝缘）	1.1～1.8,1.8～2.0,2.5～3.5	平斧：610、710、810、910 尖斧：715、815

三、冲子类

尖冲子用于在金属材料上冲凹坑；圆冲子在装配中使用；半圆头铆钉冲子用于冲击铆钉头；四方冲子、六方冲子用于冲内四方孔及内六方孔；皮带冲是在非金属材料（如皮革、纸、橡胶板、石棉板等）上冲制圆形孔的工具。冲子规格见表 12-47。

表 12-47 冲子规格/mm

名称	简图	规格		
		冲头直径	外径	全长
尖冲子（JB/T 3411.29—1999）JB 3439—1983		2	8	80
		3	8	80
		4	10	80
		6	14	100

续表

<table>
<tr><th>名称</th><th>简图</th><th colspan="4">规格</th></tr>
<tr><td rowspan="7">圆冲子
(JB/T 3411.30—1999) JB 3440—1983</td><td rowspan="7"></td><td colspan="2">圆冲直径</td><td>外径</td><td>全长</td></tr>
<tr><td colspan="2">3</td><td>8</td><td>80</td></tr>
<tr><td colspan="2">4</td><td>10</td><td>80</td></tr>
<tr><td colspan="2">5</td><td>12</td><td>100</td></tr>
<tr><td colspan="2">6</td><td>14</td><td>100</td></tr>
<tr><td colspan="2">8</td><td>16</td><td>125</td></tr>
<tr><td colspan="2">10</td><td>18</td><td>125</td></tr>
<tr><td rowspan="8">半圆头
铆钉冲子
(JB/T 3411.31—1999)</td><td rowspan="8"></td><td>铆钉直径</td><td>凹球半径</td><td>外径</td><td>全长</td></tr>
<tr><td>2.0</td><td>1.9</td><td>10</td><td>80</td></tr>
<tr><td>2.5</td><td>2.5</td><td>12</td><td>100</td></tr>
<tr><td>3.0</td><td>1.9</td><td>14</td><td>100</td></tr>
<tr><td>4.0</td><td>3.8</td><td>16</td><td>125</td></tr>
<tr><td>5.0</td><td>4.7</td><td>18</td><td>125</td></tr>
<tr><td>6.0</td><td>6.0</td><td>20</td><td>140</td></tr>
<tr><td>8.0</td><td>8.0</td><td>22</td><td>140</td></tr>
<tr><td rowspan="11">四方冲子
(JB/T 3411.33—1999)</td><td rowspan="11"></td><td colspan="2">四方对边距</td><td>外径</td><td>全长</td></tr>
<tr><td colspan="2">2.0,2.24,2.50,2.80</td><td>8</td><td rowspan="2">80</td></tr>
<tr><td colspan="2">3.0,3.5,3.55</td><td>14</td></tr>
<tr><td colspan="2">4.0,4.5,5.0</td><td rowspan="2">16</td><td rowspan="3">100</td></tr>
<tr><td colspan="2">5.6,6.0,6.3</td></tr>
<tr><td colspan="2">7.1,8.0</td><td>18</td></tr>
<tr><td colspan="2">9.0,10.0,11.2,12.0</td><td>20</td><td rowspan="2">125</td></tr>
<tr><td colspan="2">12.5,14.0,16.0</td><td>25</td></tr>
<tr><td colspan="2">17.0,18.0,20.0</td><td>30</td><td rowspan="3">150</td></tr>
<tr><td colspan="2">22.0,22.4</td><td>35</td></tr>
<tr><td colspan="2">25.0</td><td>40</td></tr>
<tr><td rowspan="8">六方冲子
(JB/T 3411.34—1999)</td><td rowspan="8"></td><td colspan="2">六方对边距</td><td>外径</td><td>全长</td></tr>
<tr><td colspan="2">3,4</td><td>14</td><td>80</td></tr>
<tr><td colspan="2">5,6</td><td>16</td><td>100</td></tr>
<tr><td colspan="2">8,10</td><td>18</td><td>100</td></tr>
<tr><td colspan="2">12,14</td><td>20</td><td>125</td></tr>
<tr><td colspan="2">17,19</td><td>25</td><td>125</td></tr>
<tr><td colspan="2">22,24</td><td>30</td><td>150</td></tr>
<tr><td colspan="2">27</td><td>35</td><td>150</td></tr>
<tr><td>皮带冲</td><td></td><td colspan="4">单支冲头直径:1.5,2.5,3,4,5,5.5,6.5,8,9.5,11,12.5,14,16,19,21,22,24,25,28,32,35,38
组套:8 支套,10 支套,12 支套,15 支套,16 支套</td></tr>
</table>

第十三章　钳 工 工 具

第一节　虎钳类

一、普通台虎钳

普通台虎钳装置在工作台上，用以夹紧加工工件。转盘式的钳体可以旋转，使工件旋转到合适的工作位置。普通台虎钳规格见表 13-1。

表 13-1　普通台虎钳规格(QB/T 1558.2—1992)

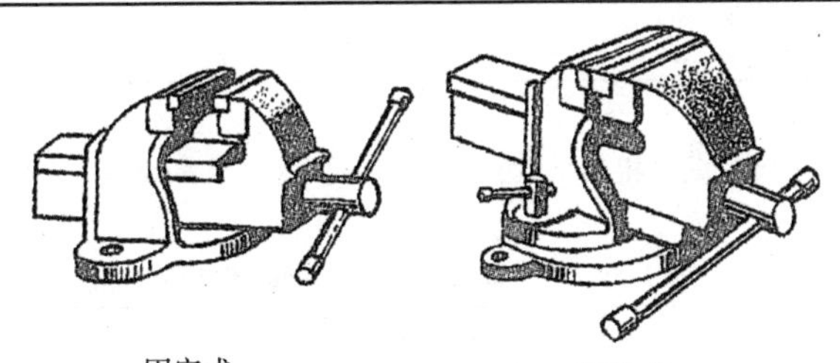

固定式　　转盘式

规　格		75	90	100	115	125	150	200
钳口宽度/mm		75	90	100	115	125	150	200
开口度/mm		75	90	100	115	125	150	200
外形尺寸/mm	长度	300	340	370	400	430	510	610
	宽度	200	220	230	260	280	330	390
	高度	160	180	200	220	230	260	310
夹紧力/kN	轻级	7.5	9.0	10.0	11.0	12.0	15.0	20.0
	重级	15.0	18.0	20.0	22.0	25.0	30.0	40.0

二、多用台虎钳

多用台虎钳的钳口与一般台虎钳相同，但其平钳口下部设有一对带圆弧装置的管钳口及 V 型钢口，用来夹持小直径的钢管、水管等圆柱形工件，使加工时不转动；在其固定钳体上端铸有铁砧面，便于对小工件进行锤击加工。多用台虎钳规格见表 13-2。

表 13-2　多用台虎钳规格(QB/T 1558.3—1995)

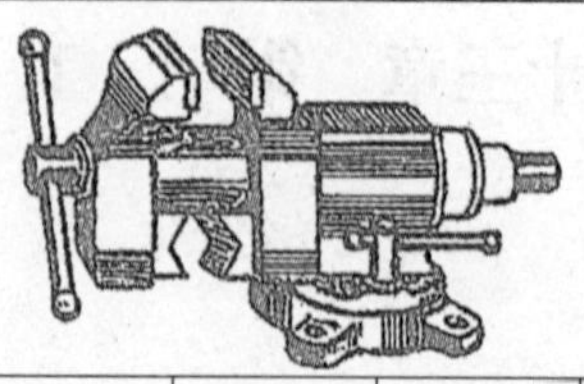

规　格	75	100	120	125	150
钳口宽度/mm	75	100	120	125	150
开口度/mm	60	80	100		120
管钳口夹持范围/mm	6～40	10～50	15～60		15～65
夹紧力/kN　轻级	15	20	25		30
夹紧力/kN　重级	9	20	16		18

三、桌虎钳

桌虎钳用途与台虎钳相似,但钳体安装方便,适用于夹持小型工件。桌虎钳规格见表 13-3。

表 13-3　桌虎钳规格(QB/T 2096—1995)

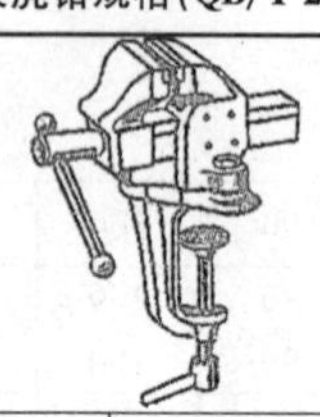

规　格	40	50	60	65
钳口宽度/mm	40	50	60	65
开口度/mm	35	45	55	55
最小紧固范围/mm	15～45			
最小夹紧力/kN	4.0	5.0	6.0	6.0

四、手虎钳

手虎钳用于夹持轻巧小型工件。手虎钳规格见表 13-4。

表 13-4　手虎钳规格/mm

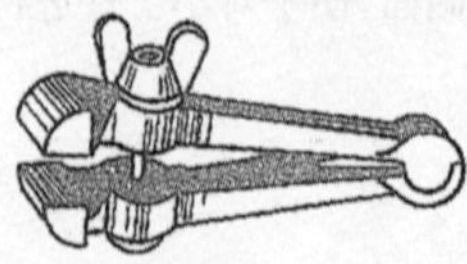

规格(钳口宽度)	25	30	40	50
钳口弹开尺寸	15	20	30	36

第二节 锉刀类

一、钳工锉

锉刀用于锉削或修整金属工件的表面、凹槽及内孔。锉刀规格见表 13-5。

表 13-5 钳工锉(QB/T 2569.1—2002)/mm

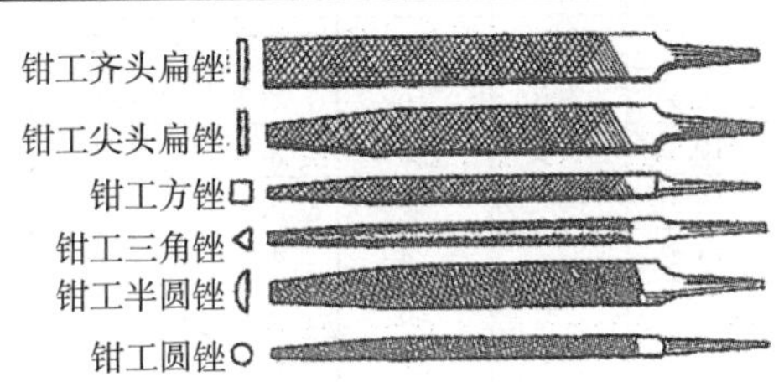

锉身	扁锉(齐头、尖头)		半圆锉			三角锉	方锉	圆锉
长度	宽	厚	宽	厚(薄型)	厚(厚型)	宽	宽	直径
100	12	2.5	12	3.5	4.0	8.0	3.5	3.5
125	14	3	14	4.0	4.5	9.5	4.5	4.5
150	16	305	16	5.0	5.0	11.0	5.5	5.5
200	20	405	20	5.5	5.5	13.0	7.0	7.0
250	24	5.5	24	7.0	7.0	16.0	9.0	9.0
300	28	6.5	28	8.0	8.0	19.0	11.0	11.0
350	32	7.5	32	9.0	9.0	22.0	14.0	14.0
400	36	8.5	36	10.0	10.0	26.0	18.0	18.0
450	40	9.5	—	—	—	—	22.0	—

二、锯锉

锯锉用于锉修各种木工锯和手用锯的锯齿。锯锉规格见表 13-6。

表 13-6 锯锉规格(QB/T 2569.2—2002)/mm

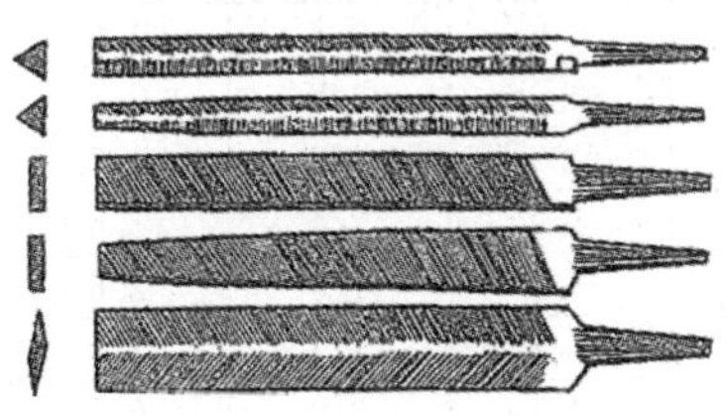

规格(锉身长度)	三角锯锉(尖头、齐头)			扁锯锉(尖头、齐头)		菱形锯锉		
	普通型	窄型	特窄型					
	宽	宽	宽	宽	厚	宽	厚	刃厚
60	—	—	—	—	—	16	2.1	0.40

续表

规格 (锉身长度)	三角锯锉(尖头、齐头)			扁锯锉 (尖头、齐头)		菱形锯锉		
	普通型	窄型	特窄型					
	宽	宽	宽	宽	厚	宽	厚	刃厚
80	6.0	5.0	4.0	—	—	19	2.3	0.45
100	8.0	6.0	5.0	12	1.8	22	3.2	0.50
125	9.5	7.0	6.0	14	2.0	25	3.5(4.0)	0.55(0.70)
150	11.0	8.5	7.0	16	2.5	28	4.0(5.0)	0.70(1.00)
175	12.0	10.0	8.5	18	3.0	—	—	—
200	13.0	12.0	10.0	20	3.6	32	5.0	1.00
250	16.0	14.0	—	24	4.5	—	—	—
300	—	—	—	28	5.0	—	—	—
350	—	—	—	32	6.0	—	—	—

三、整型锉

整型锉用于锉削小而精细的金属零件，为制造模具、电器、仪表等的必须工具。整型锉规格见表 13-7。

表 13-7 整型锉规格(QB/T 2569.3—2002)/mm

整形锉

扁锉　圆边扁锉　方锉　三角锉　单面三角锉　圆锉

半圆锉　双半圆锉　椭圆锉　刀形锉　菱形锉

各种整形锉的断面形状

全　长		100	120	140	160	180
扁锉 (齐头、尖头)	宽	2.8	3.4	5.4	7.3	9.2
	厚	0.6	0.8	1.2	1.6	2.0
半圆锉	宽	2.9	3.8	5.2	6.9	8.5
	厚	0.9	1.2	1.7	2.2	2.9
三角锉	宽	1.9	2.4	3.6	4.8	6.0
方锉	宽	1.2	1.6	2.6	3.4	4.2
圆锉	直径	1.4	1.9	2.9	3.9	4.9
单面三角锉	宽	3.4	3.8	5.5	7.1	8.7
	厚	1.0	1.4	1.9	2.7	3.4
刀形锉	宽	3.0	3.4	5.4	7.0	8.7
	厚	0.9	1.1	1.7	2.3	3.0
	刃厚	0.3	0.4	0.6	0.8	1.0

续表

双半圆锉	宽	2.6	3.2	5	6.3	7.8
	厚	1.0	1.2	1.8	2.5	3.4
椭圆锉	宽	1.8	2.2	3.4	4.4	5.4
	厚	1.2	1.5	1.4	3.4	4.3
四边扁锉	宽	2.8	3.4	5.4	7.3	9.2
	厚	0.6	0.8	1.2	1.6	2.1
菱形锉	宽	3.0	4.0	5.2	6.8	8.6
	厚	1.0	1.3	2.1	2.7	3.5

四、刀锉

刀锉用于锉削或修整金属工件上的凹槽和缺口，小规格锉刀也可用于修整木工锯条、横锯等的锯齿。刀锉规格[(不连柄)锉身长度]：100，125，150，200，250，300，350mm。

五、锡锉

锡锉用于锉削或修整锡制品或其他软性金属制品的表面。锡锉规格见表13-8。

表 13-8　锡锉规格/mm

品种	扁锉	半圆锉
规格(锉身长度)	200，250，300，350	200，250，300，350

六、铝锉

铝锉用于锉削、修整铝、铜等软性金属制品或塑料制品的表面。铝锉规格见表13-9。

表 13-9　铝锉规格/mm

规格(锉身长度)		200	250	300	350	400
宽		20	24	28	32	36
厚		4.5	5.5	6.5	7.5	8.5
齿距	Ⅰ	2	2.5	3	3	3
	Ⅱ	1.5	2	2.5	2.5	2.5

第三节　锯条类

一、钢锯架

钢锯架装置手用钢锯条，用于手工锯割金属材料等。分为钢板制和钢管制两种锯架，每种又分为调节式和固定两种形式。钢锯架规格见表13-10。

表13-10 钢锯架规格(QB/T 1108—1991)

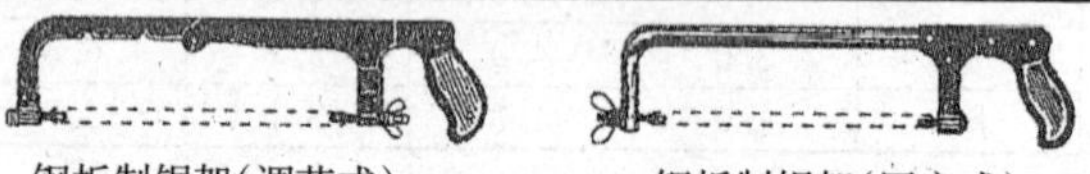

钢板制锯架(调节式)　　　　钢板制锯架(固定式)

种　类		调节式	固定式	最大锯切深度/mm
可装手用钢锯条长度/mm	钢板制	200,250,300	300	64
	钢管制	250,300	300	74

二、手用钢锯条

手用钢锯条装在钢锯架上，用于手工锯割金属材料。双面齿型钢锯条，一面锯齿出现磨损情况后，可用另一面锯齿继续工作。挠性型钢锯条在工作中不易折断。小齿距(细齿)钢锯条上多采用波浪形锯路。手用钢锯条规格见表13-11。

表13-11　手用钢锯条规格(GB/T 14764—2008)/mm

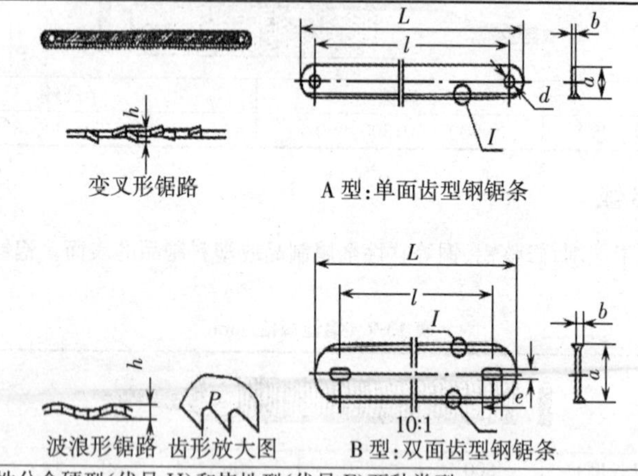

变叉形锯路　　A型：单面齿型钢锯条

波浪形锯路　齿形放大图　　B型：双面齿型钢锯条

分类	按特性分全硬型(代号H)和挠性型(代号F)两种类型。 按使用材质分为碳素结构钢(代号D)、碳素工具钢(代号T)、合金工具钢(代号M)、高速钢(代号G)以及双金属复合钢(代号Bi)五种类型。 按型式分为单面齿型(代号A)、双面齿型(代号B)两种类型。					
类型	长度 l	宽度 a	厚度 b	齿距 p	销孔 $d(e\times f)$	全长 $L\leqslant$
A型	300 250	12.7或 10.7	0.65	0.8,1.0,1.2, 1.4,1.5,1.8	3.8	315 265

续表

B型	296 292	22 25	0.65	0.8,1.0,1.4	8×5 12×6	315

三、机用钢锯条

机用钢锯条装在机锯床上用来锯切金属等材料用的刀具。机用钢锯条规格见表 13-12。

表 13-12 机用钢锯条规格(GB/T 6080.1—1998)/mm

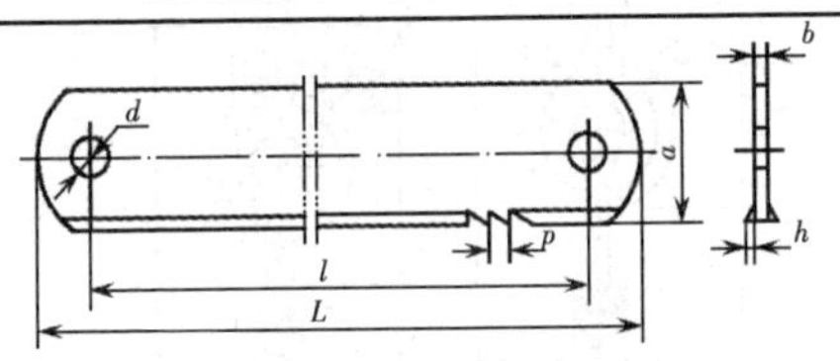

长度 l±2	宽度 a	厚度 b	齿距 P	销孔直径 DH14	总长 L≤
300	25	1.25	1.8,2.5	8.2	330
350	25	1.25	1.8,2.5		380
	32	1.6	2.5,4.0		
400	32	1.6	2.5,4.0		430
	38	1.8	4.0,6.3		
	40	2.0	4.0,6.3		
450	32	1.6	2.5,4.0	10.2	485
	38	1.8	4.0,6.3		
	40	2.0	4.0,6.3		
500	40	2.0	2.5,4.0,6.3		535
550	50	2.5	2.5,4.0,6.3	12.5	640
600	50	2.5	4.0,6.3,8.5		740

第四节 手钻类

一、手扳钻

在工程中当无法使用钻床或电钻时,就用手扳钻来进行钻孔或攻制内螺纹或铰制圆(锥)孔。手扳钻规格见表 13-13。

表 13-13 手扳钻规格/mm

手柄长度	250	300	350	400	450	500	550	600
最大钻孔直径	25				40			

二、手摇钻

手摇钻装夹圆柱柄钻头后，用于在金属或其他材料上手摇钻孔。手摇钻规格见表 13-14。

表 13-14　手摇钻规格(QB/T 2210—1996)/mm

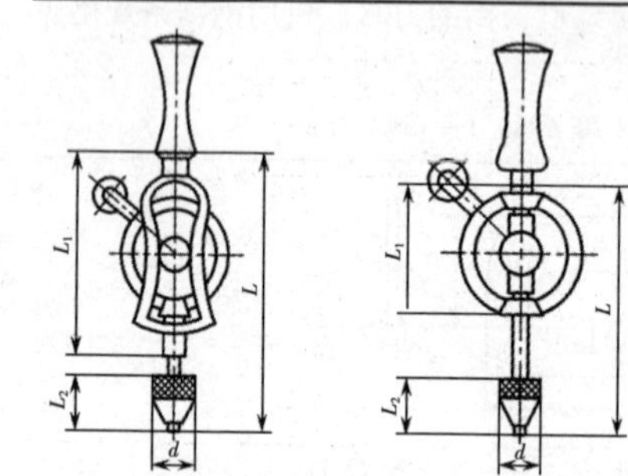
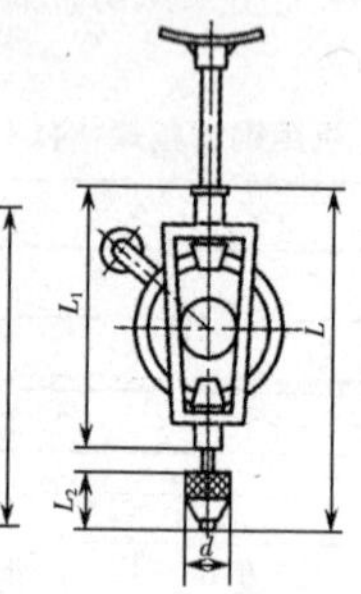
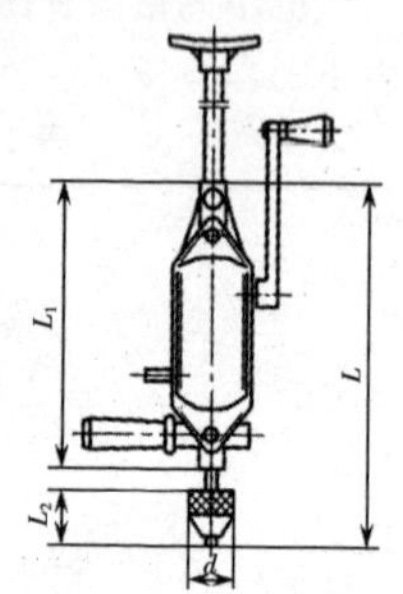

手持式 A 型手摇钻　　手持式 B 型手摇钻　　胸压式 A 型手摇钻　　胸压式 B 型手摇钻

形式		规格(最大夹持直径)	L	L_1	L_2	d
手持式	A 型	6	200	140	45	28
		9	250	170	55	34
	B 型	6	150	85	45	28
胸压式	A 型	9	250	170	55	34
		12	270	180	65	38
	B 型	9	250	170	55	34

第五节　划线工具

一、划线规

划线规用于划圆或圆弧、分角度、排眼子等。划线规规格见表 13-15。

表 13-15　划线规规格

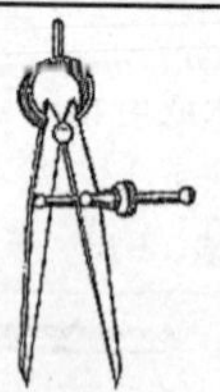

普通式　　弹簧式

形式	规格(脚杆长度) /mm							
普通式	100	150	200	250	300	350	400	450
弹簧式	—	150	200	250	300	350	—	—

二、划规

划规用于在工件上划圆或圆弧、分角度、排眼子等。划规规格见表 13-16。

表 13-16　划规规格(JB/T 3411.54—1999)/mm

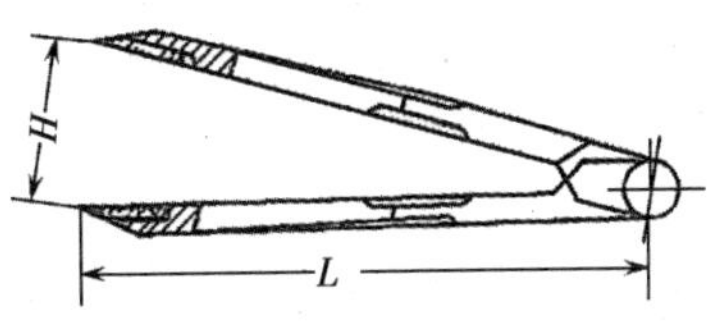

长度 L	160	200	250	320	400	500
最大开度 H	200	280	350	430	520	620
厚度 b	9	10		13	16	

三、长划规

长划规是钳工用于划圆、分度用的工具，其划针可在横梁上任意移动、调节，适应于尺寸较大的工件，可划最大半径为 800～2 000 mm 的圆。长划规规格见表 13-17。

表 13-17　长划规规格(JB/T 3411.55—1999)/mm

两划规中心距 L_{max}	总长度 L_1	横梁直径 d	脚深 H
800	850	10	70
1 250	1 315	32	90
2 000	2 065		

四、划线盘

划线盘用于在工件上划平行线、垂直线、水平线及在平板上定位和校准工件等。划线盘规格见表 13-18。

表 13-18　划线盘规格/mm

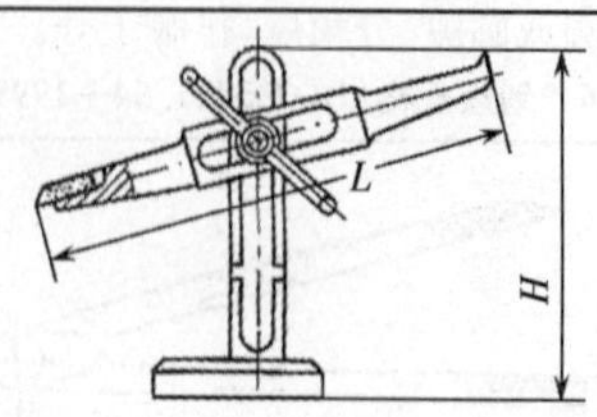

名称	项目					
划线盘 (JB/T 3411.65—1999)	主杆高度 H	355	450	560	710	900
	划针长度 L	320		450	500	700
大划线盘 (JB/T 3411.66—1999)	主杆高度 H	1 000		1 250	1 600	2 000
	划针长度 L	850			200	1 500

五、划针盘

划针盘形式有活络式和固定式两种，用于在工件上划线、定位和校准等。划针盘规格见表 13-19。

表 13-19　划针盘规格

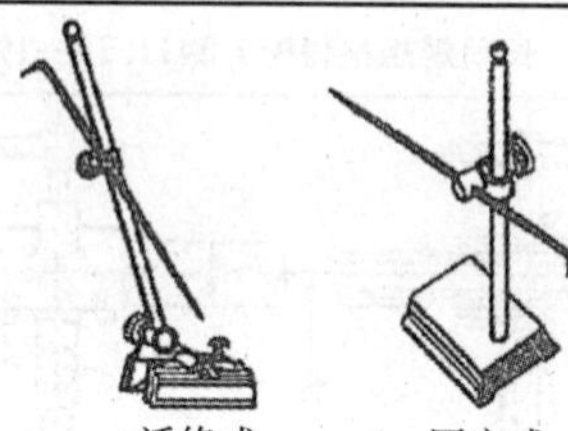

活络式　　固定式

形式	主杆长度 /mm				
活络式	200	250	300	400	450
固定式	355	450	560	710	900

第六节　其他类

一、丝锥扳手

丝锥扳手装夹丝锥，用手攻制机件上的内螺纹。丝锥扳手规格见表 13-20。

表 13-20　丝锥扳手规格/mm

扳手长度	130	180	230	280	380	480	600	800
适用丝锥公称直径	2～4	3～6	3～10	6～14	8～18	12～24	16～27	16～33

二、圆牙扳手

圆牙扳手装夹圆板牙加工(铰制)机件上的外螺纹。圆牙扳手规格见表 13-21。

表 13-21　圆牙扳手规格(GB/T 970.1—2008)/mm

适用圆板牙尺寸			适用圆板牙尺寸			适用圆板牙尺寸		
外径	厚度	加工螺纹直径	外径	厚度	加工螺纹直径	外径	厚度	加工螺纹直径
16	5	1～2.5	38	10,14	12～15	75	18*,20,30	39～41
20	5,7	3～6	45	10*,14,18	6～20	90	18*,22,36	45～52
25	9	7～9	55	12*,16,22	22～25	105	22,36	55～60
30	8*,10	10～11	65	14*,18,25	27～36	120	22,36	64～68

注:根据使用需要,制造厂也可以生产适用带“*”符号厚度圆板牙的圆板牙架。

三、螺栓取出器

螺栓取出器供手工取出断裂在机器、设备里面的六角头螺栓、双头螺柱、内六角螺钉等。取出器螺纹为左螺旋。使用时,需先选一适当规格的麻花钻,在螺栓的断面中心位置钻一小孔,再将取出器插入小孔中,然后用丝锥扳手或活扳手夹住取出器的方头,用力逆时针转动,即可将断裂在机器、设备里面的螺栓取出。螺栓取出器规格见表 13-22。

表 13-22　螺栓取出器规格

取出器规格(号码)	主要尺寸 /mm			选用螺栓规格		选用麻花钻规格(直径)/mm
	直　径		全长	米制/mm	英制/in	
	小端	大端				
1	1.6	3.2	50	M4～M6	3/16～1/4	2
2	2.4	5.2	60	M6～M8	1/4～5/16	3
5	3.2	6.2	68	M8～M10	5/16～7/16	4
4	4.8	8.7	76	M10～M14	7/16～9/16	6.5
5	6.3	11	85	M14～M18	9/16～3/4	7
6	9.5	15	95	M18～M24	3/4～1	10

四、手动拉铆枪

手动拉铆枪专供单面铆接(拉铆)抽芯铆钉用的手工具。单手操作式适用于拉铆力不大的场合;双手操作式适用于拉铆力较大的场合。手动拉铆枪规格见表13-23。

表 13-23 手动拉铆枪规格(QB/T 2292—1997)

单手操作式
(单把式,手钳式)

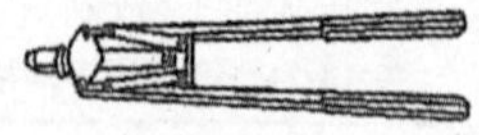

双手操作式
(双把式)

形　　式		单手操作式	双手操作式
全长≈/mm		350(A型),260(B型)	450
拉铆力≤/N		294	196
配枪头数目/个		4	3
适用抽芯铆钉直径/mm	纯铝	2.4～5	3～5
	防锈铝	2.4～4	35
	钢质	—	3～4

五、刮刀

半圆刮刀用于刮削轴瓦的凹面,三角刮刀用于刮削工件上的油槽和孔的边缘,平刮刀用于刮削工件的平面或铲花纹等。刮刀规格见表 13-24。

表 13-24　刮刀规格

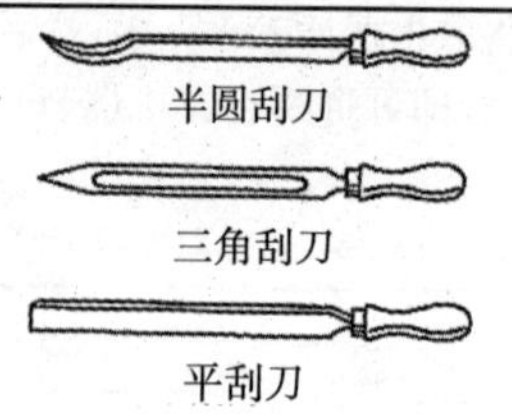

半圆刮刀

三角刮刀

平刮刀

长度(不连柄)/mm	50,75,100,125,150,175,200,250,300,350,400

六、弓形夹

弓形夹是钳工、钣金工在加工过程中使用的紧固器材,它可将几个工件夹在一起以便进行加工。最大夹装厚度 32～320 mm。弓形夹规格见表 13-25。

表 13-25　弓形夹规格(JB/T 3411.49—1999)

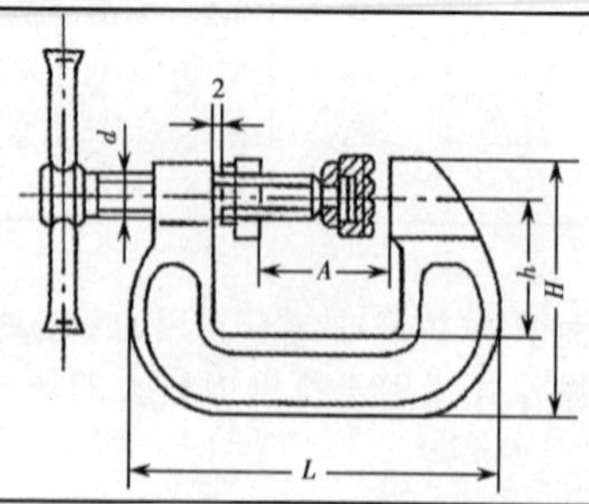

续表

最大夹装厚度 A	L	h	H	d	b
32	130	50	95	M12	14
50	165	60	120	M16	18
60	215	70	140	M20	22
125	285	85	170	M24	28
200	360	100	190		32
320	505	120	215		36

第十四章　管 工 工 具

第一节　管子台虎钳

管子台虎钳安装在工作台上，夹紧管子供攻制螺纹和锯、切割管子等用。为管工的必备工具。管子台虎钳规格见表 14-1。

表 14-1　管子台虎钳规格(QB/T 2211—1996)

型号(号数)	1	2	3	4	5	6
夹持管子直径/mm	10～60	10～90	15～115	15～165	30～220	30～300

第二节　C 型管子台虎钳

C 型管子台虎钳结构比普通管子台虎钳简单，体积小，使用方便；钳口接触面大，不易磨损，管子夹紧较牢。C 型管子台虎钳规格见表 14-2。

表 14-2　C 型管子台虎钳规格

适用管子公称直径/mm	10～65

第三节　水泵钳

水泵钳的类型有滑动销轴式、榫槽叠置式和钳腮套入式三种。用于夹持、旋拧圆柱形管件，钳口有齿纹，开口宽度有 3～10 挡调节位置，可以夹持尺寸较大的零件，主要用于水管、煤气管道的安装、维修工程以及各类机械维修工作。水泵钳规格见表 14-3。

表 14-3　水泵钳规格(QB/T 2440.4—2007)

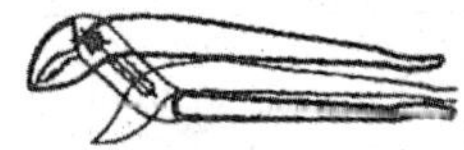

滑动销轴式(A 型)　　榫槽叠置(B 型)　　钳腮套入式(C 型)

规　　格/mm	100	120	140	160	180	200	225	250	300	350	400	500
最大开口宽度/mm	12	12	12	16	22	22	25	28	35	45	80	125
位置调节挡数	3	3	3	3	4	4	4	4	4	6	8	10
加载距离/mm	71	78	90	100	115	125	145	160	190	221	225	315
可承载荷/N·m	400	500	560	630	735	800	900	1 000	1 250	1 400	1 600	2 000

第四节　管子钳

管子钳是用来夹持及旋转钢管、水管、煤气管等各类圆形工件用的手工具。按其承载能力分为重级(用 Z 表示)、普通级(用 P 表示)、轻级(用 Q 表示)三个等级;按其结构形式不同分为铸柄、锻柄、铝合金柄等多种形式。类型有 Ⅰ 型、Ⅱ 型、Ⅲ 型、Ⅳ 型和 Ⅴ 型。管子钳规格用夹持管子最大外径时管子钳全长表示,其规格见表 14-4。

表 14-4　管子钳规格(QB/T 2508—2001)

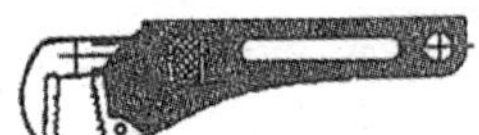

Ⅰ 型轻型管子钳

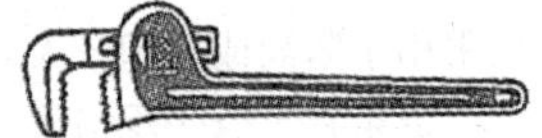

Ⅱ 型铸柄管子钳

规　　格/mm		150	200	250	300	350	450	600	900	1200
夹持管子外径/mm≤		20	25	30	40	50	60	75	85	110
试验扭矩/N·m	普通级(P)	105	203	340	540	650	920	1 300	2 260	3 200
	重　级(Z)	165	330	550	830	990	1 440	1 980	3 300	4 400

第五节　自紧式管子钳

自紧式管子钳钳柄顶端有渐开线钳口,钳口工作面均为锯齿形,以利夹紧管子;工作时可以自动夹紧不同直径的管子,夹管时三点受力,不作任何调节。自紧式管子钳规格见表 14-5。

表 14-5　自紧式管子钳规格　　/mm

续表

公称尺寸	可夹持管子外径	钳柄长度	活动钳口宽度	扭矩试验	
				试棒直径	承受扭矩/N·m
300	20～34	233	14	28	450
400	34～48	305	16	40	750
500	48～66	400	18	48	1 050

第六节　快速管子扳手

快速管子扳手用于紧固或拆卸小型金属和其他圆柱形零件,也可作扳手使用,是管路安装和修理工作常用工具。快速管子扳手规格见表 14-6。

表 14-6　快速管子扳手规格

规格(长度)/mm	200	250	300
夹持管子外径/mm	12～25	14～30	16～40
适用螺栓规格/mm	M6～M14	M8～M18	M10～M24
试验扭矩/N·m	196	323	490

第七节　链条管子扳手

链条管子扳手用于紧固或拆卸较大金属管或圆柱形零件,是管路安装和修理工作的常用工具。链条管子扳手规格见表 14-7。

表 14-7　链条管子扳手规格(QB/T 1200—1991)

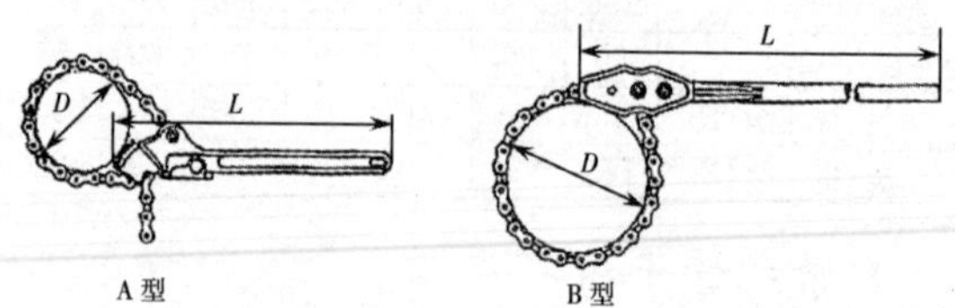

型　号	A 型	B 型			
公称尺寸 L/mm	300	900	1 000	1 200	1 300
夹持管子外径 D/mm	50	100	150	200	250
试验扭矩/N·m	300	830	1 230	1 480	1 670

第八节　管子割刀

管子割刀用于切割各种金属管、软金属管及硬塑管。刀体用可锻铸铁和锌铝合金制造，结构坚固。割刀轮刀片用合金钢制造，锋利耐磨，切刀口整齐。管子割刀分为通用型(代号为GT)和轻型(代号为GQ)两种，其规格见表14-8。

表14-8 管子割刀规格(QB/T 2350—1997) /mm

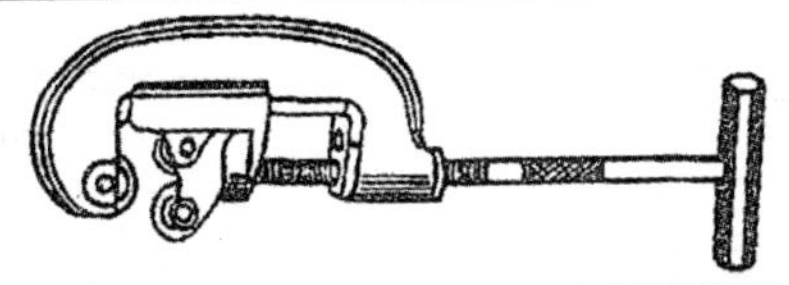

型式	规格代号	全长	最大割管外径	最大割管壁厚	适用范围
GQ(轻型)	1	124	25	1	塑料管、紫铜管
GT(普通型)	1	260	33.50	3.25	碳钢管
	2	375	60	3.50	
	3	540	88.50	4	
	4	665	114	4	

第九节 胀管器

胀管器在制造、维修锅炉时，用来扩大钢管端部的内外径，使钢管端部与锅炉管板接触部位紧密胀合，不会漏水、漏气。翻边式胀管器在胀管同时还可以对钢管端部进行翻边。胀管器规格见表14-9。

表14-9 胀管器规格 /mm

直通式胀管器

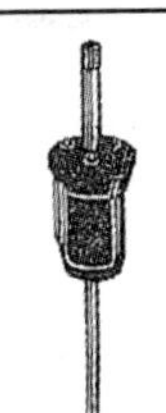

翻边式胀管器

公称规格	全长	适用管子范围			公称规格	全长	适用管子范围		
		内径		胀管长度			内径		胀管长度
		最小	最大				最小	最大	
01型直通胀管器					02型直通胀管器				
10	114	9	10	20	19	128	17	19	20
13	195	11.5	13	20	22	145	19.5	22	20
14	122	12.5	14	20	25	161	22.5	25	25
16	150	14	16	20	28	177	25	28	20
18	133	16.2	18	20	32	194	18	32	10

续表

公称规格	全长	适用管子范围			公称规格	全长	适用管子范围		
		内 径		胀管长度			内 径		胀管长度
		最小	最大				最小	最大	
02 型直通胀管器					03 型特长直通胀管器				
35	210	30.5	35	25	25	170	20	23	38
38	226	33.5	38	25	28	180	22	25	50
40	240	35	40	25	32	194	27	31	48
44	257	39	44	25	38	201	33	36	52
48	265	43	48	27	04 型翻边胀管器				
51	274	45	51	28					
57	292	51	57	30	38	240	33.5	38	40
64	309	57	64	32	51	290	42.5	48	54
70	326	63	70	32	57	380	48.5	55	50
76	345	68.5	76	36	64	360	54	61	55
82	379	74.5	82.5	38	70	380	61	69	50
88	413	80	88.5	40	76	340	65	72	61
102	477	91	102	44					

第十节　弯管机

弯管机供冷弯金属管用。弯管机规格见表 14-10。

表 14-10　弯管机规格(JB/T 2671.1—1998)

弯管最大直径/mm	10	16	25	40	60	89	114	159	219	273
最大弯曲壁厚/mm	2	2.5	3	4	5	6	8	12	16	20
最小弯曲半径/mm	8	12	20	30	50	70	110	160	320	400
最大弯曲半径/mm	60	100	150	250	300	450	600	800	1 000	1 250
最大弯曲角度/°	195									
最大弯曲速度/r·min^{-1}	≥12	≥10	≥6	≥4	≥3	≥2	≥1	≥0.5	≥0.4	≥0.3

第十一节　管螺纹铰扳

管螺纹铰扳用手工铰制低压流体输送用钢管上 55°圆柱和圆锥管螺纹。管螺纹铰扳规格见表 14-11。

表 14-11　管螺纹铰扳规格(QB/T 2509—2001)　　/mm

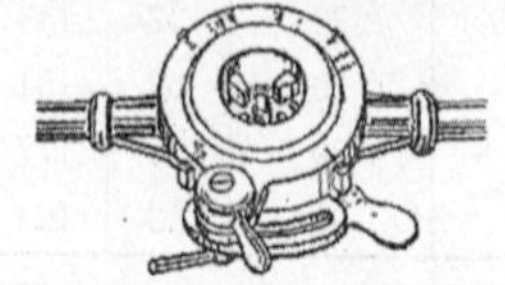

续表

规格	铰螺纹范围		板牙规格		特点
	管子外径	管子内径	规格	管子内径	
60	21.3～26.8	12.70～19.05	21.3～26.8	12.70～19.05	无间歇机构
60W	33.5～42.3	25.40～31.75	53.5～42.3	25.40～31.75	
	48.0～60.0	38.10～50.80	48.0～60.0	38.10～50.80	
114W	66.5～88.5	57.15～76.20	66.5～88.5	57.15～76.20	有间歇机构使用具有万能性
	101.0～114.0	88.90～101.60	101.0～114.0	88.90～101.60	

第十二节　轻、小型管螺纹铰扳

轻、小型管螺纹铰扳和板牙是手工铰制水管、煤气管等管子外螺纹用的手动工具，用在维修或安装工程中。轻、小型管螺纹铰扳和板牙规格见表 14-12。

表 14-12　轻、小型管螺纹铰扳和板牙规格

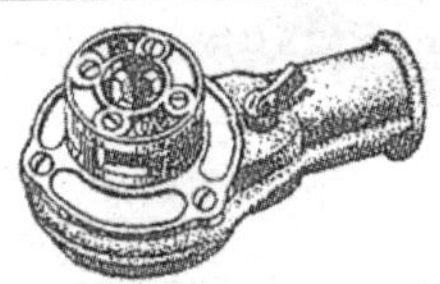

型　号		铰制管子外螺纹范围/mm	板牙规格(英寸)	特点
轻型	Q74－1	6.35～25.4	1/4,3/8,1/2,3/4,1	单板杆
	Q71－1A	12.7～25.4	1/2,3/4,1	
	SH－76	12.7～38.1	1/2,3/4,1,1.25,1.5	
小型管螺纹铰牙及板牙		12.7～19.05	1/2,3/4,1,1.25	盒式

第十三节　电线管螺纹铰扳及板牙

电线管螺纹铰扳及板牙用于手工铰制电线套管上的外螺纹。电线管螺纹铰扳及板牙规格见表 14-13。

表 14-13　电线管螺纹铰扳及板牙规格　　/mm

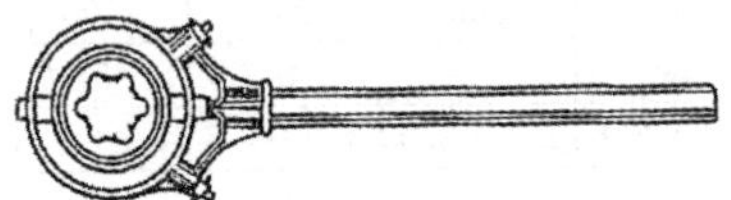

型　　号	铰制钢管外径	圆板牙外径尺寸
SHD－25	12.70,15.88,19.05,25.40	41.2
SHD－50	31.75,38.10,50.80	76.2

注：钢管外径/mm 为 12.70,15.88,19.05 和 25.40 用的圆板牙的刃瓣数分别为 4.5,5 和 8;31.75,38.10 和 50.80 用的圆板牙刃瓣数分别为 6,8 和 10。

第十五章 电工工具

第一节 钳类工具

一、紧线钳

紧线钳专供在架设各种类型的空中线路，以及用低碳钢丝包扎时收紧两线端，以便铰接或加置索具之用的工具。紧线钳规格见表15-1。

表15-1 紧线钳规格

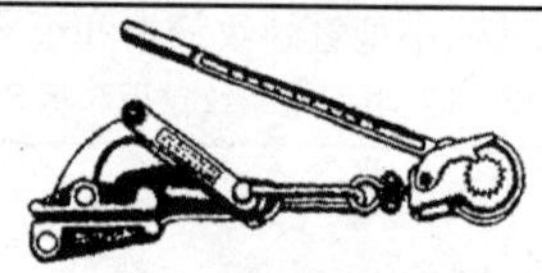

平口式紧线钳

号数	钳口弹开尺寸/mm	额定拉力/N	夹线直径范围/mm			
			单股铁铜线	钢绞线	无芯铝绞线	钢芯铝绞线
1	≥21.5	15000	10.0～20.0	—	12.4～17.5	13.7～19.0
2	≥10.5	8000	5.0～10.0	5.1～9.0	5.1～9.0	5.4～9.9
3	≥5.5	3000	1.5～5	1.5～4.8	—	—

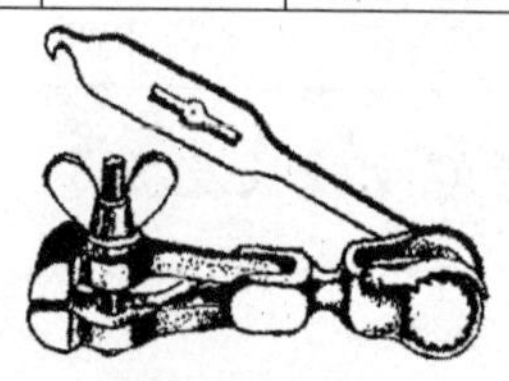

虎头式紧线钳

长度/mm	150	200	250	300	350	400
钳口宽度/mm	32	40	48	54	62	70
夹线直径范围/mm	1.6～2.6	2.5～3.5	3.0～4.5	4.0～6.5	5.0～7.2	6.5～10.5
收线轮线孔径/mm	3	4	6	7	8	
额定拉力/N	1471	2942	4315	5884	7845	

第二节 剥线钳

剥线钳供电工用于在不带电的条件下，剥离线芯直径0.5～2.5mm的各类电讯导线外部绝缘层。多功能剥线钳还能剥离带状电缆。剥线钳规格见表15-2。

表 15-2　剥线钳规格(QB/T 2207—1996)　　/mm

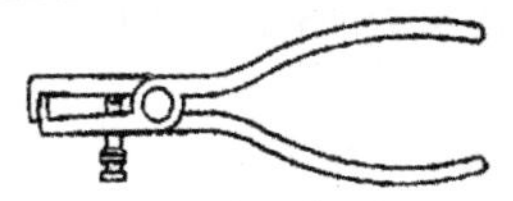

可调式端面剥线钳

自动剥线钳

多功能剥线钳

压接剥线钳

名称	规格(全长)	剥离线芯直径
可调式端面剥线钳	160	0.5～2.5
自动剥线钳	170	
多功能剥线钳	170	
压接剥线钳	200	

三、冷轧线钳

冷轧线钳除具有一般钢丝钳的用途外,还可用来轧接电话线、小型导线的接头或封端。冷轧线钳规格见表 15-3。

表 15-3　冷轧线钳规格　　/mm

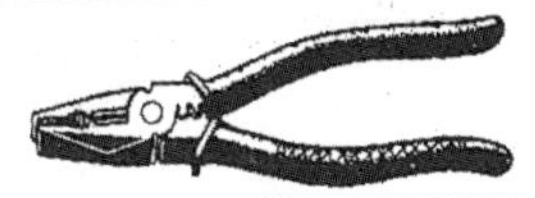

长度	轧导线断面积范围/mm^2
200	2.5～6.0

四、手动机械压线钳

手动机械压线钳专供冷压连接铝、铜导线的接头与封端(利用模块使导线接头或封端紧密连接)。手动机械压线钳规格见表 15-4。

表 15-4　手动机械压线钳规格(QB/T 2733—2005)　　/mm

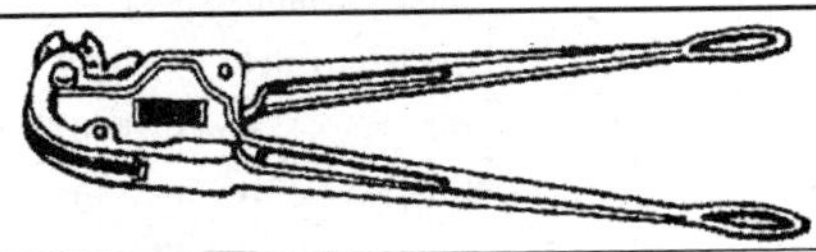

压接线径/mm^2	手柄部的最大载荷		压接性能	
	压接导线截面积	载荷	导体材料	拉力试验负载/N
0.1～400	≤240 mm^2	≤390 N	铜	40×*A*,最大 20 000
	>240 mm^2	≤590 N	铝	60×*A*,最大 20 000

注:*A* 为导线截面积/mm^2。

五、顶切钳

顶切钳是剪切金属丝的工具，用于机械、电器的装配及维修工作中。顶切钳规格见表 15-5。

表 15-5 顶切钳规格(QB/T 2441.2—2007)

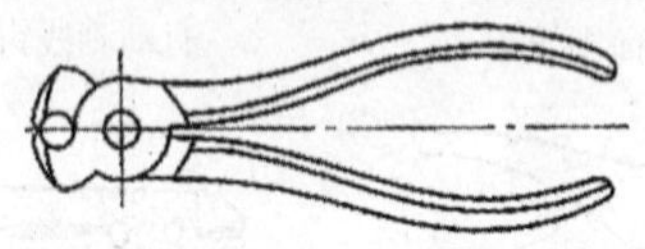

规格/mm		100	125	140	160	180	200
加载距离/mm		60	75	100	112	125	140
可承载荷/N	甲级	600	750	1 000	1 120	1 250	1 400
	乙级	400	500	600	750	1 000	1 120
剪切力/N	甲级	450	600	750	900	1 080	1 260
	乙级	500	650	800	950	1 130	1 310
剪切试材直径/mm		1.0	1.6	1.6	1.6	1.6	1.6

六、电缆剪

电缆剪用于切断铜、铝导线，电缆，钢绞线，钢丝绳等，保持断面基本呈圆形，不散开。电缆剪规格见表 15-6。

表 15-6 电缆剪规格

XLJ–S–I 型 XLJ–D–300 型 XLJ–2 型

型 号	手柄长度(缩/伸)/mm	重量/kg	适用范围
XLJ-S-1	400/550	2.5	切断 240 mm² 以下铜、铝导线及直径 8 mm 以下低碳圆钢，手柄护套耐电压 5 000 V
XLJ-D-300	230	1	切断直径 45 mm 以下电缆及 300 mm² 以下铜导线
XLJ-1	420/570	3	切断直径 65 mm 以下电缆
XLJ-2	450/600	3.5	切断直径 95 mm 以下电缆
XLJ-G	410/560	3	切断 400 mm² 以下铜芯电缆，直径 22 mm 以下钢丝绳及直径 16 mm 以下低碳圆钢

第二节　其他电工工具

一、电工刀

电工刀用于电工装修工作中割削电线绝缘层、绳索、木桩及软性金属。多用(二用、三用、四用)电工刀中的附件:锥子可用来锥电器用圆木上的钉孔,锯片可用来锯割槽板,旋具可用来紧固或拆卸带槽螺钉、木螺钉等。电工刀规格见表 15-7。

表 15-7　电工刀规格(QB/T 2208—1996)

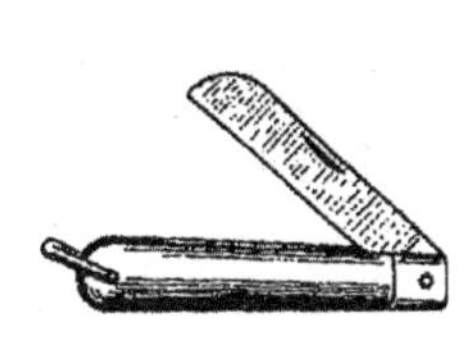

单用电工刀

多用电工刀

型式代号	产品规格代号	刀柄长度 L/mm
A(单用) B(多用)	1号	115
	2号	105
	3号	95

二、电烙铁

电烙铁用于电器元件、线路接头的锡焊。分外热式和内热式两种。电烙铁规格见表 15-8。

表 15-8　电烙铁规格(GB/T 7157—2008)

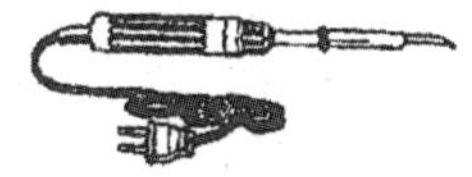

内热式电铬铁

外热式电铬铁

类　型	功　率(W)
外热式	30,50,75,100,150,200,300,500
内热式	20,35,50,70,100,150,200,300

三、测电器

测电器用于检查线路上是否有电,分高压(测电器)和低压(试电笔)两种。测电器规格见表 15-9。

表 15-9　测电器规格

类　型	规格/mm ≤			检测电压范围/V
	总长度	绝缘内腔长度	绝缘内腔直径	
低压试电器(GB/T 8218—1987)	200	60	10	0～500
高压测电器	—	—	—	0～10 000

第十六章　木 工 工 具

第一节　木工锯条

木工锯条规格(QB/T 2094.1—1995),见表 16-1。

表 16-1　木工锯条规格　　/mm

长　度	宽　度	厚　度
400、450	22,25	0.50
500、550	25,32	
600、650	32,38	0.60
700、750、800、850	38、44	0.70
900、950、1 000、1 050、1 100、1 150	44,50	0.80、0.90

第二节　木工绕锯

木工绕锯锯条狭窄,锯割灵活,适用于对竹、木工件沿圆弧或曲线的锯割。木工绕锯规格见表 16-2。

表 16-2　木工绕锯规格(QB/T 2094.4—1995)　　/mm

长　　度	宽度	厚度	齿距
400,450,500	10.00	0.50	2.5,3.0,4.0
550,600,650,700,750,800		0.60,0.70	

第三节　木工带锯

木工带锯条装置在带锯机上,用于锯切大型木材。木工带锯规格见表 16-3。

表 16-3　木工带锯规格(JB/T 8087—1999)　　/mm

续表

宽　度	厚　度	最小长度
6.3	0.40,0.50	7 500
10,12.5,16	0.40,0.50,0.60	
20,25,32	0.40,0.50,0.60,0.70	
40	0.60,0.70,0.80	
50,63	0.60,0.70,0.80,0.90	
75	0.70,0.80,0.90	
90	0.80,0.90,0.95	
100	0.80,0.90,0.95,1.00	8 500
125	0.90,0.95,1.00,1.10	
150	0.95,1.00,1.10,1.25,1.30	
180	1.25,1.30,1.40	12 500
200	1.30,1.40	

注:有开齿和未开齿两种。

第四节　木工圆锯片

木工圆锯片的规格(GB/T 21680—2008),见表16-4。

表16-4　木工圆锯片规格　/mm

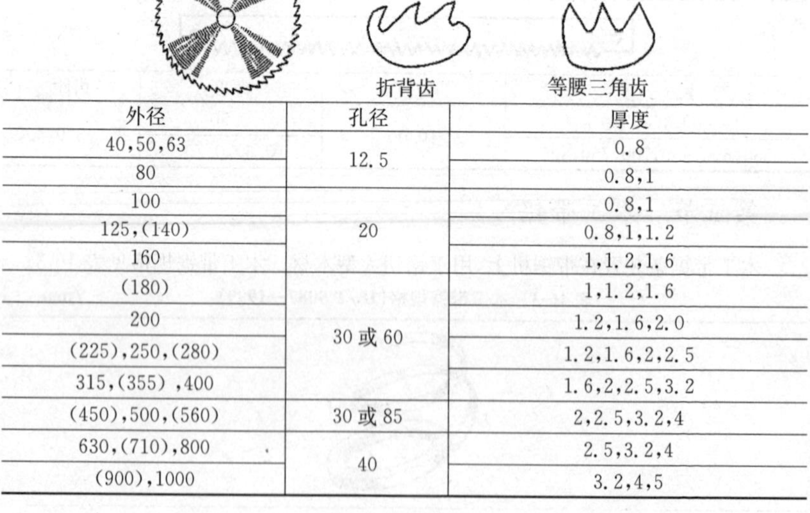

外径	孔径	厚度
40,50,63	12.5	0.8
80		0.8,1
100	20	0.8,1
125,(140)		0.8,1,1.2
160		1,1.2,1.6
(180)	30或60	1,1.2,1.6
200		1.2,1.6,2.0
(225),250,(280)		1.2,1.6,2,2.5
315,(355),400		1.6,2,2.5,3.2
(450),500,(560)	30或85	2,2.5,3.2,4
630,(710),800	40	2.5,3.2,4
(900),1000		3.2,4,5

续表

外径	孔径	厚度
1250	60	3.6,4,5
1600		4.5,5,6
2000		5,7

注:1. 括号内的尺寸尽量不选用。

2. 齿形分直背齿(N)、折背齿(K)、等腰三角齿(A)三种。

第五节　木工硬质合金圆锯片

木工硬质合金圆锯片规格(GB/T 14388—1993),见表 16-5。

表 16-5　木工硬质合金圆锯片规格

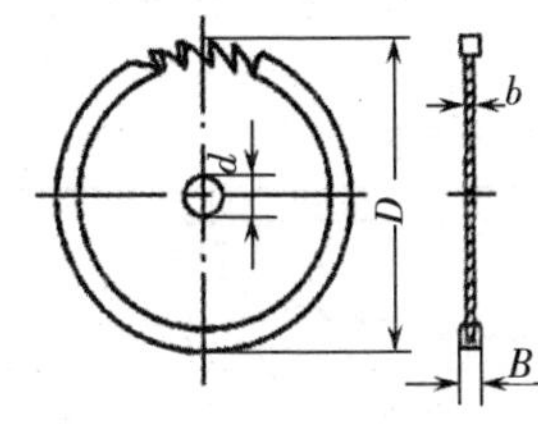

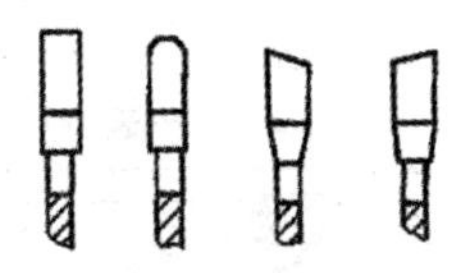

锯齿基本形状

外径 D /mm	锯齿厚度 B /mm	锯盘厚度 b /mm	孔径 d /mm	近似齿距/mm					
				10	13	16	20	30	40
				齿数					
100	2.5	1.6	20	32	24	20	16	10	8
125				40	32	24	20	12	10
(140)				40	36	28	24	16	12
160				48	40	32	24	16	12
(980)	2.5,3.2	1.6,2.2	30,60	56	40	36	28	20	16
200				64	48	40	32	20	16
(225)				72	56	48	36	24	16
250	2.5,3.2,3.6	1.6,2.2,2.6	30,60,(85)	80	64	48	40	28	20
(280)				96	64	56	40	28	20
315				96	72	64	48	32	24
(355)	3.2,3.6,	2.1,2.5,	30,60,	112	96	72	56	36	28
400	4.0,4.5	2.8,3.2	(85)	128	96	80	64	40	32
(450)	3.6,4.0,	2.6,2.8,	30,85	—	112	96	72	48	36
500	4.5,5.0	3.2,3.6			128	96	80	48	40
(560)	4.5,5.0,	3.1,3.6,	30,85	—	—	112	96	56	48
630	4.5,5.0	3.2,3.6	40			128	96	64	48

注:1. 括号内的尺寸尽量避免采用。

2. 锯齿形状组合举例:梯形齿和平齿(TP)、左右斜齿(X_ZX_Y)、左右斜齿和平齿(X_ZPX_Y)。

第六节　钢丝锯

钢丝锯适用于锯割曲线或花样。钢丝锯规格见表 16-6。

表 16-6　钢丝锯规格

锯身长度/mm	400

第七节　伐木锯条

伐木锯条装在木架上，由双人推拉锯割木材大料。伐木锯条规格（QB/T 2094. 2—1995），见表 16-7。

表 16-7　伐木锯条规格　　/mm

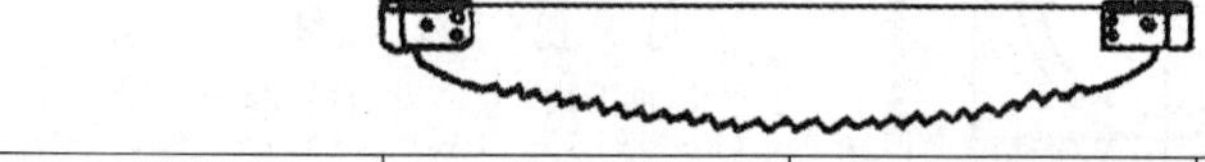

<table>
<tr><th>长度</th><th>端面宽度</th><th>最大宽度</th><th>厚度</th></tr>
<tr><td>1000</td><td rowspan="5">70</td><td>110</td><td>1. 00</td></tr>
<tr><td>1200</td><td>120</td><td rowspan="2">1. 20</td></tr>
<tr><td>1400</td><td>130</td></tr>
<tr><td>1600</td><td>140</td><td>1. 40</td></tr>
<tr><td>1800</td><td>150</td><td>1. 40，1. 60</td></tr>
</table>

注：锯条按齿形不同分为 DW 型、DE 型、DH 型三种。

第八节　手板锯

手板锯适用于锯开或锯断较阔木材。手板锯规格（QB/T 2094. 3—1995），见表 16-8。

表 16-8　手板锯规格　　/mm

A 型（封闭式）　　B 型（敞开式）

<table>
<tr><td colspan="2">锯身长度</td><td>300，350</td><td>400</td><td>450</td><td>500</td><td>550</td><td>600</td></tr>
<tr><td rowspan="2">锯身宽度</td><td>大端</td><td>90，100</td><td>100</td><td>110</td><td>110</td><td>125</td><td>125</td></tr>
<tr><td>小端</td><td colspan="2">25</td><td>30</td><td>30</td><td>35</td><td>35</td></tr>
<tr><td colspan="2">锯身厚度</td><td colspan="2">0. 80，0. 85，0. 90</td><td colspan="4">0. 85，0. 90，0. 95，1. 00</td></tr>
</table>

第九节　鸡尾锯

鸡尾锯用于锯割狭小的孔槽。鸡尾锯规格(QB/T 2094.5—1995),见表16-9。

表16-9　鸡尾锯规格　/mm

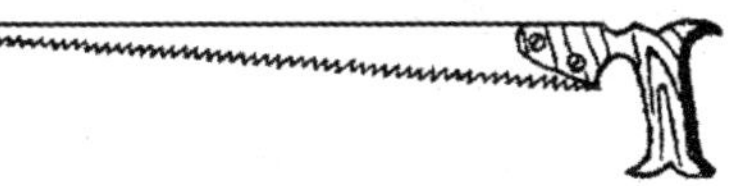

锯身长度	锯身宽度		锯身厚度
	大端	小端	
250	25	6,9	0.85
300	30		
350,400	40		

第十节　夹背锯

夹背锯锯片很薄,锯齿很细,用于贵重木材的锯割或在精细工件上锯割凹槽。夹背锯规格(QB/T 2094.6—1995),见表16-10。

表16-10　夹背锯规格　/mm

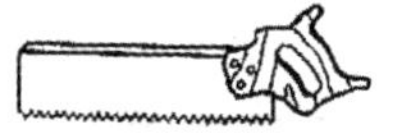

矩形锯(A型)

梯形锯(B型)

长度	锯身宽度		厚度
	A型	B型	
250	100	70	0.8
300,350		80	

第十一节　正锯器

正锯器用以使锯齿朝两面倾斜成为锯路,校正锯齿。正锯器规格见表16-11。

表16-11　正锯器规格

长×宽×厚　/mm	105×33×1—5

第十二节　刨台及刨刀

刨台装上刨铁、盖铁和楔木后，可将木材的表面刨削平整光滑。刨台种类主要有荒刨、中刨、细刨三种，还有铲口刨、线刨、偏口刨、拉刨、槽刨、花边刨、外圆刨和内圆刨等类型的刨台。刨刀装于刨台中，配上盖铁，用手工刨削木材。刨刀规格(QB/T 2082—1995)，见表16-12。

表16-12　刨刀规格　　/mm

刨台

刨刀

宽度		长度	槽宽	槽眼直径	前头厚度	镶钢长度
25	±0.42	175	9	16	3	56
32、38、44	±0.50		11	19		
51、57、64	±0.60					

第十三节　盖铁

盖铁装在木工手用刨台中，保护刨铁刃口部分，并使刨铁在工作时不易活动及易于排出刨花(木屑)。盖铁规格(QB/T 2082—1995)，见表16-13。

表16-13　盖铁规格　　/mm

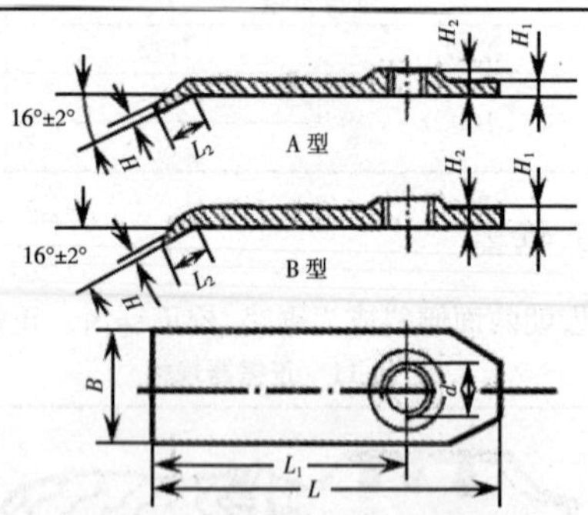

宽度 B(规格)	螺孔 d	长度 L	前头厚 H	弯头长 L_2	螺孔距 L_1
25	M8	96	≤1.2	8	68
32、38、44	M10				
51、57、64					

第十四节　绕刨和绕刨刃

绕刨刃装于绕刨中，专供刨削曲面的竹木工件。绕刨有大号、小号两种。按刨身分铸铁制和硬木制两种。绕刨刃规格见表 16-14。

表 16-14　绕刨刃规格

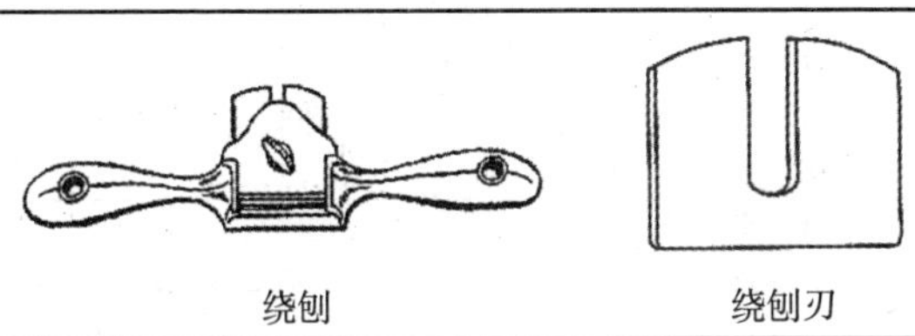

绕刨　　绕刨刃

刃宽/mm	45,54

第十五节　木工凿

木工凿用于木工在木料上凿制榫头、槽沟及打眼等。木工凿规格（QB/T 1201—1991），见表 16-15。

表 16-15　木工凿规格　/mm

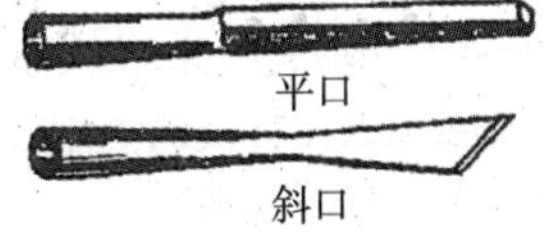

平口

斜口

半圆

	类型	无　柄	有　柄
刃口宽度	斜	4,6,8,10,13,16,19,22,25	6,8,10,12,13,16,18,19,20,22,25,32,38
	平	13,16,19,22,25,32,38	6,8,10,12,13,16,18,19,20,22,25,32,38
	半圆	4,6,8,10,13,16,19,22,25	10,13,16,19,22,25

第十六节　木工锉

木工锉用于锉削或修整木制品的圆孔、槽眼及不规则的表面等。木工锉规格（QB/T 2569.6—2002），见表 16-16。

表 16-16　木工锉规格　/mm

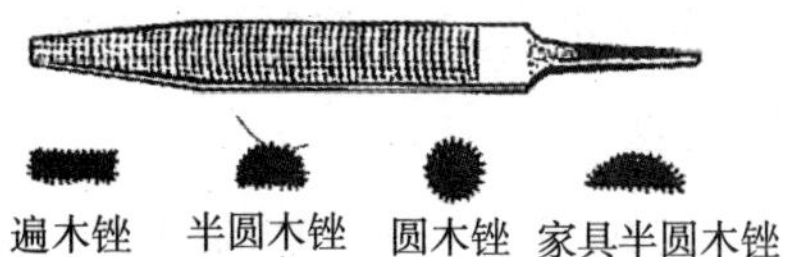

遍木锉　半圆木锉　圆木锉　家具半圆木锉

续表

名称	代号	长度	柄长	宽度	厚度
扁木锉	M—01—200	200	55	20	6.5
	M—01—250	250	65	25	7.5
	M—01—300	300	75	30	8.5
半圆木锉	M—02—150	150	45	16	6
	M—02—200	200	55	21	7.5
	M—02—250	250	65	25	8.5
	M—02—300	300	75	30	10
圆木锉	M—03—150	150	45	$d=7.5$	$d_1 \leqslant 80\% d$
	M—03—200	200	55	$d=9.5$	
	M—03—250	250	65	$d=11.5$	
	M—03—300	300	75	$d=13.5$	
家具半圆木锉	M—04—150	150	45	18	4
	M—4—200	200	55	25	6
	M—04—250	250	65	29	7
	M—04—300	300	75	34	8

第十七节　木工钻

木工钻是对木材钻孔用的刀具，分长柄式与短柄式两种；按头部的形式又分有双刃木工钻与单刃木工钻两种。长柄木工钻要安装木棒当执手，用于手工操作；短柄木工钻柄尾是1∶6的方锥体，可以安装在弓摇钻或其他机械上进行操作。木工钻规格(QB/T 1736—1993)，见表16-17。

表16-17　木工钻规格　/mm

双刃短柄　双刃长柄　电工木工钻(铁柄)

单刃短柄　单刃长柄

种类	直　径
电工钻	4,5,6,8,10,12,(14)
木工钻	5,6,6.5,8,9.5,10,11,12,13,14,(14.5),16,19,20,22,22.5,24,25,(25.5),28,(28.5),30,32,38

注：带括号的规格尽可能不采用。

第十八节　弓摇钻

弓摇钻供夹持短柄木工钻，对木材、塑料等钻孔用。弓摇钻按夹爪数目分二爪和四爪两种；按换向机构形式分持式、推式和按式三种。弓摇钻规格见表16-18。

表 16-18　弓摇钻规格(QB/T 2510—2001)/mm

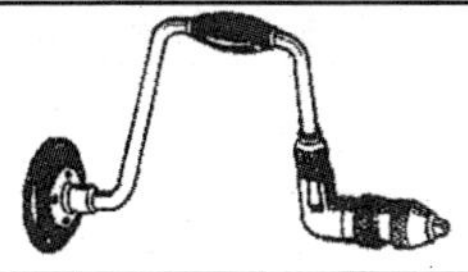

规格	最大夹持尺寸	全长	回转半径	弓架
250	22	320～360	125	150
300	28.5	340～380	150	150
350	38	360～400	175	160

注:弓摇钻的规格是根据其回转直径确定的。

第十九节　木工台虎钳

木工台虎钳装在工作台上,用以夹稳木制工件,进行锯、刨、锉等操作。钳口除可通过丝杆旋动移动外,还具有快速移动机构。木工台虎钳规格见表 16-19。

表 16-19　木工台虎钳规格

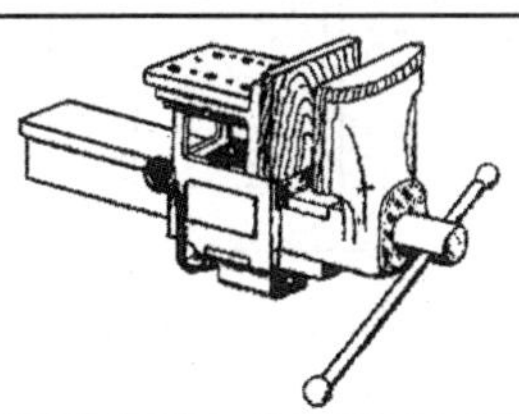

钳口长度/mm	150
夹持工件最大尺寸/mm	250

第二十节　木工夹

木工夹是用于夹持两板料及待粘接的构架的特殊工具。按其外形分为 F 型和 G 型两种。F 型夹专用夹持胶合板;G 型夹是多功能夹,可用来夹持各种工件。木工夹规格见表 16-20。

表 16-20　木工夹规格

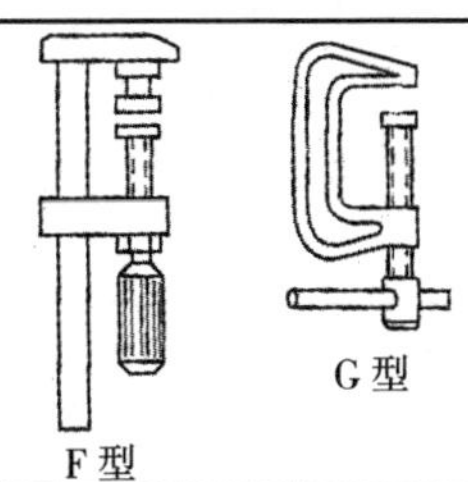

续表

类型	型号	夹持范围/mm	负荷界限/kg	型号	夹持范围/mm	负荷界限/kg
F型	FS150	150	180	FS250	250	140
	FS200	200	166	FS300	300	100
G型	GQ8150	50	306	GQ81125	125	450
	GQ8175	75	350	GQ81150	150	500
	GQ81100	100	350	GQ81200	200	1 000

第二十一节　木工机用直刃刨刀

木工机用直刃刨刀用于在木工刨床上，刨削各种木材。有三种类型：Ⅰ型——整体薄刨刀；Ⅱ型——双金属薄刨刀；Ⅲ型——带紧固槽的双金属原刨刀。木工机用直刃刨刀规格(JB 3377—1992)，见表 16-21。

表 16-21　木工机用直刃刨刀规格　　/mm

Ⅰ、Ⅱ型刨刀尺寸

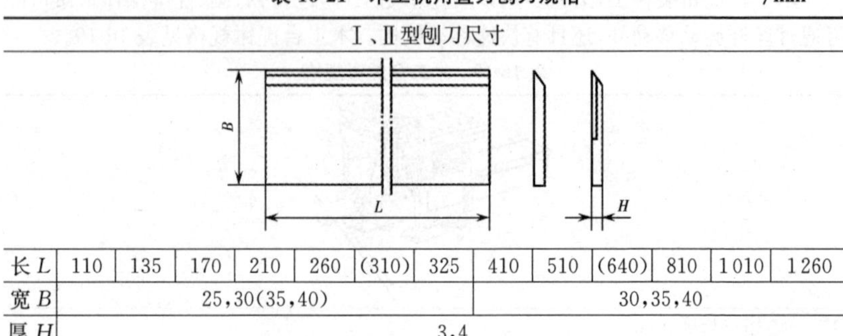

长 L	110	135	170	210	260	(310)	325	410	510	(640)	810	1 010	1 260
宽 B	25,30(35,40)							30,35,40					
厚 H	3,4												

Ⅲ型刨刀尺寸

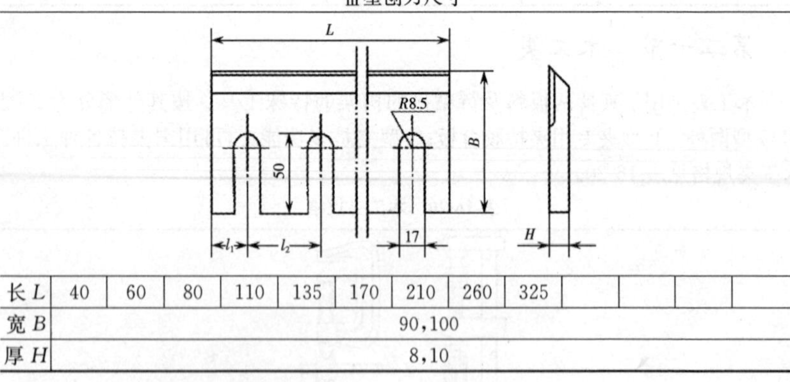

长 L	40	60	80	110	135	170	210	260	325				
宽 B	90,100												
厚 H	8,10												

注：括号内的尺寸尽量避免采用。

第二十二节　木工方凿钻

木工方凿钻由钻头和空心凿刀组合而成。钻头工作部分采用蜗旋式（Ⅰ型）或螺旋式（Ⅱ型）。用于在木工机床上加工木制品榫槽。木工方凿钻规格（JB/T 3872—1999），见表16-22。

表16-22　木工方凿钻规格　　/mm

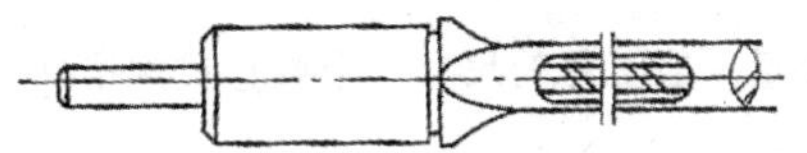

空心凿刀			钻　头	
凿刀宽度	柄直径	全长	钻头直径	全长
6.3、8、9.5、10、11、12、12.5、14、16	19	100～150	6、7.8、9.2、9.8、10.8、11.8、12.3、13.8、15.8	160～250
20、22、25	28.5	200～220	19.8、21.8、24.8	255～315

第十七章 测 量 工 具

第一节 尺类

一、金属直尺

金属直尺用于测量一般工件的尺寸。金属直尺规格(GB/T 9056—2004),见表 17-1。

表 17-1 金属直尺规格

长度/mm	150,300,500,1000,1500,2000

二、钢卷尺

钢卷尺用于测量较长尺寸的工件或丈量距离。钢卷尺规格(QB/T 2443—1999),见表 17-2。

表 17-2 钢卷尺规格

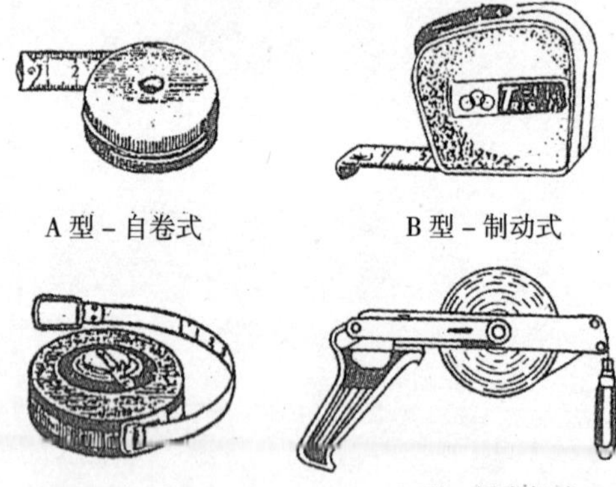

A 型－自卷式　B 型－制动式

C 型－摇卷盒式　D 型－摇卷架式

型　式	自卷式、制动式	摇卷盒式、摇卷架式
规格/m	0.5 的整数倍	5 的整数倍

三、纤维卷尺

纤维卷尺用于测量较长的距离,其准确度比钢卷尺低。纤维卷尺规格见表17-3。

表 17-3　纤维卷尺规格(QB/T 1519—1992)

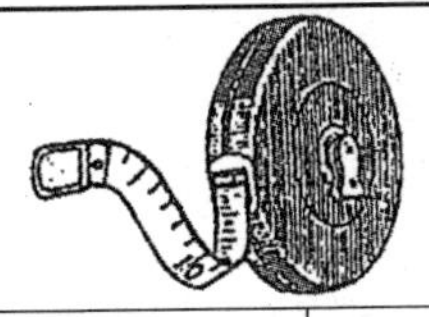

型　式	折卷式、盒式	折卷式、盒式、架式
规格/m	0.5 的整数倍(5 m 以下)	5 的整数倍

第二节　卡钳类

一、内卡钳和外卡钳

内卡钳和外卡钳与钢直尺配合使用，内卡钳测量工件的内尺寸(如内径、槽宽)，外卡钳测量工件的外尺寸(如外径、厚度)。内卡钳和外卡钳规格见表 17-4。

表 17-4　内卡钳和外卡钳规格

外卡钳　　内卡钳

全长/mm	100,125,150,200,250,300,350,400,450,500,600

二、弹簧卡钳

弹簧卡钳用途与普通内外卡钳相同，但便于调节，测得的尺寸不易走动，尤其适用于连续生产中。弹簧卡钳规格见表 17-5。

表 17-5　弹簧卡钳规格

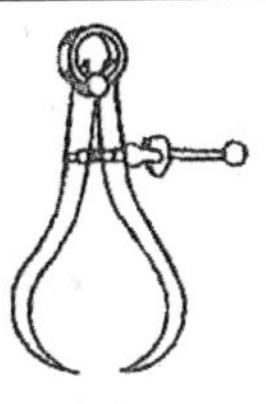

弹簧卡钳

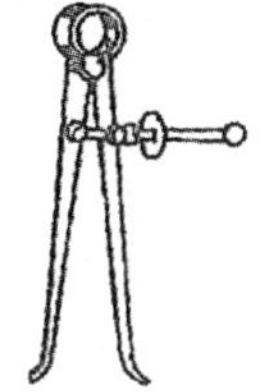

弹簧内卡钳

全长/mm	100,125,150,200,250,300,350,400,450,500,600

第三节　卡尺类

一、游标、带表和数显卡尺

卡尺外测量的最大允许误差，见表 17-6；刀口内测量的最大允许误差，见表 17-7；深度、台阶测量最大允许误差（GB/T 21389—2008），见表 17-8。

表 17-6　卡尺外测量的最大允许误差　/mm

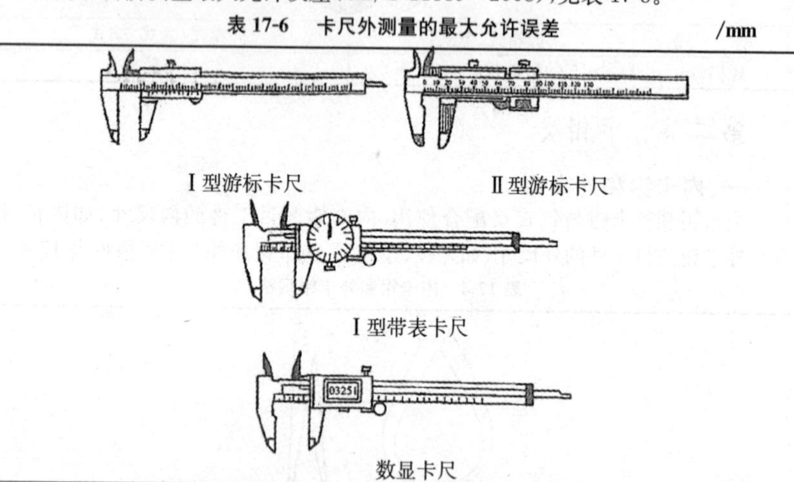

Ⅰ型游标卡尺　Ⅱ型游标卡尺

Ⅰ型带表卡尺

数显卡尺

测量范围上限	最大允许误差					
	分度值/分辨力					
	0.01、0.02		0.05		0.10	
	最大允许误差计算公式	计算值	最大允许误差计算公式	计算值	最大允许误差计算公式	计算值
70	±(20+0.05L) μm	±0.02	±(40+0.06L) μm	±0.05	±(50+0.1L) μm	±0.10
150		±0.02		±0.05		±0.10
200		±0.03		±0.05		±0.10
300		±0.04		±0.08		±0.10
500		±0.05		±0.08		±0.10
1000		±0.07		±0.10		±0.15
1500	±(20+0.06L) μm	±0.11	±(40+0.08L) μm	±0.16		±0.20
2000		±0.14		±0.20		±0.25
2500	±(20+0.08L) μm	±0.22		±0.24		±0.30
3000		±0.26	±(40+0.09L) μm	±0.31		±0.30
3500		±0.30		±0.36		±0.40
4000		±0.34		±0.40		±0.45

注：表中最大允许误差计算公式中的 L 为测量范围上限值，以毫米计。计算结果应四舍五入到 10 μm，且其值不能小于数字级差（分辨力）或游标标尺间隔。

表 17-7　刀口内测量的最大允许误差　　　　/mm

测量范围上限	外测量面间的距离 H	刀口形内测量爪的尺寸极限偏差		刀口形内测量面的平行度[a]	
		分度值/分辨力			
		0.01;0.02	0.05;0.10	0.01;0.02	0.05;0.10
≤300	10	+0.02 0	+0.04 0	0.010	0.020
>300～≤1 000	30				
>1 000～4 000	40	+0.03 0	+0.05 0	0.015	0.025

①测量要求:刀口内测量爪的尺寸极限偏差及刀口内测量面的平行度,应按沿平行于尺身平面方向的实际偏差计;在其他方向的实际偏差均不应大于平行于尺身平面方向的实际偏差。

表 17-8　深度、台阶测量的最大允许误差　　　　/mm

分度值/分辨力	测量 20 mm 时的最大允许误差
0.01;0.02	±0.03
0.05;0.10	±0.05

二、游标、带表和数显深度卡尺和游标、带表和数显高度卡尺

游标、带表和数显深度卡尺(GB/T 21388—2008)和游标、带表和数显深度卡尺(GB/T 21390—2008),见表 17-9。

表 17-9　游标、带表和数显深度卡尺和游标、带表和数显高度卡尺　　　　/mm

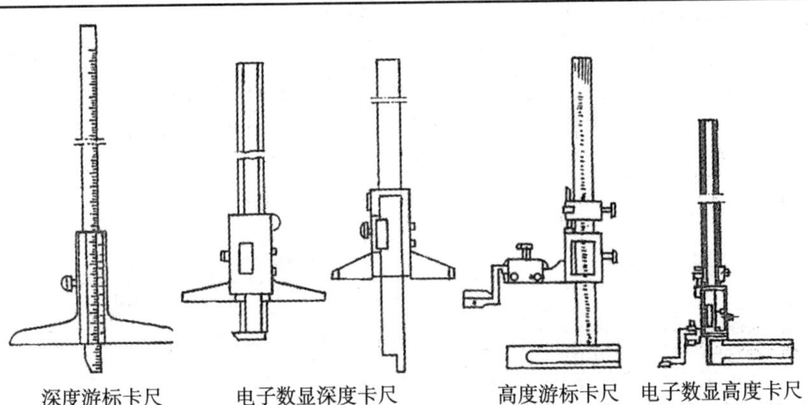

深度游标卡尺　　电子数显深度卡尺　　高度游标卡尺　　电子数显高度卡尺

续表

<table>
<tr><td rowspan="4">测量范围上限</td><td colspan="6">最 大 允 许 误 差</td></tr>
<tr><td colspan="6">分度值/分辨力</td></tr>
<tr><td colspan="2">0.01、0.02</td><td colspan="2">0.05</td><td colspan="2">0.10</td></tr>
<tr><td>最大允许误差计算公式</td><td>计算值</td><td>最大允许误差计算公式</td><td>计算值</td><td>最大允许误差计算公式</td><td>计算值</td></tr>
<tr><td>150</td><td rowspan="5">±(20+0.05L)μm</td><td>±0.02</td><td rowspan="5">±(40+0.06L)μm</td><td>±0.05</td><td rowspan="5">±(50+0.1L)μm</td><td>±0.10</td></tr>
<tr><td>200</td><td>±0.03</td><td>±0.05</td><td>±0.10</td></tr>
<tr><td>300</td><td>±0.04</td><td>±0.08</td><td>±0.10</td></tr>
<tr><td>500</td><td>±0.05</td><td>±0.08</td><td>±0.10</td></tr>
<tr><td>1000</td><td>±0.07</td><td>±0.10</td><td>±0.15</td></tr>
</table>

注:表中最大允许误差计算公式中的 L 为测量范围上限值,以毫米计。计算结果应四舍五入到 10 μm,且其值不能小于数字级差(分辨力)或游标标尺间隔。

三、游标、带表和数显齿厚卡尺

游标、带表和数显齿厚卡尺(GB/T 6316—2008),见表 17-10。

表 20-10　游标、带表和数显齿厚卡尺　/mm

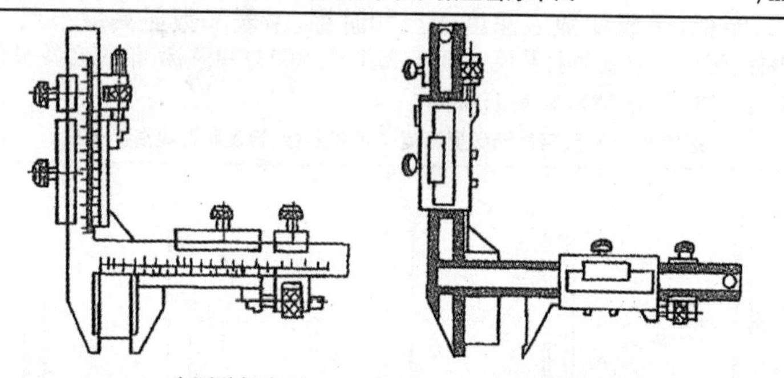

齿厚游标卡尺　　电子数显齿厚卡尺

<table>
<tr><td colspan="2" rowspan="3">最大允许误差</td><td colspan="2">重复性≤</td></tr>
<tr><td colspan="2">分度值/分辨力</td></tr>
<tr><td>0.010</td><td>0.020</td></tr>
<tr><td>齿厚尺</td><td>±0.03</td><td>—</td><td>—</td></tr>
<tr><td>齿高尺</td><td>±0.03</td><td>—</td><td>—</td></tr>
<tr><td>齿厚卡尺</td><td>±0.04</td><td>带表:0.005、数显:0.010</td><td>带表:0.010</td></tr>
</table>

四、万能角度尺

万能角度尺用于测量精密工件的内、外角度或进行角度划线。万能角度尺规格(GB/T 6315—2008),见表 17-11。

表 17-11　游标万能角度尺规格

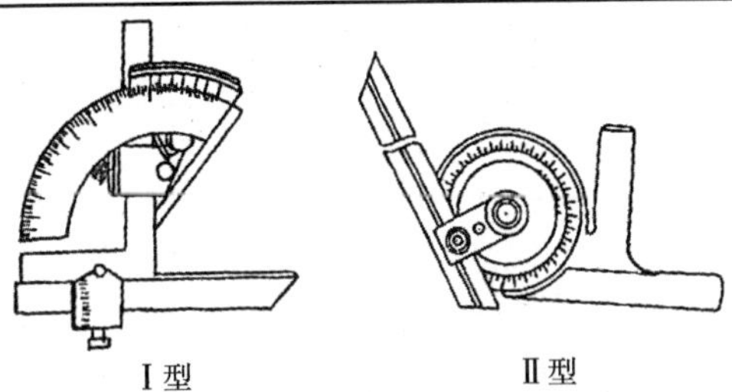

Ⅰ型　　　　Ⅱ型

形式	测量范围	直尺测量面标称长度	基尺测量面标称长度	附加量尺测量面标称长度	最大允许误差 分度值或分辨力		
		mm			2′	5′	30″
Ⅰ型游标万能角度尺	(0～320)°	≥150	≥50	—	±2′	±5′	—
Ⅱ型游标万能角度尺	(0～360)°	150 或 200 或 300		≥70			
带表万能角度尺							
数显万能角度尺					—	—	±4′
注：当使用附加量尺测量时，其允许误差在上述值基础上增加±1.5′。							

第四节　千分尺类

一、外径千分尺

外径千分尺用于测量工件的外径、厚度、长度、形状偏差等，测量精度较高。外径千分尺规格(GB/T 1216—2004)，见表 17-12。

表 17-12　外径千分尺规格　/mm

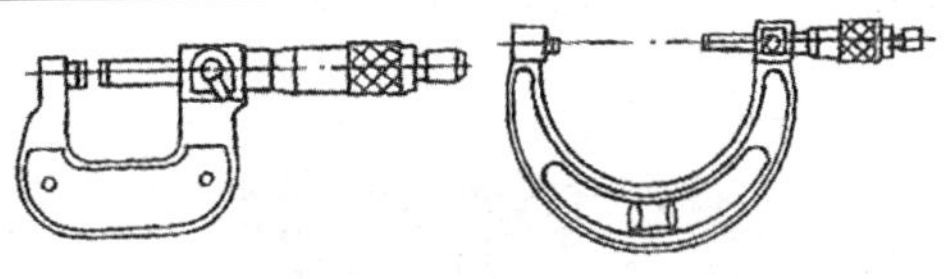

测量范围/mm	最大允许误差/μm	两测量面平行度/μm	尺架受 10N 力时的变形量/μm	用途
0～25,25～50	4	2	2	适用于测量精密工件的外径、长度台阶等尺寸
50～75,75～100	5	3	3	
100～125,125～150	6	4	4	
150～175,175～200	7	5	5	
200～225,225～250	8	6	6	
250～275,275～300	9	7	6	
300～325,325～350	10	9	8	
350～375,375～400	11			

续表

测量范围/mm	最大允许误差/μm	两测量面平行度/μm	尺架受10N力时的变形量/μm	用途
400～425,425～450	12	11	10	适用于测量精密工件的外径、长度台阶等尺寸
450～475,475～500	13			
500～600	15	12	12	
600～700	16	14	14	
700～800	18	16	16	
800～900	20	18	18	
900～1 000	22	20	20	

二、电子数显外径千分尺

电子数显外径千分尺用于测量精密外形尺寸。电子数显外径千分尺规格(GB/T 20919—2007),见表17-13。

表17-13 电子数显外径千分尺规格

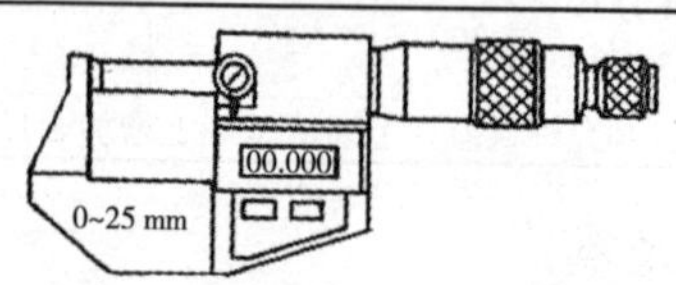

量程/mm	测量范围/mm	分辨率/mm	测微螺杆螺距
25或30	≤500,下限为0或25的整数倍	≥0.001	0.5或1

三、两点内径千分尺

两点内径千分尺用于测量工件的孔径、槽宽、卡规等的内尺寸和两个内表面之间的距离,其测量精度较高。内径千分尺规格(GB/T 8177—2004),见表17-14。

表17-14 两点内径千分尺规格 /mm

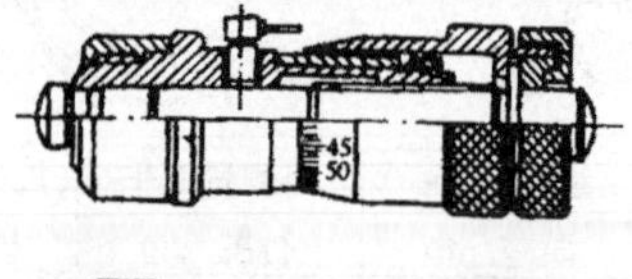

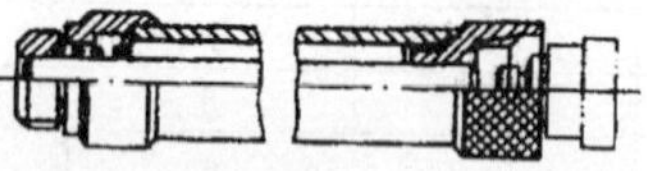

测微头量程/mm:13、25或50

测量长度 l/mm	最大允许误差/μm	长度尺寸的允许变化值/μm	用途
l≤50	4	—	适用于测量精密工件的内径尺寸
50< l≤100	5	—	
100< l≤150	6	—	

测量长度 l/mm	最大允许误差/μm	长度尺寸的允许变化值/μm	用途
150< l≤200	7	—	适用于测量精密工件的内径尺寸
200<l≤250	8	—	
250<l≤300	9	—	
300<l≤350	10	—	
350<l≤400	11	—	
400<l≤450	12	—	
450<l≤500	13	—	
500<l≤800	16	—	
800<l≤1 250	22	—	
1 250<l≤1 600	27	—	
1 600<l≤2 000	32	10	
2 000<l≤2 500	40	15	
2 500<l≤3 000	50	25	
3 000<l≤4 000	60	40	
4 000<l≤5 000	72	60	
5 000<l≤6 000	90	80	

四、三爪内径千分尺

三爪内径千分尺用于测量精度较高的内孔，尤其适于测量深孔的直径。三爪内径千分尺规格(GB/T 6314—2004)，见表 17-15。

表 17-15　三爪内径千分尺规格　　/mm

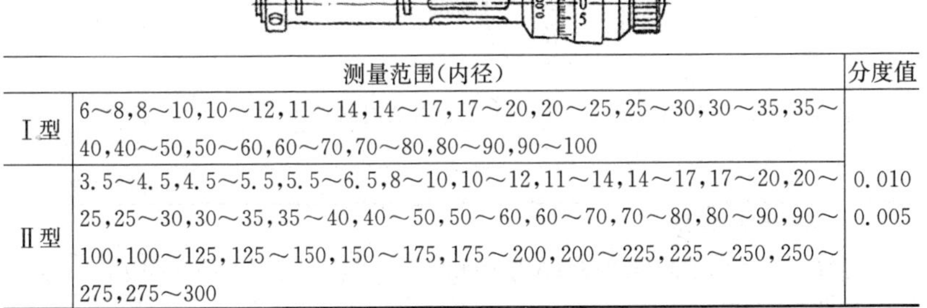

	测量范围(内径)	分度值
Ⅰ型	6～8,8～10,10～12,11～14,14～17,17～20,20～25,25～30,30～35,35～40,40～50,50～60,60～70,70～80,80～90,90～100	0.010 0.005
Ⅱ型	3.5～4.5,4.5～5.5,5.5～6.5,8～10,10～12,11～14,14～17,17～20,20～25,25～30,30～35,35～40,40～50,50～60,60～70,70～80,80～90,90～100,100～125,125～150,150～175,175～200,200～225,225～250,250～275,275～300	

五、深度千分尺

深度千分尺用于测量精密工件的孔、沟槽的深度和台阶的高度，以及工件两平行面间的距离等，其测量精度较高。深度千分尺规格(GB/T 1218—2004)，见表 17-16。

表 17-16　深度千分尺规格

测量范围 l/mm	最大允许误差/μm	对零误差/μm	用途
$l \leqslant 25$	4.0	±2.0	适用于测量精密工件的孔深、台阶等尺寸
$0 < l \leqslant 50$	5.0	±2.0	
$0 < l \leqslant 100$	6.0	±3.0	
$0 < l \leqslant 150$	7.0	±4.0	
$0 < l \leqslant 200$	8.0	±5.0	
$0 < l \leqslant 250$	9.0	±6.0	
$0 < l \leqslant 300$	10.0	±7.0	

六、壁厚千分尺

壁厚千分尺用于测量管子的壁厚。壁厚千分尺规格（GB/T 6312—2004），见表 17-17。

表 17-17　壁厚千分尺规格

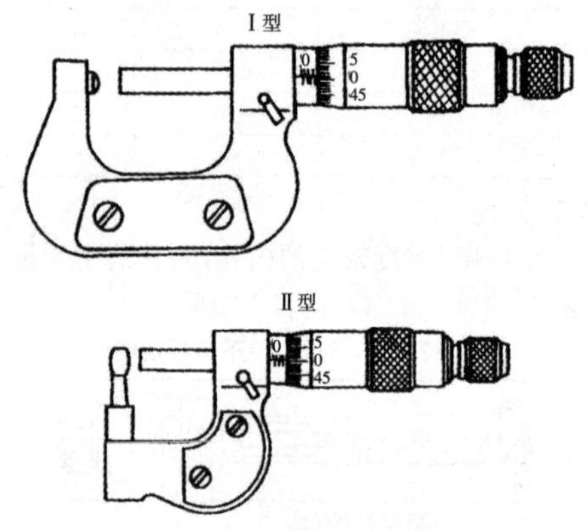

型式	示值误差	测量范围	尺架受 10N 力时的变形	用途
Ⅰ	4	0～25mm	2	适用于测量薄壁件的厚度
Ⅱ	8		5	

七、螺纹千分尺

螺纹千分尺用于测量通螺纹的中径和螺距。螺纹千分尺规格（GB/T 10932—2004），见表 17-18。

表 17-18　螺纹千分尺规格　/mm

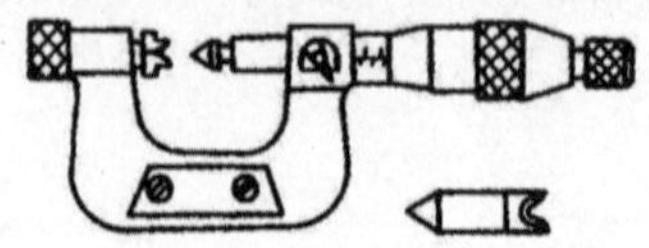

续表

测量范围	最大允许误差	测头对示值误差的影响	弯曲变形量	用途
0～25、25～50	0.004	0.008	0.002	常用于测量螺纹中径
50～75、75～100	0.005	0.010	0.003	
100～125、125～150	0.006	0.015	0.004	
150～175、175～200	0.007	0.015	0.005	

八、尖头千分尺

尖头千分尺用于测量螺纹的中径。尖头千分尺规格(GB/T 6313—2004),见表 17-19。

表 17-19　尖头千分尺规格　　/mm

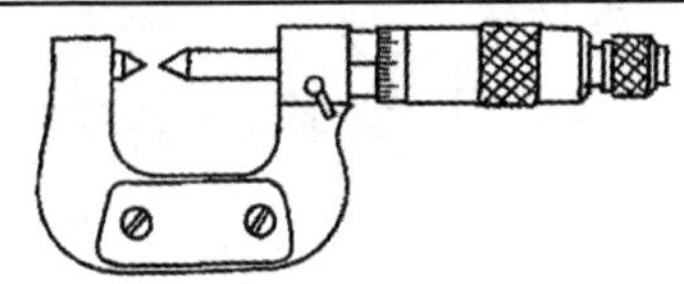

测量范围	刻度数字标记		分度值
0～25	0,5,10,15,20,25		0.01
15～50	25,30,35,40,45,50		0.001
50～75	50,55,60,65,70,75		0.002
75～100	75,80,85,90,95,100		0.005
测微螺杆螺距	0.5	量程	25

九、公法线千分尺

公法线千分尺用于测量模数大于 1mm 的外啮合圆柱齿轮的公法线长,也可用于测量某些难测部位的长度尺寸。公法线千分尺规格(GB/T 1217—2004),见表 17-20。

表 17-20　公法线千分尺规格

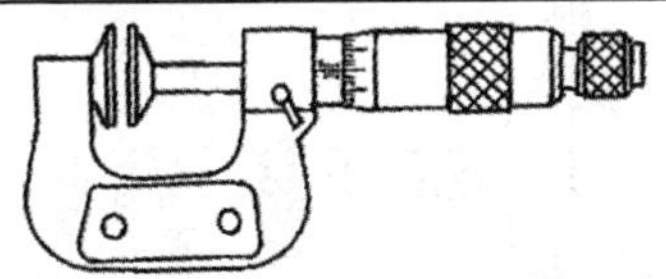

测量范围/mm	分度值/mm	测微螺杆螺距/mm	量程/mm	测量模数/mm
0～25,25～50,50～75,75～100,100～125,125～150,150～175,175～200	0.01	0.5	25	≥1

十、杠杆千分尺

杠杆千分尺用于测量工件的精密外形尺寸(如外径、长度、厚度等),或校对一般量具的精度。杠杆千分尺规格(GB/T 8061—2004),见表 17-21。

表 17-21　杠杆千分尺规格

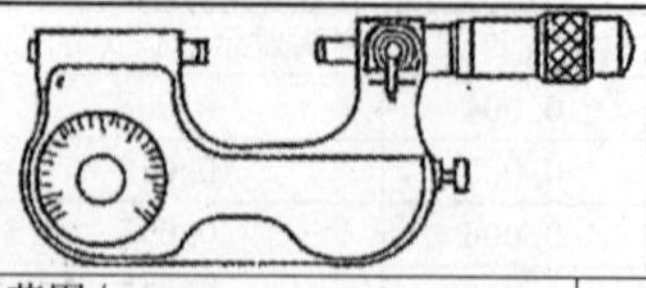

测量范围/mm	分度值/mm
0～25,25～50,50～75,75～100	0.001,0.002

十一、带计数器千分尺

带计数器千分尺用于测量工件的外形尺寸。带计数器千分尺规格(JB/T 4166—1999),见表 17-22。

表 17-22　带计数器千分尺规格　/mm

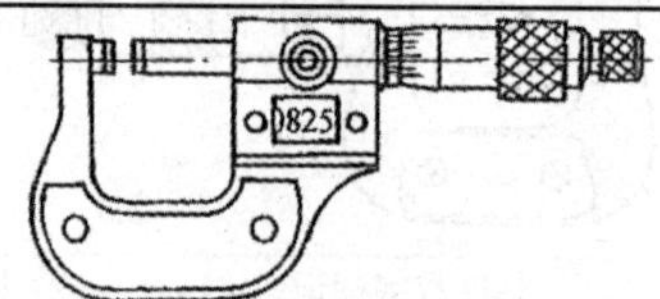

测量范围	刻度数字						计数器分辨率
0～25	0	5	10	15	20	25	0.01
25～50	25	30	35	40	45	50	
50～75	50	55	60	65	70	75	
75～100	75	80	85	90	95	100	
测微头分度值	0.001		测微螺杆和测量端直径				6.5

十二、内测千分尺

内测千分尺用于各种内尺寸的测量,内测千分尺规格(JB/T 10006—1999),见表 17-23。

表 17-23　内测千分尺规格　/mm

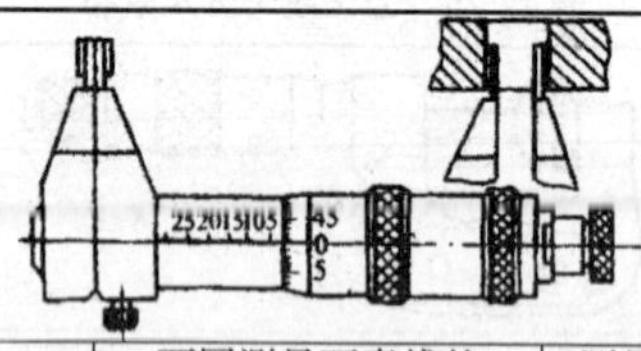

测量范围/mm	示值误差/μm	两圆测量面素线的平行度/μm	测量爪受 10N 力时的变形/μm	用途
5～30	7	2	2	适用于测量精密孔的直径
25～50	8			
50～75	9	3	3	
75～100	10			
100～125	11	4	4	
125～150	12			

十三、板厚百分尺

板厚百分尺用于测量板料的厚度。板厚百分尺规格见表 17-24。

表 17-24　板厚百分尺规格　/mm

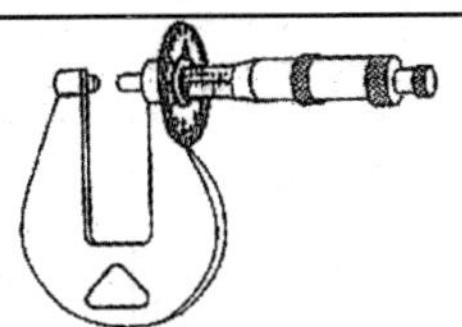

测量范围	分度值	可测厚度
0～10,0～15,0～25,25～50,50～75,75～100	0.01	50,70,150,200
0～15,15～30	0.05	

第五节　仪表类

一、指示表

指示表(百分表、千分表)适用于测量工件的各种几何形状相互位置的正确性以及位移量,常用于比较法测量。指示表的误差及测量力指标(GB/T 1219—2008),见表 17-25。

表 17-25　指示表的误差及测量力指标

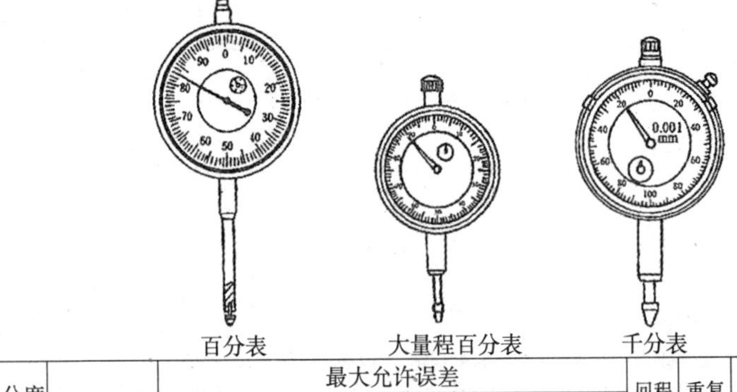

分度值	量程 S	最大允许误差							回程误差	重复性	测量力	测量力变化	测量力落差
		任意 0.05mm	任意 0.1mm	任意 0.2mm	任意 0.5mm	任意 1 mm	任意 2 mm	全量程					
mm		μm									N		
0.1	$S \leqslant 10$	—	—	—	—	±25	—	±40	20	10	0.4～2.0	—	1.0
	$10 < S \leqslant 20$	—	—	—	—	±25	—	±50	20	10	2.0	—	1.0
	$20 < S \leqslant 30$	—	—	—	—	±25	—	±60	20	10	2.2	—	1.0
	$30 < S \leqslant 50$	—	—	—	—	±25	—	±80	25	20	2.5	—	1.5
	$50 < S \leqslant 100$	—	—	—	—	±25	—	±100	30	25	3.2	—	2.2

续表

分度值	量程S	最大允许误差							回程误差	重复性	测量力	测量力变化	测量力落差
		任意0.05mm	任意0.1mm	任意0.2mm	任意0.5mm	任意1 mm	任意2 mm	全量程					
mm		μm									N		
0.01	S≤3	—	±5	—	±8	±10	±12	±14	3	3	0.4～1.5	0.5	0.5
	3<S≤5	—	±5	—	±8	±10	±12	±16	3	3	0.4～1.5	0.5	0.5
	5<S≤10	—	±5	—	±8	±10	±12	±20	3	3	0.4～1.5	0.5	0.5
	10<S≤20	—	—	—	—	±15	—	±25	5	4	2.0	—	1.0
	20<S≤30	—	—	—	—	±15	—	±35	7	5	2.2	—	1.0
	30<S≤50	—	—	—	—	±15	—	±40	8	5	2.5	—	1.5
	50<S≤100	—	—	—	—	±15	—	±50	9	5	3.2	—	2.2
0.001	S≤1	±2	—	±3	—	—	—	±5	2	0.3	0.4～2.0	0.5	0.6
	1<S≤3	±2.5	—	±3.5	—	±5	±6	±8	2.5	0.5	0.4～2.0	0.5	0.6
	3<S≤5	±2.5	—	±3.5	—	±5	±6	±9	2.5	0.5	0.4～2.0	0.5	0.6
0.002	S≤1	±3	—	±4	—	—	—	±7	2	0.5	0.4～2.0	0.6	0.6
	1<S≤3	±3	—	±5	—	—	—	±9	2	0.5	0.4～2.0	0.6	0.6
	3<S≤5	±3	—	±5	—	—	—	±11	2	0.5	0.4～2.0	0.6	0.6
	5<S≤10	±3	—	±5	—	—	—	±12	2	0.5	0.4～2.0	0.6	0.6

注1:表中数值均为标准温度在20℃给出。

2:指示表在测杆处于垂直向下或水平状态时的规定,不包括其他状态,如测杆向上。

3:任意量程示值误差是指在示值误差曲线上,符合测量间隔的任何两点之间所包含的受检点的最大示值误差与最小示值误差之差应满足表中的规定。

4:采用浮动零位原则判定示值误差时,示值误差的带宽不应超过最大允许误差允许值"±"后面所对应的规定值。

二、杠杆指示表

杠杆指示表除百分表、千分表的作用外,因其体积小、测头可回转180°,所以特别适用于测量受空间限制的工件,如内孔的跳动量、键槽、导轨的直线度等。杠杆指示表的允许误差(GB/T 8123—2007),见表17-26和表17-27。

表 17-26　指针式杠杆指示表　　/mm

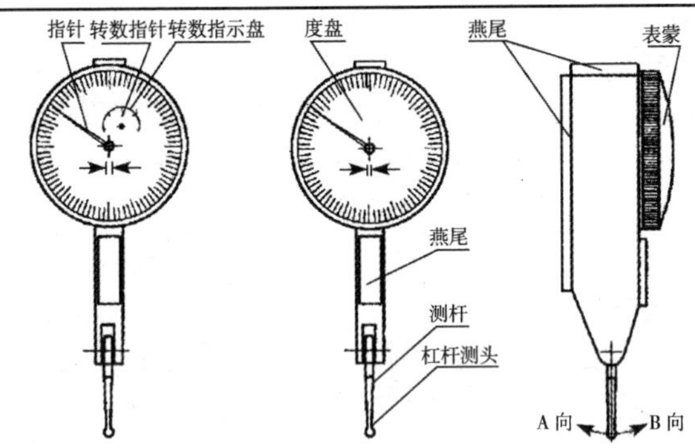

分度值	量程	最大允许误差					回程误差	重复性
		任意 5 个标尺标记	任意 10 个标尺标记	任意 1/2 量程(单向)	单向量程	双向量程		
0.01	0.8	±0.004	±0.005	±0.008	±0.010	±0.013	0.003	0.003
	1.6			±0.010	±0.020	±0.023		
0.002	0.2	—	±0.002	±0.003	±0.004	±0.005	0.002	0.001
0.001	0.12	—	±0.002	±0.003	±0.003	±0.005		

注1:在量程内,任意状态下(任意方位、任意位置)的杠杆指示表均应符合表中的规定。

2:杠杆指示表的示值误差判定,适用浮动零位的原则(即示值误差的带宽不应超过表中最大允许误差"±"符号后面对应的规定值)。

表 17-27　电子数显杠杆指示表　　/mm

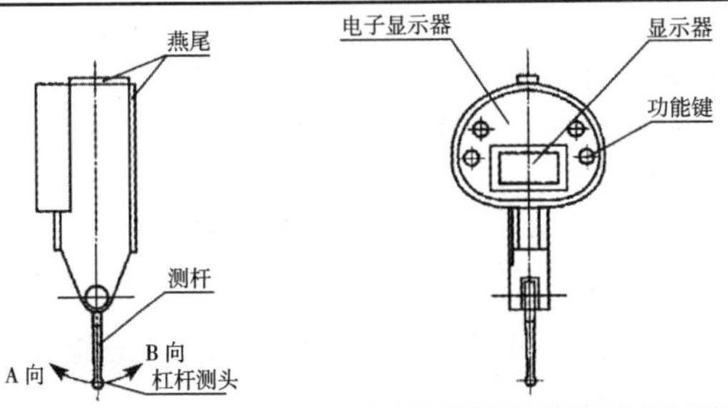

分辨力	量程	最大允许误差					回程误差	重复性
		任意 5 个分辨力	任意 10 个分辨力	任意 1/2 量程(单向)	单向量程	双向量程		
0.01	0.5	±0.01	±0.01	—	±0.02	±0.03	0.01	0.01
0.001	0.4	—	±0.004	±0.006	±0.008	±0.010	0.002	0.001

注1:在量程内,任意状态下(任意方位、任意位置)的杠杆指示表均应符合表中的规定。

2:杠杆指示表的示值误差判定,适用浮动零位的原则(即示值误差的带宽不应超过表中最大允许误差“±”符号后面对应的规定值)。

三、内径指示表

内径指示表适用于比较法测量工件的内孔尺寸及其几何形状的正确性。内径指示表(GB/T 8122—2004)的允许误差见表 17-28。

表 17-28 内径指示表 /mm

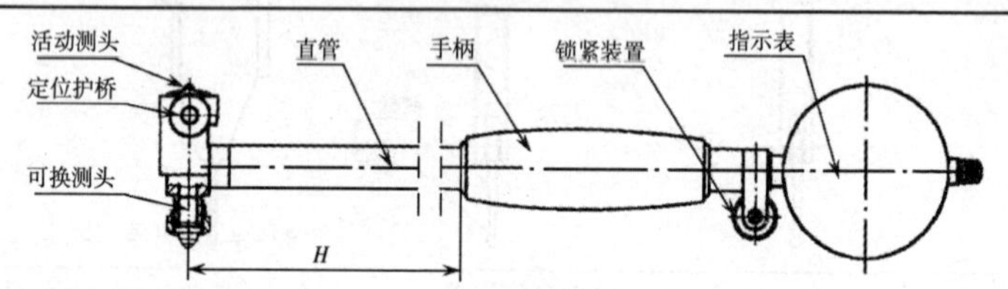

<table>
<tr><th>分度值</th><th>测量范围 l</th><th>最大允许误差</th><th>相邻误差</th><th>定中心误差</th><th>重复性误差</th></tr>
<tr><td colspan="2">mm</td><td colspan="4">μm</td></tr>
<tr><td rowspan="4">0.01</td><td>6≤l≤10</td><td rowspan="2">±12</td><td rowspan="3">5</td><td rowspan="4">3</td><td rowspan="4">3</td></tr>
<tr><td>10<l≤18</td></tr>
<tr><td>18<l≤50</td><td>±15</td></tr>
<tr><td>50<l≤450</td><td>±18</td><td>6</td></tr>
<tr><td rowspan="4">0.001</td><td>6≤l≤10</td><td rowspan="2">±5</td><td rowspan="2">2</td><td rowspan="3">2</td><td rowspan="4">2</td></tr>
<tr><td>10<l≤18</td></tr>
<tr><td>18<l≤50</td><td>±6</td><td rowspan="2">3</td></tr>
<tr><td>50<l≤450</td><td>±7</td><td>2.5</td></tr>
</table>

注1:允许误差、相邻误差、定中心误差、重复性误差值为温度在 20℃时的规定值。

2:用浮动零位时,示值误差值不应大于允许误差“±”符号后面对应的规定值。

四、涨簧式内径百分表

涨簧式内径百分表用于内尺寸测量。涨簧式内径百分表规格(JB/T 8791—1988),见表 17-29。

表 17-29 涨簧式内径百分规格 /mm

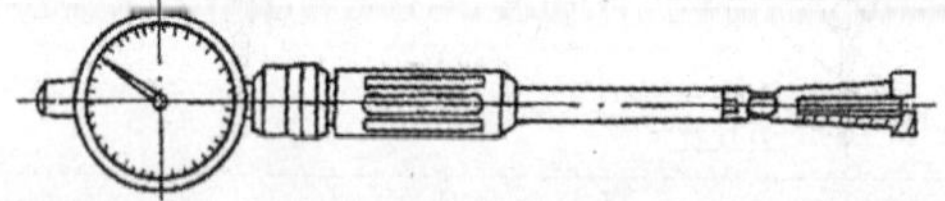

<table>
<tr><td>涨簧测头标称尺寸</td><td colspan="5">2.00,2.25,2.50,2.75,3.00,3.25,3.50,3.75,4.0,4.5,5.0,5.5,6.0,6.5,7.0,7.5,8.0,8.5,9.0,9.5,10,11,12,13,14,15,16,17,18,19,20</td></tr>
<tr><td>测量范围</td><td colspan="5">2~20</td></tr>
<tr><td>涨簧测头标称尺寸</td><td>2.00~1.25</td><td>2.50~3.75</td><td>4.0~5.5</td><td>6 0~9.5</td><td>10~20</td></tr>
<tr><td>测孔深度</td><td>≥16</td><td>≥20</td><td>≥30</td><td>≥40</td><td>≥50</td></tr>
<tr><td>涨簧测头工作行程</td><td colspan="3">0.3</td><td>0.6</td><td>1.2</td></tr>
</table>

五、电子数显指示表

电子数显指示表用于测量精密工件的形状误差及位置误差，测量工件的长度。通过数字显示，读数迅速、直观，测量效率较高。电子数显指示表规格（GB/T 18761—2007），见表 17-30。

表 17-30　电子数显指示表的误差及测量力指标　　　/mm

<table>
<tr><td rowspan="2">分辨力</td><td rowspan="2">测量范围上限 t</td><td colspan="5">最大允许误差①</td><td rowspan="2">回程误差</td><td rowspan="2">重复性</td><td rowspan="2">最大测量力</td><td rowspan="2">测量力变化</td><td rowspan="2">测量力落差</td></tr>
<tr><td>任意 0.1mm</td><td>任意 0.2mm</td><td>任意 1.0mm</td><td>任意 2.0mm</td><td>全量程</td></tr>
<tr><td colspan="9">mm</td><td colspan="3">N</td></tr>
<tr><td rowspan="4">0.01</td><td>t≤10</td><td rowspan="4">—</td><td rowspan="4">±0.010</td><td>—</td><td rowspan="2">—</td><td>±0.020</td><td rowspan="4">0.010</td><td rowspan="4">0.010</td><td>1.5</td><td>0.7</td><td>0.6</td></tr>
<tr><td>10<t≤30</td><td>±0.020</td><td rowspan="3">±0.030</td><td>2.2</td><td>1.0</td><td>1.0</td></tr>
<tr><td>30<t≤50</td><td rowspan="2">—</td><td rowspan="2">±0.020</td><td>2.5</td><td>2.0</td><td>1.5</td></tr>
<tr><td>50<t≤100</td><td>3.2</td><td>2.5</td><td>2.2</td></tr>
<tr><td rowspan="3">0.005</td><td>t≤10</td><td rowspan="3">—</td><td rowspan="3">±0.010</td><td>—</td><td rowspan="2">—</td><td rowspan="2">±0.015</td><td rowspan="3">0.005</td><td rowspan="3">0.005</td><td>1.5</td><td>0.7</td><td>0.6</td></tr>
<tr><td>10<t≤30</td><td>±0.010</td><td>2.2</td><td>1.0</td><td>1.0</td></tr>
<tr><td>30<t≤50</td><td>—</td><td>±0.015</td><td>±0.020</td><td>2.5</td><td>2.0</td><td>1.5</td></tr>
<tr><td rowspan="4">0.001</td><td>t≤1</td><td rowspan="4">±0.002</td><td>—</td><td rowspan="2">—</td><td rowspan="4">—</td><td>±0.003</td><td>0.001</td><td>0.001</td><td rowspan="3">1.5</td><td>0.4</td><td rowspan="2">0.4</td></tr>
<tr><td>1<t≤3</td><td rowspan="3">±0.003</td><td>±0.005</td><td rowspan="2">0.002</td><td rowspan="2">0.002</td><td rowspan="2">0.5</td></tr>
<tr><td>3<t≤10</td><td>±0.004</td><td>±0.007</td><td>0.5</td></tr>
<tr><td>10<t≤30</td><td>±0.005</td><td>±0.010</td><td>0.003</td><td>0.003</td><td>2.2</td><td>0.8</td><td>1.0</td></tr>
</table>

①采用浮动零位原则判定示值误差时，示值误差的带宽不应超过最大允许误差允许值"±"后面所对应的规定值。

六、万能表座

万能表座用于支持百分表、千分表，并使其处于任意位置，从而测量工件尺寸、形状误差及位置误差。万能表座规格（JB/T 10011—1999），见表 17-31。

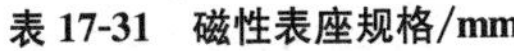

表 17-31　磁性表座规格/mm

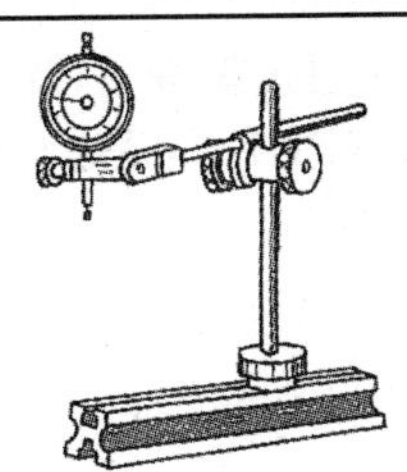

续表

型式	型号	底座长度	表杆最大升高量	表杆最大回转半径	表夹孔直径	微调量
普通式	WZ－22	220	230	220	8 或 6	—
微调式	WWZ－15	150	350	320	8 或 6	≥2
	WWZ－22	220	350	320	8 或 6	
	WWZ－220	220	230	220	8 或 6	

七、磁性表座

磁性表座用于支持百分表、千分表，利用磁性使其处于任何空间位置的平面及圆柱体上作任意方向的转换，来适应各种不同用途和性质的测量。磁性表座规格(JB/T 10010—1999)，见表 17-32。

表 17-32　磁性表座规格

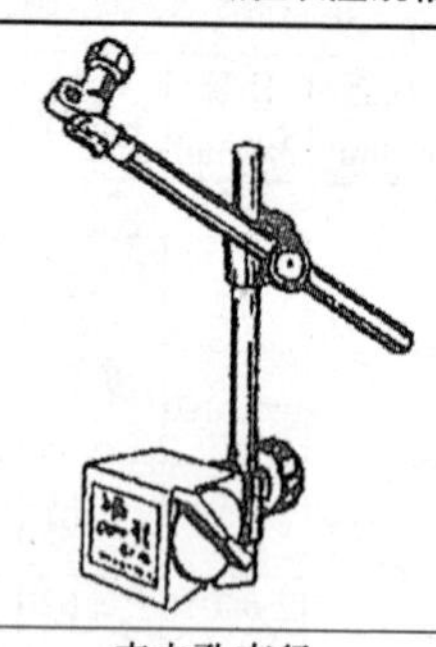

表座规格	立柱高度 /mm	横杆长度 /mm	表夹孔直径 /mm	座体 V 形工作面角度	工作磁力 /N	型号举例
Ⅰ	160	140	8 或 6	120°，135°，150°	196	CZ－2
Ⅱ	190	170			392	CZ－4
					588	CZ－6A
Ⅳ	224	200			784	—
Ⅳ	280	250			980	WCZ－10

第六节　量规

一、量块

量块用于调整、校正或检验测量仪器、量具，及测量精密零件或量规的正确尺寸；与量块附件组合，可进行精密划线工作，是技术测量上长度计量的基准。量块规格(GB /T 6093—2001)，见表 17-33。

表 17-33　量块规格

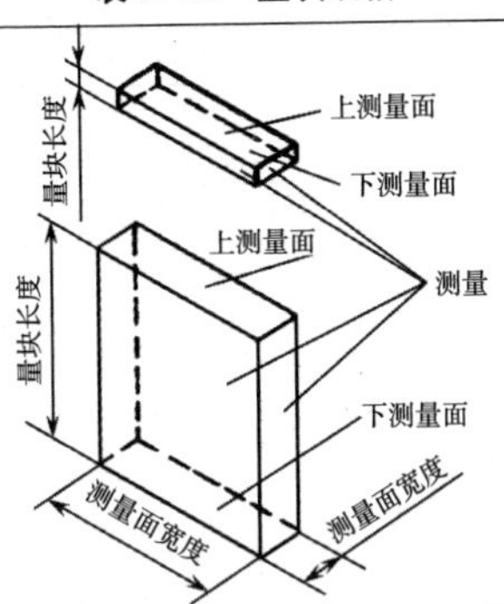

套别	总块数	级别	尺寸系列/mm	间隔/mm	块数
1	91	00,0,1	0.5	—	1
			1	—	1
			1.001,1.002,…,1.009	0.001	9
			1.01,1.02,…,1.49	0.01	49
			1.5,1.6,…,1.9	0.1	5
			2.0,2.5,…,9.5	0.5	16
			10,20,…,100	10	10
2	83	00,0,1,2	0.5	—	1
			1	—	1
			1.005	—	1
			1.01,1.02,…,1.49	0.01	49
			1.5,1.6,…,1.9	0.1	5
			2.0,2.5,…,9.5	0.5	16
			10,20,…,100	10	10
3	46	0,1,2	1	—	1
			1.001,1.002,…,1.009	0.001	9
			1.01,1.02,…,1.49	0.01	9
			1.1,1.2,…,1.9	0.1	9
			2,3,…,9	1	8
			10,20,…,100	10	10
4	38	0,1,2	1	—	1
			1.005	—	1
			1.01,1.02,…,1.09	0.01	9
			1.1,1.2,…,1.9	0.1	9
			2,3,…,9	1	8
			10,20,…,100	10	10

续表

套别	总块数	级别	尺寸系列/mm	间隔/mm	块数
5	10−	0,1	0.991,0.992,…,1	0.001	10
6	10+	0,1	1,1.001,…,1.009	0.001	10
7	10−	0,1	1.991,1.992,…,2	0.001	10
8	10+	0,1	2,2.001,2.002,…,2.009	0.001	10
9	8	0,1,2	125,150,175,200,250,300,400,500		8
10	5	0,1,2	600,700,800,900,1000		5
11	10	0,1,2	2.5,5.1,7.7,10.3,12.9,15,17.6,20.2,22.8,25		10
12	10	0,1,2	27.5,30.1,32.7,35.3,37.9,40,42.6,45.2,47.8,50		10
13	10	0,1,2	52.5,55.1,57.7,60.3,62.9,65,67.6,70.2,72.8,75		10
14	10	0,1,2	77.5,80.1,82.7,85.3,87.9,90,92.6,95.2,97.8,100		10
15	12	3	10,20(二块),41.2,51.2,81.5,101.2,121.5,121.8,191.8,201.5,291.8		12
16	6	3	101.2,200,291.5,375,451.8,490		6
17	6	3	201.2,400,581.5,750,901.8,990		6

二、塞尺

塞尺用于测量或检验两平行面间的空隙的大小。塞尺规格(GB/T 22523—2008),见表17-34。

表17-34　塞尺规格　/mm

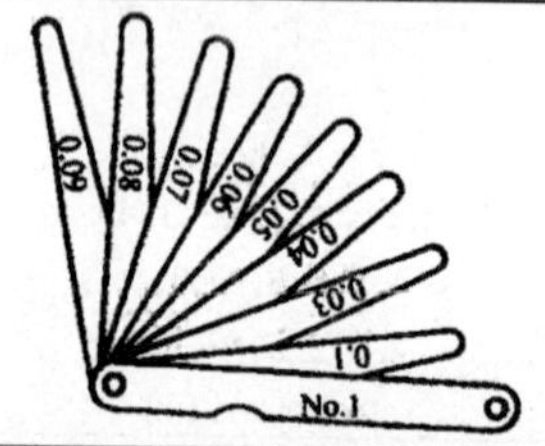

成组塞尺的片数	塞尺片长度/mm	塞尺片厚度及组装顺序/mm
13	100 150 200 300	0.10,0.02,0.02,0.03,0.03,0.04,0.04,0.05,0.05,0.06,0.07,0.08,0.09
14		1.00,0.05,0.06,0.07,0.08,0.09,0.10,0.15,0.20,0.25,0.30,0.40,0.50,0.75
17		0.50,0.02,0.03,0.04,0.05,0.06,0.07,0.08,0.09,0.10,0.15,0.20,0.25,0.30,0.35,0.40,0.45
20		1.00,0.05,0.10,0.15,0.20,0.25,0.30,0.35,0.40,0.45,0.50,0.55,0.60,0.65,0.70,0.75,0.80,0.85,0.90,0.95
21		0.50,0.02,0.02,0.03,0.03,0.04,0.04,0.05,0.05,0.06,0.07,0.08,0.09,0.10,0.15,0.20,0.25,0.30,0.35,0.40,0.45

三、角度块规

角度块规用于对万能角度尺和角度样板的检定，亦可用于检查工件的内外角，以及精密机床在加工过程中的角度调整等，是技术测量上角度计量的基准。角度块规规格(JB/T 3325—1999)，见表 17-35。

表 17-35　角度块规规格

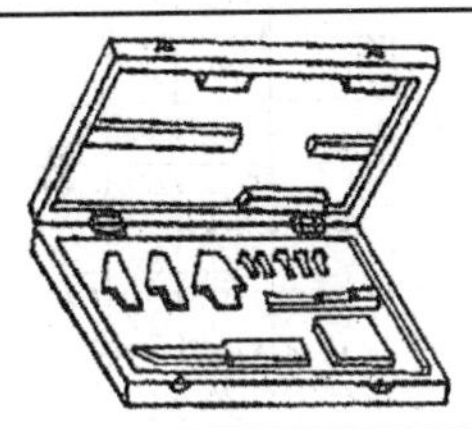

组别	块数
7,36,94	7,36,94

注：1. 角度块规有三角形和四边形两种形式，前者有一个工作角，后者有四个工作角。

2. 角度块规每组均有 1 级和 2 级精度等级。

3. 7 块的角度块规供万能角度尺检定用。

4. 成套角度块规附件有：夹持具Ⅰ(1 件)，夹持具Ⅱ(2 件)，夹持具Ⅲ(1 件)，插销(6 件)，直尺(1 件)，螺丝刀(1 件)。

四、螺纹规

螺纹规用于检验普通螺纹的螺距。螺纹规规格(JB/T 7981—1999)，见表 17-36。

表 17-36　螺纹规规格

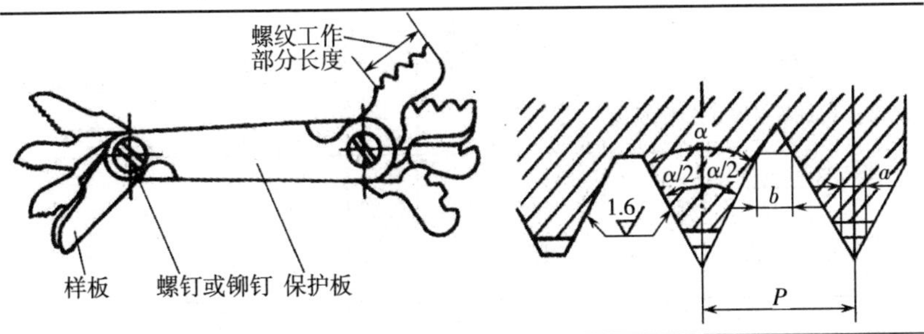

续表

普通螺纹样板基本尺寸							
螺距 P/mm		基本型角 α	牙型半角 $\alpha/2$ 极限偏差	牙顶和牙底宽度 /mm			螺纹工作部分长度/mm
				a		b	
基本尺寸	极限偏差			最小	最大	最大	
0.40	±0.010	60°	±60′	0.10	0.16	0.05	5
0.45				0.11	0.17	0.06	
0.50			±50′	0.13	0.21	0.06	
0.60				0.15	0.23	0.08	
0.70	±0.015			0.18	0.26	0.09	10
0.75			±40′	0.19	0.27	0.09	
0.80				0.20	0.28	0.10	
1.00				0.25	0.33	0.13	
1.25			±35′	0.31	0.43	0.16	
1.50			±30′	0.38	0.50	0.19	
1.75	±0.020			0.44	0.56	0.22	16
2.00				0.50	0.62	0.25	
2.50			±25′	0.63	0.75	0.31	
3.00				0.75	0.87	0.38	
3.50				0.88	1.03	0.44	
4.00				1.00	1.15	0.50	
4.50	±0.020		±20′	1.13	1.28	0.56	
5.00				1.25	1.40	0.63	
5.50				1.38	1.53	0.69	
6.00				1.50	1.65	0.75	

英制螺纹样板基本尺寸								
螺距 P/in			基本牙型角 α	牙型半角 $\alpha/2$ 极限偏差	牙顶和牙底宽度 /in			螺纹工作部分长度/in
					a		b	
每英寸牙数	基本尺寸	极限偏差			最小	最大	最大	
28	0.907	±0.015	55°	±40′	0.22	0.30	0.15	10
24	1.058				0.27	0.39	0.18	
22	1.154				0.29	0.41	0.19	
20	1.270			±35′	0.31	0.43	0.21	
19	1.337			±30′	0.33	0.45	0.22	
18	1.411				0.35	0.47	0.24	
16	1.588				0.39	0.51	0.27	
14	1.814				0.45	0.57	0.30	16
12	2.117	±0.020			0.52	0.64	0.35	
11	2.309			±25′	0.57	0.69	0.38	

<table>
<tr><th colspan="9">英制螺纹样板基本尺寸</th></tr>
<tr><th colspan="3">螺距 P/in</th><th rowspan="3">基本牙型角 α</th><th rowspan="3">牙型半角 α/2 极限偏差</th><th colspan="3">牙顶和牙底宽度 /in</th><th rowspan="3">螺纹工作部分长度/in</th></tr>
<tr><th rowspan="2">每英寸牙数</th><th rowspan="2">基本尺寸</th><th rowspan="2">极限偏差</th><th colspan="2">a</th><th>b</th></tr>
<tr><th>最小</th><th>最大</th><th>最大</th></tr>
<tr><td>10</td><td>2.540</td><td rowspan="8">±0.020</td><td rowspan="8">55°</td><td rowspan="4">±25′</td><td>0.62</td><td>0.74</td><td>0.42</td><td rowspan="8">16</td></tr>
<tr><td>9</td><td>2.822</td><td>0.69</td><td>0.81</td><td>0.47</td></tr>
<tr><td>8</td><td>3.175</td><td>0.77</td><td>0.92</td><td>0.53</td></tr>
<tr><td>7</td><td>3.629</td><td>0.89</td><td>1.04</td><td>0.60</td></tr>
<tr><td>6</td><td>4.233</td><td rowspan="4">±20′</td><td>1.04</td><td>1.19</td><td>0.70</td></tr>
<tr><td>5</td><td>5.080</td><td>1.24</td><td>1.39</td><td>0.85</td></tr>
<tr><td>4.5</td><td>5.644</td><td>1.38</td><td>1.53</td><td>0.94</td></tr>
<tr><td>4</td><td>6.350</td><td>1.55</td><td>1.70</td><td>1.06</td></tr>
</table>

五、半径样板

半径样板用于检验工件上凹凸表面的曲线半径，也可作极限量规使用。半径样板规格(JB/T 7980—1995)，见表 17-37。

表 17-37 半径样板规格 /mm

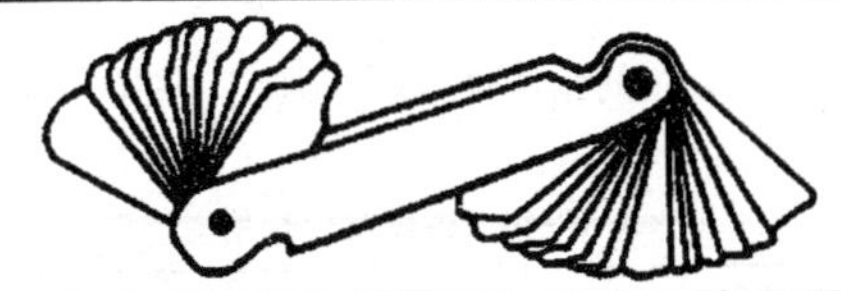

<table>
<tr><th>组别</th><th>半径尺寸范围</th><th>半径尺寸系列</th><th>样板宽度</th><th>样板厚度</th><th>样板数</th></tr>
<tr><td>1</td><td>1～6.5</td><td>1,1.25,1.5,1.75,2,2.25,2.5,2.75,3,3.5,4,4.5,5,5.5,6,6.5</td><td>135</td><td rowspan="3">0.5</td><td rowspan="3">凸形和凹形各16 件</td></tr>
<tr><td>2</td><td>7～14.5</td><td>7,7.5,8,8.5,9,9.5,10,10.5,11,11.5,12,12.5,13,13.5,14,14.5</td><td rowspan="2">205</td></tr>
<tr><td>3</td><td>15～25</td><td>15,15.5,16,16.5,17,17.5,18,18.5,19,19.5,20,21,22,23,24,25</td></tr>
</table>

六、正弦规

正弦规用于测量或检验精密工件及量规的角度，亦可放于机床上，在加工带角度零件时作精密定位用。正弦规规格(JB/T 7973—1995)，见表 17-38。

表 17-38 正弦规规格 /mm

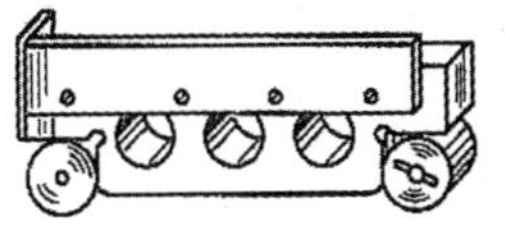

续表

圆柱中心距	圆柱直径	工作台宽度	
		窄型	宽型
100	20	25	60
200	30	40	80

七、硬质合金塞规

硬质合金塞规在机械加工中，用于车孔、镗孔、铰孔、磨孔和研孔之孔径测量。硬质合金塞规规格(GB/T 10920—2008)，见表17-39。

表17-39　硬质合金塞规规格　/mm

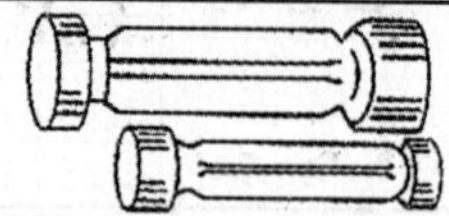

公称直径		1～4	>4～10	>10～14	>14～18	>18～24	>24～30	>30～38	>38～50
总长		58	74	85	100	115	130	130	157
工作长度	通端	12	9	10	12	14	16	20	25
	止端	8	5	5	6	7	8	9	9

八、螺纹塞规

螺纹塞规用于测量内螺纹的精确性，检查、判定工件内螺纹尺寸是否合格。螺纹塞规规格见表17-40。

表17-40　螺纹塞规规格　/mm

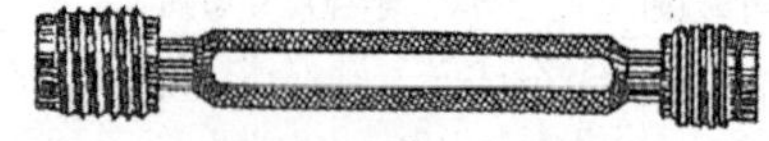

通规　止规　整体规(左通规，右止规)

螺纹直径	螺距					
	粗牙	细牙				
1,1.2	0.25	0.2				
1.4	0.3	0.2				
1.6,1.8	0.35	0.2				
2	0.4	0.15				
2.2	0.45	0.25				
2.5	0.45	0.35				
3	0.5	0.35				
3.5	0.6	0.35				
4	0.7	0.5				
5	0.8	0.5				

续表

螺纹直径	螺　　距					
	粗牙	细　　牙				
6	1	0.75	0.5			
8	1.25	1	0.75	0.5		
10	1.5	1.25	1	0.75	0.5	
12	1.75	1.5	1.25	1	0.75	0.5
14	2	1.5	1.25	1	0.75	0.5
16	2	1.5	1	0.75	0.5	
18,20,22	2.5	2	1.5	1	0.75	0.5
24,27	3	2	1.5	1	0.75	
30,33	3.5	3	2	1.5	1	0.75
36,39	4	3	1	1.5	1	
42,45	4.5	4	3	2	1.5	1
48,52	5	4	3	2	1.5	1
56,60	5.5	4	3	2	1.5	1
64,68,72	6	4	3	1	1.5	1
76,80,85	6	4	3	2	1.5	
90,95,100	6	4	3	2	1.5	
105,110,115	6	4	3	2	1.5	
120,125,130	6	4	3	2	1.5	
135～140	6	4	3	2	1.5	

注:常用的普通螺纹塞规的精度为4H、5H、6H、7H级。

九、螺纹环规

螺纹环规供检查工件外螺纹尺寸是否合格用。每种规格螺纹环规分通规(代号T)和止规(代号Z)两种。检查时,如通规能与工件外螺纹旋合通过,而止规不能与工件外螺纹旋合通过,可判定该外螺纹尺寸为合格;反之,则可判定该外螺纹尺寸为不合格。螺纹环规规格(GB/T10920—2008),见表17-41。

表17-41　螺纹环规规格

分类	整体式螺纹环规	双柄式螺纹环规
规格	MI～M120	>M120～M180
精度	6g,6h,6f,8g	

十、莫氏和公制圆锥量规

普通精度莫氏(或公制)圆锥量规适用于检查工具圆锥及圆锥柄的精确性;高精度莫氏(或公制)圆锥量规适用于机床和精密仪器主轴与孔的锥度检查。莫氏和公制圆锥量规规格(GB/T11853—2003),见表 17-42。

表 17-42　莫氏和公制圆锥量规规格

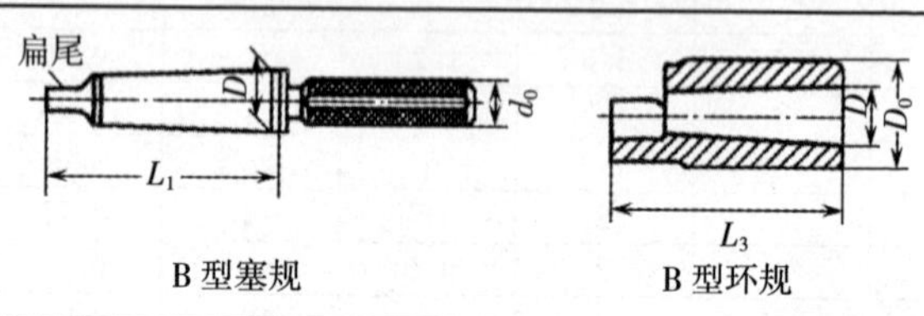

B 型塞规　　　　B 型环规

圆锥规格		锥　　度	锥角	主要尺寸/mm		
				D	L_l	L_3
公制圆锥	4	1∶20=0.05	2°51′51.1″	4	23	—
	6			6	32	
莫氏圆锥	0	0.6246∶12=1∶19.212=0.05205	2°58′53.8″	9.045	50	56.5
	1	0.59858∶12=1∶20.047=0.04988	2°51′26.7″	12.065	53.5	62
	2	0.59941∶12=1∶20.020=0.04995	2°51′41.0″	17.780	64	75
	3	0.60235∶12=1∶19.922=0.05020	2°52′31.5″	23.825	81	94
	4	0.62326∶12=1∶19.254=0.05194	2°58′30.6″	31.267	102.5	117.5
	5	0.63151∶12=1∶19.002=0.05263	3°0′52.4″	44.399	129.5	149.5
	6	0.62565∶12=1∶19.180=0.05214	2°59′11.7″	63.80	182	210
公制圆锥	80	1∶20=0.05	2°51′51.1″	80	196	220
	100			100	232	260
	120			120	268	300
	160			160	340	380
	200			200	412	460

注:莫氏与公制圆锥量规有不带扁尾的 A 型和带扁尾的 B 型两种形式(B 型只检验圆锥尺寸,不检验锥角)。两种形式均有环规与塞规。量规有 1 级、2 级、3 级三个精度等级。

十一、表面粗糙度比较样块

表面粗糙度比较样块是以目测比较法来评定工件表面粗糙度的量具。表面粗糙度比较样块规格见表 17-43。

表 17-43　表面粗糙度比较样块规格

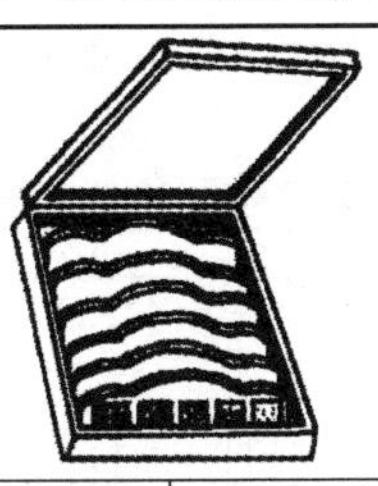

加工表面方式标准		每套数量	表面粗糙度参数公称值/μm	
			R_a	R_z
铸造(GB/T 6060.1—1997)		12	0.2,0.4,0.8,1.6,3.2,6.3,12.5,25,50,100,200,400	800,1600
机械加工(GB/T 6060.2—2006)	磨	8	0.025,0.05,0.1,0.2,0.4,0.8,1.6,3.2	
	车、镗	6	0.4,0.8,1.6,3.2,6.3,12.5	
	铣	6	0.4,0.8,1.6,3.2,6.3,12.5	
	插、刨	6	0.8,1.6,3.2,6.3,12.5,25.0	
电火花、抛(喷)丸、喷砂、研磨、锉、抛光加工表面(GB/T 6060.3—2008)	研磨	4	0.012,0.025,0.05,0.1	
	抛光	6	0.012,0.025,0.05,0.1,0.2,0.4	
	锉	4	0.8,1.6,3.2,6.3	
	电火花	6	0.4,0.8,1.6,3.2,6.3,12.5	

注:R_a—表面轮廓算术平均偏差;R_z—表面轮廓微观不平度10点高度。

十二、方规

方规用来检测刀口形角尺、矩形角尺、样板角尺,以及做直角传递;还可用于精密机床调试,检测机床部件与移动件间的垂直度,是技术测量上直角测量的基准。方规规格见表17-44。

表 17-44　方规规格

规格/mm	允许误差/μm								
	相邻垂直度			平面度(不允凸)			侧面垂直度		
	A级	B级	C级	A级	B级	C级	A级	B级	C级
200×200	0.5	1.0	2.0	0.3	0.5	1.0	30.0	60.0	80.0
250×250	0.7	1.5	2.0	0.4	0.6	1.0	30.0	60.0	80.0

十三、量针

量针用途与千分尺、比较仪等组合使用，测量外螺纹中径，测量精度较高。量针规格见表 17-45。

表 20-45 量针规格(JB/T 3326—1999)

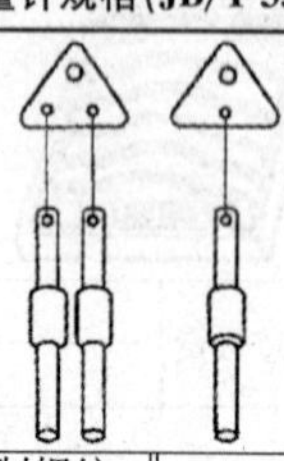

量针直径/mm	适用螺纹螺距(普通)/mm	适用英制螺纹每英寸牙数 55°	适用英制螺纹每英寸牙数 60°
0.118	0.2		
	0.225		
0.142	0.25		
0.185	0.3		80
	0.35		72
0.250	0.4		64
	0.45		56
0.291	0.5		48
0.343	0.6		
			44
			40
0.433	0.7		
	0.75		36
	0.8		32
0.511			28
0.572	1.0		27
			26
			24
0.724	1.25	20	20
0.796		18	18
0.866	1.5	16	16

量针直径/mm	适用螺纹螺距 普通/mm	适用螺纹螺距 梯形/mm	适用英制螺纹每英寸牙数 55°	适用英制螺纹每英寸牙数 60°
1.008	1.75		14	14
		2		
1.157	2.0		12	13
				12
1.302		2	11	$11\frac{1}{2}$
				11
1.441	2.5		10	10
1.553		3	9	9
1.732	3.0	3		
1.833			8	8
2.05	3.5	4	7	$7\frac{1}{2}$
				7
2.311	4.0	4	6	6
2.595	4.5	5		$5\frac{1}{2}$
2.886	5	5	5	5
3.106		6		
3.177	5.5	6	$4\frac{1}{2}$	$4\frac{1}{2}$
3.55	6		4	4
4.12		8	$3\frac{1}{2}$	
4.4		8	$3\frac{1}{4}$	
4.773			3	
5.15		10		
6.212		12		

注：直径 0.18～0.572 mm 的为Ⅰ型，直径 0.724～1.553 mm 的为Ⅱ型，直径 1.732～6.212 mm 的为Ⅲ型。

十四、测厚规

测厚规是将百分表安装在表架上，测量头的测量面相对于表架上测砧测量面之间的距离(厚度)，借助百分表测量杆的直线位移，通过机械传动变为指针在表盘上的角位移，在百分表上读数。测厚规规格(JB/T 10016—1999)，见表 17-46。

表 17-46　测厚规规格

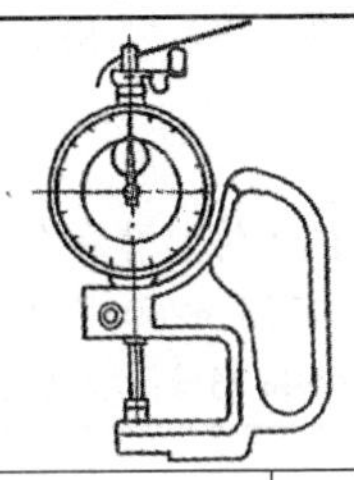

测量范围/mm	0～10
分度值/mm	0.01
测量深度/mm	30,120,150

十五、带表卡规

带表卡规是将百分表安装在钳式支架上，借助于杠杆传动将活动测头测量面相对于固定测头测量面的移动距离，传递为百分表的测量杆作直线移动，再通过机械传动转变为指针在表盘上的角位移，由百分表读数。带表卡规规格(JB/T 10017—1999)，见表 17-47。

17-47　带表卡规规格　　/mm

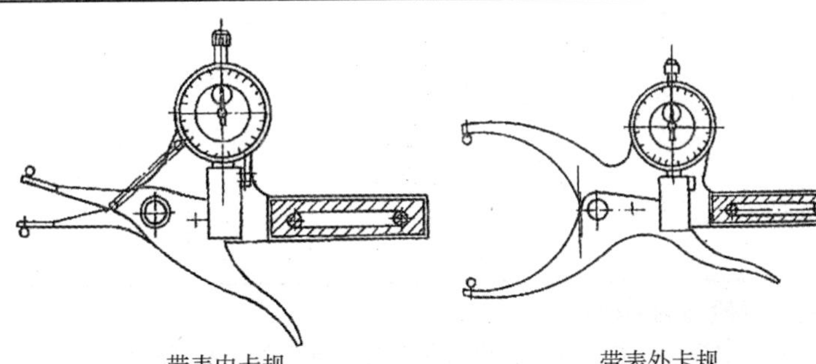

带表内卡规　　带表外卡规

名称	分度值	测量范围			测量深度
带表内卡规	0.01	10～30 30～50	15～30 35～55	20～40 40～60	50,80,100
	0.01	50～70 70～90	55～75 75～95	60～80 80～100	80,100,150

续表

带表外卡规	0.01	0～20,20～40,40～60,60～80,80～100	—
	0.02	0～20	
	0.05	0～50	
	0.10	0～100	

注:用于内尺寸测量的带表卡规称为内卡规,用于外尺寸测量的带表卡规称为带表外卡规。

十六、扭簧比较仪

扭簧比较仪用于测量高精度的工件尺寸和形位误差,尤其适用于检验工件的跳动量。扭簧比较仪规格(GB/T 4755—2004),见表 17-48。

表 17-48 扭簧比较仪规格 /μm

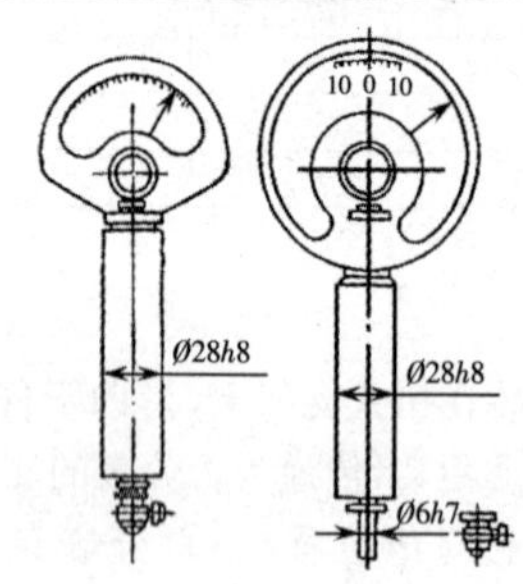

分 度 值	示 值 范 围		
	±30 分度	±60 分度	±100 分度
0.1	±3	±6	±10
0.2	±6	±12	±20
0.5	±15	±30	±50
1	±30	±60	±100
2	±60		
5	±50		
10	±300		

十七、齿轮测量中心

齿轮测量中心是一种带有计算机数字控制系统(CNC)和计算机数据采集、评值处理系统的圆柱坐标系式齿轮测量仪器。它用于齿轮、齿轮刀具等回转体多参数测量。齿轮测量中心的基本参数(GB/T 22097—2008),见表 17-49。

表 17-49　齿轮测量中心规格

基本参数	参数值
可测齿轮的模数/mm	0.5～20
可测齿轮的最大顶圆直径/mm	≤600
螺旋角测量范围/°	0±90

第七节　角尺、平板、角铁

一、刀口形直尺

刀口形直尺用于检验工件的直线度和平面度。刀口形直尺规格见表 17-50。

表 17-50　刀口形直尺规格(GB/T6091—2004)

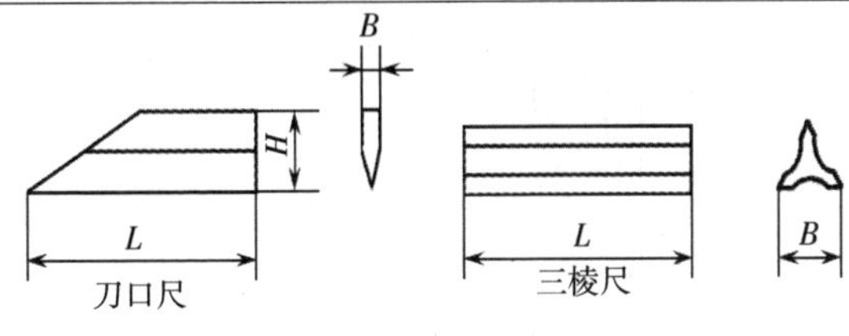

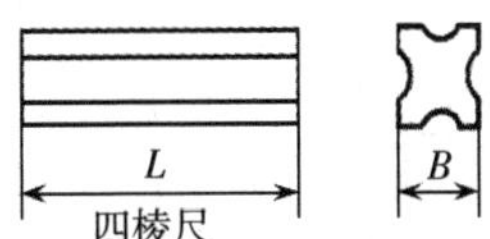

形　式		刀口尺寸					
测量面长度 L/mm		75	125	200	300	400	500
宽度 B/mm		6	6	8	8	8	10
高度 H/mm		22	27	30	40	45	50
直线度公差/μm	0 级	0.5		1.0	1.5		2.0
	1 级	1.0		2.0	3.0		4.0
形　式		三棱尺			四棱尺		
测量面长度 L/mm		200	300	500	200	300	500
宽度 B/mm		26	30	40	20	25	35
直线度公差/μm	0 级	1.0	1.5	2.0	1.0	1.5	2.0
	1 级	2.0	3.0	4.0	2.0	3.0	4.0

二、直角尺

直角尺用于精确地检验零件、部件的垂直误差，也可对工件进行垂直划线。直角尺规格见表 17-51。

表 17-51 直角尺规格(GB/T 6092—2004)

型 式	结构简图	精度等级	基本尺寸/mm	
圆柱角尺	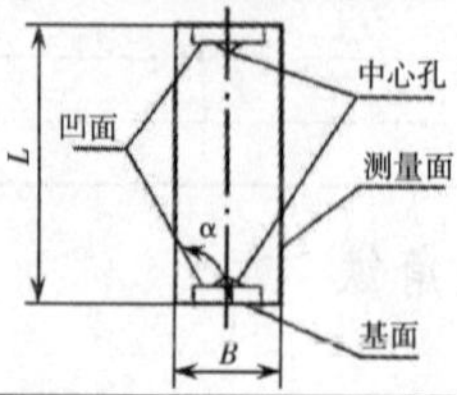 中心孔；凹面；测量面；基面；L；B；α	00 级 0 级	*D*	*L*
			200	80
			315	100
			500	125
			800	160
			1250	200
刀口矩形直角尺	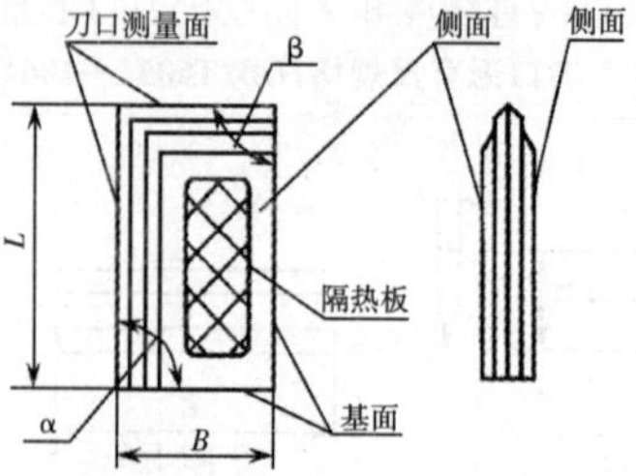 刀口测量面；β；侧面；侧面；隔热板；基面；L；B；α	00 级 0 级	*L*	*B*
			63	40
			125	80
			200	125
矩形直角尺	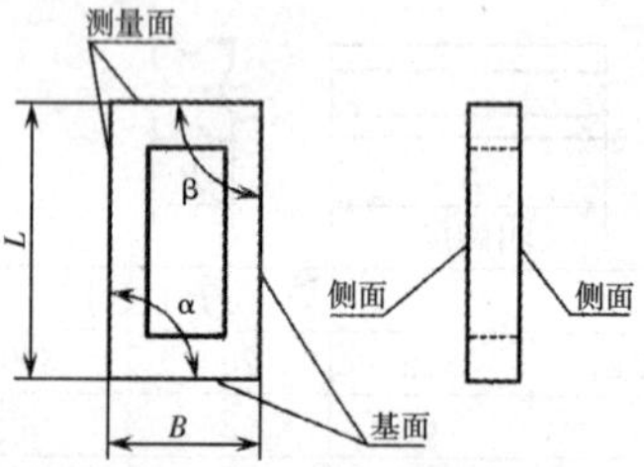 测量面；β；α；侧面；侧面；基面；L；B	00 级 0 级 1 级	*L*	*B*
			125	80
			200	125
			315	200
			500	315
			800	500
三角形直角尺	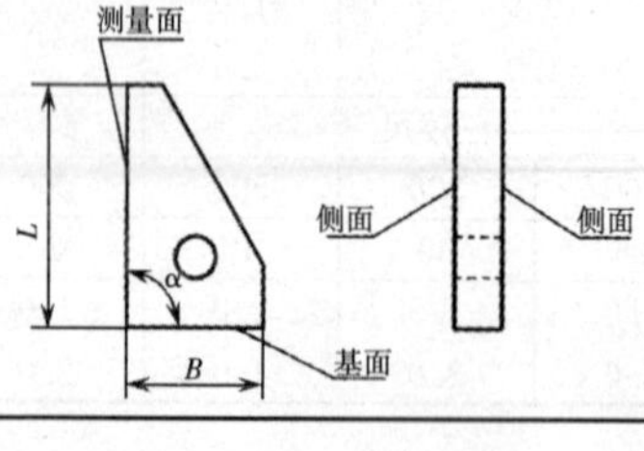 测量面；α；侧面；侧面；基面；L；B	00 级 0 级	*L*	*B*
			125	80
			200	125
			315	200
			500	315
			800	500
			1250	800

续表

型　式	结构简图	精度等级	基本尺寸/mm	
	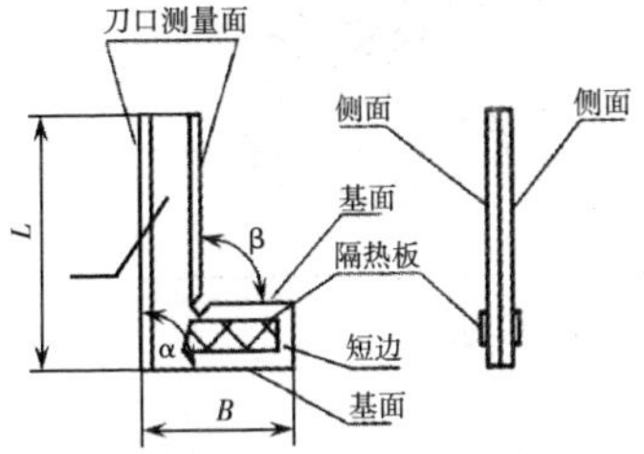		*L*	*B*
刀口形直角尺		0 级 1 级	63	40
			125	80
			200	125
	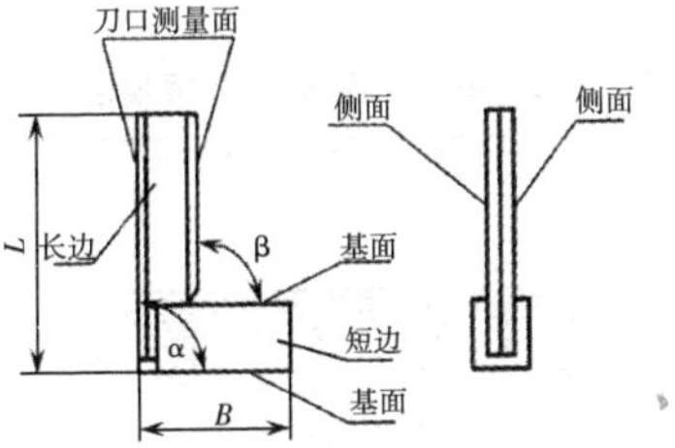		*L*	*B*
宽座刀口形直角尺		0 级 1 级 2 级	63	40
			125	80
			200	125
			315	200
			500	315
			800	500
			1250	800
			1600	1000

注：图中 α 和 β 为 90°角尺的工作角。

三、铸铁角尺

铸铁角尺与直角尺相同，用于精确地检验工件的垂直度误差，但适宜于大型工件。铸铁角尺规格见表 17-52。

表 17-52　铸铁角尺规格

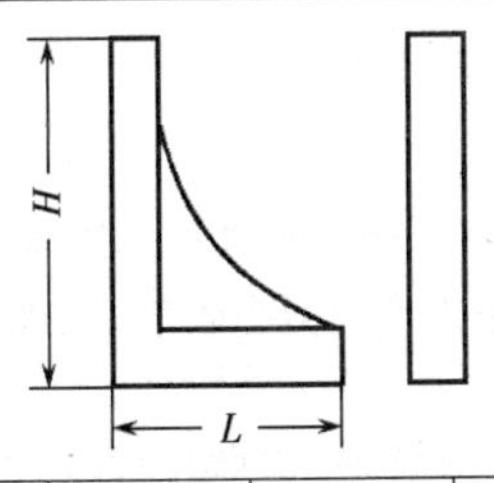

高度 H	500	630	800	1 000	1 250	1 600	2 000
长度 L	315	400	500	630	800	1 000	1 250

四、三角铁

三角铁是用来检查圆柱形工件或划线的工具。三角铁规格见表 17-53。

表 17-53　三角铁规格

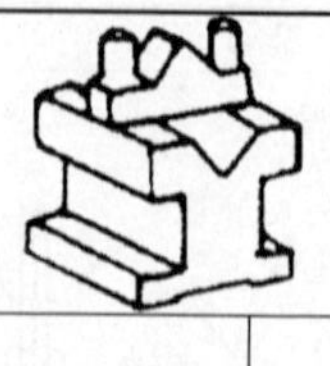

长度 ×宽度/mm	35×35,60×60,105×105

注：每套三角铁由相同规格的两件组成。

五、铸铁平板、岩石平板

铸铁平板、岩石平板专供精密测量的基准平面用。铸铁平板、岩石平板规格见表 17-54。

表 17-54　铸铁平板、岩石平板规格

品　　种	工作面尺寸 /mm	精度等级
铸铁平板 (GB/T 22095-2008)	160×100,250×160,400×250,630×400,1000×630,1600×1000,2000×1000,2500×1600 250×250,400×400,630×630,1000×1000	0,1,2,3
岩石平板 (GB/T 20428-2006)	160×100,250×160,400×250,630×400,1000×630,1600×1000,2000×1000,2500×1600,4000×2500 250×250,400×400,630×630,1000×1000,1600×1600	0,1,2,3

第八节　水平仪、水平尺

一、合像水平仪

合像水平仪用于测量平面或圆柱面的平直度，检查精密机床、设备及精密仪器安装位置的正确性，还可测量工件的微小倾角。合像水平仪规格(GB/T 22519—2008)，见表 17-56。

表 17-56　合像水平仪规格

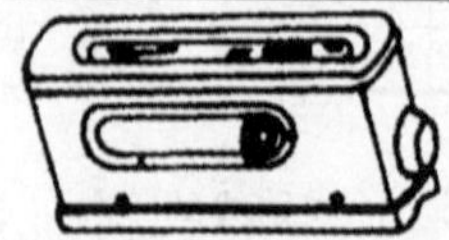

工作面(长×宽)/mm	V 形槽角度	测量精度/mm・m^{-1}	测量范围/mm・m^{-1}	目镜放大率/倍
166×47	120°	0.01	0～10 或 0～20	5

二、框式水平仪和条式水平仪

框式水平仪和条式水平仪适用于检验各种机床及其他类型设备导轨的平直度、机件相对位置的平行度以及设备安装的水平与垂直位置，还可用于测量工件的微小倾角。框式水平仪和条式水平仪规格(GB/T 16455—2008)，见表 17-57。

表 17-57 框式水平仪和条式水平仪规格

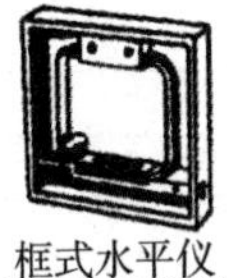

框式水平仪
（方形水平仪）

条式水平仪
（钳工水平仪）

组别		Ⅰ	Ⅱ	Ⅲ
分度值/mm·m^{-1}		0.02	0.05	0.10
平面度/mm		0.003	0.005	0.005
位置公差/mm		0.01	0.02	0.02
型号	长度/mm	高度/mm	宽度/mm	V形工作面角度
框式水平仪	100	100	25～35	120°或 140°
	150	150	30～40	
	200	200	35～45	
	250	250	40～50	
	300	300	40～50	
条式水平仪	100	30～40	30～35	120°或 140°
	150	35～40	35～40	
	200	40～50	40～45	
	250	40～50	40～45	
	300	40～50	40～45	

三、电子水平仪

电子水平仪有指针式和数字显示式两种。主要用于测量平板、机床导轨等平面的直线度、平行度、平面度和垂直度，并能测试被测面对水平面的倾斜角。电子水平仪规格(GB/T 20920—2007)，见表 17-58。

表 17-58 电子水平仪规格

续表

<table>
<tr><td colspan="2">底座工作面长度　/mm</td><td>100</td><td>150,200,250,300</td></tr>
<tr><td colspan="2">底座工作面宽度　/mm</td><td>25～35</td><td>35～50</td></tr>
<tr><td colspan="2">底座V形工作面角度</td><td colspan="2">120°～150°</td></tr>
<tr><td colspan="2">分度值/mm・m⁻¹</td><td colspan="2">0.001,0.0025,0.005,0.01,0.02,0.05</td></tr>
<tr><td rowspan="4">稳定度</td><td>指针式电子水平仪</td><td colspan="2">1分度值</td></tr>
<tr><td rowspan="3">数字显示式电子水平仪</td><td colspan="2">分度值/mm・m⁻¹</td></tr>
<tr><td>≥0.005</td><td><0.005</td></tr>
<tr><td>4个数/4h,1个数/h</td><td>6个数/4h,3个数/h</td></tr>
</table>

四、水平尺

铁水平尺用于检查一般设备安装的水平与垂直位置。木水平尺用于建筑工程中检查建筑物对于水平位置的偏差，一般常为泥瓦工及木工用。水平尺规格(JJF 1085—2002)，见表17-59。

表17-59　铁水平尺规格

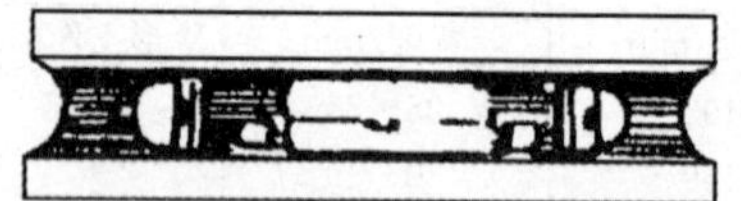
铁水平尺

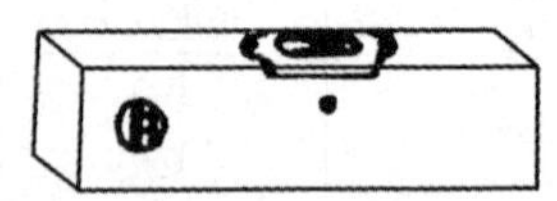
木水平尺

长度　/mm	150,200,250,300,350,400,450,500,550,600
分度值/mm・m^{-1}	0.5,1,2,5,10

五、建筑用电子水平尺

电子水平尺规格(JG 142— 2002)，见表17-60。

表17-60　电子水平尺规格

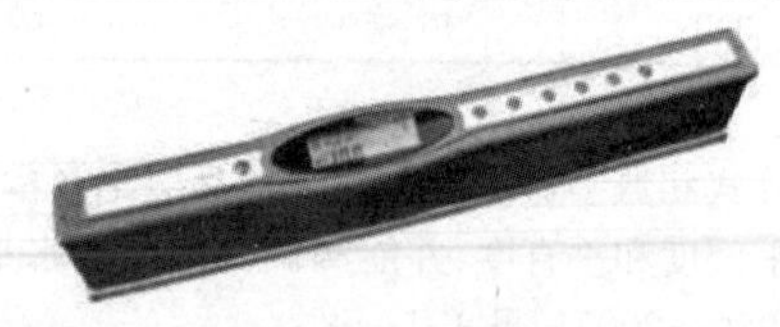

参数名称	参数值
分辨率	0.01
测量范围	−99.9°～+99.99°
温度范围	−25℃～+60℃
工作面长度/mm	400、1 000、2 000、3 000
工作电源额定电压	DC 12V
使用寿命	6年/8万次

续表

尺寸(长×宽×高)/mm	型号	JYC-400/1-0.01	400×26×62	
		JYC-1000/1-0.01	1000×30×80	
		JYC-2000/1-0.01	2000×40×80	
		JYC-3000/1-0.01	3000×50×80	
准确度	准确度等级		0.01	0.02
	基本误差限(满量程的百分数表示)/%		±0.01	±0.02

第十八章　电 动 工 具

第一节　电钻

电钻基本参数(GB/T 5580—2007),见表 18-1。

表 18-1　电钻基本参数

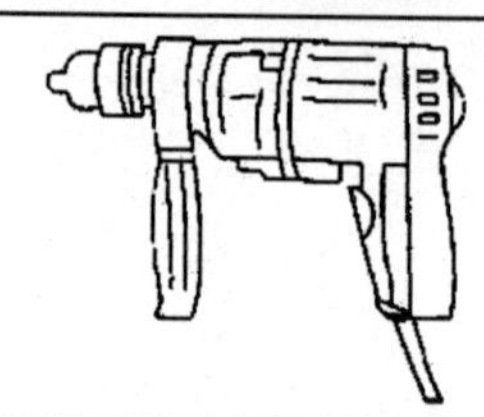

电钻规格/mm		额定输出功率/W	额定转矩/N·m
4	A	≥80	≥0.35
6	C	≥90	≥0.50
	A	≥120	≥0.85
	B	≥160	≥1.20
8	C	≥120	≥1.00
	A	≥160	≥1.60
	B	≥200	≥2.20
10	C	≥140	≥1.50
	A	≥180	≥2.20
	B	≥230	≥3.00
13	C	≥200	≥2.50
	A	≥230	≥4.00
	B	≥320	≥6.00
16	A	≥320	≥7.00
	B	≥400	≥9.00
19	A	≥400	≥12.00
23	A	≥400	≥16.00
32	A	≥500	≥32.00

注:电钻规格指电钻钻削抗拉强度为 390MPa 钢材时所允许使用的最大钻头直径。

第二节　冲击电钻

冲击电钻基本参数(GB/T 22676—2008),见表 18-2。

表 18-2　冲击电钻基本参数

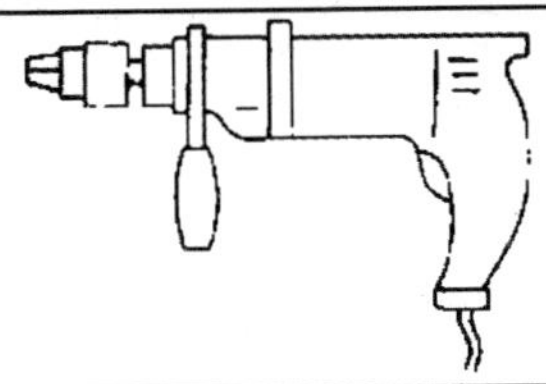

规格/mm	额定输出功率/W	额定转矩/N·m	额定冲击次数/min
10	≥220	≥1.2	≥46400
13	≥280	≥1.7	≥43200
16	≥350	≥2.1	≥41600
20	≥430	≥2.8	≥38400

注1:冲击电钻规格指加工砖石、轻质混凝土等材料时的最大钻孔直径。

2:对双速冲击电钻表中的基本参数系指高速挡时的参数,对电子调速冲击电钻是以电子装置调节到给定转速最高值时的参数。

第三节　电锤

电锤基本参数(GB/T 7443—2007),见表 18-3。

表 18-3　电锤基本参数

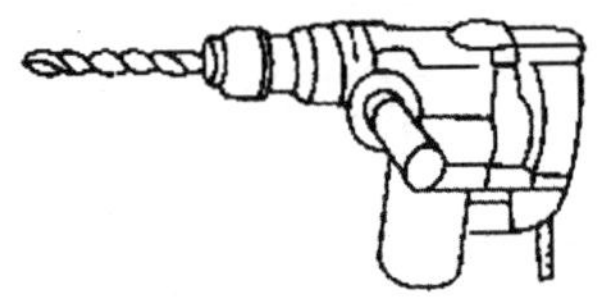

电锤规格/mm	16	18	20	22	26	32	38	50
钻削率/$cm^3 \cdot min^{-1}$ ≥	15	18	21	24	30	40	50	70

注:电锤规格指在 C30 号混凝土上(抗压强度 30 MPa~35 MPa)上作业时的最大钻孔直径(mm)。

第四节　电动螺丝刀

电动螺丝刀基本参数(GB/T 22679—2008),见表 18-4。

表 18-4　电动螺丝刀基本参数

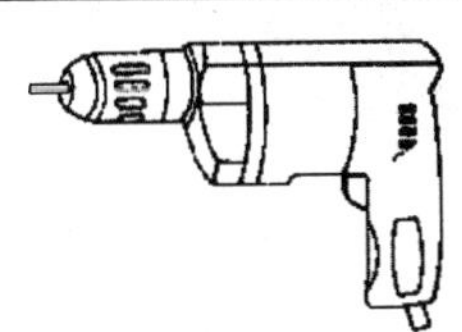

续表

规格/mm	适用范围/mm	额定输出功率/W	拧紧力矩/N·m
M6	机螺钉 M4-M6 木螺钉<4 自攻螺钉 ST3.9-ST4.8	≥85	2.45~8.0

注:木螺钉 4 是指在拧入一般木材中的木螺钉规格。

第五节　电圆锯

电圆锯基本参数(GB/T 22761—2008),见表 18-5。

表 18-5　电圆锯基本参数

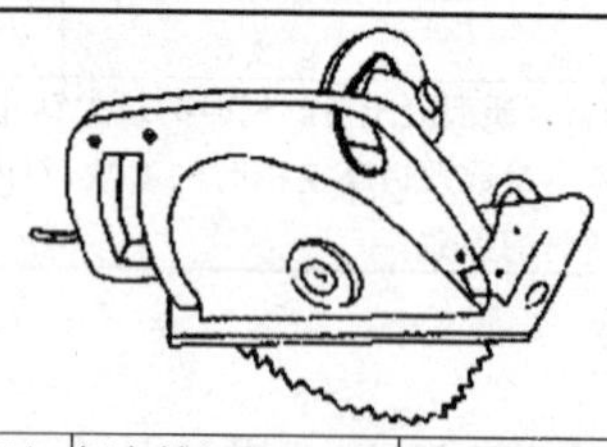

规格/mm	额定输出功率/W ≥	额定转矩/N·m≥	最大锯割深度/mm≥	最大调节角度/°≥
160×30	450	2.00	50	45
180×30	510	2.00	55	45
200×30	560	2.50	65	45
250×30	710	3.20	85	45
315×30	900	5.00	105	45

注:表中规格指可使用的最大锯片外径×孔径。

第六节　曲线锯

曲线锯基本参数(GB/T 22680—2008),见表 18-6。

表 18-6　曲线锯基本参数

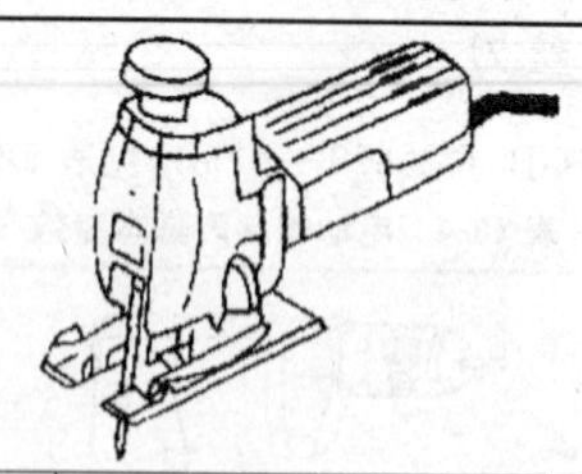

规格/mm	额定输出功率/W ≥	工作轴额定往复次数/min^{-1}≥
40(3)	140	1 600

续表

规格/mm	额定输出功率/W ≥	工作轴额定往复次数/min^{-1}≥
55(6)	200	1500
65(8)	270	1400

注：1. 额定输出功率是指电动机的输出功率。

2. 曲线锯规格指垂直锯割一般硬木的最大厚度。

3. 括号内数值为锯割抗拉强度为 390 MPa 板的最大厚度。

第七节　电动刀锯

电动刀锯基本参数(GB/T 22678—2008)，见表 18-7。

表 18-7　电动刀锯基本参数

规格/mm	往复行程/mm	额定输出功率/W ≥	额定往复次数/min^{-1}≥
26	26	260	550
30	30	360	600

注：1. 额定输出功率指电动机的额定输出功率。

2. 额定往复次数指工作轴每分钟额定往复次数。

第八节　电动冲击扳手

电动冲击扳手基本参数(GB/T 22677—2008)，见表 18-8。

表 18-8　电动冲击扳手基本参数

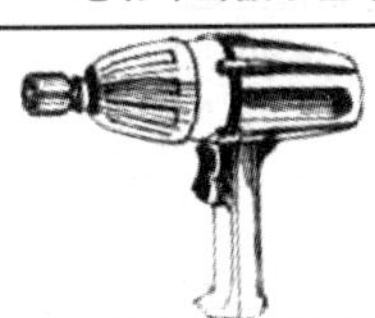

规格/mm	适用范围/mm	力矩范围/N・m	方头公称尺寸/mm	边心距/mm
8	M6～M8	4～15	10×10	≤26
12	M10～M12	15～60	12.5×12.5	≤36
16	M14～M16	50～150	12.5×12.5	≤45
20	M18～M20	120～220	20×20	≤50
24	M22～M24	220～400	20×20	≤50
30	M27～M30	380～800	25×25	≤56
42	M36～M42	750～2000	25×25	≤66

注：电扳手的规格是指在刚性衬垫系统上，装配精制的强度级别为 6.8(GB/T 3098)内

外螺纹公差配合为6H/6g(GB/T 197)的普通粗牙螺纹(GB/T 193)的螺栓所允许使用的最大螺纹直径 d,mm。

第九节　电剪刀

电剪刀基本参数(GB/T 22681—2008),见表表 18-9。

表 18-9　电剪刀基本参数

手持式电剪刀

双刃电剪刀

型式	规格/mm	额定输出功率/W	刀杆额定往复次数/min^{-1}
手持式	1.6	≥120	≥2 000
	2	≥140	≥1 100
	2.5	≥180	≥800
	3.2	≥250	≥650
	4.5	≥540	≥400
双刃	1.5	≥130	≥1 850
	2	≥180	≥150

注:1. 电剪刀规格是指电剪刀剪切抗拉强度 390 MPa 热轧钢板的最大厚度。
2. 额定输出功率是指电机额定输出功率。

第十节　落地砂轮机

落地砂轮机基本参数(JB/T 3770—2000),见表 18-10。

表 18-10　落地砂轮机基本参数

续表

最大砂轮直径/mm	200	250	300	350	400	500	600
砂轮厚度/mm	25		40			50	65
砂轮孔径/mm	32		75		127	203	305
额定功率①/kW	0.5	0.75	1.5	1.75	3.0、2.2②	4.0	
同步转速/r·min⁻¹	3000		1500、3000	1500		1000	
额定电压/V	380						
额定频率/Hz	50						

①额定功率指额定输出功率。

②此额定功率为自驱式砂轮机的额定功率。

第十一节　台式砂轮机

台式砂轮机基本参数(JB/T 4143—1999),见表 18-11。

表 18-11　台式砂轮机基本参数

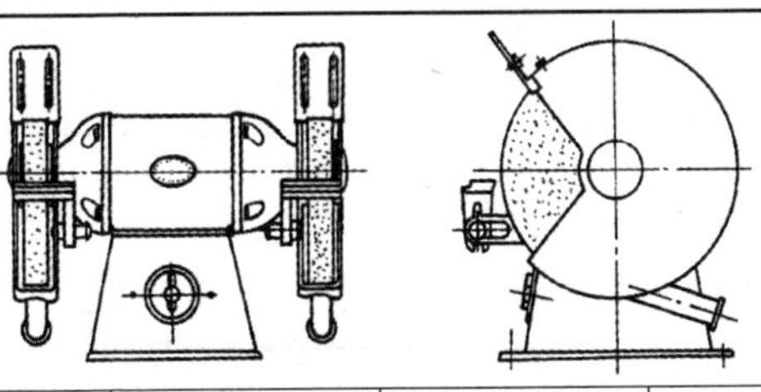

最大砂轮直径/mm	150	200	250
砂轮厚度/mm	20	25	25
砂轮孔径/mm	32		
输出功率/W	250	500	750
电动机同步转速/r·min⁻¹	3000		
额定电压/V	单相感应电动机 220,三相感应电动机 380		
额定频率/Hz	50		

第十二节　轻型台式砂轮机

轻型台式砂轮机基本参数(JB/T 6092—2007),见表 18-12。

表 18-12 轻型台式砂轮机基本参数

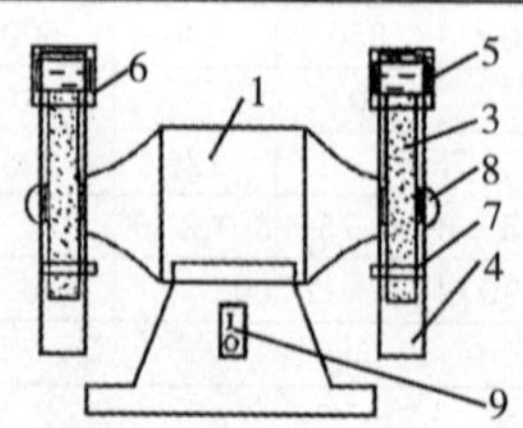

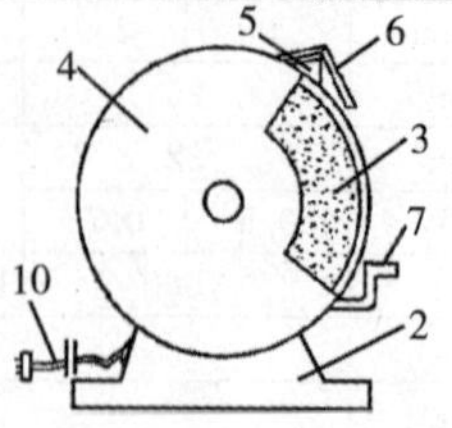

零件:
1- 电动机;2- 底座;3- 砂轮;4- 防护罩;5- 可调护板;6- 护目镜;
7- 工件托架;8- 卡盘;9- 开关;10- 电源线

最大砂轮直径/mm	100	125	150	175	200	250
砂轮厚度/mm	16	16	16	20	20	25
额定输出功率/W	90	120	150	180	250	400
电动机同步转速/r·min^{-1}	3000					
最大砂轮直径/mm	100 125 150 175 200 250			150 175 200 250		
使用电动机种类	单相感应电动机			三相感应电动机		
额定电压/V	220			380		
额定频率/Hz	50			50		

第十三节 角向磨光机

角向磨光机基本参数(GB/T 7442—2007),见表 18-13。

表 18-13 角向磨光机基本参数

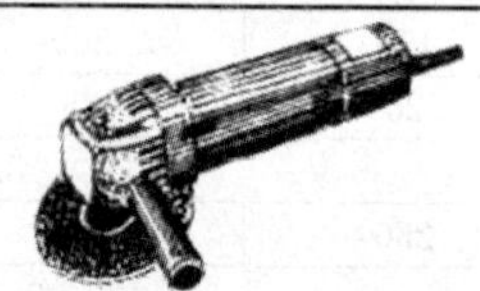

规格		额定输出功率/W	额定转矩/N·m
砂轮直径(外径×内径)/mm	类型		
100×16	A	≥200	≥0.30
	B	≥250	≥0.38
115×22	A	≥250	≥0.33
	B	≥320	≥0.50
125×22	A	≥320	≥0.50
	B	≥400	≥0.63
150×22	A	≥500	≥0.80
180×22	C	≥710	≥1.25
	A	≥1000	≥2.00
	B	≥1250	≥2.50
230×22	A	≥1000	≥2.80
	B	≥1250	≥3.55

第十四节　直向砂轮机

直向砂轮机基本参数(GB/T 22682—2008),见表 18-14。

表 18-14　直向砂轮机基本参数

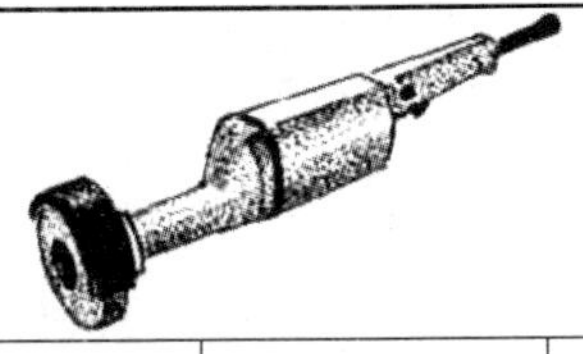

<table>
<tr><th colspan="2">规格/mm</th><th>额定输出功率/W</th><th>额定转矩/N·m</th><th>空载转速/r·min^{-1}</th><th>许用砂轮安全线速度/m·s^{-1}</th></tr>
<tr><td rowspan="2">ø80×20×20(13)</td><td>A</td><td>≥200</td><td>≥0.36</td><td rowspan="2">≤11 900</td><td rowspan="10">≥50</td></tr>
<tr><td>8</td><td>≥280</td><td>≥0.40</td></tr>
<tr><td rowspan="2">ø100×20×20(16)</td><td>A</td><td>≥300</td><td>≥0.50</td><td rowspan="2">≤9 500</td></tr>
<tr><td>B</td><td>≥350</td><td>≥0.60</td></tr>
<tr><td rowspan="2">ø125×20×20(16)</td><td>A</td><td>≥380</td><td>≥0.80</td><td rowspan="2">≤7 600</td></tr>
<tr><td>B</td><td>≥500</td><td>≥1.10</td></tr>
<tr><td rowspan="2">ø150×20×32(16)</td><td>A</td><td>≥520</td><td>≥1.35</td><td rowspan="2">≤6 300</td></tr>
<tr><td>B</td><td>≥750</td><td>≥2.00</td></tr>
<tr><td rowspan="2">ø175×20×32(20)</td><td>A</td><td>≥800</td><td>≥2.40</td><td rowspan="2">≤5 400</td></tr>
<tr><td>B</td><td>≥1 000</td><td>≥3.15</td></tr>
<tr><td rowspan="2">ø125×20×20(16)</td><td>A</td><td>≥250</td><td>≥0.85</td><td rowspan="6"><3 000</td><td rowspan="6">≥35</td></tr>
<tr><td>B</td><td rowspan="2">≥350</td><td rowspan="2">≥1.20</td></tr>
<tr><td rowspan="2">ø150×20×32(16)</td><td>A</td></tr>
<tr><td>B</td><td rowspan="2">≥500</td><td rowspan="2">≥1.70</td></tr>
<tr><td rowspan="2">ø175×20×32(20)</td><td>A</td></tr>
<tr><td>B</td><td>≥750</td><td>≥2.40</td></tr>
</table>

注:括号内数值为 IS0603 的内孔值。

第十五节　平板砂光机

平板砂光机基本参数(GB/T 22675—2008),见表 18-15。

表 18-15　平板砂光机基本参数

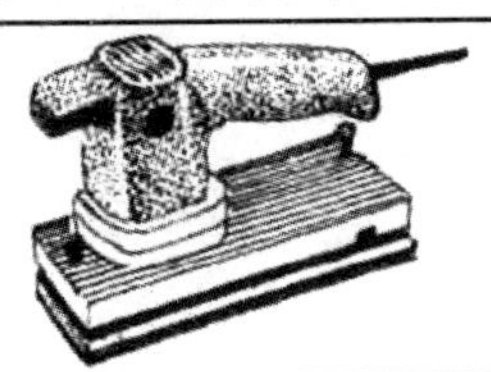

续表

规格/mm	最小额定输入功率/W	空载摆动次数/min
90	100	≥10 000
100	100	
125	120	
140	140	
150	160	
180	180	
200	200	
250	250	
300	300	
350	350	

注1. 制造厂应在每一档砂光机的规格上指出所对应的平板尺寸，其值为多边形的一条长边或圆形的直径。

2. 空载摆动次数是指砂光机空载时平板摆动的次数(摆动 1 周为 1 次)，其值等于偏心轴的空载转速。

3. 电子调速砂光机是以电子装置调节到最大值时测得的参数。

第十九章　气动工具和液压工具

第一节　金属切削类

一、气钻

气钻用于对金属、木材、塑料等材质的工件钻孔。气钻规格（JB/T 9847—1999），见表 19-1。

表 19-1　气钻规格

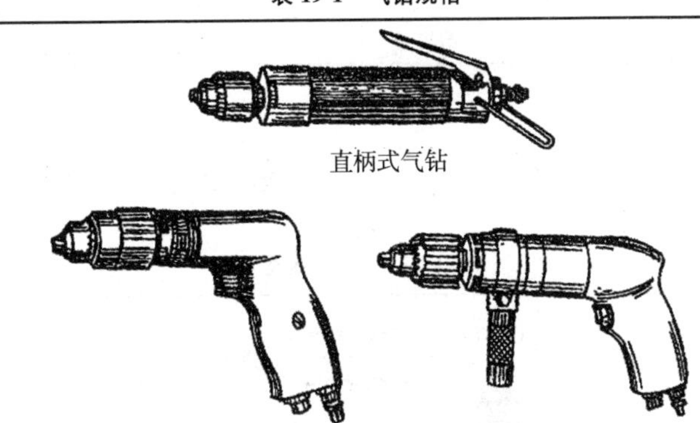

直柄式气钻

枪柄式气钻　　侧柄式气钻

产品系列	功率/kW≥	空转转速/r・min^{-1}≥	耗气量/L・s^{-}≤	气管内径/mm	机重/kg≤
6	0.2	900	44	10	0.9
8		700			1.3
10	0.29	600	36	12.5	1.7
13		400			2.6
16	0.66	360	35	16	6
22	1.07	260	33		9
32	1.24	180	27		13
50	2.87	110	26	20	23
80		70			35

二、弯角气钻

弯角气钻适宜在钻孔部位狭窄的金属构件上进行钻削操作。特别适用于机械装配、建筑工地、飞机和船舶制造等方面。弯角气钻规格见表 19-2。

表 19-2　弯角气钻规格

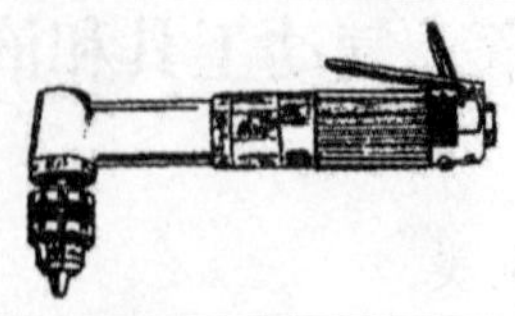

钻孔直径/mm	空转转速 $r\cdot min^{-1}$	弯头高/mm	负荷耗气量/$L\cdot s^{-1}$	功率/kW	工作气压/MPa	机重/kg	气管内径/mm
8	2500	72	6.67	0.20	0.49	1.4	9.5
10	850	72	6.67	0.18	0.49	1.7	9.5
10	500	72	6.67	0.18	0.49	1.7	9.5
32	380	72	33.30	1.14	0.49	13.5	16.0

注:机重不包括钻卡。

三、气剪刀

气剪刀用于机械、电器等各行业剪切金属薄板,可以剪裁直线或曲线零件。气剪刀规格见表 19-3。

表 19-3　气剪刀规格

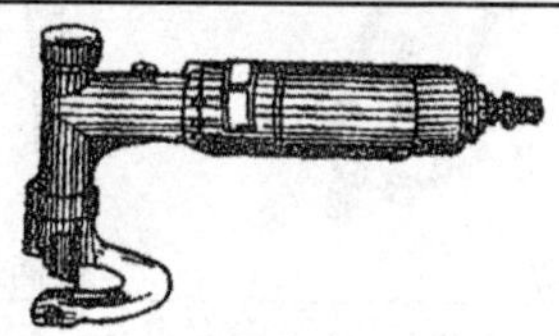

型号	工作气压/MPa	剪切厚度/mm	剪切频率/Hz	气管内径/mm	质量/kg
JD2	0.63	≤2.0	30	10	1.6
JD3	0.63	≤2.5	30	10	1.5

四、气冲剪

气冲剪用于冲剪钢板、铝板、塑料板、纤维板等,可保证冲剪后板材不变形。在建筑、汽车等行业应用广泛。气冲剪规格见表 19-4。

表 19-4　冲剪规格

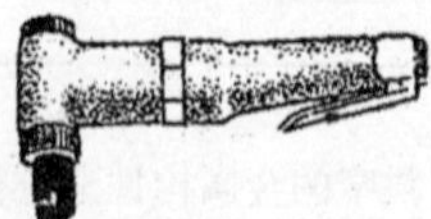

冲剪厚度/mm		冲击频率/min^{-1}	工作气压/MPa	耗气量/$L\cdot min^{-1}\leqslant$
钢	铝			
16	14	3 500	0.63	170

五、气动锯

气动锯以压缩空气为动力，适用于对金属、塑料、木质材料的锯割。气动锯规格见表 19-5。

表 19-5　气动锯规格

枪柄

直柄

类型	往复频率/次・min^{-1}	活塞行程/mm	使用气压/MPa	耗气量/m^3・min^{-1}	长度/mm	重量/kg
枪柄	2200	30	0.63	0.15	289	1.72
直柄	9500	9.52	0.63	0.15	235	0.56

六、气动截断机

气动截断机以压缩空气为动力，适用于对金属材料的切割。气动截断机规格见表 19-6。

表 19-6　气动截断机规格

砂轮尺寸/mm	空转速度/r・min^{-1}	使用气压/MPa	耗气量/m^3・min^{-1}	长度/mm	重量/kg
86	18000	0.63	0.16	190	0.77

七、气动手持式切割机

气动手持式切割机用于切割钢、铜、铝合金、塑料、木材、玻璃纤维、瓷砖等。气动手持式切割机规格见表 19-7。

表 19-7　气动手持式切割机规格

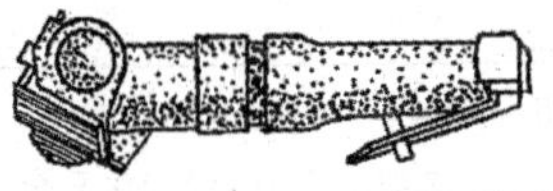

锯片直径/mm	转速/r・min^{-1}	重量/kg
450	620,3 500,7 000	1.0

第二节　砂磨类

一、砂轮机

砂轮机以压缩空气为动力，适合在船舶、锅炉、化工机械及各种机械制造和维修工作中用来清除毛刺和氧化皮、修磨焊缝、砂光和抛光等作业。砂轮机规格见表 19-8。

表 19-8　砂轮机规格

砂轮直径 /mm	空转转速 /r·min^{-1}	主轴功率 /kW	单位功率耗气量 /L·s^{-1}·kW^{-1}	工作气压 /MPa	机重 /kg	气管内径 /mm
40	19000			0.49	0.6	6.35
60	12700	0.36	36.00	0.49	2.0	13.00
100	8000	0.66	30.22	0.49	3.8	16.00
150	6400	1.03	27.88	0.49	5.4	16.00

注：机重不包括砂轮重量。

二、直柄式气动砂轮机

直柄式气动砂轮机配用砂轮，用于修磨铸件的浇冒口、大型机件、模具及焊缝。如配用布轮，可进行抛光；配用钢丝轮，可清除金属表面铁锈及旧漆层。直柄式气动砂轮机规格（JB/T 7172—2006），见表 19-9。

表 19-9 直柄式气动砂轮机规格

产品系列	空转转速 /r·min^{-1}≤	主轴功率 /kW≥	单位功率耗气量 /L·kW^{-1}·s^{-1}≤	噪声 /dB(A)≤	机重 /kg≤	气管内径 /mm
40	17500	—	—	108	1.0	6
50	17500	—	—	108	1.2	10
60	16000	0.36	36.27	110	2.1	13
80	12000	0.44	36.95	112	3.0	13
100	9500	0.73	36.95	112	4.2	16
150	6600	1.14	114	114	6.0	16

三、角式气动砂轮机

角式气动砂轮机配用纤维增强钹形砂轮，用于金属表面的修整和磨光作业。以钢丝轮代替砂轮后，可进行抛光作业。角式气动砂轮机规格（JB/T 10309—2001），见表 19-10。

表 19-10　角式气动砂轮机规格

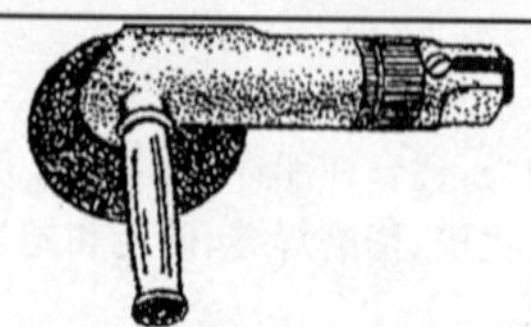

续表

产品系列	砂轮最大直径/mm	空转转速/r·min^{-1}≤	空转耗气量/L·s^{-1}≤	单位功率耗气量/L·kW^{-1}·s^{-1}≤	空转噪声/dB(A)≤	气管内径/mm	机重/kg≤
100	100	14 000	30	27	108	12.5	2.0
125	125	12 000	34	36	109		2.0
150	150	10 000	35	35	110		2.0
180	180	8400	36	34	110		2.5

四、气动模具磨

气动模具磨以压缩空气为动力，配以多种形状的磨头或抛光轮，用于对各类模具的型腔进行修磨和抛光。气动模具规格见表 19-11。

表 19-11 气动模具规格

直柄

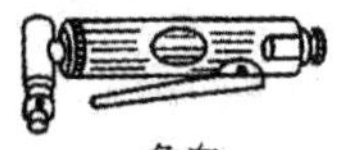
角向

类型	空转转速/r·min^{-1}		空气消耗量/m^3·min^{-1}	工作气压/MPa	重量/kg		长度/mm	
	普通	加长			普通	加长	普通	加长
直柄	25 000	3 600	0.2～0.23	0.63	0.34	1	140	223
角向	20 000	2 800	0.11～0.2	0.63	0.45	1	146	235

五、掌上型砂磨机

掌上型砂磨机以压缩空气为动力，适用于手持灵活地对各种表面进行砂磨。掌上型砂磨机规格见表 19-12。

表 19-12 掌上型砂磨机规格

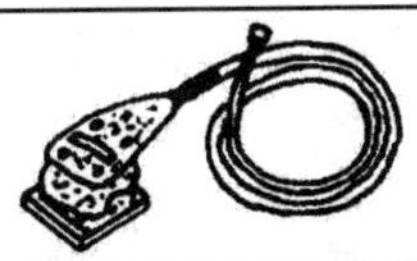

最大空转速/r·min^{-1}	使用气压/MPa	耗气量/m^3·min^{-1}	重量/kg
15 000	0.6	0.14	0.5
18 000	0.6	0.2	0.6

六、气动抛光机

气动抛光机用于装饰工程各种金属结构、构件的抛光。气动抛光机规格见表 19-13。

表 19-13　气动抛光机规格

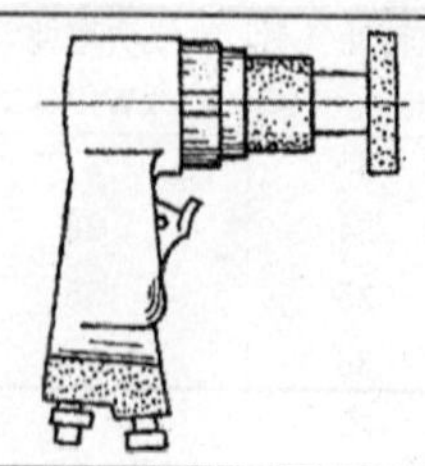

型号	工作气压/MPa	转速/$r \cdot min^{-1}$	耗气量/$m^3 \cdot min^{-1}$	气管内径/mm	重量/kg
GT125	0.60～0.65	≥1 700	0.45	10	1.15

第三节　装配作业类

一、冲击式气扳机

冲击式气扳机的规格(JB/T 8411—2006)，见表 19-14。

表 19-14　冲击式气扳机规格

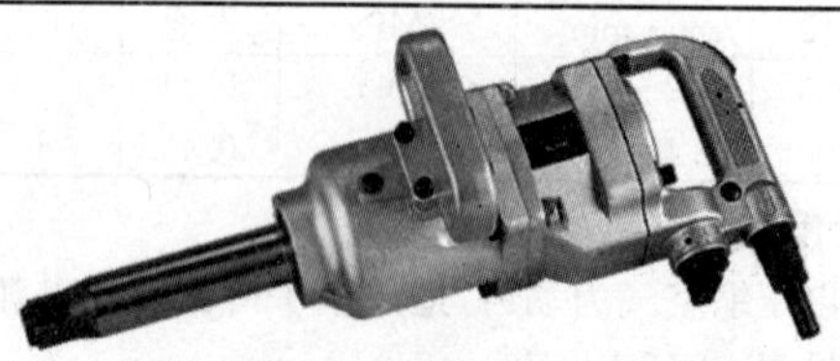

产品系列	拧紧螺栓范围/mm	拧紧扭矩/$N \cdot m$≥	拧紧时间/s≤	负荷耗气量/$L \cdot s^{-1}$≤	空转转速/$r \cdot min^{-1}$≥		噪声/dB(A)≤	机重/kg≤		气管内径/mm	传动四方系列
6	5～6	20	2	10	8 000	3 000	113	1.0	1.5	8	6.3,10,12.5,16
10	8～10	70	2	16	6 500	2 500	113	2.0	2.2	13	
14	12～14	150	2	16	6 000	1 500	113	2.5	3.0	13	
16	14～16	196	2	18	5 000	1 400	113	3.0	3.5	13	
20	18～20	490	2	30	5 000	1 000	118	5.0	8.5	16	20
24	22～24	735	3	30	4 800	4 800	118	6.0	9.5	16	20
30	24～30	882	3	40	4 800	800	118	9.5	13.0	16	25
36	32～36	1 350	5	25	—	—	118	12	12.7	13	25
42	38～42	1 960	5	50	2 800	2 800	123	16.0	20.0	19	40
56	45～56	6 370	10	60	—	—	123	30.0	40.0	19	40
76	58～76	14 700	20	75	—	—	123	36.0	56.0	25	63
100	78～100	34 300	30	90	—	—	123	76.0	96.0	25	63

二、气扳机

气扳机以压缩空气为动力，适用于汽车、拖拉机、机车车辆、船舶等修造行业及桥梁、建筑等工程中螺纹连接的旋紧和拆卸作业。加长扳轴气扳机能深入构件内作业。尤其适用于连续装配生产线操作。气扳机规格见表 19-15。、

表 19-15　气扳机规格

产品系列	拧螺栓直径/mm	空转转速/r·min^{-1}	空转耗气量/L·s^{-1}	扭矩/N·m	方头尺寸/mm	机重/kg	工作气压/MPa	气管内径/mm
6	6	3000	5.8	39.2	9.525	0.96	0.49	6.35
	6	3000	5.8	39.2	9.525	1.00	0.49	6.35
10	8	3000	5.8	39.2	6.350	1.00	0.49	6.35
10	10	2600	12.5	68.6	12.700	2.00	0.49	6.35
14	14	2000	10.0	147.0	15.875	2.90	0.49	13.00
	14	2000	10.0	147.0	15.875	3.10	0.49	13.00
16	16	1500	12.5	196.0	15.875	3.20	0.49	13.00
	16	1500	12.5	196.0	15.875	3.40	0.49	13.00

三、中型气扳机

中型气扳机适用于较大规格的螺栓联接拧紧和拆卸作业，多用于汽车、拖拉机、机车车辆、船舶等制造和修理场合以及桥梁、建筑等工程上。中型气扳机规格见表 19-16。

表 19-16　中型气扳机规格

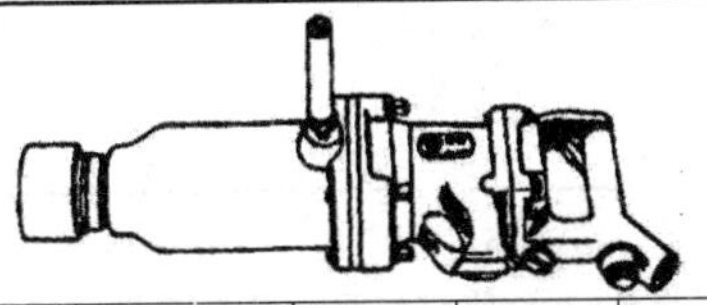

产品系列	拧螺栓直径/mm	空转转速/r·min^{-1}	空转耗气量/L·s^{-1}	扭矩/N·m	方头尺寸/mm	机重/kg	工作气压/MPa	气管内径/mm
20	20	1000	26.7	490	0.49	19.05	7.8	16
30	30	900	30.0	882	0.49	25.00	13.0	16
42	39	760	33.3	1764	0.49	30.00	19.5	16

四、定扭矩气扳机

定扭矩气扳机适用于汽车、拖拉机、内燃机、飞机等制造、装配和修理工作中的螺母和螺栓的旋紧和拆卸。可根据螺栓的大小和所需要的扭矩值，选择适宜的扭力棒，以实现不同的定扭矩要求。尤其适用于连续生产的机械装配线，能提高装配质量和效率以及减轻劳动强度。定扭矩气扳机规格见表 19-17。

表 19-17 定扭矩气扳机规格

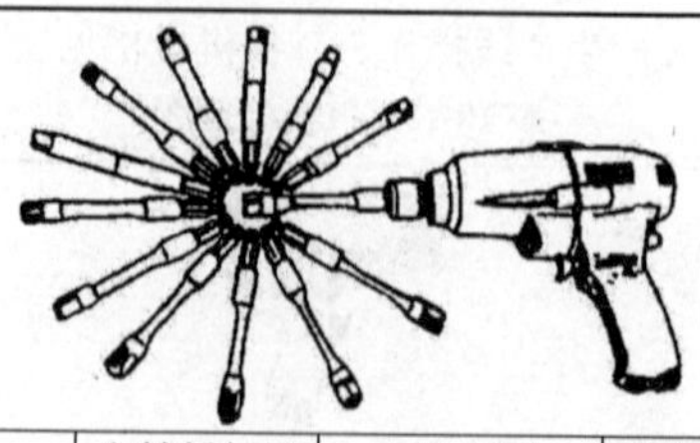

工作气压 /MPa	转速 /r·min^{-1}	空转耗气量 /L·s^{-1}	扭矩范围 /N·m	方头尺寸 /mm	机重 /kg	气管内径 /mm
0.49	1450	5.83	26.5～122.5	12.700	3.1	9.5
	1250	7.50	68.6～205.9	15.875	4.8	

五、高转速气扳机

高转速气扳机能高效地拧紧和拆卸较大扭矩的螺栓、螺钉和螺母。高转速气扳机规格见表 19-18。

表 19-18 高转速气扳机规格

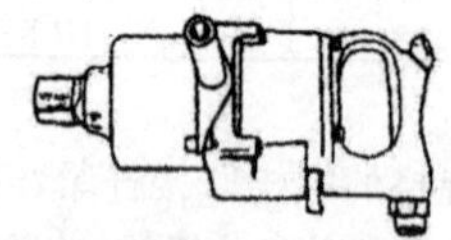

拧螺栓直径 /mm	空转转速 /r·min^{-1}	空转耗气量 /L·s^{-1}	推荐扭矩 /N·m	工作气压 /MPa	方头尺寸 /mm	机重 /kg	气管内径 /m
16	7000	20	54～190	0.63	12.70	2.6	13
24	4800	34	339～1176	0.63	19.05	5.5	16
30	5500	50	678～1470	0.63	25.40	9.5	16
42	3000	64	1900～2700	0.63	38.10	14.0	19

六、气动棘轮扳手

气动棘轮扳手在不易作业的狭窄场所，用于装拆六角头螺栓或螺母。气动棘轮扳手规格见表 19-19。

表 19-19 气动棘轮扳手规格

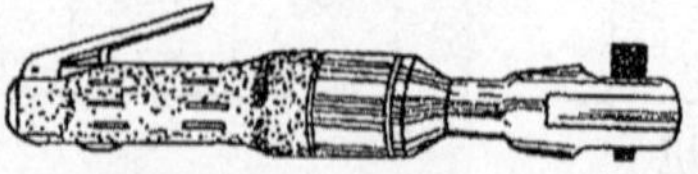

型号	适用螺纹规格/mm	工作气压/MPa	空载转速/r·min^{-1}	空载耗气量/L·s^{-1}	重量/kg
BL10	≤M10	0.63	120	6.5	1.7

注：需配用 12.5mm 六角套筒。

七、气动扳手

气动扳手用于装拆螺纹紧固件。气动扳手规格见表 19-20。

表 19-20 气动扳手规格

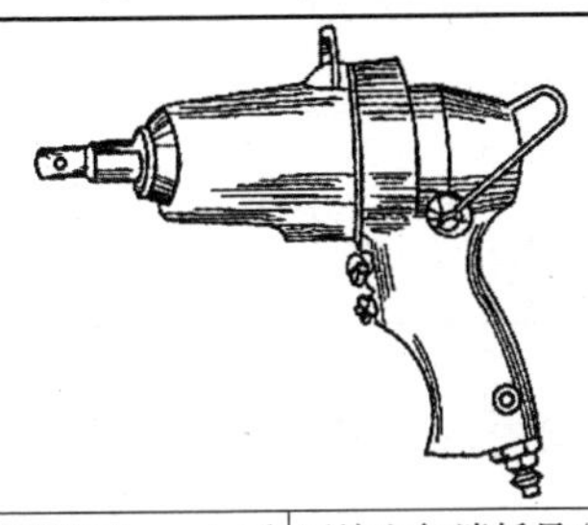

型 号	适用范围	空载转速/r·min^{-1}	压缩空气消耗量/m^3·min^{-1}	扭矩/N·m
BQ6	M6～M18	3 000	0.35	40
B10A	M8～M12	2 600	0.7	70
B16A	M12～M16	2 000	0.5	200
B20A	M18～M20	1 200	1.4	800
B24	M20～M24	2 000	1.9	800
B30	M30	900	1.8	1 000
B42A	M42	1 000	2.1	18 000
B76	M56～M76	650	4.1	
ZB5-2	M5	320	0.37	21.6
ZB8-2	M8	2 200	0.37	
BQN14		1 450	0.35	17～125
BQN18		1 250	0.45	70～210

八、纯扭式气动螺丝刀

纯扭式气动螺丝刀以压缩空气为动力，用于电器设备、汽车、飞机及其他各种机器装配和修理工作中螺钉的旋紧与拆卸。尤其适用于连续装配生产线。可减轻劳动强度，确保质量和提高效率。每种规格备有强、中、弱三种弹簧，根据螺钉直径大小可以调整螺刀的扭矩。气动螺丝刀有直柄和枪柄两种结构，其中直柄有可逆转和不可逆转两种形式，规格（JB/T 5129—2004），见表 19-21。

表 19-21 纯扭式气动螺丝刀规格

续表

产品系列	拧紧螺钉规格/mm	扭矩范围/N·m	空转耗气量/L·s⁻¹≤	空转转速/r·min⁻¹≥	噪声/dB(A)≤	气管内径/mm	机重/kg≤	
							直柄	枪柄
2	M1.6～M2	0.128～0.264	4.00	1 000	93	63	0.50	0.55
3	M2～M3	0.264～0.935	5.00	1 000	93		0.70	0.77
4	M3～M4	0.935～2.300	7.00	1 000	98		0.80	0.88
5	M4～M5	2.300～4.200	8.50	800	103		1.00	1.10
6	M5～M6	4.200～7.200	10.50	600	105		1.00	1.10

九、气动拉铆枪

气动拉铆枪用于抽芯铆钉，对结构件进行拉铆作业。气动拉铆枪规格见表19-22。

表 19-22　气动拉铆枪规格

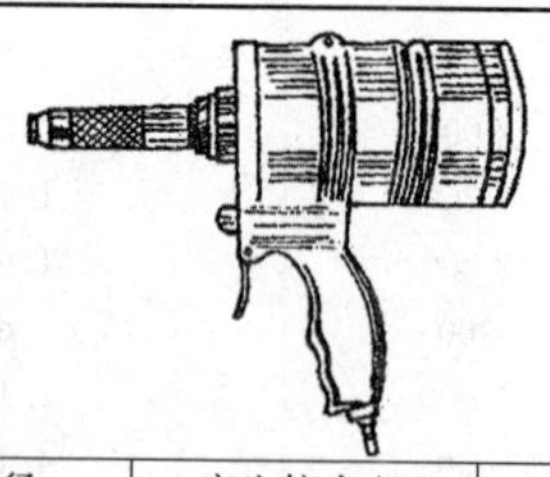

型号	铆钉直径	产生拉力/N	工作气压/MPa	质量/kg
MLQ—1	3～5.5	7 200	0.49	2.25

十、气动转盘射钉枪

气动转盘射钉枪以压缩空气为动力，发射直射钉于混凝土、砌砖体、岩石和钢铁上，以紧固建筑构件、水电线路及某些金属结构件等。气动转盘射钉枪规格见表19-23。

表 19-23　气动转盘射钉枪规格

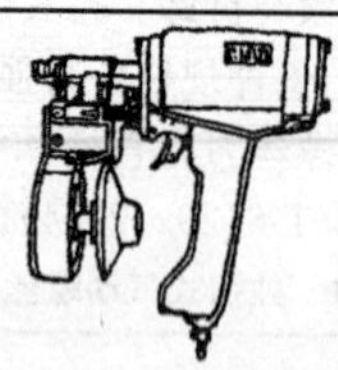

空气压力/MPa	射钉频率/枚·s⁻¹	盛钉容量/枚	重量/kg
0.40～0.70	4	385	2.5
0.45～0.75	4	300	3.7
0.40～0.70	4	385/300	3.2
0.40～0.70	3	300/250	3.5

十一、码钉射钉枪

码钉射钉枪将码钉射入建筑构件内，以起紧固，连接作用。装饰工程木装修使用广泛，效果好。码钉射钉枪规格见表 19-24。

表 19-24　码钉射钉枪规格

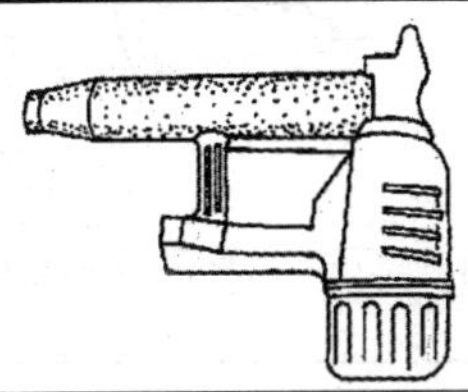

空气压力/MPa	射钉枚数/min^{-1}	盛钉容量/枚	重量/kg
0.40～0.70	6	110	1.2
3.45～0.85	5	165	2.8

十二、圆头钉射钉枪

圆头钉射钉枪用于将直射钉发射于混凝土构件、砖砌体、岩石、钢铁件上，以便紧固被连接物件。圆头钉射钉枪规格见表 19-25。

表 19-25　圆头钉射钉枪规格

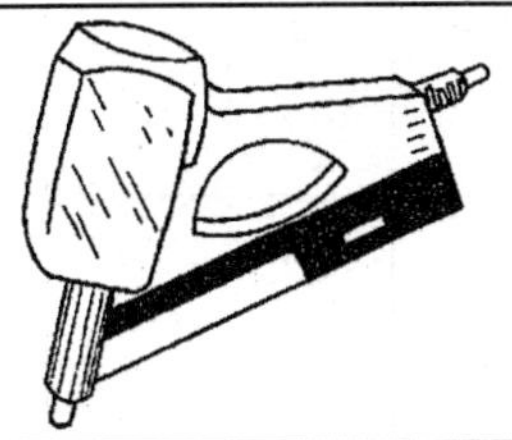

空气压力/MPa	射钉频率/min^{-1}	盛钉容量/枚	重量/kg
0.45～0.75	3	64/70	5.5
0.40～0.70	3	64/70	3.6

十三、T 形射钉枪

T 形射钉枪用于将 T 形射钉射入被紧固物件上，起加固、连接作用。T 形射钉枪规格见表 19-26。

表 19-26　T 形射钉枪规格

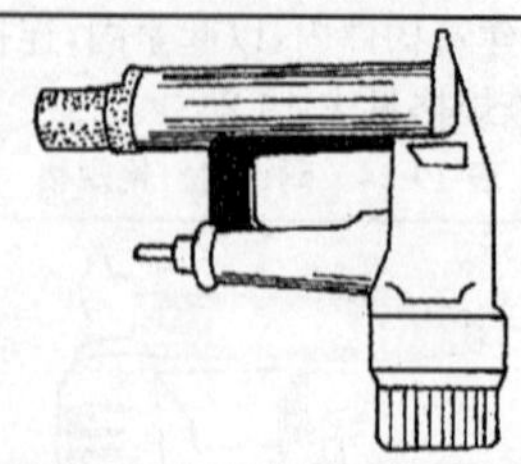

空气压力/MPa	射钉频率/min^{-1}	盛钉容量/枚	重量/kg
0.40～0.70	4	120/104	3.2

十四、气动打钉机

气动打钉机的基本参数与尺寸(JB/T 7739—1995)，见表 19-27 。

表 19-27 气动打钉机的基本参数与尺寸

产品型号	机重 /kg	验收气压 /MPa	冲击能 /J(min)	缸径 /mm	气管内径 /mm	钉子规格 /mm
DDT80	4	0.63	40.0	52	8	ø8 ø3 L L=20～80
DDT30	1.3		2.0	27		1.9 1.1 1.3 L L=10～30
DDT32	1.2		2.0	27		2 1.05 1.26 L L=6～32
DDP45	2.5		10.0	44		ø10 ø3 L L=22～45

续表

产品型号	机重/kg	验收气压/MPa	冲击能/J(min)	缸径/mm	气管内径/mm	钉子规格/mm
DDU14	1.2	0.63	1.4	27	8	10, 1, 0.6, L; L=14 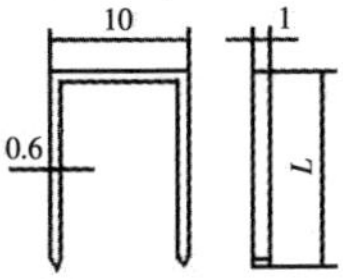
DDU16	1.2		1.4	27		12.7, 1, 0.6, L; L=16 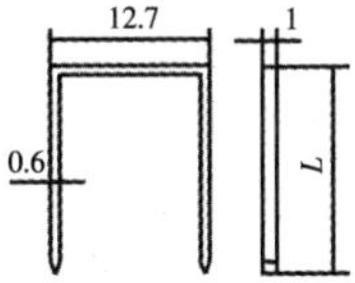
DDU22	1.2		1.4	27		5.1, 1.16, 0.56, L; L=10～22 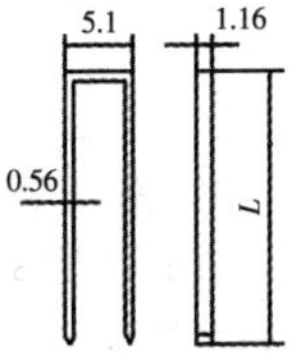
DDU22A	1.2		1.4	27		11.2, 1.16, 0.56, L; L=6～22 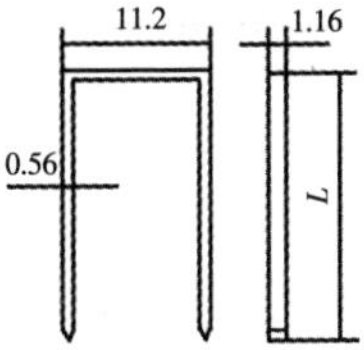
DDU25	1.4		2.0	27		12, 1, 0.56, L; L=10～25 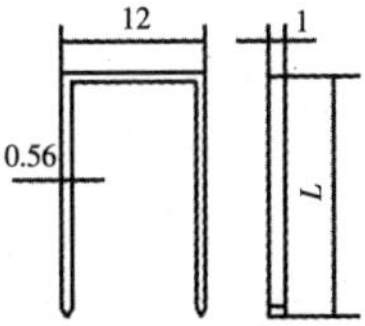
DDU40	4		10.0	45		8.5, 1.26, 1, L; L=40 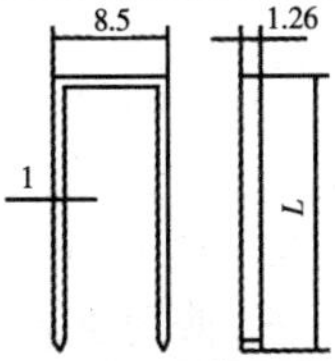

第四节　液压工具

一、分离式液压拉模器(三爪液压拉模器)

分离式液压拉模器是拆卸紧固在轴上的皮带轮、齿轮、法兰盘、轴承等的工具。由手动(或电动)油泵及三爪液压拉模器两部分组成。分离式液压拉模器规格见表19-28。

表 19-28　分离式液压拉模器规格

型号	三爪最大拉力/kN	拆卸直径范围/mm	重量/kg	外形尺寸/m
LQF_1—05	49	50～250	6.5	385×330
LQF_1—10	98	50～300	10.5	470×420

二、液压弯管机

液压弯管机用于把管子弯成一定弧度。多用于水、蒸汽、煤气、油等管路的安装和修理工作。当卸下弯管油缸时,可作分离式液压起顶机用。液压弯管机规格见表 19-29。

表 19-29　液压弯管机规格

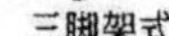

三脚架式　　小车式

型号	弯曲角度/°	管子公称通径/mm ×壁厚/mm						外形尺寸/mm			重量/kg
		15×2.75	20×2.75	25×3.25	32×3.25	40×3.5	50×3.5				
		弯曲半径/mm						长	宽	高	
LWG_1—10B 型 三脚架式	90	130	160	200	250	290	360	642	760	860	81
LWG_2—10B 型 小车式	120	65	80	100	125	145		642	760	255	76

注:工作压力 63MPa,最大载荷 10t,最大行程 200mm。

三、液压钢丝切断器

液压钢丝切断器用于切断钢丝缆绳、起吊钢丝网兜、捆扎和牵引钢丝绳索等。

液压钢丝切断器规格见表19-30。

表19-30 液压钢丝切断器规格

型号	可切钢丝绳直径/mm	动刀片行程/mm	油泵直径/mm	手柄力/N	贮油量/kg	剪切力/kN	外形尺寸(长×宽×高)/mm	重量/kg
YQ10－32	10～32	45	50	200	0.3	98	400×200×104	15

四、液压转矩扳手

液压转矩扳手适用一些大型设备的安装、检修作业，用以装拆一些大直径六角头螺栓副。其对扭紧力矩有严格要求，操作无冲击性。中空式扳手适用于操作空间狭小场合。有多种类型和型号，在使用时须与超高压电动液压泵站配合。液压扭矩扳手规格(JB/T 5557—2007)，见表19-31。

表19-31 液压转矩扳手规格

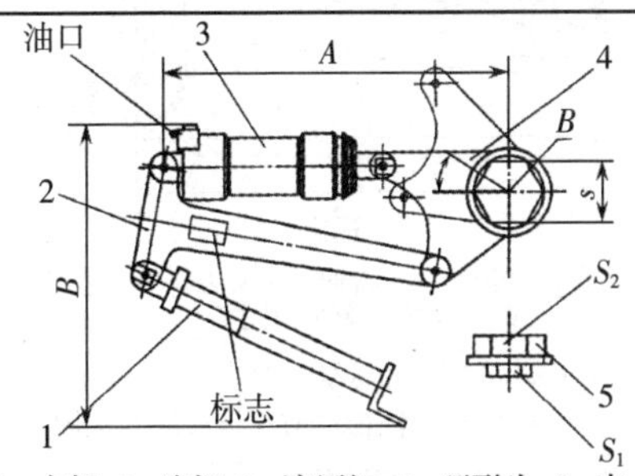

1-支架；2-连杆；3-液压缸；4-环形头；5-内六角附件

LGB型液压转矩扳手

型号	公称转矩 M_A/N·m	扳手开口 S	适用螺纹 d	液压缸工作压力 p/MPa	液压缸一个行程环形头转动角度 θ	A/mm	B/mm	R/mm	油口连接螺纹尺寸	配套液压泵	质量/kg
LGB50	5 000	24～75	M16～M48	63	36°	312.9	309	20.5～56	M10×1	手动泵/电动泵	10
LGB100	10 000	27～95	M18～M64	63	36°	352	330	23～68.5	M10×1	手动泵/电动泵	15

续表

型号	公称转矩 M_A/N·m	扳手开口 S	适用螺纹 d	液压缸工作压力 p/MPa	液压缸一个行程环形头转动角度 θ	A/mm	B/mm	R/mm	油口连接螺纹尺寸	配套液压泵	质量/kg
LGB150	30 000	65～130	M42～M90	63	36°	418.8	355	44.5～92.5	M10×1	手动泵/电动泵	26
LGB500	50 000	55～155	M36～M110	31.5	36°	595	410	44～106	M10×1	电动泵	40

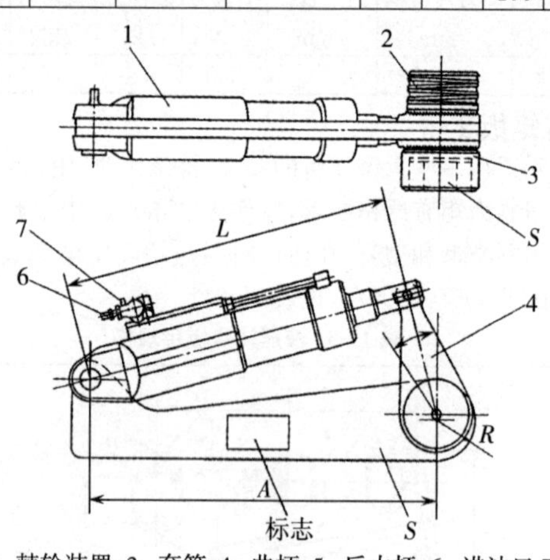

1- 液压缸；2- 棘轮装置；3- 套筒；4- 曲柄；5- 反力杆；6- 进油口；7- 出油口

WJB 型液压转矩扳手

型号	公称转矩 M_A/N·m	扳手开口 S	适用螺纹 d	液压缸工作压力 p/MPa	液压缸一个行程环形头转动角度 θ	A/mm	B/mm	R/mm	油口连接螺纹尺寸	配套液压泵	质量/kg
WJB25	2 500	30～65	M20～M42	32	36°	295	250	35	M14×1.5	电动泵	7.5
WJB50	5 000	36～75	M24～M48	32	36°	330	28J	40	M14×1.5	电动泵	10.5
WTB100	10 000	46～90	M30～M60	40	43°	410	335	50	M14×1.5	电动泵	14.5
WJB200	20 000	55～100	M36～M68	50	36°	430	360	58	M14×1.5	电动泵	21
WJB400	40 000	75～115	M48～M80	10	30°	455	380	74	M14×1.5	电动泵	40

续表

型号	公称转矩 M_A/N·m	扳手开口 S	适用螺纹 d	液压缸工作压力 p/MPa	液压缸一个行程环形头转动角度 θ	A/mm	B/mm	R/mm	油口连接螺纹尺寸	配套液压泵	质量/kg
WYB600	60000	85～145	M56～M100	50	24°	500	400	82	M14×1.5	电动泵	45
WJB800	80 000	95～170	M64～M120	50	21°	545	425	90	M14×1.5	电动泵	59

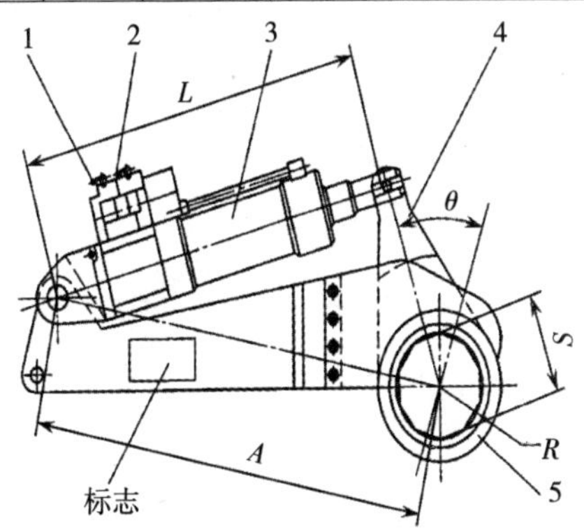

1- 出油口；2- 进油口；3- 液压缸；4- 曲柄；5- 环形头

NJB 型液压转矩扳手

型号	公称转矩 M_A/N·m	扳手开口 S	适用螺纹 d	液压缸工作压力 p/MPa	液压缸一个行程环形头转动角度 θ	A/mm	B/mm	R/mm	油口连接螺纹尺寸	配套液压泵	质量/kg
NJB25	2 500	30～65	M20～M42	32	36°	295	250	65	M14×1.5	电动泵	10.5
NJB50	5 000	36～75	M24～M48	32	36°	330	285	72	M14±1.5	电动泵	13.5
NJB100	10 000	46～90	M30～M60	40	43°	410	335	80	M14×1.3	电动泵	20
NJB200	20 000	55～100	M36～M68	50	36°	430	360	90	M14×1.5	电动泵	27

五、液压钳

液压钳专供压接多股铝、铜芯电缆导线的接头或封端（利用液压作动力）。液压钳规格见表 19-32。

表 19-32　液压钳规格

<table>
<tr><td colspan="2">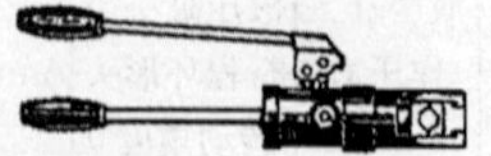</td></tr>
<tr><td>规格</td><td>适用导线断面积范围/mm²：铝线 16～240，铜线 16～150；活塞最大行程/mm：17；最大作用力/kN：100；压模规格/mm²：16，25，35，50，70，95，120，150，185，240。</td></tr>
</table>

第二十章 焊接器材

第一节 焊割工具

一、射吸式焊炬

射吸式焊炬利用氧气和低压(或中压)乙炔作热源,进行焊接或预热被焊金属。射吸式焊炬规格(JB/T 6969—1993),见表20-1。

表 20-1 射吸式焊炬规格

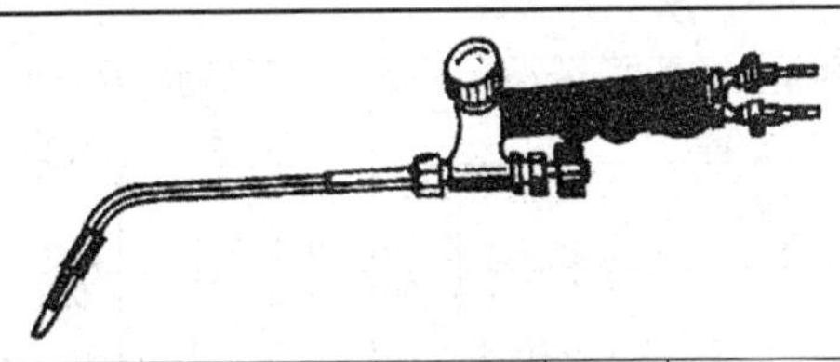

型号	焊接低碳钢厚度/mm	氧气工作压力/Mpa	乙炔使用压力/MPa	可换焊嘴个数	焊嘴孔径/mm	焊炬总长度/mm
H01-2	0.5～2	0.1,0.125,0.15,0.2;0.25	0.001～0.1	5	0.5,0.6,0.7,0.8,0.9	300
H01-6	2～6	0.2,0.25,0.3,0.35,0.4			0.9,1.0,1.1,1.2,1.3	400
H01-12	6～12	0.4,0.45,0.5,0.6,0.7			1.4,1.6,1.8,2.0,2.2	500
H01-20	12～20	0.6,0.65,0.7,0.75,0.8			2.4,2.6,2.8,3.0,3.2	600

二、射吸式割炬

射吸式割炬利用氧气及低压(或中压)乙炔作热源,以高压氧气作切割气流,对低碳钢进行切割。射吸式割炬规格(JB/T 6970—1993),见表20-2。

表 20-2 射吸式割炬规格

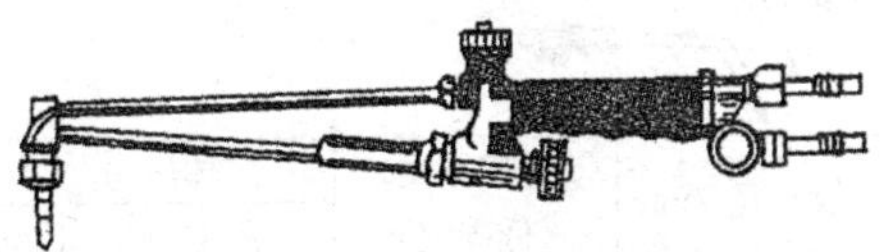

型号	切割低碳钢厚度/mm	氧气工作压力/MPa	乙炔使用压力/MPa	可换焊嘴个数	割嘴切割氧孔径/mm	焊炬总长度/mm
G01-30	3～30	0.2,0.25,0.3	0.001～0.1	3	0.7,0.9,1.1	500
G01-100	10～100	0.3,0.4,0.5			1.0,1.3,1.6	550
G01-300	100～300	0.5,0.65,0.8,1.0		4	1.8,2,2.2,2.6, 3.0	650

三、射吸式焊割两用炬

射吸式焊割两用炬利用氧气及低压(或中压)乙炔作热源,进行焊接、预热或切割低碳钢,适用于使用次数不多,但要经常交替焊接和气割的场合。射吸式焊割两用炬规格见表 20-3。

表 20-3　射吸式焊割两用炬规格

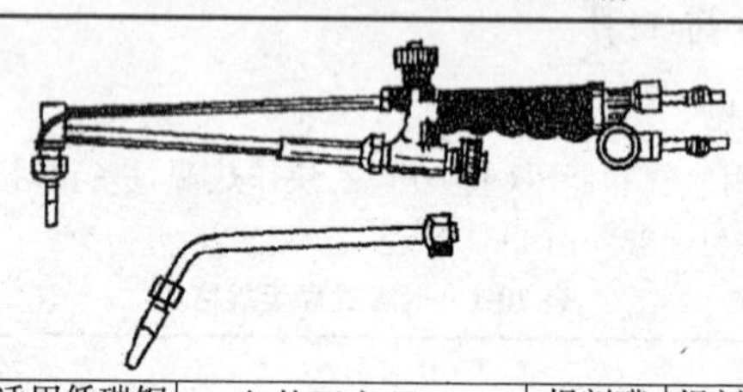

型　号	应用方式	适用低碳钢厚度/mm	气体压力/MPa		焊割嘴数/个	焊割嘴孔径范围/mm	焊割炬总长度/mm
			氧气	乙炔			
HG01-3/50A	焊接	0.5～3	0.2～0.4	0.001～0.1	5	0.6～1.0	400
	切割	3～50	0.2～0.6	0.001～0.1	2	0.6～1.0	
HG01-6/60	焊接	1～6	0.2～0.4	0.001～0.1	5	0.9～1.3	500
	切割	3～60	0.2～0.4	0.001～0.1	4	0.7～1.3	
HG01-12/200	焊接	6～12	0.4～0.7	0.001～0.1	5	1.4～2.2	550
	切割	10～200	0.3～0.7	0.001～0.1	4	1.0～2.3	

四、等压式焊炬

等压式焊炬利用氧气和中压乙炔作热源,焊接或预热金属。等压式焊炬规格(JB/T 7947—1999),见表 20-4。

表 20-4　等压式焊炬规格

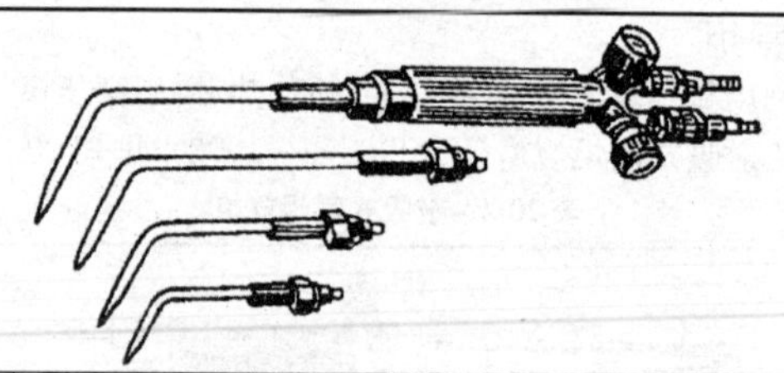

型　号	焊嘴号	焊嘴孔径 /mm	焊接厚度(低碳钢)	气体压力/MPa		焊炬总长度/mm
				氧气	乙炔	
H02-12	1	0.6	0.5～1.1	0.20	0.02	500
	2	1.0		0.25	0.03	
	3	1.4		0.30	0.04	
	4	1.8		0.35	0.05	
	5	2.2		0.40	0.06	

续表

型　号	焊嘴号	焊嘴孔径 /mm	焊接厚度（低碳钢）	气体压力/MPa		焊炬总长度/mm
				氧气	乙炔	
H02-20	1	0.6	0.5～20	0.20	0.02	600
	2	1.0		0.25	0.03	
	3	1.4		0.30	0.04	
	4	1.8		0.35	0.05	
	5	2.2		0.40	0.06	
	6	2.6		0.50	0.07	
	7	3.0		0.60	0.08	

五、等压式割炬

等压式割炬利用氧气和中压乙炔作热源，以高压氧气作切割气流切割低碳钢。等压式割炬规格（JB/T 7947—1999），见表 20-5。

表 20-5 等压式割炬规格

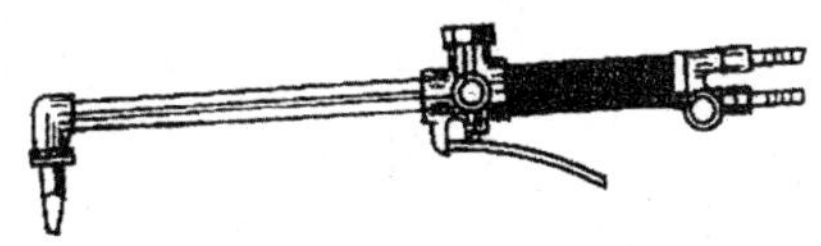

型　号	割嘴号	割嘴孔径/mm	切割厚度（低碳钢）	气体压力/MPa		割炬总长度 /mm
				氧气	乙炔	
G02-100	1	0.7	3～100	0.20	0.04	550
	2	0.9		0.25	0.04	
	3	1.1		0.30	0.05	
	4	1.3		0.40	0.05	
	5	1.6		0.50	0.06	
G02-300	1	0.7	3～300	0.20	0.04	650
	2	0.9		0.25	0.04	
	3	1.1		0.30	0.05	
	4	1.3		0.40	0.05	
	5	1.6		0.50	0.06	
	6	1.8		0.50	0.06	
	7	2.2		0.65	0.07	
	8	2.6		0.80	0.08	
	9	3.0		1.00	0.09	

六、等压式焊割两用炬

等压式焊割两用炬利用氧气和中压乙炔作热源，进行焊接、预热或切割低碳钢，适用于焊接切割任务不多的场合。等压式焊割两用炬规格（JB/T 7947—

1999)，见表 20-6。

表 23-6 等压式焊割两用炬规格

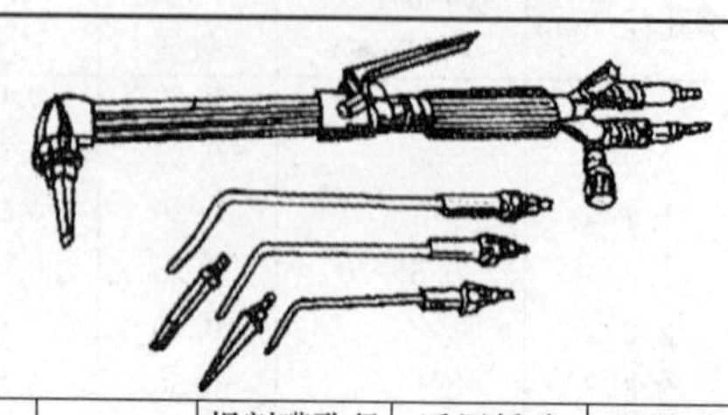

型　　号	应用方式	焊割嘴号	焊割嘴孔径/mm	适用低碳钢厚度/mm	气体压力/MPa		焊割炬总长度/mm
					氧气	乙炔	
HG02-12/100	焊接	1 2 3	0.6 1.4 1.1	0.5～12	0.2 0.3 0.4	0.02 0.04 0.06	550
	切割	1 2 3	0.7 1.1 1.6	3～100	0.2 0.3 0.5	0.04 0.05 0.06	
HG02-20/200	焊接	1 2 3 4	0.6 1.4 2.2 3.0	0.5～20	0.2 0.3 0.4 0.6	0.02 0.04 0.06 0.08	600
	切割	1 2 3 4 5	0.7 1.1 1.6 1.8 2.2	3～200	0.2 0.3 0.5 0.5 0.65	0.04 0.05 0.06 0.06 0.07	

七、等压式割嘴(GO02 型)

等压式割嘴用于氧气及中压乙炔的自动或半自动切割机。等压式割嘴规格见表 20-7。

表 20-7　等压式割嘴规格

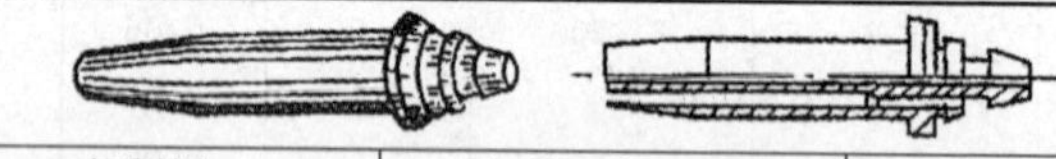

割嘴号	切割钢板厚度/mm	气体压力/MPa		气体耗量		切割速度/mm·min⁻¹
		氧气	乙炔	氧气/$m^3 \cdot h^{-1}$	乙炔/$L \cdot h^{-1}$	
1*	5～15	≥0.3	>0.03	2.5～3	350～400	450～550
2*	15～30	≥0.35	>0.03	3.5～4.5	450～500	350～450
3*	30～50	≥0.45	>0.03	5.5～6.5	450～500	150～350
4*	50～100	≥0.6	>0.05	9～11	500～600	230～250

续表

割嘴号	切割钢		气体压力/MPa		气体耗量	切割速度
	板厚度/mm	氧气	乙炔	氧气/$m^3\cdot h^{-1}$	乙炔/$L\cdot h^{-1}$	/$mm\cdot min^{-1}$
5 *	100～150	≥0.7	>0.05	10～13	500～600	200～230
6 *	150～200	≥0.8	>0.05	13～16	600～700	170～200
7 *	200～250	≥0.9	>0.05	16～23	800～900	150～170
8 *	250～300	≥0.1	>0.05	25～30	900～1000	90～150
9 *	300～350	≥1.1	>0.05	—	1000～1300	70～90
10 *	350～400	≥1.3	>0.05	—	1300～1600	50～70
11 *	400～450	≥1.5	>0.05	—	—	50～65

八、快速割嘴

等压式快速割嘴用于火焰切割机械及普通手工割炬，可与 GB/T 5108、GB/T 5110 规定的割炬配套使用。等压式快速割嘴型号、规格（JB/T 7950—1999），见表 20-8。

表 20-8 快速割嘴型号、规格

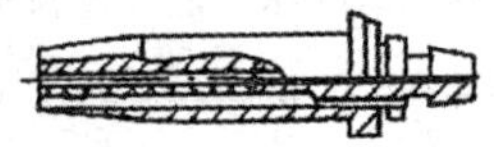

1. 型号

加工方法	切割氧压力/MPa	燃气	尾锥面角度	品种代号	型　　号
电铸法	0.7	乙炔	30°	1	GK1－1～7
			45°	2	GK2－1～7
		液化石油气	30°	3	GK3－1～7
			45°	4	GK4－1～7
	0.5	乙炔	30°	1	GK1－1A～7A
			45°	2	GK2－1A～7A
		液化石油气	30°	3	GK3－1A～7A
			45°	4	GK4－1A～7A
机械加工法	0.7	乙炔	30°	1	GKJ1－1～7
			45°	2	GKJ2－1～7
		液化石油气	30°	3	GKJ3－1～7
			45°	4	GKJ4－1～7
	0.5	乙炔	30°	1	GKJ1－1A～7A
			45°	2	GKJ2－1A～7A
		液化石油气	30°	3	GKJ3－1A～7A
			45°	4	GKJ4－1A～7A

2. 割嘴规格

续表

割嘴规格号	割嘴喉部直径/mm	切割厚度/mm	切割速度/mm·min^{-1}	气体压力/MPa 氧气	乙炔	液化石油气	切口/mm
1	0.6	5～10	750～600	0.7	0.025	0.03	≤1
2	0.8	10～10	600～450				≤1.5
3	1.0	20～40	450～380				≤2
4	1.25	40～60	380～320	0.7	0.03	0.035	≤2.3
5	1.5	60～100	320～250				≤3.4
6	1.75	100～150	250～160		0.035	0.04	≤4
7	2.0	150～180	160～130				≤4.5
1A	0.6	5～10	560～450	0.5	0.015	0.03	≤1
2A	0.8	10～20	450～340				≤1.5
3A	1.0	20～40	340～250				≤2
4A	1.15	40～60	250～210		0.03	0.035	≤2.3
5A	1.5	60～100	210～180				≤3.4

九、金属粉末喷焊炬

金属粉末喷焊炬用氧-乙炔焰和一特殊的送粉机构，将喷焊或喷涂合金粉末喷射在工件表面，以完成喷涂工艺。金属粉末喷焊炬规格见表 20-9。

表 20-9 金属粉末喷焊炬规格

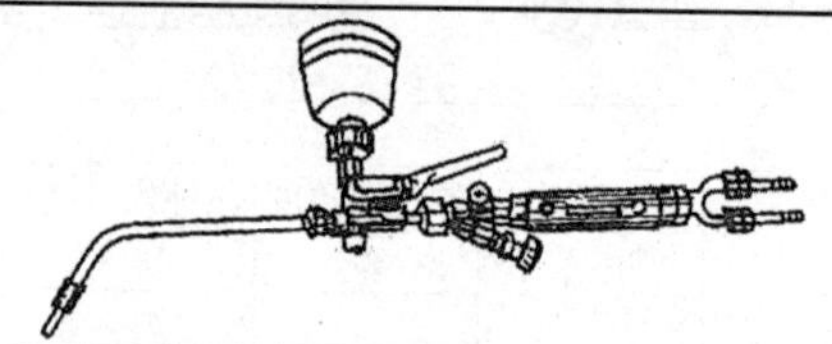

型号	喷焊嘴 号	孔径/mm	用气压力/MPa 氧	乙炔	送粉量/kg·h^{-1}	总长度/mm
SPH-1/h	1	0.9	0.20	≥0.05	0.4～1.0	430
	2	1.1	0.25			
	3	1.3	0.30			
SPH-2/h	1	1.6	0.3	>0.5	1.0～2.0	470
	2	1.9	0.35			
	3	2.2	0.40			
SPH-4/h	1	2.6	0.4	>0.5	2.0～4.0	630
	2	2.8	0.45			
	3	3.0	0.5			
SPH-C	1	1.5×5	0.5	>0.5	4.5～6	730
	2	1.5×7	0.6			
	3	1.5×9	0.7			
SPH-D	1	1×10	0.5	>0.5	8～12	730
	2	1.2×10	0.6			780

注：合金粉末粒度≤150 目。

十、金属粉末喷焊喷涂两用炬

金属粉末喷焊喷涂两用炬利用氧-乙炔焰和特殊的送粉机构，将一种喷焊或喷涂用合金粉末喷射在工件表面上。金属粉末喷焊喷涂两用炬规格见表 20-10。

表 20-10　金属粉末喷焊喷涂两用炬规格

SPH-E型

型号	喷嘴号	喷嘴型式	预热式孔径/孔数/mm	喷粉孔径/mm	气体压力/MPa		送粉量/kg·h^{-1}
					氧	乙炔	
QT-7/h	1#	环形	—	2.8	0.45	≥0.04	5～7
	2#	梅花	0.7/12	3.0	0.50		
	3#	梅花	0.8/12	3.2	0.55		
QT-3/h	1#	梅花	0.6/12	3.0	0.7	≥0.04	3
	2#		0.7/12	3.2	0.8		
SPH-E	1#	环形	—	3.5	0.5～0.6	≥0.05	≤7
	2#	梅花	1.0/8				

第二节　焊、割器具及用具

一、氧气瓶

氧气瓶贮存压缩氧气，供气焊和气割使用。氧气瓶规格见表 20-11。

表 20-11　氧气瓶规格

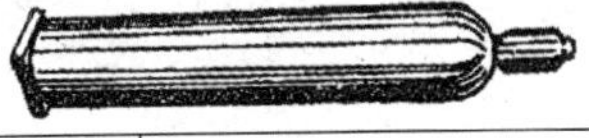

容积/m^3	工作压力/MPa	尺寸/mm		重量/kg
		外径	高度	
40	14.71	219	1370	55
45	14.71	219	1490	47

注：瓶外表漆色为天蓝色，并标有黑色“氧”字。

二、溶解乙炔气瓶

溶解乙炔气瓶规格(GB 11638—2003)，见表 20-11。

表 20-11　溶解乙炔气瓶规格

公称直径 D_N/mm	公称容积 V_N/L	肩部轴向间隙 X/mm	丙酮充装量允许偏差 Δm_s/kg
160	10	1.2	$^{+0.1}_{0}$
180	16	1.6	
210	25	2.0	$^{+0.2}_{0}$
250	40	2.5	$^{+0.4}_{0}$
300	60		$^{+0.5}_{0}$

三、氧、乙炔减压器

氧气减压器接在氧气瓶出口处，将氧气瓶内的高压氧气调节到所需的低压氧气。乙炔减压器接在乙炔发生器出口处，将乙炔压力调到所需的低压。氧、乙炔减压器规格（GB/T 7899—2006），见表 20-12。

表 20-12　氧、乙炔减压器规格

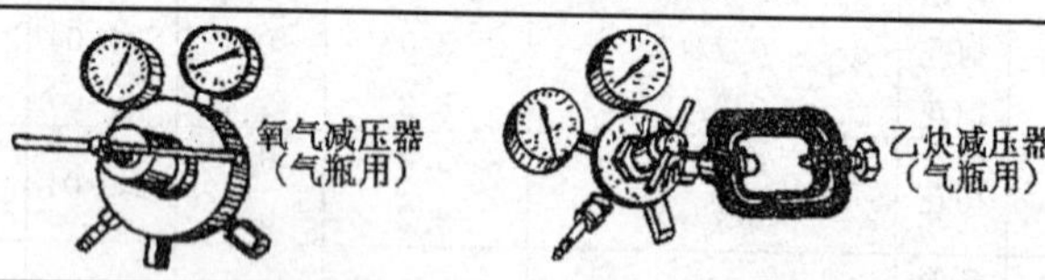

介质	类型	额定（最大）进口压力 p_1/MPa	额定（最大）出口压力 p_2/MPa	额定流量 $Q_1/m^3 \cdot h^{-1}$
30 MPa 以下氧气和其他压缩气体	0	0～30①	0.2	1.5
	1		0.4	5
	2		0.6	15
	2		1.0	30
	4		1.25	40
	5		2	50
溶解乙炔	1	2.5	0.08	1
	2		<0.15	5②

①压力指 15℃时的气瓶最大充气压力。

②一般建议：应避免流量大于 1 m³/h。

四、气焊眼镜

气焊眼镜规格，见表 20-13。

表 20-13　气焊眼镜规格

	用途	规格
	保护气焊工人的眼睛，不致受强光照射和避免熔渣溅入眼内	深绿色镜片和深绿色镜片

五、焊接面罩

焊接面罩用于保护电焊工人的头部及眼睛，不受电弧紫外线及飞溅熔渣的灼伤。焊接面罩规格(GB/T 3609.1—2008)，见表 20-14。

表 20-14　焊接面罩规格

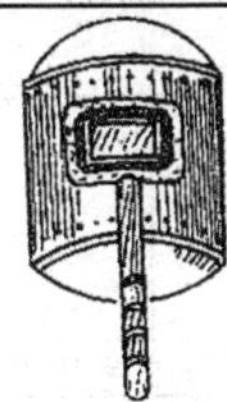

手持式

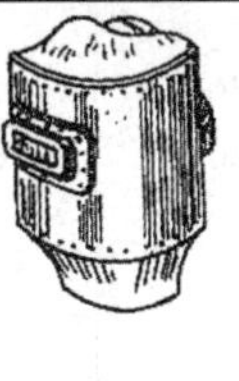

头戴式

品　种	外形尺寸/mm≥			观察窗尺寸/mm≥	(除去附件后)质量/g≤
	长度	宽度	深度		
手持式、头戴式	310	210	120	90×40	500
安全帽与面罩组合式	230				

六、焊接滤光片

焊接滤光片装在焊接面罩上以保护眼睛。焊接滤光片规格(GB/T 3609.1—2008)，见表 20-15。

表 20-15　焊接滤光片规格

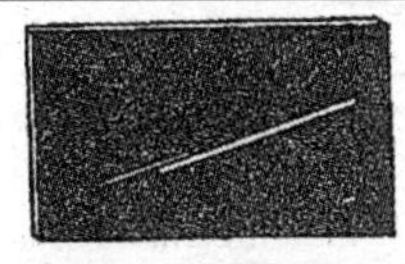

规格/mm	单镜片：长方形(包括单片眼罩)长×宽≥108×50，厚度≤3.8； 双镜片：圆镜片直径≥ø50，不规则镜片水平基准长度≥45、垂直≥40、高度厚度≤3.2						
颜　　色	接滤光片的颜色为混合色，其透射比最大值的波长应在 500～620 nm 之间；左右眼滤光片的色差应满足 GB 14866—2006 中 5.6.3a)的要求						
滤光片遮光号	1.2、1.4、1.7、2	3、4	5、6	7、8	9、10、11	12、13	14
适用电弧范围	防侧光与杂散光	辅助工	≤30A	30～75A	75～200A	200～400A	≥400A

七、电焊钳

电焊钳用于夹持电焊条进行手工电弧焊接。电焊钳规格(QB/T 1518—1992)，见表 20-16。

表 20-16 电焊钳规格

规格/A	额定焊接电流/A	负载持续率(%)	工作电压/V	适用焊条直径	能接电缆截面积/mm²	温升≤/℃
160 (150)	160 (150)	60	26	2.0～4.0	≥25	35
250	250	60	30	2.5～5.0	≥35	40
315 (300)	315 (300)	60	32	3.2～5.0	≥35	40
400	400	60	36	3.2～6.0	≥50	45
500	500	60	40	4.0～(8.0)	≥70	45

注:括号中的数值为非推荐数值。

八、电焊手套及脚套

电焊手套及脚套的用途与规格,见表 20-17。

表 20-17 电焊手套及脚套

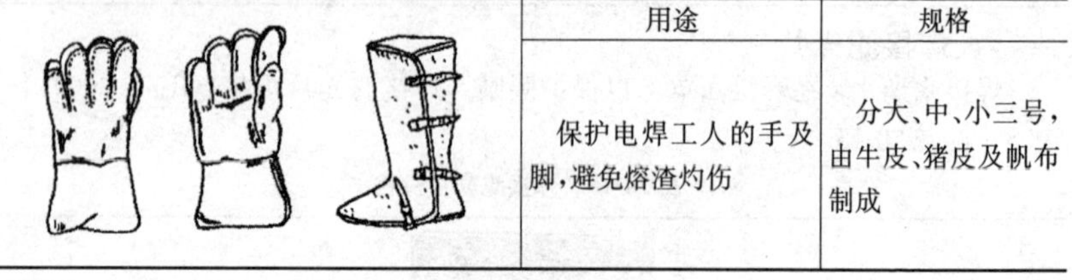

	用途	规格
	保护电焊工人的手及脚,避免熔渣灼伤	分大、中、小三号,由牛皮、猪皮及帆布制成

第二十一章　起 重 工 具

第一节　千斤顶

一、千斤顶尺寸

千斤顶尺寸(JB/T 3411.58—1999),见表21-1。

表21-1　千斤顶 尺寸　/mm

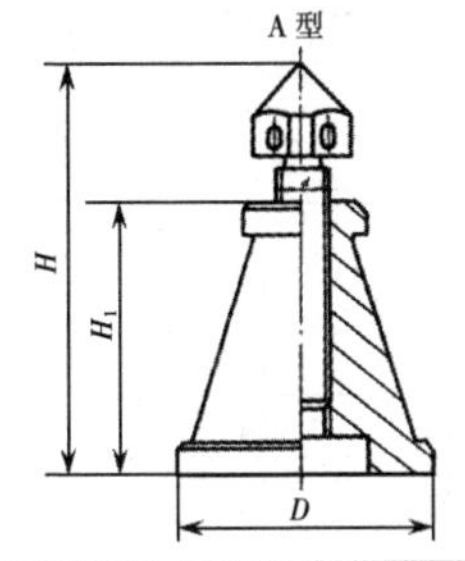

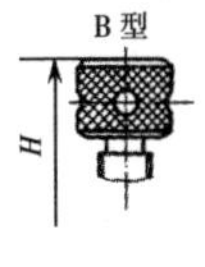

d	A型		B型		H_1	D
	H_{min}	H_{max}	H_{min}	H_{max}		
M6	36	50	36	48	25	30
M8	47	60	42	55	30	35
M10	56	70	50	65	35	40
M12	67	80	58	75	40	45
M16	76	95	65	85	45	50
M20	87	110	76	100	50	60
T26×5	102	130	94	120	65	80
T32×6	128	155	112	140	80	100
T40×6	158	185	138	165	100	120
T55×8	198	255	168	225	130	160

二、活头千斤顶尺寸

活头千斤顶尺寸(JB/T 3411.589—1999),见表21-2。

表 21-2　活头千斤顶 尺寸　　/mm

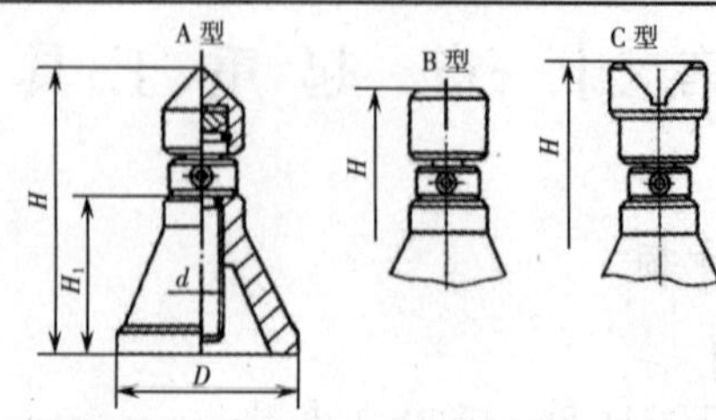

d	D	A 型		B 型		C 型		H_1
		H_{min}	H_{max}	H_{min}	H_{max}	H_{min}	H_{max}	
M6	30	45	55	42	52	50	60	25
M8	35	54	65	52	62	60	72	30
M10	40	62	75	60	72	70	85	35
M12	45	72	90	68	85	80	95	40
M16	50	85	105	80	100	92	110	45
M20	60	98	120	94	115	108	130	50
T26×5	80	125	150	118	145	134	160	65
T32×6	100	150	180	142	170	162	190	80
T40×6	120	182	230	172	220	194	240	100
T55×8	160	232	300	222	290	252	310	130

三、螺旋千斤顶

螺旋千斤顶一般用于修理及安装等行业，作为起重或顶压机件的工具。螺旋千斤顶规格见表 21-3。

表 21-3　螺旋千斤顶规格(JB/T 2592—2008)

<table>
<tr><th>型号</th><th>额定起重量/t</th><th>最低高度 H/mm</th><th>起升高度H_1/mm</th><th>手柄作用力/N</th><th>手柄长度/mm</th><th>自重/kg</th></tr>
<tr><td>QLJ0.5</td><td>0.5</td><td rowspan="3">110</td><td rowspan="3">180</td><td rowspan="2">120</td><td rowspan="2">150</td><td>2.5</td></tr>
<tr><td>QLJ1</td><td>1</td><td>3</td></tr>
<tr><td>QLJ1.6</td><td>1.6</td><td>200</td><td>200</td><td>4.8</td></tr>
<tr><td>QL2</td><td>2</td><td>170</td><td>180</td><td>80</td><td>300</td><td>5</td></tr>
</table>

续表

型号	额定起重量/t	最低高度 H/mm	起升高度 H_1/mm	手柄作用力/N	手柄长度/mm	自重/kg
QL3.2	3.2	200	110	100	500	6
QLD3.2	3.2	160	50			5
OL5	5	250	130	160	600	7.5
QLD5	5	180	65			7
QLg5	5	270	130			11
QL8	8	260	140	200	800	10
QL10	10	280	150	250	800	11
QLD10	10	200	75			10
QLg10	10	310	130			15
QL16	16	320	180	400	1000	17
QLD16	16	225	90			15
QLG16	16	445	200			19
QLg16	16	370	180			20
QL20	20	325	180	500	1000	18
QLG20	20	445	300			20
QL32	32	395	200	650	1400	27
QLD32	32	320	180			24
QL50	50	452	250	510	1000	56
QLD50	50	330	150			52
QL100	100	455	200	600	1500	86

四、油压千斤顶

油压千斤顶用于修理及安装行业，作起重或顶压机件的工具。液压千斤顶规格(JB/T 2104—2002)，见表 21-4。

表 21-4 油压千斤顶规格

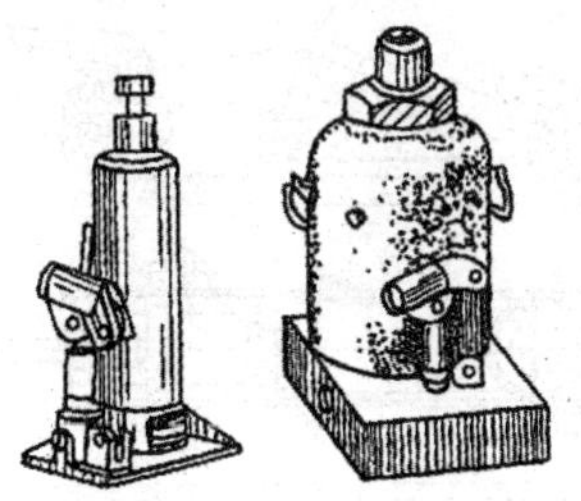

续表

型　号	额定起重量 G_n/t	最低高度 $H\leqslant$	起重高度 $H_1\geqslant$	调整高度 $H_2\geqslant$
		mm		
QYL2	2	158	90	60
QYL3	3	195	125	
QYL5	5	232	160	
		200	125	
QYL8	8	236	160	
QYL10	10	240		
QYL12	12	245		
QYL16	16	29		
QYL20	20	280	180	—
QYL32	32	285		
QYL50	50	300		
QYL70	70	320		
QW100	100	360	200	—
QW200	200	400		
QW320	320	450		

五、车库用油压千斤顶

车库用油压千斤顶除一般起重外，配上附件，可以进行侧顶、横顶、倒顶以及拉、压、扩张和夹紧等。广泛用于机械、车辆、建筑等的维修及安装。车库用液压千斤顶(JB/T 5315—2008)，及附件规格见表 21-5～表 21-7。

表 21-5　车库用油压千斤顶规格

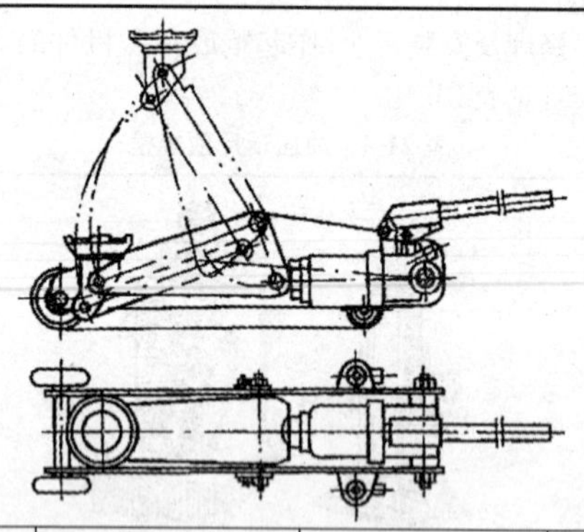

起顶机型号	额定起重量/t	起重扳最大受力/kN	活塞最大行程/mm	最低高度 H_1/mm	质量/kg
LQD—3	3		60	120	5
LQD—5	5	24.5	50,100	290	12

续表

起顶机型号	额定起重量/t	起重扳最大受力/kN	活塞最大行程/mm	最低高度 H_1/mm	质量/kg
LQD—10	10	49	60,125,150	315	22
LOD—20	20		100,160,200	160,220,260	30
LQD—30	30		60,125,160	200,265,287	23
LQD—50	50		80,160	140,220	35

表 21-6　附件:拉马

规格/t	三爪受力/kN≤	调节范围/mm	外形尺寸/mm		质量/kg
			高	外径	
5	50	50～250	385	333	7
10	100	50～300	470	420	11

表 21-7　附件:接长管及顶头

附件名称及主要尺寸/mm						
附件名称		长　度	外径	附件名称	总长	外径
接长管	普通式	136,260,380,600	42	橡胶顶头	81	81
	快速式	330	42	V 型顶头	60	56
管接头		60	55	尖型顶头	106	52

注:各种附件上的联接螺纹均为 M42×1.5mm。

六、齿条千斤顶

齿条千斤顶用齿条传动顶举物体,并可用钩脚起重较低位置的重物。常用于铁道、桥梁、建筑、运输及机械安装等场合。齿条千斤顶规格见表 21-8。

表 21-8　齿条千斤顶规格

规格	额定起重量/t	起升高度/mm	落下高度/mm	质量/kg
3	3	350	700	36
5	5	400	800	44
8	8	375	850	57
10	10	375	850	73
15	15	400	900	84
20	20	400	900	90

七、分离式液压起顶机

分离式液压起顶机用于汽车、拖拉机等车辆的维修或各种机械设备制造、安装时作为起重或顶升工具。分离式液压起顶机规格见表 21-9。

表 21-9 分离式液压起顶机规格

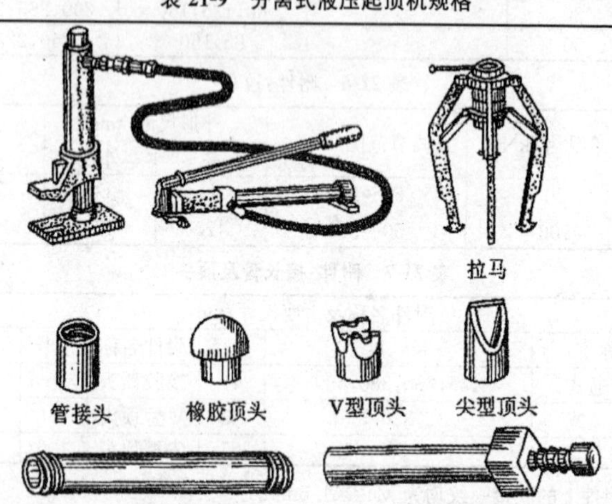

型号	额定起重量/t	最低高度 H_1/mm	起升高度 H/mm≥
QK1－20	1	≤140	200
QK1.25－25	1.25		250
QK1.6－22	1.6		220
QK1.6－26			260
QK2－27.5	2		275
QK2－35			350
QK2.5－28.5	2.5		285
QK2.5－35			350
QK3.2－35	3.2	≤160	350
QK3.2－40			400
QK4－40	4		400
QK5－40	5		400
QK6.3－40	6.3	≤170	400
QK8－40	8		400
QK10－40	10		400
QK10－45			450
QK12.5－40	12.5	≤210	400
QK16－43	16		430
QK20－43	20		430

八、滚轮卧式千斤顶

滚轮卧式千斤顶用于起重或顶升工具，为可移动式液压起重工具，千斤顶上装有万向轮。滚轮卧式千斤顶规格见表 21-10。

表 21-10　滚轮卧式千斤顶规格

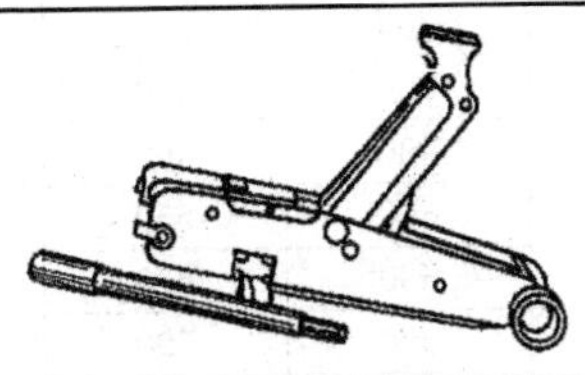

型号	起重量/t	最低高度/mm	最高高度/mm	重量/kg	外形尺寸/mm
QLZ2—A	2.25	145	480	29	643×335×170
QLZ2—B	2.25	130	510	35	682×432×165
QLZ2—C	2.25	130	490	40	725×350×160
QLQ—2	2	130	390	19	660×250×150
QL1.8	1.8	135	365	11	470×225×140
LYQ2	2	144	385	13.8	535×225×160
LZD3	3	140	540	48	697×350×280
LZ5	5	160	560	105	1418×379×307
LZ10	10	170	570	155	1559×471×371

第二节　葫芦

一、手拉葫芦

手拉葫芦是一种使用简易、携带方便的手动起重机械，广泛用于工矿企业、仓库、码头、建筑工地等无电源的场所及流动性作业。手拉葫芦规格见表 21-11。

表 21-11　手拉葫芦规格(JB/T 7334—20007)

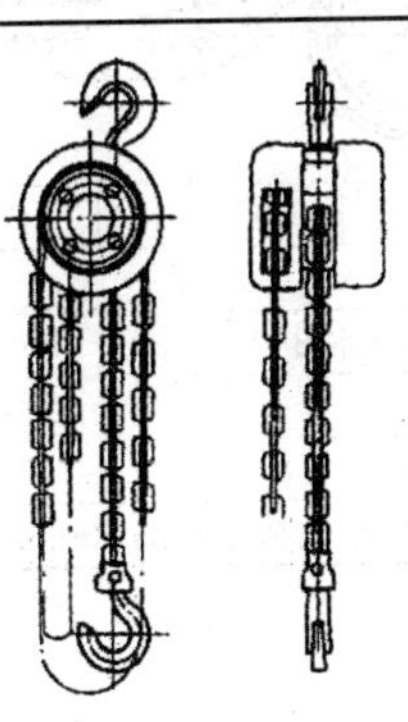

续表

额定起重量 t	工作级别	标准起升高度/m	两钩间最小距离 $H_{1\min}$/mm≤		标准手拉链条长度/mm	自重/kg≤	
			Z级	Q级		Z级	Q级
0.5	Z级 Q级	2.5	330	350	2.5	11	14
1			360	400		14	17
1.6			430	460		19	23
2			500	530		25	30
2.5			530	600		33	37
3.2		3	580	700	3	38	45
5			700	850		50	70
8			850	1000		70	90
10			950	1200		95	130
16			1200	—		150	—
20	Z级		1350	—		250	—
32			1600	—		400	—
40			2000	—		550	—

二、环链手扳葫芦

环链手扳葫芦用于提升重物、牵引重物或张紧系物之索绳，适合于无电源场所及流动性作业。手扳葫芦规格(JB/T 7335—2007)，见表 21-12。

表 21-12　环链手扳葫芦规格

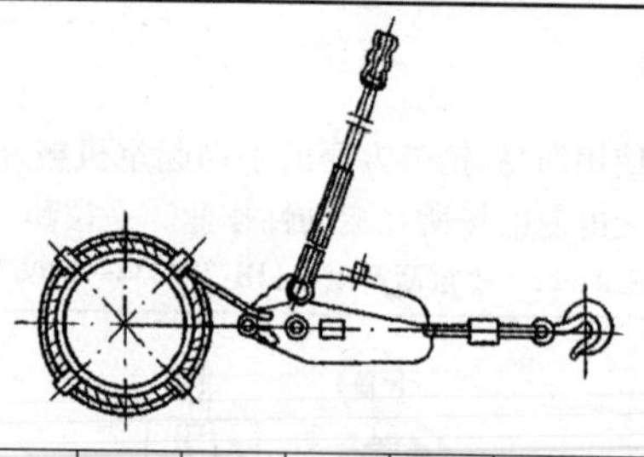

额定起重量	0.25	0.5	0.8	1	1.6	2	3.2	5	6.3	9
标准起升高度	1	1.5								
两钩间最小距离 $H_{\min}$≤	250	300	350	380	400	450	500	600	700	800
手扳力/N	200～550									
自重/kg≤	3	5	8	10	12	15	21	30	32	48

注：手扳力是指提升额定起重量时，距离扳手端部 50mm 处所施加的扳动力。

第三节　滑车

一、吊滑车

吊滑车用于吊放或牵引比较轻便的物体。吊滑车规格见表 21-13。

表 21-13　吊滑车规格

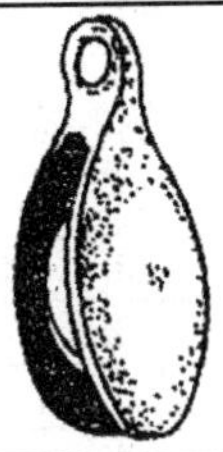

滑轮直径/mm	19、25、32、38、50、63、750

二、起重滑车

起重滑车用于吊放笨重物体，一般均与绞车配套使用。起重滑车分通用滑车和林业滑车两大类，通用滑车的规格(JB/T 9007.1—1999)和主要参数分别见表 21-13 和表 21-14。

表 21-13　起重滑车规格

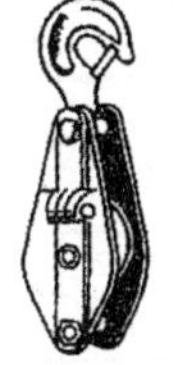

开口吊钩型

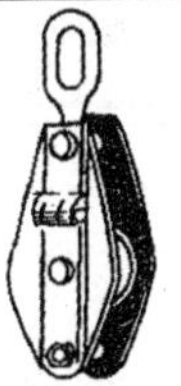

开口链环型

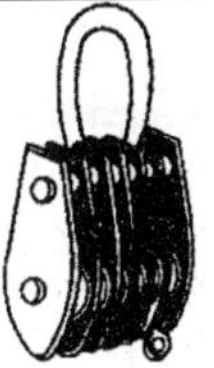

闭口吊环型

品种	型式			型号	
				型式代号	额定起重量/t
单轮	开口	滚针轴承	吊钩型	HQGZK1—	0.32,0.5,1,2,3.2,5,8,10
			链环型	HQLZK1—	0.32,0.5,1,2,3.2,5,8,10
		滑动轴承	吊钩型	HQGK1—	0.32,0.5,1,2,3.2,5,8,10,16,20
			链环型	HQLK1—	0.32,0.5,1,2,3.2,5,8,10,16,20
	闭口	滚针轴承	吊钩型	HQGZ1—	0.32,0.5,1.2,3.2,5,8,10
			链环型	HQLZ1—	0.31,0.5,1,1.2,3.2,5,8,10
		滑动轴承	吊钩型	HQG1—	0.32,0.5,1,2,3.2,5.8,10,16,20
			链环型	HQL1—	0.32,0.5,1,2,3.2,5,8,10,16,20
			吊环型	HQD1—	1,2,3.2,5,8,10

续表

品种	型式			型号	
				型式代号	额定起重量/t
双轮	开口	滑动轴承	吊钩型	HQGK2—	1,2,3.2,5,8,10
			链环型	HQLK2—	1,2,3.2,5,8,10
	闭口		吊钩型	HQG2—	1,2,3.2,5,8,10,16,20
			链环型	HQL2—	1,2,3.2,5,8,10,16,20
			吊钩型	LQD2—	1,2,3.2,5,8,10,16,20,32
三轮	闭口	滑动轴承	吊钩型	HQG3—	3.2,5,8,10,16,20
			链环型	HQL3—	3.2,5,8,10,16,20
			吊环型	HQD3—	3.2,5,8,10,16,20,32,50
四轮	闭环	滑动轴承	吊环型	HQD4—	8,10,16,20,32,50
五轮			吊环型	HQD5—	20,32,50,80
六轮			吊环型	HQD6—	31,50,80,100
八轮			吊环型	HQD8—	80,100,160,200
十轮			吊环型	HQD10—	200,250,320

表 21-14　起重滑车的主要参数

滑轮直径/mm	额定起重量/t																		钢丝绳直径范围/mm
	0.32	0.5	1	2	3.2	5	8	10	16	20	32	50	80	100	160	200	250	320	
	滑轮数量																		
63	1																		6.2
71		1	2																6.2~7.7
85			1	2	3														7.7~11
112				1	2	3	4												11~11
132					1	2	3	4											12.5~15.5
160						1	2	3	4	5									15.5~18.5
180								2	3	4	6								17~20
210							1			3	5								20~23
240								1	2		4	6							23~24
280										2	3	5	8						26~28
315									1			4	6	8					28~31
355										1	2	3	5	6	8	10			31~35
400																8	10		34~38
450																		10	40~43

第二十二章　切 割 工 具

第一节　石材切割机

交直流两用、单相串激石材切割机适用于一般环境下，用金刚石切割片对石材、大理石板、瓷砖、水泥板等含硅酸盐的材料进行切割。石材切割机规格(GB/T 22664—2008)，见表22-1。

表 22-1　石材切割机规格

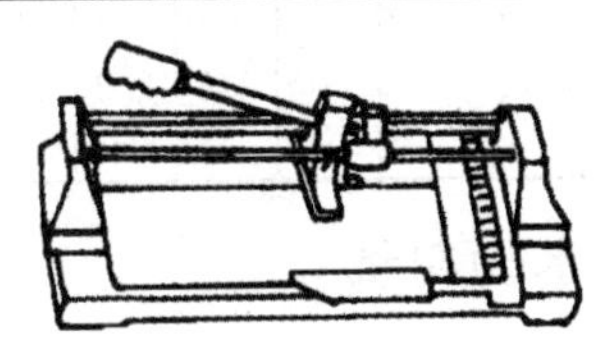

规格	切割尺寸(外径×内径)/mm	额定输出功率/W ≥	额定转矩/N·m ≥	最大切割深度/mm ≥
110C	110×20	200	0.3	20
110	110×20	450	0.5	30
125	125×20	450	0.7	40
150	150×20	550	1.0	50
180	180×25	550	1.6	60
200	200×25	650	2.0	70
250	250×25	730	2.8	75

第二节　电火花线切割机(往复走丝型)

电火花线切割机的规格(GB/T 7925—2005)，见表 22-2。

表 22-2　电火花线切割机规格

y轴行程/mm	100		125		160		200		250		320		400		500		630		800		1 000		1 250	
X轴行程/mm	125	160	160	200	200	250	250	320	320	400	400	500	500	630	630	800	800	1000	1000	1250	1250	1600	1600	2000
最大工件质量/kg	10		20		40		60		120		200		320		500		1 000		1 500		2 000		2 500	
Z轴行程/mm	80、100、125、160、200、250、320、400、500、630、800、1 000																							
最大切割厚度 H/mm	50、60、80、100、120、140、160、180、200、250、300、350、400、450、500、550、600、700、800、900、1 000																							
最大切割锥度/°	0、3、6、9、12、15、18(18°以上按 6°一档间隔增加)																							

第三节　汽油切割机

汽油切割机规格(JB/T 10248—2001)，见表 22-3。

表 22-3　汽油切割机规格

型号	氧气工作压力/MPa				汽油使用压力/MPa	可换割嘴个数	割嘴切割氧孔径/mm				切割低碳钢厚度/mm	一次注油连续工作时间/h	割炬总长/mm
	1	2	3	4			1	2	3	4			
QG1 - 30 QG2 - 30 QG3 - 30	0.25	0.3	0.4	—	0.03～0.09	3	0.7	0.9	1.1	—	3～30	≥4	500
QG1 - 100 QG2 - 100 QG3 - 100	0.4	0.5	0.6	—		3	1.0	1.3	1.6	—	10～100	≥4	550
QG1 - 300 QG2 - 300 QG3 - 300	0.6	0.7	0.8	1.0		4	1.8	2.2	2.6	3.0	100～300	≥4	650

第四节　超高压水切割机

超高压水切割机规格(JB/T 10351—2002),见表 22-4。

表 22-4　超高压水切割机规格(JB/T 10351—2002)

压力/MPa	150	200	250	300	350	400
主机功率/kW	5.5～7.5					

第五节　等离子弧切割机

等离子弧切割机规格(JB/T 2751—2004),见表 22-5。

表 22-5　等离子弧切割机规格

基本参数	额定切割电流等级/A	25,40,63,100,125,160,250,315,400,500,630,800,1000
	额定负载持续率/%	35,60,100
	工作周期	10 min、连续
使用条件	环境条件	a)周围空气温度范围 在切割时,空冷－10℃～＋40℃;水冷 5℃～40℃; 在运输和贮存过程中,－25℃～＋55℃; b)空气相对湿度 在 40℃时,≤50%;在 20℃时,≤90%; c)周围空气中的灰尘、酸、腐蚀性气体或物质等不超过正常含量,由于切割过程而产生的则除外; d)使用场所的风速不大于 2 m/s,否则需加防风装置。 e) 海拔不超过 1000 m
	供电电网品质	a)供电电压波形应为实际的正弦波; b)供电电压的波动不超过其额定值的±10%; c)三相供电电压的不平衡率≤5%

第六节　型材切割机

型材切割机规格(JB/T 9608—1999),见表 22-6。

表 22-6　型材切割机规格

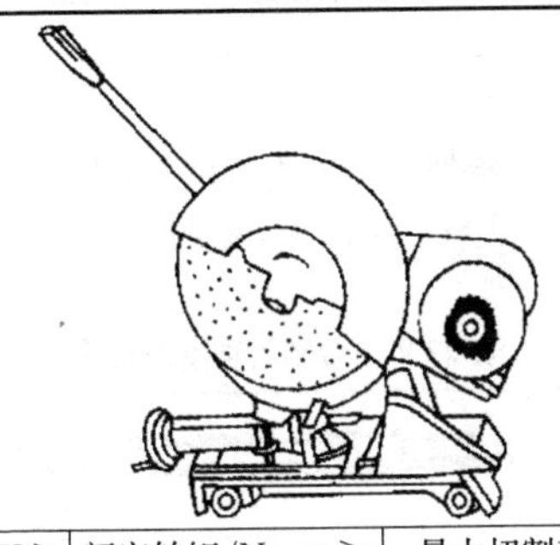

规格/mm	额定输出功率/W ≥	额定转矩/N·m ≥	最大切割直径/mm	说明
200	600	2.3	20	
250	700	3.0	25	
300	800	3.5	30	
350	900	4.2	35	
400	1100	5.5	50	单相切割机
	2000	6.7	50	三相切割机
注:切割机的最大切割直径是指抗拉强度为 390 MPa 圆钢的直径。				

第七节　美工刀

美工刀用于办公、学习、生活日用,以及美术设计和装潢工程所需切削或切割。美工刀规格(QBT 2961—2008),见表 22-7。

表 22-7　美工刀规格

分类	按用途分为文具刀、日用美工刀、装潢用美工刀。 按刀柄材料及相应结构分为普通塑料刀、金属衬套塑料刀、合金刀
刀片硬度	600～825HV

第八节　多用刀

多用刀可用于办公、装修中多种形式的切割操作。多用刀规格见表 22-8。

表 22-8 多用刀规格

长度/mm	180

第九节 金刚石玻璃刀

金刚石玻璃刀用于手工裁划厚度为2～6mm平板玻璃和镜板。金刚石玻璃刀规格以金刚石的重量代号1～6号区分，金刚石玻璃刀规格（QB/T 2097.1—1995），见表22-9。

表 22-9 金刚石玻璃刀规格 /mm

规格代号	全长 L	刀板长 T	刀板宽 H	刀板厚 S
1～3	182	25	13	5
4～6	184	27	16	6

十、圆镜机

圆镜机专供裁割圆形平板玻璃和镜子等。圆镜机规格（QB/T 2097.3—1995），见表22-10。

表 22-10 圆镜机规格

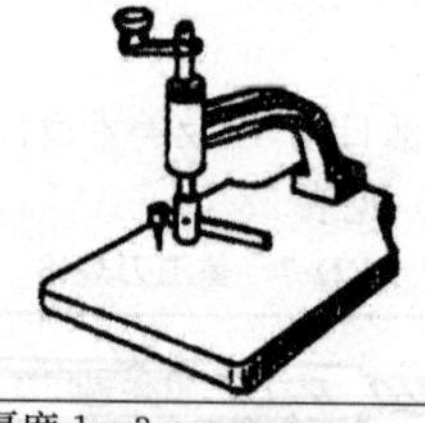

裁割范围/mm	直径 ø35～200，厚度 1～3

十一、圆规刀

圆规刀用途同圆镜机。圆规刀规格见表22-11。

表 22-11 圆规刀规格

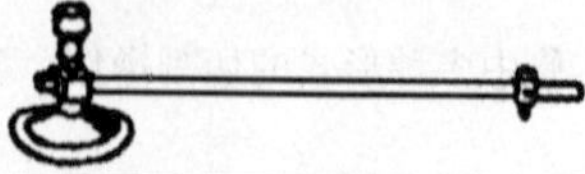

裁割范围/mm	直径 ø10～1000，厚度 2～6

十二、多用割刀

多用割刀可用于裁割玻璃、瓷砖和彩釉砖等材料。多用割刀规格见表 22-12。

表 22-12　多用割刀规格

长度/mm	150

第二十三章　其他类工具

第一节　钢丝刷

钢丝刷适用于各种金属表面的除锈、除污和打光等。钢丝刷规格（QB/T 2190—1995），见表23-1。

表23-1　钢丝刷技术指标

类别	刷板含水率	单束刷丝的拉力
有柄、无柄	≤15%	≥30N

第二节　平口式油灰刀

油灰刀是油漆专用工具，分为软性和硬性两种。软性油灰刀富有弹性，适用于调漆、抹油灰；硬性油灰刀适于铲漆。油灰刀规格（QB/T 2083—1995），见表23-2。

表23-2　平口式油灰刀规格

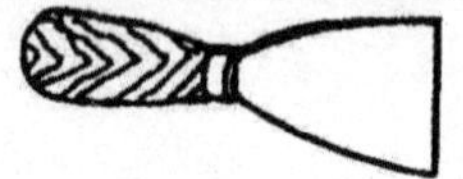

刀宽/mm	刃口厚度/mm
第一系列（优先）：30、40、50、60、70、80、90、100 第二系列：25、38、45、65、75	0.4

第三节　方形油灰刀

方形油灰刀用途同油灰刀。方形油灰刀规格见表23-3。

表23-3　方形油灰刀规格

成套供应刀宽/mm	50,80,100,120各一把

第四节　漆刷

漆刷主要供涂刷涂料用，也可用于清扫机器、仪器等表面。扁漆刷应用最广，圆漆刷主要用于船体涂刷。漆刷规格(QB/T 1103—2001),见表 23-4。

表 23-4　漆刷规格

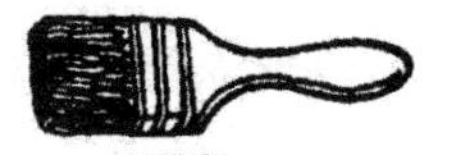

扁漆刷

圆漆刷

扁漆刷(宽度) /mm	15、20、25、30、40、50、65、75、90、100、125、150
圆漆刷(直径) /mm	15、20、25、40、50、65

第五节　喷漆枪

喷漆枪以压缩空气为动力,将油漆等涂料喷涂在各种机械、设备车辆、船舶、器具、仪表等物体表面上。喷漆枪规格见表 23-5。

表 23-5 喷漆枪规格

PQ-1型(小型)　PQ-2型(大型)

型号	贮漆罐容量	出漆嘴孔径 /mm	空气工作压力 /MPa	喷涂有效距离 /mm	喷涂表面	
					形状	直径或长度/mm
PQ—1	0.6	1.8	0.25～0.4	50～250	圆形	≥35
PQ—1B	0.6	1.8	0.3～0.4	250	圆形	38
PQ—2	1	2.1	0.45～0.5	260	圆形 扁形	35 ≥140
PQ—2Y	1	3	①0.3～0.4 ②0.4～0.5	200～300	扇形	150～160
PQ—11	0.15	0.35	0.4～0.5	150	圆形	3～30
1	0.15	0.8	0.4～0.5	75～200	圆形	6～75
2A	0.15	0.4	0.4～0.5	75～200	圆形	5～40
2B	0.15	1.1	0.5～0.6	50～250	圆形 椭圆	5～30 长轴 100
3	0.9	2	0.5～0.6	50～200	圆形 椭圆	10～80 长轴 150
F75	0.6	1.8	0.3～0.35	150～200	圆形 扇形	35 120

注:PQ—2Y 型的工作压力:①适用于彩色花纹涂料;②适用于其他涂料(清洁剂、黏合剂、

密封剂）。

第六节 喷笔

喷笔供绘画、着色、花样图案、模型、雕刻和翻拍的照片等喷涂颜料或银浆等用。喷笔规格见表 23-6。

表 23-6 喷笔规格

型号	贮漆罐容量 /mL	出漆嘴孔径 /mm	工作时空气压力 /MPa	喷涂范围/mm	
				喷涂有效距离	圆型（直径）
V－3	70	0.3	0.4～0.5	20～150	1～8
V－7	2	0.3	0.4～0.5	20～150	1～8

第五篇　水电工常用材料及器具

第二十四章　常用管材及管件

第一节　金属管材

一、钢管

常用钢管有低压流体输送用镀锌焊接钢管、无缝钢管、螺旋缝焊接钢管、直缝卷制电焊钢管。以上材料一般用普通碳素钢 Q915、Q215、Q235、Q235F 及优质碳素结构钢 10 号、20 号制成。机械性能稳定，具有良好的冷、热加工性能，在常温下可直接进行电、气焊，具有良好可焊性。

低压流体输送用镀锌焊接钢管，俗称水煤气管、焊接钢管。钢管在镀锌前称为黑铁管，镀锌后称为白铁管或镀锌钢管。适用于输送水、取暖蒸汽、热水、煤气、空气、油等一般较低压力流体。管材依壁厚分为普通镀锌管和加厚镀锌管。普通管的工作压力为 1.0 MPa，加厚管的工作压力为 1.6 MPa。钢管按管端形式分为不带螺纹钢管（光管）和带螺纹钢管。其外径、壁厚及允许偏差见表 24-1。镀锌钢管的重量比黑管增加的重量就是镀锌层重量，一般可乘以重量系数 C 求出，也可根据需方要求确定镀锌层重量。镀锌钢管可作镀锌层的重量测定，其平均值应不小于 500 g/m^2，其中任何一个试样不得小于 480 g/m^2。镀锌钢管的内外表面应有完整的镀锌层，不得有未镀上锌的黑斑和气泡存在，允许有不大的粗糙面和局部的锌瘤存在。钢管应能承受的水压试验压力为：普通钢管 2.5 MPa，加厚钢管 3.0 MPa。镀锌钢管的通常长度为 4～9 m，黑管的通常长度为 4～10 m，在订货和验收时应按《低压流体输送用镀锌焊接钢管》GB/T 3091—1993、《低压流体输送用焊接钢管》GB/T 3092—1993 国家标准进行，其规格见表 24-1。

表 24-1　低压流体输送用焊接、镀锌焊接钢管规格

公称口径		外　径		普通钢管			加厚钢管			镀锌钢管比黑管增加的重量系数 C	
				壁　厚		理论重量(kg/m)	壁　厚		理论重量(kg/m)		
mm	in	公称尺寸(mm)	允许偏差	公称尺寸(mm)	允许偏差(%)		公称尺寸(mm)	允许偏差(%)		普通钢管	加厚钢管
6	1/8	10.0	±0.50mm	2.00	+12 −15	0.39	2.50	+12 −5	0.46	1.064	1.059
8	1/4	13.5		2.25		0.62	2.75		0.73	1.056	1.046
10	3/8	17.0		2.25		0.82	2.75		0.97	1.056	1.046
15	1/2	21.3		2.75		1.26	3.25		1.45	1.047	1.039
20	3/4	26.8		2.75		1.63	3.50		2.01	1.046	1.039
25	1	33.5		3.25		2.42	4.00		2.91	1.039	1.032
32	1¼	42.3		3.25		3.13	4.00		3.78	1.039	1.032
40	1½	48.0		3.50		3.84	4.25		4.58	1.036	1.030
50	2	60.0	±1%	3.50		4.88	4.50		6.16	1.036	1.028
65	2½	75.5		3.75		6.64	4.50		7.88	1.034	1.028
80	3	88.5		4.00		8.34	4.75		9.81	1.032	1.027
100	4	114.0		4.00		10.85	5.00		13.44	1.032	1.026
125	5	140.0		4.00		13.42	5.50		18.24	1.028	1.023
150	6	165.0		4.50		17.81	5.50		21.63	1.028	1.023

无缝钢管分为热轧管和冷拔(轧)管两种。冷拔管受加工条件限制最大公称直径为 150 mm,热轧管最大公称直径可达 600 mm。常用热轧钢管的外径和壁厚见表 24-2,冷拔(轧)管钢管的外径和壁厚见表 24-3。钢管外径和壁厚允许一定偏差,并分出普通级和较高级两类,订货和验收时应予注意。钢管的通常长度规定为:热轧钢管 3～12 m、冷拔(轧)钢管 2～10.5 m。钢管弯曲度,当壁厚≤15 mm 时,不得大于 1.5 mm/m,壁厚>15 mm 时,不得大于 2.0 mm/m。钢管两端应切成直角,并清除毛刺,其内外表面质量不得有裂缝、折叠、轧折、离层、发纹和结疤。在质量检查中还应按《结构用无缝钢管》GB 8162—1987 标准作化学成分、拉力、硬度、压扁等性能试验。另外,如果是专用无缝钢管应在无缝钢管前附加专用名称,如低中压锅炉用无缝钢管、化肥设备用高压无缝钢管、锅炉热交换器用不锈钢无缝钢管等。由于水暖工程常作低压锅炉房工程安装,因此只介绍低中压锅炉用无缝钢管,见表 24-4。对于其他用途的无缝钢管需查相应的国家标准。

表 24-2　热轧钢管品种

外径(mm)	壁　厚(mm)								
	2.5	3	3.5	4	4.5	5	5.5	6	6.5
	钢管理论重量(kg/m)								
32	1.82	2.15	2.46	2.76	3.05	3.33	3.59	3.85	4.09
38	2.19	2.59	2.98	3.35	3.72	4.07	4.41	4.73	5.05
42	2.44	2.89	3.32	3.75	4.16	4.56	4.95	5.33	5.59
45	2.62	3.11	3.58	4.04	4.49	4.93	5.36	5.77	6.17
50	2.93	3.48	4.01	4.54	5.05	5.55	6.04	6.51	6.97
54	—	3.77	4.36	4.93	5.49	6.04	6.58	7.10	7.61
57	—	3.99	4.62	5.23	5.83	6.41	6.98	7.55	8.09
60	—	4.22	4.88	5.52	6.16	6.78	7.39	7.99	8.58
63.5	—	4.48	5.18	5.87	6.55	7.21	7.87	8.51	9.14
68	—	4.81	5.57	6.31	7.05	7.77	8.48	9.17	9.86
70	—	4.96	5.74	6.51	7.27	8.01	8.75	9.47	10.18
73	—	5.18	6.00	6.81	7.60	8.38	9.16	9.91	10.66
76	—	5.40	6.26	7.10	7.93	8.75	9.56	10.36	11.14
83	—	—	6.86	7.79	8.71	9.62	10.51	11.39	12.26
89	—	—	7.38	8.38	9.38	10.36	11.33	12.23	13.22
95	—	—	7.90	8.98	10.04	11.10	12.14	13.17	14.19
102	—	—	8.50	9.67	10.82	11.96	13.09	14.20	15.31
108	—	—	—	10.26	11.49	12.70	13.90	15.09	16.27
114	—	—	—	10.85	12.15	13.44	14.72	15.98	17.23
121	—	—	—	11.54	12.93	14.30	15.67	17.02	18.35
127	—	—	—	12.13	13.59	15.04	16.48	17.90	19.31
133	—	—	—	12.72	14.26	15.78	17.29	18.79	20.28
140	—	—	—	—	15.04	16.65	18.24	19.83	21.40
146	—	—	—	—	15.70	17.39	19.06	20.72	22.36
152	—	—	—	—	16.37	18.13	19.87	21.60	23.32
159	—	—	—	—	17.14	18.99	20.82	22.64	24.44
168	—	—	—	—	—	20.10	22.04	23.97	25.89
180	—	—	—	—	—	21.58	23.67	25.74	27.81
194	—	—	—	—	—	23.30	25.60	27.82	30.05
203	—	—	—	—	—	—	—	29.15	31.50
219	—	—	—	—	—	—	—	31.52	34.06
245	—	—	—	—	—	—	—	—	38.23
273	—	—	—	—	—	—	—	—	42.72

续表

外径(mm)	壁厚(mm)								
	2.5	3	3.5	4	4.5	5	5.5	6	6.5
	钢管理论重量(kg/m)								
299	—	—	—	—	—	—	—	—	—
325	—	—	—	—	—	—	—	—	—
351	—	—	—	—	—	—	—	—	—
377	—	—	—	—	—	—	—	—	—
402	—	—	—	—	—	—	—	—	—
426	—	—	—	—	—	—	—	—	—
450	—	—	—	—	—	—	—	—	—
(465)	—	—	—	—	—	—	—	—	—
480	—	—	—	—	—	—	—	—	—
500	—	—	—	—	—	—	—	—	—
530	—	—	—	—	—	—	—	—	—
(550)	—	—	—	—	—	—	—	—	—
560	—	—	—	—	—	—	—	—	—
600	—	—	—	—	—	—	—	—	—
630	—	—	—	—	—	—	—	—	—

外径(mm)	壁厚(mm)								
	7	7.5	8	8.5	9	9.5	10	11	12
	钢管理论重量(kg/m)								
32	4.32	4.53	4.73	—	—	—	—	—	—
38	5.35	5.64	5.92	—	—	—	—	—	—
42	6.04	6.38	6.71	7.02	7.32	7.60	7.89	—	—
45	6.56	6.94	7.30	7.65	7.99	8.32	8.63	—	—
50	7.42	7.86	8.29	8.70	9.10	9.49	9.86	—	—
54	8.11	8.60	9.07	9.54	9.99	10.43	10.85	11.67	—
57	8.63	9.16	9.67	10.17	10.65	11.13	11.59	12.48	13.32
60	9.15	9.71	10.26	10.79	11.32	11.83	12.33	13.29	14.21
63.5	9.75	10.36	10.95	11.53	12.10	12.65	13.19	14.24	15.24
68	10.53	11.19	11.84	12.47	13.09	13.71	14.30	15.46	16.57
70	10.88	11.56	12.23	12.89	13.54	14.17	14.80	16.01	17.16
73	11.39	12.11	12.82	13.52	14.20	14.88	15.54	16.82	18.05
76	11.91	12.67	13.42	14.15	14.87	15.58	16.28	17.63	18.94
83	13.12	13.96	14.80	15.62	16.42	17.22	18.00	19.53	21.01
89	14.15	15.07	15.98	16.87	17.76	18.63	19.48	21.16	22.79
95	15.19	16.18	17.16	18.13	19.09	20.03	20.96	22.79	24.56

续表

外径(mm)	壁厚(mm)								
	7	7.5	8	8.5	9	9.5	10	11	12
	钢管理论重量(kg/m)								
102	16.40	17.48	18.54	19.60	20.64	21.67	22.69	24.69	26.63
108	17.43	18.59	19.73	20.86	21.97	23.08	24.17	26.31	28.41
114	18.47	19.70	20.91	22.11	23.30	24.48	25.65	27.94	30.19
121	19.68	20.99	22.29	23.58	24.86	26.12	27.37	29.84	32.26
127	20.71	22.10	23.48	24.84	26.19	27.53	28.85	31.47	34.03
133	21.75	23.21	24.66	26.10	27.52	28.93	30.33	33.10	35.81
140	22.96	24.51	26.04	27.56	29.07	30.57	32.06	34.99	37.88
146	23.99	25.62	27.22	28.82	30.41	31.98	33.54	36.62	39.66
152	25.03	26.73	28.41	30.08	31.74	33.39	35.02	38.25	41.43
159	26.24	28.02	29.79	31.55	33.29	35.02	36.75	40.15	43.50
168	27.79	29.68	31.56	33.43	35.29	37.13	38.97	42.59	46.17
180	29.86	31.90	33.93	35.95	37.95	39.94	41.92	45.84	49.72
194	32.28	34.49	36.69	38.88	41.06	43.22	45.38	49.64	53.86
203	33.83	36.16	38.47	40.77	43.06	45.33	47.59	52.08	56.52
219	36.60	39.12	41.63	44.12	46.61	49.08	51.54	56.42	61.26
245	41.08	43.93	46.76	49.57	52.38	55.17	57.95	63.48	68.95
273	45.92	49.10	52.28	55.44	58.59	61.73	64.86	71.07	77.24
299	—	53.91	57.41	60.89	64.6	67.82	71.27	78.13	84.93
325	—	58.72	62.54	66.34	70.13	73.02	77.68	85.18	92.63
351	—	—	67.67	71.79	75.90	80.01	84.10	92.23	100.32
377	—	—	—	—	81.67	86.10	90.51	99.28	108.02
402	—	—	—	—	87.22	91.85	96.67	106.06	115.41
426	—	—	—	—	92.55	97.57	102.59	112.58	122.52
450	—	—	—	—	97.88	103.20	108.50	119.08	130.61
(465)	—	—	—	—	101.20	106.71	112.20	123.15	134.05
480	—	—	—	—	104.53	110.22	115.90	127.22	139.49
500	—	—	—	—	108.97	114.91	120.83	132.65	145.41
530	—	—	—	—	115.63	121.94	128.23	140.78	153.29
(550)	—	—	—	—	120.07	126.62	133.16	146.21	159.20
560	—	—	—	—	122.29	128.97	135.63	148.92	163.16
600	—	—	—	—	131.17	138.34	145.50	159.77	174.00
630	—	—	—	—	137.82	145.36	152.89	167.91	183.88

表 24-3 冷拔(轧)钢管品种

外径 mm	壁厚(mm)														
	3	3.5	4	4.5	5	5.5	6	6.5	7	7.5	8	8.5	9	9.5	10
	钢管理论重量(kg/m)														
20	1.26	1.42	1.58	1.72	1.85	1.97	2.07	—	—	—	—	—	—	—	—
25	1.63	1.86	2.07	2.28	2.47	2.64	2.81	2.97	3.11	—	—	—	—	—	—
30	2.00	2.29	2.56	2.83	3.08	3.32	3.55	3.77	3.97	4.16	4.34				
38	2.59	2.98	3.35	3.72	4.07	4.41	4.74	5.05	5.35	5.64	5.92	6.18	6.44	—	—
45	3.11	3.58	4.04	4.49	4.93	5.36	5.77	6.17	6.94	6.94	7.30	7.65	7.99	8.32	8.63
50	3.48	4.01	4.54	5.05	5.55	6.04	6.51	6.97	7.42	7.86	8.29	8.70	9.10	9.49	9.86
57	4.00	4.62	5.23	5.83	6.41	6.99	7.55	8.10	8.63	9.16	9.67	10.17	10.65	11.13	11.59
76	5.40	6.26	7.10	7.93	8.75	9.56	10.36	11.14	11.91	12.67	13.42	14.15	14.87	15.58	16.28
89	6.36	7.38	8.38	9.38	10.36	11.33	12.28	13.22	14.16	15.07	15.98	16.87	17.76	18.63	19.48
108	7.77	9.02	10.26	11.49	12.70	13.90	15.09	16.27	17.44	18.59	19.73	20.86	21.97	23.08	24.17
133	9.62	11.18	12.72	14.26	15.78	17.29	18.79	20.28	21.75	23.21	24.66	26.10	27.52	28.93	30.33
150	10.88	12.65	14.40	16.15	17.88	19.60	21.31	23.00	24.68	26.36	28.0	29.66	31.29	32.91	34.52
180	—	15.23	17.36	19.48	21.58	23.67	25.75	27.81	29.87	31.90	33.93	35.95	37.95	39.94	41.92
200	—	19.33	21.69	24.04	26.38	28.70	31.02	33.32	35.60	37.88	40.14	42.39	44.63	46.85	51.27

制造低中压锅炉的对流管、水冷壁管、过热蒸汽管以及烟管等所用材料，均采用优质碳素结构钢热轧和冷拔(轧)无缝钢管。质量检验方法见《低中压锅炉用无缝钢管》GN3087—1982，其规格见表 24-4。

表 24-4 低中压锅炉用无缝钢管规格

外径(mm)	壁厚(mm)	外径(mm)	壁厚(mm)	外径(mm)	壁厚(mm)
10,12	1.5～2.5	57,60,63.5	3～5	159,168	4.5～26
14,16,17	2～3	70	3～6	194	4.5～26
18,19,20	2～3	76,83	3.5～8	219,245	6～26
22,24,25	2～4	89	4～8	273	7～26
29,30,32	2.5～4	102,108,114	4～12	325	8～26
35,38,40	2.5～4	121,127	4～12	377	10～26
42,45,48,51	2.5～5	133	4～18	426	11～26

螺旋缝焊接钢管是钢板裁成条状，卷焊而成，焊缝在管外表面呈螺旋状，公称直径为 200～700mm，焊缝可采用埋弧焊和高频焊，螺旋缝钢管的标准和适用范围见表 24-5。一般低压承压流体输送用螺旋埋弧焊钢管规格见表 24-6、表 24-8，一般低压承压流体输送用螺旋高频焊钢管规格见表 24-7、表 24-9。

表 24-5　螺旋缝钢管标准及适用范围

标准名称及代号	适用范围
《承压流体输送用螺旋缝埋弧焊钢管》SY 5026—1983	承压流体，用于200℃以下的蒸汽水、热水、煤气、空气等流体输送 一般工作压力为2.5MPa以下，还可好承受较高压力
《一般低压流体输送用螺旋缝埋弧焊钢管》SY 5037—1983	用于输送水、热水、煤气、蒸汽、空气等介质，工作压力为1.6MPa以下，温度200℃以下并多用于公称直径300以上的室外管道
《承压流体输送用螺旋缝高频焊钢管》SY 5038—1983	同承压流体输送用螺旋缝埋弧焊钢管
《一般低压流体输送用螺旋缝高频焊钢管》SY 5039—1983	同一般低压流体输送用螺旋埋弧焊钢管

注：SY 为石油天然气行业标准。

表 24-6　一般低压流体输送用螺旋埋弧焊钢管规格

公称外径 D (mm)	壁厚 (mm)				
	4	5	6	7	8
	理论重量(kg/m)				
168.3	16.21	20.14	24.02		
177.8	17.14	21.31	25.42		
193.7	18.71	23.27	27.77		
219.1		26.40	31.53	36.61	
244.5		29.53	35.29	41.00	
273		33.05	39.51	45.92	
298.5			43.28	50.32	
323.9			47.04	54.71	
355.6			51.73	60.18	68.58
406.4			29.25	68.95	78.60

表 24-7　一般低压流体输送用螺旋缝高频焊钢管规格

公称外径 D (mm)	壁厚 (mm)								
	6	7	8	9	10	11	12	14	16
	理论重量(kg/m)								
219.1	32.03	37.11	42.15	47.13					
273	40.0	46.32	52.78	59.10					
323.9	47.54	55.21	62.82	70.39					
377	55.40	64.37	73.30	82.18					
426	62.65	72.83	82.97	93.05	103.09				
529	77.89	90.61	103.29	115.92	128.49	141.02	153.50		

续表

公称外径 D (mm)	壁厚(mm)								
	6	7	8	9	10	11	12	14	16
	理论重量(kg/m)								
559	82.33	95.79	109.21	122.57	135.89	149.16	162.38		
630	92.83	108.05	123.22	138.38	153.40	168.42	183.39		
720	106.15	123.59	140.97	158.31	175.60	192.84	210.02		
820		140.85	160.70	180.50	200.26	219.96	239.62	278.78	317.75
920			180.43	202.70	224.92	247.09	269.21	313.31	357.20
1020			200.6	224.80	249.58	274.29	298.81	347.00	396.66

表 24-8　承压流体输送用螺旋缝高频焊钢管规格

公称外径 D (mm)	壁厚(mm)				
	4	5	6	7	8
	理论重量(kg/m)				
168.3	16.21	20.14	24.02		
177.8	17.14	21.31	25.42		
193.7	18.71	23.27	27.77		
219.1		26.40	31.53	36.61	
244.5		29.53	35.29	41.00	
273		33.05	39.51	45.92	
298.5			43.28	50.32	
323.9			47.04	54.71	
355.6			51.73	60.18	68.58
406.4			29.25	68.95	78.60

表 24-9　承压流体输送用螺旋缝埋弧焊钢管规格

公称外径 D (mm)	壁厚(mm)								
	6	7	8	9	10	11	12	14	16
	理论重量(kg/m)								
323.9	47.54	55.21	62.82						
355.6	52.23	60.68	69.08	77.43					
377	55.40	64.37	73.30	82.18					
406.4	59.75	69.45	79.10	88.70	98.26				
426	62.65	72.83	82.97	93.05	103.09				
457	67.23	78.18	89.08	99.94	110.74	121.49	132.19		
508	74.78	86.99	99.15	111.25	123.31	135.32	147.29		
529	77.89	90.61	103.29	115.92	128.49	141.02	153.50		
559	82.33	95.79	109.21	122.57	135.89	149.16	162.38		
610	89.87	104.60	119.27	133.89	148.47	162.99	177.47		

续表

公称外径 D (mm)	壁厚(mm)								
	6	7	8	9	10	11	12	14	16
	理论重量(kg/m)								
630	92.83	108.05	123.22	138.33	153.40	168.42	183.39		
660	97.27	113.23	129.13	144.99	160.80	176.56	192.27		
711	104.82	122.03	139.20	156.31	173.38	190.39	207.36		
720	106.15	123.59	140.97	158.31	175.60	192.84	210.02		
762		130.84	149.26	167.63	185.95	204.23	222.45	258.76	
813		139.64	159.32	179.75	198.53	218.06	237.55	276.36	
820		140.85	160.70	180.50	200.26	219.96	239.62	278.78	317.75
914			179.25	201.37	223.44	245.46	267.44	311.23	354.84
920			180.43	202.70	224.92	247.09	269.21	313.31	357.20
1020			200.16	224.89	249.58	274.22	298.81	347.83	395.08

直缝卷制电焊钢管是用钢板分块卷制焊接而成，适用于水、污水、采暖蒸汽、煤气、空气等低压流体输送，公称压力≤1.6 MPa。该钢管可依需要制成 2 000 mm 以内的不同直径。表 24-8 给出了《低压流体输送用大直径电焊钢管》GN/T 14980—1994 标准中对外径、壁厚、理论重量的规定。钢管外径的允许偏差不得超过外径的±0.8%，壁厚允许偏差不得超过标准厚的±12.5%，钢管内外表面应光滑，不得有折叠、裂缝、分层、搭焊等缺陷存在。钢管应逐根进行水压试验，钢管外径＜323.9 mm，试验压力为 5 MPa，钢管外径≥323.9 mm，试验压力为 3 MPa，稳压时间不得小于 5 min，可见对直缝卷制的电焊钢管试压要求比其他钢管要求要高。

表 27-10　低压流体输送用大直径电焊钢管规格

外径 D		壁厚(mm)									
		4.0	4.5	5.0	5.5	6.0	7.0	8.0	10.0	11.0	12.0
in	mm	理论重量(kg/m)									
6⅝	168.3	16.21	18.18	20.13	22.08	24.01					
7	177.8	17.14	19.23	21.30	23.37	25.42					
7⅝	193.7	18.71	20.10	23.27	25.52	27.80					
8⅝	219.1	21.22	23.81	26.40	28.97	31.53	36.61	41.63	51.56		
9⅝	244.5	23.72	26.63	29.53	32.42	35.29	41.00	46.66	57.83		
10¾	273			33.04	36.28	39.51	45.92	52.28	64.86		
12¾	323.9			39.32	43.19	47.04	54.70	62.32	77.41	84.88	92.30
14	355.6				47.48	51.73	60.18	68.57	85.22	93.48	101.7
16	406.4				54.37	59.24	68.94	78.59	97.75	107.3	116.7
18	457.2				61.26	66.76	77.71	88.62	110.3	121.4	131.7
20	508				68.15	74.28	86.48	98.64	122.8	134.8	146.8

注：根据需方要求，并经供需双方协议，可供应介于表所列外径和壁厚之间尺寸的钢管。

还要指出，国家对直缝电焊钢管还制定了另一个标准，即《直缝电焊钢管》GB/T 13793—1992。该标准规定了直缝电阻焊接钢管规格、技术要求检验方法等，并按制造精度分为外径和壁厚高精度、较高精度、普通精度钢管，按制造时材料状态分为软状态、低硬状态钢管。钢管出厂前水压试验压力与《低压流体输送用大直径电焊钢管》也不同，定为钢管外径≤219.1 mm，试验压力为5.8 MPa；钢管外径>219.1 mm，试验压力为2.9 MPa。

二、铸铁管

铸铁管分为给水铸铁管和排水铸铁管，按连接方法又可分为承插式和法兰式两种。用得较多的是承插式，与带法兰的控制件（如阀门）相连接则常用法兰式，近来市政给水和地下煤气管线也大量采用法兰式铸铁管。给水铸铁管与排水铸铁管从外形上可分辨出，因为给水铸铁管要承受压力，故比排水铸铁管管壁要厚，承口（喇叭口）要深。

铸铁管是由灰铸铁铸造的，它含有耐腐蚀元素及微细的石墨，出厂时管内外表面涂有沥青，故具有良好的耐腐蚀生。因此，铸铁管的使用寿命比钢管长，但缺点是性质较脆，不能抗撞击。

铸铁管有低压、中压和高压三种承压范围。它的工作压力与试验压力见表24-11。使用时要选用与实际工作压力相适应的管材，防止超压和发生事故。

表24-11　铸铁直管工作压力与试验压力

类　别	工作压力(MPa)	试验压力(MPa)	
		DN≤450	DN≥500
低压直管	≤0.45	1.5	1.0
普通直管及管件	≤0.75	2.0	1.5
高压直管	≤1.0	2.5	2.0

注：为便于记忆取1kgf/cm²=0.1MPa，下同。

铸铁管的规格用公称直径表示。它的实际内径与公称直径基本上是相同的，通常从DN75 mm、DN100 mm、DN125 mm、DN150 mm、DN200 mm……直到DN1500 mm近20种。管子长度一般为3～6 mm。

铸铁管常用于埋设的给水、煤气、天然气管道和下水管道。硅铁铸铁管道则用于化工管道，因为它具有抵抗多种强酸腐蚀的性能。

第二节　非金属管材

一、钢筋混凝土

钢筋混凝土管用于大口径的输水管道，分为自应力钢筋混凝土输水管和预应力钢筋混凝土输水管。根据生产工艺不同，预应力钢筋混凝土输水管又分为：震动挤压工艺，即一阶段工艺；管芯绕丝工艺，即三阶段工艺。之所以称三阶段工艺是因为其生产过程由三部分组成，首先是配有纵向预应力钢筋的混凝土管芯，然后在此管芯上缠绕有预应力的环向钢筋，最后再加上保护层。混凝土管均采用承插口接口。自应力钢筋混凝土输水管工作压力为 40～60 kPa(4～6 kgf/cm²)出厂试验压力为 80～120 kPa(8～12 kgf/cm²)，一般用于排水管道上。预应力的钢筋混凝土管根据使用工作压力，将管道的压力分为五级，见表 24-12。

表 24-12　预应力混凝土输水管压力级别

级　别	Ⅰ	Ⅱ	Ⅲ	Ⅳ	Ⅴ	
工作压力(MPa)	0.4	0.6	0.8	1.0	1.2	

预应力钢筋混凝土管小型号用 3 组符号或数字表示：成型工艺——公称直径——压力级别。YYG 表示一阶段工艺，SYG 表示三阶段工艺。如采用震动挤压工艺生产的工作压力 0.8MPa、管径 600mm 的预应力钢筋混凝土管，表示为 YYG—600—Ⅲ，采用管芯绕丝工艺生产的工作压力 1.0MPa、管径 800mm 的预应力钢筋混凝土管，表示为 SYG—800—Ⅳ。

自应力钢筋混凝土输水管规格见表 24-13。

表 24-13　自应力钢筋混凝土输水管规格(mm)

公称直径 DN	长度	壁厚	参考重量(kg/根)
100	3 000	25	100～110
150	3 000	25	110～125
200	3 000	30	200～230
250	3 000	35	300～310
300	4 000	40	400～460
400	4 000	45	660～750
500	4 000	50	1 000～1 100
600	4 000	60	1 400～1 500
800	4 000	70	2 200～2 300

YYG 型管材规格见表 24-14。

表 24-14　YYG 型管材规格(mm)

公称直径 DN	压力级别	总长 L	有效长度 L_0	壁厚 h	保护层厚度 h_2	参考重量(kg)
400	Ⅰ～Ⅴ	5 160	5 000	50	15	997
500	Ⅰ～Ⅴ	5 160	5 000	50	15	1 218
600	Ⅰ～Ⅴ	5 160	5 000	55	15	1 587
700	Ⅰ～Ⅴ	5 160	5 000	5	15	1 836
800	Ⅰ～Ⅴ	5 160	5 000	60	15	2 286
900	Ⅰ～Ⅴ	5 160	5 000	65	15	2 787
1 000	Ⅰ～Ⅴ	5 160	5 000	70	15	3 337
1 200	Ⅰ～Ⅴ	5 160	5 000	80	15	4 569

续表

公称直径 DN	压力级别	总长 L	有效长度 L_0	壁厚 h	保护层厚度 h_2	参考重量(kg)
1400	Ⅰ～Ⅴ	5160	5000	90	15	5992
1600	Ⅰ～Ⅴ	5160	5000	100	20	7609
1800	Ⅰ～Ⅴ	5160	5000	115	20	9840
2000	Ⅰ～Ⅴ	5160	5000	130	20	12356

注:① 管体壁厚包括保护层厚度和管芯厚度;

② 公称直径系指插口端向管径内 200 mm 处的尺寸。

SYG 型管材规格见表 24-15。

表 24-15 SYG 型管材规格(mm)

公称直径 DN	压力级别	总长 L	有效长度 L_0	安装间隙 L_4	筒体芯厚 h_1	保护层厚度 h_2	参考重量(kg)
400	Ⅰ～Ⅴ	5160	5000	20	38	20	1182
500	Ⅰ～Ⅴ	5160	5000	20	38	20	1464
600	Ⅰ～Ⅴ	5160	5000	20	43	20	1890
700	Ⅰ～Ⅴ	5160	5000	20	43	20	2228
800	Ⅰ～Ⅴ	5160	5000	20	48	20	2720
900	Ⅰ～Ⅴ	5160	5000	20	54	20	3289
1000	Ⅰ～Ⅴ	5160	5000	20	59	20	3835
1200	Ⅰ～Ⅴ	5160	5000	20	69	20	5250
1400	Ⅰ～Ⅴ	5160	5000	20	80	20	5847
1600	Ⅰ～Ⅴ	5160	5000	20	95	20	9859
1800	Ⅰ～Ⅴ	4170	4000	20	109	20	9608
2000	Ⅰ～Ⅴ	4170	4000	20	124	20	11893
2200	Ⅰ～Ⅱ	4170	4000	30	120	25	13503
2600	Ⅰ	4200	4000	30	150	25	19953
3000	Ⅰ	4200	4000	30	180	25	27763

二、塑料管

硬聚氯乙烯管

(1)给水硬聚氯乙烯(PVC-U)管。给水硬聚氯乙烯管适于作温度 45℃以下的给水管道,可埋地或架空敷设。常用硬聚氯乙烯管规格见表 24-16,其粘接连接的承插口规格见表 24-17,弹性密封圈连接的承插口规格见表 24-18。

表 24-16 给水硬聚氯乙烯管规格

图示	公称直径(mm)		壁厚 e(mm)			
			公称压力			
			0.63 兆帕		1.00 兆帕	
	直径	偏差	壁厚	偏差	壁厚	偏差
	20	0.3	1.6	0.4	1.9	0.4
	25	0.3	1.6	0.4	1.9	0.4
	32	0.3	1.6	0.4	1.9	0.4
	40	0.3	1.6	0.4	1.9	0.4
	50	0.3	1.6	0.4	2.4	0.5
	65	0.3	2.0	0.4	3.0	0.5
	75	0.3	2.3	0.5	3.6	0.6
	90	0.3	2.8	0.5	4.3	0.7
	110	0.4	3.4	0.6	5.3	0.8
	125	0.4	3.9	0.6	6.0	0.8
	140	0.5	4.3	0.7	6.7	0.9
	160	0.5	4.9	0.7	7.7	1.0
	180	0.6	5.5	0.8	8.6	1.1
	200	0.6	6.2	0.9	9.6	1.2
	225	0.7	6.9	0.9	10.8	1.3
	250	0.8	7.7	1.0	11.9	1.4
	280	0.9	8.6	1.1	13.4	1.6
	315	1.0	9.7	1.2	15.0	1.7

注:1. 管材长度 L 为 4 m、6 m、10 m、12 m。

2. 公称压力是管材在 20℃以下输送的工作压力,当温度为≤25℃、25～35℃、35～45℃时,与公称压力相应的系数分别为 1.0、0.8、0.63。

表 24-17 黏结连接的承插口规格(mm)

图示	公称直径	最小承口长度 L	承口深度中点平均内径 d_e(用于有间隙接头)	
			最小	最大
	20	16.0	20.1	20.3
	25	18.5	25.1	25.3
	32	22.0	32.1	32.3
	40	26.0	40.1	40.3
	50	31.0	50.1	50.3
	65	37.5	63.1	63.3
	75	43.5	75.1	75.3

续表

图　　示	公称直径	最小承口长度 L	承口深度中点平均内径 d_e（用于有间隙接头）	
			最小	最大
	90	51.0	90.1	90.3
	110	61.0	110.1	110.4
	125	68.5	125.0	125.4
	140	76.0	140.2	140.5
	160	86.0	160.2	160.5
	180	96.0	180.3	180.6
	200	106.0	200.3	200.6
	225	118.5	225.3	225.6

注：承口部分的平均内径，系指在承口深度中点所测定相互垂直的两直径的算术平均值。

表 24-18　弹性密封圈连接承插口规格(mm)

图　　示	公称直径	最小承口长度 L	公称直径	最小承口长度 L
	65	64	250	105
	75	67	280	112
	90	70	315	118
	110	75	355	124
	125	78	400	130
	140	81	450	138
	160	85	500	145
	180	90	560	154
	200	94	630	165
	225	100		

(2)排水硬聚氯乙烯管。排水硬聚氯乙烯管在耐化学性和耐热性能满足工艺要求的条件下，既可用于建筑，也可用于工业排水系统。常用排水硬聚氯乙烯直管及粘接连接的承口规格见表 24-19。

表 24-19　排水硬聚氯乙烯直管及黏结承口规格(mm)

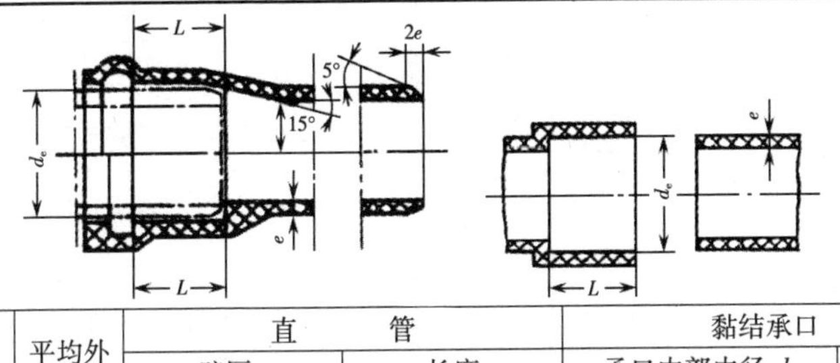

公称直径	平均外径偏差	直管				黏结承口		
		壁厚 e		长度		承口中部内径 d_e		承口最小深度 L
		壁厚	偏差	长度	偏差	最小	最大	
40	+0.3 0	2.0	+0.4 0	4m 或 6m	±10%	40.1	40.4	25
50	+0.3 0	2.0	+0.4 0			50.1	50.4	25
75	+0.3 0	2.3	+0.4 0			75.1	75.5	40
90	+0.3 0	3.2	+0.6 0			90.1	90.5	46
10	+0.4 0	3.2	+0.6 0			110.2	110.6	48
125	+0.4 0	3.2	+0.6 0			125.2	125.6	51
160	+0.5 0	4.0	+0.6 0			160.2	160.7	58

(3)埋地排污、废水硬聚氯乙烯管。埋地排污、废水硬聚氯乙烯管适于外径110～630mm的弹性密封圈连接和外径110～200mm的粘接连接的埋地排污、废水。在材料的耐化学性和耐热性许可下,也可用于工业排水系统。管材壁厚按环刚度分为2、4、8三级,管材规格用 d_e(外径)×e(壁厚)表示。

常用管材规格见表24-20,弹性密封图连接的承口、插口规格见表24-21,黏结连接的承口、插口规格见表24-22。

表 24-20　埋地排污、废水硬聚氯乙烯管规格(mm)

外径 d_e	壁　厚 e			外径 d_e	壁　厚 e		
	刚度等级(千帕)				刚度等级(千帕)		
	2	4	8		2	4	8
	管材系列				管材系列		
	S25	S20	S16.7		S25	S20	S16.7
110		3.2	3.2	315	6.2	7.7	9.2
125	3.2	3.2	3.7	400	7.8	9.8	11.7
160	3.2	4.0	4.7	500	9.8	12.3	14.6
200	3.9	4.9	5.9	630	12.3	15.4	18.4
250	4.9	6.2	7.3				

注:室外埋地排水用环刚度 2、4、8 系列,室内埋地排水用环刚度 4、8 系列。

表 24-21　弹性密封圈连接的承口和插口规格(mm)

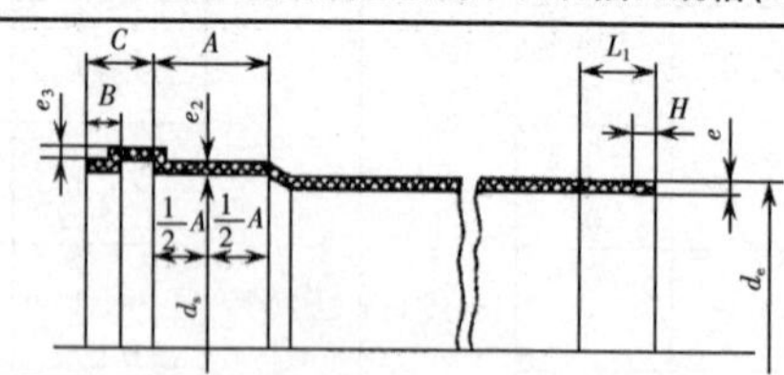

外径 d_e	承口(最小)				插口(最小)	
	d_s	A	B	C	L_1	$H\approx$
110	110.4	32	6	22	54	6
125	125.4	35	7	26	61	6
160	160.5	42	9	32	74	7
200	200.6	50	12	40	90	9
250	250.8	55	18	70	125	9
315	316.0	62	20	70	132	12
400	401.2	70	24	70	140	15
500	501.5	80	28	80	160	18
630	631.9	93	34	90	180	23

注:1. A 一般为管材 5 m 长时的承口深度。

2. 密封圈有多个密封点时,A 应由生产厂规定的密封点处测量。

表 24-22　黏结连接承口和插口规格(mm)

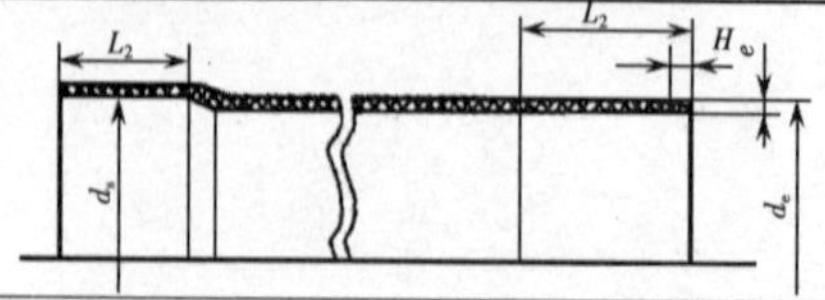

续表

<table>
<tr><th rowspan="3">外径 d_e</th><th colspan="3">承　　口</th><th colspan="2">插口(最小)</th></tr>
<tr><th>X 系列</th><th>Y 系列</th><th rowspan="2">L_2</th><th rowspan="2">L_1</th><th rowspan="2">$H\approx$</th></tr>
<tr><th>d_s</th><th>d_s</th></tr>
<tr><td>110</td><td>110.2～110.6</td><td>110.4～110.8</td><td>48</td><td>54</td><td>6</td></tr>
<tr><td>125</td><td>125.2～125.7</td><td>125.4～125.9</td><td>51</td><td>61</td><td>6</td></tr>
<tr><td>160</td><td>160.2～160.7</td><td>160.5～161.0</td><td>58</td><td>74</td><td>7</td></tr>
<tr><td>200</td><td>200.2～200.8</td><td>200.6～201.1</td><td>66</td><td>90</td><td>9</td></tr>
</table>

注:黏结连接时 Y 系列使用稠黏结剂,X 系列使用稀黏结剂。

(4)排水硬聚氯乙烯(PVC-U)双壁波纹管。适用于建筑物内外排水、地埋电线、电缆穿管。管材压力等级分为 0、0.2、0.4 兆帕,环刚度等级分为≥2、≥4、≥8、≥16 千帕,长度分为 4 m、6 m、8 m。常用管材规格见表 24-23。

表 24-23　排水硬聚氯乙烯双壁波纹管规格(mm)

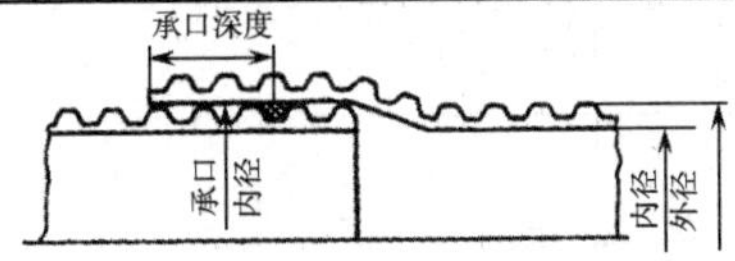

外　径	平均外径偏差	最小平均内径	最小承口平均内径	最小承口深度
63	+0.3 −0.4	54	63.5	40
75	+0.3 −0.5	65	75.4	40
90	+0.3 −0.6	77	90.4	41
110	+0.3 −0.7	97	110.0	41
125	+0.3 -0.8	107	125.5	42
160	+0.3 −1.0	135	160.6	46
200	+0.3 −1.2	172	200.7	50
250	+0.3 −1.5	216	250.9	55
280	+0.3 −1.7	243	280.9	58

续表

外　径	平均外径偏差	最小平均内径	最小承口平均内径	最小承口深度
315	+1.0 −1.9	270	316.1	61
400	+1.2 −2.4	340	401.3	70
450	+1.4 −2.7	383	451.5	75
500	+1.5 −3.0	432	501.6	80
630	+1.9 −3.8	540	632.0	93
710	+2.2 −4.3	614	712.2	93
800	+2.4 −4.8	680	802.5	93
900	+2.7 −5.4	766	902.8	93
1000	+3.0 −6.0	864	1003.1	93

(5)排水芯层发泡硬聚氯乙烯(PVC-U)管。排水芯层发泡硬聚氯乙烯管适用于建筑物内外或埋地排水，在材料耐化学性和耐温性许可内，也可用于工业排污。管材环刚度等级分为 S_0(2 千帕)、S_1(4 千帕)、S_2(8 千帕)，常用管材规格见表 24-24，黏结连接的承口规格见表 24-25，橡胶密封圈连接的承口规格见表 24-26。

表 24-24　排水芯层发泡硬聚氯乙烯管规格(mm)

图　　示	外径 d_e	平均外径偏差	环刚度等级				
			S_0	S_1	S_2		
			壁厚 e	壁厚 e	外皮层厚 e_1	壁厚 e	内皮层厚 e_2
	40	+0.3 0	2.0				
	50	+0.3 0	2.0				
	75	+0.3 0	2.5	3.0			
	90	+0.3 0	3.0	3.0			

续表

图示	外径 d_e	平均外径偏差	环刚度等级				
			S_0	S_1	S_2		
			壁厚 e	壁厚 e	外皮层厚 e_1	壁厚 e	内皮层厚 e_2
	110	+0.4 0	3.0	3.2			
	125	+0.4 0	3.2	3.2	0.2	3.9	0.4
	160	+0.5 0	3.2	4.0		5.0	0.5
	200	+0.6 0	3.9	4.9		6.3	0.6
	250	+0.8 0	4.9	6.2		7.8	0.7
	315	+1.0 0	6.2	7.7		9.8	0.8
	400	+1.2 0		9.8		12.3	1.0
	500	+1.5 0				15.0	1.5

注：环刚度等级为 S_0、S_1 的内皮层厚 e_2=0.2mm，外皮层厚 e_2=0.2mm，且都为最小值。

表 24-25　黏结连接的承口尺寸及偏差(mm)

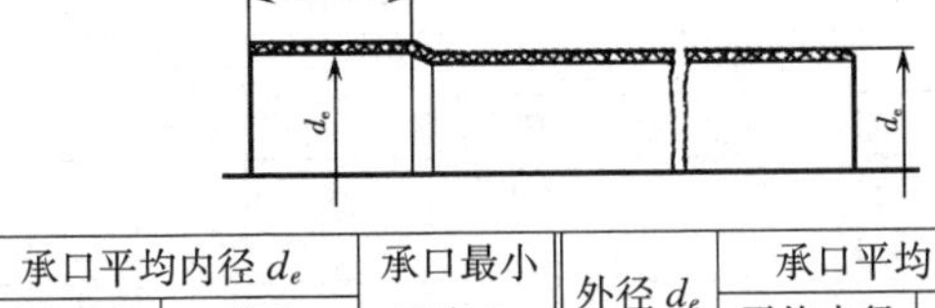

外径 d_e	承口平均内径 d_e		承口最小深度 L_e	外径 d_e	承口平均内径 d_e		承口最小深度 L_e
	平均内径	偏差			平均内径	偏差	
40	40.1	+0.3 0	26	110	110.2	+0.4 0	48
50	50.1	+0.3 0	30	125	125.2	+0.5 0	51
75	75.2	+0.3 0	40	160	160.3	+0.5 0	58
90	90.2	+0.3 0	46	200	200.4	+0.5 0	66

表 24-26　橡胶密封圈式连接的承口规格(mm)

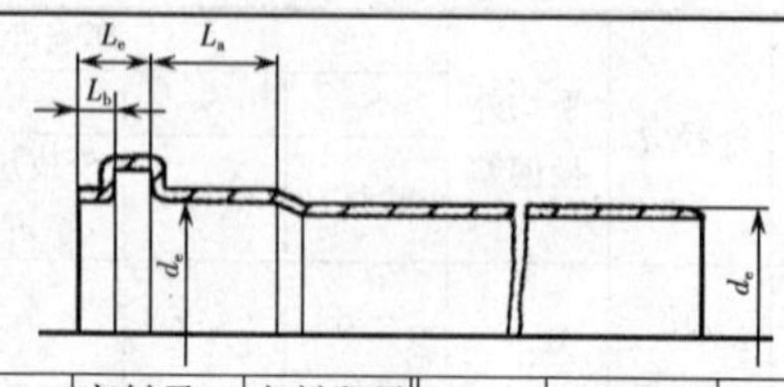

外径 d_e	承口最小平均内径 d	配合最小长度 L_a	密封承口口部最小 L_b	密封段最大深度 L_c	外径 d_e	承口最小平均内径 d	配合最小长度 L_a	密封承口口部最小 L_b	密封段最大深度 L_c
75		2		20	200	200.6	50	12	40
90		8		22	250	250.8	55	18	70
110	110.4	3	6	26	315	316.0	62	20	70
125	125.4	35	7	26	400	401.2	70	24	70
160	160.5	42	9	32	500	501.5	80	28	80

三、聚丙烯、聚乙烯管

(1)给水聚丙烯(PP)管。给水聚丙烯管适用于公称压力(等级)0.25、0.4、0.6、1.0、1.6、2.0 兆帕,公称外径 16～630mm,水温 95℃以下的埋地给水。管材规格用 d_e(外径)×e 壁厚表示。常用管材规格见表 24-27。

表 24-27　给水聚丙烯管规格(mm)

外径 d_e		压力等级(兆帕)											
		0.25		0.4		0.6		1.0		1.6		2.0	
		管材系列											
		S-20		S-12.5		S-8.0		S-5.0		S-3.2		S-2.5	
		壁厚 e		壁厚 e		壁厚 e		壁厚 e		壁厚 e		壁厚 e	
外径	偏差	壁厚	偏差	壁厚	偏差	壁厚	偏差	壁厚	偏差	壁厚	偏差	壁厚	偏差
20	+0.3 0					1.8	+0.4 0	1.9	+0.4 0	2.8	+0.5 0	3.4	+0.6 0
25	+0.3 0					1.8	+0.4 0	2.3	+0.5 0	3.5	+0.6 0	4.2	+0.7 0
32	+0.3 0					1.9	+0.4 0	2.9	+0.5 0	4.4	+0.7 0	5.4	+0.8 0
40	+0.4 0			1.8	+0.4 0	2.4	+0.5 0	3.7	+0.6 0	5.5	+0.8 0	6.7	+0.9 0
50	+0.5 0	1.8	+0.4 0	2.0	+0.4 0	3.0	+0.5 0	4.6	+0.7 0	6.9	+0.9 0	8.3	+1.1 0
63	+0.6 0	1.8	+0.4 0	2.4	+0.5 0	3.8	+0.6 0	5.8	+0.8 0	8.6	+1.1 0	10.5	+1.3 0

外径 d_e		压力等级(兆帕)											
		0.25		0.4		0.6		1.0		1.6		2.0	
		管材系列											
		S-20		S-12.5		S-8.0		S-5.0		S-3.2		S-2.5	
		壁厚 e		壁厚 e		壁厚 e		壁厚 e		壁厚 e		壁厚 e	
外径	偏差	壁厚	偏差	壁厚	偏差	壁厚	偏差	壁厚	偏差	壁厚	偏差	壁厚	偏差
75	+0.7 0	1.9	+0.4 0	2.9	+0.5 0	4.5	+0.7 0	6.8	+0.9 0	10.3	+1.3 0	12.5	+1.5 0
90	+0.9 0	2.2	+0.5 0	3.5	+0.6 0	5.4	+0.8 0	8.2	+1.1 0	12.3	+1.5 0	15.0	+1.7 0
110	+1.0 0	2.7	+0.5 0	4.2	+0.7 0	6.6	+0.9 0	10.0	+1.2 0	15.1	+1.8 0	18.3	+2.1 0
125	+1.2 0	3.1	+0.6 0	4.8	+0.7 0	7.4	+1.0 0	11.4	+1.4 0	17.1	+2.0 0	20.8	+2.3 0
140	+1.3 0	3.5	+0.6 0	5.4	+0.8 0	8.3	+1.1 0	12.7	+1.5 0	19.2	+2.2 0	23.3	+2.6 0
160	+1.5 0	4.0	+0.6 0	6.2	+0.9 0	9.5	+1.2 0	14.6	+1.7 0	21.9	+2.4 0	26.6	+2.9 0
180	+1.7 0	4.4	+0.7 0	6.9	+1.0 0	10.7	+1.3 0	16.4	+1.9 0	24.6	+2.7 0	29.9	+3.2 0
200	+1.8 0	4.9	0.7 0	7.7	+1.0 0	11.9	+1.4 0	18.2	+2.1 0	27.3	+3.0 0		
225	+2.1 0	5.5	+0.8 0	8.6	+1.1 0	13.4	+1.6 0	20.5	+2.3 0				
250	+2.3 0	6.2	+0.9 0	9.6	+1.2 0	14.8	+1.7 0	22.7	+2.5 0				
280	+2.6 0	6.9	+0.9 0	10.7	+1.3 0	16.6	+1.9 0	25.4	+2.8 0				
315	+2.9 0	7.7	+1.0 0	12.0	+1.5 0	18.7	+2.1 0	28.6	+3.1 0				
355	+3.2 0	8.7	+1.1 0	13.6	+1.6 0	21.1	+2.4 0						
400	+3.6 0	9.8	+1.7 0	15.3	+2.5 0	23.7	+3.8 0						

(2)给水高密度聚乙烯(HDPE)管。HDPE 管适用于建筑物内外(架空或埋地)给水(水温不超过 45℃)。管材规格用 d_e(外径)×壁厚(e)表示,长度为 4 m。常用管材规格见表 24-28。

表 24-28 给水高密度聚乙烯管规格(mm)

外径 d_e	平均外径偏差		压力等级(兆帕)							
	用管件连接	热承插连接	0.25		0.4		0.6		1.0	
			壁厚 e		壁厚 e		壁厚 e		壁厚 e	
			壁厚	偏差	壁厚	偏差	壁厚	偏差	壁厚	偏差
20	+0.3 0	±0.3							2.0	+0.4 0
25	+0.3 0	±0.3					2.0	+0.4 0	2.3	+0.5 0
32	+0.3 0	±0.3					2.0	+0.4 0	2.9	+0.5 0
40	+0.4 0	±0.4			2.0	+0.4 0	2.4	+0.5 0	3.7	+0.6 0
50	+0.5 0	±0.4			2.0	+0.4 0	3.0	+0.5 0	4.6	+0.7 0
63	+0.6 0	±0.5	2.0	+0.4 0	2.4	+0.5 0	3.8	+0.5 0	5.8	+0.8 0
75	+0.7 0	±0.5	2.0	+0.4 0	2.9	+0.6 0	4.5	+0.6 0	6.8	+0.9 0
90	+0.9 0	±0.7	2.2	+0.5 0	3.5	+0.6 0	5.4	+0.7 0	8.2	+1.1 0
110	+1.0 0	±0.8	2.7	+0.5 0	4.2	+0.7 0	6.6	+0.8 0	10.0	+1.2 0
125	+1.2 0	±1.0	3.1	+0.5 0	4.8	+0.7 0	7.4	+0.9 0	11.4	+1.3 0
140	+1.3 0	±1.0	3.5	+0.6 0	5.4	+0.8 0	8.3	+1.0 0	12.7	+1.5 0
160	+1.5 0	±1.2	4.0	+0.6 0	6.2	+0.9 0	9.5	+1.1 0	14.6	+1.7 0
180	+1.7 0		4.4	+0.7 0	6.9	+0.9 0	10.7	+1.2 0	16.4	+1.9 0
200	+1.8 0		4.9	+0.7 0	7.7	+1.0 0	11.9	+1.3 0	18.2	+2.1 0
225	+2.1 0		5.5	+0.8 0	8.6	+1.1 0	13.4	+1.4 0	20.5	+2.3 0
250	+2.3 0		6.2	+0.9 0	9.6	+1.2 0	14.8	+1.6 0	22.7	+2.4 0
315	+0.29 0		7.7	+1.0 0	12.1	+1.5 0	18.7	+1.7 0	28.6	+3.1 0

(3)给水低密度聚乙烯(LDPE、LLDPE)管。给水低密度聚氯乙烯管适用于作公称压力为 0.4、0.6、1.0 兆帕，公称外径 16～110mm，输送水温 40℃以下的埋地给水管。管材规格用 d_e(外径)×e(壁厚)表示。常用管材规格见表 24-29。

表 24-29　给水低密度聚乙烯管规格(mm)

外径 d_e		公称压力(兆帕)					
		0.4		0.6		1.0	
		管材系列					
外径	偏差	S-6.3		S-4		S-2.5	
		壁厚 e		壁厚 e		壁厚 e	
		壁厚	偏差	壁厚	偏差	壁厚	偏差
16	+0.3 0			2.3	+0.5 0	2.7	+0.5 0
20	+0.3 0	2.3	+0.5 0	2.3	+0.5 0	3.4	+0.6 0
25	+0.3 0	2.3	+0.5 0	2.8	+0.5 0	4.2	+0.7 0
32	+0.3 0	2.4	+0.5 0	3.6	+0.6 0	5.4	+0.8 0
40	+0.4 0	3.0	+0.5 0	4.5	+0.7 0	6.7	+0.9 0
50	+0.5 0	3.7	+0.6 0	5.6	+0.8 0	8.3	+1.1 0
63	+0.6 0	4.7	+0.7 0	7.1	+1.0 0	10.5	+1.3 0
75	+0.7 0	5.5	+0.8 0	8.4	+1.1 0	12.5	+1.5 0
90	+0.9 0	6.6	+0.9 0	10.1	+1.3 0	15.0	+1.7 0
110	+1.0 0	8.1	+1.1 0	12.3	+1.5 0	18.3	+2.1 0

注：管材系列 S 由 p/P 得出，其中 p 为 20℃时设计压力(2.5 兆帕)，P 为 20℃时公称压力。

四、陶瓷管

陶瓷管也叫陶土管、缸瓦管，是由耐火黏土焙烧制成。根据需要可制成无釉、单面釉、双面釉管。带釉管表面光滑、具有耐磨损、防腐蚀等性能，用耐酸黏土还可制成耐酸陶瓷管。陶瓷管重量较轻，制造也方便，但质地较脆，运输时要格外小心。这种管道一般采用承插口连接，不能用作有内压的管道，常用于自流的排水管道。管径一般不超过 600 mm，管节短，故安装费工。其常用规格见表 24-30、表 24-31。

表 24-30　有承口插口的陶瓷管规格(mm)

公称直径	管壁厚	承口外径	承口长度	公称直径	管壁厚	承口外径	承口长度
50	15	105	50	200	20	280	60
65	17	125	50	250	20	330	60
80	17	140	50	300	20	380	60
100	17	165	60	350	20	430	60
125	17	190	60	400	20	480	60
150	17	225	60	450	25	612	75

注:参考长度(mm):300、500、700、1000。

表 24-31　采用管箍连接的直管及管箍陶瓷管规格

直管				管箍			
公称直径 DN(mm)	壁厚 (mm)	管长 (mm)	重量 (kg/根)	内径 (mm)	壁厚 (mm)	长度 (mm)	重量 (kg/根)
100	10	900	25	228	18	180	11
200	20	900	28.4	280	30	180	15.4
250	22	900	45	334	32	180	20
300	25	900	67	390	35	200	28

五、玻璃钢管

玻璃钢管一般分为普通玻璃钢管和玻璃纤维绕增强热固性树脂夹砂压力管，是近年来发展的新型管材。它具有承压、防腐、使用寿命长、重量轻、加工容易等特点，并能做到符合生活饮用水卫生标准，已逐渐成为给水排水工程优选管材。另外它可耐温到 80℃，还可用于热水采暖工程和供生活用热水工程上。为了规范其性能、规格，保证质量，原化学工业部 1991 年制定发布了《玻璃钢管和管件》HGJ 534—1991 工程建设标准，国家建材局 1998 年制定发布了《玻璃纤维缠绕增强热固性树脂夹砂压力管》JC/T 838—1998 标准。

1. 普通玻璃钢管

普通玻璃钢管是采用单面无压或低压成型的方法，使用玻璃纤维制品，用不饱和聚酯树脂浸透贴合或缠绕而成。玻璃钢管的主要原料是树脂和玻璃纤维制品。

玻璃钢的耐温性、耐腐蚀性和阻燃性主要由树脂确定。树脂分热固性和热塑性两大类。热固性树脂在光、热和固化剂作用下固化，一旦固化就不能再次软化；而热塑性树脂为冷却固化，在加热时可再次软化，因此玻璃钢管所用树脂均为热固性树脂。

玻璃丝布、玻璃纤维分无碱和有碱两类。无碱是指碱金属含量＜2%，有碱又分中碱(碱金属含量 5%～12%)、高碱(碱金属含量＞12%)，中碱布或纤维来源广泛、成本低，所以在满足玻璃钢管性能要求条件下，多用中碱布或纤维。

普通玻璃钢管在结构上可分内衬层、中间层、外表层。内衬层树脂含量65%～

95%、厚度1.5～2.5 mm，中间，中间层树脂含量为40%～50%，外表层一般为耐候层，用树脂制成，厚度为0.5～1 mm。管子设计压力：低压接触成型管子，即用玻璃布贴合而成的，≤0.6 MPa；长丝缠绕成型管子：≤1.6 MPa，设计温度≤80℃。低压接触成型的玻璃钢制品机械性能见表24-32，长丝缠绕玻璃钢制品机械性能见表24-33，普通玻璃钢管材规格见表24-34。每件制品必须进行水压试验，以1.25倍设计压力在室温下进行，稳压时间为10 min。

表 24-32 低压接触成型玻璃钢制品机构性能

厚度(mm)	拉伸强度 MPa(kgf/cm^2)	弯曲强度 MPa(kgf/cm^2)	弯曲弹性模量 MPa(kgf/cm^2)
3.0～5.0	≥61.8(630)	≥107.9(1100)	≥0.48(4.9)
5.1～6.5	≥82.4(840)	≥127.5(1300)	≥0.55(5.6)
6.6～10	≥93.2(950)	≥137.3(1400)	≥0.62(6.3)
>10	≥107.9(1100)	≥147(1500)	≥0.69(7.0)

表 24-33 长丝缠绕玻璃钢制品机械性能

环向拉伸强度 MPa(kgf/cm^2)	≥294(300)
环向弹性模量 MPa(kgf/cm^2)	≥24517(250000)
轴向拉伸强度 MPa(kgf/cm^2)	≥147(1500)
轴向弹性模量 MPa(kgf/cm^2)	≥122500(125000)
抗压强度 MPa(kgf/cm^2)	≥235(2400)

表 24-34 普通玻璃钢管材规格(mm)

公称直径	长丝缠绕管子最小壁厚			低压接触成型管子最小壁厚		
DN	0.6 MPa	1.0 MPa	1.6 MPa	0.25 MPa	0.4 MPa	0.6 MPa
50	4.5	4.5	4.5	5.0	5.0	5.0
80	4.5	4.5	4.5	5.0	5.0	5.0
100	4.5	4.5	4.5	5.0	5.0	5.0
150	4.5	4.5	4.5	5.0	5.0	6.5
200	4.5	4.5	6.0	5.0	6.5	8.0
250	4.5	4.5	7.5	6.5	6.5	8.0
300	4.5	6.0	9.0	6.5	8.0	10.0
350	4.5	6.0	10.5	6.5	8.0	10.0
400	4.5	7.5	12.0	6.5	10.0	12.0
450	6.0	9.0	13.5	8.0	10.0	14.0
500	6.0	9.0	13.5	8.0	10.0	14.0
600	7.5	10.5	16.5	10.0	12.0	17.0
700	7.5	12.0				
800	9.0	13.5				
900	10.5	16.5				
1000	10.5	18.0				

普通玻璃钢管子连接方式可采用对接、承插式连接和法兰连接。对接的方法是，在对接口处贴合多层玻璃布并浸透树脂，公称直径≥500 mm 的管子要多层贴合内外面，公称直径<500 mm 的管子只贴外面。对接时最小接合宽度如图 24-1、表 24-35 所示。

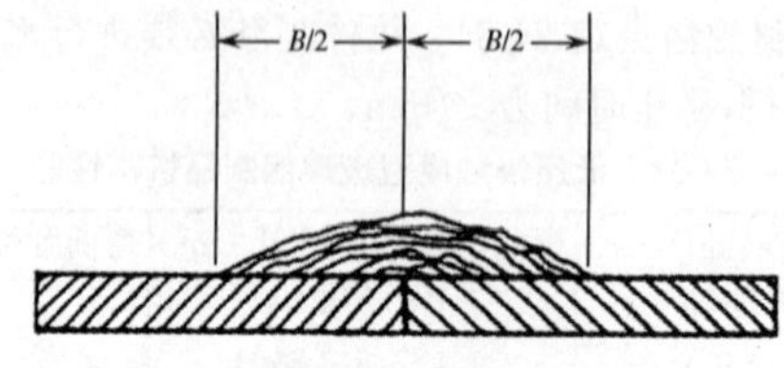

图 24-1 对接连接宽度

表 24-35 对接时最终最小接合宽度(mm)

公称通径 DN	内压下最小接合宽度 B			公称通径 DN	内压下最小接合宽度 B		
	0.6 MPa	1.0 MPa	1.6 MPa		0.6 MPa	1.0 MPa	1.6 MPa
50	75	100	125	400	225	350	555
80	75	125	150	450	250	390	620
100	100	125	200	500	275	430	685
150	100	150	230	600	325	510	810
200	125	190	295	700	375	590	
250	150	230	360	800	425	670	
300	175	270	425	900	475	750	
350	200	310	490	1000	525	830	

注：内压为 0.25 MPa、0.4 MPa，对接时最小接合宽度可参照 0.6 MPa 的尺寸。

承插式连接方法：直管插入承口内的深度等于管子周长的 1/6，但不大于 100 mm，承口与插管之间的间隙用树脂胶密封，外面贴合玻璃布和树脂以增强强度。

管子之间、管子与管件之间应尽量少用法兰连接，只有在需检修处采用，法兰的制作的最小厚度见表 24-36。为使法兰与管子连接紧密，要求法兰的剪切面长度不小于法兰厚度的 4 倍，如图 24-2 所示。

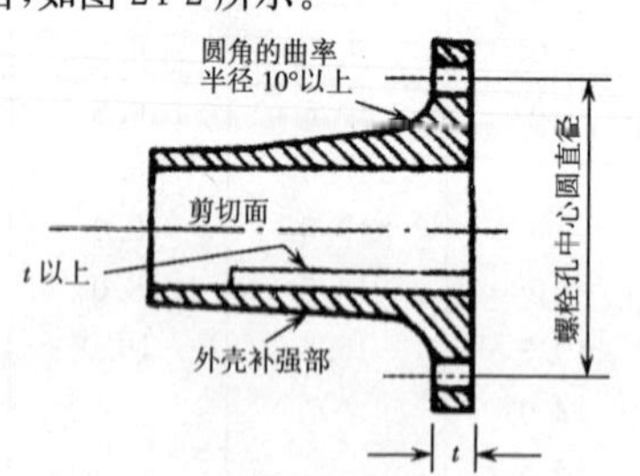

图 24-2 法兰剖面

表 24-36 内压下法兰的最小厚度(mm)

公称通径 DN	内压下法兰的最小厚度				
	0.25 MPa	0.4 MPa	0.6 MPa	1.0 MPa	1.6 MPa
50	14	14	14	20	28
80	4	14	17	24	28
100	14	17	17	24	31
150	14	17	20	26	34
200	17	20	24	31	37
250	20	24	28	34	43
300	22	26	34	40	48
350	24	28	37	43	52
400	26	31	40	46	54
450	28	34	43	48	57
500	31	37	46	52	60
600	37	42	52	58	70
700	42	48	58	64	
800	48	54	64	70	
900	54	60	70	76	
1000	60	66	76	82	

2. 玻璃纤维缠绕增强热固性树脂夹砂压力管

玻璃纤维缠绕增强热固性树脂夹砂压力管(以下简称夹砂管)是以玻璃纤维无捻粗纱及其制品为增强材料，热固性树脂为基体，优质硅砂等为填料，采用缠绕工艺制成的夹砂管。填充适量精选硅砂的目的是为了增加管子刚度。夹砂管代号为FWPRMP，按增强材料、增强层树脂、内衬、内衬层树脂、压力等级和刚度等级进行分类。代号如下：

增强材料：1—无碱玻璃纤维；2—中碱玻璃纤维。

结构层树脂：

1—间苯型不饱和聚酯树脂；2—邻苯型不饱和聚酯树脂；3—双酚 A 型不饱和聚酯树脂；4—对苯型不饱和聚酯树脂；5—乙烯基酯树脂；6—环氧树脂；7—酚醛树脂；8—其他树脂。

内衬：

1—增强热固性内衬；2—非增强热固性内衬；3—热塑性内衬；4—无内衬。

内衬树脂：

0—无内衬；1—间苯型不饱和聚酯树脂；2—邻苯型不饱和聚酯树脂；3—双酚 A 型不饱和聚酯树脂；4—对苯型不饱和聚酯树脂；5—乙烯基酯树脂；6—环氧树脂；7—酚醛树脂；8—其他树脂。

压力等级：

1—0.25 MPa；2—0.60 MPa；3—1.0 MPa；4—1.6 MPa；5—2.0 MPa。

刚度等级：

1—1 250 N/m^2；2—2 500 N/m^2；3—5 000 N/m^2；4—10 000 N/m^2。

分类示例：

一个完整的加砂管的标记如下：

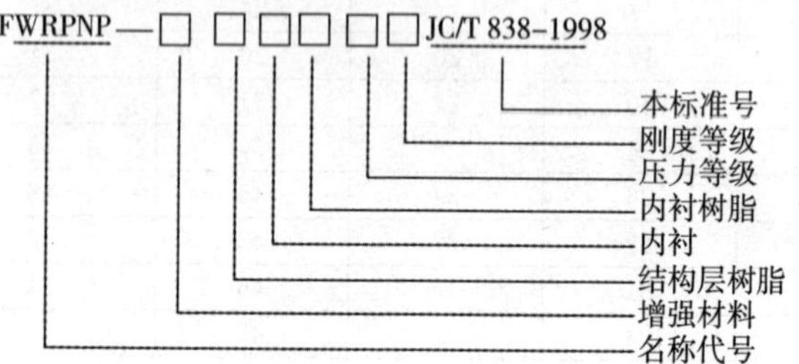

例如 FWPRMP—131322JC/T 838—1998 表示以无碱玻璃纤维为增强材料、双酚 A 型不饱和聚酯树脂为结构层树脂，采用增强热固性内衬，内衬层树脂为双酚 A 型不饱和聚酯树脂，压力等级为 0.6 MPa，刚度等级为 2 500 N/m^2 的玻璃纤维缠绕双酚 A 型不饱和聚酯树脂夹砂压力管，按 JC/T 838—1998 生产供货。

夹砂管的公称直径可以与内径或外径一致，在供货和使用时应特别注意，公称直径系列为：100、150、200、250、300、350、400、450、500、600、700、800、900、1 000、1 200、1 400、1 600、1 800、2 000、2 200、2 400、2 600、2 800、3 000、3 200、3 400、3 600，壁厚由结构设计确定。出厂时以压力等级 1.5 倍进行水压试验，管子不应有渗漏。并按标准作力学性能试验及其他检查。

夹砂管的连接有四种形式：

(1)黏结连接，采用将管子连接端做成承口和插口，用胶黏剂黏成一体；

(2)外铺层连接，将一定数量的增强材料在树脂中浸渍后铺到管端接合处以连接成整体并达到压力密封要求；

(3)密封圈承、插连接，即采用套管连接；

(4)机械连接，采用法兰、螺纹等连接形式。

第三节　金属管件

一、钢管件

管材是金属管件和非金属管材两大类，其中金属管材又有无缝钢管、有缝钢管、铜管、不锈钢管、铸铁管等；非金属管有塑料管、玻璃钢管、石棉水泥管、预应力混凝土管、陶瓦管等。

选用管材和附件的材质不仅影响工程质量和造价，而且影响水质的好坏。所以，施工人员应当了解管材的种类、特性、规格和使用条件，以便合理使用。

1. 有缝钢管(焊接钢管)

有缝钢管按制造工艺不同,分为对焊、叠边焊和螺旋焊 3 种。

有缝钢管常用于冷热水和煤气的输送,所以又称为水煤气管。为了防止管壁的腐蚀,将有缝钢管内外表面镀锌,称为镀锌钢管(俗称白铁管),而未镀锌管称为黑铁管。镀锌钢管分为热浸镀锌管和冷镀锌管。目前,国家规定室内建筑给水系统中严禁使用冷镀锌管。

(1)直缝卷制焊接钢管。此类焊接钢管是将钢板分块,经卷板机卷制而成型,再经焊接而成。主要用于水、煤气、低压蒸汽等流体输送。常用规格见表 24-37。

表 24-37　直缝卷焊钢管参考规格

公称直径 DN/mm	外　径 /mm	壁　厚 /mm	重　量 /(kg/m)	公称直径 DN/mm	外　径 /mm	壁　厚 /mm	重　量 /(kg/m)
150	159	4.5	17.15	300	325	6	47.20
		6	22.64			8	62.60
200	219	6	31.51	350	377	6	54.90
225	245	7	41.09			9	81.60
		6	39.50	400	426	6	62.14
250	273	8	52.30			9	92.60

(2)螺旋缝焊接钢管。螺旋缝焊管是一种大口径钢管,用途与直缝焊管相同,它是以热轧钢带卷作管坯,在常温下卷曲成型,采用双面自动埋弧焊或单面焊制成。螺旋缝卷焊管规格见表 24-38。

表 24-38　螺旋缝卷焊钢管规格

外径/mm	壁厚/mm				
	6	7	8	9	10
291	32.02	37.10	42.13	47.11	
245	35.86	41.59	47.26	52.88	
273	40.01	46.42	52.78	59.10	
325	47.70	55.40	63.04	70.64	
337	55.40	64.37	73.30	82.18	91.01

注:1. 钢管通常管长为 8～12.5 m。

2. 均为内外双面焊缝。

(3)钢制管件。有缝钢管的管件多用玛钢或软钢(熟铁)制造。也分为镀锌管件和非镀锌管件,给水管道应选用镀锌管件。管件的规格以所连接管道的公称通径相称。常用管件名称及用途如图 24-3 所示。

管箍　用于管径相同直径连接处,又称管接头或内丝。

异径管箍　用于异径直管连接处,俗称大小头。

活接头　用于连接设备或经常拆卸的管道上,俗称油任。

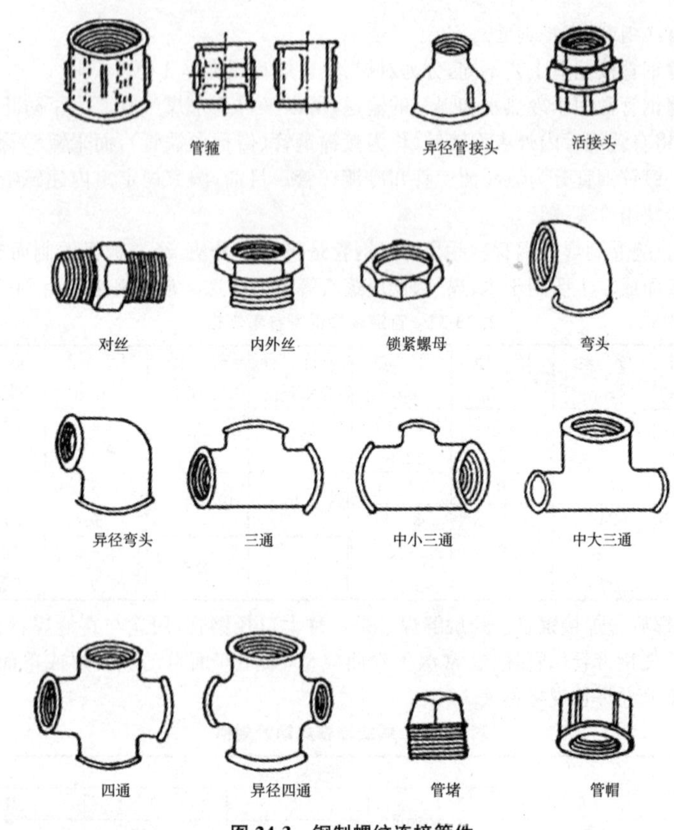

图 24-3　钢制螺纹连接管件

补心　用于管径变化的连接处，又称内外丝。

弯头　用 45°、90°等径和异径弯头，用在改变管道方向处。

对丝　用于连接两个距离很近的等径管道配件上。

三通　包括等径三通和异径三通，用于管道分支和汇合处。

四通　包括等径和异径四通，用于管道丨字形分支处。

丝堵　用于堵塞管道顶端或预留口处。

2. 无缝钢管

无缝钢管按制造方式分为热轧管和冷拔(轧)管。热轧管外径 32～630 mm，壁厚 2.5～45 mm；冷拔管外径为 6～200 mm，壁厚 0.25～14 mm。其规格见表 24-39。

无缝钢管的规格常表示为以外径乘壁厚。如外径为 114 mm，壁厚为 4.5 mm 的无缝钢管表示为 ø114×4.5。无缝钢管在同一外径下有多种壁厚，管壁越厚，其承受工作压力越高。

无缝钢管适用于高层建筑内及消除系统管道中。通常工作压力在0.6MPa以上的管道应选用无缝钢管。

表 24-39　普通无缝钢管常用规格

外径/mm	壁厚/mm														
	3	3.5	4	4.5	5	5.5	6	6.5	7	7.5	8	8.5	9	9.5	10
	理论质量/kg														
热轧无缝钢管															
38	2.59														
57	4.00	4.62													
76	5.40	6.26	7.10												
89		7.38	8.38	9.38											
108			10.26	11.49	12.70										
33			12.73	14.26	15.78	17.29									
159				17.15	18.99	20.80	22.64								
219							31.52	34.06	36.60	39.12	41.63				
273								42.64	45.92	49.10	52.28	55.45	58.60		
325										58.74	62.54	66.35	70.41	73.92	77.68
冷拔无缝钢管															
19	1.18	1.34	1.48	1.61	1.73	1.54	1.92								
24	1.55	1.77	1.97	2.16	2.34	2.51	2.66	2.81	2.93						
30	2.00	2.29	2.56	2.83	3.08	3.32	3.55	3.77	3.97	4.16	4.34				
38	2.59	2.98	3.35	3.72	4.07	4.41	4.74	5.05	5.35	5.64	5.92	6.18	6.44		
57	4.00	4.62	5.23	5.83	6.41	6.99	7.55	8.10	8.63	9.16	9.67	10.17	10.65	11.31	11.59
76	5.40	6.26	7.10	7.93	8.75	9.56	10.36	11.14	11.91	12.67	13.42	14.15	14.87	15.58	16.28
89	6.30	7.38	8.38	9.38	10.38	11.33	12.28	13.32	14.16	15.07	15.92	16.87	17.76	18.63	19.48
108	7.77	9.02	10.28	11.40	12.70	13.90	15.00	16.27	17.44	18.59	19.73	20.86	21.97	23.08	24.17
133	9.59	11.18	12.75	14.26	15.75	17.29	18.79	20.28	21.75	23.21	24.66	26.10	27.52	28.93	30.33
150	10.85	12.65	14.30	16.11	17.85	19.55	27.25	23.00	24.68	26.36	28.01	29.66	31.29	32.91	34.52

3. 不锈钢管

在化工、炼油、医药装置的配管工程中，由于腐蚀和某些特殊工艺的需要，常采用不锈钢材质的管材和配件。否则，会因输送酸碱性介质的腐蚀性作用而使管道腐蚀，造成事故。

在钢中添加铬、镍和其他金属元素，并达到一定的含量时，除使金属内部金相组织发生变化外，在钢的表面形成一层致密的氧化膜(Cr_2O_3)，可以防止金属表面被腐蚀。这种具有一定耐腐蚀性能的钢材，称为不锈钢。

不锈钢管中，铬是有效的合金元素，其含量应高于11.7%才能起耐腐蚀性能。实际应用中，不锈钢中平均含铬量为13%的称为铬不锈钢。铬不锈钢只能抵抗大气及弱酸的腐蚀。为了提高抗腐性能，在钢中还需添加8%～25%的数量的镍(Ni)和其他元素，这种铬镍不锈钢的金相组织多数是纯奥氏体。我国生产的不锈钢管，多数用奥氏体不锈钢制成。

铬镍不锈钢在常温下是无磁性的，在安装中可以根据这一特点识别铬不锈钢和铬镍不锈钢管材。

不锈钢所受腐蚀主要有晶闸腐蚀、点腐蚀和应力腐蚀。不锈钢管在加工和焊接过程中，加热至1 000℃以后缓慢冷却或在450～850℃下长期加热时，不锈钢中的碳从奥氏体中析出，碳与晶界上的铬化合成碳化铬，使晶界上铬的含量降至需要的含量值，致使晶界处的抗腐能力和力学性能显著降低。这种现象称为晶间腐蚀。它是一种危害性很大的腐蚀，因此，加工时应特别注意。

点腐蚀是不锈钢管表面的氧化膜受到局部损坏而引起的腐蚀，在运输和施工过程中，应特别注意保护不锈钢管表面的氧化膜。

应力腐蚀是由于不锈钢管在冷加工、焊接、强力对口等过程中，产生拉应力与介质共同作用下引起的腐蚀。所以，不锈钢管在安装过程中应进行消除应力处理，避免发生腐蚀。

不锈钢管有由铬镍不锈钢冷拔(轧)的无缝钢管和用不锈钢板制成的卷板钢管。常用无缝不锈钢管的规格见表24-40。

表24-40　不锈钢管常用规格

外径/mm	壁厚/mm	理论质量/(lg/m)	外径/mm	壁厚/mm	理论质量/(lg/m)
14	3	0.82	57	3.5	4.65
18	3	1.12	76	4	7.15
25	3	1.64	89	4	8.45
32	3.5	2.74	108	4	10.03
38	3.5	3.00	133	4	12.81
45	3.5	3.60	159	4.5	17.30

二、可锻铸铁管件

可锻铸铁管件是由可锻铸铁(KTH300—06)铸造并经加工内外螺纹后而成的。一般管件内外表面除螺纹均镀锌，不镀锌的用于黑铁管连接。管件的公称压力均为1.6MPa。管件的规格是用与其相连接的管子公称直径规格表示的。同径管件指管件各方向所连接的管子公称直径相同，异径管件是指管件各方向连接管子的公称直径不完全相同。圆锥管螺纹用KG表示，采用英制。

同径螺纹管件构造、规格、重量见图24-4、表24-41、表24-42。

异径螺纹管件构造、规格、重量见图24-5、表24-43。

钢制及可锻铸铁管道接头(管箍)构造、规格、重量见图24-6、表24-44。

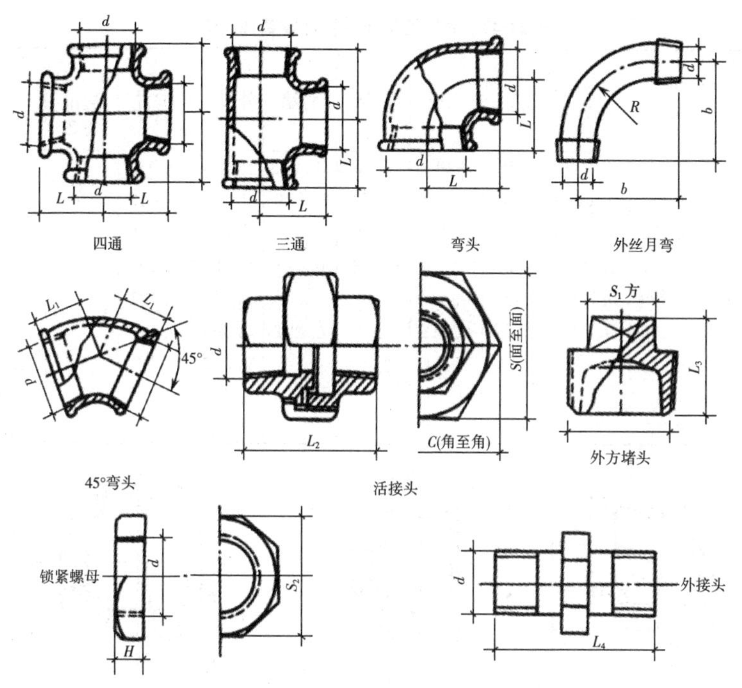

图 24-4　同径可锻铸铁管件图示

表 24-41　同径可锻铸铁管件规格

公称直径 DN (mm)	连接管螺纹 d (in)	内螺纹长度 (mm)	L	d	R	L_1	L_2	S	C	L_3	S_1	H	S_2	L_4
15	1/2″	11	26	45	32	20	48	46	52.5	22	12	10	32	46
20	3/4″	12.5	31	55	42	23	54	50	57	26	17	11	36	50
25	1″	14	35	72	52	27	59	65	70	30	19	13	46	58
32	1¼″	16	42	90	70	31	64	70	75	33	22	14	55	62
40	1½″	18	48	105	80	35	69	80	86	37	24	14	60	66
50	2″	19	55	130	100	38	77	95	102	40	27	15	75	71
65	2½″	22	65	165	130	45	85	115	123.5	46	32	18	95	80
80	3″	24	74	190	155	50	94	130	139.5	51	36	21	105	87
100	4″	28	90	245	205	60	108	170	183	57	41	24	135	98

表 24-42　同径可锻铸铁管件重量(kg/个)

公称直径 DN (mm)	90°弯头	外丝月弯	45°弯头	三通	四通	管堵	外接头	锁紧螺母	活接头	
									螺母角数	重量
15	0.074		0.096	0.091	0.19	0.02	0.054	0.039	6	0.25
20	0.112	0.140	0.134	0.158	0.255	0.046	0.083	0.046	6	0.32
25	0.163	0.264	0.171	0.239	0.38	0.07	0.124	0.09	8	0.38
32	0.267	0.405	0.320	0.374	0.606	0.125	0.186	0.103	8	0.65
40	0.399	0.726	0.468	0.537	0.9		0.258	0.131	8	0.75
50	0.579	1.26	0.742	0.812	1.29	0.227	0.386	0.192	8	1.31
65	0.928		1.14	1.23	2.01		0.571		8	1.87
80	1.35		1.69	1.78			0.855		8	2.47
100	2.15		2.65	2.32			1.15		8	4.96

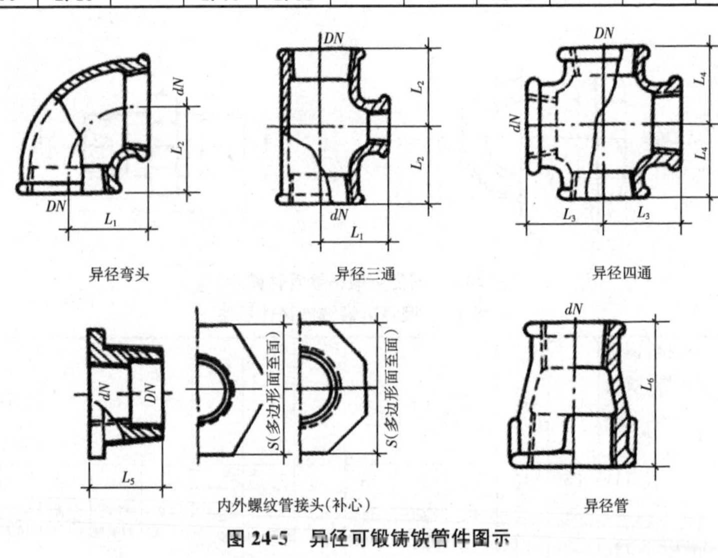

图 24-5　异径可锻铸铁管件图示

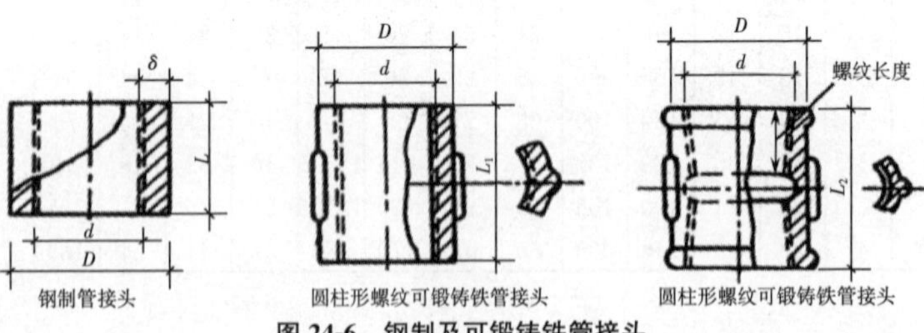

图 24-6　钢制及可锻铸铁管接头

表 24-43　异径可锻铸铁管件规格

公称直径 DN×DN (mm)	异径弯头及三通				管子补心				异径管		异径四通		
	L_1	L_2	弯头重量 (kg/个)	三通重量 (kg/个)	L_5	S	角数	重量 (kg/个)	L_6	重量 (kg/个)	L_3	L_4	重量 (kg/个)
20×15	29	28.5	0.138	0.136	28	30	6	0.06	40	0.089	30	29	
25×15	32.5	29	0.201	0.25	32	36	6	0.1	45	0.104	33	32	
25×20	34.5	31.5	0.22	0.262	32	36	6	0.091	45	0.113	35	34	
32×15	37	31.5	0.165	0.262	35	46	6	0.201	50	0.152	38	34	
32×20	39	34	0.268	0.264	35	46	6	0.108	50	0.158	40	38	
32×25	39.5	37.5	0.31	0.456	35	46	6	0.19	50	0.175	42	40	
40×15	40.5	34	0.22	0.464	38	55	6	0.29	55	0.212	42	35	
40×20	42.5	36.5	0.265	0.511	38	55	6	0.279	55	0.212	43	38	
40×25	43	40	0.388	0.588	38	55	6	0.254	55	0.215	45	41	
40×32	45.5	44.5	0.471	0.664	38	55	6	0.204	55	0.24	48	45	
50×15					40	65	6	0.408	60		48	38	
50×20	48.5	37.5		0.702	40	65	6	0.405	60		49	41	
50×25	49	41	0.37	0.816	40	65	6	0.387	60	0.325	51	44	
50×32	51.5	45.5	0.425	0.91	40	65	6	0.371	60	0.31	54	46	
50×40	54	49	0.732	0.988	40	65	6	0.292	60	0.356	56	52	
70×15					45	80	8				57	41	
70×20					45	80	8				59	44	
70×25	57	43		1.12	45	80	8				61	46	
70×32	59.5	47.5			45	80	8		65		62	53	
70×40	62	51			45	80	8		65		63	55	
70×50	63	57		1.42	45	80	8		65		65	60	
80×15					50	95	8				65	43	
80×20					50	95	8				66	47	
80×25	63.5	45.5			50	95	8				68	51	
80×32	66	50			50	95	8				70	55	
80×40	68.5	53.5			50	95	8		75		71	57	
80×50	69.5	59.5		1.32	50	95	8		75		72	62	
80×70	71.5	67.5			50	95	8		75		75	72	
100×25					55	120	8				83	57	
100×32	78.5	53.5			55	120	8				86	61	
100×40	81	57			55	120	8				86	63	
100×50	82	63			55	120	8		85		87	69	
100×70	84	71		1.79	55	120	8		85		90	78	
100×80	86.5	77.5			55	120	8		85		91	83	

表 24-44　钢制及可锻铸铁管接头规格

公称直径 DN		钢制管接头			可锻铸铁管接头				
						圆柱形螺纹		圆锥形螺纹	
(mm)	(in)	L (mm)	δ (mm)	重量 (kg/个)	D (mm)	L_1 (mm)	公称压力 (MPa)	L_2 (mm)	公称压力 (MPa)
15	1/2″	35	5	0.066	27	34	1.6	38	1.6
20	3/4″	40	5	0.11	35	38	1.6	42	1.6
25	1″	45	6	0.21	42	42	1.6	48	1.6
32	1¼″	50	6	0.27	54	43	1.6	52	1.6
40	1½″	50	7	0.45	57	52	1.6	56	1.6
50	2″	60	7	0.63	70	56	1.0	60	1.0
70	2½″	65	8	1.1	88	64	1.0	66	1.0
80	3″	70	8	1.3	101	70	1.0		
100	4″	85	10	2.2	128	84	1.0		

第四节　塑料管件

一、给水用硬聚氯乙烯(PVC—U)管件(GB/T 10002.2—1998)

1. 承接口

承接口的示意图、规格及用途，见表 24-45。

表 24-45　承接口

品种	示　意　图	规格尺寸/mm		用途
		d_e	L	
弹性密封圈连接型承插口	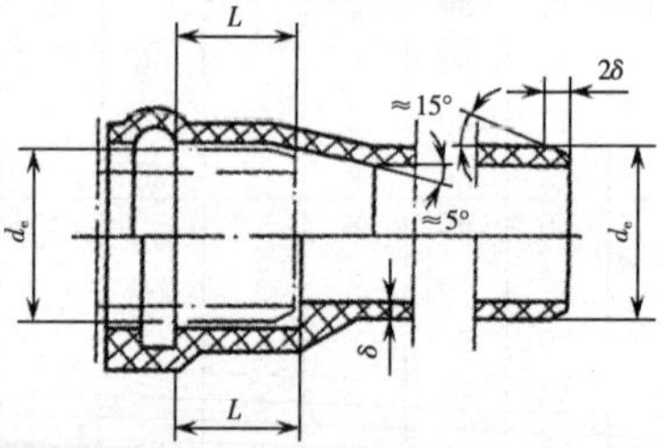	63 75 90 110 125 140 160	64 67 70 75 78 81 86	与给水用硬聚氯乙烯(PVC—U)管材配套使用。广泛应用于房屋建筑的自来水
弹性密封圈连接型承插口	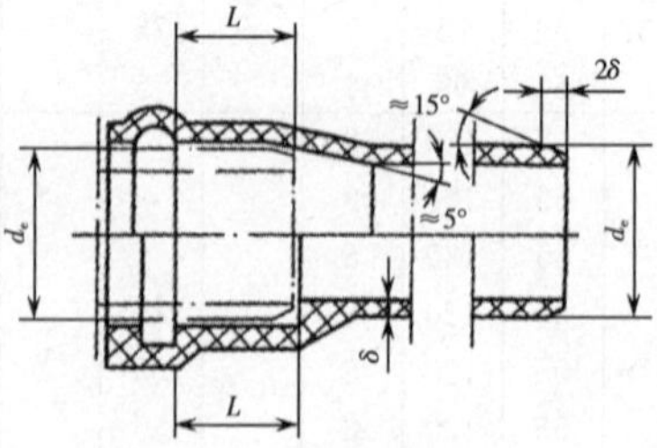	180 200 225 250 280 315	90 94 100 105 112 118	供水系统，适用于输送水温不超过 45℃的给水管道

品种	示意图	规格尺寸/mm		用途
		d_e	L	
溶剂黏结型承插口	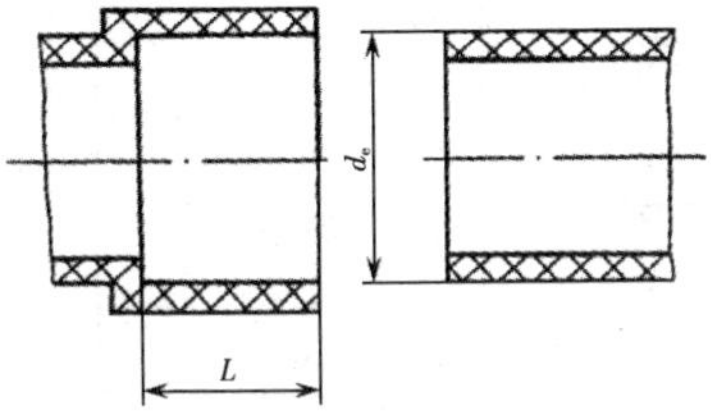	20	16.0	供水系统，适用于输送水温不超过45℃的给水管道
		25	18.5	
		32	22.0	
		40	26.0	
		50	31.0	
		63	37.5	
		75	43.5	
		90	51.0	
		110	61.0	
		125	68.5	
		140	76.0	
		160	86.0	

2. 90°、45°弯头

90°、45°弯头的示意图、尺寸及用途，见表24-46。

表24-46　90°、45°弯头　(mm)

品种	示意图	d_e	Z		用途
			90°弯头	45°弯头	
90°弯头	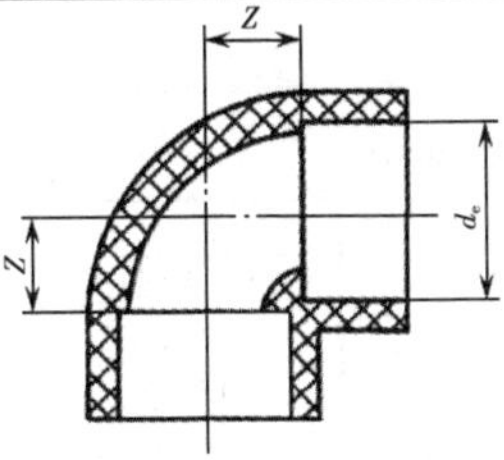	20	11	5	与给水用硬聚氯乙烯管材配套使用。广泛用于城镇供水工程、城乡市政建设住宅小区的给水管网、室内给水管道工程等领域
		25	13.5	6	
		32	17	7.5	
		40	21	9.5	
		50	26	11.5	
		63	32.5	14	
45°弯头	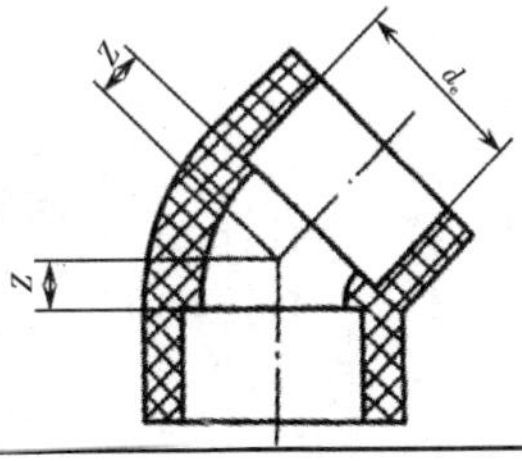	75	38.5	16.5	
		90	46	19.5	
		110	56	23.5	
		125	63.5	27	
		140	71	30	
		160	81	34	

3. 90°、45°三通(表24-47)

90°、45°三通的示意图、尺寸及用途，见表24-47。

表 24-47　90°、45°三通　　(mm)

品种	示意图	d_e	90°三通 Z	45°三通 Z_1	45°三通 Z_2	用途
90°弯头	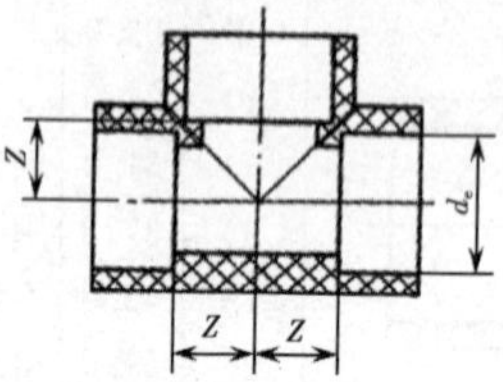	20	11	6	27	与给水用硬聚氯乙烯管材配套使用。广泛用于建筑物内外给水管道，可以在压力下输送温度不超过45℃的饮用水和一般用途水
		25	13.5	7	33	
		32	17	8	42	
		40	21	10	51	
		50	26	12	63	
		63	32.5	14	79	
		75	38.5	17	94	
		90	46	20	112	
45°弯头	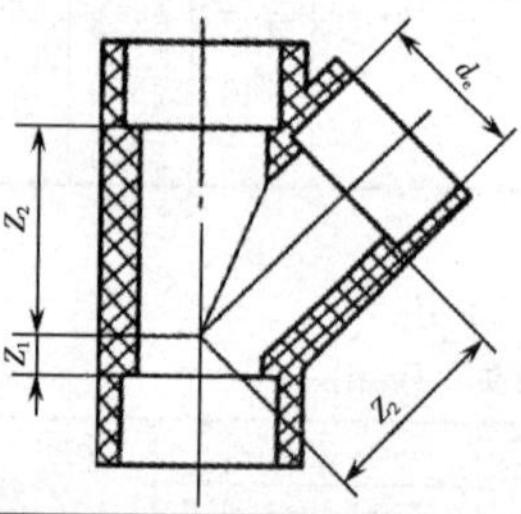	110	56	24	137	
		125	63.5	27	157	
		140	71	30	175	
		160	81	35	200	

4. 异径管

异径管的示意图、尺寸及用途见表 24-48。

表 24-48　异径管　(mm)

品种	示意图	D_1	D_2	Z 长型	Z 短型	用途
长型异径管	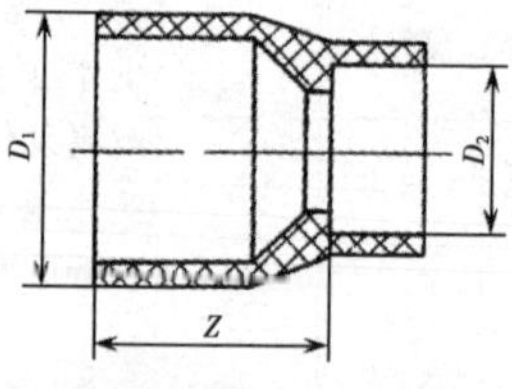	25	20	25	2.5	与给水用硬聚氯乙烯管材配套使用。适用于输送水温不超过45℃的给水管道
		32	20	30	6	
		32	25	30	3.5	
		40	20	36	10	
		40	25	36	7.5	
		40	32	36	4	
		50	20	44	15	
短型异径管	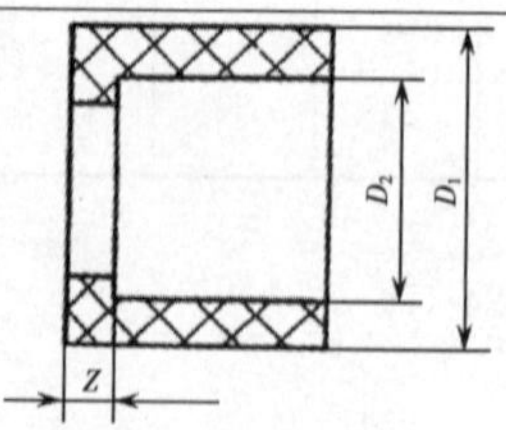	50	25	44	12.5	
		50	32	44	9	
		50	40	44	5	
		63	25	54	19	
		63	32	54	15.5	
		63	40	54	11.5	
		63	50	54	6.5	

续表

品种	示意图	D_1	D_2	Z 长型	Z 短型	用途
长型异径管		75	32	62	21.5	与给水用硬聚氯乙烯管材配套使用。适用于输送水温不超过45℃的给水管道
		75	40	62	17.5	
		75	50	62	12.5	
		75	63	62	6	
		90	40	74	25	
		90	50	74	20	
		90	63	74	13.5	
		90	75	74	7.5	
		110	50	88	30	
短型异径管		110	63	88	23.5	
		110	75	88	17.5	
		110	90	88	10	
		125	63	100	31	
		125	75	100	25	
		125	90	100	17.5	
		125	110	100	7.5	
		140	75	111	32.5	
		140	90	111	25	
		140	110	111	15	
		140	125	111	7.5	
		160	90	126	35	
		160	110	126	25	
		160	125	126	17.5	
		160	140	126	10	

5. 套管

套管的示意图、尺寸及用途，见表24-49。

表24-49 套管 (mm)

示意图	d_e	Z	用途
	20	3	与给水用硬聚氯乙烯管材配套使用。适用于输送水温不超过45℃的给水管道
	25	3	
	32	3	
	40	3	
	50	3	
	63	3	
	75	4	
	90	5	
	110	6	
	125	6	
	140	8	
	160	8	

6. 活接头

活接头的示意图、尺寸及用途，见表 24-50。

表 24-50　活接头　(mm)

示意图	承口端			螺帽	用途
	D	Z_1	Z_2	G/in	
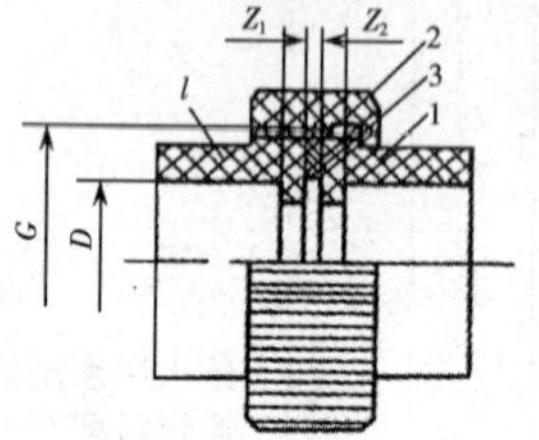	20	8	3	1	与给水用硬聚氯乙烯管材配套使用。适用于输送水温不超过 45℃的给水管道
	25	8	3	1¼	
	32	8	3	1½	
	40	10	3	2	
	50	12	3	2¼	
	63	15	3	2¾	

7. 90°弯头、90°异径三通

90°弯头、90°异径三通的示意图、尺寸及用途，见表 24-51。

表 24-51　90°弯头、90°异径三通　(mm)

名称	示意图	d_e	d_1/in	Z_1	Z_2	用途
90°弯头	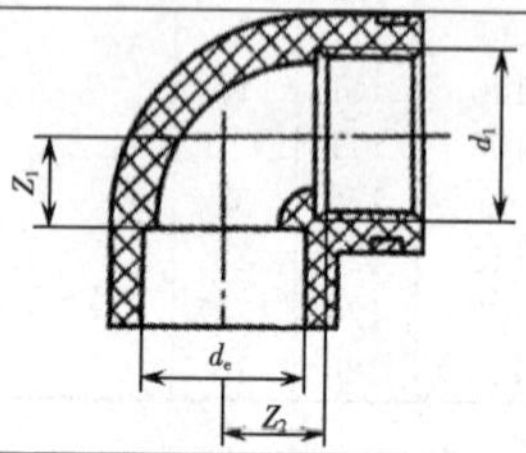	20	RC½	11	14	与给水用硬聚氯乙烯管材配套使用。广泛用于建筑工程、自来水供水工程、水处理工程、园林、灌溉及其他工业用管等
90°异径三通		25	RC¾	13.5	17	
		32	RC1	17	22	
	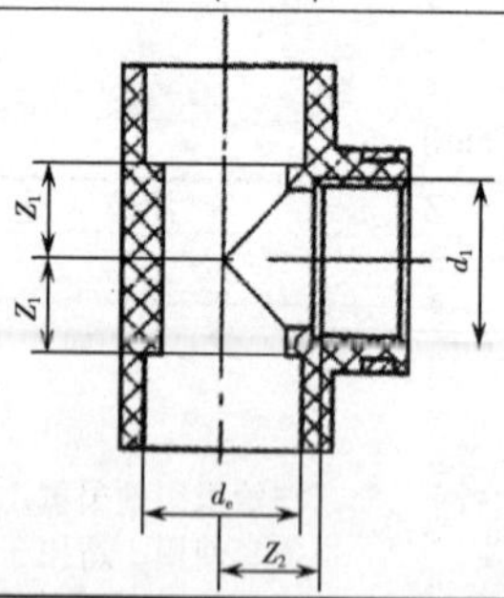	40	RC1¼	21	28	
		50	RC1½	26	38	
		63	RC2	32.5	47	

8. 黏结和内螺纹变接头

黏结和内螺纹变接头的示意图、尺寸和用途见表 24-52。

表 24-52　黏结和内螺纹接头　　(mm)

名称	示意图	D_1	D_2/in	Z	用途
黏结和内螺纹变接头	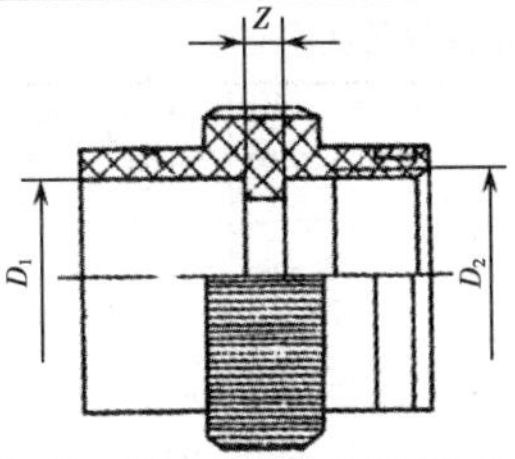	20	RC½	5	与给水用硬聚氯乙烯管材配套使用。广泛用于城镇供水工程、室内给水管道工程、水处理工程等领域
		25	RC¾	5	
		32	RC1	5	
		40	RC1¼	5	
		50	RC1½	7	
		63	RC2	7	
	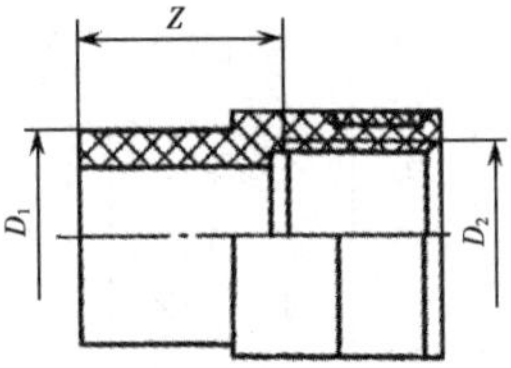	20	RC⅜	24	
		25	RC½	27	
		32	RC¾	32	
		40	RC1	38	
		50	RC1¼	46	
		63	RC½	57	

9. 黏结和外螺纹变接头

黏结和外螺纹变接头的示意图、尺寸及用途，见表 24-53。

表 24-53　黏结和外螺纹接头　　(mm)

名称	示意图	D_1	D_2/in	Z	用途
黏结和外螺纹变接头	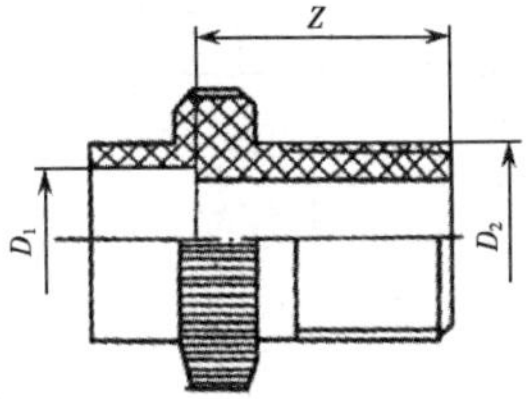	20	RC½	23	与给水用硬聚氯乙烯管材配套使用。广泛用于城镇供水工程、水处理工程等领域
		20	RC¾	22	
		25	RC¾	25	
		25	RC1	27	
		32	RC1	28	
		32	RC1¾	29	
		40	RC1¾	31	
		40	RC1¼	29	
		50	RC1½	32	
		50	RC2	34	
		63	RC2	38	
	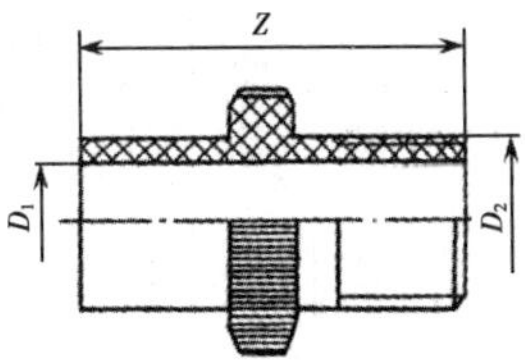	20	RC½	42	
		25	RC¾	47	
		32	RC1	54	
		40	RC¼	60	
		50	RC1¼	66	
		63	RC2	78	

10. PVC 接头端和金属件接头

PVC 接头端和金属件接头的示意图、尺寸及用途，见表 24-54。

表 24-54　PVC 接头端和金属件接头

名称	示意图	D /mm	Z /mm	M /mm	G /in	用途
PVC接头端和金属件接头	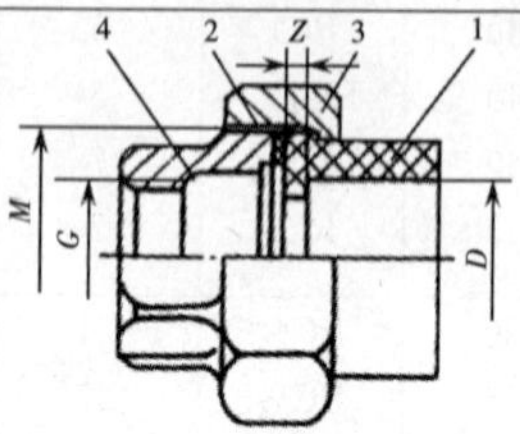 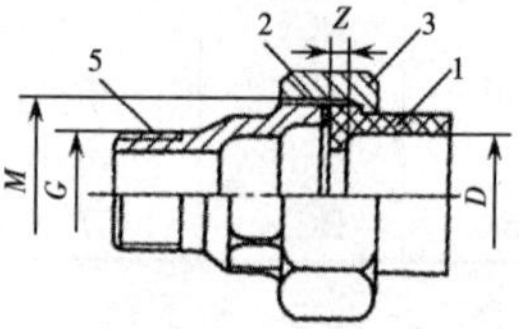 1—PVC 接头端；2—垫圈；3—接头螺帽；4—接头套；5—接头套	20	3	39×2	½	与给水用PVC-U管材配套使用。广泛用于城镇供水工程等领域
		25	3	42×2	¾	
		32	3	52×2	1	
		40	3	62×2	1¼	
		50	3	72×2	1½	
		63	3	82×2	3	

11. PVC 接头端和活动金属螺帽

PVC 接头端和活动金属螺帽的示意图、尺寸及用途，见表 24-55。

表 24-55　PVC 接头端和活动金属螺帽　(mm)

名称	示意图	D_1	D_2	Z	Z_1	Z_2	G /in	用途
PVC接头端和活动金属螺帽	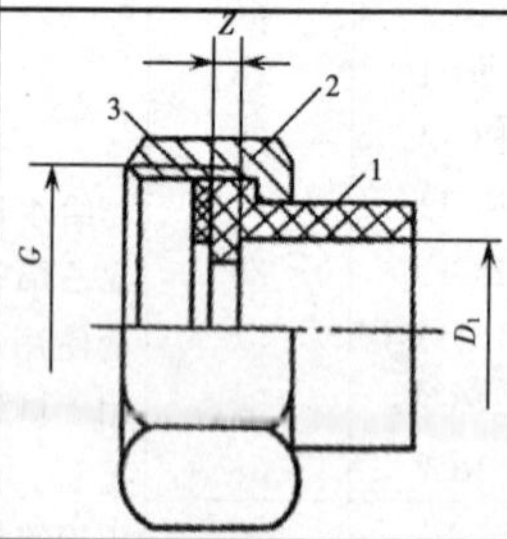	20		3			1	与给水用PVC-U管材配套使用。广泛用于城镇供水工程等领域
		25	—	3	—	—	1¼	
		32	—	3	—	—	1½	
		40	—	3	—	—	2	
		50		3			2¼	
		63		3			2¾	
	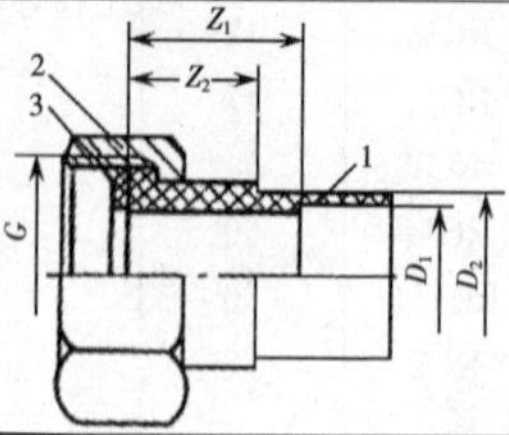	—	20	—	—	22	¾	
		20	25	—	26	23	1	
		25	32	—	29	26	1¼	
		32	40	—	32	28	1½	
		40	50	—	36	31	2	

12. 法兰和承口接头、插口接头

法兰和承口接头、插口接头的示意图、尺寸及用途，见表 24-56。

表 24-56　法兰和承口接头、插口接头　　(mm)

名称	示意图	D	Z_{min}		L		用途
			承口	插口	min	max	
法兰和承口接头		63	3	33	76	91	与给水用 PVC-U 管材配套使用。广泛用于建筑工程、自来水供水工程、水处理工程等领域
		75	3	34	82	97	
		90	5	35	89	104	
		110	5	37	98	113	
		125	5	39	104	119	
法兰和插口接头		140	5	40	111	126	
		160	5	42	121	136	
		200	6	46	139	155	
		225	6	49	151	166	

13. 活套法兰变接头

活套法兰变接头的示意图、尺寸及用途，见表 24-57。

表 24-57　活套法兰变接头　　(mm)

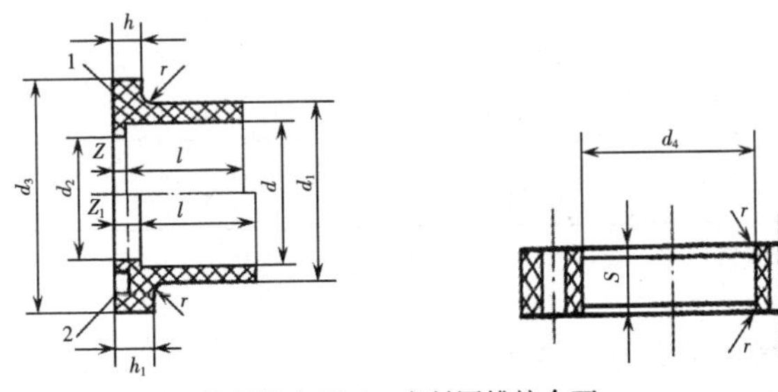

1—平面垫圈接合面；2—密封圈槽接合面

续表

承口公称直径 d	法兰变接头									活套法兰			用途
	d_1	d_2	d_3	l	r 最大	h	Z	h_1	Z_1	d_4	r 最小	S	
20	27±0.15	16	34	16	1	6	3	9	6	280 −0.5	1	根据材质而定	与给水PVC—U管材配套使用。广泛用于建筑工程、自来水供水工程、水处理工程等
25	33±0.15	21	41	19	1.5	7	3	10	6	340 −0.5	1.5		
32	41±0.2	28	50	22	1.5	7	3	10	6	420 −0.5	1.5		
40	50 ±0.2	36	61	26	2	8	3	13	8	510 −0.5	2		
50	61±0.2	45	73	31	2	8	3	13	8	620 −0.5	2		
63	76±0.3	57	90	38	2.5	9	3	14	8	780 −1	2.5		
75	90±0.3	69	106	44	2.5	10	3	15	8	920 −1	2.5		
90	108±0.3	82	125	51	3	11	5	16	10	1100 −1	3		
110	131±0.3	102	150	61	3	12	5	18	11	1330 −1	3		
125	148±0.4	117	170	69	3	13	5	19	11	1500 −1	3		
140	165±0.4	132	188	76	4	14	5	20	11	1670 −1	4		
160	188±0.4	152	213	86	4	16	5	22	11	1900 −1	4		
200	224±0.4	188	248	106	4	24	6	30	12	2260 −1	4		
225	248±0.4	217	274	119	4	25	6	31	12	2500 −1	4		

注：1. 本表适用于公称压力为1 MPa的变接头与活套法兰尺寸。

2. 法兰外径螺栓孔直径及孔数按照GB/T 9065.3规定。

二、排水硬聚氯乙烯管件

1. 45°、90°弯头

常用45°、90°弯头规格见表24-58。

表 24-58　45°、90°弯头规格(mm)

图　　示	公称直径	最小 Z	最小 L
45°弯头	50	12	37
	75	17	57
	90	22	68
	110	25	73
	125	29	80
	160	36	94
	50	40	65
	75	50	90
90°弯头	90	52	98
	110	70	118
	125	72	123
	160	90	148

2. 45°斜三通、90°顺水三通、瓶形三通

常用 45°斜三通、90°顺水三通、瓶形三通规格分别见表 24-59。

表 24-59　45°斜三通、90°顺水三通、瓶形三通规格(mm)

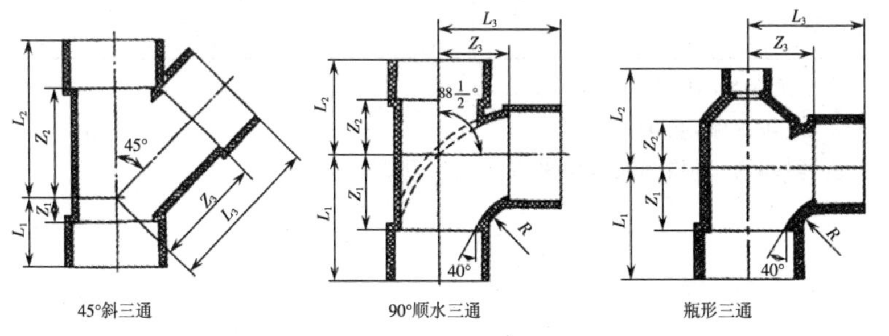

45°斜三通　　90°顺水三通　　瓶形三通

续表

名称	公称直径	Z_1	Z_2	Z_3	L_1	L_2	L_3	R
45°斜三通	50×50	13	64	64	38	89	89	
	75×50	−1	75	80	39	115	105	
	75×75	18	94	94	58	134	134	
	90×50	−8	87	95	38	133	120	
	90×90	19	115	115	65	161	161	
	110×50	−16	94	110	32	142	135	
	110×75	−1	113	121	47	161	161	
	110×110	25	138	138	73	186	186	
	125×50	−26	104	120	25	155	145	
	125×75	−9	122	132	42	173	172	
	125×110	16	147	150	67	198	198	
	125×125	27	157	157	78	208	208	
	160×75	−26	140	158	32	198	198	
	160×90	−16	151	165	42	209	211	
	160×110	−1	165	175	57	223	223	
	160×125	9	176	183	67	234	234	
	160×160	34	199	199	92	257	257	
90°顺水三通	50×50	30	26	35	55	51	60	31
	75×75	47	39	54	87	79	94	49
	90×90	56	47	64	102	93	110	59
	110×50	30	29	65	78	77	90	31
	110×75	48	41	72	96	89	112	49
	110×110	68	55	77	116	103	125	63
	125×125	77	65	88	128	116	139	72
	160×160	97	83	110	155	141	168	82
瓶形三通	110×50	68	55	77	116	101	125	63
	110×75	68	56	77	116	104	117	63

注：Z、L、R 为最小尺寸。

3. 正、斜四通，直角四通

正、斜四通，直角四通规格见表 24-60、表 24-61。

表 24-60　正、斜四通规格(mm)

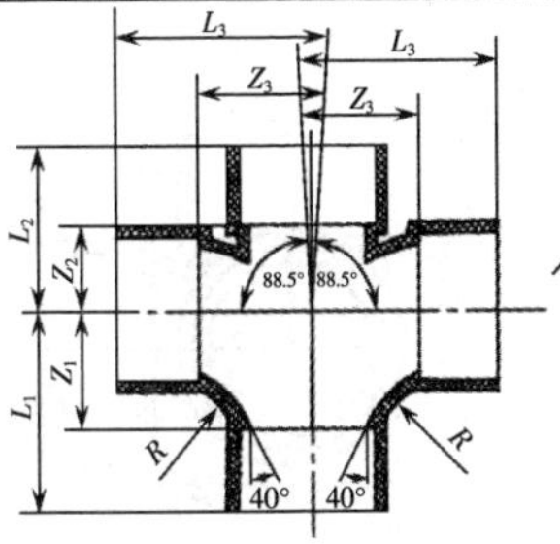

正四通 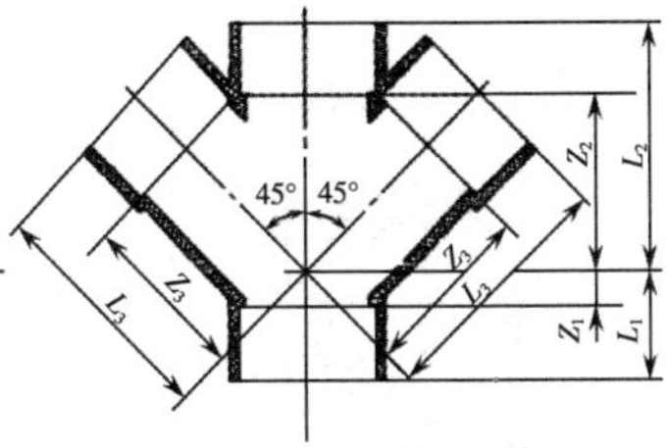　　　　斜四通

名称	公称直径	Z_1	Z_2	Z_3	L_1	L_2	L_3	R
正四通	50×50	30	26	35	55	51	60	31
	75×50	47	39	54	87	79	94	49
	90×90	56	47	64	102	93	110	59
	110×50	30	29	65	78	77	90	31
	110×75	48	41	72	96	89	112	49
	110×110	68	55	77	16	103	125	63
	125×125	77	65	88	128	116	139	72
	160×160	97	83	110	155	141	168	82
斜四通	50×50	13	64	64	38	89	89	
	75×50	−1	75	80	39	115	105	
	75×75	18	94	94	58	134	134	
	90×50	−8	87	95	38	133	120	
	90×90	19	115	115	65	161	161	
	110×50	−16	94	110	32	142	135	
	110×75	−1	113	121	47	161	161	
	110×110	25	138	138	73	186	186	
	125×50	−26	104	120	25	155	145	
	125×75	−9	122	132	42	173	172	
	125×110	16	147	150	67	198	198	
	125×125	27	157	157	78	208	208	
	160×75	−26	140	158	32	198	198	
	160×90	−16	151	165	42	209	211	
	160×110	−1	165	175	57	223	223	
	160×125	9	176	183	67	234	234	
	160×160	34	199	199	92	257	257	

注：Z、L、R 为最小尺寸。

表 24-61　直角四通规格(mm)

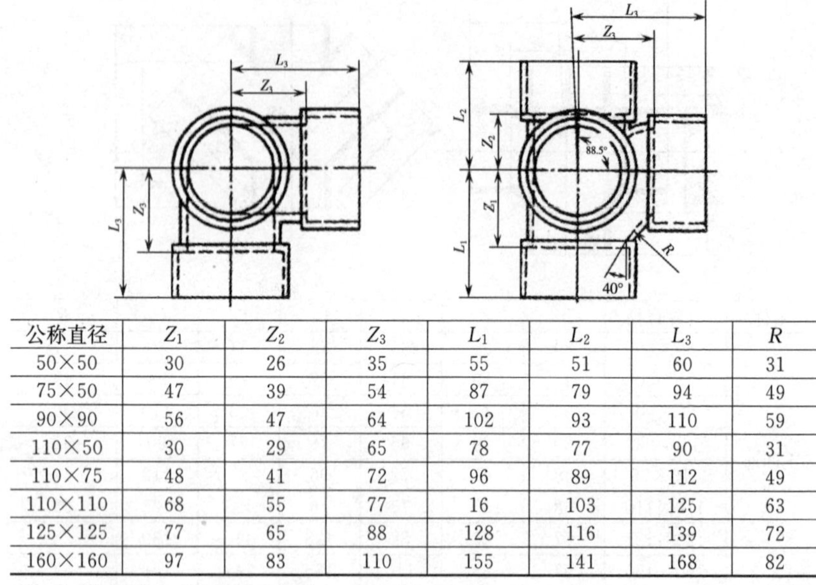

公称直径	Z_1	Z_2	Z_3	L_1	L_2	L_3	R
50×50	30	26	35	55	51	60	31
75×50	47	39	54	87	79	94	49
90×90	56	47	64	102	93	110	59
110×50	30	29	65	78	77	90	31
110×75	48	41	72	96	89	112	49
110×110	68	55	77	16	103	125	63
125×125	77	65	88	128	116	139	72
160×160	97	83	110	155	141	168	82

4. 异形管

常用异形管规格见表 24-62。

表 24-62　常用异形管规格(mm)

图　　示	公称直径	D_1	D_2	L_1	L_2
	50×40	50	40	25	25
	75×50	75	50	40	25
	90×50	90	50	46	25
	90×75	90	75	46	40
	110×50	110	50	48	25
	110×75	110	75	48	40
	110×90	110	90	48	46
	125×50	125	50	51	25
	125×75	125	75	51	40
	125×90	125	90	51	46
	125×110	125	110	51	48
	160×50	160	50	58	25
	160×75	160	75	58	40
	160×90	160	90	58	46
	160×110	160	110	58	48
	160×125	160	125	58	51

注：D_1、D_2、L_1、L_2为最小尺寸。

第五节 管法兰及管法兰盖

一、平面、突面板式平焊钢制管法兰(GB/T 9119—2000)

平面、突面板式平焊钢制管法兰的公称通径、公称压力及用途,见表 24-63。

表 24-63 平面、突面板式平焊钢制管法兰(摘自 GB/T9119—2000)(mm)

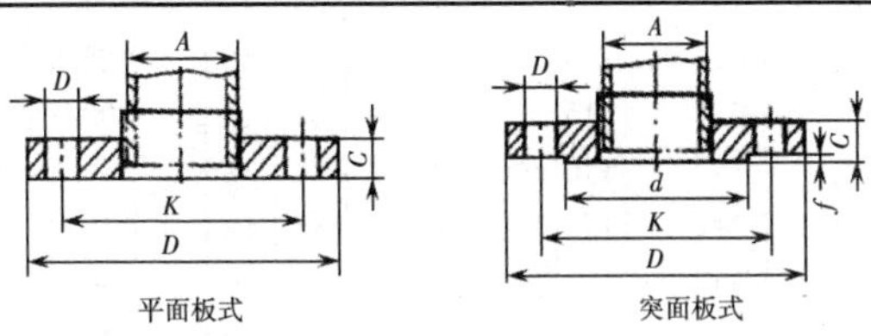

平面板式 突面板式

D—法兰外径;K—螺栓孔中心圆直径;n—螺栓孔数量;d—突出密封面直径;f—密封面高度;C—法兰厚度;A—适用管子外径;L—螺栓孔直径

公称通径	公称压力 PN/MPa												各种 PN		用途
	≤0.6						1.0								
DN	D	K	L	n	d	C	D	K	L	n	d	C	f	A	
10	75	50	11	33	33	12	90	60	14	4	41	14	2	17.2	
15	80	55	11	38	38	12	95	65	14	4	46	14	2	21.3	
20	90	65	11	48	48	14	105	75	14	4	56	16	2	26.9	
25	100	75	11	58	58	14	115	85	14	4	65	16	3	33.7	
32	120	90	14	69	69	16	140	100	18	4	76	18	3	42.4	
40	130	100	14	78	78	16	150	110	18	4	84	18	3	48.3	
50	140	110	14	88	88	16	165	125	18	4	99	20	3	60.3	
65	160	130	14	4	108	16	185	145	18	4	118	20	3	76.1	用平焊方法将管法兰连接在钢管两端,以便与其他带法兰的钢管、阀门或管件进行连接
80	190	150	18	4	124	18	200	160	18	8	132	20	3	88.9	
100	210	170	18	4	144	18	220	180	18	8	156	22	3	114.3	
125	240	200	18	8	174	20	250	210	18	8	184	22	3	139.7	
150	265	225	18	8	199	20	285	240	22	8	211	24	3	168.3	
200	320	280	18	8	254	22	340	295	22	8	266	24	3	219.1	
250	375	335	18	12	309	24	395	350	22	12	319	26	3	273.0	
300	440	395	22	12	363	24	445	400	22	12	370	28	4	323.9	
350	490	445	22	12	413	26	505	460	22	16	420	30	4	355.6	
400	540	495	22	16	463	28	565	515	26	16	480	32	4	406.4	
450	595	550	22	16	518	28	615	565	26	20	530	35	4	457.0	
500	645	600	22	20	568	30	670	620	26	20	582	38	4	508.0	
600	755	705	26	20	667	36	780	725	30	20	682	42	5	610.0	

续表

公称通径	公称压力 PN/MPa												各种 PN		用途
	1.6						2.5								
DN	*D*	*K*	*L*	*n*	*d*	*C*	*D*	*K*	*L*	*n*	*d*	*C*	*f*	*A*	
10	90	60	14	4	41	14	90	60	14	4	41	14	2	17.2	
15	95	65	14	4	46	14	95	65	14	4	46	14	2	21.3	
20	105	75	14	4	56	16	105	75	14	4	56	16	2	26.9	
25	115	85	14	4	65	6	115	85	14	4	65	16	3	33.7	
32	140	100	18	4	76	18	140	100	18	4	76	18	3	42.4	
40	150	110	18	4	84	18	150	110	18	4	84	18	3	48.3	
50	165	125	18	4	99	20	165	125	18	4	99	20	3	60.3	
65	185	145	18	4	118	20	185	145	18	8	118	22	3	76.1	用平焊方法将管法兰连接在钢管两端，以便与其他带法兰的钢管、阀门或管件进行连接
80	200	160	18	8	132	20	200	160	18	8	132	24	3	88.9	
100	220	180	18	8	156	22	235	190	22	8	156	26	3	114.3	
125	250	210	18	8	184	22	270	220	26	8	184	28	3	139.7	
150	285	240	22	8	211	24	300	250	26	8	211	30	3	168.3	
200	340	295	22	12	266	26	360	310	26	12	274	32	3	219.1	
250	405	355	26	12	319	29	425	370	30	12	330	35	3	273.0	
300	460	410	26	12	370	32	485	430	30	16	389	38	4	323.9	
350	520	470	26	16	429	35	555	490	33	16	448	42	4	355.6	
400	580	525	30	16	480	38	620	550	36	16	503	46	4	406.4	
450	640	585	30	20	548	42	670	600	36	20	548	50	4	457.0	
500	715	650	33	20	609	46	730	660	36	20	609	56	4	508.0	
600	840	770	36	20	720	52	845	770	39	20	720	68	5	610.0	

注：1. *PN* 0.25 MPa 平焊钢制管法兰的连接及密封面尺寸，与 *PN* 0.6 MPa 平焊钢制管法兰相同。

2. 表中规定的钢制管法兰的连接及密封面尺寸（*D*、*K*、*L*、*n*、*d*、*f*、*A*），也适用于相同公称压力的其他钢制管法兰（如带颈平焊钢制管法兰、带颈螺纹制管法兰等）和钢制管法兰盖。

二、平面、突面带颈平焊钢制管法兰（GB/T 9116.1—2000）

平面、突面带颈平焊钢制管法兰的公称通径、公称压力见表 24-64。

表 24-64　平面、突面带颈平焊钢制管法兰(摘自 GB/T 9116.1—2000)(mm)

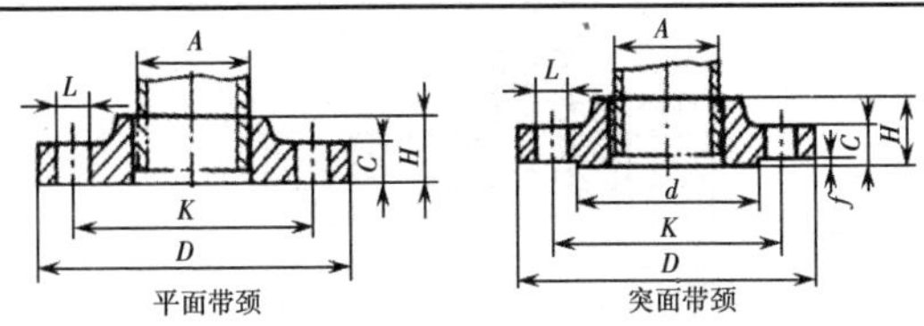

D—法兰外径;K—螺栓孔中心圆直径;n—螺栓孔数量;d—突出密封面直径;f—密封面高度;C—法兰厚度;H—法兰高度;A—适用管子外径;L—螺栓孔直径

公称通径 DN	公称压力 PN/MPa						用　途
	1.0		1.6		2.5		
	C	H	C	H	C	H	
10	14	20	14	20	14	22	用平焊方法,将管法兰连接在钢管两端,以便与其他带法兰的钢管、阀门或管件进行连接
15	14	20	14	20	14	22	
20	16	24	16	24	16	26	
25	16	24	16	24	16	28	
32	18	26	18	26	18	30	
40	18	26	18	26	18	32	
50	20	28	20	28	20	34	
60	20	32	20	32	22	38	
80	20	34	20	34	24	40	
100	22	40	22	40	24	44	
125	22	44	22	44	26	48	
150	24	44	24	44	28	52	
200	24	44	24	44	30	52	
250	26	46	26	46	32	60	
300	26	46	28	46	34	67	
350	26	53	30	57	38	72	
400	26	57	32	63	40	78	
450	28	63	34	68	42	84	
500	28	67	36	73	44	90	
600	30	75	38	83	46	100	

注:平面、突面带颈平焊钢制管法兰的其他尺寸(D、K、L、n、d、f、A),与相同公称压力的平面、突面板式平焊钢制管法兰相同,参见表 24-63。

三、突面带颈螺纹钢制管法兰(GB/T 9114—2000)

突面带颈螺纹钢制管法兰的公称通径、公称压力及用途,见表 24-65。

表 24-65　突面带颈螺纹钢制管法兰(摘自 GB/T9114—2000)(mm)

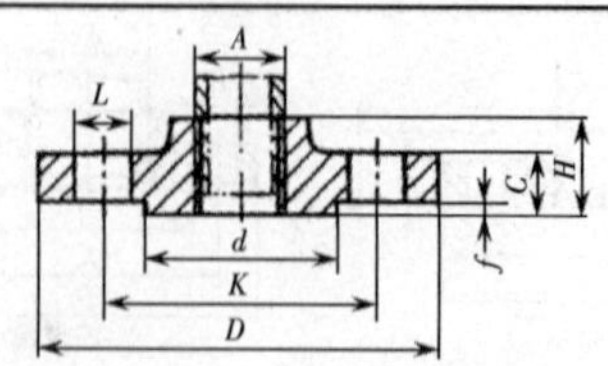

公称通径 DN		10	15	20	25	32	40	50	65	80	100	125	150
管螺纹尺寸代号		⅜	½	¾	1	1¼	1½	2	2½	3	4	5	6
PN0.6 MPa	C	12	12	14	14	16	16	16	16	18	18	20	20
	H	20	20	24	24	26	26	28	32	34	40	44	44
用　途		用来旋在两端带 55°管螺纹的钢管上,以便与其他带法兰管的钢管或阀门、管件进行连接											

注:1. 突面带颈螺纹钢制管法兰的其他尺寸(D、K、L、n、d、f、A),与相同公称压力的板式平焊钢制管法兰相同,参见表 24-63。

2. 公称压力 PN1.0～2.5MPa 的突面带颈螺纹钢制管法兰的 C、H 尺寸与相同公称压力的带颈平焊钢制管法兰相同,参见表 24-64。

3. 管螺纹采用 55°锥管螺纹。

四、带颈螺纹铸铁管法兰(GB/F 17241.3—1998)

带颈螺纹铸铁管法兰的公称通径、公称压力及用途,见表 24-66。

表 24-66　带颈螺纹铸铁管法兰(摘自 GB/T 17241.3—1998)(mm)

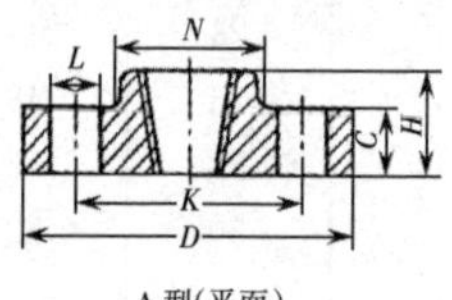

A 型(平面)

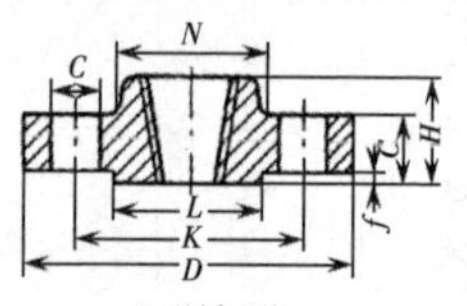

B 型(突面)

公称通径 DN	公称压力 PN/MPa										用　途
	1.0 和 1.6					2.5					
	L	C			H	L	C			H	
		灰①	球①	可①			灰①	球①	可①		
10	14	14	—	14	20	14	—	—	14	22	用来旋在两端带 55°管螺纹的钢管上,以便与其他带法兰管的钢管或阀门、管件进行连接
15	14	14	—	14	22	14	—	—	14	22	
20	14	16	—	16	26	14	—	—	16	26	
25	14	16	—	16	26	14	—	—	16	28	
32	19	18	—	18	28	19	—	—	18	30	
40	19	18	19	18	28	19	—	19	18	32	
50	19	20	19	20	30	19	—	19	20	34	

续表

公称通径DN	公称压力PN/MPa										用途
	1.0和1.6					2.5					
	L	C			H	L	C			H	
		灰①	球①	可①			灰①	球①	可①		
65	19	20	19	20	34	19	—	19	22	38	用来旋在两端带55°管螺纹的钢管上，以便与其他带法兰管的钢管或阀门、管件进行连接
80	19	22	19	20	36	19	—	19	24	40	
100	19	24	19	22	44	23	—	19	24	44	
125	23	26	19	22	48	28	—	19	26	48	
150	23	26	19	24	48	28	—	20	28	52	

注：1. 带颈螺纹钢制管法兰的其他尺寸（D、K、L、n、d、f、A）与相同公称压力的板式平焊钢制管法兰相同，参见表3-63。

2. 管螺纹采用55°锥管螺纹。

3. ① 灰为灰铸铁，≥HT200；球为球墨铸铁；≥QT400-15；可为可锻铸铁；≥KTH300-06。

五、平面、突面钢制管法兰盖

平面、突面钢制管法兰盖的公称通径、公称压力及用途（GB/T 9123.1—2000），见表24-67。

表24-67 平面、突面钢制管法兰盖 (mm)

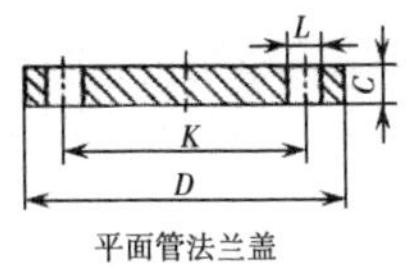

平面管法兰盖

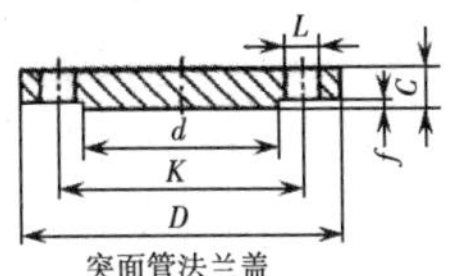

突面管法兰盖

公称通径DN			10	15	20	25	32	40	50	65	80	100	125	150	200	250	300	350	400	450	500	600
公称压力PN/MPa	≤0.6	法兰厚度C	12	12	14	14	16	16	16	16	18	18	20	20	22	24	24	26	28	30	32	36
	1.0		14	14	16	16	18	18	20	20	20	22	22	24	24	26	26	26	28	28	30	34
	1.6		14	14	16	16	18	18	20	20	20	22	22	24	26	26	28	30	32	36	40	44
	2.5		14	14	16	16	18	18	20	20	24	26	28	30	32	32	34	38	40	44	48	54
用途			用来封闭带法兰的钢管或阀门、管件																			

注：平面、突面钢制管法兰的其他尺寸（D、K、L、n、d、f、A）与相同公称压力的板式平焊钢制管法兰相同，参见表24 63。

六、铸铁管法兰盖

铸铁管法兰盖的公称通径、公称压力及用途（GB/T 17241.2—1998），见表24-68。

表 24-68　铸铁管法兰盖(摘自 GB/T17241.2—1998)(mm)

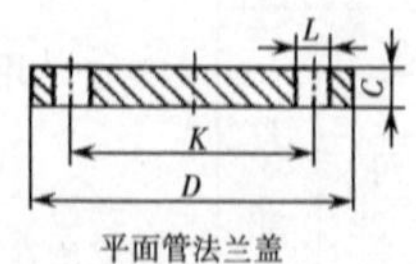

平面管法兰盖

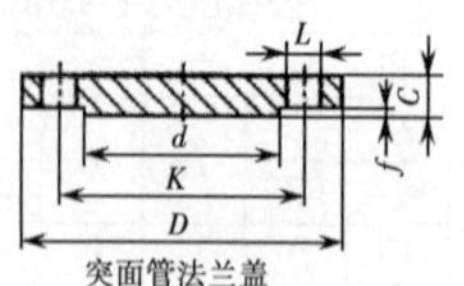

突面管法兰盖

公称通径 DN	公称压力 PN/MPa																	用途
	0.25		0.6			1.0				1.6				2.5				
	L	C	L	C		L	C			L	C			L	C			
		灰①		灰①	可①		灰①	球①	可①		灰①	球①	可①		灰①	球①	可①	
10	11	12	11	12	12	14	14	—	14	14	14	—	14	14	16	—	16	用来封闭带法兰的钢管或阀门、管件
15	11	12	11	12	12	14	14	—	14	14	14	—	14	14	16	—	16	
20	11	14	11	14	14	14	16	—	16	14	16	—	16	14	18	—	16	
25	11	14	11	14	14	14	16	—	16	14	16	—	16	14	18	—	16	
32	14	16	14	16	16	19	18	—	18	19	18	—	18	19	20	—	18	
40	14	6	14	16	16	19	18	19	18	19	18	19	18	19	20	19	18	
50	14	16	4	16	16	19	20	19	20	19	20	19	20	19	22	19	20	
60	14	16	14	16	16	19	20	19	20	19	20	19	20	19	24	19	22	
80	19	18	19	18	18	19	22	19	20	19	22	19	20	19	26	19	24	
100	19	18	19	18	18	19	22	19	20	19	24	19	22	23	28	19	24	
125	19	20	19	20	20	19	26	19	20	19	26	19	22	28	30	19	26	
150	19	20	19	20	20	23	26	19	24	23	26	19	24	28	34	20	28	
200	19	22	19	22	22	23	26	20	24	23	30	20	24	28	34.3	22	30	
250	19	24	19	24	24	23	28	22	26	28	32	22	26	31	36	24.5	32	
300	23	24	23	24	24	23	28	24.5	26	28	32	24.5	28	31	40	27.5	34	
350	23	26	23	26	—	23	30	24.5	—	28	36	26.5	—	34	44	30	—	
400	23	28	23	28	—	28	32	24.5	—	31	38	28	—	37	48	32	—	
450	23	28	23	28	—	28	32	25.5	—	31	40	30	—	37	50	34.5	—	
500	23	30	23	30	—	28	34	26.5	—	34	42	31.5	—	37	52	36.5	—	
600	26	30	26	30	—	31	36	30	—	37	48	36	—	40	56	42	—	

注：铸铁管法兰盖的其他尺寸(D、K、L、n、d、f、A)与相同公称压力的板式平焊钢制管法兰相同，参见表 24-63。

① 灰为灰铸铁，≥HT200；球为球墨铸铁；≥QT400-15；可为可锻铸铁；≥KTH300-06。

第六节　可锻铸铁管路连接件

一、外接头和通丝外接头

外接头和通丝外接头做公称通径、尺寸及用途(GB/T 3287—2000),见表24-69。

表24-69　外接头和通丝外接头　(mm)

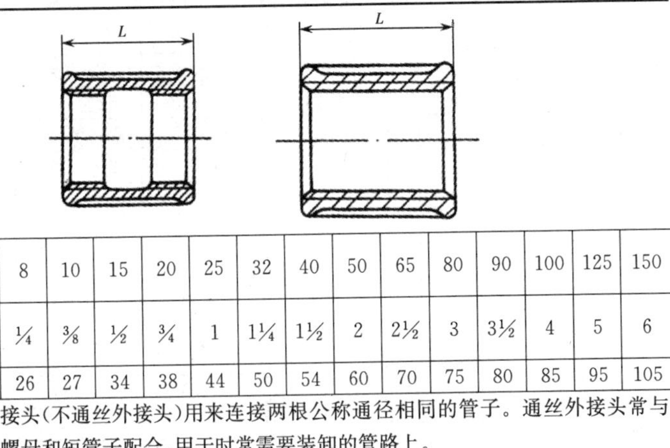

公称通径 DN	6	8	10	15	20	25	32	40	50	65	80	90	100	125	150
管螺纹尺寸/in	⅛	¼	⅜	½	¾	1	1¼	1½	2	2½	3	3½	4	5	6
L	22	26	27	34	38	44	50	54	60	70	75	80	85	95	105
用　途	外接头(不通丝外接头)用来连接两根公称通径相同的管子。通丝外接头常与锁紧螺母和短管子配合,用于时常需要装卸的管路上。														

二、异径外接头

异径外接头的公称通径、尺寸及用途(GB/T 3287—2000),见表24-70。

表24-70　异径外接头　(mm)

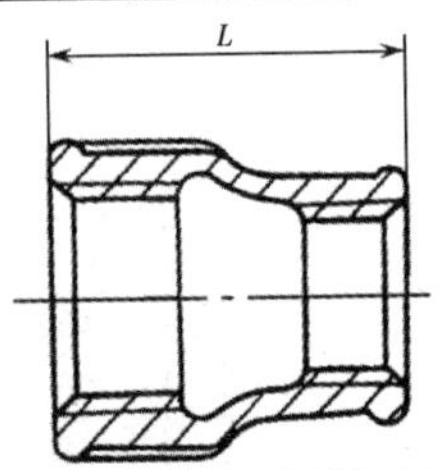

公称通径 DN	管螺纹尺寸/in	L	用　途	公称通径 DN	管螺纹尺寸/in	L	用　途
10×8	⅜×¼	29	用来连接两根公称通径不同的管子,使管路通径缩小	40×20	1½×¾	53	用来连接两根公称通径不同的管子,使管路通径缩小
15×8	½×¼	35		40×25	1½×1		
15×10	½×⅜			40×32	1½×1¼		
20×8	¾×¼	39		50×8	2×¼	59	
20×10	¾×⅜			50×10	2×⅜		
20×15	¾×½			50×15	2×½		
25×8	1×¼	43		50×20	2×¾		

续表

公称通径 DN	管螺纹尺寸/in	L	用途	公称通径 DN	管螺纹尺寸/in	L	用途
25×10	1×⅜	43	用来连接两根公称通径不同的管子,使管路通径缩小	50×25	2×1	59	用来连接两根公称通径不同的管子,使管路通径缩小
25×15	1×½			50×32	2×1¼		
25×20	1×¾			50×40	2×1½		
32×8	1¼×¼	49		65×10	2½×⅜	65	
32×10	1¼×⅜			65×15	2½×½		
32×15	1¼×½			65×20	2½×¾		
32×20	1¼×¾			65×25	2½×1		
32×25	1¼×1			65×32	2½×1¼		
40×8	1½×¼	53		65×40	2½×1½		
40×10	1½×⅜			65×50	2½×2	72	
40×15	1½×½			80×15	3×½		
85×20	3×¾	72	用来连接两根公称通径不同的管子,使管路通径缩小	100×80	4×3	85	用来连接两根公称通径不同的管子,使管路通径缩小
85×25	3×1			100×90	4×3½		
85×32	3×1¼			125×20	5×¾	95	
85×40	3×1½			125×25	5×1		
85×50	3×2			125×32	5×1½		
85×65	3×2½			125×40	5×¾		
90×15	3½×½	78		125×50	5×2		
90×20	3½×¾			125×65	5×2½		
90×25	3½×1			125×80	5×3		
90×32	3½×1¼			125×90	5×3½		
90×40	3½×1½			125×100	5×4		
90×50	3½×2			150×20	6×¾	105	
90×65	3½×2½			150×25	6×1		
90×80	3½×3			150×32	6×1¼		
100×15	4×½	85		150×40	6×1½		
100×20	4×¾			150×50	6×2		
100×25	4×1			150×65	6×2¼		
100×32	4×1½			150×80	6×2½		
100×40	4×¾			150×90	6×3½		
100×50	4×2			150×100	6×4		
100×65	4×2½			150×125	6×5		

三、活接头

活接头的公称通径、尺寸及用途(GB/T 3287—2000),见表 24-71。

表 24-71　活接头　　(mm)

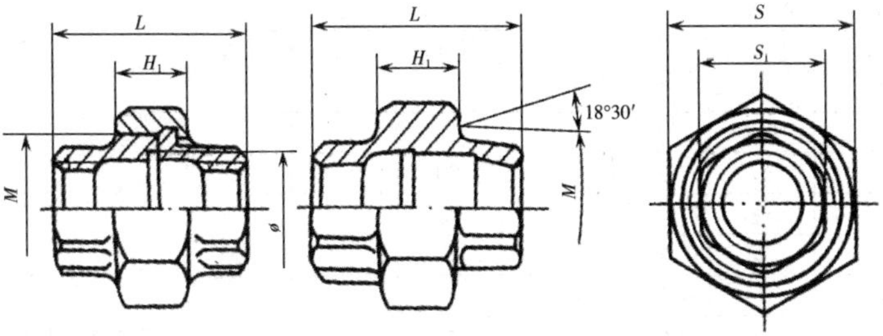

公称通径 DN	管螺纹尺寸/in	M	ø	L	H_1	S_1 六角	S_1 八角	S_1 十角	S 六角	S 八角	S 十角	用途
6	⅛	22×1.5	14	40	13	15			2			多用于时常需要半装拆的管路上
8	¼	27×1.5	18	40	14	19			35			
10	⅜	33×2	22	44	16	23			39			
15	½	39×2	27	48	18	27			45			
20	¾	42×2	31	53	19	33			52			
25	1	52×2	39	60	21		40			60		
32	1¼	62×2	48	65	23		50			70		
40	1½	72×2	56	69	24		56			81		
50	2	82×2	68	78	26		69			94		
65	2½	100×2	84	86	30			85			112	
80	3	115×2	97	95	33			98			127	
90	3½	130×2	107	107	35			112			143	
100	4	145×2	123	116	38			125			158	
125	5	175×2	150	132	43			151			188	
150	6	205×2	175	146	48			178			219	

四、内接头

内接头的公称通径、尺寸及用途(GB/T 3287—2000),见表 24-72。

表 24-72　内接头　　(mm)

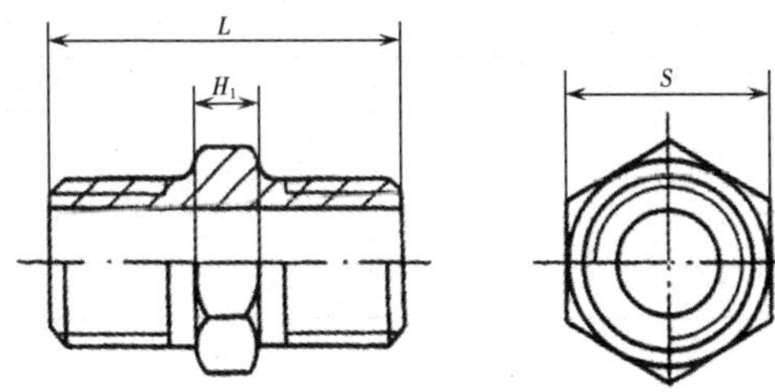

续表

公称通径 DN	管螺纹尺寸/in	L	H_1	S			用　途
				六角	八角	十角	
6	⅛	29	5	14			用来连接两个公称通径的内螺纹管件或阀门
8	¼	36	8	17			
10	⅜	38		20			
15	½	44	8	25			
20	¾	48		30			
25	1	54	9	36			
32	1¼	60		46			
40	1½	62		52			
50	2	68			64	64	
65	2½	78	10		80	80	
80	3	84	12		92	92	
90	3½	90			105	105	
100	4	99	14		117	117	
125	5	107	16		145	145	
150	6	119	20		170	170	

五、内外接头

内外接头的公称通径、尺寸及用途(GB/T3287—2000),见表 24-73。

表 24-73　内外接头　(mm)

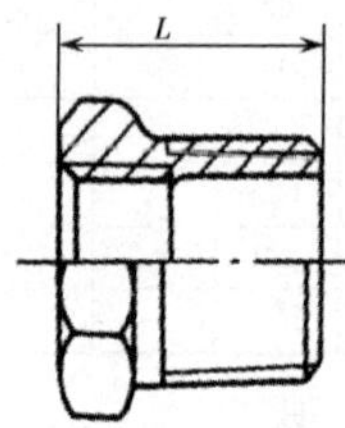

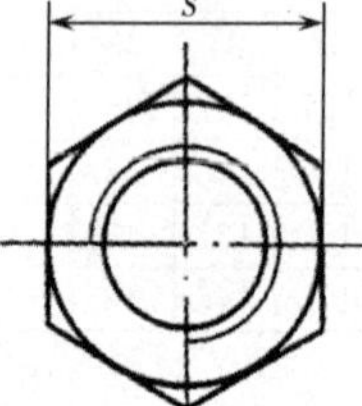

公称通径 DN	管螺纹尺寸/in	L	S			用　途	公称通径 DN	管螺纹尺寸/in	L	S			用　途
			六角	八角	十角					六角	八角	十角	
10×8	⅜×¼	23	20				20×15	¾×½	28	30			
15×8	½×¼	26	25				25×8	1×¼	31	36			
15×10	¾×⅜						25×10	1×⅜					
20×8	¾×¼	28	30				25×15	1×½					
20×10	¾×⅜						25×20	1×¾					

续表

公称通径 DN	管螺纹尺寸/in	L	S 六角	S 八角	S 十角	用途
32×8	1¼×¼	34	46			外螺纹一端，配合外接头与大通径管子或内螺纹管件连接；内螺纹一端，直接与小通径管子连接，使管路通径缩小
32×10	1¼×⅜					
32×15	1¼×½					
32×20	1¼×¾					
32×25	1¼×1					
40×8	1½×¼	35	52			
40×10	1½×⅜					
40×15	1½×½					
40×20	1½×¾					
40×25	1½×1					
40×32	1½×1¼					
50×8	2×¼	39		64	64	
50×10	2×⅜					
50×15	2×½					
50×20	2×¾					
50×25	2×1					
50×32	2×1¼					
50×40	2×1½					
65×10	2½×⅜	44		80	80	
65×15	2½×½					
65×20	2½×¾					
65×25	2½×1					
65×32	2½×1¼					
65×40	2½×1½					
65×50	2½×2					
80×15	3×½	48		92	92	
85×20	3×¾					
85×25	3×1					
85×32	3×1¼					
85×40	3×1½					
85×50	3×2					
85×65	3×2½					
90×15	3½×½	51		105	105	
90×20	3½×¾					

公称通径 DN	管螺纹尺寸/in	L	S 六角	S 八角	S 十角	用途
90×25	3½×1	51		105	105	外螺纹一端，配合外接头与大通径管子或内螺纹管件连接；内螺纹一端，直接与小通径管子连接，使管路通径缩小
90×32	3½×1¼					
90×40	3½×1½					
90×50	3½×2					
90×65	3½×2½					
90×80	3½×3					
100×15	4×½	56		117	117	
100×20	4×¾					
100×25	4×1					
100×32	4×1½					
100×40	4×¾					
100×50	4×2					
100×65	4×2½					
100×80	4×3					
100×90	4×3½					
125×20	5×¾	61		145	145	
125×25	5×1					
125×32	5×1½					
125×40	5×¾					
125×50	5×2					
125×65	5×2½					
125×80	5×3					
125×90	5×3½					
125×100	5×4					
150×20	6×¾	69		170	170	
150×25	6×1					
150×32	6×1¼					
150×40	6×1½					
150×50	6×2					
150×65	6×2¼					
150×80	6×2½					
150×90	6×3½					
150×100	6×4					
150×125	6×5					

六、锁紧螺母

锁紧螺母公称通径、尺寸及用途(GB/T 3287—2000)见表 24-74。

表 24-74　锁紧螺母　　(mm)

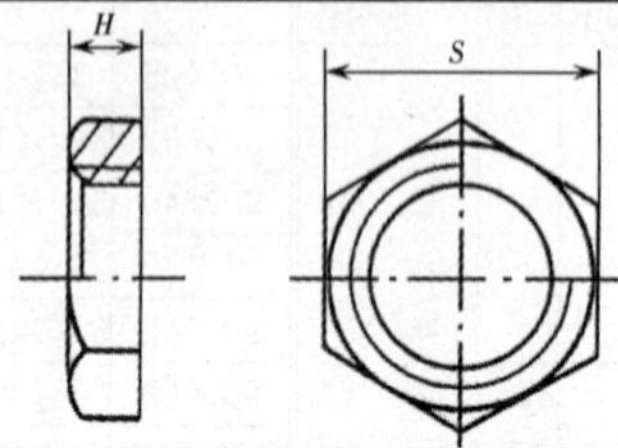

公称通径 DN	管螺纹尺寸/in	H	S			用途	公称通径 DN	管螺纹尺寸/in	H	S			用途
			六角	八角	十角					六角	八角	十角	
6	⅛	6	19			锁紧装在管路上的通丝外接头或其他管件	50	2	15		77	77	锁紧装在管路上的通丝外接头或其他管件
8	1/1	8	24				65	2½	17		93	93	
10	⅜	9	27				80	3	18		109	109	
15	½	9	3				90	3½	20		121	121	
20	¾	10	138				100	4	22		137	137	
25	1	11	47				125	5	25		163	163	
32	1¼	12	56	56			150	6	33		191	191	
40	1½	13	63	63									

七、弯头

弯头的公称通径、尺寸及用途(GB/T 3287—2000),见表 24-75。

表 24-75　弯头　　(mm)

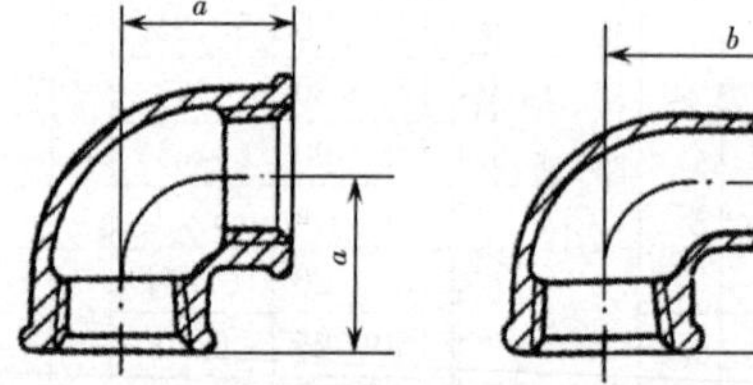

公称通径 DN	管螺纹尺寸/in	a	b	用途	公称通径 DN	管螺纹尺寸/in	a	b	用途
6	⅛	18	27	用来连接两根公称通径相同的管子,使管路作 90°转弯	50	2	57	79	用来连接两根公称通径相同的管子,使管路作 90°转弯
8	¼	19	30		65	2½	69	92	
10	⅜	23	35		80	3	78	104	
15	½	27	40		90	3½	87	115	
20	¾	32	47		100	4	97	126	
25	1	38	54		125	5	113	148	
32	1¼	46	62		150	6	132	170	
40	1½	48	68						

八、三通

三能的公称通径、尺寸及用途(GB/T 3287—2000),见表 24-76。

表 24-76 三通 (mm)

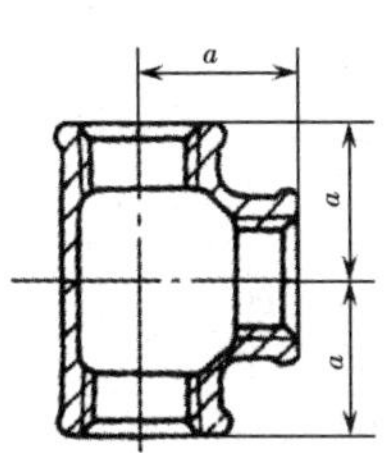

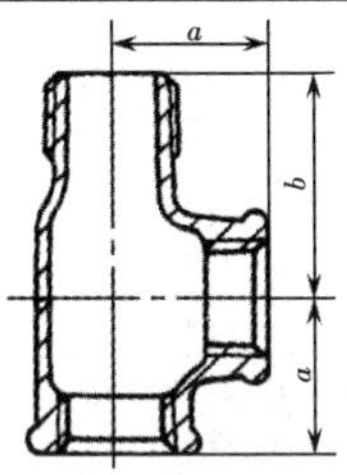

公称通径 DN	管螺纹尺寸/in	*a*	*b*	用途	公称通径 DN	管螺纹尺寸/in	*a*	*b*	用途
6	⅛	18	27	供由直管中接出支管用,连接的三根管子的公称通径相同	50	2	57	79	供由直管中接出支管用,连接的三根管子的公称通径相同
8	¼	19	30		65	2½	69	92	
10	⅜	23	35		80	3	78	104	
15	½	27	40		90	3½	87	115	
20	¾	32	47		100	4	97	126	
25	1	38	54		125	5	113	148	
32	1¼	46	62		150	6	132	170	
40	1½	48	68						

九、中小异径三通

中小异径三通的公称通径、尺寸及用途(GB/T 3287—2000),见表 24-77。

表 24-77 中小异径三通(mm)

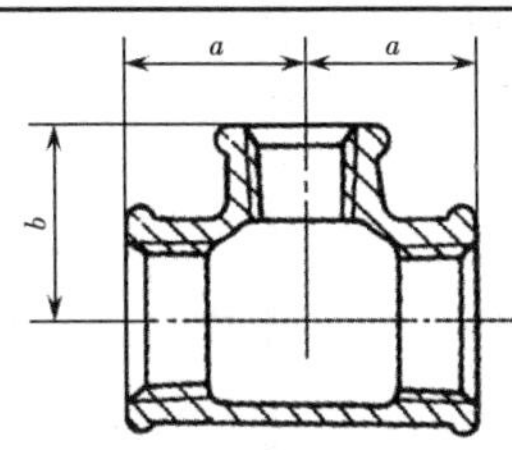

公称通径 DN	管螺纹尺寸/in	*a*	*b*	用途	公称通径 DN	管螺纹尺寸/in	*a*	*b*	用途
10×10×8	⅜×⅛×¼	20	22	供由直管中接出支管用,从中间接出的管子公称通径小于从两端接出的管子的公称通径	25×25×10	1×1×⅜	30	32	供由直管中接出支管用,从中间接出的管子公称通径小于从两端接出的管子的公称通径
15×15×8	½×½×¼	24	24		25×25×15	1×1×½	32	33	
15×15×10	½×½×⅜	26	25		25×25×20	1×1×¾	34	35	
20×20×8	¾×¾×¼	25	27		32×32×8	1¼×1¼×¼	30	37	
20×20×10	¾×¾×⅜	28	28		32×32×10	1¼×1¼×⅜	33	38	
20×20×15	¾×¾×½	29	30		32×32×15	1¼×1¼×⅜	34	38	
25×25×8	1×1×¼	27	31		32×32×20	1¼×1¼×¾	38	40	

续表

公称通径 DN	管螺纹尺寸/in	a	b	用途	公称通径 DN	管螺纹尺寸/in	a	b	用途
32×32×25	1¼×1¼×1	40	42	供由直管中接出支管用，从中间接出的管子公称通径小于从两端接出的管子的公称通径	90×90×50	3½×3½×2	65	80	供由直管中接出支管用，从中间接出的管子公称通径小于从两端接出的管子的公称通径
40×40×8	1½×1½×¼	31	38		90×90×65	3½×3½×2½	74	82	
40×40×10	1½×1½×⅜	34	39		90×90×80	3½×3½×3	80	85	
40×40×15	1½×1½×½	35	42		100×100×15	4×4×½	50	79	
40×40×20	1½×1½×¾	38	43		100×100×20	4×4×¾	54	80	
40×40×25	1½×1½×1	41	45		100×100×25	4×4×1	57	83	
40×40×32	1½×1½×1¾	45	48		100×100×32	4×4×1¼	61	86	
50×50×8	2×2×¼	34	45		100×100×40	4×4×1½	63	86	
50×50×10	2×2×⅜	37	46		100×100×50	4×4×2	69	87	
50×50×15	2×2×½	38	48		100×100×65	4×4×2½	78	90	
50×50×20	2×2×¾	41	49		100×100×80	4×4×3	83	91	
50×50×25	2×2×1	44	51		100×100×90	4×4×3½	90	95	
50×50×32	2×2×1¼	48	54		125×125×20	5×5×¾	55	96	
50×50×40	2×2×1½	52	55		125×125×25	5×5×1	60	97	
65×65×15	2½×2½×½	41	57		125×125×32	5×5×1¼	62	100	
56×65×20	2½×2½×¾	44	58		125×125×40	5×5×1½	66	100	
65×65×25	2½×2½×1	48	60		125×125×50	5×5×2	72	103	
65×65×32	2½×2½×1¼	52	62		125×125×65	5×5×2½	81	105	
65×65×40	2½×2½×1½	55	62		125×125×80	5×5×3	87	107	
65×65×50	2½×2½×2	60	65		125×125×90	5×5×3½	93	109	
80×80×15	3×3×½	43	65		125×125×100	5×5×4	100	111	
80×80×20	3×3×¾	46	66		150×150×20	6×6×¾	60	108	
80×80×25	3×3×1	50	68		150×150×25	6×6×1	64	110	
80×80×32	3×3×1¼	55	70		150×150×32	6×6×1¼	67	113	
80×80×40	3×3×1½	58	72		150×150×40	6×6×1½	70	114	
80×80×50	3×3×2	62	72		150×150×50	6×6×2	75	115	
80×80×65	3×3×2½	72	75		150×150×65	6×6×2½	85	118	
90×90×15	3½×3½×½	47	71		150×150×80	6×6×3	92	120	
90×90×20	3½×3½×¾	50	73		150×150×90	6×6×3½	97	125	
90×90×25	3×3×4	54	75		150×150×100	6×6×4	102	125	
90×90×32	3½×3½×1¾	57	77		150×150×125	6×6×5	116	128	
90×90×40	3½×3½×1½	60	78						

十、中大异径三通

中大异径三通的公称通径、尺寸及用途(GB/T 3287—2000)，见表 24-78。

表 24-78　中大异径三通　(mm)

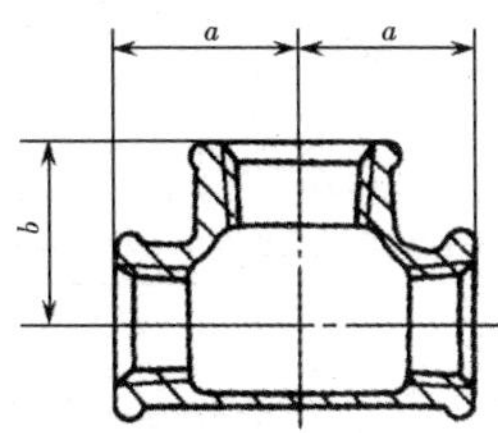

公称通径 DN	管螺纹尺寸/in	a	b	用途	公称通径 DN	管螺纹尺寸/in	a	b	用途
8×8×10	¼×¼×⅜	22	20	供由直管中接出支管用，从中间接出的管子公称通径小于从两端接出的管子的公称通径	25×25×40	1×1×1½	45	41	供由直管中接出支管用，从中间接出的管子公称通径小于从两端接出的管子的公称通径
8×8×15	¼×¼×½	24	24		25×25×50	1×1×2	51	44	
8×8×20	¼×¼×¾	27	25		25×25×65	1×1×2½	60	48	
8×8×25	¼×¼×1	31	27		25×25×80	1×1×3	68	50	
10×10×15	⅜×⅜×½	25	26		25×25×90	1×1×3½	75	54	
10×10×20	⅜×⅜×¾	28	28		25×25×100	1×1×4	83	57	
10×10×25	⅜×⅜×1	32	30		25×25×125	1×1×5	97	60	
10×10×32	⅜×⅜×1¼	38	33		25×25×150	1×1×6	110	64	
10×10×40	⅜×⅜×1½	39	34		32×32×40	1¼×1¼×1½	48	45	
10×10×50	⅜×⅜×2	46	37		32×32×50	1 1/1×1¼×2	54	48	
15×15×20	½×½×¾	30	29		32×32×65	1¼×1¼×2½	62	52	
15×15×25	½×½×1	33	32		32×32×80	1¼×1¼×3	70	55	
15×15×32	½×½×1¾	38	34		32×32×90	1¼×1¼×3½	77	57	
15×15×40	½×½×1½	42	35		32×32×100	1¼×1¼×4	86	61	
15×15×50	½×½×2	48	38		32×32×125	1¼×1¼×5	100	62	
15×15×65	½×½×2½	57	41		32×32×150	1¼×1¼×6	113	67	
15×15×80	½×½×3	65	65		40×40×50	1½×1½×2	55	52	
15×15×90	½×½×3½	71	71		40×40×65	1½×1½×2½	62	55	
15×15×100	½×½×4	79	79		40×40×80	1½×1½×3	72	58	
20×20×25	¾×¾×1	35	34		40×40×90	1½×1½×3½	78	60	
20×20×32	¾×¾×1¼	40	38		40×40×100	1½×1½×4	86	63	
20×20×40	¾×¾×1½	43			40×40×125	1½×1½×5	100	66	
20×20×50	¾×¾×2	49	41		40×40×150	1½×1½×6	114	70	
20×20×65	¾×¾×2½	58	44		50×50×65	2×2×2½	65	60	
20×20×80	¾×¾×3	66	46		50×50×80	2×2×3	72	62	
20×20×90	¾×¾×3½	73	50		50×50×90	2×2×3½	80	65	
20×20×100	¾×¾×4	0	54		50×50×100	2×2×4	87	9	
20×20×125	¾×¾×5	96	55		50×50×125	2×2×5	103	72	
20×20×150	¾×¾×6	108	60		50×50×150	2×2×6	115	75	
25×25×32	1×1×1¼	42	40		65×65×80	2½×2½×3	75	72	

续表

公称通径 DN	管螺纹尺寸/in	*a*	*b*	用途	公称通径 DN	管螺纹尺寸/in	*a*	*b*	用途
65×65×90	2½×2½×3½	82	74	供由直管中接出支管用，从中间接出的管子公称通径小于从两端接出的管子的公称通径	80×80×150	3×3×6	120	92	供由直管中接出支管用，从中间接出的管子公称通径小于从两端接出的管子的公称通径
65×65×100	2½×2½×4	90	78		90×90×100	3½×3½×4	95	90	
65×65×125	2½×2½×5	105	81		90×90×125	3½×3½×5	109	93	
65×65×150	2½×2½×6	118	85		90×90×150	3½×3½×6	125	97	
80×80×90	3×3×3½	85	80		100×100×125	4×4×5	111	100	
80×80×100	3×3×4	91	83		100×100×150	4×4×6	125	10	
80×80×125	3×3×5	107	87		125×125×150	5×5×6	128	116	

十一、四通

四通的公称通径、尺寸及用途（GB/T 3287—2000），见表 24-79。

表 24-79　四通　　(mm)

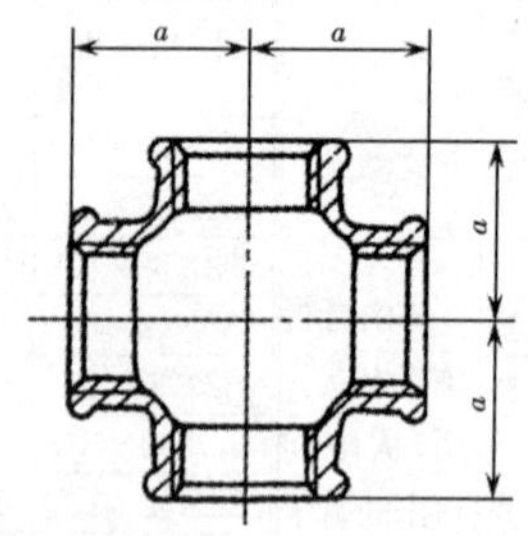

公称通径 DN	6	8	10	15	20	25	32	40	50	65	80	90	100	125	150
管螺纹尺寸/ in	⅛	¼	⅜	½	¾	1	1¼	1½	2	2½	3	3½	4	5	6
a	18	19	23	27	32	38	46	48	57	69	78	87	97	113	132
用　途	用来连接四根公称通径相同、并成垂直相交的管子														

十二、异径四通

异径四通的公称通径、尺寸及用途（GB/T 3287—2000），见表 24-80。

表 24-80　异径四通　　(mm)

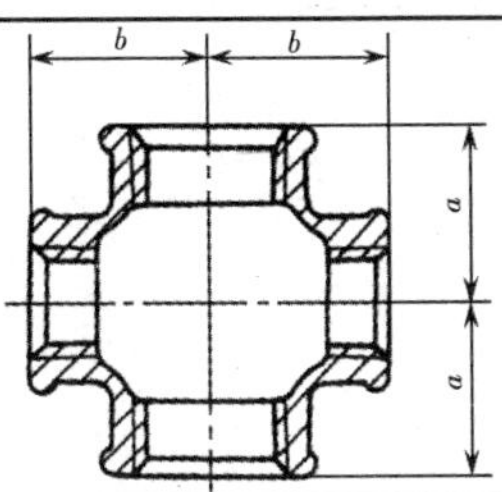

公称通径 DN	管件规格	尺寸,mm	
		a	b
(15×10)	(1/2×3/8)	26	26
20×15	3/4×1/2	30	31
25×15	1×1/2	32	34
25×20	1×3/4	35	36
(32×20)	(1¼×3/4)	36	41
32×25	1¼×1	40	42
(40×25)	(1½×1)	42	46

第七节　阀门

一、闸阀

闸阀的型号、公称压力、公称通径及用途,见表 24-81。

表 24-81　闸　阀

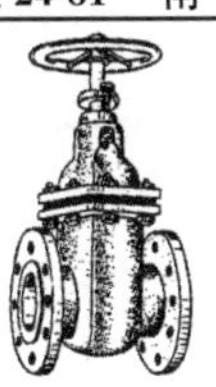

暗杆楔式单闸板闸阀

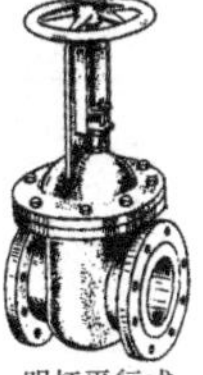

明杆平行式双闸板闸阀

名　称	型　号	公称压力 PN/MPa	适用介质	适用温度 /℃≤	公称通径 DN /mm	用　途
楔式双闸板闸阀	Z42W-1	0.1	煤气	100	300～500	装于管路上作启闭(主要是全开、全关)管路及设备中介质用。其中暗杆闸阀的阀杆不作升降运动,适用于高度受限制的地方;明杆闸阀的阀杆作升降运动,只能用于高度不受限制的地方
锥齿轮传动楔式双闸板闸阀	Z542W-1				600～1 000	
电动楔式双闸板闸阀	Z942W-1				600～1 400	
电动暗杆楔式双闸板闸阀	Z9426T-2.5	0.25	水		1 600、1 800	
电动暗杆楔式闸阀	Z945T-6	0.6			1 200、1 400	
楔式闸阀	Z41T-10	1.0	蒸气、水	200	50～450	
楔式闸阀	Z41W-10		油品	100	50～450	
电动楔式闸阀	Z941T-10		蒸气、水	200	100～450	
平行式双闸板闸阀	Z44T-10				50～400	

续表

名　称	型　号	公称压力 PN/MPa	适用介质	适用温度 /℃≤	公称通径 DN /mm	用　途
平行式双闸板闸阀	Z44W-10	1.0	油品	100	50～400	装于管路上作启闭(主要是全开、全关)管路及设备中介质用。其中暗杆闸阀的阀杆不作升降运动,适用于高度受限制的地方;明杆闸阀的阀杆作升降运动,只能用于高度不受限制的地方
液动楔式闸阀	Z741T-10		水		100～600	
电动平行式双闸板闸阀	Z944T-10		蒸气、水	200	100～400	
电动平行式双闸板闸阀	Z944W-10		油品	100	100～400	
暗杆楔式闸阀	Z45T-10		水		50～700	
暗杆楔式闸阀	Z45W-10		油品		50～450	
直齿圆柱齿轮传动暗杆楔式闸阀	Z445T-10		水		800～1000	
电动暗杆楔式闸阀	Z945T-10				100～1000	
电动暗杆楔式闸阀	Z945W-10		油品		100～450	
楔式闸阀	Z40H-16C	1.6	油品、蒸气、水	350	200～400	
电动楔式闸阀	Z940H-16C				200～400	
气动楔式闸阀	Z640H-16C				200～500	
楔式闸阀	Z40H-16Q				65～200	
电动楔式闸阀	Z940H-16Q				65～200	
楔式闸阀	Z40W-16P		硝酸类	100	200～300	
楔式闸阀	Z40W-16R		醋酸类		200～300	
楔式闸阀	Z40Y-16I		油品	550	200～400	
楔式闸阀	Z40H-25	2.5	油品、蒸气、水	350	50～400	
电动楔式闸阀	Z940H-25				50～400	
气动楔式闸阀	Z640H-25	2.5	油品、蒸气、水	350	50～400	
楔式闸阀	Z40H-25Q				50～200	
电动楔式闸阀	Z940H-25Q				50～200	
锥齿轮传动楔式双闸板闸阀	Z542H-25		蒸气、水	300	300～500	
电动楔式双闸板闸阀	Z942H-25				300～800	
承插焊楔式闸阀	Z61Y-40	4.0	油品、蒸气、水	425	15～40	
楔式闸阀	Z41H-40				15～40	
楔式闸阀	Z40H-40				50～250	
直齿圆柱齿轮传动楔式闸阀	Z440H-40				300～400	
电动楔式闸阀	Z940H-40				50～400	
气动楔式闸阀	Z640H-40				50～400	
楔式闸阀	Z40H-40Q			350	50～200	
电动楔式闸阀	Z940H-40Q				50～200	
楔式闸阀	Z40Y-40P		硝酸类	100	100～250	
直齿圆柱齿轮传动楔式闸阀	Z440Y-40P				300～500	

续表

名　称	型　号	公称压力 PN/MPa	适用介质	适用温度 /℃≤	公称通径 DN /mm	用　途
楔式闸阀	Z40Y-40I	4.0	油品	550	50～250	装于管路上作启闭(主要是全开、全关)管路及设备中介质用。其中暗杆闸阀的阀杆不作升降运动,适用于高度受限制的地方;明杆闸阀的阀杆作升降运动,只能用于高度不受限制的地方
楔式闸阀	Z40H-64	6.4	油品、蒸气、水	425	50～250	
直齿圆柱齿轮传动楔式闸阀	Z440H-64				300～400	
电动楔式闸阀	Z940H-64				50～800	
电动楔式闸阀	Z940Y-64I		油品	550	300～500	
楔式闸阀	Z40Y-64I				50～250	
楔式闸阀	Z40Y-100	10.0	油品、蒸气、水	450	50～200	
直齿圆柱齿轮传动楔式闸阀	Z440Y-100				250～300	
电动楔式闸阀	Z940Y-100				50～300	
承插焊楔式闸阀	Z61Y-160	16.0	油品		15～40	
楔式闸阀	Z41H-160				15～40	
楔式闸阀	Z40Y-160				50～200	
电动楔式闸阀	Z940Y-160				50～300	
楔式闸阀	Z40Y-160I			550	50～200	
电动楔式闸阀	Z940Y-160I				50～200	

二、截止阀

截止阀的型号、公称压力、公称通径及用途,见表 24-82。

表 24-82　截止阀

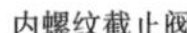

内螺纹截止阀

DN≤50

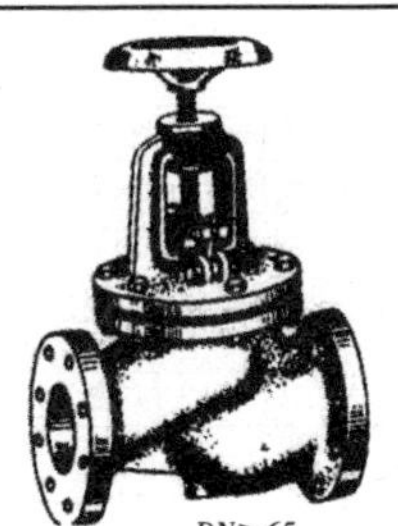

DN≥65

截止阀(法兰连接)

名　称	型　号	公称压力 PN/MPa	适用介质	适用温度 /℃≤	公称通径 DN /mm	用　途
衬胶直流式截止阀	J45J-6	0.6	酸、碱类	50	40～150	装于管路或设备上,用以启闭管路中的介质,是应用比较广泛的一种阀
衬铅直流式截止阀	J45Q-6		硫酸类	100	25～150	
焊接波纹管式截止阀	WJ61W-6P		硝酸类		10～25	

续表

名　称	型　号	公称压力 PN/MPa	适用介质	适用温度 /℃≤	公称通径 DN /mm	用　途
波纹管式截止阀	WJ41W-6P	0.6	硝酸类	100	32～50	装于管路或设备上，用以启闭管路中的介质，是应用比较广泛的一种阀
内螺纹截止阀	J11W-16	1.6	油品	100	15～65	
内螺纹截止阀	J11T-16		蒸气、水	200	15～65	
截止阀	J41W-16		油品	100	25～150	
截止阀	J41T-16P		蒸气、水	200	25～150	
截止阀	J41W-16P		硝酸类	100	80～150	
截止阀	J41W-16R		醋酸类		80～150	
外螺纹截止阀	J21W-25K	2.5	氨、氨液	−40～+150	6	
外螺纹角式截止阀	J24W-25K				6	
外螺纹截止阀	J21B-25K				10～25	
外螺纹角式截止阀	J24B-25K				10～25	
截止阀	J41B-25Z				32～200	
角式截止阀	J44B-25Z				32～50	
波纹管式截止阀	WJ41W-25P		硝酸类	100	25～150	
直流式截止阀	J45W-25P				25～100	
外螺纹截止阀	J21W-40	4.0	油品	200	6、10	
卡套截止阀	J91W-40				6、10	
卡套截止阀	J91H-40		油品、蒸气、水	425	15～25	
卡套角式截止阀	J94W-40		油品	200	6、10	
卡套角式截止阀	J94H-40		油品、蒸气、水	425	15～25	
外螺纹截止阀	J21H-40		油品、蒸气、水	425	15～25	
外螺纹角式截止阀	J24W-40		油品	200	6、10	
外螺纹角式截止阀	J24H-40		油品、蒸气、水	425	15～25	
外螺纹截止阀	J21W-40P		硝酸类	100	6～25	
外螺纹截止阀	J21W-40R		醋酸类		6～25	
外螺纹角式截止阀	J24W-40P		硝酸类		6～25	
外螺纹角式截止阀	J24W-40R		醋酸类		6～25	
承插焊截止阀	J61Y-40		油品、蒸气、水	100	10～25	
截止阀	J41H-40		油品、蒸气、水		10～150	
截止阀	J41W-40P		硝酸类		32～150	
截止阀	J41W-40R		醋酸类		32～150	
电动截止阀	J941H-40		油品、蒸气、水	425	50～150	
截止阀	J41H-40Q			350	32～150	
角式截止阀	J44H-40			425	32～50	
截止阀	J41H-64	6.4			50～100	
电动截止阀	J941H-64				50～100	
截止阀	J41H-100	10.0		450	10～100	
电动截止阀	J941H-100				50～100	
角式截止阀	J44H-100				32～50	
承插焊截止阀	J61Y-160	16.0	油品		15～40	
截止阀	J41H-160				15～40	
截止阀	J41Y-160I			550	15～40	
外螺纹截止阀	J21W-160	16.0	油品	220	6、10	

三、旋塞阀

旋塞阀的型号、公称压力、公称通径及用途，见表 24-83。

表 24-83　旋塞阀

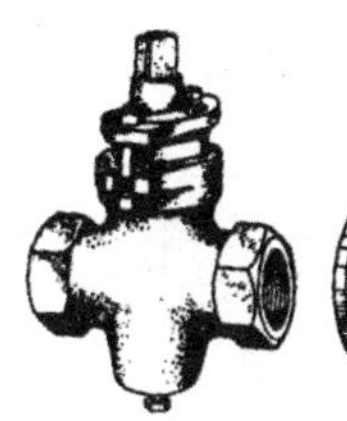
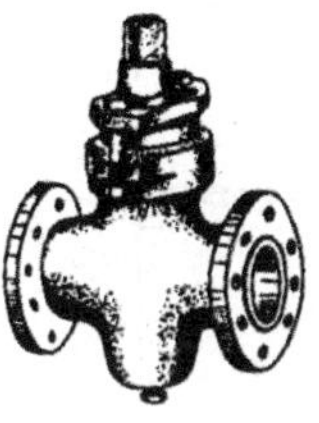

（直通）旋塞阀

三通旋塞阀

名　称	型　号	公称压力 PN/MPa	适用介质	适用温度 /℃≤	公称通径 DN /mm	用　途
旋塞阀	X43W-6	0.6	油品	100	100～150	装于管路中，用以启闭管路中介质。三通旋塞阀还具有分配、换向作用
T 形三通式旋塞阀	X44W-6				20～100	
内螺纹旋塞阀	X13W-10T	1.0	水		15～50	
内螺纹旋塞阀	X13W-10		油品		15～50	
内螺纹旋塞阀	X13T-10		水		15～50	
旋塞阀	X43W-10		油品		25～80	
旋塞阀	X43T-10		水		25～80	
油封 T 形三通式旋塞阀	X48W-10		油品		25～100	
油封旋塞阀	X47W-16	1.6			25～100	
旋塞阀	X43W-16I		含砂油品	580	50～125	

四、球阀

球阀的型号、公称压力、公称通径及用途，见表 24-84。

表 24-84　球阀

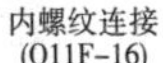

内螺纹连接
(Q11F-16)

法兰连接
(Q41F-16)

续表

名　称	型　号	公称压力 PN/MPa	适用介质	适用温度/℃≤	公称通径 DN/mm	用　途
内螺纹球阀	Q11F-16	1.6	油品、水	100	15～65	装于管路上，用以启闭管路中介质，其特点是结构简单，开关迅速
球阀	Q41F-16				32～150	
电动球阀	Q941F-16				50～150	
球阀	Q41F-16P		硝酸类		10～150	
球阀	Q44F-16R	1.6	醋酸类	100	100～150	
L形三通式球阀	Q44F-16Q		油品、水		15～150	
T形三通式球阀	Q45F-16Q				15～150	
蜗轮转动固定式球阀	Q347-25	2.5		150	200～500	
气动固定式球阀	Q647F-25				200～500	
电动固定式球阀	Q947F-25				200～500	
外螺纹球阀	Q21F-40	4.0			10～25	
外螺纹球阀	Q21F-40P		硝酸类	100	10～25	
外螺纹球阀	Q21F-40R		醋酸类		10～25	
球阀	Q41F-40Q		油品、水	150	32～100	
球阀	Q41F-40P		硝酸类	100	32～200	
球阀	Q41F-40R		醋酸类		32～200	
气动球阀	Q641F-40Q		油品、水	150	50～100	
电动球阀	Q941F-40Q				50～100	
球阀	Q41N-64	6.4	油品、天然气	80	50～100	
气动球阀	Q641N-64				50～100	
电动球阀	Q941N-64				50～100	
气动固定式球阀	Q647F-64				125～200	
电动固定式球阀	Q947F-64				125～500	
电-液动固定式球阀	Q247F-64				125～500	
气-液动固定式球阀	Q847F-64				125～500	
气-液动焊接固定式球阀	Q867F-64				400～700	
电-液动焊接固定式球阀	Q267F-64				400～700	

五、止回阀

止回阀的型号、公称压力、公称通径及用途，见表 24-85。

表 24-85　止回阀

升降式止回阀　　旋启式止回阀

续表

名　称	型　号	公称压力 PN/MPa	适用介质	适用温度/℃≤	公称通径 DN/mm	用　途
内螺纹升降式底阀	H12X-2.5	0.25	水	50	50～80	装于管路或设备上，以阻止管路、设备中介质倒流
升降式底阀	H42X-2.5				50～300	
旋启双瓣式底阀	H46X-2.5				350～500	
旋启多瓣式底阀	X45-2.5				1600～1800	
旋启多瓣式底阀	H45X-6	0.6	水	50	1200～1400	
旋启多瓣式底阀	H45X-10	1.0			1200～1000	
旋启式止回阀	H44X-10	1.0	水	50	700～1000	装于管路或设备上，以阻止管路、设备中介质倒流
旋启式止回阀	H44Y-10		蒸气、水	200	50～600	
旋启式止回阀	H44W-10		油类	100	50～450	
内螺纹升降式止回阀	H11T-16	1.6	蒸气、水	200	15～65	
内螺纹升降式止回阀	H11W-16		油类	100	15～65	
升降式止回阀	H41T-16		蒸气、水	200	20～150	
升降式止回阀	H41W-16		油类	100	20～150	
升降式止回阀	H41W-16P		硝酸类	100	80～150	
升降式止回阀	H41W-16R		醋酸类	100	80～150	
外螺纹升降式止回阀	H21B-25K	2.5	氨、氨液	−40～+50	15～25	
升降式止回阀	H41B-25Z				32～50	
旋启式止回阀	H44H-25		油类、蒸气、水	350	200～500	
升降式止回阀	H41H-40	4.0		425	10～150	
升降式止回阀	H41H-40Q			350	32～150	
旋启式止回阀	H44H-40			425	50～400	
旋启式止回阀	H44Y-40I		油类	550	50～250	
旋启式止回阀	H44W-40P		硝酸类	100	200～400	
外螺纹升降式止回阀	H21W-40P				15～25	
升降式止回阀	H41W-40P				32～150	
升降式止回阀	H41W-40R		醋酸类		32～150	
升降式止回阀	H41H-64	6.4	油类、蒸汽、水	425	50～100	
旋启式止回阀	H44H-64		油类		50～500	
旋启式止回阀	H44Y-64I			550		
升降式止回阀	H41H-100	10.0	油类、蒸汽、水	450	10～100	
旋启式止回阀	H41H-100				50～200	
旋启式止回阀	H44H-160	16.0	油类、水		50～300	
旋启式止回阀	H44Y-160I		油类	550	50～200	
升降式止回阀	H41H-160			450	15～40	
承插焊升降式止回阀	H61Y-160				15～40	

六、安全阀

安全阀的型号、公称压力、公称通径及用途，见表 24-86。

表 24-86　安全阀

型　号	公称压力 *PN*/MPa	密封压力范围	适用介质	适用温度 /℃≤	公称通径 *DN* /mm	用　途
A27W-10T	1.0	0.4～1.0	空气	120	15～20	安全阀是设备和管路的自动保险装置，用于锅炉、容器等有压设备和管路上，当介质压力超过规定数值时，自动开启，以排除过剩介质压力；而当压力恢复到规定数值能自动关闭
A27H-10K		0.1～1.0	空气、蒸气、水	200	10～40	
A47H-16	1.6	0.1～1.6			40～100	
A21H-16C			空气、氨气、水、氨液		10～25	
A21W-16P			硝酸等		10～25	
A21W-16C			空气、氨气、水、氨液、油类	300	32～80	
A41W-16P			硝酸等	200	32～80	
A47H-16C			空气、蒸气、水	350	40～80	
A43H-16C			空气、蒸气		80～100	
A40H-16C			油类、空气	450	50～150	
A40Y-16I				550	50～150	
A42H-16C		0.06～1.6		300	40～200	
Q42W-16P			硝酸等	200	40～200	
A44H-16C		0.1～1.6	油类、空气	300	50～150	
A48H-16C			空气、蒸气	350	50～150	

第八节　水嘴

一、普通水嘴

普通水嘴公称压力、公称通径、螺纹长度及用途（QB/T 1334—1998），见表 24-87。

表 24-87　普通水嘴(QB/T1334—1998)

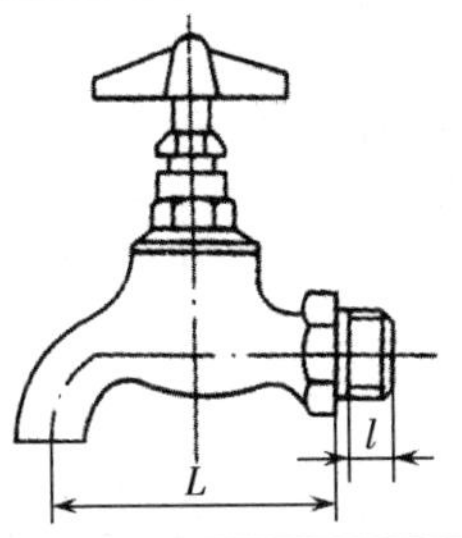

公称压力 PN/MPa	适用温度 /℃≤	公称通径 DN	管螺纹 /in	螺纹有效长度 l_{min}		L_{min}	用途
				圆柱管螺纹	圆锥管螺纹		
0.6	50	15	½	10	11.4	55	装于自来水管路上,作放水设备
		20	¾	12	12.7	70	
		25	1	14	14.5	80	

注:阀体材料:可锻铸铁、灰铸铁、铜合金。

二、铜热水嘴

铜热水嘴的公称压力、适用温度、公称通径及用途,见表 24-88。

表 24-88　铜热水嘴

公称压力 PN/MPa	适用温度 /℃≤	公称通径 DN/mm	用途
0.1	100	15	装于锅炉或热水桶上,作放水用
		20	
		25	

注:阀体材料:铜合金。

三、回转式水嘴

回转式水嘴的型号、公称压力、公称通径及用途,见表 24-89。

表 24-89　回转式水嘴

型号	公称压力 PN/MPa	适用温度 /℃≤	公称通径 DN/mm	用途
G-0851	0.6	50	15	装于家具槽、洗菜盆等处的自来水管路上,作放水用
			20	

四、化验水嘴

化验水嘴的公称压力、公称通径、螺纹长度及用途(QB/T 1334—1998),见表 24-90。

表 24-90　化验水嘴(QB/T1334—1998)

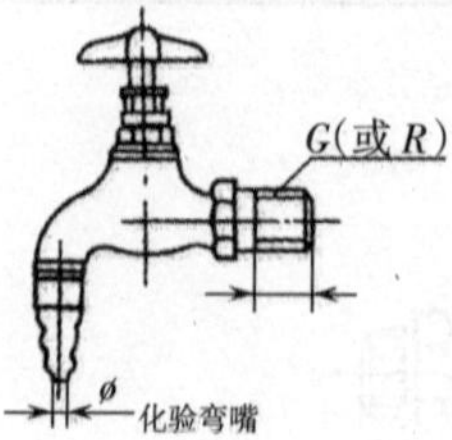

化验弯嘴 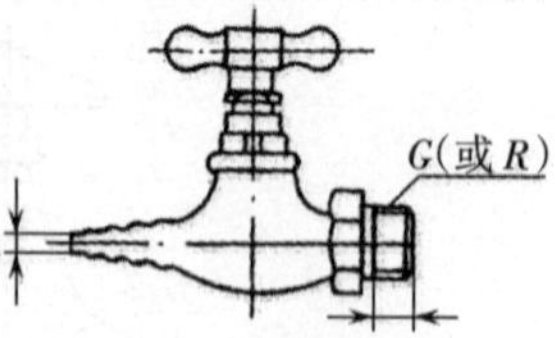　　化验直嘴

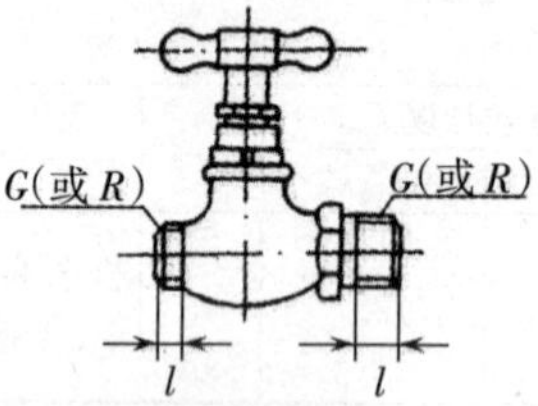

A 型化验接管水嘴 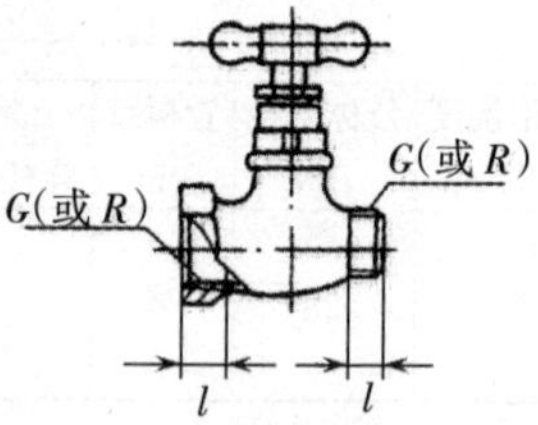　　B 型化验接管水嘴

项目		数值
公称压力 PN/MPa		0.6
公称通径 DN/mm		15
管螺纹/in		½
螺纹有效长度 l_{min}/mm	圆柱管螺纹	10
	锥管螺纹	11.4
ø /mm		12
用　　途		常用于化验水盆或水槽上,套上胶管放水冲洗试管、药瓶、量杯等

注:材料:铜合金,表面镀铬。

五、洗面器水嘴

洗面器水嘴的公称压力、公称通径、尺寸及用途(QB/T 1334—1998),见表 24-91。

表 24-91　洗面器水嘴　　(mm)

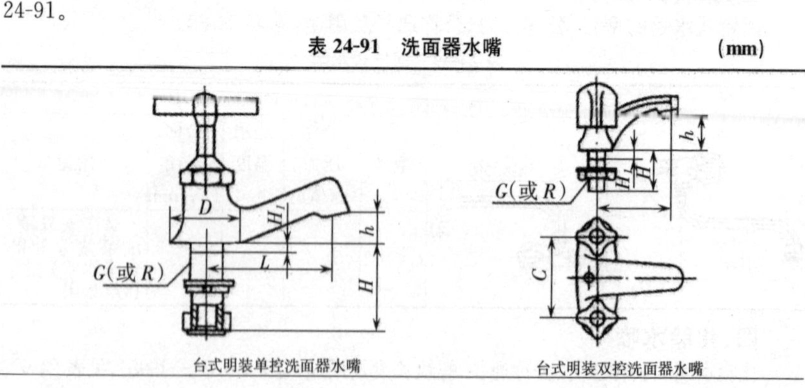

台式明装单控洗面器水嘴　　台式明装双控洗面器水嘴

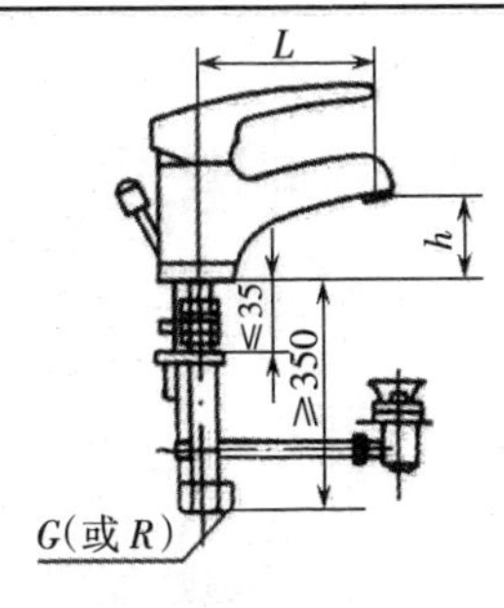

台式明装单控洗面器水嘴

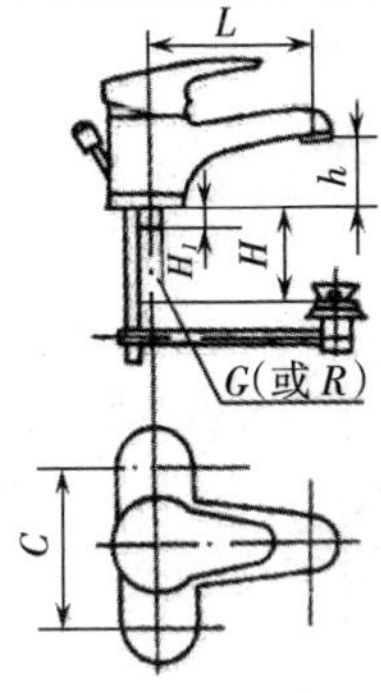

台式明装双控洗面器水嘴

公称压力 PN/MPa	0.6
适用温度/℃≤	100
公称通径 DN	15
管螺纹/in	½
H_{max}	48
H_{1min}	8
h_{min}	25
D_{min}	400
L_{min}	65
C	100、150、200
用　　途	装于洗面器上，用以开关冷、热水

六、浴缸水嘴

浴缸水嘴的公称压力、公称通径、尺寸及用途(QB/T 1334—1998)，见表 24-92。

表 24-92　浴缸水嘴　　(mm)

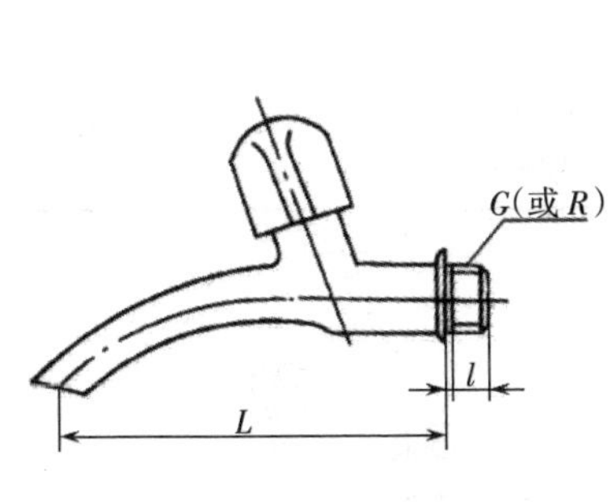

壁式明袋单控浴缸水嘴

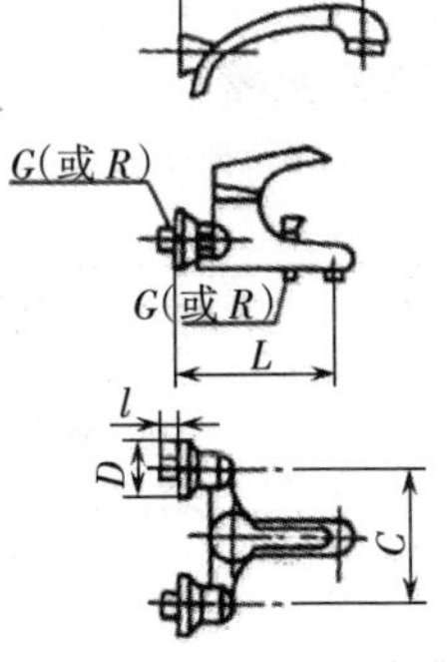

壁式明袋单控浴缸水嘴

续表

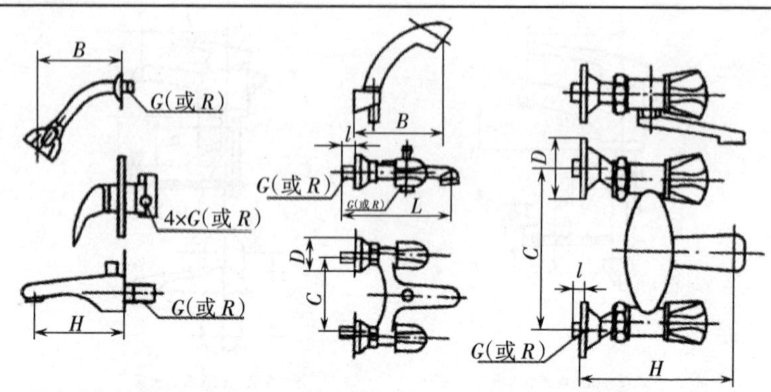

壁式暗袋单控浴缸水嘴	壁式明袋双控浴缸水嘴		壁式明袋双控浴缸水嘴	
公称压力 PN/MPa			0.6	
适用温度/℃≤			100	
公称通径 DN/mm			15	20
管螺纹/in			½	¾
L_{min}			120	120
螺纹有效长度 l_{min}/mm	混合水嘴		10	15
	非混合水嘴	圆柱螺纹	13	12.7
		锥螺纹		14.5
D_{min}			45	50
C			150	150
B_{min}			120	120
			150	150
H_{min}			110	110
用　　途			装于浴缸上,用以开、关冷、热水。带淋浴器的可放进行淋浴	

注:淋浴喷头软管长度不小于 1 350 mm。

七、接管水嘴

接管水嘴的公称压力、公称通径、尺寸及用途(QB/T 1334—1998),见表 24-93。

表 24-93　接管水嘴　　　　(mm)

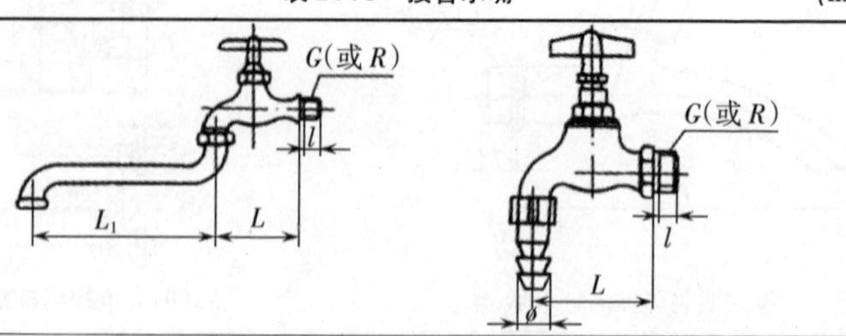

续表

公称压力 PN/MPa	适用温度 /℃≤	公称通径 DN/mm	管螺纹/in	螺纹有效长度 l_{min} 圆柱管螺纹	螺纹有效长度 l_{min} 圆锥管螺纹	L_{1min}	L_{min}	ø	用途
0.6	50	15	½	10	11.4	170	55	15	装于自来水管路上作放水用。可连接输水胶管，把水输送到较远的地方
		20	¾	12	12.7		70	21	
		25	1	14	14.5		80	28	

八、洗涤水嘴

洗涤水嘴的公称压力，公称通径、尺寸及用途（QB/T 1334—1998），见表24-94。

表 24-94　洗涤水嘴　(mm)

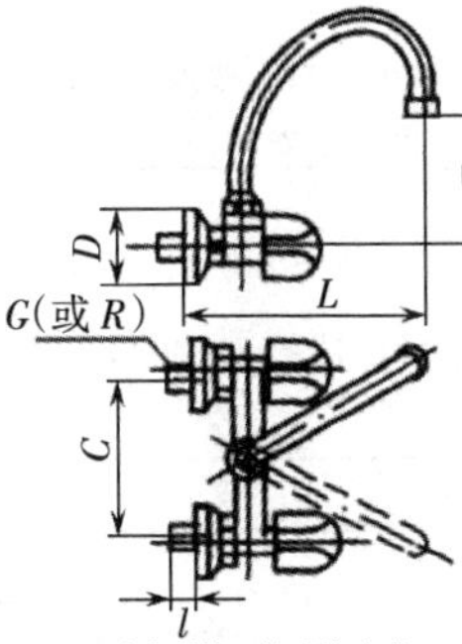

壁式明装双控洗涤水嘴

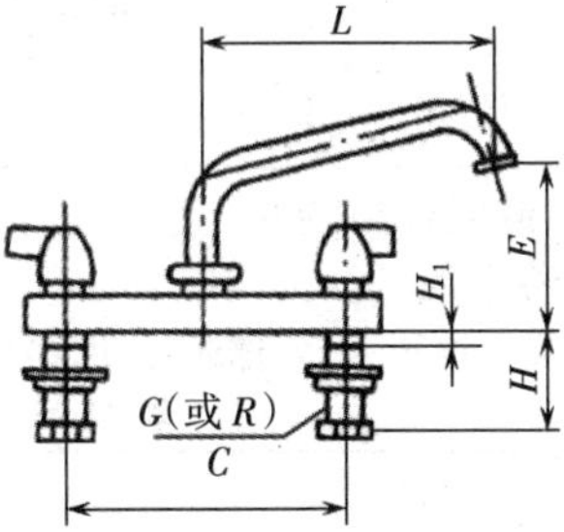

台式明装双控洗涤水嘴

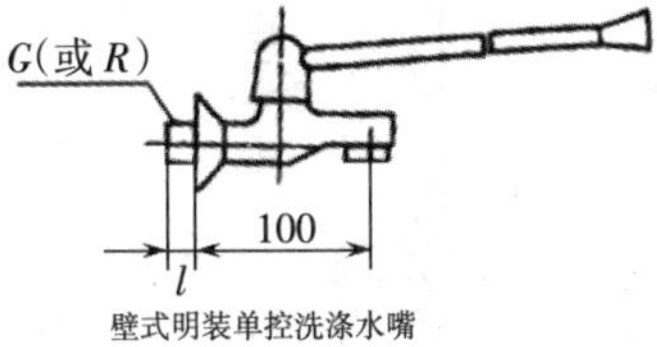

壁式明装单控洗涤水嘴

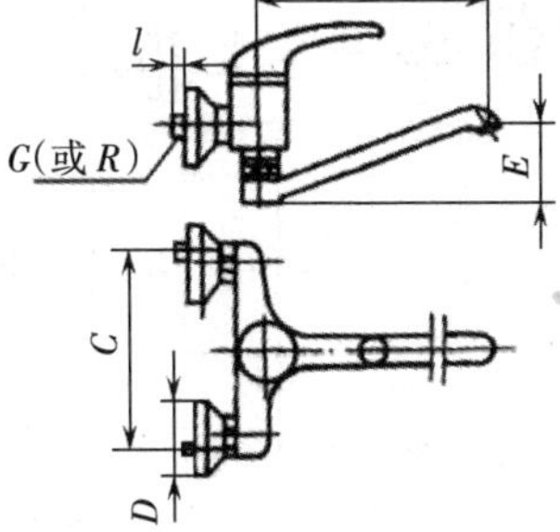

壁式明装单控洗涤水嘴

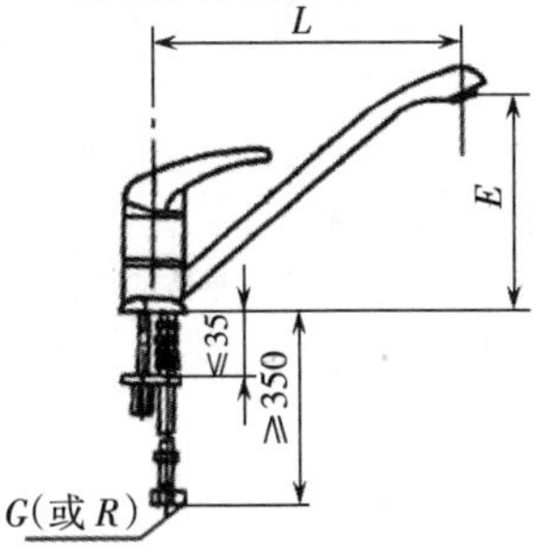

台式明装单控洗涤水嘴

续表

<table>
<tr><td colspan="3">公称压力 PN/MPa</td><td>0.6</td></tr>
<tr><td colspan="3">适用温度/℃≤</td><td>100</td></tr>
<tr><td colspan="3">公称通径 DN/mm</td><td>15</td></tr>
<tr><td colspan="3">螺纹尺寸/in</td><td>½</td></tr>
<tr><td colspan="3">C_{min}</td><td>100、150、200</td></tr>
<tr><td colspan="3">L_{min}</td><td>170</td></tr>
<tr><td colspan="3">D_{min}</td><td>45</td></tr>
<tr><td colspan="3">H_{min}</td><td>48</td></tr>
<tr><td colspan="3">H_{1min}</td><td>8</td></tr>
<tr><td colspan="3">E_{min}</td><td>25</td></tr>
<tr><td rowspan="3">螺纹有效长度 l_{min}/mm</td><td colspan="2">混合水嘴</td><td>15</td></tr>
<tr><td rowspan="2">非混合水嘴</td><td>圆柱螺纹</td><td>12.7</td></tr>
<tr><td>锥螺纹</td><td>14.5</td></tr>
<tr><td colspan="3">用　途</td><td>用于卫生间与陶瓷洗涤器配套作洗涤水源开关,供洗涤者使用</td></tr>
</table>

注:材料:铜合金,表面镀铬。

九、淋浴水嘴

淋浴水嘴公称压力、公称通径、尺寸及用途(QB/T 1334—1998),见表 24-95。

表 24-95　淋浴水嘴　　(mm)

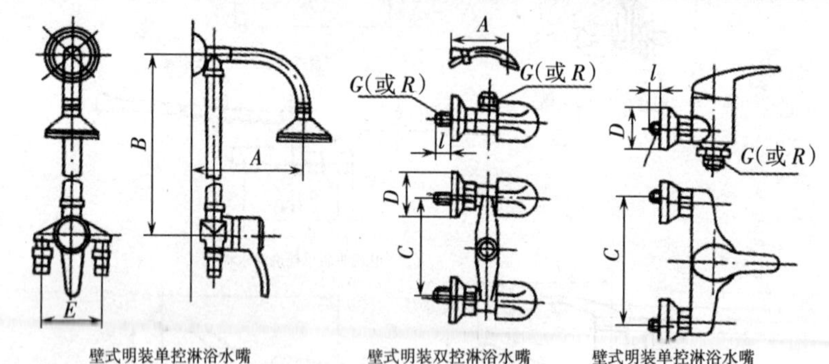

<table>
<tr><td rowspan="2">公称压力 PN/MPa</td><td rowspan="2">适用温度/℃≤</td><td rowspan="2">公称通径 DN/mm</td><td rowspan="2">螺纹尺寸/in</td><td colspan="2">A_{min}</td><td rowspan="2">B</td><td rowspan="2">C</td><td rowspan="2">D_{min}</td><td rowspan="2">l_{min}</td><td rowspan="2">E_{min}</td><td rowspan="2">用　途</td></tr>
<tr><td>非移动喷头</td><td>移动喷头</td></tr>
<tr><td>0.6</td><td>100</td><td>15</td><td>½</td><td>395</td><td>120</td><td>1 015</td><td>100
150
200</td><td>45</td><td></td><td>95</td><td>用于公共浴室或各类卫生间作淋浴之水源开关</td></tr>
</table>

注:材料:铜合金,表面镀铬。

十、便池水嘴

便池水嘴公称压力、公称通径、尺寸及用途(QB/T 1334—1998),见表 24-96。

表 24-96　便池水嘴

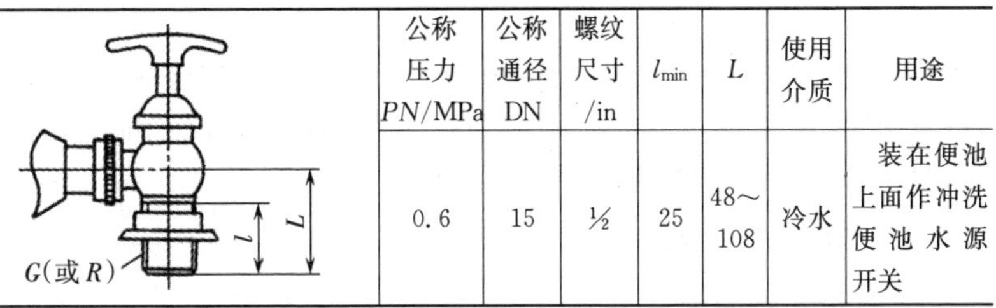

公称压力 PN/MPa	公称通径 DN	螺纹尺寸 /in	l_{min}	L	使用介质	用途
0.6	15	½	25	48～108	冷水	装在便池上面作冲洗便池水源开关

注:材料:铜合金,表面镀铬。

十一、洗衣机用水嘴

洗衣机用水嘴公称压力、公称通径及用途,见表 24-97。

表 24-97　洗衣机用水嘴

公称压力 PN/MPa	公称通径 DN/mm	使用介质	用　途
0.6	15	冷水	装于置放洗水机附近的墙壁上。其特点是水嘴的端部有管接头,可与洗衣机的进水管连接,不会脱落,以便向洗衣机供水;另外,水嘴的密封件采用球形结构,手柄旋转 90°,即可放水或停水

第二十五章　常用卫生洁具

目前，很多卫生洁具没有统一的标准，因此，不同厂家生产的同一种卫生洁具的型式与规格不尽相同。这里介绍的洗面器、便器、水箱、洗涤槽、浴缸、水嘴、淋浴器等都是较为通用的规格，可供选材与安装时参考。

第一节　洗面器

一、立柱式洗面器

常用立柱式洗面器规格见表 25-1。

表 25-1　立柱式洗面器规格(mm)

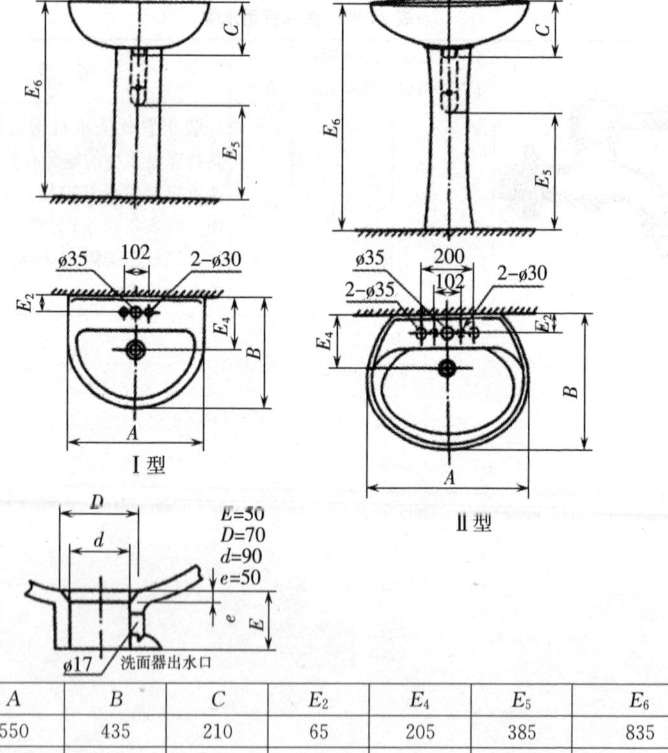

型式	A	B	C	E_2	E_4	E_5	E_6
Ⅰ型	550	435	210	65	205	385	835
	620	490	210	65	185	380	810
	610	455	220	65	200	380	810

续表

型式	A	B	C	E_2	E_4	E_5	E_6
Ⅱ型	590	495	205	70	200	380	825
	585	490	200	65	205	370	820

二、台式洗面器

常用台式洗面器规格见表 25-2。

表 25-2 台式洗面器规格 (mm)

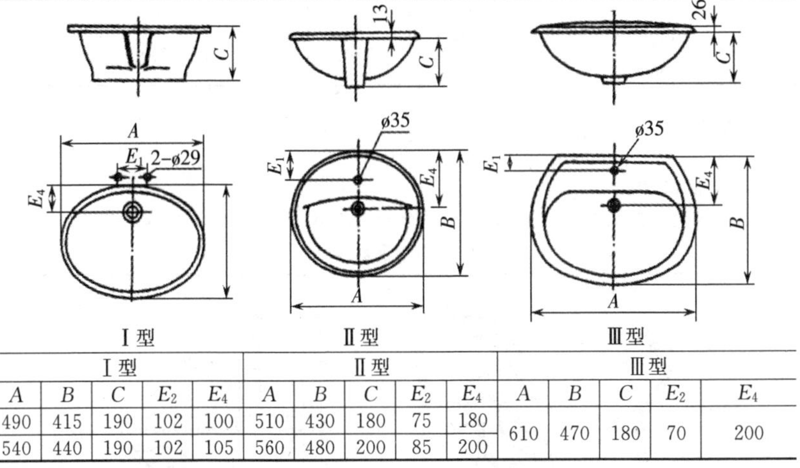

Ⅰ型					Ⅱ型					Ⅲ型				
A	B	C	E_2	E_4	A	B	C	E_2	E_4	A	B	C	E_2	E_4
490	415	190	102	100	510	430	180	75	180	610	470	180	70	200
540	440	190	102	105	560	480	200	85	200					

三、托架式洗面器

常用托架式洗面器规格见表 25-3。

表 25-3 托架式洗面器规格 (mm)

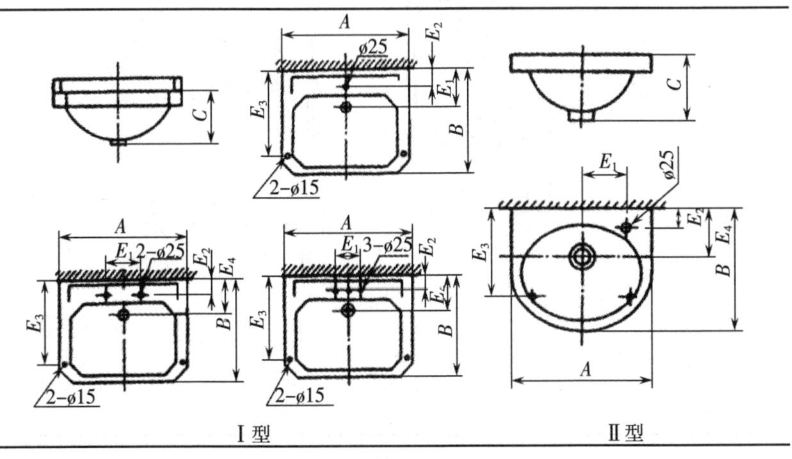

续表

型式	A	B	C	E_1	E_2	E_3	E_4
Ⅰ型	510 560 610	410 460 510	180 190 200 210	150 180	65 70	300	175 200
Ⅱ型	360 410 430 460	260 310 360 290	150 180	110 130 150	65	250 270 290	100 150

第二节　便器

一、坐便器

坐便器型号、外形尺寸(GB/T 6952—1999、JC/T 856—2000),见表 25-4。

表 25-4 坐便器(mm)

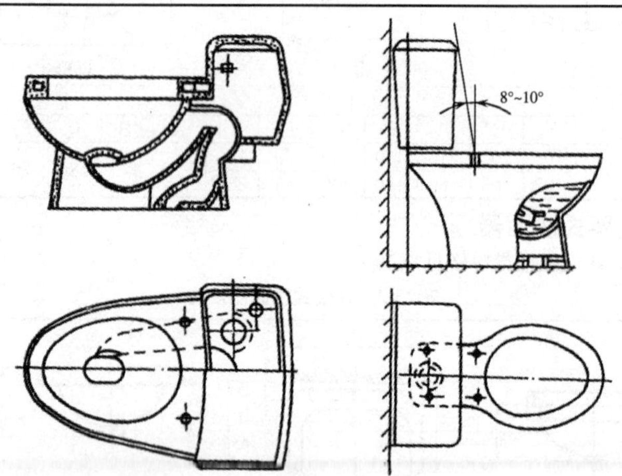

连体式坐便器　　坐箱式坐便器

型　式		型　号	冲水量/L	外形尺寸	排污口中心距墙	排污口中心距地	用途
连体式	漩涡虹吸式	HDC109	6	760×430×555	300、380	80	适用于住宅卫生间、公共卫生间等
		HD3	6	710×440×505	300、370		
	喷射虹吸式	* HDC101	6	730×465×630	290、370		
		* HDC102	6	710×420×630	305、380		
		* HDC103	6 或 3/6	700×380×650	305、380	80、180	

续表

型式		型号	冲水量/L	外形尺寸	排污口中心距墙	排污口中心距地	用途
连体式	冲落式	HD16W	3/6	700×380×615	220、305、370		适用于住宅卫生间、公共卫生间等
		HDC107	6	730×420×610	220、300、380		
		HDC110	3/6	695×395×655	330、305、380		
		HDC113	6	685×410×645	220、305、380、580		
连体式	虹吸式	＊HDC104	6	720×440×645	290、360		
		＊HDC119	6	715×450×685	305、400		
坐箱式	喷射虹吸式	＊HD11	6	770×440×775	295、400、480		
		＊HDC202	6	740×440×775	300、400		
		＊HDC212	6	750×405×760	305、380		
		＊HDC213	6	660×440×735	300		
		＊HDC226	6	740×415×780	305		
		＊HDC231	6	710×490×820	305、380		
		＊HDC231E	6	760×490×820	305、380		
		＊HD303	6	730×460×750	300、400		
	冲落式	HD6	6	690×435×790	170	190	
		HD9	6或3/6	740×400×740	100、210、290、380、580	180	
		HD15	6或3/6	730×390×755	220、280、360	85、180	
		HDC201	6或3/6	730×405×790	220、300、390	180	
		HDC203	6	660×360×815	210、300、390	185	
		HDC209	6	695×395×770		190	
		HDC215	6	675×365×810		180	
		HDC220	6	660×360×785	220、300、380	190	
		HD6B	6	645×380×810		190	
	虹吸式	＊HD2	6	700×390×730	220、300、400	80	
		＊HD14	6	670×380×760	290、370、580		
		＊HDC208	6	680×415×715	305、380		
		＊HDC210	6	685×460×725	305、380		
		＊＊HDC216	6	730×415×810	305		
		HDC221	6	690×440×745	305		
		HDC222	6	685×440×730	305		
		＊HDC228	6	730×415×810	305		

注：1. 执行标准：GB/T 6952—1999、JC/T 856—2000。

2. ＊为ø50 mm全瓷通釉大水道，＊＊为残障人设计。

3. 便器排水口尺寸，50 mm≤ø≤100 mm。

4. 生产厂家：唐山惠达陶瓷（集团）股份有限公司。

二、蹲便器

蹲便器的品格、规格尺寸(GB/T 6952—1999),见表 25-5。

表 25-5　蹲便器

品种	示意图	规格尺寸/mm	用途
普通无档式蹲便器	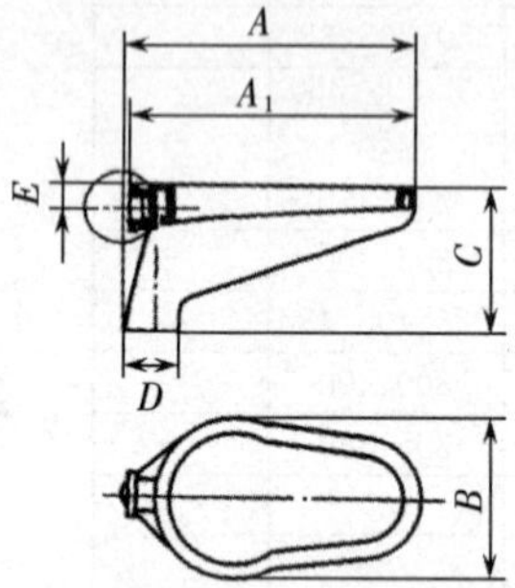 A, A_1, B, C, D, E	A 550 640 A_1 540 630 B 320 340 C 275 300 D ø110 ø110 E 45 45	适用于住宅卫生间、公共卫生间等
带脚踏无档式蹲便器	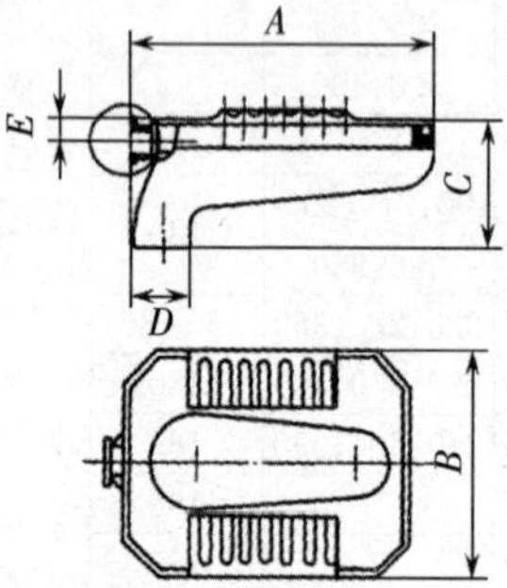 A, B, C, D, E	A 600 B 430 C 285 D ø110 E 45	
有档式蹲便器	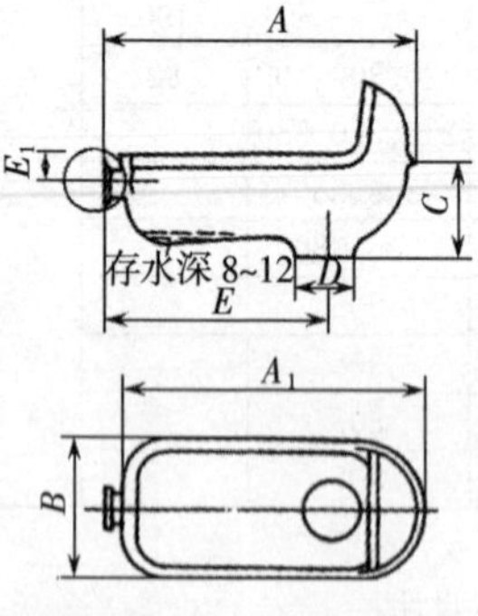 A, A_1, B, C, D, E, E_1, 存水深 8~12	A 610 A_1 590 B 280/260 C 200 D ø120 E 430 E_1 60	

注:1. 执行标准:GB/T 6952—1999。

2. 生产厂家:山东潍坊美林窑业有限公司。

第三节　小便器

一、落地式小便器

常用落地式小便器规格见表 25-6。

表 25-6　落地式小便器规格(mm)

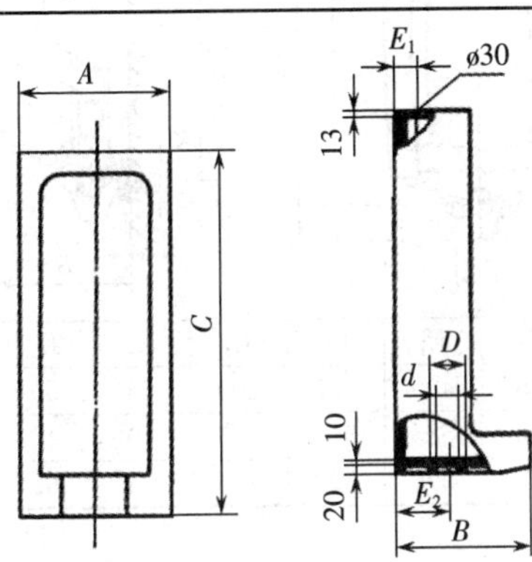

A	B	C	D	d	E_1	E_2
410	360	1000	100	70	60	150
330	375	900				

二、斗式小便器

常用斗式小便器规格见表 24-7。

表 25-7　斗式小便器规格(mm)

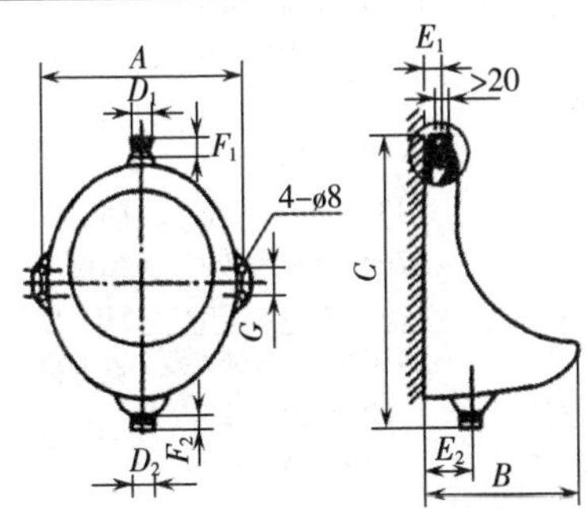

A	B	C	D_1	D_2	E_1	E_2	F_1	F_2	G
340	270	490	35	50	38	70	25	30	42

三、壁挂式小便器

常用壁挂式小便器规格见表 25-8。

表 25-8　壁挂式小便器规格　(mm)

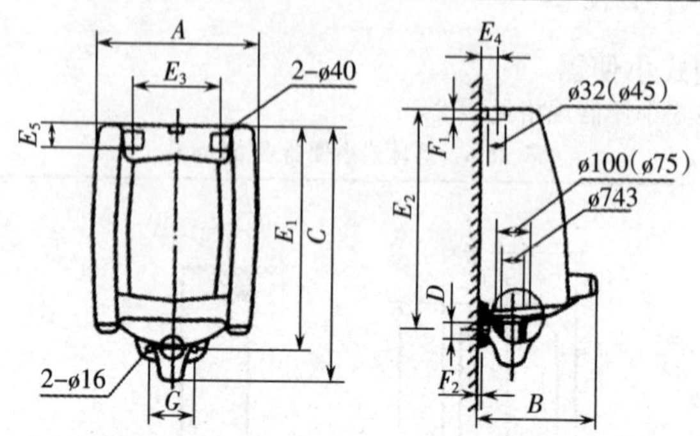

A	B	C	D	E_1	E_2	E_3	E_4	E_5	F_1	F_2	G
330	310	610	55	490	490	200	65	50	15	25	100
480	310	680	50	545	545	335	70	45	20	15	105
465	320	700	65	575	570	215	65	50	20	15	120

第四节　浴缸

浴缸的型式、型号、尺寸及材质，见表 25-9。

表 25-9　浴缸

型式	型　号	尺寸/mm	材质	用途
普通浴缸	DB1.2	1 210×705×370	DB 型用杜邦板 HD 型用亚克力板	用于住宅、宾馆的卫生间等
	HD9701　1.2M	1 210×700×370		
	DB1.35	1 335×730×385		
	HD9702　1.36M	1 340×730×360		
	HD9702　1.5M	1 480×740×370		
	DB1.5	1 495×745×385		
	HD0003　1.5M	1 480×710×365		
	DB1.7	1 700×800×390		
	HD9704　1.7M	1 690×780×370		
裙边浴缸	DB1.5A(左)	1 480×700×560		
	HD0002　1.5M(右)	1 480×700×420		
	HD9801　1.5M(左)	1 490×740×510		
	DB1.7A(左)	1 700×800×530		
	HD9802　1.7M(左)	1 680×780×520		
	HD9902　1.7M(左)	1 700×860×575		
	HD0001　1.7M(左)	1 680×740×530		

续表

型式	型　号	尺寸/mm	材质	用途
船型浴缸	DB1.5A	1 505×740×520	DB 型用杜邦板 HD 型用亚克力板	用于住宅、宾馆的卫生间等
	DB1.5B	1 505×740×530		
	DB1.7A	1 690×780×520		
	DB1.8B	1 690×780×540		

注：1. 执行标准：GB/T 6952—1999。

2. 生产单位：唐山惠达陶瓷(集团)有限公司。

第五节　整体卫浴间

整体卫浴间的规格尺寸(GB/T 13095—2000)，见表 25-10。

表 25-10　整体卫浴间

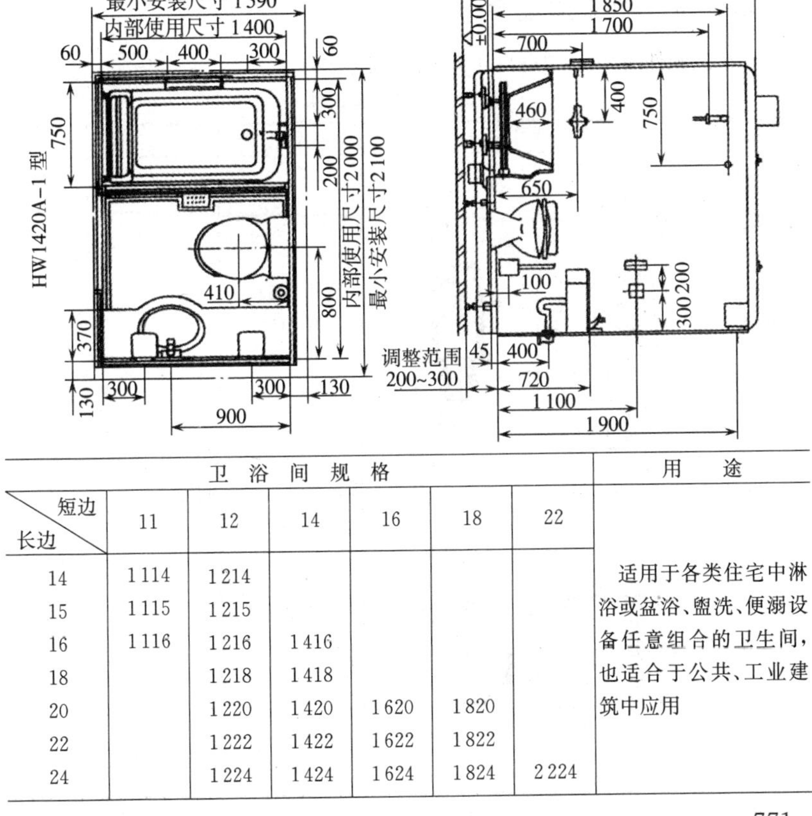

卫浴间规格							用途
长边＼短边	11	12	14	16	18	22	
14	1 114	1 214					适用于各类住宅中淋浴或盆浴、盥洗、便溺设备任意组合的卫生间，也适合于公共、工业建筑中应用
15	1 115	1 215					
16	1 116	1 216	1 416				
18		1 218	1 418				
20		1 220	1 420	1 620	1 820		
22		1 222	1 422	1 622	1 822		
24		1 224	1 424	1 624	1 824	2 224	

续表

卫浴间规格							用途
长边\短边	11	12	14	16	18	22	
26		1226	1426	1626	1826	2226	适用于各类住宅中淋浴或盆浴、盥洗、便溺设备任意组合的卫生间，也适合于公共、工业建筑中应用
28				1628	1828	2228	
30				1630	1830	2230	
32			1432				
34			1434				
36			1436				

注：1. 执行标准：GB/T 13085—2000、GB 50096—1999、Q/02HWJ001—2001。

2. 规格中短边和长边尺寸以建筑模数 M=100 mm 来表示，尺寸为卫浴间内净尺寸。

3. 生产厂家：青岛海尔卫浴设施有限公司。

第六节 卫生间配件

卫生间配件的名称、规格尺寸及用途，见表 25-11。

表 25-11 卫生间配件

名称	示意图	规格尺寸/mm	用途
手纸盒	A, B, E, D, C, C_1, A_1, B_1	A 152 B 152 C 80	适用于住宅、宾馆卫生间等
肥皂盒	C, ø10, B, A	A 152 305 B 152 152 C 80 80	

续表

名称	示意图	规格尺寸/mm	用途
毛巾架托	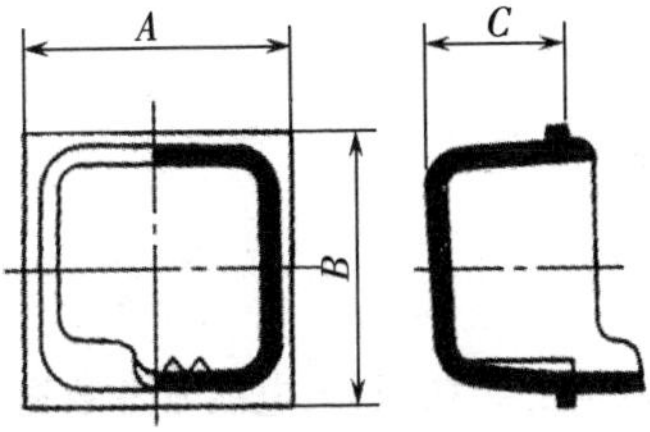 A B C	A 65 A_1 31 B 55 B_1 38 C 85 C_1 30 D 30 E 15	适用于住宅、宾馆卫生间等

第二十六章　常用电工材料

第一节　通用型电线电缆

一、聚氯乙烯绝缘电线

1. BV、BLV、BVR 型电线

BV、BLV、BVR 型电线的标称截面、线芯结构根数、电线参考数据及用途，见表 26-1。

表 26-1　BV、BLV、BVR 型电线

型号	额定电压 (U_0/U)/(V/V)	标称截面 /mm²	线芯结构 根数/(直径/mm)	电线参考数据		适用环境温度/℃	用　途
				最大外径 /mm	20℃时导体电阻/Ω·km⁻¹≤		
BV	300/500	0.5	1/0.0	2.4	36.0	≤70	适用于交流及直流日用电器、电信设备、动力和照明线路的固定敷设
		0.75(A)	1/0.97	2.6	24.5		
		0.75(B)	7/0.37	2.8	24.5		
		1.0(A)	1/1.13	2.8	18.1		
		1.0(B)	7/0.43	3.0	18.0		
	450/750	1.5(A)	1/1.38	3.3	12.1		
		1.5(B)	7/0.52	3.5	12.1		
		2.5(A)	1/1.78	3.9	7.41		
		2.5(B)	7/0.68	4.2	7.41		
		4(A)	1/2.25	4.4	4.61		
		4(B)	7/0.85	4.8	4.61		
		6(A)	1/2.76	4.9	3.08		
		6(B)	7/1.04	5.4	3.08		
		10	7/1.35	7.0	1.83		
		16	7/1.70	8.0	1.15		
		25	7/2.14	10.0	0.727		
		35	7/2.52	11.5	0.524		
		50	19/1.78	13.0	0.387		
		70	19/2.14	15.0	0.268		
		95	19/2.52	17.5	0.193		
		120	37/2.03	19.0	0.153		
		150	37/2.25	21.0	0.124		
		185	37/2.52	23.5	0.0991		
		240	61/2.25	26.5	0.0754		
		300	61/2.52	29.5	0.0601		
		400	61/2.85	33.0	0.0470		

续表

型号	额定电压 (U_0/U)/(V/V)	标称截面/mm²	线芯结构根数/(直径/mm)	电线参考数据		适用环境温度/℃	用途
				最大外径/mm	20℃时导体电阻/Ω·km⁻¹≤		
BLV	450/750	2.5	1/1.78	3.9	11.80	≤70	适用于交流及直流日用电器、电信设备、动力和照明线路的固定敷设
		4	1/2.25	4.4	7.39		
		6	1/2.76	4.9	4.91		
		10	7/1.35	7.0	3.08		
		16	7/1.70	8.0	1.91		
		25	7/2.14	10.0	1.20		
		35	7/2.52	11.5	0.868		
		50	19/1.78	13.0	0.641		
		70	19/2.14	15.0	0.443		
		95	19/2.52	17.5	0.320		
		120	37/2.03	19.0	0.253		
		150	37/2.25	21.0	0.206		
		185	372.52	23.5	0.164		
		240	61/2.25	26.5	0.125		
		300	61/2.52	29.5	0.100		
		400	61/2.85	33.0	0.0778		
BVR	450/750	2.5	19/0.41	4.2	7.41	≤70	
		4	19/0.52	4.8	4.61		
		6	19/0.64	5.6	3.08		
		10	49/0.52	7.6	1.83		
		16	49/0.64	8.8	1.15		
		25	98/0.58	11.0	0.727		
		35	133/0.58	12.5	0.524		
		50	133/0.58	14.5	0.387		
		70	189/0.68	16.5	0.268		

注:1. BV、BLV分别为铜芯、铝芯聚氯乙烯绝缘电线,BVR为铜芯聚氯乙烯软电线。

2. 生产厂:北京电线电缆总厂、上海塑胶线厂、天津电缆厂等。

2. BVV型电线

BVV型电线的标称截面、线芯结构根数、电线参考数据及用途,见表26-2。

表 26-2　BVV 型电线

型号	额定电压 (U_0/U)/(V/V)	标称截面/mm^2	线芯结构根数/(直径/mm)	电线参考数据			适用环境温度/℃	用　途
				外径/mm		20℃时导体电阻/Ω·km^{-1}≤		
				下限	上限			
BVV	300/500	1×0.75	1×1/0.97	3.6	4.3	24.5	≤70	适用于交流及直流日用电器、电信设备、动力和照明线路的固定敷设
		1×1.0	1×1/1.13	3.8	4.5	18.1		
		1×1.5(A)	1×1/1.38	4.2	4.9	12.1		
		1×1.5(B)	1×7/0.52	4.3	5.2	12.1		
		1×2.5(A)	1×1/1.78	4.8	5.8	7.41		
		1×2.5(B)	1×7/0.68	4.9	6.0	7.41		
		1×4(A)	1×1/2.25	5.4	6.4	4.61		
		1×4(B)	1×7/0.85	5.4	6.8	4.61		
		1×6(A)	1×1/2.76	5.8	7.0	3.08		
		1×6(B)	1×7/1.04	6.0	7.4	3.08		
		1×10	1×7/1.35	7.2	8.8	1.83		
		2×1.5(A)	2×1/1.38	8.4	9.8	12.1		
		2×1.5(B)	2×7/0.52	8.6	10.5	12.1		
		2×2.5(A)	2×1/1.78	9.6	11.5	7.41		
		2×2.5(B)	2×7/0.68	9.8	12.0	7.41		
		2×4(A)	2×1/2.25	10.5	12.5	4.61		
		2×4(B)	2×7/0.85	10.5	13.0	4.661		
		2×6(A)	2×1/2.76	11.5	13.5	3.08		
		2×6(B)	2×7/1.04	11.5	14.5	2.08		
		2×10	2×7/1.35	15.0	18.0	1.83		
		3×1.5(A)	3×1/1.38	8.8	10.5	12.1		
		3×1.5(B)	3×7/0.52	9.0	11.0	12.1		
		3×2.5(A)	3×1/1.78	10.0	12.0	7.41		
		3×2.5(B)	3×7/0.68	10.0	12.5	7.41		
BVV	300/500	3×4(A)	3×1/2.25	11.0	13.0	4.61		
		3×4(B)	3×7/0.85	11.0	14.0	4.61		
		3×6(A)	3×1/2.76	12.5	14.5	3.08		
		3×6(B)	3×7/1.04	12.5	15.5	3.08		
		3×10	3×7/1.35	15.5	19.0	1.83		
		4×1.5(A)	4×1/1.38	9.6	11.5	12.1		
		4×1.5(B)	4×7/0.52	9.6	12.0	12.1		
		4×2.5(A)	4×1/1.78	11.0	13.0	7.41		
		4×2.5(B)	4×7/0.68	11.0	13.5	7.41		
		4×4(A)	4×1/2.25	12.5	14.5	4.61		

续表

型号	额定电压(U_0/U)/(V/V)	标称截面/mm^2	线芯结构根数/(直径/mm)	电线参考数据			适用环境温度/℃	用途
				外径/mm		20℃时导体电阻/Ω·km^{-1}≤		
				下限	上限			
BVV	300/500	4×4(B)	4×7/0.85	12.5	15.5	4.61	≤70	适用于交流及直流日用电器、电信设备、动力和照明线路的固定敷设
		4×6(A)	4×1/2.76	14.0	16.0	3.03		
		4×6(B)	4×7/1.04	14.0	17.5	3.08		
		5×1.5(A)	5×1/1.38	10.0	12.0	12.1		
		5×1.5(B)	5×7/0.52	10.5	12.5	12.1		
		5×2.5(A)	5×1/1.78	11.5	14.0	7.41		
		5×2.5(B)	5×7/0.68	12.8	14.5	7.41		
		5×4(A)	5×1/2.25	13.5	16.0	4.61		
		5×4(B)	5×7/0.85	14.0	17.0	4.61		
		5×6(A)	5×1/2.76	15.0	17.5	3.08		
		5×6(B)	5×7/1.04	15.5	18.5	3.08		

注：1. BVV 为铜芯聚氯乙烯绝缘聚氯乙烯护套圆型电线。

2. 生产厂：北京电线电缆总厂、上海塑胶线厂、广州电缆厂等。

3. BLVV 型电线

BLVV 型电线的标称截面、线芯结构模数、电线参考数据及用途，见表 26-3。

表 26-3 BLVV 型电线

型号	额定电压(U_0/U)/(V/V)	标称截面/mm^2	线芯结构根数/(直径/mm)	电线参考数据			适用环境温度/℃	用途
				外径/mm		20℃时导体电阻/Ω·km^{-1}≤		
				下限	上限			
BLVV	300/500	2.5	1/1.78	4.8	5.8	11.8	≤	适用于交流及直流日用电器、电信设备、动力和照明线路的固定敷设
		4	1/2.25	5.4	6.4	7.39		
		6	1/2.76	5.8	7.0	4.91		
		10	7/1.35	7.2	8.8	3.08		

注：1. BLVV 为铝芯聚氯乙烯绝缘聚氯乙烯护套圆型电线。

2. 生产厂：北京电线电缆总厂、沈阳电缆厂等。

4. BVVB、BLVVB 型电线

BVVB、BLVVB 型电线的标称截面、线芯结构数、电线参考数据及用途，见表 26-4。

表 26-4 BVVB、BLVVB 型电线

型号	额定电压 (U_0/U)/(V/V)	芯数×标称截面/mm^2	线芯结构芯数×根数/(直径/mm)	电线参考数据 外径/mm 下限	电线参考数据 外径/mm 上限	20℃时导体电阻/$\Omega\cdot km^{-1}\leqslant$	适用环境温度/℃	用途
BVVE	300/500	2×0.7	2×1/0.97	3.8×5.8	4.6×7.0	24.8	≤70	适用于交流、直流日用电器、电信设备、动力和照明线路的固定敷设
		2×1.0	2×1/1.13	4.0×6.2	4.8×7.2	18.1		
		2×1.5	2×1/1.38	4.4×7.0	5.4×8.4	12.1		
		2×2.5	2×1/1.78	5.2×8.4	6.2×9.8	7.41		
		2×4	2×7/0.85	5.6×9.6	7.2×11.5	4.61		
BVVE	300/500	2×6	2×7/1.04	6.4×10.5	8.0×13.0	3.08		
		2×10	2×7/1.35	7.8×13.0	9.6×16.0	1.83		
		3×0.75	3×1/0.97	3.8×8.0	4.6×9.4	24.50		
		3×1.0	3×1/1.13	4.0×8.4	4.8×9.8	18.10		
		3×1.5	3×1/1.38	4.4×9.8	5.4×11.5	12.10		
		3×2.5	3×1/1.78	5.2×11.5	6.2×13.5	7.41		
		3×4	3×7/0.85	5.8×13.5	7.4×16.5	4.61		
		3×6	3×7/1.04	6.4×15.0	8.0×18.0	3.08		
		3×10	3×7/1.35	7.8×19.0	9.6×22.5	1.83		
BLVVB	300/500	2×2.5	2×1/1.78	5.2/8.4	6.2×9.8	11.8		
		2×4	2×7/2.25	5.6×9.4	6.8×11.0	7.39		
		2×6	2×1/2.76	6.2×10.5	7.4×12.0	4.91		
		2×10	2×7/1.35	7.8×13.0	9.6×16.0	3.08		
		3×2.5	3×1/1.78	5.2×11.5	6.2×13.5	11.8		
		3×4	3×1/2.25	5.8×13.5	7.0×15.0	7.39		
		3×6	3×1/2.76	6.2×14.5	7.4×17.0	4.91		
		3×10	3×7/1.35	7.8×19.0	9.6×22.5	3.08		

注：1. BVVB、BLVVB 分别为铜芯、铝芯聚氯乙烯绝缘、聚氯乙烯护套平型电线。

2. 生产厂：北京电线电缆总厂、天津电缆厂、杭州电缆厂等。

5. BV-105 型电线

BV-105 型电线的标称截面、线芯模数、电线参考数据及用途，见表 26-5。

表 26-5 BV-105 型电线

型号	额定电压 (U_0/U)/(V/V)	标称截面/mm^2	线芯结构根数/(直径/mm)	电线参考数据 最大外径/mm	电线参考数据 20℃时导体电阻/$\Omega\cdot km^{-1}\leqslant$	适用环境温度/℃	用途
BV-105	450/750	0.5	1/0.80	2.7	36	≤105	适用于交流、直流日用电器、电信设备、动力和照明线路的固定敷设
		0.75	1/0.97	2.8	24.5		
		1.0	1/1.13	3.0	18.1		
		1.5	1/1.38	3.3	12.1		
		2.5	1/1.78	3.9	7.41		
		4	1/2.25	4.4	4.60		
		6	1/2.76	4.9	3.08		

注：1. BV-105 为铜芯耐热 105℃聚氯乙烯绝缘电线。

2. 生产厂：北京电线电缆总厂、上海塑胶线厂、天津电缆厂。

二、橡皮绝缘固定敷设电线

橡皮绝缘固定敷设电线导体标称截面、导电线芯根数、相关参考数据及用途见表 26-6。

表 26-6　橡皮绝缘固定敷设电线

型号	额定电压 (U_0/U)/(V/V)	导体标称截面/mm²	导电线芯根数/单线标称直径/mm	绝缘与护套厚度之和标称值/mm	绝缘最薄点厚度/mm ≥	护套最薄点厚度/mm ≥	平均外径上限/mm	20℃时导体电阻/Ω·km⁻¹≤			适用环境温度/℃	用　途
								铜芯				
BXW BLXW BXY BLXY	300/500	0.75	1/0.97	1.0	0.4	0.2	3.9	24.5	24.7		≤65	BXW、BLXW 型　适用于户内和户外明敷，特别是寒冷地区　BXY、BLXY 型适用于户内和户外穿管，特别是寒冷地区
		1.0	1/1.13	1.0	0.4	0.2	4.1	18.1	18.2			
		1.5	1/1.38	1.0	0.4	0.2	4.4	12.1	12.2			
		2.5	1/1.78	1.0	0.6	0.2	5.0	7.41	7.56	11.8		
		4	1/2.25	1.0	0.6	0.2	5.6	4.61	4.70	7.39		
		6	1/2.76	1.2	0.6	0.25	6.8	3.08	3.11	4.91		
		10	7/1.35	1.2	0.75	0.25	8.3	1.83	1.84	3.08		
		16	7/1.70	1.4	0.75	0.25	10.1	1.15	1.16	1.91		
		25	7/2.14	1.4	0.9	0.30	11.8	0.727	0.734	1.20		
		35	7/2.52	1.6	0.9	0.30	13.8	0.524	0.529	0.868		
		50	19/1.78	1.6	1.0	0.30	15.4	0.387	0.391	0.641		
		70	19/2.14	1.8	1.0	0.35	18.2	0.263	0.270	0.443		
		95	19/2.52	1.8	1.1	0.35	20.6	0.193	0.195	0.320		
		120	37/2.03	2.0	1.2	0.40	23.0	0.153	0.154	0.253		
		150	37/2.25	2.0	1.3	0.40	25.0	0.124	0.126	0.206		
		185	37/2.52	2.2	1.3	0.40	27.9	0.0991	0.100	0.164		
		240	61/2.25	2.4	1.4	0.40	31.4	0.0754	0.0762	0.125		

注：1. BXW、BLXW 分别表示铜芯、铝芯橡皮绝缘氯丁护套电线；BXY、BLXY 分别表示铜芯、铝芯橡皮绝缘黑色聚乙烯护套电线。

2. 生产厂家：北京东风电缆厂、天津电线厂、广州电线厂等。

三、通用橡套软电缆

通用橡套软电缆的标称截面、线芯结构模数、电缆参考数据及用途，见表 26-7。

表 26-7　通用橡套软电缆

型号	额定电压 (U_0/U)/(V/V)	标称截面/mm²	线芯结构模数/(直径/mm)	20℃时导体电阻/Ω·km⁻¹≤	电缆外径/mm						用途
					单芯	2 芯	3 芯	(3+1)芯	4 芯	5 芯	
YQ YQW	300/300	0.3	16/0.15	66.3		6.6	7				适用于交流额定电压至450V,直流额定电压至 700V,作为家用电器、电动工具及各种移动式电气设备的电力传输线
		0.5	28/0.15	37.8		7.2	7.6				
		0.75	42/0.15	25		7.8	8.7				
YZ YZW	450/750	0.5	28/0.15	37.5		8.3	8.7				
		0.75	42/0.15	24.8		8.8	9.3		9.3	10.7	
		1	32/0.2	18.3		9.1	9.6		9.7	1	
		1.5	48/0.2	12.2		9.7	10.7	12	12	13	
		2	64/0.2	9.14		10.9	11.5				
		2.5	77/0.2	7.59		13.2	14	14	13.5	15	
		4	77/0.26	4.49		15.2	16	16	16	17.5	
		6	77/0.32	2.97		16.7	18.1	9.5	19.5	22	
YC YCW	450/750	1.5			7.2	11.5	12.5		13.5	15	
		2.5	49/0.26	6.92	8	13.5	14.5	15.5	15.5	17	
		4	49/0.32	4.57	9	15	16	17.5	18	19.5	
		6	49/0.39	3.07	11	18.5	20	21	22	24.5	
		10	84/0.39	1.8	13	24	25.5	26.5	28	31	
		16	84/0.49	1.14	14.5	27.5	29.5	30.5	32	35.5	
		25	113/0.49	0.718	16.5	31.5	34	35.5	37.5	41.5	
		35	113/0.58	0.512	18.5	35.5	38	38.5	42		
		50	113/0.68	0.373	21	41	43.5	46	48.5		
		70	189/0.68	0.262	24	46	49.5	51	55		
		95	250/0.68	0.191	26	50.5	54	55	60.5		
		120	259/0.76	0.153	28.5		59	59	65.5		
		150	756/0.5	0.129	322		66.5	66	74		
		185	925/0.5	0.106	34.5						
		240	1221/0.5	0.0801	38						
		300	1525/0.5	0.0641	41.5						
		400	2013/0.5	0.0486	46.5						

注：YQ、YQW 表示轻型橡套软电缆；YZ、YZW 表示中型橡套软电缆；YC、YCW 表示重型橡套软电缆。

四、通讯电线电缆

1. HQ03 型铅套聚乙烯套市内电话电缆

HQ03 型铅套聚乙烯套市内电话电缆的标称对数和外径，见表 26-8。

表 26-8　HQ03 型铅套聚乙烯套市内电话电缆

标称对数	电缆外径/mm					用途
	0.4	0.5	0.6	0.7	0.9	
5	12.7	12.6	13.2	14.1	15.3	适用于市内电话通讯网
10	13.5	13.5	15.0	16.5	19.1	
15	14.4	14.7	16.7	17.9	21.4	
20	15.5	15.7	17.4	19.7	22.7	
25	16.2	16.9	19.9	21.6	25.7	
30	16.7	17.4	20.4	22.1	26.2	
50	19.7	21.1	23.9	26.1	32.0	
80	22.5	24.3	27.9	30.6	38.8	
100	23.5	25.9	30.2	33.6	42.9	
150	27.7	29.5	35.9	40.6	51.5	
200	30.2	33.9	39.1	45.0	56.6	
300	33.8	39.1	47.5	53.2	68.3	
400	38.8	45.1	53.1	60.8	76.1	
500	42.3	48.8	58.7	67.7		
600	46.5	52.2	64.0	72.9		
700	50.0	56.0	68.2			
800	52.2	58.7	72.4			
900	55.1	62.7				
1 000	57.4	65.3				
1 200	62.7	70.6				
1 800	75.6					

注：生产厂家：上海电缆厂、沈阳电缆厂、红旗电缆厂。

2. HQ 型裸铅套市内电话电缆

HQ 型裸铅套市内电话电缆的标称对数和外径，见表 26-9。

表 26-9　HQ 型裸铅套市内电话电缆

标称对数	电缆外径/mm					用途
	0.4	0.5	0.6	0.7	0.9	
5	7.3	7.2	7.	8.9	10.1	适用于市内电话通讯网
10	8.1	8.1	9.8	11.4	13.0	适用于市内电话通讯网
15	9.2	9.5	11.6	12.8	14.3	
20	10.3	10.5	12.3	13.6	16.8	
25	11.1	11.88	13.8	15.5	19.7	
30	11.6	12.3	14.3	16.2	20.2	

续表

标称对数	电缆外径/mm					用途
	0.4	0.5	0.6	0.7	0.9	
50	13.6	15.0	18.0	20.1	26.2	适用于市内电话通讯网
80	16.6	18.4	21.9	24.6	32.1	
100	17.6	19.9	24.4	27.8	36.2	
150	21.7	23.7	29.1	33.9	43.8	
200	24.4	27.1	32.4	38.3	48.9	
300	28.0	32.4	39.8	45.5	59.7	
400	32.1	37.4	45.4	53.0	67.5	
500	35.6	41.1	51.0	59.1		
600	38.8	44.9	55.2	64.3		
700	41.9	48.3	59.6			
800	44.5	51.2	63.9			
900	47.4	53.9				
1 000	49.7	56.7				
1 200	53.9	62.0				
1 800	67.0					

注:生产厂家:上海电缆厂、郑州电缆厂、红旗电缆厂。

第二节　绝缘材料

绝缘材料是一种几乎不导电的物质(导电电流极其微小),它的主要作用是在电气设备中把电位不同的带电部分分隔开来,把带电部分与不带电部分隔离开来,如交流电的相间绝缘,相对地(外壳)绝缘等。

绝缘材料又称电介质,它应具有绝缘电阻大、耐压强度高、耐热性能和导热性能好,并有较高的机械强度、便于加工等特点。

按化学性质不同,绝缘材料分为无机绝缘材料(如云母、石棉、大理石瓷器、玻璃等)、有机绝缘材料(如树脂、橡胶、棉纱、纸、麻、丝漆、塑料等)和混合绝缘材料(由以上两种绝缘材料经加工处理制成的成型绝缘材料)。

绝缘材料按其在正常条件下允许的最高工作温度分级,称为耐热等级。现在国内通行的标准见表 26-10 绝缘材料的主要性能见表 26-10。

表 26-10　绝缘材料的耐热等级

级别	绝　缘　材　料	极限工作温度(℃)
Y	木材、棉花、纸、纤维等天然的纺织品,以醋酸纤维和聚酰胺为基础的纺织品,以及易于热分解和熔化点较低的塑料(脲醛树脂)	90

续表

级别	绝缘材料	极限工作温度(℃)
A	工作于矿物油中的用油或油树脂复合胶浸过的Y级材料,漆包线、漆布、丝漆的绝缘及油性漆、沥青漆等	105
E	聚酯薄膜和A级材料复合、玻璃布、油性树脂漆、聚乙烯醇缩醛高强度漆包线、乙酸乙烯耐热漆包线	120
B	聚酯薄膜、经合适树脂黏合式浸渍涂覆的云母、玻璃纤维、石棉等,聚酸漆,聚酯漆包线	130
F	以有机纤维材料补强和石棉带补强的云母片制品,玻璃丝和石棉,玻璃漆布,以玻璃丝布和石棉纤维为基础的层压制品,以无机材料作补强和石棉带补强的去母粉制品,化学热稳定性较好的聚酯和醇酸类材料,复合硅有机聚酯漆	155
H	无补强或以无机材料为补强的云母制品、加厚的F级材料、复合云母、有机硅云母制品、硅有机漆、硅有机橡胶聚酰亚胺复合玻璃布、复合薄膜、聚酰亚胺漆等	180
C	不采用任何有机黏合剂及浸渍剂的无机物如石英、石棉、云母、玻璃和电瓷材料等	180以上

表26-11 常用绝缘材料的主要性能

材料名称	绝缘强度(kV/mm)	抗张强度(MPa)	密度(kg/cm³)	膨胀系数(10⁻⁶/℃)
瓷	8～25	18～24	2.3～2.5	3.4～6.5
玻璃	5～10	14	3.2～3.6	7
云母	15～78	—	2.7～3.0	3
石棉	5～53	52(经)	2.5～3.2	—
棉纱	3～5	—	—	—
纸板	8～13	35～70(经) 27～55(纬)	0.4～1.4	—
电木	10～30	35～77	1.26～1.27	20～100
纸	5～7	52(经),245(纬)	0.7～1.1	—
软橡胶	10～24	7～14	0.95	—
硬橡胶	20～38	25～68	1.15～1.5	—
绝缘布	10～54	13.5～29	—	—
纤维板	5～10	56～105	1.1～1.48	25～52
干木材	0.8	48.5～75	0.36～0.80	—
矿物油	25～57	—	0.83～0.95	700～800

一、电工漆和电工胶

1.电工漆

电工漆分为浸渍漆和覆盖漆。浸渍漆主要用来浸渍电气设备的线圈和绝缘零部件,填充间隙和气孔,以提高绝缘性能和机械强度。覆盖漆主要用来涂刷经浸渍处理过的线圈和绝缘零部件，形成绝缘保护层，以防机械损伤和气体、油类、化学药品等的侵蚀。

2. 电工胶

常用的电工胶有电缆胶和环氧树脂胶。电缆胶由石油沥青、变压器油、松香脂等原料按一定比例配制而成，用来灌注电缆接头等。环氧树脂胶一般在现场配制，按不同的配方可制得不同分子量的胶，用来浇制绝缘用或配制高机械强度的胶黏剂。

二、塑料

塑料是由天然树脂或合成树脂、填充剂、增塑剂、着色剂、固化剂和少量添加剂配制而成的绝缘材料。其特点是密度小、机械强度高、绝缘性能好、耐热、耐腐蚀、易加工。

塑料可分为热固性塑料和热塑性塑料两类。热固性塑料用来制作低压电器外壳、接线盒、仪表外壳等。热塑性塑料如聚乙烯和聚氯乙烯等，主要用来作电缆、电线绝缘、制作绝缘板、电线管等。

三、橡胶橡皮

1. 橡胶

橡胶分天然橡胶和人工合成橡胶。天然橡胶的可塑性、工艺加工性好，机械强度高，但耐热性、耐油性差，经硫化处理后可作电线、电缆的绝缘层及电器的零部件等。合成橡胶是碳氢化合物的合成物，如氯丁、有机硅橡胶等，用来制作橡皮、电缆的防护层及导线的绝缘层等。

2. 橡皮

橡皮是橡胶经硫化处理而制成的绝缘材料。硬质橡皮可制作绝缘零部件及密封衬垫等；软质橡皮用来制作电缆和导线绝缘层、安全保护用具等。

四、绝缘布(带)和层压制品

1. 绝缘布(带)

绝缘布(带)主要用途是电气安装、施工过程中作绝缘包扎和恢复绝缘用。

2. 层压制品

层压制品是由天然或合成纤维、纸或布浸胶后，经热压而成的绝缘制品，常制成板、管、棒等形状，供制作绝缘零部件和用作带电体之间或带电体与非带电体之间的绝缘层。其绝缘性能好，机械强度高。

五、电瓷

电瓷是由各种硅酸盐或氧化物混合物制成，具有绝缘性能好、机械强度高、耐热性能好等特点，广泛应用于制作各种绝缘子、绝缘套管、电器零部件。

图 26-1 是各种绝缘子的外形结构图。

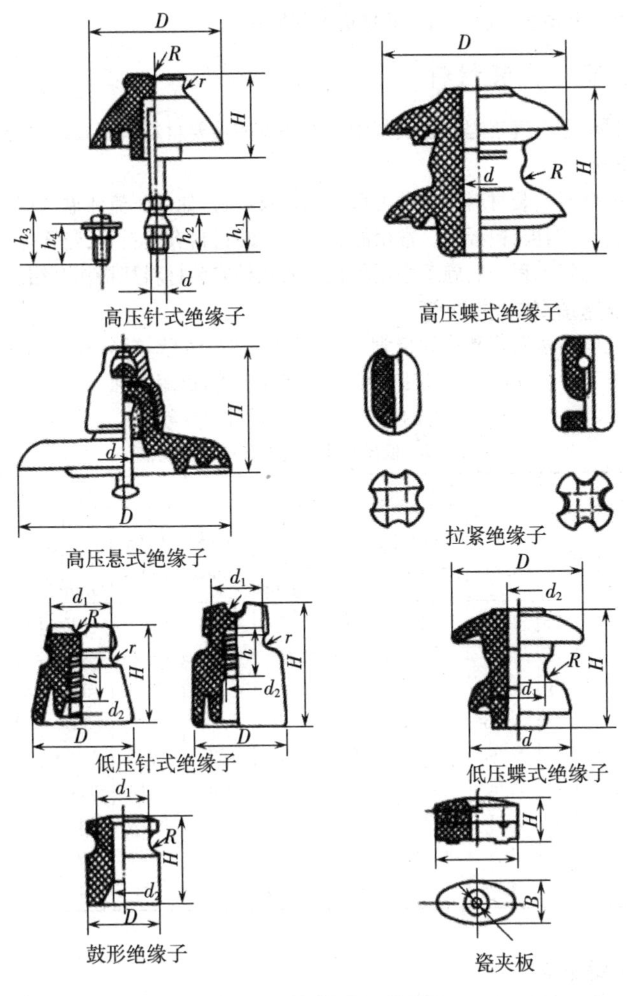

图 26-1　常用绝缘子外形图

六、绝缘油

绝缘油的用途是:(1)在电气设备中排除气体、增强设备的绝缘能力。如高压充油电缆。(2)作为冷却剂,依靠油的对流作用,改善设备的冷却散热条件。如油浸式变压器。(3)作为灭弧介质,如高压油断路器。(4)作为绝缘介质,如油浸纸介电容器等。

绝缘油有不同的规格，不同电气设备有不同的要求，应正确选用。尤其是补充油，更换油时更要注意油号和油的规格不能搞错。

第三节　安装材料

安装材料是电气工程施工安装中不可缺少的重要材料。安装材料必须保证质量，选用正确。

常用的金属安装材料有各种类型的钢材及铝材，如低压流体输送钢管、薄壁钢管、角钢、扁钢、钢板、铝板等。常用的非金属安装材料有塑料管、瓷管等。

下面对电气工程安装施工中用得较多的几种安装材料规格作介绍。

一、低压流体输送钢管

低压流体输送钢管又称焊接管，是钢质电线管，管壁较厚(3mm 左右)。有镀锌和不镀锌两种。在电气安装工程中常用镀锌钢管，以耐腐蚀。

表 26-12 列出了水煤气管的技术规格，供选用时参考。

表 26-12　低压流体输送钢管的技术规格

公称口径		外径(mm)	普通管				加厚管			
mm	in		壁厚(mm)	内径(mm)	内孔总载面(mm^2)	理论重量(kg/m)	壁厚(mm)	内径(mm)	内孔总载面(mm^2)	理论重量(kg/m)
15	1/2	21.25	2.75	15.25	195	1.25	3.25	15.75	195	1.44
20	3/4	26.75	2.75	21.25	355	1.63	3.5	19.75	306	2.01
25	1	33.5	3.25	27	573	2.42	4	25.5	511	2.91
32	1¼	42.25	3.25	35.76	1003	3.13	4	34.25	921	3.77
40	1½	48	3.50	41	1320	3.84	4.25	39.5	1225	4.58
50	2	60	3.50	53	2206	4.88	4.5	51	2043	6.16
70	2½	75.5	3.75	68	3631	6.64	4.5	66.5	3473	7.88
80	3	88.5	4.0	80.5	5089	8.34	4.75	79	4902	9.81
100	4	114	4.0	106	8824	10.85	5	104	8495	13.44

二、薄壁钢管

薄壁钢管的管壁比低压流体输送钢管薄(一般为 1.5mm 左右)，主要用途是室内配线时穿电线用。薄壁钢管又称电线管。

表 26-13 列出了薄壁钢管的技术规格，供选用时参考。

表 26-13 薄壁钢管的技术规格

公称口径		外径(mm)	壁厚(mm)	内径(mm)	内孔总载面(mm^2)	理论重量(kg/m)
mm	in					
15	1/2	15.87	1.5	12.87	130	0.536
20	3/4	19.05	1.5	16.05	202	0.647
25	1	25.40	1.5	22.40	394	0.869
32	1¼	31.75	1.5	28.75	649	1.13
40	1½	38.10	1.5	35.10	967	1.35
50	2	50.80	1.5	47.80	1794	1.83

三、塑料管

在电气安装工程中用得较多的塑料管有聚氯乙烯管、聚乙烯管、聚丙烯管等。其中聚氯乙烯管应用最多，它是由聚乙烯单体聚合后加入各种添加剂制成，分硬型、软型两种。其特点是耐碱、耐酸、耐油性能好，但易老化，机械强度不如钢管。硬型管适用于在腐蚀性较强的场所作明敷设或暗敷设。软型管适用于作电气软管。其规格见表 26-14 和表 26-15，供选用时参考。

表 26-14 硬聚氯乙烯管规格

公称口径(mm)	外径(mm)	壁厚(mm)	内径(mm)	内孔总载面(mm^2)	备 注
15	22	2	18	254	压力 25 N/mm^2以内
20	25	2	21	346	
25	32	3	26	531	
32	40	3.5	33	855	
40	51	4	43	1452	
50	63	4.5	54	2290	
70	76	5.3	65.4	3359	
80	89	6.5	76	4536	

表 26-15 软聚氯乙烯管规格

塑制电线管类别	公称口径(mm)	外径(mm)	壁厚(mm)	内径(mm)	内孔总载面(mm^2)	备 注
半硬型	15	16	2	12	113	难燃型氧气指数:27%以上
	20	20	2	16	201	
	25	25	2.5	20	314	
	32	32	3	26	530	
	40	40	3	34	907	
	50	50	3	44	1520	

续表

塑制电线管类别	公称口径(mm)	外径(mm)	壁厚(mm)	内径(mm)	内孔总载面(mm^2)	备注
可挠性	15		峰谷间 2.2	14	161	难燃型氧气指数:27%以上
	20		峰谷间 2.35	16.5	214	
	25		峰谷间 2.6	23.3	426	
	32		峰谷间 2.75	29	660	
	40		峰谷间 3	36.5	1046	
	50		峰谷间 3.75	47	1734	

注:软聚氯乙烯电器套管的使用压力,内径 3~5 mm 时为 0.25 MPa,内径 12~50 mm 时为 0.2MPa。

四、角钢

电气安装工程中常用的角钢规格见表 26-16,供选用时参考。

表 26-16 常用等边角钢规格

钢号		2		2.5		3		3.3			4			4.5			
尺寸(mm)	a	20		25		30		36			40			45			
	b	3	4	3	4	3	4	3	4	5	3	4	5	3	4	5	6
重量(kg/m)		0.889	1.145	1.124	1.459	1.373	1.786	1.656	2.163	2.654	1.852	2.422	2.976	2.088	2.736	3.369	3.985

钢号		5				5.6				6.3				
尺寸(mm)	a	50				56				63				
	b	3	4	5	6	3	4	5	8	4	5	6	8	10
重量(kg/m)		2.332	3.059	3.770	4.465	2.624	3.446	4.251	6.568	3.907	4.822	5.721	7.469	9.151

五、扁钢

电气安装工程中常用的扁钢规格见表 26-17,供选用时参考。

表 26-17 常用扁钢规格

宽度 a(mm)		12	16	20	25	30	32	40	50	63	70	75	80	100
		理论重量(kg/m)												
厚度 d(mm)	4	0.38	0.50	0.63	0.79	0.94	1.01	1.26	1.57	1.98	2.20	2.36	2.51	3.14
	5	0.47	0.63	0.79	0.98	1.18	1.25	1.57	1.96	2.47	2.75	2.94	3.14	3.93
	6	0.57	0.75	0.94	1.18	1.41	1.50	1.88	2.36	2.97	3.30	3.53	3.77	4.71
	7	0.66	0.88	1.10	1.37	1.65	1.76	2.20	2.75	3.46	3.35	4.12	4.40	5.50
	8	0.75	1.00	1.26	1.57	1.88	2.01	2.51	3.14	3.95	4.40	4.71	5.02	6.28
	9	—	1.15	1.41	1.77	2.12	2.26	2.83	3.53	4.45	4.95	5.30	5.65	7.07
	10	—	1.26	1.57	1.96	2.36	2.54	3.14	3.93	4.94	5.50	5.89	6.28	7.85
	11	—	—	1.73	2.16	2.59	2.76	3.45	4.32	5.44	6.04	6.48	6.91	8.64
	12	—	—	1.88	2.36	2.83	3.0	3.77	4.71	5.93	6.59	7.07	7.54	9.42
	14	—	—	—	2.75	3.36	3.51	4.40	5.50	6.90	7.69	8.24	8.79	10.99
	16	—	—	—	3.14	3.77	4.02	5.02	6.28	7.91	8.79	9.42	10.05	12.50

六、槽钢

电气安装工程中常用的槽钢规格见表 26-18,供选用时参考。

表 26-18 常用槽钢的规格

型号	尺寸(mm)			重量(kg/m)	型号	尺寸(mm)			重量(kg/m)
	h	*b*	*d*			*h*	*b*	*d*	
5	50	37	4.5	5.44	20	200	75	9.0	25.77
6.3	63	40	4.8	6.63	22a	220	77	7.0	24.99
8	80	43	5.0	8.04	22	220	79	9.0	28.45
10	100	48	5.3	10.00	25a	250	78	7.0	27.47
12.6	126	53	5.5	12.37	25b	250	80	9.0	31.39
14a	140	58	6.0	14.53	25c	250	82	11.0	35.32
14b	140	60	8.0	16.73	28a	280	82	7.5	31.42
16a	160	63	6.5	17.23	28b	280	84	9.5	35.81
16	160	65	8.6	19.74	28c	280	86	11.5	40.21
18a	180	68	7.0	20.17	32a	320	88	8.0	38.22
18	180	70	9.0	22.99	32b	320	90	10.0	43.25
20a	200	73	7.0	22.63	32c	320	92	12.0	48.28

电气安装工程中常用钢材的断面形状,如图 26-2 所示。

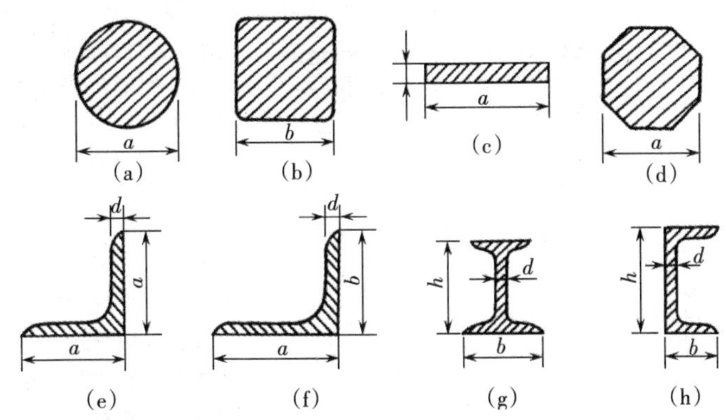

图 26-2 电气工程中常用钢材的断面形状

(a)圆钢;(b)方钢;(c)扁钢;(d)六角钢;(e)等边角钢;
(f)不等边角钢($a>b$);(g)工字钢;(h)槽钢

第四节 常用的管材料

电工的线路敷设时,为了保护导线绝缘层不受损坏常常需要各种管材料。在使用时,应根据场合和使用要求,选用不同的管材料。常用的管材料有钢管、金属软管、塑料管和瓷管等，如表 26-19 所示。

表 26-19　常用的管材料

管材料名称	示　意　图	说　明
钢　管		电工用钢管，主要用于内线线路敷设，绝缘导线穿在管内可免受腐蚀、外部机构损伤及鼠类等的毁坏。电工用钢管分厚钢管和薄钢管两种，有外壁镀锌和不镀锌之分，敷设的方法有明敷和暗敷两种，以适应于不同的敷设场所
金属软管		电工用金属软管一般管内壁带有绝缘层，有相当的机械强度、绝缘防护性能，又有良好的活动性，曲折性，适用于需要导线弯曲移动的场合
塑料管	1.1~1.8 倍管径 (a)插接 1.5~3 倍管径 (b)套接	目前常用的聚氯乙烯塑料管，这种塑料管有较好的耐油、耐酸、耐碱、耐盐和绝缘防护性能，也有一定的机械强度，适用于绝缘包层导线的明敷和暗敷，对导线起保护作用。它可以埋入墙体内，也可以固定在墙外，供绝缘导线穿入。安装常用的塑料绝缘管外径有 10 mm、12 mm、16 mm、20 mm、25 mm、32 mm、40 mm 和 50 mm 规格
瓷　管	(a)直管 (b)弯管	瓷管是用瓷制成的，具有较好的绝缘性能，供导线穿接用，对导线起绝缘保护作用。常用的瓷管有直管和弯管两种。当绝缘导线穿过墙到另一个房间时，穿过墙的一段导线要套一个直瓷管；当绝缘导线从室外穿墙到室内要套一个弯瓷管，弯瓷管的弯头在室外并使弯头朝下

参 考 文 献

1 李维斌,王慧,李新等主编.国内外建筑五金装饰材料手册.南京:江苏科学技术出版社,2008.

2 洪向道主编.新编常用建筑材料手册(第2版).北京:中国建材工业出版社,2010.

3 廖树帜,张邦维编著.实用建筑材料手册.长沙:湖南科技出版社,2012.

4 曹岩主编.建筑五金手册.北京:电子工业出版社,2012.

5 王立信主编.实用建筑五金手册.北京:机械工业出版社,2012.

6 周殿明主编.新编建筑五金手册.北京:机械工业出版社,2013.

7 张能武,薛国祥主编.实用建筑五金手册.长沙:湖南科技出版社,2012.

8 赵海风主编.常用建筑五金手册.北京:机械工业出版社,2011.